더 쉽게 더 빠르게 기사되기
한번에
합격하기

www.cyber.co.kr

한번에 합격하기 합격플래너

대기환경기사 [필기]

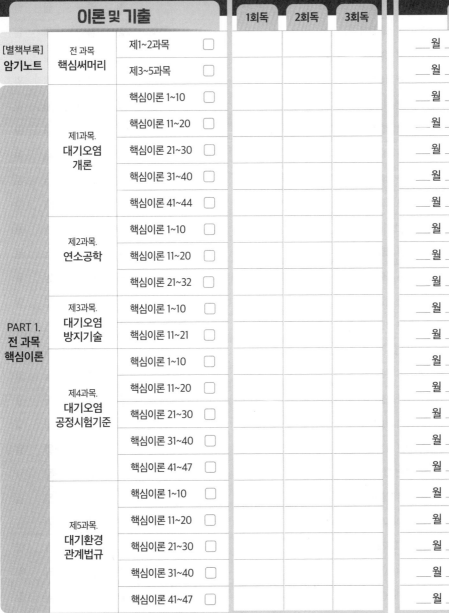

이론 및 기출				Plan1 저자쌤의 추천 Plan 3회독 학습!			Plan2 나만의 셀프 Plan ◻일 완성!
				1회독	2회독	3회독	학습한 날짜
[별책부록] 암기노트	전 과목 핵심써머리	제1~2과목	◻				___월___일 ~ ___월___일
		제3~5과목	◻				___월___일 ~ ___월___일
PART 1. 전 과목 핵심이론	제1과목. 대기오염 개론	핵심이론 1~10	◻				___월___일 ~ ___월___일
		핵심이론 11~20	◻				___월___일 ~ ___월___일
		핵심이론 21~30	◻				___월___일 ~ ___월___일
		핵심이론 31~40	◻				___월___일 ~ ___월___일
		핵심이론 41~44	◻				___월___일 ~ ___월___일
	제2과목. 연소공학	핵심이론 1~10	◻				___월___일 ~ ___월___일
		핵심이론 11~20	◻				___월___일 ~ ___월___일
		핵심이론 21~32	◻				___월___일 ~ ___월___일
	제3과목. 대기오염 방지기술	핵심이론 1~10	◻				___월___일 ~ ___월___일
		핵심이론 11~21	◻				___월___일 ~ ___월___일
	제4과목. 대기오염 공정시험기준	핵심이론 1~10	◻				___월___일 ~ ___월___일
		핵심이론 11~20	◻				___월___일 ~ ___월___일
		핵심이론 21~30	◻				___월___일 ~ ___월___일
		핵심이론 31~40	◻				___월___일 ~ ___월___일
		핵심이론 41~47	◻				___월___일 ~ ___월___일
	제5과목. 대기환경 관계법규	핵심이론 1~10	◻				___월___일 ~ ___월___일
		핵심이론 11~20	◻				___월___일 ~ ___월___일
		핵심이론 21~30	◻				___월___일 ~ ___월___일
		핵심이론 31~40	◻				___월___일 ~ ___월___일
		핵심이론 41~47	◻				___월___일 ~ ___월___일

합격 플래너 활용 Tip.

❖ **"저자쌤의 추천 Plan"**란에는 공부한 날짜를 적거나 체크표시(√)를 하여 학습한 부분을 체크하시기 바랍니다.
　저자쌤은 3회독 학습을 권장하나 자신의 시험준비 상황 및 기간을 고려하여 1회독, 또는 2회독으로 시험대비를 할 수도 있습니다.
❖ **"나만의 셀프 Plan"**란에는 공부한 날짜나 기간을 적어 학습한 부분을 체크하시기 바랍니다.
❖ **"각 이론 및 기출 뒤에 있는 네모칸(□)"**에는 잘 이해되지 않거나 모르는 것이 있는 부분을 체크해 두었다가 학습
　마무리 시나 시험 전에 다시 한 번 확인 후 시험에 임하시기 바랍니다.
❖ **[별책부록] 암기노트(핵심써머리)**는 본격적인 이론학습 전에는 가벼운 마음으로 훑어보시되, 학습의 마무리 시
　에는 암기하여 술술 말할 수 있을 정도로 숙지하셔야 합니다.

			1회독	2회독	3회독	학습한 날짜
PART 2. 과목별 기출문제	제1과목. 대기오염 개론	2017년 기출문제 ☐				__월__일 ~ __월__일
		2018년 기출문제 ☐				__월__일 ~ __월__일
		2019년 기출문제 ☐				__월__일 ~ __월__일
		2020년 기출문제 ☐				__월__일 ~ __월__일
		2021년 기출문제 ☐				__월__일 ~ __월__일
	제2과목. 연소공학	2017년 기출문제 ☐				__월__일 ~ __월__일
		2018년 기출문제 ☐				__월__일 ~ __월__일
		2019년 기출문제 ☐				__월__일 ~ __월__일
		2020년 기출문제 ☐				__월__일 ~ __월__일
		2021년 기출문제 ☐				__월__일 ~ __월__일
	제3과목. 대기오염 방지기술	2017년 기출문제 ☐				__월__일 ~ __월__일
		2018년 기출문제 ☐				__월__일 ~ __월__일
		2019년 기출문제 ☐				__월__일 ~ __월__일
		2020년 기출문제 ☐				__월__일 ~ __월__일
		2021년 기출문제 ☐				__월__일 ~ __월__일
	제4과목. 대기오염 공정시험기준	2017년 기출문제 ☐				__월__일 ~ __월__일
		2018년 기출문제 ☐				__월__일 ~ __월__일
		2019년 기출문제 ☐				__월__일 ~ __월__일
		2020년 기출문제 ☐				__월__일 ~ __월__일
		2021년 기출문제 ☐				__월__일 ~ __월__일
	제5과목. 대기환경 관계법규	2017년 기출문제 ☐				__월__일 ~ __월__일
		2018년 기출문제 ☐				__월__일 ~ __월__일
		2019년 기출문제 ☐				__월__일 ~ __월__일
		2020년 기출문제 ☐				__월__일 ~ __월__일
		2021년 기출문제 ☐				__월__일 ~ __월__일
PART 3. 최신 기출문제	2022년 기출	2022년 1회 기출문제 ☐				__월__일 ~ __월__일
		2022년 2회 기출문제 ☐				__월__일 ~ __월__일
		2022년 4회 CBT복원 ☐				__월__일 ~ __월__일
	2023년 기출	2023년 1회 CBT복원 ☐				__월__일 ~ __월__일
		2023년 2회 CBT복원 ☐				__월__일 ~ __월__일
		2023년 4회 CBT복원 ☐				__월__일 ~ __월__일
	2024년 기출	2024년 1회 CBT복원 ☐				__월__일 ~ __월__일
		2024년 2회 CBT복원 ☐				__월__일 ~ __월__일
		2024년 3회 CBT복원 ☐				__월__일 ~ __월__일

일 완성 일 완성 일 완성

한번에 합격하기

한번에 합격하는
대기환경기사
기출문제집 　필기　 　서성석 지음
핵심이론 + 8개년 기출

BM (주)도서출판 성안당

■ 도서 A/S 안내

저자 문의 e-mail : ilsss@hanmail.net(서성석)
본서 기획자 e-mail : coh@cyber.co.kr(최옥현)
홈페이지 : http://www.cyber.co.kr   전화 : 031) 950-6300

한번에
합격하는
대기환경기사
기출문제집 필기

저는 환경공학을 전공하면서 대학 4학년 때 성안당에서 출판한 수험서로 공부하여 기사 자격증을 취득하였습니다. 그런데 지금 제 이름이 새겨진 기사 수험서가 성안당에서 출간을 앞두고 있어 영광스럽고 감회가 새롭습니다.

첫 자격증 취득 후 저는 대기관리기술사, 폐기물처리기술사, 환경공학 박사학위를 취득하는 등 저의 전문성을 업그레이드하는 과정을 거쳐 왔습니다. 지금 생각해 보니 제 인생의 첫 자격증은 대기환경기사였고 이것이 지금의 저를 만든 첫 단추가 되었습니다. 그러나 그 당시에는 친구들 따라 생각 없이 준비했던 대기환경기사 공부가 나중에 시간이 지나 기술사와 박사학위를 취득하게 된 시발점이 될 줄은 몰랐습니다. 돌이켜보니 저한테 첫 단추는 매우 의미 있고 중요한 것으로서 그 첫 단추를 시작으로 자연스럽게 더 높은 목표를 꿈꾸게 되었고 그 목표를 성취하게 되었습니다.

이후 대기업 건설사에서 환경관련 업무를 하였으며 지금은 작게나마 환경관련 사업을 운영하고 있습니다. 그리고 대학 및 대학원과 여러 기관에서 다양한 분야에 대해 강의를 하였으며, 이를 통해 단순히 이해하고 있다는 것과 그것을 다른 사람에게 전달하는 것은 또 다른 영역이라는 경험도 해 보았습니다.

이제 대학 때 소원이었던 성안당 수험서를 출판하게 되었습니다. 이것은 저에게는 매우 의미 있고 중요한 목표였습니다. 그러기에 누구보다 더 열심히 준비했습니다. 수험생이었던 그 때의 심정, 대학과 대학원에서 공부했던 이론, 사회현장에서의 실무, 그리고 강의 경험을 최대한 살려 핵심적이면서 꼭 알아야 할 것 위주로 책을 집필했습니다. 대기환경기사 자격증을 준비하는 수험생들을 위해 부족하지도 넘치지도 않게 준비했습니다.

자, 이제 합격을 위한 조언 3가지를 드리고자 합니다.

첫째, 기사 합격이 너무 어렵다고 생각하여 도전 자체를 주저하지 마세요!

정말로 아무리 어려운 시험도 시험은 시험일뿐입니다. 합격은 생각해 보면 그리 어렵지 않습니다. 왜냐하면 시험은 출제범위와 내용을 어느 정도 가늠할 수 있고 상당부분 기출문제가 반복하여 출제되기 때문입니다. 그러므로 **핵심이론과 기출문제를 반복해서 학습하면 생각보다 쉽게 합격할 수 있**습니다. 이 책은 이러한 출제경향을 반영하여 핵심이론과 다년간의 기출문제를 각 과목별로 묶어서 재구성하고 최근 기출문제는 맨 뒤에 수록하였습니다.

둘째, 도전하기로 마음먹었다면 무슨 일이 있어도 시험에 응시하세요!

농담 반 진담 반으로 본인상을 제외하고는 반드시 시험에 응시하셔야 합니다. 준비가 덜 되어 있어 다음으로 미루면 영원히 미루게 됩니다. **준비가 제대로 안 되었어도**(대부분의 수험생이 그렇게 생각합니다) **시험장에 가서 준비된 만큼만 최선**을 다하면 됩니다.

셋째, 수험자료 확보에 너무 욕심 부리지 마세요!

더 많은 자료가 필요하다고 생각하여 여기저기서 자료를 찾지 마시고 그럴 시간에 한 권의 수험서를 다독(多讀)하시기 바랍니다. 시중에는 많은 수험서가 있습니다. 이 모든 수험서에는 각각의 장단점이 있습니다. 하지만 제가 보았을 때는 큰 차이가 없습니다. 저도 제 책이 좋다고 이야기하지만 다른 수험서와 비교하면 큰 차이가 없습니다. 그러니 **다른 수험서와 다른 자료에 욕심을 부리지 말고 책 한 권에 올인(All-in)하여 다독(多讀)**하시기 바랍니다.

　다독으로 가기 위해 가장 중요한 것은 무조건 한 번은 수험서를 처음부터 끝까지 다 읽어 보는 것입니다(이것을 못하는 수험생이 매우 많습니다). 이해가 안 되는 부분이 있더라도 매일 정해놓은 분량만큼은 반드시 읽어 보시기 바랍니다. 정말로 시간이 없어서 그날의 할당 분량을 다 보지 못했다면 그 다음날은 그 다음 할당된 부분으로 넘어가는 한이 있어도 반드시 끝까지 한 번은 완독(玩讀)하시기 바랍니다. 그러면 2번째 읽기가 편해지고 그런 후 다독으로 갈 수 있습니다. 완독 횟수가 늘어날수록 여러분은 놀라운 경험을 하실 겁니다(최소 3번 이상).

　이것만 지킨다면 수험생 여러분은 반드시 시험에 합격할 수 있습니다.

　마지막으로 당부 말씀을 드립니다. 4주 완성이라는 단기합격 유혹에 빠지지 마십시오. 한번 곰곰이 생각해 보세요. 4주 공부해서 취득할 수 있는 자격증이라면 과연 도전할 가치가 있을까요? 물론 4주 만에 자격증을 취득한 수험생이 있을 수도 있고 당장은 그 사람이 부러울 수도 있습니다. 하지만 그 수험생도 시험 준비만 4주였지 그 전에 대기환경에 대해 이론과 실무를 상당부분 경험하였을 겁니다. 만약 그렇지 않고 대기환경 전공자도 아니고, 실무경험도 없는 대기 초보자가 딱 4주 공부하여 운 좋게 합격증을 손에 쥐었다면 그 사람이 과연 자격 취득 후 실무에서 당당히 자신의 역할을 잘 해낼 수 있을까요? 모든 수험생들이 그렇듯이 자격증 취득이 당장 눈앞에 놓인 목표겠지만 궁극적으로는 자격 취득한 그 분야에서 제 역할을 잘 해내어 인정받는 전문가가 되는 것이 최종 목표가 되어야 합니다.

　그러니 수험생 여러분!!! 너무 단기합격에 초점을 맞추지 마시고 그동안 본인이 공부했고 경험했던 것을 종합적으로 정리한다는 생각으로 접근해 주시기 바랍니다. 설령 남들보다 조금 늦더라도 조바심 갖지 마시고 본인만의 호흡으로 공부하시기 바랍니다.

　최선을 다해 집필하였으나 내용상의 오류나 출간 후 법 개정으로 인해 수정할 내용이 있다면 개정판 출간 시 꼭 반영하여 수험생들이 믿고 공부할 수 있는 수험서가 되도록 계속 보완해 나가겠습니다.

　끝으로 성안당에서 본 도서를 집필할 수 있는 기회를 주신 사이버출판사 김민수 총괄이사님께 감사드리며, 이 책의 출간을 허락해 주신 이종춘 회장님과 출판 전 과정을 거쳐 무사히 세상에 나올 수 있게 도와주신 편집부 최옥현 전무님을 비롯한 임직원 여러분께도 감사를 전합니다. 특히, 처음부터 끝까지 조언해 주시고 전 과정을 맡아 진행해 주신 이용화 부장님께 깊이 감사드립니다.

　참, 올해 대학교에 입학한 딸에게 축하 인사와 함께 저의 가족들에게도 고마움을 전합니다.

저자 서성석

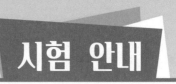

① 자격 기본 정보

- 자격명 : 대기환경기사(Engineer Air Pollution Environmental)
- 관련 부처 : 환경부
- 시행 기관 : 한국산업인력공단

(1) 자격 개요

경제의 고도성장과 산업화를 추진하는 과정에서 필연적으로 수반되는 오존층 파괴, 온난화, 산성비 문제 등 대기오염이 심각한 문제를 일으키고 있다. 이러한 대기오염으로부터 자연환경 및 생활환경을 관리·보전하여 쾌적한 환경에서 생활할 수 있도록 대기환경 분야에 전문기술인 양성이 시급해짐에 따라 자격제도를 제정하였다.

(2) 수행 직무

대기 분야에 측정망을 설치하고 그 지역의 대기오염상태를 측정하여 다각적인 연구와 실험분석을 통해 대기오염에 대한 대책을 강구하고, 대기오염물질을 제거 또는 감소시키기 위한 오염방지시설을 설계, 시공, 운영하는 업무를 수행한다.

대기환경기사에 도전하는 응시 인원은 점점 증가하고 있습니다. 이는 대기환경기사 자격을 사회에서 많이 필요로 하고 있기 때문이며, 앞으로의 전망 또한 높게 평가되고 있습니다.

(3) 연도별 검정 현황

연 도	필 기			실 기		
	응시	합격	합격률	응시	합격	합격률
2023	11,252명	4,169명	37.1%	9,451명	1,667명	17.6%
2022	11,078명	4,105명	37.1%	7,220명	2,214명	30.7%
2021	11,633명	5,182명	44.5%	7,840명	2,952명	37.7%
2020	8,287명	3,632명	43.8%	4,889명	2,900명	59.3%
2019	7,963명	2,651명	33.3%	3,113명	2,220명	71.3%
2018	6,730명	2,405명	35.7%	3,066명	2,316명	75.5%
2017	6,562명	2,447명	37.3%	2,806명	2,171명	77.4%
2016	5,978명	2,086명	34.9%	2,442명	1,825명	74.7%
2015	5,336명	1,642명	30.8%	2,271명	1,526명	67.2%
2014	4,745명	1,101명	23.2%	1,393명	944명	67.8%

(4) 진로 및 전망

① 정부의 환경공무원, 환경관리공단, 연구소, 학계 및 환경플랜트회사, 환경오염방지 설계 및 시공회사, 환경시설 전문관리인 등으로 진출할 수 있다.

② 대기오염물질 배출이 증가함에 따라 정부에서 저황유 사용지역 확대, 청정연료 사용지역 확대, 지하생활공간 공기질 관리, 시도지사의 대기오염 상시측정 의무화, 대기환경기준 강화, 배출허용기준 적용, 대기환경 규제지역 내 휘발성유기화합물질의 규제 추진, 대기환경 규제지역 내 자동차 정기검사 강화 등 대기오염에 대한 관리를 강화할 계획으로 이에 대한 인력 수요가 증가할 것으로 보인다.

② 자격 취득 정보

(1) 시험 일정

구 분	필기 원서접수 (인터넷) (휴일 제외)	필기시험	필기 합격 (예정자) 발표	실기 원서접수 (휴일 제외)	실기시험	최종합격자 발표
제1회	1월 말	2월 중	3월 중	3월 말	4월 말	5월 말(1차) 6월 중(2차)
제2회	4월 중	5월 초	6월 초	6월 말	7월 말	8월 말(1차) 9월 중(2차)
제3회	6월 중	7월 초	8월 초	9월 중	10월 중	11월 말(1차) 12월 중(2차)

1. 원서접수시간은 원서접수 첫날 10:00부터 마지막 날 18:00까지임.
2. 필기시험 합격예정자 및 최종합격자 발표시간은 해당 발표일 09:00임.
3. 주말 및 공휴일, 공단창립기념일(3.18)에는 실기시험 원서 접수 불가
4. 상기 기사(산업기사, 서비스) 필기시험 일정은 종목별, 지역별로 상이할 수 있음.
   [접수 일정 전에 공지되는 해당 회별 수험자 안내(Q-net 공지사항 게시) 참조 필수]
5. 자세한 시험 일정은 Q-net 홈페이지(www.q-net.or.kr)를 참고하기 바람.
※ 대기환경기사 필기시험은 2022년 4회(마지막 시험)부터 CBT(Computer Based Test)로 시행되고 있습니다.

(2) 시험 수수료

① 필기 : 19,400원
② 실기 : 22,600원

(3) 시험 출제경향

필기 / 실기 시험의 출제경향은 뒤에 수록된 "출제 기준"을 참고하기 바람.

(4) 취득방법

① 시행처 : 한국산업인력공단

② 관련학과 : 전문대학 및 4년제 대학의 대기과학, 대기환경공학 관련학과

③ 시험과목
- 필기 : 1. 대기오염 개론
    2. 연소공학
    3. 대기오염방지기술
    4. 대기오염공정시험기준(방법)
    5. 대기환경관계법규
- 실기 : 대기오염방지 실무

④ 검정방법
- 필기 : 객관식 4지 택일형, 과목당 20문항(과목당 30분)
- 실기 : 필답형(3시간)

⑤ 합격기준
- 필기 : 100점을 만점으로 하여 과목당 40점 이상, 전 과목 평균 60점 이상
- 실기 : 100점을 만점으로 하여 60점 이상

③ 기사 응시 자격 (다음 각 호의 어느 하나에 해당하는 사람)

(1) 산업기사 등급 이상의 자격을 취득한 후 응시하려는 종목이 속하는 동일 및 유사 직무분야에서 1년 이상 실무에 종사한 사람

(2) 기능사 자격을 취득한 후 응시하려는 종목이 속하는 동일 및 유사 직무분야에서 3년 이상 실무에 종사한 사람

(3) 응시하려는 종목이 속하는 동일 및 유사 직무분야의 다른 종목의 기사 등급 이상의 자격을 취득한 사람

(4) 관련학과의 대학 졸업자 등 또는 그 졸업예정자

(5) 3년제 전문대학 관련학과 졸업자 등으로서 졸업 후 응시하려는 종목이 속하는 동일 및 유사직무분야에서 1년 이상 실무에 종사한 사람

(6) 2년제 전문대학 관련학과 졸업자 등으로서 졸업 후 응시하려는 종목이 속하는 동일 유사 직무분야에서 2년 이상 실무에 종사한 사람

(7) 동일 및 유사 직무분야의 기사 수준 기술훈련과정 이수자 또는 그 이수예정자

(8) 동일 및 유사 직무분야의 산업기사 수준 기술훈련과정 이수자로서 이수 후 응시하려는 종목이 속하는 동일 및 유사 직무분야에서 2년 이상 실무에 종사한 사람

(9) 응시하려는 종목이 속하는 동일 및 유사 직무분야에서 4년 이상 실무에 종사한 사람

(10) 외국에서 동일한 종목에 해당하는 자격을 취득한 사람

4 시험 접수에서 자격증 수령까지 안내

☑ 원서접수 안내 및 유의사항입니다.

- 원서접수 확인 및 수험표 출력기간은 접수당일부터 시험시행일까지 출력 가능(이외 기간은 조회불가)합니다. 또한 출력장애 등을 대비하여 사전에 출력 보관하시기 바랍니다.
- 원서접수는 온라인(인터넷, 모바일앱)에서만 가능합니다.
- 스마트폰, 태블릿 PC 사용자는 모바일앱 프로그램을 설치한 후 접수 및 취소/환불 서비스를 이용하시기 바랍니다.

STEP 01	STEP 02	STEP 03	STEP 04
필기시험 원서접수	필기시험 응시	필기시험 합격자 확인	실기시험 원서접수

- 필기시험은 온라인 접수만 가능
(지역에 상관없이 원하는 시험장 선택 가능)
- Q-net(www.q-net.or.kr) 사이트 회원 가입
- 응시자격 자가진단 확인 후 원서 접수 진행
- 반명함 사진 등록 필요
(6개월 이내 촬영본 / 3.5cm×4.5cm)

- 입실시간 미준수 시 시험 응시 불가
(시험시작 20분 전에 입실 완료)
- 수험표, 신분증, 필기구(흑색 사인펜 등) 지참
(공학용 계산기 지참 시 반드시 포맷)

- CBT 시험 종료 후 즉시 합격여부 확인 가능
- Q-net(www.q-net.or.kr) 사이트에 게시된 공고로 확인 가능

- Q-net(www.q-net.or.kr) 사이트에서 원서 접수
- 응시자격서류 제출 후 심사에 합격 처리된 사람에 한하여 원서 접수 가능
(응시자격서류 미제출 시 필기시험 합격예정 무효)

★ 필기/실기 시험 시 허용되는 공학용 계산기 기종

1. 카시오(CASIO) FX-901~999
2. 카시오(CASIO) FX-501~599
3. 카시오(CASIO) FX-301~399
4. 카시오(CASIO) FX-80~120
5. 샤프(SHARP) EL-501-599
6. 샤프(SHARP) EL-5100, EL-5230, EL-5250, EL-5500
7. 캐논(CANON) F-715SG, F-788SG, F-792SGA
8. 유니원(UNIONE) UC-400M, UC-600E, UC-800X
9. 모닝글로리(MORNING GLORY) ECS-101

※ 1. 직접 초기화가 불가능한 계산기는 사용 불가
2. 사칙연산만 가능한 일반계산기는 기종에 상관없이 사용 가능
3. 허용군 내 기종 번호 말미의 영어 표기(ES, MS, EX 등)는 무관

STEP 05	STEP 06	STEP 07	STEP 08
실기시험 응시	실기시험 합격자 확인	자격증 교부 신청	자격증 수령

- 수험표, 신분증, 필기구, 공학용 계산기, 종목별 수험자 준비물 지참
(공학용 계산기는 허용된 종류에 한하여 사용 가능하며, 수험자 지참 준비물은 실기시험 접수기간에 확인 가능)

- 문자 메시지, SNS 메신저를 통해 합격 통보 (합격자만 통보)
- Q-net(www.q-net.or.kr) 사이트 및 ARS (1666-0100)를 통해서 확인 가능

- 상장형 자격증, 수첩형 자격증 형식 신청 가능
- Q-net(www.q-net.or.kr) 사이트를 통해 신청

- 상장형 자격증은 합격자 발표 당일부터 인터넷으로 발급 가능 (직접 출력하여 사용)
- 수첩형 자격증은 인터넷 신청 후 우편수령만 가능 (수수료 : 3,100원 / 배송비 : 3,010원)

※ 자세한 사항은 Q-net 홈페이지(www.q-net.or.kr)를 참고하시기 바랍니다.

CBT 안내

① CBT란

Computer Based Test의 약자로, 컴퓨터 기반 시험을 의미한다.

정보기기운용기능사, 정보처리기능사, 굴삭기운전기능사, 지게차운전기능사, 제과기능사, 제빵기능사, 한식조리기능사, 양식조리기능사, 일식조리기능사, 중식조리기능사, 미용사(일반), 미용사(피부) 등 12종목은 이미 오래 전부터 CBT 시험을 시행하고 있으며, 이외의 기능사는 2016년 5회부터, 산업기사는 2020년 마지막 시험부터 시행되었고, 대기환경기사 등 모든 기사는 2022년 마지막 시험부터 CBT 시험이 시행되었다.

② CBT 시험 과정

한국산업인력공단에서 운영하는 홈페이지 큐넷(Q-net)에서는 누구나 쉽게 CBT 시험을 볼 수 있도록 실제 자격시험 환경과 동일하게 구성한 가상 웹 체험 서비스를 제공하고 있으며, 그 과정을 요약한 내용은 아래와 같다.

(1) 시험시작 전 신분 확인절차

수험자가 자신에게 배정된 좌석에 앉아 있으면 신분 확인절차가 진행된다.

이것은 시험장 감독위원이 컴퓨터에 나온 수험자 정보와 신분증이 일치하는지를 확인하는 단계이다.

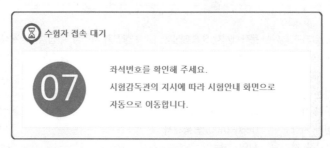

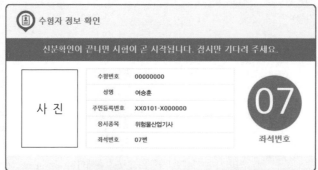

(2) CBT 시험안내 진행

신분 확인이 끝난 후 시험시작 전 CBT 시험안내가 진행된다.

> **안내사항 > 유의사항 > 메뉴 설명 > 문제풀이 연습 > 시험준비 완료**

① 시험 [안내사항]을 확인한다.
- 시험은 총 5문제로 구성되어 있으며, 5분간 진행된다.
  ※ 자격종목별로 시험문제 수와 시험시간은 다를 수 있다.
  (대기환경기사 필기-100문제/2시간 30분)
- 시험도중 수험자 PC 장애 발생 시 손을 들어 시험감독관에게 알리면 긴급장애조치 또는 자리이동을 할 수 있다.
- 시험이 끝나면 합격여부를 바로 확인할 수 있다.

② 시험 [유의사항]을 확인한다.

시험 중 금지되는 행위 및 저작권 보호에 관한 유의사항이 제시된다.

③ 문제풀이 [메뉴 설명]을 확인한다.

문제풀이 기능 설명을 유의해서 읽고 기능을 숙지해야 한다.

④ 자격검정 CBT [문제풀이 연습]을 진행한다.

실제 시험과 동일한 방식의 문제풀이 연습을 통해 CBT 시험을 준비한다.
- CBT 시험 문제화면의 기본 글자크기는 150%이다. 글자가 크거나 작을 경우 크기를 변경할 수 있다.
- 화면배치는 1단 배치가 기본 설정이다. 더 많은 문제를 볼 수 있는 2단 배치와 한 문제씩 보기 설정이 가능하다.

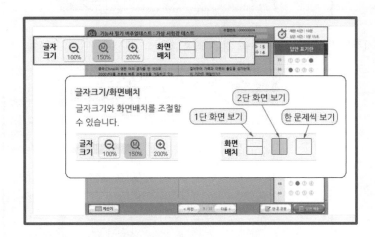

• 답안은 문제의 보기번호를 클릭하거나 답안표기 칸의 번호를 클릭하여 입력할 수 있다.
• 입력된 답안은 문제화면 또는 답안표기 칸의 보기번호를 클릭하여 변경할 수 있다.

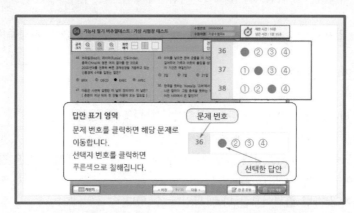

• 페이지 이동은 아래의 페이지 이동 버튼 또는 답안표기 칸의 문제번호를 클릭하여 이동할
  수 있다.

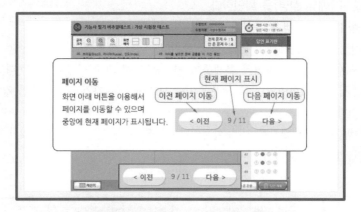

• 응시종목에 계산문제가 있을 경우 좌측 하단의 계산기 기능을 이용할 수 있다.

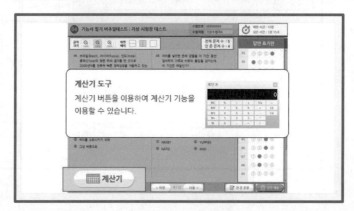

- 안 푼 문제 확인은 답안 표기란 좌측에 안 푼 문제 수를 확인하거나 답안 표기란 하단 [안 푼 문제] 버튼을 클릭하여 확인할 수 있다. 안 푼 문제번호 보기 팝업창에 안 푼 문제번호가 표시된다. 번호를 클릭하면 해당 문제로 이동한다.

- 시험문제를 다 푼 후 답안 제출을 하거나 시험시간이 모두 경과되었을 경우 시험이 종료되며 시험결과를 바로 확인할 수 있다.
- [답안 제출] 버튼을 클릭하면 답안 제출 승인 알림창이 나온다. 시험을 마치려면 [예] 버튼을 클릭하고 시험을 계속 진행하려면 [아니오] 버튼을 클릭하면 된다. 답안 제출은 실수 방지를 위해 두 번의 확인 과정을 거친다. 이상이 없으면 [예] 버튼을 한 번 더 클릭하면 된다.

⑤ [시험준비 완료]를 한다.
시험 안내사항 및 문제풀이 연습까지 모두 마친 수험자는 [시험준비 완료] 버튼을 클릭한 후 잠시 대기한다.

(3) CBT 시험 시행

(4) 답안 제출 및 합격 여부 확인

- **직무 분야** : 환경 · 에너지
- **중직무 분야** : 환경
- **자격 종목** : 대기환경기사
- **직무 내용** : 대기오염으로 인한 국민건강이나 환경에 관한 위해를 예방하기 위해 대기환경관리 계획 수립, 시설 인 · 허가 및 관리, 실내공기질 관리, 악취 관리, 이동오염원 관리, 측정 분석 · 평가를 통해 대기환경을 적정하고 지속가능하도록 관리 · 보전하는 직무이다.
- **적용 기간** : 2025.1.1. ~ 2025.12.31.

〈필기〉

⊙ 제1과목 | 대기오염 개론

주요 항목	세부 항목	세세 항목
1. 대기오염	(1) 대기오염의 특성	① 대기오염의 정의 ② 대기오염의 원인 ③ 대기오염 인자
	(2) 대기오염의 현황	① 대기오염물질 배출원 ② 대기오염물질 분류
	(3) 실내공기오염	① 배출원 ② 특성 및 영향
2. 2차 오염	(1) 광화학반응	① 이론 ② 영향인자 ③ 반응
	(2) 2차 오염	① 2차 오염물질의 정의 ② 2차 오염물질의 종류
3. 대기오염의 영향 및 대책	(1) 대기오염의 피해 및 영향	① 인체에 미치는 영향 ② 동 · 식물에 미치는 영향 ③ 재료와 구조물에 미치는 영향
	(2) 대기오염 사건	① 대기오염 사건별 특징 ② 대기오염 사건의 피해와 그 영향
	(3) 대기오염 대책	① 연료 대책 ② 자동차 대책 ③ 기타 산업시설의 대책 등
	(4) 광화학오염	① 원인물질의 종류 ② 특징 ③ 영향 및 피해
	(5) 산성비	① 원인물질의 종류 ② 특징 ③ 영향 및 피해 ④ 기타 국제적 환경문제와 그 대책

주요 항목	세부 항목	세세 항목
4. 기후변화 대응	(1) 지구온난화	① 원인물질의 종류　② 특징 ③ 영향 및 대책　④ 국제적 동향
	(2) 오존층 파괴	① 원인물질의 종류　② 특징 ③ 영향 및 대책　④ 국제적 동향
5. 대기의 확산 및 　오염 예측	(1) 대기의 성질 및 확산 개요	① 대기의 성질 ② 대기확산 이론
	(2) 대기확산 방정식 및 확산 모델	① 대기확산 방정식 ② 대류 및 난류확산에 의한 모델
	(3) 대기안정도 및 혼합고	① 대기안정도의 정의 및 분류 ② 대기안정도의 판정 ③ 혼합고의 개념 및 특성
	(4) 오염물질의 확산	① 대기안정도에 따른 오염물질의 확산 특성 ② 확산에 따른 오염도 예측 ③ 굴뚝 설계
	(5) 기상 인자 및 영향	① 기상 인자 ② 기상의 영향

⊕ 제2과목 | 연소공학

주요 항목	세부 항목	세세 항목
1. 연소	(1) 연소 이론	① 연소의 정의 ② 연소의 형태와 분류
	(2) 연료의 종류 및 특성	① 고체연료의 종류 및 특성 ② 액체연료의 종류 및 특성 ③ 기체연료의 종류 및 특성
2. 연소 계산	(1) 연소열역학 및 열수지	① 화학적 반응속도론 기초 ② 연소열역학 ③ 열수지
	(2) 이론공기량	① 이론산소량 및 이론공기량 ② 공기비(과잉공기계수) ③ 연소에 소요되는 공기량
	(3) 연소가스 분석 및 농도 산출	① 연소가스량 및 성분 분석 ② 오염물질의 농도 계산
	(4) 발열량과 연소온도	① 발열량의 정의와 종류 ② 발열량 계산 ③ 연소실 열발생률 및 연소온도 계산 등
3. 연소 설비	(1) 연소장치 및 연소방법	① 고체연료의 연소장치 및 연소방법 ② 액체연료의 연소장치 및 연소방법 ③ 기체연료의 연소장치 및 연소방법 ④ 각종 연소 장애와 그 대책 등
	(2) 연소기관 및 오염물	① 연소기관의 분류 및 구조 ② 연소기관별 특징 및 배출오염물질 ③ 연소 설계
	(3) 연소배출 오염물질 제어	① 연료대체 ② 연소장치 및 개선방법

⊕ 제3과목 I 대기오염 방지기술

주요 항목	세부 항목	세세 항목
1. 입자 및 집진의 기초	(1) 입자동력학	① 입자에 작용하는 힘 ② 입자의 종말침강속도 산정 등
	(2) 입경과 입경분포	① 입경의 정의 및 분류 ② 입경분포의 해석
	(3) 먼지의 발생 및 배출원	① 먼지의 발생원 ② 먼지의 배출원
	(4) 집진원리	① 집진의 기초이론 ② 통과율 및 집진효율 계산 등
2. 집진기술	(1) 집진방법	① 직렬 및 병렬 연결 ② 건식 집진과 습식 집진 등
	(2) 집진장치의 종류 및 특징	① 중력집진장치의 원리 및 특징 ② 관성력집진장치의 원리 및 특징 ③ 원심력집진장치의 원리 및 특징 ④ 세정식 집진장치의 원리 및 특징 ⑤ 여과집진장치의 원리 및 특징 ⑥ 전기집진장치의 원리 및 특징 ⑦ 기타 집진장치의 원리 및 특징
	(3) 집진장치의 설계	① 각종 집진장치의 기본 및 실시 설계 시 고려인자 ② 각종 집진장치의 처리성능과 특성 ③ 각종 집진장치의 효율 산정 등
	(4) 집진장치의 운전 및 유지관리	① 중력집진장치의 운전 및 유지관리 ② 관성력집진장치의 운전 및 유지관리 ③ 원심력집진장치의 운전 및 유지관리 ④ 세정식 집진장치의 운전 및 유지관리 ⑤ 여과집진장치의 운전 및 유지관리 ⑥ 전기집진장치의 운전 및 유지관리 ⑦ 기타 집진장치의 운전 및 유지관리
3. 유체역학	(1) 유체의 특성	① 유체의 흐름 ② 유체역학 방정식
4. 유해가스 및 처리	(1) 유해가스의 특성 및 처리이론	① 유해가스의 특성 ② 유해가스의 처리이론(흡수, 흡착 등)
	(2) 유해가스의 발생 및 처리	① 황산화물 발생 및 처리 ② 질소산화물 발생 및 처리 ③ 휘발성유기화합물 발생 및 처리 ④ 악취 발생 및 처리 ⑤ 기타 배출시설에서 발생하는 유해가스 처리
	(3) 유해가스 처리설비	① 흡수 처리설비 ② 흡착 처리설비 ③ 기타 처리설비 등
	(4) 연소기관 배출가스 처리	① 배출 및 발생 억제기술 ② 배출가스 처리기술

주요 항목	세부 항목	세세 항목
5. 환기 및 통풍	(1) 환기	① 자연환기 ② 국소환기
	(2) 통풍	① 통풍의 종류 ② 통풍장치

◉ 제4과목 ▎ 대기오염 공정시험기준(방법)

주요 항목	세부 항목	세세 항목
1. 일반 분석	(1) 분석의 기초	① 총칙 ② 적용범위
	(2) 일반 분석	① 단위 및 농도, 온도 표시 ② 시험의 기재 및 용어 ③ 시험 기구 및 용기 ④ 시험결과의 표시 및 검토 등
	(3) 기기 분석	① 기체 크로마토그래피 ② 자외선가시선분광법 ③ 원자흡수분광광도법 ④ 비분산적외선분광분석법 ⑤ 이온 크로마토그래피 ⑥ 흡광차분광법 등
	(4) 유속 및 유량 측정	① 유속 측정 ② 유량 측정
	(5) 압력 및 온도 측정	① 압력 측정 ② 온도 측정
2. 시료 채취	(1) 시료 채취방법	① 적용범위 ② 채취지점 수 및 위치 선정 ③ 일반사항 및 주의사항 등
	(2) 가스상 물질	① 시료 채취법 종류 및 원리 ② 시료 채취장치 구성 및 조작
	(3) 입자상 물질	① 시료 채취법 종류 및 원리 ② 시료 채취장치 구성 및 조작
3. 측정방법	(1) 배출오염물질 측정	① 적용범위 ② 분석방법의 종류 ③ 시료 채취, 분석 및 농도 산출
	(2) 대기 중 오염물질 측정	① 적용범위 ② 측정방법의 종류 ③ 시료 채취, 분석 및 농도 산출
	(3) 연속자동측정	① 적용범위 ② 측정방법의 종류 ③ 성능 및 성능시험방법 ④ 장치 구성 및 측정 조작
	(4) 기타 오염인자의 측정	① 적용범위 및 원리 ② 장치 구성 ③ 분석방법 및 농도 계산

⊙ 제5과목 ㅣ 대기환경관계법규

주요 항목	세부 항목	세세 항목
1. 대기환경보전법	(1) 총칙	–
	(2) 사업장 등의 대기오염물질 배출규제	–
	(3) 생활환경상의 대기오염물질 배출규제	–
	(4) 자동차 · 선박 등의 배출가스의 규제	–
	(5) 보칙	–
	(6) 벌칙(부칙 포함)	–
2. 대기환경보전법 시행령	(1) 시행령 전문(부칙 및 별표 포함)	–
3. 대기환경보전법 시행규칙	(1) 시행규칙 전문(부칙 및 별표, 서식 포함)	–
4. 대기환경 관련 법	(1) 대기환경 보전 및 관리, 오염 방지와 관련된 기타 법령 (환경정책기본법, 악취방지법, 실내공기질관리법 등 포함)	–

〈실기〉

■ 수행 준거

대기오염에 대한 전문적 지식을 토대로 하여

1. 대기오염 현황을 정확히 측정 및 분석할 수 있다.
2. 대기오염의 측정자료를 토대로 대기질을 평가 및 예측할 수 있다.
3. 대기오염 대책을 수립하여 방지시설을 적절하게 설계, 시공, 관리할 수 있다.

⊙ 실기 과목명 ㅣ 대기오염방지 실무

주요 항목	세부 항목	세세 항목
1. 대기오염 방지기술	(1) 오염물질 확산 및 예측하기	① 확산이론을 이해할 수 있다. ② 안정도에 따른 연기확산을 파악할 수 있다. ③ 바람과 대기오염의 관계, 오염도를 예측할 수 있다.
	(2) 연소이론, 연소계산, 연소설비 이해하기	① 연소이론을 이해할 수 있다. ② 연소생성물을 계산할 수 있다. ③ 연소설비를 파악할 수 있다.

주요 항목	세부 항목	세세 항목
2. 가스 처리	(1) 유체역학적 원리 이해하기	① 유체의 흐름을 이해할 수 있다. ② 입자동력학을 이해할 수 있다.
	(2) 가스처리 및 반응 이해하기	① 유해가스의 처리 이론 및 장치를 파악할 수 있다. ② 유해가스의 처리 기술을 이해할 수 있다.
	(3) 처리장치 설계 이해하기	① 흡수장치의 설계를 이해할 수 있다. ② 흡착장치의 설계를 이해할 수 있다. ③ 기타 처리장치의 설계를 이해할 수 있다.
	(4) 환기 및 통풍장치 이해하기	① 환기장치에 관한 사항을 이해할 수 있다. ② 통풍장치에 관한 사항을 이해할 수 있다.
3. 입자 처리	(1) 입자의 기본이론 이해하기	① 입자의 기초이론을 이해할 수 있다. ② 입자상 물질의 종류 및 특징을 파악할 수 있다.
	(2) 집진원리 이해하기	① 집진의 기초이론을 이해할 수 있다. ② 집진장치별 집진율 등을 산정할 수 있다.
	(3) 집진기술 파악하기	① 집진기 연결형태에 따른 집진기술을 파악할 수 있다. ② 통과율 및 집진효율 등을 계산할 수 있다.
	(4) 집진장치 설계 이해하기	① 중력식 집진장치의 설계를 이해할 수 있다. ② 관성력집진장치의 설계를 이해할 수 있다. ③ 원심력집진장치의 설계를 이해할 수 있다. ④ 세정식 집진장치의 설계를 이해할 수 있다. ⑤ 여과집진장치의 설계를 이해할 수 있다. ⑥ 전기집진장치의 설계를 이해할 수 있다. ⑦ 기타 집진장치의 설계를 이해할 수 있다.
4. 대기오염 측정 및 관리	(1) 시료 채취방법 이해하기	① 시료 채취를 위한 일반적인 사항을 파악할 수 있다. ② 가스상 물질의 시료 채취방법을 파악할 수 있다. ③ 입자상 물질의 시료 채취방법을 파악할 수 있다.
	(2) 시료 측정 및 분석하기	① 일반시험방법에 의거 측정 및 분석할 수 있다. ② 배출허용기준 시험방법에 의거 측정 및 분석할 수 있다. ③ 환경기준 시험방법에 의거 측정 및 분석할 수 있다. ④ 기타 시험방법에 의거 측정 및 분석할 수 있다.
	(3) 대기오염 관리 실무 파악하기	① 대기오염 관리 및 방지 실무를 파악할 수 있다.
	(4) 기타 오염원 관리 이해하기	① 악취 관리업무를 이해할 수 있다. ② 실내공기질 관리업무를 이해할 수 있다. ③ 이동오염원 관리업무를 이해할 수 있다. ④ 기타 오염원 관리업무를 이해할 수 있다.

이 책의 구성

▶ 대기환경 학습의 시작과 마무리
전 과목 핵심이론의 초압축내용으로서, 본격적으로 학습하기 전에 살펴보면 각 과목별 내용을 개략적으로 알 수 있으며 학습한 후에 다시 한 번 보면 전체 내용을 정리하면서 이론학습을 마무리할 수 있도록 하였습니다.

"보지 않고도 술술 말하거나 쓸 수 있도록 눈으로 손으로 계속 반복학습 하세요!"

▶ 꼭 필요한 과목별 핵심이론
다년간의 기출문제와 최근 출제경향을 면밀히 분석, 검토하여 꼭 필요한 내용만을 엄선해 체계적이고도 쉽게 정리하여 수록하였습니다.

"시험에 출제율이 낮은 이론까지 공부하느라 불필요한 시간과 노력을 낭비하지 마세요!"

과목별 기출문제

Engineer Air Pollution Environmental

Subject
제1과목 **대기오염 개론** 과목별 기출문제

저자쌤의 과목별 학습 TIP

출제빈도를 보면 미기상학(바람장미, 열섬, 리차드슨, 바람, 연기모양 등 포함)과 대기오염물질(종류, 피해, 업종 등이 약 50%를 차지하고 있으니 이 부분을 집중적으로 학습할 필요가 있습니다. 그 다음으로 광화학반응, 대기모델링이 각각 10%를 차지하고 있으며, 대기오염사건, 지구온난화, 오존층 파괴, 대기의 구성 및 조성 등이 각각 5%를 차지하고 있으니 이를 감안하여 선택과 집중을 통한 전략으로 학습하시기 바랍니다.

| 제1과목 | 대기오염 개론

2017년 제1회 대기환경기사

01 다음 중 주로 연소 시에 배출되는 무색의 기체로 물에 매우 난용성이며, 혈액 중의 헤모글로빈과 결합력이 강해 산소 운반능력을 감소시키는 물질은? ★★★

① PAN ② 알데하이드
❸ NO ④ HC

☑ **[Plus 이론학습]**
NO₂(질소산화물) 중 NO₂는 적갈색 기체이다.

02 다음은 탄화수소류에 관한 설명이다. ( ) 안에 가장 적합한 물질은? ★★

① 벤조피렌 ② 나프탈렌
③ 안트라센 ④ 톨루엔

☑ **[Plus 이론학습]**
벤조피렌은 방향족 탄화수소 중에서도 다환방향족 탄화수소(PAH)에 속한다. 석유 찌꺼기인 피치의 한 성분을 이루며, 콜타르, 담배 연기, 나무 태울 때의 연기, 자동차 매연에 들어 있는데 사실상 모든 유기물질이 탈 때는 거의 다 발생한다.

03 CO에 대한 설명으로 옳지 않은 것은? ★★★

① 자연적 발생원에는 화산 폭발, 테르펜류의 산화, 클로로필의 분해, 산불 및 해수 중 미생물의 작용 등이 있다.
❷ 지구 위도별 분포로 보면 적도 부근에서 최대치를 보이고, 북위 30도 부근에서 최

제1과목

최신 기출문제

Engineer Air Pollution Environmental

2024
제3회 **대기환경기사** [2024년 7월 5일 시행]
CBT 기출복원문제

제1과목 대기오염 개론

01 다음 광화학적 산화제와 2차 대기오염물질에 관한 설명 중 가장 거리가 먼 것은? ★★★
① PAN은 peroxyacetyl nitrate의 약자이며, CH₃COOONO₂의 분자식을 갖는다.
② PAN은 PBN(peroxybenzoyl nitrate)보다 100배 이상 눈에 강한 통증을 주며, 빛을 흡수시키므로 가시거리를 감소시킨다.
③ 오존은 섬모운동의 기능장애를 일으키며, 염색체 이상이나 적혈구의 노화를 초래하기도 한다.
④ 광화학반응의 주요 생성물은 PAN, CO₂, 케톤 등이 있다.
☑ PBN은 PAN보다 100배 이상 눈에 강한 통증을 주며, 빛을 흡수시키므로 가시거리를 감소시킨다.

02 다음 중 라돈에 관한 설명으로 가장 거리가 먼 것은? ★★
① 일반적으로 인체의 조혈기능 및 중추신경계통에 가장 큰 영향을 미치는 것으로 알

② 라돈은 실내 생활을 하는 사람들의 폐에 들어가게 되어 폐암의 주요 원인이 되고 있다.

03 1시간에 10,000대의 차량이 고속도로 위에서 평균시속 80km로 주행하며, 각 차량의 평균 탄화수소 배출은 0.02g/s이다. 바람이 고속도로와 측면 수직방향으로 5m/s로 불고 있다면 도로지반과 같은 높이의 평탄한 지형의 풍하 500m지점에서의 지상 오염농도는? (단, 대기는 중립상태이며, 풍하 500m에서의 σ_z =15m,

$$C(x, t, 0) = \frac{2Q}{(2\pi)^{\frac{1}{2}} \sigma_z \cdot U} \exp\left[-\frac{1}{2}\left(\frac{H}{\sigma_z}\right)^2\right]$$

를 이용)

① 26.6μg/m³ ② 34.1μg/m³
③ 42.4μg/m³ ④ 51.2μg/m³

☑ $Q = \frac{10,000대}{s} \left| \frac{0.02g}{대} \right| \frac{1km}{80km} \left| \frac{10^6 μg}{10^3 m} \right| \frac{1}{1g}$
$= 2,500 μg/m \cdot s$
H=0, 그러므로 $\exp\left[-\frac{1}{2}\left|\frac{H}{\sigma_z}\right|\right]$ =1
$C = \frac{2Q}{\sqrt{2\pi} \times \sigma_z \times U} = \frac{2 \times 2,500}{2.5 \times 15 \times 5} = 26.67 μg/m^3$

▶ 정확하고 이해하기 쉬운 해설
다년간의 기출문제를 과목별로 수록하여 학습의 편의와 효율성을 높였으며, 정확한 해설을 이해하기 쉽게 서술하여 수록하였습니다.

"각 문제 뒤에는 ★(별표)로 출제빈도를 표시해 두었으니, 기출 학습 시 참고하세요!"

▶ 최신 기출로 최근 출제경향 파악
모든 과목을 한꺼번에 풀어봄으로써 시험대비 실전연습이 되도록 하였으며, 정답풀이 외에 꼭 알아야 할 내용을 덧붙여 저절로 중요 이론의 반복학습이 되도록 하였습니다.

"최신 기출문제 풀이와 무료로 제공하는 CBT 온라인 모의고사로 시험대비 최종 마무리를 하세요!"

별책부록 **초압축 핵심써머리**(암기노트)

 PART 1 전 과목 핵심이론

PART 2 과목별 기출문제

최신 기출문제

대기환경기사는 2022년 제4회 시험부터 CBT(Computer Based Test) 방식으로 시행되고 있으므로 이 책에 수록된 기출문제 중 2022년 제4회부터는 복원된 기출문제임을 알려드립니다.

또한 컴퓨터 기반 시험(CBT)에 익숙해질 수 있도록 성안당 문제은행서비스(exam.cyber.co.kr)에서 실제 CBT 형태의 대기환경기사 온라인 모의고사를 제공하고 있습니다.

Engineer Air Pollution Environmental

대기환경기사

www.cyber.co.kr

PART

1

전 과목
핵심이론

대기환경기사 필기

제1과목 대기오염 개론 / **제2과목** 연소공학 / **제3과목** 대기오염 방지기술 /
제4과목 대기오염 공정시험기준(방법) / **제5과목** 대기환경관계법규

어렵고 방대한 이론 NO!
시험에 나오는 이론만 이해하기 쉽게 간결히 정리하여 수록하였습니다.

Engineer Air Pollution Environmental

대기오염 개론

Engineer Air Pollution Environmental

저자쌤의 이론학습 **TIP**

각 과목의 핵심이론은 대기환경기사 필기시험에 자주 출제되는 내용만을 엄선하여 정리하였으므로 충분히 이해하고 암기하도록 합시다. 특히 대기오염 개론 과목은 출제범위가 매우 다양하고 최근이슈문제가 간혹 출제되기도 함을 유념하시기 바랍니다. 또한 주요 대기오염물질(황산화물, 질소산화물, 오존, PAN, 프레온가스, 석면 등)의 특성 및 피해, 지구환경문제(지구온난화, 오존층 파괴, 산성비 등), 대기오염사건(런던스모그, LA스모그 등), 대기모델(플룸모델, 퍼프모델 등), 미기상학(대기안정도, 기온역전, 유효연돌고 등)과 관련된 것은 반드시 숙지하여야 합니다.

핵심이론 **1** 대기의 구조

대기는 **고도에 따른 기온의 변화**로 크게 4권역으로 분류된다.

(1) 대류권(0~약 12km)

고도가 높아짐에 따라 온도는 감소(**고도↑, 온도↓**)한다.

① 대류권에서만 **유일하게 기상현상**이 발생한다.

② 대류권 높이

ㄱ 온도가 높은 지역에서는 높고, 온도가 낮은 지역에서는 낮다.

ㄴ 겨울 < 여름, 고위도 < 저위도

ㄷ 극지방 : 8~10km, 적도 : 16km

③ 지표면의 온도는 약 15℃ 정도이나 **대류권계면(약 12km)**에서는 약 −55℃까지 하강한다.

(2) 성층권(약 12~50km)

고도가 높아짐에 따라 온도는 상승(**고도↑, 온도↑**)한다.

① 하층부의 밀도가 커서 매우 안정한 상태를 유지하므로 공기의 상승이나 하강 등의 **연직운동**을 억제한다.

② **오존층 존재(20~30km 부근)** : 해로운 자외선을 흡수 → **지표생물권 보호**

③ 성층권에서는 **오존이 자외선을 흡수**하여 **성층권의 온도를 상승**시킨다.

   ㉠ 성층권 최하층~약 20km : 평균 -59℃

   ㉡ 성층권 최상부(50km) : 평균 -2℃

④ 미세먼지가 유입되면 수년간 체류하면서 기후에 영향을 미친다.

⑤ 초음속 여객기는 **성층권을 비행**하면서 **NO를 배출**하며, NO는 촉매로 작용하여 오존을 파괴한다.

(3) 중간권(약 50~80km)

고도가 높아짐에 따라 온도는 감소(**고도↑, 온도↓**)한다.

① **최대 -100℃(가장 추움)**

② 전체 대기 질량의 0.1% 존재한다.

③ **중간권 이상에서의 온도**는 대기의 분자운동에 의해 결정된 온도로서 **직접 관측된 온도와는 다르다.**

(4) 열권(약 80km 이상)

고도가 높아짐에 따라 온도는 상승(**고도↑, 온도↑**)한다.

① **최대 1,500℃(가장 더움)** : 온도계로 직접 측정한 것은 아니며 기체분자의 이동속도로부터 추정한 온도이다.

② 열권 상부는 대기가 희박하여 기체분자는 서로 간 충돌하기 전에 수 km를 이동한다. 대류권과 비교하였을 때 열권에서 분자의 운동속도는 매우 빠르다.

핵심이론 2 | 대기와 관련된 주요 사항

(1) 태양상수

① 지구의 대기권 밖에서 태양광선에 수직인 단위면적이 단위시간당 받는 태양복사에너지를 **태양상수** (S)라 하며, 그 값은 시기에 따라 다소 변동하지만 평균적으로 약 $2.0cal/cm^2 \cdot min$이다.

② 태양상수를 S라 하고 지구의 반지름을 R이라 하면, 지구가 받는 전체량은 $\pi R^2 S$가 된다. 그러나 지구 전체의 표면적은 $4\pi R$이므로, **지구 전체의 표면에서 받는 에너지는 $S/4$, 즉 $0.5cal/cm^2 \cdot min$**이다.

(2) 슈테판 – 볼츠만(Stefan-Boltzmann)의 법칙

흑체의 단위면적당 **복사에너지가 절대온도(T)의 4제곱에 비례**한다는 법칙이다.

$$j = \sigma \times T^4$$

여기서, j : 흑체 표면의 단위면적당 복사에너지

σ : 슈테판 – 볼츠만 상수

T : 절대온도

(3) 비인(Wien)의 변위법칙

① 최대에너지의 **파장과 흑체 표면의 절대온도는 반비례**한다는 법칙이다.

② 흑체 스펙트럼의 봉우리는 **온도가 증가**함에 따라 **점점 짧은 파장(높은 진동수) 쪽으로 이동**한다.

$$\lambda = 2{,}897/T$$

여기서, λ : 최대에너지가 복사될 때의 파장

T : 흑체 표면의 절대온도

핵심이론 3 **대기의 성분**

(1) 대기의 성분 비율

① 부피 기준 : N_2 79%, O_2 21%로 간주

질량 기준 : N_2 77%, O_2 23%로 간주

② N_2 78.08% > O_2 20.95% > **Ar 0.93%** > CO_2 0.039% > Ne 0.0018% > **He 0.0005%** > CH_4
> **Kr(크립톤)** > H_2 > N_2O > CO > **Xe(제논)** > O_3

(2) 대기 중 체류시간

① N_2(4,000~4,200만년) > O_2(5,000~6,000년) > N_2O(120년) ≒ CO_2(50~150년)

② CH_4(12년) > CO(0.5~1년) > SO_2(3~5일) ≒ NO_2(2~5일)

(3) 대기 성분의 주요 역할

① **수분(H_2O)** 은 시간과 공간에 따라 **약 1~3%로 변화**하기 때문에 **건조공기를 기준**으로 한다.

② H_2O는 강수량, CO_2와 H_2O는 지구 온도 균형, O_3은 자외선 차단과 관계가 깊다.

핵심이론 4 **질소산화물(NO_x)**

(1) 개요

① 인위적 배출량 중 거의 대부분이 연소과정에서 발생한다.

② NO_x의 생성기작은 Thermal NO_x, Prompt NO_x, Fuel NO_x 등이 있다.

③ 연소 시 연료 중 질소의 NO_x 변환율은 연료의 종류와 연소방법에 따라 차이가 있으나, 대체로 약 20~50% 범위이다.

④ 그 자체도 인체에 해롭지만 **광화학스모그 및 산성비 원인물질**이다.

⑤ 엽록소가 갈색으로 되어 **잎의 내부에 갈색 또는 흑갈색의 반점**이 생기며, **담배, 해바라기, 진달래 등은 NO_2에 약한 편**이다.

(2) 일산화질소(NO)

① 연소과정에서 초기에 발생되는 NO_x는 **90% 이상이 NO**로 발생된다.

② 연소 시에 배출되는 **무색의 기체**로 **물에 매우 난용성**이며, 혈액 중의 헤모글로빈과 결합력이 강해 산소 운반능력을 감소시키는 물질이다.

③ O_3보다는 독성이 약하다.

(3) 이산화질소(NO_2)

① NO가 산화되어 생성되며, **적갈색, 자극성 기체**로 독성이 **NO보다 약 5~7배** 정도 더 크다.

② 분자량 46, 비중은 1.59 정도 된다.

③ **수용성**이고, NO보다는 수중 용해도가 높다.

④ 산화력이 크며, 생리적인 독성과 자극성을 유발한다.

⑤ 태양빛을 흡수하는 기체로서 **420nm 파장 이상**의 가시광선에 의해 **광분해되는 물질**로, 대기 중 체류시간이 약 2~5일 정도이다.

⑥ 불규칙 흰색 또는 갈색으로 변화되며, 피해부분은 엽육세포이다.

(4) 아산화질소(N_2O)

① 감미로운 향기와 단맛이 난다.

② **대류권에서는 온실가스, 성층권에서는 오존층 파괴물질**이다.

③ 대기 중에 약 0.5ppm 정도 존재한다.

핵심이론 5 | 황화합물

(1) 이산화황(SO_2)

① NO_x와 같이 **산성비의 원인물질**이며, **건물의 부식과 노화**를 유발시킨다.

② **280~290nm**에서 **강한 흡수**를 보이지만, **대류권에서는 광분해되지 않는다**.

③ 모든 SO_2의 광화학반응은 전자적으로 여기된 상태의 SO_2의 분자운동들만 포함한다.

④ 대기 중 또는 금속의 표면에서 황산으로 변함으로써 **부식성을 더욱 강하게** 한다.

⑤ 대기 중 아황산 및 황산은 석회, 대리석, 각종 시멘트 등 **건축재료를 약화**시킨다.

⑥ 대기 중의 수분과 쉽게 반응하여 황산을 생성하고, 수분을 더 흡수하여 황산입자 또는 황산미스트를 생성한다.

⑦ **회백색 반점을** 생성하며, **피해부분은 엽육세포**이다.

⑧ 1ppm 정도에서도 수 시간 내에 **고등식물에게 피해를** 준다.

⑨ SO_2에 약한 식물은 보리, 목화, 양상추 등이고, 강한 식물은 참외, 측백나무, 까치밥나무, 쥐당나무 등이다.

(2) 이메틸황화물((CH₃)₂S, DMS)

① 해양에 존재하는 대표적 황화합물이며, 식물플랑크톤으로부터 발생하는 휘발성 황화합물이다.

② **해양을 통해 자연적 발생원 중 가장 많은 양의 황화합물이 DMS형태로 배출**된다.

③ **해수 중 가장 높은 농도로 존재**하고 있으며, 대기로 방출되는 생물기원 황(S)수지의 절반 이상을 차지한다.

(3) 이황화탄소(CS₂, carbon disulfide)

① 상온에서 무색 투명하고, 순수한 경우에는 냄새가 거의 없지만 일반적으로 불쾌한 자극성 냄새를 가진 액체이다.

② 액체는 밀도가 높고, 휘발성과 가연성이 강하다.

③ 증기로 존재 시 공기보다 약 2.64배 정도 무겁다.

④ 녹는점은 -111℃, 끓는점은 46.3℃이다.

⑤ 햇빛에 파괴될 정도로 불안정하지만 부식성은 비교적 약하다.

⑥ 중추신경계에 대한 특징적 독성작용으로 심한 급성 또는 아급성 뇌병증을 유발한다.

핵심이론 6 | 탄소화합물

(1) 일산화탄소(CO)

① **무색, 무미, 무취**의 유독성 가스로서, 연료 내 탄소성분이 **불완전연소 시 발생**한다.

② 자연적 발생원에는 화산 폭발, 테르펜류의 산화, 클로로필의 분해, 산불 및 해수 중 미생물의 작용 등이 있다.

③ 인위적 발생원은 주로 수송부문이며, 산업공정과 비수송부문의 연료 연소 시 발생한다.

④ **난용성, 비흡착성, 비반응성**의 성질이 있다.

⑤ 대류권 및 성층권에서의 **광화학반응에 의하여 대기 중에서 제거**된다.

⑥ **토양 박테리아의 활동**에 의하여 CO_2로 산화되어 **대기 중에서 제거**된다.

⑦ 100ppm까지는 1~3주간 노출되어도 **고등식물이 받는 피해는 약한 편**이다.

(2) 이산화탄소(CO_2)

① 환기를 위한 실내공기오염의 지표가 되는 물질이다.

② 온실가스 중 가장 많은 비중을 차지하는 물질이다(기여도는 50% 정도).

③ 가솔린자동차 배기가스의 구성 중 가장 많은 부피를 차지하는 물질이다.

④ 농도는 북반구의 경우 겨울에 증가하며, 다른 곳보다 북반구의 농도가 상대적으로 높다.

⑤ 바다는 CO_2의 가장 큰 자연흡수원으로 CO_2의 약 25% 이상을 흡수한다.

⑥ 4% 넘어가면 독성효과가 갑자기 크게 나타나고, 오랜 시간 4~5%에 노출 시에는 폐장애가 형성되며 기억력 및 시력 감퇴까지 나타날 수 있다.

(3) 탄화수소류

① 올레핀탄화수소는 포화탄화수소나 방향족탄화수소보다 대기 중에서 반응성이 크다.

② 방향족탄화수소는 대기 중에서 고체로 존재한다.

③ 낮은 농도의 올레핀계 탄화수소도 NO가 존재하면 SO_2를 광산화시키는 데 큰 영향을 끼친다.

④ 파라핀계 탄화수소는 NO_x와 SO_2가 존재하여도 Aerosol을 거의 형성시키지 않는다.

⑤ 벤조피렌은 방향족탄화수소 중에서도 다환방향족탄화수소(PAH)에 속한다.

⑥ 벤조피렌은 대표적인 발암물질로 환경호르몬이며, 연소과정에서 생성된다.

⑦ 벤조피렌은 석유찌꺼기인 피치의 한 성분을 이루며, 타르, 담배연기, 가열로 검게 탄 식품, 자동차 매연 등에 들어 있다.

핵심이론 7 | 오존(O_3)

(1) 개요

① 태양빛, 질소산화물과 탄화수소(휘발성 유기화합물)의 광화학적 반응에 의해 생성되며, 강력한 산화작용을 한다.

② 산화력이 강하여 눈을 자극하고, 물에 난용성이다.

③ 200~320nm에서 강한 흡수가, 450~700nm에서는 약한 흡수가 일어난다.

④ 대기 중 지표면 오존의 농도는 NO_2로 산화된 NO의 양에 비례하여 증가한다.

⑤ 대기 중 오존의 농도는 NO_2/NO비, 태양빛의 강도, 반응성 탄화수소 농도 등에 의해 좌우된다.

⑥ 광화학반응에 의한 오존 생성률은 RO_2 농도와 관계가 깊다.

⑦ 과산화기가 산소와 반응하여 오존이 생길 수도 있다.

⑧ 대기 중 오존의 배경 농도는 0.01~0.04ppm 정도이다.

⑨ 국지적인 광화학스모그로 생성된 Oxidant의 지표물질이다.

⑩ **대기 중 오존은 온실가스로 작용**한다.

⑪ NO_2는 태양빛을 받게 되면 산소원자(O)와 NO로 분해되며, 산소원자(O)는 산소분자(O_2)와 결합하여 오존(O_3)을 생성한다. **NO_2는 가장 중요한 태양빛 흡수기체로서 파장 420nm 이상**의 가시광선에 의하여 NO와 O로 광분해되며, 이후 NO_2와 OH가 반응하여 HNO_3가 생성된다.

$$\bullet\ NO_2 + h\nu \longrightarrow NO + O$$
$$\bullet\ O + O_2 + M \longrightarrow O_3 + M\ (M : 반응매체)$$
$$\bullet\ NO + O_3 \longrightarrow NO_2 + O_2$$

⑫ 오존의 탄화수소 산화반응률은 원자상태의 산소에 의한 탄화수소의 산화보다 매우 느리다.

⑬ **오존 농도**는 밤중이나 이른 아침에는 하루 중 가장 낮은 수준까지 내려가게 되고 아침 8시 이후부터 증가하다가 **오후 2~4시(특히 3시)에 최고로 올라갔다가 다시 감소하는 뚜렷한 일변화**를 보인다. 몇 분 동안만 지속되기 때문에 1ppm 이하로 낮고, 지역별 변화는 크지 않다.

⑭ NO에서 NO_2로의 산화가 거의 완료되고 **NO_2가 최고농도에 도달하는 때부터 O_3가 증가되기 시작**한다.

⑮ 일일 최고 오존 농도는 대략 **일사량 및 기온에 비례하여 증가**하고, **상대습도 및 풍속에 반비례하여 감소**하는 경향을 보인다. 다음은 오존 농도가 증가하는 경우이다.

ㄱ 기온이 25℃ 이상이고, 상대습도가 75% 이하일 때
ㄴ 기압경도가 완만하여 풍속 4m/s 이하의 약풍이 지속될 때
ㄷ 시간당 일사량이 $5MJ/m^2$ 이상(자외선 강도 $0.8mW/cm^2$ 이상)으로 일사가 강할 때
ㄹ 대기가 안정하고, 전선성 혹은 침강성의 역전이 존재할 때
ㅁ 질소산화물과 휘발성유기화합물의 배출이 많을 때

(2) 오존층의 오존

① 오존의 생성과 파괴 시 **150~320nm의 자외선을 흡수**한다.
② 자외선은 UV-A(400~315nm), UV-B(315~280nm), UV-C(280~100nm)로 구분된다.
③ 인간에게 해로운 UV-C는 오존에 의해 완전히 차단된다. 또한 오존층은 UV-B의 차단에도 매우 효율적이다.
④ 단위체적당 대기 중에 포함된 오존의 분자수(mol/cm^3)로 나타낼 경우 지상 약 **25km 고도**에서 **가장 높은 농도(약 10ppm 정도)**를 나타낸다.
⑤ 오존 전량은 일반적으로 적도에서 낮고, 극지에서는 높은 경향을 보인다.
⑥ 오존의 생성과 소멸이 계속적으로 일어나면서 오존층의 오존 농도가 유지된다.

(3) 오존에 의한 피해

① 폐수종과 폐충혈, 섬모운동의 기능장애 등을 일으킬 수 있다.

② 염색체 이상이나 적혈구의 노화를 초래한다.

③ **잎의 해면조직이 손상**되어 **회백색 또는 갈색의 반점**이 생기게 된다.

④ **성숙한 잎에 피해가 크며**, 섬유류의 퇴색작용과 직물의 셀룰로오스를 손상시킨다.

⑤ 약 0.2ppm 농도에서 2~3시간 접촉하면 피해를 일으키는데, **보통 엽록소 파괴, 동화작용 억제, 산소작용 저해 등**이 발생한다.

⑥ **오존에 약한 식물은 무, 담배, 시금치, 파, 앨팰퍼 등**이며, **강한 식물은 사과, 해바라기, 양배추, 국화, 수수꽃다리, 미인송, 감나무, 주목, 측백나무 등**이다.

핵심이론 8 ｜ 광화학 옥시던트(Ox)

(1) 개요

① 질소산화물과 탄화수소의 1차 오염물질이 태양 자외선에 의해 광화학반응을 일으켜서 2차적으로 생성된 **오존, PAN, CO_2, 케톤, 알데하이드 등**이 있다. 그러므로 **PAN은 오존 농도와 관계가 깊다.**

② 알데하이드(aldehyde)는 오존 생성에 앞서 반응초기부터 생성되며, 탄화수소의 감소에 대응한다.

③ 자외선이 강할 때, 빛의 지속시간이 긴 여름철에, 대기가 안정되었을 때 대기 중 광산화제의 농도가 높아진다.

④ 인체의 눈, 코, 점막을 자극하고, 폐기능을 약화시킨다.

⑤ 광화학반응에 의해 생성된 물질은 **가시도를 감소**시킨다.

⑥ LA형 스모그는 광화학반응의 대표적인 피해사례이다.

⑦ **2차 오염물질**에는 PAN, SO_3, H_2O_2, H_2SO_4, NO_2, NOCl, 알데하이드, 케톤 등이 있다.

⑧ 1차 오염물질에는 N_2O_3, CO_2, NaCl, SiO_2, NH_3, H_2S, $(CH_3)_2S$ 등이 있다. 이 중 NaCl은 바닷물의 물보라 등이 배출원이며, **해수의 염류 중 차지하는 비율이 가장 많은 1차 오염물질**이다.

(2) PAN

① PeroxyAcetyl Nitrate(질산과산화아세틸)의 약자이며, $CH_3COOONO_2$의 분자식을 갖는다.

$$CH_3 - \overset{\overset{\textstyle O}{\|}}{C} - O - O - NO_2$$

② 주로 생활력이 왕성한 **초엽에 많은 피해**를 준다.

③ 잎의 밑부분이 **은(백)색** 또는 **청동색**이 되는 경향이 있다.

④ 눈에 통증을 일으키며, 빛을 분산시키므로 **가시거리를 단축**시킨다.

⑤ 유리화, 은백색 광택을 나타내며, **주로 해면조직에 피해**를 준다.

⑥ PBN(PeroxyBenzoyl Nitrate)은 **PAN보다 100배 이상 눈에 강한 통증**을 주며, 빛을 흡수시키므로 가시거리를 감소시킨다.

(3) 하이드록시기(hydroxy group)

① 구조식이 −OH로 표시되는 1가의 작용기이다.

② 알켄과 알킨 등 **벤젠고리 이외의 탄소 위에 수소를 하이드록시기로 치환한 화합물은 알코올**이며, **벤젠고리의 탄소 위에 수소를 하이드록시기로 치환한 화합물은 페놀**이다.

핵심이론 9 | 프레온가스(CFC)

(1) 개요

① 염소와 불소를 포함한 일련의 유기화합물을 총칭하는 염화불화탄소(CFC ; Chloro Fluoro Carbon)를 지칭한다.

② 화학적으로 매우 안정하여 쉽게 분해되지 않고 성층권까지 도달하여 **오존층을 파괴하는 주원인물질**이다.

③ **가연성, 부식성 없는 무색 · 무미의 화합물**로, 독성이 적으면서 휘발하기 쉽고, 흡입해도 인체에 해가 없다.

(2) 발생원

에어컨의 냉매, 우레탄 발포제, 세정제, 스프레이의 분사제 등에 사용된다.

(3) 오존의 농도 단위

① 돕슨(DU ; Dobson Unit)으로 표기하는데, 1DU은 지구 대기 중 **오존의 총량을 0℃, 1기압**의 표준상태에서 두께로 환산했을 때 약 **0.01mm에 상당하는 양**을 의미한다.

② 평균적인 농도는 약 350~400DU 정도이며, **200DU 이하가 되었을 때를 오존 구멍 또는 오존 홀**이라 한다.

(4) 90의 법칙(rule of 90)

① **90을 더하여** 얻어진 세 자리 숫자의 **첫 번째 숫자가 C의 수, 두 번째 숫자가 H의 수, 그리고 세 번째 숫자가 F의 수**를 나타낸다. Cl의 수는 포화화합물을 만드는 데 필요한 개수이다.

② CFC-12는 90+12=102이므로 C의 개수는 1개, H의 개수는 0개, F의 개수는 2개, Cl의 개수는 2개이므로, **CFC-12의 화학식은 CF_2Cl_2**이다.

(5) 오존파괴지수 ★빈출

① $CHFClCF_3$는 0.022, CFC-113은 0.8, CFC-114는 1.0, CCl_4는 1.1, Halon-1211은 3.0, CF_2BrCl은 3.0, Halon-1301은 10.0, CF_3Br은 10.0이다.

② HCFC계통은 CFC의 대체물질로서 CFC보다 오존파괴지수가 매우 낮으며, HCFC-22는 정확히 알려져 있지 않다.

③ CFC-115는 약 400년으로 평균수명이 가장 길다.

핵심이론 10 | 석면(asbestos)

(1) 개요

① 자연계에서 존재하는 섬유상 규산광물의 총칭으로서, 화학구조가 수정 같은 구조를 가지는 섬유성 무기물질을 말한다.

② 규소, 수소, 마그네슘, 철, 산소, 칼슘, 나트륨 등의 원소로 구성되어 있으며, 석면의 기본적인 화학구조는 $Mg_6Si_4O_{10}(OH)_8$이다.

③ 백석면은 Chrysotile, 갈석면은 Amosite, 청석면은 Crocidolite라 하고, 석면의 발암성은 청석면 > 갈석면 > 백석면 순이다.

④ 백석면의 주성분은 실리카(SiO_2)와 마그네슘(Mg)이며, 갈석면과 청석면의 주성분은 실리카(SiO_2)와 산화철(Fe_2O_3)이다.

⑤ 불연성, 방부성, 단열성, 전기절연성, 내마모성, 고인장성, 유연성 등의 특성이 있다.

(2) 석면폐증

① 석면 분진이 폐에 들러붙어 폐가 딱딱하게 굳는 섬유화가 나타나는 질병이다(비정상적으로 두꺼워지는 비후화는 아님).

② 폐하엽에 주로 발생하며, 흉막을 따라 폐중엽이나 설엽으로 전이된다.

③ 폐의 석면화는 폐조직의 신축성을 감소시키고 가스교환능력을 저하시켜 결국 혈액으로의 산소공급이 불충분하게 된다.

④ 비가역적이며, 석면 노출이 중단된 후에도 악화되는 경우가 있다.

핵심이론 11 다이옥신(dioxine)

(1) 다이옥신의 정의 및 분류

① 1개 또는 2개의 산소원자에 2개의 벤젠고리가 연결된 3중 고리구조로 1개에서 8개의 염소원자를 갖는 다염소화된 방향족화합물을 말하며, 가운데 고리에 **산소원자가 두 개인 다이옥신계 화합물**(PCDD ; PolyChlorinated Dibenzo-p-Dioxins)과 **산소원자가 하나인 퓨란계 화합물**(PCDF ; PolyChlorinated Dibenzo-Furans)을 **통칭**한다.

② 염소의 위치와 개수에 따라 여러 종류의 이성체가 존재하며, PCDDs는 75개, PCDFs는 135개의 이성체가 존재하여 **총 210개의 이성체**가 존재한다.

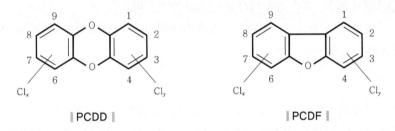

| PCDD | | PCDF |

(2) 다이옥신의 물리 · 화학적 특징

① 열적 · 화학적으로 안정하나, 고온(700℃ 이상)에서는 분해가 잘 된다.

② 녹는점 · 끓는점이 높다.

③ 증기압이 낮고, 물에 대한 용해도가 매우 낮으나, 기름에는 용해된다.

④ 광분해나 미생물분해가 어렵지만 가능은 하며, 광분해 시 최적 파장범위는 250~340nm이다.

핵심이론 12 기타 대기오염물질

(1) 폼알데하이드(formaldehyde)

① 상온에서 **무색**이며, **자극성 냄새**를 가진 기체로서, 비중은 약 1.03이다.

② 자극성이 강한 냄새를 띤 기체상의 화학물질이며, 가장 간단한 알데하이드이다.

③ 37% 이상의 수용액은 포르말린이라고 부른다.

④ 멜라민수지, 요소수지 등의 원료로 널리 이용되며, 플라스틱이나 가구용 접착제의 원료, 접착제, 도료, 방부제 등의 성분으로 쓰인다.

⑤ **피혁제조공업, 합성수지공업, 포르말린제조공업에서 주로 발생**된다.

(2) 라돈(Rn)

① **무색, 무취의 기체**로, **라듐의 α붕괴**에 의하여 생기며, 액화되어도 색을 띠지 않는 물질이다.

② 방사성 비활성 기체로서 **공기보다 약 9배 무거워 지표에 가깝게 존재**한다.

③ 자연에서는 우라늄과 토륨의 자연붕괴에 의해서 발생되며, **가장 안정적인 동위원소는 Rn-222**이며, 우라늄과 라듐은 Rn-222의 발생원에 해당된다.

④ Rn-222의 반감기는 3.8일이며, 그 낭핵종도 같은 종류의 α선을 방출하지만 **화학적으로는 거의 불활성**이다.

⑤ **주로 토양, 지하수, 건축자재를 통하여 인체에 영향을 미치고 있으며**, 화학적으로 거의 반응을 일으키지 않고, 흙속에서 방사선 붕괴를 일으킨다.

⑥ 라돈 붕괴에 의해 생성된 낭핵종이 α선을 방출하여 주로 폐조직을 파괴하며, 폐암의 주요 원인이 된다.

(3) 벤젠(C_6H_6)

① 비점은 약 80℃ 정도이고, 체내 흡수는 **대부분 호흡기를 통하여** 이루어진다.

② 체내에 흡수된 벤젠은 **지방이 풍부한 피하조직과 골수에서 고농도로 축적되어 오래 잔존**할 수 있다.

③ 벤젠 노출 또는 흡입에 의해 발생되는 **백혈병은 주로 급성 골수성 백혈병**이다.

④ 주로 포르말린 제조, 도장공업 등에서 배출된다.

⑤ **톨루엔**은 호흡기계와 피부를 통하여 체내에 흡수되어 **뇨 중 대사산물인 마뇨산을 비롯하여** o-, m-, p-Cresol 및 Benzoyl glucuronide 등으로 배설된다.

(4) 베릴륨(Be)

① 회백색이며, 높은 장력을 가진 가벼운 금속이다.

② 합금을 하면 전기 및 열 전도가 크고, 마모와 부식에 강하다.

③ 알칼리토금속에 속하는 원소로, 가볍고 단단한데다가(비중 1.85) **열전도율이 높아 우주선, 인공위성 등 항공우주분야와 전기·전자, 원자력, 합금 등에 사용**된다.

④ 직업성 폐질환이 우려되고, 발암성이 크며, 폐, 뼈, 간, 비장에 침착된다.

(5) 포스겐($COCl_2$)

① **질식성 유독가스**이며, 염화카르보닐이라고도 부른다.

② 비등점이 약 8℃인 독특한 **풀냄새(퀴퀴한 건초)가 나는 무색 기체**이다.

③ CO와 염소기체로부터 포스겐을 생성한다.

④ 수분이 존재하면 가수분해되어 염산을 생성하여 금속을 부식시킨다.

⑤ 포스겐 자체는 자극성이 경미하지만 수중에서 재빨리 염산으로 분해되어 거의 급성 전구증상 없이 치사량을 흡입할 수 있으므로 매우 위험하다.

(6) 시안화수소(HCN)

① **청화수소, 청산**이라고도 하며, **무색인 맹독성 화합물로, 휘발성**이 있다.

② 물, 에테르, 에탄올 등에 녹으며, 불에도 잘 탄다. 치사량은 2g이다.

③ 청산 제조업종에서 배출된다.

(7) 이황화탄소(CS_2)

① 상온에서는 굴절률이 큰 무색의 액체 상태로 존재하며, 휘발성과 가연성이 강하다.

② 겨자기름, 화산가스, 원유에서 발견되고, 비스코스섬유공업 등에서 배출된다.

핵심이론 13 | **대기오염물질에 의한 피해**

식물의 피해 정도는 기공의 개폐, 증산작용의 대소 등에 따라 달라진다.

(1) 불화수소(HF)

① 불화수소로 인한 피해는 SO_2와 거의 흡사하지만 불화수소는 기공을 통해 침투된 후 SO_2와는 달리 **잎의 선단이나 주변에 도달하여 축적되고** 일정량에 달하면 **탈수작용이 일어나 세포가 파괴된다.** 또 파괴된 부분은 점점 **녹색이 없어져 황갈색으로 변한다.**

② 적은 농도로 피해를 주는데, 특히 **어린잎에 피해**를 많이 준다.

③ 다른 할로겐화수소들과는 달리 물과 잘 섞인다.

④ 다른 할로겐화수소산들과는 달리 수용액 상태에서 약산으로 존재한다.

⑤ **반도체 생산(애칭공정), 알루미늄 생산, 디스플레이 생산, 화학비료공업, 우라늄광제련공정** 등에서 배출된다.

(2) 납(Pb)

① 세포 내에서 **SH기와 결합**하여 **헴(heme) 합성**에 관여하는 효소를 포함한 여러 세포의 효소작용을 방해한다.

② 적혈구 내의 전해질이 감소되어 적혈구 생존기간이 짧아지며, 심한 경우 **용혈성 빈혈, 복통, 구토를 일으키고, 뇌세포에 손상**을 준다.

③ 혈액 헤모글로빈의 기본요소인 **포르피린고리의 형성을 방해**함으로써 인체 내 헤모글로빈의 형성을 억제하여 **만성빈혈이 발생**할 수 있다.

④ 부드러운 **청회색의 금속**으로, 밀도가 크고, **내식성이 강하다.** 또한 **전성·연성이 있지만, 전기전도도는 낮다.**

⑤ 소화기로 섭취되면 약 10% 정도가 소장에서 흡수되고, 나머지는 대변으로 배출된다.

⑥ 납 중독의 해독제로 Ca-EDTA, **페니실아민,** DMSA 등을 사용한다.

⑦ 납은 주로 방연석(galena, PbS)으로부터 얻어지며 배터리, 탄약, 땜납, 배관, 염료, 상충제 및 합금 등에 사용된다.

⑧ 납은 테트라에틸렌납의 형태로 휘발유에 노킹방지제로 오랫동안 사용되어 왔다.

⑨ 보통의 금속 중에서 비중이 가장 크다.

(3) 크롬(Cr)

① 만성중독은 코, 폐 및 위장 점막에 병변을 일으킨다.

② 피혁공업, 염색공업, 시멘트 제조 업종에서 배출된다.

(4) 비소(As)

① 안료, 색소, 의약품 제조 공업에 이용된다.

② 피부염, 주름살 부분의 궤양을 비롯하여 색소 침착, 손·발바닥의 각화, 피부암 등을 일으킨다.

(5) 알루미늄(Al)화합물

① 약한 푸른색을 띠는 은색 금속으로, 연성과 전성이 커서 가는 선이나 얇은 박으로 쉽게 가공될 수 있다.

② 주로 보크사이트(bauxite) 광석에서 생산된다.

③ 가볍고 잘 부식되지 않는 특성이 있어, 금속 중에서는 철 다음으로 많이 생산되는 금속으로 알루미늄박(포일) 등 포장에 쓰이는 것을 제외하고는 거의 대부분 합금을 만들어 강도를 높여 사용된다.

④ 소장에서 인과 결합하여 **인 결핍**과 **골연화증**을 유발한다.

(6) 암모니아(NH_3)

① 토마토, 메밀 등은 40ppm 정도의 농도에서 1시간 지나면 피해증상이 나타난다.

② 최초의 증상은 **잎 선단부**에 경미한 **황화현상**으로 나타난다.

③ **지표식물**(약한 식물)로는 **해바라기, 메밀 또는 토마토, 겨자** 등이 있다.

④ 독성은 HCl과 비슷한 정도이다.

⑤ 암모니아와 아황산가스는 물에 대한 용해도가 높기 때문에 흡입된 대부분의 가스가 상기도 점막에서 흡수되므로 즉각적으로 자극증상을 유발한다.

(7) 사염화탄소(CCl₄)

① 인화성은 없지만 독성이 아주 강하고, 간과 신장에 손상을 줄 수 있으며, 암의 발생확률을 증가시킬 수 있다.

② 사염화탄소가 **삼염화에틸렌(TCE)보다 독성이 강하다**. 한편, TCE는 중추신경계 독성, 시력장애, 피로 등의 증상이 있다.

(8) 브롬(Br)화합물

① 부식성이 강하며, 주로 상기도에 대하여 급성 흡입효과를 지니고, 고농도에서는 일정기간이지나면 **폐부종을 유발**하기도 한다.

② **염료, 의약품 및 농약 제조 업종**에서 배출된다.

(9) 에틸렌(C₂H₄)

① 매우 낮은 농도에서 피해를 일으킬 수 있으며, 주된 증상으로 상편 생장, 전두운동의 저해, 황화현상, 신장 저해, 성장 감퇴 등이 있다.

② 0.1ppm의 저농도에서도 **스위트피와 토마토에 상편 생장**을 일으킨다.

③ 에틸렌가스에 **저항성이 큰 것은 피망, 양배추, 클로버, 상추**이고, 그 다음은 **가지, 토마토**이며, **저항성이 매우 약한 것은 키위, 감, 수박, 오이** 등이다.

(10) 염소(Cl)

① 암모니아에 비해서 수용성이 훨씬 약하므로 후두에 부종만을 일으키기보다는 호흡기계 전체에 영향을 미친다.

② 상온에서 녹황색이고, 강한 자극성 냄새를 내는 기체로서, 공기보다 무겁고, 표백작용이 강한 오염물질이다.

③ **강한 산화력을 이용**하여 **산화제, 살균제, 표백제, 소독제**로 쓰이고, **물감, 의약품, 폭발물, 표백분**을 생산하는 데 쓰인다.

④ 염소 또는 염화수소는 **플라스틱공업, 소다 제조, 농약 제조, 화학공업, 활성탄 제조, 금속 제련 업종 등**에서 배출된다.

(11) 염화수소(HCl)

① 무색, 자극성 냄새가 나고, 상온에서 기체며, **전지, 약품, 비료** 등에 사용된다.

② 대기 중에 노출될 경우 **백색의 연무를 형성**하기도 한다.

③ SO₂보다 식물에 미치는 영향이 훨씬 적으며, 한계농도는 10ppm에서 수 시간 정도이다.

핵심이론 14 | 자동차 배출가스

(1) 개요

① 가솔린자동차 배출가스 중 **가장 많은 부피**를 차지하는 물질은 CO_2이다(단, 가속상태 기준).

② HC는 감속, CO는 정지 및 가동 시(idle), NO_x는 정속 및 가속 시 많이 발생된다.

(2) 가솔린자동차 배출가스 후처리기술

① **삼원촉매장치**(three-way catalyst)

　㉠ **CO, HC**는 **백금(Pt), 파라듐(Pd)** 촉매를 이용하여 **산화처리**한다(**산소 필요**).

　㉡ NO_x는 **로듐(Rh)** 촉매를 이용하여 **환원처리**한다(CO, HC, H_2 필요).

② 증발가스 제어장치

③ Blowby가스 제어장치

(3) 디젤자동차 배출가스 후처리기술

① **디젤매연여과장치**(DPF ; Diesel Particulate Filter)

② **디젤산화촉매장치**(DOC ; Diesel Oxidation Catalyst)

③ **질소산화물제거장치**(SCR ; Selective Catalytic Reduction, De-NO_x 촉매)

(4) 전기자동차

① 엔진소음과 진동이 적다.

② 소형차에 잘 맞으며, 자동차의 수명보다 전지의 수명이 짧다.

③ 친환경 자동차에 해당된다.

④ 충전시간이 오래 걸리는 편이다.

핵심이론 15 | 대기오염사건

(1) 뮤즈계곡(Meuse River Valley) 사건

① 발생 : 벨기에 뮤즈계곡(1930. 12.)

② 환경요인 : 분지, 무풍상태, 기온역전, 연무 발생

③ 오염원 : 공장지대(화력발전소, 용광로, 아연제련소, 비료공장 등)

④ 주 오염물질 : SO_2, H_2SO_4 mist, CO, 미세입자

⑤ 피해 : 호흡기 질환(기관지 자극, 호흡곤란), 동·식물 고사

(2) 도쿄 요코하마 사건

① 발생 : 일본 도쿄(1946)
② 주 오염물질 : **뚜렷한 원인물질은 밝혀지지 않았음**
③ 피해 : 급성천식 등

(3) 도노라(Donora) 사건

① 발생 : 미국 도노라(1948. 10.)
② 환경요인 : 분지, 무풍상태, 기온역전, 연무 발생
③ 오염원 : 공장지대(아연제련소, 제철소 등)
④ 주 오염물질 : SO_2, H_2SO_4 mist, **미세입자**
⑤ 피해 : 호흡기 질환(기관지 자극, 호흡곤란)

(4) 포자리카(Poza Rica) 사건

① 발생 : 멕시코 포자리카(1950. 11.)
② 환경요인 : 분지, 기온역전
③ 오염원 : 공장 가스누출 사고
④ 주 오염물질 : H_2S
⑤ 피해 : 해소, 호흡곤란, 점막 자극 등 많은 사상자 발생

(5) 런던 스모그 사건과 LA 스모그 사건 ★빈출

구분	런던 스모그 (1952)	LA 스모그 (1954)
스모그 특성	• 매연+안개의 결합 • 황산미스트 형성	• HC+NO_x+자외선의 결합 • 광화학 옥시던트 형성
주 오염원	• SO_2, CO, 미세입자 등	• HC, NO_x, O_3, PAN 등
기온과 습도	• 온도 0~5℃, 습도 85% 이상	• 온도 24~32℃, 습도 70% 이하
발생시간	• 아침 일찍	• 낮
풍속	• 바람이 없는 경우	• 3m/s 이하의 바람
계절	• 겨울	• 여름
역전 종류	• 복사역전	• 침강역전
화학반응	• 환원	• 산화
시정거리	• 100m 이하	• 800~1,600m 이하
피해	• 호흡기 자극, 만성기관지염 • 폐렴, 심장질환 등 • 수십~수백 명 사망	• 눈·코·기도의 점막 자극 • 고무제품·건축물 손상 • 사망인원 없음

(6) 세베소(Seveso) 사건

① 발생 : 이탈리아(1976)

② 주 오염물질 : **다이옥신, 염소가스 유출**

③ 피해 : 피부병 감염 등, 다이옥신이 처음 검출된 사건으로 유명함

(7) 보팔(Bopal) 사건

① 발생 : 인도 보팔(1984. 12.)

② 오염원 : 공장 가스누출 사고(살충제공장)

③ 주 오염물질 : **메틸이소시아네이트(MIC ; MethylIsoCynate, CH_3CNO)**

④ 피해 : 호흡곤란, 구토, 기침, 폐 팽창

(8) 체르노빌 사건

① 발생 : 구소련, 우크라이나공화국(1986. 4.)

② 오염원 : 원자력발전소 Melting down에 의한 방사성 물질

③ 주 오염물질 : **방사성 물질**

④ 피해 : 유전자 변이, 기형아 발생, 암, 방사성 낙진으로 인한 피해

(9) 후쿠시마 사건

① 발생 : 일본 후쿠시마(2011. 3.)

② 오염원 : 지진과 지진해일로 인한 원전에서 발생된 방사성 물질

③ 주 오염물질 : **방사성 물질, 방사능 오염수**

④ 피해 : 유전자 변이, 기형아 발생, 암 등

핵심이론 16 | **입자상 물질**

(1) 측정방법

① 관성 충돌법이란 일정용적의 공기를 강제 흡입하여 장착된 물체 표면에 고속의 공기를 충돌시켜 입자가 관성력에 의하여 포집되는 방법으로 **다단식 충돌판 측정법이 대표적**이다.

② 다단식 충돌판 측정법은 **입자의 관성력을 이용**하여 입자를 크기별로 측정하고, Cascade impactor로 크기별로 중량농도를 측정하는 방법이다.

(2) 입자의 직경

① 공기역학적 직경(d_a)

　㉠ 같은 **침강속도**를 지니는 **단위밀도($1g/cm^3$)의 구형 물체 직경**을 말한다.

ⓛ 먼지의 호흡기 침착, 공기정화기의 성능 조사 등 입자의 특성 파악에 주로 이용된다.

ⓒ 공기 중 입자의 밀도가 1g/cm³보다 크고, 구형에 가까운 입자의 공기역학적 직경은 실제 광학 직경보다 항상 크게 된다.

② **스토크스(Stokes) 직경**(d_s) : 어떤 입자와 **같은 침강속도,** 그리고 **같은 밀도**를 가지는 구형 물체의 직경을 말한다.

※ 공기역학적 직경은 단위밀도

③ **휘렛(Feret) 직경(페렛 직경)** : 입자 물질의 끝과 끝을 연결한 선 중 **가장 긴 선**을 **직경**으로 하는 것을 말하며, **휘렛 직경은 과대평가**될 수 있다.

④ **평균입경(mean diameter)** : 먼지 전체의 평균크기를 나타내는 방법이다.

⑤ **중위경(median diameter)** : **적산곡선**에서 **체거름**(R)**이 50%일 때의 입경**을 중위경이라 하고, d_{50}으로 나타낸다.

⑥ **모드(Mode)경 : 가장 많이 분포된 입자**의 크기이다.

⑦ **마틴(Martin)경** : 입자를 일정방향의 선에 넣어 **입자투영면적을 2등분하는 선분의 길이**이다.

(3) 입자의 레이놀즈수

① 입자의 운동은 그 입자의 레이놀즈수로 파악할 수 있다.

② **입자의 레이놀즈수**는 보통 0.1~1영역에 있고, 최고 400 정도까지 값을 가지므로 **유체의 레이놀즈 수치보다는 크기가 매우 작다.**

$$Re_p = \frac{d_p v_p \rho_g}{\mu_g}$$

여기서, d_p : 입자 직경, v_p : 입자 속도$\left(\dfrac{d_p^{\,2} (\rho_p - \rho_g)\, g}{18 \mu_g} \right)$

ρ_g, μ_g : 기체 밀도 및 기체 점도

핵심이론 17 | **악취**

(1) 특징

① **탄소수는 저분자일수록 관능기 특유의 악취(냄새)가 강하다.** 8~13에서 가장 강하며, **불포화도(2중 또는 3중 결합)가 높으면 악취가 보다 강하다.**

② 에스테르화합물은 구성하는 산이나 알코올류보다 방향이 우세하다.

③ **분자 내에 황 및 질소가 있으면 악취가 강하다.**

④ 분자 내에 **관능기**(수산, 카본산, 에스테르, 에테르, 알데하이드, 케톤 등)가 있으면 **악취가 강**하며, **수산기는 1개일 때 가장 강하고 개수가 증가하면 약해진다.**

⑤ 분자량이 큰 물질은 **악취 강도가 분자량에 반비례해서 단계적으로 약해진다.**

⑥ 악취의 세기는 26~30℃에서 강하지만 **온도가 낮을수록 감소하는 경향**이 있으며, 60~80%의 상대습도에서 악취에 보다 민감하게 반응한다.

⑦ 물리화학적 자극량과 인간의 감각강도 관계는 **베버–페히너(Weber–Fechner)의 법칙**과 비교적 잘 맞는다.

(2) 최소감지농도와 최소인지농도

① **최소감지농도(recognition threshold)** : 매우 엷은 농도의 냄새는 아무 것도 느낄 수 없지만 이것을 서서히 진하게 하면 어떤 농도가 되고 무엇인지 모르지만 **냄새의 존재를 느끼는 농도**로 나타나는 데, 이 최소농도를 최소감지농도라 한다. 암모니아가 0.1ppm으로 가장 높고, 황화수소가 0.0005ppm으로 가장 낮다.

② **최소인지농도(awareness threshold)** : 농도를 짙게 하다보면 냄새 질이나 **어떤 느낌의 냄새인지를 표현할 수 있는 시점**이 나오는데 이 시점이 최소인지농도이다.

핵심이론 18 | **최대혼합고**

(1) 개요

① 열부상효과에 의해 대류가 유발되는 혼합층의 깊이를 말한다.

② 실제는 온도 종단도를 작성하여 지표의 최고예상온도에서 시작한 건조단열감률선과 환경감률선의 교차점까지의 깊이로서 설정한다.

③ 지상에서 수 km 상공까지의 실제공기의 온도 종단도를 작성하여 결정한다.

(2) 특징

① **밤에 가장 낮고 낮시간 동안 증가한다. 낮시간 동안에는 통상 2~3km 값**을 나타내기도 한다.

② 안정된 대기에서는 불안정한 대기에서보다 최대혼합고가 작다.

③ **최대혼합고가 높은 날은 대기오염이 적고, 낮은 날에는 대기오염이 심하다.**

④ 계절적으로 최대혼합고는 **이른 여름에 최대**가 되고, **겨울에 최소**가 된다.

⑤ **오염물질의 농도**는 최대혼합고의 3승에 반비례한다.

$$\frac{C_2}{C_1} = \left(\frac{\text{MMD}_1}{\text{MMD}_2}\right)^3$$

여기서, C : 농도

MMD(Maximum Mixing Depth) : 최대혼합고

| 핵심이론 19 | 연기 모양에 따른 특성 |

연기 모양	특성
	1. 환상형(looping) : 불안정 상태 　① 과단열적 상태에서 일어나는 연기 형태로, 상하로 흔들림 　② 난류가 심할 때 발생 　③ 맑은 날 태양복사열이 강하고 바람이 약한 따뜻한 계절의 낮에 발생
	2. 원추형(conning) : 중립, 약간 안정한 상태 　① 흐리고 바람이 강하게 불 때 발생 　② 구름이 많이 낀 밤중에 발생 　③ 확산방정식에 의하여 오염물의 확산을 추정할 수 있는 좋은 조건
	3. 부채형(fanning) : 매우 안정한 상태(역전) 　① 굴뚝 위의 상당한 높이까지 공기의 안정으로 강한 역전 발생 　② 수직운동 억제로 풍하측의 오염물 농도를 예측하기가 어려움 　③ 연기의 수직방향 분산은 최소가 되고, 풍향에 수직되는 수평방향의 분산은 아주 적음 　④ 굴뚝높이가 낮으면 지표 부근에 심각한 오염문제 발생 　⑤ 매우 안정된 상태일 때 아침과 새벽에 잘 발생 　⑥ 풍향이 자주 바뀔 때면 뱀이 기어가는 연기모양이 됨 　⑦ 미풍, 맑은 날 밤에 발생
	4. 훈증형(fumigation) : 상층 안정, 하층 불안정 상태(역전) 　① 안정한 공기층이 상부에 있고 불안정한 공기층이 하부에 있을 때 발생 　② 오염물의 확산이 억제됨 　③ 맑은 날 바람이 약한 이른 아침, 주로 여름철에 발생 　④ 굴뚝높이 이상에서 역전 발생으로 지상에서의 높은 오염도를 보임
	5. 지붕형(lofting) : 상층 불안정, 하층 안정 상태(역전) 　① 훈증형 조건과는 반대로 굴뚝높이 정도에서 역전 발생 　② 맑은 날 늦은 오후나 이른 밤에 주로 발생 　③ 일몰 후 복사역전층 형성
	6. 구속형(trapping) : 역전 　① 침강역전과 복사역전이 동시에 발생한 경우 　② 2개의 안정한 층 사이 영역에 제한됨

핵심이론 20 | 유효연돌고(effective stack height)

(1) 개요

굴뚝의 실제높이(H_s)에 연기상승고(ΔH)를 합한 높이

$$H_e = H_s + \Delta H$$

여기서, H_e : 유효연돌고

H_s : 굴뚝의 실제높이

ΔH : 연기상승고(plume rise)

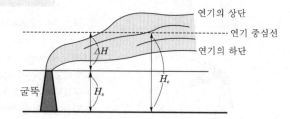

(2) ΔH의 상승인자

운동량(momentum, 배출가스 속도)과 부력(buoyancy, 배출가스와 대기의 온도차)에 의해 발생

(3) 연기 상승고(ΔH) 계산식

① TVA 모델

$$\Delta H = \frac{173 \times F^{1/3}}{U \times \exp(0.64 \times \Delta\theta / \Delta Z)}$$

여기서, F : 부력(m^4/s^3), U : 풍속(m/s), $\Delta\theta$: 온위차, ΔZ : 고도차

②

$$\Delta H = 150 \times (F/U^3) \quad \text{또는} \quad \Delta H = 1.5 \times \frac{V_s}{U} \times d$$

여기서, F : 부력(m^4/s^3)

$$F = \frac{g \times V_s \times d^2 \times (T_s - T_a)}{4 \times T_a}$$

여기서, g : 중력가속도, V_s : 굴뚝 배출가스 속도(m/s), d : 굴뚝의 직경(m)

T_s : 굴뚝 배출가스 온도(K), T_a : 대기 온도(K)

U : 풍속(m/s)

(4) 오염물질의 확산을 높이는 방법

① 굴뚝 배출가스 속도를 증가시킨다.

② 배출가스의 온도를 높인다.

③ 배출구의 직경을 작게 한다.

④ 굴뚝의 높이를 증가시킨다.

⑤ 배출가스량을 증가시킨다.

| 핵심이론 21 | 미기상과 관련된 법칙 및 바람장미 |

(1) 굴뚝의 통풍력

$$Z = 273H[(r_a/(273 + t_a)) - (r_g/(273 + t_g))]$$

여기서, Z : 통풍력(mmH$_2$O)

H : 굴뚝의 높이(m)

r_a : 공기 밀도(kg/m^3)

r_g : 배출가스 밀도(kg/m^3)

t_a : 외기 온도(℃)

t_g : 배출가스 온도(℃)

(2) 디컨(Deacon)의 풍속법칙

$$U = U_0 \left(\frac{Z}{Z_0} \right)^P$$

여기서, U : 임의고도에서의 풍속(m/sec)

U_0 : 기준높이(Z_0)에서의 풍속(m/sec)

Z_0 : 기준높이(10m)

Z : 임의고도(m)

P : 풍속지수(안정 시 1/3, 불안정 시 1/9)

(3) 온위(θ)

$$\theta = T \left(\frac{P_0}{P} \right)^{(k-1)/k}$$

$$\left(\text{일반적으로 } \theta = T \left(\frac{1,000}{P} \right)^{0.288} \text{으로 계산된다.} \right)$$

여기서, T : 절대온도

P : 최초의 기압(mb)

P_0 : 표준기압(1,000mb)

k : 비열

일반적으로 환경감률이 건조단열감률과 같은 기층(중립상태)에서는 온위가 일정하다.

(4) 바람장미(window rose)

① 풍향별로 관측된 **바람의 발생빈도와 풍속을 16방향으로 표시한 기상도형**이다.

② **주풍은 막대의 길이를 가장 길게 표시**하며, **풍속은 막대의 굵기로 표시**한다(풍향은 길이, 풍속은 굵기).

③ 관측된 풍향별 발생빈도를 %로 표시한 것을 방향량(vector)이라 하며, 바람장미의 **중앙에 숫자로 표시한 것은 무풍률**이다.

④ 풍속이 0.2m/s 이하일 때를 정온(calm) 상태로 본다.

| 핵심이론 22 | 대기의 안정도 ★빈출 |

건조단열감률(r_d)은 약 −1℃/100m, 환경감률(r)은 약 −0.6℃/100m이므로, 건조단열감률이 환경감률(실제 체감률)보다 기온감률 기울기가 더 가파르다.

(1) 과단열적 조건 : $|r| > |r_d|$

① 환경감률이 건조단열감률보다 클 때를 말한다.

② 불안정한 상태로서, 대기오염물질의 수직확산이 잘 된다.

(2) 중립적 조건 : $|r| = |r_d|$

① 환경감률과 건조단열감률이 같을 때를 말한다.

② 대기가 중립적 안정 상태로서, 작은 난류에 의해 수직확산이 이루어진다.

(3) 미단열 조건 : $|r| < |r_d|$

① 건조단열감률이 환경감률보다 클 때를 말한다.

② 대기가 약한 안정 상태로서, 매우 작은 난류가 발생되며, 도시 오염을 가중시킨다.

(4) 등온 조건

① 주위의 대기온도가 고도와 관계없이 일정하다(기온감률이 없는 상태).

② 공기의 상하 혼합이 잘 이루어지지 않는다.

(5) 역전 조건 : $|r| \ll |r_d|$

① 매우 강한 안정 상태로서 대기 내의 오염물질은 아주 천천히 분산되고, 난류는 발생하지 않는다.

② 강한 접지역전의 형성으로 지표 부근에 배출원이 존재하면 대기오염도가 심화된다.

핵심이론 **23** **파스퀼(Pasquill)의 대기안정도**

(1) Pasquill(1961)의 대기안정도

① Pasquill은 지상 10m에서의 풍속과 일사량(또는 운량)으로 안정도를 추정한다.

② 등급은 6단계(A~F)가 있다.

③ 등급 선정 시 대기오염을 가장 악화시킬 가능성이 있는 등급을 선택한다.

④ 풍속이 강하고 구름이 많을수록 중립(D)으로 이동한다.

풍속(m/s) 지상 10m	낮			밤 [3]	
	일사량 [2]			운량 [2]	
	강	중	약	> 50%	< 50%
< 2	A [1]	A~B	B	–	–
2~3	A~B	B	C	E	F
3~5	B	B~C	C	D	E
5~6	C	C~D	D	D	D
> 6	C	D	D	D	D

주 1) 등급

　　A : 극히 불안정, B : 중간 정도 불안정, C : 약간 불안정, D : 중립, E : 약한 안정, F : 강한 안정

2) 일사량

　　강 : $>700\text{W/m}^2$

　　중 : $350\sim700\text{W/m}^2$

　　약 : $<350\text{W/m}^2$

3) 밤 : 일몰 전 1시간부터 일출 후 1시간까지

(2) Turner(1994)의 안정도

풍속(m/s) 지상 10m	낮			밤	
	일사량			운량	
	강	중	약	구름이 5/10 이상	구름이 5/10 이하
< 2	A	A~B	B	E	F
2~3	A~B	B	C	E	F
3~5	B	B~C	C	D	E
5~6	C	C~D	D	D	D
> 6	C	D	D	D	D

※ Pasiquill의 안정도와 다른 점 : 풍속 2m/s 이하인 밤의 등급이 존재함.

핵심이론 24 | 역전현상

(1) 복사역전

① 복사역전은 주로 지표 부근에서 발생하므로 대기오염에 많은 영향을 준다.

② 복사역전은 보통 가을로부터 봄에 걸쳐서 날씨가 좋고, 바람이 약하며, 습도가 적을 때 자정 이후 아침까지 잘 발생한다.

(2) 침강역전

① 침강역전은 고기압 중심부분에서 기층이 서서히 침강하면서 기온이 단열변화로 승온되어 발생하는 현상이다.

② 침강역전은 고기압 기류가 상층에 장기간 체류하며 상층의 공기가 하강하여 발생하는 역전이다.

③ 침강역전이 장기간 지속될 경우 오염물질이 장기 축적될 수 있다.

(3) 전선역전

빠른 속도로 움직이는 경향이 있어서 오염문제에 심각한 영향을 주지는 않는 편이다.

(4) 해풍역전

바다에서 차가운 바람이 더워진 육지 위로 불 때 발생되며, 해풍역전과 전선역전은 모두 오염물질을 오랫동안 정체시키는 역할을 하지 않는다.

핵심이론 25 | 리차드슨수(Richardson number, R)

(1) 개요

① 고도에 따른 **풍속차와 온도차를 적용**하여 산출한 **무차원수로서 동적인 대기안정도**를 판단하는 척도로 이용된다.

② **대류 난류(자유 대류)를 기계적 난류(강제 대류)로 전환시키는 율**을 측정한 것이다.

$$R_i = \frac{g}{T_m}\left(\frac{\Delta T/\Delta Z}{(\Delta U/\Delta Z)^2}\right)$$

여기서, R_i : 리차드슨수

g : 중력가속도

T_m : 절대온도

$\Delta T/\Delta Z$: 자유 대류(대류 난류)의 크기

$\Delta U/\Delta Z$: 강제 대류(기계적 난류)의 크기

(2) 특징

① +0.01~−0.01 범위는 중립상태가 되며, +0.01 이상이면 안정상태, −0.01 이하면 불안정한 상태가 된다.

② $R = 0$: 기계적 난류만 존재하며, 수직방향의 혼합은 있다.

③ $R > 0.25$: 수직방향의 혼합이 없다.

④ $0 < R_i < 0.25$: 성층에 의해 약화된 기계적 난류가 존재한다.

⑤ $-0.03 < R_i < 0$: 기계적 난류와 대류난류가 존재하나, 기계적 난류가 지배적이다.

⑥ $R_i < -0.04$: 대류난류에 의한 혼합이 기계적 혼합을 지배한다.

⑦ (−)의 값이 커질수록 불안정도는 증가하며 대류난류가 지배적인 상태가 된다.

핵심이론 26 세류현상과 역류현상

(1) 세류현상(down wash)

① 바람이 불 때 **굴뚝 배출구 부근**에서 풍하측을 향하여 연기가 아래쪽으로 끌려 내려가는 현상을 말한다.

② 저감대책으로는 배출가스 속도를 풍속보다 2배로 크게 하면 된다($V_t \geq 2U$).

(2) 역류현상(down draft)

① 건물의 불규칙한 건물높이로 기계적 난류가 발생하며, **건물 주위**에서 바람이 분리되어 건물 뒤편에 소용돌이(eddy)가 생기면서 오염물의 농도가 증가되는 현상이다.

② 저감대책으로는 **건물 위나 건물 인근 굴뚝높이를 2.5배 이상**으로 한다.

핵심이론 27 픽(Fick)의 법칙

(1) 개요

픽의 제1법칙은 확산현상에서처럼 농도의 기울기에 따라 단위시간당 일정면적을 통과하는 원자(질량)의 이동을 나타내는 법칙이다.

(2) 픽의 확산방정식을 실제 대기에 적용시키기 위한 가정 조건

$$\frac{dC}{dt} = 0$$

① 바람에 의한 오염물의 주 이동방향은 x축으로 한다.
② 오염물질은 점오염원으로부터 연속적으로 배출된다.
③ 풍속은 x, y, z 좌표 내의 어느 점에서든 일정하다.
④ 풍향, 풍속, 온도, 시간에 따른 농도변화가 없는 정상상태 분포로 가정한다.
⑤ 오염물질은 플룸(plume) 내에서 소멸되거나 생성되지 않는다.

핵심이론 28 | 바람

(1) 기압경도력

① 두 지점 사이의 **기압차**에 의해서 생기는 힘으로, **바람이 불게 되는 근본적인 원인**이 되며, 방향은 **고압에서 저압 방향**으로 작용한다.
② 두 등압선의 기압차가 일정할 때 **등압선이 조밀한 곳일수록 기압경도력이 크므로 바람이 강하고**, 등압선이 느슨한 곳에서는 기압경도력이 작으므로 바람이 약하다.

(2) 경도풍

북반구의 경도풍은 저기압에서는 반시계방향으로 회전하면서 위쪽으로 상승하면서 분다.

(3) 전향력

① **바람의 방향, 적도 용승 등 기상현상에 결정적인 영향**을 끼치는 요소이다.
② 북반구에서는 항상 움직이는 물체의 운동방향의 오른쪽 직각방향으로 작용한다.
③ **극지방에서 최대**가 되고, **적도지방에서 최소**가 된다.
④ 크기는 위도, 지구자전 각속도, 풍속의 함수로 나타낸다.

(4) 마찰층(fricition lawer)과 지균풍

① 마찰층 내의 바람은 높이에 따라 항상 **시계방향으로 각천이(angular shift)가 생긴다.**
② 마찰층 내의 바람은 위로 올라갈수록 실제 풍향은 서서히 지균풍에 가까워진다.
③ 마찰층 내의 바람은 위로 올라갈수록 그 변화량이 감소한다.
④ 마찰층 이상 고도에서 바람의 고도변화는 근본적으로 기온분포에 의존한다.

핵심이론 29 | 해륙풍(land and sea breeze)

(1) 개요

① **육지와 직각 또는 해안에 직각**으로 불고, 기온의 일변화가 큰 저위도 지방에서 현저하게 나타나며, 해풍과 육풍을 합한 것을 말한다.

② 육지와 바다는 서로 다른 열적 성질 때문에 해안이나 큰 호수가에서 **낮에는 바다에서 육지로, 밤에는 육지에서 바다**로 분다.

(2) 발생원인

① **낮** : 바다보다 육지가 빨리 더워져서 육지의 공기가 상승하기 때문에 **바다에서 육지로 8~ 15km까지 바람**이 불며, 주로 여름에 빈번히 발생한다(**해풍**).

② **밤** : 육지가 빨리 식는데 반하여 바다는 식지 않아 상대적으로 바다 위의 공기가 따뜻해져 상승하기 때문에 **육지에서 바다로 향해 5~6km까지 불며, 겨울철에 빈번히 발생한다 (육풍)**.

③ 아침, 저녁에는 해륙풍의 방향이 바뀌는 때이며 육지와 바다의 온도가 비슷해져 바람이 자는 것이 보통이다.

④ **낮에 바다에서 육지로 부는 해풍(8~15km)은 밤에 육지에서 바다로 부는 육풍(5~6km)보다 강하다.**

⑤ 지상에서 해풍 또는 육풍이 부는 동안 상공 약 1 km에서는 반대방향으로 보상류(counter flow)가 불고 있다.

(3) 오염물질의 영향

① 해안가 및 호수가에 있는 대도시에서는 대기오염물질의 축적으로 심한 대기오염현상을 초래한다.

② 바람에 포함된 염분에 의한 부식현상이 초래될 수 있다.

③ 해안연기 침강현상(ocean fumigation)이 나타난다.
해안지역(혹은 넓은 호수지역)에서 수면 위의 안정한 기층으로 배출된 오염물질이 해풍을 따라 육지쪽으로 이동하다가 육상에서 발달한 불안정한 열경계층을 만나면서 연기가 침강하는 현상이다.

핵심이론 30 산곡풍과 휀풍

(1) 산곡풍

① 낮 : 산 정상의 가열 정도가 산 경사면의 가열 정도보다 더 크므로 산 경사면에서 산 정상을 향해 부는 **곡풍(산 경사면 → 산 정상)**이 발생한다.

② 밤 : 반대로 산 정상에서 산 경사면을 따라 내려가는 **산풍(산 정상 → 산 경계면)**이 발생한다.

③ **곡풍에 비해 산풍이 더 강하고 매서운 바람**인데 이는 산 위에서 내려오면서 중력의 가속을 받기 때문이다.

④ 지형이 분지로 되어 있는 경우에는 산풍에 의해서 계곡에 대기오염물질이 확산되지 못하고 축적되어 대기오염이 심화되기도 한다.

(2) 휀풍

고도가 높은 산맥에 직각으로 강한 바람이 부는 경우에는 **산맥의 풍하쪽**으로 **건조한 바람**이 부는데 이러한 바람을 휀풍이라 한다.

핵심이론 31 가우시안 플룸 모델(Gaussian plume model)

(1) 개요

① 오염물질의 농도 분포가 **가우시안 분포(또는 정규 분포)**를 이룬다고 가정한 **정상상태 모델**이다.

② 농도 계산식

$$C = (x, \ y, \ z, \ H_e) = \frac{Q}{2\pi\sigma_y\sigma_z U} \exp\left[\frac{-y^2}{2\sigma_y^{\ 2}}\right]$$

$$\left\{\exp\left[\frac{-(z-H_e)^2}{2\sigma_z^{\ 2}}\right] + \exp\left[\frac{-(z+H_e)^2}{2\sigma_z^{\ 2}}\right]\right\}$$

여기서, C : 오염물질 농도($\mu g/m^3$)

Q : 오염물질 배출량(m^3/sec)

U : H_e에서의 평균풍속(m/sec)

H_e : 유효굴뚝높이(m)

σ_z, σ_y : 수직 및 수평 방향 표준편차(m)

(2) 가정 조건 ★빈출

① 연기는 연속적이고 일정하게 배출(continuous emissions)된다.
② 배출량 등은 시간, 고도에 상관없이 일정하다(정상상태).
③ 오염물질의 농도는 정규분포를 이룬다.
④ 바람에 의한 오염물질의 주 이동방향은 x축이며, 풍속은 일정하다.
⑤ 수직방향의 풍속은 수평방향의 풍속보다 작으므로 고도변화에 따라 반영되지 않는다.
⑥ 풍하방향의 확산은 무시한다.
⑦ 주로 평탄지역에 적용하나, 최근 복잡지형에도 적용이 가능하다.
⑧ 간단한 화학반응은 묘사 가능(반감기도 묘사 가능)하다.
⑨ 지표반사와 혼합층 상부에서의 반사가 고려된다(질량보존의 법칙 적용).
⑩ 장, 단기적인 대기오염도 예측에 사용한다.
⑪ 난류확산계수는 일정하다.
⑫ 오염분포의 표준편차는 약 10분간의 대표치이다.

핵심이론 32 | 확산방정식에 의한 농도 계산

(1) 대기오염농도가 지표상의 연기 중심선을 따라서 지표에서 계산될 때

$$C(x,0,0,H_e) = \frac{Q}{\pi \sigma_y \sigma_z U}\left[-\frac{1(H_e)^2}{2\sigma_z^2}\right] \ (z=0, \ y=0)$$

(2) 대기오염원의 배출구가 굴뚝이 아니라 지상에 있을 때

$$C(x,0,0,0) = \frac{Q}{\pi \sigma_y \sigma_z U} \ (z=0, \ y=0, \ H_e=0)$$

(3) 최대지표농도

$$C_m(\text{ppm}) = \frac{2Q}{\pi e U H_e^2} \cdot \frac{K_z}{K_y} \ (\text{Sutton 식})$$

여기서, Q : 오염물질의 배출률(유량×농도), σ_y : 수평방향 표준편차
σ_z : 수직방향 표준편차, e : 2.718
U : 풍속(m/sec), H_e : 유효연돌고(m)
K_y 및 K_z : 수평 및 수직 확산계수

(4) 최대착지거리($X_{\max}$)

$$X_{\max} = (H_e / K_z)^{2/(2-n)}$$

여기서, H_e : 유효연돌고(m), K_z : 수직확산계수, n : 지수

핵심이론 33 │ 분산모델과 수용모델 ★빈출

(1) 분산모델

① 지형 및 오염원의 조업 조건에 영향을 받는다.
② 점, 선, 면 오염원의 영향을 평가할 수 있다.
③ 단기간 분석 시 문제가 된다.
④ 먼지의 영향평가는 기상의 불확실성과 오염원이 미확인인 경우에 문제점을 가진다.
⑤ 미래의 대기질을 예측할 수 있으며 시나리오를 작성할 수 있다.
⑥ 새로운 오염원이 지역 내 신설될 때 매번 재평가해야 한다.
⑦ 기초적인 기상학적 원리를 적용, 미래의 대기질을 예측하여 대기오염 제어 정책입안에 도움을 준다.

(2) 수용모델

① 측정지점에서의 오염물질 농도와 성분 분석을 통하여 배출원별 기여율을 구하는 모델이다.
② 지형, 기상학적 정보 없이도 사용할 수 있다.
③ 현재나 과거에 일어났던 일을 추정하여 미래를 위한 전략은 세울 수 있으나 미래 예측은 어렵다.
④ 수용체 입장에서 영향평가가 현실적으로 이루어질 수 있다.
⑤ 오염원의 조업 및 운영 상태에 관한 정보 없이도 사용 가능하다.
⑥ 불법배출 오염원을 정량적으로 확인평가할 수 있다.
⑦ 2차 오염원의 확인은 불가능하다.
⑧ 입자상 물질, 가스상 물질, 가시도 문제 등 환경과학 전반에 응용할 수 있다.
⑨ 측정자료를 입력자료로 사용하므로 시나리오 작성이 곤란하다.
⑩ 오염물질의 분석방법에 따라 현미경분석법과 화학분석법으로 구분한다.
⑪ 전자주사현미경은 광학현미경보다 작은 입자를 측정할 수 있고, 정성적으로 먼지의 오염원을 확인할 수 있다.
⑫ 시계열분석법은 대기오염 제어의 기능을 평가하고 특정 오염원의 경향을 추적할 수 있으며, 타 방법을 통해 제시된 오염원을 확인하는 데 매우 유용한 분석법이다.
⑬ 공간계열법은 시료 채취기간 중 오염배출속도 및 기상학 등에 크게 의존하여 분산모델과 큰 연관성을 갖는다.

핵심이론 34 | 상자모델(box model)

(1) 기본 이론

① 오염물질의 **질량보존을 기본**으로 한 모델로 넓은 지역을 **하나의 상자로 가정**하여 상자 내부의 오염물질 배출량, 대상영역 외부로부터의 오염물질 유입, **화학반응에 의한 물질의 생성 및 소멸** 등을 고려한 모델이다.

② 대상영역 내의 **평균적인 오염물질 농도의 시간변화를 계산**하며, 비교적 간단하면서도 기상조건과 배출량의 시간변화를 고려할 수 있고, 모델에 따라서는 화학반응에 의한 농도의 시간변화도 계산이 가능하다.

(2) 가정

① 상자공간에서 오염물질의 농도는 균일하다.

② 오염배출원은 이 상자가 차지하고 있는 지면 전역에 균등하게 분포되어 있다.

③ 오염물질은 배출과 동시에 균등하게 혼합된다.

④ 공간의 수직단면에 직각방향으로 부는 바람의 속도가 일정하여 환기량이 일정하다.

⑤ 오염물질의 분해는 1차 반응을 따른다.

(3) 한계

① 상자모델은 **기상조건과 배출량이 공간적으로 균일하다는 가정** 하에 이루어지는 것으로 대상영역의 **평균적인 농도**만 구할 수 있다.

② 대상지역 외부에 오염배출원이 있는 경우, 그 외부배출원에서 유입되는 오염물질의 농도가 불확실하면 큰 오차를 초래한다.

핵심이론 35 | ISC 모델과 UAM 모델

(1) ISCST3 (Industrial Source Complex Short Term model)

① 미국 환경청 추천모델로서, 대기오염에 대한 확산 예측을 위한 **단기모델**이다.

② 점, 선, 면 배출원을 포함한 다양한 오염원을 취급할 수 있으며, 월별, 계절별, 하루의 시간별 또는 선택적인 기간에 대한 **평균농도** 및 **최고농도**를 계산한다.

③ **복잡지형(굴뚝 위의 높은 지형 포함)에 대해서 적용** 가능하다.

④ 기상 자료는 **건식 침적** 및 **습식 침적**의 효과를 고려한다.

⑤ 주로 **1차 오염물질 예측**에 적용한다.

(2) ISCLT3 (Industrial Source Complex Long Term model)

① ISCST3와 유사하지만 기상입력 자료로서, 1시간이 아닌 계절별 자료가 쓰이는 **장기모델**이다.

② ISCST3보다 속도가 빠르지만 장기간 동안의 **평균농도**만을 구할 수 있다.

③ ISCST3와 달리 **습식 침적과 복잡지형(굴뚝보다 높은 지형 포함)을 고려하지 못한다.**

(3) UAM

① 미국에서 개발한 **광화학모델**이며, 점, 면 오염원에 적용하고, 도시지역의 오염물질 이동을 계산할 수 있다.

② **지역적인 O_3문제**를 모사하는 데 있어서 그 정확도가 뛰어나다.

핵심이론 36 | AERMOD와 CALPUFF 모델 ★빈출

(1) AERMOD 모델(Plume 모델)

① **현재 가장 많이 사용**하는 **대표적 Plume 모델로 고도에 따른 연기확산계수 및 풍속의 변화를 계산**하여 확산모델에 반영한 모델이다(미국 EPA 추천모델).

② **대기상태가 공간적으로 균일하다는 가정을 보완한 모델**이다.

③ 기상용 프로그램인 AERMET, 지형입력자료 작성을 위한 AERMAP, 확산계산을 위한 AERMOD로 구성된다.

④ 새로운 또는 개선된 알고리즘을 사용하는 ISCST3 대체모델이다.

⑤ Building downwash를 위한 새로운 알고리즘을 적용한다.

⑥ ISCST3와는 달리 바람, 난류, 온도를 위한 수직적 프로파일을 모사할 수 있다.

⑦ 습식 또는 건식 침적을 고려하지 않는다.

⑧ 지표면 특성(알베도, Bowen ratio, 지표면 거칠기 등)에 대한 입력자료가 필요하다.

(2) CALPUFF 모델(Puff 모델)

① AERMOD 모델과 함께 현재 가장 많이 사용하는 **대표적 Puff모델**이지만 미국환경청(EPA) 추천모델은 아니다.

② 해안가에서의 Fumigation 현상을 고려할 수 있으며, **우리나라 지형에 적합한 모델(삼면이 바다, 해안지역 등)**이다.

③ **정밀한 3차원 바람장 자료가 필요**하다.

※ 퍼프 모델(Puff model) 개념

1. 비균일 확산조건, 즉 가우시안 모델에서는 정상상태의 기상 조건을 가정하는 데 비하여 **비정상상태의 기상조건 하에서 배출량의 변동에 따른 영향을 알아보기 위해 고안된 모델**이다.

2. 가우시안 모델이 바람이 없거나 약할 때 결과에 상당한 오차를 나타내는 데 비하여 **퍼프모델은 무풍 및 바람이 약한 경우를 모사**할 수 있다.

핵심이론 37 | **가시거리**

(1) 람베르트 – 비어(Lambert – Beer) 법칙

기체 및 용액에서의 빛의 흡수에 관한 람베르트와 비어의 법칙을 합친 것으로, 기체나 용액에 빛을 쪼인 뒤 통과해 나온 빛의 세기는 흡수층의 두께와 몰농도의 영향을 받고, 기체나 용액이 빛을 흡수하는 정도는 흡수층의 분자 수에 비례하고 희석도나 압력과는 무관하다는 법칙이다.

$$I_t = I_o \times e^{\sigma_{ext} \cdot L}$$

여기서, I_t : 시정거리 한계만큼 통과 후 빛의 강도

I_o : 초기 빛의 강도

σ_{ext} : 빛의 소멸계수(m^{-1})

L : 시정거리 한계(m)

(2) 가시거리 계산

① **입자의 농도와 입자의 산란계수에 반비례**한다.

② **입자의 밀도와 입자의 직경에 비례**한다.

$$L_v(\mathrm{km}) = 1,000 \times A/C$$

여기서, A : 실험적 정수$(0.6 \sim 2.4,\ 보통\ 1.2)$

C : 입자 농도$(\mu\mathrm{g/m}^3)$

$$L_v(\mathrm{m}) = (5.2 \times \rho \times r)/(K \times C)$$

여기서, ρ : 입자 밀도$(\mathrm{g/cm}^3)$

r : 입자의 반경$(\mu\mathrm{m})$

K : 분산 면적비 또는 산란계수

C : 입자 농도$(\mathrm{g/m}^3)$

핵심이론 38 │ 시정장애와 COH

(1) 시정장애

① 안개, 황사현상과 같이 자연적인 원인에 의한 것과 스모그, 연무, 박무 등과 같이 인위적인 원인에 의한 것으로 분류한다.

② 인위적인 원인은 주로 대기 중에 떠있는 미세입자들이 주원인으로 알려져 있다.

③ 시정장애 물질들은 호흡기 건강에 영향을 미친다.

④ 빛이 대기를 통과할 때 시정장애 물질들은 빛을 산란 또는 흡수한다.

(2) COH

① Coeffcent Of Haze의 약자로, **광화학밀도가 0.01이 되도록** 하는 여과지 상에 빛을 분산시켜 준 고형물의 양을 의미한다.

② 광화학밀도는 **불투명도의 log값으로서, 불투명도는 빛전달률의 역수**이다.

$$\text{m당 COH} = 100 \times \log(I_2/I_1) \times 거리(m)/[속도(m/sec) \times 시간(sec)]$$

여기서, I_1 : 입사광의 광도

I_2 : 투과광의 광도

핵심이론 39 │ 산란과 알베도

(1) 산란

① 레일리산란에서 **산란광의 광도는 λ^4에 반비례**한다.

② **맑은 하늘이 푸르게 보이는 까닭**은 태양광선의 공기에 의한 **레일리산란때문**이다.

③ 레일리산란에 의해 가시광선 중에서는 **청색광이 많이 산란**되고, **적색광이 적게 산란**된다.

④ 빛을 입자가 들어있는 어두운 상자 안으로 도입시킬 때 산란광이 나타나며, 이것을 틴들(tyndall) 빛(光)이라고 한다.

⑤ 입자에 빛이 조사될 때 산란의 경우는 동일한 파장의 빛이 여러 방향으로 다른 강도로 산란되는 반면, 흡수의 경우는 빛에너지가 열, 화학 반응의 에너지로 변환된다.

⑥ **미산란(mie scattering)**은 입자의 크기가 빛의 파장과 비슷할 경우에 일어나며, **빛의 파장보다는 입자의 밀도, 크기, 모양 등에 반응**한다.

(2) 알베도(albedo)

① 물체가 빛을 받았을 때 반사하는 정도를 나타낸다.

② 눈(얼음)은 90% 이상, 사막이나 넓은 해변은 보통 25%이다.

③ 풀이 무성한 지역은 보통 20%, 활엽수 지대는 14%이다.

④ 고밀의 습지는 9~14%, 바다는 약 3.5%이다.

핵심이론 40 | 적외선과 온실가스

(1) 적외선

① 지구의 평균 지상기온은 지구가 태양으로부터 받고 있는 태양에너지와 지구가 적외선 형태로 우주로 방출하고 있는 에너지의 균형으로부터 결정된다. 이 균형은 대기 중의 CO_2, 수증기 등의 적외선을 흡수하는 기체가 큰 역할을 하고 있다.

② 지구는 태양으로부터 받은 에너지를 파장이 긴 적외선으로 방출하는데, CO_2가 적외선 파장의 일부를 흡수한다. 대표적인 온실효과 기체는 수증기와 CO_2이다.

③ 지표에 도달하는 일사량의 변화에 영향을 주는 요소는 계절, 대기의 두께, 태양 입사각의 변화 등이다.

(2) 온실가스

① 온실효과 기체(온실가스)는 가시광선은 투과시키지만 적외선을 잘 흡수하는 광학적 성질을 가진 기체이다.

② 온실가스(GHG ; Green House Gas)는 온실기체들의 구조상 또는 열축적능력에 따라 온실효과를 일으키는 잠재력을 지수로 표현한 것으로, 이 온실가스에는 CO_2, CH_4, N_2O, HFCs, PFCs, SF_6 등이 있다.

    ㉠ 메탄(CH_4)은 지표 부근 대기 중 농도가 약 1.5ppm 정도이고 주로 미생물의 유기물 분해 작용에 의해 발생하며, 비료나 논, 쓰레기 더미, 심지어는 초식동물이나 곤충의 소화과정에서도 상당한 양의 메탄이 배출된다.

    ㉡ 육불화황(SF_6)은 가스차단기, 소화기 등에 주로 사용되는 물질이다.

③ 온난화에 의한 해면상승은 지역의 특수성에 따라 달라지고, 대류권 오존의 농도가 지속적으로 증가하며, 기온상승과 토양의 건조화는 남방한계뿐만 아니라 북방한계에서도 영향을 준다.

④ 지구온난화지수(GWP ; Global Warming Potential)는 CO_2를 1로 볼 때 메탄은 21, 아산화질소는 310, 수소불화탄소는 1,300, 육불화황은 23,900이다.

핵심이론 41 | 열섬효과

(1) 개요

① Dust dome effect라고도 하며, 직경 10km 이상의 도시에서 잘 나타나는 현상이다.

② 태양 복사열에 의해 도시에 축적된 열이 주변지역에 비해 크기 때문에 형성된다.

(2) 특징

① 도시에서는 인구와 산업의 밀집지대로서 인공적인 열이 시골에 비하여 월등하게 많이 공급된다.

② 도시 지표면은 **시골보다 열용량이 많고 열전도율이 높아 열섬효과의 원인**이 된다.

③ 도시지역 표면의 열적 성질의 차이 및 지표면에서의 증발잠열의 차이 등으로 발생한다.

④ 열섬은 인구가 늘어나서 녹지가 도로, 건물, 기타 구조물의 아스팔트나 콘크리트로 바뀌면서 생겨난다. 아스팔트나 콘크리트 표면은 태양열을 반사하기보다는 흡수하게 되며, 이로 인해 표면 온도와 그 주변의 전체 온도를 상승시킨다.

⑤ 열섬현상은 고기압의 영향으로 하늘이 맑고 바람이 약할 때 잘 발생한다.

⑥ 열섬효과로 도시 주위의 시골에서 도시로 바람이 부는데 이를 전원풍이라 한다.

핵심이론 42 | 산성비

(1) 개요

① pH 5.6 미만의 비를 의미하며, SO_x, NO_x가 **주요 원인물질**로서, 산성비로 인해 호수나 강이 산성화되면 플랑크톤의 생장은 억제된다.

② 산성비에 포함된 **주성분은 질산이온(NO_3^-), 황산이온(SO_4^{2-})**이며, 그 밖에도 Cl^-, NH_4^+, Na^+, K^+ 등이 있다.

③ 일반적으로 **산성비에 대한 내성은 침엽수가 활엽수보다 강하다.**

(2) 산성비가 토양에 미치는 영향

① Al^{3+}은 뿌리의 세포분열이나 Ca 또는 P의 흡수 흐름을 저해한다.

② 교환성 Al은 산성의 토양에만 존재하는 물질이며, 교환성 H와 함께 토양 산성화의 주요한 요인이 된다.

③ 토양의 양이온 교환기는 강산적 성격을 갖는 부분과 약산적 성격을 갖는 부분으로 나누는데, **결정도가 낮은 점토광물은 약산적이고 결정도가 높은 점토광물은 강산적**이다.

④ 산성 강수가 가해지면 토양은 산적 성격이 약한 교환기부터 순서적으로 Ca^{2+}, Mg^{2+}, Na^+, K^+ 등의 교환성 염기를 방출하고 대신 그 교환자리에 H^+가 흡착되어 치환된다.

핵심이론 43 국제환경협약

(1) 온실가스 감축을 위한 협약

① 교토의정서　② 파리협약

(2) 오존층 관련 국제환경협약

① 오존층 보호를 위한 비엔나협약

② 오존층 파괴물질에 관한 몬트리올의정서

(3) 산성비 및 황 배출량 관련 협약

① 소피아의정서 : 산성비를 해결하고 국경을 이동하는 대기오염을 통제하기 위한 협약

② 헬싱키의정서 : 황 배출량 또는 국가 간 이동량을 최저 30% 삭감하기 위한 협약

핵심이론 44 기타

(1) 농도단위 전환

① $mg/m^3 \rightarrow ppm$ 전환 : ppm은 무차원이기 때문에 무차원으로 만들어 주면 된다. 즉, 분자는 '부피', 분모는 '질량'이 되어야 무차원이 된다.

$$\frac{mg}{m^3} \times \frac{22.4L}{분자량(g)} \rightarrow ppm$$

② $ppm \rightarrow mg/m^3$ 전환(①의 역) : ppm은 무차원이기 때문에 질량/부피로 만들어 주면 된다.

$$ppm \times \frac{분자량(g)}{22.4L} \rightarrow \frac{mg}{m^3}$$

(2) 기초단위 전환

① $K = 273 + ℃$, $℉ = 1.8℃ + 32$ (여기서, ℃ : 섭씨온도, ℉ : 화씨온도, K : 절대온도(켈빈온도))

② $1cal = 4.2J$

③ $1lb = 453.6g$

④ $1atm = 760mmHg = 10.33mH_2O = 1.013bar = 14.7psia$

(3) 주요물질의 비중

LNG 0.5~0.6, 휘발유 0.72~0.76, 등유 0.77~0.81, 경유 0.8~0.85, 중유 0.84~0.97, LPG 1.52(프로판)~2.01(부탄)

연소공학

저자쌤의 이론학습 TIP

연소공학 과목은 연료별(고체, 액체, 기체) 특성을 이해해야 하며, 계산문제가 빈번하게 출제되기 때문에 계산공식을 반드시 숙지하고 계산기 사용에 익숙해야 합니다. 또한 공기량, 연소가스량, 배출농도, 발열량을 구하는 문제가 자주 출제되므로 이 부분은 반드시 숙지하여야 합니다.

핵심이론 1 | 연소

(1) 개요

점화온도 이상의 온도에서 **연료와 산소**가 격렬하게 결합하면서 **빛과 열**을 동반하는 **화학적 반응** (연료+산소 → 빛과 열+CO_2+H_2O, 고속의 발열반응)

(2) 기본적 사항

① 연료의 가연성분은 **탄소(C), 수소(H), 황(S)** 및 이들의 화합물이다.

② 경제적인 이유로 산소(O_2) 대신 공기(air)를 이용한다.

③ 분류

    ㉠ 완전연소, 불완전연소로 분류

    ㉡ 불균일연소(고체연소, 액체연소), 균일연소(기체연소)로 분류

    ㉢ 고체연소, 액체연소, 기체연소로 분류

④ 연소의 3요소(3T)

    Temperature(온도), Time(체류시간), Turbulence(난류 또는 혼합)

⑤ 연소장치에서 완전연소 여부는 배출가스의 분석결과로 판정할 수 있다.

⑥ 연소용 공기 중의 수분은 연료 중의 수분이나 연소 시 생성되는 수분량에 비해 매우 적으므로 보통 무시할 수 있다.

(3) 연료의 구비조건

① 공기 중에서 쉽게 연소할 것

② 인체에 유해하지 않을 것

③ 단위발열량이 클 것

④ 저장 및 취급이 용이할 것

⑤ 구입하기 쉽고, 가격이 저렴할 것

⑥ 화학적으로 활성이 강하고, 산소와 친화력이 클 것

⑦ 표면적이 클 것(기체 > 액체 > 고체)

⑧ 열전도도가 작을 것(열전도율 : 고체 > 액체 > 기체)

⑨ 반응열이 크고, 활성화에너지가 작을 것

핵심이론 2 | 착화온도

(1) 정의

연료를 가열하여 어느 일정온도에 도달하면 연료에 더 이상의 열을 가하지 않아도 **스스로 연소**하게 되는 최저온도이다(**불꽃이 필요 없음**).

(2) 특징 ★빈출

① 산소농도 및 압력이 높을수록(↑) 착화온도는 낮아진다(↓).

② 반응활성도가 클수록(↑) 착화온도는 낮아진다(↓).

③ 분자량이 클수록(↑) 착화온도는 낮아진다(↓).

④ 발열량이 클수록(↑) 착화온도는 낮아진다(↓).

⑤ 비표면적이 클수록(↑) 착화온도는 낮아진다(↓).

⑥ 활성화에너지가 작을수록(↓) 착화온도는 낮아진다(↓).

⑦ 분자구조가 복잡할수록 착화온도는 낮아진다(↓).

⑧ 석탄의 탄화도가 증가할수록(↑) 착화온도는 높아진다(↑).

(3) 연료의 착화온도

① **고체연료** : 셀룰로이드 180℃, 갈탄 250~300℃, 역청탄 360℃, 목탄 320~370℃, 종이류 405~410℃, 목재 410~450℃, 무연탄 440~550℃

② **액체연료** : 경유 210℃, 등유 257℃, 윤활유 250~350℃, 가솔린 300℃, 중유 300~450℃, 아스팔트 450~500℃

③ **기체연료** : 일산화탄소 641~658℃, 수소 580~600℃, 메탄 650~750℃, 에탄 520~630℃, 프로판 450℃, 부탄 405℃, 헵탄 215℃, 아세틸렌 406~440℃, 에틸렌 490℃, 벤젠 560℃, 이황화탄소 100℃, 아세트알데하이드 185℃

핵심이론 3 | 엔탈피와 발열량

(1) 엔탈피

① 엔탈피는 어떤 계가 가지고 있는 열함량을 말한다.

② 엔탈피 변화란 정압에서 반응열의 변화를 말한다.

③ 엔탈피는 반응경로와 무관하다.

④ 엔탈피는 물질의 양에 비례한다.

⑤ **발열반응**의 경우 **엔탈피가 감소**하며($\Delta H < 0$), **흡열반응**의 경우 **엔탈피는 증가**한다($\Delta H > 0$).

⑥ **반응물이 생성물보다 에너지 상태가 높으면 발열반응**이며, 이와 반대면 흡열반응이다.

(2) 현열과 잠열

① **현열** : 물질에 의하여 흡수 또는 방출된 열이 물질의 상태변화에는 사용되지 않고 온도변화로 나타나는 열이다(**온도변화 ○, 상태변화 ×**).

② **잠열** : 물질에 의하여 흡수 또는 방출된 열이 상 또는 상태변화에만 사용되고 온도상승의 효과를 나타내지 않는 열이다(**온도변화 ×, 상태변화 ○**).

③ 물의 증발잠열은 0℃일 때 600kcal/kg(100℃일 때 539kcal/kg)이며, 물의 융해열은 80kcal/kg이다.

④ 비열은 1g인 물체의 온도를 1℃ 높이는 데 필요한 열량을 말한다.

⑤ 물 1g을 1℃ 상승시키는 데 필요한 열량은 칼로리(cal)로 정의된다.

(3) 발열량

① 단위질량의 연료가 완전연소 후 처음의 온도까지 냉각될 때 발생하는 열량을 말한다.

② **측정방법**

㉠ **단열열량계**(Bomb Calorimeter)에 의한 방법 : **고위발열량**이 측정된다.

㉡ **원소분석**으로 구하는 방법 : **고위발열량**이 측정되며, 주로 Dulong 식이 이용된다.

Dulong 식 : HHV$=8,100$C$+34,000$(H$-$O/8)$+2,500$S (kcal/kg)

© 삼성분으로 구하는 방법 : 저위발열량이 측정된다(개략적 방법).

$$LHV = 4,500\,V - 600\,W \text{ (kcal/kg)}$$

여기서, V, W : 연료 중의 가연분, 수분의 질량 비율

③ **저위발열량(LHV) = 고위발열량(HHV) – 수증기의 응축잠열**

　㉠ **고체 및 액체 연료**

　　$LHV = HHV - 600(9H + W)(\text{kcal/kg})$

　　여기서, H : 연료 내 수소분율(%), W : 연료 내 수분분율(%)

　㉡ **기체연료**

　　$LHV = HHV - 480(H_2 + 2CH_4 + 3C_2H_6 + \cdots)(\text{kcal/m}^3)$

　　여기서, H_2 : 연료 내 수소분율(%), CH_4 : 연료 내 메탄분율(%) 이하 같음

④ 수증기의 응축잠열은 잘 이용되지 않으므로 **저위발열량(진발열량)**이 주로 사용된다.

⑤ **고체연료**의 경우는 **kcal/kg**, **기체연료**의 경우 **kcal/Sm³**의 단위를 사용한다.

⑥ Rosin 식 : 저위발열량을 이용하며 액체연료(보통 중유)에 있어서 이론공기량(A_o), 이론연소 가스량(G_o)을 개략적으로 구하는 데 이용된다.

$$A_o = 0.85 LHV / 1,000 + 2 (\text{Sm}^3/\text{kg})$$

$$G_o = 1.11 LHV / 1,000 (\text{Sm}^3/\text{kg})$$

여기서, LHV : 저위발열량(kcal/kg)(중유의 LHV는 약 10,000kcal/kg)

⑦ **주요물질의 고위발열량(HHV)**

　㉠ CO 3,030kcal/m³, 수소 3,050kcal/m³, 메탄 9,520kcal/m³, 에탄 16,800kcal/m³, 프로판 24,200kcal/m³, 부탄 31,800kcal/m³, 펜탄 37,500kcal/m³

　　통상 탄소와 수소가 많을수록(특히, 수소가 많을수록) 발열량이 높다.

　㉡ 유연탄 6,600kcal/kg, 코크스 6,500kcal/kg, 무연탄 4,500kcal/kg, 천연가스 13,000kcal/kg

---

| 핵심이론 4 | **이론공기량 및 이론연소온도** |

(1) 이론공기량

이론공기량은 연료의 화학적 조성에 따라 다르다.

① **기체연료** : LPG 23m³/m³, 천연가스 8.0~9.5m³/m³, 고로가스 0.6~8.0m³/m³, 석탄가스 4.5~5.5m³/m³, 발생로가스 0.9~1.2m³/m³

② **고체 및 액체 연료** : 가솔린 11.3~11.5m³/kg, 역청탄 7.5~8.5m³/kg, 무연탄 9.0~10.0m³/kg, 코크스 8.0~8.7m³/kg, 탄소 8.9m³/kg

(2) 이론연소온도

연소과정에서 가연물질이 이론공기량으로 완전연소되고, 연소실의 벽면에서 열전달이나 복사에 의한 손실이 전혀 없다고 가정할 때 연소실 내의 가스온도를 이론연소온도 또는 단열연소온도라 한다.

① 계산

$$\text{LHV} = G_{ow} \times C_p(t_1 - t_2)$$

여기서, LHV : 저위발열량(kcal/kg 또는 kcal/Sm³)

G_{ow} : 이론습연소가스량(Sm³/kg 또는 Sm³/Sm³)

C_p : G_{ow}의 평균정압비열(kcal/Sm³·℃)

t_1 : 연소온도(℃)

$$t_1 = \frac{H_1}{(G_{ow} \times C_p) + t_2} \, (℃)$$

t_2 : 실제온도. 즉, 연소용 공기 및 연료의 공급온도(℃)

② 실제연소온도는 연소로의 열손실에는 거의 영향을 받지 않는다.

③ 평형 단열연소온도는 이론 단열연소온도와 같다.

핵심이론 5 | **고체연료**

(1) 장점

① 노천야적이 가능하고, 저장·취급이 용이하다.

② 구입하기 쉽고, 가격이 저렴하다.

③ 연소장치가 간단하다.

(2) 단점

① 완전연소가 곤란하고, 연소 조절이 어렵다.

② 연소효율이 낮고, 고온을 얻기 힘들다.

③ 회분이 많고, 재처리가 곤란하다.

④ 착화, 소화가 어렵다.

⑤ 관 수송이 곤란하다.

2과목 핵심

핵심이론 6 │ **석탄**

(1) 특성

① 석탄의 휘발분은 매연 발생의 요인이 된다.

② **수분은 착화 불량과 열손실을, 회분은 발열량 저하 및 연소 불량**을 초래한다.

③ 석탄 연소 시 잔류물인 **회분** 중 가장 많이 함유되어 있는 것은 SiO_2이다.

④ 석탄재의 용융 시 SiO_2, Al_2O_3 등의 산성 산화물량이 많으면 **회분의 용융점이 상승**한다.

⑤ 석탄은 산소를 차단한 채 1,000~1,300℃의 고온으로 가열하면 열분해되어 석탄가스·가스경유·가스액·콜타르 등을 만들어 내고 나머지는 코크스가 된다.

⑥ **점결성**은 석탄에서 **코크스를 생산할 때 중요한 성질**이다.

(2) 자연발화

① 석탄의 저장법이 나쁘면 완만하게 발생하는 열이 내부에 축적되어 온도상승에 의한 발화가 촉진될 수 있는데 이를 자연발화라 한다.

② 자연발화 가능성이 높은 갈탄 및 아탄은 정기적으로 탄층 내부의 온도를 측정할 필요가 있다.

③ 자연발화를 피하기 위해 **저장은 건조한 곳에**, **퇴적은 가능한 한 낮게** 한다.

(3) 석탄의 탄화도 ★빈출

① 석탄의 탄화도가 높으면(↑) 고정탄소가 많아져 발열량이 증가한다(↑).

② 석탄의 탄화도가 높으면(↑) 휘발분이 감소하고, 착화온도가 높아진다(↑).

③ 석탄의 탄화도가 높으면(↑) 연료비(=고정탄소/휘발분)가 증가한다(↑).

④ 석탄의 탄화도가 높으면(↑) 석탄류의 비중이 증가한다(↑).

⑤ 석탄의 탄화도가 높으면(↑) 수분 및 휘발분이 감소한다(↓).

⑥ 석탄의 탄화도가 높으면(↑) 산소의 양이 줄어든다(↓).

⑦ 석탄의 탄화도가 높으면(↑) 연소속도가 느려진다(↓).

⑧ 석탄의 탄화도가 높으면(↑) 비열이 감소한다(↓).

핵심이론 7 │ **고체연료의 투입방식**

(1) 상부 투입(주입)방식(상입식)

① 투입 연료와 공기 방향이 향류로 교차한다.

② 최상층부터 **연료층 → 건류층 → 환원층 → 산화층 → 회층 → 화격자** 순서로 구성된다.

③ 착화기능이 우수하고 화격자상에 고정층이 형성되어야 하므로 분상의 석탄을 그대로 사용하기에는 곤란하다.

④ 수동 스토커 및 산포식 스토커가 해당된다.

⑤ 공급된 석탄은 연소가스에 의해 가열되어 건류층에서 휘발분을 방출한다.

⑥ 코크스화한 석탄은 환원층에서 아래의 산화층에서 발생한 탄산가스를 일산화탄소로 환원한다.

⑦ **착화가 어렵고, 저품질 석탄 연소에 적합하다.**

(2) 하부 투입(주입)방식(하입식)

① 투입 연료와 공기 방향이 같은 방향으로 이동한다.

② 최상층부터 **환원층 → 산화층 → 건류층 → 연료층 → 화격자** 순서로 구성된다.

③ **저융점 회분을 포함하거나 착화성이 나쁜 연료에는 부적절**하다.

④ 체인 스토커(chain stoker)

ㄱ 하입식의 하나로 미착화탄 → 산화층 → 환원층 → 회층으로 구성된다.

ㄴ 연료층을 항상 균일하게 제어할 수 있고 저품질 연료도 유효하게 연소시킬 수 있어 폐기물 소각로에 많이 이용된다.

핵심이론 8 | 화격자(스토커, stoker) 연소

(1) 개요

① 화격자라고 하는 금속격자 위에 고체연료의 고정층을 만들고 이곳에 공기를 통과시켜 연소하는 방식이다.

② 도시 고형 생활폐기물 대부분에 채용되며, 용융·적하하는 폐기물에는 곤란하다.

ㄱ 상향 연소방식 : 공기가 화격자 하부에서 공급, 발열량이 낮은 생활폐기물 소각에 유리하다.

ㄴ 하향 연소방식 : 공기가 피소각물 상부에서 공급, 휘발분이 많고 열분해속도가 빠른 폐플라스틱, 폐타이어 등이나 발열량이 높은 폐기물 소각에 유리하다.

③ 체류시간이 길고 교반력이 상대적으로 약하여 국부가열의 위험성이 있다.

④ 클링커 장애는 연소효율이 낮은 화격자 연소장치에서 주로 발생된다.

(2) 화격자의 종류와 특징

① 계단식

고정·가동 화격자를 교대로 계단모양으로 배치하고, 가동화격자는 왕복운동을 한다.

② 병렬요동식

ㄱ 폐기물의 이송방향으로 전체적으로 경사져 있고 높이 차가 있는 계단상 형태로, 화격자가 종방향으로 분할되어 병렬로 되어 있다.

        ⓛ 고정·가동 화격자를 횡방향으로 나란히 배치한다.

        ⓒ 강한 교반력과 이송력이 있으며, 화격자의 메워짐이 적어 낙진량이 많고, 냉각기능이 부족하다.

        ⓔ 각 화격자 사이에 단차를 두어 폐기물이 반전되기 때문에 연소조건이 양호하며, 건조, 연소용으로 광범위하게 이용되고 있다.

  ③ 역동식

        ㉠ 가동화격자가 계단식의 반대방향으로 왕복한다.

        ⓛ 건조-연소-후연소 단계로 이송·교반·연소가 양호하나, 화격자 마모가 많다.

  ④ 회전롤러식

    드럼형 가동화격자의 회전에 의해 이송된다.

  ⑤ 이상식

    높이 차이가 있는 가동화격자로 건조-연소-후연소 단계로 이송한다.

  ⑥ 부채형 반전식

    부채형의 가동화격자를 90°로 반전시키며 이송하고, 교반력이 우수하여 저질의 폐기물에 적합하다.

핵심이론 9   유동층(fluidized bed) 연소

(1) 개요

  ① 연료와 **유동매체(주로 모래)를 혼합**하여 넣고 밑에서 고속의 공기를 불어 유동화시킨 후 연소시킨다.

  ② 새로운 연료가 계속해서 공급되면 유동층이 갖고 있는 열량에 의해 연소가 계속 진행된다.

  ③ 일반 소각로에서 소각이 어려운 **난연성 폐기물의 소각에 적합**하며, 특히 **폐유, 폐윤활유 등의 소각에 탁월**하다.

  ④ 연소실에 투입하기 전 **파쇄과정**을 거쳐야 하며, **과잉 공기율이 낮다.**

  ⑤ **비교적 저온인 $700 \sim 900℃$에서 연소되므로 NO_x 발생이 적다.**

  ⑥ 유동층을 형성하는 분체와 공기와의 접촉면적이 크다.

  ⑦ 격심한 입자의 운동으로 층 내가 균일온도로 유지된다.

  ⑧ 수명이 긴 차르(char)는 연소가 완료되지 않고 배출될 수 있으므로 재연소장치에서의 연소가 필요하다.

  ⑨ 유동매체의 열용량이 커서 액상, 기상 및 고상의 전소 및 혼소가 가능하다.

⑩ 유동층 연소는 다른 연소법에 비해 NO_x 생성 억제가 잘 되고, **화염층을 작게 할 수 있으므로 장치의 규모를 작게 할 수 있다.**

※ 유동매체 조건

불활성, 열충격에 강함, 높은 융점, 낮은 비중, 미세하고 입도분포 균일, 내열·내마모성

(2) 장단점 ★빈출

① 장점 : SO_x 저감(노 내 탈황) 및 NO_x 저감(연소실 온도 낮음), 장치 소형화, 클링커 장해 없음, 함수율 높은 폐기물 소각에 적합, 건설비가 적고, 전열면적이 작으며, 유지관리에 용이, 저질연료의 사용 가능, 국부가열의 문제 없음

② 단점 : 부하변동에 약함, 동력비 소요가 큼, 유동매체의 비산, 분진 발생이 많음, 유동매체의 손실로 인한 보충 필요

(3) 부하변동에 대한 적응성 향상 방법

① 공기분산판을 분할하여 층을 부분적으로 유동시킨다.

② 유동층을 몇 개의 셀로 분할하여 부하에 따라 작동시키는 수를 변화시킨다.

③ 층의 높이를 변화시킨다.

핵심이론 10 | 미분탄 연소

(1) 개요

① **미분탄을 1차 공기와 혼합**해서 **버너로부터 분출**하여 공간에 부유시킨 후 연소하는 방식이다.

② 반응속도는 탄의 성질, 공기량 등에 따라 변하기는 하나 연소시간은 대략 입자지름의 제곱에 비례한다.

③ 같은 양의 석탄에서는 표면적이 대단히 커지고 화격자 연소에 비해 공기와의 접촉 및 열전달도 좋아지므로 작은 공기비로 완전연소가 가능하며 높은 연소효율을 얻을 수 있다.

④ 사용연료의 범위가 넓고, 화격자 연소에 적합하지 않은 점결탄과 저위발열탄 등도 사용할 수 있다.

(2) 장점

① 점화 및 소화 시 열손실이 적다.

② 부하변동에 대한 응답성이 우수하여 대형 설비(대용량의 연소)에 적합하다.

③ Clinker trouble이 없으며, 연소실의 공간을 효율적으로 이용 가능하다.

④ 대형화되는 경우 설비비가 화격자 연소에 비해 낮아진다.

(3) 단점

① 석탄을 분쇄하는 데 비용이 많이 들고, 분쇄기 및 배관에서 폭발 우려 및 수송관 마모가 일어날 수 있다.

② 재비산이 많고, 집진장치가 필요하다.

③ 석탄의 종류에 따른 탄력성이 부족하고, 노 벽이나 전열면에 재의 퇴적이 많아 소형화에는 부적합하다. 소형의 미분탄설비는 설비비가 많이 든다.

핵심이론 11 | 로터리 킬른(rotary kiln, 회전식 소각로)

(1) 개요

① 경사진 원형의 킬른을 회전시켜 폐기물을 이송, 소각시키는 형식이다.

② 연소공기의 공급을 조정하고 킬른의 회전속도를 조절하여 최적연소상태를 유지한다.

③ 고온이 유지되며, 주로 사업장 폐기물 연소에 적용된다.

(2) 특징

① 전처리가 크게 요구되지 않는다.

② 소각 시 공기와의 접촉이 좋고, 효율적으로 난류가 생성된다.

③ 여러 가지 형태의 폐기물(고체, 액체, 슬러지 등)을 동시에 소각할 수 있다.

핵심이론 12 | 액체연료

(1) 장점

① 저장, 운반(취급)이 용이하며, 배관공사 등에 걸리는 비용도 적게 소요된다.

② 단위질량당 발열량이 커서 화력이 강하다.

③ 액체연료는 비교적 저가로 안정하게 공급되고, 품질에도 큰 차이가 없다.

④ 회분이 거의 없어 재처리가 필요 없고, 관 수송이 용이하다.

⑤ 점화, 소화 및 연소 조절이 용이하고, 고온을 얻기 쉽다.

⑥ 발열량이 높고, 성분이 일정하다.

⑦ 연소효율이 높고, 완전연소가 쉽다.

⑧ 저장 중 품질변화가 적다.

(2) 단점

① 연소온도가 높아 국부과열 위험이 크다.

② 화재, 역화 등의 위험이 크다.

③ 황 성분을 일반적으로 많이 함유하고 있다(특히, 중유).

④ 버너에 따라 소음이 발생된다.

핵심이론 13	석유

(1) 석유의 비중

① 석유의 비중이 커지면(↑) C/H비가 커지고(↑), 매연 발생량이 많아진다(↑).

② 석유의 비중이 커지면(↑) 점도가 증가한다(↑).

③ 석유의 비중이 커지면(↑) 화염의 휘도가 커진다(↑).

④ 석유의 비중이 커지면(↑) 착화점이 높아진다(↑).

⑤ 석유의 비중이 커지면(↑) 발열량과 연소특성은 나빠진다(↓).

(2) 석유의 점도

① 점도는 유체가 운동할 때 나타나는 마찰의 정도를 나타내고, 동점도는 절대점도를 유체의 밀도로 나눈 것이다(**동점도＝절대점도/유체의 점도**).

② 점도가 낮아지면 인화점이 낮아지고, 인화점이 낮을수록 연소는 잘 되나 위험하다.

③ 석유의 동점도가 감소하면 끓는점이 낮아지고 유동성이 좋아진다.

④ 유체온도를 서서히 냉각하였을 때 유체가 유동할 수 있는 최저온도를 유동점이라 하는데, 일반적으로 **응고점보다 2.5℃ 높은 온도를 유동점**이라 한다.

⑤ 점도가 낮을수록 유동점이 낮아지므로 일반적으로 저점도의 중유는 고점도의 중유보다 유동점이 낮다.

⑥ **중질유**는 방향족계 화합물을 **30% 이상 함유**하고 밀도 및 **점도가 높은** 반면, **경질유**는 방향족계 화합물을 **10% 미만 함유**하고 밀도 및 **점도가 낮은** 편이다.

(3) 석유의 인화점

① 석유류의 인화점은 **휘발유 −50~0℃, 등유 30~70℃, 중유 90~120℃** 정도이다.

② 석유의 증기압은 40℃에서의 압력으로 나타내며, **증기압이 큰 것은 인화점 및 착화점이 낮아서 위험**하다.

③ 인화점이 낮으면 역화 위험성이 있고, 높으면(140℃ 이상) 착화가 곤란하다.

④ **인화점**은 보통 그 예열온도보다 **약 5℃ 이상 높은 것**이 좋다.

(4) 석유의 탄수소(C/H)비 ⭐빈출

① C/H비가 클수록 방사율이 크다.

② 중질연료일수록 C/H비가 크다(즉, 중유>경유>등유>휘발유 순이다).

③ C/H비가 클수록 비교적 점성이 높은 연료이며 매연이 발생되기 쉽다.

④ C/H비가 클수록 이론공연비가 감소한다.

핵심이론 14 │ 석유계 액체연료의 종류

(1) 중유

① 중유는 일반적으로 점도를 중심으로 3종으로 분류된다.

② 점도가 낮은 것은 일반적으로 낮은 비점의 탄화수소를 함유한다.

③ 점도가 낮은 것이 사용상 유리하고 용적당 발열량이 적은 편이다.

④ 잔류탄소의 함량이 많아지면 점도가 높아진다.

⑤ **점도가 낮을수록 유동점이 낮아진다.**

⑥ **비중이 클수록 발열량이 낮아지고 연소성이 나빠진다.**

⑦ **비중이 클수록 유동점, 점도, 잔류탄소 등이 증가한다.**

⑧ 중유의 잔류탄소 함량은 일반적으로 7~16% 정도이다.

⑨ 인화점이 90~120℃ 정도이며, 등유나 경유, 특히 휘발유에 비해 증발하기 어렵다.

(2) 휘발유

① 액체 탄화수소 중 탄소 수가 가장 적다.

② 비점 30~200℃, 비중 0.72~0.76 정도이다.

③ 상온에서 쉽게 증발하는 성질이 있고, 인화성도 매우 좋다.

(3) 나프타

① 무색에서 적갈색을 띠며, 휘발성, 방향성 액체로서 가솔린과 비슷하다.

② 원유를 증류할 때 35~200℃ 끓는점 범위에서 생성되는 탄화수소 혼합체로 중질가솔린이라고도 한다.

③ 끓는점이 100℃ 미만인 것을 경질나프타라고 하며, 주로 용제 및 석유화학 원료로 사용된다.

④ 끓는점이 100℃ 이상인 중질나프타는 휘발유 제조나 B.T.X 생산에 사용된다.

핵심이론 15 | COM(Coal Oil Mixture)

(1) 개요

① 석탄슬러리 연료는 **석탄분말**에 **기름**을 혼합한 COM과 **물**을 **혼합한** CWM으로 분류된다.

② COM은 주로 석탄과 중유의 혼합연료(혼탄유)이다.

③ 볼밀 등을 사용하여 기름 중에서 석탄을 분쇄, 혼합하여 제조한다.

④ 연소실 내 체류시간의 부족, 분사변의 폐쇄와 마모, 재처리에 주의해야 한다.

(2) 특징

① 배출가스 중의 NO_x, SO_x, 먼지 농도는 미분탄 연소와 중유 연소 각각인 경우 농도가중평균 정도가 된다.

② 중유보다 미립화 특성이 양호하다.

③ 화염 길이는 미분탄 연소와 비슷하고, 화염 안정성은 중유 연소와 유사하다.

④ 미분탄의 침강을 막기 위해 계면활성제를 사용한다.

⑤ 유해성분이 존재하기 때문에 재와 매연처리, 연소실 내 체류시간 등을 미분탄 정도로 고려해야 한다.

⑥ COM 연소의 경우 표면 연소 시 연소온도가 높아진 만큼 표면 연소가 가속된다.

⑦ COM 연소의 경우 분해 연소 시 50wt% 중유에 휘발분이 추가되는 형태로 되기 때문에 미분탄연 소보다는 분무 연소에 더 가깝다.

⑧ CWM 연소의 경우 분해 연소 시 30wt%(W/W)의 물이 증발하여 증발열을 뺏음과 동시에 휘발분과 산소를 희석하기 때문에 화염의 안정성이 극도로 나빠진다.

핵심이론 16 | 액체 연소

(1) 기화 연소방식

쉽게 기화하는 경질유 등의 연소에 필요한 연소방식으로 심지식, 포트식, 증발식 등이 있다.

① **심지식**은 공급공기의 유속이 낮을수록, 공기의 온도가 높을수록 화염의 높이가 높아진다.

② **포트식**은 액면에서 증발한 연료가스와 공기가 혼합하면서 연소하는 것으로 연소속도는 주위 공기의 흐름속도에 거의 비례하여 증가한다.

③ **증발식**은 일반적으로 가정용 석유스토브, 보일러 등 연료가 경질유이고 소형인 것에 사용되며, 액체연료의 대표적인 연소방식이다.

(2) 분무화 연소방식

① 액체연료를 **노즐에서 고속으로 분출**시키며, 수μm~수백μm의 크기로 **연료를 분무화**(Atomization) 하여 미립자로 만들어 **표면적을 크게 하여 공기와의 혼합을 좋게 하여 연소시키는 방법**이다.

② **분무 연소는 연소장치를 작게 할 수 있고 고부하의 연소가 가능**하다.

③ 주로 디젤기관이나 보일러 등에서 이용된다.

④ **미립화 특성을 결정하는 것은 분무유량, 분무입경, 분무의 도달거리 등이다.**

⑤ 공기와의 혼합이 충분하지 못할 때, 분무군의 안쪽에 있는 액적은 외부의 열로 인하여 증발하게 되어 그 후는 기체의 확산연소와 같은 연소를 하게 된다.

핵심이론 17 | 유류 연소 버너

(1) 유류 연소 버너가 갖추어야 할 조건

① 넓은 부하범위에 걸쳐 기름의 미립화가 가능해야 한다.

② 소음 발생이 적어야 한다.

③ 점도가 높은 기름도 적은 동력비로 미립화가 가능해야 한다.

(2) 유압분무식 버너 ★빈출

① 구조가 간단하여 유지 및 보수가 용이하다.

② **대용량 버너 제작이 용이**하다.

③ 연료유의 분무각도는 압력, 점도 등으로 약간 다르지만 40~90°로 크다.

④ **유압은 5~30kg/cm^{2}이고 연료의 점도가 크거나 유압이 5kg/cm^2 이하가 되면 분무화가 불량**해진다.

⑤ **유량 조절범위가 좁아 부하변동에 대한 적응성이 어렵다(환류식 1 : 3, 비환류식 1 : 2).**

⑥ 연료 분사범위는 15~2,000L/hr 정도이다.

(3) 회전식 버너

① 분무는 **기계적 원심력과 공기를 이용**한다.

② 부하변동이 있는 **중소형 보일러용으로 사용**된다.

③ 회전수는 5,000~6,000rpm 범위이다.

④ 연료유는 **0.5kg/cm^2 정도 가압**하며 공급한다.

⑤ **연료유의 점도가 작을수록 분무화 입경이 작아진다.**

⑥ **유량 조절범위는 1 : 5 정도**이다.

⑦ 유압식 버너에 비해 연료유의 분무화 입경은 비교적 크다.

⑧ 연료유 분사량은 직결식의 경우 1,000L/hr 이하이다.

⑨ 분무각도는 약 40~80°이며 비교적 넓게 퍼지는 화염의 형태를 가진다.

(4) 건타입 버너

① 형식은 유압식과 공기분무식을 합친 형태이다.

② 유압은 $7kg/cm^2$ 이상이다.

③ 연소가 양호하며, 전자동연소가 가능하다.

④ 점화장치, 송풍기, 화염검출장치가 일체화되어 주로 소형에 적합하다.

(5) 고압기류분무식 버너(고압공기식 유류 버너) ★빈출

① $2~10kg/cm^2$ 정도의 고압공기를 사용하여 분무화시키는 방법이다.

② 분무각도는 20~30°로 가장 작으며, 화염은 가장 좁은 각도의 긴 화염(장염)이다.

③ 유량조절비(turn down ratio)는 1 : 10 정도이다.

④ 분무용 공기량(무화용 공기량)은 이론공기량의 7~12% 정도로 적다.

⑤ 연료 분사범위는 외부혼합식 3~500L/hr, 내부혼합식 10~1,200L/hr 정도이다.

⑥ 주로 대형 가열로(제강용 평로, 연속가열로, 유리용해로 등) 등에 사용한다.

⑦ 분무각도는 작지만 유량조절비는 커서 부하변동에 적응이 용이하다.

⑧ 연료유의 점도가 큰 경우도 분무화가 용이하나 연소 시 소음이 크다.

(6) 저압기류분무식 버너(저압공기식 유류 버너) ★빈출

① $0.05~0.2kg/cm^2(500~2,000mmH_2O)$의 저압공기를 사용하여 분무화시키는 방법이다.

② 분무각도는 30~60° 정도이며, 비교적 좁은 각도의 짧은 화염이 발생된다.

③ 유량 조절범위는 1 : 5 정도이다.

④ 분무용 공기량은 이론공기량의 30~50%로 많이 소요된다.

⑤ 용량은 2~300L/hr이며, 연료 분사범위는 200L/hr 정도이다.

⑥ 주로 소형 가열로용으로 사용한다.

핵심이론 18 | 기체연료

(1) 특징 ★빈출

① 연소 배기가스 중에 SO_2 및 먼지 발생량이 매우 적다.

② 부하의 변동범위가 넓고, 연소의 조절이 용이하며, 점화 및 소화가 간단하다.

③ 저장 및 수송이 불편하고, 시설비가 많이 든다(가장 큰 단점).

④ 기체연료는 석탄이나 석유에 비하여 과잉공기 소모량이 적다.

⑤ 적은 과잉공기로 완전연소가 가능하다.

⑥ 공기와 혼합해서 점화하면 폭발 등의 위험도 있다.

⑦ 발열량이 낮아도 고온을 얻을 수 있고 전열효율을 높일 수 있다.

⑧ 연료의 예열이 쉽고, 저질연료도 고온을 얻을 수 있다.

(2) 액화천연가스(LNG)

① LNG는 **메탄을 주성분**으로 하는 천연가스를 **1기압 하에서 −168℃ 정도로 냉각**, 액화시켜 대량 수송 및 저장을 가능하게 한 것이다.

② LNG는 천연가스로부터 직접 얻고 비용이 많이 드는 정제과정을 필요로 하지 않아서 생산공정에서도 CO_2를 적게 배출한다. → **온실가스 감소 효과가 있다.**

③ **연소 시 매연이나 미립자를 거의 생성하지 않는다.**

④ 이산화탄소 배출량이 아주 적다(평균적 40~50% 정도).

⑤ **옥탄가가 높다.**

⑥ 천연가스는 매장량이 풍부하다(약 100년 사용 예측).

⑦ 공기에 누설 시 **대기 중으로 쉽게 확산되므로 안전성이 높다.**

⑧ 출력이 낮으며, 혼합기 발열량이 휘발유나 경유에 비해 크게 낮다.

⑨ 1회 충전에 의한 주행거리가 짧고, 현재로서는 충전소 인프라가 부실하다.

⑩ 가스탱크의 내압이 높고(약 400~500bar), 큰 설치공간을 필요로 한다.

⑪ 최근 천연가스 액화기술이 발전했으나 아직까지 기체상태로 운반하는 경우가 많기에 누출되는 경우도 종종 있다.

(3) 액화석유가스(LPG)

① **상온에서 10~20기압을 가하거나 또는 −49℃로 냉각**시킬 때 용이하게 액화되는 석유계의 탄화수소가스를 말한다.

② **탄소 수 3~4개까지 포함되는 탄화수소류가 주성분(프로판과 부탄 등)**이다.

③ LPG는 액체에서 기체로 될 때 증발열(90~100kcal/kg)이 있으므로 사용하는 데 유의할 필요가 있다.

④ **비중이 공기보다 무거워 인화, 폭발의 위험성이 높다.**

⑤ **발열량이 높고($20,000~30,000kcal/Sm^3$), 황분이 적으며, 독성이 없다.**

⑥ 사용에 편리한 기체연료의 특징과 수송 및 저장에 편리한 액체연료의 특징을 겸비하고 있다.

⑦ 가정・업무용으로 많이 사용되는 석유계 탄화수소가스이다.

⑧ 천연가스에서 회수되거나 나프타 분해에 의해 얻어지기도 하지만, 대부분 석유정제 시 부산물로 얻어진다.

⑨ 유지 등을 잘 녹이기 때문에 고무패킹이나 유지로 된 도포제로 누출을 막는 것은 어렵다.

(4) 발생로가스(producer gas)

① 석탄, 코크스, 목탄 등을 불완전연소시킬 때 얻어지는 가연성 가스다.

② 일반적으로 백열(白熱)된 탄질물(炭質物)에 적정량의 공기를 보내서(특별한 경우는 산소, 수증기를 첨가) 가스를 발생시킨다.

③ 주성분은 N_2 50~60%, CO 20~30%이며, 이것에 H_2 7~18%, CO 1~7% 등도 포함된다. 또한 석탄을 원료로 할 때는 CH_4(메탄)도 포함된다.

④ 발열량이 낮다(대체로 1,000~1,300kcal/m^3). 중유 등의 사용이 많아지면 발생로가스의 이용은 급감한다.

(5) 수성가스

① 고온으로 가열한 무연탄이나 코크스에 수증기를 반응시켜 얻는 기체연료이다.

② 수소 49%, 일산화탄소 42%, 이산화탄소 4%, 질소 4.5%, 메탄 0.5%로 되어 있다.

③ 비중은 0.534, 총 발열량은 약 2,800kcal/m^{3}이다.

핵심이론 19 │ 확산 연소

(1) 특징 ★빈출

① 확산 연소는 기체연료와 연소용 공기를 연소실로 보내 연소하는 방식이다.

② 부하에 따른 조작범위가 넓고, 화염이 길며, 그을음이 많다.

③ 연료의 분출속도가 클 경우에는 그을음이 발생하기 쉽다.

④ 기체연료와 연소용 공기를 버너 내에서 혼합하지 않는다.

⑤ 확산 연소 시 연료와 공기의 경계에서 확산과 혼합이 발생한다.

⑥ 역화의 위험이 없으며, 가스와 공기를 예열할 수 있다.

⑦ 탄화수소가 적은 발생로·고로 가스에 적용되며, 천연가스에도 사용 가능하다.

⑧ 확산 연소에 사용되는 버너로는 포트형과 버너형이 있다.

(2) 포트형(확산 연소)

① 큰 단면적의 화구로부터 공기와 가스를 연소실에 보내는 방식이다.

② 버너 자체가 노 벽과 함께 내화벽돌로 조립되어 노 내부에 개구된 것이며, 가스와 공기를 함께 가열할 수 있는 이점이 있다.

③ 가스와 공기압이 낮은 경우에 사용된다.

④ 밀도가 큰 공기 출구는 상부에, 밀도가 작은 가스 출구는 하부에 배치한다.

⑤ 반응로 내부에서 연소가 완료될 수 있도록 유속을 결정한다.

⑥ 가스·공기를 예열할 수 있으나 그 속도를 크게 유지하는 것은 어렵다.

⑦ 포트 입구가 작을 경우 슬래그로 인한 막힘의 우려가 있다.

⑧ 고발열량 탄화수소를 사용할 경우에는 가스압력을 이용하여 노즐로부터 고속으로 분출하게 하여 그 힘으로 공기를 흡인하는 방식을 취한다.

(3) 버너형(확산 연소)

① 공기와 가스를 가이드 베인을 통해 혼합시키는 형태이다.

② 고로가스와 같이 저발열량 연료에 적합한 '선회식'과 천연가스와 같이 고발열량 가스에 적합한 '방사식'이 있다.

(4) 분류확산화염

① 층류화염에서 난류화염으로 전이하는 높이는 유속이 증가함에 따라 급속히 아래쪽으로 이동하여 층류화염의 길이가 감소된다.

② 전이화염에서 유속을 더 증가시키면 대부분의 화염이 난류가 되고 전체 화염의 길이는 크게 변화하지 않는다.

③ 층류화염에서 난류화염으로의 전이는 분류 레이놀즈수(관수로 흐름의 경우 2,100 미만은 층류, 4,000 초과는 난류)에 의존한다.

핵심이론 20 **예혼합 연소와 부분예혼합 연소**

(1) 예혼합 연소 ★빈출

① 공기의 전부를 미리 연료와 혼합하여 버너로 분출시켜 연소하는 방법이다.

② 내부에서 연료와 공기의 혼합비가 변하지 않고 균일하게 연소된다.

③ 화염온도가 높아 연소부하가 큰 경우 사용 가능하다.

④ 연소 조절이 쉽고, 화염의 길이가 짧다.

⑤ 혼합기의 분출속도가 느릴 경우 역화의 위험이 있다.

⑥ 높은 연소부하가 가능하므로 고온가열용으로 적합하다.

⑦ 완전연소가 용이하고, 그을음 생성량이 적다.

⑧ 저압버너, 고압버너, 송풍버너, 분젠버너 등이 있다.

⑨ 고압버너는 기체연료의 압력을 $2kg/cm^2$ 이상으로 공급하므로 연소실 내의 압력은 정압이다.

⑩ 저압버너는 역화방지를 위해 1차 공기량을 이론공기량의 약 60% 정도만 흡입하고 2차 공기로는 노 내의 압력을 부압(−)으로 하여 공기를 흡인한다. 그리고 가정용 및 소형 공업용으로 사용한다.

(2) 부분예혼합 연소

① 공기의 일부를 미리 기체연료와 혼합하고 나머지 공기는 연소실 내에서 혼합하여 확산연소 하는 방법으로 예혼합 연소와 확산 연소의 절충형이다.
② 소형이나 중형 버너로 많이 사용된다.
③ 기체연료나 공기의 분출속도에 의해 생기는 흡인력을 이용하여 공기와 연료를 흡인한다.

핵심이론 21 | 매연(그을음) 발생

(1) 일반적 특성

① 연소실의 체적이 적고 통풍력이 부족할 때 발생한다.
② 무리하게 연소시킬 때 발생한다.
③ 그을림 연소는 숯불과 같이 불꽃을 동반하지 않는 열분해와 표면 연소의 복합형태라 볼 수 있다.

(2) 연료별 매연 발생 특성 ★빈출

① 분해가 쉽거나 산화하기 쉬운 탄화수소는 매연 발생이 적다.
② 탄소-탄소 간의 결합을 절단하기보다 탈수소가 쉬운 쪽이 매연이 생기기 쉽다.
③ 탈수소, 중합 및 고리화합물 등과 같은 반응이 일어나기 쉬운 탄화수소일수록 매연이 잘 생긴다.
④ 연료의 C/H의 비율이 클수록 매연이 생기기 쉽다.
⑤ 타르 > 중유 > 아탄 > 코크스 > 석탄가스 > LPG > 천연가스 순으로 검댕이 많이 발생한다.
⑥ 중합 및 고리화합물 등이 매연이 잘 생긴다.

핵심이론 22 | 연소에 필요한 공기량

(1) 이론산소량(O_o)

연료를 화학당량적으로 모두 정상적인 연소생성물로 전환하는 데 필요한 산소량

① 고체 및 액체 연료

$$O_o = 1.867C + 5.6(H - O/8) + 0.7S \ (Sm^3/kg)$$

② 기체연료

$$O_{og} = (m + n/4)C_m H_n + 0.5H_2 + 0.5CO - O_2 \ (Sm^3/Sm^3)$$

여기서, m : C(탄소)의 개수, n : H(수소)의 개수

(2) 이론공기량(A_o)

연료를 화학당량적으로 모두 정상적인 연소생성물로 전환하는 데 필요한 공기량

$$A_o = O_o / 0.21$$

(3) 실제공기량(A)

실질적으로 공급되는 공기량

$$A = m \times A_o$$

(4) 과잉공기량

이론적으로 필요한 양보다 초과한 공기량.

과잉공기량이 증가하면 열손실 발생, 산소농도 증가, 배출가스량이 증가한다.

$$A - A_o = mA_o - A_o = (m-1)A_o$$

핵심이론 23 **공기비(m)**

(1) 정의

$$실제공기량/이론공기량 = A/A_o$$

(2) 계산 ★빈출

① 불완전연소

$$m = \frac{21(N_2)}{21(N_2) - 79[(O_2) - 0.5(CO)]} \fallingdotseq \frac{(N_2)}{(N_2) - 3.76(O_2)}$$

여기서, $(N_2) = 100 - [(CO_2) + (O_2) + (CO)]$, ( )는 건조배출가스 중 각 성분의 %(V/V)

② 완전연소

$$m = \frac{21}{21 - (O_2)}$$

(3) 공기비(m) 크기에 따른 연소 특성 ★빈출

① 공기비가 작을 경우(↓) 매연이나 검댕의 발생량이 증가한다(↑).

② 공기비가 작을 경우(↓) 연소효율이 저하된다(↓).

③ 공기비가 클 경우(↑) 연소실 내의 연소온도가 낮아진다(↓).

④ 공기비가 클 경우(↑) 배기가스에 의한 열손실이 증가한다(↑).

⑤ 공기비가 클 경우(↑) 연소실의 냉각효과를 가져온다.

⑥ 공기비가 클 경우(↑) 배기가스 중 SO_2, NO_2 함량이 많아져 부식이 촉진된다(↑).

핵심이론 24 | 공연비와 등가비 ★빈출

(1) 공연비(AFR ; Air-Fuel Ratio)

$$AFR = 공기의\ 질량(부피)/연료의\ 질량(부피)$$

① AFR값이 이상적인 값(ideal AFR)일 때 CO, HC는 가장 적게 배출되지만 CO_2는 가장 많이 배출되고, NO_x는 ideal AFR값보다 약간 높을 때 최대로 배출된다.

② 산소(O_2)는 ideal AFR보다 적을 때(fuel richer) 가장 적고, ideal AFR보다 높을 때(fuel leaner) 급속하게 증가된다.

(2) 등가비(ϕ, Equivalence Ratio)

$$\phi = \frac{실제\ 연료량/산화제}{완전연소를\ 위한\ 이상적인\ 연료량/산화제}$$

① $\phi = 1$인 경우는 완전연소. 연료와 산화제의 혼합이 이상적이다.

② $\phi > 1$인 경우는 연료 과잉. 불완전연소에 의해 CO와 HC는 증가하나 NO_x의 배출량은 감소한다.

③ $\phi < 1$인 경우는 공기 과잉. 완전연소에 가까우나 NO_x의 생성량은 증가된다.

④ 공기비(m) $= 1/\phi$로 나타낼 수 있다.

핵심이론 25 | $(CO_2)_{max}$(최대탄산가스량)

(1) 개요

① 최대탄산가스량[$(CO_2)_{max}$]은 **이론건조연소가스(G_{od}) 중 CO_2의 부피백분율(V/V%)**이다.

② 연료에 주입하는 **공기량이 부족, 최적, 과잉**됨에 따라 CO_2는 **상승, 최대, 하강**이 된다.

(2) 계산식

① 고체 및 액체 연료

$$(CO_2)_{max} = \frac{1.867C}{G_{od}} \times 100$$

② 기체연료

$$(CO_2)_{max} = \frac{CO + CO_2 + CH_4 + \cdots + m(C_m H_n)}{G_{od}} \times 100$$

③ 완전연소인 경우

$$(CO_2)_{max} = \frac{21\,CO_2}{21 - O_2}$$

④ 공기비와 $(CO_2)_{max}$의 관계

$$m = \frac{(CO_2)_{max}}{CO_2}$$

핵심이론 26 | 연소가스량

(1) 고체 및 액체 연료

① 이론습연소가스량(G_{ow})

$$G_{ow} = A_o + 5.6H + 0.7O + 0.8N + 1.24W$$

② 이론건연소가스량(G_{od})

$$G_{od} = G_{ow} - (\text{수소 연소 시 생성된 수분} + \text{연료 중 수분}) = G_{ow} - (11.2H + 1.24W)$$

③ 실제습연소가스량(G_w)

$$G_w = G_{ow} + \text{과잉공기량} = G_{ow} + (m-1)A_o$$

④ 실제건연소가스량(G_d)

$$G_d = G_w - (11.2H + 1.24W)$$

(2) 기체연료

① 이론습연소가스량(G_{owg})

$$G_{owg} = 1 + A_{og} - 0.5(H_2 + CO) - (1 - n/4)C_mH_n$$

② 이론건연소가스량(G_{odg})

$$G_{odg} = G_{owg} - (\text{수소 연소 시 생성된 수분} + \text{연료 중 수분})$$
$$= G_{owg} - (n/2C_mH_n + H_2)$$

③ 실제습연소가스량(G_{wg})

$$G_{wg} = G_{owg} + \text{과잉공기량} = G_{owg} + (m - 1)A_o$$

④ 실제건연소가스량(G_{dg})

$$G_{dg} = G_{wg} - (n/2C_mH_n + H_2)$$

(3) 연소가스 조성 ★빈출

$$CO_2 + CO = \frac{1.867C}{G_d} \quad (\text{완전연소 시}, \ (CO) = 0)$$

$$SO_2 = \frac{0.7S}{G_d}$$

$$O_2 = \frac{0.21(m - 1)A_o}{G_d}, \ N_2 = \frac{0.79mA_o + 0.8N}{G_d}$$

$$G_d = \frac{1.867C}{CO_2 + CO}, \ G_w = \frac{1.867C}{CO_2 + CO} + (11.2H + 1.24W)$$

핵심이론 27 | 질소산화물의 생성 및 억제

(1) 질소산화물(NO_x) 생성 ★빈출

① 화염온도가 높을수록(↑) NO_x의 생성은 커진다(↑).
② 배출가스 중 산소 분압이 높을수록(↑) NO_x의 생성은 커진다(↑).
③ 연소실의 체류시간이 커질수록(↑) NO_x의 생성은 커진다(↑).

④ 화염 속에서 생성되는 질소산화물은 주로 NO이며 소량의 NO_2를 함유한다.

⑤ 동일 발열량을 기준으로 NO_x 배출량은 석탄>석유>가스 순이다.

(2) Thermal NO_x(열적 NO_x) 생성 억제

① Thermal NO_x는 고온에서 산소와 질소가 반응하여 NO_x가 생성되는 반응으로 젤도비치(Zeldovich) 반응이라 한다.

② 희박예혼합연소를 함으로써 최고화염온도를 1,800K 이하로 억제한다.

③ 물의 증발잠열과 수증기의 현열상승으로 화염열을 빼앗아 온도상승을 억제한다.

④ 화염을 분할하거나 막상으로 얇게 늘려서 열손실을 증대시킨다.

⑤ 연료와 공기의 혼합을 완만하게 하여 연소를 길게 함으로써 화염온도의 상승을 억제한다.

⑥ 배출가스를 재순환시킨다. 즉, 배출가스를 노의 상부에 피드백시켜 최고화염온도와 산소농도를 낮추어서 억제한다.

(3) Fuel NO_x(연료 NO_x)

① Fuel NO_x는 주로 질소성분을 함유하는 연료의 연소과정에 생성된다.

② 천연가스에는 질소성분이 거의 없으므로 Fuel NO_x 생성은 무시할 수 있다.

(4) Prompt NO_x

① 반응초기에 화염면 근처에서 Zeldovich 반응을 따르지 않고 생성되는 NO_x이다.

② 잠깐 나타났다 사라지므로 Prompt NO_x라 하며, 주로 탄화수소(CH) 연료에서 발생된다.

③ 연소 중 산소농도에 의해 크게 영향을 받지만, 실제연소장치에서 화염면이 차지하는 부분이 적기 때문에 Fuel NO_x나 Thermal NO_x에 비해 덜 중요하다.

핵심이론 28 | 저온부식과 고온부식

(1) 저온부식의 발생 및 방지대책

① 150℃ 이하에서 전열면에 응축하는 산성염(황산, 질산 등)에 의해 발생된다.

② 저온부식은 대체로 방지장치, 온수열교환기, 덕트, 굴뚝 등에서 발생한다.

③ 연소가스 온도를 산노점 온도보다 높게 유지해야 한다.

④ 내산성이 있는 금속재료로 선정하고, 금속표면은 내식재료로 피복을 한다.

⑤ 예열공기를 사용하거나 보온시공을 한다.

⑥ 연료를 전처리하여 유황분을 제거하고 과잉공기를 줄여서 연소한다.

⑦ 가능한 연소가스와의 접촉을 방지한다.

⑧ 가스를 재가열하여 가스 온도를 노점 이상으로 상승시킨다.

(2) 고온부식의 발생 및 방지대책 ⭐빈출

① 국부적으로 연소가 심한 장소에서 화격자의 온도가 상승함에 따라 발생한다.

② 화격자의 냉각률을 올린다.

③ 공기주입량을 늘려 화격자를 냉각시킨다.

④ 부식되는 부분에 고온공기를 주입하지 않는다.

⑤ 화격자 재질을 고크롬, 저니켈강으로 한다.

핵심이론 29 | 자동차

(1) 가솔린엔진과 디젤엔진의 상대적 특성

① 가솔린엔진은 예혼합연소, 디젤엔진은 확산연소에 가깝다.

② 가솔린엔진은 연소실 크기에 제한을 받는 편이다.

③ 가솔린이 디젤에 비하여 착화점이 높다.

④ 디젤엔진은 공급공기가 많기 때문에 배기가스 온도가 낮아 엔진 내구성에 유리하다.

(2) 옥탄가(ON ; Octane Number)

$$옥탄가(\%) = \frac{이소옥탄}{이소옥탄 + n-헵탄} \times 100$$

① 옥탄가는 시험 가솔린의 노킹 정도를 iso-octane과 n-heptane의 혼합표준연료의 노킹 정도와 비교했을 때, 공급 가솔린과 동등한 노킹 정도를 나타내는 혼합표준연료 중의 iso-octane %를 말한다.

② 노킹에 대한 저항력(반노킹성 ; anti-knock index)을 나타내는 연료기준값이다.

③ 가솔린엔진 연료의 품질을 파악하는 수치이며, 연소속도와도 관련된 수치이다.

④ 옥탄가가 높다는 것은 노킹이 일어나기 어렵다는 것(연료의 화학구조가 안정적이며, 자기착화가 잘 일어나지 않는다는 것)이다.

⑤ n-paraffine에서는 탄소 수가 증가할수록 옥탄가가 저하하여 C7에서 옥탄가는 0이다.

⑥ iso-paraffine에서는 methyl 측쇄가 많을수록, 특히 중앙부에 집중할수록 옥탄가가 증가한다.

⑦ 방향족 탄화수소의 경우 벤젠고리의 측쇄가 C3까지는 옥탄가가 증가하지만 그 이상이면 감소한다.

(3) 세탄가(CN ; Cetane Number)

$$세탄가(\%) = n-세탄 + 0.15 \times 헵타메틸노난$$

① 디젤연료의 점화능력을 나타내는 수치이며, 디젤연료의 품질을 파악하는 수치이다.

② 세탄가(CN)가 클수록 자발화 성향이 강하여 점화지연이 짧아지고, 소음과 연비가 향상되며, 배출가스도 저감된다.

(4) 디젤노킹(diesel knocking)의 방지법

① 세탄가가 높은 연료(경유)를 사용한다.

② 분사개시 때 분사량을 감소시킨다.

③ 흡인공기에 와류가 일어나게 하고, 온도를 높인다.

④ 압축비, 압축압력, 압축온도를 높인다.

⑤ 엔진의 온도와 회전속도를 높인다.

⑥ 분사시기를 알맞게 조정한다.

⑦ 연소실을 구형(circular type)으로 한다.

⑧ 점화플러그는 연소실 중심에 부착시킨다.

⑨ 난류를 증가시키기 위해 난류생성 pot를 부착시킨다.

⑩ 착화지연기간 및 급격연소시간의 분사량을 적게 한다.

핵심이론 30 | 연소범위

(1) 연소하한계와 연소상한계

① **연소하한계**(LFL ; Lower Flammability Limit)
  ㉠ 연소를 일으킬 수 있는 최저농도
  ㉡ 공기 중 가장 낮은 농도에서 연소할 수 있는 부피(가연물의 최저용량비)

② **연소상한계**(UFL ; Upper Flammability Limit)
  ㉠ 연소를 일으킬 수 있는 최고농도
  ㉡ 공기 중 가장 높은 농도에서 연소할 수 있는 부피(가연물의 최대용량비)

(2) 특징 ★빈출

① 온도 상승 시 부피, 압력이 상승하여 연소범위가 넓어진다. 단, CO는 좁아진다.

② 압력은 하한계보다는 상한계의 영향이 크다. 즉, 고압이 되면 연소범위가 넓어지고 1atm 이하에서는 큰 변화가 없다.

③ 압력이 상압(1기압)보다 높아질 때 연소범위의 변화가 크다.

④ 산소농도가 증가하면 연소범위가 넓어진다.

⑤ 불활성 기체가 첨가되면 연소범위가 좁아진다.

핵심이론 31 | 폭발 및 폭발범위

(1) 폭발 ⭐빈출

① 폭발은 온도, 압력, 조성의 관계에서 일어나며, 발화온도는 압력에 영향을 준다.

② 폭발하한값이 높을수록 위험도가 감소한다.

③ 가스의 온도가 높아지면 부피, 압력이 상승하여 폭발범위가 넓어진다.

④ 폭발한계농도 이하에서는 폭발성 혼합가스를 생성하기 어렵다.

⑤ 압력이 높아졌을 때 폭발하한값은 크게 변하지 않으나 폭발상한값은 높아진다.

(2) 폭발범위

① 르 샤틀리에(Le Chatelier) 수식 : 혼합가스 성분의 연소범위를 구하는 식

② 계산식

$$\frac{100}{L} = \frac{V_1}{L_1} + \frac{V_2}{L_2} + \frac{V_3}{L_3} + \cdots, \quad \frac{100}{U} = \frac{V_1}{U_1} + \frac{V_2}{U_2} + \frac{V_3}{U_3} + \cdots$$

여기서, L : 혼합가스 연소범위 하한계(vol%)

U : 혼합가스 연소범위 상한계(vol%)

V : 각 성분의 체적(vol%)

핵심이론 32 | 화학반응속도와 연소속도

(1) 개요

① 화학반응속도는 반응물이 화학반응을 통하여 생성물을 형성할 때 단위시간당 반응물이나 생성물의 농도변화를 의미한다.

② **0차 반응은 반응속도가 반응물의 농도에 영향을 받지 않는 반응**을 말한다.

③ 일련의 연쇄반응에서 반응속도가 가장 늦은 반응단계를 속도결정단계라 한다.

④ 반응속도

$$r = k(T)[A]_m[B]_n$$

여기서, $k(T)$: 온도에 의존하는 상수

$$k(T) = Ae^{\left(\frac{-E_a}{RT}\right)}$$

(기체상수(R) = 8.314J/mol·K = 1.987cal/mol·K = 0.082atm·L/mol·K)

⑤ 일반적으로 **화학반응은 온도가 10℃ 상승하면 반응속도가 2배로 증가**된다.

⑥ 0차 반응속도상수의 단위는 mol/(L·s)이고, 1차 반응속도상수는 1/s이다.

(2) 1차 반응과 반감기 ★빈출

① 1차 반응식

$$-\frac{d[A]}{dt} = -k[A] \rightarrow \ln[A] = -kt + \ln[A]_0$$

여기서, $[A]$: 시간 t일 때 농도, $[A]_0$: 시간이 0일 때의 초기농도

② 1차 반응에서의 반감기

$$t_{1/2} = \frac{\ln(2)}{k} = \frac{0.693}{k}$$

(3) 연소속도 ★빈출

① 화염이 전파할 때 미연소가스에 대한 상대적인 연소면의 속도를 말하며, 0.03~10m/s 정도이다.

② 미연소가스의 열전도율이 높을수록(↑) 연소속도는 커진다(↑).

③ 미연소가스의 밀도가 낮을수록(↓) 연소속도는 커진다(↑).

④ 미연소가스의 비열이 낮을수록(↓) 연소속도는 커진다(↑).

⑤ 화염온도가 클수록(↑) 연소속도는 커진다(↑).

　그러므로 화염온도가 높은 수소(H_2)의 연소속도는 매우 크다.

대기오염 방지기술

Engineer Air Pollution Environmental

저자쌤의 이론학습 TIP

대기오염 방지기술 과목은 크게 가스상 물질처리와 입자상 물질처리로 구분되어 있으며, 가스상 물질처리 원리인 흡수, 흡착에 대해 충분히 이해하고 황산화물(흡수장치 등)과 질소산화물(SCR 등)을 처리하는 장치에 대한 깊이 있는 이해가 필요합니다. 또한 입자상 물질을 처리하기 위한 집진장치들(여과집진기, 전기집진기 등)의 원리와 특성을 반드시 숙지하여야 합니다.

핵심이론 1 국소배기장치 관련 용어

(1) 산업환기설비

유해물질을 건강상 유해하지 않은 농도로 유지하고 유해물질에 의한 화재·폭발을 방지하거나 열 또는 수증기를 제거하기 위하여 설치하는 전체환기장치와 국소배기장치 등 일체의 환기설비를 말하며, **전체환기는 자연환기와 강제환기로** 구분한다.

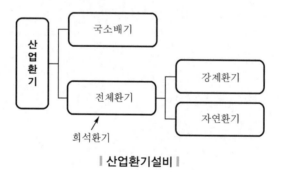

‖ 산업환기설비 ‖

(2) 국소배기장치

발생원에서 발생되는 유해물질을 **후드, 덕트, 공기정화장치, 배풍기(송풍기) 및 배기구(굴뚝)**를 설치하여 배출하거나 처리하는 장치를 말한다.

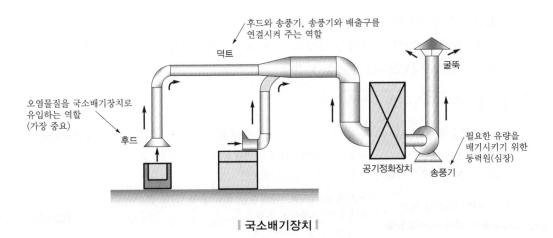

후드와 송풍기, 송풍기와 배출구를
연결시켜 주는 역할

덕트

굴뚝

오염물질을 국소배기장치로
유입하는 역할
(가장 중요)

후드

필요한 유량을
배기시키기 위한
동력원(심장)

공기정화장치 송풍기

┃ 국소배기장치 ┃

(3) 공기정화장치

후드 및 덕트를 통해 반송된 유해물질을 정화시키는 고정식 또는 이동식의 제진, 집진, 흡수, 흡착, 연소, 산화, 환원 방식 등의 처리장치를 말한다.

(4) 후드

유해물질을 포집·제거하기 위해 해당 발생원의 가장 근접한 위치에 다양한 형태로 설치하는 구조물로서 국소배기장치의 개구부를 말한다.

(5) 포촉속도(제어속도, 제어풍속)

후드 전면 또는 후드 개구면에서 유해물질이 함유된 공기를 당해 후드로 흡입시킴으로써 그 지점의 유해물질을 제어할 수 있는 공기속도를 말한다.

(6) 반송속도

덕트를 통하여 이동하는 유해물질이 덕트 내에서 퇴적이 일어나지 않는 상태로 이동시키기 위하여 필요한 최소속도를 말한다.

핵심이론 2 **포촉속도(capture velocity)**

(1) 개요

① 후드의 포촉속도(제어속도)는 오염물질의 발생속도를 이겨내고 오염물질을 후드 내로 흡인하는 데 필요한 최소의 기류속도를 말한다.

② 포위식 후드에서는 후드 개구면에서 측정해야 하고, 외부식 후드에서는 가장 멀리 떨어진 지점에서 측정해야 한다.

③ 확산조건, 오염원의 주변 기류에 영향을 크게 받는다.

④ 포촉속도를 결정하는 인자로는 후드의 모양, 후드에서 오염원까지의 거리, 오염물질의 종류 및 확산상태, 작업장 내 기류 등이 있다.

(2) 오염물질의 배출상태별 일반적인 포촉속도

오염물질의 배출상태	공정 예	포촉속도(m/s)
실질적인 유속 없이 고요한 공기 속으로 방출	• 용기의 액면으로부터 발생하는 가스, 증기, 흄 등 • 탱크에서 증발, 탈지 등	0.25~0.5
낮은 유속으로 발생, 고요한 공기 속으로 방출	• 스프레이 도장, 간헐적인 용기 충전 • 저속의 컨베이어 운반 • 도금, 용접, 산 세척 등	0.5~1.0
비교적 높은 유속으로 발생, 빠른 기류 속으로 방출	• 분무 도장 • 함침 도장 • 컨베이어의 낙하구 분쇄, 파쇄기 등	1.0~2.5
아주 높은 유속으로 발생, 고속의 기류영역으로 방출	• 연삭, 텀블링, 블라스트 등	2.5~10.0

핵심이론 3 | 후드

(1) 형식

① 후드의 작동원리에 따라 크게 **포위식과 외부식**으로 구분되는데, 발생원이 후드 내부에 있으면 포위식(enclosing)이고 외부에 있으면 외부식(exterior)이다.

〈후드의 형식〉

형식	종류 및 특징
포위식(enclosing type) 	1. 종류 　• 부분포위 : 실험실 후드, 페인트 분무도장 후드 　• 완전포위 : 장갑부착 상자형(glove box hood) 　• 드래프트 체임버형(draft chamber hood) 2. 장점 　• 오염원을 포위하므로 공기 확산을 차단할 수 있음 　• 필요한 공기량이 최소 　• 적은 제어풍량으로 만족할 만한 효과 기대 3. 단점 　유입공기량이 적어 충분한 후드 개구면 속도를 유지하지 못하면 오히려 외부로 오염물질이 배출될 우려가 있음

형식	종류 및 특징
외부식(exterior type) 그라인딩 휠 (포집식 : 능동적인 제어)	1. 종류 • 슬롯형(slot hood) • 그리드형(grid hood) • 푸시-풀형(push-pull hood) : 원료의 손실이 큼 2. 장점 • 적용 유리(현장설치가 용이함) • 작업에 불편을 주지 않음(작업방해가 적음) 3. 단점 • 오염물질 제어효율이 높지 않음 • 방해기류(주변기류)에 대한 영향이 큼
외부식(exterior type) 배기덕트 용접봉 용접 물체　45° (레시버식 : 수동적인 제어)	1. 종류 • 그라인더 커버형(grinder cover hood) • 캐노피형(canopy hood, 천개형 후드) 2. 단점 • 캐노피형은 상승기류가 없으면 효율이 현격히 떨어짐

② 외부식 후드의 특징은 다음과 같다.

    ⊙ 고열의 부력에 의한 상승이나 그라인더 표면의 분진 비산과 같이 일정한 방향으로 비산될 경우 비산 방향에 후드를 위치시켜 받아내는 **레시버형(receiving) 후드**와 후드의 순수 배기력에 의해 유해물질을 포집하는 **포집형(capturing) 후드**로 나눌 수 있다.

    ⓛ 다른 종류의 후드에 비해 근로자가 방해를 많이 받지 않고 작업할 수 있다.

    ⓒ 포위식 후드보다 일반적으로 필요 송풍량이 많다.

    ⓔ 외부 난기류의 영향으로 흡인효과가 떨어진다.

    ⓜ **레시버식**에는 **천개형(캐노피형) 후드, 그라인더용 후드** 등이 있고, **기류속도가 후드 주변에서 매우 빠르다.**

    ⓗ **포집식**에는 **슬롯형(slot형), 그리드형(grid형), 루버형(louver형), 푸시-풀형(push-pull hood)** 등이 있다.

③ 후드는 발생원을 가능한 한 포위하는 형태인 포위식 형식의 구조로 하고, 발생원을 포위할 수 없을 때는 발생원과 가장 가까운 위치에 외부식 후드를 설치하여야 한다. 다만, 유해물질이 일정한 방향성을 가지고 발생될 때는 레시버식 후드를 설치하여야 한다.

④ 후드의 흡입방향은 가급적 비산 또는 확산된 유해물질이 작업자의 호흡영역을 통과하지 않도록 하여야 한다.

⑤ 후드의 흡인기류에 대한 방해기류가 있다고 판단될 때에는 작업에 영향을 주지 않는 범위 내에서 기류 조정판을 설치하는 등 필요한 조치를 해야 한다.

⑥ Booth형 후드는 작업을 위한 하나의 개구면을 제외하고 발생원 주위를 전부 에워싼 것으로 그 안에서 오염물질이 발산된다. 오염물질의 흡인 시 낭비되는 부분이 적은데 이는 개구면 주변의 벽이 라운지 역할을 하고 측벽은 외부로부터의 분기류에 의한 방해에 대한 방해판 역할을 하기 때문이다.

⑦ 폭이 넓은 오염원 탱크에서는 주로 푸시-풀(push-pull hood) 방식의 후드가 좋다.

⑧ 폭이 좁고 긴 직사각형의 슬롯형 후드(slot hood)는 전기도금공정과 같은 상부 개방형 탱크에서 방출되는 유해물질을 포집하는 데 효율적으로 이용된다.

⑨ 천개형 후드는 가열된 상부 개방 오염원에서 배출되는 오염물질 포집에 사용되며, 저온의 오염공기를 배출하고 과잉습도를 제거할 때는 사용되지 않는다.

(2) 설계 및 설치방법 ★빈출

① 잉여공기의 흡입을 적게 하고 충분한 포착속도를 가지기 위해 최대한 후드를 발생원에 근접시킨다.

② 주 발생원을 대상으로 하는 국소적인 흡인방식으로 한다.

③ 흡인속도를 크게 하기 위해 개구면적을 가능한 작게 한다.

④ 포착속도를 가능한 크게 하여 오염물질이 후드로 많이 흡인되게 한다.

⑤ 실내의 기류, 발생원과 후드 사이의 장애물 등에 의한 영향을 고려하여 필요에 따라 에어커튼을 이용한다.

⑥ 먼지가 발생되는 부분을 중심으로 국부적으로 처리하는 로컬 후드 방식을 취한다.

⑦ 송풍기(배풍기)에 충분한 여유를 둔다.

(3) 보충용 공기

① 보충용 공기는 환기시설에 의해 작업장 내에서 배기된 만큼의 공기를 작업장 내로 재공급해야 하는 공기의 양을 말한다.

② 보충용 공기가 배기용 공기보다 약 10~15% 정도 많도록 조절하여 실내를 약간 양압(+)으로 하는 것이 좋다.

③ 여름에는 보통 외부공기를 그대로 공급을 하지만, 공정 내의 열부하가 커서 제어해야 하는 경우에는 보충용 공기를 냉각하여 공급한다.

④ 보충용 공기의 공급방향은 유해물질이 없는 가장 깨끗한 지역에서 유해물질이 발생하는 지역으로 향하도록 한다.

⑤ 가능한 한 근로자의 뒤쪽에 급기구가 설치되어 신선한 공기가 근로자를 거쳐서 후드방향으로 흐르도록 한다.

(4) 후드의 압력손실(ΔP)

$$\Delta P = F \times P_v, \ F = (1 - C_e^{\ 2})/C_e^{\ 2}$$

여기서, F : 압력손실계수

P_v : 속도압

C_e : 유입계수

핵심이론 4   **덕트**

(1) 형태 및 길이에 따른 압력손실 ★빈출

① 관의 길이가 길수록 압력손실은 커진다($\uparrow$).

② 유체의 유속이 클수록 압력손실은 커진다($\uparrow$).

③ 직경이 작을수록 압력손실은 커진다($\uparrow$).

④ 곡관이 많을수록 압력손실은 커진다($\uparrow$).

(2) 설치 시 주요 원칙

① 공기가 아래로 흐르도록 하향구배를 만든다.

② 구부러짐 전후에는 청소구를 만든다.

③ 밴드는 가능하면 완만하게 구부리며 90°는 피한다.

④ 덕트는 가능한 한 짧게 배치한다.

(3) 댐퍼조절 평형법(또는 저항조절 평형법)의 특징

① 배출원이 많아 여러 개의 가지덕트를 주덕트에 연결할 필요가 있는 경우 사용한다.

② 덕트의 압력손실이 큰 경우에 주로 사용한다.

③ 작업공정에 따른 덕트의 위치 변경이 가능하다.

④ 설치 후 송풍량 조절이 용이하다.

| 핵심이론 5 | 송풍기 |

(1) 개요

① 송풍기는 국소배기장치에 걸리는 각종 압력손실을 극복하고 필요한 유량을 배기시키기 위한 동력원이다.

② 송풍기는 공기의 유동을 일으키는 기계장치로서 유동을 일으키는 날개차(impeller), 날개차로 들어가고 나오는 유동을 안내하는 케이싱(casing)으로 이루어졌다.

(2) 종류

작동원리에 따라 터보형 송풍기와 용적형 송풍기로 분류된다.

① 터보형 송풍기 ⭐빈출

ㄱ 구조가 간단하여 설치장소의 제약이 적고, 고온·고압 대용량에 적합하여 압입송풍기로 주로 사용된다.

ㄴ 효율이 좋고, 적은 동력으로 운전이 가능하다.

ㄷ 고속으로 회전하는 회전차에 의해 기체에 압력 및 속도 에너지를 공급하는 형식으로 공기 흐름 방향에 따라 **축류 송풍기**와 **원심력 송풍기**로 구분한다.

ㄹ 축류 송풍기(axial flow fan)

• 공기가 흘러 들어온 방향으로 배출된다.

• 저압으로 다량의 송풍량이 요구될 때 사용한다.

• 원심력 송풍기보다 소음이 크고 압력손실이 작아서 전체 환기용으로 사용한다.

• 설계점 이외의 풍량에서는 효율이 떨어진다.

• 프로펠러형(평판형), 원통축류형(튜브형), 고정날개축류형(베인형) 등이 있다.

ㅁ 고정날개축류형 송풍기

• 축류형 중 가장 효율이 높으며, 직선류 및 아담한 공간이 요구되는 HVAC 설비에 응용된다.

• 공기의 분포가 양호하여 많은 산업현장에 응용된다.

• 효율과 압력상승 효과를 얻기 위해 직선형 고정날개를 사용하나 날개의 모양과 간격은 변형되기도 한다.

ㅂ 원심력 송풍기(centrifugal fan)

• 공기는 들어온 방향의 수직방향으로 배출된다.

• 원심력을 이용한 것으로 가장 많이 사용된다.

• 깃(blade) 경사에 의해 전향날개형(다익팬, 시로코팬), 후향날개형(터보팬), 익형(에어호일팬), 평판형(레이디얼팬) 등이 있다.

• 흡입구에 따라서 편흡입형, 양흡입형으로 분류한다.

• 단수에 따라 분류되기도 하며, 단수에 의해 풍량은 변하지 않지만 풍압은 단수에 비례하여 증가한다.

(a) 전향날개형
(시로코팬)

(b) 후향날개형
(터보팬)

(c) 익형
(에어호일팬)

(d) 평판형
(레이디얼팬)

‖ 원심력 송풍기 ‖

ⓢ **전향날개형 송풍기**(다익팬, 시로코팬)
• 임펠러가 바람을 껴안고 회전하기 쉽게 회전방향과 동일하게 날개깃이 꺾여 있으며, 날개깃이 다른 송풍기에 비해 많아 시로코팬, 다익팬 등으로 불린다.
• 고풍량 저정압용으로 송풍량이 많으나 압력손실이 적어 공기조화나 집진기가 없는 산업환기용에 널리 사용된다.
• 익현길이가 짧고 깃폭이 넓은 36~64매나 되는 다수의 전경깃이 강철판의 회전차에 붙여지고 용접해서 만들어진 케이싱 속에 삽입된 형태의 팬이다.

ⓞ **후향날개형 송풍기**
• 터보팬으로 불리고, 임펠러가 바람의 저항을 적게 받도록 날개깃이 회전방향 반대편으로 경사지게 설계되어 고속회전이 가능하기 때문에 높은 정압을 발생시킬 수 있다.
• 집진기가 설치되는 높은 압력손실이 필요한 산업환기용에 널리 사용된다.

ⓩ **익형 송풍기**
• 터보팬의 일종으로 날개깃의 모양이 마치 비행기 날개처럼 생겼다하여 익형 혹은 에어호일(airfoil)팬이라고 불린다.
• 시로코팬과 터보팬의 단점을 보완하여 소음이 적고, 비교적 고속회전이 가능한 장점이 있다.
• 과부하가 발생하지 않고, 운전비용을 절감할 수 있다.
• 표준형 평판날개형보다 비교적 고속에서 가동되고, 후향날개형을 정밀하게 변형시킨 것으로서 원심력 송풍기 중 효율이 가장 좋다.
• 대형 냉난방 공기조화장치, 산업용 공기청정장치 등에 주로 이용된다.
• 에너지 절감효과가 뛰어나다.

ㅊ **평판형 송풍기(레이디얼팬)**
- 날개깃이 평판으로 분진이 쉽게 퇴적되지 않는 구조로 인해 산업환기용으로 사용하기보다는 곡물이나 시멘트, 톱밥 등의 물질 이송용으로 많이 사용된다.

② **용적형 송풍기**
ㄱ 용기 내의 용적을 축소시켜 압력에너지를 공급하는 형식이다.
ㄴ 회전식 송풍기와 왕복식 송풍기가 있다.

(3) 소요동력의 계산 ★빈출

$$소요동력(kW) = \frac{\Delta P \times Q(\text{m}^3/\text{min})}{6,120 \times \eta_s} \times \alpha \ \text{ 또는 } \ \frac{\Delta P \times Q(\text{m}^3/\text{sec})}{102 \times \eta_s} \times \alpha$$

$$소요동력(HP) = \frac{\Delta P \times Q(\text{m}^3/\text{min})}{4,500 \times \eta_s} \times \alpha \ \text{ 또는 } \ \frac{\Delta P \times Q(\text{m}^3/\text{sec})}{75 \times \eta_s} \times \alpha$$

※ Q는 흡입유량으로 단위에 따라 분모의 수치가 달라짐에 주의해야 함

여기서, ΔP : 압력손실(mmH₂O), η_s : 송풍기 효율, α : 여유율

(4) 송풍기의 법칙 ★빈출

① 송풍기의 크기가 같고 공기의 비중량이 일정하다면, 풍량(Q), 풍압(P) 및 동력(H_p)은 다음과 같이 회전수(N)와 깊은 관련(송풍기 회전수에 따른 변화 법칙)이 있다.
ㄱ 풍량은 송풍기의 회전속도에 비례($Q \propto N$)
ㄴ 풍압은 송풍기의 회전속도의 제곱에 비례($P \propto N^2$)
ㄷ 동력은 송풍기의 회전속도의 세제곱에 비례($H_p \propto N^3$)
② 송풍기의 유량 조절방법에는 회전수 조절법, 안내익 조절법, Damper 부착법 등이 있다.

핵심이론 6 | 통풍방식

(1) 압입통풍

압입통풍방식은 연소용 공기를 송풍기 등으로 가압하여 노 내로 압입하고 그 압력으로 배출가스를 대기로 방출하는 방식으로, 그 특징은 다음과 같다.
① 노 안에 설치된 가압송풍기에 의해 연소용 공기를 연소로 안으로 압입한다.
② 연소실 공기를 예열할 수 있으나 역화의 위험성이 존재한다.
③ 송풍기의 고장이 적고, 점검 및 보수가 용이하다.
④ 내압이 정압(+)으로 연소효율이 좋다.
⑤ 흡인통풍식보다 송풍기의 동력소모가 적다.

(2) 흡인통풍

흡인통풍방식은 압입통풍방식과 반대로 노 내의 배출가스를 송풍기 등으로 끌어냄으로써 연소용
공기를 노 내로 유입시키는 방식으로, 그 특징은 다음과 같다.

① 통풍력이 크다.
② 굴뚝의 통풍저항이 큰 경우에 적합하다.
③ 노 내압이 부압(−)으로 역화의 우려가 없으나, 냉기 침입의 우려가 있다.
④ 이젝트를 사용할 경우 동력이 필요 없다.
⑤ 송풍기의 점검 및 보수가 어렵다.

(3) 평형통풍

평형통풍방식은 압입, 흡인의 양 방식을 동시에 행하는 방식으로 폐기물 소각시설에서는 이 평
형통풍방식이 대부분이며, 그 특징은 다음과 같다.

① 대용량의 연소설비에 적합하며, 통풍손실이 큰 연소설비에 사용된다.
② 통풍 및 노 내압의 조절이 용이하나, 소음발생이 심하다.
③ 열가스의 누설과 냉기의 침입이 없다.
④ 동력소모가 크고, 설비비와 유지비가 많이 든다.
⑤ 오염물질 배출원이 많아 여러 개의 가지덕트를 주덕트에 연결할 필요가 있을 때 주로 사용한다.
⑥ 덕트의 압력손실이 클 때 주로 사용한다.
⑦ 공정 내에 방해물이 생겼을 때 설계변경이 용이하다.

핵심이론 7 │ 입자상 물질 관련 주요 인자들

(1) S/S_b(S는 진비중, S_b는 겉보기 비중)

① 골재드라이어 2.73, 미분탄보일러 4.03, 시멘트킬른 5, 산소제강로 7.3, 동용전기로 15, 카
본블랙 76
② S/S_b가 클수록 재비산 현상을 유발할 가능성이 높다.

(2) 미세입자가 운동하는 경우에 작용하는 마찰저항력(drag force) ★빈출

① 항력계수가 커질수록 마찰저항력은 증가한다.
② 입자의 투영면적이 커질수록 마찰저항력은 증가한다.
③ 레이놀즈수가 커질수록 마찰저항력은 감소(=관성력/점성력)한다.
④ 상대속도의 제곱에 비례하여 마찰저항력은 증가한다.

3과목 핵심

(3) 커닝햄 보정계수

미세입자일수록 가스의 점성저항이 작아지므로 커닝햄 보정계수가 커진다(단, 커닝햄 보정계수가 1 이상인 경우).

(4) 유체의 운동을 결정하는 점도(viscosity)

① 온도가 증가하면 대개 액체의 점도는 감소한다.
② 액체의 점도는 기체에 비해 아주 크며, 대개 분자량이 증가하면 증가한다.
③ 온도에 따른 액체의 운동점도(kinemetic viscosity)의 변화폭은 절대점도의 경우보다 좁다.
④ 온도가 감소하면 대개 기체의 점도는 감소한다.

(5) 입경 측정방법

① 직접측정법에는 표준체 측정법, 현미경 측정법 등이 있고, 간접측정법에는 광산란법, 관성충돌법, 액상침강법 등이 있다.
② 관성충돌법(cascade impactor법)
　㉠ 관성충돌을 이용하여 입경을 간접적으로 측정하는 방법이다.
　㉡ 입자의 질량크기 분포를 알 수 있다.
　㉢ 되튐으로 인한 시료의 손실이 일어날 수 있다.
　㉣ 시료채취가 어렵고, Cascade impactor가 대표적이다.
③ 액상침강법
　㉠ 주로 $1\mu\mathrm{m}$ 이상인 먼지의 입경 측정에 이용된다.
　㉡ 앤더슨 피펫, 침강천칭, 광투과장치 등이 있다.

(6) 입경의 분류 ★빈출

① 마틴경(Martin경) : 광학현미경으로 입자의 투영면적을 이용하여 측정한 먼지 입경 중 입자의 투영면적을 2등분하는 선의 길이이다.
② 휘렛직경(페렛직경, Feret 직경) : 입자의 투영면적 가장자리에 접하는 가장 긴 선의 길이로 나타내는 입경이며, 휘렛직경은 과대평가될 수 있다.
③ 공기역학적 직경(d_a)
　㉠ 같은 침강속도를 지니는 단위밀도(ρ_p =1g/cm^3)의 구형 물체 직경을 말하고, Stokes경과 달리 입자밀도를 1g/cm^{3}로 가정함으로서 보다 쉽게 입경을 나타낼 수 있다.

$$d_a = d_s \sqrt{\rho_p}$$

여기서, d_s : Stokes 직경
　㉡ 비구형 입자에서 입자의 밀도가 1보다 클 경우 공기역학적 직경은 Stokes경에 비해 항상 크다.

(7) 입경 분포의 종류

① 적산분포에는 정규분포, 대수정규분포, Rosin Rammler 분포가 있다.

② 빈도분포는 먼지의 입경 분포를 적당한 입경 간격의 개수 또는 질량의 비율로 나타내는 방법이다.

③ 적산분포(R)는 일정한 입경보다 큰 입자가 전체의 입자에 대하여 몇 % 있는가를 나타내는 것으로 입경 분포가 0이면 $R = 100\%$이다.

(8) 구형입자의 비표면적(Sv, m^2/m^3) ★빈출

$$Sv = 3/R = 6/D$$

여기서, R : 반지름, D : 직경

① 입자가 미세할수록 부착성이 커진다.

② 먼지의 입경과 비표면적은 반비례 관계이다.

③ 비표면적이 크게 되면 원심력 집진장치의 경우에는 장치벽면을 폐색시킨다.

(9) 총 집진효율(η_t) ★빈출

$$\eta_t = \eta_1 + \eta_2(1 - \eta_1)$$

여기서, η_1, η_2 : 1번, 2번 집진기의 집진효율

핵심이론 8 | 중력집진기

(1) 원리

입자가 중력에 의하여 함진가스 중의 입자를 자연침강에 의하여 분리 포집하는 장치이다.

(2) 입자의 종말침강속도

① 먼지의 자유낙하에서 입자의 종말침강속도란 입자의 가속도가 0이 될 때의 속도이다.

② 관련 식

$$V_t = \frac{d_p^2(\rho_p - \rho)g}{18\mu}, \quad V_t \propto d_p^2$$

여기서, η : 효율, V_t : 입자의 종말속도

d_p : 입자의 직경, ρ_p : 입자의 밀도

ρ : 가스의 밀도, μ : 가스의 점도

g : 중력가속도

예제

직경이 10μm인 구형 입자가 20℃ 층류영역의 대기 중에서 낙하하고 있다. 입자의 종말침강속도(m/s)와 레이놀즈수를 순서대로 구하면? (단, 20℃에서 입자의 밀도＝1,800kg/m³, 공기의 밀도＝1.2kg/m³, 공기의 점도＝1.8×10^{-5}kg/m·s)

✔ 종말침강속도$(V_t) = \dfrac{d_p^2(\rho_p - \rho)g}{18\mu} = \dfrac{10^2 \times 10^{-12} \times (1,800 - 1.2) \times 9.8}{18 \times 1.8 \times 10^{-5}} = 0.00544$m/s

레이놀즈수$(Re) = \dfrac{DV_t\rho}{\mu} = \dfrac{10 \times 10^{-6} \times 5.44 \times 10^{-3} \times 1.2}{1.8 \times 10^{-5}} = 0.003627$

(3) 집진효율 ★빈출

① 관련 식

$$\eta = \frac{V_t \times L}{V_x \times H}$$

여기서, V_t : 종말침강속도, L : 침강실 수평길이

V_x : 수평이동속도, H : 침강실 높이

② 집진율 향상조건

㉠ 침강실 내 처리가스의 속도가 작을수록 미립자가 포집된다.

㉡ 침강실의 입구폭이 클수록 유속이 느려지며 미세한 입자가 포집된다.

㉢ 다단일 경우 단수가 증가할수록 집진효율은 상승하나 압력손실도 증가한다.

㉣ 침강실의 높이가 낮을수록 집진율은 높아진다.

㉤ 침강실의 수평길이가 길수록 집진율은 높아진다.

㉥ 침강실 내의 가스흐름을 균일하게 한다.

㉦ 배기가스의 점도가 낮을수록 집진효율이 증가한다.

㉧ 함진가스의 온도변화에 의한 영향을 거의 받지 않는다.

㉨ 함진가스의 유량, 유입속도 변화에 영향을 받는다.

③ 입자 침전속도와 가장 관계가 깊은 것은 입자의 크기와 밀도, 가스의 점도 등이다.

(4) Stokes 법칙을 만족하는 가정 조건

① $10^{-4} < N_{Re} < 0.5$

② 구는 일정한 속도로 운동

③ 구는 강체

④ 연속영역흐름

(5) 특징

① 설치면적이 크고 효율이 낮아 전처리설비로 주로 이용된다.

② 기본유속이 작을수록 미세한 입자를 포집한다.

핵심이론 9 | 관성력집진기

(1) 원리

함진가스를 방해판에 충돌시켜 기류의 방향전환을 통해 관성력에 의해 입자를 분리·포집하는 장치이다.

(2) 집진율을 향상시키는 조건

① 적당한 Dust box의 형상과 크기가 필요하다.

② 기류의 방향전환 횟수가 많을수록 압력손실은 커지지만 집진율은 높아진다.

③ 보통 충돌직전에 처리가스 속도가 빠르고, 처리 후 출구가스 속도가 느릴수록 집진율이 높아진다.

④ 함진가스의 충돌 또는 기류방향 전환 직전의 가스속도가 빠르고, 방향전환 시 곡률반경이 작을수록 미세입자 포집이 용이하다.

핵심이론 10 | 원심력집진기(사이클론, cyclone)

(1) 원리

함진가스가 하향으로 나사운동을 함에 따라 입자는 둘레부분의 벽쪽으로 이동한 다음 바닥으로 떨어지며, 청정가스는 하향의 나사운동을 끝마치고 상향의 나사운동을 한 후 출구 내경을 통하여 배출된다.

(2) 종류

① **접선유입식 : 유입구 모양에 따라 나선형과 와류형으로 분류**되며, **입구 가스속도는 7~15m/s, 압력손실은 100mmAq**이다.

② **축류식** : 반전형과 직진형이 있다.

(3) 특징

① 배기관경(내경)이 작을수록 입경이 작은 먼지를 제거할 수 있다.

② 점착성 먼지의 집진에는 적당치 않으며, 딱딱한 입자는 장치의 마모를 유발한다.

③ 침강먼지 및 미세먼지의 재비산을 막기 위해 스키머와 회전깃, 살수설비 등을 설치하여 제거 효율을 증대시킨다.

④ 고농도일 때는 병렬연결하여 사용하고, 응집성이 강한 먼지인 경우는 직렬연결하여 사용한다.

⑤ 적정한계 내에서는 입구 유속이 빠를수록 효율은 높지만 압력손실이 많아진다.

(4) 절단직경(cut size diameter) ★빈출

사이클론에서 50%의 집진효율로 제거되는 입자의 최소입경을 말한다.

$$\text{절단직경}\,(d_{p,50}) = \frac{\sqrt{9\mu_g W}}{2\pi N V_t (\rho_p - \rho_g)}$$

여기서, μ_g : 가스의 점도, W : 유입구 폭

N : 유효 회전수, V_t : 종말속도

ρ_p : 입자의 밀도, ρ_g : 가스의 밀도

$$\text{외부 선회류의 회전수}(N) = \frac{1}{H_A}\left(H_B + \frac{H_C}{2}\right)$$

여기서, H_A : 유입구 높이

H_B : 원통부 높이

H_C : 원추부 높이

(5) 압력손실의 감소 원인

① 호퍼 하단부위에 외기가 누입될 경우

② 외통의 접합부 불량으로 함진가스가 누출될 경우

③ 내통이 마모되어 구멍이 뚫려 함진가스가 by pass될 경우

(6) 사이클론의 운전조건과 치수가 집진율에 미치는 영향 ★빈출

① 동일한 유량일 때 원통의 직경이 클수록 집진율이 감소한다.

② 입구 직경이 작을수록 처리가스의 유입속도가 빨라져 집진효율과 압력손실이 증가한다.

③ 함진가스의 온도가 높아지면 가스의 점도가 커져 집진율이 감소하나 그 영향은 크지 않다.

④ 출구의 직경이 작을수록 집진율이 증가하지만 동시에 압력손실이 증가하고 함진가스의 처리 능력이 감소한다.

⑤ 내부 선회류의 반지름(R_c)이 작을수록, 회전각속도(V)가 클수록 입자분리계수가 크게 되어 집진율이 증가한다. $\left(\text{분리 계수},\ SF = \frac{V^2}{gR_c}\right)$

⑥ 입자의 밀도가 클수록 집진효율이 증가한다.

(7) 블로 다운(blow down) 적용 효과 ⭐빈출

① 원심력집진장치 내의 난류를 억제한다.

② 포집된 먼지의 재비산을 방지한다.

③ 원심력집진장치 내의 먼지부착에 의한 장치폐쇄를 방지한다.

핵심이론 11 │ 여과집진기

(1) 원리

여과재로 만들어진 필터를 사용하여 함진가스가 필터를 통과할 때 가스 내에 입자가 여과재에 **관성충돌, 직접차단, 확산 및 정전기력** 등을 통해 포집되는 방법이다.

(2) 종류

여과포 탈진방법의 종류에는 **진동형(shaking), 역기류형(reverse air), 충격제트기류형**(pulse jet)이 있으며, 여과집진기의 종류에는 간헐식과 연속식이 있다.

① 간헐식

  ㉠ 집진실을 여러 개의 방으로 구분하고 방 하나씩 처리가스의 흐름을 차단하여 순차적으로 탈진하는 방식이다.

  ㉡ 진동형, 역기류형, 역기류진동형 등이 있다.

    • 진동형 : 여포의 음파진동, 횡진동, 상하진동에 의해 포집된 먼지층을 털어내는 방식으로 접착성 먼지의 집진에는 사용할 수 없다.

    • 역기류형 : 적정 여과속도는 0.8~3cm/s이고, 일반적으로 부직포를 사용한다.

  ㉢ 연속식에 비해 먼지의 재비산이 적고, 여과포의 수명이 길다.

  ㉣ 탈진과 여과를 순차적으로 실시하므로 집진효율이 높다.

  ㉤ 고농도 대량의 가스 처리에는 용이하지 않다.

  ㉥ 점성이 있는 조대먼지를 탈진할 경우 여과포 손상의 가능성이 있다.

② 연속식

  ㉠ 탈진 시 먼지의 재비산이 일어나 간헐식에 비해 집진율이 낮고, 여과포의 수명이 짧은 편이다.

  ㉡ 포집과 탈진이 동시에 이루어져 압력손실의 변동이 크지 않으므로 고농도, 고용량의 가스 처리에 효율적이다.

(3) 특징

① 여과재의 종류에 따라 다르지만 가능한 **고온의 조건은 피하는 것이 좋으며, 여과재는 내열성** **이 약하므로 고온가스 냉각 시 산노점(dew point) 이상으로 유지해야 한다.**

      ㉠ 내산성 여과재 : 카네카론, 비닐론, 글라스화이버

      ㉡ 각종 여과재의 성질

여과재의 종류	산에 대한 저항성	최고사용온도
목면	나쁨	80℃
글라스화이버	양호	250℃
오론	양호	150℃
비닐론	양호	100℃
나일론(폴리아마이드계)	양호	110℃

② 기본유속이 작을수록 미세한 입자를 포집한다.

③ 폭발성, 점착성 및 흡습성 먼지의 제거에는 효과적이지 않다.

(4) 여과속도와 압력손실 ⭐빈출

① 여과속도

여과속도가 느릴 경우 제거효율이 좋고, 빠를 경우 제거효율이 나쁘다.

② 압력손실

      ㉠ 압력손실은 여과속도에 비례하여 증가하며, 약간의 여과속도 증가는 압력손실과 탈진효율 에 큰 영향을 미친다.

      ㉡ 압력손실은 여과재 자체의 압력손실(ΔP_f)과 먼지 퇴적층에 의한 압력손실(ΔP_d)의 합이 며, 여과재 자체의 압력손실은 먼지 퇴적층의 압력손실에 비해 상당히 낮다.

      • **여과재의 압력손실**

$$\Delta P_f = K_1 V \text{(Darcy's law에 의해 표현된다.)}$$

     여기서, ΔP_f : 여과포 자체의 압력손실(mmH₂O)

            K_1 : 실험계수(가스의 점도, 여과포의 두께, 공극률의 함수)

            V : 여과속도(m/min)

      • **먼지층의 압력손실**

$$\Delta P_d = K_2 V W = K_2 V (C V t)$$

     여기서, ΔP_d : 먼지 퇴적층에 의한 압력손실(mmH₂O), K_2 : 실험계수

            W(areal dust density) = 먼지부하(g/m²), C : 먼지농도(g/m³)

            t : 집진시간(min)

- 전체의 압력손실

$$\Delta P_t = \Delta P_f + \Delta P_d = K_1 V + K_2 VW$$

(5) 여과필터의 개수 ⭐빈출

$$\text{bag 1개의 공간} = \text{원의 둘레}(2\pi R) \times \text{높이}(H) \times \text{겉보기 여과속도}(V_t)$$

예제

반지름 250mm, 유효높이 15m인 원통형 백필터를 사용하여 농도 $6g/m^3$인 배출가스를 $20m^3/s$로 처리하고자 한다. 겉보기 여과속도를 1.2cm/s로 할 때 필요한 백필터의 수는?

✅ 1개의 Bag 공간=원의 둘레$(2\pi R)$×높이(H)×겉보기 여과속도(V_t)
　　　　　　$=2 \times 3.14 \times 0.25 \times 15 \times 0.012$
　　　　　　$=0.2826m^3/s$
∴ 필요한 bag의 수$=20/0.2826=70.77=71$개

핵심이론 12 전기집진기

(1) 원리

직류고전압에 의하여 방전극에 $(-)$전압을 인가시키면 코로나 방전이 발생하는데 이때 발생되는 음$(-)$이온은 함진가스 중의 입자와 대전되어 전기력에 의하여 $(+)$집진극으로 이동되어 포집되는 정전기적인 원리를 이용한다.

(2) 종류

1단식과 2단식으로 분류 또는 건식과 습식으로 분류된다.

① 1단식과 2단식

　㉠ 1단식은 하전작용과 대전입자의 집진작용 등이 같은 전계에서 일어나는 것으로 역전리의 억제와 재비산 방지도 가능하다.

　㉡ 1단식은 보통 산업용으로 많이 쓰인다.

　㉢ 2단식은 비교적 함진농도가 낮은 가스 처리에 유용하다.

　㉣ 2단식은 1단식에 비해 오존의 생성을 감소시킬 수 있다.

② 습식

ㄱ 낮은 전기저항 때문에 발생하는 재비산을 방지할 수 있다.

ㄴ 처리가스속도를 건식보다 2배 정도 높일 수 있다.

ㄷ 집진극면이 청결하게 유지되며, 강전계(높은 전계강도)를 얻는다.

ㄹ 먼지의 저항이 높지 않기 때문에 역전리가 잘 발생하지 않는다.

(3) 특징 ★빈출

① 전압변동과 같은 조건변동에 쉽게 적응하기 어렵다.

② 다른 고효율 집진장치에 비해 압력손실(10~20mmH₂O)이 적어 소요동력이 적은 편이다.

③ 대량가스 및 고온(350℃ 정도)가스의 처리도 가능하다.

④ 가스속도가 어느 정도 이상으로 증가하면 먼지입자의 재비산으로 인하여 집진효율이 현저히 감소된다.

⑤ 시멘트 산업에서는 먼지가 많이 발생되기 때문에 배출가스 조절제로 물(수증기)을 사용한다.

⑥ 전기집진장치는 낮은 압력손실로 대량의 가스처리에 적합하다.

(4) 2차 전류가 현저하게 떨어질 때의 원인과 대책 ★빈출

① 원인

ㄱ 먼지의 농도가 너무 높을 때 발생한다.

ㄴ 먼지의 비저항이 비정상적으로 높을 때 발생한다.

② 대책

ㄱ 스파크의 횟수를 늘린다.

ㄴ 조습용 스프레이의 수량을 늘린다.

ㄷ 물, NH₄OH, 트라이에틸아민, SO₃, 각종 염화물, 유분 등의 물질을 주입시킨다.

(5) 먼지의 비저항이 높을 경우의 대책 ★빈출

① 아황산가스를 조절제로 투입한다.

② 처리가스의 습도를 높게 유지한다.

③ 탈진의 빈도를 늘리거나, 타격강도를 높인다.

④ 수증기, NaCl, H₂SO₄ 등을 주입한다.

(6) 전기집진장치에서의 비저항 ★빈출

① 배연설비에서 연료에 S 함유량이 많은 경우는 먼지의 비저항이 낮아진다.

② 비저항이 낮은 경우에는 암모니아를 주입한다.

③ 10^{11}~$10^{13}\Omega \cdot cm$ 범위에서는 역전리 또는 역이온화가 발생한다.

④ 비저항이 높은 경우는 분진층의 전압손실이 일정하더라도 가스상의 전압손실이 감소하게 되므로 전류는 비저항의 증가에 따라 감소한다.

⑤ 먼지의 비저항이 낮아 재비산현상이 발생할 경우 배플(baffle)을 설치한다.

⑥ 배출가스의 점성이 커서 역전리현상이 발생할 경우 집진극의 타격을 강하게 하거나 빈도수를 늘린다.

(7) 전기집진기의 음극(−)코로나 방전

① 대부분의 산업공정에서는 음극(−)코로나를 주로 사용한다.

② 양극(+)코로나 방전에 비해 전계강도는 강하고, 불꽃개시 전압은 높으나 코로나개시 전압은 낮다.

(8) 집진효율(η) ★빈출

① 관련 식(Deutsch–Anderson 식)

$$\eta = 1 - e^{\left(-\frac{A W_e}{Q}\right)}$$

여기서, e : exp의 약자

$\quad\quad\quad A$: 집진면적(m^2)

$\quad\quad\quad W_e$: 입자의 이동속도(m/sec)

$\quad\quad\quad Q$: 가스 유량(m^3/sec)

예제

> 가로 5m, 세로 8m인 두 집진판이 평행하게 설치되어 있고, 두 판 사이 중간에 원형철심 방전극이 위치하고 있는 전기집진장치에 굴뚝가스가 120m^3/min으로 통과하고, 입자이동속도가 0.12m/s일 때의 집진효율은? (단, Deutsch–Anderson 식 적용)
>
> ---
>
> ✔ $W_e = 0.12$m/s
>
> $A = 5 \times 8 \times 2 = 80m^2$
>
> $Q = 120m^3/\min = 2m^3/s$
>
> $\eta = 1 - e^{\left(-\frac{A W_e}{Q}\right)} = 1 - e^{\left(-\frac{80 \times 0.12}{2}\right)} = 99.18\%$

② 입자가 받는 Coulomb힘(kg · m/s^2)

$$\text{입자가 받는 Coulomb힘} = e_0 \times n \times E$$

여기서, e_0 : 전하(1.602×10^{-19}C)

$\quad\quad\quad n$: 전하 수

$\quad\quad\quad E$: 하전부의 전계강도(V/m)

핵심이론 **13**	세정집진기

(1) 원리

함진가스에 물을 분사시키거나 함진가스를 엷은 액체막으로, 또는 습윤된 충진탑에 통과시켜 함진가스 내의 입자를 제거한다.

(2) 종류

① 가압수식 세정집진기

　㉠ 세정액을 가압 공급하여 함진가스를 세정하는 방식이다.

　㉡ 벤투리 스크러버(venturi scrubber), 충전탑(packed tower), 제트 스크러버(jet scrubber)

② 회전식 세정집진기(impulse scrubber)

③ 유수식 세정집진기 : 가스선회형, 임펠러형, 로터형, 분수형 등

④ 이젝터 스크러버

　㉠ 이젝터를 사용해 물을 고압·분무하여 액적과 접촉 포집하는 방식이다.

　㉡ 다량의 세정액이 사용되어 유지비가 많이 들고 동력비가 비싸다.

　㉢ 액기비가 $10 \sim 50 L/m^3$ 정도로 다른 가압수식에 비해 10배 이상이다.

　㉣ 처리가스량이 많지 않을 때 사용되며, 대량가스 처리에는 불리하다.

⑤ 벤투리 스크러버(venturi scrubber) ★빈출

　㉠ 함진가스를 고속으로 유입시켜 압력차와 세정수의 접촉력에 의해 먼지를 제거하는 방식이다.

　㉡ 고압이 필요하며, 집진효율이 높고, 온도를 감소시키는 효과가 있다.

　㉢ 가스량이 많을 때는 불리하다.

　㉣ 목부의 입구 유속은 $30 \sim 120 m/s$로서 가장 빠르다.

　㉤ 물방울 입경과 먼지 입경의 비는 150 : 1 전후가 좋다.

　㉥ $10 \mu m$ 이상의 큰 친수성 입자의 액기비는 $0.3 L/m^3$ 전후이다.

　㉦ 먼지 부하 및 가스 유동에 민감하고, 대량의 세정액이 요구된다.

　㉧ 벤투리 스크러버의 액기비를 크게 하는 요인은 다음과 같다.

　　• 먼지의 입경이 작을 때

　　• 먼지입자의 점착성이 클 때

　　• 처리가스의 온도가 높을 때

　　• 먼지의 농도가 높을 때

(3) 특징 ★빈출

① 압력손실이 높아 운전비가 많이 든다.

② 소수성 입자의 집진율은 낮은 편이다.

③ 점착성 및 조해성 입자의 처리가 가능하다.

④ 연소성 및 폭발성 가스의 처리가 가능하다.

⑤ 벤투리 스크러버와 제트 스크러버는 기본유속이 클수록 집진율이 높다.

⑥ 별도의 폐수처리시설이 필요하다.

⑦ 먼지에 의한 폐쇄 등의 장애가 일어날 확률이 높다.

핵심이론 14 | **가스상 물질의 처리**

(1) 유체의 레이놀즈수(Reynold number, Re) ★빈출

관성력/점성력으로 표현되는 무차원의 수이다.

$$Re = \frac{\rho \times V_s \times D}{\mu} = \frac{V_s \times D}{\nu}$$

여기서, ρ : 밀도, V_s : 유체의 속도

D : 유체의 직경, μ : 점도

ν : 동점도

예제

> 내경이 120mm의 원통 내를 20℃, 1기압의 공기가 30m³/hr로 흐른다. 표준상태의 공기의 밀도가 1.3kg/Sm³, 20℃의 공기의 점도가 1.81×10^{-4}poise라면 레이놀즈수는?
>
> ✔ $Re = \dfrac{\rho \times V_s \times D}{\mu} = \dfrac{1.3 \times 273/293 \times V_s \times 1.2}{1.81 \times 10^{-4}} = 8030.5 \times V_s = 8030.5 \times 0.74 = 5942.5$
>
> $\left(V_s = Q/A = \dfrac{30\text{m}^3}{\text{hr}} \left| \dfrac{4}{\pi \times (0.12)^2 \text{m}^2} \right| \dfrac{1\text{hr}}{3,600\text{s}} = 0.74\text{m/s} \right)$

(2) 상당직경(equivalent diameter) ★빈출

가로 a, 세로 b인 직사각형의 유로에 유체가 흐를 경우

$$상당직경 = \frac{2(a \times b)}{(a+b)}$$

(3) 유체의 점성(viscosity)

① 액체의 점성계수는 주로 분자응집력에 의하므로 온도의 상승에 따라 낮아진다.

② 점성계수는 압력과 습도의 영향을 거의 받지 않는다.

③ 유체 내에 발생하는 전단응력은 유체의 속도구배에 비례한다(뉴턴의 점성법칙).

$$F(\text{전단응력}) \propto \frac{V_t \times A}{Z}$$

여기서, V_t : 속도, A : 넓이, Z : 두께

넓이와 속도에 비례하고 두께에 반비례한다.

④ 점성은 유체분자 상호간에 작용하는 응집력과 인접 유체층 간의 운동량 교환에 기인한다.

⑤ 점성은 유체분자 상호간에 작용하는 분자응집력과 인접유체층 간의 분자운동에 의하여 생기는 운동량 수송에 기인한다.

⑥ 액체의 점도는 기체에 비해 아주 크며, 대개 분자량이 증가하면 증가한다.

⑦ 온도에 따른 액체의 운동점도(kinemetic viscosity)의 변화폭은 절대점도의 경우보다 좁다.

⑧ 점도의 기본단위는 $1g/cm \cdot s = 1poise = 0.1Pa \cdot s$이다. 점도는 P(poise, 푸아즈)로 표시하고, 단위는 $g/cm \cdot s$인데 이는 너무 커서 1/100로 줄여서 cP(센티푸아즈)로 쓴다. 또한 동점도는 St(Stokes, 스토크스)로 표시하고, 단위는 cm^2/s이며, 이는 너무 커서 1/100로 줄여서 cSt(센티스토크스)로 쓴다.

⑨ 동점도＝절대점도/밀도

예제

밀도 $0.8g/cm^3$인 유체의 동점도가 3St라면 절대점도는?

✔ 절대점도＝동점도×밀도
$$= 3St \times 0.8g/cm^3 = 3cm^2/s \times 0.8g/cm^3$$
$$= 2.4g/cm \cdot s = 2.4P$$

(4) Bernoulli 식이 적용되는 가스유속 측정장치

① 로터미터(rotameter)
② 벤투리미터(venturi meter)
③ 오리피스미터(orifice meter)
④ 엘보 및 면적식 유량계

(5) 배출가스의 온도를 냉각시키는 방법 중 열교환법의 특성

① 운전비 및 유지비가 많이 든다.
② 열에너지를 회수할 수 있다.
③ 최종 공기부피가 공기희석법, 살수법에 비해 작다.
④ 온도감소로 인해 상대습도는 증가하지만, 가스 중 수분량에는 거의 변화가 없다.

핵심이론 15 | 흡수

(1) 정의

가스상 오염물질이 기체-액체계면(a gas-liquid interface)을 통해 기체상에서 액체상으로 전달하는 현상이다.

(2) 헨리의 법칙

① 온도와 기체의 부피가 일정할 때 기체의 용해도는 용매와 평형을 이루고 있는 기체의 분압에 비례한다.

$$P(\text{atm}) = H \times C\,(\text{kmol/m}^3)$$

여기서, P : 압력, H : 헨리상수, C : 농도

② 비교적 용해도가 적은 기체에 적용되고, 용해도가 적을수록 헨리상수값은 커진다.

③ 헨리상수값은 온도에 따라 변하며, 온도가 높을수록 그 값이 크다.

예제

Henry 법칙이 적용되는 가스로서 공기 중 유해가스의 평형분압이 16mmHg일 때, 수중 유해가스의 농도는 3.0kmol/m³였다. 같은 조건에서 가스분압이 435mmH₂O가 되면 수중 유해가스의 농도는? (단, Hg의 비중 13.6)

❷ $P = HC$, $H = P/C = \dfrac{16\text{mmHg}}{} \left| \dfrac{13.6\text{mmH}_2\text{O}}{1\text{mmHg}} \right| \dfrac{\text{m}^3}{3\text{kmol}}$

H(헨리상수) $= 72.5$ ∴ $C = P/H = 435/72.5 = 6\text{kmol/m}^3$

(3) 특징

① 습식 세정장치에서 세정흡수효율은 세정수량이 클수록, 가스의 용해도가 클수록 커진다.

② 용해도가 작은 기체의 경우에는 헨리의 법칙이 성립되며, 헨리정수가 클수록 세정흡수효율은 작아진다.

③ SiF_4, HCHO 등은 물에 대한 용해도가 크나, NO, NO_2 등은 물에 대한 용해도가 작은 편이다.

④ 라울(Raoult)의 법칙

ㄱ "용매에 용질을 용해하는 것에 의해 생기는 증기압 강하의 크기는 용액 중에 녹아 있는 용질의 몰분율에 비례한다"는 것이다.

ㄴ 즉, 휘발성인 에탄올을 물에 녹인 용액의 증기압은 물의 증기압보다 높다. 그러나 비휘발성인 설탕을 물에 녹인 용액인 설탕물의 증기압은 물보다 낮아진다.

⑤ 가스측 경막저항은 흡수액에 대한 유해가스의 농도가 클 때 경막저항을 지배하고, 반대로 액측 경막저항은 용해도가 작을 때 지배한다.

⑥ 대기오염물질은 보통 공기 중에 소량 포함되어 있고, 유해가스의 농도가 큰 흡수제를 사용하므로 가스측 경막저항이 주로 지배한다.

⑦ Baker는 평형선과 조작선을 사용하여 NTU를 결정하는 방법을 제안하였다.

⑧ 충전탑의 조건이 평형곡선에서 멀어질수록 흡수에 대한 추진력은 더 커진다.

(4) 흡수액의 조건

① 휘발성이 작아야 한다(높은 비휘발성).

② 용해도가 커야 한다(높은 용해성).

③ 어는점은 낮고, 비점(끓는점)은 높아야 한다.

④ 점도(점성)가 낮아야 한다(낮은 점성).

⑤ 용매와 화학적 성질이 비슷해야 한다.

⑥ 부식성과 독성이 없어야 한다(화학적 안정성).

⑦ 가격이 저렴하면 좋다(저렴한 가격).

(5) 흡수장치

① 종류 ★빈출

㉠ 기체(가스)분산형 흡수장치
- 액측 저항이 큰 경우에 사용한다.
- 용해도가 낮은 가스에 적용한다.
- 주로 난용성 기체(CO, O_2, N_2, NO, NO_2)에 적용한다.
- 단탑(plate tower), 다공판탑(perforated plate tower), 종탑, 기포탑 등

㉡ 액체분산형 흡수장치
- 가스측 저항이 큰 경우에 사용한다.
- 용해도가 높은 가스에 적용한다.
- 주로 수용성 기체에 적용한다.
- 벤투리 스크러버, 분무탑(spray tower), 충전탑(packed tower) 등

② 다공판탑

㉠ 판 간격은 보통 40cm이고, 액기비는 0.3~5L/m³ 정도이다.

㉡ 비교적 소량의 흡수액이 소요되고, 가스 겉보기속도는 0.3~1m/s 정도이다.

㉢ 압력손실은 100~200mmH₂O 정도이고, 가스량 변동이 심한 경우에는 운영이 어렵다.

㉣ 판수를 증가시키면 고농도 가스도 처리가 가능하다.

㉤ 고체부유물 생성 시 적합하다.

③ 분무탑(spray tower)

  ㉠ 구조가 간단하고, 압력손실이 적다.

  ㉡ 침전물이 생기는 경우에 적합하며, 충전탑에 비해 설비비 및 유지비가 적게 소요된다.

  ㉢ 분무에 큰 동력이 필요하고, 가스 유출 시 비말동반이 많다.

  ㉣ 분무액과 가스의 접촉이 불균일하여 효율이 좋지 않다.

  ㉤ 액체분산형 흡수장치로서 용해도가 높은 가스에 적용한다.

④ 충전탑(packed tower)

  ㉠ 원리

    • 충전탑은 기/액이 효율적으로 접촉할 수 있도록 탑 내부에 충전물을 충전하고, 여기에 흡수액을 살수하여 가스를 흡수한다.

    • 포말성 흡수액일 경우 충전탑이 유리하다.

    • 흡수액에 부유물이 포함되어 있을 경우 단탑을 사용하는 것이 더 효율적이다.

    • 온도변화에 따른 팽창과 수축이 우려될 경우에는 충전제 손상이 예상되므로 단탑이 유리하다.

    • 운전 시 용매에 의해 발생하는 용해열을 제거해야 할 경우 냉각오일을 설치하기 쉬운 단탑이 유리하다.

  ㉡ 특징

    • 가스와 액체가 전체에 균일하게 분포될 수 있도록 해야 한다.

    • 충전물의 단면적은 기·액 간의 충분한 접촉을 위해 큰 것이 좋다.

    • 하단의 충전물이 상단의 충전물에 의해 눌려있으므로 이 하중을 견디는 내강성이 있어야 하며, 또한 충전물의 강도는 충전물의 형상에도 관련이 있다.

    • 충분한 기계적 강도와 내식성이 요구되며, 단위부피 내의 표면적이 커야 한다.

    • 압력손실은 $100 \sim 200 mmH_2O$이고, 가스 유량의 변동에도 안정된 흡수효율을 발휘해야 한다.

    • 흡수액에 고형분이 함유되어 있는 경우에는 흡수에 의해 침전물이 생기는 등 방해를 받는다.

    • 고형물을 많이 함유한 가스의 처리에 막힘을 유발하기 쉽다.

    • 충전탑에서 hold-up은 흡수액을 통과시키면서 유량 속도를 증가할 경우 충전층 내의 액 보유량이 증가하게 되는 상태를 의미한다.

    • 충전물을 불규칙적으로 충전했을 때 접촉면적과 압력손실이 커진다.

    • 일정한 양의 흡수액을 흘릴 때 유해가스의 압력손실은 가스 속도의 대수값에 비례하며, 가스 속도가 증가할 때 나타나는 첫 번째 파과점(break point)을 loading point라 한다.

    • 온도의 변화가 큰 곳에는 적응성이 낮고, 희석열이 심한 곳에는 부적합하다.

- 충전제에 흡수액을 미리 분사시켜 엷은 층을 형성시킨 후 가스를 유입시켜 기·액 접촉을 극대화한다.
- 액분산형 가스흡수장치에 속하며, 효율을 높이기 위해서는 가스의 용해도를 증가시켜야 한다.

ⓒ Scale 방지대책(습식 석회석법)
- 순환액의 pH 변동을 작게 한다.
- 탑 내에 내장물을 가능한 설치하지 않는다.
- 흡수액량을 증가시켜 탑 내 결착을 방지한다.
- 흡수탑 순환액에 산화탑에서 생성된 석고를 반송하고 슬러리의 석고 농도를 5% 이상으로 유지하여 석고의 결정화를 촉진한다.

ⓔ **충전물이 갖추어야 할 조건** ⭐빈출
- 단위체적당 넓은 표면적을 가져야 한다.
- 압력손실이 작고, 충전밀도가 커야 한다.
- 공극률이 커야 한다.
- 가스 및 액체에 대하여 내열성과 내식성이 커야 한다.
- 화학적으로 불활성이어야 한다.

ⓜ **용어** ⭐빈출
- **채널링(channeling)** : 임의로 충전탑에서 혼합물을 물리적으로 분리할 때, 액의 분배가 원활하게 이루어지지 못하면 채널링현상이 발생하며, 이는 충전탑의 기능을 저하시키는 큰 요인이 된다.
- **홀드업(hold up)** : 흡수액을 통과시키면서 가스 유속을 증가시킬 때, 충전층 내의 액 보유량이 증가하는 것을 의미한다.
- **로딩(loading)** : hold up 상태에서 계속해서 유속을 증가시키면 액의 hold up이 급격하게 증가하게 되는 상태이다.
- **플로딩(flooding)** : loading point를 초과하여 유속을 계속적으로 증가하면 hold up이 급격히 증가하고 가스가 액 중으로 분산 범람하게 되는 상태이다.

ⓗ 충전탑의 높이(H)

$$H = H_{OG} \times N_{OG} = H_{OG} \times \ln\left[1/(1 - E/100)\right]$$

여기서, H_{OG} : 기상총괄이동 단위높이

N_{OG} : 기상총괄이동 단위수

E : 제거율

예제

기상총괄이동 단위높이가 2m인 충전탑을 이용하여 배출가스 중의 HF를 NaOH 수용액으로 흡수제거하려 할 때, 제거율을 98%로 하기 위한 충전탑의 높이는? (단, 평형 분압은 무시)

✅ $H = H_{OG} \times N_{OG} = H_{OG} \times \ln[1/(1-E/100)]$
    $= 2 \times \ln[1/(1-98/100)] = 2 \times 3.91$
    $= 7.82m$

핵심이론 16 | 흡착(adsorption)

(1) 정의

가스 혹은 액체상의 용질이 고체상 물질(흡착제, adsorbent)에 물리적 또는 화학적 힘에 의하여 결합하는 현상이다.

(2) 분류 ★빈출

구분	물리적 흡착(van der Waals adsorption)	화학적 흡착
온도범위	낮은 온도	높은 온도
흡착층	여러 층(다분자층)이 가능	여러 층(다분자층)이 가능
가역성	가역성이 높음	가역성이 낮음
흡착제 재생	재생 용이	재생 어려움
흡착열	낮음	높음(반응열 정도)

(3) 흡착등온곡선(adsorption isotherms curve)

일정한 온도에서 흡착제 단위중량당 흡착된 흡착질(adsorbate)의 질량을 그래프로 나타낸 것이다.

① 일반적 특성
  ㉠ **일정한 온도에서 처리가스의 분압이 증가하면 흡착량이 증가**한다(압력과 비례).
  ㉡ **일정한 압력에서 처리가스의 온도가 올라가면 흡착량이 감소**한다(온도와 반비례).

② 종류
  ㉠ 선형 흡착등온곡선
  ㉡ Langmuir 흡착등온곡선
  ㉢ Freundlich 흡착등온곡선(실험식)
  ㉣ BET 흡착등온식(다분자 흡착층을 고려한 Langmuir 흡착식의 확장)

(4) 파과점 및 파과곡선

① 흡착과정

㉠ 유입되는 오염물질은 흡착제를 통과하면서 출구농도가 급격히 떨어진다. 실제의 흡착은 비정상상태에서 진행되므로 흡착의 초기에는 흡착이 빠르게 진행되다가 어느 정도 흡착이 진행되면 흡착이 느리게 이루어진다.

㉡ 시간이 경과되면서 흡착층이 포화되어 출구에서 오염물질의 농도가 급격히 상승하게 된다.

㉢ 이때 흡착제가 오염물질에 의해 포화되어 오염물질의 출구농도(C_t)가 높아져서 배출허용 기준농도(C_s)까지 도달하는 점 또는, 출구농도가 입구농도의 약 10%가 되는 점을 파과점 (Break Point)이라 한다.

㉣ 파과점 이후의 출구농도(C_t)는 입구농도(C_o)를 향하여 급속히 증가하여 결국 종말점(포화 점)에 도달하게 된다. 포화점에서는 흡착제가 가장 많은 양의 오염물질을 흡착한다.

② 파과점(Break Point, 돌파점)

㉠ **파과점은 흡착제 교체시기를 결정한다. 즉, 파과점에 도달하기 전에 활성탄을 교체**해야 한다.

㉡ **흡착제의 75~80%가 포화될 때까지 파과현상이 일어나지 않는 것이 바람직**하다.

③ 파과곡선(breakthrough curve)

㉠ 흡착탑의 출구에서 입구농도를 시간(또는 가스부피)에 따라 표시한 것이다(S자형 형태).

㉡ 파과곡선의 형태는 비교적 기울기가 큰 것이 바람직하다.

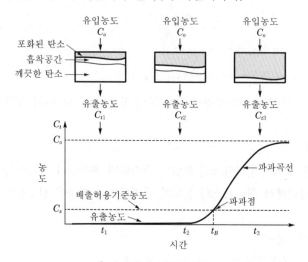

| 파과점과 파과곡선 |

(5) 흡착제

① 활성탄 ★빈출

- ㉠ 활성탄은 표면적 $600 \sim 1,400 \text{m}^2/\text{g}$으로, 가장 많이 사용한다.
- ㉡ 악취, 각종 방향족 유기용제, 할로겐화된 지방족 유기용제, 에스테르류, 알코올류 등의 비극성류의 유기용제를 흡착하는 데 탁월한 효과가 있다.
- ㉢ 이산화질소는 활성탄으로 흡착시켜 처리하기 어렵다.
- ㉣ 통상 물리적 흡착방법으로 제거할 수 있는 유기성 가스의 분자량은 45 이상이어야 한다.
- ㉤ 소수성 흡착제이다.

② 실리카겔

- ㉠ $250℃$ 이하에서 물과 유기물을 잘 흡착한다.
- ㉡ 친수성 흡착제이다.

③ 활성알루미나

- ㉠ 물과 유기물을 잘 흡착하며, $175 \sim 325℃$로 가열하여 재생시킬 수 있다.
- ㉡ 친수성 흡착제이다.

④ 합성제올라이트(synthetic zeolite)

- ㉠ 촉매, 담채, 이온교환제, 흡습제, 가스제거제 등에 사용한다.
- ㉡ 불순물이 없고, 순도가 좋으며, 일정하게 만들 수 있다.
- ㉢ 제조과정에서 그 결정구조를 조절하여 특정한 물질을 선택적으로 흡착시키거나 흡착속도를 다르게 할 수 있다.
- ㉣ 극성이 다른 물질이나 포화정도가 다른 탄화수소의 분리가 가능하다.
- ㉤ 친수성 흡착제이다.

⑤ 마그네시아

- ㉠ 높은 표면적($1 \sim 250 \text{m}^2/\text{g}$)을 가진다.
- ㉡ 농업용, 환경처리용(폐수의 암모니아, 인산염 및 중금속 제거), 촉매제 등으로 활용된다.

(6) 흡착장치

① 고정층 흡착장치

보통 수직으로 된 것은 소규모에 적합하고, 수평으로 된 것은 대규모에 적합하다.

② 이동층 흡착장치

일반적으로 유동층 흡착장치에 비해 가스의 유속을 크게 유지할 수 없는 단점이 있다.

③ 유동층 흡착장치

- ㉠ 고정층과 이동층 흡착장치의 장점만을 이용한 복합형으로 고체와 기체의 접촉을 좋게 할 수 있다.

      ⓛ 흡착제의 유동에 의한 마모가 크게 일어나고, 조업조건에 따른 주어진 조건의 변동이 어렵다.

      ⓒ 가스의 유속을 크게 할 수 있고, 고체와 기체의 접촉을 크게 할 수 있으며, 또한 가스와 흡착제를 향류로 접촉할 수 있는 장점이 있으나 주어진 조업 조건에 따른 조건 변동이 어렵다.

(7) 다단로와 회전로에서의 활성탄 재생방법 비교

구분	다단로	회전로
온도 유지	여러 개의 버너로 구분된 반응영역에서 온도 분포 조절이 가능하고 열효율이 높다.	• 단 1개의 버너로 열공급을 한다. • 영역별 온도유지가 불가능하고, 열효율이 낮다.
수증기 공급	반응영역에서 일정하게 분사한다.	입구에서만 공급하므로 일정치 않다.
입도 분포	입도 분포에 관계없이 체류시간 동일하게 유지 가능하다.	입도에 비례하여 큰 입자가 빨리 배출된다.
품질	고품질 입상 재생설비로 적합하다.	고품질 입상 재생설비로 부적합하다.

(8) 활성탄 흡착탑에서의 화재 방지

① 접촉시간은 가능한 짧은 것이 화재 방지에 좋다.

② 축열에 의한 발열을 피할 수 있도록 형상이 균일한 조립상 활성탄을 사용한다.

③ 사영역이 있으면 축열이 일어나므로 활성탄층의 구조를 수직 또는 경사지게 하는 편이 좋다.

④ 운전 초기에는 흡착열이 발생하며 15~30분 후에는 점차 낮아지므로 물을 충분히 뿌려주어 30분 정도 공기를 공회전시킨 다음 정상 가동한다.

핵심이론 17	대기오염물질별 특성 및 제거방법

(1) VOCs(휘발성유기화합물)

① VOCs 처리기술 선정 시에는 처리가스의 종류, 농도 및 가스량 등을 고려해야 한다.

② 휘발성유기화합물(VOCs)의 배출량 저감방안

      ㉠ VOCs 대신 다른 물질로 대체한다.

      ㉡ VOCs를 연소시켜 인체에 덜 해로운 물질로 만들어 대기 중으로 방출시킨다.

      ㉢ 누출되는 VOCs를 고체흡착제를 사용하여 흡착 제거한다.

      ㉣ 단순히 공기와 희석시켜 용기 내 VOCs 농도를 줄이는 것은 근본적인 배출저감 방안이 아니다.

③ VOCs 처리기술의 종류

  ㉠ 흡착 : VOCs를 흡착제 표면으로 이동시켜 제거시키며, 가장 널리 사용되는 방법이다.

  ㉡ 흡수 : 용해성이 있는 VOCs를 액상으로 이동시켜 제거시킨다.

  ㉢ 저온응축 : 배출가스를 냉각이나 압축시켜 VOCs를 과포화상태로 유도하여 포집한다.

  ㉣ 연소

   • 열적산화(TO, Thermal Oxidation) : VOCs를 태워서 제거한다.

   • 축열식 열적산화(RTO, Regenerative Thermal Oxidation) : 축열능력이 뛰어난 세라믹을 이용하며 VOCs를 태워서 제거한다(재생 열산화).

   • 촉매산화(CO, Catalytic Oxidation) : 촉매를 활용하며 VOCs를 태워서 제거한다.

   • 축열식 촉매산화(RCO, Regenerative Catalytic Oxidation) : 축열능력이 뛰어난 세라믹을 이용하며 촉매를 활용하여 VOCs를 태워서 제거한다.

  ㉤ 생물여과(Bio Filtration) : 미생물에 의해 VOCs를 제거한다.

  ㉥ 광산화(Photo Oxidation) : 광(光)으로 VOCs를 제거한다.

(2) 염화수소

① 누벽탑, 충전탑, 스크러버 등으로 쉽게 제거할 수 있다.

② 염화수소 농도가 높은 배기가스를 처리하는 데는 관외 냉각형, 염화수소 농도가 낮은 때에는 충전탑 사용이 권장된다.

③ 염화수소의 용해열이 크고 온도가 상승하면 염화수소의 분압이 상승하므로 완전 제거를 목적으로 할 경우에는 충분히 냉각할 필요가 있다.

④ 염산은 부식성이 있어 장치는 플라스틱, 유리라이닝, 고무라이닝, 폴리에틸렌 등을 사용해야 하며, 충전탑, 스크러버를 사용할 경우에는 mist catcher를 설치해야 한다.

(3) 시안화수소

① 인화성이 있고, 연소 시 유독가스가 발생한다.

② 무색의 비점(26℃ 정도)이 낮은 액체이고, 그 증기는 방향성을 약간 가진다.

③ 물, 알코올, 에테르 등과 임의의 비율로도 혼합되며, 그 수용액은 극히 약한 산성을 나타낸다.

④ 폭발성이 강하다.

⑤ 물에 대한 용해도가 매우 크므로 가스를 물로 세정하여 처리한다.

(4) 다이옥신

① 주로 소각 시 발생하고, PCDDs와 PCDFs로 구분되며, 210개의 이성질체가 있다.

② 다이옥신의 발생을 억제하기 위해 PVC, PCB가 함유된 제품은 소각하지 않는다.

③ 다이옥신은 고온(700℃ 이상)에서는 제거되기 때문에 소각로는 고온으로 유지해야 한다. 그러나 저온(약 300℃)에서는 재합성된다.

④ 다이옥신의 처리대책

　　㉠ 촉매분해법 : 촉매로는 금속산화물(V_2O_5, TiO_2 등), 귀금속(Pt, Pd)을 사용한다.

　　㉡ 광분해법 : 자외선 파장(250~340nm)이 가장 효과적이다.

　　㉢ 열분해법 : 산소가 아주 적은 환원성 분위기에서 탈염소화, 수소첨가반응 등에 의해 분해시킨다.

(5) 일산화탄소(CO)

① 비용해, 비흡착, 비반응성이다.

② 백금 촉매를 사용하여 산화 연소시켜 제거한다($CO + 1/2O_2 \rightarrow CO_2$).

③ 촉매독으로 작용하는 물질은 Hg, As, Pb, Zn, 황화합물, 염소화합물, 유기인화합물 등이 있다.

(6) 기타 물질

① 염화인(PCl_3)은 에테르, 벤젠, 그리고 사염화탄소에 용해되어 염산 및 인산으로 분해된다.

② 아크롤레인은 그대로 흡수가 불가능하며, NaClO 등의 산화제를 혼입한 가성소다 용액으로 흡수 제거한다.

③ 이산화셀렌은 코트럴집진기로 포집, 결정으로 석출, 물에 잘 용해되는 성질을 이용해 스크러버에 의해 세정하는 방법 등이 이용된다.

④ 이황화탄소는 암모니아를 불어넣는 방법으로 제거한다.

⑤ Br_2는 물이 존재하면 강한 산화제이므로 탄산칼륨, 탄산나트륨, 중탄산나트륨 용액이나 슬러리, 또는 포화하이포(hypo) 용액을 사용하여 중화시켜 제거한다.

⑥ 석유정제 시 배출되는 황화수소는 다이에탄올아민으로 세정시켜서 제거한다.

⑦ Cl_2가스는 상온에서 황록색을 띤 기체이며 자극성 냄새를 가진 유독물질로, 관련 배출원은 표백공업이다.

⑧ 염화인(PCl_3)은 에테르, 벤젠 및 사염화탄소에 용해된다.

⑨ F_2는 상온에서 무색의 발연성 기체로 강한 자극성이며, 물에 잘 녹고, 배출원은 알루미늄 제련공업이다.

⑩ 사불화규소(SiF_4)는 물(H_2O)과 반응하여 콜로이드 상태의 규산(H_4SiO_4)과 H_2SiF_6이 생성된다.

⑪ SO_2는 무색의 강한 자극성 기체로 환원성 표백제로도 이용되며, 화석연료의 연소에 의해서도 발생한다. 또한 산성비의 원인물질이다.

⑫ NO_2는 적갈색의 특이한 냄새를 가진 물에 잘 녹는 맹독성 기체로, 산성비와 광화학스모그의 원인물질이다.

(7) 유해가스 종류별 처리제 및 그 생성물

유해가스	처리제	생성물
SiF_4	H_2O	SiO_2
F_2	$NaOH$	NaF
HF	$Ca(OH)_2$	CaF_2
Cl_2	$Ca(OH)_2$	$Ca(ClO)_2$, $CaCl_2$

핵심이론 18 | 악취(냄새)

(1) 악취물질의 성질과 발생원 ★빈출

① 에틸아민($C_2H_5NH_2$)은 암모니아취 물질로 수산 가공, 약품 제조 시에 발생한다.

② 메틸머캅탄(CH_3SH)은 부패 양파취 물질로 석유 정제, 가스 제조, 약품 제조 시에 발생한다.

③ 황화수소(H_2S)는 썩는 계란취 물질로 석유 정제, 약품 제조 시에 발생한다.

④ 아크롤레인(CH_2CHCHO)은 호흡기에 심한 자극성 물질로서, 석유화학, 글리세롤, 의약품 제조 시 발생한다.

⑤ 아민류화합물(메틸아민, 트라이메틸아민 등)은 생선 비린내가 난다.

⑥ −CHO처럼 알데하이드류는 자극적이며 새콤하고 타는 듯한 냄새가 난다.

(2) 악취 제어방법

① 생물여과의 장・단점(VOC 제거장치와 비교)

　㉠ CO 및 NO_x 등을 포함하여 생성되는 오염부산물이 적거나 없다.

　㉡ 습도 제어에 각별한 주의가 필요하다.

　㉢ 저농도 오염물질 처리에 적합하고, 설치가 간단한 편이다.

　㉣ 생체량 증가로 인해 장치가 막힐 수 있다.

② 촉매연소법

　㉠ 열소각법에 비해 체류시간이 훨씬 짧다.

　㉡ 열소각법에 비해 NO_x 생성량을 감소시킬 수 있다.

　㉢ 팔라듐, 알루미나 등은 촉매에 바람직한 원소이다.

　㉣ 열소각법에 비해 점화온도를 낮춤으로써 운영비용을 절감할 수 있다.

　㉤ 직접 연소법에 비해 질소산화물의 발생량이 적고, 저농도로 배출된다.

　㉥ 직접 연소법에 비해 연료소비량이 적어 운전비는 절감되나, 촉매독이 문제가 된다.

　㉦ 적용 가능한 악취성분은 가연성 악취성분, 황화수소, 암모니아 등이 있다.

ⓞ 촉매는 백금, 코발트, 니켈 등이 있으며, 고가이지만 성능이 우수한 백금계가 많이 이용된다.

ⓩ 대부분의 성분은 탄산가스와 수증기가 되기 때문에 배수처리가 필요 없다.

ⓒ 광범위한 가스 조건 하에서 적용이 가능하며, 저농도에서도 탈취효과가 뛰어나다.

ⓔ 악취성분 농도나 발생상황에 대응하여 최적의 촉매를 선정함으로써 뛰어난 탈취효과를 확보할 수 있다.

ⓣ 촉매가 고가이고 주기적으로 촉매를 교체해야 하기 때문에 운영비용이 많이 든다.

ⓟ 촉매들은 운전 시 상한온도가 있기 때문에 촉매층을 통과할 때 온도가 과도하게 올라가지 않도록 해야 한다.

③ **약액세정법**

㉠ 산성 가스 및 염기성 가스의 별도 처리가 필요하다.

㉡ 산성 가스에는 수산화나트륨을, 염기성 가스는 염산(황산)을 약액으로 사용한다.

④ **염소주입법(산화법의 일종)**

페놀이 다량 함유되었을 때에는 클로로페놀을 형성하여 2차 오염문제를 발생시킨다.

⑤ **수세법**

㉠ 수온 변화에 따라 탈취효과가 크게 달라진다.

㉡ 처리풍량 및 압력손실이 크다.

㉢ 고농도의 악취가스 전처리에 효과적이다.

㉣ 친수성 악취물질 저감에는 탈취효율이 우수하지만 소수성 악취물질에는 탈취효율이 거의 없어, 전체적으로 탈취효율은 우수하지 않다.

㉤ 알데하이드류, 저급유기산류, 페놀 등 친수성 극성기를 가지는 성분을 제거할 수 있다.

㉥ 주로 분뇨처리장, 계란건조장, 주물공장 등의 악취 제거에 사용할 수 있다.

⑥ **BALL 차단법**

㉠ 밀폐형 구조물을 설치할 필요가 없다.

㉡ 크기와 색상이 다양하다.

핵심이론 19 | **SO_x 처리**

(1) 연소 단계에 따른 분류 ⭐빈출

① **연소 전 대책**

연료 중 황 성분을 제거, 또는 황 성분이 적은 연료로 대체한다.

㉠ 연료 탈황

• 석탄 세척 : PCC(Physical Coal Cleaning), CCC(Chemical Coal Cleaning)

- 원유 탈황
  - 접촉수소화 : R–S + H₂ → H₂S + R

    Co–Ni–Mo을 수소첨가촉매로 하여 고온·고압($250\sim450℃$, $30\sim150kg/cm^3$)에서 S이 H_2S, SO_2 등의 형태로 제거되는 중유탈황 방법으로 간접탈황법에 비해 효과가 크다.
  - Claus Process : H_2S에서 황(S)을 회수하는 방법

    $2H_2S + SO_2 + $ 촉매(보오크사이트) $\rightarrow 2H_2O + 3S$(판매)
  - ⓛ 연료 대체 : 저유황연료(LNG 등) 사용

② 연소 단계 대책

연소실에 CaO, $CaCO_3$ 등을 직접 첨가한다.

③ 연소 후 대책

배연탈황(FGD, Flue Gas Desulfurization)이라 하며, 흡수제의 수분 함량에 따라 습식법, 반건식법, 건식법으로 구분된다.

(2) 습식법

① 일반적 특징 ★빈출

- ㉠ 반응속도가 빨라 SO_2의 제거율이 높다.
- ㉡ 처리한 가스의 온도가 낮아 재가열이 필요한 경우가 있다.
- ㉢ 장치의 부식 위험이 있고, 별도의 폐수처리시설이 필요하다.
- ㉣ 부산물의 회수가 용이하고, 상업화 실적이 많아 공정의 신뢰도가 높다.
- ㉤ (생)석회 세정법, 석회석 세정법, Wellman–Lord법 등이 있다.

② (생)석회 세정법

- ㉠ 습식법에 하나이며, 물에 의해 배기온도가 낮아 통풍력이 낮다.
- ㉡ 먼지와 연소재의 동시제거가 가능하므로 제진시설이 불필요하다.
- ㉢ 소규모, 소용량 이용에 편리하다.
- ㉣ 통풍팬을 사용할 경우 동력비가 비싸다.
- ㉤ (생)석회 세정법과 석회석 세정법의 비교

구분	생석회 세정공법	석회석 세정공법
차이	• 석회석에 비하여 비싸다. • 최적 pH : 8 • 제거효율이 석회석보다 높다.	• 석회석이 싸고 풍부하다. • 최적 pH : $5.8\sim6.2$
공통	• 반응 잔재물은 $CaSO_3/CaSO_4$ 슬러지가 생성된다. • 탑 내 물때현상으로 막힘현상이 자주 발생한다. • $CaSO_3$가 $CaSO_4$로 전환되면 석고보드의 원료로 판매한다.	

(3) 반건식법

① 액적이 탑의 하부에 도달하기 전에 수분이 증발되는 것을 제외하면 생석회 세정과 같은 방식이다.

② 반건식 반응탑(spray drying absorber 또는 spray drying reactor)

　㉠ 원리 : 미세하게 분무된 석회슬러리 액적과 배기가스 중 SO_2가 접촉하여 기-액 접촉반응을 일으키며 $CaSO_3/CaSO_4$ 형태의 슬러리로 되면서 배기가스의 열에 의해 순간적으로 건조되어 후단 집진기에 포집된다.

　㉡ 2개의 반응지역(흡수지역과 흡착지역)이 존재하며 흡수지역은 습식과 비슷하고, 흡착지역은 표면반응, 확산이 일어난다.

　㉢ 습식법 대비 유지보수 비용, 동력 비용이 적게 든다.

　㉣ 후단에 집진기가 필요하고 반응기에서 Scaling이 발생하여 집진기가 막힐 수 있다.

(4) 건식법

① 초기 투자비가 적어 소규모 보일러나 노후 보일러용으로 많이 사용된다.

② 부대시설은 많이 필요하지 않고, SO_2의 제거효율은 낮은 편이다.

③ 배기가스의 온도가 잘 떨어지지 않는다.

④ 연소로 내에서의 화학반응은 소성, 흡수, 산화의 3가지로 구분할 수 있다.

⑤ 장치의 규모가 큰 편이다.

⑥ 굴뚝에 의한 배출가스의 확산이 양호하다.

⑦ Sorbent Injection Process, 활성탄 흡착 등이 있다.

 예제

황함유량 2.5%인 중유를 30ton/hr로 연소하는 보일러에서 배기가스를 NaOH 수용액으로 처리한 후 황성분을 전량 Na_2SO_3로 회수할 경우, 이때 필요한 NaOH의 이론량은? (단, 황성분은 전량 SO_2로 전환)

　✔ S=30×2.5/100=0.75ton/hr, $S+O_2 \rightarrow SO_2$
　　SO_2　+ 2NaOH $\rightarrow$ $Na_2SO_3+H_2O$
　　64　 : 2×40
　　0.75×2 : x
　　∴ x=0.75×2×(2×40)/64=1.875ton/hr=1,875kg/hr

핵심이론 **20** | NO$_x$ 처리 ★빈출

(1) 생성 메커니즘

① Thermal NO$_x$(온도에 의존)

고온에서 산소와 질소가 반응하여 NO$_x$가 생성되는 반응(Zeldovich 반응)으로 산소농도가 높고, 고온영역에서 체류시간이 길 때 생성되는 NO$_x$이다.

② Fuel NO$_x$

연료 내 질소가 산소와 반응하여 생성되는 NO$_x$로서 주로 Coal 연소 시 많이 발생된다.

③ Prompt NO$_x$

반응초기에 화염면 근처에서 잠깐 나타났다 사라지므로 Prompt NO$_x$라고 하며 고온에서 생성되지만 Zeldovich 반응을 따르지 않고 생성되는 NO$_x$이다(Fenimore 제시).

(2) 연소단계별 대책

① **연소 전 대책(Fuel NO$_x$ 제어)** : 연료 중 질소성분 제거 또는 질소성분이 적은 연료로 대체한다.

㉠ 연료 전환 : 석탄, 중유 → 경질유 납사, LPG

㉡ 연료 탈질 : 코크스 탈질, 중질유 개량 등

② **연소 단계 대책(연소 개선을 통한 Thermal NO$_x$ 제어용)**

㉠ **기본적인 제어원리**
- 고온영역(화염지역)의 최고치 온도를 낮춘다.
- 연소가스의 체류시간을 줄인다.
- 과잉공기량(산소량)을 줄인다.

㉡ **종류**
- 저과잉공기연소(low excess air firing) : 과잉공기를 적게 주입한다.
- 연소공기 예열온도의 변경 : 연소공기의 온도를 낮춘다.
- 저NO$_x$ 버너(low-NO$_x$ burner) : 연료 및 공기의 혼합 특성을 조절하거나 연소영역의 산소농도와 화염온도를 조절하여 산소농도를 낮추거나 화염온도를 낮춘다.
- 배출가스 재순환(flue gas recirculation) : 연소용 공기에 배출가스의 일부를 혼합 공급하여 연소실 내의 온도를 낮추고 산소농도를 감소시킨다.
- 다단연소(multi-stage combustion) : 연료나 공기를 여러 단계로 나누어 공급함으로써 화염온도의 최고치를 낮춘다.
- 물분사(water injection) : 물의 잠열과 현열에 의하여 화염으로부터 열을 흡수함으로써 화염온도를 낮춘다.
- 고온에서 연소가스의 체류시간을 단축시킨다.
- 부분적인 고온영역이 없게 한다.

③ 연소 후 대책(배출가스 방지장치를 이용하여 NO_x 제어)

　㉠ 건식법(흡착법, 촉매산화법, 선택적 환원법, 비선택적 환원법 등)과 습식법(흡수-산화법, 흡수-환원법 등)이 있으나 주로 건식법이 사용된다.

　㉡ 흡착법은 NO 제거에는 효과적이지 않다.

　㉢ 촉매산화법은 촉매를 사용하기 때문에 산화온도가 비교적 낮고 이로 인해 thermal NO_x의 발생이 적으며 연료소비량도 적다. 그러나 분해반응이 느리고 적당한 촉매 개발이 늦어져 거의 적용하지 않는다.

(3) 선택적 환원법과 비선택적 환원법

① 선택적 환원법(선택적 접촉환원법이라고도 함)

　㉠ 기본적인 제어원리

　　• 환원제(NH_3, 요소 등) 주입하여 NO_x를 H_2O와 N_2로 환원시킨다. 이때 촉매를 사용하면 선택적 촉매환원법이고 촉매를 사용하지 않으면 선택적 비촉매환원법이다.

　　• 선택적 접촉환원법에서 Al_2O_3계의 촉매는 SO_2, SO_3, O_2와 반응하여 황산염이 되기 쉽고 촉매의 활성이 저하된다.

　　• 선택적 접촉환원법은 배기가스 중에 존재하는 산소와는 무관하게 NO_x를 선택적으로 접촉환원시키는 방법으로 산소 존재에 의해 반응속도가 증가한다.

　㉡ 선택적 촉매환원법(Selective Catalytic Reduction, SCR)

　　• 보통 TiO_2(촉매)와 V_2O_5(담체)를 혼합하여 제조한 촉매에 NH_3, H_2, CO, H_2S 등의 환원제를 작용시켜 NO_x를 N_2로 환원시키는 방법이다. 주로 암모니아를 환원제로 사용하기 때문에 암모니아 접촉환원법이라고 한다.

　　• 최적온도 범위는 약 300℃ 정도이며, 약 90%의 NO_x를 저감시킬 수 있다.

　　• 연소조절에 의한 제어법(연소단계 제어법)보다 더 높은 NO_x 제거효율이 요구되는 경우나 연소방식을 적용할 수 없는 경우에 사용된다.

　　• 장단점

　　　– 운전온도가 낮고, NO_x 제거율이 높다.

　　　– 운영비용(촉매 구입비, 폐촉매 처리비 등)이 많이 든다.

　　　– 촉매의 비활성화(촉매 독 등) 및 부식이 발생될 수 있다.

　　　– 주 운전온도가 다이옥신 재합성온도 영역(300~400℃)이기 때문에 저온화가 필요하다.

　　　– 미반응된 암모니아가 배출가스에 포함되어 배출될 수 있다(암모니아 누출).

　㉢ 선택적 비촉매환원법(Selective Non-Catalytic Reduction, SNCR)

　　• 촉매를 사용하지 않고 고온가스에 환원제(요소, 암모니아 등)를 분사하여 NO_x를 H_2O와 N_2로 환원시키는 방법이다.

　　• 최적온도 범위는 약 900℃ 이상이며, 보통 50% 정도의 NO_x를 저감시킬 수 있다.

- 장단점
  - 공정이 단순하고 쉽다.
  - 기존 공정에 적용 가능하고, 경제적이다(SCR 투자비의 1/4~1/6 수준).
  - 촉매를 사용하지 않기 때문에 제거효율이 낮다(약 50%).
  - 주 운전온도가 고온($900 \sim 1,150\,^\circ\mathrm{C}$)이기 때문에 고도의 온도제어가 필요하다. 이를 온도창(temperature window)이라 한다.
    ; 온도가 낮으면 암모니아가 누출되고(미반응의 NH_3 배출),
    온도가 높으면($>1,000\,^\circ\mathrm{C}$) 암모니아 자체가 산화되어 NO 농도가 높아진다.

② 비선택적 환원법
  ㉠ 수소, 일산화탄소, 저농도의 탄화수소를 환원제로 사용하여 산소가 희박한 상태에서 NO_x를 H_2O와 N_2로 환원시킨다.
  ㉡ 비선택적 환원법은 주로 촉매를 사용한다. 비선택적 촉매환원법(Non-Selective Catalytic Reduction, NSCR)에서는 주로 Pt, Pd 등의 귀금속 촉매를 사용한다. 그러나 일부 CO, Ni, Cu, Cr 등의 산화물(CuO 등)도 촉매로 사용 가능하다.
  ㉢ 비선택적인 촉매환원법에서는 NO_x뿐만 아니라 O_2까지 소비된다.

핵심이론 21 | **SO_x와 NO_x 동시처리**

(1) $SO_x NO$ 공정

감마 알루미나 담체의 표면에 나트륨을 첨가하여 SO_x와 NO_x를 동시에 흡착시킨다.

(2) $NO_x SO$ 공정

알루미나 담체에 탄산나트륨(Na_2CO_3)을 3.5~3.8% 정도 첨가하여 제조된 흡착제를 사용하여 NO_x는 담체에 흡착시킨 후 탈착시켜 처리하고, SO_2는 황으로 환원시켜 처리한다.

(3) SNO_x

SCR에서 NO_x를 제거한 후 SO_2는 산화시킨다($H_2SO_3 \rightarrow H_2SO_4$).

(4) CuO 공정

알루미나 담체에 CuO를 함침시켜 SO_2는 흡착(SO_x는 산화구리와 반응하여 $CuSO_4$로 전환)되고, NO_x는 CuO의 촉매작용에 의해 암모니아 존재하에 질소와 수분으로 환원된다(선택적 촉매환원법으로 제거). 또한 촉매반응이므로 고온이 필요하지 않다.

(5) 전자빔공정

전자빔에 의해 OH, O, HO$_2$의 라디칼이 생성되며 이러한 라디칼들은 배출가스 중의 황산화물이나 질소산화물과 반응하여 황산과 질산을 발생시키고(NO → HNO$_3$, SO$_2$ → H$_2$SO$_4$로 전환) 이들 산성화물은 암모니아나 소석회 등과 같은 중화제에 의하여 중화처리된다.

(6) 플라스마

반응제를 사용하지 않고 플라스마(배출가스 내에 함유한 수분과 코로나 방전을 이용)을 이용하여 배출가스 중의 황산화물 및 질소산화물을 황산과 질산으로 전환시키는 기술이다. 부산물의 별도 처리공정이 필요 없으나 반응기 내 수분을 균일하게 분포하는 문제, 임펄스 발생기의 고성능화, 경제성 등과 같은 해결해야 할 문제가 있다.

(7) 활성탄 공정

S, H$_2$SO$_4$ 및 액상 SO$_2$ 등의 부산물이 생성되며, 공정 중 재가열이 없으므로 경제적이다.

대기오염 공정시험기준

저자쌤의 이론학습 **TIP**

대기오염 공정시험기준 과목은 크게 3파트[공통(총칙, 시료 채취방법, 일반 시험방법), 배출가스, 환경대기]로 구분되어 있음을 명확히 인식하고 따로따로 구분하여 공부하는 전략이 필요합니다.

핵심이론 1 | 총칙

(1) 표준산소농도 적용

배출허용기준 중 표준산소농도를 적용받는 항목에 대하여는 다음 식을 적용하여 오염물질의 농도 및 배출가스량을 보정한다.

① 오염물질 농도 보정

$$C = C_a \times \frac{21 - O_s}{21 - O_a}$$

여기서, C, C_a : 오염물질, 실측오염물질 농도(mg/Sm^3 또는 ppm)

　　　　O_s, O_a : 표준산소, 실측산소 농도(%)

② 배출가스 유량 보정

$$Q = Q_a \div \frac{21 - O_s}{21 - O_a}$$

여기서, Q, Q_a : 배출가스, 실측배출가스 유량(Sm^3/일)

　　　　O_s, O_a : 표준산소, 실측산소 농도(%)

(2) 농도 표시

① 액체 1,000mL 중의 성분질량(g) 또는 기체 1,000mL 중의 성분질량(g)을 표시할 때는 g/L의 기호를 사용한다.

② 액체 100mL 중의 성분용량(mL) 또는 기체 100mL 중의 성분용량(mL)을 표시할 때는(부피분율%)의 기호를 사용한다.

③ **백만분율**(parts per million)을 표시할 때는 **ppm**의 기호를 사용하며, 따로 표시가 없는 한 기체일 때는 용량 대 용량(부피분율), 액체일 때는 중량 대 중량(질량분율)을 표시한 것을 뜻한다.

④ **1억분율**(parts per hundred million)은 **pphm**, **10억분율**(parts per billion)은 **ppb**로 표시하고, 따로 표시가 없는 한 기체일 때는 용량 대 용량(부피분율), 액체일 때는 중량 대 중량(질량분율)을 표시한 것을 뜻한다.

⑤ 기체 중의 농도를 mg/m^3로 표시했을 때는 m^3는 **표준상태(0℃, 760mmHg)**의 기체용적을 뜻하고 Sm^3로 표시한 것과 같다. am^3로 표시한 것은 **실측상태(온도·압력)**의 기체용적을 뜻한다.

(3) 온도 표시

① 온도의 표시는 셀시우스(Celcius)법에 따라 아라비아 숫자의 오른쪽에 ℃를 붙인다. 절대온도는 K으로 표시하고, 절대온도 0K은 −273℃로 한다.

② 표준온도는 0℃, 상온은 15~25℃, 실온은 1~35℃로 하고, 찬 곳은 따로 규정이 없는 한 0~15℃의 곳을 뜻한다.

③ 냉수는 15℃ 이하, 온수는 60~70℃, 열수는 약 100℃를 말한다.

④ "수욕상 또는 수욕 중에서 가열한다"라 함은 따로 규정이 없는 한 **수온 100℃**에서 가열함을 뜻하고, **약 100℃** 부근의 증기욕을 대응할 수 있다.

⑤ "냉후(식힌 후)"라 표시되어 있을 때는 보온 또는 가열 후 **실온**까지 냉각된 상태를 뜻한다.

⑥ 각 조의 시험은 따로 규정이 없는 한 **상온**에서 조작하고, 조작 직후 그 결과를 관찰한다.

(4) 물

시험에 사용하는 물은 따로 규정이 없는 한 **정제수** 또는 **이온교환수지로 정제한 탈염수**를 사용한다.

(5) 액의 농도

① 단순히 용액이라 기재하고, 그 용액의 이름을 밝히지 않은 것은 **수용액**을 뜻한다.

② 혼액 (1+2), (1+5), (1+5+10) 등으로 표시한 것은 액체상의 성분을 각각 1용량 대 2용량, 1용량 대 5용량, 또는 1용량 대 5용량 대 10용량의 비율로 혼합한 것을 뜻하며, (1 : 2), (1 : 5), (1 : 5 : 10) 등으로 표시할 수도 있다. 예를 들면, **황산 (1+2) 또는 황산 (1 : 2)**라 표시한 것은 **황산 1용량에 정제수 2용량을 혼합**한 것이다.

③ 액의 농도를 (1→2), (1→5) 등으로 표시한 것은 그 용질의 성분이 **고체일 때는 1g을**, 액체일 때는 1mL를 용매에 녹여 전량을 각각 **2mL 또는 5mL**로 하는 비율을 뜻한다.

(6) 시약, 시액, 표준물질

① 시험에 사용하는 시약은 따로 규정이 없는 한 **특급** 또는 **1급 이상** 또는 이와 동등한 규격의 것을 사용하여야 한다. 단, 단순히 염산, 질산, 황산 등으로 표시하였을 때는 따로 규정이 없는 한 다음 표에 규정한 농도 이상의 것을 뜻한다.

〈시약의 비중〉 ★빈출

시약 명칭	화학식	농도(%)	비중(약)
염산	HCl	35~37	1.18
질산	HNO_3	60~62	1.38
황산	H_2SO_4	95 이상	1.84
아세트산	CH_3COOH	99 이상	1.05
인산	H_3PO_4	85 이상	1.69
암모니아수	NH_4OH	28~30(NH_3로서)	0.90
과산화수소	H_2O_2	30~35	1.11
플루오린화수소	HF	46~48	1.14
아이오딘화수소	HI	55~58	1.70
브로민화수소	HBr	47~49	1.48
과염소산	$HClO_4$	60~62	1.54

② 시험에 사용하는 표준품은 원칙적으로 특급 시약을 사용하며, 표준액을 조제하기 위한 표준용 시약은 따로 규정이 없는 한 데시케이터에 보존된 것을 사용한다.

③ 표준품을 채취할 때 표준액이 정수로 기재되어 있어도 실험자가 환산하여 기재 수치에 '약'자를 붙여 사용할 수 있다.

(7) 방울수

방울수란 20℃에서 정제수 20방울을 떨어뜨릴 때 그 부피가 약 1mL되는 것을 뜻한다.

(8) 용기

용기란 시험용액 또는 시험에 관계된 물질을 보존, 운반 또는 조작하기 위하여 넣어두는 것으로 시험에 지장을 주지 않도록 깨끗한 것을 뜻한다.

① **밀폐용기** : 물질을 취급 또는 보관하는 동안에 **이물이 들어가거나 내용물이 손실**되지 않도록 보호하는 용기를 뜻한다.

② **기밀용기** : 물질을 취급 또는 보관하는 동안에 외부로부터의 **공기 또는 다른 가스가 침입**하지 않도록 내용물을 보호하는 용기를 뜻한다.

③ **밀봉용기** : 물질을 취급 또는 보관하는 동안에 **기체 또는 미생물이 침입**하지 않도록 내용물을 보호하는 용기를 뜻한다.

④ **차광용기** : 광선을 투과하지 않는 용기 또는 투과하지 않게 포장을 한 용기로서 취급 또는 보관하는 동안에 내용물의 **광화학적 변화를 방지**할 수 있는 용기를 뜻한다.

(9) 분석용 저울 및 분동

이 시험에서 사용하는 분석용 저울은 적어도 0.1mg까지 달 수 있는 것이어야 하며, 분석용 저울 및 분동은 국가검정을 필한 것을 사용하여야 한다.

(10) 관련 용어

① "정확히 단다"라 함은 규정한 양의 검체를 취하여 **분석용 저울로** 0.1mg까지 다는 것을 뜻한다.

② 액체성분의 양을 "정확히 취한다"함은 **홀피펫, 부피플라스크** 또는 이와 동등 이상의 정도를 갖는 용량계를 사용하여 조작하는 것을 뜻한다.

③ "항량이 될 때까지 건조한다 또는 강열한다"라 함은 따로 규정이 없는 한 보통의 건조방법으로 **1시간 더 건조 또는 강열**할 때 전후 무게의 차가 **매g당 0.3mg** 이하일 때를 뜻한다.

④ 시험조작 중 "즉시"란 30초 이내에 표시된 조작을 하는 것을 뜻한다.

⑤ "감압 또는 진공"이라 함은 따로 규정이 없는 한 15mmHg 이하를 뜻한다.

⑥ "이상", "초과", "이하", "미만"이라고 기재하였을 때 '이'자가 쓰인 쪽은 어느 것이나 기산점 또는 기준점인 숫자를 포함하며, "미만" 또는 "초과"는 기산점 또는 기준점의 숫자는 포함하지 않는다. 또 "a~b"라 표시한 것은 **a 이상 b 이하**임을 뜻한다.

⑦ "바탕시험을 하여 보정한다"라 함은 시료에 대한 처리 및 측정을 할 때 **시료를 사용하지 않고** 같은 방법으로 조작한 측정치를 **빼는** 것을 뜻한다.

⑧ 시료의 시험, 바탕시험 및 표준액에 대한 시험을 일련의 동일시험으로 행할 때 사용하는 시약 또는 시액은 **동일 로트(lot)**로 조제된 것을 사용한다.

⑨ "정량적으로 씻는다"라 함은 어떤 조작으로부터 다음 조작으로 넘어갈 때 사용한 비커, 플라스크 등의 용기 및 여과막 등에 부착한 정량대상 성분을 **사용한 용매로** 씻어 그 세액을 합하고 **먼저 사용한 같은 용매**를 채워 일정용량으로 하는 것을 뜻한다.

⑩ 용액의 액성 표시는 따로 규정이 없는 한 유리전극법에 의한 pH측정기로 측정한 것을 뜻한다.

⑪ 여과용 기구 및 기기를 기재하지 아니하고 "여과한다"라고 하는 것은 **KS M7602 거름종이 5종** 또는 이와 동등한 여과지를 사용하여 여과함을 말한다.

(11) 시험결과의 표시 및 검토

① 시험결과의 표시 단위는 따로 규정이 없는 한 가스상 성분은 ppm(μmol/mol) 또는 ppb(nmol/mol)로, 입자상 성분은 mg/Sm^3, μg/Sm^3 또는 ng/Sm^{3}로 표시한다.

② 시험성적수치는 마지막 유효숫자의 다음 단위까지 계산하여 **4사5입법의 수치 맺음법**에 따라 기록한다.

③ 방법검출한계 미만의 시험결과값은 검출되지 않은 것으로 간주하고 **불검출**로 표시한다.

 예제

1. 비중 1.88, 농도 97%(중량%)인 농황산(H_2SO_4)의 규정농도(N)는?

✔ 몰농도 = (wt%/몰질량) × 10 × 밀도
   = (97/98) × 10 × 1.88
   = 18.608M

황산은 2가산이므로 18.608M × 2 = 37.216N

---

2. 시판되는 염산시약의 농도가 35%이고 비중이 1.18인 경우 0.1M의 염산 1L를 제조할 때, 시판 염산시약 약 몇 mL를 취하여 증류수로 희석하여야 하는가?

✔ 몰농도 × 부피(L) × 몰질량/순도/밀도
   = 0.1 × 1 × 36.5/0.35/1.18
   = 8.84mL

핵심이론 2 | 배출가스 중 가스상 물질 시료 채취방법

이 시험기준은 **굴뚝**을 통하여 **대기 중으로 배출**되는 **가스상 물질**을 분석하기 위한 **시료의 채취방법**에 대하여 규정하는 것이다. 단, 가스상 물질의 시료 채취량은 **표준상태로 환산한 건조시료 가스량**을 말한다.

(1) 시료 채취장치

① 장치의 구성

흡수병, 채취병 등을 쓰는 시료 채취장치는 **채취관 → 연결관 → 채취부**로 구성된다.

② 재질

㉠ 화학반응이나 흡착작용 등으로 배출가스의 분석결과에 영향을 주지 않는 것

㉡ 배출가스 중의 부식성 성분에 의하여 잘 부식되지 않는 것

㉢ 배출가스의 온도, 유속 등에 견딜 수 있는 충분한 기계적 강도를 갖는 것

㉣ 채취관, 충전 및 여과지의 재질은 일반적으로 분석물질, 공존가스 및 사용온도 등에 따라서 다음 〈표〉에 나타낸 것 중에서 선택한다.

〈분석물질의 종류별 채취관 및 연결관 등의 재질〉 ★빈출

분석물질	공존가스 채취관, 연결관의 재질	여과재	비고
암모니아	①②③④⑤⑥	ⓐⓑⓒ	※ 채취관, 연결관의 재질 ① 경질유리
일산화탄소	①②③④⑤⑥⑦	ⓐⓑⓒ	② 석영
염화수소	①②　　⑤⑥⑦	ⓐⓑⓒ	③ 보통강철
염소	①②　　⑤⑥⑦	ⓐⓑⓒ	④ 스테인리스강 재질
황산화물	①②　④⑤⑥⑦	ⓐⓑⓒ	⑤ 세라믹
질소산화물	①②　④⑤⑥	ⓐⓑⓒ	⑥ 불소수지
이황화탄소	①②　　⑥	ⓐⓑ	⑦ 염화바이닐수지
폼알데하이드	①②　　⑥	ⓐⓑ	⑧ 실리콘수지
황화수소	①②　④⑤⑥⑦	ⓐⓑⓒ	⑨ 네오프렌
불소화합물	④　⑥	ⓒ	
사이안화수소	①②　④⑤⑥⑦	ⓐⓑⓒ	
브롬	①②　　⑥	ⓐⓑ	※ 여과재
벤젠	①②　　⑥	ⓐⓑ	ⓐ 알칼리 성분이 없은 유리솜 또는 실리카솜
페놀	①②　④　⑥	ⓐⓑ	ⓑ 소결유리
비소	①②　④⑤⑥⑦	ⓐⓑⓒ	ⓒ 카보런덤

(2) 분석대상 기체별 분석방법 및 흡수액

① 분석용 흡수병은 1개 이상 준비하고 각각에 규정량의 흡수액을 넣는다. 분석대상 가스별 분석방법 및 흡수액은 다음 〈표〉와 같다.

② 바이패스용 세척병은 1개 이상 준비하고, 분석물질이 **산성**일 때는 **수산화소듐 용액**(NaOH, 질량분율 20%)을, **알칼리성**일 때는 **황산**(H_2SO_4, 특급, 질량분율 25%)을 **각각 50mL**씩 넣는다.

③ **폼알데하이드**를 아세틸아세톤법으로 분석할 때는 **아세틸아세톤 함유 흡수액**을 사용한다.

〈분석대상 기체별 분석방법 및 흡수액〉 ★빈출

분석대상 기체	분석방법	흡수액
암모니아	• 인도페놀법 • 중화적정법	붕산 용액(질량분율 0.5%)
염화수소	• 싸이오시안산제2수은법 • 질산은법	수산화소듐 용액(0.1N)
염소	• 오르토톨리딘법	오르토톨리딘염산염 용액

분석대상 기체	분석방법	흡수액
황산화물	• 침전적정법(아르세나조 Ⅲ법) • 중화적정법	과산화수소 용액(3%)
질소산화물	• 자외선/가시선분석법 (아연환원 나프틸에틸렌다이아민법) • 페놀디술폰산법	증류수 황산+과산화수소+증류수
이황화탄소	• 자외선/가시선분광법	다이에틸아민구리 용액
	• 기체 크로마토그래프법	–
	• 크로모트로핀산법	크로모트로핀산+황산
	• 아세틸아세톤법	아세틸아세톤 함유 흡수액
황화수소	• 자외선/가시선분광법(메틸렌블루법) • 적정법(아이오딘적정법)	아연아민착염 용액
불소화합물	• 자외선/가시선분광법 • 적정법 • 이온선택전극법	수산화소듐 용액(0.1N)
사이안화수소	• 질산은적정법 • 자외선/가시선분광법(피리딘피라졸론법)	수산화소듐 용액(질량분율 2%)
브롬화합물	• 자외선/가시선분광법 • 적정법	수산화소듐 용액(질량분율 0.4%)
벤젠	• 자외선/가시선분광법 • 기체 크로마토그래프법	질산암모늄+황산(1 → 5)
페놀	• 자외선/가시선분광법 • 기체 크로마토그래프법	수산화소듐 용액(질량분율 0.4%)
비소	• 자외선/가시선분광법 • 원자흡수분광광도법	수산화소듐 용액(질량분율 4%)

(3) 굴뚝 배출가스 시료 채취 시 주의해야 할 사항

① 굴뚝 내의 압력이 매우 큰 부압($-300mmH_2O$ 정도 이하)인 경우에는, 시료 채취용 굴뚝을 부설하여 부피가 큰 펌프를 써서 시료가스를 흡입하고 그 부설한 굴뚝에 채취구를 만든다.

② 굴뚝 내의 압력이 정압(+)인 경우에는 채취구를 열었을 때 유해가스가 분출될 염려가 있으므로 충분한 주의가 필요하다.

③ 가스미터는 $100mmH_2O$ 이내에서 사용한다.

④ 시료가스의 양을 재기 위하여 쓰는 채취병은 미리 0℃일 때의 참부피를 구해둔다.

⑤ 만일 흡수병을 공용으로 할 때에는 대상성분이 달라질 때마다 묽은 산 또는 알칼리 용액과 정제수로 깨끗이 씻은 다음 다시 흡수액으로 3회 정도 씻은 후 사용한다.

⑥ 습식 가스미터를 이동 또는 운반할 때에는 반드시 물을 뺀다. 또 오랫동안 쓰지 않을 때에도 그와 같이 배수한다.

(4) 시료 채취방법

① **채취관**은 흡입가스의 유량, 채취관의 기계적 강도, 청소의 용이성 등을 고려해서 **안지름 6~25mm** 정도의 것을 쓴다.

② 채취관의 길이는 선정한 채취지점까지 끼워 넣을 수 있는 것이어야 하고, 배출가스의 온도가 높을 때에는 관이 구부러지는 것을 막기 위한 조치를 해두는 것이 필요하다.

③ 여과재를 끼우는 부분은 교환이 쉬운 구조의 것으로 한다.

④ 일반적으로 사용되는 **플루오르수지 연결관**(녹는점 260℃)은 **250℃ 이상**에서는 사용할 수 없다.

⑤ 먼지가 섞여 들어오는 것을 줄이기 위해서 채취관의 앞 끝의 모양은 먼지가 직접 들어오기 어려운 구조의 것이 좋다.

(5) 연결관(도관)

① **연결관의 안지름**은 연결관의 길이, 흡입가스의 유량, 응축수에 의한 막힘, 또는 흡입펌프의 능력 등을 고려해서 **4~25mm**로 한다.

② 하나의 연결관으로 여러 개의 측정기를 사용할 경우 각 측정기 앞에서 연결관을 병렬로 연결하여 사용한다.

③ **연결관의 길이는 되도록 짧게** 하고, 부득이 길게 해서 쓰는 경우에는 이음매가 없는 배관을 써서 접속부분을 적게 하고 받침기구로 고정하여 사용해야 한다.

④ 연결관은 가능한 한 수직으로 연결해야 하고, 부득이 구부러진 관을 쓸 경우에는 응축수가 흘러나오기 쉽도록 경사지게(5° 이상)하고 시료가스는 아래로 향하게 한다.

(6) 흡수병을 사용할 때 건조시료가스 채취량 계산

① 습식 가스미터를 사용할 때

$$V_s = V \times \frac{273}{273+t} \times \frac{P_a + P_m - P_v}{760}$$

② 건식 가스미터를 사용할 때

$$V_s = V \times \frac{273}{273+t} \times \frac{P_a + P_m}{760}$$

여기서, V_s : 건조시료가스 채취량(L), V : 가스미터로 측정한 흡입가스량(L)

t : 가스미터의 온도(℃), P_a : 대기압(mmHg)

P_m : 가스미터의 게이지압(mmHg), P_v : t(℃)에서의 포화수증기압(mmHg)

배출가스 중 입자상 물질 시료 채취방법

(1) 개요

① 이 시험기준은 물질의 파쇄, 선별, 퇴적, 이적, 기타 기계적 처리 또는 연소, 합성분해 시 굴뚝에서 배출되는 입자상 물질의 농도를 측정하기 위한 시험방법이다.

② 배출가스 중에 함유된 입자상 물질을 **등속흡입하여 측정**한 먼지로서 먼지 농도 표시는 **표준상태(0℃, 760mmHg)**의 **건조배출가스 1m³** 중에 함유된 먼지의 질량농도를 측정하는 데 사용한다.

(2) 반자동식 시료 채취기

흡입노즐, 흡입관, 피토관, 여과지 홀더, 여과지 가열장치, 임핀저 트레인, 가스흡입 및 유량측정부 등으로 구성되며, 여과지 홀더의 위치에 따라 1형과 2형으로 구별된다.

① **피토관** : 피토관 계수가 정해진 L형 피토관(C : 1.0 전후) 또는 S형(웨스턴형 C : 0.85 전후) 피토관으로서, 배출가스 유속의 계속적인 측정을 위해 흡입관에 부착하여 사용한다.

② **차압게이지** : 2개의 경사마노미터 또는 이와 동등한 것을 사용한다. **하나는** 배출가스 **동압 측정을, 다른 하나는 오리피스압차 측정**을 위한 것이다.

③ **원통형 여과지**

  ㉠ **실리카 섬유제 여과지로서 99% 이상의 먼지 채취율**(0.3μm 다이옥틸프탈레이트 매연 입자에 의한 먼지 통과시험)을 나타내는 것이어야 한다.

  ㉡ 사용상태에서 화학변화를 일으키지 않아야 하며, 화학변화로 인하여 측정치의 오차가 나타날 경우에는 적절한 처리를 하여 사용하도록 한다.

  ㉢ 유효직경 25mm 이상의 것을 사용한다.

  ㉣ 원통형 여과지의 전처리는 원통형 여과지를 110℃±5℃에서 충분히 **1~3시간 건조**하고 데시케이터 내에서 실온까지 냉각하여 **무게를 0.1mg까지 측정**한 후 여과지 홀더에 끼운다.

④ **흡입노즐**

  ㉠ **스테인리스강 재질, 경질유리, 또는 석영유리제**로 만들어야 한다.

  ㉡ 흡입노즐의 안과 밖의 가스흐름이 흐트러지지 않도록 **흡입노즐 안지름(d)은 3mm 이상**으로 하며, 흡입노즐의 안지름은 정확히 측정하여 **0.1mm 단위까지 구해둔다.**

  ㉢ 흡입노즐의 **꼭지점은 30° 이하의 예각**이 되도록 하고, **매끈한 반구모양**으로 한다.

⑤ **흡입관** : 수분응축 방지를 위해 시료가스 온도를 120℃±14℃로 유지할 수 있는 가열기를 갖춘 **보로실리케이트(borosilicate), 스테인리스강 재질** 또는 **석영유리관**을 사용한다.

(3) 수동식 시료 채취기

① 먼지 채취부, 가스 흡입부, 흡입유량 측정부 등으로 구성되며, 먼지 채취부의 위치에 따라 1형과 2형으로 구분된다. 1형은 먼지 채취기를 굴뚝 안에 설치하고, 2형은 먼지 채취기를 굴뚝 밖으로 설치하는 것이다.

② 먼지 포집부의 구성은 흡입노즐, 여과지 홀더, 고정쇠, 드레인포집기, 연결관 등으로 구성되며, 2형일 때는 흡입노즐 뒤에 흡입관을 접속한다.

③ **여과지 홀더는 유리제** 또는 **스테인리스강 재질** 등으로 만들어진 것으로 내식성이 강하고 여과지 탈착이 쉬워야 한다.

④ 건조용 기기는 시료 채취여과지의 수분평형을 유지하기 위한 용기로서 20℃±5.6℃ 대기압력에서 적어도 24시간을 건조시킬 수 있거나, 또는 여과지를 105℃에서 적어도 2시간 동안 건조시킬 수 있어야 한다.

⑤ 원칙적으로 적산유량계는 흡입가스량의 측정을 위하여, 그리고 순간유량계는 등속흡입조작을 확인하기 위하여 사용한다.

핵심이론 4 **배출가스 중 입자상 물질 측정위치, 측정공 및 측정점의 선정**

(1) 측정위치

① 수직굴뚝 하부 끝단으로부터 **위**를 향하여 그곳의 **굴뚝 내경의 8배 이상**이 되고, 상부 끝단으로부터 **아래**를 향하여 그곳의 **굴뚝 내경의 2배 이상**이 되는 지점에 측정공 위치를 선정하는 것이 원칙이다.

② 위의 기준에 적합한 측정공 설치가 곤란하거나 측정작업의 불편, 측정자의 안전 등이 문제될 때에는 **하부 내경의 2배 이상**과 **상부 내경의 1/2배 이상** 되는 지점에 측정공 위치를 선정한다.

(2) 굴뚝 직경 환산(상·하 동일 단면적이 정사각형 또는 직사각형인 경우)

$$환산직경 = 2 \times \left(\frac{A \times B}{A + B} \right) = 2 \times \left(\frac{가로 \times 세로}{가로 + 세로} \right)$$

여기서, A : 굴뚝 내부 단면 가로규격
B : 굴뚝 내부 단면 세로규격

(3) 측정점의 선정(굴뚝단면이 원형인 경우)

① 측정 단면에서 서로 직교하는 직경선 상에 다음 〈표〉와 같이 부여하는 위치를 측정점으로 선정한다. 측정점 수는 **굴뚝직경이 4.5m를 초과**할 때는 **20점**까지로 한다.

〈원형단면의 측정점〉 ★빈출

굴뚝 직경 2R(m)	반경 구분 수	측정점 수	굴뚝 중심에서 측정점까지의 거리 r_n(m)				
			r_1	r_2	r_3	r_4	r_5
1 이하	1	4	$0.707R$	–	–	–	–
1 초과 2 이하	2	8	$0.500R$	$0.866R$	–	–	–
2 초과 4 이하	3	12	$0.408R$	$0.707R$	$0.913R$	–	–
4 초과 4.5 이하	4	16	$0.354R$	$0.612R$	$0.791R$	$0.935R$	–
4.5 초과	5	20	$0.316R$	$0.548R$	$0.707R$	$0.837R$	$0.949R$

② 굴뚝 단면적이 $0.25m^2$ 이하로 소규모일 경우에는 그 굴뚝 단면의 중심을 대표점으로 하여 1점만 측정한다.

(4) 먼지 채취기록지와 등속흡인

① 반자동식 채취기에서 먼지 채취기록지 서식에 기재되어야 할 항목

수분량(%), 배출가스 온도(℃), 건식 가스미터의 입구 및 출구 온도(℃), 여과지 홀더 온도(℃), 최종 임핀저 통과 후의 가스 온도(℃), 진공게이지압(mmH₂O), 여과지 번호 등 매우 많으며, 자세한 것은 다음 먼지 채취기록지를 참조한다.

② 등속흡인(isokinetic sampling)

㉠ 먼지시료를 채취하기 위해 흡입노즐을 이용하여 배출가스를 흡입할 때 흡입노즐을 배출가스의 흐름방향으로 하고 배출가스와 같은 유속으로 가스를 흡입하는 것을 말한다.

㉡ 등속흡인 정도를 보기 위해 식 또는 계산기에 의해서 등속흡인계수(I)를 구하고, 그 값이 90~110% 범위 내에 들지 않는 경우에는 시료를 다시 채취한다.

㉢ 수동식 채취기에서의 등속흡인계수

$$I = \frac{V_m'}{q_m \times t} \times 100 \, (\%)$$

여기서, I : 등속흡인계수(%)

V_m' : 흡인가스량(습식 가스미터에서 읽은 값)(L)

t : 가스 흡인시간(min)

q_m : 가스미터에 있어서의 등속흡인유량(L/min)

$$\left(q_m = \frac{\pi}{4} \times d^2 \times V \times \left(1 - \frac{X_W}{100}\right) \times \frac{273 + \theta_m}{273 + \theta_s} \times \frac{P_a + P_s}{P_a + P_m - P_v} \times 60 \times 10^{-3} \right)$$

공장명 _____

측정대상명 _____

작성자명 _____

측정일 _____

측정번호 _____

오리피스미터(ΔH) _____

산소량(%) _____ 굴뚝 단면 및 측정점 배열

등속흡인계수(%) _____

피토관 계수 _____

기온(℃) _____

기압(mmHg) _____

수분량(%) _____

흡인관 길이(m) _____

흡인노즐 직경(cm) _____

배출가스 정압(mmHg) _____

여과지 번호 _____

채취점 번호	시료 채취 시간 (분)	진공 게이지압 (mmHg)	배출 가스 온도 (℃)	배출 가스 동압 (mmH₂O)	오리 피스 압차 (mmH₂O)	시료 채취량 (m³)	건식 가스미터 에서의 온도(℃)		여과지 홀더 온도 (℃)	최종 임핀저 출구온도 (℃)
							입구	출구		
합계							평균	평균		
평균							평균			

‖ 먼지 채취기록지 ‖

| 핵심이론 5 | 배출가스 측정 |

(1) 배출가스의 유속 측정

① 배출가스의 **동압을 측정**하는 기구로서는 피토관 계수가 정해진 **피토관과 경사마노미터** 등을 사용한다.

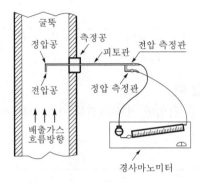

굴뚝
정압공   측정공   전압 측정관
          피토관
전압공   정압 측정관

배출가스
흐름방향

경사마노미터

| **피토관에 의한 배출가스 유속 측정** |

② 피토관의 전압(total pressure)공을 측정점에서 가스의 흐르는 방향에 직면하게 놓고 전압과 정압(static pressure)의 차이로 **동압(velocity pressure)을 측정**한다. 각 측정점의 유속은 다음 식에 따라 구한다.

$$V = C\sqrt{\frac{2gh}{\gamma}}$$

여기서, V : 유속(m/s)

C : 피토관 계수

g : 중력가속도(9.81m/s^2)

h : 피토관에 의한 동압 측정치(mmH$_2$O)

γ : 굴뚝 내의 배출가스 밀도(kg/m^3)

 예제

A굴뚝의 측정공에서 피토관으로 가스의 압력을 측정해 보니 동압이 15mmH$_2$O였다. 이 가스의 유속은?
(단, 사용한 피토관 계수(C)는 0.85이며, 가스의 단위체적당 질량은 1.2kg/m^{3}로 한다.)

❖ $V = C\sqrt{\dfrac{2gh}{r}}$

$= 0.85\sqrt{\dfrac{2 \times 9.8 \times 15}{1.2}} = 13.3\text{m/s}$

(2) 배출가스 중의 수분량 측정

별도의 흡습관을 이용하는 방법, 임핀저를 이용하는 방법, 수분응축기를 사용하는 방법 및 계산에 의한 방법 등이 있다.

① 습식 가스미터를 사용할 때

$$X_w = \frac{\dfrac{22.4}{18} m_a}{V_m \times \dfrac{273}{273+\theta_m} \times \dfrac{P_a+P_m-P_v}{760} + \dfrac{22.4}{18} m_a} \times 100$$

② 건식 가스미터를 사용할 때

P_v항을 삭제하고, V_m을 흡입한 기체량(**건식 가스미터**에서 읽은 값)으로 계산한다.

$$X_w = \frac{\dfrac{22.4}{18} m_a}{V_m{}' \times \dfrac{273}{273+\theta_m} \times \dfrac{P_a+P_m}{760} + \dfrac{22.4}{18} m_a} \times 100$$

여기서, X_w : 배출가스 중의 수증기의 부피백분율(%)

$\qquad m_a$: 흡습 수분의 질량($m_{a1} - m_{a2}$)(g)

$\qquad V_m$: 흡입한 **습윤가스량**(습식 가스미터에서 읽은 값)(L)

$\qquad V_m{}'$: 흡입한 **건조가스량**(건식 가스미터에서 읽은 값)(L)

$\qquad \theta_m$: 가스미터에서의 흡입가스 온도(℃)

$\qquad P_a$: 대기압(mmHg)

$\qquad P_m$: 가스미터에서의 가스 게이지압(mmHg)

$\qquad P_v$: θ_m 에서의 포화수증기압(mmHg)

(3) 배출가스의 밀도 측정

배출가스 조성으로부터 계산으로 구하거나, 기체밀도계에 의한 측정치로 계산한다.

$$\gamma = \gamma_0 \times \frac{273}{273+\theta_s} + \frac{P_a+P_s}{760}$$

여기서, γ : 굴뚝 내의 배출가스 밀도(kg/m^3)

$\qquad \gamma_0$: 온도 0℃, 기압 760mmHg로 환산한 습한 배출가스 밀도(kg/Sm^3)

$\qquad \theta_s$: 각 측정점에서 배출가스 온도의 평균치(℃)

$\qquad P_a$: 대기압(mmHg)

$\qquad P_s$: 각 측정점에서 배출가스 정압의 평균치(mmHg)

(4) 건조 배출가스의 유량 계산

$$Q_N = V_t \times A \times \frac{273}{273 + \theta_s} \times \frac{P_a + P_s}{760} \times \left(1 - \frac{X_w}{100}\right) \times 3,600$$

여기서, Q_N : 건조 배출가스 유량(m^3/hr)

V_t : 배출가스 평균유속(m/s)

A : 굴뚝 단면적(m^2)

θ_s : 배출가스 평균온도(℃)

P_a : 대기압(mmHg)

P_s : 배출가스 평균정압(mmHg)

X_w : 배출가스 중의 수분량(%)

(5) 먼지 농도 계산

① 반자동 시료 채취방법

$$C_n = \frac{m_d}{V_m' \times \dfrac{273}{273 + \theta_m} \times \dfrac{P_a + \Delta H/13.6}{760}}$$

여기서, C_n : 먼지 농도(mg/Sm^3)

m_d : 채취된 먼지량(mg)

V_m' : **건식 가스미터**에서 읽은 가스시료 채취량(m^3)

θ_m : **건식 가스미터**의 평균온도(℃)

P_a : 측정공 위치의 대기압(mmHg)

ΔH : 오리피스 압력차(mmH_2O)

② 수동 시료 채취방법

$$C_n = \frac{m_d}{V_n'}$$

여기서, C_n : 건조 배출가스 중의 먼지 농도(mg/Sm^3)

m_d : 채취된 먼지의 무게(mg)

V_n' : 표준상태의 흡입 **건조 배출가스량**(Sm^3)

| 핵심이론 6 | 배출가스 중 휘발성유기화합물(VOCs) 시료 채취방법 |

(1) 개요

이 시험기준은 산업시설 등에서 덕트 또는 굴뚝 등으로 배출되는 **배출가스 중 휘발성유기화합물의 시료 채취에 적용**하며, 실내 공기나 배출원에서 일시적으로 배출되는 미량 휘발성유기화합물의 채취 및 누출 확인, 굴뚝환경이나 기기의 분석조건 하에서 매우 낮은 증기압을 갖는 휘발성유기화합물의 측정에는 적용하지 않는다. 또한, **알데하이드류 화합물질에 대해서도 적용하지 않는다.**

(2) 흡착관법

① 누출시험을 실시한 후 시료를 도입하기 전에 가열한 시료 채취관 및 연결관을 시료로 충분히 치환한다.

② **시료 흡입속도는 100~250mL/min 정도**로 하며, **시료 채취량은 1~5L 정도**가 되도록 하되 시료의 농도에 따라 적절히 증감할 수 있다.

③ 시료를 채취한 흡착관은 양쪽 끝단을 테플론 재질의 마개를 이용하여 단단히 막고 불활성 재질의 필름 등으로 밀봉하거나 마개가 달린 용기 등에 넣어 이중으로 외부공기와의 접촉을 차단하여 분석하기 전까지 **4℃ 이하**에서 냉장보관하여 가능한 빠른 시일 내에 분석한다.

(3) 시료 채취주머니 방법

① 시료 채취주머니는 새 것을 사용하는 것을 원칙으로 하되, 만일 재사용 시에는 제로기체와 동등 이상의 순도를 가진 **질소나 헬륨기체**를 채운 후 **24시간** 혹은 그 이상 동안 시료 채취주머니를 놓아둔 후 퍼지(purge)시키는 조작을 반복하고, 시료 채취주머니 내부의 기체를 채취하여 기체 크로마토그래프를 이용해 사용 전에 오염여부를 확인하고 오염되지 않은 것을 사용한다.

② 누출시험을 실시한 후 시료를 채취하기 전에 가열한 시료 채취관 및 도관을 통해 시료로 충분히 치환한다.

③ **1~10L 규격**의 시료 채취주머니를 사용하여 **1~2L/min 정도**로 시료를 흡입한다.

④ 시료 채취주머니는 빛이 들어가지 않도록 차단하고, 시료 채취 이후 **24시간 이내에 분석**이 이루어지도록 한다. 시료 채취 전에는 시료 채취주머니의 바탕시료 확인 후 시료 채취에 임하도록 한다.

⑤ 채취 시 주의사항

　㉠ 진공용기는 1~10L의 테들러 백을 담을 수 있어야 한다.

ⓛ 소각시설의 배출구같이 테들러 백 내로 입자상 물질의 유입이 우려되는 경우에는 여과재를 사용하여 입자상 물질을 걸러주어야 한다.

ⓒ 테들러 백의 각 장치의 모든 **연결부위는 플루오르수지 재질**의 관을 사용하여 연결한다.

ⓔ 배출가스의 온도가 100℃ 미만으로 테들러 백 내에 수분응축의 우려가 없는 경우 응축수 트랩을 사용하지 않아도 무방하다.

핵심이론 7 | 환경대기 시료 채취방법

(1) 개요

환경대기 시료 채취방법(sampling methods in ambient atmosphere)은 환경정책기본법에서 규정하는 환경기준 설정항목 및 기타 대기 중의 오염물질 분석을 위한 입자상 및 가스상 물질의 채취방법에 대하여 규정한다.

(2) 시료 채취지점 수 및 채취장소의 결정

① **시료 채취지점 수의 결정(인구비례에 의한 방법)** : 측정하려고 하는 대상지역의 인구분포 및 인구밀도를 고려하여 **인구밀도가 5,000명/km² 이하**일 때는 그 지역의 **거주지 면적**(그 지역 총 면적에서 전답, 임야, 호수, 하천 등의 면적을 뺀 면적)으로부터 다음 식에 의하여 측정점의 수를 결정한다.

$$측정점 \ 수 = \frac{그\ 지역\ 거주지\ 면적}{25km^2} \times \frac{그\ 지역\ 인구밀도}{전국\ 평균인구밀도}$$

② **시료 채취장소의 결정**

㉠ **중심점에 의한 동심원을 이용하는 방법** : 측정하려고 하는 대상지역을 대표할 수 있다고 생각되는 한 지점을 선정하고 지도 위에 그 지점을 중심점으로 **0.3~2km의 간격**으로 동심원을 그린 후 중심점에서 **각 방향(8방향 이상)**으로 직선을 그어 각각 동심원과 만나는 점을 측정점으로 한다.

㉡ **TM좌표에 의한 방법** : 전국 지도의 TM좌표에 따라 해당지역의 **1 : 25,000 이상**의 지도 위에 **2~3km 간격**으로 바둑판 모양의 구획을 만들고 그 구획마다 측정점을 선정한다.

(3) 시료 채취위치 선정

① 주위에 건물이나 수목 등의 장애물이 있을 경우에는 채취위치로부터 장애물까지의 거리가 그 **장애물 높이의 2배 이상** 또는 채취점과 장애물 상단을 연결하는 직선이 수평선과 이루는 **각 도가 30° 이하** 되는 곳을 선정한다.

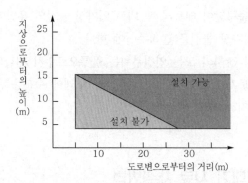

| 부유먼지 측정기의 도로로부터의 거리와 시료 채취높이 |

② 주위에 건물 등이 밀집되거나 접근되어 있을 경우에는 **건물 바깥벽으로부터 적어도 1.5m** 이상 떨어진 곳에 채취점을 선정한다.

③ 시료 채취의 높이는 그 부근의 평균오염도를 나타낼 수 있는 곳으로 **1.5~30m 범위**로 한다.

(4) 시료 채취 시 주의사항

① 시료 채취유량은 규정하는 범위 내에서 되도록 많이 채취하는 것을 원칙으로 한다.

② **악취물질**의 채취는 되도록 **짧은 시간** 내에 끝내고, 입자상 물질 중의 **금속성분이나 발암성 물질** 등은 되도록 **장시간 채취**한다.

③ 입자상 물질을 채취할 경우에는 채취관 벽에 분진이 부착 또는 퇴적하는 것을 피하고, 특히 채취관은 **수평방향**으로 연결할 경우에는 되도록 **관의 길이를 짧게** 하고 **곡률반경은 크게** 한다.

④ 바람이나 눈, 비로부터 보호하기 위해 측정기기는 실내에 설치하고, 채취구를 밖으로 연결할 경우 채취관 벽과의 반응, 흡착, 흡수 등에 의한 영향을 최소한도로 줄일 수 있는 재질과 방법을 선택한다.

핵심이론 8 | 환경대기 가스상 물질의 시료 채취방법

(1) 직접 채취법

① 시료를 측정기에 직접 도입하여 분석하는 방법으로, 채취관 - 분석장치 - 흡입펌프로 구성된다.

② 채취관은 일반적으로 **4불화에틸렌수지(teflon)**, **경질유리**, **스테인리스강제** 등으로 된 것을 사용한다.

③ **채취관의 길이는 5m 이내**로 되도록 **짧은 것**이 좋으며, 그 끝은 빗물이나 곤충, 기타 이물질이 들어가지 않도록 되어 있는 구조이어야 한다.

(2) 용기 채취법

① 시료를 일단 일정한 용기에 채취한 다음 분석에 이용하는 방법으로, 채취관 – 용기 또는 채취관 – 유량조절기 – 흡입펌프 – 용기로 구성된다.

② 용기는 일반적으로 **진공병** 또는 **공기주머니(air bag)**를 사용한다.

(3) 용매 채취법(용매 포집법)

① 측정대상 기체와 선택적으로 흡수 또는 반응하는 용매에 시료가스를 일정유량으로 통과시켜 채취하는 방법으로, 채취관 – 여과재 – 채취부 – 흡입펌프 – 유량계(가스미터)로 구성된다.

② **면적식 유량계(area type)**는 부자식(floater), 피스톤식 또는 게이트식 유량계를 사용한다.

(4) 고체 흡착법

① 고체분말 표면에 기체가 흡착되는 것을 이용하는 방법으로, 흡착관, 유량계 및 흡입펌프로 구성된다.

② 흡착관은 사용하기 전에 반드시 컨디셔닝 단계를 거쳐야 한다.

③ 컨디셔닝은 보통 350℃에서 **순도 99.99%** 이상의 **헬륨기체** 또는 **질소기체**를 50~100mL/min의 유속으로 적어도 **2시간** 동안 흘려준다(시판된 제품은 최소 30분 이상).

(5) 저온 농축법

탄화수소와 같은 기체 성분을 냉각제로 냉각 응축시켜 공기로부터 분리·채취하는 방법으로, 주로 GC나 GC/MS 분석기를 이용한다. 냉각제로는 **액체산소(-183℃)**, **드라이아이스(dry ice)** 등을 사용한다.

(6) 채취용 여과지에 의한 방법

여과지를 적당한 시약에 담갔다가 건조시키고 시료를 통과시켜 목적하는 기체성분을 채취하는 방법으로, 주로 **불소화합물, 암모니아, 트라이메틸아민** 등의 기체를 채취하는 데 이용된다.

핵심이론 9 | 환경대기 입자상 물질의 시료 채취방법

대기 중에 부유하고 있는 먼지, 흄(fume), 미스트(mist)와 같은 입자상 물질의 시료 채취방법이다.

(1) 고용량 공기시료 채취기법(high volume air sampler)

① 적용 범위

㉠ 대기 중에 부유하고 있는 입자상 물질을 고용량 공기시료 채취기를 이용하여 여과지 상에 채취하는 방법으로 **입자상 물질 전체의 질량농도를 측정**하거나 **금속성분의 분석**에 이용된다.

ⓛ 채취입자의 입경은 일반적으로 0.1~100μm 범위이지만, **입경별 분리장치를 장착**할 경우에는 PM 10, PM 2.5 시료의 채취에 사용할 수 있다.

② 장치의 구성

㉠ **공기흡입부, 여과지 홀더, 유량측정부** 및 **보호상자**로 구성된다.

ⓛ 공기흡입부는 무부하일 때의 **흡입유량이 약 2m³/min**이고, **24시간 이상 연속 측정**할 수 있어야 한다.

㉢ 유량측정부의 지시유량계는 상대유량단위로서 1~2m³/min의 범위를 0.05m³/min까지 측정할 수 있도록 눈금이 새겨진 것을 사용한다.

㉣ **채취용 여과지는 0.3μm되는 입자를 99% 이상 채취**할 수 있으며, 압력손실과 흡수성이 적고, 가스상 물질의 흡착이 적은 것이어야 한다.

③ 채취시간 : 원칙적으로 **24시간**으로 한다.

④ 흡인공기량

$$흡인공기량 = \frac{Q_s + Q_e}{2} \times t$$

여기서, Q_s : 시료 채취 개시 직후의 유량(m³/분), 보통 1.2~1.7m³/min

Q_e : 시료 채취 종료 직전의 유량(m³/분)

t : 시료 채취시간(분)

(2) 저용량 공기시료 채취법(low volume air sampler)

① 적용 범위 : 대기 중에 부유하고 있는 **10μm 이하의 입자상 물질**을 저용량 공기시료 채취기를 사용하여 여과지 위에 채취하고, **질량농도를 구하거나 금속 등의 성분 분석**에 이용된다.

② 장치의 구성

㉠ **흡입펌프, 분립장치, 여과지 홀더** 및 **유량측정부**로 구성된다.

ⓛ **부자식 면적유량계** : 유량계는 채취용 여과지 홀더와 흡입펌프와의 사이에 설치한다. 이 유량계에 새겨진 눈금은 20℃, 1기압에서 **10~30L/min 범위를 0.5L/min까지 측정**할 수 있도록 되어 있는 것을 사용한다.

㉢ 분립장치는 10μm 이상 되는 입자를 제거하는 장치로서 **사이클론 방식**(원심분리 방식도 포함)과 **다단형 방식**이 있다.

③ 채취시간 : 원칙적으로 **24시간** 또는 **2~7일간 연속 채취**한다.

④ 시료 채취 조작

㉠ 유량계의 부자를 20L/min이 되도록 조정한다.

ⓛ 흡입을 시작하고부터 **약 10분 후**에 진공계 또는 마노미터로 차압을 측정하여 흡입유량을 보정하고 **정확히 20L/min이 흡입**되는 위치의 눈금에 부자를 맞춘다.

ⓒ 흡입유량은 적어도 하루에 한 번 이상 점검하고, 차압을 측정하여 정확히 **20L/분씩 흡입**되도록 조절한다.

⑤ **유량의 교정** : 저용량 공기시료 채취기에 의하여 Q_o(1기압에서의 유량)=20L/분으로 공기를 흡입할 때 유량계의 눈금값(Q_r)은 다음과 같다.

$$Q_r = 20\sqrt{\frac{760}{760-\Delta P}}$$

여기서, ΔP : 마노미터로 측정한 유량계 내의 압력손실(mmHg)

핵심이론 10 | **기체 크로마토그래피**

(1) 개요

① 기체 크로마토그래피(gas chromatography)는 기체시료 또는 기화한 액체시료나 고체시료를 운반가스에 의하여 분리 후 관 내에 전개시켜 기체상태에서 분리되는 각 성분을 크로마토그래프로 분석하는 방법이다.

② 일반적으로 **대기의 무기물** 또는 유기물의 **대기오염물질에 대한 정성, 정량 분석**에 이용된다.

③ 일정유량으로 유지되는 **운반가스**는 **시료도입부**로부터 **분리관** 내를 흘러서 **검출기**를 통해 외부로 방출된다.

④ 시료도입부로부터 기체, 액체 또는 고체 시료를 도입하면 기체는 그대로, 액체나 고체는 가열 기화되어 운반가스에 의하여 분리관 내로 송입된다. 시료 중의 각 성분은 충전물에 대한 각각의 **흡착성** 또는 **용해성**의 차이에 따라 분리관 내에서의 이동속도가 달라지기 때문에 각각 분리되어 분리관 출구에 접속된 검출기를 차례로 통과하게 된다.

⑤ **가스유로계**(운반가스유로 등), **시료도입부**, **가열오븐**(분리관오븐, 검출기오븐), **검출기**로 구성된다.

⑥ 분리관유로는 시료도입부, 분리관, 검출기기 배관으로 구성되며, 배관의 재료는 스테인리스강이나 유리 등 부식에 대한 저항이 큰 것이어야 한다.

⑦ **분리관**(column)은 충전물질을 채운 **내경 2~7mm**의 시료에 대하여 불활성 금속, 유리 또는 합성수지관으로 각 분석방법에서 규정하는 것을 사용한다.

⑧ **열전도도형 검출기**(TCD)에서는 **순도 99.8% 이상의 수소나 헬륨**을, **불꽃이온화검출기**(FID)에서는 **순도 99.8% 이상의 질소 또는 헬륨**을 사용하며, 기타 검출기에서는 각각 규정하는 가스를 사용한다.

⑨ 주사기를 사용하는 시료도입부는 실리콘고무와 같은 내열성 탄성체 격막이 있는 시료기화실로서 분리관 온도와 동일하거나 또는 그 이상의 온도를 유지할 수 있는 가열기구가 갖추어져야 한다.

(2) 분리의 평가

① **분리관 효율** : 보통 이론단수 또는 1이론단에 해당하는 분리관의 길이는 HETP(Height Equivalent to a Theoretical Plate)로 표시하며, 크로마토그램 상의 봉우리로부터 다음 식에 의하여 구한다.

$$\text{HETP} = \frac{L}{n}$$

여기서, L : 분리관의 길이(mm)

n : 이론단수

$$n = 16 \times \left(\frac{t_R}{W}\right)^2$$

여기서, t_R : 시료도입점으로부터 봉우리 최고점까지의 길이(보유시간)

W : 봉우리의 좌우 변곡점에서 접선이 자르는 바탕선의 길이

 예제

이론단수가 1,600인 분리관이 있다. 보유시간이 20분인 피크의 좌우 변곡점에서 접선이 자르는 바탕선의 길이가 10mm일 때, 기록지 이동속도는? (단, 이론단수는 모든 성분에 대하여 같다.)

✔ 이론단수$(n) = 16 \times \left(\frac{t_R}{W}\right)^2$, $1,600 = 16 \times \left(\frac{t_R}{10}\right)^2$, $W = 10\text{mm}$, $t_R = 100$

∴ 기록지 이동속도 $= 100/20 = 5\text{mm/min}$

② **분리능** : 2개의 접근한 봉우리의 분리의 정도를 나타내기 위하여 분리계수 또는 분리도를 가지고 다음과 같이 정량적으로 정의하여 사용한다.

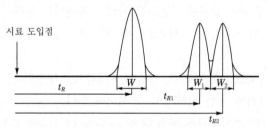

$$\text{분리계수}(d) = \frac{t_{R2}}{t_{R1}}, \quad \text{분리도}(R) = \frac{2(t_{R2} - t_{R1})}{W_1 + W_2}$$

여기서, t_{R1} : 시료 도입점으로부터 봉우리 1의 최고점까지의 길이

t_{R2} : 시료 도입점으로부터 봉우리 2의 최고점까지의 길이

W_1 : 봉우리 1의 좌우 변곡점에서 접선이 자르는 바탕선의 길이

W_2 : 봉우리 2의 좌우 변곡점에서 접선이 자르는 바탕선의 길이

(3) 기체 크로마토그래피의 정성분석

① 동일 조건하에서 특정한 미지성분의 머무른 값(보유치)과 예측되는 물질의 봉우리의 머무른 값을 비교한다.

② 보유치의 표시는 무효부피(dead volume)의 보정유무를 기록하여야 한다.

③ 일반적으로 5~30분 정도에서 측정하는 봉우리의 머무름시간은 반복시험을 할 때 ±3% 오차 범위 이내여야 한다.

④ 보유시간을 측정할 때는 3회 측정하여 그 평균치를 구한다.

(4) 기체 크로마토그래피의 정량분석

정량분석 방법에는 절대검정곡선법, 넓이백분율법, 보정넓이백분율법, 상대검정곡선법, 표준물 첨가법 등이 있다. 측정된 **넓이 또는 높이와 성분량과의 관계**를 구하는 데 사용되며, 검정곡선 작성 후 연속하여 시료를 측정하여 결과를 산출한다.

① **절대검정곡선법** : 정량하려는 성분으로 된 순물질을 단계적으로 취하여 크로마토그램을 기록 하고 봉우리 넓이 또는 봉우리 높이를 구한다. 이것으로부터 성분량을 횡축에 봉우리 넓이, 또는 종축에 봉우리 높이를 취하여 검정곡선을 작성한다.

② **넓이백분율법** : 크로마토그램으로부터 얻은 시료 각 성분의 봉우리 면적을 측정하고 그 합을 100으로 하여 이에 대한 각각의 봉우리 넓이 비를 각 성분의 함유율로 한다.

③ **보정넓이백분율법**

④ **상대검정곡선법** : 정량하려는 성분의 순물질(X) 일정량에 내부 표준물질(S)의 일정량을 가한 혼합시료의 크로마토그램을 기록하여 봉우리 넓이를 측정한다. **횡축에 정량하려는 성분량** (M_X)과 내부 표준물질량(M_S)의 비(M_X/M_S)를 취하고 분석시료의 크로마토그램에서 측정 한 정량할 성분의 봉우리 넓이(A_X)와 표준물질 봉우리 넓이(A_S)의 비(A_X/A_S)를 취하여 검정곡선을 작성한다.

⑤ **표준물첨가법**

(5) 기체 크로마토그래피의 장치 구성

① 방사성 동위원소를 사용하는 검출기를 수용하는 검출기 오븐에 대하여는 온도조절기구와는 별도로 독립작용을 할 수 있는 과열방지기구를 설치해야 한다.

② 분리관 오븐의 온도조절 정밀도는 ±0.5℃ 범위 이내 전원전압변동 10%에 대하여 온도변화 ±0.5℃ 범위 이내(오븐의 온도가 150℃ 부근일 때)여야 한다.

③ 머무름시간을 측정할 때는 3회 측정하여 그 평균치를 구한다. 일반적으로 5~30분 정도에서 측정하는 봉우리의 머무름시간은 반복시험을 할 때 ±3% 오차범위 이내여야 한다.

④ **불꽃이온화검출기**는 대부분의 화합물에 대하여 **열전도도검출기보다 약 1,000배 높은 감도**를 나타내고, **대부분의 유기화합물의 검출이 가능**하므로 자주 사용된다.

(6) 전자포획검출기(ECD ; Electron Capture Detector)

① 방사성 물질인 Ni-63 혹은 **삼중수소로부터 방출되는** β**선이 운반기체를** 전리하여 이로 인해 전자포획검출기 셀(cell)에 전자구름이 생성되어 일정 전류가 흐르게 된다.

② **유기할로겐화합물, 니트로화합물** 및 **유기금속화합물** 등 **전자친화력이 큰 원소가 포함된 화합물**을 수 ppt의 매우 낮은 농도까지 선택적으로 검출할 수 있다. 따라서 **유기염소계의 농약** 분석이나 PCB 등의 환경오염 시료의 분석에 많이 사용되고 있다.

③ **탄화수소, 알코올, 케톤** 등에는 **감도가 낮다.**

④ **고순도(99.9995%)의 운반기체를 사용**하여야 하고, 반드시 수분트랩(trap)과 산소트랩을 연결하여 **수분과 산소를 제거**할 필요가 있다.

(7) 열전도도검출기(TCD ; Thermal Conductivity Detector)

① 열전도도검출기는 금속 필라멘트, 전기저항체(thermistor)를 검출소자로 하여 금속판(block) 안에 들어있는 본체와 안정된 직류전기를 공급하는 전원회로, 전류조절부, 신호검출전기회로, 신호감쇄부 등으로 구성된다.

② 네 개로 구성된 필라멘트에 전류를 흘려주면 필라멘트가 가열되는데, 이 중 2개의 필라멘트는 **운반기체인 헬륨**에 노출되고 나머지 두 개의 필라멘트는 운반기체에 의해 이동하는 시료에 노출된다. 이 둘 사이의 열전도도 차이를 측정함으로써 시료를 검출하여 분석한다.

③ 열전도도검출기는 **모든 화합물을 검출**할 수 있어 **분석대상에 제한이 없고, 값이 싸며, 시료를 파괴하지 않는다.**

④ 다른 검출기에 비해 **감도(sensitivity)가 낮다.**

(8) 충전물질

① 흡착형 충전물질

㉠ 기체-고체 크로마토그래피에서는 분리관의 내경에 따라 입도가 고른 **흡착성 고체분말**을 사용한다.

분리관 내경(mm)	흡착제 및 담체의 입경범위(μm)
3	149~177(100~80mesh)
4	177~250(80~60mesh)
5~6	250~590(60~28mesh)

㉡ 흡착성 고체분말은 **실리카겔, 활성탄, 알루미나, 합성제올라이트**(zeolite) 등이며, 또한 이러한 분말에 표면처리한 것을 각 분석방법에서 규정하는 방법대로 처리하여 활성화한 것을 사용한다.

② 분배형 충전물질

  ⊙ 기체-액체 크로마토그래피에서는 위에 표시한 입경범위에서의 **적당한 담체(규조토, 내화벽돌, 유리, 석영, 합성수지 등)**에 **고정상 액체를 함침**시킨 것을 충전물질로 사용한다.

  ⓛ **고정상 액체의 조건**

   • 분석대상 성분을 완전히 분리할 수 있는 것
   • 사용온도에서 증기압이 낮고, 점성이 작은 것
   • 화학적으로 안정된 것
   • 화학적 성분이 일정한 것

  ⓒ 고정상 액체의 종류

종류	물질명
탄화수소계	헥사데칸, 스쿠알란(squalane), 고진공 그리스
실리콘계	메틸실리콘, 페닐실리콘, 사이아노실리콘, 플루오린화규소
폴리글리콜계	폴리에틸렌글리콜, 메톡시폴리에틸렌글리콜
에스테르계	이염기산다이에스테르
폴리에스테르계	이염기산폴리글리콜다이에스테르
폴리아마이드계	폴리아마이드수지
에테르계	폴리페닐에테르
기타	인산트라이크레실, 다이에틸폼아마이드, 다이메틸설포란

③ 다공성 고분자형 충전물질 : 이 물질은 다이바이닐벤젠(divinyl benzene)을 가교제로 스타이렌계 단량체를 중합시킨 것과 같이 고분자 물질을 단독 또는 고정상 액체로 표면처리하여 사용한다.

핵심이론 11 | 자외선/가시선분광법(ultraviolet-visible spectrometry)

(1) 개요

① 시료물질이나 시료물질의 용액 또는 여기에 적당한 시약을 넣어 발색시킨 용액의 **흡광도**를 측정하여 시료 중의 목적성분을 정량하는 방법으로, **파장 200~1,200nm**에서의 액체의 흡광도를 측정함으로써 대기 중이나 굴뚝 배출가스 중의 오염물질 분석에 적용한다.

② 광원으로 나오는 빛을 **단색화장치**(monochrometer) 또는 **필터**(filter)에 의하여 좁은 파장범위의 빛만을 선택하여 액층을 통과시킨 다음 광전측광으로 **흡광도를 측정**하여 목적성분의 농도를 정량하는 방법이다.

③ 강도 I_o 되는 단색광속이 농도 C, 길이 l이 되는 용액층을 통과하면 이 용액에 빛이 흡수되어 입사광의 강도가 감소한다. 통과한 직후의 빛의 강도 I_t와 I_o 사이에는 람베르트-비어(Lambert-Beer)의 법칙에 의하여 다음의 관계가 성립한다.

$$I_t = I_o \times 10^{-\varepsilon CL}$$

여기서, I_t : 투사광의 강도

    I_o : 입사광의 강도

    ε : 비례상수로서 흡광계수라 하고, C=1mol, l=10mm일 때의 ε의 값을 몰흡광계수라 하며, K로 표시함.

    C : 농도

    L : 빛의 투사거리

④ 관련 식

  ㉠ 투과도

$$t = \frac{I_t}{I_o}$$

    여기서, I_t : 투사광의 강도, I_o : 입사광의 강도

  ㉡ 투과퍼센트

$$T = 투과도를 백분율로 표시(=t \times 100)$$

    여기서, t : 투과도

  ㉢ 흡광도

$$A = 투과도(t) \; 역수의 \; 상용대수 = \log\frac{1}{t} = \log\frac{I_o}{I_t} = \varepsilon CL$$

    여기서, ε : 비례상수로서 흡광계수

       C : 농도

       L : 빛의 투사거리

(2) 장치

광원부, **파장선택부**, **시료부** 및 **측광부**로 구성되고, 광원부에서 측광부까지의 광학계에는 측정목적에 따라 여러 가지 형식이 있다.

① 광원부

  ㉠ 광원부의 광원에는 **텅스텐램프**, **중수소방전관** 등을 사용하며, 점등을 위하여 전원부나 렌즈와 같은 광학계를 부속시킨다.

ⓒ 가시부와 근적외부의 광원으로는 주로 **텅스텐램프**를 사용하고, **자외부의 광원**으로는 주로 **중수소방전관**을 사용한다.

② 파장선택부

ⓐ 파장의 선택에는 일반적으로 **단색화장치(monochrometer)** 또는 **필터(filter)**를 사용한다.

ⓑ 단색화장치로는 **프리즘, 회절격자** 또는 이 두 가지를 조합시킨 것을 사용하며, 단색광을 내기 위하여 **슬릿(slit)**을 부속시킨다.

ⓒ 필터에는 색유리필터, 젤라틴필터, 간접필터 등을 사용한다.

③ 시료부

ⓐ 시료부에는 일반적으로 시료액을 넣은 흡수셀(시료셀)과 대조액을 넣는 흡수셀(대조셀)이 있고 이 셀을 보호하기 위한 셀 홀더(cell holder)와 이것을 광로에 올려 놓을 시료실로 구성된다.

ⓑ **흡수셀의 재질로는 유리, 석영, 플라스틱** 등을 사용한다.

ⓒ **유리제는 주로 가시 및 근적외부 파장범위, 석영제는 자외부 파장범위, 플라스틱제는 근적외부 파장범위**를 측정할 때 사용한다.

④ 측광부

ⓐ 측광부의 광전측광에는 광전관, 광전자증배관, 광전도셀 또는 광전지 등을 사용한다.

ⓑ **광전관, 광전자증배관은 주로 자외 내지 가시 파장범위**에서, **광전도셀은 근적외 파장범위**에서, **광전지는 주로 가시 파장범위** 내에서의 광전측광에 사용된다.

※ 미광(stray light)의 유무 조사

광원이나 광전측광 검출기에는 한정된 사용 파장역이 있어 어떤 파장역에서는 미광의 영향이 크기 때문에 **컷 필터(cut filter)**를 사용하며, **미광의 유무를 조사**하는 것이 좋다.

(3) 흡광도를 측정하기 위한 순서

① 눈금판의 지시가 안정되어 있는지 여부를 확인한다.

② 대조셀을 광로에 넣고 광원으로부터의 광속을 차단하여 영점을 맞춘다. 영점을 맞춘다는 것은 투과율 눈금으로 눈금판의 지시가 영이 되도록 맞추는 것이다.

③ 광원으로부터 광속을 통하여 눈금 100에 맞춘다.

④ 시료셀을 광로에 넣고 눈금판의 지시치를 흡광도 또는 투과율로 읽는다. 투과율로 읽을 때는 나중에 흡광도로 환산해 주어야 한다.

⑤ 필요하면 대조셀을 광로에 바꿔 넣고 영점과 100에 변화가 없는지 확인한다.

⑥ 위 ②, ③, ④의 조작 대신에 농도를 알고 있는 표준용액 계열을 사용하여 각각의 눈금에 맞추는 방법도 무방하다.

핵심이론 12 | 원자흡수분광광도법(atomic absorption spectrophotometry)

(1) 원리 및 적용범위

시료를 적당한 방법으로 해리시켜 **중성원자로 증기화**하여 생긴 **기저상태(ground state)의 원자**가 이 원자 증기층을 투과하는 특유파장의 빛을 **흡수하는 현상을 이용**하여 광전측광과 같은 개개의 특유파장에 대한 **흡광도를 측정**하여 시료 중의 원소 농도를 정량하는 방법으로, 대기 또는 배출가스 중의 **유해중금속, 기타 원소의 분석**에 **적용**한다.

(2) 구성

원자흡광분석장치는 **광원부 → 시료원자화부 → 파장선택부(분광부) → 측광부**로 구성되어 있고, **단광속형과 복광속형**이 있다. 또 **여러 개 원소의 동시분석**이나 **내부표준물질법에 의한 분석**을 목적으로 할 때는 위의 구성요소를 여러 개 복합한 **멀티채널(mult-channel)형**의 장치도 있다.

(3) 관련 용어 ★빈출

① **원자흡광도(atomic absorptivity or atomic extinction coefficient)** : 어떤 진동수 i의 빛이 목적원자가 들어 있지 않은 불꽃을 투과했을 때의 강도를 I_{OV}, 목적원자가 들어 있는 불꽃을 투과했을 때의 강도를 I_V라 하고, 불꽃 중의 목적원자 농도를 c, 불꽃 중의 광도의 길이 (path length)를 l이라 했을 때 다음과 같이 표현된다.

$$E_{AA} = \frac{\log_{10}(I_{OV}/I_V)}{c \times l}$$

② **공명선(resonance line)** : 원자가 외부로부터 빛을 흡수했다가 다시 먼저 상태로 돌아갈 때 방사하는 스펙트럼선

③ **근접선(neighbouring line)** : 목적하는 스펙트럼선에 가까운 파장을 갖는 다른 스펙트럼선

④ **중공음극램프(hollow cathode lamp)** : 원자흡광분석의 광원이 되는 것으로 목적원소를 함유하는 중공음극 한 개 또는 그 이상을 저압의 네온과 함께 채운 방전관

⑤ **소연료불꽃(fuel-lean flame)** : 가연성 가스/조연성 가스의 값을 적게 한 불꽃

⑥ **다연료불꽃(fuel-rich flame)** : 가연성 가스/조연성 가스의 값을 크게 한 불꽃

⑦ **선폭(line width)** : 스펙트럼선의 폭

⑧ **선프로파일(line profile)** : 파장에 대한 스펙트럼선의 강도를 나타내는 곡선

⑨ **멀티패스(multi-path)** : 불꽃 중에서의 광로를 길게 하고 흡수를 증대시키기 위하여 반사를 이용하여 불꽃 중 빛을 여러 번 투과시키는 것

⑩ **역화(flame back)** : 불꽃의 연소속도가 크고 혼합기체의 분출속도가 작을 때 연소현상이 내부로 옮겨지는 것

⑪ 분무실(nebulizer-chamber, atomizer chamber) : 분무기와 함께 분무된 시료 용액의 미립자를 더욱 미세하게 해 주는 한편, 큰 입자와 분리시키는 작용을 갖는 장치

⑫ 예복합버너(premix type burner) : 가연성 가스, 조연성 가스 및 시료를 분무실에서 혼합시켜 불꽃 중에 넣어주는 방식의 버너

⑬ 충전가스(filler gas) : 중공음극램프에 채우는 가스

(4) 간섭 ★빈출

원자흡광분석에서 일어나는 간섭은 일반적으로 **분광학적 간섭, 물리적 간섭, 화학적 간섭**으로 분류된다.

① 분광학적 간섭
㉠ 분석에 사용하는 스펙트럼선이 다른 인접선과 완전히 분리되지 않는 경우

㉡ 분석에 사용하는 스펙트럼의 불꽃 중에서 생성되는 목적원소의 원자증기 이외의 물질에 의하여 흡수되는 경우

② 물리적 간섭
시료 용액의 점성이나 표면장력 등 물리적 조건의 영향에 의하여 일어나는 것으로, 예를 들면 시료 용액의 점도가 높아지면 분무 능률이 저하되며 흡광의 강도가 저하된다. 이러한 종류의 간섭은 표준시료와 분석시료와의 조성을 거의 같게 하여 피할 수 있다.

③ 화학적 간섭
㉠ 불꽃 중에서 원자가 이온화하는 경우

㉡ 공존물질과 작용하여 해리하기 어려운 화합물이 생성되어 흡광에 관계하는 기저상태의 원자 수가 감소하는 경우

㉢ 화학적 간섭을 방지하는 방법
- 이온교환이나 용매추출 등에 의한 방해물질 제거
- 과량의 간섭원소 첨가
- 간섭을 피하는 양이온, 음이온 또는 은폐제, 킬레이트제 등 첨가
- 목적원소 용매 추출
- 표준첨가법 이용

(5) 원자흡수분광광도법의 측정순서

① 전원 스위치 및 관련 스위치를 넣어 측광부에 전류를 통한다.

② 광원램프를 점등하여 적당한 전류값으로 설정한다.

③ 가연성 가스 및 조연성 가스 용기가 각각 가스유량조정기를 통하여 버너에 파이프로 연결되어 있는가를 확인한다.

④ 가스유량조절기의 밸브를 열어 불꽃을 점화하여 유량조절밸브로 가연성 가스와 조연성 가스의 유량을 조절한다.

⑤ 분광기의 파장눈금을 분석선의 파장에 맞춘다.

⑥ 0을 맞춘다.

⑦ 100을 맞춘다.

⑧ 시료 용액을 불꽃 중에 분무시켜 지시한 값을 읽어둔다.

(6) 시료원자화장치

① 시료원자화장치 중 버너의 종류로 전분무버너와 예혼합버너가 있다.

② **아세틸렌-아산화질소 불꽃**은 불꽃 온도가 높기 때문에 불꽃 중에서 **해리하기 어려운 내화성 산화물(refractory oxide)을 만들기 쉬운 원소의 분석**에 적당하다.

③ 빛이 투과하는 **불꽃의 길이를 10cm 이상**으로 해 주려면 **멀티패스(multi path) 방식**을 사용한다.

④ **분석의 감도를 높여주고 안정한 측정치를 얻기 위하여** 불꽃 중에 빛을 투과시킬 때 불꽃 중에서의 **유효길이를 되도록 길게** 한다.

(7) 분석시료의 측정조건 결정

① 분석선 선택 시 **감도가 가장 높은 스펙트럼선을 분석선으로 하는 것이 일반적**이다. 그러나 **시료농도가 높을 때에는 비교적 감도가 낮은 스펙트럼선을 선택하는 경우**도 있다.

② **양호한 S/N비**를 얻기 위하여 분광기의 슬릿폭은 목적으로 하는 분석선을 분리할 수 있는 범위 내에서 되도록 **넓게** 한다(이웃의 스펙트럼선과 겹치지 않는 범위 내에서).

③ 불꽃 중에서의 시료의 원자밀도 분포와 원소 불꽃의 상태 등에 따라 다르므로 불꽃의 최적위치에서 빛이 투과하도록 버너의 위치를 조절한다.

④ 일반적으로 **광원램프의 전류값**이 높으면 램프의 감도가 떨어지고 수명이 감소하므로, 광원램프는 장치의 성능이 허락하는 범위 내 **되도록 낮은 전류값에서 동작**시킨다.

(8) 금속원소별 측정파장 ★빈출

① Pb : 217.0nm 또는 283.3nm   ② Cu : 324.8nm

③ Ni : 232nm   ④ Zn : 213.8nm

⑤ Fe : 248.3nm   ⑥ Cd : 228.8nm

⑦ Cr : 357.9nm   ⑧ Be : 234.9nm

(9) 불꽃 - 가연성 가스와 조연성 가스의 조합 ★빈출

① 수소 - 공기와 아세틸렌 - 공기 : 대부분의 원소 분석에 유효하게 사용된다.

② 수소 - 공기 : 원자 외 영역에서의 불꽃자체에 의한 흡수가 적기 때문에 이 파장영역에서 분석선을 갖는 원소의 분석에 적당하다.

③ 아세틸렌 - 아산화질소 : 불꽃 온도가 높기 때문에 불꽃 중에서 해리하기 어려운 내화성 산화물을 만들기 쉬운 원소의 분석에 적당하다.

④ 프로페인 – 공기 : 불꽃 온도가 낮고, 일부 원소에 대하여 높은 감도를 나타낸다.

(10) 분석오차를 유발하는 원인

① 표준시료의 선택의 부적당 및 제조의 잘못
② 분석시료의 처리방법과 희석의 부적당
③ 표준시료와 분석시료의 조성이나 물리적·화학적 성질의 차이
④ 공존물질에 의한 간섭
⑤ 광원램프의 드리프트(drift) 열화
⑥ 광원부 및 파장선택부의 광학계 조정 불량
⑦ 측광부의 불안정 또는 조절 불량
⑧ 분무기 또는 버너의 오염이나 폐색
⑨ 가연성 가스 및 조연성 가스의 유량이나 압력의 변동
⑩ 불꽃을 투과하는 광속의 위치 조정 불량
⑪ 검정곡선 작성의 잘못
⑫ 계산의 잘못

핵심이론 13 | **비분산적외선분광분석법(non dispersive infrared photometer analysis)**

(1) 관련 용어 ★빈출

① **비분산** : 빛을 **프리즘**이나 **회절격자**와 같은 분산소자에 의해 분산하지 않는 것이다.
② **정필터형** : 측정성분이 **흡수되는 적외선**을 그 흡수파장에서 측정하는 방식이다.
③ **반복성** : 동일한 분석계를 이용하여 동일한 측정대상을 동일한 방법과 조건으로 비교적 단시간에 반복적으로 측정하는 경우로서 각각의 측정치가 일치하는 정도이다.
④ **비교가스** : 시료셀에서 **적외선 흡수**를 측정하는 경우 대조가스로 사용하는 것으로 적외선을 흡수하지 않는 가스이다.
⑤ **시료셀** : 시료가스를 넣는 용기로, 시료셀은 시료가스가 흐르는 상태에서 양단의 창을 통해 시료광속이 통과하는 구조를 갖는다.
⑥ **비교셀** : 비교(reference)가스를 넣는 용기로, 비교셀은 시료셀과 동일한 모양이며, **아르곤 또는 질소 같은 불활성 기체를 봉입**하여 사용한다.
⑦ **시료광속** : 시료셀을 통과하는 빛이다.
⑧ **비교광속** : 비교셀을 통과하는 빛이다.
⑨ **제로가스** : 분석계의 **최저눈금값**을 교정하기 위하여 사용하는 가스이다.

⑩ 스팬가스 : 분석계의 **최고눈금값**을 교정하기 위하여 사용하는 가스이다.

⑪ 제로드리프트 : 측정기의 **최저눈금**에 대한 지시치의 일정기간 내의 변동으로 동일 조건에서 제로가스를 연속적으로 도입하여 **고정형은 24시간, 이동형은 4시간 연속 측정**하는 동안에 전체 눈금의 **±2% 이상의 지시변화가 없어야 한다.**

⑫ 스팬드리프트 : 측정기의 교정범위 눈금에 대한 지시값의 일정기간 내의 변동으로 동일조건에서 제로가스를 흘려보내면서 때때로 스팬가스를 도입할 때 제로드리프트를 뺀 드리프트가 **고정형은 24시간, 이동형은 4시간 동안에 전체 눈금값의 ±2% 이상**이 되어서는 안 된다.

⑬ 교정범위 : 측정기 **최대측정범위의 80~90% 범위**에 해당하는 교정값이다.

⑭ 광학필터 : 시료가스 중에 간섭물질 가스의 **흡수파장역의 적외선을 흡수 제거**하기 위하여 사용하며, 가스필터와 고체필터가 있는데 이것은 단독 또는 적절히 조합하여 사용한다.

⑮ 광원 : 원칙적으로 흑체발광으로 니크로뮴선 또는 탄화규소의 저항체에 전류를 흘려 가열한 것을 사용한다. **광원의 온도는 1,000~1,300K 정도가 적당**하다.

(2) 구성

복광속분석기의 경우 시료셀과 비교셀이 분리되어 있으며, 적외선 광원이 회전섹터 및 광학필터를 거쳐 시료셀과 비교셀을 통과하여 적외선검출기에서 신호를 검출하여 증폭기를 거쳐 측정농도가 지시계로 지시된다(**광원 → 회전섹터 → 광학필터 → 시료셀 → 검출기 → 증폭기 → 지시계**).

(3) 응답시간의 성능기준

제로조정용 가스를 도입하여 안정된 후 유로를 스팬가스로 바꾸어 기준유량으로 분석기에 도입하여 그 농도를 눈금범위 내의 어느 일정한 값으로부터 다른 일정한 값으로 갑자기 변화시켰을 때 **스텝(step)응답에 대한 소비시간이 1초 이내**여야 한다. 또 이때 **최종지시값에 대한 90%의 응답을 나타내는 시간은 40초 이내**여야 한다.

(4) 비분산 정필터형 적외선 가스분석계(고정형)의 성능유지 조건

① 감도는 **최대눈금범위의 ±1% 이하**에 해당하는 농도변화를 검출할 수 있는 것이어야 한다.

② 유량변화에 대한 안정성은 측정가스의 유량이 표시한 기준유량에 대하여 **±2% 이내**에서 변동하여도 성능에 지장이 있어서는 안 된다.

③ 제로드리프트는 동일조건에서 제로가스를 연속적으로 도입하여 **고정형은 2시간, 이동형은 4시간 연속 측정**하는 동안에 전체 눈금의 **±2% 이상**의 지시변화가 없어야 한다.

④ 전압변동에 대한 안정성 측면에서 전원전압이 설정전압의 **±10% 이내**로 변화하였을 때 지시값 변화는 전체 눈금의 **±1% 이내**여야 한다.

핵심이론 14 | 이온 크로마토그래피(ion chromatography)

(1) 원리 및 적용범위

이 방법은 **이동상**으로는 **액체**, 그리고 **고정상**으로는 **이온교환수지를 사용**하여 이동상에 녹는 혼합물을 고분리능 고정상이 충전된 분리관 내로 통과시켜 시료성분의 용출상태를 **전도도검출기** 또는 **광학검출기로 검출**하여 그 농도를 정량하는 방법으로, 일반적으로 **강수**(비, 눈, 우박 등), **대기먼지, 하천수 중의 이온성분을 정성, 정량 분석**하는 데 이용한다.

(2) 구성

용리액조 – 송액펌프 – 시료주입장치 – 분리관 – 서프레서 – 검출기 – 기록계 순서로 구성된다.

(3) 장치

① 분리관 : 재질은 내압성, 내부식성으로 용리액 및 시료액과 반응성이 적은 것을 선택하며, **에폭시수지관 또는 유리관**이 사용된다. 일부는 스테인리스관이 사용되지만 금속이온 분리용으로는 좋지 않다.

② 용리액조 : 이온성분이 용출되지 않는 재질로서 용리액을 직접 공기와 접촉시키지 않는 밀폐된 것을 선택하며, 일반적으로 **폴리에틸렌이나 경질유리제**를 사용한다.

③ 송액펌프 : 일반적으로 **맥동이 적은 것**을 사용한다.

④ 서프레서

    ㉠ 용리액에 사용되는 전해질 성분을 제거하기 위하여 분리관 뒤에 직렬로 접속시킨 것으로서 전해질을 물 또는 저전도도의 용매로 바꿔줌으로써 전기전도도 셀에서 목적이온성분과 전기전도도만을 고감도로 검출할 수 있게 해 주는 것이다.

    ㉡ 관형과 이온교환막형이 있으며, 관형은 음이온에는 스티롤계 강산형(H^+) 수지가, 양이온에는 스티롤계 강염기형(OH^-) 수지가 충전된 것을 사용한다.

⑤ 검출기 : 일반적으로 **전기전도도검출기를 많이 사용**하고, 그 외 **자외선 및 가시선 흡수검출기 (UV, VIS 검출기), 전기화학적 검출기** 등이 사용된다.

    ㉠ 전기전도도검출기 : 분리관에서 용출되는 각 이온 종을 직접 또는 서프레서를 통과시킨 전기전도도계 셀 내의 고정된 전극 사이에 도입시키고 이때 흐르는 전류를 측정하는 것이다.

    ㉡ 자외선 및 가시선 흡수검출기 : 자외선흡수검출기(UV검출기)는 고성능 액체 크로마토그래피 분야에서 가장 널리 사용되는 검출기이며, 최근에는 이온 크로마토그래피에서도 전기전도도검출기와 병행하여 사용되기도 한다. 또한 가시선흡수검출기(VIS검출기)는 전이금속 성분의 발색반응을 이용하는 경우에 사용된다.

(4) 설치조건

① 실험실 온도 15~25℃, 상대습도 30~85% 범위로 급격한 온도변화가 없어야 한다.

② 진동이 없고, 직사광선을 피해야 한다.

③ 부식성 가스 및 먼지 발생이 적고, 환기가 잘 되어야 한다.

④ 대형 변압기, 고주파 가열 등으로부터 전자유도를 받지 않아야 한다.

⑤ 공급전원은 기기의 사양에 지정된 전압, 전기용량 및 주파수로, 전압변동은 10% 이하이고 주파수 변동이 없어야 한다.

핵심이론 15 | **흡광차분광법(differential optical absorption spectroscopy)**

(1) 원리 및 적용범위

일반적으로 빛을 조사하는 발광부와 50~1,000m 정도 떨어진 곳에 설치되는 수광부(또는 발·수광부와 반사경) 사이에 형성되는 빛의 이동경로를 통과하는 가스를 실시간으로 분석하며, 측정에 필요한 광원은 180~2,850nm 파장을 갖는 **제논램프**를 사용하여 **아황산가스, 질소산화물, 오존 등의 대기오염물질 분석**에 적용한다.

(2) 측정원리

① 흡광광도법의 기본원리인 람베르트-비어(Lambert-Beer) 법칙을 응용하며, 다음의 관계식이 성립한다.

$$I_t = I_o \times 10^{-\varepsilon C l}$$

여기서, I_t : 투사광의 광도, I_o : 입사광의 광도

ε : 흡광계수, C : 농도, l : 빛의 투사거리

② 일반적 특성

㉠ 일반 **흡광광도법**은 **미분적(일시적)**이며, **흡광차분광법**은 **적분적(연속적)**이란 차이가 있다.

㉡ 광원부는 발·수광부 및 광케이블로 구성된다.

㉢ 분석장치는 분석기와 광원부로 나누어지며, 분석기 내부는 분광기, 샘플 채취부, 검지부, 분석부, 통신부 등으로 구성된다.

㉣ 주로 사용되는 검출기는 광전자증배관(photo multiplier tube)검출기나 PDA(Photo Diode Array)검출기이다.

㉤ 분광계는 체르니-터너(Czerny-Turner) 방식이나 홀로그래픽(holographic) 방식을 채택한다.

㉥ 광원으로 180~2,850nm의 파장을 갖는 제논램프를 사용한다.

(3) 간섭물질(O_3, 수분, 톨루엔)의 영향

   ① SO_2에 대한 O_3의 영향

   ② O_3에 대한 수분의 영향

   ③ O_3에 대한 톨루엔의 영향

핵심이론 16 | 배출가스 중 무기물질 – 먼지 측정

(1) 개요

배출가스 중에 함유되어 있는 액체 또는 고체인 입자상 물질을 **등속흡인**하여 측정한 먼지로서, 먼지 농도 표시는 **표준상태(0℃, 760mmHg)의 건조 배출가스 1m³ 중에 함유된 먼지의 질량농도**를 측정하는 데 사용된다.

(2) 적용 가능한 시험방법

   ① **반자동식 측정법** : 반자동식 시료 채취기에 의해 질량농도를 측정하는 방법

   ② **수동식 측정법** : 수동식 시료 채취기에 의해 질량농도를 측정하는 방법

   ③ **자동식 측정법** : 자동식 시료 채취기에 의해 질량농도를 측정하는 방법

(3) 등속흡인이 필요한 이유

먼지 측정을 위하여 **굴뚝 내의 유속과 똑같은 속도로 흡인 채취**하여야 하는데 이것을 **등속흡인**이라 한다. 즉, 굴뚝 내 채취지점의 유속(배출가스 유속 : V_s)과 노즐 끝의 유속(기기의 유속 : V_n)이 일치하도록 하여 측정하는 방법이다. 만약, 유속이 일치하지 않으면 정확한 먼지 농도의 산출이 어렵다.

   ① $V_n = V_s$ (등속흡인)

      모든 입자상 물질이 저항 없이 일정하게 흐름

   ② $V_n > V_s$ (노즐 유속이 큰 경우)

      ㉠ 배출가스 유속보다 흡인 유속이 크다.

      ㉡ 관성에 의하여 입자상 물질보다 비중이 작은 가스상 물질이 더 많이 포집된다.

      ㉢ **등속흡인할 경우보다 농도가 작아진다**($C_{실제} < C_{등속흡인}$).

   ③ $V_n < V_s$ (배출가스 유속이 큰 경우)

      ㉠ 배출가스 유속보다 흡인 유속이 작다.

      ㉡ 관성에 의하여 가스상 물질보다 비중이 큰 입자상 물질이 더 많이 포집된다.

      ㉢ **등속흡인할 경우보다 농도가 커진다**($C_{실제} > C_{등속흡인}$).

핵심이론 17 | 배출가스 중 무기물질 – 비산먼지 측정

(1) 목적

이 시험기준은 시멘트공장, 전기아크로를 사용하는 철강공장, 연탄공장, 석탄야적장, 도정공장, 골재공장 등 특정 발생원에서 **일정한 굴뚝을 거치지 않고 외부로 비산되거나 물질의 파쇄, 선별, 기타 기계적 처리에 의하여 비산 배출되는 먼지의 농도를 측정**하기 위한 시험방법이다.

(2) 간섭물질

① 습도 : 습도에 의한 오차를 줄이기 위해 먼지의 질량을 측정하기 전 여과지 홀더 또는 여과지를 건조기에서 일반 **대기압 하에서 20℃±5.6℃로 적어도 24시간 이상 건조**시키며 **6시간의 간격**을 두고 먼지 질량의 차이가 0.1mg일 때까지 측정한다. 또 다른 방법으로, 여과지 홀더 또는 **여과지를 105℃에 2시간 이상** 충분히 건조시키는 방법이 있다. 질량 측정의 정확성을 향상시키기 위하여 여과지는 **습도가 50% 이상**인 질량 측정 실험실에서 **2분 이상** 노출되어서는 안 된다.

② 부산물에 의한 측정오차

　㉠ 시료 채취여과지 위에서 가스상 물질들의 반응 등에 의해 먼지의 질량농도 측정량이 증가 또는 감소되는 오차가 일어날 수 있다.

　㉡ 시료 채취과정에서 이산화황과 질산이 여과지 위에 머무르면 황산염과 질산염으로 산화되는 화학반응을 통하여 생성되므로 질량농도 증가와 시료 중에 생성된 염류가 성장과 이동과정에서 기압과 대기온도에 따라 해리과정을 거쳐 다시 기체상으로 변환되므로 질량농도가 감소되는 경우가 초래될 수 있다.

(3) 시료 채취 및 관리

① 측정위치의 선정

　㉠ 시료 채취장소는 원칙적으로 측정하려고 하는 발생원의 **부지경계선 상에 선정**하며, 풍향을 고려하여 그 발생원의 **비산먼지 농도가 가장 높을 것**으로 예상되는 지점 **3개소 이상**을 선정한다.

　㉡ 시료 채취위치는 부근에 장애물이 없고 바람에 의하여 지상의 흙모래가 날리지 않아야 하며, 기타 다른 원인에 의하여 영향을 받지 않고 그 지점에서의 비산먼지 농도를 대표할 수 있는 위치를 선정한다.

　㉢ 별도로 발생원의 위(upstream)인 바람의 방향을 따라 대상 발생원의 영향이 없을 것으로 추측되는 곳에 대조위치를 선정한다.

② **시료 채취** : 시료 채취는 1회 1시간 이상 연속 채취하며, 다음과 같은 경우에는 원칙적으로 시료 채취를 하지 않는다.

  ㉠ 대상발생원의 조업이 중단되었을 때

  ㉡ 비나 눈이 올 때

  ㉢ 바람이 거의 없을 때(풍속이 0.5m/s 미만일 때)

  ㉣ 바람이 너무 강하게 불 때(풍속이 10m/s 이상일 때)

③ **풍향, 풍속의 측정** : 시료 채취를 하는 동안에 따로 그 지역을 대표할 수 있는 지점에 풍향풍속계를 설치하여 전 채취시간 동안의 풍향, 풍속을 기록한다. 단, 연속기록장치가 없을 경우에는 적어도 **10분 간격**으로 같은 지점에서의 **3회 이상 풍향, 풍속을 측정**하여 기록한다.

(4) 풍향, 풍속 보정계수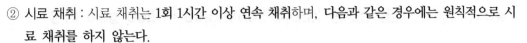

① 풍향에 대한 보정

풍향 변화 범위	보정계수(W_D)
전 시료 채취기간 중 주 풍향이 90° 이상 변할 때	1.5
전 시료 채취기간 중 주 풍향이 45~90° 변할 때	1.2
전 시료 채취기간 중 풍향이 변동 없을 때(45° 미만)	1.0

② 풍속에 대한 보정

풍속 범위	보정계수(W_S)
풍속이 0.5m/s 미만 또는 10m/s 이상되는 시간이 전 채취시간의 50% 미만일 때	1.0
풍속이 0.5m/s 미만 또는 10m/s 이상되는 시간이 전 채취시간의 50% 이상일 때	1.2

[비고] 풍속의 변화 범위가 위 표를 초과할 때는 원칙적으로 다시 측정한다.

(5) 비산먼지 농도의 계산

각 측정지점의 포집먼지량과 풍향, 풍속의 측정결과로부터 비산먼지의 농도를 구한다.

$$C = (C_H - C_B) \times W_D \times W_S$$

여기서, C : 비산먼지 농도

  C_H : 채취먼지량이 가장 많은 위치에서의 먼지 농도(mg/m^3)

  C_B : 대조위치에서의 먼지 농도(mg/m^3)

    (단, 대조위치를 선정할 수 없는 경우 C_B는 $0.15mg/m^3$로 함)

  W_D, W_S : 풍향, 풍속 측정결과로부터 구한 보정계수

핵심이론 18 | 배출가스 중 암모니아(ammonia in flue gas) 측정

(1) 적용 가능한 시험방법

자외선/가시선분광법-**인도페놀법(주 시험방법)**, 중화적정법 등이 있다.

(2) 인도페놀법

① **시료 채취량이** 20L인 경우 시료 중의 **암모니아의 농도가** 1.2~12.5ppm인 것의 분석에 적합하다.

② **이산화질소가** 100배 이상, **아민류가** 몇십 배 이상, **이산화황이** 10배 이상 또는 **황화수소가** 같은 양 이상 **각각 공존하지 않는 경우에 적용**할 수 있다.

③ 분석용 시료 용액 10mL를 유리마개가 있는 시험관에 취하고 여기에 **페놀-나이트로프루시드소듐** 용액 5mL씩을 가하여 잘 흔들어 섞은 다음 **하이포아염소산소듐** 용액 5mL씩을 가한 다음 마개를 하고 조용히 흔들어 섞는다.

④ 액온 25~30℃에서 1시간 방치한 후, 광전분광광도계 또는 광전광도계로 측정한다.

⑤ 분석을 위한 **광전광도계의 측정파장은** 640nm 부근이다.

(3) 중화적정법

① 분석용 시료 용액을 **황산으로 적정**하여 암모니아를 정량한다.

② 이 방법은 시료 **채취량이** 40L인 경우 시료 중의 암모니아의 농도가 **약 100ppm 이상**인 것의 분석에 적합하다.

③ **다른 염기성 가스나 산성 가스의 영향을 무시할 수 있는 경우에** 적합하다.

④ 혼합지시약은 다음의 ㉠과 ㉡의 용액을 사용 직전에 부피비 2 : 1로 섞는다.
    ㉠ 메틸레드 0.1g을 에탄올(95V/V%) 100mL에 녹인 것
    ㉡ 메틸렌블루 0.1g을 에탄올(95V/V%) 100mL에 녹인 것

핵심이론 19 | 배출가스 중 염화수소(hydrogen chloride in flue gas) 측정

(1) 적용 가능한 시험방법

이온 크로마토그래피(주 시험방법), 싸이오사이안산제이수은 자외선/가시선분광법 등이 있다.

(2) 싸이오사이안산제이수은 자외선/가시선분광법

① **이산화황, 기타 할로겐화물, 사이안화물 및 황화합물의 영향이 무시되는 경우에** 적합하다.

② 2개의 연속된 흡수병에 **흡수액(0.1mol/L 수산화소듐 용액)**을 각각 50mL 담은 뒤 40L 정도

의 시료를 채취한 다음, **싸이오사이안산제이수은 용액**과 **황산철(Ⅱ)암모늄 용액**을 가하여 발색시켜 **파장 460nm에서 흡광도를 측정**한다.

③ 정량범위는 시료기체를 통과시킨 흡수액을 250mL로 묽히고 분석용 시료 용액으로 하는 경우 2.0~80.0ppm이며, 방법 검출한계는 0.6ppm이다.

핵심이론 20 **배출가스 중 염소(chlorine in flue gas) 측정**

(1) 적용 가능한 시험방법

자외선/가시선분광법–**오르토톨리딘법**이 주 시험방법이며, 오르토톨리딘을 함유하는 흡수액에 시료를 통과시켜 얻어지는 발색액의 **흡광도를 측정**하여 염소를 정량하는 방법이다.

(2) 분석에 영향을 주는 물질

배출가스 중 브로민, 아이오딘, 오존, 이산화질소, 이산화염소 등의 산화성 가스나 황화수소, 이산화황 등의 환원성 가스가 공존하면 영향을 받으므로 그 영향을 무시하거나 제거할 수 있는 경우에 적용하며, 배출가스 시료 채취 종료 후 10분 이내 측정할 수 있는 경우에 적용한다.

핵심이론 21 **배출가스 중 일산화탄소(carbon monoxide in flue gas) 측정**

(1) 적용 가능한 시험방법 ★빈출

① 비분산형 적외선분광분석법(주 시험방법) : 정량범위 0~1,000ppm
② 정전위전해법(전기화학식) : 정량범위 0~1,000ppm
③ 기체 크로마토그래피 : 정량범위 TCD는 0.1% 이상, FID는 0~2,000ppm
   ㉠ 운반가스 : 부피분율 99.9% 이상의 헬륨
   ㉡ 충전제 : 합성제올라이트(molecular sieve 5A, 13X 등이 있음)
   ㉢ 검출기 : 메테인화 반응장치가 있는 불꽃이온화검출기
   ㉣ 분리관 : 안지름 2~4mm, 길이 0.5~1.5m인 스테인리스강 재질관

(2) 정전위전해법의 주요성능 기준

① 90% 응답시간은 2분 30초 이내이다.
② 재현성은 측정범위 최대눈금값의 ±2% 이내이다.
③ 적용범위는 최고 3%로 한다.
④ 전압변동에 대한 안정성은 최대눈금값의 ±1% 이내이다.

배출가스 중 황산화물(sulfur oxides in flue gas) 측정

(1) 목적

굴뚝 배출가스 중의 황산화물($SO_2 + SO_3$)을 분석하는 방법에 대하여 규정한다.

(2) 적용 가능한 시험방법 ★빈출

분석방법		분석원리 및 개요
침전적정법		시료를 과산화수소수에 흡수시켜 황산화물을 황산으로 만든 후 아이소프로필알코올과 아세트산을 가하고 아르세나조 Ⅲ를 지시약으로 하여 아세트산바륨 용액으로 적정
중화적정법		시료를 과산화수소수에 흡수시켜 황산화물을 황산으로 만든 후 수산화소듐 용액으로 적정
자동측정법	전기화학식(정전위전해법)	정전위전해분석계를 사용하여 시료를 가스투과성 격막을 통하여 전해조에 도입시켜 전해액 중에 확산 흡수되는 SO_2을 산화전위로 정전위전해하여 전해전류를 측정하는 방법
	용액전도율법	시료를 과산화수소에 흡수시켜 용액의 전기전도율(electro conductivity)의 변화를 용액전도율분석기로 측정하는 방법
	적외선흡수법	시료가스를 셀에 취하여 7,300nm 부근에서 적외선가스분석기를 사용하여 SO_2의 광흡수를 측정하는 방법
	자외선흡수법	자외선흡수분석기를 사용하여 280~320nm에서 시료 중 SO_2의 광흡수를 측정하는 방법
	불꽃광도법	불꽃광도검출분석기를 사용하여 시료를 공기 또는 질소로 묽힌 다음 수소 불꽃 중에 도입할 때에 394nm 부근에서 관측되는 발광광도를 측정하는 방법

(3) 간섭물질 ★빈출

측정방법	간섭물질
전기화학식(정전위전해법)	황화수소, 이산화질소
용액전도율법	염화수소, 암모니아, 이산화질소
적외선흡수법	수분, 이산화탄소
자외선흡수법	이산화질소
불꽃광도법	황화수소

(4) 중화적정법

① 적용 : 시료를 과산화수소수에 흡수시켜 황산화물을 황산으로 만든 후 수산화나트륨 용액으로 적정한다. 이 방법은 시료 20L를 흡수액에 통과시키고 이 액을 250mL로 묽게하여 분석용 시료 용액으로 할 때 전 황산화물의 농도가 250ppm 이상이고 다른 산성 가스의 영향을 무시할 때 적용된다. 단, 이산화탄소의 공존은 무방하다.

② 표정 : 설파민산(용량분석용 표준시약)을 황산 데시케이터에서 약 48시간 건조시킨 후 2~2.5g을 정확히 달아 물에 녹여 250mL 메스플라스크에 옮겨 넣고 물로 표선까지 채운다. 이 용액 25mL를 200mL 삼각플라스크에 분취하고 **메틸레드 – 메틸렌블루 혼합지시약** 약 3~4방울을 가한다. **N/10 수산화나트륨 용액으로 적정**하여 액의 색이 **자색에서 녹색으로 변화**하는 점을 종말점으로 한다. 다음 식에 의하여 역가를 구한다.

$$f = \frac{W \times \dfrac{25}{250}}{V' \times 0.00971}$$

여기서, f : $N/10$ 수산화나트륨 용액의 역가

W : 설파민산의 채취량(g)

V' : 적정에서 사용한 수산화나트륨 용액($N/10$)의 양(mL)

0.00971 : $N/10$ 수산화나트륨 용액 1mL의 설파민산 상당량(g)

(5) 황산화물 시료 채취방법

① 시료 채취관은 배출가스 중의 황산화물에 의해 부식되지 않는 재질, 예를 들면 **유리관, 석영관, 스테인리스강 재질** 등을 사용한다.

② 시료가스 중 먼지가 섞여 들어가는 것을 방지하기 위하여 채취관의 앞 끝에 **알칼리(alkali)가 없는 유리솜 등 적당한 여과재**를 넣는다.

③ 시료가스 중 황산화물과 수분이 응축되지 않도록 시료 채취관과 콕(M자형) 사이를 가열할 수 있는 구조로 한다.

④ 배관은 될 수 있는 한 **짧게 하고**, 수분이 응축될 우려가 있는 경우에는 채취관에서 **삼방콕(M자형) 사이를 160℃ 정도로 가열**한다.

⑤ 채취관과 어댑터(adapter), 삼방콕 등 가열하는 **접속부분은 갈아 맞춤 또는 실리콘 고무관을 사용하고 보통 고무관을 사용하면 안 된다.**

핵심이론 23 | **배출가스 중 질소산화물(nitrogen oxides in flue gas) 측정**

(1) 적용 가능한 시험방법

분석방법	분석원리 및 개요
자외선/가시선분광법 (아연 환원) 나프틸에틸렌다이아민법 (주 시험방법)	• 시료 중의 질소산화물을 **오존 존재하**에서 흡수액에 흡수시켜 질산이온으로 만들고 **분말금속아연을 사용**하여 아질산이온으로 환원한 후 **설파닐아마이드 및 나프틸에틸렌다이아민을 반응**시켜 얻어진 착색의 **흡광도**로부터 질소산화물을 정량하는 방법으로서 배출가스 중의 질소산화물을 **이산화질소로 하여 계산**

분석방법		분석원리 및 개요
자동 측정법	전기화학식 (정전위전해법)	• 가스투과성 격막을 통하여 전해질 용액에 시료가스 중의 질소산화물을 확산·흡수시키고 일정한 전위의 전기에너지를 부가하여 질산이온으로 산화시켜서 생성되는 전해전류로 시료가스 중 질소산화물의 농도를 측정
	화학발광법	• NO와 오존이 반응하여 NO_2가 될 때 발생하는 발광강도를 590~875nm 부근의 근적외선영역에서 측정하여 시료 중의 NO의 농도를 측정하는 방법 • NO_2는 NO로 환원시킨 후 측정 • 구성 : 유량제어부, 반응조, 검출기, 오존발생기
	적외선흡수법	• NO의 5,300nm 적외선영역에서 광흡수를 이용하여 시료 중의 NO의 농도를 비분산형 적외선분석기로 측정하는 방법 • NO_2는 NO로 환원시킨 후 측정

	자외선흡수법	• NO는 195~230nm, NO_2는 350~450nm 부근에서 자외선의 흡수량 변화를 측정하여 시료 중의 NO 또는 NO_2의 농도를 측정하는 방법
		  – 다성분합산방식(분산형) : NO와 NO_2의 농도를 각각 측정하여 그것들을 합하는 방식
		  – 산화방식(비분산형) : 시료가스 중 NO를 NO_2로 산화시킨 다음 측정하는 방식
		• 구성 : 광원, 분광기, 광학필터, 시료셀, 검출기, 합산증폭기, 오존발생기

(2) 간섭물질

측정방법	간섭물질
전기화학식(정전위전해법)	–
화학발광법	이산화탄소
적외선흡수법	수분, 이산화탄소
자외선흡수법	아황산가스

핵심이론 24 | **배출가스 중 이황화탄소(carbon disulfide in flue gas) 측정**

(1) 적용 가능한 시험방법

기체 크로마토그래피(주 시험방법), 자외선/가시선분광법 등이 있다.

(2) 자외선/가시선분광법

① 다이에틸아민구리 용액(흡수액)에서 시료가스를 흡수시켜 생성된 다이에틸다이싸이오카밤산구리의 흡광도를 435nm의 파장에서 측정하여 이황화탄소를 정량한다.

② 시료가스 채취량이 10L인 경우 배출가스 중의 이황화탄소 농도가 4~60ppm인 것의 분석에 적합하다. 이황화탄소의 방법 검출한계는 1.3ppm이다.

핵심이론 25 **배출가스 중 황화수소(hydrogen sulfide in flue gas) 측정**

(1) 적용 가능한 시험방법

자외선/가시선분광법-메틸렌블루(주 시험방법), 아이오딘적정법 등이 있다.

(2) 자외선/가시선분광법 - 메틸렌블루

① 배출가스 중의 황화수소를 **아연아민착염 용액에 흡수**시켜 p-**아미노다이메틸아닐린 용액**과 **염화철(Ⅲ) 용액**을 가하여 생성되는 **메틸렌블루의 흡광도**를 측정하여 황화수소를 정량한다.

② 종말점의 판단을 위한 지시약 : 적정의 종말점 부근에서 액이 엷은 황색으로 되었을 때 녹말 용액 3mL를 가하여 생긴 청색이 없어질 때를 종말점으로 한다.

(3) 아이오딘적정법

① 아이오딘적정법은 **다른 산화성 가스와 환원성 가스에 의해 방해**를 받는다.

② 시료 중의 황화수소를 **염산** 산성으로 하고, **아이오딘 용액**을 가하여 과잉의 아이오딘을 **싸이오황산소듐 용액**으로 적정한다.

③ 시료 중의 황화수소가 100~2,000ppm 함유되어 있는 경우의 분석에 적합한 시료 채취량은 10~20L, 흡입속도는 1L/min 정도이다.

④ 녹말 지시약(질량분율 1%)은 가용성 녹말 1g을 소량의 물과 섞어 끓는물 100mL 중에 잘 흔들어 섞으면서 가하고, 약 1분간 끓인 후 식혀서 사용한다.

⑤ 농도 계산

$$C = \frac{0.56 \times (b-a) \times f}{V_s} \times 1,000$$

여기서, C : 시료가스 중의 황화수소의 농도(ppm)

　　　　a : 0.05N 싸이오황산소듐 용액의 소비량(mL)

　　　　b : 바탕시험에 있어서 0.05N 싸이오황산소듐 용액의 소비량(mL)

　　　　f : 0.05N 싸이오황산소듐 용액의 역가

　　　　V_s : 건조시료가스량(L)

핵심이론 26 **배출가스 중 불소화합물(fluoride compounds in flue gas) 측정**

(1) 적용 가능한 시험방법

자외선/가시선분광법(주 시험법), 적정법, 이온선택전극법 등이 있다.

(2) 자외선/가시선분광법

① 굴뚝에서 적절한 시료 채취장치를 이용하여 얻은 시료 흡수액을 일정량으로 묽게 한 다음 완충액을 가하여 pH를 조절하고 **란타넘**과 **알리자린콤플렉손**을 가하여 생성되는 생성물의 **흡광도를 분광광도계로 측정**하는 방법이다.

② 흡수파장은 620nm를 사용한다.

③ 란탄과 알리자린콤플렉손을 가하여 이때 생기는 색의 흡광도를 측정한다.

④ **0.1M 수산화소듐 용액을 흡수액**으로 사용한다.

⑤ 이 시험기준은 시료 채취량이 80L인 경우 정량범위는 플루오린화합물로서 0.05~7.37ppm이며, 방법 검출한계는 0.02ppm이다.

⑥ 시료가스 중에 알루미늄(III), 철(II), 구리(II), 아연(II) 등의 중금속이온이나 인산이온이 존재하면 방해효과를 나타낸다.

(3) 플루오린화합물(불소화합물)의 농도

$$C = \left[(a-b) \times \frac{250}{v}\right] \div V_s \times 1,000 \times \frac{22.4}{19}$$

여기서, C : 플루오린화합물의 농도(ppm 또는 μmol/mol)

　　　　a : 분석용 시료 용액의 플루오린화 이온 질량(mg)

　　　　b : 현장바탕 시료 용액의 플루오린화 이온 질량(mg)

　　　　v : 분석용 시료 용액 중 정량에 사용한 부피(mL)

　　　　250 : 분석용 시료 용액의 전체 부피(mL)

　　　　V_s : 표준상태 건조가스시료 채취량(L)

핵심이론 27 | 배출가스 중 시안화수소(hydrogen cyanide in flue gas) 측정

(1) 적용 가능한 시험방법

자외선/가시선분광법 – **피리딘피라졸론법(주 시험방법)**, 질산은적정법 등이 있다.

(2) 흡수액

수산화소듐(NaOH, 98%)

(3) 질산은적정법

필요 시약은 **수산화소듐 용액**, 아세트산, p-다이메틸아미노벤질리덴로다닌의 아세톤 용액 등

배출가스 중 매연(smoke in flue gas) 측정

(1) 적용 가능한 시험방법

굴뚝 등에서 배출되는 매연을 측정하는 방법으로는 **링겔만 매연농도법**과 **불투명도법** 등이 있다.

(2) 측정위치의 선정

될 수 있는 한 바람이 불지 않을 때 굴뚝 배경의 검은 장해물을 피해 연기의 흐름에 직각인 위치에 태양광선을 측면으로 받는 방향으로부터 농도표를 측정치의 **앞 16m에 놓고 200m 이내(가능하면 연도에서 16m)**의 적당한 위치에 서서 굴뚝 배출구에서 **30~45cm 떨어진 곳**의 농도를 측정자의 눈높이의 수직이 되게 관측·비교한다.

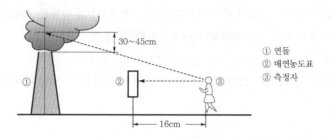

① 연돌
② 매연농도표
③ 측정자

(3) 측정방법

① 링겔만 매연 농도법 ⭐빈출

가로 **14cm**, 세로 **20cm**의 백상지에 각각 0mm, 1.0mm, 2.3mm, 3.7mm, 5.5mm 전 폭의 격자형 흑선을 그려 백상지의 흑선부분이 전체의 0%, 20%, 40%, 60%, 80%, 100%를 차지하도록 하여 이 흑선과 굴뚝에서 배출하는 매연의 검은 정도를 비교하여 **각각 0~5도까지 6종**으로 분류한다.

② 불투명도법

㉠ 코크스로, 용광로 등을 사용하는 제철업 및 제강업에서 입자상 물질이 시설로부터 제일 많이 새어나오는 곳을 대상으로 하여 측정한다. 이때 태양은 측정자의 좌측 또는 우측에 있어야 하고, 측정자는 시설로부터 배출가스를 분명하게 관측할 수 있는 거리에 위치한다 (그 거리는 1km를 넘지 않아야 한다).

㉡ 불투명도 측정은 **링켈만 매연농도표**(Ringelmenn smoke chart) 또는 **매연측정기**(smoke scope)를 이용하여 **30초 간격**으로 **비탁도를 측정**한 다음 불투명도 측정용지에 기록한다. **비탁도는 최소 0.5° 단위**로 측정값을 기록하며, **비탁도에 20%를 곱한 값을 불투명도값**으로 한다.

4과목 핵심

핵심이론 29 | 배출가스 중 산소(oxygen in flue gas) 측정

(1) 적용 가능한 방법

자동측정법-전기화학식(주 시험방법), 화학분석법-오르자트분석법, 자동측정법-자기식(자기풍), 자동측정법-자기식(자기력) 등이 있다.

(2) 화학분석법(오르자트분석법)

① 시료를 흡수액에 통하여 산소를 흡수시켜 시료의 부피 감소량으로부터 시료 중의 산소 농도를 구하는 방법이다.

② 흡수액은 시료 중의 탄산가스도 흡수하기 때문에 각각의 흡수액을 사용하여 **탄산가스, 산소의 순으로 흡수**한다.

③ 가스 흡수에 의한 감소량의 측정 및 흡수에는 **오르자트분석계를 사용**한다.

④ **탄산가스의 흡수액**에는 **수산화포타슘(수산화칼륨) 용액**을 사용한다.

⑤ 산소 흡수액을 만들 때는 되도록 공기와의 접촉을 피한다.

⑥ **산소 흡수액은 물과 수산화칼륨을 녹인 용액에 피로갈롤을 녹인 용액**으로 한다.

(3) 자기력분석계

이 방식은 **압력검출형**과 **덤벨형**으로 나뉜다.

① **압력검출형**

　㉠ 주기적으로 단속하는 자계 내에서 산소분자에 작용하는 단속적인 흡인력을 자계 내에 일정유량으로 유입하는 보조가스의 배압변화량으로 검출한다.

　㉡ 측정셀, 자극보조가스용 조리개, 검출소자, 증폭기 등으로 구성된다.

② **덤벨(dumb-bell)형**

　㉠ 덤벨과 시료 중의 산소와의 자기화 강도의 차에 의해 생기는 덤벨의 편위량을 검출한다.

　㉡ 덤벨형 자기력분석계는 측정셀, 덤벨, 자극편, 편위검출부, 증폭기 등으로 구성된다.

　　• 측정셀 : 시료 유통실로서 자극 사이에 배치하여 덤벨 및 불균형 자계 발생 자극편을 내장한 것이어야 한다.

　　• 덤벨 : 자기화율이 적은 석영 등으로 만들어진 중공의 구체를 막대 양 끝에 부착한 것으로 질소 또는 공기를 봉입한 것을 말한다.

　　• 자극편 : 외부로부터 영구자석에 의하여 자기화되어 불균등 자장을 발생하는 것을 말한다.

　　• 편위검출부 : 덤벨의 편위를 검출하기 위한 것으로 광원부와 덤벨봉에 달린 거울에서 반사하는 빛을 받는 수광기로 되어 있다.

　　• 피드백코일 : 편위량을 없애기 위해 전류에 의하여 자기를 발생시키는 것으로 일반적으로 백금선이 이용된다.

핵심이론 30 | 유류 중의 황 함유량 분석

(1) 적용 가능한 시험방법

연소관식 공기법(중화적정법), 방사선식 여기법(기기분석법) 등이 있다.

(2) 연소관식 공기법(중화적정법)

① 원유, 경유, 중유 등의 황 함유량을 측정하는 방법이며, 유류 중 황 함유량이 질량분율 0.01% 이상의 경우에 적용하고, 방법 검출한계는 질량분율 0.003%이다.

② 950~1,100℃로 가열한 석영재질 연소관 중에 공기를 불어넣어 시료를 연소시킨다.

③ 생성된 황산화물을 **과산화수소(3%)에 흡수**시켜 황산으로 만든 다음, **수산화소듐 표준액**으로 **중화적정**하여 황 함유량을 구한다.

(3) 방사선식 여기법(기기분석법)

① 원유, 경유, 중유 등의 황 함유량을 측정하는 방법으로, 시료에 **방사선을 조사**하고 여기된 황의 원자에서 발생하는 **형광 X선의 강도를 측정**한다.

② 대부분의 속유 증기는 유해하고 인화성이므로 증기의 흡입은 될 수 있는 한 피해야 하며, 불이나 정전기의 불꽃방전 또는 금속제 용구에 의한 불꽃 등을 경계하여야 한다.

③ 여기법 분석계의 전원스위치를 넣고 1시간 이상 안정화시킨다.

④ 시료셀에 표준시료를 시료층의 두께가 5~20mm가 되도록 넣는다.

핵심이론 31 | 배출가스 중 금속화합물(metals compounds in flue gas) 측정

(1) 개요

① 배출가스 중 금속 측정의 주된 목적은 유해성 금속성분에 대한 배출을 감시하고 관리하는 데 있다.

② 주요 금속은 니켈, 비소, 수은, 카드뮴, 크롬 등과 같은 발암성 금속 성분과 납, 아연 등이 포함된다.

③ 나트륨, 칼슘, 규소 등과 같은 항목은 인체의 위해성은 없으나 먼지 오염의 제어를 위해 모니터링되기도 한다.

④ 배출가스 중 부유먼지에 함유된 금속에 대한 정확한 측정결과는 배출량 관리를 위한 정책수립의 기본자료로서 활용된다.

(2) 적용 가능한 시험방법

① 배출가스 중 금속 분석을 위한 시료는 일반적으로 적절한 방법으로 **전처리하여 기기분석을** 실시한다.

② 금속별로 사용되는 기기분석 방법은 **원자흡수분광광도법(주 시험방법), 유도결합플라스마 원자발광분광법, 자외선/가시선분광법**이 있다.

③ 측정 금속인 비소, 카드뮴, 납, 크롬, 구리, 니켈, 아연, 수은, 베릴륨 중 **수은은 유도결합플라스마 원자발광분광법을 적용하지 않고, 베릴륨은 원자흡수분광광도법(또는 형광광도법)만 적용하며, 그 외 금속들은 3가지 방법 모두 적용 가능**하다.

(3) 금속 분석에서의 일반적인 주의사항

① 금속의 미량분석에서는 유리기구, 증류수 및 여과지에서의 금속 오염을 방지하는 것이 중요하다.

② 유리기구는 희석된 질산 용액에 4시간 이상 담근 후 증류수로 세척한다. 이 시험방법에서 '물'이라 함은 금속이 포함되지 않은 증류수를 의미한다.

③ 분석실험실은 일반적으로 산을 가열하는 전처리 시 발생하는 유독기체를 배출시킬 수 있는 환기시설 등이 갖추어져 있어야 한다.

핵심이론 32 │ 배출가스 중 금속화합물 측정 – 원자흡수분광광도법

(1) 개요

구리, 납, 니켈, 아연, (철), 카드뮴, 크롬을 원자흡수분광광도법에 의해 정량하는 방법으로, 시료 용액을 직접 **공기-아세틸렌 불꽃에 도입**하여 원자화시킨 후, 각 금속 성분의 특성파장에서 흡광세기를 측정하여 각 금속 성분의 농도를 구한다.

〈원자흡수분광광도법(※ 각 금속별 측정파장)〉

측정금속	측정파장(nm)	정량범위(mg/m^3)	정밀도 (% 상대표준편차)	방법 검출한계 (mg/m^3)
Cu	324.8	0.0125~5	~10	0.004
Pb	217.0/283.3	0.05~6.25	~10	0.015
Ni	232.0	0.01~5	~10	0.003
Zn	213.8	0.0025~5	~10	0.0008
Fe	248.3	0.125~12.5	~10	0.0375
Cd	228.8	0.01~0.38	~10	0.003
Cr	357.9	0.10~5	~10	0.03

(2) 간섭물질

① 광학적 간섭
  - ㉠ 분석하고자 하는 금속과 근접한 파장에서 발광하는 물질이 존재하거나, 측정파장의 스펙트럼이 넓어질 때, 이온과 원자의 재결합으로 연속 발광할 때, 또는 분자띠 발광 시에 발생할 수 있다.
  - ㉡ 측정에 사용하는 스펙트럼이 다른 인접선과 완전히 분리되지 않아 파장 선택부의 분해능이 충분하지 않기 때문에 검정곡선의 직선영역이 좁고 구부러져 측정감도 및 정밀도가 저하된다. 이 경우 다른 파장을 사용하여 다시 측정하거나 표준물질첨가법을 사용하여 간섭효과를 줄인다.

② 물리적 간섭
  - ㉠ 시료의 분무 시 시료의 점도와 표면장력의 변화 등의 매질효과에 의해 발생한다.
  - ㉡ 위의 경우 시료를 희석하거나 표준물질첨가법을 사용하여 간섭효과를 줄인다.

③ 화학적 간섭
  - ㉠ 원자화 불꽃 중에서 이온화하거나 공존물질과 작용하여 해리하기 어려운 화합물이 생성되는 경우 발생할 수 있다.
  - ㉡ 이온화로 인한 간섭은 분석대상 원소보다 이온화 전압이 더 낮은 원소를 첨가하여 측정원소의 이온화를 방지할 수 있다.
  - ㉢ 해리하기 어려운 화합물을 생성하는 경우에는 용매추출법을 사용하여 측정원소를 추출하여 분석하거나 표준물질첨가법을 사용하여 간섭효과를 줄일 수 있다.

〈굴뚝 배출가스 온도와 여과지의 관계〉

굴뚝 배출가스의 온도	여과지
120℃ 이하	셀룰로오스섬유제 여과지
500℃ 이하	유리섬유제 여과지
1,000℃ 이하	석영섬유제 여과지

(3) 전처리 방법 ★빈출

채취한 시료는 그 성상에 따라 전처리하고, 분석시료 용액을 조제한다.

성상	처리방법
타르, 기타 소량의 유기물을 함유하는 것	질산−염산법, 질산−과산화수소수법, 마이크로파산분해법
유기물을 함유하지 않는 것	질산법, 마이크로파산분해법
다량의 유기물 유리탄소를 함유하는 것	저온회화법
셀룰로오스섬유제 필터를 사용한 것	

핵심이론 **33** **배출가스 중 금속화합물 측정 – 유도결합플라스마 분광법**

(1) 개요

구리, 납, 니켈, 아연, 카드뮴, 크롬을 유도결합플라스마 분광법에 의해 정량하는 방법으로, 시료 용액을 플라스마에 분무하고 각 성분의 특성파장에서 발광세기를 측정하여 각 성분의 농도를 구한다.

(2) 적용범위

유도결합플라스마 분광법을 이용한 각 금속의 정량범위와 정밀도는 다음과 같다.

〈유도결합플라스마 분광법〉

측정금속	측정파장(nm)	정량범위(mg/m^3)	정밀도 (% 상대표준편차)	방법 검출한계 (mg/m^3)
Cu	324.75	0.01~5	~10	0.0025
Pb	220.35	0.025~0.5	~10	0.008
Ni	231.60/221.65	0.01~5	~10	0.003
Zn	206.19	0.10~5	~10	0.03
Fe	259.94	0.025~12.5	~10	0.0085
Cd	226.50	0.004~0.5	~10	0.0013
Cr	357.87/206.15/267.72	0.002~1	~10	0.0006

핵심이론 **34** **배출가스 중 납화합물(lead compounds in flue gas) 측정**

(1) 적용 가능한 시험방법

원자흡수분광광도법(주 시험방법)이 있으며, 이 시험방법들의 정량범위는 아래와 같다.

분석방법	정량범위	방법 검출한계
원자흡수분광광도법	0.05~6.25mg/m^3 (시료 용액 250mL, 건조시료가스 1m^3인 경우)	0.015mg/m^3
유도결합플라스마 원자발광분광법	0.025~0.5mg/m^3 (시료 용액 250mL, 건조시료가스 1m^3인 경우)	0.008mg/m^3
자외선/가시선분광법	0.001~0.04mg/m^3 (건조시료가스 1m^3인 경우)	0.0003mg/m^3

(2) 배출가스 중 납화합물의 자외선/가시선분광법

납이온을 **사이안화포타슘 용액** 중에서 **디티존**에 적용시켜서 생성되는 납디티존착염을 **클로로폼으로 추출**하고, 과량의 디티존은 사이안화포타슘 용액으로 씻어내어 납착염의 **흡수도를 520nm**에서 측정하여 정량하는 방법이다.

(3) 납 농도의 계산법

배출가스 중의 납 농도는 0℃, 760mmHg로 환산한 건조시료가스 1m^3 중의 납을 mg수로 나타내며, 다음 식에 따라서 계산한다.

$$C = \frac{m \times 10^3}{V_s} (\mathrm{mg/m^3})$$

여기서, C : 납 농도(mg/m^3)

m : 시료 중의 납 양(mg)

V_s : 건조시료가스량(L)

핵심이론 35 **배출가스 중 아연화합물(zinc compounds in flue gas) 측정**

(1) 적용 가능한 시험방법

원자흡수분광광도법(주 시험방법), 유도결합플라스마 원자발광분광법, 자외선/가시선분광법 등이 있다.

(2) 자외선/가시선분광법

아연화합물의 자외선/가시선분광법은 아연이온을 **디티존과 반응**시켜 생성되는 아연착색물질을 **사염화탄소로 추출**한 후 그 흡수도를 **파장 535nm**에서 측정하여 정량하는 방법이다.

핵심이론 36 **배출가스 중 수은화합물(mercury compounds in flue gas) 측정**

(1) 적용 가능한 시험방법

냉증기-원자흡수분광광도법(주 시험방법), 자외선/가시선분광법 등이 있다.

(2) 냉증기-원자흡수분광광도법

① 배출원에서 등속으로 흡입된 입자상과 가스상 수은은 **흡수액인 산성 과망간산포타슘 용액에 채취**된다. 흡수액은 10% 황산에 과망간산포타슘 40g을 넣어 녹이고 10% 황산을 가하여 최종 부피를 1L로 한다.

② 시료 중의 수은(Hg^{2+})을 **염화제일주석 용액**에 의해 **원자상태(HgO)로 환원**시켜 발생되는 수은증기를 **253.7nm**에서 냉증기 원자흡수분광광도법에 따라 정량한다.

③ 정량범위는 0.0005~0.0075mg/Sm^3이고(건조시료가스량이 1Sm^3인 경우), 방법 검출한계는 0.0002mg/Sm^3이다.

④ 시료 채취 시 배출가스 중에 존재하는 **산화유기물질은 수은의 채취를 방해**할 수 있다.

핵심이론 37 | 배출가스 중 휘발성유기화합물

(1) 폼알데하이드 및 알데하이드류

① **적용 가능한 시험방법**

고성능 액체 크로마토그래피법(주 시험방법), 크로모트로핀산 자외선/가시선분광법, 아세틸 아세톤 자외선/가시선분광법 등이 있다.

② **고성능 액체 크로마토그래피**

배출가스 중의 알데하이드류를 **흡수액 2,4-다이나이트로페닐하이드라진(DNPH)**과 반응하여 하이드라존 유도체를 생성하게 되고, 이를 액체 크로마토그래프로 분석하여 정량한다. 하이드라존은 UV영역, 특히 **350~380nm에서 최대흡광도**를 나타낸다.

③ **크로모트로핀산 자외선/가시선분광법**

정량할 때 흡수발색액 제조에 필요한 시약은 **황산(H_2SO_4)**이다.

(2) 브롬화합물

① **적용 가능한 시험방법**

자외선/가시선분광법(주 시험방법), 적정법 등이 있다.

② **적정법**

배출가스 중 브로민화합물(bromide compounds in flue gas)을 **수산화소듐 용액**에 **흡수**시킨 다음 브로민을 **하이포아염소산소듐 용액**을 사용하여 브로민산이온으로 산화시키고 과잉의 하이포아염소산염은 폼산소듐으로 환원시켜 이 브로민산이온을 **아이오딘적정법으로 정량**하는 방법이다.

(3) 페놀류

① 개요

배출가스 중의 페놀화합물을 측정하는 방법으로서 배출가스를 **수산화소듐 용액에 흡수**시켜 이 용액의 pH를 10 ± 0.2로 조절한 후 여기에 **4-아미노안티피린 용액**과 **헥사사이아노철(Ⅲ) 산포타슘 용액**을 순서대로 가하여 얻어진 적색 액을 **510nm의 파장에서 흡광도**를 측정하여 페놀화합물의 농도를 계산한다.

② 적용 가능한 시험방법

기체 크로마토그래피(주 시험방법), 4-아미노안티피린 자외선/가시선분광법 등이 있다.

(4) 총탄화수소

① 적용 가능한 시험방법

불꽃이온화검출기법(주 시험방법)과 비분산형 적외선분석법 등이 있다.

② 총탄화수소 측정을 위한 장치 구성 조건

㉠ 기록계를 사용하는 경우에는 최소 4회/min이 되는 기록계를 사용한다.

㉡ 총탄화수소는 **불꽃이온화검출기** 또는 **비분산형 적외선분석기로 분석**한다.

㉢ 시료 채취관은 스테인리스강 또는 이와 동등한 재질의 것으로 하고, 굴뚝 중심부분의 10% 범위 내에 위치할 정도의 길이의 것을 사용한다.

㉣ 총탄화수소 농도(프로페인 또는 탄소 등가 농도)가 0.1ppm 이하 또는 스팬값의 0.1% 이 하인 **고순도 공기를 사용**한다.

③ 불꽃이온화검출기에 의한 총탄화수소 측정

㉠ 결과 농도는 **프로페인(프로판)** 또는 **탄소등가농도로 환산하여 표시**한다.

㉡ 배출원에서 채취된 시료는 여과지 등을 이용하여 먼지를 제거한 후 가열채취관을 통하여 불꽃이온화검출기(flame ionization detector)로 유입한 후 분석한다.

㉢ 반응시간은 오염물질 농도의 단계변화에 따라 **최종값의 90%에 도달하는 시간**으로 한다.

㉣ 시료 채취관은 스테인리스강 또는 이와 동등한 재질의 것으로 하고, 굴뚝 중심부분의 10% 범위 내에 위치할 정도의 길이의 것을 사용한다.

핵심이론 38 | 휘발성유기화합물 누출 확인

(1) 개요

① 휘발성유기화합물 누출원에서 VOCs가 누출되는지 확인하는 데 목적이 있다.

② 휴대용 측정기기를 이용하여 개별 누출원으로부터 VOCs 누출을 확인한다.

(2) 적용범위

이 방법은 **누출의 확인 여부로만 사용**하여야 하고, **개별 누출원으로부터의 직접적인 누출량 측정법으로 사용하여서는 안된다.**

(3) 관련 용어

① **검출 불가능 누출농도** : 누출원에서 VOCs가 대기 중으로 누출되지 않는다고 판단되는 농도로서 국지적 VOCs 배경농도의 최고농도값으로 기기 측정값으로 500ppm이다.

② **누출농도** : VOCs가 누출되는 누출원 표면에서의 VOCs 농도로서, 대조화합물을 기초로 한 기기의 측정값이다.

③ **응답시간** : VOCs가 시료 채취장치로 들어가 농도 변화를 일으키기 시작하여 기기 계기판의 최종값이 90%를 나타내는 데 걸리는 시간이다.

④ **교정가스** : 기기 농도로 기기 표시치를 교정하는 데 사용되는 VOCs 화합물로서, 일반적으로 누출농도와 유사한 농도의 대조화합물이다.

(4) 휴대용 VOCs 측정기기

① 휴대용 VOCs 측정기기의 계기눈금은 최소한 표시된 누출농도의 ±5%를 읽을 수 있어야 한다.

② 휴대용 VOCs 측정기기는 펌프를 내장하고 있어 연속적으로 시료가 검출기로 제공되어야 하며, 일반적으로 시료 유량은 0.5~3L/min이다.

③ 휴대용 VOCs 측정기기의 응답시간은 30초보다 작거나 같아야 한다.

④ 측정될 개별 화합물에 대한 기기의 반응인자(response factor)는 10보다 작아야 한다.

⑤ 교정 정밀도는 교정용 가스값의 10%보다 작거나 같아야 한다.

핵심이론 39 | **배출가스 중 다이옥신 및 퓨란류 측정 – 기체 크로마토그래피**

"잔류성 유기오염물질공정시험기준의 ES 10902.1 배출가스 시료 중 비의도적 잔류성 유기오염물질(UPOPs) 동시 시험기준–HRGC/HRMS"를 따른다.

(1) 개요

배출가스 중 비의도적 잔류성 유기오염물질(UPOPs ; Unintentionally Produced Persistent Organic Pollutants)을 동시 시험·검사함에 있어, 시료 채취, 추출, 정제, 그리고 기기분석 등 제반 절차의 정확과 통일을 기하는 데 목적이 있다.

(2) 시료 채취방법

① 흡인노즐에서 흡인하는 가스의 유속은 측정점의 배출가스 유속에 대해 상대오차 −5~+5%의 범위 내로 한다.

② 최종배출구에서의 시료 채취 시 흡인기체량은 **표준상태(0℃, 1기압)**에서 **4시간 평균 3m^3 이상**으로 한다.

③ 덕트 내의 압력이 부압인 경우에는 흡인장치를 덕트 밖으로 빼낸 후에 흡인펌프를 정지시킨다.

④ 배출가스 시료를 채취하는 동안에 각 흡수병은 얼음 또는 드라이아이스 등으로 냉각시킨다. **흡착수지 흡착관은 30℃ 이하로 유지**하여야 한다.

핵심이론 40 | 환경대기 중 무기물질 측정

(1) 아황산가스 측정방법

① **적용 가능한 시험방법** : 자외선형광법(주 시험방법), 파라로자닐린법, 산정량수동법, 산정량반자동법, 용액전도율법, 불꽃광도법, 흡광차분광법 등이 있다.

② **파라로자닐린법으로 분석할 때 간섭물질에 대한 제거방법**

㉠ 방해물질은 질소산화물(NO_x), 오존(O_3), 망간(Mn), 철(Fe) 및 크롬(Cr) 등이다.

㉡ NO_x의 방해는 설퍼민산(NH_3SO_3)을 사용함으로써 제거할 수 있다.

㉢ 오존의 방해는 측정기간을 늦춤으로써 제거된다.

㉣ 망간(Mn), 철(Fe) 및 크롬(Cr)의 방해는 EDTA 및 인산은(silver phosphate)으로 방지한다.

㉤ 암모니아, 황화물(sulfides) 및 알데하이드는 방해되지 않는다.

③ **흡광차분광법(DOAS)**

㉠ 흡광차분광법은 **자외선 흡수를 이용**한 분석법으로 아황산가스 기체의 고유 흡수파장에 대하여 람베르트−비어(Lambert−Beer) 법칙에 따라 농도에 비례한 빛의 흡수를 보여준다. 자외선영역에서의 아황산가스 기체분자에 의한 흡수 스펙트럼을 측정하여 시료 기체 중의 아황산가스 농도를 연속적으로 측정하는 방법이다.

㉡ 간섭물질의 영향 점검

$$R_t = (A - B)/C \times 100$$

여기서, R_t : 오존의 영향(%)

A : 오존을 첨가했을 경우의 지시값(μmol/mol)

B : 오존을 첨가하지 않은 경우의 지시값(μmol/mol)

C : 최대눈금값(μmol/mol)

(2) 일산화탄소 측정방법

① 적용 가능한 시험방법

비분산적외선분석법(주 시험방법), 가스 크로마토그래피법 등이 있다.

② 농도 계산

$$C = C_s \times \frac{L}{L_s}$$

여기서, C : 일산화탄소 농도(μmol/mol)

　　　　C_s : 교정용 가스 중의 일산화탄소 농도(μmol/mol)

　　　　L : 시료 공기 중의 일산화탄소의 피크 높이(mm)

　　　　L_s : 교정용 가스 중의 일산화탄소의 피크 높이(mm)

(3) 질소산화물 측정방법

화학발광법(주 시험방법), 수동살츠만법, 야곱스호흐하이저법 등이 있다.

(4) 옥시던트 측정방법

① 적용 가능한 시험방법

자외선광도법(주 시험방법), 중성 요오드화칼륨법, 알칼리성 요오드화칼륨법 등이 있다.

② 용어

　㉠ 옥시던트는 전옥시던트, 광옥시던트, 오존 등의 산화성 물질의 총칭을 말한다.

　㉡ 전옥시던트는 중성 요오드화칼륨 용액에 의해 요오드를 유리시키는 물질을 총칭한다.

　㉢ 광옥시던트는 전옥시던트에서 이산화질소를 제외한 물질이다.

　㉣ 제로가스는 측정기의 영점을 교정하는 데 사용하는 교정용 가스이다.

　㉤ 스팬가스(span gas)는 측정기의 스팬을 교정하는 데 사용하는 교정용 가스이다.

(5) 먼지 측정방법

① 개요

환경 대기 중에 부유하는 **고체 및 액체의 입자상 물질**로 환경정책기본법에서는 대기 중 먼지에 대한 환경기준을 PM10(공기역학적 직경이 10μm 이하인 것)으로 설정하여 운영하고 있다.

② 관련 용어

　㉠ 비산먼지 : 대기 중에 부유하는 고체 및 액체의 입자상 물질로서, 배출허용기준 시험방법에서는 굴뚝을 거치지 않고 외부로 비산되는 입자를 말한다. 입자의 크기는 공기역학적직경(aerodynamic diameter)으로 표시한다.

ⓛ **총부유먼지** : 측정대상이 되는 환경대기 중에 부유하고 있는 총먼지를 말한다. 국제적으로 정확한 총부유먼지의 크기에 대한 명확한 규명은 없으나, 일반적으로 총부유먼지는 $0.01{\sim}100\mu m$ 이하인 먼지를 채취한다.

※ **먼지의 분류** : 먼지(PM, Particulate Matter)는 PM10(AED$\leq 10\mu m$), PM2.5(AED$\leq 2.5\mu m$)로 분류되어 관리된다.

ⓒ **질량농도** : 기체의 단위용적 중에 함유된 물질의 질량을 말한다.

ⓔ **입자농도** : 공기 또는 다른 기체의 단위체적당 입자 수로 표현된 농도를 말한다.

③ 적용 가능한 시험방법

〈환경대기 중의 먼지 측정〉 ★빈출

측정방법	측정원리 및 개요	적용범위
고용량 공기시료 채취기법	**고용량 펌프(1,133~1,699L/min)**를 사용하여 질량농도를 측정	먼지는 **대기 중에 함유**되어 있는 액체 또는 고체인 입자상 물질로서 먼지의 질량농도를 측정하는데 사용된다.
저용량 공기시료 채취기법	**저용량 펌프(16.7L/min 이하)**를 사용하여 질량농도를 측정	
베타선법	여과지 위에 **베타선**을 투과시켜 질량농도를 측정	

〈각 시험방법에 적용 가능한 분립장치〉

분립장치 형식	측정원리
중력침강형	중력에 의한 침강속도를 적용하여 큰 침강속도를 가지는 입자는 걸러지고, 측정하고자 하는 임계직경(한계직경) 이하의 입자만 채취하는 방법
관성충돌형	관성력에 의한 입자 채취방법으로 채취기의 입구에 충돌판을 설치하여 임계직경보다 큰 입자는 관성에 의하여 충돌판에서 걸러지고, 측정하고자 하는 임계직경 이하의 입자만 채취하는 방법
원심분리형	원심력을 이용하여 임계직경보다 큰 입자는 채취기의 벽면을 따라 분립장치의 밑부분에 퇴적되고 측정하고자 하는 임계직경 이하의 입자만 채취하는 방법

핵심이론 41 | **환경대기 중 석면 측정용 현미경법**

(1) 적용 가능한 시험방법

환경대기 중 석면 분석은 **위상차현미경법**(주 시험법)으로 하고, 석면 판독이 불가능한 경우에는 **주사전자현미경법** 또는 **투과전자현미경법**으로 결정한다.

(2) 식별방법 ★빈출

포집한 먼지 중에 **길이 $5\mu m$ 이상**이고 **길이와 폭의 비가 3 : 1 이상**인 섬유를 석면섬유로서 계수한다.

식별방법	측정범위(μm)	정량범위	측정계수
단섬유	5 이상	길이와 폭의 비가 3 : 1 이상인 섬유	1
가지가 벌어진 섬유	5 이상	길이와 폭의 비가 3 : 1 이상인 섬유	1
헝클어져 다발을 이루고 있는 섬유	5 이상	길이와 폭의 비가 3 : 1 이상인 섬유	섬유 개수
입자가 부착되어 있는 섬유	5 이상	입자의 폭이 3μm를 넘지 않는 섬유	1
섬유가 크리티쿨 시야의 경계선에 물린 경우	5 이상	• 시야 안 • 한쪽 끝 • 경계선에 몰려 있음	1 1/2 0
위의 식별방법에 따라 판정하기 힘든 경우	5 이상	다른 시야로 바꾸어 식별	0
다발을 이루고 있는 섬유가 그래티쿨 시야의 1/6 이상인 경우	5 이상	다른 시야로 바꾸어 식별	0

① 단섬유인 경우

　㉠ 길이 5μm 이상이고, 길이와 폭의 비가 3 : 1 이상인 섬유는 1개로 판정한다.

　㉡ 구부러져 있는 섬유는 곡선에 따라 전체 길이를 재어서 판정한다.

② 가지가 벌어진 섬유의 경우

　1개의 섬유로부터 벌어져 있는 경우에는 1개의 단섬유로 인정하고, 단섬유인 경우의 규정에 따라 판정한다.

③ 헝클어져 다발을 이루고 있는 섬유의 경우

　㉠ 여러 개의 섬유가 교차하고 있는 경우는 교차하고 있는 각각의 섬유를 단섬유로 인정하고, 단섬유인 경우 규정에 따라 판정한다.

　㉡ 섬유가 헝클어져 정확한 수를 헤아리기 힘들 때에는 0개로 판정한다.

④ 입자가 부착되어 있는 섬유의 경우

　입자의 폭이 3μm를 넘는 것은 0개로 판정한다.

⑤ 섬유가 그래티쿨 시야의 경계선에 물린 경우

　㉠ 그래티쿨 시야 안으로 완전히 5μm 이상 들어와 있는 섬유는 1개로 인정한다.

　㉡ 그래티쿨 시야 안으로 한쪽 끝만 들어와 있는 섬유는 1/2개로 인정한다.

　㉢ 그래티쿨 시야의 경계선에 한꺼번에 너무 많이 몰려 있는 경우에는 0개로 판정한다.

⑥ 위의 식별방법에 따라 판정하기 힘든 경우

　해당 시야에서의 판정을 포기하고 다른 시야로 바꾸어서 다시 식별하도록 한다.

⑦ 다발을 이루고 있는 섬유가 그래티쿨 시야의 1/6 이상인 경우

　해당 시야에서의 판정을 포기하고 다른 시야로 바꾸어서 재식별하도록 한다.

(3) 위상차현미경법 ⭐빈출

　① 위상차현미경은 굴절률 또는 두께가 부분적으로 다른 무색투명한 물체의 각 부분의 **투과광 사이에 생기는 위상차**를 화상면에서 명암의 차로 바꾸어 구조를 보기 쉽게 한 현미경이다.

② 대기 중 석면은 강제흡인장치를 통해 여과장치에 채취한 후 위상차현미경으로 계수하여 석면 농도를 산출한다.

③ 위상차현미경을 사용하여 섬유상으로 보이는 입자를 계수하고 같은 입자를 보통의 생물현미 경으로 바꾸어 계수하여 그 계수치들의 차를 구하면 **굴절률이 거의 1.5인 섬유상의 입자 즉 석면**이라고 추정할 수 있는 입자를 계수할 수 있게 된다.

④ **멤브레인 필터의 광굴절률은 약 1.5 전후**이다.

⑤ 멤브레인 필터의 재질 및 규격은 **셀룰로오스 에스테르제** 또는 **셀룰로오스 나이트레이트계** pore size 0.8~1.2μm, 직경 25mm 또는 47mm로 한다.

⑥ **20L/min으로 공기를 흡인**할 수 있는 **로터리 펌프** 또는 **다이어프램 펌프**는 시료 채취관, 시료 채취장치, 흡인기체 유량측정장치, 기체흡입장치 등으로 구성한다.

⑦ 개방형(open face형) 필터의 홀더 재질은 40mm의 집풍기가 홀더에 장착된 PVC로 한다.

⑧ 석면먼지의 농도 표시는 **20℃, 1기압 상태의 기체 1mL 중**에 함유된 석면섬유의 개수(개/mL) 로 표시한다.

⑨ **채취지점은 바닥면으로부터 1.2~1.5m되는 위치에서 측정**하고, 대상시설의 **측정지점은 2개소 이상을 원칙**으로 한다.

⑩ 헝클어져 다발을 이루고 있는 **섬유는 길이가 5μm 이상**이고 **길이와 폭의 비가 3 : 1 이상**인 섬유를 석면섬유 개수로서 계수한다.

⑪ 멤브레인 필터는 셀룰로오스 에스테르를 원료로 한 얇은 다공성의 막으로, 구멍의 지름은 평 균 0.01~10μm의 것이 있다.

⑫ 빛은 파장과 주기가 모두 짧아서 간섭성을 띠려면 하나의 광원에서 갈라진 두 갈래의 빛일 경 우에만 가능하다.

⑬ 후광(halo)이나 차광(shading)은 관찰을 방해하기도 하며, 초점이 정확하지 않고 콘트라스트 가 역전되는 경우도 있다.

⑭ 계수방법으로는 시료 채취측정시간은 **주간시간대(오전 8시~오후 7시)에 10L/min으로 1시간** 측정하고, 유량계의 부자를 **10L/min이 되게 조정**한다.

(4) 시료 채취조건

① 시료 채취 시 시료 포집면이 주 풍향을 향하도록 설치한다.

② 시료 채취지점에서의 **실내기류는 0.3m/s 이내**가 되도록 한다. 단, 지하역사 승강장 등 불가 피하게 기류가 발생하는 곳에서는 실제조건 하에서 측정한다.

③ 포집한 먼지 중에 길이 5μm 이상이고 길이와 폭의 비가 3 : 1 이상인 섬유를 석면섬유로서 계수한다.

④ 시료 채취는 해당시설의 실제 운영조건과 동일하게 유지되는 일반환경 상태에서 수행하는 것 을 원칙으로 한다.

(5) 시료 채취지점 및 채취위치

① 시료 채취위치는 원칙적으로 주변시설 등에 의한 영향과 부착물 등으로 인한 측정장애가 없고 대상시설의 오염도를 대표할 수 있다고 판단되는 곳을 선정하는 것을 원칙으로 하되, 기본적으로 시설을 이용하는 사람이 많은 곳을 선정한다.

② 인접지역에 직접적인 발생원이 없고 **대상시설의 내벽, 천장에서 1m 이상 떨어진 곳**을 선정하며, **바닥면으로부터 1.2~1.5m 위치에서 측정**한다.

③ 대상시설의 **측정지점은 2개소 이상을 원칙**으로 하며, 건물의 규모와 용도에 따라 불가피할 경우(대상시설 내 공기질이 현저히 다를 것으로 예상되는 경우 등)에는 측정지점을 추가할 수 있다.

핵심이론 42 | 환경대기 중 금속화합물 측정

(1) 적용 가능한 시험방법 ★빈출

금속별로 사용되는 기기분석 방법은 원자흡수분광법(주 시험방법), 유도결합플라스마 원자발광분광법, 자외선/가시선분광법 등이 있다.

측정금속	원자흡수분광법	유도결합플라스마분광법	자외선/가시선분광법	기타
구리	○	○		
납	○[1]	○[2]	○	
니켈	○	○[2]		
비소	○[4]	○		○[5]
아연	○	○		
철	○	○		
카드뮴	○[1]	○[2]		
크로뮴	○[3]	○[3]		
베릴륨	○			
코발트	○			

[비고] 1. 용매추출법(다이에틸다이티오카바민산 또는 디티존-톨루엔 추출법) 사용 가능
2. 용매추출법(1-피롤리딘다이티오카바민산 추출법) 사용 가능
3. 용매추출법(트라이옥틸아민 추출법) 사용 가능
4. 수소화물 발생 원자흡수분광광도법
5. 흑연로 원자흡수분광광도법

(2) 환경대기 중 납화합물

$$C = \frac{m \times 10^3}{V_s}$$

여기서, C : 납 농도(mg/m^3)

m : 시료 중의 납 양(mg)

V_s : 표준시료 가스량(L)

핵심이론 43 | 환경대기 중 휘발성유기화합물 측정

(1) 환경대기 중 다환방향족탄화수소류(PAHs) 측정방법 – 기체 크로마토그래피/질량분석법

① 개요

　㉠ 다환방향족탄화수소류는 일부물질의 높은 발암성 또는 유전자 변형성 때문에 대기오염물질 중 관심을 받고 있는 물질로서, 특히 **벤조(a)피렌은 높은 발암성**을 가지는 것으로 알려져 있다.

　㉡ 시료 채취방법으로는 입자상/가스상을 **석영필터**와 PUF(Poly Uretane Form)이나 XAD-2 **수지(resin)**를 사용하며, 분석방법으로는 높은 감도를 갖고 있는 기체 크로마토그래피/질량분석법을 사용한다.

② 용어

　㉠ 다환방향족탄화수소 : 두 개 또는 그 이상의 방향족 고리가 결합된 탄화수소류이다.

　㉡ 머무름시간(RT ; Retention Time) : 크로마토크래피용 컬럼에서 특정화합물질이 빠져나오는 시간, 즉 측정 운반기체의 유속에 의해 화학물질이 기체 흐름에 주입되어서 검출기에 나타날 때까지의 시간이다.

　㉢ 대체표준물질(surrogate) : 추출과 분석 전에 각 시료, 바탕시료, 매체시료에 더해지는 화학적으로 반응성이 없는 환경시료 중에 없는 물질이다.

　㉣ 내부표준물질(IS ; Internal Standard) : 알고 있는 양을 시료 추출액에 첨가하여 농도 측정 보정에 사용되는 물질로, 내부표준물질은 반드시 분석목적물질이 아니어야 한다.

③ 환경대기 중 벤조(a)피렌 시험방법

　가스 크로마토그래피법(주 시험방법), 형광분광광도법 등이 있다.

(2) 환경대기 중 유해 휘발성유기화합물의 시험방법(고체흡착법)

① 유해 VOCs 고체흡착법의 **추출용매는 이황화탄소(CS_2)**이다.

② 파과부피(breakthrough volume)

일정농도의 VOCs가 흡착관에 흡착되는 초기시점부터 일정시간이 흐르게 되면 흡착관 내부에 상당량의 VOCs가 포화되기 시작되고 **전체 VOCs 양의 5%가 흡착관을 통과**하게 되는데, 이 시점에서 흡착관 내부로 흘러간 총 부피를 파과부피라 한다.

(3) 환경대기 중 탄화수소 측정방법

비메탄탄화수소측정법(주 시험방법), 총탄화수소측정법, 활성탄화수소측정법 등이 있다.

핵심이론 44 │ 배출가스 중 연속자동측정방법

(1) 측정항목과 측정방법

① 측정항목

아황산가스, 질소산화물, 불화수소, 염화수소, 암모니아, 일산화탄소, 먼지, 산소, 유량 등이며, 측정기기는 측정범위(최소, 최대)값을 전송하여야 한다.

② 측정항목별 측정방법

㉠ **염화수소** : 비분산적외선분석법, 이온전극법 등

㉡ **암모니아** : 용액전도율법, 적외선가스분석법 등

㉢ **질소산화물** : 화학발광법, 적외선흡수법, 자외선흡수법 및 정전위전해법 등

㉣ **아황산가스** : 용액전도율법, 적외선흡수법, 자외선흡수법, 정전위전해법, 불꽃광도법 등

㉤ **불화수소** : 이온전극법 등

(2) 굴뚝 연속자동측정기기 설치방법

① 굴뚝 유형별 설치방법

㉠ 병합굴뚝에서 배출허용기준이 다른 경우에는 측정기기 및 유량계를 합쳐지기 전 각각의 지점에 설치하여야 한다.

㉡ 병합굴뚝에서 배출허용기준이 같은 경우에는 측정기기 및 유량계를 오염물질이 합쳐진 후 또는 합쳐지기 전 지점에 설치하여야 한다.

㉢ 분산굴뚝에서 측정기기는 나뉘기 전 굴뚝에 설치하거나 나뉜 각각의 굴뚝에 설치하여야 한다.

㉣ 불가피하게 외부공기가 유입되는 경우에 측정기기는 외부공기 유입 전에 설치하여야 한다.

㉤ 표준산소농도를 적용받는 시설의 가스상 오염물질 측정기기는 산소측정기기의 측정시료와 동일한 시료로 측정할 수 있도록 하여야 한다.

② 측정 및 측정공 위치

　㉠ 응축된 수증기가 존재하지 않는 곳에 설치한다.

　㉡ 난류의 영향을 고려하여 수직굴뚝에 설치하는 것이 원칙이지만, 불가피한 경우에는 수평굴뚝에도 측정공을 설치할 수 있다.

　㉢ 먼지와 가스상 물질을 모두 측정하는 경우 **측정위치는 먼지를** 따른다.

　㉣ 수직굴뚝에서 측정위치는 굴뚝 하부 끝에서 **위를 향하여 굴뚝 내경의 2배 이상**이 되고 상부 끝단으로부터 **아래를 향하여 굴뚝 상부 내경의 1/2배 이상**이 되는 지점으로 한다.

　㉤ 수평굴뚝에서 가스상 물질의 측정위치는 외부공기가 새어들지 않고 요철이 없는 곳으로, 굴뚝의 방향이 바뀌는 지점으로부터 **굴뚝 내경의 2배 이상 떨어진 곳을 선정**한다.

③ 도관의 부착방법

　㉠ **도관은 가능한 짧은 것이** 좋으나, 부득이 길게 해서 쓰는 경우에는 이음매가 없는 배관을 써서 접속부분을 적게 하고 받침기구로 고정한다.

　㉡ 냉각도관은 될 수 있는 한 수직으로 연결하며, 부득이 구부러진 관을 쓰는 경우에는 응축수가 빨리 흘러나오기 쉽도록 경사지게 하고 시료가스는 아래로 흐르도록 한다.

　㉢ 냉각도관 부분에는 반드시 기체-액체 분리관과 그 아랫쪽에 응축수 트랩을 연결한다.

　㉣ 기체-액체 분리관은 도관의 부착위치 중 가장 낮은 부분 또는 최저온도의 부분에 부착하여 응축수를 급속히 냉각시키고 배관계의 밖으로 빨리 방출시킨다.

　㉤ 응축수의 배출에 사용하는 펌프는 충분히 내구성이 있는 것을 쓰며, 이때 응축수 트랩은 사용하지 않아도 된다.

　㉥ 분석계에서의 배출가스 및 바이패스 배출가스의 도관은 배후 압력의 변동이 적은 장소에 배관한다.

④ 배출가스 유량

　㉠ 배출가스 유량의 측정방법에는 **피토관, 열선유속계, 와류유속계, 초음파유속계**를 이용하는 방법이 있다.

　㉡ 건조배출가스 유량은 배출되는 **표준상태의 건조배출가스량[Sm^3(5분 적산치)]**으로 나타낸다.

　㉢ 열선식 유속계를 이용하는 방법에서 시료 채취부는 열선과 지주 등으로 구성되어 있으며, 열선은 직경 $2 \sim 10 \mu m$, 길이 약 1mm의 **텅스텐이나 백금선** 등이 쓰인다.

　㉣ 와류유속계를 사용할 때에는 압력계 및 온도계는 유량계 **하류측에 설치**해야 한다.

핵심이론 45 | 굴뚝 연속자동측정기기 – 먼지 측정

(1) 측정방법

먼지의 연속자동측정법에는 **광산란적분법**과 **베타(β)선흡수법**, **광투과법**이 있다.

① 광산란적분법

ㄱ 먼지를 포함하는 굴뚝배출가스에 빛을 조사하면 먼지로부터 **산란광**이 발생된다.

ㄴ **산란광의 강도**는 먼지의 성상, 크기, 상대굴절률 등에 따라 변화하지만, 이들 조건이 동일하다면 **먼지 농도에 비례**한다. 굴뚝에서 미리 구한 먼지 농도와 산란도의 상관관계식에 측정한 산란도를 대입하여 먼지 농도를 구한다.

② 베타(β)선흡수법

ㄱ 시료가스를 등속흡인하여 굴뚝 밖에 있는 자동연속측정기 내부의 여과지 위에 먼지 시료를 채취한다.

ㄴ 이 여과지에 **방사선 동위원소**로부터 **방출된 β선을 조사**하고 먼지에 의해 흡수된 β선량을 구한다.

ㄷ 굴뚝에서 미리 구해놓은 β선 흡수량과 먼지 농도 사이의 관계식에 시료 채취 전후의 β선 흡수량의 차를 대입하여 먼지 농도를 구한다.

③ 광투과법

ㄱ 먼지입자들에 의한 **빛의 반사, 흡수, 분산으로 인한 감쇄현상에 기초**를 둔다.

ㄴ 먼지를 포함하는 굴뚝배출가스에 일정한 광량을 투과하여 얻어진 **투과된 광의 강도변화를 측정**하여 굴뚝에서 미리 구한 먼지 농도와 투과도의 상관관계식에서 측정한 투과도를 대입하여 먼지의 상대농도를 연속적으로 측정하는 방법이다.

(2) 관련 용어

① 검출한계 : **제로드리프트의 2배**에 해당하는 지시치가 갖는 교정용 입자의 먼지 농도를 말한다.

② 응답시간 : 표준교정판(필름)을 끼우고 측정을 시작했을 때 **그 보정치의 95%에 해당**하는 지시치를 나타낼 때까지 걸린 시간을 말한다.

③ 교정용 입자 : 실내에서 감도 및 교정오차를 구할 때 사용하는 균일계 단분산 입자로서, **기하평균입경이 0.3~3μm인 인공입자**로 한다.

④ 시험가동시간 : 연속자동측정기를 정상적인 조건에서 운전할 때 예기치 않는 수리, 조정 및 부품교환 없이 연속가동할 수 있는 최소시간을 말한다.

핵심이론 46 | 굴뚝 연속자동측정기기 – 아황산가스 측정

(1) 측정방법

측정원리에 따라 **용액전도율법, 적외선흡수법, 자외선흡수법, 정전위전해법 및 불꽃광도법** 등으로 분류된다.

(2) 관련 용어

① **검출한계** : 제로드리프트의 2배에 해당하는 지시치가 갖는 아황산가스의 농도를 말한다.

② **응답시간** : 시료 채취부를 통하지 않고 제로가스를 연속자동측정기의 분석부에 흘려주다가 갑자기 스팬가스로 바꿔서 흘려준 후, 기록계에 표시된 지시치가 스팬가스 보정치의 95%에 해당하는 지시치를 나타낼 때까지 걸리는 시간을 말한다.

③ **경로(path) 측정시스템** : **굴뚝 또는 덕트 단면 직경의 10% 이상의 경로**를 따라 오염물질 농도를 측정하는 배출가스 연속자동측정시스템을 말한다.

④ **점(point)측정시스템** : **굴뚝 또는 덕트 단면 직경의 10% 이하의 경로** 또는 단일점에서 오염물질 농도를 측정하는 배출가스 연속자동측정시스템이다.

⑤ **제로가스** : 정제된 공기나 **순수한 질소(순도 99.999% 이상)**를 말한다.

⑥ **편향(bias)** : 계통오차로 측정결과에 치우침을 주는 원인에 의해서 생기는 오차이다.

⑦ **제로드리프트** : 연속자동측정기가 정상적으로 가동되는 조건하에서 제로가스를 일정시간 흘려준 후 발생한 출력신호가 변화한 정도를 말한다.

⑧ **시험가동시간** : 연속자동측정기를 정상적인 조건에 따라 운전할 때 예기치 않은 수리, 조정 및 부품교환 없이 연속 가동할 수 있는 최소시간을 말한다.

(3) 불꽃광도법

이산화황이 불꽃 중에서 환원될 때 발생하는 빛 가운데 **394nm 부근**의 빛에 대한 **발광강도**를 측정하여 연도 배출가스 중 이산화황 농도를 구한다. 이 방법을 이용하기 위해서는 불꽃에 도입되는 이산화황 농도가 $5 \sim 6\mu g/min$ 이하가 되도록 시료가스를 깨끗한 공기로 희석해야 한다.

(4) 자외선흡수분석계 ★빈출

광원, 분광기, 광학필터, 시료셀, 검출기 등으로 이루어져 있다.

① **광원** : 중수소방전관 또는 중압수은등이 사용된다.

② **분광기** : 프리즘 또는 회절격자분광기를 이용하여 자외선영역 또는 가시광선영역의 단색광을 얻는 데 사용된다.

③ **광학필터** : 특정파장영역의 흡수나 다층박막의 광학적 간섭을 이용하여 자외선에서 가시광선영역에 이르는 일정한 폭의 빛을 얻는 데 사용된다.

④ **시료셀** : 시료셀은 200~500mm의 길이로 시료가스가 연속적으로 통과할 수 있는 구조로 되어 있다.

⑤ **검출기** : 자외선 및 가시광선에 감도가 좋은 광전자증배관 또는 광전관이 이용된다.

핵심이론 47 │ 굴뚝 연속자동측정기기 – 질소산화물 측정

(1) 측정방법

설치방식에 따라 시료 채취형과 굴뚝부착형으로 나뉘어지며, 측정원리에 따라 **화학발광법, 적외선흡수법, 자외선흡수법** 및 **정전위전해법** 등으로 분류된다.

(2) 화학발광분석계

① 유량제어부는 시료가스 유량제어부와 오존가스 유량제어부가 있으며, 이들은 각각 저항관, 압력조절기, 니들밸브, 면적유량계, 압력계 등으로 구성되어 있다.

② 반응조는 시료가스와 오존가스를 도입하여 반응시키기 위한 용기로서 이 반응에 의해 화학발광이 일어나고, 내부 압력조건에 따라 감압형과 상압형이 있다.

③ 오존발생기는 산소가스를 오존으로 변환시키는 역할을 하며, 에너지원으로서 무성방전관 또는 자외선발생기를 사용한다.

④ 검출기에는 화학발광을 선택적으로 투과시킬 수 있는 **광학필터가 부착**되어 있으며, **발광도**를 전기신호로 변환시키는 역할을 한다.

⑤ 유량제어부는 시료가스 유량제어부와 오존가스 유량제어부가 있으며, 이들은 각각 저항관, 압력조절기, 니들밸브, 면적유량계, 압력계 등으로 구성되어 있다.

(3) 자외선흡수분석계

다성분합산형(또는 분산형)과 산화형(비분산형)이 있으며, 광원, 분광기, 광학필터, 시료셀, 검출기, 합산증폭기, 오존발생기 등으로 이루어져 있다.

① 광원 : **중수소방전관** 또는 **중압수은등**을 사용한다.

② 분광기 : 프리즘과 회절격자 분광기 등을 이용하여 **자외선영역** 또는 **가시광선영역의 단색광**을 얻는 데 사용된다.

③ 광학필터 : 특정파장영역의 흡수나 다층박막의 광학적 간섭을 이용하여 **자외선영역 또는 가시광선영역**의 일정한 폭을 갖는 빛을 얻는 데 사용한다.

④ 시료셀 : 시료가스가 연속적으로 흘러갈 수 있는 구조로 되어 있으며, 그 길이는 200~500mm이고, 셀의 창은 **석영판과 같이 자외선 및 가시광선이 투과할 수 있는 재질**이어야 한다.

⑤ 검출기 : 자외선 및 가스광선에 대하여 감도가 좋은 **광전자증배관** 또는 **광전관**이 이용된다.

⑥ 합산증폭기 : 신호를 증폭하는 기능과 **일산화질소 측정파장**에서 아황산가스의 간섭을 보정하는 기능을 가지고 있다.

⑦ 오존발생기 : 산소가스를 오존으로 변환시키는 역할을 하며, 에너지원으로서 무성방전관 또는 자외선발생기를 사용한다.

5 과목

대기환경관계법규

Engineer Air Pollution Environmental

저자쌤의 이론학습 TIP

대기환경관계법규 과목은 공부 분량이 방대하므로 선택과 집중이 무엇보다 중요합니다. 특히 '대기환경보전법'에 집중할 필요가 있고, 나머지 법(실내공기질관리법 등)은 출제빈도가 높았던 내용에 대해서만 집중적으로 공부하는 전략이 필요합니다.

핵심이론 1 ┃ 대기환경관련법규 개요

(1) 대기환경관련법규의 종류

① 대기환경보전법 · 시행령 · 시행규칙 · 별표
② 실내공기질관리법 · 시행령 · 시행규칙 · 별표
③ 환경정책기본법 · 시행령 · 시행규칙 · 별표
④ 악취방지법 · 시행령 · 시행규칙 · 별표

(2) 대기오염방지시설 (시행규칙 [별표 4])

① 중력집진시설
② 관성력집진시설
③ 원심력집진시설
④ 세정집진시설
⑤ 여과집진시설
⑥ 전기집진시설
⑦ 음파집진시설
⑧ 흡수에 의한 시설
⑨ 흡착에 의한 시설
⑩ 직접연소에 의한 시설
⑪ 촉매반응을 이용하는 시설
⑫ 응축에 의한 시설 (※ 주의 : **응집**에 의한 시설은 아님)
⑬ 산화 · 환원에 의한 시설
⑭ 미생물을 이용한 처리시설
⑮ 연소조절에 의한 시설
⑯ 위 ①부터 ⑮까지의 시설과 같은 방지효율 또는 그 이상의 방지효율을 가진 시설로서 환경부장관이 인정하는 시설

＊ 방지시설에는 대기오염물질을 포집하기 위한 장치(**후드**), 오염물질이 통과하는 관로(**덕트**), 오염물질을 이송하기 위한 **송풍기** 및 **각종 펌프** 등 방지시설에 딸린 기계·기구류(예비용 포함) 등을 포함한다.

(3) 대기환경개선 종합계획(법 제11조)

① 환경부 장관은 대기오염물질과 온실가스를 줄여 대기환경을 개선하기 위해 **10년마다 수립**하여 시행하여야 한다.

② 환경부 장관은 종합계획이 수립된 날부터 **5년**이 지나거나 종합계획의 변경이 필요하다고 인정되면 그 타당성을 검토하여 변경할 수 있다. 이 경우 미리 관계 중앙행정기관의 장과 협의하여야 한다.

핵심이론 2 　 용어 정의 (법 제2조) ★빈출

(1) 대기오염물질 : 대기 중에 존재하는 물질 중 심사·평가 결과 대기오염의 원인으로 인정된 **가스·입자상 물질로서 환경부령**으로 정하는 것을 말한다(64종).

(2) 가스상 물질 : 물질이 연소·합성·분해될 때에 발생하거나 물리적 성질로 인하여 발생하는 **기체상 물질**을 말한다.

(3) 입자상 물질 : 물질이 파쇄·선별·퇴적·이적될 때, 그 밖에 기계적으로 처리되거나 연소·합성·분해될 때에 발생하는 **고체상 또는 액체상의 미세한 물질**을 말한다.

(4) 먼지 : 대기 중에 떠다니거나 흩날려 내려오는 **입자상 물질**을 말한다.

(5) 매연 : **연소**할 때에 생기는 **유리탄소**가 주가 되는 **미세한 입자상 물질**을 말한다.

(6) 검댕 : **연소**할 때에 생기는 **유리탄소가 응결**하여 입자의 지름이 **1미크론 이상**이 되는 **입자상 물질**을 말한다.

(7) 유해성대기감시물질 : 대기오염물질 중 심사·평가 결과 사람의 건강이나 동식물의 생육(生育)에 위해를 끼칠 수 있어 **지속적인 측정이나 감시·관찰 등이 필요**하다고 인정된 물질로서 **환경부령**으로 정하는 것을 말한다(43종).

(8) 특정대기유해물질 : 유해성 대기감시물질 중 심사·평가 결과 저농도에서도 장기적인 섭취나 노출에 의하여 **사람의 건강이나 동식물의 생육에 직접 또는 간접으로 위해**를 끼칠 수 있어 **대기 배출에 대한 관리가 필요**하다고 인정된 물질로서 **환경부령**으로 정하는 것을 말한다(35종).

〈특정대기유해물질〉

1. 카드뮴 및 그 화합물	2. 사이안화수소	3. 납 및 그 화합물
4. 폴리염화바이페닐	5. 크로뮴 및 그 화합물	6. 비소 및 그 화합물
7. 수은 및 그 화합물	8. 프로필렌 옥사이드	9. 염소 및 염화수소
10. 불소화합물	11. 석면	12. 니켈 및 그 화합물
13. 염화바이닐	14. 다이옥신	15. 페놀 및 그 화합물
16. 베릴륨 및 그 화합물	17. 벤젠	18. 사염화탄소
19. 이황화메틸	20. 아닐린	21. 클로로폼
22. 폼알데하이드	23. 아세트알데하이드	24. 벤지딘
25. 1,3-부타디엔	26. 다환방향족 탄화수소류	27. 에틸렌옥사이드
28. 다이클로로메탄	29. 스티렌	30. 테트라클로로에틸렌
31. 1,2-다이클로로에탄	32. 에틸벤젠	33. 트라이클로로에틸렌
34. 아크릴로니트릴	35. 하이드라진	

※ 황화수소와 같은 지정악취물질과 알루미늄, 망가니즈, 아크롤레인은 특정대기유해물질이 아니다.

(9) **온실가스** : 적외선 복사열을 흡수하거나 다시 방출하여 **온실효과를 유발**하는 대기 중의 **가스상태물질**로서 **이산화탄소, 메탄, 아산화질소, 수소불화탄소, 과불화탄소, 육불화황**을 말한다.

(10) **기후 · 생태계 변화유발물질** : 지구온난화 등으로 생태계의 변화를 가져올 수 있는 **기체상 물질**로서 **온실가스와 환경부령으로 정하는 것(염화불화탄소, 수소염화불화탄소)**을 말한다.

(11) **휘발성유기화합물** : 탄화수소류 중 석유화학제품, 유기용제, 그 밖의 물질로서 환경부 장관이 관계 중앙행정기관의 장과 협의하여 고시하는 것을 말한다.

(12) **대기오염물질배출시설** : 대기오염물질을 대기에 배출하는 시설물, 기계, 기구, 그 밖의 물체로서 환경부령으로 정하는 것을 말한다.

(13) **대기오염방지시설** : 대기오염물질 배출시설로부터 나오는 대기오염물질을 연소 조절에 의한 방법 등으로 없애거나 줄이는 시설로서 환경부령으로 정하는 것을 말한다.

(14) **첨가제** : **자동차의 성능을 향상**시키거나 **배출가스를 줄이기 위하여** 자동차의 연료에 첨가하는 탄소와 수소만으로 구성된 물질을 제외한 화학물질로서, 다음의 요건을 모두 충족하는 것을 말한다.
　① 자동차의 연료에 부피기준(액체첨가제의 경우만 해당) 또는 무게기준(고체첨가제의 경우만 해당)으로 **1퍼센트 미만의 비율**로 첨가하는 물질
　② 「석유 및 석유대체연료 사업법」에 따른 가짜석유제품 또는 석유대체연료에 해당하지 아니하는 물질

(15) **촉매제** : **배출가스를 줄이는 효과를 높이기 위하여** 배출가스저감장치에 사용되는 화학물질로서 환경부령으로 정하는 것을 말한다.

(16) **저공해자동차** : 다음의 자동차로서 **대통령령**으로 정하는 것을 말한다.

① 대기오염물질의 배출이 없는 자동차

② 제작차의 배출허용기준보다 오염물질을 적게 배출하는 자동차

(17) **배출가스저감장치** : 자동차에서 배출되는 대기오염물질을 줄이기 위하여 자동차에 부착 또는 교체하는 장치로서 환경부령으로 정하는 **저감효율**에 적합한 **장치**를 말한다.

(18) **저공해엔진** : 자동차에서 배출되는 대기오염물질을 줄이기 위한 엔진(엔진 개조에 사용하는 부품을 포함한다)으로서 환경부령으로 정하는 **배출허용기준**에 맞는 **엔진**을 말한다.

(19) **공회전제한장치** : 자동차에서 배출되는 대기오염물질을 줄이고 연료를 절약하기 위하여 자동차에 부착하는 장치로서 환경부령으로 정하는 **기준**에 적합한 **장치**를 말한다.

(20) **온실가스 배출량** : 자동차에서 단위주행거리당 배출되는 **이산화탄소 배출량(g/km)**을 말한다.

(21) **온실가스 평균배출량** : 자동차 제작자가 판매한 자동차 중 환경부령으로 정하는 자동차의 온실가스 배출량의 합계를 해당 자동차 총 대수로 나누어 산출한 평균값(g/km)을 말한다.

(22) **장거리이동대기오염물질** : 황사, 먼지 등 발생 후 장거리이동을 통하여 국가 간에 영향을 미치는 대기오염물질로서 환경부령으로 정하는 것을 말한다.

(23) **냉매** : 기후·생태계 변화유발물질 중 열전달을 통한 냉난방, 냉동·냉장 등의 효과를 목적으로 사용되는 물질로서 환경부령으로 정하는 것을 말한다.

핵심이론 3	대기오염물질 발생량

(1) **대기오염물질 발생량 산정방법** (시행규칙 제42조)

① 대기오염물질 발생량은 예비용 시설을 제외한 사업장의 모든 배출시설별 대기오염물질 발생량을 더하여 산정하되, 배출시설별 대기오염물질 발생량의 산정방법은 다음과 같다.

> 배출시설별 대기오염물질 발생량
> =배출시설의 시간당 대기오염물질 발생량×일일조업시간×연간가동일수

② 사업장의 대기오염물질 발생량 변경 통보를 받은 사업자는 **통보일부터 7일 이내**에 변경신고를 하여야 한다.

(2) **일일조업시간 및 연간가동일수** (시행규칙 제44조)

일일조업시간 또는 연간가동일수는 **각각 24시간과 365일을 기준**으로 산정한다.

핵심이론 4 | 대기오염경보

(1) 대기오염에 대한 경보 (법 제8조)

① 시·도지사는 대기오염도가 환경기준을 초과하여 주민의 건강·재산이나 동식물의 생육에 심각한 위해를 끼칠 우려가 있다고 인정되면 그 지역에 **대기오염경보를 발령**할 수 있으며, 대기오염경보의 발령 사유가 없어진 경우 시·도지사는 대기오염경보를 **즉시 해제**하여야 한다.

② 시·도지사는 대기오염경보가 발령된 지역의 대기오염을 긴급하게 줄일 필요가 있다고 인정하면 기간을 정하여 그 지역에서 **자동차의 운행을 제한**하거나 **사업장의 조업 단축**을 명하거나, 그 밖에 필요한 조치를 할 수 있다.

③ 자동차의 운행 제한이나 사업장의 조업 단축 등을 명령받은 자는 정당한 사유가 없으면 따라야 한다.

④ **대기오염경보의 대상지역, 대상오염물질, 발령기준, 경보단계 및 경보단계별 조치** 등에 필요한 사항은 **대통령령**으로 정한다.

(2) 대기오염경보의 대상지역 (시행령 제2조) ★빈출

① **대기오염경보의 대상오염물질**은 환경기준이 설정된 오염물질 중 다음의 오염물질로 한다.
   ㉠ 미세먼지(PM-10)
   ㉡ 초미세먼지(PM-2.5)
   ㉢ 오존(O_3)

② 대기오염경보단계는 대기오염경보 대상오염물질의 농도에 따라 다음과 같이 구분하되, 대기오염경보단계별 오염물질의 농도 기준은 환경부령으로 정한다.
   ㉠ 미세먼지(PM-10) : 주의보, 경보
   ㉡ 초미세먼지(PM-2.5) : 주의보, 경보
   ㉢ 오존(O_3) : 주의보, 경보, 중대경보

③ 경보단계별 조치에는 다음의 구분에 따른 사항이 포함되도록 하여야 한다. 다만, 지역의 대기오염 발생 특성 등을 고려하여 특별시·광역시·특별자치시·도·특별자치도의 조례로 경보단계별 조치사항을 일부 조정할 수 있다.
   ㉠ 주의보 발령 : 주민의 실외활동 및 자동차 사용의 자제 요청 등
   ㉡ 경보 발령 : 주민의 실외활동 제한 요청, 자동차 사용의 제한 및 사업장의 연료사용량 감축 권고 등
   ㉢ 중대경보 발령 : 주민의 실외활동 금지 요청, 자동차의 통행금지 및 사업장의 조업시간 단축명령 등

(3) 대기오염경보의 발령 및 해제방법(시행규칙 제13조)

① 대기오염경보는 방송매체 등을 통하여 발령하거나 해제하여야 한다.

② **대기오염경보에 포함되어야 하는 사항** ★빈출

ㄱ 대기오염경보의 대상지역

ㄴ 대기오염경보단계 및 대기오염물질의 농도

ㄷ 대기오염경보단계별 조치사항

ㄹ 그 밖에 시·도지사가 필요하다고 인정하는 사항

(4) 대기오염경보단계별 대기오염물질의 농도기준(시행규칙 [별표 7]) ★빈출

대상물질	경보단계	발령기준	해제기준
미세먼지 (PM-10)	주의보	기상조건 등을 고려하여 해당지역의 대기자동측정소 PM-10 시간당 평균농도가 150μg/m^3 **이상 2시간 이상** 지속인 때	주의보가 발령된 지역의 기상조건 등을 검토하여 대기자동측정소의 PM-10 시간당 평균농도가 100μg/m^3 **미만**인 때
	경보	기상조건 등을 고려하여 해당지역의 대기자동측정소 PM-10 시간당 평균농도가 300μg/m^3 **이상 2시간 이상** 지속인 때	경보가 발령된 지역의 기상조건 등을 검토하여 대기자동측정소의 PM-10 시간당 평균농도가 150μg/m^3 **미만**인 때는 주의보로 전환
초미세먼지 (PM-2.5)	주의보	기상조건 등을 고려하여 해당지역의 대기자동측정소 PM-2.5 시간당 평균농도가 75μg/m^3 **이상 2시간 이상** 지속인 때	주의보가 발령된 지역의 기상조건 등을 검토하여 대기자동측정소의 PM-2.5 시간당 **평균농도가 35μg/m^3 미만**인 때
	경보	기상조건 등을 고려하여 해당지역의 대기자동측정소 PM-2.5 시간당 평균농도가 150μg/m^3 **이상 2시간 이상** 지속인 때	경보가 발령된 지역의 기상조건 등을 검토하여 대기자동측정소의 PM-2.5 시간당 평균농도가 75μg/m^3 **미만**인 때는 주의보로 전환
오존	주의보	기상조건 등을 고려하여 해당지역의 대기자동측정소 오존농도가 0.12ppm **이상**인 때	주의보가 발령된 지역의 기상조건 등을 검토하여 대기자동측정소의 오존농도가 0.12ppm **미만**인 때
	경보	기상조건 등을 고려하여 해당지역의 대기자동측정소 오존농도가 0.3ppm **이상**인 때	경보가 발령된 지역의 기상조건 등을 고려하여 대기자동측정소의 오존농도가 0.12ppm **이상 0.3ppm 미만**인 때는 주의보로 전환
	중대경보	기상조건 등을 고려하여 해당지역의 대기자동측정소 오존농도가 0.5ppm **이상**인 때	중대경보가 발령된 지역의 기상조건 등을 고려하여 대기자동측정소의 오존농도가 0.3ppm **이상 0.5ppm 미만**인 때는 경보로 전환

[비고] 오존농도는 **1시간당 평균농도**를 기준으로 하며, 해당 지역의 대기자동측정소 오존농도가 1개소라도 경보단계별 발령기준을 초과하면 해당 경보를 발령할 수 있다.

핵심이론 5 | 배출허용기준

(1) 일반

① 대기오염물질 배출시설에서 나오는 대기오염물질의 배출허용기준은 환경부령으로 정한다.

② 환경부 장관은 「환경정책기본법」에 따른 **특별대책지역**의 대기오염 방지를 위하여 필요하다고 인정하면 그 지역에 설치된 배출시설에 대하여 **기준보다 엄격한 배출허용기준**을 정할 수 있으며, 그 지역에 새로 설치되는 배출시설에 대하여 **특별배출허용기준**을 정할 수 있다.

(2) 대기오염물질별 배출허용기준 (시행규칙 [별표 8])

일산화 탄소 (ppm)	1. 폐수·폐기물·폐가스 소각처리시설(소각보일러를 포함)		
	① 소각용량이 시간당 2톤(의료폐기물 처리시설은 시간당 200킬로그램) 이상 인 시설	50(12)	이하
	② 소각용량 시간당 2톤 미만인 시설	200(12)	이하
	2. 석유 정제품 제조시설 중 중질유 분해시설의 일산화탄소 소각보일러	200(12)	이하
	3. 고형 연료제품 제조·사용 시설 및 관련시설		
	① 고형 연료제품 사용량이 시간당 2톤 이상인 시설	50(12)	이하
	② 고형 연료제품 사용량이 시간당 200킬로그램 이상 2톤 미만인 시설	150(12)	이하
	③ 일반 고형 연료제품(SRF) 제조시설 중 건조·가열 시설	300(15)	이하
	④ 바이오매스 및 목재펠릿 사용시설	200(12)	이하
	4. 화장로 시설		
	① 2009년 12월 31일 이전 설치시설	200(12)	이하
	② 2010년 1월 1일 이후 설치시설	80(12)	이하

핵심이론 6 | 개선계획서

(1) 개선계획서의 제출 (시행령 21조)

조치명령(적산전력계의 운영·관리 기준 위반으로 인한 조치명령은 제외) 또는 개선명령을 받은 사업자는 그 명령을 받은 날부터 **15일 이내**에 다음의 사항을 명시한 개선계획서(굴뚝 자동측정기기를 부착한 경우에는 전자문서로 된 계획서를 포함)를 환경부령으로 정하는 바에 따라 환경부 장관 또는 시·도지사에게 제출해야 한다.

(2) 개선계획서에 포함되어야 할 사항 (시행규칙 제38조)

① 조치명령을 받은 경우

　㉠ 개선기간·개선내용 및 개선방법

　㉡ 굴뚝 자동측정기기의 운영·관리 진단 계획

② 개선명령을 받은 경우로서 개선하여야 할 사항이 배출시설 또는 방지시설인 경우 ★빈출

　㉠ **배출시설 또는 방지시설의 개선명세서 및 설계도**

　㉡ **대기오염물질의 처리방식 및 처리효율**

　㉢ **공사기간 및 공사비**

③ 개선명령을 받은 경우로서 개선하여야 할 사항이 배출시설 또는 방지시설의 운전미숙 등으로 인한 경우

　㉠ 대기오염물질 발생량 및 방지시설의 처리능력

　㉡ 배출허용기준의 초과사유 및 대책

핵심이론 7 ｜ 대기오염도 검사기관 및 대기오염 측정망

(1) 대기오염도 검사기관 (시행규칙 제40조) ★빈출

① 국립환경과학원

② 시·도의 보건환경연구원

③ 유역환경청, 지방환경청 또는 수도권대기환경청

④ 한국환경공단

⑤ 「국가표준기본법」에 따른 인정을 받은 시험·검사 기관 중 환경부 장관이 정하여 고시하는 기관

(2) 대기오염 측정망의 종류 (시행규칙 제11조) ★빈출

① 수도권대기환경청장, 국립환경과학원장 또는 한국환경공단이 설치하는 대기오염 측정망의 종류

　㉠ 대기오염물질의 지역배경농도를 측정하기 위한 **교외대기측정망**

　㉡ 대기오염물질의 국가배경농도와 장거리이동현황을 파악하기 위한 **국가배경농도측정망**

　㉢ 도시지역 또는 산업단지 인근지역의 특정대기유해물질(중금속 제외)의 오염도를 측정하기 위한 **유해대기물질측정망**

　㉣ 도시지역의 휘발성유기화합물 등의 농도를 측정하기 위한 **광화학대기오염물질측정망**

　㉤ 산성 대기오염물질의 건성 및 습성 침착량을 측정하기 위한 **산성강하물측정망**

　㉥ 기후·생태계 변화유발물질의 농도를 측정하기 위한 **지구대기측정망**

　㉦ 장거리이동 대기오염물질의 성분을 집중 측정하기 위한 **대기오염집중측정망**

　㉧ 초미세먼지(PM-2.5)의 성분 및 농도를 측정하기 위한 **미세먼지성분측정망**

② 시·도지사가 설치하는 대기오염 측정망의 종류

    ㉠ 도시지역의 대기오염물질 농도를 측정하기 위한 **도시대기측정망**

    ㉡ 도로변의 대기오염물질 농도를 측정하기 위한 **도로변대기측정망**

    ㉢ 대기 중의 중금속 농도를 측정하기 위한 **대기중금속측정망**

③ 시·도지사는 상시 측정한 대기오염도를 측정망을 통하여 국립환경과학원장에게 전송하고, 연도별로 이를 취합·분석·평가하여 그 결과를 다음 해 1월말까지 국립환경과학원장에게 제출하여야 한다.

(3) 측정망 설치계획의 고시 (시행규칙 제12조)

① 유역환경청장, 지방환경청장, 수도권대기환경청장 및 시·도지사는 다음의 사항이 포함된 측정망 설치계획을 결정하고, 최초로 측정소를 설치하는 날부터 **3개월 이전에 고시**하여야 한다.

    ㉠ **측정망 설치시기**

    ㉡ **측정망 배치도**

    ㉢ **측정소를 설치할 토지 또는 건축물의 위치 및 면적**

② 시·도지사가 측정망 설치계획을 결정·고시하려는 경우에는 그 설치위치 등에 관하여 미리 유역환경청장, 지방환경청장 또는 수도권대기환경청장과 협의하여야 한다.

핵심이론 8   **대기오염물질 배출시설** (시행규칙 [별표 3])

폐수·
폐기물
처리시설
	1. 시간당 처리능력이 0.5세제곱미터 이상인 폐수·폐기물 증발시설 및 농축시설, 용적이 0.15세제곱미터 이상인 폐수·폐기물 건조시설 및 정제시설
	2. 연료 사용량이 시간당 30킬로그램 이상이거나 동력이 15킬로와트 이상인 다음의 시설
	  ① 분쇄시설(멸균시설 포함)
	  ② 파쇄시설
	  ③ 용융시설
	3. 1일 처리능력이 100킬로그램 이상인 음식물류 폐기물 처리시설 중 연료 사용량이 시간당 30킬로그램 이상이거나 동력이 15킬로와트 이상인 다음의 시설(「악취방지법」에 따른 악취 배출시설로 설치 신고된 시설 제외)
	  ① 분쇄 및 파쇄 시설
	  ② 건조시설

핵심이론 9 │ 저황유와 청정연료

(1) 저황유의 사용 (시행령 제40조)

해당 유류(저황유)의 회수처리 명령 또는 사용금지 명령을 받은 자는 명령을 받은 날부터 **5일 이내**에 다음의 사항을 구체적으로 밝힌 **이행완료보고서를 시 · 도지사에게 제출**하여야 한다.

① 해당 유류의 공급기간 또는 사용기간과 공급량 또는 사용량
② 해당 유류의 회수처리량, 회수처리방법 및 회수처리기간
③ 저황유의 공급 또는 사용을 증명할 수 있는 자료 등에 관한 사항

(2) 청정연료를 사용하여야 하는 대상시설의 범위 (시행령 [별표 11의 3])

① 공동주택으로서 동일한 보일러를 이용하여 하나의 단지 또는 여러 개의 단지가 공동으로 열을 이용하는 중앙집중난방 방식(지역냉난방 방식 포함)으로 열을 공급받고, 단지 내의 모든 세대의 평균 전용면적이 $40.0m^2$를 초과하는 **공동주택**
② **지역 냉난방사업을 위한 시설.** 다만, 지역 냉난방사업을 위한 시설 중 발전폐열을 지역 냉난방용으로 공급하는 **산업용 열병합발전시설로서 환경부 장관이 승인한 시설은 제외**한다.
③ **전체 보일러의 시간당 총 증발량이 0.2톤 이상인 업무용 보일러.** 다만, 영업용 및 공공용 보일러를 포함하되, **산업용 보일러는 제외**한다.
④ **발전시설.** 다만, **산업용 열병합발전시설은 제외**한다.
⑤ ①부터 ④까지의 시설 중 **신에너지 및 재생에너지를 사용하는 시설은 제외**한다.
⑥ ②의 단서에 따른 승인 기준, 절차 및 승인취소 등에 필요한 사항은 환경부 장관이 정하여 고시한다.

핵심이론 10 │ 배출부과금의 부과 · 징수 (법 제35조)

(1) 배출부과금의 부과 · 징수 대상

환경부 장관 또는 시 · 도지사는 대기오염물질로 인한 대기환경상의 피해를 방지하거나 줄이기 위하여 다음의 어느 하나에 해당하는 자에 대하여 배출부과금을 부과 · 징수한다.

① 대기오염물질을 배출하는 사업자(공동방지시설을 설치 · 운영하는 자를 포함)
② 규정에 따른 허가 · 변경허가를 받지 아니하거나, 신고 · 변경신고를 하지 아니하고 배출시설을 설치 또는 변경한 자

(2) 배출부과금의 종류 ★빈출

① **기본부과금** : 대기오염물질을 배출하는 사업자가 배출허용기준 **이하**로 배출하는 대기오염물질의 배출량 및 배출농도 등에 따라 부과하는 금액

② **초과부과금** : 배출허용기준을 **초과**하여 배출하는 경우 대기오염물질의 배출량과 배출농도 등에 따라 부과하는 금액

(3) 배출부과금 부과 시 고려사항 ★빈출

배출부과금을 부과할 때 환경부 장관 또는 시·도지사는 다음의 사항을 고려해야 한다.

① 배출허용기준 초과 여부

② 배출되는 대기오염물질의 종류

③ 대기오염물질의 배출기간

④ 대기오염물질의 배출량

⑤ 자가측정을 하였는지 여부

⑥ 그 밖에 대기환경의 오염 또는 개선과 관련되는 사항으로서 환경부령으로 정하는 사항

(4) 배출부과금의 산정방법과 산정기준

배출부과금의 산정방법과 산정기준 등 필요한 사항은 **대통령령**으로 정한다. 다만, 초과부과금은 대통령령으로 정하는 바에 따라 본문의 산정기준을 적용한 금액의 **10배의 범위**에서 위반횟수에 따라 가중하며, 이 경우 위반횟수는 사업장의 배출구별로 위반행위 시점 이전의 **최근 2년**을 기준으로 산정한다.

핵심이론 11 | 부과금의 징수유예 · 분할납부

(1) 징수유예 및 분할납부 사유

환경부 장관 또는 시·도지사는 배출부과금의 납부의무자가 다음의 어느 하나에 해당하는 사유로 납부기한 전에 배출부과금을 납부할 수 없다고 인정하면 징수를 유예하거나 그 금액을 분할하여 납부하게 할 수 있다.(법 제35조의 4)

① 천재지변이나 그 밖의 재해로 사업자의 재산에 중대한 손실이 발생한 경우

② 사업에 손실을 입어 경영상으로 심각한 위기에 처하게 된 경우

③ 그 밖에 ① 또는 ②에 준하는 사유로 징수유예나 분할납부가 불가피하다고 인정되는 경우

(2) 징수유예 기간과 분할납부 횟수

징수유예는 다음의 구분에 따른 징수유예 기간과 그 기간 중의 분할납부의 횟수에 따른다. (시행령 제36조)

① 기본부과금 : 유예한 날의 다음 날부터 **다음 부과기간의 개시일 전일까지**, 4회 이내

② 초과부과금 : 유예한 날의 다음 날부터 2년 이내, 12회 이내

(3) 징수유예 기간의 연장은 유예한 날의 다음 날부터 **3년 이내**로 하며, 분할납부의 **횟수는 18회** 이내로 한다.

(4) 부과금의 분할납부 기한 및 금액과 그 밖에 부과금의 부과·징수에 필요한 사항은 환경부 장관 또는 시·도지사가 정한다.

핵심이론 12 │ 기본부과금

(1) 기본부과금의 지역별 부과계수 (시행령 [별표 7]) ★빈출

구분	지역별 부과계수
Ⅰ지역	1.5
Ⅱ지역	0.5
Ⅲ지역	1.0

[비고] 1. Ⅰ지역 : 주거지역·상업지역, 취락지구, 택지개발지구
2. Ⅱ지역 : 공업지역, 개발진흥지구(관광·휴양개발진흥지구는 제외한다), 수산자원보호구역, 국가산업단지·일반산업단지·도시첨단산업단지, 전원개발사업구역 및 예정구역
3. Ⅲ지역 : 녹지지역·관리지역·농림지역 및 자연환경보전지역, 관광·휴양개발진흥지구

(2) 기본부과금의 농도별 부과계수 (시행령 [별표 8])

① 측정결과가 없는 시설

㉠ 연료를 연소하여 황산화물을 배출하는 시설

구분	연료의 황 함유량(%)		
	0.5% 이하	1.0% 이하	1.0% 초과
농도별 부과계수	0.2	0.4	1.0

㉡ ㉠외의 황산화물을 배출하는 시설, 먼지를 배출하는 시설 및 질소산화물을 배출하는 시설의 농도별 부과계수 : 0.15. 다만, 제출하는 서류를 통해 해당 배출시설에서 배출되는 오염물질 농도를 추정할 수 있는 경우에는 농도별 부과계수를 적용할 수 있다.

② 측정결과가 있는 시설

기본부과금 부과대상 오염물질에 대한 농도별 부과계수는 다음 〈표〉와 같다(22년 1월 1일 이후).

구분	배출허용기준의 백분율							
	30% 미만	30% 이상 40% 미만	40% 이상 50% 미만	50% 이상 60% 미만	60% 이상 70% 미만	70% 이상 80% 미만	80% 이상 90% 미만	90% 이상 100% 미만
농도별 부과계수	0	0.15	0.25	0.35	0.5	0.65	0.8	0.95

[비고] 1. 배출허용기준의 백분율(%) $= \dfrac{배출농도}{배출허용기준농도} \times 100$

2. 배출농도는 일일평균배출량의 산정근거가 되는 배출농도를 말한다.

(3) 기준 이내 배출량의 조정(시행령 제30조)

환경부 장관 또는 시·도지사는 해당 사업자가 자료를 제출하지 않거나 제출한 내용이 실제와 다른 경우 또는 거짓으로 작성되었다고 인정하는 경우에는 다음의 구분에 따른 방법으로 기준 이내 배출량을 조정할 수 있다.

① 사업자가 확정배출량에 관한 자료를 제출하지 않은 경우

해당 사업자가 다음의 조건에 모두 해당하는 상태에서 오염물질을 배출한 것으로 추정한 기준 이내 배출량

㉠ 부과기간에 배출시설별 오염물질의 배출허용기준농도로 배출했을 것

㉡ 배출시설 또는 방지시설의 최대시설용량으로 가동했을 것

㉢ 1일 24시간 조업했을 것

② 자료심사 및 현지조사 결과, 사업자가 제출한 확정배출량의 내용(사용연료 등에 관한 내용을 포함한다)이 실제와 다른 경우

자료심사와 현지조사결과를 근거로 산정한 기준 이내 배출량

③ 사업자가 제출한 확정배출량에 관한 자료가 명백히 거짓으로 판명된 경우

①에 따라 추정한 **배출량의 100분의 120에 해당하는 기준 이내** 배출량

| 핵심이론 **13** | **초과부과금** |

(1) 초과부과금 산정기준 (시행령 [별표 4]) ★빈출

(금액 : 원)

오염물질 \ 구분	오염물질 1킬로그램당 부과금액	배출허용기준 초과율별 부과계수	지역별 부과계수		
			Ⅰ지역	Ⅱ지역	Ⅲ지역
황산화물	500	생략	2	1	1.5
먼지	770		2	1	1.5
질소산화물	2,130		2	1	1.5
암모니아	1,400		2	1	1.5
황화수소	6,000		2	1	1.5
이황화탄소	1,600		2	1	1.5
특정내기 유해물질 — 불소화합물	2,300		2	1	1.5
특정내기 유해물질 — 염화수소	7,400		2	1	1.5
특정내기 유해물질 — 사이안화수소	7,300		2	1	1.5

[비고] 1. 배출허용기준 초과율(%)=(배출농도 − 배출허용기준농도)÷배출허용기준농도×100
2. Ⅰ지역 : 주거지역·상업지역, 취락지구, 택지개발지구
3. Ⅱ지역 : 공업지역, 개발진흥지구(관광·휴양개발진흥지구는 제외한다), 수산자원보호구역, 국가산업단지·일반산업단지·도시첨단산업단지, 전원개발사업구역 및 예정구역
4. Ⅲ지역 : 녹지지역·관리지역·농림지역 및 자연환경보전지역, 관광·휴양개발진흥지구

(2) 연도별 부과금 산정지수 및 위반횟수별 부과계수 (시행령 제26조)

① 연도별 부과금 산정지수

매년 전년도 **부과금 산정지수**에 전년도 **물가상승률** 등을 고려하여 환경부 장관이 고시하는 **가격변동지수**를 곱한 것으로 한다.

② 위반횟수별 부과계수

다음의 구분에 따른 비율을 곱한 것으로 한다.

㉠ 위반이 없는 경우 : 100분의 100

㉡ 처음 위반한 경우 : 100분의 105

㉢ 2차 이상 위반한 경우 : 위반 직전의 부과계수에 100분의 105를 곱한 것

(3) 부과금의 납부통지 (시행령 제33조)

① **초과부과금**은 초과부과금 부과사유가 **발생한 때**(자동측정자료의 30분 평균치가 배출허용기준을 초과한 경우에는 매 반기 종료일부터 60일 이내)에, **기본부과금**은 해당 부과기간의 확정배출량 **자료제출기간 종료일부터 60일 이내**에 부과금의 납부통지를 하여야 한다. 다만, 배출시설이 **폐쇄되거나 소유권이 이전되는 경우**에는 즉시 **납부통지**를 할 수 있다.

② 환경부 장관 또는 시·도지사는 부과금을 부과(조정 부과를 포함한다)할 때에는 **부과대상 오염물질량, 부과금액, 납부기간 및 납부장소, 그 밖에 필요한 사항**을 적은 서면으로 알려야 한다. 이 경우 부과금의 납부기간은 **납부통지서를 발급한 날부터 30일**로 한다.

핵심이론 14 **자가방지시설의 설계·시공** (시행규칙 제31조)

사업자가 스스로 방지시설을 설계·시공하려는 경우에는 다음의 서류를 유역환경청장, 지방환경청장, 수도권대기환경청장 또는 시·도지사에게 제출해야 한다. 다만, 배출시설의 설치허가·변경허가·설치신고 또는 변경신고 시 제출한 서류는 제출하지 않을 수 있다.

(1) 배출시설의 설치명세서
(2) 공정도
(3) 원료(연료 포함) 사용량, 제품 생산량 및 대기오염물질 등의 배출량을 예측한 명세서
(4) 방지시설의 설치명세서와 그 도면
(5) 기술능력 현황을 적은 서류

핵심이론 15 **위임업무와 위탁업무**

(1) 위임업무 보고사항 (시행규칙 [별표 37]) ★빈출

업무내용	보고횟수	보고기일	보고자
1. 환경오염사고 발생 및 조치 사항	수시	사고발생 시	시·도지사, 유역환경청장 또는 지방환경청장
2. 수입자동차의 배출가스 인증 및 검사 현황	연 4회	매분기 종료 후 15일 이내	국립환경과학원장
3. 자동차 연료 및 첨가제의 제조·판매 또는 사용에 대한 규제 현황	연 2회	매반기 종료 후 15일 이내	유역환경청장 또는 지방환경청장
4. 자동차 연료 또는 첨가제의 제조기준 적합 여부 검사 현황	• 연료 : 연 4회 • 첨가제 : 연 2회	• 연료 : 매분기 종료 후 15일 이내 • 첨가제 : 매반기 종료 후 15일 이내	국립환경과학원장
5. 측정기기 관리대행업의 등록, 변경등록 및 행정처분 현황	연 1회	다음 해 1월 15일까지	유역환경청장, 지방환경청장 또는 수도권대기환경청장

(2) 위탁업무 보고사항(시행규칙 [별표 38]) ⭐빈출

업무내용	보고횟수	보고기일
1. 수시검사, 결함확인검사, 부품결함 보고서류의 접수	수시	위반사항 적발 시
2. 결함확인검사 결과	수시	위반사항 적발 시
3. 자동차배출가스 인증생략 현황	연 2회	매 반기 종료 후 15일 이내
4. 자동차시험검사 현황	연 1회	다음 해 1월 15일까지

핵심이론 16 **고체연료 사용시설 설치기준** (시행규칙 [별표 12])

(1) 석탄 사용시설

① 배출시설의 **굴뚝높이는 100m 이상**으로 하되, 굴뚝상부 안지름, 배출가스 온도 및 속도 등을 고려한 유효굴뚝높이(굴뚝의 실제 높이에 배출가스의 상승고도를 합산한 높이)가 **440m 이상인 경우에는 굴뚝높이를 60m 이상 100m 미만**으로 할 수 있다. 이 경우 유효굴뚝높이 및 굴뚝높이 산정방법 등에 관하여는 국립환경과학원장이 정하여 고시한다.

② 석탄의 수송은 밀폐이송시설 또는 밀폐통을 이용해야 한다.

③ 석탄은 옥내 저장시설(밀폐형 저장시설 포함) 또는 지하 저장시설에 저장해야 한다.

④ 석탄 연소재는 밀폐통을 이용하여 운반해야 한다.

⑤ 굴뚝에서 배출되는 아황산가스(SO_2), 질소산화물(NO_x), 먼지 등의 농도를 확인할 수 있는 기기를 설치해야 한다.

(2) 기타 고체연료 사용시설

① 배출시설의 굴뚝높이는 20m 이상이어야 한다.

② 연료와 그 연소재의 수송은 덮개가 있는 차량을 이용해야 한다.

③ 연료는 옥내에 저장해야 한다.

④ 굴뚝에서 배출되는 매연을 측정할 수 있어야 한다.

핵심이론 17 | 사업장 분류기준 (시행령 [별표 1의 3])

종별	오염물질 발생량 구분 ⭐빈출
1종 사업장	대기오염물질 발생량의 합계가 **연간 80톤 이상**인 사업장
2종 사업장	대기오염물질 발생량의 합계가 **연간 20톤 이상 80톤 미만**인 사업장
3종 사업장	대기오염물질 발생량의 합계가 **연간 10톤 이상 20톤 미만**인 사업장
4종 사업장	대기오염물질 발생량의 합계가 **연간 2톤 이상 10톤 미만**인 사업장
5종 사업장	대기오염물질 발생량의 합계가 **연간 2톤 미만**인 사업장

[비고] "**대기오염물질 발생량**"이란 방지시설을 통과하기 **전의 먼지, 황산화물** 및 **질소산화물**의 발생량을 환경부령으로 정하는 방법에 따라 산정한 양을 말한다.

핵심이론 18 | 환경기술인

(1) 개요 (법 제40조)

① 사업자는 배출시설과 방지시설의 정상적인 운영·관리를 위하여 환경기술인을 임명해야 한다.

② 환경기술인을 두어야 할 **사업장의 범위, 환경기술인의 자격기준, 임명**(바꾸어 임명하는 것을 **포함) 기간**은 **대통령령**으로 정한다.

(2) 환경기술인의 임명기간 (시행령 제39조)

① 최초로 배출시설을 설치한 경우에는 가동개시 신고를 할 때

② 환경기술인을 바꾸어 임명하는 경우에는 그 사유가 발생한 날부터 **5일 이내**. 다만, 환경기사 1급 또는 2급 이상의 자격이 있는 자를 임명하여야 하는 사업장으로서 5일 이내에 채용할 수 없는 부득이한 사정이 있는 경우에는 **30일의 범위**에서 4종·5종 사업장의 기준에 준하여 환경기술인을 임명할 수 있다.

(3) 환경기술인의 교육 (시행규칙 제125조)

① 환경기술인은 환경보전협회, 환경부 장관, 시·도지사 또는 대도시 시장이 교육을 실시할 능력이 있다고 인정하여 위탁하는 기관에서 실시하는 교육을 받아야 한다. 다만, 교육대상이 된 사람이 그 교육을 받아야 하는 기한의 마지막 날 이전 **3년 이내**에 동일한 교육을 받았을 경우에는 해당 교육을 받은 것으로 본다.

㉠ **신규**교육 : 환경기술인으로 임명된 날부터 **1년 이내에 1회**

㉡ **보수**교육 : 신규교육을 받은 날을 기준으로 **3년마다 1회**

② ①에 따른 **교육기간은 4일 이내**로 한다. 다만, 정보통신매체를 이용하여 원격교육을 하는 경우에는 환경부 장관이 인정하는 기간으로 한다.

(4) 사업장별 환경기술인의 자격기준(시행령 [별표 10]) ⭐빈출

구분	환경기술인의 자격기준
1종 사업장 (대기오염물질 발생량의 합계가 연간 80톤 이상인 사업장)	**대기환경기사** 이상의 기술자격 소지자 1명 이상
2종 사업장 (대기오염물질 발생량의 합계가 연간 20톤 이상 80톤 미만인 사업장)	**대기환경산업기사** 이상의 기술자격 소지자 1명 이상
3종 사업장 (대기오염물질 발생량의 합계가 연간 10톤 이상 20톤 미만인 사업장)	**대기환경산업기사 이상**의 기술자격 소지자, **환경기능사** 또는 **3년 이상 대기분야 환경관련 업무에 종사한 자** 1명 이상
4종 사업장 (대기오염물질 발생량의 합계가 연간 2톤 이상 10톤 미만인 사업장)	배출시설 설치허가를 받거나 배출시설 설치신고가 수리된 자 또는 배출시설 설치허가를 받거나 수리된 자가 해당 사업장의 배출시설 및 방지시설 업무에 종사하는 피고용인 중에서 임명하는 자 1명 이상
5종 사업장 (1종 사업장부터 4종 사업장까지에 속하지 아니하는 사업장)	

[비고] 1. 4종 사업장과 5종 사업장 중 기준 이상의 **특정대기유해물질이 포함된 오염물질을 배출하는 경우**에는 **3종 사업장에 해당하는 기술인**을 두어야 한다.
2. **1종 사업장과 2종 사업장 중 1개월 동안 실제 작업**한 날만을 계산하여 **1일 평균 17시간 이상 작업**하는 경우에는 해당 사업장의 기술인을 각각 **2명 이상** 두어야 한다. 이 경우, **1명을 제외한 나머지 인원**은 **3종 사업장**에 해당하는 기술인 또는 환경기능사로 대체할 수 있다.
3. 공동방지시설에서 각 사업장의 대기오염물질 발생량의 합계가 **4종 사업장과 5종 사업장의 규모에 해당하는 경우**에는 **3종 사업장에 해당하는 기술인**을 두어야 한다.
4. 전체 배출시설에 대하여 방지시설 설치면제를 받은 사업장과 배출시설에서 배출되는 오염물질 등을 공동방지시설에서 처리하는 사업장은 **5종 사업장에 해당하는 기술인**을 둘 수 있다.
5. 대기환경기술인이 수질환경기술인의 자격을 갖춘 경우에는 수질환경기술인을 겸임할 수 있으며, 소음·진동환경기술인 자격을 갖춘 경우에는 소음·진동환경기술인을 **겸임**할 수 있다.
6. 배출시설 중 일반보일러만 설치한 사업장과 대기오염물질 중 먼지만 발생하는 사업장은 **5종 사업장에 해당하는 기술인**을 둘 수 있다.

(5) 환경기술인의 준수사항 및 관리사항(시행규칙 제54조) ⭐빈출

① 환경기술인의 준수사항

㉠ 배출시설 및 방지시설을 정상가동하여 대기오염물질 등의 배출이 배출허용기준에 맞도록 할 것

㉡ 배출시설 및 방지시설의 운영기록을 사실에 기초하여 작성할 것

ⓒ 자가측정은 정확히 할 것(자가측정을 대행하는 경우에도 또한 같다)

ⓔ 자가측정한 결과를 사실대로 기록할 것(자가측정을 대행하는 경우에도 또한 같다)

ⓜ 자가측정 시에 사용한 여과지는 환경오염공정시험기준에 따라 기록한 시료채취기록지와 함께 날짜별로 보관·관리할 것(자가측정을 대행한 경우에도 또한 같다)

ⓗ 환경기술인은 사업장에 상근할 것. 다만, 환경기술인을 공동으로 임명한 경우 그 환경기술인은 해당 사업장에 번갈아 근무하여야 한다.

② 환경기술인의 관리사항

ㄱ 배출시설 및 방지시설의 관리 및 개선에 관한 사항

ㄴ 배출시설 및 방지시설의 운영에 관한 기록부의 기록·보존에 관한 사항

ㄷ 자가측정 및 자가측정한 결과의 기록·보존에 관한 사항

ㄹ 그 밖에 환경오염 방지를 위하여 유역환경청장, 지방환경청장, 수도권대기환경청장 또는 시·도지사가 지시하는 사항

핵심이론 19 | **자가측정**

(1) 자가측정의 대상·항목 및 방법(시행규칙 [별표 11])

〈관제센터로 측정결과를 자동전송하지 않는 사업장의 배출구〉

구분	배출구별 규모	측정횟수	측정항목
제1종 배출구	먼지·황산화물 및 질소산화물의 연간 발생량 합계가 80톤 이상인 배출구	**매주** 1회 이상	배출허용기준이 적용되는 대기오염물질. 다만, **비산먼지는** 제외.
제2종 배출구	먼지·황산화물 및 질소산화물의 연간 발생량 합계가 20톤 이상 80톤 미만인 배출구	**매월** 2회 이상	
제3종 배출구	먼지·황산화물 및 질소산화물의 연간 발생량 합계가 10톤 이상 20톤 미만인 배출구	**2개월마다** 1회 이상	
제4종 배출구	먼지·황산화물 및 질소산화물의 연간 발생량 합계가 2톤 이상 10톤 미만인 배출구	**반기마다** 1회 이상	
제5종 배출구	먼지·황산화물 및 질소산화물의 연간 발생량 합계가 2톤 미만인 배출구	**반기마다** 1회 이상	

[비고] 1. 제3종부터 제5종까지의 배출구에서 기준 이상의 특정대기유해물질이 배출되는 경우에는 위 〈표〉에도 불구하고 **매월 2회 이상** 해당 오염물질에 대하여 **자가측정**을 하여야 한다.

2. 위 표에도 불구하고 **특정대기유해물질** 중 **다환방향족탄화수소**에 대해서는 **반기마다 1회 이상** 자가측정을 해야 한다.

3. **방지시설 설치면제 사업장**은 해당 시설에 대하여 **연 1회 이상 자가측정**을 해야 한다. 다만, 물리적 또는 안전상의 이유로 자가측정이 곤란하거나 대기오염물질 발생을 저감하는 장치를 상시 가동하는 등의 사유로 자가측정이 필요하지 않다고 환경부 장관(환경부 장관의 허가를 받거나 환경부 장관에게 신고를 한 배출시설만 해당한다) 또는 시·도지사가 인정하는 경우에는 그렇지 않다.

4. 측정항목 중 **황산화물에 대한 자가측정**은 해당 측정대상시설이 **중유 등 연료유만을 사용하는 시설인 경우**에는 **연료의 황함유 분석표로 갈음**할 수 있다.

(2) 자가측정 대상 및 방법 (시행규칙 제52조)

① 자가측정 시 사용한 여과지 및 시료채취기록지의 보존기간은 환경오염공정시험기준에 따라 **측정한 날부터 6개월**로 한다.

② 사업자는 측정결과를 다음의 구분에 따라 반기별 자가측정 결과보고서에 배출구별 자가측정 기록 사본을 첨부하여 유역환경청장, 지방환경청장, 수도권대기환경청장 또는 시·도지사에게 제출해야 한다. 다만, 전산에 의한 방법으로 기록·보존하는 경우에는 제출하지 않을 수 있다.

  ㉠ 상반기 측정결과 : 7월 31일까지

  ㉡ 하반기 측정결과 : 다음 해 1월 31일까지

③ 사업자는 측정결과의 제출을 측정대행업자에게 대행하게 할 수 있다.

핵심이론 20 | 측정기기

(1) 적산전력계의 운영·관리 기준 (시행규칙 [별표 9])

환경부 장관, 시·도지사 및 사업자는 굴뚝 배출가스 온도측정기를 새로 설치하거나 교체하는 경우에는 교정을 받아야 하며, 그 기록을 **3년 이상 보관**하여야 한다. 다만, 온도측정기 중 최종 연소실 출구 온도를 측정하는 온도측정기의 경우에는 **KS규격품을 사용하여 교정을 갈음**할 수 있다.

(2) 측정기기의 개선기간 (시행령 제18조)

① 환경부 장관 또는 시·도지사는 조치명령을 하는 경우에는 **6개월 이내**의 개선기간을 정해야 한다.

② 환경부 장관 또는 시·도지사는 조치명령을 받은 자가 천재지변이나 그 밖의 부득이한 사유로 개선기간 내에 조치를 마칠 수 없는 경우에는 조치명령을 받은 자의 신청을 받아 **6개월의 범위에서 개선기간을 연장**할 수 있다.

핵심이론 21 │ 배출시설의 설치허가 및 설치신고

(1) 설치 허가 및 신고 (시행령 제11조)

① 설치허가를 받아야 하는 대기오염물질 배출시설
- ㉠ **특정대기유해물질**이 환경부령으로 정하는 **기준 이상으로 발생되는 배출시설**
- ㉡ **특별대책지역에 설치하는 배출시설**. 다만, 특정대기유해물질이 기준 이상으로 배출되지 아니하는 배출시설로서 5종 사업장에 설치하는 배출시설은 제외한다.

② 배출시설을 설치하려는 자는 배출시설 설치신고를 하여야 한다.

③ 배출시설 설치허가를 받거나 설치신고를 하려는 자는 **배출시설 설치허가신청서** 또는 **배출시설 설치신고서**에 다음의 서류를 첨부하여 환경부 장관 또는 시·도지사에게 제출해야 한다.
- ㉠ 원료(연료 포함)의 사용량 및 제품 생산량과 오염물질 등의 배출량을 예측한 명세서
- ㉡ 배출시설 및 방지시설의 설치명세서
- ㉢ 방지시설의 일반도(一般圖)
- ㉣ 방지시설의 연간 유지관리계획서
- ㉤ 사용 연료의 성분 분석과 황산화물 배출농도 및 배출량 등을 예측한 명세서(법 단서에 해당하는 배출시설의 경우에만 해당)
- ㉥ 배출시설 설치허가증(변경허가를 신청하는 경우에만 해당)

④ "대통령령으로 정하는 중요한 사항"이란 다음과 같다.
- ㉠ 설치허가 또는 변경허가를 받거나 변경신고를 한 배출시설 규모의 **합계나 누계의 100분의 50 이상**(**특정대기유해물질** 배출시설의 경우에는 **100분의 30 이상**으로 한다) **증설**. 이 경우 배출시설 규모의 합계나 누계는 **배출구별로 산정**한다.
- ㉡ 설치허가 또는 변경허가를 받은 배출시설의 용도 추가

(2) 배출시설 설치의 제한 (시행령 제12조)

① 배출시설 설치지점으로부터 **반경 1킬로미터 안의 상주인구가 2만명 이상인 지역**으로서 **특정대기유해물질 중 한 가지 종류의 물질을 연간 10톤 이상 배출**하거나 두 가지 이상의 물질을 **연간 25톤 이상 배출하는** 시설을 설치하는 경우

② 대기오염물질(먼지·황산화물 및 질소산화물만 해당)의 발생량 합계가 **연간 10톤 이상**인 배출시설을 **특별대책지역**(총량규제구역으로 지정된 특별대책지역은 제외)에 설치하는 경우

(3) 시운전 기간 (법 제35조)

"환경부령으로 정하는 기간"이란 신고한 배출시설 및 방지시설의 **가동개시일부터 30일까지의 기간**을 말한다.

핵심이론 22 │ 배출시설의 변경신고 (시행규칙 제27조)

(1) 변경신고를 해야 하는 경우 ★빈출

① 같은 배출구에 연결된 배출시설을 증설 또는 교체하거나 폐쇄하는 경우. 다만, 배출시설의 규모[허가 또는 변경허가를 받은 배출시설과 같은 종류의 배출시설로서 같은 배출구에 연결되어 있는 배출시설(방지시설의 설치를 면제받은 배출시설의 경우에는 면제받은 배출시설)의 총 규모]를 **10퍼센트 미만**으로 증설 또는 교체하거나 폐쇄하는 경우로서 다음의 모두에 해당하는 경우에는 그러하지 아니하다.
  ㉠ 배출시설의 증설·교체·폐쇄에 따라 변경되는 대기오염물질의 양이 방지시설의 처리용량 범위 내일 것
  ㉡ 배출시설의 증설·교체로 인하여 다른 법령에 따른 설치제한을 받는 경우가 아닐 것

② 배출시설에서 허가받은 오염물질 외의 새로운 대기오염물질이 배출되는 경우

③ 방지시설을 증설·교체하거나 폐쇄하는 경우

④ 사업장의 명칭이나 대표자를 변경하는 경우

⑤ 사용하는 원료나 연료를 변경하는 경우. 다만, 새로운 대기오염물질을 배출하지 아니하고 배출량이 증가되지 아니하는 원료로 변경하는 경우 또는 종전의 연료보다 황 함유량이 낮은 연료로 변경하는 경우는 제외한다.

⑥ 배출시설 또는 방지시설을 임대하는 경우

⑦ 그 밖의 경우로서 배출시설 설치허가증에 적힌 허가사항 및 일일조업시간을 변경하는 경우

(2) 배출시설 변경신고서

변경신고를 하려는 자는 **변경 전**에, 그 사유가 발생한 날부터 **2개월 이내**에, 그 사유가 발생한 날(배출시설에 사용하는 원료나 연료를 변경하지 아니한 경우로서 자가측정 시 새로운 대기오염물질이 배출되지 않았으나 검사결과 새로운 대기오염물질이 배출된 경우에는 그 배출이 확인된 날)부터 **30일 이내**에 배출시설 변경신고서에 다음의 서류 중 변경내용을 증명하는 서류와 배출시설 설치허가증을 첨부하여 유역환경청장, 지방환경청장, 수도권대기환경청장 또는 시·도지사에게 제출해야 한다.

① **공정도**

② **방지시설의 설치명세서와 그 도면**

③ **그 밖에 변경내용을 증명하는 서류**

핵심이론 23 　 인증시험업무의 대행 (법 제 48조의 2)

(1) 인증시험대행기관 및 인증시험업무에 종사하는 자는 다음의 행위를 하여서는 아니된다.

　① 다른 사람에게 자신의 명의로 인증시험업무를 하게 하는 행위

　② 거짓이나 그 밖의 부정한 방법으로 인증시험을 하는 행위

　③ 인증시험과 관련하여 환경부령으로 정하는 준수사항을 위반하는 행위

　④ 인증시험의 방법과 절차를 위반하여 인증시험을 하는 행위

(2) 인증시험대행기관의 **지정기준, 지정절차, 그 밖에 인증업무에 필요한 사항**은 **환경부령**으로 정한다.

핵심이론 24 　 첨가제·촉매제 제조기준에 맞는 제품의 표시방법 (시행규칙 [별표 34])

(1) 표시 내용

첨가제 또는 촉매제 용기 앞면 제품명 밑에 한글로 "첨가제 또는 촉매제 제조기준에 맞게 제조된 제품임. 국립환경과학원장(또는 검사를 한 검사기관장의 명칭) 제○○호"로 적어 표시해야 한다.

(2) 표시 크기

첨가제 또는 촉매제 용기 앞면의 제품명 밑에 제품명 **글자크기의 100분의 30 이상에 해당하는 크기**로 표시해야 한다.

(3) 표시 색상

첨가제 또는 촉매제 용기 등의 도안 색상과 보색관계에 있는 색상으로 하여 선명하게 표시해야 한다.

핵심이론 25 | 기준초과배출량 및 초과배출량 공제분

(1) 일일 기준초과배출량 산정방법 (시행령 [별표 5])

구분	오염물질	산정방법
일반오염물질	황산화물	일일유량×배출허용기준 초과농도×10^{-6}×64÷22.4
	먼지	일일유량×배출허용기준 초과농도×10^{-6}
	질소산화물	일일유량×배출허용기준 초과농도×10^{-6}×46÷22.4
	암모니아	일일유량×배출허용기준 초과농도×10^{-6}×17÷22.4
	황화수소	일일유량×배출허용기준 초과농도×10^{-6}×34÷22.4
	이황화탄소	일일유량×배출허용기준 초과농도×10^{-6}×76÷22.4
특정대기유해물질	불소화합물	일일유량×배출허용기준 초과농도×10^{-6}×19÷22.4
	염화수소	일일유량×배출허용기준 초과농도×10^{-6}×36.5÷22.4
	사이안화수소	일일유량×배출허용기준 초과농도×10^{-6}×27÷22.4

[비고] 1. 배출허용기준 초과농도＝배출농도 － 배출허용기준농도
2. **특정대기유해물질**의 배출허용기준 초과 일일오염물질 배출량은 소수점 이하 **넷째 자리까지 계산**하고, **일반오염물질**은 소수점 이하 **첫째 자리**까지 계산한다.
3. 먼지의 배출농도 단위는 **표준상태(0℃, 1기압)에서의 mg/Sm³**로 하고, 그 밖의 오염물질의 배출농도 단위는 ppm으로 한다.

(2) 일일유량 산정방법

> 일일유량 = 측정유량×일일조업시간

① 측정유량의 단위는 시간당 세제곱미터(m^3/hr)로 한다.
② 일일조업시간은 배출량을 측정하기 전 **최근 조업한 30일 동안**의 배출시설 조업시간 **평균치**를 **시간으로 표시**한다.

(3) 초과배출량 공제분 산정방법 (시행령 [별표 5의 2])

> 초과배출량 공제분 = (배출허용기준농도－3개월간 평균배출농도)×3개월간 평균배출유량

① 3개월간 평균배출농도는 배출허용기준을 초과한 날 이전 정상 가동된 **3개월 동안**의 30분 평균치를 **산술평균한 값**으로 한다.
② 3개월간 평균배출유량은 배출허용기준을 초과한 날 이전 정상가동된 **3개월 동안**의 30분 유량값을 **산술평균한 값**으로 한다.
③ 초과배출량 공제분이 초과배출량을 초과하는 경우에는 초과배출량을 초과배출량 공제분으로 한다.

핵심이론 26 벌칙 기준 ★빈출

(1) 7년 이하의 징역이나 1억원 이하의 벌금에 처하는 경우(법 제89조)

① 제23조 제1항이나 제2항에 따른 허가나 변경허가를 받지 아니하거나 거짓으로 허가나 변경허가를 받아 배출시설을 설치 또는 변경하거나 그 배출시설을 이용하여 조업한 자

② 제26조 제1항 본문이나 제2항에 따른 방지시설을 설치하지 아니하고 배출시설을 설치 · 운영한 자

③ 제46조를 위반하여 제작차 배출허용기준에 맞지 아니하게 자동차를 제작한 자, 제46조 제4항을 위반하여 자동차를 제작한 자

④ 제48조 제1항을 위반하여 인증을 받지 아니하고 자동차를 제작한 자, 제50조의 3에 따른 상환명령을 이행하지 아니하고 자동차를 제작한 자, 제55조 제1호에 해당하는 행위를 한 자

⑤ 제74조 제1항을 위반하여 자동차 연료 · 첨가제 또는 촉매제를 제조기준에 맞지 아니하게 제조한 자 등

(2) 5년 이하의 징역이나 5천만원 이하의 벌금에 처하는 경우(법 제90조)

① 제23조 제1항에 따른 신고를 하지 아니하거나 거짓으로 신고를 하고 배출시설을 설치 또는 변경하거나 그 배출시설을 이용하여 조업한 자

② 제32조 제1항 본문에 따른 측정기기의 부착 등의 조치를 하지 아니한 자

③ 제74조 제6항 본문을 위반하여 첨가제 또는 촉매제를 공급하거나 판매한 자 등

(3) 3년 이하의 징역이나 3천만원 이하의 벌금에 처하는 경우(법 제91조의 2)

황 함유기준을 초과하는 연료를 공급 · 판매한 자

(4) 1년 이하의 징역이나 1천만원 이하의 벌금에 처하는 경우(법 제91조)

① 제30조를 위반하여 신고를 하지 아니하고 조업한 자

② 제32조 제6항에 따른 조업정지명령을 위반한 자, 제32조의 2 제1항을 위반하여 측정기기 관리대행업의 등록 또는 변경등록을 하지 아니하고 측정기기 관리업무를 대행한 자

③ 제74조 제7항에 따른 규제를 위반하여 자동차 연료 · 첨가제 또는 촉매제를 제조하거나 판매한 자 등

(5) 500만원 이하의 벌금에 처하는 경우(법 제91조의 2)

① 제58조 제12항에 따른 표지를 거짓으로 제작하거나 붙인 자

② 제58조의 2 제4항을 위반하여 저공해자동차 보급계획서의 승인을 받지 아니한 자

(6) 300만원 이하의 벌금에 처하는 경우 (법 제92조)

　① 제8조 제3항에 따른 명령을 정당한 사유 없이 위반한 자

　② 제62조 제4항에 따른 이륜자동차정기검사 명령을 이행하지 아니한 자

　③ 제70조의 2에 따른 운행정지명령을 받고 이에 따르지 아니한 자 등

(7) 200만원 이하의 벌금에 처하는 경우 (법 제92조)

　환경기술인의 업무를 방해하거나 환경기술인의 요청을 정당한 사유 없이 거부한 자

핵심이론 27　과태료 (법 제94조)

(1) 500만원 이하의 과태료를 부과하는 경우

　① 제48조 제3항을 위반하여 인증·변경인증의 표시를 하지 아니한 자

　② 제76조의 4 제1항을 위반하여 자동차에 온실가스 배출량을 표시하지 아니하거나 거짓으로 표시한 자 등

(2) 300만원 이하의 과태료를 부과하는 경우

　① 제31조 제2항을 위반하여 배출시설 등의 운영상황을 기록·보존하지 아니하거나 거짓으로 기록한 자, 제39조 제3항을 위반하여 측정한 결과를 제출하지 아니한 자

　② 환경기술인을 임명하지 아니한 자

　③ 제58조 제1항에 따른 저공해자동차로의 전환 또는 개조 명령, 배출가스저감장치의 부착·교체 명령 또는 배출가스 관련 부품의 교체 명령, 저공해엔진(혼소엔진을 포함한다)으로의 개조 또는 교체 명령을 이행하지 아니한 자 등

(3) 200만원 이하의 과태료를 부과하는 경우

　① 제44조 제2항 또는 제45조 제3항에 따른 휘발성유기화합물 배출시설의 변경신고를 하지 아니한 자

　② 제74조 제6항 제1호에 따른 제조기준에 맞지 아니하는 첨가제 또는 촉매제임을 알면서 사용한 자 등

(4) 100만원 이하의 과태료를 부과하는 경우

　① 제40조 제2항에 따른 환경기술인의 준수사항을 지키지 아니한 자

　② 제77조를 위반하여 환경기술인 등의 교육을 받게 하지 아니한 자 등

(5) 50만원 이하의 과태료를 부과하는 경우

　이륜자동차 정기검사를 받지 아니한 자

핵심이론 28 | 비산먼지

(1) 비산먼지 배출공정

① 야적

(분체상 물질을 야적하는 경우에만 해당)

② 싣기 및 내리기

(분체상 물질을 싣고 내리는 경우만 해당)

③ 수송

④ 이송

⑤ 채광·채취

(갱 내 작업은 제외)

⑥ 조쇄 및 분쇄

(시멘트 제조업만 해당하며, 갱 내 작업은 제외)

⑦ 야외 절단·절삭

(2) 시설의 설치 및 필요한 조치에 관한 기준 (시행규칙 [별표 14])

배출공정	시설의 설치 및 조치에 관한 기준
1. 야적 (분체상 물질을 야적하는 경우만 해당)	① 야적물질을 1일 **이상 보관**하는 경우 방진덮개로 덮을 것 ② 야적물질의 최고저장높이의 1/3 **이상의 방진벽**을 설치하고, 최고저장높이의 **1.25배 이상의 방진망**(개구율 40% 상당의 방진망을 말한다. 이하 같다) 또는 방진막을 설치할 것. 다만, 건축물 축조 및 토목 공사장·조경 공사장·건축물 해체 공사장의 공사장 경계에는 높이 1.8m(공사장 부지경계선으로부터 50m 이내에 주거·상가 건물이 있는 곳의 경우에는 3m) 이상의 방진벽을 설치하되, 둘 이상의 공사장이 붙어 있는 경우의 공동경계면에는 방진벽을 설치하지 아니할 수 있다. ③ 야적물질로 인한 비산먼지 발생억제를 위하여 **물을 뿌리는 시설을 설치**할 것(고철 야적장과 수용성 물질, 사료 및 곡물 등의 경우는 제외) ④ 혹한기(매년 12월 1일부터 다음 연도 2월 말일까지)에는 표면경화제 등을 살포할 것(제철 및 제강업만 해당) ⑤ 야적설비를 이용하여 작업 시 낙하거리를 최소화하고, 야적설비 주위에 물을 뿌려 비산먼지가 흩날리지 않도록 할 것(제철 및 제강업만 해당) ⑥ 공장 내에서 시멘트 제조를 위한 원료 및 연료는 최대한 3면이 막히고 지붕이 있는 구조물 내에 보관하며, 보관시설의 출입구는 방진망 또는 방진막 등을 설치할 것(시멘트 제조업만 해당)

5과목 핵심

배출공정	시설의 설치 및 조치에 관한 기준
2. 싣기 및 내리기 (분체상 물질을 싣고 내리는 경우만 해당)	① 작업 시 발생하는 비산먼지를 제거할 수 있는 이동식 집진시설 또는 분무식 집진시설(dust boost)을 설치할 것(석탄제품 제조업, 제철·제강업 또는 곡물하역업에만 해당) ② 싣거나 내리는 장소 주위에 **고정식 또는 이동식 물을 뿌리는 시설(살수반경 5m 이상, 수압 3kg/cm² 이상)**을 설치·운영하여 작업하는 중 다시 흩날리지 아니하도록 할 것(곡물작업장의 경우는 제외) ③ **풍속이 평균 초속 8m 이상일 경우에는 작업을 중지할 것** ④ 공장 내에서 싣고 내리기는 최대한 밀폐된 시설에서만 실시하여 비산먼지가 생기지 아니하도록 할 것(시멘트 제조업만 해당) ⑤ 조쇄(캐낸 광석을 초벌로 깨는 일)를 위한 내리기 작업은 최대한 3면이 막히고 지붕이 있는 구조물 내에서 실시할 것. 다만, 수직갱에서의 조쇄를 위한 내리기 작업은 충분한 살수를 실시할 수 있는 시설을 설치할 것(시멘트 제조업만 해당)
3. 수송 (시멘트·석탄·토사·사료·곡물·고철의 운송은 ①·②·⑥·⑦ 및 ⑩만 적용하고, 목재수송은 ⑦·⑧ 및 ⑩만 적용)	① 적재함을 최대한 밀폐할 수 있는 덮개를 설치하여 적재물이 외부에서 보이지 아니하고 흘림이 없도록 할 것 ② 적재함 상단으로부터 5cm 이하까지 적재물을 수평으로 적재할 것 ③ 도로가 비포장 사설도로인 경우 비포장 사설도로로부터 반지름 500m 이내에 10가구 이상의 주거시설이 있을 때에는 해당 마을로부터 반지름 1km 이내의 경우에는 포장, 간이포장 또는 살수 등을 할 것 ④ 다음의 어느 하나에 해당하는 시설을 설치할 것 　㉠ 자동식 세륜시설(바퀴 등의 세척시설) 　　금속지지대에 설치된 롤러에 차바퀴를 닿게 한 후 전력 또는 차량의 동력을 이용하여 차바퀴를 회전시키는 방법으로 차바퀴에 묻은 흙 등을 제거할 수 있는 시설 　㉡ 수조를 이용한 세륜시설 　　• 수조의 넓이 : 수송차량의 1.2배 이상 　　• 수조의 깊이 : 20센티미터 이상 　　• 수조의 길이 : 수송차량 전체길이의 2배 이상 　　• 수조수 순환을 위한 침전조 및 배관을 설치하거나 물을 연속적으로 흘려 보낼 수 있는 시설을 설치할 것 ⑤ 다음 규격의 측면 살수시설을 설치할 것 　㉠ 살수높이 : 수송차량의 바퀴부터 적재함 하단부까지 　㉡ 살수길이 : 수송차량 전체길이의 1.5배 이상 　㉢ **살수압 : 3kgf/cm² 이상** ⑥ 수송차량은 세륜 및 측면 살수 후 운행하도록 할 것 ⑦ 먼지가 흩날리지 아니하도록 공사장 안의 통행차량은 시속 **20km 이하**로 운행할 것 ⑧ 통행차량의 운행기간 중 공사장 안의 통행도로에는 1일 1회 이상 살수할 것 ⑨ 광산 진입로는 임시로 포장하여 먼지가 흩날리지 아니하도록 할 것(시멘트 제조업만 해당) ⑩ ①부터 ⑨까지와 같거나 그 이상의 효과를 가지는 시설을 설치하거나 조치하는 경우에는 ①부터 ⑨까지 중 그에 해당하는 시설의 설치 또는 조치를 제외함

(3) 시설의 설치 및 필요한 조치에 관한 엄격한 기준 (시행규칙 [별표 15])

배출공정	시설의 설치 및 조치에 관한 엄격한 기준
1. 야적	① 야적물질을 최대한 밀폐된 시설에 저장 또는 보관할 것 ② 수송 및 작업차량 출입문을 설치할 것 ③ 보관·저장 시설은 가능하면 3면이 막히고 지붕이 있는 구조가 되도록 할 것
2. 싣기와 내리기	① 최대한 밀폐된 저장 또는 보관 시설 내에서만 분체상 물질을 싣거나 내릴 것 ② 싣거나 내리는 장소 주위에 고정식 또는 이동식 물뿌림 시설(**물뿌림 반경 7m 이상, 수압 5kg/cm² 이상**)을 설치할 것
3. 수송	① 적재물이 흘러내리거나 흩날리지 아니하도록 덮개가 장치된 차량으로 수송할 것 ② 다음 규격의 세륜시설을 설치할 것 　금속지지대에 설치된 롤러에 차바퀴를 닿게 한 후 전력 또는 차량의 동력을 이용하여 차바퀴를 회전시키는 방법 또는 이와 같거나 그 이상의 효과를 지닌 자동물뿌림장치를 이용하여 차바퀴에 묻은 흙 등을 제거할 수 있는 시설 ③ 공사장 출입구에 환경전담요원을 고정배치하여 출입차량의 세륜·세차를 통제하고, 공사장 밖으로 토사가 유출되지 아니하도록 관리할 것 ④ 공사장 내 차량통행도로는 다른 공사에 우선하여 포장하도록 할 것

(4) 비산먼지 발생 사업 (시행규칙 [별표 13])

발생 사업	신고대상 사업
1. 시멘트·석회·플라스터(plaster) 및 시멘트 관련 제품의 제조 및 가공업	① 시멘트 제조업·가공 및 저장업 ② 석회 제조업 ③ 콘크리트제품 제조업 ④ 플라스터 제조업
2. 비금속물질의 채취·제조·가공업	① 토사석(土砂石) 광업 ② 석탄제품 제조업 및 아스콘 제조업 ③ 내화요업제품 제조업 ④ 유리 및 유리제품 제조업 ⑤ 일반도자기 제조업 ⑥ 구조용 비내화 요업제품 제조업 ⑦ 비금속광물 분쇄물 생산업 ⑧ 건설폐기물 처리업
3. 제1차 금속 제조업	① 금속 주조업 ② 제철 및 제강업 ③ 비철금속 제1차 제련 및 정련업
4. 비료 및 사료 제품의 제조업	① 화학비료 제조업 ② 배합사료 제조업 ③ 곡물 가공업(임가공업 포함)

발생 사업	신고대상 사업
5. 건설업	① 건축물축조 공사 ② 토목 공사 ③ 조경 공사 ④ 지반조성 공사 ⑤ 도장 공사
6. 시멘트·석탄·토사·사료·곡물·고철의 운송업	시멘트·석탄·토사·사료·곡물·고철의 운송업
7. 운송장비 제조업	① 강선 건조업과 합성수지선 건조업 ② 선박 구성부분품 제조업(선실 블록 제조업만 해당) ③ 그 밖에 선박 건조업
8. 저탄시설의 설치가 필요한 사업	① 발전업 ② 부두, 역 구내 및 기타 지역의 저탄사업 ③ 석탄을 연료로 사용하는 사업(저탄면적 $100m^2$ 이상만 해당)
9. 고철·곡물·사료·목재 및 광석의 하역업 또는 보관업	수상화물 취급업
10. 금속제품의 제조·가공업	① 금속 처리업 ② 구조금속제품 제조업
11. 폐기물 매립시설의 설치·운영 사업	① 폐기물 매립시설을 설치·운영하는 사업 ② 폐기물 최종처분업 및 폐기물 종합처분업

핵심이론 29 | 비산 배출

(1) I 업종(시행규칙 [별표 10의 2])

　① 원유정제 처리업

　② 파이프라인 운송업

　③ 위험물품 보관업

　④ 석유화학계 기초화학물질 제조업

　⑤ 합성고무 제조업

　⑥ 합성수지 및 기타 플라스틱물질 제조업

(2) II 업종

　① 제철업

　② 제강업

(3) III 업종

    ① 접착제 및 젤라틴 제조업

    ② 그 외 기타 고무제품 제조업 등

(4) IV 업종

    ① 강선 건조업

    ② 선박 구성부분품 제조업 등

핵심이론 30   과징금

(1) 부과기준 (법 제47조의 2)

    ① 과징금은 행정처분기준에 따라 업무정지일수에 1일당 부과금액을 곱하여 산정한다.

    ② **1일당 부과금액은 20만원**으로 한다.

    ③ 법 위반행위 중 **6개월 이상**의 업무정지 처분을 받아야 하는 위반행위는 과징금 부과 처분대상에서 제외한다.

(2) 산정방법 (시행규칙 제52조)

    ① **매출액 산정방법** : 법 제56조에서 "매출액"이란 그 자동차의 최초 제작시점부터 적발시점까지의 총 매출액으로 한다. 다만, 과거에 위반경력이 있는 자동차 제작자는 위반행위가 있었던 시점 이후에 제작된 자동차의 매출액으로 한다.

    ② **가중부과계수** : 위반행위의 종류 및 배출가스의 증감 정도에 따른 가중부과계수는 다음과 같다.

위반행위의 종류	가중부과계수	
	배출가스의 양이 증가하는 경우	배출가스의 양이 증가하지 않는 경우
1. 인증을 받지 않고 자동차를 제작하여 판매한 경우	1.0	1.0
2. 거짓이나 그 밖의 부정한 방법으로 인증 또는 변경인증을 받은 경우	1.0	1.0
3. 인증받은 내용과 다르게 자동차를 제작하여 판매한 경우	1.0	0.3

    ③ 과징금 산정방법

$$매출액 \times 5/100 \times 가중부과계수$$

(3) 과징금 처분 1 (법 제37조)

① 환경부 장관 또는 시·도지사는 다음의 어느 하나에 해당하는 배출시설을 설치·운영하는 사업자에 대하여 조업정지를 명하여야 하는 경우로서 그 조업정지가 주민의 생활, 대외적인 신용·고용·물가 등 국민경제, 그 밖에 공익에 현저한 지장을 줄 우려가 있다고 인정되는 경우 등과 그 밖에 대통령령으로 정하는 경우에는 조업정지 처분을 갈음하여 **매출액에 100분의 5를 곱한 금액을 초과하지 아니하는 범위**에서 과징금을 부과할 수 있다. 다만, 매출액이 없거나 매출액의 산정이 곤란한 경우로서 **대통령령**으로 정하는 경우에는 **2억원을 초과하지 아니하는 범위**에서 과징금을 부과할 수 있다.

    ㉠ 의료기관의 배출시설

    ㉡ 사회복지시설 및 공동주택의 냉난방시설

    ㉢ 발전소의 발전설비

    ㉣ 집단에너지시설

    ㉤ 학교의 배출시설

    ㉥ 제조업의 배출시설

    ㉦ 그 밖에 대통령령으로 정하는 배출시설

② ①에도 불구하고 다음의 어느 하나에 해당하는 경우에는 조업정지 처분을 갈음하여 과징금을 부과할 수 없다.

    ㉠ 방지시설(공동방지시설을 포함한다)을 설치하여야 하는 자가 방지시설을 설치하지 아니하고 배출시설을 가동한 경우

    ㉡ 제금지행위를 한 경우로서 30일 이상의 조업정지 처분을 받아야 하는 경우

    ㉢ 개선명령을 이행하지 아니한 경우

    ㉣ 과징금 처분을 받은 날부터 2년이 경과되기 전에 조업정지 처분대상이 되는 경우

③ 과징금을 부과하는 위반행위의 종류·정도 등에 따른 과징금의 금액과 그 밖에 필요한 사항은 대통령령으로 정하되, 그 금액의 2분의 1의 범위에서 가중(加重)하거나 감경(減輕)할 수 있다.

(4) 과징금 처분 2 (시행령 제38조)

① 법 제37조 제1항, 제38조의 2 제10항 또는 제44조 제11항에 따른 과징금은 법 제84조에 따른 위반행위별 행정처분기준에 따른 조업정지일수에 **1일당 300만원**과 다음의 구분에 따른 부과계수를 곱하여 산정한다.

    ㉠ [별표 1의 3]에 따른 사업장에 해당하는 경우의 부과계수

      • **1종 사업장** : 2.0

      • **2종 사업장** : 1.5

      • **3종 사업장** : 1.0

- 4종 사업장 : 0.7
- 5종 사업장 : 0.4

ⓒ [별표 1의 3]에 따른 사업장에 해당하지 않는 경우의 부과계수 : 0.4

② ①에 따라 산정한 과징금의 금액은 그 금액의 **2분의 1 범위**에서 늘리거나 줄일 수 있다. 이 경우 그 금액을 늘리는 경우에도 과징금의 총액은 **매출액에 100분의 5를 곱한 금액을 초과할 수 없다.**

(5) 과징금 처분 3 (법 제48조의 4)

① 환경부 장관은 업무의 정지를 명하려는 경우로서 그 업무의 정지로 인하여 이용자 등에게 심한 불편을 주거나, 그 밖에 공익에 현저한 지장을 줄 우려가 있다고 인정하는 경우에는 **그 업무의 정지를 갈음하여 5천만원 이하의 과징금을 부과**할 수 있다.

② ①에 따른 과징금을 부과하는 위반행위의 종류·정도 등에 따른 과징금의 금액과 그 밖에 필요한 사항은 **대통령령**으로 정한다.

(6) 과징금 처분 4 (법 제56조)

① 환경부 장관은 자동차 제작자가 다음의 어느 하나에 해당하는 경우에는 그 자동차 제작자에 대하여 **매출액에 100분의 5를 곱한 금액을 초과하지 아니하는 범위**에서 과징금을 부과할 수 있다. 이 경우 **과징금의 금액은 500억원을 초과할 수 없다.**

ⓐ **인증을 받지 아니하고 자동차를 제작하여 판매한 경우**

ⓑ **거짓이나 그 밖의 부정한 방법으로 인증 또는 변경인증을 받은 경우**

ⓒ **인증받은 내용과 다르게 자동차를 제작하여 판매한 경우**

② ①항에 따른 과징금은 위반행위의 종류, 배출가스의 증감 정도 등을 고려하여 **대통령령**으로 정하는 기준에 따라 부과한다.

핵심이론 31 **총량규제구역의 지정** (시행규칙 제24조)

환경부 장관은 그 구역의 사업장에서 배출되는 대기오염물질을 총량으로 규제하려는 경우에는 다음의 사항을 고시하여야 한다.

(1) **총량규제구역**

(2) **총량규제 대기오염물질**

(3) **대기오염물질의 저감계획**

(4) **그 밖에 총량규제구역의 대기관리를 위하여 필요한 사항**

| 핵심이론 32 | 장거리이동 대기오염물질 |

(1) 장거리이동 대기오염물질 피해방지 종합대책의 수립 (법 제13조)

① 환경부 장관은 장거리이동 대기오염물질 피해방지를 위하여 **5년마다** 관계 중앙행정기관의 장과 협의하고 시·도지사의 의견을 들은 후 장거리이동 대기오염물질대책위원회의 심의를 거쳐 장거리이동 대기오염물질 피해방지 종합대책을 수립하여야 한다. 종합대책 중 대통령령으로 정하는 중요 사항을 변경하려는 경우에도 또한 같다.

② 종합대책에 포함되어야 하는 사항

　㉠ 장거리이동 대기오염물질 발생 현황 및 전망

　㉡ 종합대책 추진실적 및 그 평가

　㉢ 장거리이동 대기오염물질 피해방지를 위한 국내 대책

　㉣ 장거리이동 대기오염물질 발생감소를 위한 국제협력

　㉤ 그 밖에 장거리이동 대기오염물질 피해방지를 위하여 필요한 사항

(2) 장거리이동 대기오염물질대책위원회 (법 제14조)

① 장거리이동 대기오염물질대책위원회는 **위원장 1명을 포함한 25명 이내의 위원**으로 성별을 고려하여 구성한다.

② 장거리이동 대기오염물질대책위원회의 **위원장**은 **환경부 차관**이 되고, 위원은 다음의 사람으로서 환경부 장관이 위촉하거나 임명하는 사람으로 한다.

　㉠ 대통령령으로 정하는 중앙행정기관의 공무원

　㉡ 대통령령으로 정하는 분야의 학식과 경험이 풍부한 전문가

③ 위원회와 실무위원회 및 장거리이동 대기오염물질연구단의 구성 및 운영 등에 관하여 필요한 사항은 **대통령령**으로 정한다.

(3) 대통령령으로 정하는 분야 (시행령 제4조)

① 산림 분야, 대기환경 분야, 기상 분야, 예방의학 분야, 보건 분야, 화학사고 분야, 해양 분야, 국제협력 분야 및 언론 분야를 말한다.

② 공무원이 아닌 위원의 임기는 2년으로 한다.

핵심이론 33 │ 휘발성유기화합물

(1) 휘발성유기화합물 배출시설의 신고 (시행규칙 제59조의 2)

① 휘발성유기화합물을 배출하는 시설을 설치하려는 자는 휘발성유기화합물 배출시설 설치신고서에 휘발성유기화합물 배출시설 설치명세서와 배출 억제·방지 시설 설치명세서를 첨부하여 **시설 설치일 10일 전**까지 시·도지사 또는 대도시 시장에게 제출하여야 한다. 다만, 휘발성유기화합물을 배출하는 시설이 설치허가 또는 설치신고의 대상이 되는 배출시설에 해당되는 경우에는 배출시설 설치허가신청서 또는 배출시설 설치신고서의 제출로 갈음할 수 있다.

② 신고를 받은 시·도지사 또는 대도시 시장은 신고증명서를 신고인에게 발급하여야 한다.

(2) 휘발성유기화합물의 규제 (시행령 제45조) ⭐빈출

① **대통령령**으로 정하는 **휘발성유기화합물 배출시설**은 다음과 같다.

  ㉠ 석유정제를 위한 제조시설, 저장시설 및 출하시설과 석유화학제품 제조업의 제조시설, 저장시설 및 출하시설

  ㉡ 저유소의 저장시설 및 출하시설

  ㉢ 주유소의 저장시설 및 주유시설

  ㉣ 세탁시설

  ㉤ 그 밖에 휘발성유기화합물을 배출하는 시설로서 환경부 장관이 관계 중앙행정기관의 장과 협의하여 고시하는 시설

② 시설의 규모는 **환경부 장관**이 관계 중앙행정기관의 장과 협의하여 고시한다.

(3) 휘발성유기화합물 배출시설의 변경신고 (시행규칙 제60조) ⭐빈출

① 사업장의 명칭 또는 대표자를 변경하는 경우

② 설치신고를 한 배출시설 규모의 합계 또는 누계보다 100분의 50 이상 증설하는 경우

③ 휘발성유기화합물의 배출 억제·방지 시설을 변경하는 경우

④ 휘발성유기화합물 배출시설을 폐쇄하는 경우

⑤ 휘발성유기화합물 배출시설 또는 배출 억제·방지 시설을 임대하는 경우

(4) 기존 휘발성유기화합물 배출시설에 대한 규제 (법 제45조)

① 특별대책지역, 대기관리권역 또는 휘발성유기화합물 배출규제 추가지역으로 지정·고시될 당시 그 지역에서 휘발성유기화합물을 배출하는 시설을 운영하고 있는 자는 특별대책지역, 대기관리권역 또는 휘발성유기화합물 배출규제 추가지역으로 지정·고시된 날부터 **3개월 이내에 신고**를 하여야 하며, 특별대책지역, 대기관리권역 또는 휘발성유기화합물 배출규제 추가지역으로 지정·고시된 날부터 **2년 이내에 조치**를 하여야 한다.

② 휘발성유기화합물이 추가로 고시된 경우 특별대책지역, 대기관리권역 또는 휘발성유기화합물 배출규제 추가지역에서 그 추가된 휘발성유기화합물을 배출하는 시설을 운영하고 있는 자는 그 물질이 추가로 고시된 날부터 **3개월 이내**에 신고를 하여야 하며, 그 물질이 추가로 고시된 날부터 **2년 이내에 조치**를 하여야 한다.

③ 조치에 특수한 기술이 필요한 경우 등 대통령령으로 정하는 사유에 해당하는 경우에는 시·도지사 또는 대도시 시장의 승인을 받아 **1년의 범위에서 그 조치기간을 연장**할 수 있다.

(5) 주유소 배출시설별 기준 (시행규칙 [별표 16])

① 주유소의 저장시설

㉠ 주유소에 설치된 저장탱크에 유류를 적하할 때 배출되는 휘발성유기화합물은 회수밸브 등의 회수설비를 이용하여 대기로 직접 배출되지 않게 하거나, 유조차의 탱크로리로 회수될 수 있도록 하여야 한다.

㉡ 회수설비의 **유증기 회수율은 90% 이상**이어야 한다.

㉢ 회수설비의 적정 가동 여부 등을 확인하기 위한 **압력감쇄·누설 등을 2년마다 검사**하고, 그 결과를 다음 검사를 완료하는 날까지 기록 및 보존하여야 한다.

② 주유소의 주유시설

㉠ 유증기 회수배관을 설치한 후에는 회수배관 액체막힘 검사를 하고, 그 결과를 **5년간 기록·보존**하여야 한다.

㉡ 회수설비의 유증기 회수율(회수량/주유량)이 적정범위(0.88~1.2)에 있는지를 회수설비를 설치한 날부터 1년이 되는 날 또는 직전에 검사한 날부터 1년이 되는 날마다 전후 45일 이내에 검사하고, 그 결과를 5년간 기록·보존하여야 한다.

핵심이론 34 | 과태료의 부과기준 (시행령 [별표 15])

(1) 일반기준

위반행위의 횟수에 따른 과태료의 가중된 부과기준은 최근 1년간 같은 위반행위로 과태료 부과 처분을 받은 경우에 적용한다. 이 경우 기간의 계산은 위반행위에 대하여 과태료 부과 처분을 받은 날과 그 처분 후 다시 같은 위반행위를 하여 적발된 날을 기준으로 한다.

(2) 개별기준

(단위 : 만원)

위반사항	근거 법조문	과태료 금액		
		1차 위반	2차 위반	3차 이상 위반
1. 법 제62조 제2항을 위반하여 이륜자동차 정기검사를 받지 않은 경우	법 제94조 제5항			
① 이륜자동차 정기검사를 받아야 하는 기간 만료일부터 30일 이내인 경우		2		
② 이륜자동차 정기검사를 받아야 하는 기간 만료일부터 30일을 초과하는 경우에는 매 3일 초과 시마다		1		
2. 환경기술인 등의 교육을 받게 하지 않은 경우	법 제94조 제4항 제8호	60	80	100

[비고] 위 〈표〉 1에 따라 부과할 수 있는 **과태료의 최고한도액은 20만원**으로 한다.

핵심이론 35 행정처분기준 (시행규칙 [별표 36])

(1) 배출시설 및 방지시설들과 관련된 행정처분기준

위반사항	근거 법령	행정처분기준			
		1차	2차	3차	4차
1. 배출시설 설치허가(변경허가를 포함)를 받지 아니하거나 신고를 하지 아니하고 배출시설을 설치한 경우 ① 해당 지역이 배출시설의 설치가 가능한 지역인 경우 ② 해당 지역이 배출시설의 설치가 불가능한 지역인 경우	법 제38조	사용중지 명령 폐쇄명령			
2. 변경신고를 하지 아니한 경우	법 제36조	경고	경고	조업정지 5일	조업정지 10일
3. 허가조건을 위반한 경우 ① 배출시설 설치제한 지역 밖에 있는 배출시설의 경우 ② 배출시설 설치제한 지역 안에 있는 사업장의 경우	법 제36조 제1항 제3호의 2	경고 경고	조업정지 10일 조업정지 1개월	조업정지 1개월 조업정지 3개월	조업정지 3개월 허가취소
4. 방지시설을 설치하지 아니하고 배출시설을 가동하거나 방지시설을 임의로 철거한 경우	법 제36조	조업정지	허가취소 또는 폐쇄		

위반사항	근거 법령	행정처분기준			
		1차	2차	3차	4차
5. 방지시설을 설치하지 아니하고 배출시설을 운영하는 경우	법 제36조	조업정지	허가취소 또는 폐쇄		
6. 가동개시신고를 하지 아니하고 조업하는 경우	법 제36조	경고	허가취소 또는 폐쇄		
7. 가동개시신고를 하고 가동 중인 배출시설에서 배출되는 대기오염물질의 정도가 배출시설 또는 방지시설의 결함·고장 또는 운전미숙 등으로 인하여 배출허용기준을 초과한 경우 ① 특별대책지역 외에 있는 사업장인 경우 ② 특별대책지역 안에 있는 사업장인 경우	법 제33조 법 제34조 법 제36조	개선명령 개선명령	개선명령 개선명령	개선명령 조업정지	조업정지 허가취소 또는 폐쇄
8. 다음과 같은 행위를 하는 경우 ① 배출시설 가동 시에 방지시설을 가동하지 아니하거나 오염도를 낮추기 위하여 배출시설에서 배출되는 대기오염물질에 공기를 섞어 배출하는 행위	법 제36조	조업정지 10일	조업정지 30일	허가취소 또는 폐쇄	
② 방지시설을 거치지 아니하고 대기오염물질을 배출할 수 있는 공기조절장치·가지배출관 등을 설치하는 행위		조업정지 10일	조업정지 30일	허가취소 또는 폐쇄	
③ 부식·마모로 인하여 대기오염물질이 누출되는 배출시설이나 방지시설을 정당한 사유 없이 방치하는 행위		경고	조업정지 10일	조업정지 30일	허가취소 또는 폐쇄
④ 방지시설에 딸린 기계·기구류(예비용을 포함)의 고장 또는 훼손을 정당한 사유 없이 방치하는 행위		경고	조업정지 10일	조업정지 20일	조업정지 30일
⑤ 기타 배출시설 및 방지시설을 정당한 사유 없이 정상적으로 가동하지 아니하여 배출허용기준을 초과한 대기오염물질을 배출하는 행위		조업정지 10일	조업정지 30일	허가취소 또는 폐쇄	

(2) 측정기기의 부착, 운영 등과 관련된 행정처분기준

위반사항	근거 법령	행정처분기준			
		1차	2차	3차	4차
1. 측정기기의 부착 등의 조치를 하지 아니하는 경우	법 제36조				
① 적산전력계 미부착		경고	경고	경고	조업정지 5일
② 사업장 안의 일부 굴뚝 자동측정기기 미부착		경고	경고	조업정지 10일	조업정지 30일
③ 사업장 안의 모든 굴뚝 자동측정기기 미부착		경고	조업정지 10일	조업정지 30일	허가취소 또는 폐쇄
④ 굴뚝 자동측정기기의 부착이 면제된 보일러로서 사용연료를 6월 이내에 청정연료로 변경하지 아니한 경우		경고	경고	조업정지 10일	조업정지 30일
⑤ 굴뚝 자동측정기기의 부착이 면제된 배출시설로서 6개월 이내에 배출시설을 폐쇄하지 아니한 경우		경고	경고	폐쇄	
2. 배출시설 가동 시에 굴뚝 자동측정기기를 고의로 작동하지 아니하거나 정상적인 측정이 이루어지지 아니하도록 하여 측정 항목별 상태 표시(보수 중, 동작불량 등) 또는 전송장비별 상태 표시(전원 단절, 비정상)가 1일 2회 이상 나타나는 경우가 1주 동안 연속하여 4일 이상 계속되는 경우	법 제36조	경고	조업정지 5일	조업정지 10일	조업정지 30일
3. 부식·마모·고장 또는 훼손되어 정상적인 작동을 하지 아니하는 측정기기를 정당한 사유 없이 7일 이상 방치하는 경우	법 제36조	경고	경고	조업정지 10일	조업정지 30일
4. 운영·관리 기준을 준수하지 아니하는 경우	법 제32조 제5항·제6항				
① 굴뚝 자동측정기기가 「환경분야 시험·검사 등에 관한 법률」에 따른 환경오염공정시험기준에 부합하지 아니하도록 한 경우		경고	조치명령	조업정지 10일	조업정지 30일
② 관제센터에 측정자료를 전송하지 아니한 경우		경고	조치명령	조업정지 10일	조업정지 30일

핵심이론 36 한국자동차환경협회

(1) 회원(법 제79조)

① 배출가스 저감장치 제작자
② 저공해엔진 제조·교체 등 배출가스 저감사업 관련 사업자
③ 전문정비 사업자
④ 배출가스 저감장치 및 저공해엔진 등과 관련된 분야의 전문가
⑤ 종합검사 대행자
⑥ 종합검사 지정정비 사업자
⑦ 자동차 조기폐차 관련 사업자

(2) 업무(법 제80조)

① 운행차 저공해화 기술 개발 및 배출가스 저감장치의 보급
② 자동차 배출가스 저감사업의 지원과 사후관리에 관한 사항
③ 운행차 배출가스 검사와 정비기술의 연구·개발 사업
④ 환경부 장관 또는 시·도지사로부터 위탁받은 업무
⑤ 그 밖에 자동차 배출가스를 줄이기 위하여 필요한 사항

핵심이론 37 자동차의 운행정지

(1) 자동차의 운행정지(법 제70조의 2)

① 환경부 장관, 특별시장·광역시장·특별자치시장·특별자치도지사·시장·군수·구청장은 개선명령을 받은 자동차 소유자가 확인검사를 환경부령으로 정하는 기간 이내에 받지 아니하는 경우에는 **10일 이내의 기간**을 정하여 해당 자동차의 운행정지를 명할 수 있다.
② ①에 따른 운행정지 처분의 세부기준은 **환경부령**으로 정한다.

(2) 운행정지 표지 (시행규칙 [별표 31])

(앞면)

운 행 정 지

자동차등록번호 :   점검당시 누적주행거리 :   km

운행정지기간 :   년   월   일 ~   년   월   일

운행정지기간 중 주차장소 :

위의 자동차에 대하여 「대기환경보전법」 제70조의 2 제1항에 따라 운행정지를 명함.

(인)

134mm×190mm [보존용지(1급) 120g/m^2]

(뒷면)

이 표지는 "운행정지기간" 내에는 제거하지 못합니다.

[비고] 1. 바탕색은 노란색으로, 문자는 검정색으로 한다.
　　　 2. 이 표는 자동차의 전면유리 우측 상단에 붙인다.

[유의사항]
1. 이 표는 운행정지기간 내에는 부착위치를 변경하거나 훼손하여서는 아니 됩니다.
2. 이 표는 운행정지기간이 지난 후에 담당공무원이 제거하거나 담당공무원의 확인을 받아 제거하여야 합니다.
3. 이 자동차를 운행정지기간 내에 운행하는 경우에는 **300만원 이하의 벌금**을 물게 됩니다.

자동차 연료

(1) 자동차 연료형 첨가제의 종류(시행규칙 [별표 6])

① 세척제
② 청정 분산제
③ 매연 억제제 (※ **매연 발생제는 아님**)
④ 다목적 첨가제
⑤ 옥탄가 향상제
⑥ 세탄가 향상제
⑦ 유동성 향상제
⑧ 윤활성 향상제
⑨ 그 밖에 환경부 장관이 자동차의 성능을 향상시키거나 배출가스를 줄이기 위하여 필요하다고
   정하여 고시하는 것

(2) 자동차 연료 제조기준(시행규칙 [별표 33])

① 휘발유

항목	제조기준
방향족화합물 함량 (부피%)	24(21) 이하
벤젠 함량 (부피%)	0.7 이하
납 함량 (g/L)	0.013 이하
인 함량 (g/L)	0.0013 이하
산소 함량 (무게%)	2.3 이하
올레핀 함량 (부피%)	16(19) 이하
황 함량 (ppm)	10 이하
증기압 (kPa, 37.8℃)	60 이하
90% 유출온도 (℃)	170 이하

[비고] 방향족화합물 함량 24(21)%, 올레핀 함량 16(19)% : 방향족의 규제치가 24(21)%, 올레핀의 규제치가
16(19)%로 되어 있는 것은 방향족+올레핀의 함량이 40%를 넣을 수 없음을 의미한다. 즉, 올레핀
함량이 16% 이하라면 방향족은 최대 24%까지 포함될 수 있지만, 올레핀 함량이 19%하면 방향족
함량은 21%를 넘을 수 없다는 것을 의미한다.

② 경유

항목	제조기준
10% 잔류탄소량 (%)	0.15 이하
밀도@15℃ (kg/m³)	815 이상 835 이하
황 함량 (ppm)	10 이하
다환방향족 (무게%)	5 이하
윤활성 (μm)	400 이하
방향족화합물 (무게%)	30 이하
세탄지수 (또는 세탄가)	52 이상

[비고] @ : '무엇 무엇의 조건에서'의 의미로, 예를 들어 '밀도@15℃'는 '15℃에서의 밀도'를 의미한다.

(3) 자동차 연료 검사기관의 지정기준 (시행규칙 [별표 34의 2])

① 기술능력

　㉠ 검사원의 자격 : 다음의 어느 하나에 해당하는 자이어야 한다.

　　• 환경, 자동차 또는 분석 관련학과의 학사학위 이상을 취득한 자

　　• 중직무 분야 중 자동차, 화공, 안전관리(가스), 환경 분야의 기사 자격 이상을 취득한 자

　　• 환경측정분석사

　㉡ 검사원의 수 : **검사원은 4명 이상**이어야 하며, **그 중 2명 이상은 해당 검사업무에 5년 이상 종사한 경험이 있는 사람**이어야 한다.

　※ 휘발유·경유·바이오디젤 검사기관과 LPG·CNG·바이오가스 검사기관의 기술능력기준은 같으며, 두 검사업무를 함께 하려는 경우에는 기술능력을 중복하여 갖추지 아니할 수 있다.

② 휘발유·경유·바이오디젤(BD100) 검사장비

순번	검사장비	비고
1	가스 크로마토그래피(gas chromatography, FID, ECD)	
2	원자흡광광도계 또는 유도결합플라스마 원자분광광도계	
3	분광광도계(UV/Vis spectrophotometer)	
4	황함량분석기(sulfur analyzer)	1ppm 이하 분석 가능
5	증기압시험기(vapor pressure tester)	
6	증류시험기(distillation apparatus)	
7	액체 크로마토그래피 또는 초임계 유체 크로마토그래피	
8	윤활성시험기(high frequency reciprocating rig)	
9	밀도시험기(density meter)	
10	잔류탄소시험기(carbon residue apparatus)	

순번	검사장비	비고
11	동점도시험기(viscosity)	
12	회분시험기(furnace)	
13	전산가시험기(acid value)	
14	산화안정도시험기(oxidation stability)	
15	세탄가측정기(cetane number)	
16	[별표 33]의 제조기준 시험을 수행할 수 있는 장비	

핵심이론 39 ｜ 자동차 및 자동차 배출가스의 종류

(1) 자동차의 종류(시행규칙 [별표 5])

종류	정의	규모	
경자동차	사람이나 화물을 운송하기 적합하게 제작된 것	엔진 배기량이 1,000cc 미만	
승용자동차	사람을 운송하기 적합하게 제작된 것	소형	엔진 배기량이 1,000cc 이상이고, 차량 총 중량이 3.5톤 미만이며, 승차인원이 8명 이하
		중형	엔진 배기량이 1,000cc 이상이고, 차량 총 중량이 3.5톤 미만이며, 승차인원이 9명 이상
		대형	차량 총 중량이 3.5톤 이상 15톤 미만
		초대형	차량 총 중량이 15톤 이상
화물자동차	화물을 운송하기 적합하게 제작된 것	소형	엔진 배기량이 1,000cc 이상이고, 차량 총 중량이 2톤 미만
		중형	엔진 배기량이 1,000cc 이상이고, 차량 총 중량이 2톤 이상 3.5톤 미만
		대형	차량 총 중량이 3.5톤 이상 15톤 미만
		초대형	차량 총 중량이 15톤 이상
이륜자동차	자전거로부터 진화한 구조로서 사람 또는 소량의 화물을 운송하기 위한 것	차량 총 중량이 1,000kg을 초과하지 않는 것	

[비고] 1. 이륜자동차는 운반차를 붙인 이륜자동차와 이륜자동차에서 파생된 삼륜 이상의 자동차를 포함한다.
    2. 전기만을 동력으로 사용하는 자동차는 1회 충전 주행거리에 따라 다음과 같이 구분한다.
       • 제1종 80km 미만   • 제2종 80km 이상 160km 미만   • 제3종 160km 이상
    3. 수소를 연료로 사용하는 자동차는 수소연료전지차로 구분한다.

(2) 자동차 배출가스의 종류 (시행령 제46조)

① 휘발유, 알코올 또는 가스를 사용하는 자동차

 ㉠ 일산화탄소   ㉡ 탄화수소   ㉢ 질소산화물

 ㉣ **알데하이드**   ㉤ 입자상 물질   ㉥ 암모니아

② 경유를 사용하는 자동차

 ㉠ 일산화탄소   ㉡ 탄화수소   ㉢ 질소산화물

 ㉣ **매연**   ㉤ 입자상 물질   ㉥ 암모니아

핵심이론 40   **자동차 배출가스 보증기간** (시행규칙 [별표 18])

사용연료	자동차의 종류	적용기간	
휘발유	• 경자동차 • 소형 승용·화물 자동차 • 중형 승용·화물 자동차	15년 또는 240,000km	
	• 대형 승용·화물 자동차 • 초대형 승용·화물 자동차	2년 또는 160,000km	
	• 이륜자동차	최고속도 130km/hr 미만	2년 또는 20,000km
		최고속도 130km/hr 이상	2년 또는 35,000km
가스	• 경자동차	10년 또는 192,000km	
	• 소형 승용·화물 자동차 • 중형 승용·화물 자동차	15년 또는 240,000km	
	• 대형 승용·화물 자동차 • 초대형 승용·화물 자동차	2년 또는 160,000km	
경유	• 경자동차 • 소형 승용·화물 자동차 • 중형 승용·화물 자동차 (택시를 제외)	10년 또는 160,000km	
	• 경자동차 • 소형 승용·화물 자동차 • 중형 승용·화물 자동차 (택시에 한정)	10년 또는 192,000km	
	• 대형 승용·화물 자동차	6년 또는 300,000km	
	• 초대형 승용·화물 자동차	7년 또는 700,000km	
	• 건설기계 원동기 • 농업기계 원동기	37kW 이상	10년 또는 8,000시간
		37kW 미만	7년 또는 5,000시간
		19kW 미만	5년 또는 3,000시간

5과목 핵심

사용연료	자동차의 종류	적용기간
전기 및 수소연료전지 자동차	• 모든 자동차	별지 제30호 서식의 자동차 배출가스 인증신청서에 적힌 보증기간

[비고] 1. 배출가스 보증기간의 만료는 **기간 또는 주행거리, 가동시간 중 먼저 도달하는 것을 기준**으로 한다.
2. 보증기간은 자동차 소유자가 자동차를 구입한 일자를 기준으로 한다.
3. 휘발유와 가스를 병용하는 자동차는 **가스 사용 자동차의 보증기간**을 적용한다.
4. 경유 사용 경자동차, 소형 승용차·화물차, 중형 승용차·화물차의 결함확인 검사대상기간은 위 〈표〉의 배출가스 보증기간에도 불구하고 **5년 또는 100,000km**로 한다. 다만, 택시의 경우 10년 또는 192,000km로 하되, 2015년 8월 31일 이전에 출고된 경유 택시가 경유 택시로 대폐차된 경우에는 10년 또는 160,000km로 할 수 있다.
5. 건설기계 원동기 및 농업기계 원동기의 결함확인 검사대상기간은 19kW 미만은 4년 또는 2,250시간, 37kW 미만은 5년 또는 3,750시간, 37kW 이상은 7년 또는 6,000시간으로 한다.
6. 위 〈표〉의 경유 사용 대형 승용·화물 자동차 및 초대형 승용·화물 자동차의 배출가스 보증기간은 인증시험 및 결함확인검사에만 적용한다.

핵심이론 41   운행차 배출허용기준

(1) 자동차의 차종 구분은 「자동차관리법」에 따른다.

(2) 차량 중량은 전산정보처리조직에 기록된 해당 자동차의 차량 중량을 말한다.

(3) 휘발유와 가스를 같이 사용하는 자동차의 배출가스 측정 및 배출허용기준은 **가스의 기준을 적용**한다.

(4) 알코올만 사용하는 자동차는 **탄화수소 기준을 적용**하지 아니한다.

(5) 휘발유 사용 자동차는 휘발유·알코올 및 가스(천연가스를 포함)를 섞어서 사용하는 자동차를 포함하며, 경유 사용 자동차는 경유와 가스를 섞어서 사용하거나 같이 사용하는 자동차를 포함한다.

(6) 건설기계 중 덤프트럭, 콘크리트믹서트럭, 콘크리트펌프트럭에 대한 배출허용기준은 화물자동차 기준을 적용한다.

(7) 시내버스는 시내버스운송사업·농어촌버스운송사업 및 마을버스운송사업에 사용되는 자동차를 말한다.

(8) 운행차 정밀검사의 배출허용기준 중 **배출가스 정밀검사를 무부하정지가동 검사방법**(휘발유·알코올 또는 가스 사용 자동차) 및 **무부하급가속 검사방법**(경유 사용 자동차)으로 측정하는 경우의 배출허용기준은 **운행차 수시점검** 및 **정기검사의 배출허용기준**을 적용한다.

(9) 희박연소(lean burn)방식을 적용하는 자동차는 **공기과잉률 기준을 적용하지 아니한다.**

(10) 1993년 이후에 제작된 자동차 중 과급기(turbo charger)나 중간냉각기(intercooler)를 부착한 경유 사용 자동차의 배출허용기준은 무부하급가속 검사방법의 매연 항목에 대한 배출허용기준에 5%를 더한 농도를 적용한다.

(11) 수입자동차는 최초등록일자를 제작일자로 본다.

핵심이론 42 자동차의 검사

(1) 자동차(이륜자동차는 제외) 정기검사 (시행규칙 [별표 22])

검사항목	검사기준	검사방법
배출가스 검사대상 자동차의 상태	검사대상 자동차가 아래의 조건에 적합한지를 확인할 것 1. 원동기가 충분히 예열되어 있을 것	① 수냉식 기관의 경우 계기판 온도가 40℃ **이상** 또는 **계기판 눈금이 1/4 이상**이어야 하며, 원동기가 과열되었을 경우에는 원동기실 덮개를 열고 5분 이상 지난 후 정상상태가 되었을 때 측정 ② 온도계가 없거나 고장인 자동차는 원동기를 시동하여 5분이 지난 후 측정
	2. 변속기는 중립의 위치에 있을 것	변속기의 기어는 중립(자동변속기는 N)위치에 두고 클러치를 밟지 않은 상태(연결된 상태)인지를 확인
	3. 냉방장치 등 부속장치는 가동을 정지할 것	냉·난방장치, 서리제거기 등 배출가스에 영향을 미치는 부속장치의 작동 여부를 확인

(2) 결함확인검사 및 결함의 시정 (법 제51조)

① 자동차 제작자는 배출가스 보증기간 내에 운행 중인 자동차에서 나오는 배출가스가 배출허용기준에 맞는지에 대하여 환경부 장관의 검사(이하 "결함확인검사"라 한다)를 받아야 한다.

② 결함확인검사 대상 자동차의 선정기준, 검사방법, 검사절차, 검사기준, 판정방법, 검사수수료 등에 필요한 사항은 **환경부령**으로 정한다.

핵심이론 43 | 인증의 면제 또는 생략 자동차 (시행령 제47조) ★빈출

(1) 인증을 면제할 수 있는 자동차

① 군용 및 경호업무용 등 국가의 특수한 공용 목적으로 사용하기 위한 자동차와 소방용 자동차

② 주한 외국공관 또는 외교관이나 그 밖에 이에 준하는 대우를 받는 자가 공용 목적으로 사용하기 위한 자동차로서 외교부 장관의 확인을 받은 자동차

③ 주한 외국군대의 구성원이 공용 목적으로 사용하기 위한 자동차

④ 수출용 자동차와 박람회나 그 밖에 이에 준하는 행사에 참가하는 자가 전시의 목적으로 일시 반입하는 자동차

⑤ 여행자 등이 다시 반출할 것을 조건으로 일시 반입하는 자동차

⑥ 자동차 제작자 및 자동차 관련 연구기관 등이 자동차의 개발 또는 전시 등 주행 외의 목적으로 사용하기 위하여 수입하는 자동차

⑦ 외국인 또는 외국에서 1년 이상 거주한 내국인이 주거(住居)를 옮기기 위하여 이주물품으로 반입하는 1대의 자동차

(2) 인증을 생략할 수 있는 자동차

① 국가대표 선수용 자동차 또는 훈련용 자동차로서 문화체육관광부 장관의 확인을 받은 자동차

② 외국에서 국내의 공공기관 또는 비영리단체에 무상으로 기증한 자동차

③ 외교관 또는 주한 외국군인의 가족이 사용하기 위하여 반입하는 자동차

④ 항공기 지상 조업용 자동차

⑤ 인증을 받지 아니한 자가 그 인증을 받은 자동차의 원동기를 구입하여 제작하는 자동차

⑥ 국제협약 등에 따라 인증을 생략할 수 있는 자동차

⑦ 그 밖에 환경부 장관이 인증을 생략할 필요가 있다고 인정하는 자동차

핵심이론 44 | 배출가스 관련 부품 (시행규칙 [별표 20])

(1) 배출가스 전환장치(exhaust gas conversion system)

산소감지기(oxygen sensor), 정화용 촉매(catalytic converter), 매연포집필터(particulate trap), 선택적 환원촉매장치[SCR system including dosing module(요소분사기), supply module(요소 분사펌프 및 제어장치)], 질소산화물저감촉매(De-NO$_x$ catalyste, NO$_x$ trap), 재생용 가열기(regenerative heater)

(2) 배출가스 재순환장치(EGR ; Exhaust Gas Recirculation)

EGR밸브, EGR제어용 서모밸브(egr control thermo valve), EGR쿨러(cooler)

(3) 연료증발가스 방지장치(evaporative emission control system)

정화조절밸브(purge control valve), 증기저장 캐니스터와 필터(vapor storage canister and filter)

(4) 블로바이가스 환원장치(PCV ; Positive Crankcase Ventilation)

PCV밸브

(5) 2차 공기분사장치(air injection system)

공기펌프(air pump), 리드밸브(reed valve)

(6) 연료공급장치(fuel metering system)

전자제어장치(ECU ; Electronic Control Unit), 스로틀포지션센서(throttle position sensor), 대기압센서(manifold absolute pressure sensor), 기화기(carburetor, vaprizer), 혼합기(mixture), 연료분사기(fuel injector), 연료압력조절기(fuel pressure regulator), 냉각수온센서(water temperature sensor), 연료펌프(fuel pump), 공회전속도제어장치(idle speed control system)

(7) 점화장치(ignition system)

점화장치의 디스트리뷰터(distributor). 다만, 로더 및 캡은 제외한다.

(8) 배출가스 자기진단장치(on board diagnostics)

촉매감시장치(catalyst monitor), 가열식 촉매감시장치(heated catalyste monitor), 실화감시장치(misfire monitor), 증발가스계통 감시장치(evaporactive system monitor), 2차 공기공급계통 감시장치(secondary air system monitor), 에어컨계통 감시장치(air conditioning system refrigerant monitor), 연료계통 감시장치(fuel system monitor), 산소센서 감시장치(oxygen sensor monitor), 배기관센서 감시장치(exhaust gas sensor monitor), 배기가스 재순환계통 감시장치(exhaust gas recirculation system monitor), 블로바이가스 환원계통 감시장치(positive crankcase ventilation system monitor), 서모스탯 감시장치(thermostat monitor), 엔진냉각계통 감시장치(engine cooling system monitor), 저온시동 배출가스 저감기술 감시장치(cold start emission reduction strategy monitor), 가변밸브타이밍계통 감시장치(variable valve timing monitor), 직접오존저감장치(direct ozone reduction system monitor), 기타 감시장치(comprehensive component monitor)

(9) 흡기장치(air Induction system)

터보차저(turbocharger, wastergate, pop-off 포함) 배관측로밸브[바이패스밸브(by-pass valves)], 덕팅(ducting), 인터쿨러(intercooler), 흡기매니폴드(intake manifold)

핵심이론 45 | 실내공기질관리법

(1) 관련 용어 (법 제2조)

① **다중이용시설** : 불특정다수인이 이용하는 시설을 말한다.

② **공동주택** : 「건축법」에 따른 공동주택을 말한다.

③ **대중교통차량** : 불특정인을 운송하는 데 이용되는 차량을 말한다.

④ **오염물질** : 실내공간 공기오염의 원인이 되는 **가스와 떠다니는 입자상 물질** 등으로서 **환경부령**으로 정하는 것을 말한다.

⑤ **환기설비** : 오염된 실내공기를 밖으로 내보내고 신선한 바깥공기를 실내로 끌어들여 실내공간의 공기를 쾌적한 상태로 유지시키는 설비를 말한다.

⑥ **공기정화설비** : 실내공간의 오염물질을 없애거나 줄이는 설비로서 환기설비의 안에 설치되거나, 환기설비와는 따로 설치된 것을 말한다.

(2) 적용대상 (시행령 제2조)

① 「실내공기질관리법」 외의 부분에서 "**대통령령으로 정하는 규모의 것**"이란 다음의 어느 하나에 해당하는 시설을 말한다. 이 경우 둘 이상의 건축물로 이루어진 시설의 연면적은 개별 건축물의 연면적을 모두 합산한 면적으로 한다.

  ㉠ **모든 지하역사**(출입통로·대합실·승강장 및 환승통로와 이에 딸린 시설 포함)

  ㉡ 연면적 2천제곱미터 이상인 **지하도상가**(지상 건물에 딸린 지하층의 시설 포함)

    이 경우 연속되어 있는 둘 이상의 지하도상가의 연면적 합계가 2천제곱미터 이상인 경우를 포함한다.

  ㉢ 철도역사의 연면적 **2천제곱미터 이상인 대합실**

  ㉣ 여객자동차터미널의 **연면적 2천제곱미터 이상인 대합실**

  ㉤ 항만시설 중 연면적 **5천제곱미터 이상인 대합실**

  ㉥ 공항시설 중 연면적 **1천5백제곱미터 이상인 여객터미널**

  ㉦ 연면적 3천제곱미터 이상인 **도서관**

  ㉧ 연면적 3천제곱미터 이상인 **박물관 및 미술관**

  ㉨ 연면적 2천제곱미터 이상이거나 병상 수 100개 **이상인 의료기관**

  ㉩ 연면적 500제곱미터 이상인 **산후조리원**

  ㉪ 연면적 1천제곱미터 이상인 **노인요양시설**

  ㉫ 연면적 430제곱미터 이상인 **어린이집**

  ㉫-2. 연면적 430제곱미터 이상인 **실내 어린이놀이시설**

  ㉬ **모든 대규모점포**

  ㉭ 연면적 1천제곱미터 이상인 **장례식장**(지하에 위치한 시설로 한정)

㉮ 모든 **영화상영관**(실내 영화상영관으로 한정)

㉯ 연면적 1천제곱미터 이상인 **학원**

㉰ 연면적 2천제곱미터 이상인 **전시시설**(옥내시설로 한정)

㉱ 연면적 300제곱미터 이상인 인터넷 컴퓨터게임시설 제공업의 **영업시설**

㉲ 연면적 2천제곱미터 이상인 **실내 주차장**(기계식 주차장은 제외)

㉳ **연면적 3천제곱미터 이상인 업무시설**

㉴ **연면적 2천제곱미터 이상인 둘 이상의 용도**(구분된 용도)**에 사용되는 건축물**

㉵ 객석 수 1천석 이상인 **실내 공연장**

㉶ 관람석 수 1천석 이상인 **실내 체육시설**

㉷ 연면적 1천제곱미터 이상인 **목욕장업의 영업시설**

② "대통령령으로 정하는 규모"란 100세대를 말한다.

③ "대통령령으로 정하는 자동차"란 시외버스운송사업에 사용되는 자동차 중 고속형 시외버스와 직행형 시외버스를 말한다.

(3) 실내공기질 유지기준(시행규칙 [별표 2]) ★빈출

오염물질 항목 \ 다중이용시설	미세먼지 (PM-10) ($\mu g/m^3$)	미세먼지 (PM-2.5) ($\mu g/m^3$)	이산화탄소 (ppm)	폼알데하이드 ($\mu g/m^3$)	총부유세균 (CFU/m^3)	일산화탄소 (ppm)
1. 지하역사, 지하도상가, 철도역사의 대합실, 여객자동차터미널의 대합실, 항만시설 중 대합실, 공항시설 중 여객터미널, 도서관·박물관 및 미술관, 대규모 점포, 장례식장, 영화상영관, 학원, 전시시설, 인터넷 컴퓨터게임시설 제공업의 영업시설, 목욕장업의 영업시설	100 이하	50 이하	1,000 이하	100 이하	–	10 이하
2. 의료기관, 산후조리원, 노인요양시설, 어린이집, 실내 어린이놀이시설	75 이하	35 이하		80 이하	800 이하	
3. 실내 주차장	200 이하	–		100 이하	–	25 이하
4. 실내 체육시설, 실내 공연장, 업무시설 둘 이상의 용도에 사용되는 건축물	200 이하	–	–	–	–	–

[비고] 1. 도서관, 영화상영관, 학원, 인터넷 컴퓨터게임시설 제공업 영업시설 중 자연환기가 불가능하여 자연환기설비 또는 기계환기설비를 이용하는 경우에는 **이산화탄소의 기준을 1,500ppm 이하**로 한다.

2. 실내 체육시설, 실내 공연장, 업무시설 또는 둘 이상의 용도에 사용되는 건축물로서 실내 미세먼지(PM-10)의 농도가 200$\mu g/m^3$에 근접하여 기준을 초과할 우려가 있는 경우에는 실내공기질의 유지를 위하여 다음의 실내공기정화 시설(덕트) 및 설비를 교체 또는 청소하여야 한다.

① 공기정화기와 이에 연결된 급·배기관(급·배기구를 포함)
② 중앙집중식 냉난방시설의 급·배기구
③ 실내공기의 단순배기관
④ 화장실용 배기관
⑤ 조리용 배기관

(4) 실내공기질 권고기준 (시행규칙 [별표 3]) ★빈출

다중이용시설 \ 오염물질 항목	이산화질소 (ppm)	라돈 (Bq/m³)	총휘발성 유기화합물 (μg/m³)	곰팡이 (CFU/m³)
1. 지하역사, 지하도상가, 철도역사의 대합실, 여객자동차터미널의 대합실, 항만시설 중 대합실, 공항시설 중 여객터미널, 도서관·박물관 및 미술관, 대규모점포, 장례식장, 영화상영관, 학원, 전시시설, 인터넷 컴퓨터게임시설 제공업의 영업시설, 목욕장업의 영업시설	0.1 이하	148 이하	500 이하	–
2. 의료기관, 산후조리원, 노인요양시설, 어린이집, 실내 어린이놀이시설	0.05 이하		400 이하	500 이하
3. 실내 주차장	0.30 이하		1,000 이하	–

(5) 신축 공동주택의 실내공기질 권고기준 (시행규칙 [별표 4의 2]) ★빈출

① 폼알데하이드 210μg/m³ 이하   ② 벤젠 30μg/m³ 이하
③ 톨루엔 1,000μg/m³ 이하   ④ 에틸벤젠 360μg/m³ 이하
⑤ 자일렌 700μg/m³ 이하   ⑥ 스티렌 300μg/m³ 이하
⑦ 라돈 148Bq/m³ 이하

(6) 건축자재의 오염물질 방출기준 (시행규칙 [별표 5]) ★빈출

구분 \ 오염물질 종류	폼알데하이드	톨루엔	총휘발성 유기화합물
1. 접착제	0.02 이하	0.08 이하	2.0 이하
2. 페인트	0.02 이하	0.08 이하	2.5 이하
3. 실란트	0.02 이하	0.08 이하	1.5 이하
4. 퍼티	0.02 이하	0.08 이하	20.0 이하
5. 벽지	0.02 이하	0.08 이하	4.0 이하
6. 바닥재	0.02 이하	0.08 이하	4.0 이하
7. 목질판상제품	0.05 이하	0.08 이하	0.4 이하

[비고] 위 〈표〉에서 오염물질의 종류별 측정단위는 mg/m² · hr로 한다. 다만, 실란트의 측정단위는 mg/m · hr로 한다.

(7) 실내공기질의 측정 1 (법 제12조)

① 다중이용시설의 소유자 등은 실내공기질을 스스로 측정하거나 환경부령으로 정하는 자로 하여금 측정하도록 하고, 그 결과를 **10년 동안 기록·보존**하여야 한다. 다만, 다음의 어느 하나에 해당하는 자는 그러하지 아니하다.

　㉠ 측정망이 설치되어 실내공기질을 상시 측정할 수 있는 다중이용시설의 소유자 등

　㉡ 측정기기를 부착하고 이를 운영·관리하고 있는 다중이용시설의 소유자 등

　㉢ 그 밖에 대통령령으로 정하는 자

② 실내공기질의 **측정대상오염물질, 측정횟수, 측정시기, 그 밖에 실내공기질의 측정**에 관하여 필요한 사항은 **환경부령**으로 정한다.

(8) 실내공기질의 측정 2 (시행규칙 제11조)

① "환경부령으로 정하는 자"란 다중이용시설 등의 실내공간 오염물질의 측정업무를 대행하는 영업의 등록을 한 자를 말한다.

② 다중이용시설의 소유자 등은 측정을 하는 경우에는 측정대상 오염물질이 오염물질 항목(**유지기준 항목)에 해당하면 1년에 한 번**, 오염물질 항목(**권고기준 항목)에 해당하면 2년에 한 번 측정**하여야 한다.

(9) 규제의 재검토 (법 제13조의 5)

환경부 장관은 측정기기의 부착 및 운영·관리에 대하여 2017년 1월 1일을 기준으로 **5년마다**(매 5년이 되는 해의 1월 1일 전까지) 그 **타당성을 검토하여 개선 등의 조치**를 하여야 한다.

(10) 벌칙 (시행령 제14조)

다음의 어느 하나에 해당하는 자는 **1년 이하의 징역** 또는 **1천만원 이하의 벌금**에 처한다.
① 개선명령을 이행하지 아니한 자
② 기준을 초과하여 오염물질을 방출하는 건축자재를 사용한 자
③ 확인의 취소 및 회수 등의 조치명령을 위반한 자
④ 거짓이나 그 밖의 부정한 방법으로 시험기관으로 지정을 받은 자
⑤ 시험기관에 종사하는 자로서 고의 또는 중대한 과실로 시험성적서를 사실과 다르게 발급한 자
⑥ 업무정지기간 중 확인업무를 한 자

(11) 라돈관리계획의 수립·시행 (법 제11조의 9)

① 환경부 장관은 실내 라돈조사의 실시 및 라돈지도의 작성결과를 기초로 라돈으로 인한 건강피해가 우려되는 시·도가 있는 경우 환경보건위원회의 심의를 거쳐 해당 시·도지사에게 **5년마다 라돈관리계획**(이하 "관리계획"이라 한다)을 **수립하여 시행**하도록 요청할 수 있다. 이 경우 시·도지사는 특별한 사유가 없으면 지역주민들의 의견을 들어 관리계획을 수립하여야 한다.

② 관리계획에는 다음의 사항이 포함되어야 한다.

ⓐ 다중이용시설 및 공동주택 등의 현황

ⓑ 라돈으로 인한 실내공기오염 및 건강피해의 방지대책

ⓒ 라돈의 실내 유입 차단을 위한 시설 개량에 관한 사항

ⓓ 그 밖에 라돈관리를 위하여 시·도지사가 필요하다고 인정하는 사항

③ 시·도지사는 관리계획을 수립한 경우 그 내용 및 연차별 추진실적을 대통령령으로 정하는 바에 따라 환경부 장관에게 보고하여야 한다.

④ 환경부 장관은 시·도지사에게 관리계획의 시행에 필요한 기술적·행정적·재정적 지원을 할 수 있다.

핵심이론 46 | 환경정책기본법

(1) 관련 용어(법 제3조)

① **환경** : 자연환경과 생활환경을 말한다.

② **자연환경** : 지하·지표(해양 포함) 및 지상의 모든 생물과 이들을 둘러싸고 있는 비생물적인 것을 포함한 자연의 상태(생태계 및 자연경관을 포함)를 말한다.

③ **생활환경** : 대기, 물, 토양, 폐기물, 소음·진동, 악취, 일조(日照), 인공조명, 화학물질 등 사람의 일상생활과 관계되는 환경을 말한다.

④ **환경오염** : 사업활동 및 그 밖에 사람의 활동에 의하여 발생하는 대기오염, 수질오염, 토양오염, 해양오염, 방사능오염, 소음·진동, 악취, 일조 방해, 인공조명에 의한 빛공해 등으로서 사람의 건강이나 환경에 피해를 주는 상태를 말한다.

⑤ **환경훼손** : 야생동식물의 남획(濫獲) 및 그 서식지의 파괴, 생태계 질서의 교란, 자연경관의 훼손, 표토(表土)의 유실 등으로 자연환경의 본래적 기능에 중대한 손상을 주는 상태를 말한다.

⑥ **환경보전** : 환경오염 및 환경훼손으로부터 환경을 보호하고 오염되거나 훼손된 환경을 개선함과 동시에 쾌적한 환경상태를 유지·조성하기 위한 행위를 말한다.

⑦ **환경용량** : 일정한 지역에서 환경오염 또는 환경훼손에 대하여 환경이 스스로 수용, 정화 및 복원하여 환경의 질을 유지할 수 있는 한계를 말한다.

⑧ **환경기준** : 국민의 건강을 보호하고 쾌적한 환경을 조성하기 위하여 국가가 달성하고 유지하는 것이 바람직한 환경상의 조건 또는 질적인 수준을 말한다.

(2) 대기환경기준 (시행령 [별표 1]) ⭐빈출

항목	기준	측정방법
아황산가스 (SO_2)	• 연간 평균치 0.02ppm 이하 • 24시간 평균치 0.05ppm 이하 • 1시간 평균치 0.15ppm 이하	자외선형광법
일산화탄소 (CO)	• 8시간 평균치 9ppm 이하 • 1시간 평균치 25ppm 이하	비분산적외선분석법
이산화질소 (NO_2)	• 연간 평균치 0.03ppm 이하 • 24시간 평균치 0.06ppm 이하 • 1시간 평균치 0.10ppm 이하	화학발광법
미세먼지 (PM-10)	• 연간 평균치 $50\mu g/m^3$ 이하 • 24시간 평균치 $100\mu g/m^3$ 이하	베타선흡수법
초미세먼지 (PM-2.5)	• 연간 평균치 $15\mu g/m^3$ 이하 • 24시간 평균치 $35\mu g/m^3$ 이하	중량농도법 또는 이에 준하는 자동측정법
오존 (O_3)	• 8시간 평균치 0.06ppm 이하 • 1시간 평균치 0.1ppm 이하	자외선광도법
납 (Pb)	• 연간 평균치 $0.5\mu g/m^3$ 이하	원자흡광광도법
벤젠 (C_6H_6)	• 연간 평균치 $5\mu g/m^3$ 이하	가스 크로마토그래프법

[비고] 1. **1시간 평균치는 999천분위수의 값**이 그 기준을 초과해서는 안 되고, **8시간 및 24시간 평균치는 99백분위수**의 값이 그 기준을 초과해서는 안 된다.

   2. 미세먼지(PM-10)는 입자의 크기가 $10\mu m$ 이하인 먼지를 말한다.

   3. 초미세먼지(PM-2.5)는 입자의 크기가 $2.5\mu m$ 이하인 먼지를 말한다.

(3) 환경기준의 설정 (법 제12조)

① 국가는 생태계 또는 인간의 건강에 미치는 영향 등을 고려하여 환경기준을 설정하여야 하며, 환경 여건의 변화에 따라 그 적정성이 유지되도록 하여야 한다.

② 환경기준은 **대통령령**으로 정한다.

③ 시·도는 해당 지역의 환경적 특수성을 고려하여 필요하다고 인정할 때에는 해당 시·도의 조례로 제1항에 따른 환경기준보다 확대·강화된 별도의 환경기준(이하 "지역환경기준"이라 한다)을 설정 또는 변경할 수 있다.

④ 시·도지사는 지역환경기준을 설정하거나 변경한 경우에는 이를 지체 없이 환경부 장관에게 통보하여야 한다.

(4) 국가환경종합계획의 정비 (법 제16조의 2)

① 환경부 장관은 환경적·사회적 여건 변화 등을 고려하여 **5년마다** 국가환경종합계획의 타당성을 재검토하고 필요한 경우 이를 정비하여야 한다.
② 환경부 장관은 국가환경종합계획을 정비하려면 그 초안을 마련하여 공청회 등을 열어 국민, 관계 전문가 등의 의견을 수렴한 후 관계 중앙행정기관의 장과의 협의를 거쳐 확정한다.
③ 환경부 장관은 정비한 국가환경종합계획을 관계 중앙행정기관의 장, 시·도지사 및 시장·군수·구청장(자치구의 구청장)에게 통보하여야 한다.

핵심이론 47 | 악취방지법

(1) 관련 용어 (법 제2조) ★빈출

① **악취** : 황화수소, 메르캅탄류, 아민류, 그 밖에 자극성이 있는 물질이 사람의 후각을 자극하여 불쾌감과 혐오감을 주는 냄새를 말한다.
② **지정악취물질** : 악취의 원인이 되는 물질로서 환경부령으로 정하는 것을 말한다.
③ **악취배출시설** : 악취를 유발하는 시설, 기계, 기구, 그 밖의 것으로서 환경부 장관이 관계 중앙행정기관의 장과 협의하여 환경부령으로 정하는 것을 말한다.
④ **복합악취** : 두 가지 이상의 악취물질이 함께 작용하여 사람의 후각을 자극하여 불쾌감과 혐오감을 주는 냄새를 말한다.

(2) 배출허용기준 (시행규칙 [별표 3])

① 복합악취

구분	배출허용기준(희석배수)		엄격한 배출허용기준의 범위(희석배수)	
	공업지역	기타 지역	공업지역	기타 지역
배출구	1,000 이하	500 이하	500~1,000	300~500
부지경계선	20 이하	15 이하	15~20	10~15

② 지정악취물질

구분	배출허용기준(ppm)		엄격한 배출허용기준의 범위(ppm)
	공업지역	기타 지역	공업지역
암모니아	2 이하	1 이하	1~2
메틸메르캅탄	0.004 이하	0.002 이하	0.002~0.004
황화수소	0.06 이하	0.02 이하	0.02~0.06
다이메틸설파이드	0.05 이하	0.01 이하	0.01~0.05
다이메틸다이설파이드	0.03 이하	0.009 이하	0.009~0.03

구분	배출허용기준(ppm)		엄격한 배출허용기준의 범위(ppm)
	공업지역	기타 지역	공업지역
트라이메틸아민	0.02 이하	0.005 이하	0.005~0.02
아세트알데하이드	0.1 이하	0.05 이하	0.05~0.1
스타이렌	0.8 이하	0.4 이하	0.4~0.8
프로피온알데하이드	0.1 이하	0.05 이하	0.05~0.1
뷰틸알데하이드	0.1 이하	0.029 이하	0.029~0.1
n-발레르알데하이드	0.02 이하	0.009 이하	0.009~0.02
i-발레르알데하이드	0.006 이하	0.003 이하	0.003~0.006
톨루엔	30 이하	10 이하	10~30
자일렌	2 이하	1 이하	1~2
메틸에틸케톤	35 이하	13 이하	13~35
메틸아이소뷰틸케톤	3 이하	1 이하	1~3
뷰틸아세테이트	4 이하	1 이하	1~4
프로피온산	0.07 이하	0.03 이하	0.03~0.07
n-뷰틸산	0.002 이하	0.001 이하	0.001~0.002
n-발레르산	0.002 이하	0.0009 이하	0.0009~0.002
i-발레르산	0.004 이하	0.001 이하	0.001~0.004
i-뷰틸알코올	4.0 이하	0.9 이하	0.9~4.0

[비고] 1. 배출허용기준의 측정은 **복합악취를 측정하는 것을 원칙**으로 한다. 다만, 사업자의 악취물질 배출 여부를 확인할 필요가 있는 경우에는 지정악취물질을 측정할 수 있다. 이 경우 어느 하나의 측정방법에 따라 측정한 결과 기준을 초과하였을 때에는 배출허용기준을 초과한 것으로 본다.

2. **복합악취**는 환경오염공정시험기준의 **공기희석관능법을 적용하여 측정**하고, **지정악취물질은 기기분석법**을 적용하여 측정한다.

3. 복합악취의 시료는 다음과 같이 구분하여 채취한다.

   ① 사업장 안에 지면으로부터 높이 5m 이상의 일정한 악취배출구와 다른 악취발생원이 섞여 있는 경우에는 부지경계선 및 배출구에서 각각 채취한다.

   ② 사업장 안에 지면으로부터 높이 5m 이상의 일정한 악취배출구 외에 다른 악취발생원이 없는 경우에는 일정한 배출구에서 채취한다.

   ③ ① 및 ② 외의 경우에는 부지경계선에서 채취한다.

4. **지정악취물질**의 시료는 **부지경계선에서 채취**한다.

5. "희석배수"란 채취한 시료를 냄새가 없는 공기로 단계적으로 희석시켜 냄새를 느낄 수 없을 때까지 최대로 희석한 배수를 말한다.

6. "배출구"란 악취를 송풍기 등 기계장치 등을 통하여 강제로 배출하는 통로(자연환기가 되는 창문·통기관 등은 제외)를 말한다.

7. "공업지역"이란 다음의 어느 하나에 해당하는 지역을 말한다.

   ① 국가산업단지·일반산업단지·도시첨단산업단지 및 농공단지

   ② 전용공업지역

   ③ 일반공업지역(자유무역지역만 해당)

5과목 핵심

(3) 위임업무

업무내용	보고횟수	보고기일	보고자
1. 악취검사기관의 지정, 지정사항 변경보고 접수 실적	연 1회	다음 해 1월 15일까지	국립환경과학원장
2. 악취검사기관의 지도·점검 및 행정처분 실적	연 1회	다음 해 1월 15일까지	

(4) 악취배출시설의 변경신고 (시행규칙 제10조) ★빈출

① 악취배출시설의 악취방지계획서 또는 악취방지시설을 변경하는 경우

② 악취배출시설을 폐쇄하거나, 시설 규모의 기준에서 정하는 공정을 추가하거나 폐쇄하는 경우

③ 사업장의 명칭 또는 대표자를 변경하는 경우

④ 악취배출시설 또는 악취방지시설을 임대하는 경우

⑤ 악취배출시설에서 사용하는 원료를 변경하는 경우

(5) 과태료 (법 제30조) ★빈출

① 200만원 이하의 과태료를 부과하는 경우

　㉠ 조치명령을 이행하지 아니한 자

　㉡ 기술진단을 실시하지 아니한 자

　㉢ 변경등록을 하지 아니하고 중요한 사항을 변경한 자

　㉣ 준수사항을 지키지 아니한 자

② 100만원 이하의 과태료를 부과하는 경우

　㉠ 변경신고를 하지 아니하거나, 거짓으로 변경신고를 한 자

　㉡ 보고를 하지 아니하거나, 거짓으로 보고한 자, 또는 자료를 제출하지 아니하거나, 거짓으로 제출한 자

　㉢ 과태료는 대통령령으로 정하는 바에 따라 환경부 장관, 시·도지사, 대도시의 장 또는 시장·군수·구청장이 부과·징수한다.

(6) 벌칙 ★빈출

① 3년 이하의 징역 또는 3천만원 이하의 벌금에 처하는 경우 (법 26조)

　㉠ 신고대상시설의 조업정지명령을 위반한 자

　㉡ 신고대상시설의 사용중지명령 또는 폐쇄명령을 위반한 자

② 1년 이하의 징역 또는 1천만원 이하의 벌금에 처하는 경우 (법 27조)

　㉠ 신고를 하지 아니하거나 거짓으로 신고를 하고 신고대상시설을 설치 또는 운영한 자

　㉡ 기술진단전문기관의 등록을 하지 아니하고 기술진단업무를 대행한 자

　㉢ 거짓이나 그 밖의 부정한 방법으로 기술진단전문기관의 등록을 한 자

③ 300만원 이하의 벌금에 처하는 경우(법 28조)

   ㉠ 개선명령을 이행하지 아니한 자

   ㉡ 관계 공무원의 출입·채취 및 검사를 거부 또는 방해하거나 기피한 자

   ㉢ 악취방지계획에 따라 악취방지에 필요한 조치를 하지 아니하고 악취배출시설을 가동한 자

   ㉣ 기간 이내에 악취방지계획에 따라 악취방지에 필요한 조치를 하지 아니한 자

(7) 행정처분기준(시행규칙 [별표 9]) ★빈출

악취검사기관과 관련한 행정처분기준은 다음 〈표〉와 같다.

위반사항	행정처분기준			
	1차	2차	3차	4차 이상
1. 거짓이나 그 밖의 부정한 방법으로 지정을 받은 경우	지정취소			
2. 지정기준에 미치지 못하게 된 경우				
① 검사 시설 및 장비가 전혀 없는 경우	지정취소			
② 검사 시설 및 장비가 부족하거나 고장난 상태로 7일 이상 방치한 경우	경고	업무정지 1개월	업무정지 3개월	지정취소
③ 기술인력이 전혀 없는 경우	지정취소			
④ 기술인력이 부족하거나 부적합한 경우	경고	업무정지 15일	업무정지 1개월	업무정지 3개월
3. 고의 또는 중대한 과실로 검사결과를 거짓으로 작성한 경우	업무정지 15일	업무정지 1개월	업무정지 3개월	지정취소

(8) 악취검사기관의 준수사항(시행규칙 [별표 8])

① 시료는 기술인력으로 고용된 사람이 채취해야 한다.

② 검사기관은 국립환경과학원장이 실시하는 정도관리를 받아야 한다.

③ 검사기관은 환경오염공정시험기준에 따라 정확하고 엄정하게 측정·분석을 해야 한다.

④ 검사기관이 법인인 경우 보유차량에 국가기관의 악취검사차량으로 잘못 인식하게 하는 문구를 표시하거나 과대표시를 해서는 안 된다.

⑤ 검사기관은 다음의 서류를 작성하여 **3년간 보존**해야 한다.

   ㉠ 실험일지 및 검량선기록지

   ㉡ 검사결과발송대장

   ㉢ 정도관리수행기록철

성공하려면
당신이 무슨 일을 하고 있는지를 알아야 하며,
하고 있는 그 일을 좋아해야 하며,
하는 그 일을 믿어야 한다.
－월 로저스(Will Rogers)－

☆

때론 지치고 힘들지만 언제나 가슴에 큰 꿈을 안고 삽시다.
노력은 배반하지 않습니다. ^^

PART
2

과목별
기출문제

오래된 기출문제 NO!

최신 출제경향이 반영된 최근 기출문제만 꼼꼼히 해설하여 수록하였습니다.

※ "PART 2. 과목별 기출문제"와 "PART 3. 최근 기출문제"에 수록된 각 문제 뒤에는 시험출제빈도를 "별표(★)" 개수로 구분하여 표시하였습니다. 별표 개수에 따른 의미는 다음과 같으니 학습 시 참고해 주시기 바랍니다.

별표	출제빈도	목표점수	의미
없음	매우 적음	100점	**표식이 없는 문제**는 출제빈도도 매우 적을 뿐만 아니라 어려운 문제입니다. 모든 과목에서 100점을 받고 싶은 수험생들만 적극적으로 숙지하시기 바랍니다.
★	적음	80점 이상	**별 1개(★)**는 출제빈도가 적으며 비교적 어려운 문제입니다. 본인의 성향에 따라 숙지 또는 패스하셔도 되나 고득점을 받아 안정적으로 합격하고 싶은 수험생들은 숙지하시기 바랍니다.
★★	보통	60점 이상	**별 2개(★★)**는 출제빈도는 보통이며 비교적 쉬운 문제이나 가끔은 어려운 문제도 존재합니다. 어려운 문제는 본인의 성향에 따라 숙지 또는 패스하셔도 되나 가능한 숙지하시기 바랍니다.
★★★	높음	40점 이상	**별 3개(★★★)**는 출제빈도가 높을 뿐만 아니라 쉬운 문제입니다. 가끔은 수험생에 따라 어려운 문제라고 생각할 수도 있으나 반드시 이해하고 숙지해야 합니다.

[비고] 시험 목표점수가 100점이라면 별표가 없는 문제를 포함한 모든 문제를 완벽히 숙지해야 하며,
목표점수가 80점 이상이면 별표 1개, 2개, 3개인 문제, 목표점수가 60점 이상이면 별표 2개, 3개인 문제,
목표점수가 40점 이상이면 별표 3개인 문제를 반드시 숙지하고 넘어가야 합니다.

단시간 내에 합격하기 위해서는 모든 과목을 같은 노력으로 일괄적으로 학습하기 보다는 각 과목별 특성을 파악하고 각자의 성향 및 장점을 살려 효율적으로 학습할 필요가 있습니다.
대기환경기사는 대기오염 개론 등 총 5과목으로 구성되어 있고 각 과목별 특성이 존재합니다.
즉, 원리 및 계산문제가 많은 과목은 '연소공학'과 '대기오염 방지기술'이고, 주로 암기가 필요한 부분은 '대기오염 공정시험기준'과 '대기환경관계법규'입니다. 한편, '대기오염 개론'은 출제범위가 가장 폭넓고 최신경향문제도 출제되는 과목입니다. 그렇기 때문에 **과목별 특성과 본인의 성향과 장점을 살려 효율적으로 점수를 획득할 필요**가 있습니다.
크게 두 가지 선택이 있을 수 있습니다.
첫째, 원리 및 계산문제에 장점이 있는 수험생들은 '연소공학'과 '대기오염 방지기술'을 80점 이상, 암기부분이 많은 '대기오염 공정시험기준'과 '대기환경관계법규'는 40점 이상, '대기오염 개론'은 60점 이상을 획득하는 전략을 권장합니다.
둘째, 암기에 장점이 있는 수험생들은 '대기오염 공정시험기준'과 '대기환경관계법규'를 80점 이상, 원리 및 계산문제가 많은 '연소공학'과 '대기오염 방지기술'은 40점 이상, '대기오염 개론'은 60점 이상을 획득하는 전략을 권장합니다.

Subject 제 **1** 과목 대기오염 개론 과목별 기출문제

저자쌤의 과목별 학습 TIP

출제빈도를 보면 미기상학(바람장미, 열섬, 리차드슨, 바람, 연기모양 등 포함)과 대기오염물질(종류, 피해, 업종 등)이 약 50%를 차지하고 있으니 이 부분을 집중적으로 학습할 필요가 있습니다. 그 다음으로 광화학반응, 대기모델링이 각각 10%를 차지하고 있으며, 대기오염사건, 지구온난화, 오존층 파괴, 대기의 구성 및 조성 등이 각각 5%를 차지하고 있으니 이를 감안하여 선택과 집중을 통한 전략으로 학습하시기 바랍니다.

제1과목 | 대기오염 개론

2017년 제1회 대기환경기사

01 다음 중 주로 연소 시에 배출되는 무색의 기체로 물에 매우 난용성이며, 혈액 중의 헤모글로빈과 결합력이 강해 산소 운반능력을 감소시키는 물질은? ★★★

① PAN
② 알데하이드
③ NO
④ HC

✔ **[Plus 이론학습]**
NO_x(질소산화물) 중 NO_2는 적갈색 기체이다.

02 다음은 탄화수소류에 관한 설명이다. ( ) 안에 가장 적합한 물질은? ★★

> 탄화수소류 중에서 이중결합을 가진 올레핀화합물은 포화 탄화수소나 방향족 탄화수소보다 대기 중에서 반응성이 크다. 방향족 탄화수소는 대기 중에서 고체로 존재하고, 특히 ( )은 대표적인 발암물질로 환경호르몬으로 알려져 있으며, 연소과정에서 생성되는데 숯불에 구운 쇠고기 등 가열로 검게 탄 식품, 담배 연기, 자동차 배기가스, 석탄 타르 등에 포함되어 있다.

① 벤조피렌
② 나프탈렌
③ 안트라센
④ 톨루엔

✔ **[Plus 이론학습]**
벤조피렌은 방향족 탄화수소 중에서도 다환방향족 탄화수소(PAH)에 속한다. 석유 찌꺼기인 피치의 한 성분을 이루며, 콜타르, 담배 연기, 나무 태울 때의 연기, 자동차 매연에 들어 있는데 사실상 모든 유기물질이 탈 때는 거의 다 발생한다.

03 CO에 대한 설명으로 옳지 않은 것은? ★★★

① 자연적 발생원에는 화산 폭발, 테르펜류의 산화, 클로로필의 분해, 산불 및 해수 중 미생물의 작용 등이 있다.
② 지구 위도별 분포로 보면 적도 부근에서 최대치를 보이고, 북위 30도 부근에서 최소치를 나타낸다.
③ 물에 난용성이므로 수용성 가스와는 달리 비에 의한 영향을 거의 받지 않는다.
④ 다른 물질에 흡착현상도 거의 나타나지 않는다.

✔ **[Plus 이론학습]**
CO(일산화탄소)는 무색, 무취의 유독성 가스로서, 연료 속의 탄소 성분이 불완전연소 되었을 때 발생한다. 난용성, 비흡착성, 비반응성의 성질이 있다. 배출원은 주로 수송부문이 차지하며, 산업공정과 비수송부문의 연료 연소, 그리고 화산 폭발, 산불과 같은 자연발생원이 있다.

---

04 다음 오염물질 중 하이드록시기를 포함하고 있는 물질은? ★

① 니켈카보닐　　② 벤젠

③ 메틸멜캅탄　　④ 페놀

✔ 벤젠고리의 수소를 하이드록시기로 치환한 화합물을 페놀이라 부른다.

[Plus 이론학습]
하이드록시기(hydroxy group) 또는 히드록시기는 구조식이 −OH로 표시되는 일가의 작용기이다.
알켄과 알킨 등 벤젠고리 이외의 탄소 위에 수소를 하이드록시기로 치환한 화합물을 알코올이라 칭한다.

05 다음은 입자상 물질의 측정장치 중 중량농도 측정방법에 관한 설명이다. ( ) 안에 가장 적합한 것은? ★

> ( )은/는 입자의 관성력을 이용하여 입자를 크기별로 측정하고, Cascade impactor로 크기별로 중량농도를 측정하는 방법이다.

① 여지포집법

② Piezobalance

③ 다단식 충돌판 측정법

④ 정전식 분급법

✔ **[Plus 이론학습]**
관성 충돌법이란 일정용적의 공기를 강제 흡입하여, 장착된 물체 표면에 고속의 공기를 충돌시켜 입자가 관성력에 의하여 포집되는 방법이다. 여러 가지 방법이 고안되어 있으며, 대표적인 것이 Cascade impactor이다.

06 다음 광화학적 산화제와 2차 대기오염물질에 관한 설명 중 가장 거리가 먼 것은? ★★★

① PAN은 peroxyacetyl nitrate의 약자이며, $CH_3COOONO_2$의 분자식을 갖는다.

② PAN은 PBN(peroxybenzoyl nitrate)보다 100배 이상 눈에 강한 통증을 주며, 빛을 흡수시키므로 가시거리를 감소시킨다.

③ 오존은 섬모운동의 기능장애를 일으키며, 염색체 이상이나 적혈구의 노화를 초래하기도 한다.

④ 광화학반응의 주요 생성물은 PAN, CO_2, 케톤 등이 있다.

✔ PBN은 PAN보다 100배 이상 눈에 강한 통증을 주며, 빛을 흡수시키므로 가시거리를 감소시킨다.

07 냄새에 관한 다음 설명 중 ( ) 안에 가장 알맞은 것은? ★★

> 매우 엷은 농도의 냄새는 아무 것도 느낄 수 없지만 이것을 서서히 진하게 하면 어떤 농도가 되고 무엇인지 모르지만 냄새의 존재를 느끼는 농도로 나타난다. 이 최소농도를 (㉠)라고 정의하고 있다. 또한 농도를 짙게 하다 보면 냄새질이나 어떤 느낌의 냄새인지를 표현할 수 있는 시점이 나오게 된다. 이 최저농도가 되는 곳을 (㉡)라고 한다.

① ㉠ 최소감지농도(detection threshold)
　 ㉡ 최소포착농도(capture threshold)

② ㉠ 최소인지농도(recognition threshold)
　 ㉡ 최소자각농도(awareness threshold)

③ ㉠ 최소인지농도(recognition threshold)
　 ㉡ 최소포착농도(capture threshold)

④ ㉠ 최소감지농도(detection threshold)
　 ㉡ 최소인지농도(recognition threshold)

08 굴뚝에서 배출되는 연기 모양 중 원추형에 관한 설명으로 가장 적합한 것은? ★★★

① 수직온도경사가 과단열적이고, 난류가 심할 때 주로 발생한다.

② 지표역전이 파괴되면서 발생하며, 30분 이상은 지속하지 않는 경향이 있다.

③ 연기의 상하부분 모두 역전인 경우 발생한다.

④ 구름이 많이 낀 날에 주로 관찰된다.

✔ 원추형(conning)은 중립, 약간 안정한 상태이며, 흐리고 바람이 강하게 불 때, 구름이 많이 낀 밤중에 발생한다. 확산방정식에 의하여 오염물의 확산을 추정할 수 있는 좋은 조건이다.

09 다음은 최대혼합고(MMD)에 관한 설명이다. ( ) 안에 가장 알맞은 것은? ★

> MMD값은 통상적으로 (㉠)에 가장 낮으며, (㉡)시간 동안 증가한다. (㉡)시간 동안에는 통상 (㉢)값을 나타내기도 한다.

① ㉠ 밤, ㉡ 낮, ㉢ 20~30km
② ㉠ 밤, ㉡ 낮, ㉢ 2,000~3,000m
③ ㉠ 낮, ㉡ 밤, ㉢ 20~30km
④ ㉠ 낮, ㉡ 밤, ㉢ 2,000~3,000m

10 마찰층(fricition lawer)과 관련된 바람에 관한 설명으로 거리가 먼 것은?

① 마찰층 내의 바람은 높이에 따라 항상 반시계 방향으로 각천이(angular shift)가 생긴다.
② 마찰층 내의 바람은 위로 올라갈수록 실제 풍향은 서서히 지균풍에 가까워진다.
③ 마찰층 내의 바람은 위로 올라갈수록 그 변화량이 감소한다.
④ 마찰층 이상 고도에서 바람의 고도변화는 근본적으로 기온분포에 의존한다.

✔ 마찰층 내의 바람은 높이에 따라 시계방향으로 각천이(angular shift)가 생겨나며, 위로 올라갈수록 실제풍향은 지균풍과 가까워진다.

11 다음 중 열섬효과에 관한 설명으로 옳지 않은 것은? ★★★

① 도시에서는 인구와 산업의 밀집지대로서 인공적인 열이 시골에 비하여 월등하게 많이 공급된다.
② 열섬현상은 고기압의 영향으로 하늘이 맑고 바람이 약한 때에 잘 발생한다.
③ 도시의 지표면은 시골보다 열용량이 적고 열전도율이 높아 열섬효과의 원인이 된다.
④ 열섬효과로 도시 주위의 시골에서 도시로 바람이 부는데 이를 전원풍이라 한다.

✔ 도시의 지표면은 시골보다 열용량이 많고 열전도율이 높아 열섬효과의 원인이 된다.

[Plus 이론학습]
열섬은 인구가 늘어나서 녹지가 도로, 건물, 기타 구조물의 아스팔트나 콘크리트로 바뀌면서 생겨난다. 아스팔트나 콘크리트 표면은 태양열을 반사하기보다는 흡수하게 되며, 이로 인해 표면 온도와 그 주변의 전체 온도를 상승시킨다.

12 입자상 물질의 농도가 $250\mu g/m^3$이고, 상대습도가 70%인 대도시에서 가시거리는 몇 km인가? (단, 계수 A는 1.3으로 한다.) ★★★

① 4.3   ② 5.2
③ 6.5   ④ 7.2

✔ $L_v = 1,000 \times A/C = 1,000 \times 1.3/250 = 5.2$km

13 다음은 바람장미에 관한 설명이다. ( ) 안에 가장 알맞은 것은? ★★★

> 바람장미에서 풍향 중 주풍은 막대의 (㉠) 표시하며, 풍속은 (㉡)(으)로 표시한다. 풍속이 (㉢)일 때를 정온(calm) 상태로 본다.

① ㉠ 길이를 가장 길게
  ㉡ 막대의 굵기
  ㉢ 0.2m/s 이하
② ㉠ 굵기를 가장 굵게
  ㉡ 막대의 길이
  ㉢ 0.2m/s 이하
③ ㉠ 길이를 가장 길게
  ㉡ 막대의 굵기
  ㉢ 1m/s 이하
④ ㉠ 굵기를 가장 굵게
  ㉡ 막대의 길이
  ㉢ 1m/s 이하

✔ **[Plus 이론학습]**
바람장미(window rose)는 풍향별로 관측된 바람의 발생빈도와 풍속을 16방향으로 표시한 기상도이다.

14 태양상수를 이용하여 지구 표면의 단위면적이 1분 동안에 받는 평균태양에너지를 구한 값은? ★★

① $0.25cal/cm^2 \cdot min$

② $0.5cal/cm^2 \cdot min$

③ $1.0cal/cm^2 \cdot min$

④ $2.0cal/cm^2 \cdot min$

✔ 태양상수를 S라 하고 지구의 반지름을 R이라 하면 지구가 받는 전체량은 $\pi R^2 S$가 된다. 그러나 지구 전체의 표면적은 $4\pi R^2$이므로 지구 전체의 표면에서 받는 에너지는 $S/4$, 즉 $0.5cal/cm^2 \cdot min$이 된다.

[Plus 이론학습]
지구의 대기권 밖에서 태양광선에 수직인 단위면적이 단위시간당 받는 태양복사에너지를 태양상수라 하며, 그 값은 시기에 따라 다소 변동하지만 평균적으로 약 $2.0cal/cm^2 \cdot min$이다.

15 다음은 황화합물에 관한 설명이다. ( ) 안에 가장 알맞은 것은? ★★

> 전 지구적으로 해양을 통해 자연적 발생원 중 가장 많은 양의 황화합물이 ( ) 형태로 배출되고 있다.

① H_2S

② CS_2

③ $DMS[(CH_3)_2S]$

④ OCS

✔ 이메틸황화물(DMS)은 해수 중 가장 높은 농도로 존재하고 있으며, 대기로 방출되는 생물기원 황 수지의 절반 이상을 차지한다.

[Plus 이론학습]
이메틸황화물(DMS)은 해양에 존재하는 대표적인 황화합물이며, 식물 플랑크톤으로부터 발생하는 휘발성 황화합물이다.

16 2,000m에서 대기압력(최초기압)이 805mbar, 온도가 5℃, 비열비 K가 1.4일 때 온위(potential temperature)는? (단, 표준압력은 1,000mbar이다.) ★★★

① 약 284K

② 약 289K

③ 약 296K

④ 약 324K

✔
$$\theta = T \times \left(\frac{1,000}{P}\right)^{(K-1)/K}$$
$$= (273+5) \times \left(\frac{1,000}{805}\right)^{(1.4-1)/1.4}$$
$$= (273+5) \times \left(\frac{1,000}{805}\right)^{0.286}$$
$$= 296K$$

17 환기를 위한 실내공기오염의 지표가 되는 물질로 가장 적합한 것은? ★★★

① SO_2

② NO_2

③ CO

④ CO_2

✔ CO_2(이산화탄소)는 실내공기오염의 지표가 되는 물질이다.

[Plus 이론학습]
SO_2, NO_2, CO는 대기환경기준물질이다.

18 Richardson수(R)에 관한 설명으로 옳지 않은 것은?

① $R = \frac{g}{T} = \frac{(\Delta T/\Delta Z)^2}{(\Delta U/\Delta Z)}$로 표시하며, $\Delta T/\Delta Z$는 강제대류의 크기, $\Delta U/\Delta Z$는 자유대류의 크기를 나타낸다.

② $R > 0.25$일 때는 수직방향의 혼합이 없다.

③ $R = 0$일 때는 기계적 난류만 존재한다.

④ R이 큰 음의 값을 가지면 대류가 지배적이어서 바람이 약하게 되어 강한 수직운동이 일어나며, 굴뚝의 연기는 수직 및 수평 방향으로 빨리 분산된다.

✔
$$R_i = \frac{g}{T_m}\left(\frac{\Delta T/\Delta Z}{(\Delta U/\Delta Z)^2}\right)$$
로 구하며, $\Delta T/\Delta Z$는 대류난류(자유대류)의 크기, $\Delta U/\Delta Z$는 기계적 난류(강제대류)의 크기를 나타낸다.

19 다음 중 다이옥신의 광분해에 가장 효과적인 파장범위(nm)는?

① 100~150

② 250~340

③ 500~800

④ 1,200~1,500

20 역사적 대기오염사건과 주원인물질을 바르게 짝지은 것은? ★★★

① 뮤즈계곡 사건 – 아황산가스

② 도쿄 요코하마 사건 – 수은

③ 런던 스모그 사건 – 오존

④ 포자리카 사건 – 메틸이소시아네이트

✔ ② 도쿄 요코하마 사건 – 뚜렷한 원인물질은 밝혀지지 않았음
③ 런던 스모그 사건 – 아황산가스 및 먼지
④ 포자리카 사건 – 황화수소
※ 보팔사건 – 메틸이소시아네이트

2017년 제2회 대기환경기사

01 일반적인 가솔린 자동차 배기가스의 구성면에서 볼 때 다음 중 가장 많은 부피를 차지하는 물질은? (단, 가속상태 기준) ★

① 탄화수소

② 질소산화물

③ 일산화탄소

④ 이산화탄소

✔ 휘발유가 완전연소하면 이산화탄소와 물이 전부이다. 그러나 완전연소는 이루어지지 않기 때문에 탄화수소, 질소산화물, 일산화탄소와 같은 오염물질이 발생되지만 이들은 이산화탄소에 비해 매우 적은 양이다.

02 지표 부근의 대기성분의 부피비율(농도)이 큰 것부터 순서대로 알맞게 나열된 것은? (단, N_2, O_2 성분은 생략) ★★★

① $CO_2 - Ar - CH_4 - H_2$

② $CO_2 - Ar - H_2 - CH_4$

③ $Ar - CO_2 - He - Ne$

④ $Ar - CO_2 - Ne - He$

✔ $N_2 > O_2 > Ar > CO_2 > Ne > He > CH_4 > kr > H_2 > N_2O > CO > Xe > O_3$ 순이다.

03 불안정한 대기상태에서 굴뚝의 연기방출속도가 15m/s, 굴뚝 안지름이 4m일 때 이 연기의 상승높이는? (단, 연기의 상승높이 $\Delta H = 150 \times (F/u^3)$, F는 부력, 배기가스 온도는 127℃, 대기온도는 17℃, 풍속은 6m/s이다.)

① 125m ② 135m

③ 145m ④ 155m

✔ $$F = \frac{g \times V_s \times d^2 \times (T_s - T_a)}{4 \times T_a}$$

$$= \frac{9.8 \times 15 \times 4^2 \times (400 - 290)}{4 \times 290}$$

$$= 223$$

$$\therefore \Delta H = 150 \times (F/u^3) = 150 \times 223/6^3 = 154.9$$

04 다음 ( ) 안에 들어갈 말로 알맞은 것은 어느 것인가? ★★★

> 지구의 평균 지상기온은 지구가 태양으로부터 받고 있는 태양에너지와 지구가 (㉠)형태로 우주로 방출하고 있는 에너지의 균형으로부터 결정된다. 이 균형은 대기 중의 (㉡), 수증기 등의 (㉠)을(를) 흡수하는 기체가 큰 역할을 하고 있다.

① ㉠ : 자외선, ㉡ : CO

② ㉠ : 적외선, ㉡ : CO

③ ㉠ : 자외선, ㉡ : CO_2

④ ㉠ : 적외선, ㉡ : CO_2

05 다음 중 염소 또는 염화수소 배출 관련업종으로 가장 거리가 먼 것은? ★★★

① 소다제조업

② 농약제조업

③ 화학공업

④ 시멘트제조업

✅ 시멘트제조업에서는 염소 또는 염화수소가 발생되지 않는다.

06 실내공기에 영향을 미치는 오염물질에 관한 설명 중 옳지 않은 것은?

① 석면은 자연계에 존재하는 유화화(油和化)된 규산염 광물의 총칭이고, 미국에서 가장 일반적인 것으로는 아크티놀라이트(백석면)가 있다.

② 석면의 발암성은 청석면 > 아모사이트 > 백석면 순이다.

③ Rn－222의 반감기는 3.8일이며, 그 낭핵종도 같은 종류의 알파선을 방출하지만 화학적으로는 거의 불활성이다.

④ 우라늄과 라듐은 Rn－222의 발생원에 해당된다.

✅ 석면은 자연계에서 존재하는 섬유상 규산광물의 총칭으로서, 화학구조가 수정 같은 구조를 가지는 섬유성 무기물질을 말한다. 백석면은 Chrysotile, 갈석면은 Amosite, 청석면은 Crocidolite이다.

07 다음 오염물질 중 상온에서 무색 투명하고, 순수한 경우에는 냄새가 거의 없지만 일반적으로 불쾌한 자극성 냄새를 가진 액체로서 햇빛에 파괴될 정도로 불안정하지만 부식성은 비교적 약하며, 끓는점은 약 46℃이고, 그 증기는 공기보다 약 2.64배 정도 무거운 것은?

① HCl

② Cl_2

③ SO_2

④ CS_2

✅ **[Plus 이론학습]**
이황화탄소(carbon disulfide)
• 탄소와 황으로 구성된 화합물이다.
• 액체는 밀도가 높고 휘발성과 가연성이 강하다.
• 상온에서는 굴절률이 큰 무색의 액체상태로 존재한다.
• 녹는점은 －111℃이다.

08 다음 중 석면폐증에 관한 설명으로 가장 거리가 먼 것은? ★

① 폐의 석면폐증에 의한 비후화이며, 흉막의 섬유화와 밀접한 관련이 있다.

② 비가역적이며, 석면노출이 중단된 후에도 악화되는 경우가 있다.

③ 폐하엽에 주로 발생하며, 흉막을 따라 폐중엽이나 설엽으로 퍼져간다.

④ 폐의 석면화는 폐조직의 신축성을 감소시키고 가스교환능력을 저하시켜 결국 혈액으로의 산소공급이 불충분하게 된다.

✅ 석면폐증은 많은 양의 석면섬유에 노출되었던 근로자들에게 주로 발생되며, 폐의 탄력이 떨어져 숨쉬기가 매우 어렵게 되는 질병을 말한다. 비정상적으로 두꺼워지는 비후화가 아니다.

정답 | 04.④ 05.④ 06.① 07.④ 08.①

09 다음 Gaussian 분산식에 대한 설명으로 가장 적합한 것은?

$$C(x, \ y, \ z)$$
$$= \frac{Q}{2\pi u \sigma_y \sigma_z} \left[\exp - \left(\frac{y^2}{2\sigma_y^2} \right) \right]$$
$$\left[\exp \left(\frac{-(z-H)^2}{2\sigma_z^2} \right) + \exp \left(\frac{-(z+H)^2}{2\sigma_z^2} \right) \right]$$

① 비정상상태에서 불연속적으로 배출하는 면오염원으로부터 바람방향이 배출면에 수평인 경우 풍하측의 지면 농도를 산출하는 경우에 사용한다.
② 공중역전이 존재할 경우 역전층의 오염물질의 상향확산에 의한 일정고도상에서의 중심축상 선오염원의 농도를 산출하는 경우에 사용한다.
③ 지표면으로부터 고도 H에 위치하는 점원 – 지면으로부터 반사가 있는 경우에 사용한다.
④ 연속적으로 배출하는 무한의 선오염원으로부터 바람의 방향이 배출선에 수직인 경우 플룸 내에서 소멸되는 풍하측의 지면 농도를 산출하는 경우에 사용한다.

✔ Gaussian 분산식은 연기의 배출은 연속적이며 일정하게 배출되고 정상상태로 가정한다. 또한, 오염물질의 농도는 정규분포를 이루고 지표반사와 혼합층 상부에서의 반사를 고려(질량보존의 법칙 적용)한다.

10 시정거리에 관한 설명으로 가장 거리가 먼 것은? (단, 입자 산란에 의해서만 빛이 감쇠되고, 입자상 물질은 모두 같은 크기의 구형태로 분포하고 있다고 가정한다.) ★
① 시정거리는 대기 중 입자의 산란계수에 비례한다.
② 시정거리는 대기 중 입자의 농도에 반비례한다.

③ 시정거리는 대기 중 입자의 밀도에 비례한다.
④ 시정거리는 대기 중 입자의 직경에 비례한다.

✔ 시정거리 $=5.2 \rho r / K \cdot C$이므로 입자의 산란계수와 입자의 농도에 반비례하고, 입자의 밀도와 입자의 직경에 비례한다.

11 다음 오염물질 중 온실효과를 유발하는 것으로 가장 거리가 먼 것은? ★★★
① 이산화탄소
② CFCs
③ 메탄
④ 아황산가스

✔ 아황산가스는 온실가스가 아니다.

12 먼지농도가 $40\mu g/m^3$, 상대습도가 70%일 때 가시거리는? (단, 계수 A는 1.2 적용) ★★★
① 19km
② 23km
③ 30km
④ 67km

✔ $L_v = 1,000 \times A/C = 1,000 \times 1.2/40 = 30km$

13 굴뚝에서 배출되는 연기의 모양 중 환상형(looping)에 관한 설명으로 가장 적합한 것은 어느 것인가? ★★
① 전체 대기층이 강한 안정 시에 나타나며, 연직확산이 적어 지표면에 순간적 고농도를 나타낸다.
② 전체 대기층이 중립일 경우에 나타나며, 연기모양의 요동이 적은 형태이다.
③ 상층이 불안정, 하층이 안정일 경우에 나타나며, 바람이 다소 강하거나 구름이 낀 날 일어난다.
④ 대기층이 매우 불안정 시에 나타나며, 맑은 날 낮에 발생하기 쉽다.

✔ 환상형은 과단열적 상태에서 일어나는 연기 형태로 상하로 흔들린다. 또한, 대기층이 매우 불안정 시에 나타나며, 맑은 날 낮에 발생하기 쉽다.

14 면배출원으로부터 배출되는 오염물질의 확산을 다루는 상자모델 사용 시 가정 조건으로 가장 거리가 먼 것은? ★

① 상자 공간에서 오염물의 농도는 균일하다.
② 오염배출원은 이 상자가 차지하고 있는 지면 전역에 균등하게 분포되어 있다.
③ 상자 안에서는 밑면에서 방출되는 오염물질이 상자 높이인 혼합층까지 즉시 균등하게 혼합된다.
④ 배출된 오염물질이 다른 물질로 변화되는 비율과 지면에 흡수되는 비율은 100%이다.

✔ 오염물질은 다른 물질로 변화하지 않고 지면에 흡수되지도 않는다.

15 유효굴뚝높이 100m인 연돌에서 배출되는 가스량이 $10m^3/s$, SO_2의 농도가 1,500ppm일 때 Sutton 식에 의한 최대지표농도는? (단, $K_y = K_z = 0.05$, 평균풍속은 10m/s이다.)

① 약 0.008ppm   ② 약 0.035ppm
③ 약 0.078ppm   ④ 약 0.116ppm

✔ $$C_m \text{(ppm)} = \frac{2Q}{\pi e u H_e^2} \cdot \frac{K_z}{K_y}$$

여기서, Q : 오염물질의 배출률(유량×농도)
　　　　e : 2.718
　　　　u : 풍속(m/s)
　　　　H_e : 유효굴뚝고(m)
　　　　K_y, K_z : 수평 및 수직 확산계수

2	$10m^3$	1,500ppm	s		0.05
3.14	s	2.718	10m	100^2m^2	0.05

=0.035ppm

16 다음은 NO_2의 광화학 반응식이다. ㉠~㉣에 알맞은 것은? (단, O는 산소원자) ★★★

> • [㉠]$+h_v \rightarrow$ [㉡]+O
> • O+[㉢] $\rightarrow$ [㉣]
> • [㉣]+[㉡] $\rightarrow$ [㉠]+[㉢]

① ㉠ NO, ㉡ NO_2, ㉢ O_3, ㉣ O_2
② ㉠ NO_2, ㉡ NO, ㉢ O_2, ㉣ O_3
③ ㉠ NO, ㉡ NO_2, ㉢ O_2, ㉣ O_3
④ ㉠ NO_2, ㉡ NO, ㉢ O_3, ㉣ O_2

✔ NO_2는 햇빛에 의해 NO와 O로 분해되고, O는 O_2와 반응하여 O_3를 생성한다.

17 바람에 관한 다음 설명 중 옳지 않은 것은?

① 북반구의 경도풍은 저기압에서는 반시계 방향으로 회전하며 위쪽으로 상승하면서 분다.
② 마찰층 내 바람은 높이에 따라 시계방향으로 각천이가 생겨나며, 위로 올라갈수록 실세 풍향은 점점 시균풍과 가까워진다.
③ 상풍은 경사면 → 계곡 → 주계곡으로 수렴하면서 풍속이 가속되기 때문에 낮에 산 위쪽으로 부는 계곡풍이 더 강하다.
④ 해륙풍이 부는 원인은 낮에는 육지보다 바다가 빨리 더워져서 바다의 공기가 상승하기 때문에 바다에서 육지로 8~15km 정도까지 바람(해풍)이 분다.

✔ 해륙풍이 부는 원인은 낮에는 바다보다 육지가 빨리 더워져서 육지의 공기가 상승하기 때문에 바다에서 육지로 바람(해풍)이 분다.

18 바람을 일으키는 힘 중 기압경도력에 관한 설명으로 가장 적합한 것은?

① 수평기압경도력은 등압선의 간격이 좁으면 강해지고, 반대로 간격이 넓어지면 약해진다.
② 지구의 자전운동에 의해서 생기는 가속도에 의한 힘을 말한다.
③ 극지방에서 최소가 되며, 적도지방에서 최대가 된다.
④ Gradient wind라고도 하며, 대기의 운동 방향과 반대의 힘인 마찰력으로 인하여 발생된다.

기압경도력은 두 지점 사이의 기압차에 의해서 생기는 힘으로, 바람이 불게 되는 근본적인 원인이 되며, 방향은 고압에서 저압 방향으로 작용한다. 두 등압선의 기압차가 일정할 때 등압선이 조밀한 곳일수록 기압경도력이 크므로 바람이 강하고 등압선이 느슨한 곳에서는 바람이 약하다.

19 다음 중 상온에서 무색이며, 자극성 냄새를 가진 기체로서 비중이 약 1.03(공기＝1)인 오염물질은?　★★

① 아황산가스

② 폼알데하이드

③ 이산화탄소

④ 염소

✔ **[Plus 이론학습]**
폼알데하이드는 자극성이 강한 냄새를 띤 기체상의 화학물질이며, 가장 간단한 알데하이드이다. 또한 자극적인 냄새가 나고, 무색이며, 37% 이상의 수용액은 포르말린이라고 부른다.

20 대기오염이 식물에 미치는 영향에 관한 설명으로 가장 거리가 먼 것은?　★★

① SO_2는 회백색 반점을 생성하며, 피해부분은 엽육세포이다.

② PAN은 유리화, 은백색 광택을 나타내며, 주로 해면조직에 피해를 준다.

③ NO_2는 불규칙 흰색 또는 갈색으로 변화되며, 피해부분은 엽육세포이다.

④ HF는 SO_2와 같이 잎 안쪽부분에 반점을 나타내기 시작하며, 늙은 잎에 특히 민감하고, 밤에 피해가 현저하다.

✔ HF로 인한 피해는 SO_2와 거의 흡사하지만 HF는 기공을 통해 침투된 후 SO_2와는 달리 잎의 선단이나 주변에 도달하여 축적되고 일정량에 달하면 탈수작용이 일어나 세포가 파괴된다. 또 파괴된 부분은 점점 녹색이 없어져 황갈색으로 변화된다. HF는 적은 농도에서도 피해를 주며, 특히 어린잎에 현저하다는 특징을 가진다.

제1과목 | 대기오염 개론

2017년 제4회 대기환경기사

01 오염물질이 주위로 확산되지 않고 안전하게 후드에 유입되도록 조절한 공기의 속도와 적절한 안전율을 고려한 공기의 유속을 무엇이라 하는가?　★

① 제어속도(control velocity)

② 상대속도(relative velocity)

③ 질량속도(mass velocity)

④ 부피속도(volumetric velocity)

✔ 제어속도(control velocity)는 포촉속도(capture velocity)라고도 하며, 유해물질을 후드 쪽으로 흡인하기 위하여 필요한 최소속도를 말한다.

02 대기의 건조단열체감률과 국제적인 약속에 의한 중위도 지방을 기준으로 한 실제체감률인 표준체감률 사이의 관계를 대류권 내에서 도식화한 것으로 옳은 것은? (단, 건조단열체감률은 점선, 표준체감률은 실선, 종축은 고도, 횡축은 온도를 나타낸다.)　★

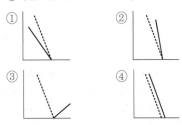

✔ 건조단열감률은 −1℃/100m, 실제체감률(표준체감률)은 −0.6℃/100m이므로, 건조단열감률이 실제체감률보다 기울기가 더 가파르다.

03 다음 중 오존층의 O_3는 주로 어느 파장의 태양빛을 흡수하여 대류권 지상의 생명체들을 보호하는가?　★★

① 자외선 파장 450~640nm

② 자외선 파장 290~440nm

③ 자외선 파장 200~290nm

④ 고에너지 자외선 파장<100nm

---

04 광화학 스모그현상에 관한 설명으로 가장 거리가 먼 것은? ★★★

① LA형 스모그는 광화학 스모그의 대표적인 피해사례이다.

② 광화학반응에 의해 생성된 물질은 미산란효과에 의해 대기의 파장변화와 가시도의 증가를 초래한다.

③ 광화학 옥시던트 물질은 인체의 눈, 코, 점막을 자극하고 폐기능을 약화시킨다.

④ 정상상태일 경우 오존의 대기 중 오존농도는 NO_2와 NO비, 태양빛의 강도 등에 의해 좌우된다.

✔ 미산란은 입자의 크기가 빛의 파장과 비슷할 경우에 일어나며, 빛의 파장보다는 입자의 밀도, 크기, 모양 등에 반응한다. 그리고 파장과 거의 무관하며, 광화학반응에 의해 생성된 물질은 가시도의 감소를 초래한다.

05 다음 중 불화수소(HF)의 주요 배출 관련업종으로 가장 적합한 것은? ★★★

① 가스공업, 펄프공업

② 도금공업, 플라스틱공업

③ 염료공업, 냉동공업

④ 화학비료공업, 알루미늄공업

✔ 불소화합물의 주된 배출원은 인산 및 인산비료, 1차 알루미늄, Fluorinated Hydrocarbon, Fluorinated Plastic 제조공정, Uranium 광 제련공정 등이 있다.

06 직경 4m인 굴뚝에서 연기가 10m/s의 속도로 풍속 5m/s인 대기로 방출된다. 대기는 27℃, 중립상태($\Delta\theta/\Delta Z=0$)이고, 연기의 온도가 167℃일 때 TVA 모델에 의한 연기의 상승고(m)는? (단,

TVA 모델 $\Delta H = \dfrac{173 \cdot F^{\frac{1}{3}}}{U \cdot \exp(0.64\Delta\theta/\Delta Z)}$, 부력

계수($F = [g \cdot V_s \cdot d^2 \cdot (T_s - T_a)]/4T_a$)를 이용할 것)

① 약 196m ② 약 165m

③ 약 145m ④ 약 124m

✔ $\Delta\theta/\Delta Z = 0$이므로 $\exp(0.64\Delta\theta/\Delta Z)=1$

$F = 9.8 \times 10 \times 42 \times (440-300)/4/300 = 183$

$\Delta H = \dfrac{173 \times F^{1/3}}{U} = \dfrac{173 \times 183^{1/3}}{5} = 196.4$

07 다음 연기 형태 중 부채형(fanning)에 관한 설명으로 가장 거리가 먼 것은? ★★★

① 주로 저기압구역에서 굴뚝높이보다 더 낮게 지표 가까이에 역전층이, 그 상공에는 불안정상태일 때 발생한다.

② 굴뚝의 높이가 낮으면 지표 부근에 심각한 오염문제를 발생시킨다.

③ 대기가 매우 안정된 상태일 때 아침과 새벽에 잘 발생한다.

④ 풍향이 자주 바뀔 때면 뱀이 기어가는 연기모양이 된다.

✔ **[Plus 이론학습]**

부채형은 굴뚝 위의 상당한 높이까지 공기의 안정으로 강한 역전이 발생된다. 또한 수직운동 억제로 풍하측의 오염물 농도를 예측하기가 어렵다.

08 오염된 대기에서의 SO_2의 산화에 관한 다음 설명 중 가장 거리가 먼 것은? ★

① 연소과정에서 배출되는 SO_2의 광분해는 상당히 효과적인데, 그 이유는 저공에 도달하는 것보다 더 긴 파장이 요구되기 때문이다.

② 낮은 농도의 올레핀계 탄화수소도 NO가 존재하면 SO_2를 광산화시키는 데 상당히 효과적일 수 있다.

③ 파라핀계 탄화수소는 NO_x와 SO_2가 존재하여도 aerosol을 거의 형성시키지 않는다.

④ 모든 SO_2의 광화학은 일반적으로 전자적으로 여기된 상태의 SO_2의 분자운동들만 포함한다.

✔ SO_2는 280~290nm에서 강한 흡수를 보이지만 대류권에서 광분해되지 않는다.

09 가우시안형의 대기오염 확산방정식을 적용할 때, 지면에 있는 오염원으로부터 바람 부는 방향으로 250m 떨어진 연기중심축상 지상오염 농도는? (단, 오염물질의 배출량은 5.5g/s, 풍속은 5m/s, $\sigma_y = 22.5$m, $\sigma_z = 12$m이다.) ★

① 1.3mg/m^3 ② 1.9mg/m^3

③ 2.3mg/m^3 ④ 2.7mg/m^3

$\bullet$
$$C(x,0,0,0) = \frac{Q}{\pi \sigma_y \sigma_z U}$$
$$= \frac{5.5 \times 1,000}{\pi \times 22.5 \times 12 \times 5}$$
$$= 1.3\text{mg/m}^3$$

10 다음 중 수용모델의 특성에 해당하는 것은 어느 것인가? ★★★

① 지형 및 오염원의 조업 조건에 영향을 받는다.
② 단기간 분석 시 문제가 된다.
③ 현재나 과거에 일어났던 일을 추정, 미래를 위한 전략은 세울 수 있으나 미래예측은 어렵다.
④ 점, 선, 면 오염원의 영향을 평가할 수 있다.

$\bullet$ 수용모델은 측정지점에서의 오염물질 농도와 성분 분석을 통하여 배출원별 기여율을 구하는 모델로서 미래예측은 어렵다.

11 굴뚝의 반경이 1.5m, 평균풍속이 180m/min인 경우 굴뚝의 유효연돌높이를 24m 증가시키기 위한 굴뚝 배출가스속도는? (단, 연기의 유효 상승높이 $\Delta H = 1.5 \times \frac{W_s}{U} \times D$ 이용) ★★★

① 13m/s
② 16m/s
③ 26m/s
④ 32m/s

$\bullet$
$$\Delta H = 1.5 \times \frac{W_s}{U} \times D = 1.5 \times W_s/3 \times 3$$
$$24 = 1.5 \times W_s/3 \times 3$$
$$\therefore W_s = 16\text{m/s}$$

12 라돈에 관한 설명으로 옳지 않은 것은? ★

① 라돈 붕괴에 의해 생성된 낭핵종이 α선을 방출하여 폐암을 발생시키는 것으로 알려져 있다.
② 자극취가 있는 무색의 기체로서 γ선을 방출한다.
③ 공기보다 무거워 지표에 가깝게 존재한다.
④ 주로 건축자재를 통하여 인체에 영향을 미치고 있으며, 화학적으로 거의 반응을 일으키지 않는다.

$\bullet$ **[Plus 이론학습]**
라돈은 무색의 기체로 라듐의 α붕괴에 의하여 생긴다.

13 지상 20m에서의 풍속이 10m/s라고 한다면 지상 40m에서의 풍속(m/s)은? (단, Deacon의 power law 적용, $P = 0.3$) ★★

① 약 10.9
② 약 11.3
③ 약 12.3
④ 약 13.3

$\bullet$
$$U_o = U_1 \left(\frac{Z_o}{Z_1}\right)^P = 10 \left(\frac{40}{20}\right)^{0.3} = 12.3$$

14 다음 대기오염물질 중 2차 오염물질과 거리가 먼 것은? ★★★

① SO_3 ② N_2O_3

③ H_2O_2 ④ NO_2

$\bullet$ 삼산화이질소(dinitrogen trioxide)는 질소와 산소로 이루어진 질소산화물의 일종으로 1차 오염물질이다.

15 빛의 소멸계수(σ_{ext}) 0.45km^{-1}인 대기에서 시정거리의 한계를 빛의 강도가 초기강도의 95%가 감소했을 때의 거리라고 정의할 때, 이때 시정거리 한계는? (단, 광도는 Lambert-Beer 법칙을 따르며, 자연대수로 적용) ★

① 약 12.4km   ② 약 8.7km

③ 약 6.7km   ④ 약 0.1km

✅ x만큼 떨어진 거리에서 일어나는 빛의 소멸은

$$\frac{I}{I_o} = \exp(-\sigma_{ext} \times x)$$

시정거리를 빛 소멸이 95% 이루어진 거리로 정의하면

$$\frac{5}{100} = \exp(-0.45 \times x)$$

$$\therefore \ x = 6.67km$$

16 대기오염물질이 인체에 미치는 영향으로 옳지 않은 것은? ★★

① 오존(O_3) – 눈을 자극하고, 폐수종과 폐충혈 등을 유발시키며, 섬모운동의 기능장애 등을 일으킬 수 있다.

② 납(Pb)과 그 화합물 – 다발성 신경염에 의해 사지 가까운 부분에 강한 근육 위축이 나타나며, 급성작용으로 주로 지각장애를 일으킨다.

③ 크롬(Cr) – 만성중독은 코, 폐 및 위장의 점막에 병변을 일으키는 것이 특징이다.

④ 비소(As) – 피부염, 주름살 부분의 궤양을 비롯하여, 색소 침착, 손·발바닥의 각화, 피부암 등을 일으킨다.

✅ 납은 두통, 현기증, 우울증, 정신 불안정과 더불어 복부 경련, 소화 불량, 변비, 복통을 동반해 식욕 부진이 일어나며, 빈혈이 발생한다.

17 최대혼합고도를 500m로 예상하여 오염농도를 3ppm으로 수정하였는데 실제 관측된 최대혼합고도는 200m였다. 실제 나타날 오염농도는 어느 것인가? ★

① 36ppm ② 47ppm

③ 55ppm ④ 67ppm

✅ 오염물질의 농도는 최대혼합고의 3승에 반비례한다.

$$\frac{C_2}{C_1} = \left(\frac{최대혼합고(MMD)_1}{최대혼합고(MMD)_2}\right)^3$$

$$\frac{C_2}{3} = \left(\frac{500}{200}\right)^3$$

$$\therefore \ C_2 = 47ppm$$

18 다음 중 CFC-12의 올바른 것은? ★★★

① $CHFCl_2$

② CF_3Br

③ CF_3Cl

④ CF_2Cl_2

✅ CFC-12는 90+12=102이므로 C의 개수는 1개, H의 개수는 0개, F의 개수는 2이므로 Cl의 개수는 2개이다. CFC-12의 화학식은 CF_2Cl_2이다.

[Plus 이론학습]

90의 법칙(rule of 90)은 90을 더하여 얻어진 세자리 숫자의 첫 번째 숫자가 C의 수, 두 번째 숫자가 H의 수, 그리고 세 번째 숫자가 F의 수를 나타낸다. Cl의 수는 포화화합물을 만드는 데 필요한 개수이다.

19 먼지입자의 크기에 관한 설명으로 옳지 않은 것은? ★

① 공기역학적 직경이 대상 입자상 물질의 밀도를 고려하는데 반해, 스토크스 직경은 단위밀도($1g/cm^3$)를 갖는 구형 입자로 가정하는 것이 두 개념의 차이이다.

② 스토크스 직경은 알고자 하는 입자상 물질과 같은 밀도 및 침강속도를 갖는 입자상 물질의 직경을 말한다.

③ 공기역학적 직경은 먼지의 호흡기 침착, 공기정화기의 성능조사 등 입자의 특성 파악에 주로 이용된다.

④ 공기 중 먼지입자의 밀도가 $1g/cm^3$보다 크고, 구형에 가까운 입자의 공기역학적 직경은 실제 광학직경보다 항상 크게 된다.

✅ 공기역학적 직경(d_a)은 같은 침강속도를 지니는 단위밀도($1g/cm^3$)의 구형 물체 직경을 말하고, 스토크스 직경(d_s)은 어떤 입자와 같은 최종침강속도와 같은 밀도를 가지는 구형 물체의 직경을 말한다.

20 유해화학물질의 생산, 저장, 수송, 누출 중의 사고로 인해 일어나는 대기오염 피해지역과 원인물질의 연결로 거리가 먼 것은? ★★★

① 체르노빌–방사능 물질

② 포자리카–황화수소

③ 세베소–다이옥신

④ 보팔–이산화황

✔ 인도 보팔사건은 아이소사이안화메틸(methyl isocyanate ; MIC)이 원인물질이다.

2018년 제1회 대기환경기사

01 1시간에 10,000대의 차량이 고속도로 위에서 평균시속 80km로 주행하며, 각 차량의 평균 탄화수소 배출률은 0.02g/s이다. 바람이 고속도로와 측면 수직방향으로 5m/s로 불고 있다면 도로지반과 같은 높이의 평탄한 지형의 풍하 500m지점에서의 지상 오염농도는? (단, 대기는 중립상태이며, 풍하 500m에서의 $\sigma_z = 15m$,

$$C(x,\ t,\ 0) = \frac{2Q}{(2\pi)^{\frac{1}{2}}\sigma_z \cdot U} \exp\left[-\frac{1}{2}\left(\frac{H}{\sigma_z}\right)\right]$$

를 이용)

① $26.6\mu g/m^3$ ② $34.1\mu g/m^3$

③ $42.4\mu g/m^3$ ④ $51.2\mu g/m^3$

✔ $$Q = \frac{10,000대}{} \cdot \frac{0.02g}{s \cdot 대} \cdot \frac{}{80km} \cdot \frac{1km}{10^3 m} \cdot \frac{10^6 \mu g}{1g}$$

$= 2,500\mu g/m \cdot s$

$H = 0$, 그러므로 $\exp\left[-\frac{1}{2}\left(\frac{H}{\sigma_z}\right)\right] = 1$

$$C = \frac{2Q}{\sqrt{2\pi} \times \sigma_z \times U} = \frac{2 \times 2,500}{2.5 \times 15 \times 5}$$

$= 26.67\mu g/m^3$

02 부피가 3,500m³이고 환기가 되지 않는 작업장에서 화학반응을 일으키지 않는 오염물질이 분당 60mg씩 배출되고 있다. 작업을 시작하기 전에 측정한 이 물질의 평균농도가 10mg/m³라면 1시간 이후의 작업장의 평균농도는 얼마인가? (단, 상자모델을 적용하며, 작업시작 전후의 온도 및 압력 조건은 동일하다.) ★

① $11.0mg/m^3$ ② $13.6mg/m^3$

③ $18.1mg/m^3$ ④ $19.9mg/m^3$

✔ 1시간 동안 작업장에 쌓인 농도

$$\frac{60mg}{min} \cdot \frac{60min}{} \cdot \frac{}{3,500m^3} = 1.02mg/m^3$$

∴ 최종농도 = 10mg/m³(초기농도) + 1.02mg/m³

= 11.02mg/m³

03 다음 지표면 상태 중 일반적으로 알베도(%)가 가장 큰 것은? ★★

① 삼림　　　　② 사막
③ 수면　　　　④ 얼음

✅ 알베도(albedo)는 물체가 빛을 받았을 때 반사하는 정도를 나타내는 단위이다. 눈(얼음)은 90% 이상, 바다는 약 3.5%, 고밀의 습지는 9~14%, 활엽수는 14%, 풀이 무성한 지역은 보통 20%, 사막이나 넓은 해변은 보통 25%이다.

04 정상상태 조건하에서 단위면적당 확산되는 조건에서 물질의 이동속도는 농도의 기울기에 비례한다는 것과 관련된 법칙은? ★

① Fick's law
② Fourier's law
③ 르 샤틀리에의 법칙
④ Reynold의 법칙

05 잠재적인 대기오염물질로 취급되고 있는 물질인 이산화탄소에 관한 설명으로 가장 거리가 먼 것은? ★★

① 지구온실효과에 대한 추정기여도는 CO_2가 50% 정도로 가장 높다.
② 대기 중의 이산화탄소 농도는 북반구의 경우 계절적으로는 보통 겨울에 증가한다.
③ 대기 중에 배출되는 이산화탄소의 약 5%가 해수에 흡수된다.
④ 지구 북반구의 이산화탄소 농도가 상대적으로 높다.

✅ 바다는 이산화탄소의 가장 큰 자연 흡수원이며, 이산화탄소의 약 25% 이상을 흡수한다.

06 대기오염 예측의 기본이 되는 난류확산 방정식은 시간에 따른 오염물 농도의 변화를 선형화한 여러 항으로 구성된다. 다음 중 방정식을 선형화하고자 할 때, 고려해야 할 사항으로 가장 거리가 먼 것은? ★

① 바람에 의한 수평방향 이류항
② 난류에 의한 분산항
③ 분자확산에 의한 항
④ 복잡한 화학(연소)반응에 의해 변화하는 항

07 대기압력이 900mb인 높이에서의 온도가 25°C였다면 온위는? (단, $\theta = T \times \left(\dfrac{1,000}{P}\right)^{0.288}$) ★★★

① 307.2K　　　　② 377.8K
③ 421.4K　　　　④ 487.5K

✅ $\theta = T \times \left(\dfrac{1,000}{P}\right)^{0.288} = (273+25) \times \left(\dfrac{1,000}{900}\right)^{0.288}$
　$= 307.2K$

08 다음 중 불소화합물의 가장 주된 배출원은 어느 것인가? ★★★

① 알루미늄공업　　　② 코크스 연소로
③ 냉동공장　　　　④ 석유정제

✅ 불소화합물의 주된 배출원은 인산 및 인산비료, 1차 알루미늄, Fluorinated hydrocarbon, fluorinated plastic 제조공정, Uranium 광 제련공정 등이 있다.

09 LA스모그를 유발시킨 역전현상으로 가장 적합한 것은? ★★★

① 침강역전　　　　② 전선역전
③ 접지역전　　　　④ 복사역전

✅ LA스모그를 유발시킨 역전의 종류는 침강역전이고, 런던스모그는 접지역전이다.

10 다음 중 일반적으로 대도시의 산성강우 속에 가장 미량으로 존재할 것으로 예상되는 것은? (단, 산성강우는 pH 5.6 이하로 본다.)

① SO_4^{2-}　　　　② K^+
③ Na^+　　　　④ F^-

✅ 산성비에 포함되어 있는 이온들은 주로 염소이온(Cl^-), 질산이온(NO_3^-), 황산이온(SO_4^{2-}), NH_4^+, Na^+, K^+ 등이다.

11 아래 그림은 고도에 따른 풍속과 온도(실선 : 환경감률, 점선 : 건조단열감률), 그리고 굴뚝 연기의 모양을 나타낸 것이다. 이에 대한 설명과 거리가 먼 것은? ★★

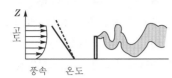

① 대기가 아주 불안정한 경우로 난류가 심하다.
② 날씨가 맑고 태양복사가 강한 계절에 잘 발생하며, 수직온도경사가 과단열적이다.
③ 일출과 함께 역전층이 해소되며, 하부의 불안정층이 연돌높이를 막 넘었을 때 발생한다.
④ 연기가 지면에 도달하는 경우 연돌부근 지표에서 고농도 오염을 야기하기도 하지만 빨리 분산된다.

✔ 환상형으로 역전현상이 발생되지 않으며, 과단열적 상태에서 일어나는 연기 형태로 상하로 흔들린다.

12 다음 중 대기오염 사건과 대표적인 주원인물질 또는 전구물질의 연결로 가장 거리가 먼 것은 어느 것인가? ★★★

① 뮤즈계곡 사건 — SO_2
② 도노라 사건 — NO_2
③ 런던스모그 사건 — SO_2
④ 보팔 사건 — MIC(Methyl IsoCyanate)

✔ 도노라 사건은 1948년 미국 도노라 시에서 발생한 런던형 스모그 현상이다. 아황산가스·황산안개·먼지와 같은 화합물이 구릉지 안에 쌓여 오염 농도가 높아지면서 발생하였다.

13 다음 기체 중 비중이 가장 작은 것은? ★

① NH_3　　　② NO
③ H_2S　　　④ SO_2

✔ NH_3 0.77, NO 1.34, H_2S 1.19, SO_2 2.26이다.

14 분산모델의 특징에 관한 설명으로 가장 거리가 먼 것은? ★★★

① 미래의 대기질을 예측할 수 있으며, 시나리오를 작성할 수 있다.
② 점, 선, 면 오염원의 영향을 평가할 수 있다.
③ 단기간 분석 시 문제가 될 수 있고, 새로운 오염원이 지역 내 신설될 때 매번 재평가하여야 한다.
④ 지형, 기상학적 정보 없이도 사용할 수 있다.

✔ 지형, 기상학적 정보 없이도 사용할 수 있는 것은 수용모델이다.

[Plus 이론학습]
분산모델은 입력자료로 지형, 기상학적 정보, 배출원자료가 반드시 필요하다.

15 오존의 광화학반응 등에 관한 설명으로 옳지 않은 것은? ★

① 광화학반응에 의한 오존생성률은 RO_2 농도와 관계가 깊다.
② 야간에는 NO_2와 반응하여 O_3가 생성되며, 일련의 반응에 의해 HNO_3가 소멸된다.
③ 대기 중 오존의 배경농도는 0.01~0.02ppm 정도이다.
④ 고농도 오존은 평균기온 32℃, 풍속 2.5m/s 이하 및 자외선 강도 0.8mW/cm^2 이상일 때 잘 발생되는 경향이 있다.

✔ NO_2는 태양빛을 받게 되면 산소원자(O)와 NO로 분해되며, 산소원자(O)는 산소분자(O_2)와 결합하여 오존(O_3)을 생성한다. 그리고 NO_2와 OH가 반응하여 HNO_3가 생성된다.

16 다음 대기 중에 배출된 'A'라는 물질은 광분해반응(1차 반응)에 의해 반감기 2hr의 속도로 분해된다. 'A'물질이 대기 중으로 배출되어 초기 농도의 80%가 분해되는 데 소요되는 시간은 얼마인가? ★

① 약 0.6hr　　　② 약 2.5hr
③ 약 3.1hr　　　④ 약 4.6hr

✅ 반감기 $t_{1/2} = \ln(2)/k$, $2 = 0.693/k$, $k = 0.35$

$\ln[A] = -kt + \ln[A]_o$, $\ln(20) = -0.35 \times t + \ln(100)$

∴ $t = 4.6hr$

17 호흡을 통해 인체의 폐에 250ppm의 일산화탄소를 포함하는 공기가 흡입되었을 때, 혈액 내 최종 포화COHb는 몇 %인가? (단, 흡입공기 중 O_2는 21%라 가정)

$$\frac{COHb}{O_2Hb} = 240 \frac{PCO}{PO_2}$$

① 22.2%　　② 28.6%

③ 33.3%　　④ 41.2%

✅ $\frac{COHb}{(100 - COHb)} = 240 \times \frac{250}{21 \times 10,000} = 0.286$

∴ $COHb = 22.2\%$

18 세포 내에서 SH기와 결합하여 헴(heme)합성에 관여하는 효소를 포함한 여러 세포의 효소작용을 방해하며, 적혈구 내의 전해질이 감소되어 적혈구 생존기간이 짧아지고, 심한 경우 용혈성 빈혈이 나타나기도 하는 대기오염물질은 어느 것인가? ★★★

① 카드뮴

② 납

③ 수은

④ 크롬

19 전기자동차의 일반적 특성으로 가장 거리가 먼 것은? ★★

① 엔진소음과 진동이 적다.

② 대형차에 잘 맞으며, 자동차의 수명보다 전지수명이 길다.

③ 친환경자동차에 해당한다.

④ 충전시간이 오래 걸리는 편이다.

✅ 전기차는 소형차에 잘 맞으며, 자동차의 수명보다 전지수명이 짧다.

20 대기의 안정도 조건에 관한 설명으로 옳지 않은 것은? ★

① 과단열적 조건은 환경감률이 건조단열감률보다 클 때를 말한다.

② 중립적 조건은 환경감률과 건조단열감률이 같을 때를 말한다.

③ 미단열적 조건은 건조단열감률이 환경감률보다 작을 때를 말하며, 이때의 대기는 아주 안정하다.

④ 등온 조건은 기온감률이 없는 대기상태이므로 공기의 상하혼합이 잘 이루어지지 않는다.

✅ 미단열적 조건은 건조단열감률이 환경감률보다 클 때를 말하며, 이때의 대기는 약간 안정하다.

제1과목 | 대기오염 개론

2018년 제2회 대기환경기사

01 이동배출원이 도심지역인 경우, 하루 중 시간대별 각 오염물의 농도변화는 일정한 형태를 나타내는데, 다음 중 일반적으로 가장 이른 시간에 하루 중 최대농도를 나타내는 물질은? ★★

① O_3

② NO_2

③ NO

④ Aldehydes

✅ $NO \rightarrow NO_2 \rightarrow O_3$, Aldehydes 순으로 최대농도가 발생된다.

02 다음 중 대기오염물질의 분산을 예측하기 위한 바람장미(wind rose)에 관한 설명으로 가장 거리가 먼 것은? ★★★

① 바람장미는 풍향별로 관측된 바람의 발생빈도와 풍속을 16방향인 막대기형으로 표시한 기상도형이다.

② 가장 빈번히 관측된 풍향을 주풍(prevailing wind)이라 하고, 막대의 굵기를 가장 굵게 표시한다.

③ 관측된 풍향별 발생빈도를 %로 표시한 것을 방향량(vector)이라 하며, 바람장미의 중앙에 숫자로 표시한 것은 무풍률이다.

④ 풍속이 0.2m/s 이하일 때를 정온(calm)상태로 본다.

✅ 가장 빈번히 관측된 풍향을 주풍(prevailing wind)이라 하고, 막대의 길이를 가장 길게 표시한다.

03 표준상태에서 SO_2 농도가 $1.28g/m^3$라면 몇 ppm인가? ★★★

① 약 250   ② 약 350

③ 약 450   ④ 약 550

✅ $mg/m^3 \times 22.4/$분자량 $\rightarrow$ ppm

$(1.28 \times 1,000) \times (22.4/64) = 448$ppm

04 다음 중 London형 스모그에 관한 설명으로 가장 거리가 먼 것은? (단, Los Angeles형 스모그와 비교) ★★★

① 복사성 역전

② 습도 85% 이상

③ 시정거리 100m 이하

④ 산화반응

✅ 런던형 스모그는 환원반응, LA형 스모그는 산화반응

05 다음 특정물질 중 오존파괴지수가 가장 큰 것은 어느 것인가? ★★

① CFC－113

② CFC－114

③ Halon－1211

④ Halon－1301

✅ ① CFC－113 : 0.8
② CFC－114 : 1.0
③ Halon－1211 : 3.0
④ Halon－1301 : 10.0

06 리차드슨수에 관한 설명으로 옳은 것은?

① 리차드슨수가 －0.04보다 작으면 수직방향의 혼합은 없다.

② 리차드슨수가 0이면 기계적 난류만 존재한다.

③ 리차드슨수가 0에 접근하면 분산에 커져 대류혼합이 지배적이다.

④ 일차원수로서 기계난류를 대류난류로 전환시키는 율을 측정한 것이다.

✅ 리차드슨수가 ＋0.01~－0.01 범위일 때는 중립상태가 되며, ＋0.01 이상으로 증가되면 안정상태, －0.01 이하로 낮아지면 불안정한 상태가 된다. 0이면 기계난류(강제대류)만 존재하며, (－)의 값이 커질수록 불안정도는 증가하고 자유대류가 지배적인 상태가 된다.

[Plus 이론학습]

Ri는 무차원수로서 대류난류(자유대류)를 기계난류(강제대류)로 전환시키는 율을 측정한 것이다. 또한 리차드슨수는 고도에 따른 풍속차와 온도차를 적용하여 산출해낸 무차원수로서 동적인 대기안정도를 판단하는 척도로 이용되고 있다.

07 다음 중 혼합층에 관한 설명으로 가장 적합한 것은? ★

① 최대혼합깊이는 통상 낮에 가장 적고 밤시간을 통하여 점차 증가한다.

② 야간에 역전이 극심한 경우 최대혼합깊이는 5,000m 정도까지 증가한다.

③ 계절적으로 최대혼합깊이는 주로 겨울에 최소가 되고 이른 여름에 최대값을 나타낸다.

④ 환기량은 혼합층의 온도와 혼합층 내의 평균풍속을 곱한 값으로 정의된다.

✅ 최대혼합깊이는 통상 낮에 가장 크고 밤시간을 통하여 점차 감소한다. 계절적으로 최대혼합깊이는 주로 겨울에 최소가 되고 이른 여름에 최대값을 나타낸다.

08 각 오염물질의 대사 및 작용기전으로 옳지 않은 것은? ★

① 알루미늄화합물은 소장에서 인과 결합하여 인 결핍과 골연화증을 유발한다.

② 암모니아와 아황산가스는 물에 대한 용해도가 높기 때문에 흡입된 대부분의 가스가 상기도 점막에서 흡수되므로 즉각적으로 자극증상을 유발한다.

③ 삼염화에틸렌은 다발성신경염을 유발하고 중추신경계를 억제하는데 간과 신경에 미치는 독성이 사염화탄소에 비해 현저하게 높다.

④ 이황화탄소는 중추신경계에 대한 특징적인 독성작용으로 심한 급성 또는 아급성 뇌병증을 유발한다.

✅ 삼염화에틸렌(TCE)에 의한 주된 영향은 중추신경계 독성, 시력장애, 피로, 오심 등의 일반적 증상이 있다. 사염화탄소는 인화성은 없지만 독성이 아주 강하고, 간과 신장에 손상을 줄 수 있으며, 암의 발생확률을 증가시킬 수 있다. 즉, 사염화탄소가 TCE보다 독성이 강하다.

09 주요 배출오염물질과 그 발생원과의 연결로 가장 관계가 적은 것은? ★★

① HF – 도장공업, 석유정제

② HCl – 소다공업, 활성탄 제조, 금속 제련

③ C_6H_6 – 포르말린 제조

④ Br_2 – 염료, 의약품 및 농약 제조

✅ HF는 반도체 제조공정(삼성전자와 SK하이닉스)에서 주로 발생된다.

[Plus 이론학습]
HF는 반도체 제조공정 중 에칭 공정과 불순물 제거 공정에서 사용하는 기체이다.

10 각 오염물질의 특성에 관한 설명으로 옳지 않은 것은? ★★

① 염소는 암모니아에 비해서 수용성이 훨씬 약하므로 후두에 부종만을 일으키기보다는 호흡기계 전체에 영향을 미친다.

② 포스겐 자체는 자극성이 경미하지만 수중에서 재빨리 염산으로 분해되어 거의 급성 전구증상 없이 치사량을 흡입할 수 있으므로 매우 위험하다.

③ 브롬화합물은 부식성이 강하며, 주로 상기도에 대하여 급성 흡입효과를 지니고, 고농도에서는 일정기간이 지나면 폐부종을 유발하기도 한다.

④ 불화수소는 수용액과 에테르 등의 유기용매에 매우 잘 녹으며, 무수불화수소는 약산성의 물질이다.

✅ HF는 다른 할로겐화 수소들과는 달리 물과 잘 섞인다. 또한, 다른 할로겐화 수소산들과는 달리 플루오린화 수소산은 수용액 상태에서 약산으로 존재한다.

11 다음은 입경(직경)에 대한 설명이다. ( ) 안에 알맞은 것은? ★★

> ( )은 입자성 물질의 끝과 끝을 연결한 선 중 가장 긴 선을 직경으로 하는 것을 말한다.

① 페렛 직경　　　② 마틴 직경

③ 공기역학적 직경　④ 스토크스 직경

12 지표 부근의 공기덩이가 지면으로부터 열을 받는 경우 부력을 얻어 상승하게 되는데 상승 과정에서 단열변화가 이루어져 어떤 고도에 이르면 상승한 공기 중에 들어 있는 수증기는 포화되고 응결이 이루어진다. 이와 같이 열적 상승에 의해 응결이 이루어지는 고도를 일컫는 용어로 가장 적합한 것은?

① 대류응결고도(CCL)

② 상승응결고도(LCL)

③ 혼합응결고도(MCL)

④ 상승지수(LI)

✔ 이슬점 온도를 지나는 포화혼합비선이 실제기온에서의 건조단열선과 만났을 때의 고도가 상승응결고도(LCL)이며 이때부터 구름이 생기게 된다. 대류응결고도(CCL)는 지상의 공기덩어리가 뜨거운 태양 빛 또는 복사 가열에 의해서 단열적으로 상승 포화에 이르렀을 때의 고도이다.

13 최대혼합고도를 400m로 예상하여 오염농도를 3ppm으로 추정하였는데, 실제 관측된 최대혼합고도는 200m였다. 실제 나타날 오염농도는? (단, 기타 조건은 같음.) ★

① 21ppm ② 24ppm

③ 27ppm ④ 29ppm

✔ 오염물질의 농도는 최대혼합고의 3승에 반비례한다.

$$\frac{C_2}{C_1} = \left(\frac{\text{최대혼합고}(MMD)_1}{\text{최대혼합고}(MMD)_2}\right)^3$$

$$\frac{C_2}{3} = \left(\frac{400}{200}\right)^3$$

$$\therefore C_2 = 24\text{ppm}$$

14 냄새물질에 대한 다음 설명 중 옳지 않은 것은 어느 것인가? ★★

① 분자 내 수산기의 수가 1개일 때 가장 약하고 수가 증가하면 강한 냄새를 유발한다.

② 골격이 되는 탄소수는 저분자일수록 관능기 특유의 냄새가 강하다.

③ 에스테르화합물은 구성하는 산이나 알코올류보다 방향이 우세하다.

④ 분자 내에 황 및 질소가 있으면 냄새가 강하다.

✔ 분자 내 수산기의 수가 1개일 때 가장 강하고 그 수가 증가하면 약해진다.

[Plus 이론학습]
분자량이 큰 물질은 냄새 강도가 분자량에 반비례해서 단계적으로 약해진다. 탄소수는 저분자일수록 특유의 악취가 강하나 8~13에서 가장 강하며, 불포화도(2중 또는 3중 결합)가 높으면 악취가 보다 강하다. 분자 내에 황 및 질소와 관능기(수산, 카본산, 에스테르, 에테르, 알데하이드, 케톤 등)가 있으면 냄새가 강하며, 악취의 세기는 26~30℃에서 강하지만 온도가 낮을수록 감소하는 경향이 있고, 60~80%의 상대습도에서 악취에 보다 민감하게 반응한다.

15 다음 중 라돈에 관한 설명으로 가장 거리가 먼 것은? ★★

① 일반적으로 인체의 조혈기능 및 중추신경 계통에 가장 큰 영향을 미치는 것으로 알려져 있으며, 화학적으로 반응성이 크다.

② 무색, 무취의 기체로 액화되어도 색을 띠지 않는 물질이다.

③ 공기보다 9배 정도 무거워 지표에 가깝게 존재한다.

④ 주로 토양, 지하수, 건축자재 등을 통하여 인체에 영향을 미치고 있으며, 흙속에서 방사선 붕괴를 일으킨다.

✔ 라돈은 실내 생활을 하는 사람들의 폐에 들어가게 되어 폐암의 주요 원인이 되고 있다.

16 다음 오염물질의 균질층 내에서의 건조공기 중 체류시간의 순서배열(짧은 시간에서부터 긴 시간)로 옳게 나열된 것은? ★★★

① $N_2 - CO - CO_2 - H_2$

② $CO - CH_4 - O_2 - N_2$

③ $O_2 - N_2 - H_2 - CO$

④ $CO_2 - H_2 - N_2 - CO$

✔ $N_2 > O_2 > N_2O > CH_4 > CO_2 > CO > SO_2$

17 질소산화물(NO_x)에 관한 설명으로 가장 거리가 먼 것은? ★★

① N_2O는 대류권에서는 온실가스로, 성층권에서는 오존층 파괴물질로서 보통 대기 중에 약 0.5ppm 정도 존재한다.

② 연소과정 중 고온에서는 90% 이상이 NO로 발생한다.

③ NO_2는 적갈색, 자극성 기체로 독성이 NO보다 약 5배 정도나 더 크다.

④ NO의 독성은 오존보다 10~15배 강하여 폐렴, 폐수종을 일으키며, 대기 중에 체류시간은 20~100년 정도이다.

✅ NO는 오존보다 독성이 약하다.

18 다음 식물 중 에틸렌가스에 대한 저항성이 가장 큰 것은?

① 완두   ② 스위트피
③ 양배추   ④ 토마토

✅ 키위, 감, 수박, 오이는 저항성이 매우 약하고, 가지, 토마토는 약하고, 피망, 양배추는 저항성이 강하다.

19 역선풍(anticyclone)구역 내에서 차가운 공기가 장시간 침강(단열적)하였을 때 공기덩어리 상부면(top)과 하부면(bottom)의 온도차(변화)를 바르게 표시한 것은? (단, dT/dP는 압력에 대한 온도 변화이며, 이상기체로 작용한다.)

① (dT/dP)Top$<(dT/dP)$Bottom

② (dT/dP)Top$>(dT/dP)$Bottom

③ (dT/dP)Top$=(dT/dP)$Bottom

④ (dT/dP)Top$\leq(dT/dP)$Bottom

✅ **[Plus 이론학습]**
역선풍이란 고기압이 생긴 지점에서 공기의 소용돌이로 인하여 사방으로 향하여 부는 회오리바람이다. 주로 공기가 천천히 아래쪽으로 수직으로 움직이는 것을 특징으로 하며, 이로 인해 땅의 공기압이 증가하고 소산 효과가 있어 건조하고 맑은 날씨를 보장한다.

20 Deacon의 공식을 이용하여 지표높이 10m에서의 풍속이 2m/s일 때, 고도 100m에서의 풍속은? (단, $P : 0.4$) ★★

① 약 5.0m/s   ② 약 8.7m/s
③ 약 10.6m/s   ④ 약 15.1m/s

✅ Deacon의 풍속법칙
$$U = U_0 \left(\frac{Z}{Z_0}\right)^P = 2 \times \left(\frac{100}{10}\right)^{0.4} ≒ 5.0$$

2018년 제4회 대기환경기사

01 다음 중 SO_2가 주오염물질로 작용한 대기오염 피해사건으로 가장 거리가 먼 것은? ★★★

① London Smog 사건
② Poza Rica 사건
③ Donora 사건
④ Meuse Valley 사건

✔ Poza Rica 사건은 멕시코 공업지대에서 황화수소 누출에 의해 발생된 사건이다.

02 다음에서 설명하는 대기분산모델로 가장 적합한 것은? ★★

- 적용 모델식 : 가우시안 모델
- 작용 배출원 형태 : 점, 선, 면
- 개발국 : 미국
- 특징 : 미국에서 널리 이용되는 범용적인 모델로 장기 농도계산용 모델

① RAMS
② ADMS
③ ISCLT
④ MM5

✔ ISC 모델은 미국 환경청에서 추천하는 모델 중 가장 범용성이 있을 뿐만 아니라, 미국에서 가장 많이 사용하는 모델로서 장기 ISCLT와 ISCST로 구분된다.

03 광화학반응에 의한 고농도 오존이 나타날 수 있는 기상조건으로 거리가 먼 것은? ★★

① 시간당 일사량이 $5MJ/m^2$ 이상으로 일사가 강할 때
② 질소산화물과 휘발성 유기화합물의 배출이 많을 때
③ 지면에 복사역전이 존재하고 대기가 불안정할 때
④ 기압경도가 완만하여 풍속 4m/s 이하의 약풍이 지속될 때

✔ 고농도 오존은 대기가 안정하고 전선성 혹은 침강성의 역전이 존재할 때 주로 발생된다.

04 수용모델(receptor model)의 특징과 거리가 먼 것은? ★★★

① 불법배출 오염원을 정량적으로 확인평가할 수 있다.
② 2차 오염원의 확인이 가능하다.
③ 지형, 기상학적 정도 없이도 사용 가능하다.
④ 현재나 과거에 일어났던 일을 추정하여 미래를 위한 전략은 세울 수 있으나 미래 예측은 어렵다.

✔ 수용모델은 수용체에서 오염물질의 특성을 분석한 후 오염원의 기여도를 파악하는 모델로서 2차 오염원의 확인은 불가능하다.

05 유효굴뚝높이 130m의 굴뚝으로부터 배출되는 SO_2가 지표면에서 최대농도를 나타내는 착지지점(X_{max})은? (단, Sutton의 확산식을 이용하여 계산하고, 수직확산계수 $C_z = 0.05$, 대기안정도 계수 $n = 0.25$이다.) ★★

① 4,880m
② 5,797m
③ 6,877m
④ 7,995m

✔ 최대착지거리
$$X_{max} = (H_e/C_z)^{(2/(2-n))}$$
$$= (130/0.05)^{(2/(2-0.25))}$$
$$= 2,600^{1.142}$$
$$= 7,941m$$

06 다음 중 공중역전에 해당하지 않는 것은? ★★

① 난류역전
② 접지역전
③ 전선역전
④ 침강역전

✔ 역전은 지표역전과 공중역전으로 분류되며, 접지역전은 지표역전에 해당된다.

07 온실기체와 관련한 다음 설명 중 ( ) 안에 가장 알맞은 것은? ★★★

> (㉠)는 지표부근 대기 중 농도가 약 1.5ppm 정도이고, 주로 미생물의 유기물 분해작용에 의해 발생하며, (㉡)의 특수파장을 흡수하여 온실기체로 작용한다.

① ㉠ CO_2, ㉠ 적외선
② ㉠ CO_2, ㉠ 자외선
③ ㉠ CH_4, ㉠ 적외선
④ ㉠ CH_4, ㉠ 자외선

✔ **[Plus 이론학습]**
메탄은 같은 농도의 이산화탄소에 비해 21배 정도 그 효과가 강하며, 유기물이 미생물에 의해 분해되는 과정에서 만들어지는데, 비료나 논, 쓰레기더미, 심지어는 초식동물이나 곤충의 소화과정에서도 상당한 양이 배출된다.

08 크롬 발생과 가장 관련이 적은 업종은? ★

① 피혁공업　　　② 염색공업
③ 시멘트제조업　④ 레이온제조업

✔ **[Plus 이론학습]**
레이온은 셀룰로오스를 용해한 다음 이 용액을 다시 불용성 섬유질 셀룰로오스로 전환하여 생성되며, 제조과정 시 이황화탄소가 발생된다.

09 최대혼합깊이(MMD)에 관한 설명으로 옳지 않은 것은? ★

① 일반적으로 대단히 안정된 대기에서의 MMD는 불안정한 대기에서보다 MMD가 작다.
② 실제 측정 시 MMD는 지상에서 수km 상공까지의 실제공기의 온도종단도로 작성하여 결정된다.
③ 일반적으로 MMD가 높은 날은 대기오염이 심하고 낮은 날에는 대기오염이 적음을 나타낸다.
④ 통상 계절적으로 MMD는 이른 여름에 최대가 되고 겨울에 최소가 된다.

✔ 일반적으로 MMD가 높은 날은 대기오염이 적고 낮은 날에는 대기오염이 심하다.

10 물질의 특성에 대한 설명 중 옳은 것은? ★

① 탄소의 순환에서 탄소(CO_2로서)의 가장 큰 저장고 역할을 하는 부분은 대기이다.
② 불소(fluorine)는 주로 자연상태에서 존재하며, 주 관련 배출업종으로는 황산제조공정, 연소공정 등이 있다.
③ 질소산화물은 연소 전 연료의 성분으로부터 발생하는 fuel NO_x와 저온연소에서 공기 중의 질소와 수소가 반응하여 생기는 thermal NO_x 등이 있다.
④ 염화수소는 플라스틱공업, PVC 소각, 소다공업 등이 관련 배출업종이다.

✔ ① 탄소의 순환에서 탄소의 가장 큰 저장고 역할을 하는 부분은 암석권이다.
② 불소화합물은 자연에서 배출되는 것이 전혀 없고, 주된 배출공정은 알루미늄 생산, 반도체 생산, 디스플레이 생산 등이다.
③ 질소산화물은 고온연소에서 공기 중의 질소와 산소가 반응하여 생기는 thermal NO_x, prompt NO_x, 그리고 연료 속에 존재하는 N에 의해 생기는 fuel NO_x 등이 있다.

11 대기오염물질의 분산을 예측하기 위한 바람장미(wind rose)에 관한 설명으로 가장 거리가 먼 것은? ★★★

① 풍속이 1m/s 이하일 때를 정온(calm) 상태로 본다.
② 바람장미는 풍향별로 관측된 바람의 발생빈도와 풍속을 16방향으로 표시한 기상도형이다.
③ 관측된 풍향별 발생빈도를 %로 표시한 것을 방향량(vecto)이라 한다.
④ 가장 빈번히 관측된 풍향을 주풍(prevailing wind)이라 하고, 막대의 길이를 가장 길게 표시한다.

✔ 풍속이 0.2m/s 이하일 때 정온(calm)상태로 본다.

12 다음 중 대기 내 오염물질의 일반적인 체류시간 순서로 옳은 것은? ★★★

① $CO_2 > N_2O > CO > SO_2$

② $N_2O > CO_2 > CO > SO_2$

③ $CO_2 > SO_2 > N_2O > CO$

④ $N_2O > SO_2 > CO_2 > CO$

✔ $N_2 > O_2 > N_2O > CH_4 > CO_2 > CO > SO_2$

13 슈테판-볼츠만의 법칙에 따르면 흑체복사를 하는 물체에서 물체의 표면온도가 1,500K에서 1,997K으로 변화된다면, 복사에너지는 약 몇 배로 변화되는가? ★

① 1.25배

② 1.33배

③ 2.56배

④ 3.14배

✔ 슈테판-볼츠만 법칙은 흑체의 단위면적당 복사에너지가 절대온도의 4제곱에 비례한다는 법칙이다.

$$\overset{.}{j} = \sigma \times T^4$$

여기서, $\overset{.}{j}$: 흑체 표면의 단위면적당 복사하는 에너지

σ : 슈테판-볼츠만 상수

T : 절대온도

즉, $\sigma(1,997)^4 / \sigma(1,500)^4 = 3.14$배

14 아래 대기오염 사건들의 발생순서가 오래된 것부터 순서대로 올바르게 나열된 것은 어느 것인가? ★★★

> ㉠ 인도 보팔 시의 대기오염 사건
> ㉡ 미국의 도노라 사건
> ㉢ 벨기에의 뮤즈계곡 사건
> ㉣ 영국의 런던스모그 사건

① ㉠ → ㉡ → ㉢ → ㉣

② ㉢ → ㉡ → ㉣ → ㉠

③ ㉡ → ㉠ → ㉣ → ㉢

④ ㉢ → ㉣ → ㉠ → ㉡

✔ 뮤즈계곡 사건(1930) → 도노라 사건(1948) → 포자리카 사건(1950) → 런던스모그 사건(1952) → LA스모그 사건 (1954) → 보팔 사건(1984)

15 다음 가우시안 모델에 관한 설명 중 가장 거리가 먼 것은? ★★★

① 주로 평탄지역에 적용하도록 개발되어 왔으나, 최근 복잡지형에도 적용이 가능하도록 개발되고 있다.

② 간단한 화학반응을 묘사할 수 있다.

③ 점오염원에서는 모든 방향으로 확산되어 가는 plume은 동일하다고 가정하여 유도한다.

④ 장, 단기적인 대기오염도 예측에 사용이 용이하다.

✔ 점 오염원에서 풍하방향으로 확산되어가는 plume이 정규 분포를 따른다고 가정한다. 또한, 대기오염물질 배출원에서 오염 배출물이 연속적이기 때문에 풍하방향으로서의 확산은 무시한다.

16 지구 대기의 성질에 관한 설명으로 옳지 않은 것은? ★

① 지표면의 온도는 약 15℃ 정도이나 상공 12km 정도의 대류권계면에서는 약 −55℃ 정도까지 하강한다.

② 성층권계면에서의 온도는 지표보다는 약간 낮으나 성층권계면 이상의 중간권에서 기온은 다시 하강한다.

③ 중간권 이상에서의 온도는 대기의 분자운동에 의해 결정된 온도로서 직접 관측된 온도와는 다르다.

④ 대류권과 비교하였을 때 열권에서 분자의 운동속도는 매우 느리지만 공기평균 자유행로는 짧다.

✔ 대류권과 비교하였을 때 열권에서 분자의 운동속도는 매우 빠르다.

17 다음 설명에 해당하는 특정대기유해물질은?

> 회백색이며, 높은 장력을 가진 가벼운 금속이다. 합금을 하면 전기 및 열전도가 크고 마모와 부식에 강하다. 인체에 대한 영향으로는 직업성 폐질환이 우려되고, 발암성이 크며, 폐, 뼈, 간, 비장에 침착되므로 노출에 주의해야 한다.

① V   ② As
③ Be   ④ Zn

✔ **[Plus 이론학습]**
베릴륨(Be)
• 알칼리 토금속에 속하는 원소로 실온에서 가볍고 단단하다.
• 베릴륨은 알루미늄, 구리, 철, 니켈 등의 금속과 혼합하여 합금을 만들면 여러 가지 물리적 성질이 향상되는 효과를 볼 수 있다.
• 비중이 1.85로 가볍고 단단한데다가 열전도율이 높아 미사일, 우주선, 인공위성 등 항공우주 분야와 전기·전자, 원자력, 합금 등에 사용된다.

18 상대습도가 70%이고, 상수를 1.2로 정의할 때, 먼지 농도가 $70\mu g/m^3$이면 가시거리는 얼마인가? ★★

① 약 12km   ② 약 17km
③ 약 22km   ④ 약 27km

✔ $L_v = A \times 10^3 / C = 1.2 \times 10^3 / 70 = 17.1\text{km}$

19 정규(Gaussian) 확산 모델과 Turner의 확산계수(10분 기준)를 이용해서 대기가 약간 불안정할 때 하나의 굴뚝에서 배출되는 SO_2의 풍하 1km 지점에서의 지상 농도가 0.20ppm인 것으로 평가(계산)하였다면 SO_2의 1시간 평균 농도는?

(단, $C_2 = C_1 \times \left(\dfrac{t_1}{T_2}\right)^q$ 이용, $q = 0.170$이다.)

① 약 0.26ppm   ② 약 0.22ppm
③ 약 0.18ppm   ④ 약 0.15ppm

✔ $C_2 = C_1 \times \left(\dfrac{t_1}{t_2}\right)^q = 0.2 \times \left(\dfrac{10}{60}\right)^{0.17} = 0.147 \fallingdotseq 0.15\text{ppm}$

20 다음 중 성층권에 관한 설명으로 가장 거리가 먼 것은? ★★★

① 하층부의 밀도가 커서 매우 안정한 상태를 유지하므로 공기의 상승이나 하강 등의 연직운동은 억제된다.
② 화산분출 등에 의하여 미세한 분진이 이 권역에 유입되면 수년간 남아 있게 되어 기후에 영향을 미치기도 한다.
③ 고도에 따라 온도가 상승하는 이유는 성층권의 오존이 태양광선 중의 자외선을 흡수하기 때문이다.
④ 오존의 밀도는 일반적으로 지상으로부터 50km 부근이 가장 높고, 이와 같이 오존이 많이 분포한 층을 오존층이라 한다.

✔ 오존의 밀도는 일반적으로 지상으로부터 20~25km 부근이 가장 높고, 이와 같이 오존이 많이 분포한 층을 오존층이라 한다.

2019년 제1회 대기환경기사

01 굴뚝 유효높이를 3배로 증가시키면 지상 최대 오염도는 어떻게 변화되는가? (단, Sutton 식에 의함.)

① 처음의 3배   ② 처음의 1/3배
③ 처음의 9배   ④ 처음의 1/9배

☑ $C_m = \dfrac{2Q}{\pi e u H_e^2} \times \dfrac{K_z}{K_y}$ 이므로 $C_m \propto \dfrac{1}{H_e^2} = \dfrac{1}{3^2}$

∴ 처음의 1/9배

02 체적이 100m³인 복사실의 공간에서 오존 배출량이 분당 0.2mg인 복사기를 연속 사용하고 있다. 복사기 사용 전의 실내 오존의 농도가 0.1ppm이라고 할 때 5시간 사용 후 오존의 농도는 몇 ppb인가? (단, 0℃, 1기압 기준, 환기는 고려하지 않음.) ★

① 260   ② 380
③ 420   ④ 520

☑ $\dfrac{0.2mg}{min} \left| \dfrac{5hr}{} \right| \dfrac{60min}{1hr} \left| \dfrac{}{100m^3} \right| = 0.6mg/m^3$

→ $0.6 \times 22.4/48 = 0.28ppm$

∴ $0.1ppm + 0.28ppm = 0.38ppm = 380ppb$

03 2,000m에서 대기압력(최초기압)이 860mbar, 온도가 5℃, 비열비 k가 1.4일 때, 온위(potential temperature)는 어느 것인가? (단, 표준압력은 1,000mbar) ★

① 약 284K   ② 약 290K
③ 약 294K   ④ 약 309K

☑ $\theta = T(P_o/P)^{[(k-D)/k]} = T(1,000/P)^{0.288}$
$= (273+5) \times (1,000/860)^{0.288}$
$= 290.3K$
$\fallingdotseq 290K$

여기서, θ : 온위
P : 최초의 기압(mb)
P_o : 온위의 표준압력(1,000mb)
k : 비열비

04 내경이 2m이고 실제높이가 45m인 연돌에서 15m/s로 배출되는 배기가스의 온도는 127℃, 대기 중의 공기압은 1기압, 기온은 27℃이다. 연돌 배출구에서의 풍속이 5m/s일 때, 유효연돌높이는? (단, Holland의 연기 상승높이 결정식은 다음과 같다.)

$$\Delta H = \dfrac{V_s \cdot d}{U}\left(1.5 + 2.68 \times 10^{-3} \cdot p \cdot \left(\dfrac{T_s - T_a}{T_s}\right) \times d\right)$$

① 74.1m   ② 67.1m
③ 65.1m   ④ 62.1m

☑ $\Delta H = \dfrac{15 \times 2}{5} \times (1.5 + 2.68 \times 10^{-3} \times 1$
$\times \left(\dfrac{(273+127)-(273+27)}{(273+127)}\right)) \times 2 = 18$
$H_e = H_s + \Delta H = 45 + 18 = 63m$

05 다음 중 지표부근 대기 중에서 성분 함량이 가장 낮은 것은? ★★★

① Ar   ② He
③ Xe   ④ Kr

☑ 대기의 주요성분은 질소>산소>아르곤>이산화탄소이고, 미량성분은 네온(Ne)>헬륨(He)>메탄>크립톤(Kr)>수소>일산화이질소>일산화탄소>제논(Xe)>오존 등이다.

06 다음 중 역사적으로 유명한 대기오염사건 중 LA Smog 사건에 대한 설명으로 옳지 않은 것은? ★★★

① 아침, 저녁 환원반응에 의한 발생
② 자동차 등의 석유연료의 소비 증가
③ 침강역전 상태
④ Aldehyde, O_3 등의 옥시던트 발생

☑ 아침, 저녁 환원반응에 의해 발생된 것은 런던스모그 사건이다.

07 광화학물질인 PAN에 관한 설명으로 옳지 않은 것은? ★★★

① PAN의 분자식은 $C_6H_5COOONO_2$이다.

② 식물의 경우 주로 생활력이 왕성한 초엽에 피해가 크다.

③ 식물의 영향은 잎의 밑부분이 은(백)색 또는 청동색이 되는 경향이 있다.

④ 눈에 통증을 일으키며 빛을 분산시키므로 가시거리를 단축시킨다.

✅ PeroxyAcetyl Nitrate(PAN)은 $CH_3COOONO_2$의 분자식을 갖고, 광화학스모그에서 발견되는 2차 오염물질이다.

08 지상에서부터 600m까지의 평균기온감률은 0.88℃/100m이다. 100m 고도에서의 기온이 20℃라면 300m에서의 기온은? ★★

① 15.5℃

② 16.2℃

③ 17.5℃

④ 18.2℃

✅ 20℃−0.88℃/100m×200m=18.24≒18.2℃

09 슈테판−볼츠만의 법칙에 의하면 표면온도가 1,500K에서 1,800K이 되었다면 흑체에서 복사되는 에너지는 약 몇 배가 되는가? ★

① 1.2배   ② 1.4배

③ 2.1배   ④ 3.2배

✅ 슈테판−볼츠만 법칙은 흑체의 단위면적당 복사에너지가 절대온도의 4제곱에 비례한다는 법칙이다.

$j = \sigma \times T^4$

여기서, j : 흑체 표면의 단위면적당 복사하는 에너지
σ : 슈테판−볼츠만 상수
T : 절대온도

즉, $\sigma(1,800)^4/\sigma(1,500)^4 = 2.07 ≒ 2.1$배

10 다음 중 오존층 보호를 위한 국제환경협약으로만 옳게 연결된 것은? ★★★

① 바젤협약−비엔나협약

② 오슬로협약−비엔나협약

③ 비엔나협약−몬트리올의정서

④ 몬트리올의정서−람사협약

✅ 오존층 보호를 위한 국제환경협약에는 오존층 보호를 위한 비엔나협약과 오존층 파괴물질에 관한 몬트리올의정서가 있다.

11 다음 중 파장이 5240Å인 빛 속에서 상대습도가 70% 이하인 경우 밀도가 1,700mg/cm^{3}이고 직경이 0.4μm인 기름방울의 분산면적비가 4.5일 때, 가시거리가 959m라면 먼지 농도(mg/m^3)는? ★

① 0.21   ② 0.31

③ 0.41   ④ 0.51

✅ L_v(m)$= 5.2\rho r / K \cdot C$
여기서, ρ : 분진 밀도(g/cm^3)
r : 분진 반경(μm)
K : 분산면적비
C : 분진 농도(g/m^3)
$C = (5.2 \times 1.7 \times 0.2)/(4.5 \times 959)$
$= 0.41 \times 10^{-3}$g/m^3
$= 0.41$mg/m^3

12 오존(O_3)의 특성과 광화학반응에 관한 설명으로 가장 거리가 먼 것은? ★★★

① 산화력이 강하여 눈을 자극하고 물에 난용성이다.

② 대기 중 지표면 오존의 농도는 NO_2로 산화된 NO량에 비례하여 증가한다.

③ 과산화기가 산소와 반응하여 오존이 생길 수도 있다.

④ 오존의 탄화수소 산화반응률은 원자상태의 산소에 의한 탄화수소의 산화보다 빠르다.

✅ 오존의 탄화수소 산화반응률은 원자상태의 산소에 의한 탄화수소의 산화보다 상당히 느리다.

13 지표 부근 대기의 일반적인 체류시간의 순서로 가장 적합한 것은? ★★★

① $O_2 > N_2O > CH_4 > CO$

② $O_2 > CH_4 > CO > N_2O$

③ $CO > O_2 > N_2O > CH_4$

④ $CO > CH_4 > O_2 > N_2O$

✔ $N_2 > O_2 > N_2O > CH_4 > CO_2 > CO > SO_2$

14 바람을 일으키는 힘 중 전향력에 관한 설명으로 가장 거리가 먼 것은?

① 전향력은 운동방향은 변화시키지 않지만 속도에는 영향을 미친다.

② 북반구에서는 항상 움직이는 물체의 운동방향의 오른쪽 직각방향으로 작용한다.

③ 전향력은 극지방에서 최대가 되고 적도 지방에서 최소가 된다.

④ 전향력의 크기는 위도, 지구자전 각속도, 풍속의 함수로 나타낸다.

✔ 전향력은 바람의 방향, 적도 용승 등 기상현상에 결정적인 영향을 끼치는 요소이다.

15 다음 중 석면폐증에 관한 설명으로 가장 거리가 먼 것은? ★★

① 석면폐증은 폐의 석면분진 침착에 의한 섬유화이며, 흉막의 섬유화와는 무관하다.

② 석면폐증은 폐상엽에서 주로 발생하며, 전이되지 않는다.

③ 폐의 섬유화는 폐조직의 신축성을 감소시키고, 혈액으로의 산소공급을 불충분하게 한다.

④ 석면폐증은 비가역적이며, 석면 노출이 중단된 이후에도 악화되는 경우가 있다.

✔ 석면폐증은 폐하엽에 주로 발생하며, 흉막을 따라 폐중엽이나 설엽으로 전이된다.

[Plus 이론학습]
석면폐증은 석면 분진이 폐에 들러붙어 폐가 딱딱하게 굳는 섬유화가 나타나는 질병이다.

16 다음 중 대기오염물의 분산과정에서 최대혼합깊이(maximum mixing depth)를 가장 적합하게 표현한 것은? ★

① 열부상효과에 의한 대류 혼합층의 높이

② 풍향에 의한 대류 혼합층의 높이

③ 기압의 변화에 의한 대류 혼합층의 높이

④ 오염물간 화학반응에 의한 대류 혼합층의 높이

✔ **[Plus 이론학습]**
실제는 온도 종단도를 작성하여 지표의 최고예상온도에서 시작한 건조단열감률선과 환경감률선까지의 교차점까지의 깊이로서 설정된다.

17 다음 중 석면의 구성성분과 거리가 먼 것은?

① K

② Na

③ Fe

④ Si

✔ 석면은 규소, 수소, 마그네슘, 철, 산소, 칼슘, 나트륨 등의 원소로 구성되어 있다.

[Plus 이론학습]
• 석면의 기본적인 화학구조는 $Mg_6Si_4O_{10}(OH)_8$이다.
• 백석면의 주성분은 실리카(SiO_2)와 마그네슘(Mg)이다.
• 갈석면과 청석면의 주요 성분은 실리카(SiO_2)와 산화철(Fe_2O_3)이다.

18 암모니아가 식물에 미치는 영향으로 가장 거리가 먼 것은? ★

① 토마토, 메밀 등은 40ppm 정도의 암모니아 가스 농도에서 1시간 지나면 피해증상이 나타난다.

② 최초의 증상은 잎 선단부에 경미한 황화현상으로 나타난다.

③ 잎의 일부분에 영향이 나타나며, 강한 식물로는 겨자, 해바라기 등이 있다.

④ 암모니아의 독성은 HCl과 비슷한 정도이다.

✔ 암모니아에 대한 지표식물로는 해바라기, 메밀 또는 토마토, 겨자 등이 있다. 즉, 겨자, 해바라기는 암모니아에 약한 식물이다.

19 질소산화물(NO_x)에 관한 설명으로 옳지 않은 것은? ★★★

① NO_x의 인위적 배출량 중 거의 대부분이 연소과정에서 발생된다.

② NO_x는 그 자체도 인체에 해롭지만 광화학스모그의 원인물질로도 중요한 역할을 한다.

③ 연소과정에서 초기에 발생되는 NO_x는 주로 NO이다.

④ 연소 시 연료 중 질소의 NO 변환율은 대체로 약 2~5% 범위이다.

✔ 연소 시 연료 중 질소의 NO_x 변환율은 연료의 종류와 연소방법에 따라 차이가 있으나, 대체로 약 20~50% 범위이다.

20 다음은 지구온난화와 관련된 설명이다. ( ) 안에 알맞은 것은? ★★★

(㉠)는 온실기체들의 구조상 또는 열축적능력에 따라 온실효과를 일으키는 잠재력을 지수로 표현한 것으로, 이 온실기체들은 CH_4, N_2O, CO_2, SF_6 등이 있으며 이 중 (㉠)가 가장 큰 값을 나타내는 물질은 (㉡)이다.

① ㉠ GHG, ㉡ CO_2

② ㉠ GHG, ㉡ SF_6

③ ㉠ GWP, ㉡ CO_2

④ ㉠ GWP, ㉡ SF_6

✔ 지구온난화지수(GWP ; Global Warming Potential)는 CO_2가 지구온난화에 미치는 영향을 기준으로 다른 온실가스가 지구온난화에 기여하는 정도를 나타낸 것이다. 이산화탄소를 1로 볼 때 메탄은 21, 아산화질소는 310, 수소불화탄소는 1,300, 육불화황(SF_6)은 23,900이다.

2019년 제2회 대기환경기사

01 다음 중 지구온난화가 환경에 미치는 영향으로 옳은 것은? ★★★

① 온난화에 의한 해면상승은 지역의 특수성에 관계없이 전 지구적으로 동일하게 발생한다.

② 대류권 오존의 생성반응을 촉진시켜 오존의 농도가 지속적으로 감소한다.

③ 기상조건의 변화는 대기오염의 발생횟수와 오염농도에 영향을 준다.

④ 기온상승과 토양의 건조화는 생물성장의 남방한계에는 영향을 주지만 북방한계에는 영향을 주지 않는다.

✔ ① 온난화에 의한 해면상승은 지역의 특수성에 따라 달라진다.
② 대류권 오존의 농도가 지속적으로 증가한다.
④ 기온상승과 토양의 건조화는 남방한계뿐만 아니라 북방한계에서도 영향을 준다.

02 대기오염모델 중 수용모델에 관한 설명으로 거리가 먼 것은? ★★★

① 기초적인 기상학적 원리를 적용, 미래의 대기질을 예측하여 대기오염제어 정책 입안에 도움을 준다.

② 입자상 물질, 가스상 물질, 가시도 문제 등 환경과학 전반에 응용할 수 있다.

③ 모델의 분류로는 오염물질의 분석방법에 따라 현미경분석법과 화학분석법으로 구분할 수 있다.

④ 측정자료를 입력자료로 사용하므로 시나리오 작성이 곤란하다.

✔ 기초적인 기상학적 원리를 적용, 미래의 대기질을 예측하여 대기오염제어 정책 입안에 도움을 주는 것은 분산모델이다.

03 광화학반응과 관련된 오염물질 일변화의 일반적인 특징으로 가장 거리가 먼 것은? ★★

① NO₂와 HC의 반응에 의해 오후 3시경을 전후로 NO가 최대로 발생하기 시작한다.
② NO에서 NO₂로의 산화가 거의 완료되고 NO₂가 최고농도에 도달하는 때부터 O₃가 증가되기 시작한다.
③ Aldehyde는 O₃ 생성에 앞서 반응초기부터 생성되며 탄화수소의 감소에 대응한다.
④ 주요 생성물로는 PAN, Aldehyde, 과산화기 등이 있다.

✔ NO₂와 HC의 반응에 의해 오후 3시경을 전후로 O₃가 최대로 발생하기 시작한다.

04 다음 중 CFCs(염화불화탄소)의 배출원과 거리가 먼 것은? ★★★

① 스프레이의 분사제
② 우레탄 발포제
③ 형광등 안정기
④ 냉장고의 냉매

✔ CFCs는 에어컨의 냉매, 발포제, 세정제, 분사제 등 산업계에 폭넓게 사용되는 가스이다.

05 대기오염 농도를 추정하기 위한 상자모델에서 사용하는 가정으로 옳지 않은 것은? ★

① 고려되는 공간에서 오염물질의 농도는 균일하다.
② 오염물질의 배출원이 지면 전역에 균등히 분포되어 있다.
③ 오염물질의 분해는 0차 반응에 의한다.
④ 고려되는 공간의 수직단면에 직각방향으로 부는 바람의 속도가 일정하여 환기량이 일정하다.

✔ 상자모델에서 오염물질의 분해는 1차 반응에 의한다.

06 유효굴뚝높이 200m인 연돌에서 배출되는 가스량은 $20m^3/s$, SO₂ 농도는 1,750ppm이다. $K_y = 0.07$, $K_z = 0.09$인 중립 대기조건에서 SO₂의 최대지표농도(ppb)는? (단, 풍속은 30m/s이다.)

① 34ppb
② 22ppb
③ 15ppb
④ 9ppb

✔ $C_m(ppm) = \dfrac{2Q}{\pi e u H_e^2} \cdot \dfrac{K_z}{K_y}$

2	$20m^3$	1,750ppm	s		0.09
3.14	s	e	30m	$200^2 m^2$	0.07

$= 0.0088ppm = 9ppb$

여기서, Q : 오염물질의 배출률(유량×농도)
e : 2.718
u : 풍속(m/sec)
H_e : 유효굴뚝고(m)
K_y, K_z : 수평 및 수직 확산계수

07 다음 중 해륙풍에 관한 설명으로 옳지 않은 것은 어느 것인가? ★

① 육지와 바다는 서로 다른 열적 성질때문에 주간에는 육지로부터, 야간에는 바다로부터 바람이 분다.
② 야간에는 바다의 온도 냉각률이 육지에 비해 작으므로 기압차가 생겨나 육풍이 존재한다.
③ 육풍은 해풍에 비해 풍속이 작고 수직 수평적인 범위도 좁게 나타나는 편이다.
④ 해륙풍이 장기간 지속되는 경우에는 폐쇄된 국지순환의 결과로 인하여 해안가에 공업단지 등의 산업도시가 있는 지역에서는 대기오염물질의 축적이 일어날 수 있다.

✔ 주간에는 바다로부터(해풍), 야간에는 육지로부터(육풍) 바람이 분다.

08 가스상 물질의 영향에 관한 설명으로 거리가 먼 것은? ★

① SO_2는 1ppm 정도에서도 수 시간 내에 고등식물에게 피해를 준다.

② CO_2 독성은 10ppm 정도에서 인체와 식물에 해롭다.

③ CO는 100ppm까지는 1~3주간 노출되어도 고등식물에 대한 피해는 약한 편이다.

④ HCl은 SO_2보다 식물에 미치는 영향이 훨씬 적으며 한계농도는 10ppm에서 수 시간 정도이다.

✔ CO_2가 4%가 넘어가면 이산화탄소의 독성효과가 갑자기 크게 나타나며, 오랜 시간 4~5%에 노출 시에는 폐 장해가 형성되고, 기억력 감퇴, 시력 감퇴까지 나타날 수 있다.

09 다음 중 열섬현상에 관한 설명으로 가장 거리가 먼 것은? ★★★

① Dust dome effect라고도 하며, 직경 10km 이상의 도시에서 잘 나타나는 현상이다.

② 도시지역 표면의 열적 성질의 차이 및 지표면에서의 증발잠열의 차이 등으로 발생된다.

③ 태양의 복사열에 의해 도시에 축적된 열이 주변지역에 비해 크기 때문에 형성된다.

④ 대도시에서 발생하는 기후현상으로 주변지역보다 비가 적게 오고 건조해져 코, 기관지 염증의 원인이 되며, 태양복사량과 관련된 비타민 C의 결핍을 초래한다.

✔ 열섬현상과 비의 빈도, 비타민 C 결핍 등과는 상관관계가 거의 없다.

10 먼지 농도가 $40\mu g/m^3$일 때 가시거리는? (단 상대습도 70%, $A=1.2$) ★★★

① 25km ② 30km

③ 35km ④ 40km

✔ $L_v = 1,000 \times A / C(\mu g/m^3) = 1,000 \times 1.2/40 = 30km$

여기서, L_v : 가시거리(km)

A : 계수(0.6~2.4, 보통 1.2)

C : 상대습도 70%에서 분진 농도($\mu g/m^3$)

11 다음 분산모델 중 미국에서 개발한 것으로 광화학모델이며, 점오염원이나 면오염원에 적용하고, 도시지역의 오염물질 이동을 계산할 수 있는 것은?

① ISCLT ② TCM

③ UAM ④ RAMS

✔ UAM 모델은 미국에서 개발되었으며, 도시를 비롯한 지역적인 O_3 문제를 모사하는 데 있어서 그 정확도나 타당성이 뛰어난 광화학모델로 평가받고 있다.

12 다음 중 PAN(PeroxyAcetyl Nitrate)의 구조식을 옳게 나타낸 것은? ★★★

①
$$\overset{O}{\overset{\|}{C_6H_5 - C - O - O - NO_2}}$$

②
$$\overset{O}{\overset{\|}{CH_3 - C - O - O - NO_2}}$$

③
$$\overset{O}{\overset{\|}{C_2H_5 - C - O - O - NO_2}}$$

④
$$\overset{O}{\overset{\|}{C_4H_8 - C - O - O - NO_2}}$$

✔ PeroxyAcetyl Nitrate(PAN)은 $CH_3COOONO_2$의 분자식을 갖고 광화학스모그에서 발견되는 2차 오염물질이다. 또한 퍼옥시 에탄올 라디칼과 이산화질소로 분해된다.

13 다음 대기오염물질의 분류 중 2차 오염물질에 해당하지 않는 것은? ★★★

① NOCl

② 알데하이드

③ 케톤

④ N_2O_3

✔ 삼산화이질소(dinitrogen trioxide, N_2O_3)는 질소와 산소로 이루어진 질소산화물의 일종으로 1차 오염물질이다.

14 다음에서 설명하는 연기 형태는? ★★★

> 대기가 매우 안정한 상태일 때에 아침과 새벽에 잘 발생하며, 강한 역전조건에서 잘 생긴다. 이런 상태에서는 연기의 수직방향 분산은 최소가 되고, 풍향에 수직되는 수평방향의 분산은 아주 적다.

① Fanning　　　② Coning
③ Looping　　　④ Lofting

✔ **[Plus 이론학습]**
부채형(fanning)은 굴뚝 위의 상당한 높이까지 공기의 안정으로 강한 역전 조건에서 발생되며, 수직운동 억제로 풍하측의 오염물 농도를 예측하기가 어렵다.

15 아래 그림은 고도에 따른 대기의 기온 변화를 나타낸 것이다. 다음 중 대기 중에 섞인 오염물질이 가장 잘 확산되는 기온변화 형태는 어느 것인가? ★

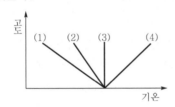

① (1)　　　　② (2)
③ (3)　　　　④ (4)

✔ 고도가 올라갈수록 기온이 빠르게 하강하는 형태가 확산이 잘된다.

16 지표 부근에 존재하는 오존(O_3)에 관한 설명 중 틀린 것은? ★★

① 질소산화물과 탄화수소의 광화학적 반응에 의해 생성되며, 강력한 산화작용을 한다.
② 오존에 강한 식물로는 담배, 앨팰퍼, 무 등이 있다.
③ 식물의 엽록소 파괴, 동화작용의 억제, 산소작용의 저해 등을 일으킨다.
④ 식물의 피해 정도는 기공의 개폐, 증산작용의 대소 등에 따라 달라진다.

✔ 오존에 약한 식물로는 무, 담배, 시금치, 파, 앨팰퍼 등이 있으며, 오존에 강한 식물로는 사과, 해바라기, 양배추, 국화, 수수꽃다리, 미인송, 감나무, 주목, 측백나무 등이 있다.

17 가솔린 연료를 사용하는 차량은 엔진 가동형태에 따라 오염물질 배출량이 달라진다. 다음 중 통상적으로 탄화수소가 제일 많이 발생하는 엔진 가동형태는? ★★★

① 정속(60km/h)　　② 가속
③ 정속(40km/h)　　④ 감속

✔ HC는 감속, CO은 정지가동 시(idle), NO_x는 정속 및 가속 시 많이 발생된다.

18 Down Wash 현상에 관한 설명은? ★★★

① 원심력집진장치에서 처리가스량의 5~10% 정도를 흡인하여 줌으로써 유효원심력을 증대시키는 방법이다.
② 굴뚝의 높이가 건물보다 높은 경우 건물 뒤편에 공동현상이 생기고 이 공동에 대기오염물질의 농도가 낮아지는 현상을 말한다.
③ 굴뚝 아래로 오염물질이 휘날리어 굴뚝 밑부분에 오염물질의 농도가 높아지는 현상을 말한다.
④ 해가 뜬 후 지표면이 가열되어 대기가 지면으로부터 열을 받아 지표면 부근부터 역전층이 해소되는 현상을 말한다.

✔ 바람이 불 때 굴뚝 배출구 부근에서 풍하측을 향하여 연기가 아래쪽으로 끌려 내려가는 현상을 Down Wash라 한다. 저감대책으로는 배출가스 속도를 풍속보다 2배로 크게 하면 된다.

19 지상으로부터 500m까지의 평균기온감률이 0.85℃/100m이다. 100m 고도의 기온이 15℃라 하면 400m에서의 기온은? ★

① 13.30℃　　　② 12.45℃
③ 11.45℃　　　④ 10.45℃

✔ 15℃ − 0.85℃/100m × 300m = 12.45℃

20 가우시안 모델에 도입된 가정조건으로 거리가 먼 것은? ★★★

① 연기의 분산은 정상상태 분포를 가정한다.
② 바람에 의한 오염물질의 주 이동방향은 x축이며, 풍속은 일정하다.
③ 연직방향의 풍속은 통상 수평방향의 풍속보다 크므로 고도변화에 따라 반영한다.
④ 난류확산계수는 일정하다.

✔ 연직방향의 풍속은 통상 수평방향의 풍속보다 작으므로 고도변화에 따라 반영되지 않는다.

2019년 제4회 대기환경기사

01 황산화물의 각종 영향에 대한 설명으로 옳지 않은 것은? ★★

① 공기가 SO_2를 함유하면 부식성이 강하게 된다.
② SO_2는 대기 중의 분진과 반응하여 황산염이 형성됨으로써 대부분의 금속을 부식시킨다.
③ 대기에서 형성되는 아황산 및 황산은 석회, 대리석, 각종 시멘트 등 건축재료를 약화시킨다.
④ 황산화물은 대기 중 또는 금속의 표면에서 황산으로 변함으로써 부식성을 더욱 약하게 한다.

✔ 황산화물은 대기 중 또는 금속의 표면에서 황산으로 변함으로써 부식성을 더욱 강하게 한다.

02 오염물질이 식물에 미치는 영향에 대한 설명으로 가장 거리가 먼 것은? ★★

① 오존은 0.2ppm 정도의 농도에서 2~3시간 접촉하면 피해를 일으키며, 보통 엽록소 파괴, 동화작용 억제, 산소작용의 저해 등을 일으킨다.
② 질소산화물은 엽록소가 갈색으로 되어 잎의 내부에 갈색 또는 흑갈색의 반점이 생기며, 담배, 해바라기, 진달래 등은 이산화질소에 대한 식물의 감수성이 약한 편이다.
③ 양배추, 클로버, 상추 등은 에틸렌가스에 대해 저항성 식물이다.
④ 보리, 목화 등은 아황산가스에 대해 저항성이 강한 식물이며, 까치밤나무, 쥐당나무 등은 저항성이 약한 식물에 해당한다.

✔ 아황산가스에 내성이 약한 식물은 보리, 목화, 양상추 등이고, 강한 식물은 참외, 측백나무, 까치밤나무, 쥐당나무 등이다.

03 다음과 같이 인체에 피해를 유발시킬 수 있는 오염물질은? ★★★

> 혈액 헤모글로빈의 기본요소인 포르피린 고리의 형성을 방해함으로써 인체 내 헤모글로빈의 형성을 억제하여 만성빈혈이 발생할 수 있다.

① 다이옥신 ② 납
③ 망간 ④ 바나듐

✅ **[Plus 이론학습]**
납은 빈혈이 발생하며, 잇몸에 납선이라 불리는 검은 선이 나타나고, 심해지면 말초신경을 침범당해 정신이상과 시력저하와 함께 손목 말단부터 신경이 멈추는데 이를 손목하수증이라고 불린다.

04 다음 Dobson Unit에 관한 설명 중 ( ) 안에 알맞은 것은? ★★★

> 1Dobson은 지구 대기 중 오존의 총량을 0℃, 1기압의 표준상태에서 두께로 환산했을 때 ( )에 상당하는 양을 의미한다.

① 0.01mm ② 0.1mm
③ 0.1cm ④ 1cm

✅ 오존의 농도는 돕슨(DU ; Dobson Unit)으로 표기하는데, 1DU은 지표 상의 대기 1기압에서 약 0.01mm의 오존 두께에 해당한다.

[Plus 이론학습]
오존의 평균농도는 약 350~400DU 정도인데 이에 못 미친 200DU 이하가 되었을 때를 오존 구멍 또는 오존홀이라 한다.

05 NO_x 중 이산화질소에 관한 설명으로 옳지 않은 것은? ★★

① 적갈색의 자극성을 가진 기체이며, NO보다 5~7배 정도 독성이 강하다.
② 분자량 46, 비중 1.59 정도이다.
③ 수용성이지만 NO보다는 수중 용해도가 낮으며, 일명 웃음기체라고도 한다.
④ 부식성이 강하고, 산화력이 크며, 생리적인 독성과 자극성을 유발할 수도 있다.

✅ 이산화질소(NO_2)는 일산화질소(NO)보다는 수용성이 있고, 웃음기체는 아산화질소(N_2O)이다.

06 역전에 관한 설명으로 옳지 않은 것은? ★★

① 복사역전층은 보통 가을부터 봄에 걸쳐서 날씨가 좋고, 바람이 약하며, 습도가 적을 때 자정 이후 아침까지 잘 발생한다.
② 침강역전은 고기압 중심부분에서 기층이 서서히 침강하면서 기온이 단열변화로 승온되어 발생하는 현상이다.
③ 전선역전층은 빠른 속도로 움직이는 경향이 있어서 오염문제에 심각한 영향을 주지는 않는 편이다.
④ 해풍역전은 정체성 역전으로, 보통 오염물질을 오랫동안 정체시킨다.

✅ 해풍형 역전은 바다에서 차가운 바람이 더워진 육지 위로 불 때 발생되며, 해풍역전과 전선역전은 모두 오염물질을 오랫동안 정체시키는 역할을 하지 않는다.

07 다음 중 산란에 관한 설명으로 옳지 않은 것은 어느 것인가?

① Rayleigh는 "맑은 하늘 또는 저녁 노을은 공기분자에 의한 빛의 산란에 의한 것"이라는 것을 발견하였다.
② 빛을 입자가 들어 있는 어두운 상자 안으로 도입시킬 때 산란광이 나타나며 이것을 틴들빛(光)이라고 한다.
③ Mie산란의 결과는 입사빛의 파장에 대하여 입자가 대단히 작은 경우에만 적용되는 반면, Rayleigh의 결과는 모든 입경에 대하여 적용한다.
④ 입자에 빛이 조사될 때 산란의 경우 동일한 파장의 빛이 여러 방향으로 다른 강도로 산란되는 반면, 흡수의 경우는 빛에너지가 열, 화학 반응의 에너지로 변환된다.

◎ 미산란(Mie scattering)은 입자의 크기가 빛의 파장과 비슷할 경우 일어나며, 빛의 파장보다는 입자의 밀도, 크기에 따라서 반응한다. 구름이 흰색으로 보이는 것도 미산란의 예인데 구름의 작은 물방울이 모든 빛을 산란시키기 때문에 흰색으로 보이는 것이다.

08 먼지의 농도가 0.075mg/m³인 지역의 상대습도가 70%일 때, 가시거리는? (단, 계수=1.2로 가정) ★★★

① 4km　　② 16km
③ 30km　　④ 42km

◎ $L_v = A \times 10^3 / C = 1.2 \times 1,000/75 = 16km$
여기서, A : 실험적 정수
C : 입자상 물질의 농도($\mu g/m^3$)

09 다음 대기오염물질 중 바닷물의 물보라 등이 배출원이며, 1차 오염물질에 해당하는 것은 어느 것인가? ★

① N_2O_3
② 알데하이드
③ HCN
④ NaCl

◎ NaCl은 바닷물의 물보라 등이 배출원이며, 해수의 염류 중 차지하는 비율이 가장 많다.

10 다음 중 Fick의 확산방정식을 실제 대기에 적용시키기 위해 세우는 추가적인 가정으로 거리가 먼 것은?

① $\dfrac{dC}{dt} = 0$이다.
② 바람에 의한 오염물의 주 이동방향은 x축으로 한다.
③ 오염물질의 농도는 비점오염원에서 간헐적으로 배출된다.
④ 풍속은 x, y, z 좌표 내의 어느 점에서든 일정하다.

◎ 오염물질은 점오염원으로부터 연속적으로 배출된다.

11 역사적인 대기오염사건에 관한 설명으로 옳은 것은? ★★★

① 포자리카 사건은 MIC에 의한 피해이다.
② 런던스모그 사건은 복사역전 형태였다.
③ 뮤즈계곡 사건은 PAN이 주된 오염물질로 작용했다.
④ 도쿄 요코하마 사건은 PCB가 주된 오염물질로 작용했다.

◎ ① 포자리카 사건은 황화수소
③ 뮤즈계곡 사건은 이산화황, 입자상 물질, 황산 등
④ 도쿄 요코하마 사건은 공업지대에서 배출된 대기오염물질에 의한 것으로 추정되나 그 원인물질은 밝혀지지 않았다.

12 최대혼합고도가 500m일 때 오염농도는 4ppm이었다. 오염농도가 500ppm일 때 최대혼합고도는 얼마인가? ★★

① 50m　　② 100m
③ 200m　　④ 250m

◎ $C_2 = C_1 \times \left(\dfrac{H_1}{H_2}\right)^3$
$500 = 4 \times \left(\dfrac{500}{H_2}\right)^3$
$\therefore H_2 = 100m$

13 가우시안 모델의 대기오염 확산방정식을 적용할 때 지면에 있는 오염원으로부터 바람부는 방향으로 200m 떨어진 연기의 중심축 상 지상 오염농도(mg/m³)는? (단, 오염물질의 배출량은 6g/s, 풍속은 3.5m/s, σ_y, σ_z는 각각 22.5m, 12m이다.)

① 0.96　　② 1.41
③ 2.02　　④ 2.46

◎ $C(x,0,0,0) = \dfrac{Q}{\pi \sigma_y \sigma_z U}$
$= \dfrac{6 \times 1,000}{3.14 \times 22.5 \times 12 \times 3.5}$
$= 2.02$

14 도시 대기오염물질 중 태양빛을 흡수하는 기체 중의 하나로서 파장 420nm 이상의 가시광선에 의해 광분해되는 물질로 대기 중 체류시간이 약 2~5일 정도인 것은? ★

① SO_2

② NO_2

③ CO_2

④ RCHO

✔ NO_2은 420nm 이상의 가시광선에 의해 광분해되는 물질로서 광화학스모그 및 산성비의 원인물질이다.

15 수용모델의 분석법에 관한 설명으로 옳지 않은 것은? ★

① 광학현미경은 입경이 $0.01\mu m$보다 큰 입자만을 대상으로 먼지의 형상, 모양 및 색깔별로 오염원을 구별할 수 있고, 미숙련 경험자도 쉽게 분석가능하다.

② 전자주사현미경은 광학현미경보다 작은 입자를 측정할 수 있고, 정성적으로 먼지의 오염원을 확인할 수 있다.

③ 시계열분석법은 대기오염 제어의 기능을 평가하고, 특정 오염원의 경향을 추적할 수 있으며, 타 방법을 통해 제시된 오염원을 확인하는 데 매우 유용한 정성적 분석법이다.

④ 공간계열법은 시료채취기간 중 오염배출속도 및 기상학 등에 크게 의존하여 분산모델과 큰 연관성을 갖는다.

✔ 광학현미경은 빛을 사용하는 일반적인 현미경으로 수 마이크로미터(μm) 크기의 표면 측정 및 분석에 사용되므로 먼지의 형상, 모양 및 색깔별로 오염원을 구별하기 어렵다. 전자현미경은 광선(광학현미경) 대신 전자선을 사용하며 유리(광학현미경) 대신 전자렌즈를 쓴다.

16 오존에 관한 설명으로 옳지 않은 것은? (단, 대류권 내 오존 기준) ★★★

① 보통 지표 오존의 배경농도는 1~2ppm 범위이다.

② 오존은 태양빛, 자동차 배출원인 질소산화물과 휘발성 유기화합물 등에 의해 일어나는 복잡한 광화학반응으로 생성된다.

③ 오염된 대기 중 오존농도에 영향을 주는 것은 태양빛의 강도, NO_2/NO의 비, 반응성 탄화수소농도 등이다.

④ 국지적인 광화학스모그로 생성된 Oxidant의 지표물질이다.

✔ 대기 중 오존의 배경농도는 0.01~0.02ppm 정도이며, 농도가 0.12ppm 이상이 되면 오존주의보가 발령된다.

17 대기오염가스를 배출하는 굴뚝의 유효고도가 87m에서 100m로 높아졌다면 굴뚝의 풍하측 지상 최대오염농도는 87m일 때의 것과 비교하면 몇 %가 되겠는가? (단, 기타 조건은 일정함.)

① 47% ② 62%

③ 76% ④ 88%

✔ $C \propto \dfrac{1}{H_e^2}$ 이므로 $\dfrac{1}{87^2} : \dfrac{1}{100^2}$

0.0001/0.000132×100=76%

18 다음 중 2차 대기오염물질에 해당하지 않는 것은? ★★★

① SO_3 ② H_2SO_4

③ NO_2 ④ CO_2

✔ CO_2는 연소 시 발생되는 대표적인 1차 오염물질이다.

19 다음 특정물질 중 오존 파괴지수가 가장 큰 것은 어느 것인가? ★★★

① Halon−1211 ② Halon−1301

③ CCl_4 ④ HCFC−22

✔ Halon−1211는 3.0, Halon−1301는 10.0, CCl_4는 1.1이며, 한편 HCFC계통은 CFC의 대체물질로서 CFC보다 오존파괴지수가 월등히 낮다. HCFC−22는 정확히 알려져 있지 않다.

20 벤젠에 관한 설명으로 옳지 않은 것은?

① 체내에 흡수된 벤젠은 지방이 풍부한 피하 조직과 골수에서 고농도로 축적되어 오래 잔존할 수 있다.

② 체내에서 마뇨산(hippuric acid)으로 대사하여 소변으로 배설된다.

③ 비점은 약 80℃ 정도이고, 체내 흡수는 대부분 호흡기를 통하여 이루어진다.

④ 벤젠 폭로에 의해 발생되는 백혈병은 주로 급성 골수모구성 백혈병(acute myeloblastic leukemia)이다.

✔ 톨루엔은 호흡기계와 피부를 통하여 체내에 흡수되어 뇨 중 대사산물인 마뇨산(hippuric acid)을 비롯하여 o-, m-, p-cresol 및 benzoyl glucuronide 등으로 배설된다.

2020년 제1,2회 통합 대기환경기사

01 전기자동차의 일반적 특성으로 가장 거리가 먼 것은? ★★★

① 내연기관에 비해 소음과 진동이 적다.

② CO_2나 NO_x를 배출하지 않는다.

③ 충전시간이 오래 걸리는 편이다.

④ 대형차에 잘 맞으며, 자동차 수명보다 전지 수명이 길다.

✔ 비교적 소형차에 잘 맞으며, 자동차 수명보다 전지 수명이 짧다.

02 디젤자동차의 배출가스 후처리기술로 옳지 않은 것은? ★★★

① 매연여과장치

② 습식 흡수방법

③ 산화촉매 방지

④ 선택적 촉매환원

✔ 디젤자동차의 배출가스 후처리기술로 물을 사용하는 습식 흡수방법은 적용되고 있지 않다.

03 Panofsky에 의한 리차드슨수(Ri)의 크기와 대기의 혼합 간의 관계에 관한 설명으로 옳지 않은 것은?

① $Ri=0$: 수직방향의 혼합이 없다.

② $0<Ri<0.25$: 성층에 의해 약화된 기계적 난류가 존재한다.

③ $Ri<-0.04$: 대류에 의한 혼합이 기계적 혼합을 지배한다.

④ $-0.03<Ri<0$: 기계적 난류와 대류가 존재하나 기계적 난류가 혼합을 주로 일으킨다.

✔ 리차드슨수(Ri)는 무차원수로 대류난류를 기계적 난류로 전환시키는 율을 측정한 것이며, $Ri=0$일 때는 대기안정도는 중립이고, 수직방향의 혼합이 없는 것이 아니라 기계적 난류(강제대류)만 존재한다.

04 도시 대기오염물질의 광화학반응에 관한 설명으로 옳지 않은 것은? ★

① O_3는 파장 200~320nm에서 강한 흡수가, 450~700nm에서는 약한 흡수가 일어난다.

② PAN은 알데하이드의 생성과 동시에 생기기 시작하며, 일반적으로 오존농도와는 관계가 없다.

③ NO_2는 도시 대기오염물질 중에서 가장 중요한 태양빛 흡수 기체로서 파장 420nm 이상의 가시광선에 의하여 NO와 O로 광분해한다.

④ SO_3는 대기 중의 수분과 쉽게 반응하여 황산을 생성하고 수분을 더 흡수하여 중요한 대기오염물질의 하나인 황산입자 또는 황산미스트를 생성한다.

✔ 광화학옥시던트(O_x)는 질소산화물과 탄화수소의 1차 오염물질이 태양 자외선에 의해 광화학반응을 일으켜서 2차적으로 생성된 오존과 PAN(PeroxyAcetyl Nitrate)의 총칭이다. 그러므로 PAN은 오존농도와 관계가 깊다.

05 다음 중 LA 스모그에 관한 설명으로 옳지 않은 것은? ★★★

① 광화학적 산화반응으로 발생한다.

② 주 오염원은 자동차 배기가스이다.

③ 주로 새벽이나 초저녁에 자주 발생한다.

④ 기온이 24℃ 이상이고 습도가 70% 이하로 낮은 상태일 때 잘 발생한다.

✔ LA 스모그는 여름, 햇볕이 강한 낮에 주로 발생한다.

06 다음 중 주로 연소 시 배출되는 무색의 기체로 물에 매우 난용성이며, 혈액 중의 헤모글로빈과 결합력이 강해 산소 운반능력을 감소시키는 물질은? ★★★

① HC
② NO
③ PAN
④ 알데하이드

✔ **[Plus 이론학습]**
NO는 광화학스모그 및 산성비의 원인물질이다.

07 다음 중 열섬효과에 관한 설명으로 옳지 않은 것은? ★★★

① 열섬현상은 고기압의 영향으로 하늘이 맑고 바람이 약한 때에 잘 발생한다.

② 열섬효과로 도시 주위의 시골에서 도시로 바람이 부는데, 이를 전원풍이라 한다.

③ 도시의 지표면은 시골보다 열용량이 적고 열전도율이 높아 열섬효과의 원인이 된다.

④ 도시에서는 인구와 산업의 밀집지대로서 인공적인 열이 시골에 비하여 월등하게 많이 공급된다.

✔ 도시 열섬이 발생하는 주원인은 도시화로 인한 지표면 개발이며, 에너지 사용으로 발생한 열이 두 번째 원인이다. 도시의 지표면은 시골보다 열용량이 많고 열전도율이 높아 열섬효과의 원인이 된다.

08 실내공기오염물질인 라돈에 관한 설명으로 가장 거리가 먼 것은? ★★

① 무색, 무취의 기체로 액화되어도 색을 띠지 않는 물질이다.

② 반감기는 3.8일로 라듐이 핵분열할 때 생성되는 물질이다.

③ 자연계에 널리 존재하며, 건축자재 등을 통하여 인체에 영향을 미치고 있다.

④ 주기율표에서 원자번호가 238번으로, 화학적으로 활성이 큰 물질이며, 흙속에서 방사선 붕괴를 일으킨다.

✔ 라돈의 가장 안정적인 동위원소는 Rn-222로, 반감기는 3.8일이다.

[Plus 이론학습]
라돈(Rn)은 방사성 비활성 기체로서 무색, 무미, 무취의 성질을 가지고 있으며, 공기보다 무겁다. 자연에서는 우라늄과 토륨의 자연 붕괴에 의해서 발생된다.

09 실제 굴뚝높이가 50m, 굴뚝내경이 5m, 배출가스의 분출가스가 12m/s, 굴뚝 주위의 풍속이 4m/s라고 할 때, 유효굴뚝의 높이(m)는? (단, $\Delta H = 1.5 \times D \times \left(\dfrac{V_s}{U}\right)$이다.) ★★

① 22.5　　　　② 27.5
③ 72.5　　　　④ 82.5

✔ 유효굴뚝높이(H_e)=실제굴뚝높이(H_s)+연기상승고(ΔH)

$$= 50 + 1.5 \times D \times \left(\frac{V_s}{U}\right)$$
$$= 50 + 1.5 \times 5 \times \left(\frac{12}{4}\right)$$
$$= 72.5m$$

10 다음 보기가 설명하는 오염물질로 옳은 것은?

> • 상온에서 무색이며 투명하여 순수한 경우에는 냄새가 거의 없지만 일반적으로 불쾌한 자극성 냄새를 가진 액체
> • 햇빛에 파괴될 정도로 불안정하지만 부식성은 비교적 약함
> • 끓는점은 약 46℃이며, 그 증기는 공기보다 약 2.64배 정도 무거움

① $COCl_2$　　　　② Br_2
③ SO_2　　　　④ CS_2

✔ **[Plus 이론학습]**
이황화탄소(Carbon disulfide, CS_2)
• 탄소와 황으로 구성된 화합물이다.
• 액체는 밀도가 높고 휘발성과 가연성이 강하다.
• 황화합물을 태울 경우 발생할 수 있고, 황화합물에 관련된 공정에서도 부산물로 발생할 수 있다.
• 독성이 매우 강하며, 취급에 각별한 주의가 요구된다.

11 다음 중 2차 오염물질(secondary pollutants)은 어느 것인가? ★★★

① SiO_2　　　　② N_2O_3
③ $NaCl$　　　　④ $NOCl$

✔ 대표적인 2차 오염물질은 O_3, PAN, NOCl($2NOCl \rightarrow Cl_2 + 2NO$), H_2O_2 등이다.

12 다음 중 대기 중 각 오염원의 영향평가를 해결하기 위한 수용모델에 관한 설명으로 옳지 않은 것은? ★★★

① 지형, 기상학적 정보 없이도 사용 가능하다.
② 수용체 입장에서 영향평가가 현실적으로 이루어질 수 있다.
③ 오염원의 조업 및 운영 상태에 관한 정보 없이도 사용 가능하다.
④ 측정자료를 입력자료로 사용하므로 배출원 조건의 시나리오 작성이 용이하다.

✔ 측정자료를 입력자료로 사용하므로 배출원 조건의 시나리오 작성이 곤란하다. 또한 현재나 과거에 일어났던 일을 추정할 수 있으나, 미래 예측은 어렵다.

13 산성비가 토양에 미치는 영향에 관한 설명으로 옳지 않은 것은? ★

① Al^{3+}은 뿌리의 세포분열이나 Ca 또는 P의 흡수나 흐름을 저해한다.
② 교환성 Al은 산성의 토양에만 존재하는 물질이고, 교환성 H와 함께 토양 산성화의 주요한 요인이 된다.
③ 토양의 양이온교환기는 강산적 성격을 갖는 부분과 약산적 성격을 갖는 부분으로 나누는데, 결정도가 낮은 점토광물은 강산적이다.
④ 산성강수가 가해지면 토양은 산적 성격이 약한 교환기부터 순서적으로 Ca^{2+}, Mg^{2+}, Na^+, K^+ 등의 교환성 염기를 방출하고, 대신 그 교환 자리에 H^+가 흡착되어 치환된다.

✔ 결정성 점토광물은 강산적, 결정도가 낮은 점토광물은 약산적이다.

14 다음 오염물질 중 온실효과를 유발하는 것으로 가장 거리가 먼 것은? ★★★

① 메탄　　　　② CFCs
③ 이산화탄소　　　　④ 아황산가스

✔ SO_2는 온실가스이기 보다는 산성비의 원인물질이다.

15 대기오염 사건과 대표적인 주 원인물질 또는 전구물질의 연결이 옳지 않은 것은? ★★★

① 뮤즈계곡 사건－SO_2

② 도노라 사건－NO_2

③ 런던 스모그 사건－SO_2

④ 보팔 사건－MIC(Methyl IsoCyanate)

✔ 도노라 스모그 사건은 1948년 미국 펜실베이니아주 도노라 시에서 발생한 런던형 스모그 현상으로, 이황산가스·황산안개·먼지와 같은 화합물이 구릉지 안에 쌓여 오염 농도가 높아지면서 발생하였다.

16 지름이 1.0μm이고 밀도가 10^6g/m³인 물방울이 공기 중에서 지표로 자유낙하할 때 Reynolds 수는? (단, 공기의 점도는 0.0172g/m·s, 밀도는 1.29kg/m³이다.)

① 1.9×10^{-6} ② 2.4×10^{-6}

③ 1.9×10^{-5} ④ 2.4×10^{-5}

✔ 입자의 레이놀즈수

$$Re_p = \frac{d_p v_p \rho_g}{\mu_g}$$

$$v_p = \frac{d_p{}^2 (\rho_p - \rho_g) \, g}{18 \mu_g}$$

$$= \frac{1^2 \times (10^3 - 1.29) \times 9.8 \times 10^{-9}}{18 \times 0.0172} = 31.6 \times 10^{-6} \text{m/s}$$

$$Re_p = \frac{d_p v_p \rho_g}{\mu_g} = \frac{1 \times 31.6 \times 1.29 \times 10^{-9}}{0.0172} = 2.37 \times 10^{-6}$$

17 20℃, 750mmHg에서 측정한 NO의 농도가 0.5ppm이다. 이때 NO의 농도(μg/Sm³)로 옳은 것은? ★★★

① 약 463   ② 약 524

③ 약 553   ④ 약 616

✔ ppm → mg/m³

0.5×30/22.4=0.67mg/m³

$$\frac{0.67\text{mg}}{\text{m}^3} \left| \frac{273\text{K}}{(273+20)\text{K}} \right| \frac{750\text{mmHg}}{760\text{mmHg}} \left| \frac{10^3 \mu\text{g}}{1\text{mg}} \right.$$

=616μg/Sm³

18 대기 중에 존재하는 가스상 오염물질 중 염화수소와 염소에 관한 설명으로 옳지 않은 것은? ★

① 염소는 강한 산화력을 이용하여 살균제, 표백제로 쓰인다.

② 염화수소가 대기 중에 노출될 경우 백색의 연무를 형성하기도 한다.

③ 염소는 상온에서 적갈색을 띠는 액체로 휘발성과 부식성이 강하다.

④ 염화수소는 무색으로서 자극성 냄새가 있으며, 상온에서 기체이다. 전지, 약품, 비료 등에 사용된다.

✔ 염소는 자극적인 냄새가 나는 황록색 기체로, 산화제·표백제·소독제로 쓰며, 물감·의약품·폭발물·표백분 따위를 만드는 데도 사용된다.

19 대기압력이 900mb인 높이에서의 온도가 25℃일 때 온위(potential temperature, K)는? (단, $\theta = T(1,000/P)^{0.288}$) ★★★

① 307.2   ② 377.8

③ 421.4   ④ 487.5

✔ $\theta = T(1,000/P)^{0.288}$

$= (25 + 273) \times (1,000/900)^{0.288} = 307.2\text{K}$

20 다음 대기오염원의 영향을 평가하는 방법 중 분산모델에 관한 설명으로 가장 거리가 먼 것은 어느 것인가? ★★★

① 오염물의 단기간 분석 시 문제가 된다.

② 지형 및 오염원의 조업 조건에 영향을 받는다.

③ 먼지의 영향평가는 기상의 불확실성과 오염원이 미확인인 경우에 문제점을 가진다.

④ 현재나 과거에 일어났던 일을 추정, 미래를 위한 전략은 세울 수 있으나 미래 예측은 어렵다.

✔ 현재나 과거에 일어났던 일을 추정, 미래를 위한 전략은 세울 수 있으나 미래 예측이 어려운 것은 수용모델이다.

2020년 제3회 대기환경기사

01 햇빛이 지표면에 도달하기 전에 자외선의 대부분을 흡수함으로써 지표생물권을 보호하는 대기권의 명칭은? ★★★

① 대류권

② 성층권

③ 중간권

④ 열권

✔ **[Plus 이론학습]**
성층권에는 오존층이 있어 해로운 자외선을 차단시킨다.

02 44m 높이의 연돌에서 배출되는 가스의 평균 온도가 250℃이고, 대기의 온도가 25℃일 때, 이 굴뚝의 통풍력(mmH₂O)은? (단, 표준상태의 가스와 공기의 밀도는 1.3kg/Sm³이고, 굴뚝 안에서의 마찰손실은 무시한다.)

① 약 12.4

② 약 15.8

③ 약 22.5

④ 약 30.7

✔ $Z = 273 H \left[(r_a/(273+t_a)) - (r_g/(273+t_g)) \right]$
$= 273 \times 44 \times (1.3/298 - 1.3/523)$
$= 22.5$

여기서, Z : 통풍력(mmH₂O)

H : 굴뚝의 높이(m)

r_a : 공기 밀도(kg/m³)

r_g : 배기가스 밀도(kg/m³)

t_a : 외기 온도(℃)

t_g : 배기가스 온도(℃)

03 다음 대기오염물질과 관련되는 주요 배출업종을 연결한 것으로 가장 적합한 것은? ★★

① 벤젠 – 도장공업

② 염소 – 주유소

③ 사이안화수소 – 유리공업

④ 이황화탄소 – 구리정련

✔ 벤젠은 도장공업, 염소는 플라스틱제조업, 사이안화수소는 청산제조업, 이황화탄소는 비스코스섬유공업에서 주로 배출된다.

04 다음 중 대기가 가시광선을 통과시키고 적외선을 흡수하여 열을 밖으로 나가지 못하게 함으로써 보온작용을 하는 것을 무엇이라 하는가? ★★★

① 온실효과

② 복사균형

③ 단파복사

④ 대기의 창

05 대기오염이 식물에 미치는 영향에 관한 설명으로 가장 거리가 먼 것은? ★

① SO₂는 회백색 반점을 생성하며, 피해부분은 엽육세포이다.

② PAN은 유리화 은백색 광택을 나타내며, 주로 해면연조직에 피해를 준다.

③ NO₂는 불규칙 흰색 또는 갈색으로 변화되며, 피해부분은 엽육세포이다.

④ HF는 SO₂와 같이 잎 안쪽부분에 반점을 나타내기 시작하며, 늙은 잎에 특히 민감하고 밤이 낮보다 피해가 크다.

✔ HF로 인한 피해는 SO₂와 거의 흡사하지만 HF는 기공을 통해 침투된 후 SO₂와는 달리 잎의 선단이나 주변에 도달하여 축적되고 일정량에 달하면 탈수작용이 일어나 세포가 파괴된다. 또 파괴된 부분은 점점 녹색이 없어져 황갈색으로 변하고, 적은 농도에서도 피해를 주며, 특히 어린 잎에 현저하다는 특징을 가진다.

06 다음 중 오존에 관한 설명으로 옳지 않은 것은? ★★★

① 대기 중 오존은 온실가스로 작용한다.

② 대기 중 오존의 배경농도는 0.1~0.2ppm 범위이다.

③ 단위체적당 대기 중에 포함된 오존의 분자수(mol/cm³)로 나타낼 경우 약 지상 25km 고도에서 가장 높은 농도를 나타낸다.

④ 오존전량(total overhead amount)은 일반적으로 적도지역에서 낮고, 극지의 인근 지점에서는 높은 경향을 보인다.

✔ 대기 중 오존의 배경농도는 0.01~0.02ppm 정도이다. 농도가 0.12ppm 이상이 되면 오존주의보가 발령된다.

07 다음 황화합물에 관한 설명 중 ( ) 안에 가장 알맞은 것은?

> 전 지구적으로 해양을 통해 자연적 발생원 중 가장 많은 양의 황화합물이 ( ) 형태로 배출되고 있다.

① H_2S ② CS_2

③ OCS   ④ $(CH_3)_2S$

✔ 해양을 통해 자연적 발생원 중 가장 많은 양의 황화합물이 DMS(Dimethyl Sulfide, $(CH_3)_2S$) 형태로 배출되고 있으며, 일부는 H_2S, OCS, CS_2 형태로 배출되고 있다.

08 다음 중 지구온난화 지수가 가장 큰 것은 어느 것인가? ★★★

① CH_4 ② SF_6

③ N_2O ④ HFCs

✔ 지구온난화지수(GWP ; Global Warming Potential)는 이산화탄소를 1로 볼 때 메탄은 21, 육불화황은 23,900, 아산화질소는 310, 수소불화탄소는 1,300이다.

09 시정장애에 관한 설명 중 옳지 않은 것은?

① 시정장애의 직접 원인은 부유분진 중 극미세먼지 때문이다.
② 시정장애 물질들은 주민의 호흡기계 건강에 영향을 미친다.
③ 빛이 대기를 통과할 때 시정장애 물질들은 빛을 산란 또는 흡수한다.
④ 2차 오염물질들이 서로 반응, 응축, 응집하여 생성된 물질들이 직접적인 원인이다.

✔ 시정장애현상은 안개, 황사현상과 같이 자연적인 원인에 의한 것과 스모그, 연무, 박무 등과 같이 인위적인 원인에 의한 것으로 분류할 수가 있으며, 인위적인 원인은 주로 부유분진 또는 에어로졸이라 불리는 대기 중에 떠 있는 미세입자들이 주원인으로 알려져 있다.

10 석면이 가지고 있는 일반적인 특성과 거리가 먼 것은? ★★

① 절연성
② 내화성 및 단열성
③ 흡습성 및 저인장성
④ 화학적 불활성

✔ 석면의 성질은 불연성, 방부성, 단열성, 전기절연성, 방적성, 내마모성, 고인장성, 유연성, 제품의 강화 등이 있다.

11 A굴뚝으로부터 배출되는 SO_2가 풍하측 5,000m 지점에서 지표 최고농도를 나타냈을 때, 유효굴뚝높이(m)는? (단, Sutton의 확산식을 사용하고, 수직확산계수는 0.07, 대기안정도 지수(n)는 0.25이다.)

① 약 120
② 약 140
③ 약 160
④ 약 180

✔ X_{max}(최대착지거리)$=(H_e/K_z)^{[2/(2-n)]}$
$5,000=(H_e/0.07)^{[2/(2-0.25)]}$
∴ H_e(유효굴뚝높이)$=120m$

12 산성비에 관한 설명 중 옳은 것은? ★★★

① 산성비 생성의 주요 원인물질은 다이옥신, 중금속 등이다.
② 일반적으로 산성비에 대한 내성은 침엽수가 활엽수보다 강하다.
③ 산성비란 정상적인 빗물의 pH 7보다 낮게 되는 경우를 말한다.
④ 산성비로 인해 호수나 강이 산성화되면 물고기 먹이가 되는 플랑크톤의 생장을 촉진한다.

✔ 산성비는 pH 5.6 미만의 비를 의미하며, SO_x, NO_x가 주요 원인물질로서 산성비로 인해 호수나 강이 산성화되면 플랑크톤의 생장은 억제된다.

13 상온에서 녹황색이고 강한 자극성 냄새를 내는 기체로서, 공기보다 무겁고 표백작용이 강한 오염물질은? ★★

① 염소
② 아황산가스
③ 이산화질소
④ 포름알데하이드

14 다음에서 설명하는 주위 대기조건에 따른 연기의 배출형태를 옳게 나열한 것은? ★★★

> ㉠ 지표면 부근에 대류가 활발하여 불안정하지만 그 상층은 매우 안정하여 오염물의 확산이 억제되는 대기조건에서 발생하며, 발생시간 동안 상대적으로 지표면의 오염물질농도가 일시적으로 높아질 수 있는 형태
> ㉡ 대기상태가 중립인 경우에 나타나며, 바람이 다소 강하거나 구름이 많이 긴 날 자주 볼 수 있는 형태

① ㉠ 지붕형, ㉡ 원추형
② ㉠ 훈증형, ㉡ 원추형
③ ㉠ 구속형, ㉡ 훈증형
④ ㉠ 부채형, ㉡ 훈증형

✔ 훈증형은 안정한 공기층이 상부에 있고 불안정한 공기층이 하부에 있을 때 발생하며(상층 안정, 하층 불안정), 원추형은 흐리고 바람이 강하게 불 때나 구름이 많이 긴 밤중에 발생된다(중립, 약간 안정한 상태).

15 다음 (   ) 안에 들어갈 용어로 옳은 것은 어느 것인가? ★★★

> 지구의 평균 지상기온은 지구가 태양으로부터 받고 있는 태양에너지와 지구가 (㉠) 형태로 우주로 방출하고 있는 에너지의 균형으로부터 결정된다. 이 균형은 대기 중의 (㉡), 수증기 등, (㉠)을(를) 흡수하는 기체가 큰 역할을 하고 있다.

① ㉠ 자외선, ㉡ CO
② ㉠ 적외선, ㉡ CO
③ ㉠ 자외선, ㉡ CO_2
④ ㉠ 적외선, ㉡ CO_2

✔ 온실효과는 적외선과 관련이 깊고, 지구온난화지수가 가장 높은 온실가스는 CO_2이다.

16 로스앤젤레스 스모그 사건에 대한 설명 중 옳지 않은 것은? ★★★

① 대기는 침강성 역전상태였다.
② 주 오염성분은 NO_x, O_3, PAN, 탄화수소이다.
③ 광화학적 및 열적 산화반응을 통해서 스모그가 형성되었다.
④ 주 오염발생원은 가정 난방용 석탄과 화력발전소의 매연이다.

✔ 주 오염 발생원이 가정 난방용 석탄과 화력발전소의 매연인 것은 런던스모그 사건이다.

17 다음 (   ) 안에 가장 적합한 물질은? ★

> 방향족 탄화수소 중 (   )은 대표적인 발암물질이며, 환경호르몬으로 알려져 있고, 연소과정에서 생성된다. 숯불에 구운 쇠고기 등 가열로 검게 탄 식품, 담배 연기, 자동차 배기가스, 석탄 타르 등에 포함되어 있다.

① 벤조피렌
② 나프탈렌
③ 안트라센
④ 톨루엔

18 빛의 소멸계수(σ^{ext})가 0.45km^{-1}인 대기에서, 시정거리의 한계를 빛의 강도가 초기강도의 95%가 감소했을 때의 거리라고 정의할 경우 이때 시정거리 한계(km)는? (단, 광도는 Lambert-Beer 법칙을 따르며, 자연대수로 적용한다.)

① 약 0.1
② 약 6.7
③ 약 8.7
④ 약 12.4

✔ 람베르트-비어의 법칙
$I_t = I_o \times 10^{-\varepsilon CL}$
$\varepsilon CL = \ln(I_o/I_t) = \ln(100/5) = 3.0$
$L = 3.0/0.45 = 6.7km$

19 안료, 색소, 의약품 제조공업에 이용되며, 색소 침착, 손·발바닥의 각화, 피부암 등을 일으키는 물질로 옳은 것은? ★

① 납　　　　　② 크롬

③ 비소　　　　④ 니켈

✔ **[Plus 이론학습]**
비소는 안료, 색소, 의약품 제조공업에 이용된다.

20 Fick의 확산방정식을 실제 대기에 적용시키기 위한 추가적 가정에 대한 내용과 가장 거리가 먼 것은? ★

① 오염물질은 플룸(plume) 내에서 소멸된다.

② 바람에 의한 오염물질의 주 이동방향은 x축이다.

③ 풍향, 풍속, 온도, 시간에 따른 농도변화가 없는 정상상태 분포를 가정한다.

④ 풍속은 x, y, z 좌표시스템 내의 어느 점에서든 일정하다.

✔ 오염물질은 플룸(plume) 내에서 소멸되거나 생성되지 않는다.

2020년 제4회 대기환경기사

01 다음 중 대기층의 구조에 관한 설명으로 옳은 것은? ★★★

① 지상 80km 이상을 열권이라고 한다.

② 오존층은 주로 지상 약 30~45km에 위치한다.

③ 대기층의 수직구조는 대기압에 따라 4개 층으로 나뉜다.

④ 일반적으로 지상에서부터 상층 10~12km까지를 성층권이라고 한다.

✔ 대기층은 고도에 따른 기온의 변화로 크게 4권역으로 분류된다. 즉, 대류권(0~11km) → 성층권(11~50km) → 중간권(50~80km) → 열권(80~100km)이다.

[Plus 이론학습]
오존층은 성층권에 존재하며 25km 부근에 위치한다.

02 광화학적 산화제와 2차 대기오염물질에 관한 설명으로 옳지 않은 것은? ★★

① 오존은 산화력이 강하므로 눈을 자극하고, 폐수종과 폐충혈 등을 유발시킨다.

② PAN은 강산화제로 작용하며, 빛을 흡수하여 가시거리를 증가시키고, 고엽에 특히 피해가 큰 편이다.

③ 오존은 성숙한 잎에 피해가 크며, 섬유류의 퇴색작용과 직물의 셀룰로오스를 손상시킨다.

④ 자외선이 강할 때, 빛의 지속시간이 긴 여름철에, 대기가 안정되었을 때 대기 중 광산화제의 농도가 높아진다.

✔ PAN은 빛을 분산시켜 가시거리를 단축시키며, 주로 초엽에 피해가 크다.

---

03 광화학옥시던트 중 PAN에 관한 설명으로 옳은 것은? ★★★

① 분자식은 $CH_3COOONO_2$이다.

② PBzN보다 100배 정도 강하게 눈을 자극한다.

③ 눈에는 자극이 없으나 호흡기 점막에는 강한 자극을 준다.

④ 푸른색, 계란 썪는 냄새를 갖는 기체로서 대기 중에서 강산화제로 작용한다.

✔ PAN($CH_3COOONO_2$)은 PeroxyAcetyl Nitrate의 약자이며, 무색, 무미, 눈에 통증을 유발한다.

04 최대에너지의 파장과 흑체 표면의 절대온도는 반비례함을 나타내는 법칙은? ★

① 플랑크 법칙

② 알베도의 법칙

③ 비인의 변위법칙

④ 슈테판–볼츠만의 법칙

✔ 비인의 변위법칙은 흑체 스펙트럼의 봉우리는 온도가 증가함에 따라 점점 짧은 파장(높은 진동수) 쪽으로 이동한다는 현상적인 사실을 정량적으로 설명해 준다. $\lambda = 2897/T$

05 다음 중 온실효과에 관한 설명으로 가장 적합한 것은? ★★★

① 실제 온실에서의 보온작용과 같은 원리이다.

② 일산화탄소의 기여도가 가장 큰 것으로 알려져 있다.

③ 온실효과 가스가 증가하면 대류권에서 적외선 흡수량이 많아져서 온실효과가 증대된다.

④ 가스차단기, 소화기 등에 주로 사용되는 NO_2는 온실효과에 대한 기여도가 CH_4 다음으로 크다.

✔ 지구온난화지수(GWP ; Global Warming Potential)는 이산화탄소를 1로 볼 때 메탄은 21, 아산화질소는 310, 수소불화탄소는 1,300, 육불화황은 23,900이다. 그리고 가스차단기, 소화기 등에 주로 사용되는 물질은 육불화황이다.

06 다음 중 대기압력이 950mb인 높이에서 공기의 온도가 −10℃일 때 온위(potential temperature)는? (단, $\theta = T(1,000/P)^{0.288}$를 이용한다.) ★★★

① 약 267K

② 약 277K

③ 약 287K

④ 약 297K

✔ $\theta = T(1,000/P)^{0.288}$
$= (273-10) \times (1,000/950)^{0.288}$
$= 267K$

07 다음 중 라돈에 관한 설명으로 가장 거리가 먼 것은? ★★★

① 무색, 무취의 기체로 액화되어도 색을 띠지 않는 물질이다.

② 공기보다 9배 정도 무거워 지표에 가깝게 존재한다.

③ 주로 토양, 지하수, 건축자재 등을 통하여 인체에 영향을 미치고 있으며, 흙속에서 방사선 붕괴를 일으킨다.

④ 일반적으로 인체의 조혈기능 및 중추신경계통에 가장 큰 영향을 미치는 것으로 알려져 있으며, 화학적으로 반응성이 크다.

✔ 라돈은 주로 폐조직을 파괴하며, 지속적으로 라돈에 노출되는 경우 폐암을 유발하게 된다.

08 다음 중 건물에 사용되는 대리석, 시멘트 등을 부식시켜 재산상의 손실을 발생시키는 산성비에 가장 큰 영향을 미치는 물질로 옳은 것은 어느 것인가? ★★★

① O_3　　　　　② N_2

③ SO_2　　　　　④ TSP

✔ SO_2는 NO_x와 같이 산성비의 원인물질이며, 건물에 부식과 노화를 유발시키는 대표적인 황화합물이다.

09 다음 중 염소 또는 염화수소 배출 관련업종으로 가장 거리가 먼 것은? ★★

① 화학공업

② 소다제조업

③ 시멘트제조업

④ 플라스틱제조업

✔ 시멘트제조업에서는 염소 및 염화수소가 배출되지 않는다.

10 Richardson수(R)에 관한 설명으로 옳지 않은 것은?

① $R=0$은 대류에 의한 난류만 존재함을 나타낸다.

② $0.25 < R$은 수직방향의 혼합이 거의 없음을 나타낸다.

③ Richardson수(R)가 큰 음의 값을 가지면 바람이 약하게 되어 강한 수직운동이 일어난다.

④ $-0.03 < R < 0$은 기계적 난류와 대류가 존재하나 기계적 난류가 혼합을 주로 일으킴을 나타낸다.

✔ 리차드슨수(R)는 무차원수로 대류난류를 기계적인 난류로 전환시키는 율을 측정한 것이며, $R=0$일 때는 기계적 난류만 존재한다. 또한, 음의 값을 가지면 열적 난류가 지배적이다.

11 대기오염 사건과 기온역전에 관한 설명으로 옳지 않은 것은? ★★★

① 로스앤젤레스 스모그 사건은 광화학스모그의 오염형태를 가지며, 기상의 안정도는 침강역전 상태이다.

② 런던 스모그 사건은 주로 자동차 배출가스 중의 질소산화물과 반응성 탄화수소에 의한 것이다.

③ 침강역전은 고기압 중심부분에서 기층이 서서히 침강하면서 기온이 단열변화로 승온되어 발생하는 현상이다.

④ 복사역전은 지표에 접한 공기가 그보다 상공의 공기에 비하여 더 차가워져서 생기는 현상이다.

✔ 로스앤젤레스 스모그 사건은 주로 자동차 배출가스 중의 질소산화물과 반응성 탄화수소에 의한 것이다.

12 온위(potential temperature)에 대한 설명으로 옳은 것은? ★

① 환경감률이 건조단열감률과 같은 기층에서는 온위가 일정하다.

② 환경감률이 습윤단열감률과 같은 기층에서는 온위가 일정하다.

③ 어떤 고도의 공기덩어리를 850mb 고도까지 건조단열적으로 옮겼을 때의 온도이다.

④ 어떤 고도의 공기덩어리를 1,000mb 고도까지 습윤단열적으로 옮겼을 때의 온도이다.

✔ **[Plus 이론학습]**
온위(θ)란 공기가 건조단열적으로 하강 또는 상승하여 기압이 1,000mb인 표준고도까지 하강 또는 상승하였을 때의 온도를 말한다.

13 다음 중 일반적으로 대도시의 산성강우 속에 가장 높은 농도로 존재할 것으로 예상되는 이온 성분은 어느 것인가? (단, 산성강우는 pH 5.6 이하로 본다.) ★

① K^+

② F^-

③ Na^+

④ SO_4^{2-}

✔ 산성비를 만드는 주요 물질은 이산화황(SO_2)과 질소산화물(NO, NO_2) 등이다. 즉, 산성비에 포함되어 있는 주 성분은 SO_4^{2-}, NO_3^-이다.

14 다음 중 CFC-12의 올바른 화학식은? ★★★

① CF_3Br ② CF_3Cl

③ CF_2Cl_2 ④ $CHFCl_2$

✅ CFC-12는 90+12=102이므로 C의 개수는 1개, H의 개수는 0개, F의 개수는 2개이므로 CI의 개수는 2개이며, CFC-12의 화학식은 CF_2Cl_2이다.

[Plus 이론학습]
90의 법칙(rule of 90)은 90을 더하여 얻어진 세 자리 숫자의 첫 번째 숫자가 C의 수, 두 번째 숫자가 H의 수, 그리고 세 번째 숫자가 F의 수를 나타낸다. CI의 수는 포화화합물을 만드는 데 필요한 개수이다.

15 다음 중 이산화탄소의 가장 큰 흡수원으로 옳은 것은? ★★★

① 토양
② 동물
③ 해수
④ 미생물

✅ 해수는 이산화탄소의 가장 큰 자연흡수원이다.

[Plus 이론학습]
대부분 바닷물 속에 무기탄소로 저장되지만 일부 유기물이나 퇴적물로 존재하기도 한다.

16 충분히 발달된 지표경계층에서 측정된 평균풍속 자료가 아래 표와 같은 경우 마찰속도(u^*)는?

(단, $U = \dfrac{u^*}{k} \ln \dfrac{Z}{Z_o}$, Karman constant : 0.40)

고도(m)	풍속(m/s)
2	3.7
1	2.9

① 0.12m/s
② 0.46m/s
③ 1.06m/s
④ 2.12m/s

✅ $2.9 = \dfrac{u^*}{0.4} \times \ln \dfrac{1}{Z_o}$, $3.7 = \dfrac{u^*}{0.4} \times \ln \dfrac{2}{Z_o}$
위 두 식을 이용하여 풀면
$u^* = 0.46$m/s

17 대기환경보호를 위한 국제의정서와 설명의 연결이 옳지 않은 것은? ★★★

① 소피아의정서-CFC 감축의무
② 교토의정서-온실가스 감축목표

③ 몬트리올의정서-오존층 파괴물질의 생산 및 사용의 규제
④ 헬싱키의정서-유황 배출량 또는 국가간 이동량 최저 30% 삭감

✅ 소피아의정서의 정식 명칭은 '질소산화물 배출 또는 월경 이류의 최저 30% 삭감에 관한 1979년 장거리 월경 대기오염조약의정서'이며 산성비 문제를 해결하고 국경을 이동하는 대기오염을 통제하기 위한 협약이다.

18 다음 중 입자에 의한 산란에 관한 설명으로 옳지 않은 것은? (단, λ : 파장, D : 입자 직경으로 한다.)

① 레일리산란은 D/λ가 10보다 클 때 나타나는 산란현상으로, 산란광의 광도는 λ^4에 비례한다.
② 맑은 하늘이 푸르게 보이는 까닭은 태양광선의 공기에 의한 레일리산란 때문이다.
③ 레일리산란에 의해 가시광선 중에서는 청색광이 많이 산란되고 적색광이 적게 산란된다.
④ 입자의 크기가 빛의 파장과 거의 같거나 큰 경우에 나타나는 산란을 미산란이라고 한다.

✅ 레일리산란 강도는 λ^4에 반비례한다.

19 지표에 도달하는 일사량의 변화에 영향을 주는 요소와 가장 거리가 먼 것은? ★★

① 계절
② 대기의 두께
③ 지표면의 상태
④ 태양의 입사각 변화

✅ 일사량과 지표면의 상태는 크게 관련이 없다.

20 50m의 높이가 되는 굴뚝 내의 배출가스 평균 온도가 300℃, 대기온도가 20℃일 때 통풍력(mmH₂O)은? (단, 연소가스 및 공기의 비중을 1.3kg/Sm³라고 가정한다.)

① 약 15   ② 약 30

③ 약 45   ④ 약 60

✔ $Z = 273H[((r_a/(273+t_a)) - (r_g/(273+t_g)))]$
    $= 273 \times 50 \times (1.3/293 - 1.3/573)$
    $≒ 30$
여기서, Z : 통풍력(mmH₂O)
           H : 굴뚝의 높이(m)
           r_a : 공기 밀도(kg/m³)
           r_g : 배기가스 밀도(kg/m³)
           t_a : 외기 온도(℃)
           t_g : 배기가스 온도(℃)

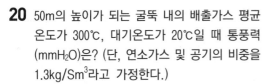

제1과목 | 대기오염 개론

2021년 제1회 대기환경기사

01 다음에서 설명하는 오염물질로 가장 적합한 것은? ★★★

- 부드러운 청회색의 금속으로 밀도가 크고 내식성이 강하다.
- 소화기로 섭취되면 대략 10% 정도가 소장에서 흡수되고 나머지는 대변으로 배출된다.
- 세포 내에서는 SH기와 결합하여 헴(heme) 합성에 관여하는 효소 등 어러 효소작용을 방해한다.
- 인체에 축적되면 적혈구 형성을 방해하며, 심하면 복통, 빈혈, 구토를 일으키고 뇌세포에 손상을 준다.

① Cr   ② Hg

③ Pb   ④ Al

✔ 납(Pb)은 전성·연성이 있고, 밀도가 크며, 전기전도도는 낮다.

02 다음 중 국지풍에 관한 설명으로 옳지 않은 것은 어느 것인가? ★

① 일반적으로 낮에 바다에서 육지로 부는 해풍은 밤에 육지에서 바다로 부는 육풍보다 강하다.

② 고도가 높은 산맥에 직각으로 강한 바람이 부는 경우에는 산맥의 풍하 쪽으로 건조한 바람이 부는데 이러한 바람은 휀풍이라 한다.

③ 곡풍은 경사면 → 계곡 → 주계곡으로 수렴하면서 풍속이 가속되기 때문에 일반적으로 낮에 산 위쪽으로 부는 산풍보다 더 강하게 분다.

④ 열섬효과로 인하여 도시 중심부가 주위보다 고온이 되어 도시 중심부에서 상승기류가 발생하고 도시 주위의 시골에서 도시로 바람이 부는데 이를 전원풍이라 한다.

✔ 곡풍에 비해 산풍이 더 강하고 매서운 바람인데 이는 산 위에서 내려오면서 중력의 가속을 받기 때문이다.

[Plus 이론학습]

계곡에서 위로 올라가는 바람을 곡풍, 산위에서 아래로 부는 바람을 산풍이라 하고, 둘을 합쳐 산곡풍이라 부른다.

03 다음에서 설명하는 대기분산모델로 가장 적합한 것은? ★

> • 가우시안 모델식을 적용한다.
> • 적용 배출원의 형태는 점, 선, 면이다.
> • 미국에서 최근에 널리 이용되는 범용적인 모델로 장기 농도 계산용이다.

① RAMS   ② ISCLT

③ UAM   ④ AUSPLUME

✔ 현재 도시 규모의 대기질 관리정책과 환경영향평가 등에서 가장 널리 사용 중인 CDM-2.0, ISC, TCM, HIWAY 등이 가우시안 모델의 일종이다. 특히, ISC 모델(Industrial Source Complex model)은 단기모델인 ISCST(short term)과 장기모델인 ISCLT(long term)로 구분된다.

04 다음 중 굴뚝에서 배출되는 연기의 형태 중 환상형(looping)에 관한 설명으로 옳은 것은 어느 것인가? ★★★

① 대기가 과단열감률 상태일 때 나타나므로 맑은 날 오후에 발생하기 쉽다.

② 상층이 불안정, 하층이 안정일 경우에 나타나며, 지표 부근의 오염물질 농도가 가장 낮다.

③ 전체 대기층이 중립 상태일 때 나타나며, 매연 속의 오염물질 농도는 가우시안 분포를 갖는다.

④ 전체 대기층이 매우 안정할 때 나타나며, 상하 확산 폭이 적어 굴뚝의 높이가 낮을 경우 지표 부근에 심각한 오염문제를 야기한다.

✔ 과단열은 환상형(looping), 미단열/중립/등온은 원추형(conning), 역전은 부채형(fanning) 또는 훈증형(fumigation)

05 0℃, 1기압에서 SO_2 10ppm은 몇 mg/m^3인가? ★★★

① 19.62   ② 28.57

③ 37.33   ④ 44.14

✔ ppm을 mg/m^3로 단위전환하기 위해서는 ppm×분자량/22.4를 해야 한다.

즉, $10 \times 64(SO_2$ 분자량)/22.4 = 28.57mg/m^3$

06 폼알데하이드의 배출과 관련된 업종으로 가장 거리가 먼 것은? ★★

① 피혁제조공업

② 합성수지공업

③ 암모니아제조공업

④ 포르말린제조공업

✔ 폼알데하이드는 암모니아제조공업에서는 발생되지 않는다.

[Plus 이론학습]

폼알데하이드는 탄소가 포함된 물질이 불완전연소할 때에 쉽게 만들어진다. 멜라민수지, 요소수지 등의 원료로 널리 이용되며, 플라스틱이나 가구용 접착제의 원료, 접착제, 도로, 방부제 등의 성분으로 쓰인다.

07 시골에서 먼지 농도를 측정하기 위하여 공기를 0.15m/s의 속도로 12시간 동안 여과지에 여과시켰을 때, 사용된 여과지의 빛전달률이 깨끗한 여과지의 80%로 감소했다. 1,000m당 COH는 어느 것인가? ★★★

① 0.2

② 0.6

③ 1.1

④ 1.5

✔ m당 COH = 100×log(I_o/I_t)×거리(m)/[속도(m/sec)×시간(sec)]

     = 100×log(1/0.8)×1,000/(0.15×12×3,600)

     ≒ 1.5

여기서, I_o : 입사광의 강도

         I_t : 투과광의 강도

[Plus 이론학습]

COH는 Coefficent Of Haze의 약자로, 광화학밀도가 0.01이 되도록 하는 여과지 상에 빛을 분산시켜 준 고형물의 양을 뜻한다. 광화학밀도는 불투명도의 log값으로서 불투명도는 빛전달률의 역수이다.

08 다음에서 설명하는 오염물질로 가장 적합한 것은?

> • 매우 낮은 농도에서 피해를 일으킬 수 있으며, 주된 증상으로 상편생장, 전두운동의 저해, 황화현상, 증기의 신장 저해, 성장 감퇴 등이 있다.
> • 0.1ppm 정도의 저농도에서도 스위트피와 토마토에 상편생장을 일으킨다.

① 오존   ② 에틸렌
③ 아황산가스   ④ 불소화합물

09 비인의 변위법칙에 관한 식은?   ★

① $\lambda = 2,897/T$ (λ : 최대에너지가 복사될 때의 파장, T : 흑체의 표면온도)

② $E = \sigma T^4$ (E : 흑체의 단위표면적에서 복사되는 에너지, σ : 상수, T : 흑체의 표면온도)

③ $I = I_o \exp(-K\rho L)$ (I, I_o : 각각 입사 전후의 빛의 복사밀도, K : 감쇠상수, ρ : 매질의 밀도, L : 통과거리)

④ $R = K(1-\alpha) - L$ (R : 순복사, K : 지표면에 도달한 일사량, α : 지표의 반사율, L : 지표로부터 방출되는 장파복사)

✔ **[Plus 이론학습]**
비인의 변위법칙은 흑체 스펙트럼의 봉우리는 온도가 증가함에 따라 점점 짧은 파장(높은 진동수) 쪽으로 이동한다는 현상적인 사실을 정량적으로 설명해 준다.

10 2차 대기오염물질에 해당하는 것은?   ★★★

① H_2S
② H_2O_2
③ NH_3
④ $(CH_3)_2S$

✔ 과산화수소(H_2O_2)는 산소와 수소의 화합물로서 오존(O_3)과 함께 대기 중에서 2차적으로 생성되는 대표적인 2차 오염물질이다.

11 다음에서 설명하는 오염물질로 가장 적합한 것은?

> • 분자량이 98.9이고, 비등점이 약 8℃인 독특한 풀냄새가 나는 무색(시판용품은 담황녹색) 기체(액화가스)이다.
> • 수분이 존재하면 가수분해되어 염산을 생성하여 금속을 부식시킨다.

① 페놀   ② 석면
③ 포스겐   ④ T.N.T

✔ **[Plus 이론학습]**
포스겐($COCl_2$)은 질식성 유독가스이며, 염화카르보닐이라고도 부른다.

12 불안정한 조건에서 굴뚝의 안지름이 5m, 가스 온도가 173℃, 가스 속도가 10m/s, 기온이 17℃, 풍속이 36km/h일 때, 연기의 상승높이(m)는? (단, 불안정 조건 시 연기의 상승높이는 $\Delta H = 150 \times \dfrac{F}{U^3}$ 이며, F 는 부력을 나타냄.)

① 34   ② 40
③ 49   ④ 56

✔
$$\Delta H = 150 \times \frac{F}{U^3}$$
$$F = \frac{g\, v_t\, d^2\, (T_s - T_a)}{4 T_a}$$
$$= \frac{9.8 \times 10 \times 5^2 \times (446 - 290)}{4 \times 290}$$
$$= 329.5$$
$$\therefore\ \Delta H = 150 \times 329.5 / 10^3 = 49.4 \fallingdotseq 49m$$

13 다음 중 오존파괴지수가 가장 큰 것은?   ★★★

① CCl_4
② $CHFCl_2$
③ CH_2FCl
④ $C_2H_2FCl_3$

✔ 할로겐(halogen)계열이 가장 높고(3~10), CCl_4 1.1, CFC계열 0.6~1.0, 메틸 클로로포름 0.15이다.

14 Fick의 확산방정식을 실제 대기에 적용시키기 위하여 필요한 가정 조건으로 가장 거리가 먼 것은? ★

① 바람에 의한 오염물질의 주 이동방향은 x축이다.

② 오염물질은 점배출원으로부터 연속적으로 배출된다.

③ 풍향, 풍속, 온도, 시간에 따른 농도변화가 없는 정상상태이다.

④ 하류로의 확산은 바람이 부는 방향(x축)의 확산보다 강하다.

✔ **[Plus 이론학습]**
• 풍속은 x, y, z 좌표 내의 어느 점에서든 일정하다.
• 오염물질은 플룸(plume) 내에서 소멸되거나 생성되지 않는다.

15 다음 중 일산화탄소에 관한 설명으로 옳지 않은 것은? ★★

① 대류권 및 성층권에서의 광화학반응에 의하여 대기 중에서 제거된다.

② 물에 잘 녹아 강우의 영향을 크게 받으며, 다른 물질에 강하게 흡착하는 특징을 가진다.

③ 토양 박테리아의 활동에 의하여 이산화탄소로 산화되어 대기 중에서 제거된다.

④ 발생량과 대기 중의 평균농도로부터 대기 중 평균체류시간이 약 1~3개월 정도일 것이라 추정되고 있다.

✔ 일산화탄소(CO)는 상온에서 무색, 무취, 무미의 기체로 물에는 잘 녹지 않는다.

16 지표면의 오존 농도가 증가하는 원인으로 가장 거리가 먼 것은? ★

① CO   ② NO_x

③ VOCs   ④ 태양열에너지

✔ 지표면에서 오존은 질소산화물(NO_x)과 탄화수소(특히, 휘발성 유기화합물(VOCs))가 햇빛에 의한 광화학반응에 의해 발생된다.

17 역사적인 대기오염사건에 관한 설명으로 가장 적합하지 않은 것은? ★★★

① 로스엔젤레스 사건은 자동차에서 배출되는 질소산화물, 탄화수소 등에 의하여 침강성 역전 조건에서 발생하였다.

② 뮤즈계곡 사건은 공장에서 배출되는 아황산가스, 황산, 미세입자 등에 의하여 기온역전, 무풍상태에서 발생하였다.

③ 런던 사건은 석탄연료의 연소 시 배출되는 아황산가스, 먼지 등에 의하여 복사성 역전, 높은 습도, 무풍상태에서 발생하였다.

④ 보팔 사건은 공장조업사고로 황화수소가 다량 누출되어 발생하였으며, 기온역전, 지형상분지 등의 조건으로 많은 인명피해를 유발하였다.

✔ 보팔 사건은 1984년 12월에 인도 보팔에서 유니언 카바이드의 현지 화학공장에서 일어난 사고이다. 이 사고는 농약의 원료로 사용되는 아이소사이안화메틸(MIC)이라는 유독가스가 누출되면서 시작되었다.

18 다음 중 세류현상(down wash)이 발생하지 않는 조건은? ★★★

① 오염물질의 토출속도가 굴뚝높이에서의 풍속과 같을 때

② 오염물질의 토출속도가 굴뚝높이에서의 풍속의 2.0배 이상일 때

③ 굴뚝높이에서의 풍속이 오염물질 토출속도의 1.5배 이상일 때

④ 굴뚝높이에서의 풍속이 오염물질 토출속도의 2.0배 이상일 때

✔ **[Plus 이론학습]**
바람이 불 때 굴뚝 배출구 부근에서 풍하측을 향하여 연기가 아래쪽으로 끌려 내려가는 현상을 세류현상(down wash)이라 한다.

19 고도에 따른 대기층의 명칭을 순서대로 나열한 것은 어느 것인가? (단, 낮은 고도 → 높은 고도) ★★★

① 지표 → 대류권 → 성층권 → 중간권 → 열권
② 지표 → 대류권 → 중간권 → 성층권 → 열권
③ 지표 → 성층권 → 대류권 → 중간권 → 열권
④ 지표 → 성층권 → 중간권 → 대류권 → 열권

✅ 대기층은 고도에 따른 기온의 변화로 크게 4권역으로 분류된다. 즉, 대류권($0\sim11km$) → 성층권($11\sim50km$) → 중간권($50\sim80km$) → 열권($80\sim100km$)이다.

20 다음 오존파괴물질 중 평균수명(년)이 가장 긴 것은?

① CFC-11
② CFC-115
③ HCFC-123
④ CFC-124

✅ CFC-115은 약 400년으로 평균수명이 가장 길다.

2021년 제2회 대기환경기사

01 대기압력이 990mb인 높이에서의 온도가 22℃일 때, 온위(K)는? ★★★

① 275.63
② 280.63
③ 286.46
④ 295.86

✅ $\theta = T(1,000/P)^{0.288}$
$= (22+273) \times (1,000/990)^{0.288}$
$= 295.86K$

02 자동차 배출가스 정화장치인 삼원촉매장치에 관한 내용으로 옳지 않은 것은? ★★★

① HC는 CO_2와 H_2O로 산화되며, NO_x는 N_2로 환원된다.
② 우수한 효율을 얻기 위해서는 엔진에 공급되는 공기연료비가 이론공연비이어야 한다.
③ 두 개의 촉매층이 직렬로 연결되어 CO, HC, NO_x를 동시에 처리할 수 있다.
④ 일반적으로 로듐촉매는 CO와 HC를 저감시키는 반응을 촉진시키고, 백금촉매는 NO_x를 저감시키는 반응을 촉진시킨다.

✅ CO, HC 산화에는 백금(Pt), 파라듐(Pd) 촉매가 이용되고, NO_x 환원에는 로듐(Rh) 촉매가 이용된다.

03 다음 중 오존층 보호와 가장 거리가 먼 것은 어느 것인가? ★★★

① 헬싱키의정서
② 런던회의
③ 비엔나협약
④ 코펜하겐회의

✅ 헬싱키의정서는 황(S) 배출량 또는 국가간 이동량을 최저 30% 삭감하기 위한 협약이다.

04 다음 중 오존파괴지수가 가장 작은 물질은 어느 것인가? ★★★

① CCl_4
② CF_3Br
③ CF_2BrCl
④ $CHFClCF_3$

✅ ① CCl_4 : 1.1
② CF_3Br : 10.0
③ CF_2BrCl : 3.0
④ $CHFClCF_3$: 0.022

[Plus 이론학습]
• CFC−113 : 0.8　　• CFC−114 : 1.0
• Halon−1211 : 3.0　• Halon−1301 : 10.0

05 다음 중 산성비에 관한 설명으로 가장 거리가 먼 것은? ★★★

① 산성비는 대기 중에 배출되는 황산화물과 질소산화물이 황산, 질산 등의 산성물질로 변하여 발생한다.
② 산성비 문제를 해결하기 위하여 질소산화물 배출량 또는 국가간 이동량을 최저 30% 삭감하는 몬트리올의정서가 채택되었다.
③ 산성비가 토양에 내리면 토양은 Ca^{2+}, Mg^{2+}, Na^+, K^+ 등의 교환성 염기를 방출하고, 그 교환자리에 H^+가 치환된다.
④ 일반적으로 산성비란 pH가 5.6 이하인 강우를 뜻하는데, 이는 자연상태에 존재하는 CO_2가 빗방울에 흡수되어 평형을 이루었을 때의 pH를 기준으로 한 것이다.

✅ 몬트리올의정서는 오존층 파괴물질에 관한 국제협약이다.

06 1984년 인도 중부지방의 보팔시에서 발생한 대기오염사건의 원인물질은? ★★★

① CH_3CNO　　　② SO_x
③ H_2S　　　　　④ $COCl_2$

✅ 보팔 사건의 원인물질은 메틸이소시아네이트이다.

07 대기 중의 광화학반응에서 탄화수소와 반응하여 2차 오염물질을 형성하는 화학종과 가장 거리가 먼 것은? ★★★

① CO　　　　　② −OH
③ NO　　　　　④ NO_2

✅ 광화학반응은 NO_2/NO비, 태양빛의 강도, 과산화기 등과 관계가 있으며, CO와는 상관이 없다.

08 리차드슨수(Ri)에 관한 내용으로 옳지 않은 것은?

① Ri수가 0에 접근하면 분산이 줄어든다.
② Ri수가 0일 때 대기는 중립상태가 되고 기계적 난류가 지배적이다.
③ Ri수가 큰 양의 값을 가지면 대류가 지배적이어서 강한 수직운동이 일어난다.
④ Ri수는 무차원수로 대류난류를 기계적 난류로 전환시키는 비율을 나타낸 것이다.

✅ Ri수가 큰 양의 값을 가지면 수식방향의 혼합은 없다.

09 입자상 물질의 농도가 $0.25mg/m^3$이고, 상대습도가 70%일 때, 가시거리(km)는? (단, 상수 A는 1.3) ★★★

① 4.3
② 5.2
③ 6.5
④ 7.2

✅ $L_v = 1,000 \times A / C = 1000 \times 1.3 / 250 = 5.2km$
여기서, C : 입자상 물질의 농도($\mu g/m^3$)
　　　　 A : 실험적 정수

10 탄화수소가 관여하지 않을 경우 NO_2의 광화학반응식이다. ㉠~㉣에 알맞은 것은? (단, O는 산소원자) ★★★

• [㉠] + h_v → [㉡] + O
• O + [㉢] → [㉣]
• [㉣] + [㉡] → [㉠] + [㉢]

① ㉠ NO, ㉡ NO_2, ㉢ O_3, ㉣ O_2
② ㉠ NO_2, ㉡ NO, ㉢ O_2, ㉣ O_3
③ ㉠ NO, ㉡ NO_2, ㉢ O_2, ㉣ O_3
④ ㉠ NO_2, ㉡ NO, ㉢ O_3, ㉣ O_2

11 대기오염물질은 발생방법에 따라 1차 오염물질과 2차 오염물질로 구분할 수 있다. 2차 오염물질에 해당하는 것은? ★★★

① CO ② H_2S

③ NOCl ④ $(CH_3)_2S$

✔ NOCl은 염산과 질산으로 만드는 2차 오염물질이다.

12 표준상태에서 일산화탄소 12ppm은 몇 $\mu g/Sm^3$ 인가? ★★★

① 12,000

② 15,000

③ 20,000

④ 22,400

✔ $12 \times 28/22.4 = 15mg/Sm^3 = 15,000 \mu g/Sm^3$

13 다음 중 열섬효과에 관한 내용으로 가장 거리가 먼 것은? ★★★

① 구름이 많고 바람이 강한 주간에 주로 발생한다.

② 일교차가 심한 봄, 가을이나 추운 겨울에 주로 발생한다.

③ 교외지역에 비해 도시지역에 고온의 공기층이 형성된다.

④ 직경이 10km 이상인 도시에서 자주 나타나는 현상이다.

✔ 열섬현상은 고기압의 영향으로 하늘이 맑고 바람이 약한 때에 잘 발생한다.

14 질소산화물(NO_x)에 관한 내용으로 옳지 않은 것은? ★★★

① NO_2는 적갈색의 자극성 기체로 NO보다 독성이 강하다.

② 질소산화물은 fuel NO_x와 thermal NO_x로 구분될 수 있다.

③ NO는 혈액 중 헤모글로빈과의 결합력이 CO보다 강하다.

④ N_2O는 무색, 무취의 기체로 대기 중에서 반응성이 매우 크다.

✔ 아산화질소(N_2O)는 감미로운 향기와 단맛이 난다.

[Plus 이론학습]
대류권에서는 온실가스, 성층권에서는 오존층 파괴물질로서 보통 대기 중에 약 0.5ppm 정도 존재한다.

15 납이 인체에 미치는 영향에 관한 일반적인 내용으로 가장 거리가 먼 것은? ★★

① 신경, 근육 장애가 발생하며 경련이 나타난다.

② 헤모글로빈의 기본요소인 포르피린 고리의 형성을 방해한다.

③ 인체 내 노출된 납의 99% 이상은 뇌에 축적된다.

④ 세포 내의 SH기와 결합하여 헴(Heme)합성에 관여하는 효소를 포함한 여러 세포의 효소작용을 방해한다.

✔ 납이 소화기로 섭취되면 약 10% 정도가 소장에서 흡수되고, 나머지는 대변으로 배출된다.

16 다음 중 물질의 특성에 관한 설명으로 옳은 것은 어느 것인가? ★

① 디젤차량에서는 탄화수소, 일산화탄소, 납이 주로 배출된다.

② 염화수소는 플라스틱공업, 소다공업 등에서 주로 배출된다.

③ 탄소의 순환에서 가장 큰 저장고 역할을 하는 부분은 대기이다.

④ 불소는 자연상태에서 단분자로 존재하며 활성탄 제조공정, 연소공정 등에서 주로 배출된다.

✔ ① 디젤차량은 매연과 질소산화물이 주로 배출된다.
③ 탄소의 가장 큰 저장고 역할은 해양이다.
④ 불소는 주로 반도체 생산, 알루미늄 생산 등에서 배출된다.

17 고도가 높아짐에 따라 기온이 급격히 떨어져 대기가 불안정하고 난류가 심할 때, 연기의 확산 형태는? ★★★

① 상승형(lofting)
② 환상형(looping)
③ 부채형(fanning)
④ 훈증형(fumigation)

✅ **[Plus 이론학습]**
환상형(looping)은 과단열적 상태(불안정 상태)에서 일어나는 연기 형태로, 상하로 흔들리며 난류가 심할 때 발생된다.

18 가우시안 모델을 전개하기 위한 기본적인 가정으로 가장 거리가 먼 것은? ★★★

① 연기의 확산은 정상상태이다.
② 풍하방향으로의 확산은 무시한다.
③ 고도가 높아짐에 따라 풍속이 증가한다.
④ 오염분포의 표준편차는 약 10분간의 대표치이다.

✅ 바람에 의한 오염물질의 주 이동방향은 x축이며, 풍속은 일정하다.
[Plus 이론학습]
수직방향의 풍속은 수평방향의 풍속보다 작으므로 고도 변화에 따라 반영되지 않는다.

19 다음 중 바람에 관한 내용으로 옳지 않은 것은 어느 것인가?

① 경도풍은 기압경도력, 전향력, 원심력이 평형을 이루어 부는 바람이다.
② 해륙풍 중 해풍은 낮 동안 햇빛에 더워지기 쉬운 육지쪽 지표 상에 상승기류가 형성되어 바다에서 육지로 부는 바람이다.
③ 지균풍은 마찰력이 무시될 수 있는 고공에서 기압경도력과 전향력이 평형을 이루어 등압선에 평행하게 직선운동을 하는 바람이다.

④ 산풍은 경사면 → 계곡 → 주계곡으로 수렴하면서 풍속이 감속되기 때문에 낮에 산 위쪽으로 부는 곡풍보다 세기가 약하다.

✅ 산풍은 산 정상에서 산 경사면을 따라 내려가면서 불며, 곡풍에 비해 산풍이 더 강하다.

20 대기 중의 오존층 파괴에 관한 설명으로 옳지 않은 것은? ★★★

① 오존층의 두께는 적도지방이 극지방보다 얇다.
② 오존층 파괴물질이 오존층을 파괴하는 자유라디칼을 생성시킨다.
③ 성층권의 오존층 농도가 감소하면 지표면에 보다 많은 양의 자외선이 도달한다.
④ 프레온가스의 대체물질인 HCFCs(hydrochlorofluorocarbons)은 오존층 파괴능력이 없다.

✅ CFCs의 대체물질인 HCFCs는 오존층 파괴능력이 작지만 있다.

2021년 제4회 대기환경기사

01 온실효과와 지구온난화에 관한 설명으로 옳은 것은? ★★★

① CH_4가 N_2O보다 지구온난화에 기여도가 낮다.

② 지구온난화지수(GWP)는 SF_6가 HFCs보다 작다.

③ 대기의 온실효과는 실제 온실에서의 보온작용과 같은 원리이다.

④ 북반구에서 대기 중의 CO_2 농도는 여름에 감소하고 겨울에 증가하는 경향이 있다.

✔ ① CH_4가 N_2O보다 지구온난화에 기여도가 높다.
② 지구온난화지수(GWP)는 SF_6가 HFCs보다 크다.
③ 대기의 온실효과는 실제 온실에서의 보온작용과 같은 원리가 아니다. 즉, 온실 유리는 대기처럼 주로 적외선을 흡수하거나 재복사함으로써 내부 공간을 따뜻하게 유지하는 것이 아니다. 온실 내부의 따뜻한 공기가 온실 밖으로 대류되는 것을 유리가 차단하기 때문에 온도가 높게 유지된다.

02 다음 중 광화학반응과 가장 관련이 깊은 탄화수소는? ★★

① Parafin계 탄화수소

② Olefin계 탄화수소

③ Acetylene계 탄화수소

④ 지방족 탄화수소

03 광화학반응으로 생성되는 오염물질에 해당하지 않는 것은? ★

① 케톤

② PAN

③ 과산화수소

④ 염화불화탄소

✔ 광화학반응으로 생성되는 물질은 2차 오염물질이며, 염화불화탄소는 해당되지 않는다.

04 대기오염물질의 확산을 예측하기 위한 바람장미에 관한 내용으로 옳지 않은 것은? ★★★

① 풍향은 바람이 불어오는 쪽으로 표시한다.

② 풍속이 0.2m/s 이하일 때를 정온(clam)이라 한다.

③ 가장 빈번히 관측된 풍향을 주풍이라 하고, 막대의 굵기를 가장 굵게 표시한다.

④ 바람장미는 풍향별로 관측된 바람의 발생 빈도와 풍속을 16방향인 막대기형으로 표시한 기상도형이다.

✔ 가장 빈번히 관측된 풍향을 주풍이라 하고, 막대의 길이를 가장 길게 표시한다.

05 다음 중 오존파괴지수가 가장 큰 것은 어느 것인가? ★★

① CFC-113

② CFC-114

③ Halon-1211

④ Halon-1301

✔ ① CFC-113 : 약 0.8
② CFC-114 : 약 1.0
③ Halon-1211 : 약 3
④ Halon-1301 : 약 10

06 가우시안 모델을 적용하기 위한 가정으로 가장 적합하지 않은 것은? ★

① 고도변화에 따른 풍속변화는 무시한다.

② 수평방향의 난류 확산보다 대류에 의한 확산이 지배적이다.

③ 배출된 오염물질은 흘러가는 동안 없어지거나 다른 물질로 바뀌지 않는다.

④ 이류방향으로의 오염물질 확산을 무시하고 풍하방향으로의 확산만을 고려한다.

✔ x축 방향(풍하방향)으로의 advection이 diffusion보다 현저히 커서 풍하방향의 diffusion은 무시 가능하다.

07 LA 스모그에 관한 내용으로 가장 적합하지 않은 것은? ★★★

① 화학반응은 산화반응이다.
② 복사역전 조건에서 발생하였다.
③ 런던 스모그에 비해 습도가 낮은 조건에서 발생하였다.
④ 석유계 연료에서 유래되는 질소산화물이 주 원인물질이다.

✅ LA 스모그는 침강역전 조건에서 발생하였다.

08 먼지의 농도를 측정하기 위해 공기를 0.3m/s의 속도로 1.5시간 동안 여과지에 여과시킨 결과 여과지의 빛전달률이 깨끗한 여과지의 80%로 감소하였다. 1,000m당 COH는? ★

① 6.0   ② 3.0
③ 2.5   ④ 1.5

✅ COH＝log(불투명도)/0.01
　　＝100×log(I_o/I_t)
여기서, I_o : 입사광의 강도
　　　　I_t : 투과광의 강도
m당 COH＝100×log(I_o/I_t)×거리/(속도×시간)
1,000m당 COH＝100×log(I_o/I_t)×1,000/(속도×시간)
　　　　＝100×log(1/0.8)×1,000/
　　　　　(0.3×1.5×3,600)
　　　　＝5.98

[Plus 이론학습]
• COH는 Coeffecent Of Haze의 약자로 광학적 밀도가 0.01이 되도록 하는 여과지상에 빛을 분산시켜 준 고형물의 양을 뜻한다.
• 광화학 밀도는 불투명도의 log값으로서, 불투명도는 빛전달률의 역수이다.

09 일반적인 자동차 배출가스의 구성 중 자동차가 공회전할 때 특히 많이 배출되는 오염물질은 어느 것인가? ★★★

① 일산화탄소   ② 탄화수소
③ 질소산화물   ④ 이산화탄소

✅ 공회전(idle 상태)일 때는 불완전연소 시 주로 발생되는 일산화탄소가 가장 많이 배출된다.

10 산성비에 관한 다음 설명 중 ( ) 안에 알맞은 것은? ★★★

> 일반적으로 산성비는 pH (㉠) 이하의 강우를 말하며, 이는 자연상태의 대기 중에 존재하는 (㉡)가 강우에 흡수되었을 때의 pH를 기준으로 한 것이다.

① ㉠ 3.6, ㉡ CO_2
② ㉠ 3.6, ㉡ NO_2
③ ㉠ 5.6, ㉡ CO_2
④ ㉠ 5.6, ㉡ NO_2

11 다음 중 온위에 관한 내용으로 옳지 않은 것은? (단, θ는 온위(K), T는 절대온도(K), P는 압력(mb)) ★★★

① 온위는 밀도와 비례한다.
② $\theta = T\left(\dfrac{1,000}{P}\right)^{0.288}$ 로 나타낼 수 있다.
③ 고도가 높아질수록 온위가 높아지면 대기는 안정하다.
④ 표준압력(1,000mb)에서 어느 고도의 공기를 건조단열적으로 끌어내리거나 끌어올려 1,000mb 고도에 가져갔을 때 나타나는 온도를 온위라고 한다.

✅ 온위는 온도와 비례하고 압력에 반비례한다.

12 표준상태에서 NO_2 농도가 0.5g/m³이다. 150℃, 0.8atm에서 NO_2 농도(ppm)는? ★★★

① 472
② 492
③ 570
④ 595

✅ $\dfrac{0.5g}{m^3}\left|\dfrac{(273+150)}{273}\right|\dfrac{760}{(760×0.8)}\left|\dfrac{1,000mg}{1g}\right.$
　＝968.4mg/m³
단위 전환(mg/m³ → ppm)하면
968.4×22.4/46＝471.6ppm

13 다음 중 불화수소(HF) 배출과 가장 관련 있는 산업은? ★★★

① 소다공업

② 도금공장

③ 플라스틱공업

④ 알루미늄공업

✔ 불화수소는 알루미늄공업, 반도체공정에서 주로 배출된다.

14 환기를 위한 실내공기오염의 지표가 되는 물질은? ★★★

① SO_2 ② NO_2

③ CO ④ CO_2

✔ 환기를 위한 실내공기오염의 지표가 되는 물질은 이산화탄소(1,000ppm)이다.

15 환경기온감률이 다음과 같을 때 가장 안정한 조건은? ★★★

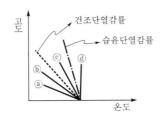

① ⓐ   ② ⓑ

③ ⓒ   ④ ⓓ

✔ 고도에 따라 온도변화가 가장 적은 ⓓ가 가장 안정한 조건이다.

16 유효굴뚝높이가 1m인 굴뚝에서 배출되는 오염물질의 최대착지농도를 현재의 1/10로 낮추고자 할 때, 유효굴뚝높이를 몇 m 증가시켜야 하는가? (단, Sutton의 확산방정식 사용, 기타 조건은 동일) ★★

① 0.04   ② 0.20

③ 1.24   ④ 2.16

✔ $C \propto 1/He^2$

$1 : 1 = 1/10 : 1/He^2$

$He = 3.16m$

$\therefore \ 3.16m - 1m = 2.16m$

17 지균풍에 관한 설명으로 가장 적합하지 않은 것은? ★

① 등압선에 평행하게 직선운동을 하는 수평의 바람이다.

② 고공에서 발생하기 때문에 마찰력의 영향이 거의 없다.

③ 기압경도력과 전향력의 크기가 같고 방향이 반대일 때 발생한다.

④ 북반구에서 지균풍은 오른쪽에 저기압, 왼쪽에 고기압을 두고 본다.

✔ 지균풍은 기압이 낮은 쪽을 왼쪽에 두고 등압선과 평행하게 분다. 남반구에서는 기압이 낮은 쪽이 반대로 오른쪽이 된다.

18 유효굴뚝높이가 60m인 굴뚝으로부터 SO_2가 125g/s의 속도로 배출되고 있다. 굴뚝높이에서의 풍속이 6m/s일 때, 이 굴뚝으로부터 500m 떨어진 연기중심선 상에서 오염물질의 지표농도($\mu g/m^3$)는? (단, 가우시안 모델식 사용, 수평확산계수(σ_y)는 36m, 수직확산계수(σ_z)는 18.5m, 배출되는 SO_2는 화학적으로 반응하지 않음.)

① 52   ② 66

③ 2,483   ④ 9,957

✔ $C(x, 0, 0, H_e)$

$= \dfrac{Q}{\pi \sigma_y \sigma_z U} \times \exp\left[-\dfrac{1}{2}\left(\dfrac{H_e}{\sigma_z}\right)^2\right]$

$= \dfrac{125g}{s} \left| \dfrac{}{3.14} \right| \dfrac{}{36m} \left| \dfrac{}{18.5m} \right| \dfrac{s}{6m} \left| \dfrac{10^6 \mu g}{g} \right.$

$\times \exp\left[-\dfrac{1}{2}\left(\dfrac{60}{18.5}\right)^2\right]$

$= 51.79 \mu g/m^3$

19 냄새물질에 관한 일반적인 설명으로 옳지 않은 것은? ★★

① 분자량이 작을수록 냄새가 강하다.

② 분자 내에 황 또는 질소가 있으면 냄새가 강하다.

③ 불포화도(이중결합 및 삼중결합의 수)가 높을수록 냄새가 강하다.

④ 분자 내 수산기의 수가 1개일 때 냄새가 가장 약하고, 수산기의 수가 증가할수록 냄새가 강해진다.

✔ 수산기는 1개일 때 냄새가 가장 강하고, 수산기가 증가하면 냄새가 약해져서 무취에 이른다.

20 광화학반응에 의해 고농도 오존이 나타날 수 있는 조건에 해당하지 않는 것은? ★★★

① 무풍상태일 때

② 일사량이 강할 때

③ 대기가 불안정할 때

④ 질소산화물과 휘발성 유기화합물의 배출이 많을 때

✔ 대기가 안정할 때 고농도 오존이 나타난다.

Subject 제2과목 연소공학 과목별 기출문제

저자쌤의 과목별 학습 TIP

출제빈도를 보면 계산문제(오염물질 농도, 연소가스량, 최대탄산가스량, 공기비, 공기량, 산소량, 발열량, 공연비, 등가비, 연소반응속도 등)가 50% 이상을 치지하고 있으므로 계신문제에 익숙해져야 고득점을 받을 수 있습니다. 암기적인 부분으로는 연료 특성(탄화도, 매연 등 포함)과 연소방식(또는 장치)이 약 40%를 차지하고 있으니 이 부분을 집중적으로 학습할 필요가 있습니다. 연소공학은 연소의 원리를 이해하고 계산문제에 익숙해진다면 고득점을 받을 수 있지만, 계산에 익숙하지 않다면 과락(40점)만 피한다는 전략으로 연료특성 및 연소방식에 집중하여 학습하시기 바랍니다.

제2과목 | 연소공학
2017년 제1회 대기환경기사

21 가연기체와 공기혼합기체의 가연한계(vol%)가 가장 넓은 것은?

① 메탄　　　　② 아세틸렌
③ 벤젠　　　　④ 톨루엔

✅ ① 메탄 : 5~15
② 아세틸렌 : 2.5~81
③ 벤젠 : 1.3~7.9
④ 톨루엔 : 1.13~7.9

[Plus 이론학습]
• 수소 : 4~75
• 프로판 : 2.1~9.5

22 연소배출가스 분석결과 CO_2 11.9%, O_2 7.1%일 때 과잉공기계수는 약 얼마인가? ★★★

① 1.2　　　　② 1.5
③ 1.7　　　　④ 1.9

✅ 불완전연소 시, $m = \dfrac{N_2}{N_2 - 3.76\,O_2}$

$N_2 = 100 - [CO_2 + O_2] = 100 - 11.9 - 7.1 = 81$

$m = \dfrac{81}{81 - 3.76 \times 7.1} = 1.49$

또는 완전연소 시, $m = \dfrac{21}{21 - O_2} = 1.51$

23 다음 중 기체연료의 일반적인 특징으로 가장 거리가 먼 것은? ★★★

① 연소 조절, 점화 및 소화가 용이한 편이다.
② 회분이 거의 없이 먼지발생량이 적다.
③ 연료의 예열이 쉽고, 저질연료도 고온을 얻을 수 있다.
④ 취급 시 위험성이 적고, 설비비가 적게 든다.

✅ 기체연료는 취급 시 위험성이 크고, 설비비가 많이 든다.

24 연료의 연소 시 과잉공기의 비율을 높여 생기는 현상으로 가장 거리가 먼 것은? ★★

① 에너지 손실이 커진다.
② 연소가스의 희석효과가 높아진다.
③ 화염의 크기가 커지고, 연소가스 중 불완전연소 물질의 농도가 증가한다.
④ 공연비가 커지고, 연소온도가 낮아진다.

✅ 과잉공기의 비율을 높이면 불완전연소 물질의 농도가 감소한다.

25 기체연료와 공기를 혼합하여 연소할 경우 다음 중 연소속도가 가장 큰 것은? (단, 대기압, 25℃ 기준)

① 메탄
② 수소
③ 프로판
④ 아세틸렌

✅ 연소속도는 화염온도가 클수록 커진다. 그러므로 화염온도가 가장 높은 수소가 연소속도가 가장 크다.

[Plus 이론학습]
연소속도란 화염이 전파될 때 미연소가스에 대한 상대적인 연소면의 속도를 말하며, 0.03~10m/s 정도이다.

26 다음 중 유동층 연소에 관한 설명으로 거리가 먼 것은? ★★

① 부하변동에 따른 적응성이 낮은 편이다.
② 높은 열용량을 갖는 균일온도의 층 내에서는 화염전파는 필요없고, 층의 온도를 유지할 만큼의 발열만 있으면 된다.
③ 분탄을 미분쇄 투입하여 석탄입자의 체류시간을 짧게 유지한다.
④ 주방쓰레기, 슬러지 등 수분함량이 높은 폐기물을 층 내에서 건조와 연소를 동시에 할 수 있다.

✅ 분탄을 미분쇄 투입하여 석탄입자의 체류시간을 짧게 유지하는 것은 미분탄연소이다.

27 다음 자동차 배출가스 중 삼원촉매장치가 적용되는 물질과 가장 거리가 먼 것은? ★★★

① CO
② SO_x
③ NO_x
④ HC

✅ 삼원촉매장치는 휘발유 자동차에 부착하는 방지장치로 촉매를 이용하며, 주로 처리하는 배출가스는 CO, HC NO_x 이다.

28 탄소 87%, 수소 13%의 경유 1kg을 공기비 1.3으로 완전연소시켰을 때, 실제건조연소가스 중 CO_2 농도(%)는? ★★

① 10.1%
② 11.7%
③ 12.9%
④ 13.8%

✅ $A_o = O_o/0.21 = (1.867 \times 0.87 + 5.6 \times 0.13)/0.21 = 11.2$
$A = mA_o = 1.3 \times 11.2 = 14.6$
$G_d = A - 5.6H + 0.7O + 0.8N = 14.6 - 5.6 \times 0.13 = 13.9$
$\therefore CO_2(\%) = 1.867C/G_d \times 100$
  $= 1.867 \times 0.87/13.9 \times 100$
  $= 11.7$

29 다음 기체연료 중 고위발열량(kcal/Sm^3)이 가장 낮은 것은?

① 메탄
② 에탄
③ 프로판
④ 에틸렌

✅ CH_4 9,537, C_2H_4 15,200, C_2H_6 16,834, C_3H_8 24,229kcal/Sm^3로 일반적으로 탄소와 수소가 많을수록 특히, 수소가 많을수록 발열량이 높다.

30 부피비율로 프로판 30%, 부탄 70%로 이루어진 혼합가스 1L를 완전연소시키는 데 필요한 이론공기량(L)은? ★★

① 23.1
② 28.8
③ 33.1
④ 38.8

✅ $C_3H_8 + 5O_2 \rightarrow 3CO_2 + 4H_2O$
$0.3 : 0.3 \times 5$
$C_4H_{10} + 6.5O_2 \rightarrow 3CO_2 + 4H_2O$
$0.7 : 0.7 \times 6.5$
$\therefore A_o = O_o/0.21 = (0.3 \times 5 + 0.7 \times 6.5)/0.21 = 28.8$

31 클링커 장애(clinker trouble)가 가장 문제가 되는 연소장치는? ★★★

① 화격자 연소장치
② 유동층 연소장치
③ 미분탄 연소장치
④ 분무식 오일버너

✅ 클링커 장애(clinker trouble)는 상대적으로 연소효율이 낮은 화격자 연소장치에서 주로 발생된다.

32 다음 중 저위발열량 11,000kcal/kg인 중유를 완전연소 시키는 데 필요한 이론습연소가스량(Sm³/kg)은? (단, 표준상태 기준, Rosin의 식 적용) ★★★

① 약 8.1　　② 약 10.2

③ 약 12.2　　④ 약 14.2

✔ 액체연료에서 저위발열량을 이용하여 이론공기량 A_o, 이론연소가스량 G_o를 구하는 데는 Rosin 식을 사용한다.

$A_o = 0.85Hl/1,000 + 2$
$\quad = 0.85 \times 11,000/1,000 + 2$
$\quad = 11.35 Sm^3/kg$

$G_o = 1.11Hl/1,000$
$\quad = 1.11 \times 11,000/1,000$
$\quad = 12.21 Sm^3/kg$

33 연소실에서 아세틸렌가스 1kg을 연소시킨다. 이때 연료의 80%(질량기준)가 완전연소되고, 나머지는 불완전연소되었을 때 발생되는 열량(kcal)은? (단, 연소반응식은 아래 식에 근거하여 계산)

$$\begin{array}{l}
\bullet\ C + O_2 \rightarrow CO_2,\ \Delta H = 97,200kcal/kmol \\[4pt]
\bullet\ C + \dfrac{1}{2}O_2 \rightarrow CO,\ \Delta H = 29,200kcal/kmol \\[4pt]
\bullet\ H + \dfrac{1}{2}O_2 \rightarrow H_2O,\ \Delta H = 57,200kcal/kmol
\end{array}$$

① 39,130　　② 10,530

③ 9,730　　④ 8,630

✔ 완전연소 $C_2H_2 + 2.5O_2 \rightarrow 2CO_2 + H_2O$
　　　0.8kg

불완전연소 $C_2H_2 + 2.5O_2 \rightarrow 2CO + H_2O$
　　　0.2kg

$C + O_2 \rightarrow CO_2$,
$\quad \Delta H = 97,200kcal/kmol$
$\quad\quad = 3,738kcal/kg$아세틸렌

$C + 1/2O \rightarrow CO$,
$\quad \Delta H = 29,200kcal/kmol$
$\quad\quad = 1,123kcal/kg$아세틸렌

$H_2 + 1/2O \rightarrow H_2O$,
$\quad \Delta H = 57,200kcal/kmol$
$\quad\quad = 2,200kcal/kg$아세틸렌

완전연소 시 열량 = 2×3,738×0.8 + 2,200×0.8
　　　　　= 7,740.8kcal/kg

불완전연소 시 열량 = 2×1,123×0.2 + 2,200×0.2
　　　　　= 889.2kcal/kg

∴ 전체 열량 = 7,740.8 + 889.2
　　　　　= 8,630kcal/kg

34 석유계 액체연료의 탄수소비(C/H)에 대한 설명 중 옳지 않은 것은? ★★★

① C/H비가 클수록 이론공연비가 증가한다.

② C/H비가 클수록 방사율이 크다.

③ 중질연료일수록 C/H비가 크다.

④ C/H비가 클수록 비교적 점성이 높은 연료이며, 매연이 발생되기 쉽다.

✔ C/H비가 클수록 이론공연비가 감소한다.

35 에탄과 부탄의 혼합가스 1Sm³를 완전연소시킨 결과 배기가스 중 탄산가스의 생성량이 3.3Sm³였다면 혼합가스 중 에탄과 부탄의 mol비(에탄/부탄)는?

① 2.19

② 1.86

③ 0.54

④ 0.46

✔ $C_2H_6 + 3.5O_2 \rightarrow 2CO_2 + 3H_2O$
　$0.5x$　　　 : 　$1.0x$
　$C_4H_{10} + 6.5O_2 \rightarrow 4CO_2 + 5H_2O$
　$0.5y$　　　 : 　$2.0y$
　$0.5x + 0.5y = 1$
　$1.0x + 2.0y = 3.3$
　$2 - y = 3.3 - 2y \rightarrow y = 1.3,\ x = 0.7$
∴ $x/y = 0.7/1.3 = 0.54$

36 다음 중 건타입(gun type) 버너에 관한 설명으로 틀린 것은? ★

① 형식은 유압식과 공기분무식을 합한 것이다.

② 유압은 보통 7kg/cm² 이상이다.

③ 연소가 양호하고, 전자동연소가 가능하다.

④ 유량조절범위가 넓어 대용량에 적합하다.

✔ 건타입 버너는 점화장치, 송풍기, 화염검출장치가 일체화되어 주로 소형에 적합하다.

37 연료 연소 시 검댕(그을음)의 발생에 관한 설명으로 옳지 않은 것은? ★★

① 연료의 탄소/수소의 비가 작을수록 검댕이 발생하기 쉽다.

② 탄소−탄소 간의 결합이 절단되기보다 탈수소가 쉬운 연료일수록 검댕이 쉽게 발생한다.

③ 분해, 산화하기 쉬운 탄화수소 연료일수록 검댕 발생이 적다.

④ 천연가스 < LPG < 코크스 < 아탄 < 중유 순으로 검댕이 많이 발생한다.

✔ 연료의 탄소/수소의 비가 클수록 검댕이 발생하기 쉽다.

38 다음 C : 78%, H : 22%로 구성되어 있는 액체 연료 1kg을 공기비 1.2로 연소하는 경우에 C의 1%가 검댕으로 발생된다고 하면 건연소가스 $1Sm^3$ 중의 검댕의 농도(g/Sm^3)는 약 얼마인가? ★★

① 0.55　　　② 0.75

③ 0.95　　　④ 1.05

✔ $O_o = 1.867C + 5.6H = 1.867 \times 0.78 \times 0.99 + 5.6 \times 0.22$
　　$= 2.67$
　$A_o = O_o/0.21 = 2.67/0.21 = 12.7Sm^3$
　$G_d = mA_o - 5.6H + 0.7O + 0.8N$
　　$= 1.2 \times 12.7 - 5.6 \times 0.22$
　　$= 14Sm^3$
　검댕 발생량 $= 1 \times 0.78 \times 0.01 = 0.0078kg$
　검댕의 농도 $= 7.8/14 = 0.557g/Sm^3$

39 연소과정에서 NO_x의 발생 억제방법으로 틀린 것은? ★★★

① 2단 연소

② 저온도 연소

③ 고산소 연소

④ 배기가스 재순환

✔ NO_x는 산소가 많을수록 많이 발생된다.

40 다음 중 액화석유가스에 관한 설명으로 옳지 않은 것은? ★★★

① 황분이 적고, 독성이 없다.

② 비중이 공기보다 가볍고, 누출될 경우 쉽게 인화, 폭발될 수 있다.

③ 발열량은 20,000~30,000kcal/Sm^3 정도로 매우 높다.

④ 유지 등을 잘 녹이기 때문에 고무패킹이나 유지로 된 도포제로 누출을 막는 것은 어렵다.

✔ 액화석유가스(LPG)는 비중이 공기보다 무겁고, 누출될 경우 인화, 폭발 위험성이 높다.

2017년 제2회 대기환경기사

21 유동층연소에서 부하변동에 대한 적응성이 좋지 않은 단점을 보완하기 위한 방법으로 가장 거리가 먼 것은?

① 공기분산판을 분할하여 층을 부분적으로 유동시킨다.

② 층 내의 연료비율을 고정시킨다.

③ 유동층을 몇 개의 셀로 분할하여 부하에 따라 작동시키는 수를 변화시킨다.

④ 층의 높이를 변화시킨다.

✔ 층 내의 연료 비율을 고정시키지 않고 유동적이어야 부하변동에 대한 적응성이 좋다.

22 폐타이어를 연료화하는 주된 방식과 가장 거리가 먼 것은?

① 가압분해증류 방식

② 액화법에 의한 연료추출 방식

③ 열분해에 의한 오일추출 방식

④ 직접연소 방식

✔ 가압분해증류 방식은 주로 폐플라스틱(폴리에틸렌, 폴리프로필렌, 폴리스티렌 등)의 연료화 방식으로 주로 이용된다.

23 수소 12%, 수분 1%를 함유한 중유 1kg의 발열량을 열량계로 측정하였더니 10,000kcal/kg이었다. 비정상적인 보일러의 운전으로 인해 불완전연소에 의한 손실열량이 1,400kcal/kg이라면 연소효율은? ★

① 82%

② 85%

③ 87%

④ 90%

✔ $LHV = HHV - 600(9H + W)$
   $= 10,000 - 600(9 \times 0.12 + 0.01)$
   $= 9,346 \text{kcal/kg}$
연소효율(%) $= (9,346 - 1,400)/9,346 = 85\%$

24 확산형 가스버너 중 포트형에 관한 설명으로 가장 거리가 먼 것은?

① 버너 자체가 노 벽과 함께 내화벽돌로 조립되어 노 내부에 개구된 것이며, 가스와 공기를 함께 가열할 수 있는 이점이 있다.

② 고발열량 탄화수소를 사용할 경우에는 가스압력을 이용하여 노즐로부터 고속으로 분출하게 하여 그 힘으로 공기를 흡인하는 방식을 취한다.

③ 밀도가 큰 공기 출구는 상부에, 밀도가 작은 가스 출구는 하부에 배치되도록 한다.

④ 구조상 가스와 공기압이 높은 경우에 사용한다.

✔ 가스와 공기압을 높이지 못한 경우에 사용한다.

25 다음 중 기체연료에 관한 설명으로 가장 거리가 먼 것은? ★★★

① 연료 속의 유황 함유량이 적어 연소 배기가스 중 SO_2 발생량이 매우 적다.

② 다른 연료에 비해 저장이 곤란하며, 공기와 혼합해서 점화하면 폭발 등의 위험도 있다.

③ 메탄을 주성분으로 하는 천연가스를 1기압 하에서 −168℃ 정도로 냉각하여 액화시킨 연료를 LNG라 한다.

④ 발생로가스란 코크스나 석탄을 불완전연소해서 얻는 가스로 주성분은 CH_4와 H_2이다.

✔ 발생로가스(producer gas)는 석탄, 코크스, 목탄 등을 불완전연소시킬 때 얻어지는 가연성 가스이다. 주성분은 N_2 50~60%, CO 20~30%이며, 이것에 H_2 7~18%, CO_2 1~7% 등도 포함된다.

26 다음 중 확산연소에 사용되는 버너로서 주로 천연가스와 같은 고발열량의 가스를 연소시키는 데 사용되는 것은?

① 건타입 버너 ② 선회 버너
③ 방사형 버너 ④ 고압 버너

✅ 고로가스와 같이 저발열량 연료에 적합한 선회형과 천연가스와 같이 고발열량 가스에 적합한 방사형이 있다.

27 유압분무식 버너에 관한 설명으로 옳지 않은 것은? ★★★

① 유량조절범위가 환류식의 경우는 1 : 3, 비환류식의 경우는 1 : 2 정도여서 부하변동에 적응하기 어렵다.
② 연료의 분사 유량은 15~2,000kL/hr 정도이다.
③ 분무각도가 40~90° 정도로 크다.
④ 연료의 점도가 크거나 유압이 $5kg/cm^2$ 이하가 되면 분무화가 불량하다.

✅ 유압분무식 버너의 연료 분사 범위는 15~2,000L/hr 정도이다.

28 Octane을 공기 중에서 완전연소시킬 때 이론연소용 공기와 연료의 질량비(이론연소용 공기의 질량/연료의 질량, kg/kg)는? ★

① 약 5 ② 약 10
③ 약 15 ④ 약 20

✅ $C_8H_{18} + (8+18/4)O_2 \rightarrow 8CO_2 + 18/2H_2O$
114 : 12.5×32
$A_o = O_o/0.232 = 1,724$
공연비 = 1,724/114 = 15.1

29 다음 중 과잉산소량(잔존 O_2량)을 옳게 표시한 것은? (단, A : 실제공기량, A_o : 이론공기량, m : 공기과잉계수($m>1$), 표준상태이며, 부피기준임) ★★★

① $0.21mA_o$ ② $0.21(m-1)A_o$
③ $0.21mA$ ④ $0.21(m-1)A$

✅ 과잉공기량 $= A - A_o = mA_o - A_o = (m-1)A_o$
  $= 0.21 \times$ 과잉공기량
  $= 0.21(m-1)A_o$

30 15℃ 물 10L를 데우는 데 10L의 프로판 가스가 사용되었다면 물의 온도는 몇 ℃로 되는가? (단, 프로판(C_3H_8) 가스의 발열량은 488.53kcal/mol이고, 표준상태의 기체로 취급하며, 발열량은 손실 없이 전량 물을 가열하는 데 사용되었다고 가정한다.)

① 58.8 ② 49.8
③ 36.8 ④ 21.8

✅ 열량 $Q = C \times m \times \Delta t$
여기서, C : 비열
  m : 질량
$\dfrac{488.53\text{kcal}}{\text{mol}} \times 10\text{L} \times \dfrac{1\text{mol}}{22.4\text{L}}$
$= 1\dfrac{\text{kcal}}{\text{kg} \cdot \text{℃}} \times 10\text{L} \times \dfrac{1\text{kg}}{\text{L}} \times \Delta t$
$\Delta t = 21.8\text{℃}$
∴ $t = 21.8 + 15 = 36.8\text{℃}$

31 프로판(C_3H_8)과 에탄(C_2H_6)의 혼합가스 $1Sm^3$를 완전연소시킨 결과 배기가스 중 이산화탄소(CO_2)의 생성량이 $2.8Sm^3$였다. 이 혼합가스의 mol비(C_3H_8/C_2H_6)는 얼마인가?

① 0.25
② 0.5
③ 2.0
④ 4.0

✅ $C_3H_8 + 5O_2 \rightarrow 3CO_2 + 4H_2O$
  $0.5x$: $1.5x$
$C_2H_6 + 3.5O_2 \rightarrow 2CO_2 + 3H_2O$
  $0.5y$: $1.0y$
$1.5x + 1.0y = 2.8$
$0.5x + 0.5y = 1$
$2 - x = 2.8 - 1.5x \rightarrow 0.5x = 0.8$, $x = 1.6$, $y = 0.4$
∴ $x/y = 1.6/0.4 = 4$

32 연소반응에서 반응속도상수 k를 온도의 함수 인 다음 반응식으로 나타낸 법칙은? ★

$$k = k_0 \cdot e^{-E/RT}$$

① Henry's Law
② Fick's Law
③ Arrhenius's Law
④ Van der Waals's Law

✔ 아레니우스 방정식은 화학반응 내에서 절대온도, 빈도인 자 및 반응 내 다른 상수에 대한 속도상수의 의존성을 나타낸다.

33 화격자연소 중 상입식 연소에 관한 설명으로 옳지 않은 것은? ★★

① 석탄의 공급방향이 1차 공기의 공급방향 과 반대로서 수동 스토커 및 산포식 스토커가 해당된다.
② 공급된 석탄은 연소가스에 의해 가열되어 건류층에서 휘발분을 방출한다.
③ 코크스화한 석탄은 환원층에서 아래의 산화층에서 발생한 탄산가스를 일산화탄소로 환원한다.
④ 착화가 어렵고, 저품질 석탄의 연소에는 부적합하다.

✔ 상입식 연소는 저품질 석탄의 연소에 적합하다.

34 다음에서 설명하는 연소장치로 가장 적합한 것은 어느 것인가? ★★★

• 증기압 또는 공기압은 2~10kg/cm²이다.
• 유량 조절범위는 1 : 10 정도이다.
• 분무각도는 20~30°, 연소 시 소음이 발생된다.
• 대형 가열로 등에 많이 사용된다.

① 고압공기식 버너
② 유압식 버너
③ 저압공기분무식 버너
④ 슬래그탭 버너

35 다음 중 석탄의 성질에 관한 설명으로 옳지 않은 것은? ★★

① 비열은 석탄화도가 진행됨에 따라 증가하며, 통상 0.30~0.35kcal/kg·℃ 정도이다.
② 건조된 것은 석탄화도가 진행된 것일수록 착화온도가 상승한다.
③ 석탄류의 비중은 석탄화도가 진행됨에 따라 증가되는 경향을 보인다.
④ 착화온도는 수분함유량에 영향을 크게 받으며, 무연탄의 착화온도는 보통 440~550℃ 정도이다.

✔ 석탄화도가 높아질수록 비열은 낮아진다.

36 메탄의 고위발열량이 9,900kcal/Sm³라면 저위발열량(kcal/Sm³)은? ★★★

① 8,540
② 8,620
③ 8,790
④ 8,940

✔ $Hl = 9,900 - 480 \times 2 = 8,940 \text{kcal/Sm}^3$

37 다음 액체연료 C/H비의 순서로 옳은 것은? (단, 큰 순서>작은 순서) ★★★

① 중유>등유>경유>휘발유
② 중유>경유>등유>휘발유
③ 휘발유>등유>경유>중유
④ 휘발유>경유>등유>중유

38 다음 연료 중 착화온도가 가장 높은 것은 어느 것인가? ★

① 갈탄(건조)
② 중유
③ 역청탄
④ 메탄

✔ ① 갈탄 : 250~300
② 중유 : 300℃ 이하
③ 역청탄 : 360
④ 메탄 : 650~750℃

39 다음 중 흑연, 코크스, 목탄 등과 같이 대부분 탄소만으로 되어 있고, 휘발성분이 거의 없는 연소의 형태로 가장 적합한 것은? ★★★

① 자기연소　　　② 확산연소
③ 표면연소　　　④ 분해연소

40 연소 시 발생되는 NO_x는 원인과 생성기전에 따라 3가지로 분류하는데, 분류 항목에 속하지 않는 것은? ★★★

① fuel NO_x　　② NO_xious NO_x
③ prompt NO_x　　④ thermal NO_x

✔ NO_x의 생성기작은 thermal NO_x, fuel NO_x, prompt NO_x 이다.

2017년 제4회 대기환경기사

21 기체연료 연소방식 중 예혼합연소에 관한 설명으로 옳지 않은 것은? ★★★

① 연소기 내부에서 연료와 공기의 혼합비가 변하지 않고 균일하게 연소된다.
② 역화의 위험이 없으며, 공기를 예열할 수 있다.
③ 화염온도가 높아 연소부하가 큰 경우에 사용이 가능하다.
④ 연소조절이 쉽고, 화염길이가 짧다.

✔ 예혼합연소는 혼합기의 분출속도가 느릴 경우 역하의 위험이 있다.

22 다음 중 석탄 슬러리 연소에 대한 설명으로 옳은 것은? ★

① 석탄 슬러리 연료는 석탄분말에 물을 혼합한 COM과 기름을 혼합한 CWM으로 대별된다.
② COM 연소의 경우 표면연소 시기에서는 연소온도가 높아진 만큼 표면연소의 속도가 감속된다고 볼 수 있다.
③ 분해연소 시기에서는 CWM 연소의 경우 30wt%(W/W)의 물이 증발하여 증발열을 빼앗음과 동시에 휘발분과 산소를 희석하기 때문에 화염의 안정성이 극도로 나쁘게 된다.
④ CWM 연소의 경우 분해연소 시기에서는 50wt%(W/W) 중유에 휘발분이 추가되는 형태가 되기 때문에 미분탄연소보다는 확산연소에 가깝다.

✔ 석탄 슬러리 연료는 석탄분말에 물을 혼합한 CWM과 기름을 혼합한 COM으로 대별된다. COM 연소의 경우 표면 연소 시기에서는 연소온도가 높아진 만큼 표면연소의 속도가 가속된다고 볼 수 있다.

23 0℃일 때 물의 융해열과 100℃일 때 물의 기화열을 합한 열량(kcal/kg)은?

① 80

② 539

③ 619

④ 1,025

✔ 물의 융해열 80kcal/kg, 물의 기화열 539kcal/kg
∴ 융해열 + 기화열 = 80 + 539 = 619kcal/kg

24 석탄의 공업 분석에 관한 설명으로 옳지 않은 것은?

① 고정탄소는 조습시료의 질량에서부터 수분, 회분, 휘발분의 질량을 뺀 잔량의 비율로 표시된다.

② 공업 분석은 건류나 연소 등의 방법으로 석탄을 공업적으로 이용할 때 석탄의 특성을 표시하는 분석방법이다.

③ 회분은 시료 1g에 공기를 제한하면서 전기로에서 650℃까지 가열한 후 잔류하는 무기물량을 건조시료의 질량에 대한 백분율로 표시한다.

④ 고정탄소와 휘발분의 질량비를 연료비라 한다.

✔ 석탄 분석에 있어서 회분은 800℃에서 석탄시료를 회화시켜 회의 함량을 측정한다.

25 다음 중 연소과정에서 등가비(equivalent ratio)가 1보다 큰 경우는? ★★★

① 공급연료가 과잉인 경우

② 배출가스 중 질소산화물이 증가하고 일산화탄소가 최소가 되는 경우

③ 공급연료의 가연성분이 불완전한 경우

④ 공급공기가 과잉인 경우

✔ 등가비 > 1은 연료 과잉상태로 불완전연소가 발생된다.

26 아래 조건의 기체연료의 이론연소온도(℃)는 약 얼마인가? ★

- 연료의 저발열량 : 7,500kcal/Sm^3
- 연료의 이론연소가스량 : 10.5m^3/Sm^3
- 연료 연소가스의 평균정압비율 : 0.35kcal/Sm^3·℃
- 기준온도(t) : 25℃
- 지금 공기는 예열되지 않고, 연소가스는 해리되지 않는 것으로 한다.

① 1,916   ② 2,066

③ 2,196   ④ 2,256

✔ $t_1 = (H_1/(G_{ow} \times C_p)) + t_2$(℃)

= 7,500/(10.5 × 0.35) + 25

= 2,066℃

27 엔탈피에 대한 설명으로 옳지 않은 것은? ★

① 엔탈피는 반응경로와 무관하다.

② 엔탈피는 물질의 양에 비례한다.

③ 흡열반응은 반응계의 엔탈피가 감소한다.

④ 반응물이 생성물보다 에너지상태가 높으면 발열반응이다.

✔ 발열반응의 경우 엔탈피가 감소하며($\Delta H < 0$), 흡열반응의 경우 엔탈피는 증가한다($\Delta H > 0$).

28 황분이 중량비로 S%인 중유를 매시간 W(L) 사용하는 연소로에서 배출되는 황산화물의 배출량(m^3/hr)은? (단, 표준상태 기준, 중유 비중 0.9, 황분은 전량 SO_2로 배출) ★★

① 21.4SW

② 1.24SW

③ 0.0063SW

④ 0.789SW

✔   S   + O_2 → SO_2
          32kg   22.4m^3
          $W \times 0.9 \times S/100$ x

∴ $x = W \times 0.9 \times S/100 \times 22.4/32 = 0.0063S W$

29 다음 회분 중 백색에 가깝고 융점이 높은 것은 어느 것인가?

① CaO

② SiO_2

③ MgO

④ K_2O

✔ 석탄회는 산성 성분(SiO_2, Al_2O_3, TiO_2)과 염기성 성분(Fe_2O_3, CaO, MgO, NaO, K_2O)으로 조성되어 있으며, 일반적으로 산성 성분이 염기성 성분보다 함유량이 많을수록 융점은 높아진다. 석탄회의 조성 SiO_2 40~60%, Al_2O_3 15~35, Fe_2O_3 5~25, CaO 1~15, MgO 0.5~8, Na_2O 1~4% 정도이다.

30 유황 함유량이 1.5%인 중유를 시간당 100톤 연소시킬 때 SO_2의 배출량(m^3/hr)은? (단, 표준상태 기준, 유황은 전량이 반응하고, 이 중 5%는 SO_3로서 배출되며, 나머지는 SO_2로 배출된다.) ★★★

① 약 300 　　　② 약 500

③ 약 800 　　　④ 약 1,000

✔　　S　+　O_2　→　　SO_2
　　32kg　　　　　　　22.4m^3
100,000×1.5/100×0.95　　x
∴ x =1,425×22.4/32=997.5≒1,000

31 화학반응속도론에 관한 다음 설명 중 가장 거리가 먼 것은? ★

① 영차반응은 반응속도가 반응물의 농도에 영향을 받지 않는 반응을 말한다.

② 화학반응속도는 반응물이 화학반응을 통하여 생성물을 형성할 때 단위시간당 반응물이나 생성물의 농도변화를 의미한다.

③ 화학반응식에서 반응속도상수는 반응물 농도와 관련있다.

④ 일련의 연쇄반응에서 반응속도가 가장 늦은 반응단계를 속도결정단계라 한다.

✔ 화학반응식에서 반응속도상수는 반응온도와 관련된다.

32 다음 액화석유가스(LPG)에 대한 설명으로 거리가 먼 것은? ★★★

① 비중이 공기보다 무거워 누출 시 인화·폭발의 위험성이 높은 편이다.

② 액체에서 기체로 기화될 때 증발열이 5~10kcal/kg로 작아 취급이 용이하다.

③ 발열량이 높은 편이며, 황분이 적다.

④ 천연가스에서 회수되거나 나프타의 분해에 의해 얻어지기도 하지만 대부분 석유정제 시 부산물로 얻어진다.

✔ **[Plus 이론학습]**
LPG는 비중이 공기보다 무거워 누출 시 인화·폭발의 위험성이 높고, 발열량도 높으며, 황분이 적다. 또한, 대부분 석유정제 시 부산물로 얻어진다.

33 다음 (　　) 안에 알맞은 것은? ★★★

> (　　) 배출가스 중의 CO_2 농도는 최대가 되며, 이때의 CO_2량을 최대탄산가스량$(CO_2)_{max}$이라 하고, CO_2/G_{od}비로 계산한다.

① 실제공기량으로 연소시킬 때

② 공기부족상태에서 연소시킬 때

③ 연료를 다른 미연성분과 같이 불완전연소시킬 때

④ 이론공기량으로 완전연소시킬 때

✔ 배출가스 중의 이산화탄소 농도는 이론공기량으로 완전연소시킬 때 최대가 된다.

34 수소 12%, 수분 0.7%인 중유의 고위발열량이 5,000kcal/kg일 때 저위발열량(kcal/kg)은 얼마인가? ★★★

① 4,348 　　　② 4,412

③ 4,476 　　　④ 4,514

✔ $LHV = HHV - 600(9H + W)$
　　=5,000-600×(9×0.12+0.007)
　　=4,348

35 연소공정에서 과잉공기량의 공급이 많을 경우 발생하는 현상으로 거리가 먼 것은? ★★★

① 연소실의 온도가 낮게 유지된다.

② 배출가스에 의한 열손실이 증대된다.

③ 황산화물에 의한 전열면의 부식을 가중시 킨다.

④ 매연 발생이 많아진다.

✔ 과잉공기량의 공급이 많을 경우 공기과잉상태로서 완전 연소가 용이하기 때문에 매연 발생이 적어진다.

36 다음 중 기체의 연소속도를 지배하는 주요인 자와 가장 거리가 먼 것은? ★

① 발열량 ② 촉매

③ 산소와의 혼합비 ④ 산소 농도

37 발화온도(착화온도)에 관한 설명으로 가장 거 리가 먼 것은? ★★★

① 가연물을 외부로부터 직접 점화하여 가열 하였을 때 불꽃에 의해 연소되는 최저온도 를 말한다.

② 가연물의 분자구조가 복잡할수록 발화온 도는 낮아진다.

③ 발열량이 크고 반응성이 큰 물질일수록 발 화온도가 낮아진다.

④ 화학결합의 활성도가 큰 물질일수록 발화 온도가 낮아진다.

✔ 인화점은 가연물을 외부로부터 직접 점화하여 가열하였 을 때 불꽃에 의해 연소되는 최저온도를 말한다.

38 C=82%, H=14%, S=3%, N=1%로 조성된 중유를 12(Sm³공기/kg중유)로 완전연소했을 때 습윤배출가스 중 SO_2는 약 몇ppm인가? (단, 중 유 중 황분은 모두 SO_2로 된다.) ★★★

① 1,400 ② 1,640

③ 1,900 ④ 2,260

✔ $G_w = A + 5.6H + 0.7O + 0.8N + 1.24W$

$= 12 + 5.6 \times 0.14 + 0.8 \times 0.01$

$= 12.792$

∴ $SO_2 = 0.7S / G_w \times 10^6$

$= 0.7 \times 0.03 / 12.792 \times 10^6$

$= 1.641ppm$

39 가로, 세로, 높이가 각각 3m, 1m, 1.5m인 연소 실에서 연소실 열발생률을 $2.5 \times 10^5 kcal/m^3 \cdot hr$ 가 되도록 하려면 1시간에 중유를 몇 kg 연소 시켜야 하는가? (단, 중유의 저위발열량은 11,000kcal/kg이다.) ★

① 약 50 ② 약 100

③ 약 150 ④ 약 200

✔ 11,000(kcal/kg) × 중유(kg/hr) ÷ 4.5m³

$= 2.5 \times 10^5 kcal/m^3 \cdot hr$

∴ 중유 = 102.3kg/hr

40 탄소 86%, 수소 13%, 황 1%의 중유를 연소하여 배기가스를 분석했더니 $(CO_2 + SO_2)$가 13%, O_2 가 3%, CO가 0.5%였다. 건조연소가스 중의 SO_2 농도는? (단, 표준상태 기준) ★★

① 약 590ppm ② 약 970ppm

③ 약 1,120ppm ④ 약 1,480ppm

✔ $G_d = \dfrac{1.867C + 0.7S}{CO_2 + SO_2 + CO}$

$= \dfrac{1.867 \times 0.86 + 0.7 \times 0.01}{0.13 + 0.005}$

$= 11.95$

∴ SO_2의 농도 $= \dfrac{0.7S}{G_d} \times 10^6 = \dfrac{0.7 \times 0.01}{11.95} \times 10^6$

$= 586ppm$

2018년 제1회 대기환경기사

21 다음 중 액체연료의 연소형태와 거리가 먼 것은? ★★★

① 액면연소
② 표면연소
③ 분무연소
④ 증발연소

✅ 표면연소는 주로 고체연료에서 일어난다.

22 기체연료의 특징 및 종류에 관한 설명으로 거리가 먼 것은? ★★★

① 부하변동범위가 넓고, 연소의 조절이 용이한 편이다.
② 천연가스는 화염전파속도가 크며 폭발범위가 크므로 1차 공기를 적게 혼합하는 편이 유리하다.
③ 액화천연가스는 메탄을 주성분으로 하는 천연가스를 1기압 하에서 −168℃ 근처에서 천연가스를 냉각, 액화시켜 대량수송 및 저장을 가능하게 한 것이다.
④ 액화석유가스는 액체에서 기체로 될 때 증발열(90~100kcal/kg)이 있으므로 사용하는 데 유의할 필요가 있다.

✅ 천연가스는 자연발화온도가 다른 가스보다 높기 때문에 (약 537℃) 천연가스가 자연적으로 발화되고 사고로 이어질 위험은 극히 낮으며, 혹시 공기와 섞이더라도 오직 5~15% 범위 내에서만 불이 붙으니 화재의 위험도 극히 낮다.

23 각종 연료성분의 완전연소 시 단위체적당 고위발열량(kcal/Sm^3) 크기의 순서로 옳은 것은?

① 일산화탄소 > 메탄 > 프로판 > 부탄
② 메탄 > 일산화탄소 > 프로판 > 부탄
③ 프로판 > 부탄 > 메탄 > 일산화탄소
④ 부탄 > 프로판 > 메탄 > 일산화탄소

✅ 부탄 32,022, 프로판 24,229, 메탄 9,537, CO 3,018

24 다음 중 1Sm^{3}의 중량이 2.59kg인 포화탄화수소 연료에 해당하는 것은? ★

① CH_4
② C_2H_6
③ C_3H_8
④ C_4H_{10}

✅ C_4H_{10} 1mol은 58kg이고 이때 부피는 22.4m^{3}이다. 그러므로 C_4H_{10} 1Sm^{3}은 58/22.4 = 2.59kg이다.

25 석탄의 물리화학적인 성상에 관한 설명으로 옳은 것은? ★★

① 연료 조성변화에 따른 연소특성으로 회분은 착화불량과 열손실을, 고정탄소는 발열량 저하 및 연소불량을 초래한다.
② 석탄회분의 용융 시 SiO_2, Al_2O_3 등의 산성 산화물량이 많으면 회분의 용융점이 상승한다.
③ 석탄을 고온건류하여 코크스를 생산할 때 온도는 250~300℃ 정도이다.
④ 석탄의 휘발분은 매연 발생에 영향을 주지 않는다.

✅ 연료 조성변화에 따른 연소특성으로서 수분은 착화불량과 열손실을, 회분은 발열량 저하 및 연소불량을 초래한다. 석탄은 산소를 차단한 채 1,000~1,300℃의 고온으로 가열하면 열분해되어 석탄가스·가스경유·가스액·콜타르 등을 만들어 내고 나머지는 코크스가 된다. 석탄의 휘발분은 매연 발생의 요인이 된다.

26 다음 알코올 연료 중 에테르, 아세톤, 벤젠 등 많은 유기물질을 용해하며, 무색의 독특한 냄새를 가지고, 모두 8종의 이성질체가 존재하는 것은?

① Ethanol(C_2H_5OH)
② Propanol(C_3H_7OH)
③ Butanol(C_4H_9OH)
④ Pentanol($C_5H_{11}OH$)

✅ 펜탄올($C_5H_{11}OH$)은 분자량 88.15. 펜틸알코올, 아밀알코올이라고도 불린다. 물에 약간 녹으며, 특유의 쏘는 듯한 냄새가 나는 무색의 알코올이다.

27 부탄가스를 완전연소시키기 위한 공기연료비 (Air Fuel Ratio)는? (단, 부피 기준) ★★

① 15.23　　　　② 20.15

③ 30.95　　　　④ 60.46

✔ $C_4H_{10} + (4 + 10/4)O_2 \rightarrow 4CO_2 + 10/2H_2O$
　　 1　　　 6.5

$A_o = O_o/0.21 = 6.5/0.21 = 30.95$

∴ 부탄가스의 AFR = 30.95/1 = 30.95

28 메탄 3.0Sm³를 완전연소시킬 때 발생되는 이론습연소가스량(Sm³)은? ★★

① 약 25.6　　　② 약 28.6

③ 약 31.6　　　④ 약 34.6

✔ $CH_4 + 2O_2 \rightarrow CO_2 + 2H_2O + 이론적 질소량$
　　 1 : 2 : 1 : 2 : $0.79A_o$
　　 3 : 6 : 3 : 6

$A_o = 6/0.21 = 28.57$

이론적 질소량 = 0.79 × 28.57 = 22.57

∴ $G_{ow} = 3 + 6 + 22.57 = 31.57$

29 어떤 화학반응 과정에서 반응물질이 25% 분해하는 데 41.3분 걸린다는 것을 알았다. 이 반응이 1차라고 가정할 때, 속도상수 k는? ★

① $1.437 \times 10^{-4} s^{-1}$

② $1.232 \times 10^{-4} s^{-1}$

③ $1.161 \times 10^{-4} s^{-1}$

④ $1.022 \times 10^{-4} s^{-1}$

✔ $\ln[A] = -kt + \ln[A]_o$

$kt = \ln[A]_o - \ln[A] = \ln([A]_o/[A])$
　　$= \ln(100/75) = 0.288$

∴ $k = 0.288/41.3/60 = 0.0001161$

30 연소 또는 폐기물 소각공정에서 생성될 수 있는 대기오염물질과 가장 거리가 먼 것은? ★★★

① 염화수소　　　② 다이옥신

③ 벤조(a)피렌　　④ 라돈

✔ 라돈은 방사성 비활성 기체로서 우라늄과 토륨의 자연붕괴에 의해서 발생된다.

31 다음 조건에 해당되는 액체연료와 가장 가까운 것은?

> • 비점 : 200~320℃ 정도
> • 비중 : 0.8~0.9 정도
> • 정제한 것은 무색에 가깝고, 착화성 적부는 Cetane값으로 표시된다.

① Naphtha　　　② Heavy oil

③ Light oil　　　④ Kerosene

32 저위발열량이 5,000kcal/Sm³인 기체연료의 이론연소온도(℃)는 약 얼마인가? (단, 이론연소가스량 15Sm³/Sm³, 연료 연소가스의 평균정압비열 0.35kcal/Sm³·℃, 기준온도 0℃, 공기는 예열하지 않으며, 연소가스는 해리되지 않는다고 본다.) ★★

① 952

② 994

③ 1,008

④ 1,118

✔ $t_1 = (H_1/(G_{ow} \times C_p)) + t_2(℃)$
　　$= 5,000/(15 \times 0.35) + 0$
　　$= 952℃$

33 석유의 물리적 성질에 관한 설명으로 옳지 않은 것은? ★★

① 비중이 커지면 화염의 휘도가 커지며 점도도 증가한다.

② 증기압이 높으면 인화점이 높아져서 연소효율이 저하된다.

③ 유동점(pouring point)은 일반적으로 응고점보다 2.5℃ 높은 온도를 말한다.

④ 점도가 낮아지면 인화점이 낮아지고 연소가 잘 된다.

✔ 증기압이 큰 것은 인화점 및 착화점이 낮다.

34 주어진 기체연료 $1Sm^3$를 이론적으로 완전연소시키는 데 가장 적은 이론산소량(Sm^3)을 필요로 하는 것은? (단, 연소 시 모든 조건은 동일하다.)

① Methane   ② Hydrogen

③ Ethane   ④ Acetylene

✔ $H_2 + \dfrac{1}{2}O_2 \rightarrow H_2O$로 $0.5\,O_o$가 필요하며 가장 적다.

- Methane : $2\,O_o$
- Ethane : $3.5\,O_o$
- Acetylene : $2.5\,O_o$

35 액체연료의 연소버너에 관한 다음 설명 중 옳지 않은 것은?   ★★★

① 유압식 버너의 연료 분무각도는 $40 \sim 90°$ 정도이다.

② 고압공기식 버너의 분무각도는 $40 \sim 80°$ 정도이고, 유량조절범위는 $1:5$ 정도이다.

③ 회전식 버너는 유압식 버너에 비해 분무의 입자는 비교적 크고, 유압은 $0.5kg/cm^2$ 전후이다.

④ 저압공기식 버너는 주로 소형 가열로 등에 이용되고, 무화에 사용하는 공기량은 전 이론공기량의 $30 \sim 50\%$ 정도이다.

✔ 고압공기식 버너의 분무각도는 $20 \sim 30°$ 정도이고, 유량 조절비는 $1:10$이다.

36 자동차 내연기관에서 휘발유(C_8H_{18} ; 옥탄)를 연소시킬 때 공기연료비(Air Fuel ratio)는? (단, 완전연소무게 기준)   ★★

① 60   ② 40

③ 30   ④ 15

✔ $C_8H_{18} + (8 + 18/4)O_2 \rightarrow 8CO_2 + 18/2H_2O$

    114   12.5×32

    $A_o = O_o/0.232 = 12.5 \times 32/0.232 = 1,724$

    ∴ 공연비 $= 1,724/114 = 15.1$

37 다음 중 황 함량이 무게비로 2.0%인 액체연료 $1L$를 연소하여 배출되는 SO_2가 표준상태 기준으로 $10m^3$라고 한다면 배출가스 중 SO_2 농도는 몇 ppm인가? (단, 연료 비중은 0.8, 표준상태 기준)   ★★★

① 140   ② 280

③ 560   ④ 1,120

✔ $S \quad\quad + O_2 \rightarrow SO_2$

    32   : 22.4

    $1 \times 0.8 \times 0.02$: x

    $x = SO_2 = 0.0112m^3$

    ∴ $SO_2 = 0.0112/10 \times 10^6 = 1,120ppm$

38 절충식 방법으로서 연소용 공기의 **일부**를 미리 기체연료와 혼합하고 나머지 공기는 연소실 내에서 혼합하여 확산연소시키는 방식으로 소형 또는 중형 버너로 널리 사용되며, 기체연료 또는 공기의 분출속도에 의해 생기는 흡인력을 이용하여 공기 또는 연료를 흡인하는 것은?   ★

① 확산연소

② 예혼합연소

③ 유동층연소

④ 부분예혼합연소

✔ 부분예혼합연소는 확산연소와 예혼합연소의 절충형이다.

39 중유의 중량 성분 분석결과 탄소 82%, 수소 11%, 황 3%, 산소 1.5%, 기타 2.5%라면 이 중유의 완전연소 시 시간당 필요한 이론공기량은? (단, 연료 사용량 $100L/hr$, 연료 비중 0.95이며, 표준상태 기준)   ★★★

① 약 $630Sm^3$ ② 약 $720Sm^3$

③ 약 $860Sm^3$ ④ 약 $980Sm^3$

✔ $O_o = 1.867C + 5.6(H - O/8) + 0.7S$

    $= 1.867 \times 0.82 + 5.6 \times (0.11 - 0.015/8) + 0.7 \times 0.03$

    $= 2.16$

    $A_o = O_o/0.21 = 10.3Sm^3/kg$

    중유의 사용량 $= 100L \times 0.95kg/L = 95kg$

    ∴ 시간당 필요한 이론공기량 $= 10.3 \times 95 = 978.5Sm^3$

40 어떤 반응에서 0℃에서의 반응속도상수가 0.001s⁻¹이고 100℃에서의 반응속도상수가 0.05s⁻¹일 때 활성화에너지(kJ/mol)는?

① 25   ② 33

③ 41   ④ 50

✅ $k = Ae^{\left(\frac{-E_a}{RT}\right)}$

$\ln k = (-E_a/R)/T + \ln A$

여기서, k : 비례상수

E_a : 활성화에너지

$R = 8.314 \text{J/mol} \cdot \text{K}$

T : 절대온도

A : 빈도인자

$\ln(0.05/0.001) = -\dfrac{E_a}{R} \times \left(\dfrac{1}{373} - \dfrac{1}{273}\right)$

$3.912 = \dfrac{E_a}{8.314} \times 0.00098$

∴ $E_a = 33,188.1 \text{J/mol} = 33.2 \text{kJ/mol}$

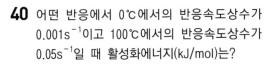

2018년 제2회 대기환경기사

21 다음 중 기체연료의 연소장치로서 천연가스와 같은 고발열량 연료를 연소시키는 데 가장 적합하게 사용되는 버너의 종류는? ★

① 선회형 버너   ② 방사형 버너

③ 회전식 버너   ④ 건타입 버너

✅ 버너형에는 고로가스와 같이 저발열량 가스에 적합한 '선회형'과 천연가스와 같이 고발열량 가스에 적합한 '방사형' 버너가 있다.

22 다음 중 중유에 관한 설명과 거리가 먼 것은 어느 것인가? ★★

① 점도가 낮은 것이 사용상 유리하고, 용적당 발열량이 적은 편이다.

② 인화점이 높은 경우 역화의 위험이 있으며, 보통 그 예열온도보다 약 2℃ 정도 높은 것을 쓴다.

③ 점도가 낮을수록 유동점이 낮아진다.

④ 잔류탄소의 함량이 많아지면 점도가 높게 된다.

✅ 인화점이 낮은 경우에는 역화의 위험성이 있고, 보통 그 예열온도보다 약 5℃ 이상 높은 것이 좋다.

23 다음은 가동화격자의 종류에 관한 설명이다. ( ) 안에 알맞은 것은?

> ( )는 고정화격자와 가동화격자를 횡방향으로 나란히 배치하고 가동화격자를 전후로 왕복운동시킨다. 비교적 강한 교반력과 이송력을 갖고 있으며, 화격자 눈의 메워짐이 별로 없어 낙진량이 많고 냉각작용이 부족하다.

① 부채형 반전식 화격자

② 병렬요동식 화격자

③ 이상식 화격자

④ 회전롤러식 화격자

---

24 메탄 1mol이 완전연소할 때 AFR은? (단, 몰 기준) ★★★

① 6.5 ② 7.5
③ 8.5 ④ 9.5

✔ $CH_4 + 2O_2 \rightarrow CO_2 + 2H_2O$
　　1 : 2
$A_o = O_o / 0.21 = 2/0.21 = 9.52$
∴ 메탄의 공연비 = 9.52/1 = 9.52

25 연료의 종류에 따른 연소 특성으로 옳지 않은 것은? ★★★

① 기체연료는 저발열량의 것으로 고온을 얻을 수 있고 전열효율을 높일 수 있다.
② 액체연료는 화재, 역화 등의 위험이 크며 연소온도가 높아 국부적인 과열을 일으키기 쉽다.
③ 액체연료는 기체연료에 비해 적은 과잉공기로 완전연소가 가능하다.
④ 액체연료의 경우 회분은 아주 적지만 재 속의 금속산화물이 장애원인이 될 수 있다.

✔ 기체연료는 액체연료에 비해 적은 과잉공기로 완전연소가 가능하다.

26 미분탄연소로에 사용되는 버너 중 접선기울형 버너(tangential tilting burner)에 관한 설명으로 거리가 먼 것은?

① 선회흐름을 보일러에 활용한 것으로 선회버너라고도 하며, 연소로 외벽쪽으로 화염을 분산·형성한다.
② 사각연소로인 경우 각 모퉁이에 3~5개의 버너가 높이가 다르게 설치되어 있다.
③ 1차 공기 및 석탄 주입관 끝은 10~30° 정도의 각도 범위에서 조정할 수 있도록 되어 있다.
④ 화염을 상하로 이동시켜서 과열을 방지할 수 있도록 되어 있다.

✔ 접선기울형 버너는 연소로 외벽쪽으로 화염을 분산·형성시키지 않는다.

27 S함량 5%의 B-C유 400kL를 사용하는 보일러에 S함량 1%인 B-C유를 50% 섞어서 사용하면 SO_2의 배출량은 몇 % 감소하겠는가? (단, 기타 연소조건은 동일하며, S는 연소 시 전량 SO_2로 변환되고, B-C유 비중은 0.95(S 함량에 무관))

① 30%
② 35%
③ 40%
④ 45%

✔ 미혼합 시 S 함량 = 400kL×0.95×0.05 = 19kg
혼합 시 S 함량 = 400kL×0.95×0.05×0.5 + 400kL
　　　　×0.95×0.01×0.5
　　　　= 11.4kg
미혼합 시 $SO_2 = 19×22.4/64 = 6.65m^3$
혼합 시 $SO_2 = 11.4×22.4/64 = 3.99m^3$
∴ 감소율 = (6.65 - 3.99)/6.65×100 = 40%

28 연소물을 연소하는 과정에서 질소산화물(NO_x)이 발생하게 된다. 다음 반응 중 질소산화물(NO_x) 생성과정에서 발생하는 Prompt NO_x의 주된 반응식으로 가장 적합한 것은? ★★

① $N + NH_3 \rightarrow N_2 + 1.5H_2$
② $N_2 + O_5 \rightarrow 2NO + 1.5O_2$
③ $CH + N_2 \rightarrow HCN + N$
④ $N + N \rightarrow N_2$

✔ Prompt NO_x는 화염면 근처에서 순식간에 발생되는 열적 NO_x로 주로 탄화수소(CH) 연료에서 발생된다.

29 프로판 $1Sm^3$를 공기비 1.3으로 완전연소시킬 경우, 발생되는 건조연소가스량(Sm^3)은 얼마인가? ★★★

① 약 23.7 ② 약 26.4
③ 약 28.9 ④ 약 33.7

✔ $C_3H_8 + 5O_2 \rightarrow 3CO_2 + 4H_2O + 0.79A_o$

    1   5   3

$A_o = O_o / 0.21 = 5/0.21 = 23.81$

$G_{od} = 3 + 0.79 \times 23.81$

     $= 21.81$

$\therefore G_d = G_{od} + (m-1)A_o$

     $= 21.81 + (1.3-1) \times 23.81$

     $= 28.953$

30 다음 설명에 해당하는 기체연료는?   ★

> 고온으로 가열된 무연탄이나 코크스 등에 수증기를 반응시켜 얻은 기체연료이며, 반응식은 아래와 같다.
> - $C + H_2O \rightarrow CO + H_2 + Q$
> - $C + 2H_2O \rightarrow CO_2 + 2H_2 + Q$

① 수성가스   ② 고로가스

③ 오일가스   ④ 발생로가스

✔ **[Plus 이론학습]**
수성가스의 성분비는 수소 49%, 일산화탄소 42%, 이산화탄소 4%, 질소 4.5%, 메탄 0.5%로 되어 있다. 비중은 0.534, 총 발열량은 약 2,800kcal/m^{3}이다.

31 고체연료 연소장치 중 하급식 연소방법으로 연소과정이 미착화탄 → 산화층 → 환원층 → 회층으로 변하여 연소되고, 연료층을 항상 균일하게 제어할 수 있으며, 저품질 연료도 유효하게 연소시킬 수 있어 쓰레기 소각로에 많이 이용되는 화격자 연소장치로 가장 적합한 것은?   ★

① 포트식 스토커(pot stoker)

② 플라스마 스토커(plasma stoker)

③ 로터리 킬른(rotary kiln)

④ 체인 스토커(chain stoker)

32 다음 중 착화온도에 관한 설명으로 옳지 않은 것은?   ★★★

① 반응활성도가 클수록 높아진다.

② 분자구조가 간단할수록 높아진다.

③ 산소농도가 클수록 낮아진다.

④ 발열량이 낮을수록 높아진다.

✔ 반응활성도가 클수록 착화온도는 낮아진다.

33 Propane 1Sm^{3}를 연소시킬 경우 이론건조연소가스 중의 탄산가스 최대농도(%)는?

① 12.8%   ② 13.8%

③ 14.8%   ④ 15.8%

✔ $C_3H_8 + 5O_2 \rightarrow 3CO_2 + 4H_2O + 0.79A_o$

    1   5   3

$A_o = O_o / 0.21 = 5/0.21 = 23.81$

$G_{od} = 3 + 0.79 \times 23.81 = 21.81$

$\therefore (CO_2)_{max} = 3/21.81 \times 100 = 13.75\%$

34 석탄의 탄화도 증가에 따른 특성으로 가장 거리가 먼 것은?   ★★★

① 연소속도가 커진다.

② 수분 및 휘발분이 감소한다.

③ 산소의 양이 줄어든다.

④ 발열량이 증가한다.

✔ 석탄의 탄화도가 증가하면 연소속도가 작아진다.

35 확산형 가스버너인 포트형 사용 및 설계 시의 주의사항으로 옳지 않은 것은?   ★

① 구조상 가스와 공기압을 높이지 못한 경우에 사용한다.

② 가스와 공기를 함께 가열할 수 있는 이점이 있다.

③ 고발열량 탄화수소를 사용할 경우는 가스압력을 이용하여 노즐로부터 고속으로 분출케 하여 그 힘으로 공기를 흡인하는 방식을 취한다.

④ 밀도가 큰 가스 출구는 하부에, 밀도가 작은 공기 출구는 상부에 배치되도록 하여 양쪽의 밀도차에 의한 혼합이 잘 되도록 한다.

✔ 밀도가 큰 공기는 출구 상부에, 밀도가 작은 가스의 출구는 하부에 배치한다.

36 다음 중 유동층 연소로의 특성과 거리가 먼 것은 어느 것인가? ★★

① 유동층을 형성하는 분체와 공기와의 접촉면적이 크다.
② 격심한 입자의 운동으로 층 내가 균일온도로 유지된다.
③ 석탄연소 시 미연소된 char가 배출될 수 있으므로 재연소장치에서의 연소가 필요하다.
④ 부하변동에 따른 적응력이 높다.

✔ 부하변동에 따른 적응력이 좋지 않다.

37 다음 각종 연료의 이론공기량의 개략치 값(Sm^3/kg)으로 가장 거리가 먼 것은 어느 것인가? ★★

① 코크스 : 0.8~1.2
② 고로가스 : 0.7~0.9
③ 발생로가스 : 0.9~1.2
④ 가솔린 : 11.3~11.5

✔ 코크스는 8.0~8.7이다.

38 고압기류 분무식 버너에 관한 설명으로 옳지 않은 것은? ★★★

① 연료분사범위는 외부혼합식이 3~500L/hr, 내부혼합식이 10~1,200L/hr 정도이다.
② 분무각도는 30~60° 정도이고, 유량조절비는 1 : 5로 비교적 커서 부하변동에 적응이 용이하다.
③ 2~8kg/cm^2의 고압공기를 사용하여 연료유를 무화시키는 방식이다.
④ 분무에 필요한 1차 공기량은 이론연소공기량의 7~12% 정도이다.

✔ 유량조절비는 1 : 10이며, 분무각도는 20~30° 정도이다.

39 $C_{18}H_{20}$ 1.5kg을 완전연소시킬 때 필요한 이론공기량(Sm^3)은? ★★★

① 10.4
② 11.5
③ 12.6
④ 15.6

✔ $C_{18}H_{20} + (18+20/4)O_2 \rightarrow 18CO_2 + 20/2H_2O$
236kg : 23×22.4m^3
1.5kg : x
$x = O_o = 1.5 \times (23 \times 22.4)/236 = 3.275m^3$
$\therefore A_o = O_o/0.21 = 3.275/0.21 = 15.6m^3$

40 다음의 액체탄화수소 중 탄소수가 가장 적고, 비점이 30~200℃, 비중이 0.72~0.76 정도인 것은? ★

① 중유
② 경유
③ 등유
④ 휘발유

✔ 휘발유는 상온에서 쉽게 증발하는 성질이 있고, 인화성도 매우 좋다. 끓는점은 30~140℃이며, 비중은 0.72~0.76이다.

제2과목 | 연소공학

2018년 제4회 대기환경기사

21 다음 중 각종 연료의 $(CO_2)_{max}(\%)$로 거리가 먼 것은 어느 것인가?

① 탄소 : 10.5~11.0%

② 코크스 : 20.0~20.5%

③ 역청탄 : 18.5~19.0%

④ 고로가스 : 24.0~25.0%

✔ 탄소의 $(CO_2)_{max}(\%)$는 약 21%이다.

22 기체연료의 특징과 거리가 먼 것은? ★★★

① 저장이 용이, 시설비가 적게 든다.

② 점화 및 소화가 간단하다.

③ 부하의 변동범위가 넓다.

④ 연소 조절이 용이하다.

✔ 기체연료는 저장이 어렵고, 시설비가 많이 든다.

23 기체연료의 종류 중 액화석유가스에 관한 설명으로 가장 거리가 먼 것은? ★★★

① LPG라 하며, 가정, 업무용으로 많이 사용되어 온 석유계 탄화수소가스이다.

② 1기압 하에서 −168℃ 정도로 냉각하여 액화시킨 연료이다.

③ 탄수소가 3~4개까지 포함되는 탄화수소류가 주성분이다.

④ 대부분 석유정제 시 부산물로 얻어진다.

✔ 액화석유가스는 유전에서 원유를 채취하거나 원유 정제 시 나오는 탄화수소가스를 비교적 낮은 압력(6~7kg/cm²)을 가하여 냉각 액화시킨 것이다.

24 메탄을 이론공기로 완전연소할 때 부피를 기준으로 한 공연비(AFR)는 얼마인가? ★★★

① 6.84　　② 7.68

③ 9.52　　④ 11.58

✔ $CH_4 + 2O_2 \rightarrow CO_2 + 2H_2O$

1 : 2

$A_o = O_o/0.21 = 2/0.21 = 9.52$

∴ 메탄의 공연비 = 9.52/1 = 9.52

25 불꽃 점화기관에서의 연소과정 중 생기는 노킹현상을 효과적으로 방지하기 위한 기관 구조에 대한 설명으로 가장 거리가 먼 것은?

① 말단가스를 고온으로 하기 위한 산화촉매 시스템을 사용한다.

② 연소실을 구형(circular type)으로 한다.

③ 점화플러그는 연소실 중심에 부착시킨다.

④ 난류를 증가시키기 위해 난류생성 pot를 부착시킨다.

✔ 산화촉매시스템은 CO, HC를 저감시키는 장치로 고온을 만들기 위한 장치가 아니다.

26 다음 중 연소 시 발생하는 매연 또는 그을음 생성에 미치는 인자 등에 대한 설명으로 옳지 않은 것은? ★★

① 산화하기 쉬운 탄화수소는 매연 발생이 적다.

② 탈수소가 용이한 연료일수록 매연이 잘 생기지 않는다.

③ 일반적으로 탄수소비(C/H)가 클수록 매연이 생기기 쉽다.

④ 중합 및 고리화합물 등이 매연이 잘 생긴다.

✔ 탈수소가 용이한 연료일수록 매연이 생기기 쉽다.

27 다음 중 연료의 연소 시 질소산화물(NO_x)의 발생을 줄이는 방법으로 가장 거리가 먼 것은 어느 것인가? ★★★

① 예열연소　　② 2단연소

③ 저산소연소　　④ 배가스 재순환

✔ 연소단계에서의 질소산화물 저감방법은 2단연소, 저산소연소, 배가스 재순환, 저NO_x 버너 등이 있다.

28 화격자 연소 중 상부투입 연소(over feeding firing)에서 일반적인 층의 구성순서로 가장 적합한 것은? (단, 상부 → 하부)　★★

① 석탄층 → 건류층 → 환원층 → 산화층 → 재층 → 화격자

② 화격자 → 석탄층 → 건류층 → 산화층 → 환원층 → 재층

③ 석탄층 → 건류층 → 산화층 → 환원층 → 재층 → 화격자

④ 화격자 → 건류층 → 석탄층 → 환원층 → 산화층 → 재층

29 3.0% 황을 함유하는 중유를 매시 2,000kg 연소할 때 생기는 황산화물(SO_2)의 이론량(Sm^3/hr)은 얼마인가? (단, 중유 중 황은 전량 SO_2로 배출됨.)　★★★

① 42　　　　　② 66

③ 84　　　　　④ 105

✔ $S \quad + O_2 \rightarrow SO_2$
　32　　　　: 22.4
　$1000 \times s$: x
　∴ $x = 42kg$

30 프로판(C_3H_8) $1Sm^3$를 완전연소하였을 때, 건 연소가스 중의 CO_2가 8%(V/V%)였다. 공기 과잉계수 m은 얼마인가?

① 1.32

② 1.43

③ 1.52

④ 1.66

✔ $C_3H_8 + 5O_2 \rightarrow 3CO_2 + 4H_2O$
　$CO_2(\%) = 3/G_d \times 100$
　$8 = 3/G_d \times 100$, $G_d = 37.5$
　$A_o = O_o/0.21 = 5/0.21 = 23.8$
　$G_{od} = 3 + 0.79A_o = 3 + 0.79 \times 23.8 = 21.8$
　$G_d = G_{od} + (m-1)A_o$
　$37.5 = 21.8 + (m-1) \times 23.8$
　∴ $m = 1.66$

31 $A(g) \rightarrow$ 생성물 반응에서 그 반감기가 $0.693/k$ 인 반응은? (단, k는 반응속도상수)　★★★

① 0차 반응

② 1차 반응

③ 2차 반응

④ 3차 반응

✔ 1차 반응은 오직 하나의 반응물의 농도에 따라 달라진다. 1차 반응식, $-\dfrac{d[A]}{dt} = -k[A]$, 반감기는 시작농도와 무관하며 $t1/2 = \dfrac{\ln(2)}{k} = \dfrac{0.693}{k}$ 에 의해 주어진다.

32 프로판의 고위발열량이 20,000kcal/Sm^3라면 저위발열량(kcal/Sm^3)은?　★★★

① 17,040　　　② 17,620

③ 18,080　　　④ 18,830

✔ $Hl = Hh - 480 \times$ 수분량
　$C_3H_8 + 5O_2 \rightarrow 3CO_2 + 4H_2O$
　∴ $Hl = 20,000 - 480 \times 4$
　　 $= 18,080kcal/Sm^3$

33 석탄의 탄화도와 관련된 설명으로 거리가 먼 것은?　★★★

① 탄화도가 클수록 고정탄소가 많아져 발열량이 커진다.

② 탄화도가 클수록 휘발분이 감소하고 착화온도가 높아진다.

③ 탄화도가 클수록 연소속도가 빨라진다.

④ 탄화도가 클수록 연료비가 증가한다.

✔ 탄화도가 클수록 연소속도가 느려진다.

34 화염으로부터 열을 받으면 가연성 증기가 발생하는 연소로서 휘발유, 등유, 알코올, 벤젠 등의 액체연료의 연소형태는?　★★★

① 증발연소　　　② 자기연소

③ 표면연소　　　④ 발화연소

✔ 액체연료의 주 연소방식은 증발연소이다.

35 기체연료의 연소장치 및 연소방식에 관한 설명으로 옳지 않은 것은? ★★

① 확산연소는 주로 탄화수소가 적은 발생가스, 고로가스에 적용되는 연소방식이고, 천연가스에도 사용될 수 있다.

② 확산연소에 사용되는 버너 중 포트형은 기체연료와 공기를 다 같이 고온으로 예열할 수 있다.

③ 예혼합연소는 화염온도가 높아 연소부하가 큰 경우에 사용되며, 화염길이가 길고, 그을음 생성이 많다.

④ 예혼합연소에 사용되는 고압버너는 기체연료의 압력을 $2kg/cm^2$ 이상으로 공급하므로 연소실 내의 압력은 정압이다.

✔ 예혼합연소는 화염의 길이가 짧고, 그을음 생성량이 적다.

36 최적 연소부하율이 $100,000kcal/m^3 \cdot hr$인 연소로를 설계하여 발열량이 $5,000kcal/kg$인 석탄을 $200kg/hr$로 연소하고자 한다면 이때 필요한 연소로의 연소실 용적은? (단, 열효율은 100%이다.) ★★

① $200m^3$
② $100m^3$
③ $20m^3$
④ $10m^3$

✔ $5,000kcal/kg \times 200kg/hr \div 100,000kcal/m^3 \cdot hr$
$= 10m^3$

37 C 85%, H 7%, O 5%, S 3%인 중유의 이론적인 $(CO_2)_{max}(\%)$ 값은? ★

① 9.6
② 12.6
③ 17.6
④ 20.6

✔ $O_o = 1.867 \times 0.85 + 5.6 \times (0.07 - 0.05/8) + 0.7 \times 0.03$
$= 1.965$
$A_o = O_o / 0.21 = 9.36$
$G_{od} = A_o - 5.6H + 0.7O + 0.8N$
$= 9.36 - 5.6 \times 0.07 + 0.7 \times 0.05$
$= 9$
$\therefore (CO_2)_{max} = 1.867C / G_{od} \times 100$
$= (1.867 \times 0.85)/9 \times 100$
$= 17.6\%$

38 다음 중 가연성 가스의 폭발범위와 위험성에 대한 설명으로 가장 거리가 먼 것은 어느 것인가? ★★

① 하한값은 낮을수록, 상한값은 높을수록 위험하다.

② 폭발범위가 넓을수록 위험하다.

③ 온도와 압력이 낮을수록 위험하다.

④ 불연성 가스를 첨가하면 폭발범위가 좁아진다.

✔ 온도와 압력이 높을수록 위험하다.

39 다음 중 연료에 관한 설명으로 가장 거리가 먼 것은? ★★

① 연료비는 탄화도의 정도를 나타내는 지수로서, 고정탄소/휘발분으로 계산된다.

② 석유계 액체연료는 고위발열량이 10,000~12,000kcal/kg 정도이고, 메탄올과 같이 산소를 함유한 연료의 경우 발열량은 일반 석유계 액체연료보다 높아진다.

③ 일산화탄소의 고위발열량은 $3,000kcal/Sm^3$ 정도이며, 프로판과 부탄보다는 발열량이 낮다.

④ LPG는 상온에서 압력을 주면 용이하게 액화되는 석유계의 탄화수소를 말한다.

✔ 메탄올과 같이 산소를 함유한 연료의 경우 발열량은 일반 석유계 액체연료보다 낮아진다.

40 다음 중 시간당 1ton의 석탄을 연소시킬 때 발생하는 SO_2는 $0.31Sm^3/min$이었다. 이 석탄의 황함유량(%)은? (단, 표준상태를 기준으로 하고, 석탄 중의 황 성분은 연소하여 전량 SO_2가 된다.) ★★★

① 2.66%　　② 2.97%

③ 3.12%　　④ 3.40%

✔ $S+O_2 \rightarrow SO_2$
　32　　 : 22.4
　1,000×S : x
　$x=1,000/60×S×22.4/32=0.31$
　∴ S=2.66%

2019년 제1회 대기환경기사

21 미분탄 연소장치에 관한 설명으로 옳지 않은 것은? ★★★

① 설비비와 유지비가 많이 들고, 재의 비산이 많아 집진장치가 필요하다.

② 부하변동의 적응이 어려워 대형과 대용량 설비에는 적합하지 않다.

③ 연소제어가 용이하고, 점화 및 소화 시 손실이 적다.

④ 스토커 연소에 적합하지 않은 점결탄과 저발열량탄 등도 사용할 수 있다.

✔ 미분탄 연소장치는 부하변동에 쉽게 적용할 수 있으므로 대형과 대용량 설비에 적합하다.

22 다음 중 연소와 관련된 설명으로 가장 적합한 것은? ★★★

① 공연비는 예혼합연소에 있어서의 공기와 연료의 질량비(또는 부피비)이다.

② 등가비가 1보다 큰 경우, 공기가 과잉인 경우로 열손실이 많아진다.

③ 등가비와 공기비는 상호 비례관계에 있다.

④ 최대탄산가스량(%)은 실제건조연소가스량을 기준으로 한 최대탄산가스의 용적백분율이다.

✔ ② 등가비>1인 경우 연료 과잉이다.
　③ 등가비와 공기비는 상호 반비례관계에 있다.
　④ 최대탄산가스량(%)은 이론건조연소가스량을 기준으로 한 최대탄산가스의 용적백분율이다.

23 분자식 $C_m H_n$인 탄화수소 $1Sm^3$를 완전연소 시 이론공기량이 $19Sm^3$인 것은? ★★★

① C_2H_4　　　　② C_2H_2

③ C_3H_8　　　　④ C_3H_4

❷ $C_3H_4 + (3 + 4/4)O_2 \rightarrow 3CO_2 + 2H_2O$
　　1　：　4
$O_o = 4$, $A_o = 4/0.21 = 19$

24 유류버너 중 회전식 버너에 관한 설명으로 옳지 않은 것은? ★★★

① 연료유의 점도가 작을수록 분무화 입경이 작아진다.

② 분무는 기계적 원심력과 공기를 이용한다.

③ 유압식 버너에 비하여 연료유의 분무화 입경이 1/10 이하로 매우 작다.

④ 분무각도는 40~80° 정도로 크며, 유량조절범위도 1 : 5 정도로 비교적 큰 편이다.

❷ 유압식 버너에 비해 연료유의 분무화 입경은 비교적 크다.

25 액화석유가스(LPG)에 관한 설명으로 옳지 않은 것은? ★★★

① 비중이 공기보다 작고, 상온에서 액화되지 않는다.

② 액체에서 기체로 될 때 증발열이 발생한다.

③ 프로판과 부탄을 주성분으로 하는 혼합물이다.

④ 발열량이 20,000~30,000kcal/Sm³ 정도로 높다.

❷ LPG의 비중은 공기보다 무겁다.

26 탄소, 수소의 중량 조성이 각각 86%, 14%인 액체연료를 매시 30kg 연소한 경우 배기가스의 분석치가 CO_2 12.5%, O_2 3.5%, N_2 84%라면 매시간 필요한 공기량(Sm³/hr)은? ★

① 약 794　　　　② 약 675

③ 약 591　　　　④ 약 406

❷ $O_o = 1.867C + 5.6(H - O/8) + 0.7S$
　　$= 1.867 \times 0.86 + 5.6 \times 0.14$
　　$= 2.39$
$A_o = O_o/0.21 = 2.39/0.21 = 11.38Sm^3/kg$

$CO_2 = 1.867C/G_d$, $0.125 = 1.867 \times 0.86/G_d$

$G_d = 12.84$

$G_d = mA_o - 5.6H + 0.7O + 0.8N$

$12.84 = 11.38 \times m - 5.6 \times 0.14$

$m = 1.19$

$A = mA_o = 1.19 \times 11.38 = 13.54$

∴ $13.54m^3/kg \times 30kg/hr = 406.2Sm^3/hr$

27 기체연료의 일반적 특징으로 가장 거리가 먼 것은? ★★★

① 저발열량의 것으로 고온을 얻을 수 있다.

② 연소효율이 높고 검댕이 거의 발생하지 않으나, 많은 과잉공기가 소모된다.

③ 저장이 곤란하고, 시설비가 많이 드는 편이다.

④ 연료 속에 황이 포함되지 않은 것이 많고, 연소조절이 용이하다.

❷ 기체연료는 석탄이나 석유에 비하여 과잉공기 소모량이 적다.

28 다음 중 연소의 종류에 관한 설명으로 옳지 않은 것은? ★★

① 포트액면연소는 액면에서 증발한 연료가스 주위를 흐르는 공기와 혼합하면서 연소하는 것으로 연소속도는 주위 공기의 흐름속도에 거의 비례하여 증가한다.

② 심지연소는 공급공기의 유속이 낮을수록, 공기의 온도가 높을수록 화염의 높이는 높아진다.

③ 증발연소는 일반적으로 가정용 석유스토브, 보일러 등 연료가 경질유이며, 소형인 것에 사용된다.

④ 분무연소는 연소장치를 작게 할 수 있는 장점은 있으나, 고부하의 연소는 불가능하다.

❷ 분무연소는 연소장치를 작게 할 수 있고, 고부하 연소가 가능하다.

29 과잉공기가 지나칠 때 나타나는 현상으로 거리가 먼 것은? ★★★

① 연소실 내의 온도가 저하된다.

② 배기가스에 의한 열손실이 증가된다.

③ 배기가스의 온도가 높아지고, 매연이 증가한다.

④ 열효율이 감소되고, 배기가스 중 NO_x 증가의 가능성이 있다.

✔ 과잉공기가 지나칠 때는 배기가스의 온도가 낮아지고, 매연이 감소한다.

30 다음 중 저온부식의 원인과 대책에 관한 설명으로 가장 거리가 먼 것은? ★★

① 연소가스 온도를 산노점 온도보다 높게 유지해야 한다.

② 예열공기를 사용하거나 보온시공을 한다.

③ 저온부식이 일어날 수 있는 금속표면은 피복을 한다.

④ 250℃ 이상의 전열면에 응축하는 황산, 질산 등에 의하여 발생된다.

✔ 저온부식은 150℃ 이하의 전열면에 응축하는 산성염에 의해 발생된다.

31 다음 중 착화온도에 관한 설명으로 옳지 않은 것은? ★★★

① 휘발성분이 적고 고정탄소량이 많을수록 높아진다.

② 반응 활성도가 작을수록 낮아진다.

③ 석탄의 탄화도가 증가하면 높아진다.

④ 공기의 산소농도가 높아지면 낮아진다.

✔ 반응 활성도가 높을수록 낮아진다.

32 다음 기체연료 중 고위발열량(kJ/mol)이 가장 큰 것은? (단, 25℃, 1atm을 기준으로 한다.)

① carbon monoxide

② methane

③ ethane

④ n−pentane

✔ ① 일산화탄소 : 284kJ/mol
② 메탄 : 897kJ/mol
③ 에탄 : 1,584kJ/mol
④ n−펜탄 : 3,531kJ/mol

33 다음 조건에서의 메탄의 이론연소온도는? (단, 메탄, 공기는 25℃에서 공급되며, CO_2, $H_2O(g)$, N_2의 평균정압 몰비열(상온~2,100℃)은 각각 13.1, 10.5, 8.0kcal/kmol · ℃이고, 메탄의 저위발열량은 8,600kcal/Sm^3이다.)

① 약 1,870℃   ② 약 2,070℃
③ 약 2,470℃   ④ 약 2,870℃

✔ $t_1 = (H_1/(G_{ow} \times C_p)) + t_2$ (℃)
여기서, H_1 : 연료의 저위발열량(kcal/kg 또는 kcal/Sm^3)
$\quad\quad C_{ow}$: 이론습연소가스량(Sm^3/kg 또는 Sm^3/Sm^3)
$\quad\quad C_p$: G_{ow}의 평균정압비열(kcal/Sm^3 · ℃)
$\quad\quad t_1$: 연소온도(℃)
$\quad\quad t_2$: 실제온도, 즉 연소용 공기 및 연료의 공급 온도(℃)
$CH_4 + 2O_2 \rightarrow CO_2 + 2H_2O$ + 이론적 질소량
$\quad$ 1 : 2 : 1 : 2 : 0.79A_o
$\quad\quad\quad\quad\quad$ 9.5% 19% 71.5%
$A_o = 2/0.21 = 9.5$, 이론적 질소량 = 0.79A_o = 7.5
$G_{ow} = 1 + 2 + 7.5 = 10.5$
CO_2의 $C_p = 13.1$kcal/kmol · ℃ = 0.59kcal/Sm^3 · ℃
$H_2O(g)$의 $C_p = 10.5$kcal/kmol · ℃ = 0.47kcal/Sm^3 · ℃
N_2의 $C_p = 8.0$kcal/kmol · ℃ = 0.36kcal/Sm^3 · ℃
G_{ow}의 $C_p = 0.59 \times 0.095 + 0.47 \times 0.19 + 0.36 \times 0.715$
$\quad\quad = 0.40$
$\therefore t_1 = (H_1/(G_{ow} \times C_p)) + t_2$
$\quad\quad = (8,600/(10.5 \times 0.4)) + 25$
$\quad\quad = 2,072$℃

34 탄소 85%, 수소 15%의 구성비를 갖는 중유를 연소할 때 $(CO_2)_{max}$(%)는 얼마인가? (단, 공기비는 1.10이다.) ★

① 11.6%   ② 13.4%
③ 14.8%   ④ 16.4%

$O_o = 1.867C + 5.6(H - O/8) + 0.7S$

$\quad = 1.867 \times 0.85 + 5.6 \times 0.15$

$\quad = 2.43$

$A_o = 2.43/0.21 = 11.57$

$G_{od} = A_o - 5.6H + 0.7O + 0.8N$

$\quad = 11.57 - 5.6 \times 0.15$

$\quad = 10.73$

$\therefore (CO_2)_{max}(\%) = 1.867C/G_{od} \times 100$

$\quad = 1.867 \times 0.85/10.73 \times 100$

$\quad = 14.8\%$

35 수소, 수분 8%, 2%가 포함된 고체연료의 고위발열량이 8,000kcal/kg일 때 이 연료의 저위발열량은? ★★★

① 7,984kcal/kg

② 7,779kcal/kg

③ 7,556kcal/kg

④ 6,835kcal/kg

✔ $Hl = Hh - 600(9H + W)$

$\quad = 8,000 - 600 \times (9 \times 0.08 + 0.02)$

$\quad = 8,000 - 444$

$\quad = 7,556\text{kcal/kg}$

36 연료 연소 시 매연 발생에 관한 설명으로 옳지 않은 것은? ★★★

① 연료의 C/H 비율이 클수록 매연이 발생하기 쉽다.

② 중합 및 고리화합물 등과 같이 반응이 일어나기 쉬운 탄화수소일수록 매연 발생이 적다.

③ 분해하기 쉽거나 산화하기 쉬운 탄화수소는 매연 발생이 적다.

④ 탄소결합을 절단하기보다는 탈수소가 쉬운 쪽이 매연이 발생하기 쉽다.

✔ 탈수소, 중합 및 고리화합물 등과 같은 반응이 일어나기 쉬운 탄화수소일수록 매연이 잘 생긴다.

37 다음 연료별 이론공기량(A_o, Sm^3/Sm^3)이 가장 큰 것은? ★

① 석탄가스

② 발생로가스

③ 탄소

④ 고로가스

✔ ① 석탄가스 : 4.5~5.5

② 발생로가스 : 0.9~1.2

③ 탄소 : 8.9

④ 고로가스 : 0.6~8.0

38 화학반응속도는 일반적으로 Arrhenius 식으로 표현된다. 어떤 반응에서 화학반응상수가 27℃일 때에 비하여 77℃일 때 3배가 되었다면 이 화학반응의 활성화에너지는?

① 2.3kcal/mol

② 4.6kcal/mol

③ 6.9kcal/mol

④ 13.2kcal/mol

✔ 아레니우스 방정식은 화학반응 내에서 절대온도, 빈도인자 및 반응 내 다른 상수에 대한 속도상수의 의존성을 나타낸다.

$k = Ae^{\left(\frac{-E_a}{RT}\right)}$

$\ln k = (-E_a/R)/T + \ln A$

여기서, k : 비례상수

$\quad T$: 절대온도

$\quad A$: 빈도인자

$\quad E_a$: 활성화에너지

$\quad R = 1.987\text{cal/mol} \cdot K$

$\ln 3 = \dfrac{E_a}{R} \times \left(\dfrac{1}{300} - \dfrac{1}{350}\right)$, $1.1 = \dfrac{E_a}{1.987} \times 0.000476$

$\therefore E_a = 4,590\text{cal/mol} = 4.6\text{kcal/mol}$

39 다음 연료 중 착화온도가 가장 높은 것은 어느 것인가? ★

① 천연가스

② 황

③ 중유

④ 휘발유

✔ ① 천연가스 : 540

② 황 : 360

③ 중유 : 300~450

④ 휘발유 : 300

40 탄소 84.0%, 수소 13.0%, 황 2.0%, 질소 1.0%의 조성을 가진 중유 1kg당 15Sm^{3}의 공기로 완전연소할 경우 습배출가스 중 SO_2의 농도(ppm)는? (단, 표준상태 기준, 중유 중의 황성분은 모두 SO_2로 된다.) ★★

① 약 680ppm ② 약 735ppm
③ 약 800ppm ④ 약 890ppm

✅ $O_o = 1.867C + 5.6(H - O/8) + 0.7S$
$\quad = 1.867 \times 0.84 + 5.6 \times 0.13 + 0.7 \times 0.02$
$\quad = 2.31$
$A_o = 2.31/0.21 = 11$
$G_w = mA_o + 5.6H + 0.7O + 0.8N + 1.24W$
$\quad = 15 + 5.6 \times 0.13 + 0.8 \times 0.01$
$\quad = 15.736$
$\therefore SO_2 = 0.7S/G_w \times 10^6$
$\quad = 0.7 \times 0.02/15.736 \times 10^6$
$\quad = 889.7ppm$

2019년 제2회 대기환경기사

21 중유의 특성에 관한 설명으로 가장 거리가 먼 것은? ★★★

① 중유는 비중이 클수록 유동점, 점도가 증가한다.
② 중유는 인화점이 150℃ 이상으로 이 온도 이하에서는 인화의 위험이 적다.
③ 중유의 잔류탄소 함량은 일반적으로 7~16% 정도이다.
④ 점도가 낮은 것은 일반적으로 낮은 비점의 탄화수소를 함유하다.

✅ 중유의 인화점은 40℃(104℉) 정도이며, 등유나 경유, 특히 휘발유에 비해 증발하기 어렵다.

22 공기를 사용하여 propane을 완전연소시킬 때 건조연소가스 중의 $(CO_2)_{max}$(%)는? ★★

① 13.76
② 17.76
③ 18.25
④ 22.85

✅ $C_3H_8 + 5O_2 \rightarrow 3CO_2 + 4H_2O +$ 이론적 질소량$(0.79A_o)$
$\quad 1\ :\ 5\ :\ \ \ 3\ :\ 4$
$A_o = O_o/0.21 = 5/0.21 = 23.81$
$G_d = 3 + 0.79A_o = 3 + 0.79 \times 23.81 = 21.81$
$\therefore (CO_2)_{max} = \dfrac{CO_2}{G_d} \times 100 = 3/21.81 = 13.76\%$

23 착화점의 설명으로 옳지 않은 것은? ★★★

① 화학적으로 발열량이 적을수록 착화점은 낮다.
② 화학결합의 활성도가 클수록 착화점은 낮다.
③ 분자구조가 복잡할수록 착화점은 낮다.
④ 산소 농도가 클수록 착화점은 낮다.

✅ 발열량이 클수록 착화온도(착화점)는 낮아진다.

24 화학반응속도 및 반응속도상수에 관한 설명으로 옳지 않은 것은? ★

① 1차 반응에서 반응속도상수의 단위는 s^{-1}이다.

② 반응물의 농도가 무제한 증가할지라도 반응속도에는 영향을 미치지 않는 반응을 0차 반응이라 한다.

③ 화학반응속도론에서 반응속도상수 결정에 활성화에너지가 가장 주요한 영향인자로 작용하며, 넓은 온도범위에 걸쳐 유효하게 적용된다.

④ 반응속도상수는 온도에 영향을 받는다.

✔ 반응속도, $r = k(T)[A]_m[B]_n$, $k(T)$는 온도에 의존하는 상수, $K(T) = Ae^{\left(\frac{-E_a}{RT}\right)}$이다.
활성화에너지는 하나의 영향인자로 작용하며, 정해진 온도에서 유효하게 적용된다.
1차 반응에서의 반응속도상수의 단위는 s^{-1}이다

25 다음 중 석유류의 물성에 관한 설명으로 옳지 않은 것은? ★★

① 비중이 커지면 화염의 휘도가 커지며 점도가 증가한다.

② 증기압이 크면 인화점 및 착화점이 높아져서 안전하지만 연소효율은 저하된다.

③ 점도가 낮아지면 인화점이 낮아지고 연소가 잘 된다.

④ 유체온도를 서서히 냉각하였을 때 유체가 유동할 수 있는 최저온도를 유동점이라 하는데, 일반적으로 응고점보다 2.5℃ 높은 온도를 유동점이라 한다.

✔ 증기압이 큰 것은 인화점 및 착화점이 낮아서 위험하다.

26 다음 중 기체연료 연소장치에 해당하지 않는 것은? ★

① 송풍 버너　　② 선회 버너

③ 방사형 버너　　④ 로터리 버너

✔ 로터리 버너는 액체연료 연소장치이다.

27 용적 $100m^3$의 밀폐된 실내에서 황 함량 0.01%인 등유 200g을 완전연소시킬 때 실내의 평균 SO_2 농도(ppb)는? (단, 표준상태를 기준으로 하고, 황은 전량 SO_2로 전환된다.) ★

① 140

② 240

③ 430

④ 570

✔ S　　　　　$+ \rightarrow SO_2$
32　　　　 : 22.4
$0.2 \times 0.01/100$　 : x
$x = 0.2 \times 0.01/100 \times 22.4/32 = 0.000014m^3$
∴ $SO_2 = 0.000014/100m^3 \times 10^9 = 140ppb$

28 탄화도의 증가에 따른 연소특성의 변화에 대한 설명으로 옳지 않은 것은? ★★★

① 착화온도는 상승한다.

② 발열량은 증가한다.

③ 산소의 양이 줄어든다.

④ 연료비(고정탄소%/휘발분%)는 감소한다.

✔ 탄화도가 증가하면 연료비는 증가한다.

29 다음 중 연료 연소 시 공기비가 이론치보다 작을 때 나타나는 현상으로 가장 적합한 것은 어느 것인가? ★★★

① 완전연소로 연소실 내의 열손실이 작아진다.

② 배출가스 중 일산화탄소의 양이 많아진다.

③ 연소실 벽에 미연탄화물 부착이 줄어든다.

④ 연소효율이 증가하여 배출가스의 온도가 불규칙하게 증가 및 감소를 반복한다.

✔ 공기비가 이론치보다 작을 때는 불완전연소가 발생하여 일산화탄소 양이 많아진다.

30 탄소 85%, 수소 15%된 경유(1kg)를 공기과잉계수 1.1로 연소했더니 탄소 1%가 검댕(그을음)으로 된다. 건조배기가스 $1Sm^3$ 중 검댕의 농도(g/Sm^3)는? ★

① 약 0.72
② 약 0.86
③ 약 1.72
④ 약 1.86

✔ $O_o = 1.867C + 5.6(H-O/8) + 0.7S$
  $= 1.867 \times 0.85 + 5.6 \times 0.15$
  $= 2.43$
  $A_o = O_o/0.21 = 2.43/0.21 = 11.57$
  $A = mA_o = 1.1 \times 11.57 = 12.73$
  $G_d = mA_o - 5.6H + 0.7O + 0.8N$
  $= 12.73 - 5.6 \times 0.15$
  $= 11.89$
  검댕의 양 $= 1kg \times 0.85 \times 0.01 = 0.0085kg$
  ∴ 검댕의 농도 $= 8.5g/11.89m^3 = 0.72g/m^3$

31 다음 연료의 연소 시 이론공기량의 개략치(Sm^3/kg)가 가장 큰 것은? ★

① LPG
② 고로가스
③ 발생로가스
④ 석탄가스

✔ ① LPG : 23
  ② 고로가스 : 0.6~8.0
  ③ 발생로가스 : 0.9~1.2
  ④ 석탄가스 : 4.5~5.5

32 다음 중 유압분무식 버너의 특징과 거리가 먼 것은? ★★★

① 유량조절범위가 1 : 10 정도로 넓어서 부하변동에 적응이 쉽다.
② 연료분사범위는 15~2,000L/h 정도이다.
③ 연료의 점도가 크거나 유압이 $5kg/cm^2$ 이하가 되면 분무화가 불량하다.
④ 구조가 간단하여 유지 및 보수가 용이한 편이다.

✔ 유량조절범위가 좁아 부하변동에 대한 적응성이 어렵다.

33 9,000kcal/kg의 열량을 내는 석탄을 시간당 80kg 연소하는 보일러가 있다. 실제로 이 보일러에서 시간당 흡수된 열량이 600,000kcal라면 이 보일러의 열효율(%)은? ★★

① 66.7
② 75.0
③ 83.3
④ 90.0

✔ $600,000/(9,000 \times 80) \times 100 = 83.3\%$

34 저위발열량이 $7,000kcal/Sm^3$인 가스연료의 이론연소온도(℃)는? (단, 이론연소가스량은 $10m^3/Sm^3$, 연료연소가스의 평균정압비열은 $0.35kcal/Sm^3 \cdot ℃$, 기준온도는 15℃, 지금 공기는 예열되지 않으며, 연소가스는 해리되지 않음.) ★

① 1,515
② 1,825
③ 2,015
④ 2,325

✔ $t_1 = (H_l/(G_{ow} \times C_p)) + t_2$ (℃)
  $= (7,000/(10 \times 0.35)) + 15$
  $= 2,015℃$

35 폐열회수장치가 설치된 소각로의 특징에 관한 설명으로 거리가 먼 것은? (단, 폐열회수를 안 하는 소각로와 비교) ★

① 연소가스 배출 부분과 수증기 보일러관에서 부식의 염려가 없다.
② 열 회수 연소가스의 온도와 부피를 줄일 수 있다.
③ 공기와 연소가스의 양이 비교적 적으므로 용량이 적은 송풍기를 쓸 수 있다.
④ 수증기 생산을 위한 수냉로벽, 보일러 등 설비가 필요하다.

✔ 폐열회수 시 보일러관의 부식이 일어날 수 있다.

36 기체연료의 연소방식과 연소장치에 관한 설명으로 옳지 않은 것은? ★★

① 확산연소는 주로 탄화수소가 적은 발생로가스, 고로가스 등에 적용되는 연소방식이다.

② 예혼합연소는 화염온도가 낮아 국부가열의 염려가 없고, 연소부하가 작은 경우 사용이 가능하며, 화염의 길이가 길다.

③ 저압버너는 역화방지를 위해 1차 공기량을 이론공기량의 약 60% 정도만 흡입하고 2차 공기로는 노 내의 압력을 부압(−)으로 하여 공기를 흡인한다.

④ 예혼합연소에 사용되는 버너에는 저압버너, 고압버너, 송풍버너 등이 있다.

✔ 확산연소는 화염온도가 낮아 국부가열의 염려가 없고, 화염의 길이가 길며, 역화위험이 없다.

37 A 기체연료 $2Sm^3$를 분석한 결과 C_3H_8 $1.7Sm^3$, CO $0.15Sm^3$, H_2 $0.14Sm^3$, O_2 $0.01Sm^3$였다면 이 연료를 완전연소시켰을 때 생성되는 이론습연소가스량(Sm^3)은?

① 약 $41Sm^3$

② 약 $45Sm^3$

③ 약 $52Sm^3$

④ 약 $57Sm^3$

✔ • $C_3H_8 + 5O_2 \rightarrow 3CO_2 + 4H_2O +$ 이론적 질소량
   　1.7　5×1.7　3×1.7 4×1.7　$0.79A_o$
   　$A_o = O_o/0.21 = 5 \times 1.7/0.21 = 40.48$
   　$G_{ow} = 5.1 + 6.8 + 31.98 = 43.88$
 • $CO + 0.5O_2 \rightarrow CO_2 +$ 이론적 질소량
   　0.15　0.5×0.15 0.15　　$0.79A_o$
   　$A_o = O_o/0.21 = 0.5 \times 0.15/0.21 = 0.36$
   　$G_{ow} = 0.15 + 0.284 = 0.434$
 • $H_2 + 0.5O_2 \rightarrow H_2O +$ 이론적 질소량
   　0.14　0.5×0.14 0.14　　$0.79A_o$
   　$A_o = O_o/0.21 = 0.5 \times 0.14/0.21 = 0.33$
   　$G_{ow} = 0.14 + 0.261 = 0.401$
 ∴ 총 $G_{ow} = 43.88 + 0.434 + 0.401 - 0.01$
   　　　$= 44.7 \approx 45Sm^3$

38 미분탄연소의 특징에 관한 설명으로 거리가 먼 것은? ★★★

① 부하변동에 대한 응답성이 좋은 편이어서 대용량의 연소에 적합하다.

② 화격자연소보다 낮은 공기비로서 높은 연소효율을 얻을 수 있다.

③ 분무연소와 상이한 점은 가스화 속도가 빠르고, 화염이 연소실 중앙부에 집중하여 명료한 화염면이 형성된다는 것이다.

④ 석탄의 종류에 따른 탄력성이 부족하고, 노 벽 및 전열면에서 재의 퇴적이 많은 편이다.

✔ 분무연소는 주로 액체연료의 연소에 해당되며, 가스화 속도가 빠르고, 화염이 연소실 중앙부에 집중하여 명료한 화염면이 형성된다는 것이다.

39 CH_4 : 30%, C_2H_6 : 30%, C_3H_8 : 40%인 혼합가스의 폭발범위로 가장 적합한 것은? (단, 르 샤틀리에의 식 적용) ★

> • CH_4 폭발범위 : 5~15%
> • C_2H_6 폭발범위 : 3~12.5%
> • C_3H_8 폭발범위 : 2.1~9.5%

① 약 2.9~11.6%

② 약 3.7~13.8%

③ 약 4.9~14.6%

④ 약 5.8~15.4%

✔ 르 샤틀리에의 원리는 "화학평형 상태에서 농도, 온도, 압력, 부피 등이 변화할 때, 화학평형은 변화를 가능한 상쇄시키는 방향으로 움직인다."이다.
$100/LEL = (V_1/X_1) + (V_2/X_2) + (V_3/X_3)$
여기서, LEL : 폭발하한값(vol%)
　　　　V : 각 성분의 기체체적(%)
　　　　X : 각 기체의 단독폭발 한계치
$100/LEL = (30/5) + (30/3) + (40/2.1) = 35.05$
∴ $LEL = 2.85\%$
$100/LEH = (30/15) + (30/12.5) + (40/9.5) = 8.6$
∴ $LEH = 11.6\%$

40 Butane 2kg을 표준상태에서 완전연소시키는 데 필요한 이론산소의 양(kg)은? ★★★

① 3.59
② 5.02
③ 7.17
④ 11.17

✪ $C_4H_{10} + (4+10/4)O_2 \rightarrow 4CO_2 + 5H_2O$
58 : 6.5×32
2 : x
∴ $x = 2×6.5×32/58 = 7.17kg$

2019년 제4회 대기환경기사

21 화격자 연소로에서 석탄을 연소시킬 경우 화염이동속도에 대한 설명으로 옳지 않은 것은 어느 것인가? ★

① 입경이 작을수록 화염이동속도는 커진다.
② 발열량이 높을수록 화염이동속도는 커진다.
③ 공기온도가 높을수록 화염이동속도는 커진다.
④ 석탄화도가 높을수록 화염이동속도는 커진다.

✪ 석탄화도가 높을수록 화염이동속도는 작아진다.

22 다음 중 연료의 특성에 대한 설명으로 옳은 것은 어느 것인가? ★★

① 석탄의 비중은 탄화도가 진행될수록 작아진다.
② 중유의 비중이 클수록 유동점과 잔류탄소는 감소한다.
③ 중유 중 잔류탄소의 함량이 많아지면 점도가 낮아진다.
④ 메탄은 프로판에 비해 이론공기량이 적다.

✪ 메탄은 $2m^3$, 프로판은 $5m^3$가 필요하다.
$CH_4 + 2O_2 \rightarrow CO_2 + 2H_2O$
$C_3H_8 + 5O_2 \rightarrow 3CO_2 + 4H_2O$

23 정상연소에서 연소속도를 지배하는 요인으로 가장 적합한 것은?

① 연료 중의 불순물 함유량
② 연료 중의 고정탄소량
③ 공기 중의 산소의 확산속도
④ 배출가스 중의 N_2 농도

✪ 연소속도는 공기 중 산소의 확산속도와 가장 관련이 깊다.

24 휘발유, 등유, 알코올, 벤젠 등 액체연료의 연소방식에 해당하는 것은? ★★★

① 자기연소
② 확산연소
③ 증발연소
④ 표면연소

✔ 액체연료는 주로 증발연소가 일어난다.

25 다음은 연료의 분류에 관한 설명이다. ( ) 안에 들어갈 가장 적합한 것은? ★

> ( )는 가솔린과 유사하거나 또는 약간 높은 끓는점 범위의 유분으로 240℃에서 96% 이상이 증류되는 성분을 말하며, 옥탄가가 낮아 직접적으로 내연기관의 연료로 사용될 수 없기 때문에 가솔린에 혼합하거나 석유화학 원료용으로 주로 사용된다.

① 나프타
② 등유
③ 경유
④ 중유

✔ **[Plus 이론학습]**
나프타는 무색에서 적갈색을 띠며, 휘발성, 방향성 액체로서 가솔린과 비슷하다. 또한 나프타는 원유를 증류할 때 35~200℃ 끓는점 범위에서 생성되는 탄화수소 혼합체로 중질가솔린이라고도 한다.

26 다음 중 유동층 연소에 관한 설명으로 거리가 먼 것은? ★★

① 사용연료의 입도범위가 넓기 때문에 연료를 미분쇄할 필요가 없다.
② 비교적 고온에서 연소가 행해지므로 열생성 NO_x가 많고, 전열관의 부식이 문제가 된다.
③ 연료의 층 내 체류시간이 길어 저발열량의 석탄도 완전연소가 가능하다.
④ 유동매체에 석회석 등의 탈황제를 사용하여 노 내 탈황도 가능하다.

✔ 유동층 연소는 비교적 저온에서 연소가 행해지므로 열생성 NO_x(thermal NO_x)가 적게 발생된다.

27 중유 조성이 탄소 87%, 수소 11%, 황 2%였다면 이 중유 연소에 필요한 이론습연소가스량(Sm^3/kg)은? ★★★

① 9.63
② 11.35
③ 13.63
④ 15.62

✔ $O_o = 1.867C + 5.6(H-O/8) + 0.7S$
$= 1.867 \times 0.87 + 5.6 \times (0.11) + 0.7 \times 0.02$
$= 2.257$
$A_o = O_o/0.21 = 10.735$
$G_{ow} = A_o + 5.6H + 0.7O + 0.8N + 1.24W$
$= 10.735 + 5.6 \times 0.11$
$= 11.35$

28 다음 중 목재, 석탄, 타르 등 연소초기에 가연성 가스가 생성되고 긴 화염이 발생되는 연소의 형태는? ★★★

① 표면연소
② 분해연소
③ 증발연소
④ 확산연소

✔ **[Plus 이론학습]**
분해연소는 가열에 의해 열분해가 일어나 휘발성분이 표면에서 떨어져 기상 연소하는 현상이다(목재, 종이, 석탄 등).

29 분무연소기의 자동제어 방법인 시퀀스제어(순차제어, sequential control)에 관한 설명으로 가장 거리가 먼 것은?

① 안전장치가 따로 필요 없다.
② 분무연소기의 자동점화, 자동소화, 연소량 자동제어 등이 행해진다.
③ 화염이 꺼진 경우 화염검출기가 소화를 검출하고 점화플러그를 다시 작동시킨다.
④ 지진에 의해서 감지기가 작동하면 연료 개폐밸브가 닫힌다.

✔ 시퀀스제어(순차제어, sequential control)에도 안전장치는 필요하다.

30 COM(Coal Oil Mixture, 혼탄유) 연소에 관한 설명으로 옳지 않은 것은? ★★

① COM은 주로 석탄과 중유의 혼합연료이다.

② 연소실 내 체류시간의 부족, 분사변의 폐쇄와 마모 등 주의가 요구된다.

③ 재의 처리가 용이하고, 중유전용 보일러의 연료로서 개조 없이 COM을 효율적으로 이용할 수 있다.

④ 중유보다 미립화 특성이 양호하다.

✅ COM은 중유전용 보일러의 연료가 아니기 때문에 보일러를 개조하여 사용해야 효율적이다.

31 다음 중 옥탄가에 대한 설명으로 옳지 않은 것은 어느 것인가? ★

① n-Paraffine에서는 탄소수가 증가할수록 옥탄가는 저하하여 C_7에서 옥탄가는 0이다.

② 방향족 탄화수소의 경우 벤젠고리의 측쇄가 C_3까지는 옥탄가가 증가하지만 그 이상이면 감소한다.

③ Naphthene계는 방향족 탄화수소보다는 옥탄가가 작지만 n-Paraffine계보다는 큰 옥탄가를 가진다.

④ iso-Paraffine에서는 methyl 가지가 적을수록, 중앙에 집중하지 않고 분산될수록 옥탄가가 증가한다.

✅ iso-Paraffine에서는 methyl 가지가 많을수록 옥탄가가 증가한다.

32 내용적 $160m^3$의 밀폐된 실내에서 2.23kg의 부탄을 완전연소할 때, 실내에서의 산소농도(V/V, %)는? (단, 표준상태, 기타 조건은 무시하며, 공기 중 용적산소 비율은 21%)

① 15.6% ② 17.5%
③ 19.4% ④ 20.8%

✅ $C_4H_{10} + (4+10/4)O_2 \rightarrow 4CO_2 + 10/2H_2O$
58kg : 6.5×22.4m^3
2.23kg : x
$x = O_o = 5.6$
최초의 산소량 = 160×0.21 = 33.6
남아 있는 산소량 = 33.6 - 부탄 연소 시 사용된 산소량
= 33.6 - 5.6
= 28
산소 농도(%) = 28/160×100 = 17.5%

33 연소가스 분석결과 CO_2는 17.5%, O_2는 7.5%일 때 $(CO_2)_{max}$(%)는? ★★★

① 19.6 ② 21.6
③ 27.2 ④ 34.8

✅ $(CO_2)_{max} = \dfrac{21(CO_2)}{21-(O_2)} = \dfrac{21 \times 17.5}{21-7.5} = 27.2\%$

34 액체연료의 연소용 버너 중 유량의 조절범위가 일반적으로 가장 큰 것은? ★★★

① 저압기류분무식 버너

② 회전식 버너

③ 고압기류분무식 버너

④ 유압분무식 버너

✅ 고압기류분무식 버너(고압공기식 유류버너)는 유량조절비가 1 : 10으로 넓다.
[Plus 이론학습]
분무각도는 20~30° 정도이다. 또한, 분무각이 작지만 유량조절비가 커서 부하변동에 적응이 용이하다.

35 다음 중 그을음이 잘 발생하기 쉬운 연료 순으로 나열한 것은 어느 것인가? (단, 쉬운 연료>어려운 연료) ★★★

① 타르>중유>석탄가스>LPG

② 석탄가스>LPG>타르>중유

③ 중유>LPG>석탄가스>타르

④ 중유>타르>LPG>석탄가스

✅ 그을름은 고체연료>액체연료>기체연료 순으로 발생되기 쉽다. 타르>중유>석탄가스>LPG 순이다.

36 다음 중 미분탄 연소의 특징으로 거리가 먼 것은 어느 것인가? ★★★

① 스토커 연소에 비해 작은 공기비로 완전연소가 가능하다.

② 사용연료의 범위가 넓고, 스토커 연소에 적합하지 않은 점결탄과 저발열량탄 등도 사용 가능하다.

③ 부하변동에 쉽게 적용할 수 있다.

④ 설비비와 유지비가 적게 들고, 재비산의 염려가 없으며, 별도 설비가 불필요하다.

✔ 미분탄 연소는 설비비와 유지비가 비교적 많이 들고, 재비산의 염려가 있으며, 별도 설비(파쇄설비 등)가 필요하다.

37 고압기류분무식 버너에 관한 설명으로 옳지 않은 것은? ★★★

① $2 \sim 8 kg/cm^2$의 고압공기를 사용하여 연료유를 분무화시키는 방식이다.

② 분무각도는 30° 정도, 유량조절비는 1 : 10 정도이다.

③ 분무에 필요한 1차 공기량은 이론공기량의 80~90% 범위이다.

④ 연료유의 점도가 커도 분무화가 용이하나 연소 시 소음이 큰 편이다.

✔ 고압기류분무식 버너의 공기량은 이론공기량의 7~12% 정도이다.

38 다음 중 가연한계에 대한 설명으로 옳지 않은 것은?

① 일반적으로 가연한계는 산화제 중의 산소분율이 커지면 넓어진다.

② 파라핀계 탄화수소의 가연범위는 비교적 좁다.

③ 기체연료는 압력이 증가할수록 가연한계가 넓어지는 경향이 있다.

④ 혼합기체의 온도를 높게 하면 가연범위는 좁아진다.

✔ 혼합기체의 온도를 높게 하면 가연범위는 넓어진다.

39 저 NO_x 연소기술 중 배가스 순환기술에 관한 설명으로 거리가 먼 것은? ★

① 일반적으로 배가스 재순환비율은 연소공기 대비 10~20%에서 운전된다.

② 희석에 의한 산소농도 저감효과보다는 화염온도 저하효과가 작기 때문에, 연료 NO_x 보다는 고온 NO_x 억제효과가 작다.

③ 장점으로 대부분의 다른 연소제어기술과 병행해서 사용할 수 있다.

④ 저 NO_x 버너와 같이 사용하는 경우가 많다.

✔ 배가스 순환기술은 산소농도 저감효과와 화염온도 저하효과가 있기 때문에 연료 NO_x 보다는 고온 NO_x 억제효과가 크다.

40 다음 중 착화점이 낮아지는 조건으로 거리가 먼 것은? ★★★

① 산소의 농도는 낮을수록

② 반응활성도는 클수록

③ 분자의 구조는 복잡할수록

④ 발열량은 높을수록

✔ 산소 농도가 높을수록 착화온도는 낮아진다.

제2과목 | 연소공학

2020년 제1,2회 통합 대기환경기사

21 액체연료 연소장치 중 건타입(gun type) 버너에 관한 설명으로 옳지 않은 것은? ★

① 유압은 보통 7kg/cm² 이상이다.

② 연소가 양호하고, 전자동연소가 가능하다.

③ 형식은 유압식과 공기분무식을 합한 것이다.

④ 유량 조절범위가 넓어 대형 연소에 사용한다.

✔ 건타입 버너는 유압식과 공기분무식을 합친 형태로 유압은 7kg/cm² 이상이고, 연소가 양호하며, 전자동연소가 가능하고 소형이다.

22 기체연료의 특징 및 종류에 관한 설명으로 옳지 않은 것은? ★★★

① 부하의 변동범위가 넓고, 연소의 조절이 용이한 편이다.

② 천연가스는 화염전파속도가 크며, 폭발범위가 크므로 1차 공기를 적게 혼합하는 편이 유리하다.

③ 액화천연가스는 메탄을 주성분으로 하는 천연가스를 1기압 하에서 −168℃ 근처에서 냉각, 액화시켜 대량 수송 및 저장을 가능하게 한 것이다.

④ 액화석유가스는 액체에서 기체로 될 때 증발열(90~100kcal/kg)이 있으므로 사용하는 데 유의할 필요가 있다.

✔ 천연가스는 폭발범위가 좁고 화염 전파속도가 느려 위험성이 적은 편이다.

23 다음 중 액체연료의 특징으로 옳지 않은 것은 어느 것인가? ★★★

① 저장 및 계량, 운반이 용이하다.

② 점화, 소화 및 연소의 조절이 쉽다.

③ 발열량이 높고, 품질이 대체로 일정하며, 효율이 높다.

④ 소량의 공기로 완전연소되며, 검댕 발생이 없다.

✔ 소량의 공기로 완전연소되며, 검댕 발생이 없는 것은 기체연료의 특성에 가깝다.

24 어떤 물질의 1차 반응에서 반감기가 10분이었다. 반응물이 1/10 농도로 감소할 때까지 얼마의 시간(분)이 걸리겠는가?

① 6.9

② 33.2

③ 693

④ 3,323

✔ 반감기, $t1/2 = \dfrac{\ln(2)}{k}$, $10 = \dfrac{0.693}{k}$, $k = 0.0693$

1차 반응식 : $-\dfrac{d[A]}{dt} = -k[A]$

$\rightarrow \ln[A] = -kt + \ln[A]_o$

$\ln[A] = -kt + \ln[A]_o$

$\ln(1/10) = -0.0693t + \ln(1)$

$-2.3 = -0.0693t$

$\therefore t = 33.2$

25 다음 기체연료 중 고위발열량(kcal/Sm³)이 가장 낮은 것은?

① Ethane

② Ethylene

③ Acetylene

④ Methane

✔ ① 에탄 : 16,640kcal/Sm³
② 에틸렌 : 12,025kcal/Sm³
③ 아세틸렌 : 13,860kcal/Sm³
④ 메탄 : 9,500kcal/Sm³

26 유류연소 버너 중 유압식 버너에 관한 설명으로 가장 거리가 먼 것은? ★★★

① 대용량 버너 제작이 용이하다.

② 유압은 보통 50~90kg/cm² 정도이다.

③ 유량 조절범위가 좁아(환류식 1 : 3, 비환류식 1 : 2) 부하변동에 적응하기 어렵다.

④ 연료유의 분사각도는 기름의 압력, 점도 등으로 약간 달라지지만 40~90° 정도의 넓은 각도로 할 수 있다.

✅ 유압분무식 버너는 노즐을 통해서 5~20kg/cm²의 압력으로 가압된 연료를 연소실 내부로 분무시키는 연소장치 버너이다.

27 다음 중 액화석유가스에 관한 설명으로 옳지 않은 것은? ★★★

① 저장설비비가 많이 든다.

② 황분이 적고, 독성이 없다.

③ 비중이 공기보다 가볍고, 누출될 경우 쉽게 인화 폭발될 수 있다.

④ 유지 등을 잘 녹이기 때문에 고무패킹이나 유지로 된 도포제로 누출을 막는 것은 어렵다.

✅ 액화석유가스(LPG)는 공기보다 1.5~2배 무겁다.

28 기체연료의 연소방식 중 확산연소에 관한 설명으로 옳지 않은 것은? ★★★

① 역화의 위험성이 없다.

② 붉고 긴 화염을 만든다.

③ 가스와 공기를 예열할 수 없다.

④ 연료의 분출속도가 클 경우에는 그을음이 발생하기 쉽다.

✅ 확산연소는 기체연료와 공기를 따로 공급하는 방법으로 화염면은 형성되나 전파되지는 않고 화염이 길며, 역화의 위험성은 없다. 가스와 공기는 연소방식에 상관없이 예열할 수 있다.

29 다음 연소장치 중 일반적으로 가장 큰 공기비를 필요로 하는 것은?

① 오일버너

② 가스버너

③ 미분탄버너

④ 수평자동화격자

✅ 수평자동화격자는 분쇄하지 않는 고체연료를 그대로 연소하는 것으로 가장 많은 공기가 필요하다. 그러므로 공기비가 가장 크다.

30 프로판과 부탄이 용적비 3 : 2로 혼합된 가스 1Sm³가 이론적으로 완전연소할 때 발생하는 CO_2의 양(Sm³)은? ★

① 2.7 ② 3.2
③ 3.4 ④ 4.1

✅ $C_mH_n + (m+n/4)O_2 \rightarrow mCO_2 + n/2H_2O$
C_3H_8(프로판)은 3/5×3, C_4H_{10}(부탄)은 2/5×40이므로 3/5×3+2/5×4=3.4이다.

31 다음 중 연소 시 매연 발생량이 가장 적은 탄화수소는? ★

① 나프텐계

② 올레핀계

③ 방향족계

④ 파라핀계

✅ 탈수소, 중합 및 고리화합물 등과 같이 반응이 일어나기 쉬운 탄화수소일수록 매연 발생이 잘 된다. 분해가 쉽거나 산화하기 쉬운 탄화수소는 매연 발생이 적다.

32 저위발열량이 5,000kcal/Sm³인 기체연료의 이론연소온도(℃)는 약 얼마인가? (단, 이론연소가스량 15Sm³/Sm³, 연료연소가스의 평균 정압비열 0.35kcal/Sm³·℃, 기준온도는 0℃, 공기는 예열되지 않으며, 연소가스는 해리되지 않는다고 본다.) ★

① 952
② 994
③ 1,008
④ 1,118

✅ $t_1 = (H_1/(G_{ow} \times C_p)) + t_2$ (℃)
여기서, H_1 : 연료의 저위발열량(kcal/kg 또는 kcal/Sm³)
C_{ow} : 이론습연소가스량(Sm³/kg 또는 Sm³/Sm³)
C_p : C_{ow}의 평균정압비열(kcal/Sm³·℃)
t_1 : 연소온도(℃)
t_2 : 실제온도, 즉 연소용 공기 및 연료의 공급온도(℃)
∴ $t_1 = (H_1/(G_{ow} \times C_p)) + t_2$
$= (5,000/(15 \times 0.35)) + 0$
$= 952$℃

33 C 80%, H 20%로 구성된 액체 탄화수소의 연료 1kg을 완전연소시킬 때 발생하는 CO_2의 부피(Sm^3)는? ★★★

① 1.2 ② 1.5
③ 2.6 ④ 2.9

✔ $C+O_2 \rightarrow CO_2$
12 : 22.4
1×0.8 : x
∴ $x=CO_2=0.8×22.4/12=1.5$

34 프로판 2kg을 과잉공기계수 1.31로 완전연소시킬 때 발생하는 습연소가스량(kg)은?

① 약 24 ② 약 32
③ 약 38 ④ 약 43

✔ $C_3H_8 + 5O_2 \rightarrow 3CO_2 + 4H_2O$
44　5×32　3×44　4×18
2　　x　　y　　z
$x=2×5×32/44=7.273$kg O_2
$O_o=7.273$, $A_o=7.273/0.232=31.349$kg 공기
공기비(m)=1.31이므로
A(실제 공기량)=31.349kg×1.31=41.067kg
반응하고 남은 공기량=실제 공기량-반응한 산소량
　　　　　　　=41.067-7.273
　　　　　　　=33.794kg
CO_2의 양, $y=2×3×44/44=6$kg CO_2
H_2O의 양, $z=2×4×18/44=3.273$kg H_2O
습연소가스량=반응하고 남은 공기량+CO_2의 양
　　　　　　+H_2O의 양
　　　　　=33.794+6+3.273
　　　　　=43.067kg

35 착화온도(발화점)에 대한 특성으로 옳지 않은 것은? ★★★

① 분자구조가 복잡할수록 착화온도는 낮아진다.
② 산소 농도가 낮을수록 착화온도는 낮아진다.
③ 발열량이 클수록 착화온도는 낮아진다.
④ 화학반응성이 클수록 착화온도는 낮아진다.

✔ 산소 농도가 높을수록 착화온도는 낮아진다.

36 S 함량 3%의 벙커C유 100kL를 사용하는 보일러에 S 함량 1%인 벙커C유를 30% 섞어 사용하면, SO_2 배출량은 몇 % 감소하는가? (단, 벙커C유 비중 0.95, 벙커C유 함유 S는 모두 SO_2로 전환된다.) ★★

① 16 ② 20
③ 25 ④ 28

✔ 미혼합 시 S 함량=100kL×0.95×0.03
　　　　　　=2.85kg
혼합 시 S 함량=100kL×0.95×0.03×0.7+100kL
　　　　　×0.95×0.01×0.3
　　　　　=1.995+0.285
　　　　　=2.28kg
미혼합 시 SO_2=2.85×22.4/64=0.9975m^3
혼합 시 SO_2=2.28×22.4/64=0.798m^3
∴ 감소율=(0.9975-0.798)/0.9975×100=20%

37 다음 중 옥탄(C_8H_{18})을 완전연소시킬 때의 AFR(Air Fuel Ratio)은? (단, 무게비 기준으로 한다.) ★★

① 15.1 ② 30.8
③ 45.3 ④ 59.5

✔ $C_8H_{18}+(8+18/4)O_2 \rightarrow 8CO_2+18/2H_2O$
114　12.5×32
$O_o=12.5×32$, $A_o=12.5×32/0.232=1,724.1$kg
∴ AFR=1,724.1/114=15.1

38 황화수소의 연소반응식이 다음 보기와 같을 때 황화수소 1Sm^3의 이론연소공기량(Sm^3)은 얼마인가? ★★★

$$2H_2S+3O_2=2SO_2+2H_2O$$

① 5.54 ② 6.42
③ 7.14 ④ 8.92

✔ $2H_2S+3O_2 \rightarrow 2SO_2+2H_2O$
　2　3
　1　1.5
$O_o=1.5$
∴ $A_o=1.5/0.21=7.14Sm^3$

　정답 | 33.② 34.④ 35.② 36.② 37.① 38.③

39 어떤 액체연료를 보일러에서 완전연소시켜 그 배출가스를 Orsat 분석장치로서 분석하여 CO_2 15%, O_2 5%의 결과를 얻었다면 이때 과잉공기 계수는? (단, 일산화탄소 발생량은 없다.) ★

① 1.12　　　　② 1.19

③ 1.25　　　　④ 1.31

✔ $N_2 = 100 - [(CO_2) + (O_2) + (CO)] = 100 - 15 - 5 = 80$

$m = \dfrac{21\,N_2}{21\,N_2 - 79[O_2 - 0.5\,CO]}$

$\fallingdotseq \dfrac{N_2}{N_2 - 3.76\,O_2}$

$= 80/(80 - 3.76 \times 5)$

$= 1.31$

40 다음 연소의 종류 중 흑연, 코크스, 목탄 등과 같이 대부분 탄소만으로 되어 있는 고체연료에서 관찰되는 연소형태는? ★★★

① 표면연소　　　② 내부연소

③ 증발연소　　　④ 자기연소

✔ 표면연소는 휘발분을 거의 포함하지 않는 연료에서 볼 수 있는 연소현상으로, 산소 또는 산화성 가스가 고체 표면 및 내부의 기공으로 확산하여 표면반응을 한다(목탄, 코크스 및 분해연소 후의 고정탄소 등).

제2과목 | 연소공학

2020년 제3회 대기환경기사

21 연료의 연소 시 과잉공기의 비율을 높여 생기는 현상으로 옳지 않은 것은? ★★★

① 에너지 손실이 커진다.

② 연소가스의 희석효과가 높아진다.

③ 공연비가 커지고, 연소온도가 낮아진다.

④ 화염의 크기가 커지고, 연소가스 중 불완전연소 물질의 농도가 증가한다.

✔ 과잉공기가 많아지면 공기가 많기 때문에 완전연소에 가까워질 수 있다.

22 다음 가스 중 $1\,Sm^3$를 완전연소할 때 가장 많은 이론공기량(Sm^3)이 요구되는 것은? (단, 가스는 순수가스임.) ★

① 에탄

② 프로판

③ 에틸렌

④ 아세틸렌

✔ $C_mH_n + (m + n/4)O_2 \rightarrow mCO_2 + n/2H_2O$
에탄(C_2H_6), 프로판(C_3H_8), 에틸렌(C_2H_4), 아세틸렌(C_2H_2)이므로, 프로판(C_3H_8)이 가장 많은 공기량이 필요하다.
$C_3H_8 + (3 + 8/4)O_2 \rightarrow 3CO_2 + 8/2H_2O$

23 기체연료 연소방식 중 예혼합연소에 관한 설명으로 옳지 않은 것은? ★★★

① 연소 조절이 쉽고, 화염길이가 짧다.

② 역화의 위험이 없으며, 공기를 예열할 수 있다.

③ 화염온도가 높아 연소부하가 큰 경우에 사용이 가능하다.

④ 연소기 내부에서 연료와 공기의 혼합비가 변하지 않고 균일하게 연소된다.

✔ 예혼합연소는 연소 전에 공기와 연소가스를 일정한 혼합비로 혼합시켜 연소하는 방식으로, 화염온도가 크기 때문에 역화의 위험성이 있다.

---

24 가스의 조성이 CH₄ 70%, C₂H₆ 20%, C₃H₈ 10%인 혼합가스의 폭발범위로 가장 적합한 것은? (단, 폭발범위는 CH₄ : 5~15%, C₂H₆ : 3~12.5%, C₃H₈ : 2.1~9.5%이며, 르 샤틀리에의 식을 적용한다.)

① 약 2.9~12%   ② 약 3.1~13%

③ 약 3.9~13.7%   ④ 약 4.7~7.8%

❤ 르 샤틀리에의 원리(Le Chatelier's principle)는 "화학평형 상태에서 농도, 온도, 압력, 부피 등이 변화할 때, 화학평형은 변화를 가능한 상쇄시키는 방향으로 움직인다."이다.

$100/LEL = (V_1/X_1) + (V_2/X_2) + (V_3/X_3)$

여기서, LEL : 폭발하한값(vol%)

V : 각 성분의 기체체적(%)

X : 각 기체의 단독폭발한계치

$100/LEL = (70/5) + (20/3) + (10/2.1)$

∴ $LEL = 3.9\%$

$100/LEH = (70/15) + (20/12.5) + (10/9.5)$

∴ $LEH = 13.7\%$

25 다음 설명에 해당하는 기체연료는?   ★★

> • 고온으로 가열된 무연탄이나 코크스 등에 수증기를 반응시켜 얻는 기체연료이다.
> • 반응식
> − $C + H_2O \rightarrow CO + H_2 + Q$
> − $C + 2H_2O \rightarrow CO_2 + 2H_2 + Q$

① 수성가스   ② 오일가스

③ 고로가스   ④ 발생로가스

26 다음 중 기체연료의 확산연소에 사용되는 버너 형태로 가장 적합한 것은?   ★

① 심지식 버너

② 회전식 버너

③ 포트형 버너

④ 증기분무식 버너

❤ 확산연소에서 주로 사용되는 버너는 포트형과 버너형이다.

[Plus 이론학습]

예혼합연소는 분젠버너, 저압버너, 송풍버너, 고압버너 등이 있다.

27 다음 중 연소실 열발생률에 대한 설명으로 옳은 것은?   ★★

① 연소실의 단위면적, 단위시간당 발생되는 열량이다.

② 연소실의 단위용적, 단위시간당 발생되는 열량이다.

③ 단위시간에 공급된 연료의 중량을 연소실 용적으로 나눈 값이다.

④ 연소실에 공급된 연료의 발열량을 연소실 면적으로 나눈 값이다.

❤ 연소실 열발생률(연소 부하율)은 단위시간, 단위 연소실 용적당 발생하는 열량이다.

$$\frac{\text{발생 열량}(Q)}{\text{연소실 용적}(V)} = \frac{W(\text{kg/hr}) \times LHV(\text{kcal/kg})}{V(\text{m}^3)}$$

28 1.5%(무게기준) 황분을 함유한 석탄 1,143kg을 이론적으로 완전연소시킬 때 SO₂ 발생량(Sm³)은? (단, 표준상태 기준이며, 황분은 전량 SO₂로 전환된다.)   ★★★

① 12   ② 18

③ 21   ④ 24

❤ 황의 무게 = 1,143 × 0.015 = 17.15kg

S　　　+ O₂ → SO₂

32kg　　　: 22.4m³

17.15kg　 : x

∴ $x = 12\text{m}^3$

29 코크스나 목탄 등이 고온으로 될 때 빨간 짧은 불꽃을 내면서 연소하는 것으로, 휘발성분이 없는 고체연료의 연소형태는?   ★★★

① 자기연소   ② 분해연소

③ 표면연소   ④ 내부연소

❤ **[Plus 이론학습]**

표면연소는 휘발분을 거의 포함하지 않는 연료에서 볼 수 있는 연소현상으로 산소 또는 산화성 가스가 고체 표면 및 내부의 기공으로 확산하여 표면반응을 한다(목탄, 코크스 및 분해연소 후의 고정탄소 등).

30 쓰레기 이송방식에 따라 가동화격자(moving stoker)를 분류할 때 다음에서 설명하는 화격자 방식은? ★

> • 고정화격자와 가동화격자를 횡방향으로 나란히 배치하고, 가동화격자를 전후로 왕복운동시킨다.
> • 비교적 강한 교반력과 이송력을 갖고 있으며, 화격자의 눈이 메워짐이 별로 없다는 이점이 있으나, 낙진량이 많고 냉각작용이 부족하다.

① 직렬식 ② 병렬요동식
③ 부채반전식 ④ 회전롤러식

✔ **[Plus 이론학습]**
병렬요동식 화격자는 폐기물의 이송방향으로 전체적으로 경사져 있고 높이 차가 있는 계단상 형태로, 화격자가 종방향으로 분할되어 병렬로 되어 있고 고정화격자와 가동화격자가 교대로 배열되어 있다.

31 다음 중 벙커C유에 2.5%의 S성분이 함유되어 있을 때 건조연소가스량 중의 SO_2 양(%)은? (단, 공기비 1.3, 이론공기량 12Sm³/kg-oil, 이론건조연소가스량 12.5Sm³/kg-oil이고, 연료 중의 황 성분은 95%가 연소되어 SO_2로 된다.) ★★★

① 약 0.1 ② 약 0.2
③ 약 0.3 ④ 약 0.4

✔ S + O_2 → SO_2
32kg : 22.4m³
1×0.025×0.95kg : x
$x=0.017$m³
$G_d = G_{od}+(m-1)A_o = 12.5+(1.3-1)\times12 = 16.1$m³
∴ $SO_2 = 0.017/16.1\times100 = 0.1\%$

32 다음 연료 중 착화온도(℃)의 대략적인 범위가 옳지 않은 것은? ★

① 목탄 : 320~370℃
② 중유 : 430~480℃
③ 수소 : 580~600℃

④ 메탄 : 650~750℃

✔ 중유의 착화온도(발화점)는 300℃ 이하이고, 인화점 50~90℃이다.

33 배기장치의 송풍기에서 1,000Sm³/min의 배기가스를 배출하고 있다. 이 장치의 압력손실은 250mmH₂O이고, 송풍기 효율이 65%라면 이 장치를 움직이는 데 소요되는 동력은(kW)은 얼마인가? ★★★

① 43.61 ② 55.36
③ 62.84 ④ 78.57

✔ $H_p(kW) = \dfrac{\Delta P \times Q}{102 \times \eta_m \times \eta_s} \times \alpha$, Q : m³/min
$= \dfrac{250 \times 1,000}{6120 \times 0.65}$
$= 62.84$

34 다음 설명하는 내용으로 가장 적합한 유류연소버너는? ★★★

> • 화염의 형식 : 가장 좁은 각도의 긴 화염이다.
> • 유량조절범위 : 약 1:10 정도이며, 대단히 넓다.
> • 용도 : 제강용 평로, 연속가열로, 유리용해로 등의 대형 가열로 등에 많이 사용된다.

① 유압식 ② 회전식
③ 고압기류식 ④ 저압기류식

✔ **[Plus 이론학습]**
고압공기식 유류버너(고압기류분무식 버너)의 분무각도는 20~30° 정도이며, 대형 가열로에 많이 사용된다.

35 메탄의 고위발열량이 9,900kcal/Sm³라면 저위발열량(kcal/Sm³)은? ★★★

① 8,540 ② 8,620
③ 7,890 ④ 8,940

✔ $H_l = H_h - 480(H_2 + 2CH_4 + \cdots)$
$= 9,900 - 480\times2$
$= 8,940$kcal/Sm³

36 유동층연소에서 부하변동에 대한 적응성이 좋지 않은 단점을 보완하기 위한 방법으로 가장 거리가 먼 것은?

① 층의 높이를 변화시킨다.
② 층 내의 연료비율을 고정시킨다.
③ 공기분산판을 분할하여 층을 부분적으로 유동시킨다.
④ 유동층을 몇 개의 셀로 분할하여 부하에 따라 작동시키는 수를 변화시킨다.

✅ 층 내의 연료비율을 고정시키지 말고 상황에 따라 유동적이어야 부하변동에 적응성이 좋아진다.

37 다음 중 탄소 80%, 수소 15%, 산소 5% 소성을 갖는 액체연료의 $(CO_2)_{max}$(%)는? (단, 표준상태 기준) ★

① 12.7
② 13.7
③ 14.7
④ 15.7

✅ $O_o = 1.867C + 5.6(H - O/8) + 0.7S$
$\quad = 1.867 \times 0.8 + 5.6 \times (0.15 - 0.05/8)$
$\quad = 2.3$
$A_o = 2.3/0.21 = 10.95$
$G_{od} = A_o - 5.6H + 0.7O + 0.8N$
$\quad = 10.95 - 5.6 \times 0.15 + 0.7 \times 0.05$
$\quad = 10.15$
$CO_2 = 1.867C/G_{od} \times 100 = 1.867 \times 0.8/10.15 \times 100$
$\quad = 14.7$
$O_2 = 0.7O/G_{od} \times 100 = 0.7 \times 0.05/10.15 \times 100$
$\quad = 0.00345$
$\therefore (CO_2)_{max}(\%) = \dfrac{21(CO_2)}{21 - (O_2)}$
$\quad = \dfrac{21 \times 14.7}{21 - 0.00345}$
$\quad = 14.7$

38 메탄 1mol이 공기비 1.2로 연소할 때의 등가비는? ★★★

① 0.63
② 0.83
③ 1.26
④ 1.62

✅ 등가비 = 1/공기비 = 1/1.2 = 0.83

39 다음 중 액화천연가스의 대부분을 차지하는 구성성분은? ★★★

① CH_4
② C_2H_6
③ C_3H_8
④ C_4H_{10}

✅ LNG는 NG(천연가스)를 액화시킨 것이며, NG의 주성분은 CH_4이기 때문에 LNG의 주성분 또한 CH_4이다.

40 H_2 40%, CH_4 20%, C_3H_8 20%, CO 20%의 부피 조성을 가진 기체연료 $1Sm^3$를 공기비 1.1로 연소시킬 때 필요한 실제공기량(Sm^3)은 얼마인가? ★

① 약 8.1
② 약 8.9
③ 약 10.1
④ 10.9

✅ 이론산소량(O_o)
$\quad = (m + n/4)C_mH_n + 0.5H_2 + 0.5CO - O_2$
CH_4의 이론산소량 = 2×0.2
C_3H_8의 이론산소량 = 5×0.2
H_2의 이론산소량 = 0.5×0.4
CO의 이론산소량 = 0.5×0.2
이론산소량(O_o) = $2 \times 0.2 + 5 \times 0.2 + 0.5 \times 0.4 + 0.5 \times 0.2 = 1.7$
이론공기량(A_o) = $O_o/0.21 = 1.7/0.21 = 8.09$
$\therefore$ 실제공기량(A) = $mA_o = 1.1 \times 8.09 = 8.899 \fallingdotseq 8.9$

2020년 제4회 대기환경기사

21 옥탄가(octane number)에 관한 설명으로 옳지 않은 것은? ★

① n-paraffine에서는 탄소수가 증가할수록 옥탄가가 저하하여 C_7에서 옥탄가는 0이다.

② iso-paraffine에서는 methyl 측쇄가 많을수록, 특히 중앙부에 집중할수록 옥탄가가 증가한다.

③ 방향족 탄화수소의 경우 벤젠고리의 측쇄가 C_3까지는 옥탄가가 증가하지만 그 이상이면 감소한다.

④ iso-octane과 n-octane, neo-octane의 혼합표준연료의 노킹 정도와 비교하여 공급가솔린과 동등한 노킹 정도를 나타내는 혼합표준연료 중의 iso-octane(%)를 말한다.

✔ 옥탄가는 휘발유의 노킹 정도를 측정하는 값으로, iso-octane을 100, n-heptane을 0으로 하여 휘발유의 안티노킹 정도와 두 탄화수소의 혼합물의 노킹 정도가 같을 때, iso-octane의 분율을 퍼센트로 한 값이다.

[Plus 이론학습]
옥탄가가 클수록 좋은 휘발유이다.

22 중유에 관한 설명과 거리가 먼 것은? ★★★

① 점도가 낮을수록 유동점이 낮아진다.

② 잔류탄소의 함량이 많아지면 점도가 높게 된다.

③ 점도가 낮은 것이 사용상 유리하고, 용적당 발열량이 적은 편이다.

④ 인화점이 높은 경우 역화의 위험이 있으며, 보통 그 예열온도보다 약 2℃ 정도 높은 것을 쓴다.

✔ 인화점은 보통 예열온도보다 약 5℃ 이상 높은 것이 좋다.

23 다음 중 화학적 반응이 항상 자발적으로 일어나는 경우는? (단, $\Delta G°$는 Gibbs 자유에너지 변화량, $\Delta S°$는 엔트로피 변화량, ΔH는 엔탈피 변화량이다.) ★

① $\Delta G° < 0$

② $\Delta G° > 0$

③ $\Delta S° < 0$

④ $\Delta H > 0$

✔ $\Delta G° = \Delta H - T\Delta S°$, $\Delta S° > 0$일 때 반응이 자발적으로 진행되므로 $\Delta G° < 0$이면 자발적이다.

24 다음 중 석탄의 탄화도 증가에 따라 감소하는 것은? ★★★

① 비열   ② 발열량

③ 고정탄소   ④ 착화온도

25 다음 중 NO_x 발생을 억제하기 위한 방법으로 가장 거리가 먼 것은? ★★

① 연료대체

② 2단 연소

③ 배출가스 재순환

④ 버너 및 연소실의 구조 개량

✔ 연소단계 대책 중 NO_x 발생을 억제하기 위한 방법은 저과잉공기 연소, 연소공기 예열온도의 변경, 저 NO_x 버너(버너의 구조 개량), 배출가스 재순환, 단계적 연소, 물분사 등이 있다.

26 다음 각종 연료성분의 완전연소 시 단위체적당 고위발열량(kcal/Sm³)의 크기 순서로 옳은 것은? ★

① 일산화탄소 > 메탄 > 프로판 > 부탄

② 메탄 > 일산화탄소 > 프로판 > 부탄

③ 프로판 > 부탄 > 메탄 > 일산화탄소

④ 부탄 > 프로판 > 메탄 > 일산화탄소

✔ 부탄 32,022, 프로판 24,229, 메탄 9,537, 일산화탄소 3,018이다.

27 액체연료의 연소장치에 관한 설명 중 옳은 것은 어느 것인가? ★★

① 건타입(gun type) 버너는 유압식과 공기분무식을 혼합한 것으로 유압이 $30kg/cm^2$ 이상으로 대형 연소장치이다.

② 저압기류분무식 버너의 분무각도는 30~60° 정도이고, 분무에 필요한 공기량은 이론연소공기량의 30~50% 정도이다.

③ 고압기류분무식 버너의 분무각도는 70°이고, 유량조절비가 1 : 3 정도로 부하변동 적응이 어렵다.

④ 회전식 버너는 유압식 버너에 비해 연료유의 입경이 작으며, 직결식은 분무컵의 회전수가 전동기의 회전수보다 빠른 방식이다.

✔ ① 건타입 버너는 유압이 $7kg/cm^2$ 이상으로 소형 연소장치이다.
③ 고압기류분무식 버너의 유량조절비는 1 : 10이며, 분무각도는 20~30° 정도이다.
④ 회전식 버너는 유압식 버너에 비해 연료유의 분무화 입경이 비교적 크다.

28 어떤 화학반응과정에서 반응물질이 25% 분해하는 데 41.3분 걸린다는 것을 알았다. 이 반응이 1차라고 가정할 때, 속도상수 $k(s^{-1})$는? ★

① 1.022×10^{-4}
② 1.161×10^{-4}
③ 1.232×10^{-4}
④ 1.437×10^{-4}

✔ $\ln \dfrac{[A]_t}{[A]_o} = -k \times t$

$\ln \dfrac{75}{100} = -k \times 41.3 \times 60$

∴ $k = 1.161 \times 10^{-4}$

29 C : 78(중량%), H : 18(중량%), S : 4(중량%)인 중유의 $(CO_2)_{max}$는? (단, 표준상태, 건조가스 기준으로 한다.) ★★

① 약 13.4%
② 약 14.8%
③ 약 17.6%
④ 약 20.6%

✔ $O_o = 1.867C + 5.6(H - O/8) + 0.7S$
$= 1.864 \times 0.78 + 5.6 \times 0.18 + 0.7 \times 0.04 = 2.5$
$A_o = O_o / 0.21 = 11.9$
$G_{od} = A_o - 5.6H + 0.7O + 0.8N = 11.9 - 5.6 \times 0.18 = 10.9$
∴ $(CO_2)_{max} = \dfrac{1.867C}{G_{od}} \times 100$
$= \dfrac{1.867 \times 0.78}{10.9} \times 100$
$= 13.4\%$

30 아래의 조성을 가진 혼합기체의 하한연소범위(%)는?

성분	조성(%)	하한연소범위(%)
메탄	80	5.0
에탄	15	3.0
프로판	4	2.1
부탄	1	1.5

① 3.46
② 4.24
③ 4.55
④ 5.05

✔ $100/L = 0.8/0.05 + 0.15/0.03 + 0.04/0.021 + 0.01/0.015$
$= 23.57$
L(하한연소범위) $= 4.24\%$

[Plus 이론학습]
르 샤들리에의 식
$$\frac{100}{L} = \frac{V_1}{L_1} + \frac{V_2}{L_2} + \frac{V_3}{L_3} + \cdots$$
$$\frac{100}{U} = \frac{V_1}{U_1} + \frac{V_2}{U_2} + \frac{V_3}{U_3} + \cdots$$
여기서, L : 혼합가스 연소범위 하한계(vol%)
U : 혼합가스 연소범위 상한계(vol%)
V_1, V_2, V_3, $\cdots$: 각 성분의 체적(vol%)

31 연료 연소 시 매연이 잘 생기는 순서로 옳은 것은? ★★★

① 타르>중유>경유>LPG
② 타르>경유>중유>LPG
③ 중유>타르>경유>LPG
④ 경유>타르>중유>LPG

❤ 매연은 불완전연소 시 발생됨으로, 저급연료(고체연료>액체연료(중유>경유)>기체연료)일수록 많이 생긴다.

t_1 : 이론연소온도(℃)

t_2 : 실제온도, 즉 연소용 공기 및 연료의 공급 온도(℃)

32 중유를 시간당 1,000kg씩 연소시키는 배출시설이 있다. 연돌의 단면적이 3m²일 때 배출가스의 유속(m/s)은? (단, 이 중유의 표준상태에서의 원소 조성 및 배출가스의 분석치는 아래 표와 같고, 배출가스의 온도는 270℃이다.)

[중유의 조성]
C : 86.0%, H : 13.0%, 황분 : 1.0%
[배출가스의 분석결과]
$(CO_2) + (SO_2)$: 13.0%, O_2 : 2.0%, CO : 0.1%

① 약 2.4   ② 약 3.2
③ 약 3.6   ④ 약 4.4

❤ $G_d = \dfrac{1.867C + 0.7S}{(CO_2) + (SO_2) + (CO)}$

$= \dfrac{1.867 \times 0.86 + 0.7 \times 0.01}{0.13 + 0.001}$

$= 12.313 m^3/kg$

배출가스량 = 12.313Sm³/kg × 1,000kg/h = 12,313Sm³/hr
온도보정 배출가스량 = 12,313 × [(273+270)/273]
$\qquad = 24,490$

∴ 배출가스의 유속 = $\dfrac{24,490.7m^3}{hr} \left| \dfrac{1hr}{3,600s} \right| \dfrac{}{3m^2}$

$= 2.3 m/s$

33 저위발열량이 4,900kcal/Sm³인 가스연료의 이론연소온도(℃)는? (단, 이론연소가스량 : 10Sm³/Sm³, 기준온도 : 15℃, 연료연소가스의 평균정압비열 : 0.35kcal/Sm³ · ℃, 공기는 예열되지 않으며, 연소가스는 해리되지 않는 것으로 한다.)

① 1,015   ② 1,215
③ 1,415   ④ 1,615

❤ $t_1 = \dfrac{H_l}{G_{ow} \times C_p} + t_2 = \dfrac{4,900}{10 \times 0.35} + 15 = 1,415℃$

여기서, H_l : 연료의 저위발열량(kcal/Sm³)

G_{ow} : 이론습연소가스량(Sm³/Sm³)

C_p : 평균정압비열(kcal/Sm³ · ℃)

34 중유의 원소 조성은 C : 88%, H : 12%이다. 이 중유를 완전연소시킨 결과, 중유 1kg당 건조배기가스량이 15.8Sm³였다면, 건조배기가스 중의 CO_2의 농도(%)는? ★★★

① 10.4   ② 13.1
③ 16.8   ④ 19.5

❤ $G_d = mA_o - 5.6H + 0.7O + 0.8N = 15.8Sm^3/kg$

∴ $CO_2 = \dfrac{1.867C}{G_d} \times 100$

$= \dfrac{1.867 \times 0.88}{15.8} \times 100$

$= 10.4\%$

35 다음 각종 가스의 완전연소 시 단위부피당 이론공기량(Sm³/Sm³)이 가장 큰 것은? ★★★

① Ethylene   ② Methane
③ Acetylene   ④ Propylene

❤ $C_mH_n + (m+n/4)O_2 \rightarrow mCO_2 + n/2H_2O$이므로 Ethylene($C_2H_4$)은 $(2+4/4)O_2$, Methane(CH_4)은 $(1+4/4)O_2$, Acetylene(C_2H_2)은 $(2+2/4)O_2$, Propylene(C_3H_6)은 $(3+6/4)O_2$가 필요하다.

36 액화석유가스(LPG)에 대한 설명으로 옳지 않은 것은? ★★★

① 유황분이 적고, 유독성분이 거의 없다.
② 천연가스에서 회수되기도 하지만 대부분은 석유정제 시 부산물로 얻어진다.
③ 비중이 공기보다 가벼워 누출될 경우 인화 폭발 위험성이 크다.
④ 사용에 편리한 기체연료의 특징과 수송 및 저장에 편리한 액체연료의 특징을 겸비하고 있다.

❤ 액화석유가스(LPG)의 주성분은 프로판과 부탄이므로 공기보다 1.5~2배 무겁다.

37 메탄올 2.0kg을 완전연소하는 데 필요한 이론 공기량(Sm^3)은? ★★★

① 2.5 ② 5.0

③ 7.5 ④ 10.0

✔ $CH_3OH + 1.5O_2 \rightarrow CO_2 + 2H_2O$
메탄올 1kg 연소에 필요한 산소량은 $1.5 \times 22.4/32 m^3$이므로 메탄올 2kg 연소에 필요한 산소량은 $2 \times 1.5 \times 22.4/32$ $= 2.1 m^3$가 필요하다.
∴ A_o(이론적인 공기량) $= O_o/0.21 = 2.1/0.21 = 10 Sm^3$

38 A석탄을 사용하여 가열로의 배출가스를 분석한 결과 CO_2 14.5%, O_2 6%, N_2 79%, CO 0.5%였다. 이 경우의 공기비는? ★★

① 1.18

② 1.38

③ 1.58

④ 1.78

✔ $$m = \frac{21 N_2}{21 N_2 - 79 [O_2 - 0.5 CO]}$$
$$= \frac{21(79)}{21(79) - 79[(6) - 0.5(0.5)]}$$
$$= 1.38$$

39 연료의 종류에 따른 연소 특성으로 옳지 않은 것은? ★

① 기체연료는 부하의 변동범위(turn down ratio)가 좁고, 연소의 조절이 용이하지 않다.

② 기체연료는 저발열량의 것으로 고온을 얻을 수 있고, 전열효율을 높일 수 있다.

③ 액체연료의 경우 회분은 아주 적지만, 재 속의 금속산화물이 장해원인이 될 수 있다.

④ 액체연료는 화재, 역화 등의 위험이 크며, 연소온도가 높아 국부적인 과열을 일으키기 쉽다.

✔ 고체연료는 부하의 변동범위가 좁고, 연소 조절이 용이하지 않다.

40 액체연료가 미립화되는 데 영향을 미치는 요인으로 가장 거리가 먼 것은? ★

① 분사압력

② 분사속도

③ 연료의 점도

④ 연료의 발열량

✔ 액체연료의 미립화와 연료의 발열량은 크게 상관이 없다.

2021년 제1회 대기환경기사

21 옥탄가에 관한 설명이다. ( ) 안에 들어갈 말로 옳은 것은? ★

> 옥탄가는 시험 가솔린의 노킹 정도를 (㉠)과 (㉡)의 혼합표준연료의 노킹 정도와 비교했을 때, 공급 가솔린과 동등한 노킹 정도를 나타내는 혼합표준연료 중의 (㉠)%를 말한다.

① ㉠ iso-octane, ㉡ n-butane
② ㉠ iso-octane, ㉡ n-heptane
③ ㉠ iso-protane, ㉡ n-pentane
④ ㉠ iso-pentane, ㉡ n-butane

✔ **[Plus 이론학습]**

옥탄가 $= \dfrac{\text{이소옥탄}}{\text{이소옥탄} + n\text{-헵탄}} \times 100$으로 구하며, 옥탄가가 클수록 좋은 휘발유이다.

22 다음 회분 성분 중 백색에 가깝고 융점이 높은 것은?

① CaO ② SiO_2
③ MgO ④ Fe_2O_3

✔ 이산화규소(SiO_2)는 투명한 고체이며, 녹는점 1,713℃, 끓는점 2,950℃로 매우 높다.

23 액화석유가스(LPG)에 관한 설명으로 옳지 않은 것은? ★★★

① 천연가스 회수, 나프타 분해, 석유정제 시 부산물로부터 얻어진다.
② 비중은 공기의 1.5~2.0배 정도로 누출 시 인화 폭발의 위험이 크다.
③ 액체에서 기체로 될 때 증발열이 있으므로 사용하는 데 유의할 필요가 있다.
④ 메탄, 에탄올을 주성분으로 하는 혼합물로 10atm에서 -168℃ 정도로 냉각하면 쉽게 액화된다.

✔ **[Plus 이론학습]**
• 액화석유가스(LPG)는 유전에서 원유를 채취하거나 원유 정제 시 나오는 탄화수소가스를 비교적 낮은 압력(6~7kg/cm²)을 가하여 냉각·액화시킨 것이다.
• LPG의 주성분은 프로판(C_3H_8)과 부탄(C_4H_{10})이다.

24 고체연료의 연소방법 중 유동층 연소에 관한 설명으로 옳지 않은 것은? ★★★

① 재나 미연탄소의 배출이 많다.
② 미분탄연소에 비해 연소온도가 높아 NO_x 생성을 억제하는 데 불리하다.
③ 미분탄연소와는 달리 고체연료를 분쇄할 필요가 없고 이에 따른 동력손실이 없다.
④ 석회석입자를 유동층매체로 사용할 때 별도의 배연탈황설비가 필요하지 않다.

✔ 유동층 연소는 연소온도가 낮아 NO_x 생성이 적다.

25 디젤노킹을 억제할 수 있는 방법으로 옳지 않은 것은? ★

① 회전속도를 높인다.
② 급기온도를 높인다.
③ 기관의 압축비를 크게 하여 압축압력을 높인다.
④ 착화지연기간 및 급격연소시간의 분사량을 적게 한다.

✔ 디젤은 공기의 온도가 낮거나 압축공기의 압력이 낮으면 노킹이 발생한다. 또한, 착화기간 중에는 분사량을 적게 하고, 착화 후 많은 연료를 분사시키는 것이 좋다.

26 폭굉유도거리(DID)가 짧아지는 요건으로 가장 거리가 먼 것은?

① 압력이 높다.
② 점화원의 에너지가 강하다.
③ 정상의 연소속도가 작은 단일가스이다.
④ 관 속에 방해물이 있거나 관 내경이 작다.

✔ 연소속도가 큰 혼합가스일수록 폭굉유도거리(DID)가 짧아진다.

[Plus 이론학습]

폭굉유도거리(Detonation Inducement Distance)란 최초의 정상적인 연소가 격렬한 폭굉으로 발전할 때까지의 거리로 짧을수록 위험하다.

27 다음 중 회전식 버너에 관한 설명으로 옳지 않은 것은? ★★

① 분무각도가 $40 \sim 80°$로 크고, 유량 조절범위도 $1 : 5$ 정도로 비교적 넓은 편이다.

② 연료유는 $0.3 \sim 0.5 \text{kg/cm}^2$ 정도로 가압하여 공급하며, 직결식의 분사유량은 $1,000 \text{L/h}$ 이하이다.

③ 연료유의 점도가 크고 분무컵의 회전수가 작을수록 분무상태가 좋아진다.

④ $3,000 \sim 10,000 \text{rpm}$으로 회전하는 컵모양의 분무컵에 송입되는 연료유가 원심력으로 비산됨과 동시에 송풍기에서 나오는 1차 공기에 의해 분무되는 형식이다.

✔ 연료유의 점도가 작고 분무컵의 회전수가 클수록 분무상태가 좋아진다.

28 다음 중 액체연료에 관한 설명으로 옳지 않은 것은? ★★★

① 회분이 거의 없으며, 연소, 소화, 점화의 조절이 쉽다.

② 화재, 역화의 위험이 크고, 연소온도가 높기 때문에 국부가열의 위험이 존재한다.

③ 기체연료에 비해 밀도가 커 저장에 큰 장소가 필요하지 않고, 연료의 수송도 간편한 편이다.

④ 완전연소 시 다량의 과잉공기가 필요하므로 연소장치가 대형화되는 단점이 있으며, 소화가 용이하지 않다.

✔ 고체연료는 완전연소 시 다량의 과잉공기가 필요하므로 연소장치가 대형화되는 단점이 있고, 소화가 용이하지 않다.

29 석탄의 탄화도가 증가할수록 나타나는 성질로 옳지 않은 것은? ★★★

① 착화온도가 높아진다.

② 연소속도가 느려진다.

③ 수분이 감소하고, 발열량이 증가한다.

④ 연료비(고정탄소(%)/휘발분(%))가 감소한다.

✔ 석탄의 탄화도가 증가할수록 연료비(고정탄소(%)/휘발분(%))가 증가한다.

[Plus 이론학습]

• 석탄의 탄화도가 높으면(↑) 수분 및 휘발분이 감소한다(↓).
• 석탄의 탄화도가 높으면(↑) 산소의 양이 줄어든다(↓).
• 석탄의 탄화도가 높으면(↑) 비열이 감소한다(↓).

30 다음 중 당량비(ϕ)에 관한 설명으로 옳지 않은 것은? ★★★

① $\phi > 1$ 경우는 불완전연소가 된다.

② $\phi > 1$ 경우는 연료가 과잉인 경우이다.

③ $\phi < 1$ 경우는 공기가 부족한 경우이다.

④ $\phi = \dfrac{\text{실제의 연료량/산화제}}{\text{완전연소를 위한 이상적 연료량/산화제}}$ 이다.

✔ $\phi < 1$ 경우는 연료가 적어서 공기과잉 상태이다.

31 고위발열량이 $12,000 \text{kcal/kg}$인 연료 1kg의 성분을 분석한 결과 탄소가 87.7%, 수소가 12%, 수분이 0.3%였다. 이 연료의 저위발열량(kcal/kg)은? ★★★

① $10,350$

② $10,820$

③ $11,020$

④ $11,350$

✔ 고체 및 액체 연료의 저위발열량(H_l, kcal/kg)
$= $ 고위발열량(H_h) $- 600(9H + W)$
$= 12,000 - 600 \times (9 \times 0.12 + 0.003)$
$= 12,000 - 650$
$= 11,350 \text{kcal/kg}$

32 분무화연소 방식에 해당하지 않는 것은?

① 유압분무화식

② 충돌분무화식

③ 여과분무화식

④ 이류체분무화식

✔ 분무화연소(분무연소)는 주로 액체연료를 연소시킬 때 연료를 분무화(atomization)하여 미립자로 만들어 이것을 공기에 혼합하여 연소시키는 방법이다.
분무방식은 1. 연료를 노즐을 통하여 고속으로 분사하는 방법, 2. 연료를 선회시켜 오리피스에서 액막으로 분출시키는 방법, 3. 공기나 증기를 분무매체로 이용하는 방법, 4. 회전체가 고속으로 회전하여 원심력으로 액막을 형성한 후 분산시키는 방법, 5. 액체 분출류를 고체면과 충돌시키는 방법 등이 있다.

33 기체연료의 연소방법 중 예혼합연소에 관한 설명으로 옳지 않은 것은? ★★

① 화염길이가 길고, 그을음이 발생하기 쉽다.

② 역화의 위험이 있어 역화방지기를 부착해야 한다.

③ 화염온도가 높아 연소부하가 큰 곳에 사용 가능하다.

④ 연소기 내부에서 연료와 공기의 혼합비가 변하지 않고 균일하게 연소된다.

✔ 예혼합연소는 공기의 전부를 미리 연료와 혼합하여 버너로 분출시켜 연소하는 방법으로 화염의 길이가 짧고, 그을름 생성량이 적다.
[Plus 이론학습]
확산연소는 가연성 가스가 확산에 의해 연소(공기, 연료가스 별도로 주입)되며, 긴 화염이 형성된다.

34 연소에 관한 설명으로 옳지 않은 것은? ★★

① 표면연소는 휘발분 함유량이 적은 물질의 표면 탄소분부터 직접 연소되는 형태이다.

② 다단연소는 공기 중의 산소공급 없이 물질 자체가 함유하고 있는 산소를 사용하여 연소하는 형태이다.

③ 증발연소는 비교적 융점이 낮은 고체연료가 증발하여 연소하는 형태이다.

④ 분해연소는 분해온도가 증발온도보다 낮은 고체연료가 기상 중에 화염을 동반하여 연소할 경우 관찰되는 연소형태이다.

✔ 다단연소는 공기(산소) 또는 연료를 2~3단계로 나누어서 공급하는 방법이며 이를 통해 연소온도가 낮아져 NO_x 생성을 줄일 수 있다.

35 S함량이 5%인 B−C유 400kL를 사용하는 보일러에 S함량이 1%인 B−C유를 50% 섞어서 사용하면 SO_2의 배출량은 몇 % 감소하는가? (단, 기타 연소조건은 동일하며, S는 연소 시 전량 SO_2로 변환되고, S함량에 무관하게 B−C유의 비중은 0.95임.)

① 30% ② 35%

③ 40% ④ 45%

✔ 미혼합 시 S 함량=400kL×0.95×0.05=19kg
혼합 시 S 함량=400kL×0.95×0.05×0.5
　　　　　　　　+400kL×0.95×0.01×0.5
　　　　　　=9.5+1.9
　　　　　　=11.42kg
미혼합 시 SO_2=19×22.4/64=6.65m^3
혼합 시 SO_2=11.42×22.4/64=4.0m^3
∴ 감소율=(6.65−4)/6.65×100
　　　　=39.8
　　　　≒40%

36 C 85%, H 11%, S 2%, 회분 2%의 무게비로 구성된 B−C유 1kg을 공기비 1.3으로 완전연소시킬 때, 건조배출가스 중의 먼지 농도(g/Sm^3)는? (단, 모든 회분 성분은 먼지가 됨.) ★

① 0.82 ② 1.53

③ 5.77 ④ 10.23

✔ O_o (이론적 산소량, Sm^3/kg)
=1.867C+5.6(H−O/8)+0.7S=2.22
A_o (이론적인 공기량)= O_o/0.21=10.57
실제건조연소가스량(G_d, m^3/kg)
=mA_o−5.6H+0.7O+0.8N
=1.3×10.57−5.6×0.11
=13.12
먼지량=0.02kg
∴ 먼지 농도=0.02×1,000/13.12=1.53g/Sm^3

37 표준상태에서 CO_2 50kg의 부피(m^3)는? (단, CO_2는 이상기체라 가정) ★★★

① 12.73
② 22.40
③ 25.45
④ 44.80

✔ 50kg×22.4m^3/44kg=25.45m^3

38 고체연료의 화격자 연소장치 중 연료가 화격자 → 석탄층 → 건류층 → 산화층 → 환원층을 거치며 연소되는 것으로, 연료층을 항상 균일하게 제어할 수 있고 저품질 연료도 유효하게 연소시킬 수 있어 쓰레기 소각로에 많이 이용되는 장치로 가장 적합한 것은? ★

① 체인 스토커(chain stoker)
② 포트식 스토커(pot stoker)
③ 산포식 스토커(spreader stoker)
④ 플라스마 스토커(plasma stoker)

39 어떤 액체연료의 연소 배출가스 성분을 분석한 결과 CO_2가 12.6%, O_2가 6.4%일 때, $(CO_2)_{max}$(%)는? (단, 연료는 완전연소된 경우이다.) ★★★

① 11.5
② 13.2
③ 15.3
④ 18.1

✔ 완전연소인 경우
$$(CO_2)_{max} = \frac{21(CO_2)}{21-(O_2)} = 21 \times 12.6/(21-6.4) = 18.1\%$$

40 다음 중 황 함량이 가장 낮은 연료는? ★★★

① LPG
② 중유
③ 경유
④ 휘발유

✔ LPG는 원유를 액화시키는 과정에서 먼지와 황을 제거했기 때문에 황이 거의 없다.

2021년 제2회 대기환경기사

21 공기 중의 산소공급 없이 연료자체가 함유하고 있는 산소를 이용하여 연소하는 연소형태는 어느 것인가? ★

① 자기연소
② 확산연소
③ 표면연소
④ 분해연소

✔ 자기연소는 공기 중의 산소 공급 없이 연료 자체가 함유하고 있는 산소를 이용하여 연소한다.

22 석탄·석유 혼합연료(COM)에 관한 설명으로 가장 적합한 것은? ★★

① 별도의 탈황, 탈질 설비가 필요 없다.
② 별도의 개조 없이 중유전용 연소시설에 사용될 수 있다.
③ 미분쇄한 석탄에 물과 첨가제를 섞어서 액체화시킨 연료이다.
④ 연소가스의 연소실 내 체류시간 부족, 분사변의 폐쇄와 마모 등의 문제점을 갖는다.

23 확산형 가스버너 중 포트형에 관한 설명으로 가장 거리가 먼 것은?

① 가스와 공기를 함께 가열할 수 있다.
② 포트의 입구가 작으면 슬래그가 부착되어 막힐 우려가 있다.
③ 역화의 위험이 있기 때문에 반드시 역화방지기를 부착해야 한다.
④ 밀도가 큰 가스 출구는 상부에, 밀도가 작은 가스 출구는 하부에 배치되도록 설계한다.

✔ 확산연소는 역화의 위험이 없으며, 가스와 공기를 예열할 수 있다.

---

24 석탄의 탄화도가 증가할수록 나타나는 성질로 옳지 않은 것은? ★★★

① 휘발분이 감소한다.
② 발열량이 증가한다.
③ 착화온도가 낮아진다.
④ 고정탄소의 양이 증가한다.

✅ 석탄의 탄화도가 증가할수록 착화온도가 높아진다.

25 다음 중 착화온도에 관한 설명으로 옳지 않은 것은? ★★★

① 발열량이 낮을수록 높아진다.
② 산소농도가 높을수록 낮아진다.
③ 반응활성도가 클수록 높아진다.
④ 분자구조가 간단할수록 높아진다.

✅ 반응활성도가 클수록 착화온도는 낮아진다.

26 저발열량이 6,000kcal/Sm³, 평균정압비열이 0.38kcal/Sm³·℃인 가스연료의 이론연소온도(℃)는? (단, 이론연소가스량은 10Sm³/Sm³, 연료와 공기의 온도는 15℃, 공기는 예열되지 않으며, 연소가스는 해리되지 않음.) ★

① 1,385
② 1,412
③ 1,496
④ 1,594

✅ $t_1 = H_1/(G_{ow} \times C_p) + t_2$
$= 6,000/(10 \times 0.38) + 15$
$= 1,593.9℃$

27 기체연료의 일반적인 특징으로 가장 거리가 먼 것은? ★★★

① 적은 과잉공기로 완전연소가 가능하다.
② 연소 조절, 점화 및 소화가 용이한 편이다.
③ 연료의 예열이 쉽고, 저질연료로 고온을 얻을 수 있다.
④ 누설에 의한 역화·폭발 등의 위험이 작고, 설비비가 많이 들지 않는다.

✅ 기체연료는 누설에 의한 역화·폭발 등의 위험이 크고, 설비비가 많이 필요하다.

28 중유를 A, B, C 중유로 구분할 때, 구분 기준은 무엇인가? ★★★

① 점도
② 비중
③ 착화온도
④ 유황 함량

✅ 중유는 점도를 기준으로 A, B, C로 분류한다.

29 중유를 사용하는 가열로의 배출가스를 분석한 결과 N₂:80%, CO:12%, O₂:8%의 부피비를 얻었다. 공기비는? ★★

① 1.1
② 1.4
③ 1.6
④ 2.0

✅ 불완전연소 시
$m = \dfrac{21N_2}{21N_2 - 79(O_2 - 0.5CO)}$
$= \dfrac{21 \times 80}{21 \times 80 - 79(8 - 0.5 \times 12)}$
$= 1,680/(1,680 - 158)$
$= 1.1$

30 프로판과 부탄을 1:1의 부피비로 혼합한 연료를 연소했을 때, 건조배출가스 중의 CO₂ 농도가 10%이다. 이 연료 4m³를 연소했을 때 생성되는 건조배출가스의 양(Sm³)은? (단, 연료 중의 C 성분은 전량 CO₂로 전환) ★

① 105
② 140
③ 175
④ 210

✅ $C_3H_8 + 5O_2 \rightarrow 3CO_2 + 4H_2O$
2 2×5 2×3 2×4
$C_4H_{10} + 6.5O_2 \rightarrow 4CO_2 + 5H_2O$
2 2×6.5 2×4 2×5
$CO_2(\%) = [(2 \times 3) + (2 \times 4)]/G_d \times 100 = 10$
∴ $G_d = 140Sm^3$

31 메탄 1mol이 완전연소할 때, AFR은? (단, 부피 기준) ★★★

① 6.5
② 7.5
③ 8.5
④ 9.5

❷ $CH_4 + 2O_2 \rightarrow CO_2 + 2H_2O$
　 1 : 2
　 $A_o = O_o/0.21 = 2/0.21 = 9.52$
　 ∴ AFR(mol) = 9.52/1 = 9.52

32 C : 85%, H : 10%, S : 5%의 중량비를 갖는 중유 1kg을 1.3의 공기비로 완전연소시킬 때, 건조배출가스 중의 이산화황 부피분율(%)은? (단, 황 성분은 전량 이산화황으로 전환되는 경우이다.) ★★★

① 0.18　　② 0.27
③ 0.34　　④ 0.45

❷ $O_o = 1.867 \times 0.85 + 5.6 \times 0.1 + 0.7 \times 0.05 = 2.18$
　 $A_o = O_o/0.21 = 2.18/0.21 = 10.4$
　 $G_d = mA_o - 5.6H + 0.7O + 0.8N = 1.3 \times 10.4 - 5.6 \times 0.1$
　 　 $= 12.96$
　 ∴ $SO_2(\%) = 0.7S/G_d \times 100 = 0.7 \times 0.05/12.96 \times 100$
　 　 　 $= 0.27$

33 액화석유가스(LPG)에 관한 설명으로 가장 거리가 먼 것은? ★★★

① 발열량이 높고, 유황분이 적은 편이다.
② 증발열이 5~10kcal/kg로 작아 취급이 용이하다.
③ 비중이 공기보다 커서 누출 시 인화·폭발의 위험성이 높은 편이다.
④ 천연가스에서 회수되거나 나프타의 열분해에 의해 얻어지기도 하지만 대부분 석유정제 시 부산물로 얻어진다.

❷ 액화석유가스(LPG)는 증발열이 90~100kcal/kg으로 사용 시 유의해야 한다.

34 수소 13%, 수분 0.7%가 포함된 중유의 고발열량이 5,000kcal/kg일 때, 이 중유의 저발열량(kcal/kg)은? ★★★

① 4,126
② 4,294
③ 4,365
④ 4,926

❷ $Hl = Hh - 600(9H + W)$
　 $= 5,000 - 600 \times (9 \times 0.13 + 0.007)$
　 $= 4,293.8 kcal/kg$

35 다음 중 매연 발생에 관한 설명으로 옳지 않은 것은? ★★★

① 연료의 C/H비가 클수록 매연이 발생하기 쉽다.
② 분해되기 쉽거나 산화되기 쉬운 탄화수소는 매연 발생이 적다.
③ 탄소결합을 절단하기보다 탈수소가 쉬운 쪽이 매연이 발생하기 쉽다.
④ 중합 및 고리화합물 등과 같이 반응이 일어나기 쉬운 탄화수소일수록 매연 발생이 적다.

❷ 탈수소, 중합 및 고리화합물 등과 같은 반응이 일어나기 쉬운 탄화수소일수록 매연이 잘 생긴다.

36 불꽃점화기관에서 연소과정 중 발생하는 노킹 현상을 방지하기 위한 기관의 구조에 관한 설명으로 가장 거리가 먼 것은? ★

① 연소실을 구형(circular type)으로 한다.
② 점화플러그를 연소실 중심에 설치한다.
③ 난류를 증가시키기 위해 난류생성 pot를 부착시킨다.
④ 말단가스를 고온으로 하기 위해 삼원촉매 시스템을 사용한다.

❷ 말단가스를 고온으로 할 필요가 없으며, 삼원촉매시스템은 오염물질(CO, HC, NO_x)을 처리하는 방지장치로 노킹과 관련이 없다.

37 연소 배출가스의 성분 분석결과 CO_2가 30%, O_2가 7%일 때, $(CO_2)_{max}$(%)는? ★★★

① 35 　　　② 40

③ 45 　　　④ 50

✔ $(CO_2)_{max} = \dfrac{21(CO_2)}{21-(O_2)}$

$= 21 \times 30 / (21-7)$

$= 45\%$

38 가연성 가스의 폭발범위와 그 위험도에 관한 설명으로 옳지 않은 것은? ★

① 폭발하한값이 높을수록 위험도가 증가한다.

② 일반적으로 가스의 온도가 높아지면 폭발 범위가 넓어진다.

③ 폭발한계농도 이하에서는 폭발성 혼합가 스를 생성하기 어렵다.

④ 가스압력이 높아졌을 때 폭발하한값은 크 게 변하지 않으나 폭발상한값은 높아진다.

✔ 폭발하한값이 높을수록 위험도가 감소한다.

39 액체연료의 연소버너에 관한 설명으로 가장 거리가 먼 것은? ★★

① 유압분무식 버너는 유량 조절범위가 좁은 편이다.

② 회전식 버너는 유압식 버너에 비해 연료유 의 분무화 입경이 크다.

③ 고압공기식 버너의 분무각도는 40~90° 정 도로 저압공기식 버너에 비해 넓은 편이다.

④ 저압공기식 버너는 주로 소형 가열로에 이 용되고, 분무에 필요한 공기량은 이론연소 공기량의 30~50% 정도이다.

✔ 고압공기식 버너의 분무각도는 20~30° 정도로 저압공기 식 버너에 비해 작다.

[Plus 이론학습]
고압공기식 버너의 유량조절비는 1 : 10이다.

40 등가비(ϕ, equivalent ratio)에 관한 내용으로 옳지 않은 것은? ★★★

① 등가비(ϕ)는 $\dfrac{\text{실제연료량/산화제}}{\text{완전연소를 위한 이상적 연료량/산화제}}$ 로 정의된다.

② $\phi < 1$일 때 공기과잉이며 일산화탄소(CO) 발생량이 적다.

③ $\phi > 1$일 때 연료과잉이며 질소산화물(NO_x) 발생량이 많다.

④ $\phi = 1$일 때 연료와 산화제의 혼합이 이상 적이며 연료가 완전연소된다.

✔ $\phi > 1$일 때 연료 과잉이며 질소산화물(NO_x) 발생량이 적 으나, 불완전연소로 인해 매연 발생이 많다.

제2과목

2021년 제4회 대기환경기사

21 화염으로부터 열을 받으면 가연성 증기가 발생하는 연소로 휘발유, 등유, 알코올, 벤젠 등 액체연료의 연소형태는? ★★★

① 증발연소　　② 자기연소

③ 표면연소　　④ 확산연소

✅ 액체 가연물이 연소할 때 액체 자체가 연소하는 것이 아니라 액체 표면에서 발생한 증기가 연소하는 특징을 가진 연소형태는 증발연소이다.

22 가연성 가스의 폭발범위에 관한 일반적인 설명으로 옳지 않은 것은? ★

① 가스의 온도가 높아지면 폭발범위가 넓어진다.

② 폭발한계농도 이하에서는 폭발성 혼합가스가 생성되기 어렵다.

③ 폭발상한과 폭발하한의 차이가 클수록 위험도가 증가한다.

④ 가스의 압력이 높아지면 상한값은 크게 변하지 않으나 하한값이 높아진다.

✅ 압력이 높아졌을 때 폭발하한값은 크게 변하지 않으나 폭발상한값은 높아진다.

23 자동차 내연기관에서 휘발유(C_8H_{18})가 완전연소될 때 무게기준의 공기연료비(AFR)는? (단, 공기의 분자량은 28.95) ★★

① 15　　② 30

③ 40　　④ 60

✅ $C_8H_{18} + (8+18/4)O_2 \rightarrow 8CO_2 + 18/2H_2O$
1mol ：12.5mol
$O_o = 12.5mol$, $A_o = O_o/0.21 = 59.52mol$
∴ 공기연료비 = 공기/연료 = $59.52 \times 28.95/114 = 15.11$

24 다음 중 등가비(ϕ)에 관한 내용으로 옳지 않은 것은? ★★★

① ϕ = 공기비(m)

② ϕ = 1일 때 완전연소

③ ϕ < 1일 때 공기가 과잉

④ ϕ > 1일 때 연료가 과잉

✅ 등가비와 공기비는 다르다. 등가비는 연료와 연료를 비교하는 것이고, 공연비는 공기와 연료를 비교하는 것이다.

25 기체연료의 종류에 관한 설명으로 가장 적합한 것은? ★★★

① 수성가스는 코크스를 용광로에 넣어 선철을 제조할 때 발생하는 기체연료이다.

② 석탄가스는 석유류를 열분해, 접촉분해 및 부분연소시킬 때 발생하는 기체연료이다.

③ 고로가스는 고온으로 가열된 무연탄이나 코크스 등에 수증기를 반응시켜 얻은 기체연료이다.

④ 발생로가스는 코크스나 석탄, 목재 등을 적열상태로 가열하여 공기 또는 산소를 보내 불완전연소시켜 얻은 기체연료이다.

✅ ① 수성가스는 고온으로 가열한 무연탄이나 코크스에 수증기를 반응시켜 얻는 기체연료이다.
② 석탄가스는 석탄을 가스화해서 얻는 난방, 전기의 원료가 되는 가스다.
③ 고로가스(BFG)는 고로에 철광석과 코크스를 장입해 선철을 제조하는 과정에서 코크스가 연소해 철광석과 환원작용 시 발생하는 가스다.

26 공기비가 클 때 나타나는 현상으로 가장 적합하지 않은 것은? ★★★

① 연소실 내의 온도 감소

② 배기가스에 의한 열손실 증가

③ 가스폭발의 위험 증가와 매연 발생

④ 배기가스 내의 SO_2, NO_2 함량 증가로 인한 부식 촉진

✅ 공기비가 작을 때 불완전연소가 일어나고 가스폭발의 위험 증가와 매연이 발생된다.

27 과잉산소량(잔존산소량)을 나타내는 표현은? (단, A : 실제공기량, A_o : 이론공기량, m : 공기비($m>1$), 표준상태, 부피 기준) ★★★

① $0.21mA_o$
② $0.21mA$
③ $0.21(m-1)A_o$
④ $0.21(m-1)A$

✓ 과잉공기량 $= A-A_o = mA_o-A_o=(m-1)A_o$
$= 0.21 \times$ 과잉공기량 $= 0.21(m-1)A_o$

28 C : 80%, H : 15%, S : 5%의 무게비로 구성된 중유 1kg을 1.1의 공기비로 완전연소시킬 때, 건조배출가스 중의 SO_2 농도(ppm)는? (단, 모든 S 성분은 SO_2가 됨.) ★★

① 3,026
② 3,530
③ 4,126
④ 4,530

✓ $O_o = 1.867C+5.6(H-O/8)+0.7S=2.37$
$A_o = O_o/0.21=11.3$
$G_d = mA_o-5.6H+0.7O+0.8N$
$= 1.1 \times 11.3-5.6 \times 0.15$
$= 11.59$
$\therefore SO_2(ppm) = 0.7S/G_d \times 10^6 = 0.7 \times 0.05/11.59 \times 10^6$
$= 3,020$

29 고체연료 중 코크스에 관한 설명으로 가장 적합하지 않은 것은? ★★

① 주성분은 탄소이다.
② 원료탄보다 회분의 함량이 많다.
③ 연소 시에 매연이 많이 발생한다.
④ 원료탄을 건류하여 얻어지는 2차 연료로 코크스로에서 제조된다.

✓ 코크스는 탄소 함량이 높고, 불순물은 미량인 연료의 일종이다. 코크스는 휘발분이 거의 없기 때문에 매연 발생이 거의 없다.

30 화격자 연소에 관한 설명으로 가장 적합하지 않은 것은? ★★

① 상부투입식은 투입되는 연료와 공기가 향류로 교차하는 형태이다.

② 상부투입식의 경우 화격자상에 고정층을 형성해야 하므로 분체상의 석탄을 그대로 사용할 수 없다.

③ 정상상태에서 상부투입식은 상부로부터 석탄층 → 건조층 → 건류층 → 환원층 → 산화층 → 회층의 구성순서를 갖는다.

④ 하부투입식은 저융점의 회분을 많이 포함한 연료의 연소에 적합하며, 착화성이 나쁜 연료도 유용하게 사용 가능하다.

✓ 하부투입식은 저융점의 회분을 포함하거나 착화성이 나쁜 연료에는 부적절하다.

31 CH_4의 최대탄산가스율(%)은? (단, CH_4는 완전연소함.) ★★

① 11.7
② 21.8
③ 34.5
④ 40.5

✓ 최대탄산가스율(%)은 이론건조연소가스(G_{od}) 중 CO_2의 부피백분율이다.
$CH_4+2O_2 \rightarrow CO_2+2H_2O$
$\quad 1 : 2 \qquad 1 : 2$
$O_o = 2$
$A_o = O_o/0.21=9.52$
이론적인 공기량 $= 0.79A_o = 7.52$
$G_{od} = 1+7.52=8.52$
$\therefore CO_{2max}(\%) = (CO_2)/G_{od} \times 100=1/8.52 \times 100=11.74$

32 다음 조건을 갖는 기체연료의 이론연소온도(℃)는? ★

- 연료의 저발열량 : 7,500kcal/Sm³
- 연료의 이론연소가스량 : 10.5Sm³/Sm³
- 연료연소가스의 평균정압비율 : 0.35kcal/Sm³·℃
- 기준온도 : 25℃
- 공기는 예열되지 않고, 연소가스는 해리되지 않음.

① 1,916
② 2,066
③ 2,196
④ 2,256

✅ $t_1 = H_1/(G_{ow} \times C_p) + t_2$ (℃)
$\quad = 7,500/(10.5 \times 0.35) + 25 = 2,065.8℃$

33 가솔린기관의 노킹현상을 방지하기 위한 방법으로 가장 적합하지 않은 것은? ★

① 화염속도를 빠르게 한다.
② 말단가스의 온도와 압력을 낮춘다.
③ 혼합기의 자기착화온도를 높게 한다.
④ 불꽃진행거리를 길게 하여 말단가스가 고온·고압에 충분히 노출되도록 한다.

✅ 말단가스의 온도와 압력을 낮춘다.

34 C_2H_6의 고발열량이 15,520kcal/Sm^3일 때, 저발열량(kcal/Sm^3)은? ★★★

① 18,380　　② 16,560
③ 14,080　　④ 12,820

✅ 기체연료
$LHV = HHV - 480(H_2 + 2CH_4 + 3C_2H_6 + \cdots)[kcal/m^3]$
$LHV = 15,520 - 480(3)$
$\quad = 14,080kcal/Sm^3$

35 89%의 탄소와 11%의 수소로 이루어진 액체연료를 1시간에 187kg씩 완전연소할 때 발생하는 배출가스의 조성을 분석한 결과 CO_2 : 12.5%, O_2 : 3.5%, N_2 : 84%였다. 이 연료를 2시간 동안 완전연소시켰을 때 실제소요된 공기량(Sm^3)은? ★

① 1,205　　② 2,410
③ 3,610　　④ 4,810

✅ $m ≒ \dfrac{N_2}{N_2 - 3.76O_2} = 84/(84 - 3.76 \times 3.5) = 1.19$
$O_o = 1.867C + 5.6(H - O/8) + 0.7S$
$\quad = 1.867 \times 0.89 + 5.6 \times 0.11 = 2.3m^3/kg$
$A_o = O_o/0.21 = 2.3/0.21 = 10.95m^3/kg$
$A = mA_o = 1.19 \times 10.95 = 13.03m^3/kg$
연료량 = 187kg/h × 2h = 374kg
∴ $A = 13.03m^3/kg \times 374kg = 4,873m^3$

36 다음 중 연소에 관한 용어 설명으로 옳지 않은 것은? ★★

① 유동점은 저온에서 중유를 취급할 경우의 난이도를 나타내는 척도가 될 수 있다.
② 인화점은 액체연료의 표면에 인위적으로 불씨를 가했을 때 연소하기 시작하는 최저온도이다.
③ 발열량은 연료가 완전연소할 때 단위중량 혹은 단위부피당 발생하는 열량으로 잠열을 포함하는 저발열량과 포함하지 않는 고발열량으로 구분된다.
④ 발화점은 공기가 충분한 상태에서 연료를 일정온도 이상으로 가열했을 때 외부에서 점화하지 않더라도 연료 자신의 연소열에 의해 연소가 일어나는 최저온도이다.

✅ 발열량은 연료가 완전연소할 때 단위중량 혹은 단위부피당 발생하는 열량으로 잠열을 포함하는 고발열량과 포함하지 않는 저발열량으로 구분된다.

37 다음 중 석유류의 특성에 관한 내용으로 옳은 것은? ★★

① 일반적으로 인화점은 예열온도보다 약간 높은 것이 좋다.
② 인화점이 낮을수록 역화의 위험성이 낮아지고 착화가 곤란하다.
③ 일반적으로 API가 10° 미만이면 경질유, 40° 이상이면 중질유로 분류된다.
④ 일반적으로 경질유는 방향족계 화합물을 50% 이상 함유하고 중질유에 비해 밀도와 점도가 높은 편이다.

✅ 인화점이 낮으면 역화 위험성이 있고, 높으면(140℃ 이상) 착화가 곤란하다. 인화점은 보통 그 예열온도보다 약 5℃ 이상 높은 것이 좋다.

38 석탄의 유동층 연소에 관한 설명으로 가장 적합하지 않은 것은? ★★

① 부하변동에 쉽게 적응할 수 없다.

② 유동매체의 보충이 필요하지 않다.

③ 유동매체를 석회석으로 할 경우 노 내에서 탈황이 가능하다.

④ 비교적 저온에서 연소가 행해지기 때문에 화격자 연소에 비해 thermal NO_x 발생량이 적다.

✔ 석탄의 유동층 연소는 주기적으로 유동매체의 보충이 필요하다.

39 25℃에서 탄소가 연소하여 일산화탄소가 될 때 엔탈피 변화량(kJ)은?

> • $C + O_2(g) \rightarrow CO_2(g)$, $\Delta H = -393.5kJ$
> • $CO + 1/2O_2(g) \rightarrow CO_2(g)$, $\Delta H = -283.0kJ$

① −676.5   ② −110.5

③ 110.5   ④ 676.5

✔ −393.5kJ−(−283kJ)=−110.5kJ

40 다음 중 액체연료를 비점(℃)이 큰 순서대로 나열한 것은? ★★★

① 등유>중유>휘발유>경유

② 중유>경유>등유>휘발유

③ 경유>휘발유>중유>등유

④ 휘발유>경유>등유>중유

✔ 비점(끓는점)은 액체가 기화하기 시작하는 온도로, 비점이 큰 순서는 중유>경유>등유>휘발유 이다.

Subject 제3과목 대기오염 방지기술 과목별 기출문제

저자쌤의 과목별 학습 TIP

출제빈도를 보면 입자상 물질 처리가 40~45%로 가장 높으며 이 중에서 전기집진기, 여과집진기, 원심력집진기가 약 25%를 차지하고 있고, 가스상 물질 처리는 35~40%를 차지하고 있으며 이 중에서 흡수 13%, 흡착 5%이고, 개별물질로는 NO_x가 4%, SO_2가 3%를 차지하고 있습니다. 그 다음으로 국소배기장치(송풍기 포함)는 약 10%이며 악취는 약 3%를 차지하고 있습니다. 이런 비중을 감안하여 선택과 집중하여 학습해야 하며, 계산문제도 익숙해질 필요가 있습니다.

제3과목 | 대기오염 방지기술
2017년 제1회 대기환경기사

41 다음 중 접선유입식 원심력집진장치의 특징을 옳게 설명한 것은? ★★★

① 장치의 압력손실은 5,000mmH₂O이다.

② 장치 입구의 가스속도는 18~20cm/s이다.

③ 입구 모양에 따라 나선형과 와류형으로 분류된다.

④ 도익선회식이라고도 하며, 반전형과 직진형이 있다.

❷ 접선유입식의 입구 가스속도는 7~15m/s, 압력손실은 100mmAq이다. 또한 나선형과 와류형이 있다.

[Plus 이론학습]
원심력집진기의 축류식은 반전형과 직진형이 있다.

42 여과집진장치에서 여과포 탈진방법의 유형이라고 볼 수 없는 것은? ★★★

① 진동형

② 역기류형

③ 충격제트기류 분사형

④ 승온형

❷ 여과포 탈진방법의 유형에는 진동형, 역기류형, 충격제트 기류 분사형이 있다.

43 매시간 4t의 중유를 연소하는 보일러의 배연 탈황에 수산화나트륨을 흡수제로 하여 부산물로서 아황산나트륨을 회수한다. 중유 중 황 성분은 3.5%, 탈황률이 98%라면 필요한 수산화나트륨의 이론량(kg/h)은? (단, 중유 중 황 성분은 연소 시 전량 SO_2로 전환되며, 표준상태를 기준으로 한다.) ★

① 230

② 343

③ 452

④ 553

❷ $S = 4 \times 3.5/100 = 0.14t/h$, $S + O_2 \rightarrow SO_2$
$SO_2 + 2NaOH \rightarrow Na_2SO_3 + H_2O$
64 : 2×40
0.14×2 : x
$x = 0.14 \times 2 \times (2 \times 40)/64 = 0.35t/h = 350kg/h$
제거율이 98%이므로 350×0.98 = 343kg/h

44 집진장치의 입구쪽의 처리가스유량이 300,000Sm³/h, 먼지농도가 15g/Sm³이고, 출구쪽의 처리된 가스의 유량은 305,000Sm³/h, 먼지농도가 40mg/Sm³였다. 이 집진장치의 집진율은 몇 %인가? ★★

① 98.6

② 99.1

③ 99.7

④ 99.9

❷ 유입량 = 300,000Sm³/h×15g/Sm³ = 4,500kg/h
유출량 = 305,000Sm³/h×40mg/Sm³ = 12.2kg/h
∴ $\eta = (4,500 - 12.2)/4,500 \times 100 = 99.7\%$

---

45 VOCs를 98% 이상 제어하기 위한 VOCs 제어 기술과 가장 거리가 먼 것은 다음 중 어느 것인가? ★★★

① 후연소
② 루프(loop) 산화
③ 재생(regenerative) 열산화
④ 저온(cryogenic) 응축

✔ VOCs 제어기술과 루프(loop) 산화는 관련이 없다.

46 관성력집진장치의 집진율 향상조건으로 가장 거리가 먼 것은? ★

① 적당한 dust box의 형상과 크기가 필요하다.
② 기류의 방향전환 횟수가 많을수록 압력손실은 커지지만 집진율은 높아진다.
③ 보통 충돌직전에 처리가스속도가 크고, 처리 후 출구가스속도가 작을수록 집진율은 높아진다.
④ 함진가스의 충돌 또는 기류의 방향전환 직전의 가스속도가 작고, 방향전환 시 곡률반경이 클수록 미세입자 포집이 용이하다.

✔ 관성력집진장치는 함진가스의 충돌 또는 기류의 방향전환 직전의 가스속도가 크고, 방향전환 시 곡률반경이 작을수록 미세입자 포집이 용이하다.

47 평판형 전기집진장치의 집진판 사이의 간격이 10cm, 가스의 유속은 3m/s, 입자가 집진극으로 이동하는 속도가 4.8cm/s일 때, 층류영역에서 입자를 완전히 제거하기 위한 이론적인 집진극의 길이(m)는? ★

① 1.34
② 2.14
③ 3.13
④ 4.29

✔ $W_e \times$ 집진극의 길이 $=$ 가스속도 $\times$ 집진판 사이의 간격
집진극의 길이 $= 3 \times (0.1/2)/0.048 = 3.13$

48 벤투리스크러버의 액가스비를 크게 하는 요인으로 가장 거리가 먼 것은? ★

① 먼지입자의 점착성이 클 때
② 먼지입자의 친수성이 클 때
③ 먼지의 농도가 높을 때
④ 처리가스의 온도가 높을 때

✔ 먼지입자의 친수성이 클 때는 액가스비를 크게 할 필요가 없다.

49 침강실의 길이 5m인 중력집진장치를 사용하여 침강집진할 수 있는 먼지의 최소입경이 $140\mu m$였다. 이 길이를 2.5배로 변경할 경우 침강실에서 집진 가능한 먼지의 최소입경(μm)은? (단, 배출가스의 흐름은 층류이고, 길이 이외의 모든 조건은 동일하다.) ★★

① 약 70   ② 약 89
③ 약 99   ④ 약 129

✔ $V_t \times L = V_a \times H$

$L \propto \dfrac{1}{V_t} = \dfrac{1}{D^2}$

$5 : 1/140^2 = 5 \times 2.5 : 1/x^2$

$\therefore x = 88.5 \fallingdotseq 89\mu m$

50 냄새물질에 관한 다음 설명 중 가장 거리가 먼 것은? ★

① 물리화학적 자극량과 인간의 감각강도 관계는 Ranney 법칙과 잘 맞는다.
② 골격이 되는 탄소수는 저분자일수록 관능기 특유의 냄새가 강하고 자극적이며, 8~13에서 가장 향기가 강하다.
③ 분자 내 수산기의 수는 1개일 때 가장 강하고 수가 증가하면 약해져서 무취에 이른다.
④ 불포화도가 높으면 냄새가 보다 강하게 난다.

✔ 물리화학적 자극량과 인간의 감각강도 관계는 Weber – Fechner의 법칙과 비교적 잘 맞는다.

제3과목

51 다음과 같은 특성을 가진 유해물질은?

> - 인화성이 있고, 연소 시 유독가스를 발생시킨다.
> - 무색의 비점(26℃ 정도)이 낮은 액체이고, 그 증기는 약간 방향성을 가진다.
> - 물, 알코올, 에테르 등과 임의의 비율로도 혼합되며, 그 수용액은 극히 약한 산성을 나타낸다.
> - 폭발성도 강하고, 물에 대한 용해도가 매우 크다.

① 사이안화수소(HCN)
② 아세트산(CH_3COOH)
③ 벤젠(C_6H_6)
④ 염소(Cl_2)

52 집진효율이 98%인 집진시설에서 처리 후 배출되는 먼지농도가 0.3g/m³일 때 유입된 먼지의 농도는 몇 g/m³인가? ★★★

① 10   ② 15
③ 20   ④ 25

✅ $x \times 0.02 = 0.3$
∴ $x = 15$

53 충전탑에 사용되는 충전물에 관한 설명으로 옳지 않은 것은? ★★★

① 가스와 액체가 전체에 균일하게 분포될 수 있도록 해야 한다.
② 충전물의 단면적은 기액간의 충분한 접촉을 위해 작은 것이 바람직하다.
③ 하단의 충전물이 상단의 충전물에 의해 눌려 있으므로 이 하중을 견디는 내강성이 있어야 하며, 또한 충전물의 강도는 충전물의 형상에도 관련이 있다.
④ 충분한 기계적 강도와 내식성이 요구되며, 단위부피 내의 표면적이 커야 한다.

✅ 충전물의 단면적은 기액간의 충분한 접촉을 위해 큰 것이 바람직하다.

54 다음은 불소화합물 처리에 관한 설명이다. ( ) 안에 알맞은 화학식은? ★

> 사불화규소는 물과 반응하여 콜로이드 상태의 규산과 ( )이 생성된다.

① CaF_2 ② $NaHF_2$
③ $NaSiF_6$ ④ H_2SiF_6

55 A공장의 연마시설에서 발생되는 배출가스의 먼지 제거에 cyclone이 사용되고 있다. 유입폭이 40cm이고, 유효회전수 5회, 입구 유입속도 10m/s로 가동 중인 공정조건에서 $10\mu m$ 먼지입자의 부분집진효율은 몇 %인가? (단, 먼지의 밀도는 $1.6g/cm^3$, 가스점도는 $1.75 \times 10^{-4}g/cm \cdot s$, 가스밀도는 고려하지 않음.)

① 약 40
② 약 45
③ 약 50
④ 약 55

✅ 임계직경 $= \sqrt{\dfrac{9\mu W}{\pi N_e V(\rho_p - \rho)}}$ 에서

부분집진효율(%) $= \dfrac{d_p^2 \times \pi \times N_e \times V \times (\rho_p - \rho)}{9 \times \mu \times W}$

$= \dfrac{10^2 \times 10^{-12} \times 3.14 \times 5 \times 10 \times 1,600}{9 \times 1.75 \times 10^{-5} \times 0.4}$
$\times 100$
$= 39.87\%$

여기서, μ : 가스점성계수(kg/m·s)
     $= 1.75 \times 10^{-5}$kg/m·s
   V : 선회가스속도
   W : 유입구 폭(m) = 0.4m
   ρ_p : 입자의 밀도
   N_e : 유효회전수
   d_p : 입경
   ρ : 가스밀도

56 온도 25℃ 염산액적을 포함한 배출가스 1.5m³/s를 폭 9m, 높이 7m, 길이 10m의 침강집진기로 집진 제거하고자 한다. 염산 비중이 1.60이라면 이 침강집진기가 집진할 수 있는 최소제거 입경(μm)은? (단, 25℃에서의 공기점도 1.85×10^{-5}kg/m·s)

① 약 12 　　　② 약 19

③ 약 32 　　　④ 약 42

✔ $V_t = Q/A$

$\quad = 1.5/(10 \times 9)$

$\quad = \dfrac{d_p^2 \times 10^{-12} \times 1,600 \times 9.8}{18 \times 1.85 \times 10^{-5}}$

$d_p = 18.8\mu m \fallingdotseq 19\mu m$

57 다음 중 전기집진장치의 장애현상 중 먼지의 비저항이 비정상적으로 높아 2차 전류가 현저하게 떨어질 때의 대책으로 다음 중 가장 적합한 것은? ★★★

① baffle을 설치한다.

② 방전극을 교체한다.

③ 스파크 횟수를 늘린다.

④ 바나듐을 투입한다.

✔ **[Plus 이론학습]**

그 밖에 2차 전류가 현저하게 떨어질 때의 대책은 다음과 같다.

• 조습용 스프레이의 수량을 늘려 처리가스의 습도를 높게 유지한다.

• 아황산가스를 조절제로 투입한다.

• 탈진의 빈도를 늘리거나 타격강도를 높인다.

• NaCl, H_2SO_4, NH_4OH, 트라이에틸아민, 염화물, 유분 등의 물질을 주입시킨다.

58 다음 세정집진장치 중 입구유속(기본유속)이 가장 빠른 것은? ★★★

① Jet scrubber

② Venturi scrubber

③ Theisen washer

④ Cyclone scrubber

✔ Venturi scrubber의 입구유속은 30~120m/s로서 가장 빠르다.

59 다음 중 다이옥신의 처리대책으로 가장 거리가 먼 것은? ★★

① 촉매분해법 : 촉매로는 금속산화물(V_2O_5, TiO_2 등), 귀금속(Pt, Pd)이 사용된다.

② 광분해법 : 자외선파장(250~340nm)이 가장 효과적인 것으로 알려져 있다.

③ 열분해방법 : 산소가 아주 적은 환원성 분위기에서 탈염소화, 수소첨가반응 등에 의해 분해시킨다.

④ 오존분해법 : 수중 분해 시 순수의 경우는 산성일수록, 온도는 20℃ 전후에서 분해속도가 커지는 것으로 알려져 있다.

✔ 다이옥신은 소수성으로 물에 잘 용해되지 않으며, 오존분해법은 다이옥신 처리대책과 가장 거리가 멀다.

60 다음 중 유해가스를 처리하기 위해 흡착법에 사용되는 흡착제에 관한 설명으로 옳지 않은 것은? ★★

① 활성탄이 가장 많이 사용되며, 주로 극성 물질에 유효한 반면 유기용제의 증기 제거 기능은 낮다.

② 실리카겔은 250℃ 이하에서 물과 유기물을 잘 흡착한다.

③ 활성알루미나는 물과 유기물을 잘 흡착하며, 175~325℃로 가열하여 재생시킬 수 있다.

④ 합성제올라이트는 극성이 다른 물질이나 포화 정도가 다른 탄화수소의 분리가 가능하다.

✔ 활성탄이 가장 많이 사용되며, 주로 비극성 물질에 유효하고, 유기용제의 증기를 제거하는 데 사용된다.

정답 | 56.② 57.③ 58.② 59.④ 60.①

2017년 제2회 대기환경기사

41 세정집진장치 중 액가스비가 10~50L/m³ 정도로 다른 가압수식에 비해 10배 이상이며, 다량의 세정액이 사용되어 유지비가 고가이므로 처리가스량이 많지 않을 때 사용하는 것은? ★★

① Venturi scrubber

② Theisen washer

③ Jet scrubber

④ Impulse scrubber

✔ Jet scrubber(또는 이젝터 스크러버)는 Ejector를 사용하여 물을 고압·분무하여 액적과 접촉 포집하는 방식이다. 함수량이 많아 농력비가 비싸고, 액기비가 매우 커서 내량가스처리에는 불리하다.

42 사이클론에서 50%의 집진효율로 제거되는 입자의 최소입경을 무엇이라 부르는가? ★★★

① Critical diameter

② Cut size diameter

③ Average size diameter

④ Analytical diameter

43 표준형 평판날개형보다 비교적 고속에서 가동되고, 후향날개형을 정밀하게 변형시킨 것으로서 원심력송풍기 중 효율이 가장 좋아 대형 냉난방 공기조화장치, 산업용 공기청정장치 등에 주로 이용되며, 에너지 절감효과가 뛰어난 송풍기 유형은? ★

① 비행기날개형(airfoil blade)

② 방사날개형(radial blade)

③ 프로펠러형(propeller)

④ 전향날개형(forward curved)

✔ **[Plus 이론학습]**
비행기날개형 송풍기는 터보팬의 일종으로 날개 깃의 모양이 마치 비행기 날개처럼 생겼다하여 익형 또는 에어호일(airfoil)팬이라 한다. 시로코와 터보의 단점을 보완하

여 소음이 적고, 비교적 고속회전이 가능하다. 또한 과부하가 발생하지 않고, 운전비용을 절감할 수 있다.

44 흡수장치의 종류 중 기체분산형 흡수장치에 해당하는 것은? ★★★

① Venturi scrubber

② Spray tower

③ Packed tower

④ Plate tower

✔ 기체분산형 흡수장치에는 단탑(plate tower), 다공판탑(perforated plate tower), 종탑, 기포탑 등이 있다.

45 8개의 실로 분리된 충격제트형 여과집진장치에서 전체 처리가스량 8,000m³/min, 여과속도 2m/min으로 처리하기 위하여 직경 0.25m, 길이 12m 규격의 필터백(filter bag)을 사용하고 있다. 이때 집진장치의 각 실(house)에 필요한 필터백의 개수는? (단, 각 실의 규격은 동일하고, 필터백은 짝수로 선택함.) ★

① 50 ② 54

③ 58 ④ 64

✔ $\pi D \times L \times Vt \times x = Q$
$\pi \times 0.25 \times 12 \times 2 \times x = 8,000$, $x = 424.6$
∴ $424.6/8 = 53.07$

46 다음 중 분무탑에 관한 설명으로 옳지 않은 것은 어느 것인가? ★★★

① 구조가 간단하고, 압력손실이 적은 편이다.

② 침전물이 생기는 경우에 적합하며, 충전탑에 비해 설비비 및 유지비가 적게 드는 장점이 있다.

③ 분무에 큰 동력이 필요하고, 가스 유출 시 비말동반이 많다.

④ 분무액과 가스의 접촉이 균일하여 효율이 우수하다.

✔ 분무액과 가스의 접촉이 불균일하여 효율이 좋지 않다.

47 직경 $10\mu m$인 입자의 침강속도가 0.5cm/s였다. 같은 조성을 지닌 $30\mu m$ 입자의 침강속도는? (단, 스토크스 침강속도식 적용) ★

① 1.5cm/s ② 2cm/s

③ 3cm/s ④ 4.5cm/s

✔ $V_t \propto D^2$ 이므로 $0.5 : 10^2 = x : 30^2$

$V_t = 30^2 \times 0.5/10^2 = 4.5$cm/s

48 다음은 휘발유엔진 배기가스에 영향을 미치는 사항에 관한 설명이다. ( ) 안에 알맞은 것은?

> ( )의 역할은 광범위한 상태하에서 엔진이 만족스럽게 작동할 수 있는 혼합비로 연료증기와 공기의 균질혼합물을 제공하는 것이다.

① Wankel engine ② Charger

③ Carburetor ④ ABS

✔ **[Plus 이론학습]**
기화기 또는 카뷰레터(carburetor)는 내연기관이 연소를 위해 일정한 비율로 공기과 연료를 배합할 수 있게 하는 장치이다.

49 여과집진장치의 탈진방식 중 간헐식에 관한 설명으로 옳지 않은 것은? ★★

① 간헐식 중 진동형은 여포의 음파진동, 횡진동, 상하진동에 의해 포집된 먼지층을 털어내는 방식으로 접착성 먼지의 집진에는 사용할 수 없다.

② 집진실을 여러 개의 방으로 구분하고 방하나씩 처리가스의 흐름을 차단하여 순차적으로 탈진하는 방식이며, 여포의 수명은 연속식에 비해 길다.

③ 간헐식 중 역기류형의 적정 여과속도는 3~5cm/s이고, glass fiber는 역기류형 중 저항력이 가장 강하다.

④ 연속식에 비해 먼지의 재비산이 적고, 높은 집진율을 얻을 수 있다.

✔ 간헐식 중 역기류형의 적정 여과속도는 0.8~3cm/s이고, 압축공기 분사로 여과포가 파손되기 쉬우므로 일반적으로 부직포를 사용한다.

50 다른 VOC 제거장치와 비교하여 생물여과의 장·단점으로 가장 거리가 먼 것은? ★★

① CO 및 NO_x 등을 포함하여 생성되는 오염 부산물이 적거나 없다.

② 습도제어에 각별한 주의가 필요하다.

③ 고농도 오염물질의 처리에 적합하다.

④ 생체량 증가로 인해 장치가 막힐 수 있다.

✔ 생물여과는 고농도 오염물질의 처리에 부적합하다.

51 다음 중 유체의 점성에 관한 설명으로 옳지 않은 것은? ★

① 점성은 유체분자 상호간에 작용하는 분자응집력과 인접 유체층 간의 분자운동에 의하여 생기는 운동량 수송에 기인한다.

② 액체의 점성계수는 주로 분자응집력에 의하므로 온도의 상승에 따라 낮아진다.

③ Hagen의 점성법칙은 점성의 결과로 생기는 전단응력은 유체의 속도구배에 반비례한다.

④ 점성계수는 온도에 의해 영향을 받지만 압력과 습도에는 거의 영향을 받지 않는다.

✔ 뉴턴의 점성법칙은 전단응력=점성계수×유속의 변화/유체의 높이이므로, 전단응력은 유체의 속도구배에 비례한다.

52 알루미나 담채에 탄산나트륨을 3.5~3.8% 정도 첨가하여 제조된 흡착제를 사용하여 SO_2와 NO_x를 동시에 제거하는 공정은? ★

① 석회석 세정법

② Wellman—Lord법

③ Dual acid scrubbing

④ $NO_x SO$ 공정

✔ 석회석 세정법, Wellman-Lord법, Dual Acid scrubbing은 황산화물 제거방법이다.

53 벤젠 소각 시 속도상수 k가 540℃에서 0.00011/s, 640℃에서 0.14/s일 때, 벤젠 소각에 필요한 활성화에너지(kcal/mol)는? (단, 벤젠의 연소반응은 1차 반응이라 가정하고, 속도상수 k는 Arrhenius 식($k = A \cdot \exp(-E/RT)$)으로 표현된다.)

① 95 　　　　② 105
③ 115 　　　　④ 130

✔ $k = A \cdot \exp(-E/RT)$
$\ln k = \ln A - E/RT$, $R \approx 1.987$cal/mol · K
$\ln(0.00011) = \ln A - E/(2 \times 813)$ ················ ①
$\ln(0.14) = \ln A - E/(2 \times 913)$ ···················· ②
①과 ②를 연립해서 풀면
$9.12 - 1.97 = 1,000 \times E(1/1,615 - 1/1,814) = 0.0679 \times E$
∴ $E = 105.3$kcal/mol

54 전기로에 설치된 백필터의 입구 및 출구 가스량과 먼지 농도가 다음과 같을 때 먼지의 통과율은? ★★

- 입구 가스량 : 11,400Sm³/hr
- 출구 가스량 : 270Sm³/min
- 입구 먼지농도 : 12,630mg/Sm³
- 출구 먼지농도 : 1.11g/Sm³

① 10.5% 　　　　② 11.1%
③ 12.5% 　　　　④ 13.1%

✔ 입구량=11,400Sm³/hr×12.630g/Sm³=143,982g/hr
출구량=270×60Sm³/hr×1.11g/Sm³=17,982g/hr
∴ 먼지의 통과율=17,982/143,982×100=12.49%

55 하전식 전기집진장치에 관한 설명으로 옳지 않은 것은? ★

① 1단식은 역전리의 억제는 효과적이나 재비산 방지는 곤란하다.
② 2단식은 비교적 함진농도가 낮은 가스처리에 유용하다.

③ 2단식은 1단식에 비해 오존의 생성을 감소시킬 수 있다.
④ 1단식은 보통 산업용으로 많이 쓰인다.

✔ 1단식은 입자에 하전시키면 하전작용과 대전입자의 집진작용 등이 같은 전계에서 일어나는 것으로 역전리의 억제와 재비산 방지도 가능하며, 보통 산업용으로 사용된다.

56 배출가스 중 염화수소의 농도가 500ppm이다. 배출허용기준이 100mg/Sm³일 때, 최소한 몇 %를 제거해야 배출허용기준을 만족시킬 수 있는가? (단, 표준상태 기준이며, 기타 조건은 동일하다.) ★★★

① 약 68% 　　　　② 약 78%
③ 약 88% 　　　　④ 약 98%

✔ HCl 500ppm → 500×36.5/22.4=814.7mg/Sm³
$\eta = (814.7-100)/814.7 \times 100 = 87.7\%$

57 98% 효율을 가진 전기집진기로 유량이 5,000m³/min인 공기흐름을 처리하고자 한다. 표류속도(W_e)가 6.0cm/s일 때, Deutsch 식에 의한 필요집진면적은 얼마나 되겠는가? ★★

① 약 3,938m² 　　　　② 약 4,431m²
③ 약 4,937m² 　　　　④ 약 5,433m²

✔ $\eta = [1 - \exp(-AW_e/Q)]$
$1 - \eta = \exp(-AW_e/Q)$
$\ln(1-\eta) = -AW_e/Q$
$-3.912 = -A \times 0.06/83.33$
∴ $A = 5,433$

58 다음 중 송풍기에 관한 법칙 표현으로 옳지 않은 것은? (단, 송풍기의 크기와 유체의 밀도는 일정하며, Q : 풍량, N : 회전수, W : 동력, V : 배출속도, ΔP : 정압) ★★★

① $W_1/N_1^3 = W_2/N_2^3$ 　② $Q_1/N_1 = Q_2/N_2$
③ $V_1/N_1^3 = V_2/N_2^3$ 　④ $\Delta P_1/N_1^2 = \Delta P_2/N_2^2$

✔ 송풍기 회전수(N)에 따른 변화 법칙은 $Q \propto N$, $\Delta P \propto N^2$, $W \propto N^3$이다.

59 다음 중 촉매연소법에 관한 설명으로 거리가 먼 것은? ★★★

① 열소각법에 비해 체류시간이 훨씬 짧다.
② 열소각법에 비해 NO_x 생성량을 감소시킬 수 있다.
③ 팔라듐, 알루미나 등은 촉매에 바람직하지 않은 원소이다.
④ 열소각법에 비해 점화온도를 낮춤으로써 운영비용을 절감할 수 있다.

✔ 촉매연소법의 촉매제는 가스 성분 및 농도에 따라 백금(Pt) 또는 팔라듐(Pd) 재질을 사용하며, 특히 납, 중금속, 황화수소, 인 등의 촉매독을 야기하는 물질의 유입 시에는 촉매제 선정에 신중하고 별도의 전처리장치를 계획하여야 한다.

60 다음은 흡착제에 관한 설명이다. ( ) 안에 가장 적합한 것은? ★

현재 분자체로 알려진 ( )이/가 흡착제로 많이 쓰이는데, 이것은 제조과정에서 그 결정 구조를 조절하여 특정한 물질을 선택적으로 흡착시키거나 흡착속도를 다르게 할 수 있는 장점이 있으며, 극성이 다른 물질이나 포화 정도가 다른 탄화수소의 분리가 가능하다.

① Activated carbon
② Synthetic zeolite
③ Silica gel
④ Activated alumina

✔ **[Plus 이론학습]**
합성 제올라이트(synthetic zeolite)는 촉매, 담채, 이온교환제, 흡착제, 가스제거제 등에 사용되고, 불순물이 없고 순도가 좋으며 일정하게 만들 수 있다.

2017년 제4회 대기환경기사

41 다음 중 먼지농도 $10g/m^3$인 배기가스를 $1,200m^3/min$로 배출하는 배출구에 여과집진장치를 설치하고자 한다. 이 여과집진장치의 평균 여과속도는 3m/min이고, 여기에 직경 20cm, 길이 4m의 여과백을 사용한다면 필요한 여과백의 수는? ★

① 120개 ② 140개
③ 160개 ④ 180개

✔ $\pi D \times L \times V_t \times x = Q$
$\pi \times 0.2 \times 4 \times 3 \times x = 1,200$
$\therefore x = 159.2$

42 다음 유해가스처리에 관한 설명 중 가장 거리가 먼 것은?

① 염화인(PCl_3)은 물에 대한 용해도가 낮아 암모니아를 불어넣어 병류식 충전탑에서 흡수처리한다.
② 사이안화수소는 물에 대한 용해도가 매우 크므로 가스를 물로 세정하여 처리한다.
③ 아크롤레인은 그대로 흡수가 불가능하며 NaClO 등의 산화제를 혼입한 가성소다 용액으로 흡수 제거한다.
④ 이산화셀렌은 코트럴집진기로 포집, 결정으로 석출, 물에 잘 용해되는 성질을 이용해 스크러버에 의해 세정하는 방법 등이 이용된다.

✔ 물 또는 습한 공기에서 염화인은 에테르, 벤젠, 그리고 사염화탄소에 용해되어 염산 및 인산으로 분해된다.

43 다음 중 가스분산형 흡수장치에 해당하는 것은 어느 것인가? ★★★

① 기포탑 ② 사이클론스크러버
③ 분무탑 ④ 충전탑

- 가스분산형 흡수장치에는 기포탑, 단탑, 다공판탑, 종탑 등이 있다.

44 황 함유량 2.5%인 중유를 30ton/hr로 연소하는 보일러에서 배기가스를 NaOH 수용액으로 처리한 후 황 성분을 전량 Na_2SO_3로 회수할 경우, 이때 필요한 NaOH의 이론량은? (단, 황 성분은 전량 SO_2로 전환된다.)

① 1,750kg/hr ② 1,875kg/hr

③ 1,935kg/hr ④ 2,015kg/hr

- $S=30\times2.5/100=0.75t/h$, $S+O_2 \rightarrow SO_2$
  $SO_2+2NaOH \rightarrow Na_2SO_3+H_2O$
  $64 : 2\times40$
  $0.75\times2 : x$
  ∴ $x=0.75\times2\times(2\times40)/64=1.875t/hr=1,875kg/hr$

45 습식 전기집진장치의 특징에 관한 설명으로 가장 거리가 먼 것은? ★★★

① 낮은 전기저항때문에 발생하는 재비산을 방지할 수 있다.

② 처리가스속도를 건식보다 2배 정도 높일 수 있다.

③ 집진극면이 청결하게 유지되며, 강전계를 얻을 수 있다.

④ 먼지의 저항이 높기 때문에 역전리가 잘 발생된다.

- 습식 전기집진장치는 물을 사용하므로 먼지의 저항이 높지 않기 때문에 역전리가 잘 발생되지 않는다.

46 배출가스 내의 NO_x 제거방법 중 환원제를 사용하는 접촉환원법에 관한 설명으로 가장 거리가 먼 것은? ★★

① 선택적 환원제로는 NH_3, H_2S 등이 있다.

② 선택적인 접촉환원법에서 Al_2O_3계의 촉매는 SO_2, SO_3, O_2와 반응하여 황산염이 되기 쉽고 촉매의 활성이 저하된다.

③ 선택적인 접촉환원법은 과잉의 산소를 먼저 소모한 후 첨가된 반응물인 질소산화물을 선택적으로 환원시킨다.

④ 비선택적 접촉환원법의 촉매로는 Pt뿐만 아니라 CO, Ni, Cu, Cr 등의 산화물도 이용 가능하다.

- 선택적인 접촉환원법은 배기가스 중에 존재하는 산소와는 무관하게 NO_x를 선택적으로 접촉환원시키는 방법으로 산소 존재에 의해 반응속도가 증가한다.

47 Stokes 운동이라 가정하고, 직경 $20\mu m$, 비중 $1,300kg/m^3$인 입자의 표준대기 중 종말침강속도는 몇 m/s인가? (단, 표준공기의 점도와 밀도는 각각 $3.44\times10^{-5}kg/m\cdot s$, $1.3kg/m^3$이다.) ★★★

① 1.64×10^{-2} ② 1.32×10^{-2}

③ 1.18×10^{-2} ④ 0.82×10^{-2}

- $$V_t = \frac{d_p^2(\rho_p-\rho)g}{18\mu}$$
  $$= \frac{(20\times10^{-6})^2\times(1300-1.3)\times9.8}{18\times3.44\times10^{-5}}$$
  $$=0.822\times10^{-2}$$

48 다음 발생 먼지 종류 중 일반적으로 S/S_b가 가장 큰 것은? (단, S는 진비중, S_b는 겉보기 비중) ★

① 미분탄보일러

② 시멘트킬른

③ 카본블랙

④ 골재드라이어

- ① 미분탄보일러 : 4.03
  ② 시멘트킬른 : 5
  ③ 카본블랙 : 76
  ④ 골재드라이어 : 2.73

[Plus 이론학습]
S/S_b비가 클수록 재비산 현상을 유발할 가능성이 높다.
- 산소제강로 : 7.3
- 황동용 전기로 : 15

정답 | 44.② 45.④ 46.③ 47.④ 48.③

49 가스처리방법 중 흡착(물리적 기준)에 관한 내용으로 가장 거리가 먼 것은? ★★★

① 흡착열이 낮고, 흡착과정이 가역적이다.
② 다분자 흡착이며, 오염가스 회수가 용이하다.
③ 처리할 가스의 분압이 낮아지면 흡착량은 감소한다.
④ 처리가스의 온도가 올라가면 흡착량이 증가한다.

✔ 처리가스의 온도가 올라가면 흡착량이 감소한다.

50 환기시설 설계에 사용되는 보충용 공기에 관한 설명으로 옳지 않은 것은?

① 보충용 공기가 배기용 공기보다 약 10~15% 정도 많도록 조절하여 실내를 약간 양압으로 하는 것이 좋다.
② 여름에는 보통 외부공기를 그대로 공급하지만, 공정 내의 열부하가 커서 제어해야 하는 경우에는 보충용 공기를 냉각하여 공급한다.
③ 보충용 공기는 환기시설에 의해 작업장 내에서 배기된 만큼의 공기를 작업장 내로 재공급해야 하는 공기의 양을 말한다.
④ 보충용 공기의 유입구는 작업장이나 다른 건물의 배기구에서 나온 유해물질의 유입을 유도할 수 있는 위치로서 바닥에서 1~1.2m 정도에서 유입하도록 한다.

✔ 보충용 공기의 공급방향은 유해물질이 없는 가장 깨끗한 지역에서 유해물질이 발생하는 지역으로 향하도록 해야 하며, 가능한 한 근로자의 뒤쪽에 급기구가 설치되어 신선한 공기가 근로자를 거쳐서 후드방향으로 흐르도록 해야 한다.

51 원심력집진장치에 관한 설명으로 옳지 않은 것은? ★★★

① 배기관경(내경)이 작을수록 입경이 작은 먼지를 제거할 수 있다.

② 점착성이 있는 먼지의 집진에는 적당치 않으며, 딱딱한 입자는 장치의 마모를 일으킨다.
③ 침강먼지 및 미세한 먼지의 재비산을 막기 위해 스키머와 회전깃, 살수설비 등을 설치하여 제거효율을 증대시킨다.
④ 고농도일 때는 직렬연결하여 사용하고, 응집성이 강한 먼지인 경우는 병렬연결하여 사용한다.

✔ 원심력집진장치는 고농도일 때는 병렬연결하여 사용하고, 응집성이 강한 먼지인 경우는 직렬연결하여 사용한다.

52 다음 중 미세입자가 운동하는 경우에 작용하는 항력(drag force)에 관련된 내용으로 거리가 먼 것은?

① 레이놀즈수가 커질수록 항력계수는 증가한다.
② 항력계수가 커질수록 항력은 증가한다.
③ 입자의 투영면적이 클수록 항력은 증가한다.
④ 상대속도의 제곱에 비례하여 항력은 증가한다.

✔ 레이놀즈수는 관성력에 대한 점성력의 비로, 레이놀즈수가 커질수록 항력계수는 감소한다.

53 전기집진장치 내 먼지의 겉보기이동속도는 0.11m/s, 5m×4m인 집진판 182매를 설치하여 유량 9,000m³/min을 처리할 경우 집진효율은? (단, 내부 집진판은 양면집진, 2개의 외부 집진판은 각 하나의 집진면을 가진다.) ★★

① 98.0% ② 98.8%
③ 99.0% ④ 99.5%

✔ $\eta = 1 - e^{(-AWe/Q)} = 1 - e^{(-7,240 \times 0.11/150)} = 99.5\%$
여기서, η : 집진효율(%)
　　A : 집진면적$= [(180 \times 2) + 2] \times 5 \times 4$
　　　　$= 7,240\text{m}^2$
　　We : 분진입자의 이동속도$= 0.11\text{m/s}$
　　Q : 가스유량$= 9,000/60 = 150\text{m}^3/\text{s}$

54 악취 및 휘발성 유기화합물질 제거에 일반적으로 가장 많이 사용하는 흡착제는? ★★★

① 제올라이트　　② 활성백토
③ 실리카겔　　　④ 활성탄

✅ 흡착제로 가장 많이 사용되는 것은 활성탄이며, 가장 효율적이다.

55 원형 Duct의 기류에 의한 압력손실에 관한 설명으로 옳지 않은 것은? ★★★

① 길이가 길수록 압력손실은 커진다.
② 유속이 클수록 압력손실은 커진다.
③ 직경이 클수록 압력손실은 작아진다.
④ 곡관이 많을수록 압력손실은 작아진다.

✅ 곡관이 많을수록 압력손실은 커진다.

56 커닝햄 보정계수에 대한 설명으로 가장 적합한 것은? (단, 커닝햄 보정계수가 1 이상인 경우)

① 미세입자일수록 가스의 점성저항이 작아지므로 커닝햄 보정계수가 작아진다.
② 미세입자일수록 가스의 점성저항이 커지므로 커닝햄 보정계수가 작아진다.
③ 미세입자일수록 가스의 점성저항이 커지므로 커닝햄 보정계수가 커진다.
④ 미세입자일수록 가스의 점성저항이 작아지므로 커닝햄 보정계수가 커진다.

57 후드의 제어속도(control velocity)에 관한 설명으로 옳은 것은? ★

① 확산조건, 오염원의 주변 기류에는 영향이 크지 않다.
② 유해물질의 발생조건이 조용한 대기 중 거의 속도가 없는 상태로 비산하는 경우(가스, 흄 등)의 제어속도 범위는 1.5~2.5m/s 정도이다.

③ 유해물질의 발생조건이 빠른 공기의 움직임이 있는 곳에서 활발히 비산하는 경우(분쇄기 등)의 제어속도 범위는 15~25m/s 정도이다.
④ 오염물질의 발생속도를 이겨내고 오염물질을 후드 내로 흡인하는 데 필요한 최소의 기류속도를 말한다.

58 벤투리스크러버의 액가스비를 크게 하는 요인으로 옳지 않은 것은?

① 먼지입자의 친수성이 클 때
② 먼지의 입경이 작을 때
③ 먼지입자의 점착성이 클 때
④ 처리가스의 온도가 높을 때

✅ 먼지입자의 친수성이 클 때 액가스비를 크게 하지는 않는다.

59 압력손실은 100~200mmH₂O 정도이고, 가스량 변동에도 비교적 적응성이 있으며, 흡수액에 고형분이 함유되어 있는 경우에는 흡수에 의해 침전물이 생기는 등 방해를 받는 세정장치로 가장 적합한 것은? ★★

① 다공판탑　　　② 제트스크러버
③ 충전탑　　　　④ 벤투리스크러버

✅ **[Plus 이론학습]**
충전탑은 기/액이 효율적으로 접촉할 수 있도록 탑 내부에 충전물을 충전하고 여기에 흡수액을 살수하여 가스를 흡수한다. 가스 유량의 변동에도 안정된 흡수효율을 발휘하나 고형물을 많이 함유한 가스의 처리에 막힘을 유발하기 쉽다.

60 유수식 세정집진장치의 종류와 가장 거리가 먼 것은? ★

① 가스분수형　　② 스크루형
③ 임펠러형　　　④ 로터형

✅ 유수식 세정집진장치에는 가스선회형, 임펠러형, 로터형, 분수형 등이 있다.

제3과목 | 대기오염 방지기술

2018년 제1회 대기환경기사

41 유해가스 종류별 처리제 및 그 생성물과의 연결로 옳지 않은 것은? (단, 순서대로 유해가스 – 처리제 – 생성물)

① $SiF_4 - H_2O - SiO_2$

② $F_2 - NaOH - NaF$

③ $HF - Ca(OH)_2 - CaF_2$

④ $Cl_2 - Ca(OH)_2 - Ca(ClO_3)_2$

✔ $2Ca(OH)_2 + 2Cl_2 \rightarrow Ca(ClO)_2 + CaCl_2 + 2H_2O$

42 흡착제의 종류 중 각종 방향족 유기용제, 할로겐화된 지방족 유기용제, 에스테르류, 알코올류 등의 비극성류의 유기용제를 흡착하는 데 탁월한 효과가 있는 것은? ★★★

① 활성백토   ② 실리카겔

③ 활성탄   ④ 활성알루미나

✔ 흡착제 중 가장 많이 사용되고 있고 효과가 좋은 것은 활성탄이다.

43 처리가스량 30,000m³/hr, 압력손실 300mmH₂O인 집진장치의 송풍기 소요동력은 몇 kW가 되겠는가? (단, 송풍기의 효율은 47%) ★★★

① 약 38kW   ② 약 43kW

③ 약 49kW   ④ 약 52kW

✔ 송풍기 동력(kW) $= \dfrac{\Delta P \times Q}{6,120 \times \eta_s} \times \alpha$

$= \dfrac{500 \times 300}{6,120 \times 0.47}$

$= 52kW$

44 다음 중 여과집진장치에서 여포를 탈진하는 방법이 아닌 것은? ★★★

① 기계적 진동(mechanical shaking)

② 펄스제트(pulse jet)

③ 공기역류(reverse air)

④ 블로다운(blow down)

✔ 블로다운은 여과집진장치의 탈진방법이 아니다.

45 다음 중 가스분산형 흡수장치로만 짝지어진 것은? ★★★

① 단탑, 기포탑   ② 기포탑, 충전탑

③ 분무탑, 단탑   ④ 분무탑, 충전탑

✔ 가스분산형 흡수장치는 단탑, 기포탑, 다공판탑, 포종탑 등이 있고, 난용성 기체(CO, O_2, N_2, NO, NO_2)에 적용된다.

46 유체의 운동을 결정하는 점도(viscosity)에 대한 설명으로 옳은 것은?

① 온도가 증가하면 대개 액체의 점도도 증가한다.

② 액체의 점도는 기체에 비해 아주 크며, 대개 분자량이 증가하면 증가한다.

③ 온도가 감소하면 대개 기체의 점도는 증가한다.

④ 온도에 따른 액체의 운동점도(kinemetic viscosity)의 변화폭은 절대점도의 경우보다 넓다.

✔ 액체의 점도는 기체에 비해 아주 크며, 대개 분자량이 증가하면 증가한다.

47 400ppm의 HCl을 함유하는 배출가스를 처리하기 위해 액가스비가 2L/Sm³인 충전탑을 설계하고자 한다. 이때 발생되는 폐수를 중화하는 데 필요한 시간당 0.5N NaOH 용액의 양은? (단, 배출가스는 400Sm³/hr로 유입되며, HCl은 흡수액인 물에 100% 흡수된다.) ★

① 9.2L   ② 11.4L

③ 14.2L   ④ 18.8L

✔ $HCl = 400 \times 10^{-6} \times 400m^3/h = 0.16m^3/h = 7.14mol$

$= 7.14N$

$HCl + NaOH \rightarrow NaCl + H_2O$

7.14N   7.14N

∴ 0.5N NaoH이므로 $7.14 \times 2 = 14.28$

제3과목

48 Co-Ni-Mo을 수소첨가촉매로 하여 250~450℃에서 30~150kg/cm²의 압력을 가하면 S이 H₂S, SO₂ 등의 형태로 제거되는 중유탈황법은? ★

① 직접탈황법

② 흡착탈황법

③ 활성탈황법

④ 산화탈황법

✪ 직접탈황법은 전처리 없이 수소첨가촉매를 넣고 고온·고압에서 반응시켜 탈황시키는 방법으로 S, H₂S, SO₂ 형태로 제거되며, 간접탈황법에 비해 효과가 크다.

49 다음은 활성탄의 고온활성화 재생방법으로 적용될 수 있는 다단로(multi-hearth furnace)와 회전로(rotary kiln)의 비교표이다. 옳지 않은 것은?

구분		다단로	회전로
㉠	온도 유지	여러 개의 버너로 구분된 반응 영역에서 온도 분포 조절이 가능하고 열효율이 높음	단 1개의 버너로 열공급, 영역별 온도 유지가 불가능하고 열효율이 낮음
㉡	수증기 공급	반응영역에서 일정하게 분사	입구에서만 공급하므로 일정치 않음
㉢	입도 분포	입도에 비례하여 큰 입자가 빨리 배출	입도 분포에 관계없이 체류시간 동일하게 유지 가능
㉣	품질	고품질 입상재 생설비로 적합	고품질 입상재 생설비로 부적합

① ㉠

② ㉡

③ ㉢

④ ㉣

✪ 다단로는 입도분포에 관계없이 체류시간 동일하게 유지 가능하나, 회전로는 입도에 비례하여 큰 입자가 빨리 배출된다.

50 국소배기장치 중 후드의 설치 및 흡인방법과 거리가 먼 것은? ★★★

① 발생원에 최대한 접근시켜 흡인시킨다.

② 주 발생원을 대상으로 하는 국부적 흡인방식이다.

③ 흡인속도를 크게 하기 위해 개구면적을 넓게 한다.

④ 포착속도(capture velocity)를 충분히 유지시킨다.

✪ 흡인속도를 크게 하기 위해서는 개구면적을 좁게 한다.

51 HF 3,000ppm, SiF₄ 1,500ppm 들어 있는 가스를 시간당 22,400Sm³씩 물에 흡수시켜 규불산을 회수하려고 한다. 이론적으로 회수할 수 있는 규불산의 양은? (단, 흡수율은 100%) ★

① 67.2Sm³/h

② 1.5kg·mol/h

③ 3.0kg·mol/h

④ 22.4Sm³/h

✪ 규불산의 농도 1,500ppm을 단위 전환(ppm → mg/m³)

$$1,500 \times \frac{114}{22.4} = 7,634 \, mg/m^3$$

(여기서, 규불산의 분자량=114g)

물에 흡수되어 회수되는 규불산의 양

$$= \frac{7,634mg}{m^3} \bigg| \frac{22,400cm^3}{h} = 171kg/h$$

몰농도로 바꾸면

$$\frac{171kg}{h} \bigg| \frac{1kmol}{114kg} = 1.5kg \cdot mol/h$$

52 10개의 bag을 사용한 여과집진장치에서 입구 먼지농도가 25g/Sm³, 집진율이 98%였다. 가동 중 1개의 bag에 구멍이 열려 전체 처리가스량의 1/5이 그대로 통과하였다면 출구의 먼지농도는? (단, 나머지 bag의 집진율 변화는 없음.)

① 3.24g/Sm³

② 4.09g/Sm³

③ 4.82g/Sm³

④ 5.40g/Sm³

✪ 25×0.8×0.02+25×0.2×1=5.4g/Sm³

53 다음 중 흡수에 관한 설명으로 옳지 않은 것은 어느 것인가? ★★★

① 습식 세정장치에서 세정흡수효율은 세정 수량이 클수록, 가스의 용해도가 클수록, 헨리정수가 클수록 커진다.

② SiF_4, HCHO 등은 물에 대한 용해도가 크나, NO, NO_2 등은 물에 대한 용해도가 작은편이다.

③ 용해도가 작은 기체의 경우에는 헨리의 법칙이 성립한다.

④ 헨리정수($atm \cdot m^3/kg \cdot mol$)값은 온도에 따라 변하며, 온도가 높을수록 그 값이 크다.

✔ 습식 세정장치에서 세정흡수효율은 세정수량이 클수록, 가스의 용해도가 클수록, 헨리정수가 작을수록 커진다.

54 다음 중 각종 유해가스 처리법으로 가장 거리가 먼 것은? ★

① 아크롤레인은 NaClO 등의 산화제를 혼입한 가성소다 용액으로 흡수제거한다.

② CO는 백금계의 촉매를 사용하여 연소시켜 제거한다.

③ 이황화탄소는 암모니아를 불어넣는 방법으로 제거한다.

④ Br_2는 산성 수용액에 의한 선정법으로 제거한다.

✔ Br_2는 물이 존재하면 강한 산화제로서 부식성 증기(HBr)를 생성시킨다. 액체 누출 시 10~50%의 탄산칼륨, 10~13%의 탄산나트륨, 5~10%의 중탄산나트륨 용액이나 슬러리, 또는 포화하이포(hypo) 용액을 사용하여 중화시켜야 한다.

55 습식 전기집진장치의 특징에 관한 설명 중 틀린 것은? ★★★

① 작은 전기저항에 의해 생기는 먼지의 재비산을 방지할 수 있다.

② 집진면이 청결하여 높은 전계강도를 얻을 수 있다.

③ 건식에 비하여 가스의 처리속도를 2배 정도 크게 할 수 있다.

④ 고저항의 먼지로 인한 역전리현상이 일어나기 쉽다.

✔ 습식 전기집진장치는 고저항의 먼지로 인한 역전리현상이 일어나기 쉽지 않다.

56 다음은 원심송풍기에 관한 설명이다. ( ) 안에 알맞은 것은? ★

( )은 익현길이가 짧고 깃폭이 넓은 36~64매나 되는 다수의 전경깃이 강철판의 회전차에 붙여지고, 용접해서 만들어진 케이싱 속에 삽입된 형태의 팬으로서 시로코팬이라고도 널리 알려져 있다.

① 레이디얼팬 ② 터보팬
③ 다익팬   ④ 익형팬

✔ **[Plus 이론학습]**
다익팬은 다른 송풍기에 비해 동일 송풍량을 얻기 위해 임펠러의 회전속도가 낮기 때문에 소음문제가 거의 발생하지 않고 강도가 중요하지 않으므로 저가에 제작이 가능하다. 그러나 높은 압력손실에서 송풍량이 급격히 떨어진다.

57 먼지의 Stokes 직경이 5×10^{-4}cm, 입자의 밀도가 $1.8g/cm^3$일 때 이 분진의 공기역학적 직경(cm)은? ★

① 7.8×10^{-4}
② 6.7×10^{-4}
③ 5.4×10^{-4}
④ 2.6×10^{-4}

✔ 공기역학적 직경(d_a)은 같은 침강속도를 지니는 단위밀도($\rho_p = 1g/cm^3$)의 구형 물체 직경을 말한다.
d_s는 Stokes 직경
$\therefore d_a = d_s \sqrt{\rho_p} = 5 \times 10^{-4} \times \sqrt{1.8} = 6.7 \times 10^{-4}$

58 일반적으로 더스트의 체적당 표면적을 비표면적이라 하는데, 구형 입자의 비표면적의 식을 옳게 나타낸 것은 어느 것인가? (단, d는 구형 입자의 직경) ★

① $2/d$　　　② $4/d$

③ $6/d$　　　④ $8/d$

✔ $S_v = A/V$
$= [6 \times \pi \times (d)^2]/[\pi \times (d)^3]$
$= 6/d$

59 전기집진장치의 특성에 관한 설명으로 가장 거리가 먼 것은? ★★

① 선압변동과 같은 조건변동에 쉽게 직응하기 어렵다.

② 다른 고효율 집진장치에 비해 압력손실(10~20mmH₂O)이 적어 소요동력이 적은 편이다.

③ 대량가스 및 고온(350℃ 정도)가스의 처리도 가능하다.

④ 입자의 하전을 균일하게 하기 위해 장치 내부의 처리가스속도는 보통 7~15m/s를 유지하도록 한다.

✔ 가스속도가 어느 정도 이상으로 증가하면 먼지입자의 재비산으로 인하여 집진효율은 현저히 감소한다. 7~15m/s는 너무 큰 수치이며, 이 수치는 사이클론의 접선유입식의 가스속도이다.

60 백필터의 먼지부하가 420g/m²에 달할 때 먼지를 탈락시키고자 한다. 이때 탈락시간 간격은? (단, 백필터 유입가스 함진농도는 10g/m³, 여과속도는 7,200cm/hr이다.) ★★

① 25분　　　② 30분

③ 35분　　　④ 40분

✔ 10g/m³×72m/hr×x=420g/m²
∴ x=420/10/72=0.58hr=35min

41 상온에서 밀도가 1,000kg/m³, 입경이 50μm인 구형 입자가 높이 5m 정지대기 중에서 침강하여 지면에 도달하는 데 걸리는 시간(sec)은 약 얼마인가? (단, 상온에서 공기밀도는 1.2kg/m³이고 점도는 1.8×10^{-5}kg/m·s이며, Stokes 영역이다.) ★★★

① 66　　　② 86

③ 94　　　④ 105

✔ $V_t = \dfrac{d_p^2 (\rho_p - \rho)g}{18\mu}$

$= \dfrac{(50 \times 10^{-6})^2 \times (1,000 - 1.2) \times 9.8}{18 \times 1.8 \times 10^{-5}}$

$= 0.076$m/s

∴ $t(s) = 5/0.076 = 65.79$s

42 유해물질 제거를 위한 흡수장치 중 다공판탑에 관한 설명으로 가장 거리가 먼 것은? ★

① 판 간격은 보통 40cm이고, 액가스비는 0.3~5L/m³ 정도이다.

② 압력손실이 20mmH₂O 정도이고, 가스량의 변동이 심한 경우에도 용이하게 조업할 수 있다.

③ 판수를 증가시키면 고농도 가스도 일시처리가 가능하다.

④ 가스속도는 0.3~1m/s 정도이다.

✔ 다공판탑은 압력손실이 100~200mmH₂O 정도이고, 가스량의 변동이 심한 경우에는 용이한 조업이 어렵다.

43 다음 악취물질 중 통상적으로 공기 중의 최소 감지농도가 가장 낮은 것은? ★★

① 아세톤　　　② 암모니아

③ 염소　　　④ 황화수소

✔ ① 아세톤 : 42　② 암모니아 : 0.1
③ 염소 : 0.3　④ 황화수소 : 0.0005

44 다음 중 외부식 후드의 특성으로 옳지 않은 것은 어느 것인가? ★

① 다른 종류의 후드에 비해 근로자가 방해를 많이 받지 않고 작업할 수 있다.

② 포위식 후드보다 일반적으로 필요송풍량이 많다.

③ 외부 난기류의 영향으로 흡인효과가 떨어진다.

④ 천개형 후드, 그라인더용 후드 등이 여기에 해당하며, 기류속도가 후드 주변에서 매우 느리다.

✔ 레시버식에는 천개형 후드, 그라인더용 후드 등이 있으며, 기류속도가 후드 주변에서 매우 빠르다.

45 대기오염물 중 연소성이 있는 것은 연소나 재연소시켜 제거한다. 다음 중 재연소법의 장점으로 거리가 먼 것은?

① 시설이 배기의 유량과 농도가 크게 변하지 않는 한 잘 적응할 수 있다.

② 시설비는 비교적 많이 소요되지만, 유지비는 낮고 연소생성물에 대한 독성의 우려가 없다.

③ 경제적인 폐열회수가 가능하다.

④ 효율 저하가 거의 없다.

✔ 재연소법은 시설비가 비교적 적게 소요되지만, 유지비는 높고, 연소생성물에 대한 독성의 우려가 있을 수 있다.

46 다음은 어떤 법칙에 관한 설명인가? ★

> 휘발성인 에탄올을 물에 녹인 용액의 증기압은 물의 증기압보다 높다. 그러나 비휘발성인 설탕을 물에 녹인 용액인 설탕물의 증기압은 물보다 낮아진다.

① 헨리(Henry)의 법칙

② 렌츠(Lenz)의 법칙

③ 샤를(Charle)의 법칙

④ 라울(Raoult)의 법칙

✔ **[Plus 이론학습]**
라울의 법칙은 용매에 용질을 용해하는 것에 의해 생기는 증기압 강하의 크기는 용액 중에 녹아 있는 용질의 몰분율에 비례한다.

47 입자상 물질에 관한 설명으로 가장 거리가 먼 것은? ★★

① 공기동역학경은 Stokes경과 달리 입자밀도를 $1g/cm^3$로 가정함으로써 보다 쉽게 입경을 나타낼 수 있다.

② 비구형 입자에서 입자의 밀도가 1보다 클 경우 공기동역학경은 Stokes경에 비해 항상 크다고 볼 수 있다.

③ Cascade impactor는 관성충돌을 이용하여 입경을 간접적으로 측정하는 방법이다.

④ 직경 d인 구형 입자의 비표면적(단위체적당 표면적)은 $d/6$이다.

✔ 직경 d인 구형 입자의 비표면적(단위체적당 표면적)은 $6/d$이다.

48 기상 총괄이동단위높이가 2m인 충전탑을 이용하여 배출가스 중의 HF를 NaOH 수용액으로 흡수제거하려 할 때, 제거율을 98%로 하기 위한 충전탑의 높이는? (단, 평형분압은 무시한다.)

① 5.6m

② 5.9m

③ 6.5m

④ 7.8m

✔ 충전탑의 높이 계산
$h = H_{OG} \times N_{OG}$
$\quad = H_{OG} \times \ln[1/(1-E/100)]$
여기서, H_{OG} : 기상 총괄이동단위높이
$\qquad N_{OG}$: 기상 총괄이동단위수
$\therefore h = H_{OG} \times \ln[1/(1-E/100)]$
$\quad = 2 \times \ln[1/(1-98/100)]$
$\quad = 2 \times 3.91$
$\quad = 7.82$

49 전기집진장치에서 입구 먼지농도가 10g/Sm³, 출구 먼지농도가 0.1g/Sm³였다. 출구 먼지농도를 50mg/Sm³로 하기 위해서는 집진극 면적을 약 몇 배 정도로 넓게 하면 되는가? (단, 다른 조건은 변하지 않는다.) ★

① 1.15배   ② 1.55배

③ 1.85배   ④ 2.05배

✅ $\eta = 1 - e^{\left(\frac{AWL}{Q}\right)}$ 이므로 $AWL/Q = \ln(1-\eta)$

$\dfrac{A_2}{A_1} = \dfrac{\ln(1-\eta_2)}{\ln(1-\eta_1)} = \dfrac{\ln(1-0.995)}{\ln(1-0.990)} = 1.15$, 그러므로

1.15배 넓게하면 된다.

($\eta_1 = (10-0.1)/10 \times 100 = 99.0\%$, $\eta_2 = (10-0.05)/10 \times 100$

$= 99.5\%$)

50 중력식 집진장치의 이론적 집진효율을 계산할 때 응용되는 Stokes 법칙을 만족하는 가정(조건)에 해당하지 않는 것은?

① $10^{-4} < N_{Re} < 0.5$

② 구는 일정한 속도로 운동

③ 구는 강체

④ 전이영역흐름(intermediate flow)

✅ 전이영역의 입자는 연속흐름영역의 입자보다 작다. 이것에 대한 입자의 거동은 스토크스식을 커닝햄 미끄럼보정계수(C)로 나누어 줌으로써 구할 수 있다.

51 유해가스로 오염된 가연성 물질을 처리하는 방법 중 연료소비량이 적은 편이며, 산화온도가 비교적 낮기 때문에 NO_x의 발생이 매우 적은 처리방법은? ★★★

① 직접연소법   ② 고온산화법

③ 촉매산화법   ④ 산, 알칼리세정법

✅ 촉매산화법은 촉매를 사용하기 때문에 산화온도가 비교적 낮고 이로 인해 thermal NO_x의 발생이 적으며 연료소비량도 적다.

52 벤투리스크러버에서 액가스비를 크게 하는 요인으로 옳은 것은? ★★

① 먼지의 농도가 낮을 때

② 먼지입자의 점착성이 클 때

③ 먼지입자의 친수성이 클 때

④ 먼지입자의 입경이 클 때

✅ 먼지입자의 점착성이 클 때는 액가스비를 크게 한다.

53 후드의 유입계수가 0.85, 속도압이 25mmH₂O일 때 후드의 압력손실은? ★

① 8.1mmH₂O   ② 8.8mmH₂O

③ 9.6mmH₂O   ④ 10.8mmH₂O

✅ ΔP(압력손실) $= F \times P_v$

$F = (1 - C_e^2)/C_e^2$

여기서, P_v : 속도압

F : 압력손실계수

C_e : 유입계수

$F = (1 - 0.85^2)/0.85^2 = 0.384$

∴ $\Delta P = F \times P_v = 0.384 \times 25 = 9.6$

54 흡착제를 친수성(극성)과 소수성(비극성)으로 구분할 때, 다음 중 친수성 흡착제에 해당하지 않는 것은? ★★★

① 활성탄   ② 실리카겔

③ 활성알루미나   ④ 합성제올라이트

✅ 활성탄은 소수성에 해당된다.

55 배출가스 중의 일산화탄소를 제거하는 방법 중 가장 적절한 방법은? ★★

① 벤투리스크러버나 충전탑 등으로 세정하여 제거

② 백금계 촉매를 사용하여 무해한 이산화탄소로 산화시켜 제거

③ 황산나트륨을 이용하여 흡수하는 시보드법을 적용하여 제거

④ 분무탑 내에서 알칼리용액으로 중화하여 흡수 제거

✅ CO는 비용해, 비흡착, 비반응성이기 때문에 촉매를 사용하여 산화시키는 것이 가장 적절하다.

56 흡수탑에 적용되는 흡수액 선정 시 고려할 사항으로 가장 거리가 먼 것은? ★★★

① 휘발성이 커야 한다.
② 용해도가 커야 한다.
③ 비점이 높아야 한다.
④ 점도가 낮아야 한다.

✪ 좋은 흡수액은 휘발성이 작아야 한다.

57 다음 중 Henry 법칙이 적용되는 가스로서 공기 중 유해가스의 평형분압이 16mmHg일 때, 수중 유해가스의 농도는 3.0kmol/m³였다. 같은 조건에서 가스분압이 435mmH₂O가 되면 수중 유해가스의 농도는? (단, Hg의 비중 13.6) ★★★

① 약 1.5kmol/m^3 ② 약 3.0kmol/m^3
③ 약 6.0kmol/m^3 ④ 약 9.0kmol/m^3

✪ $P = HC$, $H = P/C =$

16mmHg	13.6mmH₂O	m³
	1mmHg	3kmol

H(헨리상수) $= 72.5$
∴ $C = P/H = 435/72.5 = 6 \text{kmol/m}^3$

58 송풍기 운전에서 필요유량이 과부족을 일으켰을 때 송풍기의 유량 조절방법에 해당하지 않는 것은?

① 회전수 조절법
② 안내익 조절법
③ Damper 부착법
④ 체걸음 조절법

✪ 체걸음 조절법은 입자물질의 측정과 관련이 있다.

59 광학현미경으로 입자의 투영면적을 이용하여 측정한 먼지 입경 중 입자의 투영면적을 2등분하는 선의 길이로 나타내는 것은? ★★★

① Martin경   ② Feret경
③ 등면적경   ④ Heyhood경

60 여과집진장치 중 간헐식 탈진방식에 관한 설명으로 옳지 않은 것은 어느 것인가? (단, 연속식과 비교) ★★

① 먼지의 재비산이 적고, 여과포 수명이 길다.
② 탈진과 여과를 순차적으로 실시하므로 높은 집진효율을 얻을 수 있다.
③ 고농도 대량의 가스처리가 용이하다.
④ 진동형과 역기류형, 역기류진동형이 여기에 해당한다.

✪ 간헐식 탈진방식은 연속식에 비해 고농도 대량의 가스처리에는 용이하지 않다.

2018년 제4회 대기환경기사

41 공장 배출가스 중의 일산화탄소를 백금계의 촉매를 사용하여 연소시켜 처리하고자 할 때, 촉매독으로 작용하는 물질로 가장 거리가 먼 것은? ★

① Ni ② Zn

③ As ④ S

✅ 촉매독으로 작용하는 물질은 Hg, As, Pb, Zn, 황화합물, 염소화합물, 유기인화합물 등이 있다. 백금촉매에 대한 비소, 철이나 구리촉매에 대한 비소, 철이나 구리촉매에 대한 황 등이 그 일례이다.

42 가솔린 자동차의 후처리에 의한 배출가스 저감방안의 하나인 삼원촉매장치의 설명으로 가장 거리가 먼 것은? ★★★

① CO와 HC의 산화촉매로는 주로 백금(Pt)이 사용된다.

② 일반적으로 촉매는 백금(Pt)과 로듐(Rh)의 비율이 2 : 1로 사용되며, 로듐(Rh)은 NO의 산화반응을 촉진시킨다.

③ CO와 HC는 CO_2와 H_2O로 산화되며, NO는 N_2로 환원된다.

④ CO, HC, NO_x 3성분의 동시 저감을 위해 엔진에 공급되는 공기연료비는 이론공연비 정도로 공급되어야 한다.

✅ 삼원촉매장치는 백금(Pt)과 라듐(Pd)을 이용하여 CO와 HC를 산화시키고, 로듐(Rh)은 NO의 환원반응을 촉진시킨다.

43 입경 측정방법 중 관성충돌법(cascade impactor법)에 관한 설명으로 옳지 않은 것은 어느 것인가? ★

① 관성충돌을 이용하여 입경을 간접적으로 측정하는 방법이다.

② 입자의 질량크기 분포를 알 수 있다.

③ 되튐으로 인한 시료의 손실이 일어날 수 있다.

④ 시료채취가 용이하고 채취준비에 시간이 걸리지 않는 장점이 있으나, 단수의 임의 설계가 어렵다.

✅ 관성충돌법은 질량 분포를 알 수 있지만, 시료채취가 어렵고 시료의 손실이 있다. Cascade impactor가 대표적이다.

44 송풍기 회전판 회전에 의하여 집진장치에 공급되는 세정액이 미립자로 만들어져 집진하는 원리를 가진 회전식 세정집진장치에서 직경이 10cm인 회전판이 9,620rpm으로 회전할 때 형성되는 물방울의 직경은 몇 μm인가?

① 93 ② 104

③ 208 ④ 316

✅ $d_w = \dfrac{200}{N \times \sqrt{R}} \times 10^4$

여기서, d_w : 물방울 직경(μm)

　　　　N : 회전수(rpm)

　　　　R : 반경(cm)

$\therefore d_w = \dfrac{200}{N \times \sqrt{R}} \times 10^4 = \dfrac{200}{9,620 \times \sqrt{5}} \times 10^4$

　　　$= 92.97 \mu m$

45 내경이 120mm의 원통 내를 20℃, 1기압의 공기가 30m³/hr로 흐른다. 표준상태의 공기의 밀도가 1.3kg/Sm³, 20℃의 공기의 점도가 1.81×10^{-4}poise라면 레이놀즈수는?

① 약 4,500 ② 약 5,900

③ 약 6,500 ④ 약 7,300

✅ $Re = \dfrac{\rho \times V_s \times D}{\mu}$

　　$= \dfrac{1.3 \times 273/293 \times V_s \times 1.2}{1.81 \times 10^{-4}}$

　　$= 8,030.5 \times V_s$

　　$= 8,030.5 \times 0.74$

　　$= 5,942.5$

$\left(V_s = Q/A = \dfrac{30m^3}{hr} \left| \dfrac{4}{\pi \times (0.12)^2 m^2} \right| \dfrac{1hr}{3,600s} = 0.74m/s \right)$

46 Cyclone으로 집진 시 입경에 따라 집진효율이 달라지게 되는데 집진효율이 50%인 입경을 의미하는 용어는? ★★★

① Cut size diameter
② Critical diameter
③ Stokes diameter
④ Projected area diameter

47 A굴뚝 배출가스 중의 염화수소 농도가 250ppm이었다. 염화수소의 배출허용기준을 80mg/Sm³로 하면 염화수소의 농도를 현재 값의 몇 % 이하로 하여야 하는가? (단, 표준상태 기준) ★★★

① 약 10% 이하
② 약 20% 이하
③ 약 30% 이하
④ 약 40% 이하

✔ 250ppm → $250 \times 36.5/22.4 = 407.4\,mg/m^3$
$80/407.4 \times 100 = 19.6\%$

48 중력집진장치에서 수평이동속도 V_x, 침강실 폭 B, 침강실 수평길이 L, 침강실 높이 H, 종말침강속도가 V_t라면, 주어진 입경에 대한 부분집진효율은? (단, 층류 기준) ★★★

① $\dfrac{V_x \times B}{V_t \times H}$
② $\dfrac{V_t \times H}{V_x \times B}$
③ $\dfrac{V_t \times L}{V_x \times H}$
④ $\dfrac{V_x \times H}{V_t \times L}$

49 Venturi scrubber에서 액가스비가 0.6L/m³, 목부의 압력손실이 330mmH₂O일 때 목부의 가스속도(m/s)는? (단, $r = 1.2kg/m^3$, Venturi scrubber의 압력손실식 $TRIANGLEP = (0.5 + L) \times \dfrac{rV^2}{2g}$을 이용할 것) ★

① 60
② 70
③ 80
④ 90

✔ $330 = (0.5 + 0.6) \times \dfrac{1.2 \times V^2}{2 \times 9.8}$
∴ $V = 70m/s$

50 다음 중 다른 VOC 방지장치와 상대 비교한 생물여과장치의 특성으로 거리가 먼 것은 어느 것인가? ★★

① CO 및 NO$_x$를 포함한 생성 오염부산물이 적거나 없다.
② 고농도 오염물질의 처리에 적합하고, 설치가 복잡한 편이다.
③ 습도제어에 각별한 주의가 필요하다.
④ 생체량의 증가로 장치가 막힐 수 있다.

✔ 생물여과장치는 저농도 오염물질의 처리에 적합하고, 설치가 간단한 편이다.

51 NO$_x$ 발생을 억제하는 방법으로 가장 거리가 먼 것은? ★★★

① 과잉공기를 적게하여 연소시킨다.
② 연소용 공기에 배기가스의 일부를 혼합공급하여 산소농도를 감소시켜 운전한다.
③ 이론공기량의 70% 정도를 버너에 공급하여 불완전연소시키고, 그 후 30~35% 공기를 하부로 주입하여 완전연소시켜 화염온도를 증가시킨다.
④ 고체, 액체 연료에 비해 기체연료가 공기와의 혼합이 잘 되어 신속히 연소함으로써 고온에서 연소가스의 체류시간을 단축시켜 운전한다.

✔ 다단연소 등을 통해 화염온도를 감소시킨다. NO$_x$는 화염온도가 낮을 때 감소한다.

52 H_{OG}가 0.7m이고 제거율이 99%면 흡수탑의 충전높이는? ★

① 1.6m
② 2.1m
③ 2.8m
④ 3.2m

제3과목

◆ 충전탑의 높이 계산

$h = H_{OG} \times N_{OG}$

$\quad = H_{OG} \times \ln[1/(1-E/100)]$

여기서, H_{OG} : 기상 총괄이동단위높이

$\qquad N_{OG}$: 기상 총괄이동단위수

$\therefore\ h = H_{OG} \times \ln[1/(1-E/100)]$

$\qquad = 0.7 \times \ln[1/(1-99/100)]$

$\qquad = 0.7 \times 4.6$

$\qquad = 3.22$

53 사이클론의 유입구 높이가 18.75cm, 원통부 높이가 1.0m, 원추부 높이가 1.0m일 때 외부 선회류의 회전수는?

① 2

② 4

③ 6

④ 8

◆ $N = \dfrac{1}{H_A}\left(H_B + \dfrac{H_C}{2}\right)$

여기서, H_A : 유입구 높이

$\qquad H_B$: 원통부 높이

$\qquad H_C$: 원추부 높이

$\therefore\ N = \dfrac{1}{0.1875}\left(1.0 + \dfrac{1.0}{2}\right) = 8$

54 2개의 집진장치를 조합하여 먼지를 제거하려고 한다. 2개를 직렬로 연결하는 방식(A)과 2개를 병렬로 연결하는 방식(B)에 대한 다음 설명 중 가장 거리가 먼 것은? (단, 각 집진장치의 처리량과 집진율은 80%로 둘 다 동일하다고 가정한다.) ★

① (A)방식이 (B)방식보다 더 일반적이다.

② (B)방식은 처리가스의 양이 많은 경우 사용된다.

③ (A)방식의 총 집진율은 94%이다.

④ (B)방식의 총 집진율은 단일집진장치 때와 같이 80%이다.

◆ (A)방식의 총 집진율은 $[1-(1-0.8) \times (1-0.8)] \times 100 = 96\%$이다.

55 유해가스처리를 위한 흡수액의 선정조건으로 옳은 것은? ★★★

① 용해도가 적어야 한다.

② 휘발성이 적어야 한다.

③ 점성이 높아야 한다.

④ 용매의 화학적 성질과 확연히 달라야 한다.

◆ 흡수액은 용해도는 커야 하고, 점성은 낮아야 하며, 용매와 화학적 성질이 비슷해야 한다.

56 3개의 집진장치를 직렬로 조합하여 집진한 결과 총 집진율이 99%였다. 1차 집진장치의 집진율이 70%, 2차 집진장치의 집진율이 80%라면 3차 집진장치의 집진율은 약 얼마인가? ★

① 약 75.6%

② 약 83.3%

③ 약 89.2%

④ 약 93.4%

◆ $100 \times (1-0.7) \times (1-0.8) \times (1-x/100) = (100-99)$

$x/100 = (1-0.167)$

$\therefore\ x = 83.3$

57 흡착제에 관한 설명으로 옳지 않은 것은?

① 마그네시아는 표면적이 $50 \sim 100 \text{m}^2/\text{g}$으로 NaOH 용액 중 불순물 제거에 주로 사용된다.

② 활성탄은 표면적이 $600 \sim 1,400 \text{m}^2/\text{g}$으로 용제 회수, 악취 제거, 가스 정화 등에 사용된다.

③ 일반적으로 활성탄의 물리적 흡착방법으로 제거할 수 있는 유기성 가스의 분자량은 45 이상이어야 한다.

④ 활성탄은 비극성 물질을 흡착하며, 대부분의 경우 유기용제 증기를 제거하는 데 탁월하다.

◆ 마그네시아는 높은 표면적($1 \sim 250 \text{m}^2/\text{g}$)을 가지며, 농업용, 환경처리용(폐수의 암모니아, 인산염 및 중금속 제거), 촉매제 등으로 활용된다.

58 가로 5m, 세로 8m인 두 집진판이 평행하게 설치되어 있고, 두 판 사이 중간에 원형철심 방전극이 위치하고 있는 전기집진장치에 굴뚝가스가 120m³/min로 통과하고, 입자이동속도가 0.12m/s일 때의 집진효율은? (단, Deutsch-Anderson식 적용) ★

① 98.2% ② 98.7%
③ 99.2% ④ 99.7%

✔ $\eta = 1 - e^{\left(-\frac{A W_e}{Q}\right)} = 1 - e^{\left(-\frac{80 \times 0.12}{2}\right)} = 99.18$

여기서, η : 집진효율(%)
W : 분집입자의 이동속도(m/s)=0.12m/s
A : 집진면적(m²)=5×8×2=80m²
Q : 가스유량(m³/s)=120m³/min=2m³/s

59 다음 중 석회세정법의 특성으로 거리가 먼 것은 어느 것인가? ★★

① 배기온도가 높아(120℃ 정도) 통풍력이 높다.
② 먼지와 연소재의 동시제거가 가능하므로 제진시설이 따로 불필요하다.
③ 소규모 소용량 이용에 편리하다.
④ 통풍팬을 사용할 경우 동력비가 비싸다.

✔ 석회세정법은 습식법의 하나이며, 물에 의해 배기온도가 낮아 통풍력이 낮다.

60 다음 세정집진장치 중 세정액을 가압공급하여 함진가스를 세정하는 가압수식에 해당하지 않는 것은? ★

① Venturi scrubber
② Impulse scrubber
③ Packed tower
④ Jet scrubber

✔ Impulse scrubber는 회전식이다.

제3과목 | 대기오염 방지기술

2019년 제1회 대기환경기사

41 휘발성유기화합물(VOCs)의 배출량을 줄이도록 요구받을 경우 그 저감방안으로 가장 거리가 먼 것은? ★★★

① VOCs 대신 다른 물질로 대체한다.
② 용기에서 VOCs 누출 시 공기와 희석시켜 용기 내 VOCs 농도를 줄인다.
③ VOCs를 연소시켜 인체에 덜 해로운 물질로 만들어 대기 중으로 방출시킨다.
④ 누출되는 VOCs를 고체흡착제를 사용하여 흡착 제거한다.

✔ 용기에서 VOCs 누출 시 공기와 희석시켜 용기 내 VOCs 농도를 줄이는 것은 배출농도는 낮춰지나 배출량이 증가되기 때문에 총 농도는 변하지 않는다.

42 충전탑(packed tower) 내 충전물이 갖추어야 할 조건으로 적절하지 않은 것은? ★★★

① 단위체적당 넓은 표면적을 가질 것
② 압력손실이 적을 것
③ 충전밀도가 작을 것
④ 공극률이 클 것

✔ 충전물은 충전밀도가 커야 좋다.

43 다음 중 레이놀즈수(Reynold number)에 관한 설명으로 옳지 않은 것은? (단, 유체흐름 기준) ★★

① 관성력/점성력으로 나타낼 수 있다.
② 무차원의 수이다.
③ $\dfrac{(유체밀도 \times 유속 \times 유체흐름 관 직경)}{유체점도}$ 으로 나타낼 수 있다.
④ 점성계수/밀도로 나타낼 수 있다.

✔ $Re = \dfrac{\rho \times V_s \times D}{\mu} = \dfrac{V_s \times D}{\nu}$

44 전기집진장치에서 먼지의 전기비저항이 높은 경우 전기비저항을 낮추기 위해 주입하는 물질과 거리가 먼 것은? ★★

① 수증기　　　　② NH_3
③ H_2SO_4　　　④ NaCl

✔ 암모니아는 먼지의 전기비저항이 낮은 경우 사용된다.

45 다음 중 물을 가압(加壓) 공급하여 함진가스를 세정하는 형식의 가압수식 스크러버가 아닌 것은? ★★

① Venturi scrubber
② Impulse scrubber
③ Spray tower
④ Jet scrubber

✔ Impulse scrubber는 가압수식 스크러버가 아니다.

46 공기 중 CO_2 가스의 부피가 5%를 넘으면 인체에 해롭다고 한다면, 지금 600m^{3}되는 방에서 문을 닫고 80%의 탄소를 가진 숯을 최소 몇 kg을 태우면 해로운 상태로 되겠는가? (단, 기존의 공기 중 CO_2 가스의 부피는 고려하지 않음, 실내에서 완전혼합, 표준상태 기준)

① 약 5kg　　　　② 약 10kg
③ 약 15kg　　　④ 약 20kg

✔ $C + O_2 \rightarrow CO_2$
　12kg　　　22.4m^3
　0.8×숯(a)　b
∴ $b = 0.8 \times a \times 22.4/12$
$b/600 \times 100 = 5$이므로 b를 대입해서 풀면
$a = 20.08$kg

47 송풍기의 크기와 유체의 밀도가 일정할 때 송풍기의 회전수를 2배로 하면 풍압은 몇 배가 되는가? ★★★

① 2배　　　　② 4배
③ 6배　　　　④ 8배

✔ 풍압은 송풍기의 회전속도의 제곱에 비례($P \propto N^2$)한다. 그러므로 $2^2 = 4$. 한편 Q(풍량) $\propto N$, Hp(동력) $\propto N^3$ 이다.

48 유해가스와 물이 일정한 온도에서 평형상태에 있다. 기상의 유해가스의 분압이 40mmHg일 때 수중가스의 농도가 16.5kmol/m^{3}이다. 이 경우 헨리정수(atm · m^3/kmol)는 약 얼마인가? ★★★

① 1.5×10^{-3}　　② 3.2×10^{-3}
③ 4.3×10^{-2}　　④ 5.6×10^{-2}

✔ $P = HC$이므로
$H = P/C = (40/760)/16.5 = 3.18 \times 10^{-3}$

49 전기집진장치에서 전류밀도가 먼지층 표면부근의 이온전류밀도와 같고 양호한 집진작용이 이루어지는 값이 2×10^{-8}A/cm^{2}이며, 또한 먼지층 중의 절연파괴 전계강도를 5×10^3V/cm로 한다면, 이때 ㉠ 먼지층의 겉보기 전기저항과 ㉡ 이 장치의 문제점으로 옳은 것은? ★

① ㉠ 1×10^{-4}(Ω · cm), ㉡ 먼지의 재비산
② ㉠ 1×10^4(Ω · cm), ㉡ 먼지의 재비산
③ ㉠ 2.5×10^{11}(Ω · cm), ㉡ 역전리현상
④ ㉠ 4×10^{12}(Ω · cm), ㉡ 역전리현상

✔ $V = IA$이므로
$A = V/I = (5 \times 10^3)/(2 \times 10^{-8}) = 2.5 \times 10^{11}\Omega \cdot$ cm

50 황산화물 처리방법 중 건식 석회석주입법에 관한 설명으로 옳지 않은 것은? ★★

① 초기투자비용이 적게 들어 소규모 보일러나 노후 보일러용으로 많이 사용되었다.
② 부대시설은 많이 필요하나, 아황산가스의 제거효율은 비교적 높은 편이다.
③ 배기가스의 온도가 잘 떨어지지 않는다.
④ 연소로 내에서의 화학반응은 소성, 흡수, 산화의 3가지로 구분할 수 있다.

● 건식 석회석 주입법은 습식에 비해 부대시설이 많이 필요하지 않고, 아황산가스의 제거효율은 낮은 편이다.

51 후드의 형식 중 외부식 후드에 해당하지 않는 것은? ★★

① 장갑부착 상자형(glove box형)

② 슬롯형(slot형)

③ 그리드형(grid형)

④ 루버형(louver형)

● 장갑부착 상자형(glove box형)은 포위식이다.

52 다음 여과재의 재질 중 내산성 여과재로 적합하지 않은 것은? ★★

① 목면 ② 카네카론

③ 비닐론 ④ 글라스화이버

● 목면은 내산성이 나쁘다.

53 유해가스 흡수장치 중 다공판탑에 관한 설명으로 옳지 않은 것은? ★★

① 비교적 대량의 흡수액이 소요되고, 가스 겉보기속도는 10~20m/s 정도이다.

② 액가스비는 0.3~5L/m³, 압력손실은 100~200mmH₂O/단 정도이다.

③ 고체부유물 생성 시 적합하다.

④ 가스량의 변동이 격심할 때는 조업할 수 없다.

● 비교적 소량의 흡수액이 소요되고, 가스 겉보기속도는 0.3~1m/s 정도이다.

54 지름 20cm, 유효높이 3m, 원통형 Bag filter로 4m³/s의 함진가스를 처리하고자 한다. 여과속도를 0.04m/s로 할 경우 필요한 Bag filter 수는 얼마인가?

① 35개 ② 54개

③ 70개 ④ 120개

● 1개 백의 공간 = 원의 둘레×높이×겉보기 여과속도

$$= 2\pi R \times H \times V_t$$
$$= 2 \times 3.14 \times 0.1 \times 3 \times 0.04$$
$$= 0.07536 m^3/s$$

∴ 필요한 백의 수 = 4/0.07536 = 53.08 = 54개

55 길이 5m, 높이 2m인 중력침강실이 바닥을 포함하여 8개의 평행판으로 이루어져 있다. 침강실에 유입되는 분진가스의 유속이 0.2m/s일 때 분진을 완전히 제거할 수 있는 최소입경은 얼마인가? (단, 입자의 밀도는 1,600kg/m³, 분진가스의 점도는 2.1×10^{-5}kg/m·s, 밀도는 1.3kg/m³이고, 가스의 흐름은 층류로 가정한다.)

① 31.0μm

② 23.2μm

③ 15.5μm

④ 11.6μm

$$
V_t = \frac{d_p^2 (\rho_p - \rho)g}{18\mu} = \frac{d_p^2 (1,600 - 1.3) \times 9.8}{18 \times 2.1 \times 10^{-5}}
$$
$$
= 414.5 \times 10^5 \times d_p^2
$$
$$
\eta = \frac{V_t}{V_g} \frac{L}{H} \text{에서}
$$
$$
V_t = V_g \times H/L = 0.2 \times 2/(5 \times 8) = 0.01 m/s
$$
∴ $d_p = (0.01/(414.5 \times 10^5))^{1/2} \times 10^6 = 15.5 \mu m$

56 벤투리스크러버의 특성에 관한 설명으로 옳지 않은 것은? ★★

① 유수식 중 집진율이 가장 높고, 목부의 처리가스 유속은 보통 15~30m/s 정도이다.

② 물방울 입경과 먼지 입경의 비는 150 : 1 전후가 좋다.

③ 액가스비의 경우 일반적으로 친수성은 10μm 이상의 큰 입자가 0.3L/m³ 전후이다.

④ 먼지 및 가스유동에 민감하고 대량의 세정액이 요구된다.

● 벤투리스크러버 목부의 입구 유속은 30~120m/s로서 가장 빠르다.

---

57 NO_x와 SO_x 동시 제어기술에 대한 설명으로 옳지 않은 것은? ★

① $SO_x NO$ 공정은 감마 알루미나 담체의 표면에 나트륨을 첨가하여 SO_x와 NO_x를 동시에 흡착시킨다.

② CuO 공정은 알루미나 담체에 CuO를 함침시켜 SO_2는 흡착반응하고 NO_x는 선택적 촉매환원되어 제거되는 원리를 이용하는 공정이다.

③ CuO 공정에서 온도는 보통 850~1,000℃ 정도로 조정하며, $CuSO_2$ 형태로 이동된 솔벤트 재생기에서 산소 또는 오존으로 재생된다.

④ 활성탄 공정은 S, H_2SO_4 및 액상 SO_2 등의 부산물이 생성되며, 공정 중 재가열이 없으므로 경제적이다.

✔ CuO 공정에서 SO_x는 산화구리와 반응하여 $CuSO_4$로 전환되고, NO_x는 CuO의 촉매작용에 의해 암모니아 존재하에 질소와 수분으로 환원된다. 또한 촉매반응은 850~1,000℃ 정도의 고온이 필요하지 않다.

58 중력식 집진장치의 집진율 향상조건에 관한 설명 중 옳지 않은 것은? ★★★

① 침강실 내 처리가스의 속도가 작을수록 미립자가 포집된다.

② 침강실 입구폭이 클수록 유속이 느려지며 미세한 입자가 포집된다.

③ 다단일 경우에는 단수가 증가할수록 집진효율은 상승하나 압력손실도 증가한다.

④ 침강실의 높이가 낮고 중력장의 길이가 짧을수록 집진율은 높아진다.

✔ 침강실의 높이가 낮을수록 집진율은 높아지고, 침강실의 수평길이가 길수록 집진율은 높아진다.

59 배출가스 중의 질소산화물의 처리방법인 비선택적 촉매환원법(NSCR)에서 사용하는 환원제로 거리가 먼 것은?

① CH_4 ② NH_3

③ H_2 ④ CO

✔ 비선택적 촉매환원법은 배출가스 중 O_2를 우선 환원제(CH_4, H_2, CO, HC 등)로 하여금 소비하게 한 후 NO_x를 환원시키는 방법이다.

60 전기집진장치에서 입자가 받는 Coulomb힘(kg·m/s^2)을 옳게 나타낸 것은? (단, e_o : 전하($1.602×10^{-19}$C), n : 전하수, E : 하전부의 전계강도(Volt/m), μ : 가스점도(kg/m·s), D : 입자직경(m), V_e : 입자분리속도(m/s))

① $ne_o E$ ② $2ne_0/E$

③ $3\pi\mu D V_e$ ④ $6\pi\mu D V_e$

✔ 전기집진기에서 입자가 받는 Coulomb힘(kg·m/s^2) $= ne_o E$

2019년 제2회 대기환경기사

41 사이클론의 반경이 50cm인 원심력집진장치에서 입자의 집선방향속도가 10m/s라면 분리계수는? ★★

① 10.2   ② 20.4

③ 34.5   ④ 40.9

✅ 분리계수$(SF) = \dfrac{V^2}{g\,R_c} = \dfrac{10^2}{9.8 \times 0.5} = 20.4$

[Plus 이론학습]
분리계수는 입자에 작용하는 중력과 원심력의 크기를 비교함으로써 원심력에 의한 입자의 분리력을 알 수 있다.

42 유해가스의 물리적 흡착에 관한 설명으로 옳지 않은 것은? ★★★

① 온도가 낮을수록 흡착량은 많다.

② 흡착제에 대한 용질의 분압이 높을수록 흡착량이 증가한다.

③ 가역성이 높고, 여러 층의 흡착이 가능하다.

④ 흡착열이 높고 분자량이 작을수록 잘 흡착된다.

✅ 물리적 흡착은 흡착열이 낮고 가역성이 높아서 재생이 가능하다.

43 시간당 5톤의 중유를 연소하는 보일러의 배기가스를 수산화나트륨 수용액으로 세정하여 탈황하고 부산물로 아황산나트륨을 회수하려고 한다. 중유 중 황(S) 함량이 2.56%, 탈황장치의 탈황효율이 87.5%일 때, 필요한 수산화나트륨의 이론량은 시간당 몇 kg인가? ★

① 300kg   ② 280kg

③ 250kg   ④ 225kg

✅ $S = 5,000 \times 2.56/100 = 128$, $SO_2 = 128 \times 64/32 = 256kg$
$SO_2 + 2NaOH \longrightarrow Na_2SO_3 + H_2O$
  $64 : 2 \times 40$
  $256 \times 0.875 : x$
$\therefore x = 280kg$

44 암모니아의 농도가 용적비로 200ppm인 실내공기를 송풍기로 환기시킬 때 실내 용적이 4,000m³고, 송풍량이 100m³/min이면 농도를 20ppm으로 감소시키기 위해 소요되는 시간은?

① 82min

② 92min

③ 102min

④ 112min

✅ 1차 반응이므로 $\ln[A] = -kt + \ln[A]_o$
$\ln(20) = -k \times 100 + \ln(200)$
$k = 0.023min/m^3$
$\therefore 0.023min/m^3 \times 4,000m^3 = 92min$

45 다음 중 $(CH_3)_2CHCH_2CHO$의 냄새 특성으로 가장 적합한 것은? ★

① 양파, 양배추 썩는 냄새

② 분뇨 냄새

③ 땀 냄새

④ 자극적이며, 새콤하고 타는 듯한 냄새

✅ 일반적으로 $-CHO$처럼 알데하이드류는 자극적이며, 새콤하고 타는 듯한 냄새가 난다.
$(CH_3)_2CHCH_2CHO$는 i-발레르알데하이드이다.

46 냄새물질에 관한 다음 설명 중 가장 거리가 먼 것은? ★★

① 물리화학적 자극량과 인간의 감각강도 관계는 Ranney 법칙과 잘 맞는다.

② 골격이 되는 탄소(C)수는 저분자일수록 관능기 특유의 냄새가 강하고 자극적이며, 8~13에서 향기가 가장 강하다.

③ 분자 내 수산기의 수는 1개일 때 가장 강하고 수가 증가하면 약해져서 무취에 이른다.

④ 불포화도가 높으면 냄새가 보다 강하게 난다.

✅ 물리화학적 자극량과 인간의 감각강도 관계는 Weber-Fechner의 법칙과 비교적 잘 맞는다.

47 유해가스의 연소처리에 관한 설명으로 가장 거리가 먼 것은? ★

① 직접연소법은 경우에 따라 보조연료나 보조공기가 필요하며, 대체로 오염물질의 발열량이 연소에 필요한 전체 열량의 50% 이상일 때 경제적으로 타당하다.

② 직접연소법은 After burner법이라고도 하며, HC, H_2, NH_3, HCN 및 유독가스 제거법으로 사용한다.

③ 가열연소법은 배가스 중 가연성 오염물질의 농도가 매우 높아 직접연소법으로 불가능할 경우에 주로 사용되고 조업의 유동성이 적어 NO_x 발생이 많다.

④ 가열연소법에서 연소로 내의 체류시간은 0.2~0.8초 정도이다.

✔ 직접연소법은 배가가스 중 가연성 오염물질의 농도가 매우 높아 가열연소법으로 불가능할 경우에 주로 사용되고 조업의 유동성이 적어 NO_x 발생이 많다.

48 다음 중 탈취방법에 관한 설명으로 옳지 않은 것은? ★★

① BALL 차단법은 밀폐형 구조물을 설치할 필요가 없고, 크기와 색상이 다양한 편이다.

② 약액세정법은 조작이 복잡하고 대상 악취물질에 대한 제한성이 크지만, 산성 가스 및 염기성 가스의 별도 처리가 필요하지 않다.

③ 산화법 중 염소주입법은 페놀이 다량 함유되었을 때에는 클로로페놀을 형성하여 2차 오염문제를 발생시킨다.

④ 수세법은 수온변화에 따라 탈취효과가 변하고, 처리풍향 및 압력손실이 크다.

✔ 약액세정법은 산성 가스 및 염기성 가스의 별도 처리가 필요하다. 즉, 산성 가스에는 수산화나트륨을, 염기성 가스는 염산(황산)을 약액으로 사용한다.

49 다음 중 흡수에 관한 설명으로 옳지 않은 것은 어느 것인가? ★★

① 가스측 경막저항은 흡수액에 대한 유해가스의 농도가 클 때 경막저항을 지배하고, 반대로 액측 경막저항은 용해도가 작을 때 지배한다.

② 대기오염물질은 보통 공기 중에 소량 포함되어 있고, 유해가스의 농도가 큰 흡수제를 사용하므로 가스측 경막저항이 주로 지배한다.

③ Baker는 평형선과 조작선을 사용하여 NTU를 결정하는 방법을 제안하였다.

④ 충전탑의 조건이 평형곡선에서 벌어질수록 흡수에 대한 추진력은 더 작아지며, NTU는 Berl number에 의해 지배된다.

✔ 충전탑의 조건이 평형곡선에서 멀어질수록 흡수에 대한 추진력은 더욱 커진다.

50 다음 중 여과집진장치에 사용되는 각종 여과재의 성질에 관한 연결로 가장 거리가 먼 것은? (단, 여과재의 종류 – 산에 대한 저항성 – 최고 사용온도) ★

① 목면 – 양호 – 150℃
② 글라스화이버 – 양호 – 250℃
③ 오론 – 양호 – 150℃
④ 비닐론 – 양호 – 100℃

✔ 목면 – 나쁨 – 약 80℃

51 직경이 15cm인 원형관에서 층류로 흐를 수 있게 임계 레이놀즈계수를 2,100으로 할 때, 최대평균 유속(cm/s)은? (단, $v = 1.8 \times 10^{-6} m^2/s$) ★

① 1.52
② 2.52
③ 4.59
④ 6.74

$$Re = \frac{관성력}{점성력} = \frac{\rho \times V_s \times D}{\mu} = \frac{V_s \times D}{\nu}$$

$$2,100 = \frac{V_s \times 15}{0.018}$$

$$\therefore V_s = 2.52$$

52 다음 중 덕트 설치 시 주요원칙으로 거리가 먼 것은? ★★

① 공기가 아래로 흐르도록 하향구배를 만든다.

② 구부러짐 전후에는 청소구를 만든다.

③ 밴드는 가능하면 완만하게 구부리며, 90°는 피한다.

④ 덕트는 가능한 한 길게 배치하도록 한다.

✓ 덕트는 가능한 한 짧게 배치하도록 한다.

53 전기집진장치에서 비저항과 관련된 내용으로 옳지 않은 것은? ★★★

① 배연설비에서 연료에 S 함유량이 많은 경우는 먼지의 비저항이 낮아진다.

② 비저항이 낮은 경우에는 건식 전기집진장치를 사용하거나 암모니아 가스를 주입한다.

③ $10^{11} \sim 10^{13} \Omega \cdot cm$ 범위에서는 역전리 또는 역이온화가 발생한다.

④ 비저항이 높은 경우는 분진층의 전압손실이 일정하더라도 가스상의 전압손실이 감소하게 되므로 전류는 비저항의 증가에 따라 감소된다.

✓ 비저항이 낮은 경우에는 일반적으로 습식 전기집진장치를 사용한다.

54 설치 초기 전기집진장치의 효율이 98%였으나, 2개월 후 성능이 96%로 떨어졌다. 이때 먼지 배출농도는 설치 초기의 몇 배인가? ★

① 2배   ② 4배

③ 8배   ④ 16배

✓ 초기 먼지의 입구농도를 100이라 하면 초기 먼지의 배출농도는 (100−98)=2, 2개월 후는 (100−96)=4가 된다. 그러므로 4/2=2이다.

55 다음 유해가스에 대한 설명 중 가장 거리가 먼 것은? ★★

① Cl_2가스는 상온에서 황록색을 띤 기체이며 자극성 냄새를 가진 유독물질로 관련 배출원은 표백공업이다.

② F_2는 상온에서 무색의 발연성 기체로 강한 자극성이며 물에 잘 녹고 배출원은 알루미늄 제련공업이다.

③ SO_2는 무색의 강한 자극성 기체로 환원성 표백제로도 이용되고 화석연료의 연소에 의해서도 발생한다.

④ NO는 적갈색의 특이한 냄새를 가진 물에 잘 녹는 맹독성 기체로 자동차 배출이 가장 많은 부분을 차지한다.

✓ NO_2는 적갈색의 특이한 냄새를 가진 물에 잘 녹는 맹독성 기체로 산성비와 광화학스모그의 원인물질이다.

56 다음 입자상 물질의 크기를 결정하는 방법 중 입자상 물질의 그림자를 2개의 등면적으로 나눈 선의 길이를 직경으로 하는 입경은 어느 것인가? ★★★

① 마틴직경   ② 스토크스직경

③ 페렛직경   ④ 투영면직경

57 가스 $1m^3$당 50g의 아황산가스를 포함하는 어떤 폐가스를 흡수 처리하기 위하여 가스 $1m^3$에 대하여 순수한 물 2,000kg의 비율로 연속 향류 접촉시켰더니 폐가스 내 아황산가스의 농도가 1/10로 감소하였다. 물 1,000kg에 흡수된 아황산가스의 양(g)은?

① 11.5   ② 22.5

③ 33.5   ④ 44.5

제3과목

✅ 물 2,000kg/m³로 세정한 후 폐가스의 아황산가스 농도
=50/10=5g/m³이다. 그러므로 물속에 흡수된 아황산가
스의 양은 50-5=45g이다.

∴ 물 1,00kg에 흡수된 아황산가스의 양(g)
=1000×45/2,000=22.5g

58 흡착장치에 관한 다음 설명 중 가장 거리가 먼
것은? ★

① 고정층 흡착장치에서 보통 수직으로 된 것
은 대규모에 적합하고, 수평으로 된 것은
소규모에 적합하다.

② 일반적으로 이동층 흡착장치는 유동층 흡
착장치에 비해 가스의 유속을 크게 유지할
수 없는 단점이 있다.

③ 유동층 흡착장치는 고정층과 이동층 흡착
장치의 장점만을 이용한 복합형으로 고체
와 기체의 접촉을 좋게 할 수 있다.

④ 유동층 흡착장치는 흡착제의 유동에 의한
마모가 크게 일어나고, 조업조건에 따른
주어진 조건의 변동이 어렵다.

✅ 고정층 흡착장치에서 보통 수직으로 된 것은 소규모에 적
합하고, 수평으로 된 것은 대규모에 적합하다.

59 Bag filter에서 먼지부하가 360g/m²일 때마다
부착먼지를 간헐적으로 탈락시키고자 한다.
유입가스 중의 먼지농도가 10g/m³이고, 겉보
기 여과속도가 1cm/s일 때 부착먼지의 탈락
시간 간격은? (단, 집진율은 80%이다.) ★

① 약 0.4hr

② 약 1.3hr

③ 약 2.4hr

④ 약 3.6hr

✅ 부착된 먼지농도 10g/m³×0.8=8g/m³

$$탈락시간(hr)=\frac{360g}{m^2}\left|\frac{s}{0.01m}\right|\frac{m^3}{8g}\left|\frac{hr}{3,600s}\right.$$

=1.25

60 원심력집진장치에서 압력손실의 감소 원인으
로 가장 거리가 먼 것은? ★★

① 장치 내 처리가스가 선회되는 경우

② 호퍼 하단 부위에 외기가 누입될 경우

③ 외통의 접합부 불량으로 함진가스가 누출
될 경우

④ 내통이 마모되어 구멍이 뚫려 함진가스가
by pass될 경우

✅ 장치 내 처리가스가 선회되는 경우는 정상적인 경우로서
압력손실의 감소 원인이 아니다.

2019년 제4회 대기환경기사

41 악취물질의 성질과 발생원에 관한 설명으로 가장 거리가 먼 것은? ★★

① 에틸아민($C_2H_5NH_2$)은 암모니아취 물질로 수산가공, 약품제조 시에 발생한다.

② 메틸머캅탄(CH_3SH)은 부패양파취 물질로 석유정제, 가스제조, 약품제조 시에 발생한다.

③ 황화수소(H_2S)는 썩는 계란취 물질로 석유정제, 약품제조 시에 발생한다.

④ 아크롤레인(CH_2CHCHO)은 생선취 물질로 하수처리장, 축산업에서 발생한다.

✔ 아크롤레인(CH_2CHCHO)은 호흡기에 심한 자극성 물질로서 석유화학, 글리세롤, 의약품 제조 시 발생된다.

[Plus 이론학습]
아민류화합물(메틸아민, 트라이메틸아민 등)은 생선비린내가 난다.

42 각 집진장치의 특징에 관한 설명으로 옳지 않은 것은? ★★

① 여과집진장치에서 여포는 가스온도가 350℃를 넘지 않도록 해야 하며, 고온가스를 냉각시킬 때에는 산노점 이하로 유지해야 한다.

② 전기집진장치는 낮은 압력손실로 대량의 가스처리에 적합하다.

③ 제트스크러버는 처리가스량이 많은 경우에는 잘 쓰지 않는 경향이 있다.

④ 중력집진장치는 설치면적이 크고 효율이 낮아 주로 전처리설비로 이용되고 있다.

✔ 여과집진기장치는 고온의 조건에서는 피하는 것이 좋다. 여과포는 가스 온도가 200℃를 넘지 않도록 해야 하며, 고온가스를 냉각시킬 때에는 산노점 이상으로 유지해야 한다.

43 배출가스 중 먼지농도가 3,200mg/Sm^3인 먼지처리를 위해 집진율이 각각 60%, 70%, 75%인 중력집진장치, 원심력집진장치, 세정집진장치를 직렬로 연결해서 사용해왔다. 여기에 집진장치 하나를 추가로 직렬연결하여 최종 배출구 먼지농도를 20mg/Sm^3 이하로 줄이려면, 추가 집진장치의 집진율은 최소 몇 %가 되어야 하는가?

① 약 79.2%

② 약 85.6%

③ 약 89.6%

④ 약 92.4%

✔ $3,200 \times (1-0.6) \times (1-0.7) \times (1-0.75) \times (1-x) = 20$
$1 - x = 0.208$
$\therefore x = 0.792$

44 다음 중 복합 국소배기장치에서 댐퍼조절평형법(또는 저항조절평형법)의 특징으로 옳지 않은 것은? ★

① 오염물질 배출원이 많아 여러 개의 가지덕트를 주덕트에 연결할 필요가 있는 경우 사용한다.

② 덕트의 압력손실이 큰 경우 주로 사용한다.

③ 작업 공정에 따른 덕트의 위치 변경이 가능하다.

④ 설치 후 송풍량 조절이 불가능하다.

✔ 설치 후 송풍량 조절이 용이하다.

45 유해가스 처리를 위한 흡수액의 구비조건으로 거리가 먼 것은? ★★★

① 용해도가 커야 한다.

② 휘발성이 적어야 한다.

③ 점성이 커야 한다.

④ 용매의 화학적 성질과 비슷해야 한다.

✔ 흡수액은 점성이 작아야 한다.

46 다음 중 탈황과 탈질 동시제어 공정으로 거리가 먼 것은? ★★★

① SCR 공정　　② 전자빔 공정

③ NOXSO 공정　④ 산화구리 공정

✅ SCR(선택적 촉매환원법)은 탈질제어(NO_x)만 가능하다.

47 주로 선택적 촉매환원법과 선택적 비촉매환원법으로 제거하는 오염물질은? ★★★

① 휘발성유기화합물

② 질소산화물

③ 황산화물

④ 악취물질

✅ SCR(선택적 촉매환원법)과 SNCR(선택적 비촉매환원법)은 질소산화물(NO_x)을 제거하는 대표적인 방법이다.

48 벤투리스크러버 적용 시 액가스비를 크게 하는 요인으로 옳지 않은 것은? ★

① 먼지의 친수성이 클 때

② 먼지의 입경이 작을 때

③ 처리가스의 온도가 높을 때

④ 먼지의 농도가 높을 때

✅ 먼지의 친수성이 크다고 해서 액가스비를 크게 할 필요는 없다.

49 사이클론에서 가스 유입속도를 2배로 증가시키고, 입구 폭을 4배로 늘리면 50% 효율로 집진되는 입자의 직경, 즉 Lapple의 절단입경($d_{p,50}$)은 처음에 비해 어떻게 변화되겠는가?

① 처음의 2배

② 처음의 $\sqrt{2}$ 배

③ 처음의 1/2

④ 처음의 $1/\sqrt{2}$

✅ 절단입경 $d_{p,50} = \sqrt{\dfrac{9\mu W}{2\pi N_e V(\rho_p - \rho)}}$ 이므로

$\sqrt{(4/2)} = \sqrt{2}$

50 벤투리스크러버에 관한 설명으로 가장 적합한 것은? ★

① 먼지부하 및 가스유동에 민감하다.

② 집진율이 낮고, 설치 소요면적이 크며, 가압수식 중 압력손실이 매우 크다.

③ 액가스비가 커서 소량의 세정액이 요구된다.

④ 점착성, 조해성 먼지처리 시 노즐막힘현상이 현저하여 처리가 어렵다.

✅ 벤투리스크러버는 함진가스를 고속으로 유입시켜 압력차와 세정수의 접촉력에 의해 먼지를 제거하는 방식으로, 고압이 필요하며 집진효율이 높고 온도를 감소시키는 효과가 있다. 또한 가스량이 많을 때는 불리하다.

51 전기집진장치의 장해현상 중 2차 전류가 현저하게 떨어질 때의 원인 또는 대책에 관한 설명으로 거리가 먼 것은? ★★★

① 분진의 농도가 너무 높을 때 발생한다.

② 대책으로는 스파크의 횟수를 늘리는 방법이 있다.

③ 대책으로는 조습용 스프레이의 수량을 늘리는 방법이 있다.

④ 분진의 비저항이 비정상적으로 낮을 때 발생하며, CO를 주입시킨다.

✅ 분진의 비저항이 비정상적으로 높을 때 발생하며, 물, NH_4OH, 트리에틸아민, SO_3, 각종 염화물, 유분 등의 물질을 주입시킨다.

52 유해물질을 함유하는 가스와 그 제거장치의 조합으로 거리가 먼 것은? ★

① 사이안화수소 함유 가스 — 물에 의한 세정

② 사불화규소 함유 가스 — 충전탑

③ 벤젠 함유 가스 — 촉매연소법

④ 삼산화인 함유 가스 — 표면적이 충분히 넓은 충전물을 채운 흡수탑 안에서 알칼리성 용액에 의한 흡수 제거

● 사불화규소(SiF_4) 함유 가스는 세정탑에서 물 또는 가성소다로 세정된다. 세정탑에서는 침전물이 생기기 쉽고 이것이 노즐과 침전물에 부착해 트러블을 일으킬 수 있으므로 세정탑은 벤투리스크러버, 제트스크러버, 기타 간단한 구조의 것이 바람직하다.

53 흡수탑의 충전물에 요구되는 사항으로 거리가 먼 것은? ★★★

① 단위부피 내의 표면적이 클 것
② 간격의 단면적이 클 것
③ 단위부피의 무게가 가벼울 것
④ 가스 및 액체에 대하여 내식성이 없을 것

● 충전물은 가스 및 액체에 대하여 내식성이 있어야 한다.

54 석유정제 시 배출되는 H_2S의 제거에 사용되는 세정제는? ★★

① 암모니아수
② 사염화탄소
③ 다이에탄올아민 용액
④ 수산화칼슘 용액

55 다음 중 후드 설계 시 고려사항으로 옳지 않은 것은? ★

① 잉여공기의 흡입을 적게 하고 충분한 포착속도를 가지기 위해 가능한 한 후드를 발생원에 근접시킨다.
② 분진을 발생시키는 부분을 중심으로 국부적으로 처리하는 로컬 후드방식을 취한다.
③ 후드 개구면의 중앙부를 열어 흡입풍량을 최대한 늘리고 포착속도를 최소한으로 작게 유지한다.
④ 실내의 기류, 발생원과 후드 사이의 장애물 등에 의한 영향을 고려하여 필요에 따라 에어커튼을 이용한다.

● 포착속도를 가능한 크게 하여 오염물질이 후드로 많이 흡인되게 해야 한다.

56 다음 입경 측정법에 해당하는 것은?

> 주로 $1\mu m$ 이상인 먼지의 입경 측정에 이용되고, 그 측정장치로는 앤더슨 피펫, 침강천칭, 광투과장치 등이 있다.

① 표준체측정법
② 관성충돌법
③ 공기투과법
④ 액상침강법

57 배출가스 내의 황산화물 처리방법 중 건식법의 특징으로 가장 거리가 먼 것은? (단, 습식법과 비교) ★★

① 장치의 규모가 큰 편이다.
② 반응효율이 높은 편이다.
③ 배출가스의 온도저하가 거의 없는 편이다.
④ 연돌에 의한 배출가스의 확산이 양호한 편이다.

● 습식법이 건식법에 비해 반응효율이 더 높다.

58 입자상 물질과 NO_x 저감을 위한 디젤엔진 연료분사시스템의 적용기술로 가장 거리가 먼 것은?

① 분사압력 저압화
② 분사압력 최적제어
③ 분사율 제어
④ 분사시기 제어

● 디젤엔진 연료분사시스템의 분사압력은 고압으로 유지하여 강하게 분사되는 것이 좋다.

59 펄스젯 여과집진기에서 압축공기량 조절장치와 가장 관련이 깊은 것은?

① 확산관(diffuser tube)
② 백케이지(bag cage)
③ 스크레이퍼(scraper)
④ 방전극(discharge electrode)

정답 | 53.④ 54.③ 55.③ 56.④ 57.② 58.① 59.①

60 밀도 0.8g/cm³인 유체의 동점도가 3Stokes라면 절대점도는? ★

① 2.4poise
② 2.4centi poise
③ 2,400poise
④ 2,400centi poise

✔ 점도는 P(poise, 푸아즈)로 표시하고, 단위는 g/cm·s인데 이는 너무 커서 1/100로 줄여서 cP(센티푸아즈)로 쓴다. 동점도는 St(Stokes, 스토크스)로 표시하고, 단위는 cm²/s 이며, 이는 너무 커서 1/100로 줄여서 cSt(센티스토크스)로 쓴다.

동점도＝절대점도/밀도 이므로
절대점도＝동점도×밀도
$$= 3St \times 0.8g/cm^3$$
$$= 3cm^2/s \times 0.8g/cm^2$$
$$= 2.4g/cm \cdot s$$
$$= 2.4poise$$

제3과목 | 대기오염 방지기술

2020년 제1,2회 통합 대기환경기사

41 중력침전을 결정하는 중요 매개변수는 먼지입자의 침전속도이다. 다음 중 먼지의 침전속도 결정과 가장 관계가 깊은 것은? ★★★

① 입자의 온도
② 대기의 분압
③ 입자의 유해성
④ 입자의 크기와 밀도

✔ 입자의 침전속도는 입자의 크기와 밀도, 가스의 점도 등과 가장 관계가 깊다.

42 다음은 활성탄의 고온활성화 재생방법으로 적용될 수 있는 다단로(multi-hearth furnace)와 회전로(rotary kiln)의 비교표이다. 비교 내용 중 옳지 않은 것은?

	구분	다단로	회전로
가	온도 유지	여러 개의 버너로 구분된 반응영역에서 온도 분포 조절이 가능하고 열효율이 높음	단 1개의 버너로 열공급 영역별 온도 유지가 불가능하고 열효율이 낮음
나	수증기 공급	반응영역에서 일정하게 분사	입구에서만 공급하므로 일정치 않음
다	입도 분포	입도에 비례하여 큰 입자가 빨리 배출	입도 분포에 관계없이 체류시간을 동일하게 유지 가능
라	품질	고품질 입상재생 설비로 적합	고품질 입상재생 설비로 부적합

① 가
② 나
③ 다
④ 라

✔ 다단로는 입도 분포에 관계없이 체류시간을 동일하게 유지하는 것이 가능하나, 회전로는 입도에 비례하여 큰 입자가 빨리 배출된다.

43 다음 중 처리가스량이 25,420m³/h이고, 압력손실이 100mmH₂O인 집진장치의 송풍기 소요동력(kW)은 약 얼마인가? (단, 송풍기 효율은 60%, 여유율은 1.30이다.) ★★★

① 9　　　　② 12

③ 15　　　　④ 18

✓ 송풍기 동력 $= \dfrac{\Delta P \times Q}{6,120 \times \eta_s} \times \alpha$ (Q는 m³/min)

$$= \dfrac{423.7 \times 100}{6,120 \times 0.6} \times 1.3$$

$$= 15\text{kW}$$

44 다음 악취물질 중 공기 중의 최소감지농도가 가장 낮은 것은? ★★

① 염소　　　　② 암모니아

③ 황화수소　　　④ 이황화탄소

✓ ① 염소 : 0.3ppm
② 암모니아 : 0.21ppm
③ 황화수소 : 0.0005ppm
④ 이황화탄소 : 0.21ppm

45 다음 중 환기 및 후드에 관한 설명으로 옳지 않은 것은? ★

① 폭이 넓은 오염원 탱크에서는 주로 '밀고 당기는(push/pull)' 방식의 환기공정이 요구된다.

② 후드는 일반적으로 개구면적을 좁게 하여 흡인속도를 크게 하고, 필요 시 에어커튼을 이용한다.

③ 폭이 좁고 긴 직사각형의 슬롯 후드(slot hood)는 전기도금공정과 같은 상부개방형 탱크에서 방출되는 유해물질을 포집하는 데 효율적으로 이용된다.

④ 천개형 후드는 포착형보다 유입공기의 속도가 빠를 때 사용되며, 주로 저온의 오염공기를 배출하고 과잉습도를 제거할 때 제한적으로 사용된다.

✓ 천개형 후드는 가열된 상부 개방 오염원에서 배출되는 오염물질 포집에 사용되며, 저온의 오염공기를 배출하고 과잉습도를 제거할 때는 사용되지 않는다.

46 접선유입식 원심력집진장치의 특징에 관한 설명 중 옳은 것은? ★

① 장치의 압력손실은 5,000mmH₂O이다.

② 장치 입구의 가스속도는 18~20cm/s이다.

③ 유입구 모양에 따라 나선형과 와류형으로 분류된다.

④ 도익선회식이라고도 하며, 반전형과 직진형이 있다.

✓ 접선유입식은 유입구 모양에 따라 나선형과 와류형으로 분류된다.

[Plus 이론학습]
입구 가스속도는 7~15m/s, 압력손실은 100mmAq이다. 한편, 축류식은 반전형과 직진형이 있다.

47 A집진장치의 입구 및 출구의 배출가스 중 먼지의 농도가 각각 15g/Sm³, 150mg/Sm³였다. 또한 입구 및 출구에서 채취한 먼지시료 중에 포함된 0~5μm의 입경분포의 중량백분율이 각각 10%, 60%였다면 이 집진장치의 0~5μm의 입경범위의 먼지시료에 대한 부분집진율(%)은? ★★

① 90　　　　② 92

③ 94　　　　④ 96

✓ 입구의 농도 15,000×0.1=1,500mg/Sm³
출구의 농도 150×0.6=90mg/Sm³
그러므로 집진율(%)=(1,500−90)/1,500×100=94%

48 벤투리스크러버의 액가스비를 크게 하는 요인으로 가장 거리가 먼 것은? ★

① 먼지의 농도가 높을 때

② 처리가스의 온도가 높을 때

③ 먼지입자의 친수성이 클 때

④ 먼지입자의 점착성이 클 때

제3과목

✅ 먼지입자의 친수성이 클 때는 액가스비를 크게 할 필요가 없다.

49 직경이 D인 구형 입자의 비표면적(S_v, m^2/m^3)에 관한 설명으로 옳지 않은 것은? (단, p는 구형 입자의 밀도이다.) ★★★

① $S_v = 3p/D$로 나타낸다.

② 입자가 미세할수록 부착성이 커진다.

③ 먼지의 입경과 비표면적은 반비례 관계이다.

④ 비표면적이 크게 되면 원심력집진장치의 경우에는 장치 벽면을 폐색시킨다.

✅ $S_v = 6/D$로 나타낸다.
구의 표면적 $4\pi R^2$
구의 부피 $4/3\pi R^3$
$$S_v = \frac{4\pi r^2}{4/3\pi r^3} = 3/R = 6/D$$

50 염소농도 0.2%인 굴뚝 배출가스 3,000Sm^3/h를 수산화칼슘 용액을 이용하여 염소를 제거하고자 할 때, 이론적으로 필요한 시간당 수산화칼슘의 양(kg/h)은? (단, 처리효율은 100%로 가정한다.) ★

① 16.7

② 18.2

③ 19.8

④ 23.1

✅ $2Cl_2 \quad +2Ca(OH)_2 \rightarrow CaCl_2+Ca(OCl)_2+2H_2O$
　70　　　 ：　74
$6\times70/22.4$ ： x
(여기서, 염소의 양 $=0.2/100\times3,000=65m^3/h$)
∴ $x = 6\times70/22.4\times74/70 = 19.8kg/h$

51 다음 중 헨리의 법칙에 관한 설명으로 옳지 않은 것은? ★★★

① 비교적 용해도가 적은 기체에 적용된다.

② 헨리상수의 단위는 $atm/m^3 \cdot kmol$이다.

③ 헨리상수의 값은 온도가 높을수록, 용해도가 작을수록 커진다.

④ 온도와 기체의 부피가 일정할 때 기체의 용해도는 용매와 평형을 이루고 있는 기체의 분압에 비례한다.

✅ $P(atm) = H \times C(kmol/m^3)$
H의 단위 : $atm \cdot m^3/kmol$

52 탈취방법 중 촉매연소법에 관한 설명으로 옳지 않은 것은? ★★

① 직접연소법에 비해 질소산화물의 발생량이 높고 고농도로 배출된다.

② 직접연소법에 비해 연료소비량이 적어 운전비는 절감되나 촉매독이 문제가 된다.

③ 적용 가능한 악취성분은 가연성 악취성분, 황화수소, 암모니아 등이 있다.

④ 촉매는 백금, 코발트, 니켈 등이 있으며, 고가이지만 성능이 우수한 백금계의 것이 많이 이용된다.

✅ 촉매연소법은 직접연소법에 비해 질소산화물의 발생량이 낮고, 저농도로 배출된다.

53 다음은 물리흡착과 화학흡착의 비교표이다. 비교 내용 중 옳지 않은 것은? ★★★

구분		물리흡착	화학흡착
가	온도범위	낮은 온도	대체로 높은 온도
나	흡착층	단일분자층	여러 층이 가능
다	가역 정도	가역성이 높음	가역성이 낮음
라	흡착열	낮음	높음 (반응열 정도)

① 가　　　　　　② 나

③ 다　　　　　　④ 라

✅ 물리흡착은 여러 층이 가능하다.

54 80%의 효율로 제진하는 전기집진장치의 집진 면적을 2배로 증가시키면 집진효율(%)은 얼마로 향상되는가?

① 92

② 94

③ 96

④ 98

✔ $\eta = 1 - e^{\left(-\frac{AW_e}{Q}\right)}$

$-A = \ln(1-\eta)$ 이므로

$-A_1 = \ln(1-0.8) = -1.609 \rightarrow A_1 = 1.609$

$A_2 = 2A_1 = 2 \times 1.609 = 3.219$

$-3.219 = \ln(1-\eta_2) \rightarrow \eta_2 = 96\%$

55 다음 중 유해물질 처리방법으로 가장 거리가 먼 것은? ★

① CO는 백금계의 촉매를 사용하여 연소시켜 제거한다.

② Br_2는 산성 수용액에 의한 선정법으로 제거한다.

③ 이황화탄소는 암모니아를 불어넣는 방법으로 제거한다.

④ 아크롤레인은 NaClO 등의 산화제를 혼입한 가성소다 용액으로 흡수 제거한다.

✔ Br_2는 물이 존재하면 강한 산화제로서 부식성 증기(HBr)를 생성시킨다. 액체 누출 시 10~50%의 탄산칼륨, 10~13%의 탄산나트륨, 5~10%의 중탄산나트륨 용액이나 슬러리, 또는 포화하이포(hypo) 용액을 사용하여 중화시켜야 한다.

56 굴뚝 배출가스량은 2,000Sm³/h, 이 배출가스 중 HF 농도는 500mL/Sm³이다. 이 배출가스를 50m³의 물로 세정할 때 24시간 후 순환수인 폐수의 pH는? (단, HF는 100% 전리되며, HF 이외의 영향은 무시한다.)

① 약 1.3

② 약 1.7

③ 약 2.1

④ 약 2.6

✔ HF량 $= 2,000Sm^3/hr \times 500mL/Sm^3 \times 24hr/day$

$= 24,000L/day$

HF의 몰수 $= 24,000L/22.4L = 1,071.4mol$

HF의 몰농도 $= 1,071.4mol/50m^3 = 0.02143mol/L$

$HF \rightarrow H^+ + F^-$ 이므로 생성되는 H^+ 몰농도는 HF와 같은 농도이다. 즉, 0.02143몰이다.

$pH = -\log[H+]$로부터 순환수의 pH를 구하면

$pH = -\log[0.02143] = 1.69$

57 먼지의 입경분포에 관한 설명으로 옳지 않은 것은? ★★

① 대수정규분포는 미세한 입자의 특성과 잘 일치한다.

② 빈도분포는 먼지의 입경분포를 적당한 입경간격의 개수 또는 질량의 비율로 나타내는 방법이다.

③ 먼지의 입경분포를 나타내는 방법 중 적산분포에는 정규분포, 대수정규분포, Rosin Rammler 분포가 있다.

④ 적산분포(R)는 일정한 입경보다 큰 입자가 전체의 입자에 대하여 몇 % 있는가를 나타내는 것으로 입경분포가 0이면 $R = 100\%$이다.

✔ 대수정규분포는 미세한 입자에만 일치하는 것은 아니다.

58 국소배기시설에서 후드의 유입계수가 0.84, 속도압이 10mmH₂O일 때 후드에서의 압력손실(mmH₂O)은? ★

① 4.2　　　　② 8.4

③ 16.8　　　④ 33.6

✔ ΔP(압력손실) $= F \times P_v$

$F = (1 - C_e^2)/C_e^2$

여기서, P_v : 속도압

　　　F : 압력손실계수

　　　C_e : 유입계수

$F = (1 - 0.84^2)/0.84^2 = 0.417$

∴ $\Delta P = F \times P_v = 0.417 \times 10 = 4.17$

59 사이클론의 원추부 높이가 1.4m, 유입구 높이가 15cm, 원통부 높이가 1.4m일 때 외부선회류의 회전수는? (단, $N = \dfrac{1}{H_A}\left[H_B + \dfrac{H_C}{2}\right]$)

① 6회   ② 11회
③ 14회   ④ 18회

✔ H_A : 유입구 높이, H_B : 원통부 높이, H_C : 원추부 높이
$N = \dfrac{1}{0.15}\left(1.4 + \dfrac{1.4}{2}\right) = 14$

60 다음 중 세정집진장치의 특징으로 옳지 않은 것은? ★★★

① 압력손실이 적어 운전비가 적게 든다.
② 소수성 입자의 집진율이 낮은 편이다.
③ 점착성 및 조해성 분진의 처리가 가능하다.
④ 연소성 및 폭발성 가스의 처리가 가능하다.

✔ 압력손실이 높아 운전비가 많이 든다.

2020년 제3회 대기환경기사

41 전기집진장치로 함진가스를 처리할 때 입자의 겉보기 고유저항이 높을 경우의 대책으로 옳지 않은 것은? ★★★

① 아황산가스를 조절제로 투입한다.
② 처리가스의 습도를 높게 유지한다.
③ 탈진의 빈도를 늘리거나 타격강도를 높인다.
④ 암모니아 조절제로 주입하고, 건식 집진장치를 사용한다.

✔ NH_3는 전기비저항이 낮을 때의 조절방법이다.

42 다음 각 집진장치의 유속과 집진특성에 대한 설명 중 옳지 않은 것은? ★★★

① 건식 전기집진장치는 재비산 한계 내에서 기본유속을 정한다.
② 벤투리스크러버와 제트스크러버는 기본유속이 작을수록 집진율이 높다.
③ 중력집진장치와 여과집진장치는 기본유속이 작을수록 미세한 입자를 포집한다.
④ 원심력집진장치는 적정 한계 내에서는 입구유속이 빠를수록 효율이 높은 반면 압력손실은 높아진다.

✔ 벤투리스크러버와 제트스크러버는 기본유속이 클수록 집진율이 높다.

43 먼지 함유량이 A인 배출가스에서 C만큼 제거시키고 B만큼 통과시키는 집진장치의 효율 산출식과 가장 거리가 먼 것은? ★★

① $\dfrac{C}{A}$ ② $\dfrac{C}{(B+C)}$
③ $\dfrac{B}{A}$ ④ $\dfrac{(A-B)}{A}$

✔ B/A는 제거율이 아니고, 투과율이다.

44 적용방법에 따른 충전탑(packed tower)과 단탑(plate tower)을 비교한 설명으로 가장 거리가 먼 것은? ★

① 포말성 흡수액일 경우 충전탑이 유리하다.

② 흡수액에 부유물이 포함되어 있을 경우 단탑을 사용하는 것이 더 효율적이다.

③ 온도 변화에 따른 팽창과 수축이 우려될 경우에는 충전제 손상이 예상되므로 단탑이 유리하다.

④ 운전 시 용매에 의해 발생하는 용해열을 제거해야 할 경우 냉각오일을 설치하기 쉬운 충전탑이 유리하다.

✔ 운전 시 용매에 의해 발생하는 용해열을 제거해야 할 경우 냉각오일을 설치하기 쉬운 단탑이 유리하다.

45 평판형 전기집진장치의 집진판 사이의 간격이 10cm, 가스의 유속은 3m/s, 입자가 집진극으로 이동하는 속도가 4.8cm/s일 때, 층류영역에서 입자를 완전히 제거하기 위한 이론적인 집진극의 길이(m)는? ★★

① 1.34　　② 2.14
③ 3.13　　④ 4.29

✔ $\eta = (V_t \times L)/(V_g \times W)$
$1 = (4.8 \times L)/(3 \times 5)$
∴ $L = (3 \times 5)/4.8 = 3.125 ≒ 3.13$

46 습식 탈황법의 특징에 대한 설명 중 옳지 않은 것은? ★★★

① 반응속도가 빨라 SO_2의 제거율이 높다.

② 처리한 가스의 온도가 낮아 재가열이 필요한 경우가 있다.

③ 장치의 부식 위험이 있고, 별도의 폐수처리시설이 필요하다.

④ 상업성 부산물의 회수가 용이하지 않고, 보수가 어려우며, 공정의 신뢰도가 낮다.

✔ 습식 탈황법은 상업성 부산물의 회수가 용이하고, 상업화 실적이 많아 공정의 신뢰도가 높다.

47 배출가스 중 염화수소 제거에 관한 설명으로 옳지 않은 것은?

① 누벽탑, 충전탑, 스크러버 등에 의해 용이하게 제거 가능하다.

② 염화수소 농도가 높은 배기가스를 처리하는 데는 관외 냉각형, 염화수소 농도가 낮을 때에는 충전탑 사용이 권장된다.

③ 염화수소의 용해열이 크고 온도가 상승하면 염화수소의 분압이 상승하므로 완전 제거를 목적으로 할 경우에는 충분히 냉각할 필요가 있다.

④ 염산은 부식성이 있어 장치는 플라스틱, 유리라이닝, 고무라이닝, 폴리에틸렌 등을 사용해서는 안 되며, 충전탑, 스크러버를 사용할 경우에는 mist catcher는 설치할 필요가 없다.

✔ 염산은 부식성이 있어 장치는 플라스틱, 유리라이닝, 고무라이닝, 폴리에틸렌 등을 사용해야 하며, 충전탑, 스크러버를 사용할 경우에는 mist catcher는 설치할 필요가 있다.

48 다음에서 설명하는 원심력 송풍기는? ★

• 구조가 간단하여 설치장소의 제약이 적고, 고온, 고압 대용량에 적합하며, 압입통풍기로 주로 사용된다.
• 효율이 좋고, 적은 동력으로 운전이 가능하다.

① 터보형　　② 평판형
③ 다익형　　④ 프로펠러형

✔ **[Plus 이론학습]**
터보 송풍기는 회전날개가 회전방향과 반대편으로 경사지게 설계되어 있으며, 방사형과 전향에 비해 효율이 높다. 송풍량이 증가해도 동력이 증가하지 않기 때문에 압력변동이 있는 경우 적합하다. 그러나 구조가 크며, 날개가 구부러져 있으므로 분진퇴적이 쉽다.

제3과목

49 가스 중 불화수소를 수산화나트륨 용액과 향류로 접촉시켜 87% 흡수시키는 충전탑의 흡수율을 99.5%로 향상시키기 위한 충전탑의 높이는? (단, 흡수액상의 불화수소의 평형분압은 0이다.)

① 2.6배 높아져야 함

② 5.2배 높아져야 함

③ 9배 높아져야 함

④ 18배 높아져야 함

✔ 충전탑의 높이 계산

$h = H_{OG} \times N_{OG} = H_{OG} \times \ln[1/(1-E/100)]$

여기서, H_{OG} : 기상 총괄이동단위높이

N_{OG} : 기상 총괄이동단위수

∴ $H_{OG} \times \ln[1/(1-99.5/100)] / H_{OG} \times \ln[1/(1-87/100)]$

$= \ln(1/0.005)/\ln(1/0.13)$

$= 2.59$

50 중력집진장치에서 집진효율을 향상시키기 위한 조건으로 옳지 않은 것은? ★★★

① 침강실의 입구폭을 작게 한다.

② 침강실 내의 가스흐름을 균일하게 한다.

③ 침강실 내의 처리가스의 유속을 느리게 한다.

④ 침강실의 높이는 낮게 하고, 길이는 길게 한다.

✔ 침강실 입구폭을 크게 해야 집진효율이 높아진다.

51 다음에서 설명하는 흡착장치로 옳은 것은 어느 것인가? ★★

> 가스의 유속을 크게 할 수 있고, 고체와 기체의 접촉을 크게 할 수 있으며, 가스와 흡착제를 향류로 접촉할 수 있는 장점은 있으나, 주어진 조업 조건에 따른 조건 변동이 어렵다.

① 유동층 흡착장치

② 이동층 흡착장치

③ 고정층 흡착장치

④ 원통형 흡착장치

52 45° 곡관의 반경비가 2.0일 때, 압력손실계수는 0.27이다. 속도압이 26mmH₂O일 때, 곡관의 압력손실(mmH₂O)은?

① 1.5

② 2.0

③ 3.5

④ 4.0

✔ $\Delta P = \zeta \times P_V$

여기서, ΔP : 압력손실(mmH₂O)

ζ : 압력손실계수

P_V : 속도압

곡관각 θ가 90°가 아니고 45°, 60° 등일 때에는 90° 곡관의 압력손실 ΔP에 $\theta/90$를 곱하면 구할 수 있다.

$\Delta P(90°) = \zeta \times P_V = 0.27 \times 26 = 7.02$

45°이므로 $\Delta P(45°) = \Delta P(90°) \times 45/90 = 3.51$

53 다음 중 후드의 종류에 대한 설명으로 옳지 않은 것은? ★★

① 일반적으로 포집형 후드는 다른 후드보다 작업방해가 적고 적용이 유리하다.

② 포위식 후드의 예로는 완전포위식인 글러브 상자와 부분포위식인 실험실 후드, 페인트 분무도장 후드가 있다.

③ 후드는 동작원리에 따라 크게 포위식과 외부식으로, 포위식은 다시 레시버형 또는 수형과 포집형 후드로 구분할 수 있다.

④ 포위식 후드는 적은 제어풍량으로 만족할 만한 효과를 기대할 수 있으나, 유입공기량이 적어 충분한 후드 개구면 속도를 유지하지 못하면 오히려 외부로 오염물질이 배출될 우려가 있다.

✔ 후드는 포위식과 외부식으로, 외부식은 다시 레시버형 또는 수형과 포집형 후드로 구분할 수 있다.

54 다음 중 활성탄으로 흡착 시 효과가 가장 적은 것은? ★

① 알코올류

② 아세트산

③ 담배연기

④ 이산화질소

☑ 활성탄은 탄화수소류 제거에 효과적이고, 이산화질소는 활성탄으로 흡착시켜 처리하기 어렵다.

55 공기의 유속과 점도가 각각 1.5m/s, 0.0187cP 일 때, 레이놀즈수를 계산한 결과 1,950이었 다. 이때 덕트 내를 이동하는 공기의 밀도 (kg/m³)는 약 얼마인가?(단, 덕트의 직경은 75mm이다.) ★

① 0.23　　② 0.29

③ 0.32　　④ 0.40

☑ 점도(g/cm · s)를 밀도(g/cm³)로 나누면 동점도(cm²/s) 가 된다(동점도＝점도/밀도).
점도＝0.0187cP＝0.000187P＝0.000187g/cm · s
$\qquad$ ＝1.87×10⁻⁵kg/m · s

$$Re=\frac{V \times D}{\nu}$$

$$1,950=\frac{1.5 \times 0.075}{\nu}$$

ν＝5.76×10⁻⁵m²/s
밀도＝점도/동점도
$\qquad$ ＝1.87×10⁻⁵/5.76×10⁻⁵
$\qquad$ ＝0.32kg/m³

56 전기집진장치의 각종 장해현상에 따른 대책으로 가장 거리가 먼 것은? ★★★

① 먼지의 비저항이 낮아 재비산현상이 발생할 경우 baffle을 설치한다.

② 배출가스의 점성이 커서 역전리현상이 발생할 경우 집진극의 타격을 강하게 하거나 빈도수를 늘린다.

③ 먼지의 비저항이 비정상적으로 높아 2차 전류가 현저하게 떨어질 경우 스파크 횟수를 줄인다.

④ 먼지의 비저항이 비정상적으로 높아 2차 전류가 현저하게 떨어질 경우 조습용 스프레이의 수량을 늘린다.

☑ 먼지의 비저항이 비정상적으로 높아 2차 전류가 현저하게 떨어질 경우 스파크 횟수를 늘린다.

57 다음 중 일반적인 활성탄 흡착탑에서의 화재방지에 관한 설명으로 가장 거리가 먼 것은 어느 것인가?

① 접촉시간은 30초 이상, 선속도는 0.1m/s 이하로 유지한다.

② 축열에 의한 발열을 피할 수 있도록 형상이 균일한 조립상 활성탄을 사용한다.

③ 사영역이 있으면 축열이 일어나므로 활성탄층의 구조를 수직 또는 경사지게 하는 편이 좋다.

④ 운전 초기에는 흡착열이 발생하며 15~30분 후에는 점차 낮아지므로 물을 충분히 뿌려 주어 30분 정도 공기를 공회전시킨 다음 정상 가동한다.

☑ **[Plus 이론학습]**
접촉시간은 가능한 짧은 것이 화재방지에 좋다.

58 배출가스 중의 NO$_x$ 제거법에 관한 설명으로 옳지 않은 것은? ★★★

① 비선택적인 촉매환원에서는 NO$_x$뿐만 아니라 O$_2$까지 소비된다.

② 선택적 촉매환원법의 최적온도범위는 700~850℃ 정도이며, 보통 50% 정도의 NO$_x$를 저감시킬 수 있다.

③ 선택적 촉매환원법은 TiO$_2$와 V$_2$O$_5$를 혼합하여 제조한 촉매에 NH$_3$, H$_2$, CO, H$_2$S 등의 환원가스를 작용시켜 NO$_x$를 N$_2$로 환원시키는 방법이다.

④ 배출가스 중의 NO$_x$ 제거는 연소조절에 의한 제어법보다 더 높은 NO$_x$ 제거효율이 요구되는 경우나 연소방식을 적용할 수 없는 경우에 사용된다.

☑ 선택적 촉매환원법(SCR)의 최적온도범위는 약 300℃ 정도이며, 보통 80~90% 정도의 NO$_x$를 저감시킬 수 있다.

59 광화학현미경을 이용하여 입자의 투영면적을 관찰하고 그 투영면적으로부터 먼지의 입경을 측정하는 방법 중 "입자의 투영면적 가장자리에 접하는 가장 긴 선의 길이"로 나타내는 입경(직경)은? ★★★

① 등면적 직경 ② Feret 직경

③ Martin 직경 ④ Heyhood 직경

◎ **[Plus 이론학습]**
휘렛 직경(페렛 직경)은 입자성 물질의 끝과 끝을 연결한 선 중 가장 긴 선을 직경으로 하는 것을 말하며, 과대평가될 수 있다.

60 반지름 250mm, 유효높이 15m인 원통형 백필터를 사용하여 농도 $6g/m^3$인 배출가스를 $20m^3/s$로 처리하고자 한다. 겉보기 여과속도를 1.2cm/s로 할 때 필요한 백필터의 수는 얼마인가? ★★

① 49 ② 62

③ 65 ④ 71

◎ 1개 백의 공간 = 원의 둘레 × 높이 × 겉보기 여과속도
$= 2\pi R \times H \times V_t$
$= 2 \times 3.14 \times 0.25 \times 15 \times 0.012$
$= 0.2826 m^3/s$
∴ 필요한 백의 수 = 20/0.2826 = 70.77 = 71개

2020년 제4회 대기환경기사

41 다음 유해가스 처리에 관한 설명 중 가장 거리가 먼 것은? ★

① 사이안화수소는 물에 대한 용해도가 매우 크므로 가스를 물로 세정하여 처리한다.

② 염화인(PCl_3)은 물에 대한 용해도가 낮아 암모니아를 불어넣어 병류식 충전탑에서 흡수 처리한다.

③ 아크롤레인은 그대로 흡수가 불가능하며 $NaClO$ 등의 산화제를 혼입한 가성소다 용액으로 흡수 제거한다.

④ 이산화셀렌은 코트럴집진기로 포집, 결정으로 석출, 물에 잘 용해되는 성질을 이용해 스크러버에 의해 세정하는 방법 등이 이용된다.

◎ 염화인은 에테르, 벤젠 및 사염화탄소에 용해된다.

42 다음 중 흡착과정에 대한 설명으로 옳지 않은 것은? ★★★

① 파과곡선의 형태는 흡착탑의 경우에 따라서 비교적 기울기가 큰 것이 바람직하다.

② 포화점에서는 주어진 온도와 압력조건에서 흡착제가 가장 많은 양의 흡착질을 흡착하는 점이다.

③ 실제의 흡착은 비정상상태에서 진행되므로 흡착의 초기에는 흡착이 천천히 진행되다가 어느 정도 흡착이 진행되면 빠르게 흡착이 이루어진다.

④ 흡착제층 전체가 포화되어 배출가스 중에 오염가스 일부가 남게 되는 점을 파과점이라 하고, 이 점 이후부터는 오염가스의 농도가 급격히 증가한다.

✔ 실제의 흡착은 비정상상태에서 진행되므로 흡착의 초기에는 흡착이 빠르게 진행되다가 어느 정도 흡착이 진행되면 흡착이 느리게 이루어진다.

43 황 함유량 2.5%인 중유를 30t/h로 연소하는 보일러에서 배기가스를 NaOH 수용액으로 처리한 후 황 성분을 전량 Na_2SO_3로 회수할 경우, 이때 필요한 NaOH의 이론량(kg/h)은? (단, 황 성분은 전량 SO_2로 전환된다.) ★★

① 1,750
② 1,875
③ 1,935
④ 2,015

✔ $S = 30 \times 2.5/100 = 0.75t/h$, $S + O_2 \rightarrow SO_2$
$SO_2 + 2NaOH \rightarrow Na_2SO_3 + H_2O$
64 : 2×40
0.75×2 : x
∴ $x = 0.75 \times 2 \times (2 \times 40)/64 = 1.875t/h = 1,875kg/h$

44 다음 발생먼지 종류 중 일반적으로 S/S_b가 가장 큰 것은? (단, S는 진비중, S_b는 겉보기 비중이다.)

① 카본블랙
② 시멘트킬른
③ 미분탄보일러
④ 골재드라이어

✔ ① 카본블랙 : 76
② 시멘트킬른 : 5
③ 미분탄보일러 : 4.03
④ 골재드라이어 : 2.73

[Plus 이론학습]
S/S_b 비가 클수록 재비산현상을 유발할 가능성이 높다.
• 산소제강로 : 7.3
• 황동용 전기로 : 15

45 흡수장치에 사용되는 흡수액이 갖추어야 할 요건으로 옳은 것은? ★★★

① 용해도가 낮아야 한다.
② 휘발성이 높아야 한다.
③ 부식성이 높아야 한다.
④ 점성은 비교적 낮아야 한다.

✔ **[Plus 이론학습]**
끓는점이 높아야 한다.

46 실내에서 발생하는 CO_2의 양이 시간당 0.3m³일 때 필요한 환기량(m³/h)은? (단, CO_2의 허용농도와 외기의 CO_2 농도는 각각 0.1%와 0.03%이다.)

① 약 145
② 약 210
③ 약 320
④ 약 430

✔ 환기량(외기유입량) $= \dfrac{\text{탄산가스 발생량(m}^3/\text{h)}}{\text{실내허용 } CO_2 \text{ 농도(m}^3/\text{m}^3) - \text{외기 } CO_2 \text{ 농도(m}^3/\text{m}^3)}$

$= \dfrac{0.3m^3/h}{0.001m^3/m^3 - 0.0003m^3/m^3}$
$= 428.6m^3/h ≒ 430m^3/h$
(여기서, 0.1%=0.001m³/m³, 0.03%=0.0003m³/m³)

47 유량 측정에 사용되는 가스유속 측정장치 중 작동원리로 Bernoulli 식이 적용되지 않는 것은 어느 것인가? ★

① 로터미터(rotameter)
② 벤투리장치(venturi meter)
③ 건조가스장치(dry gas meter)
④ 오리피스장치(orifice meter)

✔ 벤투리관, 급확대관, 오리피스관, 엘보 및 면적식 유량계는 Bernoulli 식이 적용된다.

48 다음 중 입자상 물질에 관한 설명으로 가장 거리가 먼 것은? ★

① 직경 d인 구형 입자의 비표면적(단위체적당 표면적)은 $d/6$이다.
② Cascade impactor는 관성충돌을 이용하여 입경을 간접적으로 측정하는 방법이다.
③ 공기동역학경은 Stokes경과 달리 입자밀도를 $1g/cm^3$로 가정함으로써 보다 쉽게 입경을 나타낼 수 있다.
④ 비구형 입자에서 입자의 밀도가 1보다 클 경우 공기동역학경은 Stokes경에 비해 항상 크다고 볼 수 있다.

✔ 직경 d인 구형 입자의 비표면적은 $6/d$이다.

49 배출가스의 온도를 냉각시키는 방법 중 열교환법의 특성으로 가장 거리가 먼 것은? ★

① 운전비 및 유지비가 높다.
② 열에너지를 회수할 수 있다.
③ 최종 공기부피가 공기희석법, 살수법에 비해 매우 크다.
④ 온도감소로 인해 상대습도는 증가하지만 가스 중 수분량에는 거의 변화가 없다.

50 중력집진장치의 효율을 향상시키는 조건에 대한 설명으로 옳지 않은 것은? ★★★

① 침강실 내의 배기가스 기류는 균일하여야 한다.
② 침강실의 침전높이가 작을수록 집진율이 높아진다.
③ 침강실의 길이를 길게 하면 집진율이 높아진다.
④ 침강실 내 처리가스속도가 클수록 미세한 분진을 포집할 수 있다.

51 어떤 집진장치의 입구와 출구의 함진가스의 분진농도가 7.5g/Sm³와 0.055g/Sm³였다. 또한 입구와 출구에서 측정한 분진시료 중 입경이 0~5μm인 입자의 중량분율은 전 분진에 대하여 0.1과 0.5였다면 0~5μm의 입경을 가진 입자의 부분 집진율(%)은? ★

① 약 87   ② 약 89
③ 약 96   ④ 약 98

✔ (7.5×0.1−0.055×0.5)/(7.5×0.1)×100=96.3%

52 다음 중 여과집진장치에 관한 설명으로 옳지 않은 것은? ★★★

① 폭발성, 점착성 및 흡습성 분진의 제거에 효과적이다.

② 탈진방식 중 간헐식은 여과포의 수명이 연속식에 비해 길다.
③ 탈진방식 중 간헐식은 진동형, 역기류형, 역기류진동형으로 분류할 수 있다.
④ 여과재는 내열성이 약하므로 고온가스 냉각 시 산노점(dew point) 이상으로 유지해야 한다.

53 다음에서 설명하는 축류 송풍기의 유형으로 옳은 것은?

• 축류형 중 가장 효율이 높고, 일반적으로 직선류 및 아담한 공간이 요구되는 HVAC설비에 응용되며, 공기의 분포가 양호하여 많은 산업장에서 응용되고 있다.
• 효율과 압력상승 효과를 얻기 위해 직선형 고정날개를 사용하나, 날개의 모양과 간격은 변형되기도 한다.

① 원통 축류형 송풍기
② 방사 경사형 송풍기
③ 고정날개 축류형 송풍기
④ 공기회전자 축류형 송풍기

✔ **[Plus 이론학습]**
송풍관 내에 고정된 안내날개(guide vane : 속도압을 감소시켜 정압을 회복시키기 위해 설치)가 달려있다. 송풍기에 의해 소용돌이 친 선회류가 안내날개에 의해 소용돌이가 억제되어 속도압이 정압으로 회복되므로 효율이 높아지고 높은 압력손실(250mmH₂O)에 견딜 수 있다.

54 다음 중 배연탈황기술과 가장 거리가 먼 것은 어느 것인가? ★★★

① 암모니아법   ② 석회석주입법
③ 수소화탈황법   ④ 활성산화망간법

✔ 수소화탈황법($R-S+H_2 \rightarrow H_2S+R$)은 연소 전 탈황법으로 연소 후 탈황법(배연탈황기술, FGD)은 아니다.
[Plus 이론학습]
탈황법은 크게 연소 전 대책, 연소 단계 대책, 연소 후 대책으로 구분된다.

55 습식 전기집진장치의 특징에 관한 설명 중 틀린 것은? ★★★

① 집진면이 청결하여 높은 전계강도를 얻을 수 있다.

② 고저항의 먼지로 인한 역전리현상이 일어나기 쉽다.

③ 건식에 비하여 가스의 처리속도를 2배 정도 크게 할 수 있다.

④ 작은 전기저항에 의해 생기는 먼지의 재비산을 방지할 수 있다.

56 가로 a, 세로 b인 직사각형의 유로에 유체가 흐를 경우 상당직경(equivalent diameter)을 산출하는 간이식은? ★★★

① $\sqrt{ab}$

② $2ab$

③ $\sqrt{\dfrac{2(a+b)}{ab}}$

④ $\dfrac{2ab}{a+b}$

✔ 단위둘레당 면적=사각형의 면적/사각형의 둘레

$$=\frac{a\times b}{2(a+b)}$$

상당직경(D_e)=4×단위둘레당 면적

$$=4\times\frac{a\times b}{2(a+b)}=\frac{2\times a\times b}{(a+b)}$$

57 벤투리스크러버의 액가스비를 크게 하는 요인으로 옳지 않은 것은? ★

① 먼지의 입경이 작을 때

② 먼지입자의 친수성이 클 때

③ 먼지입자의 점착성이 클 때

④ 처리가스의 온도가 높을 때

58 압력손실 250mmH₂O, 처리가스량 30,000m³/h인 집진장치의 송풍기 소요동력(kW)은? (단, 송풍기의 효율은 80%, 여유율은 1.25이다.) ★★★

① 약 25

② 약 29

③ 약 32

④ 약 38

✔ 송풍기 동력 $=\dfrac{\Delta P\times Q}{6,120\times\eta_s}\times\alpha$ (Q 는 m³/min)

$$=\frac{250\times500}{6,120\times0.8}\times1.25$$

$$\fallingdotseq 32\text{kW}$$

59 집진장치의 압력손실이 400mmH₂O, 처리가스량이 30,000m³/h이고, 송풍기의 전압효율은 70%, 여유율이 1.2일 때 송풍기의 축동력(kW)은? (단, 1kW=102kgf·m/s이다.) ★★★

① 36

② 56

③ 80

④ 95

✔ 송풍기 동력 $=\dfrac{\Delta P\times Q}{6,120\times\eta_s}\times\alpha$ (Q 는 m³/min)

$$=\frac{400\times500}{6,120\times0.7}\times1.2$$

$$\fallingdotseq 56\text{kW}$$

60 면적이 1.5m²인 여과집진장치로 먼지농도가 1.5g/m³인 배기가스가 100m³/min으로 통과하고 있다. 먼지가 모두 여과포에서 제거되었으며, 집진된 먼지층의 밀도가 1g/cm³라면 1시간 후 여과된 먼지층의 두께(mm)는? ★

① 1.5

② 3

③ 6

④ 15

✔ 먼지량=1.5g/m³×100m³/min×60min/h=9,000g/h

단위전환하면 9,000g÷10⁶g/m³=0.009m³

∴ 0.009m³/1.5m²=0.006m=6mm

2021년 제1회 대기환경기사

41 유체의 점성에 관한 설명으로 옳지 않은 것은?

① 액체의 온도가 높아질수록 점성계수는 감소한다.

② 점성계수는 압력과 습도의 영향을 거의 받지 않는다.

③ 유체 내에 발생하는 전단응력은 유체의 속도구배에 반비례한다.

④ 점성은 유체분자 상호간에 작용하는 응집력과 인접 유체층 간의 운동량 교환에 기인한다.

✔ $F(힘) \propto \dfrac{v_t \times A}{z}$ 이므로 넓이 A와 속도 v_t에 비례하고 두께 z에 반비례한다.

42 송풍기 회전수(N)와 유체밀도(ρ)가 일정할 때 성립하는 송풍기 상사법칙을 나타내는 식은? (단, Q : 유량, P : 풍압, L : 동력, D : 송풍기의 크기) ★★

① $Q_2 = Q_1 \times \left[\dfrac{D_1}{D_2}\right]^2$

② $P_2 = P_1 \times \left[\dfrac{D_1}{D_2}\right]^2$

③ $Q_2 = Q_1 \times \left[\dfrac{D_2}{D_1}\right]^3$

④ $L_2 = L_1 \times \left[\dfrac{D_2}{D_1}\right]^3$

✔ 송풍기의 상사법칙

풍량 = $\dfrac{Q_2}{Q_1} = \left(\dfrac{D_2}{D_1}\right)^3 \left(\dfrac{n_2}{n_1}\right)$

[Plus 이론학습]

• 풍압 = $\dfrac{P_2}{P_1} = \left(\dfrac{\rho_2}{\rho_1}\right)\left(\dfrac{D_2}{D_1}\right)^2\left(\dfrac{n_2}{n_1}\right)^2$

• 동력 = $\dfrac{L_2}{L_1} = \left(\dfrac{\rho_2}{\rho_1}\right)\left(\dfrac{D_2}{D_1}\right)^5\left(\dfrac{n_2}{n_1}\right)^3$

43 사이클론(cyclone)의 운전조건과 치수가 집진율에 미치는 영향으로 옳지 않은 것은? ★★★

① 동일한 유량일 때 원통의 직경이 클수록 집진율이 증가한다.

② 입구의 직경이 작을수록 처리가스의 유입속도가 빨라져 집진율과 압력손실이 증가한다.

③ 함진가스의 온도가 높아지면 가스의 점도가 커져 집진율이 감소하나 그 영향은 크지 않은 편이다.

④ 출구의 직경이 작을수록 집진율이 증가하지만, 동시에 압력손실이 증가하고 함진가스의 처리능력이 감소한다.

✔ 동일한 유량일 때 원통의 직경이 클수록 집진율은 감소한다. 내부선회류의 반지름(R_c)이 작을수록, 회전각속도(V_θ)가 클수록, 입자의 분리속도가 크게 되어 집진율이 증가한다.

44 다음 중 임의로 충전한 충전탑에서 혼합물을 물리적으로 분리할 때, 액의 분배가 원활하게 이루어지지 못하면 어떤 현상이 발생할 수 있는가? ★★★

① Mixing

② Flooding

③ Blinding

④ Channeling

✔ 액체가 한쪽으로만 흐르는 현상을 채널링(channeling)이라고 하며, 충전탑의 기능을 저하시키는 큰 요인이 된다.

45 다음 여과포의 재질 중 최고사용온도가 가장 높은 것은? ★

① 오론

② 목면

③ 비닐론

④ 나일론(폴리아미드계)

✔ ① 오론 : 150℃
② 목면 : 80℃
③ 비닐론 : 100℃
④ 나일론(폴리아미드계) : 110℃

46 입경 측정방법 중 관성충돌법(cascade impactor)에 관한 설명으로 옳지 않은 것은? ★

① 입자의 질량크기 분포를 알 수 있다.
② 되튐으로 인한 시료의 손실이 일어날 수 있다.
③ 관성충돌을 이용하여 입경을 간접적으로 측정하는 방법이다.
④ 시료채취가 용이하고 채취 준비에 많은 시간이 소요되지 않는 장점이 있으나, 단수를 임의로 설계하기가 어렵다.

✔ 관성충돌법(cascade impactor)은 입경별로 측정하는 것이기 때문에 시료채취가 용이하지 않고 채취 준비에 많은 시간이 소요된다.

47 사이클론(cyclone)의 가스 유입속도를 4배로 증가시키고 유입구의 폭을 3배로 늘렸을 때, 처음 Lapple의 절단입경 d_p에 대한 나중 Lapple의 절단입경 $d_p{}'$의 비는?

① 0.87
② 0.93
③ 1.18
④ 1.26

✔ 절단입경$(D_c) = D_{50}$

$$= \sqrt{\frac{9\mu\, W_i}{2\pi N_e V_\theta (\rho_p - \rho)}}$$

$$= \sqrt{\frac{W_i}{V_\theta}}$$

$$= \sqrt{\frac{3}{4}}$$

$$= 0.87$$

48 다음 중 유해가스를 처리할 때 사용하는 충전탑(packed tower)에 관한 내용으로 옳지 않은 것은? ★★

① 충전탑에서 hold-up은 탑의 단위면적당 충전재의 양을 의미한다.
② 흡수액에 고형물이 함유되어 있는 경우에는 침전물이 생기는 방해를 받는다.
③ 충전물을 불규칙적으로 충전했을 때 접촉면적과 압력손실이 커진다.
④ 일정량의 흡수액을 흘릴 때 유해가스의 압력손실은 가스속도의 대수값에 비례하며, 가스속도가 증가할 때 나타나는 첫 번째 파과점(break point)을 loading point라 한다.

✔ 홀드업(hold up)이란 흡수액을 통과시키면서 유량속도를 증가할 경우 충전층 내의 액보유량이 증가하게 되는 상태를 의미한다.

49 하전식 전기집진장치에 관한 설명으로 옳지 않은 것은? ★★

① 2단식은 1단식에 비해 오존의 생성이 적다.
② 1단식은 일반적으로 산업용에 많이 사용된다.
③ 2단식은 비교적 함진농도가 낮은 가스처리에 유용하다.
④ 1단식은 역전리 억제에는 효과적이나 재비산 방지는 곤란하다.

✔ 1단식은 하전작용과 대전입자의 집진작용 등이 같은 전계에서 일어나는 것으로 역전리의 억제와 재비산 방지도 가능하다.

[Plus 이론학습]
• 하전식에는 1단식과 2단식이 있으며, 1단식은 입자에 하전시키면 하전작용과 대전입자의 집진작용 등이 같은 전계에서 일어나는 것으로 보통 산업용으로 사용된다.
• 2단식은 하전의 원리는 1단식과 똑같지만 전극의 구조상 다음 집진부에 들어가 여기서 평행평판 사이의 균등 정전계에 의해서 포집된다.

제3과목

50 사이클론(cyclone)을 사용하여 입자상 물질을 집진할 때, 입경에 따라 집진효율이 달라진다. 집진효율이 50%인 입경을 나타내는 용어는 다음 중 어느 것인가? ★★★

① Stokes diameter

② Critical diameter

③ Cut size diameter

④ Aerodynamic diameter

✔ 절단직경(cut size diameter, d_c)은 입자 크기별로 50%를 제거하였을 때 해당되는 입자의 직경으로 사이클론의 집진효율을 나타내기 위해 사용한다.

51 일정한 온도 하에서 어떤 유해가스와 물이 평형을 이루고 있다. 가스 분압이 38mmHg이고 Henry 상수가 0.01atm · m^3/kg · mol일 때, 액 중 유해가스농도(kg · mol/m^3)는? ★★★

① 3.8

② 4.0

③ 5.0

④ 5.8

✔ 헨리의 법칙($P_A = HC_A$)
액체에 용해되는 기체의 농도는 일정한 온도에서 그 기체의 분압에 비례한다.
$C_A = P_A/H = (38 \div 760)/0.01 = 5$kg · mol/$m^3$

52 촉매산화식 탈취공정에 관한 설명으로 옳지 않은 것은? ★★

① 대부분의 성분은 탄산가스와 수증기가 되기 때문에 배수처리가 필요 없다.

② 비교적 고온에서 처리하기 때문에 직접연소식에 비해 질소산화물의 발생량이 많다.

③ 광범위한 가스 조건 하에서 적용이 가능하며, 저농도에서도 뛰어난 탈취효과를 발휘할 수 있다.

④ 처리하고자 하는 대상가스 중의 악취성분 농도나 발생상황에 대응하여 최적의 촉매를 선정함으로써 뛰어난 탈취효과를 확보할 수 있다.

✔ 촉매산화식 탈취공정은 촉매의 역할로 비교적 저온에서 처리할 수 있기 때문에 직접연소식에 비해 질소산화물(NO_x)의 발생량이 적다.

53 광학현미경을 사용하여 분진의 입경을 측정할 수 있다. 이때 입자의 투영면적을 2등분하는 선의 거리로 나타낸 분진의 입경은? ★★★

① Feret경

② Martin경

③ 등면적경

④ Heyhood경

✔ Martin경은 입자를 일정방향의 선에 넣어 입자투영면적을 2등분하는 선분의 길이를 의미한다.

54 유량이 5,000m^3/h인 가스를 충전탑을 사용하여 처리하고자 한다. 충전탑 내의 가스 유속을 0.34m/s로 할 때, 충전탑의 직경(m)은 얼마인가? ★★★

① 1.9

② 2.3

③ 2.8

④ 3.5

✔ $A = Q/V = (5,000 \div 3,600)/0.34 = 4.1$
$\therefore d = \sqrt{\dfrac{4.1 \times 4}{\pi}} = 2.3$

55 가연성 유해가스를 제거하기 위한 방법 중 촉매산화법에 관한 설명으로 옳지 않은 것은 어느 것인가? ★★

① 압력손실이 커서 운영비용이 많이 든다.

② 체류시간은 연소장치에서 요구되는 것보다 짧다.

③ 촉매로는 백금, 팔라듐 등의 귀금속이 활성이 크기 때문에 널리 사용된다.

④ 촉매들은 운전 시 상한온도가 있기 때문에 촉매층을 통과할 때 온도가 과도하게 올라가지 않도록 한다.

✔ 촉매산화법은 압력손실이 커서 운영비용이 많이 드는 것이 아니라, 촉매가 고가이고 주기적으로 촉매를 교체해야하기 때문에 운영비용이 많이 든다.

56 시멘트산업에서 일반적으로 사용하는 전기집진장치의 배출가스 조절제는? ★★★

① 물(수증기)　　② SO_3 가스
③ 암모늄염　　④ 가성소다

✔ 먼지의 전기비저항이 높을 때 또는 낮을 때 조절제를 사용하는데, 주로 물, NH_4OH, 트리에틸아민, SO_3, 각종 염화물, 유분(oil) 등의 물질을 사용한다.
시멘트산업은 먼지가 많이 발생되기 때문에 일반적으로 물(수증기)을 사용한다.

57 다음 중 가스분산형 흡수장치로만 짝지어진 것은? ★★★

① 단탑, 기포탑　　② 기포탑, 충전탑
③ 분무탑, 단탑　　④ 분무탑, 충전탑

✔ 가스분산형 흡수장치에는 포종탑, 단탑, 기포탑 등이 있다.
[Plus 이론학습]
액분산형 흡수장치에는 분무탑, 충전탑, 벤투리스크러버 등이 있다.

58 직경이 1.2m인 직선덕트를 사용하여 가스를 15m/s의 속도로 수송할 때, 길이 100m당 압력손실(mmH₂O)은? (단, 덕트의 마찰계수 = 0.005, 가스의 밀도 = 1.3kg/m³)

① 19.1　　② 21.8
③ 24.9　　④ 29.8

✔ 원형 직관의 압력손실(ΔP)
$= 4fL/D \times r V^2/2g$
$$= \frac{4}{} \frac{0.005}{} \frac{100}{1.2} \frac{1.3}{} \frac{15^2}{2 \mid 9.8}$$
$= 24.9 \text{mmH}_2\text{O}$

59 20℃, 1기압에서 공기의 동점성계수는 $1.5 \times 10^{-5} \text{m}^2/\text{s}$이다. 관의 지름이 50mm일 때, 그 관을 흐르는 공기의 속도(m/s)는? (단, 레이놀즈수 = 3.5×10^4) ★

① 4.0　　② 6.5
③ 9.0　　④ 10.5

✔ $Re = \dfrac{V \cdot D}{\nu}$
여기서, Re : Reynold수
　　　　ν : 동점성계수(m^2/s)
　　　　V : 속도(m/s)
　　　　D : 직경(m)
∴ $V = Re \times \nu/D = 3.5 \times 10^4 \times 1.5 \times 10^{-5}/0.05 = 10.5$

60 탈취방법 중 수세법에 관한 설명으로 옳지 않은 것은? ★★★

① 고농도의 악취가스 전처리에 효과적이다.
② 조작이 간단하며 탈취효율이 우수하여 전처리과정 없이 사용된다.
③ 수온에 따라 탈취효과가 달라지고 압력손실이 큰 것이 단점이다.
④ 알데하이드류, 저급유기산류, 페놀 등 친수성 극성기를 가지는 성분을 제거할 수 있다.

✔ 친수성 악취물질 저감에는 탈취효율이 우수하지만, 소수성 악취물질에는 탈취효율이 거의 없어 전체적으로 탈취효율이 우수하지 않다.

제3과목

2021년 제2회 대기환경기사

41 집진율이 85%인 사이클론과 집진율이 96%인 전기집진장치를 직렬로 연결하여 입자를 제거할 경우, 총 집진효율(%)은? ★★

① 90.4   ② 94.4

③ 96.4   ④ 99.4

✔ $\eta_t = \eta_1 + \eta_2(1 - \eta_1)$

$= 0.85 + 0.96(1 - 0.85)$

$= 0.994$

∴ 총 집진효율은 99.4%

42 다음에서 설명하는 후드 형식으로 가장 적합한 것은? ★

> 작업을 위한 하나의 개구면을 제외하고 발생원 주위를 전부 에워싼 것으로 그 안에서 오염물질이 발산된다. 오염물질의 송풍 시 낭비되는 부분이 적은데 이는 개구면 주변의 벽이 라운지 역할을 하고, 측벽은 외부로부터의 분기류에 의한 방해에 대한 방해판 역할을 하기 때문이다.

① Slot형 후드   ② Booth형 후드

③ Canopy형 후드   ④ Exterior형 후드

✔ 후드는 오염물질이 발생되는 근원을 기준으로 포위식과 외부식 후드로 구분된다. 포위식 후드는 발생원이 후드 안에 있는 경우로서 유해물질의 발생원을 전부 또는 부분적으로 포위하는 후드이며, Enclosing형, Glove box형, Draft chamber형, Booth형 등이 있다.

[Plus 이론학습]
외부식 후드는 주변기류의 영향이 크며, Slot형, Grid형, Canopy형, Push-pull형 등이 있다.

43 다음에서 설명하는 송풍기 유형은? ★

> 후향날개형을 정밀하게 변형시킨 것으로 원심력 송풍기 중 효율이 가장 좋아 대형 냉난방 공기조화장치, 산업용 공기청정장치 등에 주로 사용되며, 에너지 절감효과가 뛰어나다.

① 프로펠러형(propeller)

② 비행기날개형(airfoil blade)

③ 방사날개형(radial blade)

④ 전향날개형(forward curved)

[Plus 이론학습]
• 터보팬의 일종으로 날개깃의 모양이 마치 비행기 날개처럼 생겼다하여 익형 혹은 에어호일(airfoil)팬이라고 한다.
• 시로코와 터보의 단점을 보완하여 소음이 적고 비교적 고속회전이 가능한 장점이 있다.
• 과부하가 발생하지 않고 운전비용을 절감할 수 있다.

44 전기집진기의 음극(−)코로나 방전에 관한 내용으로 옳은 것은? ★★

① 주로 공기정화용으로 사용된다.

② 양극(+)코로나 방전에 비해 전계강도가 약하다.

③ 양극(+)코로나 방전에 비해 불꽃 개시 전압이 낮다.

④ 양극(+)코로나 방전에 비해 코로나 개시 전압이 낮다.

[Plus 이론학습]
대부분의 산업공정에서는 전기음성도가 높은 가스가 충분히 존재하고 배기가스의 온도와 압력에서 전압-전류 측정이 유리한 코로나를 사용하려는 경향 때문에 음극(−)코로나를 주로 사용한다.

45 층류의 흐름인 공기 중을 입경이 2.2μm, 밀도가 2,400g/L인 구형 입자가 자유낙하하고 있다. 구형 입자의 종말속도(m/s)는? (단, 20℃에서 공기의 밀도는 1.29g/L, 공기의 점도는 1.81×10^{-4}poise) ★★★

① 3.5×10^{-6} ② 3.5×10^{-5}

③ 3.5×10^{-4} ④ 3.5×10^{-3}

✔ $v_t = \dfrac{d_p^2 (\rho_p - \rho_g) g}{18 \mu}$

$= \dfrac{(2.2 \times 10^{-6})^2 \times (2,400 - 1.29) \times 9.8 \times 10}{18 \times 1.81 \times 10^{-4}}$

$= 3.5 \times 10^{-4}$m/s

∴ 1P(poise) = 1g/cm · s

46 유해가스 흡수장치 중 충전탑(packed tower)에 관한 설명으로 옳지 않은 것은? ★★

① 온도의 변화가 큰 곳에는 적응성이 낮고, 희석열이 심한 곳에는 부적합하다.

② 충전제에 흡수액을 미리 분사시켜 엷은층을 형성시킨 후 가스를 유입시켜 기·액 접촉을 극대화한다.

③ 액분산형 가스흡수장치에 속하며, 효율을 높이기 위해서는 가스의 용해도를 증가시켜야 한다.

④ 흡수액을 통과시키면서 가스유속을 증가시킬 때 충전층 내의 액보유량이 증가하는 것을 flooding이라 한다.

✔ 흡수액을 통과시키면서 가스유속을 증가시킬 때 충전층 내의 액보유량이 증가하는 것은 홀드업(hold up)이라 한다.

[Plus 이론학습]
- 로딩(loading)은 Hold up 상태에서 계속해서 유속을 증가하면 액의 Hold up이 급격하게 증가하게 되는 상태이다.
- 플로딩(flooding)은 Loading point를 초과하여 유속을 계속적으로 증가하면 Hold up이 급격히 증가하고 가스가 액중으로 분산 범람하게 되는 상태이다.

47 미세입자가 운동하는 경우에 작용하는 마찰저항력(drag force)에 관한 내용으로 가장 거리가 먼 것은? ★

① 마찰저항력은 항력계수가 커질수록 증가한다.

② 마찰저항력은 입자가 투영면적이 커질수록 증가한다.

③ 마찰저항력은 레이놀즈수가 커질수록 증가한다.

④ 마찰저항력은 상대속도의 제곱에 비례하여 증가한다.

✔ 마찰저항력은 레이놀즈수가 커질수록 감소한다.

48 유해가스 처리에 사용되는 흡수액의 조건으로 옳은 것은? ★★★

① 점성이 커야 한다.

② 끓는점이 높아야 한다.

③ 용해도가 낮아야 한다.

④ 어는점이 높아야 한다.

49 다이옥신의 처리방법에 관한 내용으로 옳지 않은 것은? ★★

① 촉매분해법 : 금속산화물(V_2O_5, TiO_2), 귀금속(Pt, Pd)이 촉매로 사용된다.

② 오존분해법 : 산성 조건일수록 분해속도가 빨라지는 것으로 알려져 있다.

③ 광분해법 : 자외선파장(250~340nm)이 가장 효과적인 것으로 알려져 있다.

④ 열분해방법 : 산소가 아주 적은 환원성 분위기에서 탈염소화, 수소첨가반응 등에 의해 분해시킨다.

✔ 다이옥신은 촉매분해법, 광분해법, 열분해방법, 연소법으로 주로 처리하며, 오존분해법은 다이옥신 처리대책과 가장 거리가 멀다.

50 배출가스 중의 일산화탄소를 제거하는 방법 중 가장 실질적이고 확실한 것은? ★★★

① 활성탄 등의 흡착제를 사용하여 흡착 제거

② 벤투리스크러버나 충전탑 등으로 세정하여 제거

③ 탄산나트륨을 사용하는 시보드법을 적용하여 제거

④ 백금계 촉매를 사용하여 무해한 이산화탄소로 산화시켜 제거

✔ CO는 산화시키는 것(CO+$1/2O_2$ → CO_2)이 가장 좋다. 이때 촉매를 사용하면 반응이 더 빨라진다.

---

51 원형 덕트(duct)의 기류에 의한 압력손실에 관한 내용으로 옳지 않은 것은? ★★★

① 곡관이 많을수록 압력손실이 작아진다.
② 관의 길이가 길수록 압력손실은 커진다.
③ 유체의 유속이 클수록 압력손실은 커진다.
④ 관의 직경이 클수록 압력손실은 작아진다.

✔ 곡관이 많을수록 압력손실이 커진다.

52 NO 농도가 250ppm인 배기가스 2,000Sm³/min을 CO를 이용한 선택적 접촉환원법으로 처리하고자 한다. 배기가스 중의 NO를 완전히 처리하기 위해 필요한 CO의 양(Sm³/h)은? ★

① 30
② 35
③ 40
④ 45

✔ NO=$250 \times 10^{-6} \times 2,000 Sm^3/min \times 60min/h = 30 Sm^3/h$
$2NO + 2CO \rightarrow N_2 + 2CO_2$
　2 : 2
　30 : x
∴ $x = 30 Sm^3/h$

53 유해가스의 처리에 사용되는 흡착제에 관한 일반적인 설명으로 가장 거리가 먼 것은? ★

① 실리카겔은 250℃ 이하에서 물과 유기물을 잘 흡착한다.
② 활성탄은 극성물질 제거에는 효과적이지만, 유기용매 회수에는 효과적이지 않다.
③ 활성알루미나는 기체 건조에 주로 사용되며 가열로 재생시킬 수 있다.
④ 합성제올라이트는 극성이 다른 물질이나 포화 정도가 다른 탄화수소의 분리에 효과적이다.

✔ 활성탄은 극성물질 제거에는 비효과적이지만, 유기용매 회수에는 효과적이다.

54 집진장치의 압력손실이 300mmH₂O, 처리가스량이 500m³/min, 송풍기 효율이 70%, 여유율이 1.0이다. 송풍기를 하루에 10시간씩 30일을 가동할 때, 전력요금(원)은? (단, 전력요금은 1kWh당 50원) ★★★

① 525,210
② 1,050,420
③ 31,512,605
④ 22,058,823

✔ 송풍기 동력 = $\dfrac{\Delta P \times Q}{6,120 \times \eta_s} \times \alpha$
　　　　　= $\dfrac{300 \times 500}{6,120 \times 0.7} \times 1.0$
　　　　　= 35kW
∴ 35kWh × 50원/kWh × 10h/일 × 30일 = 525,000원

55 여과집진장치의 탈진방식에 관한 설명으로 옳지 않은 것은? ★★

① 간헐식은 먼지의 재비산이 적고, 높은 집진율을 얻을 수 있다.
② 연속식은 탈진 시 먼지의 재비산이 일어나 간헐식에 비해 집진율이 낮고, 여과포의 수명이 짧은 편이다.
③ 연속식은 포집과 탈진이 동시에 이루어져 압력손실의 변동이 크므로 고농도, 저용량의 가스처리에 효율적이다.
④ 간헐식의 여과포 수명은 연속식에 비해서는 긴 편이고, 점성이 있는 조대먼지를 탈진할 경우 여과포 손상의 가능성이 있다.

✔ 연속식은 포집과 탈진이 동시에 이루어져 압력손실의 변동이 크지 않으므로 고농도, 고용량의 가스처리에 효율적이다.

56 전기집진장치에서 먼지의 전기비저항이 높은 경우 전기비저항을 낮추기 위해 일반적으로 주입하는 물질과 가장 거리가 먼 것은? ★★★

① NH₃
② NaCl
③ H₂SO₄
④ 수증기

✔ NH₃ 분사는 전기비저항이 낮을 때의 조절방법이다.

57 다음 그림과 같은 배기시설에서 관 DE를 지나는 유체의 속도는 관 BC를 지나는 유체 속도의 몇 배인가? (단, ϕ는 관의 직경, Q는 유량, 마찰손실과 밀도 변화는 무시) ★

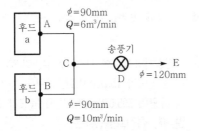

① 0.8　　　　② 0.9
③ 1.2　　　　④ 1.5

✔ $$\frac{(Q_2/A_2)}{(Q_1/A_1)} = \frac{(Q_2 \times A_1)}{(Q_1 \times A_2)} = \frac{Q_2 \times d_1^2}{Q_1 \times d_2^2}$$
$$= \frac{16 \times 0.09^2}{10 \times 0.12^2}$$
$$= 0.9$$

58 사이클론(cyclone)에서 50%의 집진효율로 제거되는 입자의 최소입경을 나타내는 용어는 다음 중 어느 것인가? ★★★

① Critical diameter
② Average diameter
③ Cut size diameter
④ Analytical diameter

✔ Cyclone에서 50%의 집진효율로 제거되는 입자의 최소입경을 절단직경(cut size diameter)이라 한다.

59 환기시설의 설계에 사용하는 보충용 공기에 관한 설명으로 가장 거리가 먼 것은? ★

① 환기시설에 의해 작업장에서 배기된 만큼의 공기를 작업장 내로 재공급하여야 하는데 이를 보충용 공기라 한다.

② 보충용 공기는 일반 배기가스용 공기보다 많도록 조절하여 실내를 약간 양(+)압으로 하는 것이 좋다.

③ 보충용 공기의 유입구는 작업장이나 다른 건물의 배기구에서 나온 유해물질의 유입을 유도하기 위해서 최대한 바닥에 가깝도록 한다.

④ 여름에는 보통 외부공기를 그대로 공급하지만, 공정 내의 열부하가 커서 제어해야 하는 경우에는 보충용 공기를 냉각하여 공급한다.

✔ 보충용 공기의 공급방향은 유해물질이 없는 가장 깨끗한 지역에서 유해물질이 발생하는 지역으로 향하도록 하여야 하며, 가능한 한 근로자의 뒤쪽에 급기구가 설치되어 신선한 공기가 근로자를 거쳐서 후드방향으로 흐르도록 해야 한다.

60 배출가스 내의 NO_x 제거방법 중 건식법에 관한 설명으로 옳지 않은 것은? ★★★

① 현재 상용화된 대부분의 선택적 촉매환원법(SCR)은 환원제로 NH_3가스를 사용한다.

② 흡착법은 흡착제로 활성탄, 실리카겔 등을 사용하며, 특히 NO를 제거하는 데 효과적이다.

③ 선택적 촉매환원법(SCR)은 촉매층에 배기가스와 환원제를 통과시켜 NO_x를 N_2로 환원시키는 방법이다.

④ 선택적 비촉매환원법(SNCR)의 단점은 배출가스가 고온이어야 하고, 온도가 낮을 경우 미반응된 NH_3가 배출될 수 있다는 것이다.

✔ 흡착법은 흡착제로 활성탄, 실리카겔 등을 사용하며, 특히 NO 제거에는 효과적이지 않다.

[Plus 이론학습]
흡착제는 유기용제 제거에는 효과적이다.

2021년 제4회 대기환경기사

41 질소산화물(NO_x) 저감방법으로 가장 적합하지 않은 것은? ★★★

① 연소영역에서의 산소 농도를 높인다.

② 부분적인 고온영역이 없게 한다.

③ 고온영역에서 연소가스의 체류시간을 짧게 한다.

④ 유기질소화합물을 함유하지 않은 연료를 사용한다.

✅ 질소산화물(NO_x)은 산소농도를 낮추고 최고온도를 낮추며 고온영역에서 체류시간을 짧게 할수록 저감된다. 또한 연료 속의 질소가 적을수록 적게 배출된다.

42 유해가스를 처리하는 흡수장치의 효율을 높이기 위한 흡수액의 조건은? ★★★

① 점성이 커야 한다.

② 어는점이 높아야 한다.

③ 휘발성이 적어야 한다.

④ 가스의 용해도가 낮아야 한다.

✅ **[Plus 이론학습]**
• 비점(끓는점)이 높아야 한다.
• 용매와 화학적 성질이 비슷해야 한다.
• 부식성과 독성이 없어야 한다.

43 먼지의 자유낙하에서 종말침강속도에 관한 설명으로 옳은 것은? ★

① 입자가 바닥에 닿는 순간의 속도

② 입자의 가속도가 0이 될 때의 속도

③ 입자의 속도가 0이 되는 순간의 속도

④ 정지된 다른 입자와 충돌하는 데 필요한 최소한의 속도

44 후드에 의한 먼지 흡입에 관한 설명으로 옳지 않은 것은? ★★★

① 국소적인 흡인방식을 취한다.

② 배풍기에 충분한 여유를 둔다.

③ 후드를 발생원에 가깝게 설치한다.

④ 후드의 개구면적을 가능한 크게 한다.

✅ 후드의 개구면적을 가능한 작게 하는 것이 좋다.

45 집진장치의 입구쪽 처리가스 유량이 300,000m^3/h, 먼지 농도가 15g/m^3이고, 출구쪽 처리된 가스의 유량이 305,000m^3/h, 먼지 농도가 40mg/m^3일 때, 집진효율(%)은? ★★

① 89.6 ② 95.3

③ 99.7 ④ 103.2

✅ η(제거효율)=(300,000m^3/h×15g/m^3−305,000m^3/h
　　　×0.04g/m^3)/300,000m^3/h×15g/m^3×100
　　=(4,500,000−12,200)/4,500,000×100
　　=99.7%

46 직경이 10μm인 구형 입자가 20℃ 층류영역의 대기 중에서 낙하하고 있다. 입자의 종말침강속도(m/s)와 레이놀즈수를 순서대로 나열한 것은? (단, 20℃에서 입자의 밀도=1,800 kg/m^3, 공기의 밀도=1.2kg/m^3, 공기의 점도=1.8×10^{-5}kg/m·s)

① 5.44×10^{-3}, 3.63×10^{-3}

② 5.44×10^{-3}, 2.44×10^{-6}

③ 3.63×10^{-6}, 2.44×10^{-6}

④ 3.63×10^{-6}, 3.63×10^{-3}

✅ $V_t = \dfrac{d_p^2(\rho_p - \rho)g}{18\mu}$

$= \dfrac{10^2 \times 10^{-12} \times (1,800-1.2) \times 9.8}{18 \times 1.8 \times 10^{-5}}$

$= 0.00544 = 5.44 \times 10^{-3}$m/s

$Re = \dfrac{DV_t\rho}{\mu}$

$= \dfrac{10 \times 10^{-6} \times 5.44 \times 10^{-3} \times 1.2}{1.8 \times 10^{-5}}$

$= 0.003627$

$= 3.63 \times 10^{-3}$

47 다음 중 표준상태의 공기가 내경이 50cm인 강관 속을 2m/s의 속도로 흐르고 있을 때, 공기의 질량유속은(kg/s)은? (단, 공기의 평균분자량 = 29) ★★

① 0.34
② 0.51
③ 0.78
④ 0.97

✔ $\dfrac{29kg}{22.4m^3} \left| \dfrac{\pi \times 0.5^2 m^2}{4} \right| \dfrac{2m}{s} = 0.508kg/s$

48 여과집진장치의 탈진방식 중 간헐식에 관한 설명으로 옳지 않은 것은? ★★

① 연속식에 비해 먼지의 재비산이 적고, 높은 집진효율을 얻을 수 있다.
② 고농도, 대량가스 처리에 적합하며, 점성이 있는 조대먼지의 탈진에 효과적이다.
③ 진동형은 여과포의 음파진동, 횡진동, 상하진동에 의해 포집된 먼지를 털어내는 방식이다.
④ 역기류형은 단위집진실에 처리가스의 공급을 중단시킨 후 순차적으로 탈진하는 방식이다.

✔ 간헐식은 고농도, 대량가스 처리에 적합하지 않으며, 점성이 있는 조대먼지를 탈진할 경우 여과포 손상의 가능성이 있다.

49 촉매소각법에 관한 일반적인 설명으로 옳지 않은 것은? ★★★

① 열소각법에 비해 연소반응시간이 짧다.
② 열소각법에 비해 thermal NO_x 생성량이 적다.
③ 백금, 코발트는 촉매로 바람직하지 않은 물질이다.
④ 촉매제가 고가이므로 처리가스량이 많은 경우에는 부적합하다.

✔ 백금, 코발트를 촉매로 사용한다.

50 물리적 흡착에 의한 가스처리에 관한 설명으로 옳지 않은 것은? ★★★

① 처리가스의 분압이 낮아지면 흡착량이 감소한다.
② 처리가스의 온도가 높아지면 흡착량이 증가한다.
③ 흡착과정이 가역적이기 때문에 흡착제의 재생이 가능하다.
④ 다분자층 흡착이며, 화학적 흡착에 비해 오염가스의 회수가 용이하다.

✔ 흡착량은 분압에 비례하고 온도와 반비례관계에 있다. 즉, 온도가 높아지만 흡착량은 감소한다.

51 원심력집진장치(cyclone)의 집진효율에 관한 내용으로 옳은 것은? ★★★

① 원통의 직경이 클수록 집진효율이 증가한다.
② 입자의 밀도가 클수록 집진효율이 감소한다.
③ 가스의 온도가 높을수록 집진효율이 증가한다.
④ 가스의 유입속도가 클수록 집진효율이 증가한다.

52 다음 중 세정집진장치의 장점으로 가장 적합한 것은? ★★★

① 점착성 및 조해성 먼지의 제거가 용이하다.
② 별도의 폐수처리시설이 필요하지 않다.
③ 먼지에 의한 폐쇄 등의 장애가 일어날 확률이 낮다.
④ 소수성 먼지에 대해 높은 집진효율을 얻을 수 있다.

53 유체의 점도를 나타내는 단위에 해당하지 않는 것은? ★

① poise
② Pa·s
③ L·atm
④ g/cm·s

✅ 점도의 CGS 기본 단위는 $1g/cm \cdot s = 1poise = 0.1Pa \cdot s$ 이다.

54 다음 중 흡인통풍의 장점으로 가장 적합하지 않은 것은? ★

① 통풍력이 크다.
② 연소용 공기를 예열할 수 있다.
③ 굴뚝의 통풍저항이 큰 경우에 적합하다.
④ 노 내압이 부압(−)으로 역화의 우려가 없다.

✅ 흡인통풍과 연소용 공기의 예열은 관련이 없다.

55 원통형 전기집진장치의 집진극 직경이 10cm이고 길이가 0.75m이다. 배출가스의 유속이 2m/s이고 먼지의 겉보기이동속도가 10cm/s일 때, 이 집진장치의 실제집진효율(%)은?

① 78
② 86
③ 95
④ 99

✅ $\eta = 1 - e^{\left(\frac{-2WL}{RV}\right)} = 1 - e^{\left(\frac{-2 \times 0.1 \times 0.75}{0.05 \times 2}\right)} = 77.7\%$
여기서, η : 집진효율(%)
$\quad\quad W$: 분집입자의 이동속도=0.1m/s
$\quad\quad L$: 집진극(원통)의 길이=0.75m
$\quad\quad R$: 원통의 반경=0.05m
$\quad\quad V$: 가스유속=2m/s

56 외기 유입이 없을 때 집진효율이 88%인 원심력집진장치(cyclone)가 있다. 이 원심력집진장치에 외기가 10% 유입되었을 때, 집진효율(%)은 얼마인가? (단, 외기가 10% 유입되었을 때 먼지통과율은 외기가 유입되지 않은 경우의 3배) ★

① 54　　　　② 64
③ 75　　　　④ 83

✅ 외기가 없을 때의 투과율(t)은 100−88=12%
외기가 있을 때는 $3t = 3 \times 12 = 36\%$
∴ 외기가 있을 때의 집진효율(%)은 100−36=64%

57 불소화합물 처리에 관한 내용이다. ( ) 안에 들어갈 화학식으로 가장 적합한 것은?

> 사불화규소는 물과 반응해서 콜로이드 상태의 규산과 ( )을(를) 생성한다.

① CaF_2　　　　② $NaHF_2$
③ $NaSiF_6$　　　　④ H_2SiF_6

✅ $SiF_4 + H_2O = H_4SiO_4(규산) + H_2SiF_6$

58 중력집진장치에 관한 설명으로 가장 적합하지 않은 것은? ★★★

① 배기가스의 점도가 낮을수록 집진효율이 증가한다.
② 함진가스의 온도변화에 의한 영향을 거의 받지 않는다.
③ 침강실의 높이가 낮고 길이가 길수록 집진효율이 증가한다.
④ 함진가스의 유량, 유입속도 변화에 거의 영향을 받지 않는다.

✅ 중력집진장치의 제거효율 $\eta = \dfrac{V_t \times L}{V_g \times H}$

$V_t = \dfrac{d_p^2(\rho_p - \rho)g}{18\mu}$
함진가스의 유량, 유입속도 변화에 영향을 받는다.

59 처리가스량 30,000m³/h, 압력손실 300mmH₂O인 집진장치를 효율이 47%인 송풍기로 운전할 때, 송풍기의 소요동력(kW)은? ★★★

① 38
② 43
③ 49
④ 52

✅ $kW = \dfrac{P_a \times Q}{6,120 \times \eta}$
$\quad\quad = \dfrac{300 \times 500}{6,120 \times 0.47}$
$\quad\quad = 52kW$

60 먼지의 입경 측정방법을 직접측정법과 간접측정법으로 구분할 때, 직접측정법에 해당하는 것은?

① 광산란법
② 관성충돌법
③ 액상침강법
④ 표준체측정법

✔ 간접측정법에는 광산란법, 관성충돌법, 액상침강법 등이 있다.

Subject 제**4**과목

대기오염 공정시험기준 과목별 기출문제

저자쌤의 과목별 학습 TIP

출제빈도를 보면 공통(총칙, 용어, 시료 채취방법, GC, 원자흡수분광광도법, 흡광도, 비분산적외선분광법 등) 45~50%, 배출가스 20~25%, 환경대기 10%, VOCs 3%, 석면 2~3%를 차지하고 있음을 감안하여 선택과 집중을 할 필요가 있습니다. 대기오염 공정시험기준은 주로 이해보다는 '배출가스'와 '환경대기'를 철저히 구분하여 암기해야 하는 과목입니다.

제4과목 | 대기오염 공정시험기준(방법)
2017년 제1회 대기환경기사

61 다음은 배출가스 중 납화합물의 자외선/가시선분광법에 관한 설명이다. ( ) 안에 알맞은 것은? ★★

> 납이온을 시안화포타슘 용액 중에서 디티존에 적용시켜서 생성되는 납디티존착염을 클로로포름으로 추출하고, 과량의 디티존은 (㉠)(으)로 씻어내어, 납착염의 흡광도를 (㉡)에서 측정하여 정량하는 방법이다.

① ㉠ 시안화포타슘 용액, ㉡ 520nm
② ㉠ 사염화탄소, ㉡ 520nm
③ ㉠ 시안화포타슘 용액, ㉡ 400nm
④ ㉠ 사염화탄소, ㉡ 400nm

62 다음 중 원자흡수분광광도법에서 화학적 간섭을 방지하는 방법으로 가장 거리가 먼 것은 어느 것인가? ★★★

① 이온교환에 의한 방해물질 제거
② 표준첨가법의 이용
③ 미량의 간섭원소의 첨가
④ 은폐제의 첨가

✔ 미량의 간섭원소의 첨가가 아니고, 과량의 간섭원소의 첨가이다.

63 굴뚝 배출가스 중 휘발성 유기화합물을 테들러백(tedlar bag)을 이용하여 채취하고자 할 때 가장 거리가 먼 것은? ★★

① 진공용기는 1~10L의 테들러백을 담을 수 있어야 한다.
② 소각시설의 배출구같이 테들러백 내로 입자상 물질의 유입이 우려되는 경우에는 여과재를 사용하여 입자상 물질을 걸러주어야 한다.
③ 테들러백의 각 장치의 모든 연결부위는 유리재질의 관을 사용하여 연결하고 밀봉윤활유 등을 사용하여 누출이 없도록 하여야 한다.
④ 배출가스의 온도가 100℃ 미만으로 테들러백 내에 수분 응축의 우려가 없는 경우에는 응축수 트랩을 사용하지 않아도 무방하다.

✔ 테들러백의 각 장치의 모든 연결부위는 플루오로수지 재질의 관을 사용하여 연결한다.

64 비분산적외선분석계의 구성에서 ( ) 안에 들어갈 명칭을 옳게 나열한 것은? (단, 복광속 분석계) ★★★

> 광원 – (㉠) – (㉡) – 시료셀 – 검출기 – 증폭기 – 지시계

① ㉠ 광학섹터, ㉡ 회전필터
② ㉠ 회전섹터, ㉡ 광학필터
③ ㉠ 광학필터, ㉡ 회전필터
④ ㉠ 회전섹터, ㉡ 광학섹터

✔ 복광속분석계의 경우 시료셀과 비교셀이 분리되어 있으며, 적외선 광원이 회전섹터 및 광학필터를 거쳐 시료셀과 비교셀을 통과하여 적외선검출기에서 신호를 검출하여 증폭기를 거쳐 측정농도가 지시계로 지시된다.

65 대기오염공정시험기준에서 규정한 환경대기 중 금속 분석을 위한 주 시험방법은 다음 중 어느 것인가? ★★★

① 원자흡수분광광도법
② 자외선/가시선분광법
③ 이온 크로마토그래피
④ 유도결합플라스마 원자발광분광법

✔ 환경대기 중 금속 분석방법은 원자흡수분광광도법(주 시험방법), 유도결합플라스마 원자발광분광법, 자외선/가시선분광법 등이 있다.

66 대기오염공정시험기준상 일반 시험방법에 관한 설명으로 옳은 것은? ★★★

① 상온은 15~25℃, 실온은 1~35℃로 하고, 찬곳은 따로 규정이 없는 한 4℃ 이하의 곳을 뜻한다.
② 냉후(식힌 후)라 표시되어 있을 때는 보온 또는 가열 후 상온까지 냉각된 상태를 뜻한다.
③ 시험은 따로 규정이 없는 한 상온에서 조작하고 조작 직후 그 결과를 관찰한다.

④ 냉수는 4℃ 이하, 온수는 50~60℃, 열수는 100℃를 말한다.

✔ ① 표준온도는 0℃, 상온은 15~25℃, 실온은 1~35℃로 하고, 찬곳은 따로 규정이 없는 한 0~15℃의 곳을 뜻한다.
② 냉후(식힌 후)라 표시되어 있을 때는 보온 또는 가열 후 실온까지 냉각된 상태를 뜻한다.
④ 냉수는 15℃ 이하, 온수는 60~70℃, 열수는 약 100℃를 말한다.

67 굴뚝 배출가스 중 산소측정분석에 사용되는 화학분석법(오르자트분석법)에 관한 설명으로 옳지 않은 것은? ★★

① 각각의 흡수액을 사용하여 탄산가스, 산소의 순으로 흡수한다.
② 탄산가스의 흡수액에는 수산화포타슘의 용액을 사용한다.
③ 산소흡수액을 만들 때는 되도록 공기와의 접촉을 피한다.
④ 산소흡수액은 물과 수산화소듐을 녹인 용액에 피로갈롤을 녹인 용액으로 한다.

✔ 산소흡수액은 물 100mL에 수산화칼륨 60g을 녹인 용액과 물 100mL에 피로갈롤(pyrogallool) 12g을 녹인 용액을 혼합한 용액으로 한다.

68 다음 중 연료의 연소로부터 배출되는 굴뚝 배출가스 중 일산화탄소를 정전위전해법으로 분석하고자 할 때 주요 성능기준으로 옳지 않은 것은? ★

① 90% 응답시간은 2분 30초 이내이다.
② 재현성은 측정범위 최대눈금값의 ±2% 이내이다.
③ 적용범위는 최고 5%이다.
④ 전압변동에 대한 안정성은 최대눈금값의 ±1% 이내이다.

✔ 적용범위는 최고 3%로 한다.

69 환경대기 중 가스상 물질의 시료 채취방법에서 시료가스를 일정유량으로 통과시키는 것으로 채취관 – 여과재 – 채취부 – 흡입펌프 – 유량계(가스미터)의 순으로 시료를 채취하는 방법은 어느 것인가? ★★★

① 용기채취법
② 용매채취법
③ 직접채취법
④ 포집여지에 의한 방법

✔ 용기채취법은 시료를 일단 일정한 용기에 채취한 다음 분석에 이용하는 방법으로 채취관 – 용기 또는 채취관 – 유량조절기 – 흡입펌프 – 용기로 구성된다.

70 다음 중 다이에틸아민구리 용액에서 시료가스를 흡수시켜 생성된 다이에틸다이싸이오카밤산구리의 흡광도를 435nm의 파장에서 측정하는 항목은? ★★

① CS_2
② H_2S
③ HCN
④ PAH

71 굴뚝 배출가스 중 황산화물의 시료 채취장치에 관한 설명으로 옳지 않은 것은? ★★★

① 가열부분에 있어서의 배관의 접속은 채취관과 같은 재질, 혹은 보통 고무관을 사용한다.
② 시료 중의 황산화물과 수분이 응축되지 않도록 시료채취관과 콕 사이를 가열할 수 있는 구조로 한다.
③ 시료 중에 먼지가 섞여 들어가는 것을 방지하기 위하여 채취관과 앞 끝에 알칼리(alkali)가 없는 유리솜 등 적당한 여과재를 넣는다.
④ 시료채취관은 배출가스 중의 황산화물에 의해 부식되지 않는 재질, 예를 들면 유리관, 석영관, 스테인리스강관 등을 사용한다.

✔ 채취관과 어댑터(adapter), 삼방콕 등 가열하는 접속부분은 갈아맞춤 또는 실리콘고무관을 사용하고 보통 고무관을 사용하면 안 된다.

72 환경대기 중 석면농도를 측정하기 위해 위상차 현미경을 사용한 계수방법에 관한 설명 중 ( ) 안에 알맞은 것은? ★★★

> 시료 채취 측정시간은 주간시간대(오전 8시~오후 7시)에 (㉠)으로 1시간 측정하고, 유량계의 부자를 (㉡)되게 조정한다.

① ㉠ 1L/min, ㉡ 1L/min
② ㉠ 1L/min, ㉡ 10L/min
③ ㉠ 10L/min, ㉡ 1L/min
④ ㉠ 10L/min, ㉡ 10L/min

73 고용량 공기시료채취법을 사용하여 비산먼지를 측정하고자 한다. 풍속이 0.5m/s 미만 또는 10m/s 이상되는 시간이 전 채취시간의 50% 미만일 때 풍속에 대한 보정계수는? ★★

① 0.8
② 1.0
③ 1.2
④ 1.5

✔ **[Plus 이론학습]**
풍속이 0.5m/s 미만 또는 10m/s 이상되는 시간이 전 채취시간의 50% 이상일 때 보정계수는 1.2이다.

74 굴뚝 배출가스 중 먼지를 반자동식 측정방법으로 채취하고자 할 경우, 먼지시료 채취기록지 서식에 기재되어야 할 항목과 거리가 먼 것은 어느 것인가? ★★★

① 배출가스 온도(℃)
② 오리피스압차(mmH₂O)
③ 여과지 표면적(cm²)
④ 수분량(%)

✔ 여과지 표면적(cm²)이 아닌 여과지 번호, 여과지홀더 온도(℃)이다.

75 기체 크로마토그래피에서 정량분석방법과 가장 거리가 먼 것은? ★★

① 넓이백분율법

② 표준물첨가법

③ 내부표준물질법

④ 절대검정곡선법

✔ 정량분석방법에는 절대검정곡선법, 넓이백분율법, 보정넓이백분율법, 상대검정곡선법, 표준물첨가법 등이 있다.

76 다음은 굴뚝 등에서 배출되는 질소산화물의 자동연속측정방법(자외선흡수분석계 사용)에 관한 설명이다. ( ) 안에 가장 적합한 물질은 어느 것인가? ★

> 합산증폭기는 신호를 증폭하는 기능과 일산화질소 측정파장에서 ( )의 간섭을 보정하는 기능을 가지고 있다.

① 수분 ② 아황산가스

③ 이산화탄소 ④ 일산화탄소

77 굴뚝 배출가스 중 분석대상가스별 흡수액과의 연결로 옳지 않은 것은? ★★★

① 불소화합물 – 수산화소듐 용액(0.1N)

② 황화수소 – 아세틸아세톤 용액(0.2N)

③ 벤젠 – 질산암모늄 + 황산(1 → 5)

④ 브롬화합물 – 수산화소듐 용액(질량분율 0.4%)

✔ 황화수소의 흡수액은 아연아민착염 용액이며, 벤젠은 흡수액이 사용되지 않는다.

78 염산(1 + 4)라고 되어 있을 때, 실제 조제할 경우 어떻게 계산하는가? ★★★

① 염산 1mL를 물 2mL에 혼합한다.

② 염산 1mL를 물 3mL에 혼합한다.

③ 염산 1mL를 물 4mL에 혼합한다.

④ 염산 1mL를 물 5mL에 혼합한다.

79 기체 크로마토그래피로 굴뚝 배출가스 중 일산화탄소를 분석 시 분석기기 및 기구 등의 사용에 관한 설명과 가장 거리가 먼 것은? ★

① 운반가스 : 부피분율 99.9% 이상의 헬륨

② 충전제 : 활성알루미나(Al_2O_3 93.1%, SiO_2 0.02%)

③ 검출기 : 메테인화 반응장치가 있는 불꽃이온화 검출기

④ 분리관 : 내면을 잘 세척한 안지름 2~4mm, 길이 0.5~1.5m인 스테인리스강 재질관

✔ 충전제는 합성제올라이트(molecular sieve 5A, 13X 등이 있음)를 사용한다.

80 굴뚝 배출가스 중 먼지 측정 시 등속흡인 정도를 보기 위하여 등속흡인계수(%)를 산정한다. 이때 그 값이 몇 % 범위 내에 들지 않는 경우 시료를 다시 채취하여야 하는가? ★★★

① 90~105% ② 90~110%

③ 95~105% ④ 95~110%

✔ 등속흡인계수 I(%)는 95~110%에 있어야 한다. 그러나 2022년 현재는 90~110%이다.

2017년 제2회 대기환경기사

61 이론단수가 1,600인 분리관이 있다. 보유시간이 20분인 피크의 좌우변곡점에서 접선이 자르는 바탕선의 길이가 10mm일 때, 기록지 이동속도는? (단, 이론단수는 모든 성분에 대하여 같다.) ★★★

① 2.5mm/min

② 5mm/min

③ 10mm/min

④ 15mm/min

◆ 이론단수$(n) = 16 \times \left(\dfrac{t_R}{W}\right)^2$

$1,600 = 16 \times \left(\dfrac{t_R}{10}\right)^2$

$W = 10mm, \ t_R = 100$

∴ 이동속도 $= 100/20 = 5mm/min$

62 다음은 환경대기 중 다환방향족탄화수소류(PAHs) – 기체 크로마토그래피/질량분석법에 사용되는 용어의 정의이다. ( ) 안에 알맞은 것은? ★★★

> ( )은 추출과 분석 전에 각 시료, 공시료, 매체시료(matrix – spiked)에 더해지는 화학적으로 반응성이 없는 환경시료 중에 없는 물질을 말한다.

① 내부표준물질(IS, internal standard)

② 외부표준물질(ES, external standard)

③ 대체표준물질(surrogate)

④ 속실렛(soxhlet) 추출물질

63 환경대기 중 석면 시험방법 중 위상차현미경법을 통한 계수대상물질의 식별방법에 관한 설명으로 옳지 않은 것은 어느 것인가? (단, 적정한 분석능력을 가진 위상차현미경 등을 사용한 경우) ★★★

① 단섬유인 경우 구부러져 있는 섬유는 곡선에 따라 전체 길이를 재어서 판정한다.

② 헝클어져 다발을 이루고 있는 경우로서 섬유가 헝클어져 정확한 수를 헤아리기 힘들 때에는 0개로 판정한다.

③ 섬유에 입자가 부착하고 있는 경우 입자의 폭이 $3\mu m$를 넘는 것은 1개로 판정한다.

④ 섬유가 그래티큘 시야의 경계선에 물린 경우 그래티큘 시야 안으로 한쪽 끝만 들어와 있는 섬유는 1/2개로 인정한다.

◆ 입자의 폭이 $3\mu m$를 넘는 것은 0개로 판정한다.

64 다음은 환경대기 중 유해 휘발성 유기화합물의 시험방법(고체흡착법)에서 사용되는 용어의 정의이다. ( ) 안에 알맞은 것은? ★★

> 일정농도의 VOC가 흡착관에 흡착되는 초기시점부터 일정시간이 흐르게 되면 흡착관 내부에 상당량의 VOC가 포화되기 시작하고 전체 VOC 양의 5%가 흡착관을 통과하게 되는데, 이 시점에서 흡착관 내부로 흘러간 총 부피를 ( )라 한다.

① 머무름부피(retention volume)

② 안전부피(safe sample volume)

③ 파과부피(breakthrough volume)

④ 탈착부피(desorption volume)

65 다음 중 온도 표시에 관한 설명으로 옳지 않은 것은? ★★★

① 냉후(식힌 후)라 표시되어 있을 때는 보온 또는 가열 후 실온까지 냉각된 상태를 뜻한다.

② 상온은 15~25℃, 실온은 1~35℃로 한다.

③ 찬곳은 따로 규정이 없는 한 0~5℃를 뜻한다.

④ 온수는 60~70℃이고, 열수는 약 100℃를 말한다.

✅ 표준온도는 0℃, 상온은 15~25℃, 실온은 1~35℃로 하고, 찬곳은 따로 규정이 없는 한 0~15℃의 곳을 뜻한다.

66 다음은 비분산적외선분광분석법 중 응답시간 (response time)의 성능기준을 나타낸 것이다. ㉠, ㉡에 알맞은 것은? ★

제로 조정용 가스를 도입하여 안정된 후 유로를 (㉠)로 바꾸어 기준유량으로 분석계에 도입하여 그 농도를 눈금 범위 내의 어느 일정한 값으로부터 다른 일정한 값으로 갑자기 변화시켰을 때 스텝(step)응답에 대한 소비시간이 1초 이내여야 한다. 또 이때 최종지시치에 대한 (㉡)을 나타내는 시간은 40초 이내여야 한다.

① ㉠ 비교가스, ㉡ 10%의 응답
② ㉠ 스팬가스, ㉡ 10%의 응답
③ ㉠ 비교가스, ㉡ 90%의 응답
④ ㉠ 스팬가스, ㉡ 90%의 응답

67 배출가스 중 다이옥신 및 퓨란류 분석을 위한 시료 채취방법에 관한 설명으로 옳지 않은 것은 어느 것인가?

① 흡인노즐에서 흡인하는 가스의 유속은 측정점의 배출가스유속에 대해 상대오차 -5~+5%의 범위 내로 한다.
② 최종배출구에서의 시료 채취 시 흡인기체량은 표준상태(0℃, 1기압)에서 4시간 평균 $3m^3$ 이상으로 한다.
③ 덕트 내의 압력이 부압인 경우에는 흡인장치를 덕트 밖으로 빼낸 후에 흡인펌프를 정지시킨다.
④ 배출가스 시료를 채취하는 동안에 각 흡수병은 얼음 등으로 냉각시키며, XAD-2 수지 흡착관은 -50℃ 이하로 유지하여야 한다.

✅ 배출가스 시료를 채취하는 동안에 각 흡수병은 얼음 또는 드라이아이스 등으로 냉각시키며, 흡착수지흡착관은 30℃ 이하로 유지하여야 한다.

68 굴뚝 배출가스 중 CS_2의 측정에 사용되는 흡수액은 어느 것인가? (단, 자외선/가시선분석방법으로 측정) ★★

① 붕산 용액
② 가성소다 용액
③ 황산동 용액
④ 다이에틸아민구리 용액

69 굴뚝 배출가스 중 먼지를 시료 채취장치 1형을 사용한 반자동식 채취기에 의한 방법으로 측정할 경우 원통형 여과지의 전처리 조건으로 가장 적합한 것은? (단, 배출가스의 온도는 (110±5)℃ 이상으로 배출된다.) ★★★

① (80±5)℃에서 충분히(1~3시간) 건조
② (100±5)℃에서 30분간 건조
③ (120±5)℃에서 30분간 건조
④ (110±5)℃에서 충분히(1~3시간) 건조

70 굴뚝 배출가스 중에 포함된 폼알데하이드 및 알데하이드류의 분석방법으로 거리가 먼 것은 어느 것인가? ★★

① 고성능 액체 크로마토그래피법
② 크로모트로핀산 자외선/가시선분광법
③ 나프틸에틸렌디아민법
④ 아세틸아세톤 자외선/가시선분광법

✅ 폼알데하이드 및 알데하이드류의 분석방법에는 고성능 액체 크로마토그래피법, 크로모트로핀산 자외선/가시선분광법, 아세틸아세톤 자외선/가시선분광법 등이 있다.

71 굴뚝 배출가스 중 황화수소를 아이오딘 적정법으로 분석할 때 종말점의 판단을 위한 지시약은? ★★

① 아르세나조 Ⅲ
② 메틸렌레드
③ 녹말 용액
④ 메틸렌블루

제4과목

✅ 적정의 종말점 부근에서 액이 엷은 황색으로 되었을 때 녹말용액 3mL를 가하여 생긴 청색이 없어질 때를 종말점으로 한다.

72 굴뚝 배출가스 내의 질소산화물을 연속적으로 자동측정하는 방법 중 화학발광분석계의 구성에 관한 설명으로 거리가 먼 것은? ★★

① 유량제어부는 시료가스 유량제어부와 오존가스 유량제어부가 있으며, 이들은 각각 저항관, 압력조절기, 니들밸브, 면적유량계, 압력계 등으로 구성되어 있다.

② 반응조는 시료가스와 오존가스를 도입하여 반응시키기 위한 용기로서 이 반응에 의해 화학발광이 일어나고 내부 압력조건에 따라 감압형과 상압형이 있다.

③ 오존발생기는 산소가스를 오존으로 변환시키는 역할을 하며, 에너지원으로서 무성방전관 또는 자외선발생기를 사용한다.

④ 검출기에는 화학발광을 선택적으로 투과시킬 수 있는 발광필터가 부착되어 있으며, 전기신호를 발광도로 변환시키는 역할을 한다.

✅ 검출기에는 화학발광을 선택적으로 투과시킬 수 있는 광학필터가 부착되어 있으며, 발광도를 전기신호로 변환시키는 역할을 한다.

73 다음 중 흡광차분광법에 관한 설명으로 옳지 않은 것은? ★★

① 일반 흡광광도법은 적분적이며, 흡광차분광법은 미분적이라는 차이가 있다.

② 측정에 필요한 광원은 180~2,850nm 파장을 갖는 제논램프를 사용한다.

③ 분석장치는 분석기와 광원부로 나누어지며, 분석기 내부는 분광기, 샘플 채취부, 검지부, 분석부, 통신부 등으로 구성된다.

④ 광원부는 발·수광부 및 광케이블로 구성된다.

✅ 일반 흡광광도법은 미분적(일시적)이며, 흡광차분광법(DOAS)은 적분적(연속적)이란 차이점이 있다.

74 크로모트로핀산 자외선/가시선분광법으로 굴뚝 배출가스 중 폼알데하이드를 정량할 때 흡수발색액 제조에 필요한 시약은? ★★

① CH_3COOH

② H_2SO_4

③ $NaOH$

④ NH_4OH

✅ 흡수발색액은 크로모트로핀산($C_{10}H_8O_8S_2$) 1g을 80% 황산(H_2SO_4)에 녹여 1,000mL로 한다.

75 기체 크로마토그래피의 장치 구성에 관한 설명으로 가장 거리가 먼 것은? ★★★

① 방사성 동위원소를 사용하는 검출기를 수용하는 검출기 오븐에 대하여는 온도조절기구와는 별도로 독립작용을 할 수 있는 과열방지기구를 설치해야 한다.

② 분리관오븐의 온도조절 정밀도는 ±0.5℃ 범위 이내 전원전압변동 10%에 대하여 온도변화 ±0.5℃ 범위 이내(오븐의 온도가 150℃ 부근일 때)여야 한다.

③ 보유시간을 측정할 때는 10회 측정하여 그 평균치를 구한다. 일반적으로 5~30분 정도에서 측정하는 봉우리의 보유시간은 반복시험을 할 때 ±5% 오차범위 이내여야 한다.

④ 불꽃이온화 검출기는 대부분의 화합물에 대하여 열전도도 검출기보다 약 1,000배 높은 감도를 나타내고 대부분의 유기화합물의 검출이 가능하므로 흔히 사용된다.

✅ 머무름시간을 측정할 때는 3회 측정하여 그 평균치를 구한다. 일반적으로 5~30분 정도에서 측정하는 봉우리의 머무름시간은 반복시험을 할 때 ±3% 오차범위 이내여야 한다.

정답 | 72.④ 73.① 74.② 75.③

76 다음은 중금속 분석을 위한 전처리 방법 중 저온회화법에 관한 설명이다. ㉠, ㉡에 알맞은 것은?

> 시료를 채취한 여과지를 회화실에 넣고 약 (㉠)에서 회화한다. 셀룰로오스섬유제 여과지를 사용했을 때에는 그대로, 유리섬유제 또는 석영섬유제 여과지를 사용했을 때에는 적당한 크기로 자르고 250mL 원뿔형 비커에 넣은 다음 (㉡)를 가한다. 이것을 물중탕 중에서 약 30분간 가열하여 녹인다.

① ㉠ 200℃ 이하, ㉡ 황산(2+1) 70mL 및 과망간산칼륨(0.025N) 5mL
② ㉠ 450℃ 이하, ㉡ 황산(2+1) 70mL 및 과망간산칼륨(0.025N) 5mL
③ ㉠ 200℃ 이하, ㉡ 염산(1+1) 70mL 및 과산화수소수(30%) 5mL
④ ㉠ 450℃ 이하, ㉡ 염산(1+1) 70mL 및 과산화수소수(30%) 5mL

77 굴뚝에서 배출되는 건조배출가스의 유량을 연속적으로 자동측정하는 방법에 관한 설명으로 옳지 않은 것은? ★★★

① 건조배출가스 유량은 배출되는 표준상태의 건조배출가스량[Sm³(5분 적산치)]으로 나타낸다.
② 열선식 유속계를 이용하는 방법에서 시료 채취부는 열선과 지주 등으로 구성되어 있으며, 열선은 직경 $2 \sim 10 \mu m$, 길이 약 1mm의 텅스텐이나 백금선 등이 쓰인다.
③ 유량의 측정방법에는 피토관, 열선유속계, 와류유속계를 이용하는 방법이 있다.
④ 와류유속계를 사용할 때에는 압력계 및 온도계는 유량계 상류측에 설치해야 하고, 일반적으로 온도계는 글로브식을, 압력계는 부르동관식을 사용한다.

✔ 와류유속계를 사용할 때에는 압력계 및 온도계는 유량계 하류측에 설치해야 한다.

78 어떤 사업장의 굴뚝에서 실측한 배출가스 중 A오염물질의 농도가 600ppm이었다. 이때 표준산소농도는 6%, 실측산소농도는 8%이었다면 이 사업장의 배출가스 중 보정된 A오염물질의 농도는? (단, A오염물질은 배출허용기준 중 표준산소농도를 적용받는 항목이다.) ★★★

① 약 486ppm
② 약 520ppm
③ 약 692ppm
④ 약 768ppm

✔ $C = C_a \times \dfrac{21 - O_s}{21 - O_a}$
$= 600 \times \dfrac{21 - 6}{21 - 8}$
$= 692ppm$

79 다음은 굴뚝 배출가스 중 아황산가스를 연속적으로 자동측정하는 방법 중 불꽃광도분석계의 측정원리에 관한 설명이다. ㉠, ㉡에 알맞은 것은? ★

> 환원성 수소불꽃에 도입된 아황산가스가 불꽃 중에서 환원될 때 발생하는 빛 가운데 (㉠) 부근의 빛에 대한 발광강도를 측정하여 연도 배출가스 중 아황산가스 농도를 구한다. 이 방법을 이용하기 위하여는 불꽃에 도입되는 아황산가스 농도가 (㉡) 이하가 되도록 시료가스를 깨끗한 공기로 희석해야 한다.

① ㉠ 254nm, ㉡ 5~6mg/min
② ㉠ 394nm, ㉡ 5~6mg/min
③ ㉠ 254nm, ㉡ $5 \sim 6 \mu g/min$
④ ㉠ 394nm, ㉡ $5 \sim 6 \mu g/min$

80 A굴뚝의 측정공에서 피토관으로 가스의 압력을 측정해 보니 동압이 15mmH₂O이었다. 이 가스의 유속은? (단, 사용한 피토관의 계수(C)는 0.85이며, 가스의 단위체적당 질량은 1.2kg/m³로 한다.) ★★★

① 약 12.3m/s   ② 약 13.3m/s
③ 약 15.3m/s   ④ 약 17.3m/s

✔ $V= C\sqrt{\dfrac{2gh}{r}} = 0.85\sqrt{\dfrac{2\times9.8\times15}{1.2}} =13.3\text{m/s}$

2017년 제4회 대기환경기사

61 굴뚝 배출가스 중 아황산가스의 자동연속측정방법에서 사용되는 용어의 의미로 옳지 않은 것은? ★★★

① 검출한계 : 제로드리프트의 2배에 해당하는 지시치가 갖는 아황산가스의 농도를 말한다.
② 응답시간 : 시료 채취부를 통하지 않고 제로가스를 연속자동측정기의 분석부에 흘려주다가 갑자기 스팬가스로 바꿔서 흘려준 후, 기록계에 표시된 지시치가 스팬가스 보정치의 95%에 해당하는 지시치를 나타낼 때까지 걸리는 시간을 말한다.
③ 경로(path) 측정시스템 : 굴뚝 또는 덕트 단면 직경의 5% 이상의 경로를 따라 오염물질 농도를 측정하는 배출가스 연속자동측정시스템을 말한다.
④ 제로가스 : 공인기관에 의해 아황산가스 농도가 1ppm 미만으로 보증된 표준가스를 말한다.

✔ 경로(path) 측정시스템은 굴뚝 또는 덕트 단면 직경의 10% 이상의 경로를 따라 오염물질 농도를 측정하는 배출가스 연속자동측정시스템이다.

62 다음 중 기체 크로마토그래피에서 분리관 효율을 나타내기 위한 이론단수를 구하는 식으로 옳은 것은 어느 것인가? (단, t_R : 시료 도입점으로부터 봉우리 최고점까지의 길이, W : 봉우리의 좌우 변곡점에서 접선이 자르는 바탕선의 길이) ★★★

① $16\times\dfrac{t_R}{W}$ ② $16\times\left(\dfrac{t_R}{W}\right)^2$
③ $16\times\left(\dfrac{W}{t_R}\right)^2$ ④ $16\times\dfrac{W}{t_R}$

63 원자흡수분광광도법의 원리를 가장 올바르게 설명한 것은? ★★★

① 시료를 해리시켜 중성원자로 증기화하여 생긴 기저상태의 원자가 이 원자증기층을 투과하는 특유파장의 빛을 흡수하는 현상을 이용

② 시료를 해리시켜 발생된 여기상태의 원자가 기저상태로 되면서 내는 열의 피크폭을 측정

③ 시료를 해리시켜 발생된 여기상태의 원자가 원자증기층을 통과하는 빛의 발생속도의 차이를 이용

④ 시료를 해리시켜 발생된 여기상태의 원자가 기저상태로 돌아올 때 내는 가스속도의 차이를 이용한 측정

✔ 원자흡수분광광도법은 시료를 적당한 방법으로 해리시켜 중성원자로 증기화하여 생긴 기저상태의 원자가 이 원자증기층을 투과하는 특유파장의 빛을 흡수하는 현상을 이용하여 광전측광과 같은 개개의 특유파장에 대한 흡광도를 측정하여 시료 중의 원소 농도를 정량하는 방법이다.

64 환경대기 중의 먼지농도 시료 채취방법인 고용량 공기시료 채취기법에 관한 설명으로 옳지 않은 것은? ★★

① 채취입자의 입경은 일반적으로 $0.01 \sim 100 \mu m$ 범위이다.

② 공기흡입부의 경우 무부하일 때의 흡입유량은 보통 $0.5 m^3/hr$ 범위 정도로 한다.

③ 공기흡입부, 여과지홀더, 유량측정부 및 보호상자로 구성된다.

④ 채취용 여과지는 보통 $0.3 \mu m$ 되는 입자를 99% 이상 채취할 수 있는 것을 사용한다.

✔ 공기흡입부는 직권정류자모터에 2단 원심터빈형 송풍기가 직접 연결된 것으로 무부하일 때의 흡입유량이 약 $2 m^3/min$이고 24시간 이상 연속 측정할 수 있는 것이어야 한다.

65 시료 채취 시 흡수액으로 수산화소듐 용액을 사용하지 않는 것은? ★★★

① 불소화합물 ② 이황화탄소

③ 사이안화수소 ④ 브롬화합물

✔ 이황화탄소(CS_2)의 흡수액은 다이에틸아민구리 용액이다.

66 배출가스 중 황산화물을 분석하기 위하여 중화적정법에 의해 설파민산(sulfamine acid) 표준시약 2.0g을 물에 녹여 250mL로 하고, 이 용액 25mL를 분취하여 N/10−NaOH 용액으로 중화적정한 결과 21.6mL가 소요되었다. 이때 N/10−NaOH 용액의 factor값은? (단, 설파민산의 분자량은 97.1이다.)

① 0.90 ② 0.95

③ 1.00 ④ 1.05

✔

$$f = \frac{W \times \frac{25}{250}}{V' \times 0.00971} = \frac{2 \times \frac{25}{250}}{21.6 \times 0.00971} = 0.95$$

여기서, f : N/10 수산화나트륨 용액의 역가
  W : 설파민산의 채취량(g)
  V' : 적정에서 사용한 수산화나트륨 용액(N/10)의 양(mL)
  0.00971 : N/10 수산화나트륨 용액 1mL의 설파민산 상당량(g)

67 반자동식 채취기에 의한 방법으로 배출가스 중 먼지를 측정하고자 할 경우 흡입노즐에 관한 설명이다. ( ) 안에 가장 적합한 것은? ★★

> 흡입노즐의 안과 밖의 가스흐름이 흐트러지지 않도록 흡입노즐 안지름(d)은 (㉠)으로 하며, 흡입노즐의 안지름 d는 정확히 측정하여 0.1mm 단위까지 구하여 둔다.
> 또한 흡입노즐의 꼭지점은 (㉡)의 예각이 되도록 하고 매끈한 반구모양으로 한다.

① ㉠ 1mm 이상, ㉡ 30° 이하

② ㉠ 1mm 이상, ㉡ 45° 이하

③ ㉠ 3mm 이상, ㉡ 30° 이하

④ ㉠ 3mm 이상, ㉡ 45° 이하

68 분석대상가스 중 아세틸아세톤 함유 흡수액을 사용하는 것은? ★★★

① 사이안화수소

② 벤젠

③ 비소

④ 폼알데하이드

✔ 폼알데하이드를 아세틸아세톤법으로 분석할 때는 아세틸아세톤 함유 흡수액을 사용한다.

69 알데하이드류를 DNPH 유도체를 형성하여 아세토나이트릴(acetonitrile) 용매로 추출하여 고성능 액체 크로마토그래피에 의해 자외선검출기로 분석할 때 측정파장으로 가장 적합한 것은? ★

① 360nm

② 510nm

③ 650nm

④ 730nm

✔ 하이드라존(hydrazone)은 UV영역, 특히 350~380nm에서 최대흡광도를 나타낸다.

70 배출가스 중의 납화합물을 자외선/가시선분광법으로 분석한 결과가 아래와 같다고 할 때, 표준상태 건조배출가스 중 납의 농도는?

- 시료 용액 중 납의 농도 : 15μg/mL
- 분석용 시료 용액의 최종부피 : 250mL
- 표준상태에서 건조한 대기기체 채취량 : 1,000L

① 0.0375mg/Sm³

② 0.375mg/Sm³

③ 3.75mg/Sm³

④ 37.5mg/Sm³

✔ $C = \dfrac{m \times 10^3}{V_s}$

$= \dfrac{15 \times 250 \times 10^{-3} \times 10^3}{1000}$

$= 3.75\text{mg/Sm}^3$

여기서, C : 납 농도(mg/Sm³)

m : 시료 중의 납량(mg)

V_s : 건조시료가스량(L)

71 굴뚝 연속자동측정기 측정방법 중 도관의 부착방법으로 옳지 않은 것은? ★★★

① 도관은 가능한 짧은 것이 좋다.

② 냉각도관은 될 수 있는 대로 수직으로 연결한다.

③ 기체-액체 분리관은 도관의 부착위치 중 가장 높은 부분 또는 최고온도의 부분에 부착한다.

④ 응축수의 배출에 쓰는 펌프는 충분히 내구성이 있는 것을 쓰고, 이때 응축수 트랩은 사용하지 않아도 좋다.

✔ 기체-액체 분리관은 도관의 부착위치 중 가장 낮은 부분 또는 최저온도의 부분에 부착하여 응축수를 급속히 냉각시키고 배관계 밖으로 빨리 방출시킨다.

72 환경대기 내의 석면 시험방법(위상차현미경법) 중 시료 채취 장치 및 기구에 관한 설명으로 옳지 않은 것은? ★★

① 멤브레인 필터의 광굴절률 : 약 3.5 전후

② 멤브레인 필터의 재질 및 규격 : 셀룰로오스 에스테르제 또는 셀룰로오스 나이트레이트계 pore size 0.8~1.2μm, 직경 25mm, 또는 47mm

③ 20L/min으로 공기를 흡인할 수 있는 로터리펌프 또는 다이어프램 펌프는 시료 채취관, 시료 채취장치, 흡인기체 유량측정장치, 기체 흡입장치 등으로 구성한다.

④ Open face형 필터홀더의 재질 : 40mm의 집풍기가 홀더에 장착된 PVC

✔ 멤브레인 필터의 광굴절률은 약 1.5 전후이다.

73 A레이온공장 굴뚝 배출가스 중 황화수소를 아이오딘 적정법으로 측정한 결과 다음과 같았다. 시료가스 중 황화수소의 농도는? (단, 표준상태 기준)

- 시료가스 채취량 : 20L(20℃, 755mmHg)
- 흡수액량 : 50mL
- 0.05N 아이오딘 용액 사용량 : 50mL
- 0.05N 싸이오황산소듐 용액 소비량의 차 : 5.2mL($f=1.04$)

① 약 105ppm
② 약 119ppm
③ 약 135ppm
④ 약 164ppm

✔
$$C = \frac{0.56 \times (b-a) \times f}{V_s} \times 1,000$$
$$= \frac{0.56 \times 5.2 \times 1.04}{20 \times \dfrac{273 \times 755}{(273+20) \times 760}} \times 1,000$$
$$= 163.7\text{ppm}$$

74 굴뚝 단면이 원형일 경우 먼지 측정을 위한 측정점에 관한 설명으로 옳지 않은 것은 어느 것인가? ★★★

① 굴뚝 직경이 4.5m를 초과할 때는 측정점 수는 20이다.
② 굴뚝 반경이 2.5m인 경우에 측정점 수는 20이다.
③ 굴뚝 단면적이 $1m^2$ 이하로 소규모일 경우에는 그 굴뚝 단면의 중심을 대표점으로 하여 1점만 측정한다.
④ 굴뚝 직경이 1.5m인 경우에 반경 구분 수는 2이다.

✔ 굴뚝 단면적이 $0.25m^2$ 이하로 소규모일 경우에는 그 굴뚝 단면의 중심을 대표점으로 하여 1점만 측정한다.

75 공정시험기준 중 일반화학분석에 대한 공통적인 사항으로 따로 규정이 없는 경우 사용해야 하는 시약의 규격으로 옳지 않은 것은? (단, 명칭 : 농도(%) : 비중(약))

① 암모니아수 : 32.0~38.0(NH₃로서) : 1.38
② 플루오르화수소산 : 46.0~48.0 : 1.14
③ 브롬화수소산 : 47.0~49.0 : 1.48
④ 과염소산 : 60.0~42.0 : 1.54

✔ 암모니아수 농도 28.0~30.0(NH₃로서), 비중 0.90

76 기체 크로마토그래피의 정성분석에 관한 설명으로 거리가 먼 것은? ★★★

① 동일 조건하에서 특정한 미지성분의 머무른 값(보유치)과 예측되는 물질의 봉우리의 머무른 값을 비교한다.
② 보유치의 표시는 무효부피(dead volume)의 보정유무를 기록하여야 한다.
③ 보통 5~30분 정도에서 측정하는 봉우리의 보유시간은 반복시험을 할 때 ±5% 오차 범위 이내이어야 한다.
④ 보유시간을 측정할 때는 3회 측정하여 그 평균치를 구한다.

✔ 일반적으로 5~30분 정도에서 측정하는 봉우리의 머무름 시간은 반복시험을 할 때 ±3% 오차범위 이내여야 한다.

77 굴뚝 배출가스 유속을 피토관으로 측정한 결과가 다음과 같을 때 배출가스 유속(m/s)은 얼마인가? ★★★

- 동압 : 100mmH₂O
- 배출가스 온도 : 295℃
- 표준상태 배출가스 비중량 : 1.2kg/m³(0℃, 1기압)
- 피토관 계수 : 0.87

① 43.7m/s
② 48.2m/s
③ 50.7m/s
④ 54.3m/s

✔
$$V = C\sqrt{\frac{2gh}{r}}$$
$$= 0.87\sqrt{\frac{2 \times 9.8 \times 100 \times (273+295)}{1.2 \times 273}}$$
$$= 50.7$$

78 배출가스 중 수동식 측정방법으로 먼지 측정을 위한 장치 구성에 관한 설명으로 옳지 않은 것은?

① 원칙적으로 적산유량계는 흡입가스량의 측정을 위하여, 순간유량계는 등속흡입조작을 확인하기 위하여 사용한다.

② 먼지포집부의 구성은 흡입노즐, 여과지홀더, 고정쇠, 드레인포집기, 연결관 등으로 구성되며, 단, 2형일 때는 흡입노즐 뒤에 흡입관을 접속한다.

③ 여과지홀더는 유리제 또는 스테인리스강 재질 등으로 만들어진 것을 쓴다.

④ 건조용기는 시료 채취 여과지의 수분평형을 유지하기 위한 용기로서 (20±5.6)℃ 대기압력에서 적어도 4시간을 건조시킬 수 있어야 한다. 또는 여과지를 100℃에서 적어도 2시간 동안 건조시킬 수 있어야 한다.

✔ 시료 채취 여과지의 수분평형을 유지하기 위한 용기로서 20℃±5.6℃ 대기압력에서 적어도 24시간을 건조시킬 수 있어야 한다. 또는 여과지를 105℃에서 적어도 2시간동안 건조시킬 수 있어야 한다.

79 다음 중 액의 농도에 관한 설명으로 옳지 않은 것은? ★★★

① 액의 농도를 (1 → 5)로 표시한 것은 그 용질의 성분이 고체일 때는 1g을 용매에 녹여 전량을 5mL로 하는 비율을 말한다.

② 황산(1 : 7)은 용질이 액체일 때 1mL를 용매에 녹여 전량을 7mL로 하는 것을 뜻한다.

③ 혼액(1+2)은 액체상의 성분을 각각 1용량 대 2용량의 비율로 혼합한 것을 뜻한다.

④ 단순히 용액이라 기재하고 그 용액의 이름을 밝히지 않은 것은 수용액을 뜻한다.

✔ 황산(1 : 7)은 황산(1+7)과 같은 의미이며, 황산 1용량에 정제수 7용량을 혼합한 것이다.

80 환경대기 중 가스상 물질을 용매채취법으로 채취할 때 사용하는 순간유량계 중 면적식 유량계는? ★

① 게이트식 유량계

② 미스트식 가스미터

③ 오리피스 유량계

④ 노즐식 유량계

✔ 면적식 유량계에는 부자식(floater), 피스톤식 또는 게이트식 유량계를 사용한다.

2018년 제1회 대기환경기사

61 대기오염공정시험기준 중 환경대기 내의 아황산가스 측정방법으로 옳지 않은 것은 어느 것인가? ★★★

① 적외선형광법 ② 용액전도율법
③ 불꽃광도법 ④ 자외선형광법

✔ 자외선형광법, 파라로자닐린법, 산정량수동법, 산정량반자동법, 용액전도율법, 불꽃광도법, 흡광차분광법 등이 있다.

62 휘발성 유기화합물질(VOCs) 누출확인방법에 관한 설명으로 거리가 먼 것은? ★★★

① 검출불가능 누출농도는 누출원에서 VOCs가 대기 중으로 누출되지 않는다고 판단되는 농도로서 국지적 VOCs 배경농도의 최고농도값이다.
② 휴대용 측정기기를 사용하여 개별 누출원으로부터의 직접적인 누출량을 측정한다.
③ 누출농도는 VOCs가 누출되는 누출원 표면에서의 농도로서 대조화합물을 기초로 한 기기의 측정값이다.
④ 응답시간은 VOCs가 시료채취로 들어가 농도변화를 일으키기 시작하여 기기계기판의 최종값이 90%를 나타내는 데 걸리는 시간이다.

63 굴뚝 배출가스 중 황산화물을 아르세나조 Ⅲ법으로 측정할 때에 관한 설명으로 옳지 않은 것은? ★

① 흡수액은 과산화수소수를 사용한다.
② 지시약은 아르세나조 Ⅲ를 사용한다.
③ 아세트산바륨 용액으로 적정한다.
④ 이 시험법은 수산화소듐으로 적정하는 킬레이트 침전법이다.

✔ 아르세나조 Ⅲ법은 시료를 과산화수소수에 흡수시켜 황산화물을 황산으로 만든 후 아이소프로필알코올과 아세트산을 가하고 아르세나조 Ⅲ를 지시약으로 하여 아세트산바륨 용액으로 적정한다.

64 다음 설명은 대기오염공정기시험기준 총칙의 설명이다. ( ) 안에 들어갈 단어로 가장 적합하게 나열된 것은 어느 것인가? (단, 순서대로 ㉠, ㉡, ㉢) ★★

> 이 시험기준의 각 항에 표시한 검출한계는 (㉠), (㉡) 등을 고려하여 해당되는 각 조의 조건으로 시험하였을 때 얻을 수 있는 (㉢)를 참고하도록 표시한 것이므로 실제 측정 시 채취량이 줄어들거나 늘어날 경우 (㉢)가 조정될 수 있다.

① 반복성, 정밀성, 바탕치
② 재현성, 안정성, 한계치
③ 회복성, 정량성, 오차
④ 재생성, 정확성, 바탕치

65 다음은 굴뚝 배출가스 중의 질소산화물에 대한 아연환원 나프틸에틸렌디아민 분석방법이다. ( ) 안에 들어갈 말로 올바르게 연결된 것은? (단, 순서대로 ㉠-㉡-㉢) ★

> 시료 중의 질소산화물을 오존 존재하에서 물에 흡수시켜 (㉠)으로 만든다. 이 (㉠)을 (㉡)을 사용하여 (㉢)으로 환원한 후 설파닐아마이드 및 나프틸에틸렌다이아민을 반응시켜 얻어진 착색의 흡광도로부터 질소산화물을 정량하는 방법이다.

① 아질산이온 – 분말금속아연 – 질산이온
② 아질산이온 – 분말황산아연 – 질산이온
③ 질산이온 – 분말황산아연 – 아질산이온
④ 질산이온 – 분말금속아연 – 아질산이온

66 다음 기체 크로마토그래피의 장치 구성 중 가열장치가 필요한 부분과 그 이유로 가장 적합하게 연결된 것은? ★★★

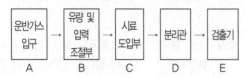

① A, B, C-운반가스 및 시료의 응축을 방지하기 위해

② A, C, D-운반가스의 응축을 방지하고 시료를 기화하기 위해

③ C, D, E-시료를 기화시키고 기화된 시료의 응축 및 응결을 방지하기 위해

④ B, C, D-운반가스의 유량의 적절한 조절과 분리관 내 충전제의 흡착 및 흡수능을 높이기 위해

❤ 시료 도입부, 분리관, 검출기에서는 시료를 기화시키고, 기화된 시료의 응축 및 응결을 방지하기 위해 가열장치가 필요하다.

67 굴뚝 내 배출가스 유속을 피토관으로 측정한 결과 그 동압이 35mmH₂O였다면 굴뚝 내의 배출유속(m/s)은? (단, 배출가스 온도는 225℃, 공기의 비중량은 1.3kg/Sm³, 피토관 계수는 0.98이다.) ★★★

① 28.5 ② 30.4

③ 32.6 ④ 35.8

❤
$$V = C\sqrt{\frac{2gh}{r}}$$
$$= 0.98\sqrt{\frac{2 \times 9.8 \times 35 \times (273+225)}{1.3 \times 273}}$$
$$= 30.4$$

68 원자흡수분광광도법에서 원자흡광분석 시 스펙트럼의 불꽃 중에서 생성되는 목적원소의 원자증기 이외의 물질에 의하여 흡수되는 경우에 일어나는 간섭의 종류는? ★★★

① 이온학적 간섭 ② 분광학적 간섭

③ 물리적 간섭 ④ 화학적 간섭

69 대기오염공정시험기준상 굴뚝 배출가스 중 일산화탄소 분석방법으로 옳지 않은 것은 어느 것인가? ★★★

① 자외선/가시선분광법

② 정전위전해법

③ 비분산형 적외선분석법

④ 기체 크로마토그래피법

❤ 일산화탄소 분석방법에는 비분산형 적외선분석법(주시험법), 정전위전해법, 기체 크로마토그래피법 등이 있다.

70 흡광차분광법(DOAS)으로 측정 시 필요한 광원으로 옳은 것은? ★

① 1,800~2,850nm 파장을 갖는 Zeus 램프

② 200~900nm 파장을 갖는 Zeus 램프

③ 180~2,850nm 파장을 갖는 Xenon 램프

④ 200~900nm 파장을 갖는 Hollow cathode 램프

71 대기오염공정시험기준상 화학분석 일반사항에 관한 규정 중 옳은 것은? ★★★

① 상온은 15~25℃, 실온은 1~35℃, 찬곳은 따로 규정이 없는 한 0~15℃의 곳을 뜻한다.

② 방울수라 함은 20℃에서 정제수 10방울을 떨어뜨릴 때 그 부피가 약 1mL되는 것을 뜻한다.

③ 약이란 그 무게 또는 부피에 대하여 ±1% 이상의 차가 있어서는 안 된다.

④ 10억분율은 pphm으로 표시하고, 따로 표시가 없는 한 기체일 때는 용량 대 용량(V/V), 액체일 때는 중량 대 중량(W/W)을 표시한 것을 뜻한다.

② 방울수라 함은 20℃에서 정제수 20방울을 떨어뜨릴 때 그 부피가 약 1mL되는 것을 뜻한다.

③ 약이란 그 무게 또는 부피 등에 대하여 ±10% 이상의 차가 있어서는 안 된다.

④ 1억분율은 pphm, 10억분율은 ppb로 표시하고, 따로 표시가 없는 한 기체일 때는 용량 대 용량(부피분율), 액체일 때는 중량 대 중량(질량분율)을 표시한 것을 뜻한다.

72 대기오염공정시험기준상 원자흡수분광광도법과 자외선/가시선분광법을 동시에 적용할 수 없는 것은? ★★★

① 카드뮴화합물　　② 니켈화합물

③ 페놀화합물　　　④ 구리화합물

✔ 페놀화합물은 자외선/가시선분광법과 가스 크로마토그래피로 분석한다.

73 굴뚝 배출가스 중 수분의 부피백분율을 측정하기 위하여 흡습관에 배출가스 10L를 흡인하여 유입시킨 결과 흡습관의 중량 증가는 0.82g이었다. 이때 가스흡인은 건식 가스미터로 측정하여 그 가스미터의 가스게이지압은 4mmHg이고, 온도는 27℃였다. 그리고 대기압은 760mmHg였다면 이 배출가스 중 수분량(%)은?

① 약 10%　　　② 약 13%

③ 약 16%　　　④ 약 18%

✔
$$X_W = \cfrac{\cfrac{22.4}{18} \times m_a}{V_m \times \cfrac{273}{273 + \theta_m} \times \cfrac{P_a + P_m - P_v}{760} + \cfrac{22.4}{18} \times m_a} \times 100$$

$$= \cfrac{\cfrac{22.4}{18} \times 0.82}{10 \times \cfrac{273}{273 + 27} \times \cfrac{760 + 4}{760} + \cfrac{22.4}{18} \times 0.82} \times 100$$

$$= 10\%$$

74 환경대기 중 시료 채취위치 선정기준으로 옳지 않은 것은? ★★★

① 주위에 건물 등이 밀집되어 있을 때는 건물 바깥벽으로부터 적어도 1.5m 이상 떨어진 곳에 채취점을 선정한다.

② 시료의 채취높이는 그 부분의 평균오염도를 나타낼 수 있는 곳으로서 가능한 1.5~30m 범위로 한다.

③ 주위에 장애물이 있을 경우에는 채취위치로부터 장애물까지의 거리가 그 장애물 높이의 1.5배 이상이 되도록 한다.

④ 주위에 장애물이 있을 경우에는 채취점과 장애물 상단을 연결하는 직선이 수평선과 이루는 각도가 30° 이하되는 곳을 선정한다.

✔ 주위에 건물이나 수목 등의 장애물이 있을 경우에는 채취위치로부터 장애물까지의 거리가 그 장애물 높이의 2배 이상 또는 채취점과 장애물 상단을 연결하는 직선이 수평선과 이루는 각도가 30° 이하되는 곳을 선정한다.

75 보통형(I형) 흡입노즐을 사용한 굴뚝 배출가스 흡입 시 10분간 채취한 흡입가스량(습식 가스미터에서 읽은 값)이 60L였다. 이때 등속흡입이 행해지기 위한 가스미터에 있어서의 등속흡입유량의 범위로 가장 적합한 것은? (단, 등속흡입 정도를 알기 위한 등속흡입계수

$$I(\%) = \cfrac{V_m}{q \cdot t} \times 100 이다.)$$ ★★

① 3.3~5.3L/min　② 5.5~6.3L/min

③ 6.5~7.3L/min　④ 7.5~8.3L/min

✔
$$I(\%) = \cfrac{V_m}{q \times t} \times 100$$

$I(\%)$는 95~110% 범위에 있어야 한다. 그러나 현재는 90~110%로 변경되었다.
I가 95%일 때, $q = 6.3$, I가 110%일 때, $q = 5.5$이다.

76 환경대기 중의 탄화수소 농도를 측정하기 위한 시험방법 중 주 시험법인 것은? ★

① 총탄화수소 측정법

② 비메탄탄화수소 측정법

③ 활성탄화수소 측정법

④ 비활성탄화수소 측정법

77 2,4 – 다이나이트로페닐하이드라진(DNPH)과 반응하여 하이드라존유도체를 생성하게 하여 이를 액체 크로마토그래피로 분석하는 물질은 어느 것인가? ★

① 아민류

② 알데하이드류

③ 벤젠

④ 다이옥신류

✔ 2,4 – 다이나이트로페닐하이드라진(DNPH)과 반응하여 하이드라존유도체를 생성하게 하여 이를 고성능 액체 크로마토그래피로 분석하는 물질은 알데하이드류이다.

78 원자흡수분광광도법에서 목적원소에 의한 흡광도 A_S와 표준원소에 의한 흡광도 A_R과의 비를 구하고 A_S/A_R값과 표준물질 농도와의 관계를 그래프에 작성하여 검량선을 만들어 시료 중의 목적원소 농도를 구하는 정량법은? ★★

① 표준첨가법

② 상대검정곡선법

③ 절대검정곡선법

④ 검정곡선법

79 건식 가스미터를 사용하여 굴뚝에서 배출되는 가스상 물질을 시료 채취하고자 할 때, 건조시료가스 채취량을 구하기 위해 필요한 항목과 거리가 먼 것은? ★★★

① 가스미터의 게이지압

② 가스미터의 온도

③ 가스미터로 측정한 흡입가스량

④ 가스미터 온도에서의 포화수증기압

✔ $V_s = V \times \dfrac{273}{273+t} \times \dfrac{P_a + P_m}{760}$

여기서, V_s : 건조시료가스 채취량(L)

V : 가스미터로 측정한 흡입가스량(L)

t : 가스미터의 온도(℃)

P_a : 대기압(mmHg)

P_m : 가스미터의 게이지압(mmHg)

80 A오염물질의 실측농도가 250mg/Sm³이고 이 때 실측산소농도가 3.5%이다. A오염물질의 보정농도(mg/Sm³)는? (단 A오염물질은 표준산소농도를 적용받으며, 표준산소농도는 4%이다.) ★★★

① 약 219mg/Sm³   ② 약 243mg/Sm³

③ 약 247mg/Sm³   ④ 약 286mg/Sm³

✔ $C = C_a \times \dfrac{21 - O_s}{21 - O_a} = 250 \times \dfrac{21 - 4}{21 - 3.5}$

$= 242.86 \text{mg/Sm}^3$

2018년 제2회 대기환경기사

61 기체-고체 크로마토그래피에서 분리관 내경이 3mm일 경우 사용되는 흡착제 및 담체의 입경범위(μm)로 가장 적합한 것은? (단, 흡착성 고체분말, 100~80mesh 기준)

① 120~149μm ② 149~177μm

③ 177~250μm ④ 250~590μm

62 자외선/가시선분광법에서 적용되는 람베르트-비어(Lambert-Beer)의 법칙에 관계되는 식으로 옳은 것은? (단, I_o : 입사광의 강도, C : 농도, ε : 흡광계수, I_t : 투사광의 강도, l : 빛의 투사거리)

① $I_o = I_t \cdot 10^{-\varepsilon Cl}$

② $I_t = I_o \cdot 10^{-\varepsilon Cl}$

③ $C = (I_t/I_o) \cdot 10^{-\varepsilon Cl}$

④ $C = (I_o/I_t) \cdot 10^{-\varepsilon Cl}$

63 환경대기 중의 석면을 위상차현미경법으로 측정하는 방법에 관한 설명으로 옳지 않은 것은 어느 것인가? ★★★

① 멤브레인 필터의 광굴절률은 약 5.0 이상을 원칙으로 한다.

② 채취지점은 바닥면으로부터 1.2~1.5m 되는 위치에서 측정하고, 대상시설의 측정지점은 2개소 이상을 원칙으로 한다.

③ 헝클어져 다발을 이루고 있는 섬유는 길이가 5μm 이상이고, 길이와 폭의 비가 3 : 1 이상인 섬유를 석면섬유 개수로서 계수한다.

④ 석면먼지의 농도 표시는 20℃, 1기압 상태의 기체 1mL 중에 함유된 석면섬유의 개수로 표시한다.

◆ 위상차현미경을 사용하여 섬유상으로 보이는 입자를 계수하고 같은 입자를 보통의 생물현미경으로 바꾸어 계수하여 그 계수치들의 차를 구하면 굴절률이 거의 1.5인 섬유상의 입자, 즉 석면이라고 추정할 수 있는 입자를 계수할 수 있게 된다.

64 다음은 이온 크로마토그래피의 검출기에 관한 설명이다. ( ) 안에 가장 적합한 것은? ★

(㉠)는 고성능 액체 크로마토그래피 분야에서 가장 널리 사용되는 검출기이며, 최근에는 이온 크로마토그래피에서도 전기전도도검출기와 병행하여 사용되기도 한다. 또한 (㉡)는 전이금속성분의 발색반응을 이용하는 경우에 사용된다.

① ㉠ 자외선흡수검출기, ㉡ 가시선흡수검출기

② ㉠ 전기화학적검출기, ㉡ 염광광도검출기

③ ㉠ 이온전도도검출기, ㉡ 전기화학적검출기

④ ㉠ 광전흡수검출기, ㉡ 암페로메트릭검출기

65 굴뚝반경(단면이 원형)이 3m인 경우, 배출가스 중 먼지 측정을 위한 굴뚝 측정점 수로 적합한 것은? ★★★

① 20 ② 16

③ 12 ④ 8

◆ 굴뚝직경(단면이 원형)이 4.5 초과인 경우 반경구분 수 5개, 측정점 수 20개

66 굴뚝 배출가스의 연속자동측정방법에서 측정항목과 측정방법이 잘못 연결된 것은? ★★

① 염화수소-비분산적외선분석법

② 암모니아-이온전극법

③ 질소산화물-화학발광법

④ 아황산가스-용액전도율법

◆ 암모니아의 연속자동측정방법에는 용액전도율법과 적외선가스분석법이 있다.

제4과목

67 다음 중 링겔만 매연 농도법을 이용한 매연 측정에 관한 내용으로 옳지 않은 것은? ★★★

① 매연의 검은 정도는 6종으로 분류한다.

② 될 수 있는 한 바람이 불지 않을 때 측정한다.

③ 연돌구 배경의 검은 장해물을 피해 연기의 흐름에 직각인 위치에서 태양광선을 측면으로 받는 방향으로부터 농도표를 측정자 앞 16m에 놓는다.

④ 굴뚝 배출구에서 30~40m 떨어진 곳의 농도를 측정자의 눈높이에 수직이 되게 관측 비교한다.

✔ 연기의 흐름에 직각인 위치에 태양광선을 측면으로 받는 방향으로부터 농도표를 측정치의 앞 16m에 놓고 200m 이내(가능하면 연도에서 16m)의 적당한 위치에 서서 굴뚝 배출구에서 30~45cm 떨어진 곳의 농도를 측정자의 눈높이의 수직이 되게 관측 비교한다.

68 원자흡수분광광도법에서 사용하는 용어의 정의로 옳은 것은? ★★★

① 공명선(resonance line) : 원자가 외부로부터 빛을 흡수했다가 다시 먼저 상태로 돌아갈 때 방사하는 스펙트럼선

② 중공음극램프(hollow cathode lamp) : 원자흡광분석의 광원이 되는 것으로 목적원소를 함유하는 중공음극 한 개 또는 그 이상을 고압의 질소와 함께 채운 방전관

③ 역화(flame back) : 불꽃의 연소속도가 작고 혼합기체의 분출속도가 클 때 연소현상이 내부로 옮겨지는 것

④ 멀티패스(multi-path) : 불꽃 중에서 광로를 짧게 하고 반사를 증대시키기 위하여 반사현상을 이용하여 불꽃 중에 빛을 여러 번 투과시키는 것

✔ ② 중공음극램프(hollow cathode lamp)는 원자흡광분석의 광원이 되는 것으로 목적원소를 함유하는 중공음극 한 개 또는 그 이상을 저압의 네온과 함께 채운 방전관

③ 역화(flame back)는 불꽃의 연소속도가 크고 혼합기체의 분출속도가 작을 때 연소현상이 내부로 옮겨지는 것

④ 멀티패스(multi-path)는 불꽃 중에서의 광로를 길게 하고 흡수를 증대시키기 위하여 반사를 이용하여 불꽃 중에 빛을 여러 번 투과시키는 것

69 어떤 굴뚝 배출가스의 유속을 피토관으로 측정하고자 한다. 동압 측정 시 확대율이 10배인 경사 마노미터를 사용하여 액주 55mm를 얻었다. 동압은 약 몇 mmH$_2$O인가? (단, 경사 마노미터에는 비중 0.85의 톨루엔을 사용한다.)

① 7.0 ② 6.5

③ 5.5 ④ 4.7

✔ Toluene Head
= Water Head×Water Density/Toluene Density
7 = (Water Head)×1/0.85
∴ Water Head = 55×0.85/10 = 4.68

70 저용량 공기시료 채취기에 의해 환경대기 중 먼지 채취 시 여과지 또는 샘플러 각 부분의 공기저항에 의하여 생기는 압력손실을 측정하여 유량계의 유량을 보정해야 한다. 유량계의 설정조건에서 1기압에서의 유량을 20L/min, 사용조건에 따른 유량계 내의 압력손실을 150mmHg라 할 때, 유량계의 눈금값(L/min)은 얼마로 설정하여야 하는가? ★★

① 16.3L/min ② 20.3L/min

③ 22.3L/min ④ 25.3L/min

✔ $Q_r = 20\sqrt{\dfrac{760}{760 - \Delta P}}$

$= 20\sqrt{\dfrac{760}{760 - 150}}$

$= 22.3$

71 비중 1.88, 농도 97%(중량%)인 농황산(H$_2$SO$_4$)의 규정농도(N)는? ★★

① 18.6N ② 24.9N

③ 37.2N ④ 49.8N

❤ 몰농도＝(wt%/몰질량)×10×밀도
　　　＝(97/98)×10×1.88
　　　＝18.608M
　　황산은 2가산이므로 18.608M×2＝37.216N

72 굴뚝에서 배출되는 배출가스 중 무기불소화합물을 자외선/가시선분광법으로 분석하여 다음과 같은 결과를 얻었다. 이때 불소화합물의 농도 (ppm, F)는? (단, 방해이온이 존재할 경우)

> • 검정곡선에서 구한 불소화합물이온의 질량
> 　: 1mg
> • 건조시료가스량 : 20L
> • 분취한 액량 : 50mL

① 100　　　　　　② 155
③ 250　　　　　　④ 295

❤ $C = \left[(a-b) \times \dfrac{250}{v}\right] \div V_s \times 1,000 \times \dfrac{22.4}{19}$
　＝[1×250/50]÷20×1,000×1.18
　＝295

73 배출가스의 흡수를 위한 분석대상가스와 그 흡수액을 연결한 것으로 옳지 않은 것은? ★★★

① 페놀－수산화소듐 용액(질량분율 0.4%)
② 비소－수산화소듐 용액(질량분율 4%)
③ 황화수소－아연아민착염 용액
④ 사이안화수소－아세틸아세톤 함유 흡수액

❤ 사이안화수소－수산화소듐 용액(0.5mol/L)

74 다음 중 화학분석 일반사항에 관한 규정으로 옳은 것은? ★★★

① "방울수"라 함은 20℃에서 정제수 20방울을 떨어뜨릴 때 그 부피가 약 10mL되는 것을 뜻한다.
② "기밀용기"라 함은 물질을 취급 또는 보관하는 동안에 기체 또는 미생물이 침입하지 않도록 내용물을 보호하는 용기를 뜻한다.

③ "감압 또는 진공"이라 함은 따로 규정이 없는 한 15mmHg 이하를 뜻한다.
④ 시험조작 중 "즉시"란 10초 이내에 표시된 조작을 하는 것을 뜻한다.

❤ ① "방울수"라 함은 20℃에서 정제수 20방울을 떨어뜨릴 때 그 부피가 약 1mL되는 것을 뜻한다.
② "기밀용기"라 함은 물질을 취급 또는 보관하는 동안에 외부로부터의 공기 또는 다른 가스가 침입하지 않도록 내용물을 보호하는 용기를 뜻한다.
④ 시험조작 중 "즉시"란 30초 이내에 표시된 조작을 하는 것을 뜻한다.

75 다음은 기체 크로마토그래피에 사용되는 충전물질에 관한 설명이다. ( ) 안에 가장 적합한 것은?

> ( )은 다이바이닐벤젠(divinyl benzene)을 가교제(bridge intermediate)로 스티렌계 단량체를 중합시킨 것과 같이 고분자물질을 단독 또는 고정상 액체로 표면처리하여 사용한다.

① 흡착형 충전물질
② 분배형 충전물질
③ 다공성 고분자형 충전물질
④ 이온교환막형 충전물질

76 대기오염공정시험기준상 연료의 연소, 금속제련 또는 화학반응 공정 등에서 배출되는 굴뚝 배출가스 중의 일산화탄소 분석방법과 거리가 먼 것은? ★★★

① 비분산형 적외선분석법
② 기체 크로마토그래피법
③ 정전위전해법
④ 화학발광법

❤ 굴뚝 배출가스 중의 일산화탄소 분석방법에는 비분산형 적외선분석법(주시험법), 기체 크로마토그래피법, 정전위전해법 등이 있다.

제4과목

77 굴뚝에서 배출되는 가스에 대한 시료 채취 시 주의해야 할 사항으로 거리가 먼 것은? ★★★

① 굴뚝 내 압력이 매우 큰 부압($-330mmH_2O$ 정도 이하)인 경우에는 시료 채취용 굴뚝을 부설한다.

② 굴뚝 내 압력이 부압($-$)인 경우에는 채취구를 열었을 때 유해가스가 분출될 염려가 있으므로 충분한 주의를 필요로 한다.

③ 가스미터는 $100mmH_2O$ 이내에서 사용한다.

④ 시료가스의 양을 재기 위하여 쓰는 채취병은 미리 $0℃$ 때의 참부피를 구해 둔다.

✅ 굴뚝 내 압력이 정압($+$)인 경우에는 채취구를 열었을 때 유해가스가 분출될 염려가 있으므로 충분한 주의가 필요하다.

78 굴뚝에서 배출되는 가스 중 이황화탄소(CS_2)를 채취하기 위한 흡수액은? (단, 자외선/가시선분광법 기준) ★★★

① 페놀디술폰산 용액

② p$-$다이메틸아미노벤질리덴로다닌의 아세톤 용액

③ 다이에틸아민구리 용액

④ 수산화소듐 용액

✅ 이황화탄소는 다이에틸아민구리 용액에서 시료가스를 흡수시켜 생성된 다이에틸다이싸이오카밤산구리의 흡광도를 435nm의 파장에서 측정하여 정량한다.

79 다음 중 원자흡수분광광도법에 사용되는 분석 장치인 것은?

① Stationary Liquid

② Detector Oven

③ Nebulizer$-$Chamber

④ Electron Capture Detector

✅ 분무실(Nebulizer$-$Chamber, Atomizer Chamber)은 분무기와 함께 분무된 시료 용액의 미립자를 더욱 미세하게 해 주는 한편 큰 입자와 분리시키는 작용을 갖는 장치이다.

80 굴뚝 배출가스 중 수분량이 체적백분율로 10%이고, 배출가스의 온도 80℃, 시료 채취량 10L, 대기압 0.6기압, 가스미터 게이지압 25mmHg, 가스미터 온도 80℃에서의 수증기포화압이 255mmHg라 할 때, 흡수된 수분량(g)은?

① 0.459
② 0.328
③ 0.205
④ 0.147

✅

$$X_W = \frac{\frac{22.4}{18} \times m_a}{V_m \times \frac{273}{273+\theta_m} \times \frac{P_a + P_m - P_v}{760} + \frac{22.4}{18} \times m_a} \times 100$$

$$10 = \frac{\frac{22.4}{18} \times m_a}{10 \times \frac{273}{273+80} \times \frac{0.6 + 25/760 - 255/760}{760} + \frac{22.4}{18} \times m_a} \times 100$$

$$\therefore m_a = 0.205$$

61 굴뚝을 통하여 대기 중으로 배출되는 가스상 물질을 분석하기 위한 시료 채취방법에 대한 주의사항 중 옳지 않은 것은? ★★★

① 흡수병을 공용으로 할 때에는 다상 성분이 달라질 때마다 묽은 산 또는 알칼리 용액과 물로 깨끗이 씻은 다음 다시 흡수액으로 3회 정도 씻은 후 사용한다.

② 가스미터는 500mmH₂O 이내에서 사용한다.

③ 습식 가스미터를 이용 또는 운반할 때에는 반드시 물을 빼고, 오랫동안 쓰지 않을 때에도 그와 같이 배수한다.

④ 굴뚝 내 압력이 매우 큰 부압(-300mmH₂O 정도 이하)인 경우에는, 시료 채취용 굴뚝을 부설하여 용량이 큰 펌프를 써서 시료가스를 흡입하고 그 부설한 굴뚝에 채취구를 만든다.

✅ 가스미터는 100mmH₂O 이내에서 사용한다.

62 기체-액체 크로마토그래피에서 일반적으로 사용되는 분배형 충전물질인 고정상 액체의 종류 중 탄화수소계에 해당되는 것은?

① 불화규소
② 스쿠알란(squalane)
③ 폴리페닐에테르
④ 활성알루미나

✅ 탄화수소계에는 헥사데칸, 스쿠알란(squalane), 고진공 그리스 등이 있다.

63 굴뚝 배출가스 중 불소화합물의 자외선/가시선 분광법에 관한 설명으로 옳지 않은 것은? ★★

① 0.1M 수산화소듐 용액을 흡수액으로 사용한다.

② 흡수파장은 620mm를 사용한다.

③ 란탄과 알리자린 콤플렉손을 가하여 이때 생기는 색의 흡광도를 측정한다.

④ 불소이온을 방해이온과 분리한 다음 묽은 황산으로 pH 5~6으로 조절한다.

✅ 굴뚝에서 적절한 시료 채취장치를 이용하여 얻은 시료 흡수액을 일정량으로 묽게 한 다음 완충액을 가하여 pH를 조절하고 란타늄과 알리자린 콤플렉손을 가하여 생성되는 생성물의 흡광도를 분광광도계로 측정하는 방법이다. 흡수파장은 620nm를 사용하며, 적절한 증류방법을 통해 불소화합물을 분리한 후 정량하여야 한다.

64 질산은적정법으로 배출가스 중의 사이안화수소를 분석할 때 필요시약으로 거리가 먼 것은 어느 것인가? ★

① 수산화소듐 용액
② 아세트산
③ p-다이메틸아미노벤질리덴로다닌의 아세톤 용액
④ 차아염소산소듐 용액

65 굴뚝 배출가스 중 질소산화물을 연속적으로 자동측정하는 방법 중 자외선흡수분석계의 구성에 관한 설명으로 옳지 않은 것은? ★★★

① 광원 : 중수소방전관 또는 중압수은등을 사용한다.

② 시료셀 : 시료가스가 연속적으로 흘러갈 수 있는 구조로 되어 있으며, 그 길이는 200~500mm이고, 셀의 창은 석영판과 같이 자외선 및 가시광선이 투과할 수 있는 재질이어야 한다.

③ 광학필터 : 프리즘과 회절격자 분광기 등을 이용하여 자외선 영역 또는 가시광선 영역의 단색광을 얻는 데 사용된다.

④ 합산증폭기 : 신호를 증폭하는 기능과 일산화질소 측정파장에서 아황산가스의 간섭을 보정하는 기능을 가지고 있다.

- 광학필터는 특정파장 영역의 흡수나 다층박막의 광학적 간섭을 이용하여 자외선 영역 또는 가시광선 영역의 일정한 폭을 갖는 빛을 얻는 데 사용한다.

66 배출가스 중 오르자트 분석계로 산소를 측정할 때 사용되는 산소 흡수액은? ★★

① 수산화칼슘 용액+피로갈롤 용액
② 염화제일주석 용액+피로갈롤 용액
③ 수산화포타슘 용액+피로갈롤 용액
④ 입상아연+피로갈롤 용액

- 산소 흡수액은 물 100mL에 수산화칼륨 60g을 녹인 용액과 물 100mL에 피로갈롤 12g을 녹인 용액을 혼합한 용액이다.

67 굴뚝 배출가스 중의 황화수소 분석방법에 관한 설명으로 옳은 것은? ★

① 오르토톨리딘을 함유하는 흡수액에 황화수소를 통과시켜 얻어지는 발색액의 흡광도를 측정한다.
② 시료 중의 황화수소를 아연아민착염 용액에 흡수시켜 P-아미노다이메틸아닐린 용액과 염화철(Ⅲ) 용액을 가하여 생성되는 메틸렌블루의 흡광도를 측정한다.
③ 다이에틸아민구리 용액에서 황화수소가스를 흡수시켜 생성된 다이에틸다이싸이오카밤산구리의 흡광도를 측정한다.
④ 황화수소 흡수액을 일정량으로 묽게 한 다음 완충액을 가하여 pH를 조절하고, 란탄과 알리자린 콤플렉손을 가하여 얻어지는 발색액의 흡광도를 측정한다.

68 환경대기 중 먼지를 저용량 공기시료 채취기로 분당 20L씩 채취할 경우, 유량계의 눈금값 Q_r(L/min)을 나타내는 식으로 옳은 것은 어느 것인가? (단, 1기압에서의 기준이며, ΔP(mmHg)는 마노미터로 측정한 유량계 내의 압력손실이다.) ★★★

① $20\sqrt{\dfrac{760-\Delta P}{760}}$

② $20\sqrt{\dfrac{760}{760-\Delta P}}$

③ $20\sqrt{\dfrac{20/\Delta P}{760}}$

④ $20\sqrt{\dfrac{760}{20/\Delta P}}$

69 대기오염공정시험기준의 총칙에 근거한 "방울수"의 의미로 가장 적합한 것은? ★★★

① 20℃에서 정제수 20방울을 떨어뜨릴 때 그 부피가 약 1mL되는 것을 뜻한다.
② 20℃에서 정제수 10방울을 떨어뜨릴 때 그 부피가 약 1mL되는 것을 뜻한다.
③ 0℃에서 정제수 10방울을 떨어뜨릴 때 그 부피가 약 1mL되는 것을 뜻한다.
④ 0℃에서 정제수 1방울을 떨어뜨릴 때 그 부피가 약 1mL되는 것을 뜻한다.

70 굴뚝 등에서 배출되는 오염물질별 분석방법으로 옳지 않은 것은? ★

① 자외선/가시선분광법에 의한 암모니아 분석 시 분석용 시료 용액에 페놀-나이트로프루시드소듐 용액과 하이포아염소산소듐 용액을 가하고 암모늄이온과 반응시킨다.
② 염화수소를 자외선/가시선분광법으로 분석시료에 메틸알코올 10mL 등을 가하고 마개를 한 후 흔들어 잘 섞는다.
③ 아황화탄소를 자외선/가시선분광법으로 분석 시 황화수소를 제거하기 위해 흡수병 중 한 개는 전처리용으로 아세트산카드뮴 용액을 넣는다.
④ 황산화물을 중화적정법으로 분석 시 이산화탄소가 공존하면 방해성분으로 작용한다.

정답 | 66.③ 67.② 68.② 69.① 70.④

✅ 시료 20L를 흡수액에 통과시키고 이 액을 250mL로 묽게 하여 분석용 시료 용액으로 할 때 전 황산화물의 농도가 250ppm 이상이고 다른 산성 가스의 영향을 무시할 때 적용된다. 단, 이산화탄소의 공존은 무방하다.

71 굴뚝 배출가스 중 오염물질 연속자동측정기기의 설치 위치 및 방법으로 옳지 않은 것은 어느 것인가? ★★★

① 병합굴뚝에서 배출허용기준이 다른 경우에는 측정기기 및 유량계를 합쳐지기 전 각각의 지점에 설치하여야 한다.

② 분산굴뚝에서 측정기기는 나뉘기 전 굴뚝에 설치하거나, 나뉜 각각의 굴뚝에 설치하여야 한다.

③ 병합굴뚝에서 배출허용기준이 같은 경우에는 측정기기 및 유량계를 오염물질이 합쳐진 후 또는 합쳐지기 전 지점에 설치하여야 한다.

④ 불가피하게 외부공기가 유입되는 경우에 측정기기는 외부공기 유입 후에 설치하여야 한다.

✅ 불가피하게 외부공기가 유입되는 경우에 측정기기는 외부공기 유입 전에 설치하여야 한다.

72 다음 액체시약 중 비중이 가장 큰 것은? (단, 브롬의 원자량은 79.9, 염소는 35.5, 아이오딘(요오드)는 126.9이다.)

① 브롬화수소(HBr, 농도 : 49%)

② 염산(HCL, 농도 : 37%)

③ 질산(HNO_3, 농도 : 62%)

④ 아이오드화수소(HI, 농도 : 58%)

✅ ① 브롬화수소 : 1.48
② 염산 : 1.18
③ 질산 : 1.38
④ 아이오드화수소 : 1.70

73 시판되는 염산시약의 농도가 35%이고 비중이 1.18인 경우 0.1M의 염산 1L를 제조할 때 시판 염산시약 약 몇 mL를 취하여 증류수로 희석하여야 하는가?

① 3   ② 6

③ 9   ④ 15

✅ 몰농도×부피(L)×몰질량/순도/밀도
= $(0.1) \times (1) \times (36.5)/(35/100)/(1.18)$
= $8.84\text{mL} \fallingdotseq 9\text{mL}$

74 원자흡수분광광도법에서 원자흡광분석장치의 구성과 거리가 먼 것은? ★★★

① 분리관   ② 광원부

③ 단색화부   ④ 시료원자화부

✅ 원자흡광분석장치는 광원부, 시료원자화부, 파장선택부(분광부) 및 측광부로 구성되어 있고, 단광속형과 복광속형이 있다.

75 대기오염공정시험기준에 의거 환경대기 중 휘발성 유기화합물(유해 VOCs 고체흡착법)을 추출할 때 추출용매로 가장 적합한 것은? ★★

① Ethyl alcohol

② PCB

③ CS_2

④ n−Hexane

76 광원에서 나오는 빛을 단색화장치에 의하여 좁은 파장범위의 빛만을 선택하여 어떤 액층을 통과시킬 때 입사광의 강도가 1이고, 투사광의 강도가 0.5였다. 이 경우 Lambert−Beer 법칙을 적용하여 흡광도를 구하면? ★★★

① 0.3   ② 0.5

③ 0.7   ④ 1.0

✅ Lambert−Beer 법칙
$I_t = I_o \cdot 10^{-\varepsilon CL}$
투과도$(t) = I_t/I_o = 0.5/1 = 0.5$
∴ 흡광도$(A) = \log(1/t) = 0.3$

제4과목

77 굴뚝의 측정공에서 피토관을 이용하여 측정한 조건이 다음과 같을 때 배출가스의 유속은 얼마인가? ★★★

> • 동압 : 13mmH₂O
> • 피토관 계수 : 0.85
> • 가스의 밀도 : 1.2kg/m³

① 10.6m/s ② 12.4m/s
③ 14.8m/s ④ 17.8m/s

✔ $V = C\sqrt{\dfrac{2gh}{r}} = 0.85\sqrt{\dfrac{2 \times 9.8 \times 13}{1.2}} = 12.4$

78 비분산적외선분광분석법에서 용어의 정의 중 "측정성분이 흡수되는 적외선을 그 흡수파장에서 측정하는 방식"을 의미하는 것은? ★★★

① 정필터형 ② 복광필터형
③ 회절격자형 ④ 적외선흡광형

79 굴뚝 배출가스 중 알데하이드 분석방법으로 옳지 않은 것은?

① 크로모트로핀산 자외선/가시선분광법은 배출가스를 크로모트로핀산을 함유하는 흡수발색액에 채취하고 가온하여 얻은 자색발색액의 흡광도를 측정하여 농도를 구한다.

② 아세틸아세톤 자외선/가시선분광법은 배출가스를 아세틸아세톤을 함유하는 흡수발색액에 채취하고 가온하여 얻은 황색발색액의 흡광도를 측정하여 농도를 구한다.

③ 흡수액 2, 4−DNPH(Dinitrophenylhydrazine)과 반응하여 하이드라존 유도체를 생성하게 되고, 이를 액체 크로마토그래프로 분석한다.

④ 수산화나트륨 용액(0.4W/V%)에 흡수·포집시켜 이 용액을 산성으로 한 후 초산에틸로 용매를 추출해서 이온화검출기를 구비한 가스 크로마토그래프로 분석한다.

✔ 폼알데하이드 및 알데하이드 분석방법에는 고성능 액체크로마토그래피, 크로모트로핀산 자외선/가시선분광법, 아세틸아세톤 자외선/가시선분광법 등이 있다.

80 다음은 자외선/가시선분광법에서 측광부에 관한 설명이다. ( ) 안에 가장 알맞은 것은 어느 것인가? ★★★

> 측광부의 광전측광에서는 광전관, 광전자증배관, 광전도셀 또는 광전지 등을 사용한다. 광전관, 광전자증배관은 주로 (㉠) 범위에서, 광전도셀은 (㉡) 범위에서, 광전지는 주로 (㉢) 범위 내에서의 광전측광에 사용된다.

① ㉠ 근적외파장
　㉡ 자외파장
　㉢ 가시파장
② ㉠ 가시파장
　㉡ 근자외 내지 가시파장
　㉢ 적외파장
③ ㉠ 근적외파장
　㉡ 근자외파장
　㉢ 가시 내지 근적외파장
④ ㉠ 자외 내지 가시파장
　㉡ 근적외파장
　㉢ 가시파장

제4과목 | 대기오염 공정시험기준(방법)

2019년 제1회 대기환경기사

61 황 성분 1.6% 이하 함유한 액체연료를 사용하는 연소시설에서 배출되는 황산화물(표준산소농도를 적용받는 항목)의 실측농도 측정결과 741ppm이었고, 배출가스 중의 실측산소농도는 7%, 표준산소농도는 4%이다. 황산화물의 농도(ppm)는 약 얼마인가? ★★★

① 750ppm   ② 800ppm

③ 850ppm   ④ 900ppm

✅ $C = C_a \times \dfrac{21-O_s}{21-O_a} = 741 \times \dfrac{21-4}{21-7} = 899.8\text{ppm}$

62 전자포획검출기(ECD)에 관한 설명으로 옳지 않은 것은? ★★★

① 탄화수소, 알코올, 케톤 등에 대해 감도가 우수하다.

② 유기할로겐화합물, 니트로화합물 및 유기금속화합물 등 전자친화력이 큰 원소가 포함된 화합물을 수ppt의 매우 낮은 농도까지 선택적으로 검출할 수 있다.

③ 방사성 물질인 Ni-63 혹은 삼중수소로부터 방출되는 β선이 운반기체를 전리하여 이로 인해 전자포획검출기 셀(cell)에 전자구름이 생성되어 일정 전류가 흐르게 된다.

④ 고순도(99.9995%)의 운반기체를 사용하여야 하고, 반드시 수분트랩(trap)과 산소트랩을 연결하여 수분과 산소를 제거할 필요가 있다.

✅ 전자포획검출기는 탄화수소, 알코올, 케톤 등에는 감도가 낮다.

[Plus 이론학습]
전자포획검출기는 유기할로겐화합물, 나이트로화합물 및 유기금속화합물 등 전자친화력이 큰 원소가 포함된 화합물을 수ppt의 매우 낮은 농도까지 선택적으로 검출할 수 있다. 따라서 유기염소계의 농약분석이나 PCB 등의 환경오염 시료의 분석에 많이 사용되고 있다.

63 흡광차분광법(dfferenrial optical absorption spectroscopy)에 관한 설명으로 옳지 않은 것은? ★

① 광원은 180~2,850nm 파장을 갖는 제논램프를 사용한다.

② 주로 사용되는 검출기는 자외선 및 가시선 흡수 검출기이다.

③ 분광계는 Czerny-Turner 방식이나 Holographic 방식을 채택한다.

④ 아황산가스, 질소산화물, 오존 등의 대기오염물질 분석에 적용된다.

✅ 흡광차분광법은 분광된 빛은 반사경을 통해 광전자증배관(photo multiplier tube) 검출기나 PDA(photo diode array) 검출기로 들어간다.

64 이온 크로마토그래피의 일반적인 장치 구성순서로 옳은 것은? ★★

① 펌프-시료 주입장치-용리액조-분리관-검출기-서프레서

② 용리액조-펌프-시료 주입장치-분리관-서프레서-검출기

③ 시료 주입장치-펌프-용리액조-서프레서-분리관-검출기

④ 분리관-시료 주입장치-펌프-용리액조-검출기-서프레서

65 자외선/가시선분광법에서 미광(stray light)의 유무조사에 사용되는 것은? ★★

① Cell Holder

② Holmium Glass

③ Cut Filter

④ Monochrometer

✅ 미광(stray light)의 영향이 클 경우에는 컷필터(cut filter)를 사용하여 미광의 유무를 조사하는 것이 좋다.

제4과목

66 굴뚝 배출가스 중 먼지를 보통형(1형) 흡입노즐을 이용할 때 등속흡입을 위한 흡입량(L/min)은?

> • 대기압 : 765mmHg
> • 측정점에서의 정압 : −1.5mmHg
> • 건식 가스미터의 흡입가스 게이지압 : 1mmHg
> • 흡입노즐의 내경 : 6mm
> • 배출가스의 유속 : 7.5m/s
> • 배출가스 중 수증기의 부피백분율 : 10%
> • 건식 가스미터의 흡입온도 : 20℃
> • 배출가스 온도 : 125℃

① 14.8   ② 11.6
③ 9.9   ④ 8.4

✅
$$q_m = \frac{\pi}{4} \times d^2 \times V \times \left(1 - \frac{X_W}{100}\right) \times \frac{273 + \theta_m}{273 + \theta_s}$$
$$\times \frac{P_a + P_s}{P_a + P_m - P_v} \times 60 \times 10^{-3}$$
$$= \frac{\pi}{4} \times 6^2 \times 7.5 \times \left(1 - \frac{10}{100}\right) \times \frac{273 + 20}{273 + 125}$$
$$\times \frac{765 - 1.5}{765 + 1} \times 60 \times 10^{-3}$$
$$= 8.4 L/min$$

67 굴뚝 배출가스상 물질의 시료 채취방법으로 옳지 않은 것은? ★★★

① 채취관은 흡입가스의 유량, 채취관의 기계적 강도, 청소의 용이성 등을 고려해서 안지름 6~25mm 정도의 것을 쓴다.
② 채취관의 길이는 선정한 채취점까지 끼워넣을 수 있는 것이어야 하고, 배출가스의 온도가 높을 때에는 관이 구부러지는 것을 막기 위한 조치를 해 두는 것이 필요하다.
③ 여과재를 끼우는 부분은 교환이 쉬운 구조의 것으로 한다.
④ 일반적으로 사용되는 불소수지도관은 100℃ 이상에서는 사용할 수 없다.

✅ 일반적으로 사용되는 플루오로수지 연결관(녹는점 260℃)은 250℃ 이상에서는 사용할 수 없다.

68 다음 중 자외선/가시선분광법에서 흡광도를 측정하기 위한 순서로서 원칙적으로 제일 먼저 행해야 할 행위는? ★

① 시료셀을 광로에 넣고 눈금판의 지시치를 흡광도 또는 투과율로 읽는다.
② 광로를 차단 후 대조셀로 영점을 맞춘다.
③ 광원으로부터 광속을 통하여 눈금 100에 맞춘다.
④ 눈금판의 지시가 안정되어 있는지 여부를 확인한다.

69 굴뚝 배출가스 중 암모니아의 인도페놀 분석방법으로 옳지 않은 것은? ★

① 시료 채취량이 20L인 경우 시료 중의 암모니아 농도가 약 1~10ppm 이상인 것의 분석에 적합하다.
② 분석용 시료 용액 10mL를 취하고 여기에 페놀−나이트로프루시드소듐 용액 10mL를 가한 후 하이포아염소산암모늄 용액 10mL를 가한 다음 마개를 하고 조용히 흔들어 섞는다.
③ 액온 25~30℃에서 1시간 방치한 후, 광전분광광도계 또는 광전광도계로 측정한다.
④ 분석을 위한 광전광도계의 측정파장은 640nm 부근이다.

✅ 분석용 시료 용액 10mL를 유리마개가 있는 시험관에 취하고 여기에 페놀−나이트로프루시드소듐 용액 5mL씩을 가하여 잘 흔들어 섞은 다음 하이포아염소산소듐 용액 5mL씩을 가한 다음 마개를 하고 조용히 흔들어 섞는다.

70 굴뚝 배출가스 중 벤젠을 분석하고자 할 때, 사용하는 채취관이나 도관의 재질로 적절하지 않은 것은? ★★★

① 경질유리   ② 석영
③ 불소수지   ④ 보통강철

71 환경대기 중의 각 항목별 분석방법의 연결로 옳지 않은 것은? ★

① 질소산화물 : 살츠만법
② 옥시던트(오존으로서) : 베타선법
③ 일산화탄소 : 불꽃이온화검출기법(기체 크로마토그래피법)
④ 아황산가스 : 파라로자닐린법

✔ 옥시던트 측정방법에는 자외선광도법, 중성 요오드화칼 륨법, 알칼리성 요오드화칼륨법 등이 있다.

72 굴뚝 배출가스 중 암모니아의 중화적정 분석방법에 관한 설명으로 옳은 것은?

① 분석용 시료 용액을 황산으로 적정하여 암모니아를 정량한다.
② 시료가스를 산성 조건에서 지시약을 넣고 $N/100$ NaOH로 적정하는 방법이다.
③ 시료가스 채취량이 40L일 때 암모니아 농도 1~5ppm인 경우에 적용한다.
④ 지시약은 페놀프탈레인 용액과 메틸레드 용액을 1 : 2 부피비로 섞어 사용한다.

✔ 암모니아의 중화적정 분석방법에서는 분석용 시료 용액을 $N/10$ 황산으로 적정하여 암모니아를 정량한다.

73 휘발성 유기화합물 누출확인에 사용되는 휴대용 VOCs 측정기기에 관한 설명으로 옳지 않은 것은? ★★

① 휴대용 VOCs 측정기기의 계기눈금은 최소한 표시된 누출농도의 ±5%를 읽을 수 있어야 한다.
② 휴대용 VOCs 측정기기는 펌프를 내장하고 있어 연속적으로 시료가 검출기로 제공되어야 하며, 일반적으로 시료 유량은 0.5~3L/min이다.
③ 휴대용 VOCs 측정기기의 응답시간은 60초보다 작거나 같아야 한다.

④ 측정될 개별 화합물에 대한 기기의 반응인자(response factor)는 10보다 작아야 한다.

✔ 휴대용 VOCs 측정기기의 응답시간은 30초보다 작거나 같아야 한다.

74 굴뚝 배출가스 중 브롬화합물 분석에 사용되는 흡수액으로 옳은 것은? ★★★

① 황산+과산화수소+증류수
② 붕산 용액(질량분율 0.5%)
③ 수산화소듐 용액(질량분율 0.4%)
④ 다이에틸아민동 용액

✔ 흡수액은 수산화소듐(NaOH, 40g) 0.4g을 정제수에 녹여 100mL로 한다.

75 굴뚝 배출가스 중 아황산가스 자동연속측정방법에서 사용하는 용어의 의미로 가장 적합한 것은? ★★

① 편향(bias) : 측정결과에 치우침을 주는 원인에 의해서 생기는 우연오차
② 제로드리프트 : 연속자동측정기가 정상가동되는 조건하에서 제로가스를 일정시간 흘려 준 후 발생한 출력신호가 변화된 정도
③ 시험가동시간 : 연속자동측정기를 정상적인 조건에 따라 운전할 때 예기치 않는 수리, 조정, 부품교환 없이 연속가동할 수 있는 최대시간
④ 점(point) 측정시스템 : 굴뚝 단면 직경의 20% 이하의 경로 또는 여러 지점에서 오염물질 농도를 측정하는 연속자동측정시스템

✔ ① 편향(bias)은 계통오차. 측정결과에 치우침을 주는 원인에 의해서 생기는 오차를 말한다.
③ 시험가동시간은 연속자동측정기를 정상적인 조건에 따라 운전할 때 예기치 않는 수리, 조정 및 부품교환 없이 연속가동할 수 있는 최소시간을 말한다.
④ 점(point) 측정시스템은 굴뚝 또는 덕트 단면 직경의 10% 이하의 경로 또는 단일점에서 오염물질 농도를 측정하는 배출가스 연속자동측정시스템이다.

76 원자흡수분광광도법에 사용되는 용어 설명으로 옳지 않은 것은? ★★★

① 역화(flame back) : 불꽃의 연소속도가 크고 혼합기체의 분출속도가 작을 때 연소현상이 내부로 옮겨지는 것

② 중공음극램프(hollow cathode lamp) : 원자흡광분석의 광원이 되는 것으로 목적원소를 함유하는 중공음극 한 개 또는 그 이상을 고압의 질소와 함께 채운 방전관

③ 멀티패스(multi-path) : 불꽃 중에서의 광로를 길게 하고 흡수를 증대시키기 위하여 반사를 이용하여 불꽃 중에 빛을 여러 번 투과시키는 것

④ 공명선(resonance line) : 원자가 외부로부터 빛을 흡수했다가 다시 먼저 상태로 돌아갈 때 방사하는 스펙트럼선

✔ 중공음극램프(hollow cathode lamp)는 원자흡광분석의 광원이 되는 것으로 목적원소를 함유하는 중공음극 한 개 또는 그 이상을 저압의 네온과 함께 채운 방전관이다.

77 환경대기 중의 석면 농도를 측정하기 위해 멤브레인필터에 포집한 대기부유먼지 중의 석면섬유를 위상차현미경을 사용하여 계수하는 방법에 관한 설명으로 옳지 않은 것은? ★★★

① 석면먼지의 농도 표시는 20℃, 1기압 상태의 기체 1mL 중에 함유된 석면섬유의 개수(개/mL)로 표시한다.

② 멤브레인필터는 셀룰로오스에스테르를 원료로 한 얇은 다공성의 막으로, 구멍의 지름은 평균 0.01~10μm의 것이 있다.

③ 대기 중 석면은 강제흡인장치를 통해 여과장치에 채취한 후 위상차현미경으로 계수하여 석면 농도를 산출한다.

④ 빛은 간섭성을 띠기 위해 단일 빛을 사용하며, 후광 또는 차광이 발생하더라도 측정에 영향을 미치지 않는다.

✔ 빛은 파장과 주기가 모두 짧아서 간섭성을 띠려면 하나의 광원에서 갈라진 두 갈래의 빛일 경우에만 가능하다.

78 굴뚝 단면이 원형이고 굴뚝 직경이 3m인 경우, 배출가스 먼지 측정을 위한 측정점 수는 몇 개인가? ★★★

① 8

② 12

③ 16

④ 20

✔ 원형굴뚝 직경이 2 초과 4 이하일 경우에는 반경 구분 수 3개, 측정점 수 12개이다.

79 다음은 기체 크로마토그래피에 사용되는 검출기에 관한 설명이다. ( ) 안에 가장 적합한 것은? ★★

( )는 안정된 직류전기를 공급하는 전원회로, 전류조절부, 신호검출 전기회로, 신호감쇄부 등으로 구성되며, 둘 사이의 열전도도 차이를 측정함으로써 시료를 검출하여 분석한다. 모든 화합물을 검출할 수 있어 분석대상에 제한이 없고 값이 싸며 시료를 파괴하지 않는 장점이 있으나, 다른 검출기에 비해 감도가 낮다.

① Flame ionization detector

② Electron capture detector

③ Thermal conductivity detector

④ Flame photometric detector

80 연료용 유류 중의 황 함유량을 측정하기 위한 분석방법은? ★

① 방사선식 여기법

② 자동연속열탈착 분석법

③ 테들라백-열 탈착법

④ 몰린 형광 광도법

✔ 유류 중 황 함유량 분석은 연소관식 공기법(중화적정법)과 방사선식 여기법(기기분석법) 등이 있다.

제4과목 | 대기오염 공정시험기준(방법)

2019년 제2회 대기환경기사

61 다음은 시험의 기재 및 용어에 관한 설명이다. ( ) 안에 알맞은 것은? ★★★

> 시험조작 중 "즉시"란 (㉠) 이내에 표시된 조작을 하는 것을 뜻하며, "감압 또는 진공" 이라 함은 따로 규정이 없는 한 (㉡) 이하 를 뜻한다.

① ㉠ 10초, ㉡ 15mmH₂O

② ㉠ 10초, ㉡ 15mmHg

③ ㉠ 30초, ㉡ 15mmH₂O

④ ㉠ 30초, ㉡ 15mmHg

62 굴뚝 배출가스 중 사이안화수소를 질산은적정 법으로 분석할 때 필요한 시약으로 거리가 먼 것은? ★

① p-다이메틸아미노벤질리덴로다닌의 아세톤 용액

② 아세트산(99.7%)(부피분율 10%)

③ 메틸레드-메틸렌블루 혼합지시약

④ 수산화소듐 용액(질량분율 2%)

63 굴뚝 배출가스 중의 이황화탄소 분석방법에 관한 설명이다. ( ) 안에 알맞은 것은? ★

> 자외선/가시선분광법은 다이에틸아민구리 용 액에서 시료가스를 흡수시켜 생성된 다이에틸 다이싸이오카밤산구리의 흡광도를 (㉠)의 파장에서 측정한다. 이 방법은 시료가스 채취 량 10L인 경우 배출가스 중의 이황화탄소 농 도 (㉡)의 분석에 적합하다.

① ㉠ 340nm, ㉡ 0.05~1ppm

② ㉠ 340nm, ㉡ 3~60ppm

③ ㉠ 435nm, ㉡ 0.05~1ppm

④ ㉠ 435nm, ㉡ 3~60ppm

64 다음 중 대기오염공정시험기준상 굴뚝 배출가 스 중 불화수소를 연속적으로 자동측정하는 방법은? ★★

① 자외선형광법 ② 이온전극법

③ 적외선흡수법 ④ 자외선흡수법

65 자외선/가시선분광법에 관한 설명으로 옳지 않은 것은? ★★★

① 실효물질 등에 적당한 시약을 넣어 발색시킨 용액의 흡광도를 측정하여 시료 중의 목적성 분을 정량하는 방법으로 파장 200~1,200nm 에서의 액체 흡광도를 측정한다.

② 일반적으로 광원으로 나오는 빛을 단색화 장치(monochrometer) 또는 필터(filter) 에 의하여 좁은 파장범위의 빛만을 선택하 여 액층을 통과시킨 다음 광전측광으로 흡 광도를 측정하여 목적성분의 농도를 정량 하는 방법이다.

③ (투사광의 강도/입사광의 강도)를 투과도 (t)라 하며, 투과도의 상용대수를 흡광도 라 한다.

④ 광원부-파장선택부-시료부-측광부로 구성되어 있고, 가시부와 근적외부의 광원 으로는 주로 텅스텐램프를 사용한다.

✅ I_t(투사광의 강도)와 I_o(입자광의 강도)의 관계에서 $I_t/I_o = t$를 투과도라 하고, 투과도의 역수의 상용대수 즉, $\log(1/t) = A$를 흡광도라 한다.

66 수산화소듐(NaOH) 용액을 흡수액으로 사용 하는 분석대상가스가 아닌 것은? ★★★

① 염화수소 ② 사이안화수소

③ 불소화합물 ④ 벤젠

✅ 수산화소듐(NaOH) 용액을 흡수액으로 사용하는 가스는 염화수소, 불소화합물, 사이안화수소, 브롬화합물, 페놀, 비소 등이다.

67 이온 크로마토그래피에 관한 설명으로 옳지 않은 것은? ★★

① 분리관의 재질은 용리액 및 시료액과 반응성이 큰 것을 선택하며 스테인리스관이 널리 사용된다.

② 용리액조는 일반적으로 폴리에틸렌이나 경질유리제를 사용한다.

③ 송액펌프는 일반적으로 맥동이 적은 것을 사용한다.

④ 검출기는 일반적으로 전도도검출기를 많이 사용하고, 그 외 자외선, 가시선 흡수검출기(UV, VIS 검출기), 전기화학적 검출기 등이 사용된다.

✔ 분리관의 재질은 내압성, 내부식성으로 용리액 및 시료액과 반응성이 적은 것을 선택하며, 에폭시수지관 또는 유리관이 사용된다. 일부는 스테인리스관이 사용되지만 금속이온 분리용으로는 좋지 않다.

68 원자흡수분광광도법에 사용되는 용어의 정의로 옳지 않은 것은? ★★★

① 분무실(nebulizrer-chamber) : 분무기와 함께 분무된 시료 용액의 미립자를 더욱 미세하게 해 주는 한편 큰 입자와 분리시키는 작용을 갖는 장치

② 선프로파일(line profile) : 파장에 대한 스펙트럼선의 강도를 나타내는 곡선

③ 예복합버너(premix type burner) : 가연성 가스, 조연성 가스 및 시료를 분무실에서 혼합시켜 불꽃 중에 넣어주는 방식의 버너

④ 근접선(neighbouring line) : 원자가 외부로부터 빛을 흡수했다가 다시 먼저 상태로 돌아갈 때 방사하는 스펙트럼선

✔ 근접선(neighbouring line)은 목적하는 스펙트럼선에 가까운 파장을 갖는 다른 스펙트럼선이다.

69 다음은 비분산적외선분광분석기의 성능기준이다. ( ) 안에 알맞은 것은?

> 제로조정용 가스를 도입하여 안정된 후 유로를 스팬가스로 바꾸어 기준유량으로 분석계에 도입하여 그 농도를 눈금범위 내의 어느 일정한 값으로부터 다른 일정한 값으로 갑자기 변화시켰을 때 스텝(step) 응답에 대한 소비시간이 (㉠)이어야 한다. 또 이때 지시치에 대한 90%의 응답을 나타내는 시간은 (㉡)여야 한다.

① ㉠ 10초 이내, ㉡ 30초 이내

② ㉠ 10초 이내, ㉡ 40초 이내

③ ㉠ 1초 이내, ㉡ 30초 이내

④ ㉠ 1초 이내, ㉡ 40초 이내

70 기체 크로마토그래피에 관한 설명으로 옳지 않은 것은? ★★★

① 기체시료 또는 기화한 액체나 고체시료를 운반가스에 의하여 분리, 관 내에 전개, 응축시켜 액체상태로 각 성분을 분리 분석한다.

② 일반적으로 대기의 무기물 또는 유기물의 대기오염물질에 대한 정성, 정량 분석에 이용된다.

③ 일정유량으로 유지되는 운반가스는 시료 도입부로부터 분리관 내를 흘러서 검출기를 통해 외부로 방출된다.

④ 시료 도입부로부터 기체, 액체 또는 고체 시료를 도입하면 기체는 그대로, 액체나 고체는 가열 기화되어 운반가스에 의하여 분리관 내로 송입된다.

✔ 기체시료 또는 기화한 액체나 고체시료를 운반가스에 의하여 분리 후 관 내에 전개시켜 기체상태에서 분리되는 각 성분을 크로마토그래프로 분석하는 방법이다.

71 비산먼지의 농도를 구하기 위해 측정한 조건 및 결과가 다음과 같을 때 비산먼지의 농도 (mg/m^3)는? ★

> 〈측정 조건 및 결과〉
> • 채취먼지량이 가장 많은 위치에서 먼지 농도(mg/m^3) : 5.8
> • 대조위치에서 먼지 농도(mg/m^3) : 0.17
> • 전 시료 채취기간 중 주 풍량이 45~90° 변한다.
> • 풍속이 0.5m/s 미만 또는 10m/s 이상되는 시간이 전 채취시간의 50% 이상이다.

① 5.6 ② 6.8
③ 8.1 ④ 10.1

✔ 비산먼지 농도
$$C = (CH - CB) \times WD \times WS$$
$$= (5.8 - 0.17) \times 1.2 \times 1.2$$
$$= 8.1$$
전 시료 채취기간 중 주 풍향이 45~90° 변할 때
$WD = 1.2$
풍속이 0.5m/s 미만 또는 10m/s 이상되는 시간이 전 채취시간의 50% 이상일 때 $WS = 1.2$
여기서, CH : 채취먼지량이 가장 많은 위치에서의 먼지 농도(mg/Sm^3)
CB : 대조위치에서의 먼지 농도(mg/Sm^3)
WD, WS : 풍향, 풍속 측정결과로부터 구한 보정계수
단, 대조위치를 선정할 수 없는 경우에는 CB를 0.15 mg/Sm^3로 한다.

72 다음 중 분석대상가스별 흡수액으로 잘못 짝 지어진 것은? ★★★

① 암모니아-붕산 용액(질량분율 0.5%)
② 비소-수산화소듐 용액(질량분율 0.4%)
③ 브롬화합물-수산화소듐 용액(질량분율 0.4%)
④ 질소산화물-수산화소듐 용액(질량분율 0.4%)

✔ 질소산화물의 흡수액은 황산 용액(0.005mol/L)이다.

73 화학분석 일반사항에 관한 설명으로 옳지 않은 것은? ★★★

① 1억분율은 ppm, 10억분율은 pphm으로 표시한다.
② 실온은 1~35℃로 하고, 찬 곳은 따로 규정이 없는 한 0~15℃의 곳을 뜻한다.
③ 냉후(식힌 후)라 표시되어 있을 때는 보온 또는 가열 후 실온까지 냉각된 상태를 뜻한다.
④ 액의 농도를 (1 → 2), (1 → 5) 등으로 표시한 것은 그 용질의 성분이 고체일 때는 1g을, 액체일 때는 1mL를 용매에 녹여 전량을 각각 2mL 또는 5mL로 하는 비율을 뜻한다.

✔ 1억분율은 pphm, 10억분율은 ppb로 표시하고, 따로 표시가 없는 한 기체일 때는 용량 대 용량(부피분율), 액체일 때는 중량 대 중량(질량분율)을 표시한 것을 뜻한다.

74 굴뚝 배출가스 중 폼알데하이드를 정량할 때 쓰이는 흡수액은? ★★★

① 아세틸아세톤 함유 흡수액
② 아연아민착염 함유 흡수액
③ 질산암모늄+황산(1+5)
④ 수산화소듐 용액(0.4W/V%)

75 다음은 연료용 유류 중의 황 함유량을 연소관식 공기법으로 분석하는 방법이다. ( ) 안에 알맞은 것은? ★

> 950~1,100℃로 가열한 석영재질 연소관 중에 공기를 불어넣어 시료를 연소시킨다. 생성된 황산화물을 (㉠)에 흡수시켜 황산으로 만든 다음, (㉡)으로 중화적정하여 황 함유량을 구한다.

① ㉠ 과산화수소(3%), ㉡ 수산화칼륨표준액
② ㉠ 과산화수소(3%), ㉡ 수산화소듐표준액
③ ㉠ 10% AgNO₃, ㉡ 수산화칼륨표준액
④ ㉠ 10% AgNO₃, ㉡ 수산화소듐표준액

76 대기오염공정기준에 의거, 환경대기 중 각 항목별 분석방법으로 옳지 않은 것은? ★

① 질소산화물−살츠만법
② 옥시던트−광산란법
③ 탄화수소−비메탄탄화수소 측정법
④ 아황산가스−파라로자닐린법

✔ 옥시던트 분석방법은 중성 요오드화칼륨법, 알칼리성 요오드화칼륨법이다.

77 고용량 공기시료채취기로 비산먼지를 채취하고자 한다. 측정결과가 다음과 같을 때 비산먼지의 농도는? ★★

- 채취시간 : 24시간
- 채취개시 직후의 유량 : 1.8m³/mim
- 채취종료 직전의 유량 : 1.2m³/mim
- 채취 후 여과지의 질량 : 3.828g
- 채취 전 여과지의 질량 : 3.419g

① 0.13mg/m³ ② 0.19mg/m³
③ 0.25mg/m³ ④ 0.35mg/m³

✔ 흡인공기량 $=\dfrac{Q_s+Q_e}{2}\times t$
$=\dfrac{1.8+1.2}{2}\times(24\times60)$
$=2,160\text{m}^3$
$C=(3.828-3.419)\times1,000/2,160=0.19\text{mg/m}^3$

78 기체−고체 크로마토그래피법에서 사용하는 흡착형 충전물과 거리가 먼 것은? ★★

① 알루미나
② 활성탄
③ 담체
④ 실리카겔

✔ 흡착형 충전물은 흡착성 고체분말을 사용하며, 그 종류로는 실리카겔, 활성탄, 알루미나, 합성제올라이트(zeolite) 등이 있다.

79 A도시 면적이 150km²이고 인구밀도가 4,000명/km²이며 전국 평균인구밀도가 800명/km²일 때, 인구비례에 의한 방법으로 결정한 A도시의 환경기준시험을 위한 시료 측정점 수는? (단, A도시 면적은 지역의 거주지 면적(총 면적에서 전답, 호수, 임야, 하천 등의 면적을 뺀 면적)이다.) ★★

① 30 ② 35
③ 40 ④ 45

✔ 측정점 수$=\dfrac{\text{그 지역 거주지 면적}}{25\text{km}^2}\times\dfrac{\text{그 지역 인구밀도}}{\text{전국 평균인구밀도}}$
$=\dfrac{150}{25}\times\dfrac{4,000}{800}$
$=30$

80 굴뚝 배출가스 중 불꽃이온화검출기에 의한 총탄화수소 측정에 관한 설명으로 옳지 않은 것은? ★

① 결과농도는 프로판 또는 탄소등가 농도로 환산하여 표시한다.
② 배출원에서 채취된 시료는 여과지 등을 이용하여 먼지를 제거한 후 가열채취관을 통하여 불꽃이온화분석기로 유입되어 분석된다.
③ 반응시간은 오염물질 농도의 단계변화에 따라 최종값의 50% 이상에 도달하는 시간을 말한다.
④ 시료 채취관은 스테인리스강 또는 이와 동등한 재질의 것으로 하고 굴뚝 중심부분의 10% 범위 내에 위치할 정도의 길이의 것을 사용한다.

✔ 반응시간은 오염물질 농도의 단계변화에 따라 최종값의 90%에 도달하는 시간으로 한다.

2019년 제4회 대기환경기사

61 흡광차분광법(DOAS)의 원리와 적용범위에 관한 설명으로 거리가 먼 것은? ★

① 50~1,000m 정도 떨어진 곳의 빛의 이동경로(path)를 통과하는 가스를 실시간으로 분석할 수 있다.

② 아황산가스, 질소산화물, 오존 등의 대기오염물질 분석에 적용할 수 있다.

③ 측정에 필요한 광원은 180~380nm 파장을 갖는 자외선램프를 사용한다.

④ 흡광광도법의 기본원리인 Lambert-beer 법칙을 응용하여 분석한다.

✔ 흡광차분광법(DOAS) 측정에 필요한 광원은 180~2,850nm 파장을 갖는 제논(xenon) 램프를 사용한다.

62 환경대기 중의 옥시던트 측정법에 사용되는 용어의 설명으로 옳지 않은 것은? ★★

① 옥시던트는 전옥시던트, 광화학옥시던트, 오존 등의 산화성 물질의 총칭을 말한다.

② 전옥시던트는 중성 요오드화칼륨 용액에 의해 요오드를 유리시키는 물질을 총칭한다.

③ 광화학옥시던트는 전옥시던트에서 오존을 제외한 물질이다.

④ 제로가스는 측정기의 영점을 교정하는 데 사용하는 교정용 가스이다.

✔ 광옥시던트는 전옥시던트에서 이산화질소를 제외한 물질이다.

[Plus 이론학습]
전옥시던트는 중성 요오드화칼륨 용액에 의해 요오드를 유리시키는 물질의 총칭이다.

63 메틸렌블루법은 배출가스 중 어떤 물질을 측정하기 위한 방법인가? ★★★

① 황화수소   ② 불화수소

③ 염화수소   ④ 사이안화수소

64 자기분광광전광도계를 사용하여 과망간산포타슘 용액(20~60mg/L)의 흡수곡선을 작성할 경우 다음 중 흡광도값이 최대가 나오는 파장의 범위는?

① 350~400nm

② 400~450nm

③ 500~550nm

④ 600~650nm

65 원형굴뚝의 직경이 4.3m였다. 굴뚝 배출가스 중의 먼지 측정을 위한 측정점 수는 몇 개로 하여야 하는가? ★★★

① 12

② 16

③ 20

④ 24

✔ 원형굴뚝 직경이 4 초과 4.5 이하일 경우 반경 구분 수는 4개, 측정점 수는 16개이다.

66 이온 크로마토그래피에서 사용되는 서프레서에 관한 설명으로 옳지 않은 것은? ★

① 관형과 이온교환막형이 있다.

② 용리액으로 사용되는 전해질 성분을 분리 검출하기 위하여 분리관 앞에 병렬로 접속시킨다.

③ 관형 서프레서 중 음이온에는 스티롤계 강산형(H^+) 수지가 충전된 것을 사용한다.

④ 전해질을 물 또는 저전도의 용매로 바꿔줌으로써 전기전도도 셀에서 목적이온 성분과 전기전도도만을 고감도로 검출할 수 있게 해 준다.

✔ 서프레서란 용리액에 사용되는 전해질 성분을 제거하기 위하여 분리관 뒤에 직렬로 접속시킨 것으로서 전해질을 물 또는 저전도의 용매로 바꿔줌으로써 전기전도도 셀에서 목적이온 성분과 전기전도도만을 고감도로 검출할 수 있게 해 주는 것이다.

67 환경대기 중에 있는 아황산가스 농도를 자동 연속측정법으로 분석하고자 한다. 이에 해당하지 않는 것은?

① 적외선형광법　② 용액전도율법
③ 흡광차분광법　④ 불꽃광도법

✔ 자동연속측정법에는 자외선형광법, 용액전도율법, 불꽃광도법, 흡광차분광법 등이 있다.

68 시험분석에 사용하는 용어 및 기재사항에 관한 설명으로 옳지 않은 것은? ★★★

① "약"이란 그 무게 또는 부피에 대하여 ±10% 이상의 차가 있어서는 안 된다.
② "정확히 단다"라 함은 규정한 양의 검체를 취하여 분석용 저울로 0.1mg까지 다는 것을 뜻한다.
③ "항량이 될 때까지 건조한다 또는 강열한다"라 함은 따로 규정이 없는 한 보통의 건조방법으로 30분간 더 건조 또는 강열할 때 전후 무게의 차가 0.3mg 이하일 때를 뜻한다.
④ 액체성분의 양을 "정확히 취한다"라 함은 홀피펫, 눈금플라스크 또는 이와 동등 이상의 정도를 갖는 용량계를 사용하여 조작하는 것을 뜻한다.

✔ "항량이 될 때까지 건조한다 또는 강열한다"라 함은 따로 규정이 없는 한 보통의 건조방법으로 1시간 더 건조 또는 강열할 때 전후 무게의 차가 0.3mg 이하일 때를 뜻한다.

69 굴뚝 배출가스 중 산소를 오르자트(orsat) 분석법(화학분석법)으로 시료의 흡수를 통해 시료 중 산소 농도를 구하고자 할 때, 장치 내의 흡수액을 넣은 흡수병에 가장 먼저 흡수되는 가스 성분은? ★

① CO_2(탄산가스)　② O_2(산소)
③ CO(일산화탄소)　④ N_2(질소)

✔ 화학분석법(오르자트 분석법)은 시료를 흡수액에 통하여 산소를 흡수시켜 시료의 부피 감소량으로부터 시료 중의 산소 농도를 구하는 방법이다. 단, 이 흡수액은 시료 중의 탄산가스도 흡수하기 때문에 각각의 흡수액을 사용하여 탄산가스, 산소 순으로 흡수한다.

70 소각로, 소각시설 및 그 밖의 배출원에서 배출되는 입자상 및 가스상 수은(Hg)의 측정·분석방법 중 냉증기 원자흡수분광광도법에 관한 설명으로 옳지 않은 것은?

① 배출원에서 등속으로 흡입된 입자상과 가스상 수은은 흡수액인 산성 과망간산포타슘 용액에 채취된다.
② 정량범위는 0.005~0.075mg/m³이고, (건조시료가스량 1m³인 경우), 방법검출한계는 0.003mg/m³이다.
③ Hg^{2+} 형태로 채취한 수은을 Hg^0 형태로 환원시켜서 측정한다.
④ 시료 채취 시 배출가스 중에 존재하는 산화 유기물질은 수은의 채취를 방해할 수 있다.

✔ 정량범위는 0.0005~0.0075mg/Sm³이고(건조시료가스량 1Sm³인 경우), 방법검출한계는 0.0002mg/Sm³이다.

71 굴뚝 배출가스 중 사이안화수소를 피리딘피라졸론법으로 분석할 경우 사이안화수소 표준원액을 제조하기 위해서는 사이안화수소 용액 몇 mL를 취하여 수산화소듐 용액(1N) 100mL를 가하고 다시 물로 전량을 1L로 하여야 하는가? (단, 사이안화수소 표준원액 1mL는 기체상 HCN 0.01mL(0℃, 760mmHg)에 상당하며, f : 0.1N 질산은 용액의 역가, a : 0.1N 질산은 용액의 소비량(mL))

① $\dfrac{10}{0.448 \times a \times f}$　② $\dfrac{10}{0.0448 \times a \times f}$
③ $\dfrac{10}{0.112 \times a \times f}$　④ $\dfrac{10}{0.0112 \times a \times f}$

✅ 사이안화수소 표준원액은 사이안화수소 용액 10.0×(0.0448× $a×f)^{-1}$mL를 취하여 수산화소듐 용액(1N) 100mL를 가하고 다시 물을 가하여 전량을 1L로 한다. 사이안화수소 표준원액 1mL는 기체상 HCN 0.010mL(0℃, 760mmHg)에 상당한다.

72 원자흡수분광광도법에서 사용하는 용어 설명으로 거리가 먼 것은? ★★★

① 공명선(resonance line) : 원자가 외부로 빛을 반사했다가 방사하는 스펙트럼선

② 근접선(neighbouring line) : 목적하는 스펙트럼선에 가까운 파장을 갖는 다른 스펙트럼선

③ 역화(flame back) : 불꽃의 연소속도가 크고 혼합기체의 분출속도가 작을 때 연소형상이 내부로 옮겨지는 것

④ 원자흡광(분광)측광 : 원자흡광스펙트럼을 이용하여 시료 중의 특정원소의 농도와 그 휘선의 흡광 정도와의 상관관계를 측정하는 것

✅ 공명선(resonance line)은 원자가 외부로부터 빛을 흡수했다가 다시 먼저 상태로 돌아갈 때 방사하는 스펙트럼선이다.

73 다음 원자흡수분광광도법의 측정순서 중 일반적으로 가장 먼저 해야 하는 것은? ★

① 분광기의 파장눈금을 분석선의 파장에 맞춘다.

② 광원램프를 점등하여 적당한 전류값으로 설정한다.

③ 가스유량 조절기의 밸브를 열어 불꽃을 점화한다.

④ 시료 용액을 불꽃 중에 분무시켜 지시한 값을 읽어 둔다.

✅ 먼저 전원 스위치 및 관련 스위치를 넣어 측광부에 전류를 통한다. 그 다음 광원램프를 점등하여 적당한 전류값으로 설정한다.

74 배출허용기준 중 표준산소농도를 적용받는 항목에 대한 배출가스유량 보정식으로 옳은 것은? (단, Q : 배출가스 유량(Sm³/일), Q_a : 실측배출가스 유량(Sm³/일), O_a : 실측산소농도(%), O_s : 표준산소 농도(%)) ★★★

① $Q = Q_a × [(21 - O_s)/(21 - O_a)]$

② $Q = Q_a ÷ [(21 - O_s)/(21 - O_a)]$

③ $Q = Q_a × [(21 + O_s)/(21 + O_a)]$

④ $Q = Q_a ÷ [(21 + O_s)/(21 + O_a)]$

75 특정발생원에서 일정한 굴뚝을 거치지 않고 외부로 비산되는 먼지를 고용량 공기시료채취법으로 측정한 결과 다음과 같은 자료를 얻었다. 이때 비산먼지의 농도는 몇 mg/m³인가?

- 채취먼지량이 가장 많은 위치에서 먼지 농도 : 65mg/m³
- 대조위치에서 먼지 농도 : 0.23mg/m³
- 전 시료채취 기간 중 주 풍향이 90° 이상 변하고, 풍속이 0.5m/s 미만 또는 10m/s 이상되는 시간이 전 채취시간의 50% 이상이다.

① 117 ② 102
③ 94   ④ 87

✅ 비산먼지 농도
$C = (CH - CB) × WD × WS$
$= (65 - 0.23) × 1.5 × 1.2$
$= 116.6$
전 시료채취 기간 중 주 풍향이 90° 이상 변할 때
$WD = 1.5$
풍속이 0.5m/s 미만 또는 10m/s 이상되는 시간이 전 채취시간의 50% 이상일 때 $WS = 1.2$
여기서, CH : 채취먼지량이 가장 많은 위치에서의 먼지 농도(mg/Sm³)
CB : 대조위치에서의 먼지 농도(mg/Sm³)
WD, WS : 풍향, 풍속 측정결과로부터 구한 보정계수
단, 대조위치를 선정할 수 없는 경우에는 CB를 0.15mg/Sm³로 한다.

76 환경대기 중 위상차현미경을 사용한 석면시험 방법과 그 용어의 설명으로 옳지 않은 것은 어느 것인가? ★★★

① 위상차현미경은 굴절률 또는 두께가 부분적으로 다른 무색투명한 물체의 각 부분의 투과광 사이에 생기는 위상차를 화상면에서 명암의 차로 바꾸어, 구조를 보기 쉽도록 한 현미경이다.

② 석면먼지의 농도 표시는 0℃, 760mmH$_2$O의 기체 1μL 중에 함유된 석면섬유의 개수(개/μL)로 표시한다.

③ 대기 중 석면은 강제흡인장치를 통해 여과장치에 채취한 후 위상차현미경으로 계수하여 석면 농도를 산출한다.

④ 위상차현미경을 사용하여 섬유상으로 보이는 입자를 계수하고 같은 입자를 보통의 생물현미경으로 바꾸어 계수하여, 그 계수치들의 차를 구하면 굴절률이 거의 1.5인 섬유상의 입자, 즉 석면이라고 추정할 수 있는 입자를 계수할 수 있게 된다.

✔ 석면먼지의 농도 표시는 20℃, 1기압 상태의 기체 1mL 중에 함유된 석면섬유의 개수(개/mL)로 표시한다.

77 비분산/적외선분광분석법(non dispersive infrared photometer analysis)에서 사용되는 용어에 관한 설명으로 옳지 않은 것은? ★★★

① 비교가스는 시료셀에서 적외선 흡수를 측정하는 경우 대조가스로 사용하는 것으로 적외선을 흡수하지 않는 가스를 말한다.

② 비교셀은 시료셀과 동일한 모양을 가지며 아르곤 또는 질소와 같은 불활성 기체를 봉입하여 사용한다.

③ 광학필터는 시료광속과 비교광속을 일정 주기로 단속시켜 광학적으로 변조시키는 것으로 단속방식에는 1~20Hz의 교호단속 방식과 동시단속방식이 있다.

④ 시료셀은 시료가스가 흐르는 상태에서 양단의 창을 통해 시료광속이 통과하는 구조를 갖는다.

✔ 광학필터는 시료가스 중에 간섭물질 가스의 흡수파장역의 적외선을 흡수 제거하기 위하여 사용하며, 가스필터와 고체필터가 있는데 이것은 단독 또는 적절히 조합하여 사용한다.

78 대기오염공정시험기준상 따로 규정이 없는 한 "시약 명칭-화학식-농도(%)-비중(약)" 기준으로 옳은 것은?

① 암모니아수-NH$_4$OH-30.0~34.0(NH$_3$로서)-1.05

② 아이오드화수소산-HI-46.0~48.0-1.25

③ 브롬화수소산-HBr-47.0~49.0-1.48

④ 과염소산-H$_2$ClO$_3$-60.0~62.0-1.34

✔ ① 암모니아수-NH$_4$OH-28.0~30.0(NH$_3$로서)-0.9
✔ ② 아이오드화수소산-HI-55.0~58.0-1.7
✔ ④ 과염소산-HClO$_4$-60.0~62.0-1.54

79 기체 크로마토그래피에 의한 정량분석에서 이용되는 정량법으로 거리가 먼 것은? ★

① 표준넓이추가법 ② 보정넓이백분율법
③ 상대검정곡선법 ④ 절대검정곡선법

✔ 정량법은 절대검정곡선법, 넓이백분율법, 보정넓이백분율법, 상대검정곡선법, 표준물첨가법 등이 있다.

80 다음 중 현행 대기오염공정시험기준상 일반적으로 자외선/가시선분광법으로 분석하지 않는 물질은? ★★

① 배출가스 중 이황화탄소
② 유류 중 황 유량
③ 배출가스 중 황화수소
④ 배출가스 중 불소화합물

✔ 유류 중 황 유량의 분석방법은 연소관식 공기법과 방사선 여기법이 있다.

2020년 제1,2회 통합 대기환경기사

61 배출가스 중 질소산화물의 농도 측정방법으로 옳지 않은 것은? ★★★

① 화학발광법
② 자외선형광법
③ 적외선흡수법
④ 아연환원 나프틸에틸렌다이아민법

✔ 질소산화물의 농도 측정방법에는 전기화학식(정전위전해법), 화학발광법, 적외선흡수법, 자외선흡수법, 아연환원 나프틸에틸렌다이아민법 등이 있다.

62 적정법에 의한 배출가스 중 브롬화합물의 정량 시 과잉의 하이포아염소산염을 환원시키는데 사용하는 것은?

① 염산
② 폼산소듐
③ 수산화소듐
④ 암모니아수

✔ 배출가스 중 브롬화합물의 정적법은 배출가스 중 브로민 화합물을 수산화소듐 용액에 흡수시킨 다음 브로민을 하이포아염소산소듐 용액을 사용하여 브로민산 이온으로 산화시키고 과잉의 하이포아염소산염은 폼산소듐으로 환원시켜 이 브로민산 이온을 아이오딘 적정법으로 정량하는 방법이다.

63 화학반응 공정 등에서 배출되는 굴뚝 배출가스 중 일산화탄소 분석방법에 따른 정량범위로 틀린 것은?

① 정전위전해법 : 0~200ppm
② 비분산형 적외선분석법 : 0~1,000ppm
③ 기체 크로마토그래피 : TCD의 경우 0.1% 이상
④ 기체 크로마토그래피 : FID의 경우 0~2,000ppm

✔ 정전위전해법의 측정범위는 0~1,000ppm 이하

64 다음 중 액의 농도에 관한 설명으로 옳지 않은 것은? ★★★

① 단순히 용액이라 기재하고, 그 용액의 이름을 밝히지 않은 것은 수용액을 뜻한다.
② 혼액(1+2)은 액체상의 성분을 각각 1용량 대 2용량의 비율로 혼합한 것을 뜻한다.
③ 황산(1 : 7)은 용질이 액체일 때 1mL를 용매에 녹여 전량을 7mL로 하는 것을 뜻한다.
④ 액의 농도를 (1 → 5)로 표시한 것은 그 용질의 성분이 고체일 때는 1g을 용매에 녹여 전량을 5mL로 하는 비율을 말한다.

✔ 황산(1 : 7)은 황산(1+7)과 같은 의미이며, 황산 1용량에 정제수 7용량을 혼합한 것이다.

65 대기 및 굴뚝 배출기체 중의 오염물질을 연속적으로 측정하는 비분산 정필터형 적외선가스 분석계(고정형)의 성능유지 조건에 대한 설명으로 옳은 것은?

① 최대눈금범위의 ±5% 이하에 해당하는 농도 변화를 검출할 수 있는 감도를 지녀야 한다.
② 측정가스의 유량이 표시한 기준유량에 대하여 ±10% 이내에서 변동하여도 성능에 지장이 있어서는 안 된다.
③ 동일 조건에서 제로가스를 연속적으로 도입하여 24시간 연속측정하는 동안 전체눈금의 ±5% 이상의 지시변화가 없어야 한다.
④ 전압변동에 대한 안정성 측면에서 전원전압이 설정전압의 ±10% 이내로 변화하였을 때 지시값 변화는 전체눈금의 ±1% 이내여야 한다.

✔ ① 감도는 최대눈금범위의 ±1% 이하에 해당하는 농도변화를 검출할 수 있는 것이어야 한다.
② 유량변화에 대한 안정성은 측정가스의 유량이 표시한 기준유량에 대하여 ±2% 이내에서 변동하여도 성능에 지장이 있어서는 안 된다.
③ 로드리프트는 동일 조건에서 제로가스를 연속적으로 도입하여 고정형은 24시간, 이동형은 4시간 연속측정하는 동안에 전체 눈금의 ±2% 이상의 지시변화가 없어야 한다.

66 대기오염공정시험기준상 비분산적외선분광분석법에서 응답시간에 관한 설명이다. ( ) 안에 알맞은 것은? ★★

> 응답시간은 제로조정용 가스를 도입하여 안정된 후 유로를 스팬가스로 바꾸어 기준유량으로 분석계에 도입하여 그 농도를 눈금범위 내의 어느 일정한 값으로부터 다른 일정한 값으로 갑자기 변화시켰을 때 스텝(step) 응답에 대한 소비시간이 (㉠) 이내여야 한다. 또 이때 최종지시값에 대한 90%의 응답을 나타내는 시간은 (㉡) 이내여야 한다.

① ㉠ 1초, ㉡ 1분
② ㉠ 1초, ㉡ 40초
③ ㉠ 10초, ㉡ 1분
④ ㉠ 10초, ㉡ 40초

67 굴뚝 배출가스 유속을 피토관으로 측정한 결과가 다음과 같을 때 배출가스 유속(m/s)는 얼마인가? ★★★

> • 동압 : 100mmH$_2$O
> • 배출가스 온도 : 295℃
> • 표준상태 배출가스 밀도 : 1.2kg/m^3(0℃, 1기압)
> • 피토관 계수 : 0.87

① 43.7   ② 48.2
③ 50.7   ④ 54.3

✔ $V = C\sqrt{\dfrac{2gh}{\gamma}}$

$= 0.87 \times \sqrt{\dfrac{2 \times 9.8 \times 100 \times (273+295)}{1.2 \times 273}}$

$= 50.7 \text{m/s}$

여기서, V : 유속(m/s)
C : 피토관 계수
h : 피토관에 의한 동압 측정치(mmH$_2$O)
g : 중력가속도(9.81m/s^2)
γ : 굴뚝 내의 배출가스 밀도(kg/m^3)

68 기체 크로마토그래피의 장치 구성에 관한 설명으로 옳지 않은 것은? ★★★

① 분리관유로는 시료 도입부, 분리관, 검출기기 배관으로 구성되며, 배관의 재료는 스테인리스강이나 유리 등 부식에 대한 저항이 큰 것이어야 한다.
② 분리관(column)은 충전물질을 채운 내경 2~7mmm의 시료에 대하여 불활성 금속, 유리 또는 합성수지관으로 각 분석방법에서 규정하는 것을 사용한다.
③ 운반가스는 일반적으로 열전도도형 검출기(TCD)에서는 순도 99.8% 이상의 아르곤이나 질소를, 수소염이온화검출기(FID)에서는 순도 99.8% 이상의 수소를 사용한다.
④ 주사기를 사용하는 시료 도입부는 실리콘고무와 같은 내열성 탄성체 격막이 있는 시료 기화실로서 분리관 온도와 동일하거나 또는 그 이상의 온도를 유지할 수 있는 가열기구가 갖추어져야 한다.

✔ 열전도도형 검출기(TCD)에서는 순도 99.8% 이상의 수소나 헬륨을, 불꽃이온화검출기(FID)에서는 순도 99.8% 이상의 질소 또는 헬륨을 사용하며, 기타 검출기에서는 각각 규정하는 가스를 사용한다.

69 배출가스 중 가스상 물질의 시료 채취방법 중 다음 분석물질별 흡수액과의 연결이 옳지 않은 것은? ★★★

	분석물질	흡수액
가	불소화합물	수산화소듐 용액(0.1N0)
나	벤젠	질산암모늄+황산(1 → 5)
다	비소	수산화칼륨 용액(0.4W/V%)
라	황화수소	아연아민착염 용액

① 가   ② 나
③ 다   ④ 라

✔ 비소의 흡수액은 수산화소듐 용액(0.1N)이며, 벤젠은 흡수액을 사용하지 않는다.

70 다음 중 굴뚝에서 배출되는 가스의 유량을 측정하는 기기가 아닌 것은? ★★

① 피토관
② 열선유속계
③ 와류유속계
④ 위상차유속계

✔ 굴뚝에서 배출되는 가스의 유량을 측정하는 방법에는 피토관을 이용하는 방법, 열선유속계를 이용하는 방법, 와류유속계를 이용하는 방법, 초음파 유속계를 이용하는 방법 등이 있다.

71 배출가스 중 암모니아를 인도페놀법으로 분석할 때 암모니아와 같은 양으로 공존하면 안 되는 물질은? ★★

① 아민류   ② 황화수소
③ 아황산가스   ④ 이산화질소

✔ 인도페놀법으로 암모니아 분석 시에는 이산화질소가 100배 이상, 아민류가 몇십배 이상, 이산화황이 10배 이상 또는 황화수소가 같은 양 이상 각각 공존하지 않는 경우에 적용할 수 있다.

72 다음은 배출가스 중 입자상 아연화합물의 자외선/가시선분광법에 관한 설명이다. (　) 안에 알맞은 것은? ★★

> 아연이온을 (㉠)과 반응시켜 생성되는 아연 착색물질을 사염화탄소로 추출한 후, 그 흡수도를 파장 (㉡)에서 측정하여 정량하는 방법이다.

① ㉠ 디티존
　㉡ 460nm
② ㉠ 디티존
　㉡ 535nm
③ ㉠ 디에틸디티오카바민산나트륨
　㉡ 460nm
④ ㉠ 디에틸디티오카바민산나트륨
　㉡ 535nm

73 대기오염공정시험기준상 원자흡수분광광도법 분석장치 중 시료 원자화장치에 관한 설명으로 옳지 않은 것은? ★

① 시료 원자화장치 중 버너의 종류로 전분무버너와 예혼합버너가 있다.
② 내화성 산화물을 만들기 쉬운 원소의 분석에 적당한 불꽃은 프로판-공기 불꽃이다.
③ 빛이 투과하는 불꽃의 길이를 10cm 이상으로 하려면 멀티패스(multi path)방식을 사용한다.
④ 분석의 감도를 높여주고 안정한 측정치를 얻기 위하여 불꽃 중에 빛을 투과시킬 때 불꽃 중에서의 유효길이를 되도록 길게 한다.

✔ 아세틸렌-아산화질소 불꽃은 불꽃 온도가 높기 때문에 불꽃 중에서 해리하기 어려운 내화성 산화물(refractory oxide)을 만들기 쉬운 원소의 분석에 적당하다.

74 대기오염공정시험기준상 분석시험에 있어 기재 및 용어에 관한 설명으로 옳은 것은 어느 것인가? ★★★

① 시험조작 중 "즉시"란 10초 이내에 표시된 조작을 하는 것을 뜻한다.
② "감압 또는 진공"이라 함은 따로 규정이 없는 한 10mmHg 이하를 뜻한다.
③ 용액의 액성 표시는 따로 규정이 없는 한 유리전극법에 의한 pH미터로 측정한 것을 뜻한다.
④ "정확히 단다"라 함은 규정한 양의 검체를 취하여 분석용 저울로 0.3mg까지 다는 것을 뜻한다.

✔ ① 시험조작 중 "즉시"란 30초 이내에 표시된 조작을 하는 것을 뜻한다.
② "감압 또는 진공"이라 함은 따로 규정이 없는 한 15mmHg 이하를 뜻한다.
③ "정확히 단다"라 함은 규정한 양의 검체를 취하여 분석용 저울로 0.1mg까지 다는 것을 뜻한다.

75 공정시험방법상 환경대기 중의 탄화수소 농도를 측정하기 위한 주 시험법은? ★★

① 총탄화수소 측정법
② 활성탄화수소 측정법
③ 비활성탄화수소 측정법
④ 비메탄탄화수소 측정법

76 배출허용기준 중 표준산소 농도를 적용받는 항목에 대한 배출가스량 보정식으로 옳은 것은? (단, Q : 배출가스 유량(Sm^3/일), Q_a : 실측배출가스 유량(Sm^3/일), O_s : 표준산소 농도(%), O_a : 실측산소 농도(%)) ★★★

① $\left(Q = Q_a \times \dfrac{O_s - 21}{O_a - 21} \right)$

② $\left(Q = Q_a \times \dfrac{O_a - 21}{O_s - 21} \right)$

③ $\left(Q = Q_a \div \dfrac{21 - O_s}{21 - O_a} \right)$

④ $\left(Q = Q_a \div \dfrac{21 - O_a}{21 - O_s} \right)$

77 굴뚝 배출가스 중 수분량이 체적백분율로 10%이고, 배출가스의 온도 80℃, 시료 채취량 10L, 대기압 0.6기압, 가스미터 게이지압 25mmHg, 가스미터 온도 80℃에서의 수증기 포화압이 255mmHg라 할 때, 흡수된 수분량(g)은?

① 0.15 　　　　② 0.21
③ 0.33 　　　　④ 0.46

✔
$$X_W = \frac{\frac{22.4}{18} \times m_a}{V_m \times \frac{273}{273 + \theta_m} \times \frac{P_a + P_m - P_v}{760} + \frac{22.4}{18} \times m_a} \times 100$$

$$10 = \frac{\frac{22.4}{18} \times m_a}{10 \times \frac{273}{273 + 80} \times \frac{0.6 + 25/760 - 255/760}{760} + \frac{22.4}{18} \times m_a} \times 100$$

$$\therefore \ m_a = 0.21$$

78 굴뚝 배출가스 중 아황산가스의 자동연속측정 방법 중 자외선흡수분석계에 관한 설명으로 옳지 않은 것은? ★

① 광원 : 저압수소방전관 또는 저압수은등이 사용된다.
② 분광기 : 프리즘 또는 회절격자분광기를 이용하여 자외선 영역 또는 가시광선 영역의 단색광을 얻는 데 사용된다.
③ 검출기 : 자외선 및 가시광선에 감도가 좋은 광전자증배관 또는 광전관이 이용된다.
④ 시료셀 : 200~500mm의 길이로 시료가스가 연속적으로 통과할 수 있는 구조로 되어 있다.

✔ 광원은 중수소방전관 또는 중압수은등이 사용된다.

79 배출가스 중 이황화탄소를 자외선/가시선분광법으로 정량할 때 흡수액으로 옳은 것은 어느 것인가? ★★★

① 아연아민착염 용액
② 제일염화주석 용액
③ 다이에틸아민구리 용액
④ 수산화제이철암모늄 용액

80 원자흡광분석에서 발생하는 간섭 중 분석에 사용하는 스펙트럼의 불꽃 중에서 생성되는 목적원소의 원자증기 이외의 물질에 의하여 흡수되는 경우에 발생되는 것은? ★★★

① 물리적 간섭
② 화학적 간섭
③ 분광학적 간섭
④ 이온학적 간섭

✔ 분광학적 간섭은 분석에 사용하는 스펙트럼선이 다른 인접선과 완전히 분리되지 않는 경우에도 일어난다.

2020년 제3회 대기환경기사

61 대기오염공정시험기준상 고성능 이온 크로 마토그래피의 장치 중 서프레서에 관한 설명으로 가장 거리가 먼 것은?

① 장치의 구성상 서프레서 앞에 분리관이 위치한다.

② 용리액에 사용되는 전해질 성분을 제거하기 위한 것이다.

③ 관형 서프레서에 사용하는 충전물은 스티롤계 강산형 및 강염기형 수지이다.

④ 목적성분의 전기전도도를 낮추어 이온성 분을 고감도로 검출할 수 있게 해 준다.

✅ 서프레서는 전기전도도셀에서 목적이온성분과 전기전도 도만을 고감도로 검출할 수 있게 해 주는 것이다.

62 굴뚝 배출가스 중 먼지 농도를 반자동식 시료 채취기에 의해 분석하는 경우 채취장치 구성에 관한 설명으로 옳지 않은 것은? ★★

① 흡인노즐의 꼭지점은 80° 이하의 예각이 되도록 하고, 주위 장치에 고정시킬 수 있도록 충분한 각(가급적 수직)이 확보되도록 한다.

② 흡인노즐의 안과 밖의 가스흐름이 흐트러지지 않도록 흡인노즐 안지름(d)은 3mm 이상으로 하고, d는 정확히 측정하여 0.1mm 단위까지 구하여 둔다.

③ 흡입관은 수분농축 방지를 위해 시료가스 온도를 120±14℃로 유지할 수 있는 가열기를 갖춘 보로실리케이트, 스테인리스강 재질 또는 석영유리관을 사용한다.

④ 피토관은 피토관 계수가 정해진 L형 피토관(C : 1.0 전후) 또는 S형(웨스틴형 C : 0.85 전후) 피토관으로서 배출가스 유속의 계속적인 측정을 위해 흡입관에 부착하여 사용한다.

✅ 흡인노즐의 꼭지점은 30° 이하의 예각이 되도록 하고, 매끈한 반구모양으로 한다.

63 굴뚝에서 배출되는 건조배출가스의 유량을 계산할 때 필요한 값으로 옳지 않은 것은? (단, 굴뚝의 단면은 원형이다.) ★

① 굴뚝 단면적

② 배출가스 평균온도

③ 배출가스 평균동압

④ 배출가스 중의 수분량

✅ $$Q = V \times A \times \frac{273}{273 + \theta_s} \times \frac{P_a + P_s}{} \times \left(1 - \frac{X_w}{100}\right) \times 3,600$$

여기서, Q : 건조배출가스 유량(Sm³/h)
V : 배출가스 평균유속(m/s)
A : 굴뚝 단면적(m²)
θ_s : 배출가스 평균온도(℃)
P_a : 측정공 위치에서의 대기압(mmHg)
P_s : 배출가스 평균정압(mmHg)
X_w : 배출가스 중의 수분량(%)

64 대기오염공정시험기준상 원자흡수분광광도법에서 사용하는 용어의 정의로 옳지 않은 것은 어느 것인가? ★★★

① 선프로파일(line profile) : 파장에 대한 스펙트럼선의 강도를 나타내는 곡선

② 공명선(resonance line) : 목적하는 스펙트럼선에 가까운 파장을 갖는 다른 스펙트럼선

③ 예복합버너(premix type burner) : 가연성 가스, 조연성 가스 및 시료를 분무실에서 혼합시켜 불꽃 중에 넣어주는 방식의 버너

④ 분무실(nebulizer-chamber) : 분무기와 함께 분무된 시료 용액의 미립자를 더욱 미세하게 해 주는 한편 큰 입자와 분리시키는 작용을 갖는 장치

✅ 공명선(resonance line)은 원자가 외부로부터 빛을 흡수 했다가 다시 먼저 상태로 돌아갈 때 방사하는 스펙트럼선 이다.

65 굴뚝 배출가스 내의 산소 측정방법 중 덤벨형 (dumb-bell) 자기력 분석계에 관한 설명으로 옳지 않은 것은?

① 측정셀은 시료 유통실로서 자극 사이에 배치하여 덤벨 및 불균형 자계발생 자극편을 내장한 것이어야 한다.

② 편위검출부는 덤벨의 편위를 검출하기 위한 것으로 광원부와 덤벨봉에 달린 거울에서 반사하는 빛을 받는 수광기로 된다.

③ 피드백코일은 편위량을 없애기 위하여 전류에 의하여 자기를 발생시키는 것으로 일반적으로 백금선이 이용된다.

④ 덤벨은 자기화율이 큰 유리 등으로 만들어진 중공의 구체를 막대 양 끝에 부착한 것으로 수소 또는 헬륨을 봉입한 것을 말한다.

66 환경대기 중 석면 농도를 측정하기 위해 위상차현미경을 사용한 계수방법에 관한 설명으로 ( ) 안에 알맞은 것은? ★★

> 시료 채취 측정시간은 주간시간대(오전 8시~오후 7시) (㉠)으로 1시간 측정하고, 시료 채취 조작 시 유량계의 부자를 (㉡)되게 조정한다.

① ㉠ 1L/min, ㉡ 1L/min
② ㉠ 1L/min, ㉡ 10L/min
③ ㉠ 10L/min, ㉡ 1L/min
④ ㉠ 10L/min, ㉡ 10L/min

67 어떤 굴뚝 배출가스의 유속을 피토관으로 측정하고자 한다. 동압 측정 시 확대율이 10배인 경사 마노미터를 사용하여 액주 55mm를 얻었다. 동압은 약 몇 mmH₂O인가? (단, 경사 마노미터에는 비중 0.85의 톨루엔을 사용한다.)

① 4.7　　　② 5.5
③ 6.5　　　④ 7.0

✔ Toluene Head
　=Water Head×(Water Density/Toluene Density)
　55/10=Water Head×1/0.85
　∴ Water Head=5.5×0.85=4.675≒4.7mmH₂O

68 대기오염공정시험기준상 일반화학분석에 대한 공통적인 사항으로 따로 규정이 없는 경우 사용해야 하는 시약의 규격으로 옳지 않은 것은 어느 것인가? ★

	명칭	농도(%)	비중(약)
가	암모니아수	32.0~38.0 (NH₃로서)	1.38
나	플루오르화수소	46.0~48.0	1.14
다	브롬화수소	47.0~49.0	1.48
라	과염소산	60.0~62.0	1.54

① 가　　　② 나
③ 다　　　④ 라

✔ 암모니아수(NH₄OH)의 농도(%)는 28.0~30.0(NH₃로서)이고, 비중은 약 0.90이다.

69 대기오염공정시험기준상 화학분석 일반사항에 대한 규정 중 옳지 않은 것은? ★★★

① "약"이란 그 무게 또는 부피에 대하여 ±10% 이상의 차가 있어서는 안 된다.

② 냉수는 15℃ 이하, 온수는 60~70℃, 열수는 약 100℃를 말한다.

③ "방울수"라 함은 10℃에서 정제수 10방울을 떨어뜨릴 때 그 부피가 약 1 mL되는 것을 뜻한다.

④ "밀봉용기"라 함은 물질을 취급 또는 보관하는 동안에 기체 또는 미생물이 침입하지 않도록 내용물을 보호하는 용기를 뜻한다.

✔ "방울수"라 함은 20℃에서 정제수 20방울을 떨어뜨릴 때 그 부피가 약 1mL되는 것을 뜻한다.

70 굴뚝 배출가스량이 125Sm³/hr이고, HCl 농도가 200ppm일 때, 5,000L 물에 2시간 흡수시켰다. 이때 이 수용액의 pOH는? (단, 흡수율은 60%이다.)

① 8.5 　　② 9.3

③ 10.4 　　④ 13.3

✔ $\dfrac{125\text{Sm}^3}{\text{hr}}\Bigg|\dfrac{1{,}000\text{L}}{1\text{m}^3}\Bigg|200\Bigg|10^{-6}\Bigg|2\text{hr}\Bigg|0.6\Bigg|\dfrac{1\text{mol}}{22.4\text{L}}\Bigg|\dfrac{}{5{,}000\text{L}}$

$=0.000268\text{mol/L}=0.000268\text{M}=[\text{H}^+]$

$\text{pH}=-\log[\text{H}^+]=-\log(0.000268)=3.57$

$\therefore \text{pOH}=14-3.57=10.43$

71 대기오염공정시험기준상 원자흡수분광광도법에서 분석시료의 측정조건 결정에 관한 설명으로 가장 거리가 먼 것은?

① 분석선 선택 시 감도가 가장 높은 스펙트럼선을 분석선으로 하는 것이 일반적이다.

② 양호한 S/N비를 얻기 위하여 분광기의 슬릿폭은 목적으로 하는 분석선을 분리할 수 있는 범위 내에서 되도록 넓게 한다(이웃의 스펙트럼선과 겹치지 않는 범위 내에서).

③ 불꽃 중에서의 시료의 원자밀도 분포와 원소불꽃의 상태 등에 따라 다르므로 불꽃의 최적위치에서 빛이 투과하도록 버너의 위치를 조절한다.

④ 일반적으로 광원램프의 전류값이 낮으면 램프의 감도가 떨어지는 등 수명이 감소하므로 광원램프는 장치의 성능이 허락하는 범위 내에서 되도록 높은 전류값에서 동작시킨다.

✔ 일반적으로 광원램프의 전류값이 높으면 램프의 감도가 떨어지고 수명이 감소하므로 광원램프는 장치의 성능이 허락하는 범위 내에서 되도록 낮은 전류값에서 동작시킨다.

72 굴뚝 배출가스 중 아황산가스의 연속자동측정방법의 종류로 옳지 않은 것은? ★★★

① 불꽃광도법 　　② 광전도전위법

③ 자외선흡수법 　　④ 용액전도율법

✔ 아황산가스의 연속자동측정방법은 전기화학식(정전위전해법), 용액전도율법, 적외선흡수법, 자외선흡수법, 불꽃광도법 등이 있다.

73 굴뚝 내의 온도(θ_s)는 133℃이고, 정압(P_s)은 15mmHg이며, 대기압(P_a)은 745mmHg이다. 이때 대기오염공정시험기준상 굴뚝 내의 배출가스 밀도(kg/m³)는? (단, 표준상태의 공기의 밀도(γ_o)는 1.3kg/Sm³이고, 굴뚝 내 기체 성분은 대기와 같다.) ★

① 0.744

② 0.874

③ 0.934

④ 0.984

✔ $\gamma=\gamma_o\times\dfrac{273}{273+\theta_s}\times\dfrac{P_a+P_s}{760}$

$\quad=1.3\times\dfrac{273}{273+133}\times\dfrac{745+15}{760}$

$\quad=0.874\text{kg/m}^3$

여기서, γ : 굴뚝 내의 배출가스 밀도(kg/m³)

$\qquad \gamma_o$: 0℃, 760mmHg로 환산한 습한 배출가스 밀도(kg/Sm³)

$\qquad P_a$: 측정공 위치에서의 대기압(mmHg)

$\qquad P_s$: 각 측정점에서 배출가스 정압의 평균치(mmHg)

$\qquad \theta_s$: 각 측정점에서 배출가스 온도의 평균치(℃)

74 고용량 공기시료 채취기를 이용하여 배출가스 중 비산먼지의 농도를 계산하려고 한다. 풍속이 0.5m/s 미만 또는 10m/s 이상 되는 시간이 전 채취시간의 50% 이상일 때 풍속에 대한 보정계수는? ★★

① 1.0 　　② 1.2

③ 1.4 　　④ 1.5

✔ 풍속이 0.5m/s 미만 또는 10m/s 이상 되는 시간이 전 채취시간의 50% 이상일 때 보정계수 1.2, 그리고 풍속이 0.5m/s 미만 또는 10m/s 이상 되는 시간이 전 채취시간의 50% 미만일 때 보정계수 1.0

제4과목

75 대기오염공정시험기준상 환경대기 중 가스상 물질의 시료 채취방법에 관한 설명으로 옳지 않은 것은? ★★★

① 용기채취법에서 용기는 일반적으로 수소 또는 헬륨 가스가 충전된 백(bag)을 사용한다.

② 용기채취법은 시료를 일단 일정한 용기에 채취한 다음 분석에 이용하는 방법으로 채취관 – 용기, 또는 채취관 – 유량조절기 – 흡입펌프 – 용기로 구성된다.

③ 직접채취법에서 채취관은 일반적으로 4불화에틸렌수지(teflon), 경질유리, 스테인리스강제 등으로 된 것을 사용한다.

④ 직접채취법에서 채취관의 길이는 5m 이내로 되도록 짧은 것이 좋으며, 그 끝은 빗물이나 곤충, 기타 이물질이 들어가지 않도록 되어 있는 구조여야 한다.

✅ 용기채취법에서 용기는 일반적으로 진공병 또는 공기주머니(air bag)를 사용한다.

76 배출가스 중 굴뚝 배출시료 채취방법 중 분석대상기체가 포름알데하이드일 때 채취관, 도관의 재질로 옳지 않은 것은? ★★★

① 석영　　　　② 보통강철
③ 경질유리　　④ 불소수지

✅ 포름알데하이드는 채취관, 도관의 재질로 경질유리, 석영, 플루오르(불소)수지 등을 사용한다.

77 대기오염공정시험기준상 비분산적외선분광분석법의 용어 및 장치 구성에 관한 설명으로 옳지 않은 것은? ★★★

① 제로 드리프트(zero drift)는 측정기의 교정범위 눈금에 대한 지시값의 일정기간 내의 변동을 말한다.

② 비교가스는 시료셀에서 적외선 흡수를 측정하는 경우 대조가스로 사용하는 것으로 적외선을 흡수하지 않는 가스를 말한다.

③ 광원은 원칙적으로 흑체발광으로 니크롬선 또는 탄화규소의 저항체에 전류를 흘려 가열한 것을 사용한다.

④ 시료셀은 시료가스가 흐르는 상태에서 양단의 창을 통해 시료광속이 통과하는 구조를 갖는다.

✅ 제로 드리프트는 동일 조건에서 제로가스를 연속적으로 도입하여 고정형은 24시간, 이동형은 4시간 연속측정하는 동안에 전체 눈금의 ±2% 이상의 지시변화가 없어야 한다.

78 굴뚝의 배출가스 중 구리화합물을 원자흡수분광광도법으로 분석할 때의 적정파장(nm)은 얼마인가? ★

① 213.8　　　　② 228.8
③ 324.8　　　　④ 357.9

79 다음 굴뚝 배출가스를 분석할 때 아연환원 나프틸에틸렌다이아민법이 주 시험방법인 물질로 옳은 것은? ★★★

① 페놀　　　　② 브롬화합물
③ 이황화탄소　④ 질소산화물

✅ 아연환원 나프틸에틸렌다이아민법은 화학반응 등에 의하여 굴뚝 등에서 배출되는 배출가스 중의 질소산화물(NO+NO_2)을 분석하는 방법이다.

80 환경대기 중 아황산가스를 파라로자닐린법으로 분석할 때 다음 간섭물질에 대한 제거방법으로 옳은 것은?

① NO_x : 측정기간을 늦춘다.
② Cr : pH를 4.5 이하로 조절한다.
③ O_3 : 설파민산(NH_3SO_3)을 사용한다.
④ Mn, Fe : EDTA 및 인산을 사용한다.

✅ 주요 방해물질은 NO_x, O_3, Mn, Fe, Cr이다. 에틸렌 디아민테트라 아세트산(EDTA) 및 인산은 위의 금속성분들의 방해를 방지한다. 특히, NO_x의 방해는 설파민산(NH_3SO_3)을 사용하고, O_3의 방해는 측정기간을 늦춤으로써 제거된다.

제4과목 | 대기오염 공정시험기준(방법)

2020년 제4회 대기환경기사

61 다음은 기체 크로마토그램에서 피크(peak)의 분리 정도를 나타낸 그림이다. 분리계수(d)와 분리도(R)를 구하는 식으로 옳은 것은? ★

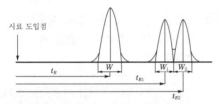

① $d = \dfrac{t_{R2}}{t_{R1}}$, $R = \dfrac{2(t_{R2} - t_{R1})}{W_1 + W_2}$

② $d = t_{R2} - t_{R1}$, $R = \dfrac{t_{R1} + t_{R2}}{W_1 + W_2}$

③ $d = \dfrac{t_{R2} + t_{R1}}{W_1 + W_2}$, $R = \dfrac{t_{R2}}{t_{R1}}$

④ $d = \dfrac{t_{R2} + t_{R1}}{2}$, $R = 100 \times d(\%)$

✔ t_{R1}, t_{R2} : 시료 도입점으로부터 봉우리 1, 봉우리 2의 최고점까지의 길이
W_1, W_2 : 봉우리 1, 봉우리 2의 좌우 변곡점에서의 접선이 자르는 바탕선의 길이

62 원자흡수분광광도법의 장치 구성이 순서대로 옳게 나열된 것은? ★★★

① 광원부 → 파장선택부 → 측광부 → 시료원자화부

② 광원부 → 시료원자화부 → 파장선택부 → 측광부

③ 시료원자화부 → 광원부 → 파장선택부 → 측광부

④ 시료원자화부 → 파장선택부 → 광원부 → 측광부

✔ **[Plus 이론학습]**
원자흡광 분석장치는 단광속형과 복광속형이 있다.

63 배출허용기준 중 표준산소농도를 적용받는 어떤 오염물질의 보정된 배출가스 유량이 50Sm³/day였다. 이때 배출가스를 분석하니 실측산소농도는 5%, 표준산소농도는 3%일 때, 측정되어진 실측배출가스 유량(Sm³/day)은? ★★★

① 46.25
② 51.25
③ 56.25
④ 61.25

✔ $Q = Q_a \div \dfrac{21 - O_s}{21 - O_a}$

$50 = Q_a \div \dfrac{21 - 3}{21 - 5}$

∴ $Q_a = 56.25$ Sm³/day

여기서, Q : 배출가스 유량(Sm³/일)
Q_a : 실측배출가스 유량(Sm³/일)
O_s : 표준산소농도(%)
O_a : 실측산소농도(%)

64 굴뚝 배출가스 중 먼지의 자동연속측정방법에서 사용하는 용어의 뜻으로 옳지 않은 것은 어느 것인가? ★

① 검출한계는 제로드리프트의 2배에 해당하는 지시치가 갖는 교정용 입자의 먼지농도를 말한다.

② 응답시간은 표준교정판을 끼우고 측정을 시작했을 때 그 보정치의 90%에 해당하는 지시치를 나타낼 때까지 걸린 시간을 말한다.

③ 교정용 입자는 실내에서 감도 및 교정오차를 구할 때 사용하는 균일계 단분산입자로서 기하평균입경이 0.3~3μm인 인공입자로 한다.

④ 시험가동시간이란 연속자동측정기를 정상적인 조건에서 운전할 때 예기치 않는 수리, 조정 및 부품교환 없이 연속가동할 수 있는 최소시간을 말한다.

✔ 응답시간은 표준교정판(필름)을 끼우고 측정을 시작했을 때 그 보정치의 95%에 해당하는 지시치를 나타낼 때까지 걸린 시간을 말한다.

65 다음 중 물질을 취급 또는 보관하는 동안에 기체 또는 미생물이 침입하지 않도록 내용물을 보호하는 용기를 뜻하는 것은? ★★★

① 기밀용기

② 밀폐용기

③ 밀봉용기

④ 차광용기

✔ **[Plus 이론학습]**
① 기밀용기 : 물질을 취급 또는 보관하는 동안에 외부로부터의 공기 또는 다른 가스가 침입하지 않도록 내용물을 보호하는 용기이다.
② 밀폐용기 : 물질을 취급 또는 보관하는 동안에 이물이 들어가거나 내용물이 손실되지 않도록 보호하는 용기이다.
④ 차광용기 : 광선을 투과하지 않은 용기 또는 투과하지 않게 포장을 한 용기로서 취급 또는 보관하는 동안에 내용물의 광화학적 변화를 방지할 수 있는 용기이다.

66 자외선/가시선분광분석 측정에서 최초광의 60%가 흡수되었을 때의 흡광도는? ★★★

① 0.25

② 0.3

③ 0.4

④ 0.6

✔ $A = \log(1/t) = \log(1/0.4) = 1 - \log 4 = 0.4$
여기서, A : 흡광도
t : 투과도 $= I_t/I_o$

67 비분산적외선분광분석법에서 사용하는 주요 용어의 의미로 옳지 않은 것은? ★★★

① 스팬가스 : 분석계의 최저눈금값을 교정하기 위하여 사용하는 가스

② 스팬드리프트 : 측정기의 교정범위 눈금에 대한 지시값의 일정시간 내의 변동

③ 정필터형 : 측정성분이 흡수되는 적외선을 그 흡수파장에서 측정하는 방식

④ 비교가스 : 시료셀에서 적외선 흡수를 측정하는 경우 대조가스로 사용하는 것으로 적외선을 흡수하지 않는 가스

✔ 스팬가스는 분석계의 최고눈금값을 교정하기 위하여 사용하는 가스이다.

68 다음은 연소관식 공기법을 사용하여 유류 중 황 함유량을 분석하는 방법이다. ( ) 안에 알맞은 것은? ★

> 950~1,100℃로 가열한 석영재질 연소관 중에 공기를 불어넣어 시료를 연소시킨다. 생성된 황산화물을 (㉠)에 흡수시켜 황산으로 만든 다음, (㉡)으로 중화적정하여 황 함유량을 구한다.

① ㉠ 수산화소듐, ㉡ 염산 표준액

② ㉠ 염산, ㉡ 수산화소듐 표준액

③ ㉠ 과산화수소(3%), ㉡ 수산화소듐 표준액

④ ㉠ 싸이오시안산 용액, ㉡ 수산화칼슘 표준액

69 다음은 굴뚝 배출가스 중 황산화물의 중화적정법에 관한 설명이다. ( ) 안에 알맞은 것은 어느 것인가? ★★

> 메틸레드-메틸렌블루 혼합지시약 3~5방울을 가하여 (㉠)으로 적정하고, 용액의 색이 (㉡)으로 변한 점을 종말점으로 한다.

① ㉠ 에틸아민동 용액
㉡ 녹색에서 자주색

② ㉠ 에틸아민동 용액
㉡ 자주색에서 녹색

③ ㉠ 0.1N 수산화소듐 용액
㉡ 녹색에서 자주색

④ ㉠ 0.1N 수산화소듐 용액
㉡ 자주색에서 녹색

70 다음에서 설명하는 굴뚝 배출가스 중의 산소 측정방식으로 옳은 것은? ★

> 이 방식으로 주기적으로 단속하는 자계 내에서 산소분자에 작용하는 단속적인 흡입력을 자계 내에 일정유량으로 유입하는 보조가스의 배압변화량으로서 검출한다.

① 전극 방식　　② 덤벨형 방식
③ 질코니아 방식　④ 압력검출형 방식

✅ **[Plus 이론학습]**
자기력방식은 덤벨형과 압력검출형으로 나뉜다.

71 다음 분석가스 중 아연아민착염 용액을 흡수액으로 사용하는 것은? ★★★

① 황화수소　　② 브롬화합물
③ 질소산화물　④ 포름알데하이드

72 굴뚝 배출가스 중 총탄화수소 측정을 위한 장치 구성조건 등에 관한 설명으로 옳지 않은 것은 어느 것인가? ★★

① 기록계를 사용하는 경우에는 최소 4회/분이 되는 기록계를 사용한다.

② 총탄화수소분석기는 흡광차분광방식 또는 비불꽃(non flame) 이온 크로마토그램 방식의 분석기를 사용하며 폭발위험이 없어야 한다.

③ 시료 채취관은 스테인리스강 또는 이와 동등한 재질의 것으로 하고 굴뚝 중심부분의 10% 범위 내에 위치할 정도의 길이의 것을 사용한다.

④ 영점가스로는 총탄화수소 농도(프로판 또는 탄소등가 농도)가 $0.1mL/m^3$ 이하 또는 스팬값이 0.1% 이하인 고순도 공기를 사용한다.

✅ 굴뚝 배출가스 중 총탄화수소는 불꽃이온화검출기 또는 비분산형 적외선분석기로 유입한 후 분석한다.

73 배출가스 중 먼지를 여과지에 포집하고 이를 적당한 방법으로 처리하여 분석용 시험용액으로 한 후 원자흡수분광광도법을 이용하여 각종 금속원소의 원자흡광도를 측정하여 정량분석하고자 할 때, 다음 중 금속원소별 측정파장으로 옳게 짝지어진 것은? ★

① Pb - 357.9nm
② Cu - 228.2nm
③ Ni - 283.3nm
④ Zn - 213.8nm

✅ ① Pb - 217.0nm 또는 283.3nm
② Cu - 324.8nm
③ Ni - 232nm

74 굴뚝 배출가스 중 질소산화물의 연속자동측정법으로 옳지 않은 것은? ★★★

① 화학발광법
② 용액전도율법
③ 자외선흡수법
④ 적외선흡수법

✅ 질소산화물을 자동측정하는 방법에는 전기화학식(정전위 전해법), 화학발광법, 적외선흡수법, 자외선흡수법 등이 있다.

75 대기오염공정시험기준상 자외선/가시선분광법에서 사용되는 흡수셀의 재질에 따른 사용 파장범위로 가장 적합한 것은? ★★★

① 플라스틱제는 자외부 파장범위
② 플라스틱제는 가시부 파장범위
③ 유리제는 가시부 및 근적외부 파장범위
④ 석영제는 가시부 및 근적외부 파장범위

✅ 흡수셀의 재질로는 유리, 석영, 플라스틱 등을 사용한다. 유리제는 주로 가시 및 근적외부 파장범위에 적합하다.

[Plus 이론학습]
• 석영제는 자외부 파장범위, 플라스틱제는 근적외부 파장범위를 측정할 때 사용한다.
• 가시부와 근적외부의 광원으로는 주로 텅스텐램프를 사용하고, 자외부의 광원으로는 주로 중수소방전관을 사용한다.

제4과목

76 보통형(Ⅰ형) 흡입노즐을 사용한 굴뚝 배출가스 흡입 시 10분간 채취한 흡입가스량(습식 가스미터에서 읽은 값)이 60L였다. 이때 등속흡입이 행해지기 위한 가스미터에 있어서의 등속흡입유량(L/min)의 범위는? (단, 등속흡입 정도를 알기 위한 등속흡입계수 $I(\%) = \dfrac{V_m}{q_m \times t} \times 100$이다.) ★★

① 3.3~5.3   ② 5.5~6.3

③ 6.5~7.3   ④ 7.5~8.3

✅ 등속흡입 정도를 알기 위하여 다음 식에 의해 구한 값이 90~110% 범위여야 한다(예전에는 95~110%였다).

$$I(\%) = \frac{V_m}{q_m \times t} \times 100$$

여기서, I : 등속흡입계수(%)

V_m : 흡입가스량(습식 가스미터에서 읽은 값)(L)

q_m : 가스미터에 있어서의 등속흡입유량(L/min)

t : 가스 흡입시간(min)

• 90%일 때 : $q_m = (60 \times 100) \div (90 \times 10) = 6.7$

• 95%일 때 : $q_m = (60 \times 100) \div (95 \times 10) = 6.3$

• 110%일 때 : $q_m = (60 \times 100) \div (110 \times 10) = 5.5$

77 기체-액체 크로마토그래피에서 사용되는 고정상 액체(stationary liquid)의 조건으로 옳은 것은? ★

① 사용온도에서 증기압이 낮고 점성이 작은 것이어야 한다.

② 사용온도에서 증기압이 낮고 점성이 큰 것이어야 한다.

③ 사용온도에서 증기압이 높고 점성이 작은 것이어야 한다.

④ 사용온도에서 증기압이 높고 점성이 큰 것이어야 한다.

✅ **[Plus 이론학습]**

고정상 액체의 조건

• 분석대상 성분을 완전히 분리할 수 있는 것이어야 한다.

• 화학적으로 안정된 것이어야 한다.

• 화학적 성분이 일정한 것이어야 한다.

78 흡광차분광법을 사용하여 아황산가스를 분석할 때 간섭성분으로 오존(O_3)이 존재할 경우 다음 조건에 따른 오존의 영향(%)을 산출한 값은?

> • 오존을 첨가했을 경우의 지시값 : $0.7\mu mol/mol$
> • 오존을 첨가하지 않은 경우의 지시값 : $0.5\mu mol/mol$
> • 분석기기의 최대눈금값 : $5\mu mol/mol$
> • 분석기기의 최소눈금값 : $0.01\mu mol/mol$

① 1   ② 2

③ 3   ④ 4

✅ $Rt = (A-B)/C \times 100 = (0.7-0.5)/5 = 4$

여기서, Rt : 오존의 영향(%)

A : 오존을 첨가했을 경우의 지시값($\mu mol/mol$)

B : 오존을 첨가하지 않은 경우의 지시값 ($\mu mol/mol$)

C : 최대눈금값($\mu mol/mol$)

79 굴뚝 배출가스 중의 황화수소를 아이오딘 적정법으로 분석하는 방법에 관한 설명으로 거리가 먼 것은?

① 다른 산화성 및 환원성 가스에 의한 방해를 받지 않는 장점이 있다.

② 시료 중의 황화수소를 염산산성으로 하고, 아이오딘 용액을 가하여 과잉의 아이오딘을 싸이오황산소듐 용액으로 적정한다.

③ 시료 중의 황화수소가 100~2,000ppm 함유되어 있는 경우의 분석에 적합한 시료 채취량은 10~20L, 흡입속도는 1L/min 정도이다.

④ 녹말 지시약(질량분율 1%)은 가용성 녹말 1g을 소량의 물과 섞어 끓는물 100mL 중에 잘 흔들어 섞으면서 가하고, 약 1분간 끓인 후 식혀서 사용한다.

✅ 아이오딘 적정법은 다른 산화성 가스와 환원성 가스에 의하여 방해를 받는다.

80 자외선/가시선분광법에 의한 불소화합물 분석방법에 관한 설명으로 옳지 않은 것은? ★

① 분광광도계로 측정 시 흡수파장은 460nm를 사용한다.

② 이 방법의 정량범위는 HF로서 0.05~1,200ppm이며, 방법검출한계는 0.015ppm이다.

③ 시료가스 중에 알루미늄(III), 철(II), 구리(II), 아연(II) 등의 중금속이온이나 인산이온이 존재하면 방해효과를 나타낸다.

④ 굴뚝에서 적절한 시료 채취장치를 이용하여 얻은 시료 흡수액을 일정량으로 묽게 한 다음 완충액을 가하여 pH를 조절하고 란탄과 알리자린콤플렉손을 가하여 생성되는 생성물의 흡광도를 분광광도계로 측정한다.

☑ 불소화합물(플루오린화합물)의 흡수파장은 620nm를 사용한다.

제4과목 | 대기오염 공정시험기준(방법)

2021년 제1회 대기환경기사

61 이온 크로마토그래피의 검출기에 관한 설명이다. ( ) 안에 들어갈 내용으로 가장 적합한 것은? ★

(㉠)는 고성능 액체 크로마토그래피 분야에서 가장 널리 사용되는 검출기로, 최근에는 이온 크로마토그래피에서도 전기전도도 검출기와 병행하여 사용되기도 한다. 또한 (㉡)는 전이금속 성분의 발색반응을 이용하는 경우에 사용된다.

① ㉠ 광학검출기, ㉡ 암페로메트릭검출기

② ㉠ 전기화학적검출기, ㉡ 염광광도검출기

③ ㉠ 자외선흡수검출기, ㉡ 가시선흡수검출기

④ ㉠ 전기전도도검출기, ㉡ 전기화학적검출기

62 자외선/가시선분광법에 관한 설명으로 옳지 않은 것은? (단, I_o : 입사광의 강도, I_t : 투과광의 광도) ★★★

① $\dfrac{I_t}{I_o}$ 를 투과도(t)라 한다.

② $\log \dfrac{I_t}{I_o}$ 를 흡광도(A)라 한다.

③ 투과도(t)를 백분율로 표시한 것을 투과퍼센트라 한다.

④ 자외선/가시선분광법은 람베르트−비어 법칙을 응용한 것이다.

☑ 투과도 $\left(\dfrac{I_t}{I_o}\right)$ 역수의 상용대수 즉, $\log \dfrac{I_o}{I_t}$ =흡광도(A)라 한다.

63 굴뚝 배출가스 중의 황산화물을 분석하는 데 사용하는 시료 흡수용 흡수액은? ★★★

① 질산 용액   ② 붕산 용액

③ 과산화수소수   ④ 수산화나트륨 용액

✔ 황산화물 – 침전적정법은 시료를 과산화수소수에 흡수시켜 황산화물을 황산으로 만든 후 아이소프로필알코올과 아세트산을 가하고 아르세나조 Ⅲ를 지시약으로 하여 아세트산바륨 용액으로 적정한다. 황산화물 – 중화적정법도 시료를 과산화수소수에 흡수시킨다.

64 오염물질 A의 실측농도가 250mg/Sm³이고, 그 때의 실측산소농도가 3.5%이다. 오염물질 A의 보정농도(mg/Sm³)는? (단, 오염물질 A는 표준산소농도를 적용받으며, 표준산소농도는 4%임.) ★★★

① 219 ② 243
③ 247 ④ 286

✔ $C = C_a \times \dfrac{21 - O_s}{21 - O_a} = 250 \times \dfrac{21 - 4.0}{21 - 3.5} = 243 \text{mg/Sm}^3$

여기서, C : 오염물질농도
C_a : 실측오염물질농도
O_s : 표준산소농도(%)
O_a : 실측산소농도(%)

65 비분산적외선분석계의 구성에서 ( ) 안에 들어갈 기기로 옳은 것은 어느 것인가? (단, 복광속 분석계 기준) ★★★

광원 → (㉠) → (㉡) → 시료셀 → 검출기 → 증폭기 → 지시계

① ㉠ 광학섹터, ㉡ 회전필터
② ㉠ 회전섹터, ㉡ 광학필터
③ ㉠ 광학섹터, ㉡ 회전섹터
④ ㉠ 회전섹터, ㉡ 광학섹터

✔ 복광속 비분산분석계는 시료셀과 비교셀이 분리되어 있으며, 적외선광원이 회전섹터 및 광학필터를 거쳐 시료셀과 비교셀을 통과하여 적외선검출기에서 신호를 검출하여 증폭기를 거쳐 측정농도가 지시계로 지시된다.

66 배출가스 중의 건조시료가스 채취량을 건식 가스미터를 사용하여 측정할 때 필요한 항목에 해당하지 않는 것은? ★★

① 가스미터의 온도
② 가스미터의 게이지압
③ 가스미터로 측정한 흡입가스량
④ 가스미터 온도에서의 포화수증기압

✔ 가스미터 온도에서의 포화수증기압(mmHg)은 습식 가스미터를 사용할 때 필요하다.

67 대기 중의 가스상 물질을 용매채취법에 따라 채취할 때 사용하는 순간유량계 중 면적식 유량계는? ★★

① 노즐식 유량계
② 오리피스 유량계
③ 게이트식 유량계
④ 미스트식 가스미터

✔ 면적식 유량계(area type)에는 부자식, 피스톤식 또는 게이트식 유량계 등이 있다.

68 굴뚝을 통해 대기 중으로 배출되는 가스상의 시료를 채취할 때 사용하는 도관에 관한 설명으로 옳지 않은 것은? ★★★

① 도관의 안지름은 도관의 길이, 흡인가스의 유량, 응축수에 의한 막힘, 또는 흡인 펌프의 능력 등을 고려해서 4~25mm로 한다.
② 하나의 도관으로 여러 개의 측정기를 사용할 경우 각 측정기 앞에서 도관을 병렬로 연결하여 사용한다.
③ 도관의 길이는 가능한 한 먼 곳의 시료 채취구에서도 채취가 용이하도록 100m 정도로 가급적 길게 하되, 200m를 넘지 않도록 한다.
④ 도관은 가능한 한 수직으로 연결해야 하고 부득이 구부러진 관을 사용할 경우에는 응축수가 흘러나오기 쉽도록 경사지게(5°) 한다.

✔ 도관의 길이는 되도록 짧게 하고, 부득이 길게 해서 쓰는 경우에는 이음매가 없는 배관을 써서 접속부분을 적게 하고 받침기구로 고정해서 사용해야 하며, 76m를 넘지 않도록 한다.

69 굴뚝 배출가스 중의 염화수소를 분석하는 방법 중 자외선/가시선분광법(흡광광도법)에 해당하는 것은? ★★

① 질산은법
② 4-아미노안티피린법
③ 싸이오사이안산제이수은법
④ 란탄-알리자린 콤플렉손법

✔ 싸이오사이안산제이수은 자외선/가시선분광법은 배출가스에 포함된 가스상의 염화수소를 흡수액을 이용하여 채집한 후 자외선/가시선분광법으로 농도를 산정한다.

70 굴뚝 배출가스 중의 질소산화물을 연속자동측정할 때 사용하는 화학발광분석계의 구성에 관한 설명으로 옳지 않은 것은? ★

① 반응조는 시료가스와 오존가스를 도입하여 반응시키기 위한 용기로서 내부 압력조건에 따라 감압형과 상압형으로 구분된다.
② 오존발생기는 산소가스를 오존으로 변화시키는 역할을 하며, 에너지원으로서 무성방전관 또는 자외선발생기를 사용한다.
③ 검출기에는 화학발광을 선택적으로 투과시킬 수 있는 발광필터가 부착되어 있어 전기신호를 발광도로 변화시키는 역할을 한다.
④ 유량제어부는 시료가스 유량제어부와 오존가스 유량제어부가 있으며, 이들은 각각 저항관, 압력조절기, 니들밸브, 면적유량계, 압력계 등으로 구성되어 있다.

✔ 화학발광을 선택적으로 투과시킬 수 있는 광학필터가 부착되어 있으며, 발광도를 전기신호로 변환시키는 역할을 한다.

71 다음 중 대기오염공정시험기준 총칙상의 시험기재 및 용어에 관한 내용으로 옳지 않은 것은 어느 것인가? ★★★

① 시험조작 중 "즉시"란 30초 이내에 표시된 조작을 하는 것을 뜻한다.
② "감압 또는 진공"이라 함은 따로 규정이 없는 한 50mmHg 이하를 뜻한다.
③ 용액의 액성 표시는 따로 규정이 없는 한 유리전극법에 의한 pH미터로 측정한 것을 뜻한다.
④ 액체성분의 양을 "정확히 취한다"는 홀피펫, 눈금플라스크 또는 이와 동등 이상의 정도를 갖는 용량계를 사용하여 조작하는 것을 뜻한다.

✔ "감압 또는 진공"이라 함은 따로 규정이 없는 한 15mmHg 이하를 뜻한다.

72 굴뚝 배출가스 중의 질소산화물을 아연환원나프틸에틸렌다이아민법에 따라 분석할 때에 관한 설명이다. ( ) 안에 들어갈 내용으로 옳은 것은? ★★

시료 중의 질소산화물을 오존 존재 하에서 물에 흡수시켜 (㉠)으로 만들고 (㉡)을 사용하여 (㉢)으로 환원한 후 설파닐아마이드(sulfanilamide) 및 나프틸에틸렌다이아민(naphthyl ethylenediamine)을 반응시켜 얻어진 착색의 흡광도로부터 질소산화물을 정량한다.

① ㉠ 아질산이온, ㉡ 분말금속아연, ㉢ 질산이온
② ㉠ 아질산이온, ㉡ 분말황산아연, ㉢ 질산이온
③ ㉠ 질산이온, ㉡ 분말황산아연, ㉢ 아질산이온
④ ㉠ 질산이온, ㉡ 분말금속아연, ㉢ 아질산이온

73 굴뚝 배출가스 중의 일산화탄소를 분석하는 방법에 해당하지 않는 것은? ★★★

① 정전위전해법

② 자외선/가시선분광법

③ 비분산형 적외선분석법

④ 기체 크로마토그래피법

✔ 굴뚝 배출가스 중의 일산화탄소를 분석하는 방법은 비분산형 적외선분석법이 주 시험방법이고, 전기화학식(정전위전해법), 기체 크로마토그래피법이 있다.

74 대기오염공정시험기준 총칙상의 용어 정의로 옳지 않은 것은? ★★★

① 냉수는 4℃ 이하, 온수는 60~70℃, 열수는 약 100℃를 말한다.

② 시험에 사용하는 시약은 따로 규정이 없는 한 특급 또는 1급 이상 또는 이와 동등한 규격의 것을 사용하여야 한다.

③ 기체 중의 농도를 mg/m³로 나타냈을 때 m³는 표준상태의 기체용적을 뜻하는 것으로 Sm³로 표시한 것과 같다.

④ ppm의 기호는 따로 표시가 없는 한 기체일 때는 용량 대 용량(V/V), 액체일 때는 중량 대 중량(W/W)으로 표시한 것을 뜻한다.

✔ 냉수는 15℃ 이하, 온수는 60~70℃, 열수는 약 100℃를 말한다.

75 대기 중의 유해 휘발성 유기화합물을 고체흡착법에 따라 분석할 때 사용하는 용어의 정의이다. ( ) 안에 들어갈 내용으로 가장 적합한 것은? ★★

> 일정농도의 VOC가 흡착관에 흡착되는 초기 시점부터 일정시간 흐르게 되면 흡착관 내부에 상당량의 VOC가 포화되기 시작하고 전체 VOC 양의 5%가 흡착관을 통과하게 되는데, 이 시점에서 흡착관 내부로 흘러간 총 부피를 ( )라 한다.

① 머무름부피(retention volume)

② 안전부피(safe sample volume)

③ 파과부피(breakthrough volume)

④ 탈착부피(desorption volume)

76 굴뚝 배출가스 중의 무기불소화합물을 자외선/가시선분광법에 따라 분석하여 얻은 결과이다. 불소화합물의 농도(ppm)는? (단, 방해이온이 존재할 경우임.)

> • 검정곡선에서 구한 불소화합물 이온의 질량 : 1mg
> • 건조시료가스량 : 20L
> • 분취한 액량 : 50mL

① 100 ② 155

③ 250 ④ 295

✔
$$C = \frac{A_F \times V \times f}{V_s} \times 1,000 \times \frac{22.4}{19}$$

$$= \frac{\frac{1}{0.25} \times 0.25 \times 5}{20} \times 1,179$$

$$= 295 \text{ppm}$$

여기서, C : 불소화합물의 농도(ppm, F)

A_F : 검정곡선에서 구한 불소화합물 이온의 농도(mg/L)

V_s : 건조시료가스량(L)

V : 시료 용액 전량(L)

f : 희석배수(시료 전량(mL)/분취한 액량(mL))

시료 용액 전량은 방해이온이 존재할 경우 250mL, 방해이온이 존재하지 않을 경우 200mL(농도에 따라 변경 가능)

77 원자흡수분광법에 따라 분석하여 얻은 측정결과이다. 대기 중의 납 농도(mg/m³)는? ★

> • 분석용 시료 용액 : 100mL
> • 표준시료 가스량 : 500L
> • 시료 용액 흡광도에 상당하는 납 농도 : 0.0125mg Pb/mL

① 2.5 ② 5.0

③ 7.5 ④ 9.5

❖ $C = \dfrac{m \times 10^3}{V_s}$

$\quad = \dfrac{0.0125 \times 100 \times 10^3}{500}$

$\quad = 2.5\text{mg/m}^3$

78 대기 중의 다환방향족 탄화수소(PAH)를 기체 크로마토그래피법에 따라 분석하고자 한다. 다음 중 체류시간(retention time)이 가장 긴 것은? ★

① 플루오렌(fluorene)

② 나프탈렌(naphthalene)

③ 안트라센(anthracene)

④ 벤조(a)피렌(benzo(a)pyrene)

❖ ① 플루오렌(fluorene) – 166s
② 나프탈렌(naphthalene) – 128s
③ 안트라센(anthracene) – 178s
④ 벤조(a)피렌(benzo (a)pyrene) – 252s

79 굴뚝 배출가스 중의 일산화탄소를 기체 크로마토그래피법에 따라 분석할 때에 관한 설명으로 옳지 않은 것은?

① 부피분율 99.9% 이상의 헬륨을 운반가스로 사용한다.

② 활성알루미나($Al_2O_3 \sim 93.1\%$, $SiO_2 \sim 0.02\%$)를 충전제로 사용한다.

③ 메테인화 반응장치가 있는 불꽃이온화검출기를 사용한다.

④ 내면을 잘 세척한 안지름이 2~4mm, 길이가 0.5~1.5m인 스테인리스강 재질 관을 분리관으로 사용한다.

❖ 충전제로 합성제올라이트(molecular sieve 5A, 13X 등이 있음)를 사용한다.

80 이온 크로마토그래피의 설치조건(기준)으로 옳지 않은 것은?

① 대형 변압기, 고주파가열 등으로부터 전자유도를 받지 않아야 한다.

② 부식성 가스 및 먼지 발생이 적고, 진동이 없으며, 직사광선을 피해야 한다.

③ 실온 10~25℃, 상대습도 30~85% 범위로 급격한 온도변화가 없어야 한다.

④ 공급전원은 기기의 사양에 지정된 전압전기용량 및 주파수로 전압변동은 40% 이하이고, 급격한 주파수 변동이 없어야 한다.

❖ 공급전원은 기기의 사양에 지정된 전압전기용량 및 주파수로 전압변동은 10% 이하이고, 주파수 변동이 없어야 한다.

제4과목

2021년 제2회 대기환경기사

61 굴뚝 배출가스 중의 브롬화합물 분석에 사용되는 흡수액은? ★★★

① 붕산 용액

② 수산화소듐 용액

③ 다이에틸아민동 용액

④ 황산+과산화수소+증류수

✅ 배출가스 중 브롬화합물은 수산화소듐(수산화나트륨, NaOH, sodium hydroxide, 분자량 : 40, 순도 98 %) 용액에 흡수시킨다. NaOH 0.4g을 정제수에 녹여 100mL로 한다.

62 불꽃이온화검출기법에 따라 분석하여 얻은 대기시료에 대한 측정결과이다. 대기 중의 일산화탄소 농도(ppm)는?

- 교정용 가스 중의 일산화탄소 농도 : 30ppm
- 시료 공기 중의 일산화탄소 피크 높이 : 10mm
- 교정용 가스 중의 일산화탄소 피크 높이 : 20mm

① 15   ② 35

③ 40   ④ 60

✅ $C = C_s \times (L/L_s) = 30 \times (10/20) = 15$
여기서,
C : 일산화탄소 농도(μmol/mol)
C_s : 교정용 가스 중의 일산화탄소 농도(μmol/mol)
L : 시료 공기 중의 일산화탄소의 피크 높이(mm)
L_s : 교정용 가스 중의 일산화탄소 피크 높이(mm)

63 굴뚝 배출가스 중의 산소를 오르자트분석법에 따라 분석할 때에 관한 설명으로 옳지 않은 것은 어느 것인가? ★★

① 탄산가스 흡수액으로 수산화포타슘 용액을 사용한다.

② 산소 흡수액을 만들 때는 되도록 공기와의 접촉을 피한다.

③ 각각의 흡수액을 사용하여 탄산가스, 산소 순으로 흡수한다.

④ 산소 흡수액은 물에 수산화소듐을 녹인 용액과 물에 피로갈롤을 녹인 용액을 혼합한 용액으로 한다.

✅ 산소 흡수액은 물에 수산화포타슘(수산화칼륨, KOH)을 녹인 용액과 물에 피로갈롤을 녹인 용액을 혼합한 용액으로 한다.

64 염산(1+4) 용액을 조제하는 방법은? ★★★

① 염산 1용량에 물 2용량을 혼합한다.

② 염산 1용량에 물 3용량을 혼합한다.

③ 염산 1용량에 물 4용량을 혼합한다.

④ 염산 1용량에 물 5용량을 혼합한다.

65 굴뚝 배출가스 중의 폼알데하이드를 크로모트로핀산 자외선/가시선분광법에 따라 분석할 때, 흡수 발색액 제조에 필요한 시약은? ★

① H_2SO_4

② NaOH

③ NH_4OH

④ CH_3COOH

✅ 흡수 발색액 제조는 크로모트로핀산($C_{10}H_8O_8S_2$) 1g을 80% 황산(H_2SO_4)에 녹여 1,000mL로 한다.

66 다음 중 흡광차분광법에 따라 분석하는 대기오염물질과 그 물질에 대한 간섭성분의 연결이 옳은 것은? ★

① 오존(O_3)－벤젠(C_6H_6)의 영향

② 아황산가스(SO_2)－오존(O_3)의 영향

③ 일산화탄소(CO)－수분(H_2O)의 영향

④ 질소산화물(NO_x)－톨루엔($C_6H_5CH_3$)의 영향

✅ 아황산가스는 시료기체 중 공존하는 아황산가스와 흡수 스펙트럼이 겹치는 기체(오존, 질소산화물 등)의 간섭 영향을 받는다.

67 기체 크로마토그래피의 장치 구성에 관한 설명으로 옳지 않은 것은? ★★

① 분리관 오븐의 온도조절 정밀도는 전원전압변동 10%에 대하여 온도변화가 ±0.5℃ 범위 이내(오븐의 온도가 150℃ 부근일 때)여야 한다.

② 방사성 동위원소를 사용하는 검출기를 수용하는 검출기 오븐의 경우 온도조절기구와 별도로 독립작용을 할 수 있는 과열방지기구를 설치하여야 한다.

③ 보유시간을 측정할 때는 10회 측정하여 그 평균치를 구하며 일반적으로 5~30분 정도에서 측정하는 봉우리의 보유시간은 반복시험을 할 때 ±5% 오차범위 이내여야 한다.

④ 불꽃이온화검출기는 대부분의 화합물에 대하여 열전도도검출기보다 약 1,000배 높은 감도를 나타내고 대부분의 유기화합물을 검출할 수 있기 때문에 흔히 사용된다.

✔ 머무름시간(보유시간)을 측정할 때는 3회 측정하여 그 평균치를 구한다. 일반적으로 5~30분 정도에서 측정하는 봉우리의 머무름시간은 반복시험을 할 때 3±% 오차범위 이내여야 한다.

68 휘발성 유기화합물(VOCs)의 누출 확인방법에 관한 설명으로 옳지 않은 것은? ★★★

① 교정가스는 기기 표시치를 교정하는 데 사용되는 불활성 기체이다.

② 누출 농도는 VOCs가 누출되는 누출원 표면에서의 VOCs 농도로서 대조화합물을 기초로 한 기기의 측정값이다.

③ 응답시간은 VOCs가 시료 채취장치로 들어가 농도 변화를 일으키기 시작하여 기기 계기판의 최종값이 90%를 나타내는 데 걸리는 시간이다.

④ 검출 불가능 누출농도는 누출원에서 VOCs가 대기 중으로 누출되지 않는다고 판단되는 농도로서 국지적 VOCs 배경농도의 최고값이다.

✔ 교정가스는 기지농도로 기기 표시치를 교정하는 데 사용되는 VOCs화합물로서 일반적으로 누출농도와 유사한 농도의 대조화합물이다.

69 원자흡수분광광도법에 따라 원자흡광분석을 수행할 때, 빛이 스펙트럼의 불꽃 중에서 생성되는 목적원소의 원자증기 이외의 물질에 의하여 흡수되는 경우에 일어나는 간섭은 다음 중 어느 것인가? ★★★

① 물리적 간섭 ② 화학적 간섭

③ 이온학적 간섭 ④ 분광학적 간섭

✔ 분광학적 간섭은 분석에 사용하는 스펙트럼선이 다른 인접선과 완전히 분리되지 않는 경우와 분석에 사용하는 스펙트럼의 불꽃 중에서 생성되는 목적원소의 원자증기 이외의 물질에 의하여 흡수되는 경우에 일어난다.

[Plus 이론학습]
원자흡광분석에서 일어나는 간섭은 분광학적 간섭, 물리적 간섭, 화학적 간섭이 있다.

70 굴뚝 배출가스 중의 암모니아를 중화적정법에 따라 분석할 때에 관한 설명으로 옳은 것은 어느 것인가? ★

① 다른 염기성 가스나 산성 가스의 영향을 받지 않는다.

② 분석용 시료 용액을 황산으로 적정하여 암모니아를 정량한다.

③ 시료 채취량이 40L일 때 암모니아의 농도가 1~5ppm인 것의 분석에 적합하다.

④ 페놀프탈레인 용액과 메틸레드 용액을 1 : 2의 부피비로 섞은 용액을 지시약으로 사용한다.

✔ 중화적정법에서는 황산으로 적정한다. 종말점 가까이에서 끓여서 탄산을 제거하고 식힌 후 적정하여 액의 색이 청색에서 황색으로 변하는 것을 종말점으로 한다.

제4과목

71 굴뚝 배출가스 중의 오염물질과 연속자동측정 방법의 연결이 옳지 않은 것은? ★★

① 염화수소－이온전극법

② 불화수소－자외선흡수법

③ 아황산가스－불꽃광도법

④ 질소산화물－적외선흡수법

✔ 불화수소(플루오린화수소)－이온전극법

72 환경대기 중의 벤조(a)피렌 농도를 측정하기 위한 주 시험방법으로 가장 적합한 것은? ★

① 이온 크로마토그래피법

② 가스 크로마토그래피법

③ 흡광차분광법

④ 용매포집법

73 굴뚝 배출가스 중의 일산화탄소 분석방법에 해당하지 않는 것은? ★★★

① 이온 크로마토그래피법

② 기체 크로마토그래피법

③ 비분산형 적외선분석법

④ 정전위전해법

✔ 일산화탄소는 비분산적외선분광분석법, 전기화학식(정전위전해법), 기체 크로마토그래피가 있으며, 이 중 주 시험방법은 비분산적외선분광분석법이다.

74 굴뚝 A의 배출가스에 대한 측정결과이다. 피토관으로 측정한 배출가스의 유속(m/s)은?

- 배출가스 온도 : 150℃
- 비중이 0.85인 톨루엔을 사용했을 때의 경사마노미터의 동압 : 7.0mm 톨루엔주
- 피토관 계수 : 0.8584
- 배출가스의 밀도 : 1.3kg/Sm^3

① 8.3　　　　② 9.4

③ 10.1　　　④ 11.8

✔ Toluene Head
= Water Head × Water Density/Toluene Density
7 = Water Head × 1/0.85
∴ Water Head = 7 × 0.85

$$V = C\sqrt{\frac{2gh}{\gamma}}$$

$$= 0.8584 \times \sqrt{\frac{2 \times 9.8 \times 7 \times 0.85 \times (273 + 150)}{1.3 \times 273}}$$

$$= 10.1 \text{m/s}$$

75 굴뚝 배출가스 중의 황산화물을 아르세나조 Ⅲ법에 따라 분석할 때에 관한 설명으로 옳지 않은 것은? ★

① 아세트로산바륨 용액으로 적정한다.

② 과산화수소수를 흡수액으로 사용한다.

③ 아르세나조 Ⅲ를 지시약으로 사용한다.

④ 이 시험법은 오르토톨리딘법이라고도 불린다.

✔ 아르세나조 Ⅲ법은 시료를 과산화수소수에 흡수시켜 황산화물을 황산으로 만든 후 아이소프로필알코올과 아세트산을 가하고 아르세나조 Ⅲ를 지시약으로 하여 아세트산바륨 용액으로 적정한다.

76 배출가스 중의 금속원소를 원자흡수분광광도법에 따라 분석할 때, 금속원소와 측정파장의 연결이 옳은 것은? ★★

① Pb － 357.9nm　　② Cu － 228.8nm

③ Ni － 217.0nm　　④ Zn － 213.8nm

✔ ① Pb － 217.0nm 또는 283.3nm
　② Cu － 324.8nm
　③ Ni － 232nm

77 분석대상가스와 채취관 및 도관 재질의 연결이 옳지 않은 것은? ★★★

① 일산화탄소－석영

② 이황화탄소－보통강철

③ 암모니아－스테인리스강

④ 질소산화물－스테인리스강

✔ 이황화탄소－경질유리, 석영, 플루오르수지

78 배출가스 중의 먼지를 원통여지포집기로 포집하여 얻은 측정결과이다. 표준상태에서의 먼지농도(mg/m^3)는?

> • 대기압 : 765mmHg
> • 가스미터의 가스게이지압 : 4mmHg
> • 15℃에서의 포화수증기압 : 12.67mmHg
> • 가스미터의 흡인가스 온도 : 15℃
> • 먼지포집 전의 원통여지 무게 : 6.2721g
> • 먼지포집 후의 원통여지 무게 : 6.2963g
> • 습식 가스미터에서 읽은 흡인가스량 : 50L

① 386 ② 436
③ 513 ④ 558

✔

$$V_n' = V_m \times \frac{273}{273+\theta_m} \times \frac{P_a+P_m-P_v}{760} \times 10^{-3}$$
$$= 50 \times \frac{273}{273+15} \times \frac{765+4-12.67}{760} \times 10^{-3}$$
$$= 47.2 \times 10^{-3} Sm^3$$

여기서, V_n' : 표준상태에서 흡입한 건조가스량(Sm^3)

V_m : 흡입가스량으로 습식 가스미터에서 읽은 값(L)

θ_m : 가스미터의 흡입가스 온도(℃)

P_a : 측정공 위치에서의 대기압(mmHg)

P_m : 가스미터의 가스게이지압(mmHg)

P_v : $\theta(m)$에서 포화수증기압(mmHg)

$$C_n = \frac{m_d}{V_n'} = \frac{(6.2963-6.2721) \times 10^3 mg}{47.2 \times 10^{-3} Sm^3}$$
$$= 512.7 mg/m^3$$

79 대기오염공정시험기준 총칙에 관한 내용으로 옳지 않은 것은? ★★★

① 정확히 단다 – 분석용 저울로 0.1mg까지 측정

② 용액의 액성 표시 – 유리전극법에 의한 pH 미터로 측정

③ 액체성분의 양을 정확히 취한다 – 피펫, 삼각플라스크를 사용해 조작

④ 여과용 기구 및 기기를 기재하지 아니하고 여과한다 – KS M 7602 거름종이 5종 또는 이와 동등한 여과지를 사용해 여과

✔ 액체성분의 양을 정확히 취한다 함은 홀피펫, 부피플라스크 또는 이와 동등 이상의 정도를 갖는 용량계를 사용하여 조작하는 것을 뜻한다.

80 원자흡수분광광도법에 사용되는 불꽃을 만들기 위한 가연성 가스와 조연성 가스의 조합 중, 불꽃 온도가 높아서 불꽃 중에서 해리하기 어려운 내화성 산화물을 만들기 쉬운 원소의 분석에 가장 적합한 것은? ★★★

① 수소(H_2) – 산소(O_2)
② 프로판(C_3H_8) – 공기(air)
③ 아세틸렌(C_2H_2) – 공기(air)
④ 아세틸렌(C_2H_2) – 아산화질소(N_2O)

✔ **[Plus 이론학습]**
수소-공기와 아세틸렌-공기는 대부분의 원소 분석에 유효하게 사용되며, 수소-공기는 원자 외 영역에서의 불꽃자체에 의한 흡수가 적기 때문에 이 파장영역에서 분석선을 갖는 원소의 분석에 적당하다.

제4과목

제4과목 | 대기오염 공정시험기준(방법)

2021년 제4회 대기환경기사

61 배출가스 중의 수은화합물을 냉증기 원자흡수 분광광도법에 따라 분석할 때 사용하는 흡수액은? ★★★

① 질산암모늄+황산 용액
② 과망간산포타슘+황산 용액
③ 시안화포타슘+디티존 용액
④ 수산화칼슘+피로갈롤 용액

❷ 흡수액은 10% 황산에 과망간산포타슘(KMnO₄) 40g을 넣어 녹이고 10% 황산을 가하여 최종부피를 1L로 한다.

62 다음 자료를 바탕으로 구한 비산먼지의 농도(mg/m³)는?

- 채취먼지량이 가장 많은 위치에서의 먼지 농도 : 115mg/m³
- 대조위치에서의 먼지 농도 : 0.15mg/m³
- 전 시료 채취기간 중 주 풍향이 90° 이상 변함
- 풍속이 0.5m/s 미만 또는 10m/s 이상이 되는 시간이 전 채취시간의 50% 이상임

① 114.9
② 137.8
③ 165.4
④ 206.7

❷ $C = (CH - CB) \times WD \times WS$
$= (115 - 0.15) \times 1.5 \times 1.2$
$= 206.73 mg/Sm^3$
여기서, CH : 채취먼지량이 가장 많은 위치에서의 먼지 농도(mg/Sm³)
　　　　CB : 대조위치에서의 먼지 농도(mg/Sm³)
　　　　WD, WS : 풍향, 풍속 측정결과로부터 구한 보정계수
단, 대조위치를 선정할 수 없는 경우에는 CB=0.15mg/Sm³로 하며, 전 시료 채취기간 중 주 풍향이 90° 이상 변할 때에는 WD=1.50이고, 풍속이 0.5m/s 미만 또는 10m/s 이상되는 시간이 전 채취시간의 50% 이상일 때 WS=1.20이다.

63 비분산적외선분석계의 장치 구성에 관한 설명으로 옳지 않은 것은? ★★★

① 비교셀은 시료셀과 동일한 모양을 가지며 산소를 봉입하여 사용한다.
② 광원은 원칙적으로 흑체발광으로 니크롬선 또는 탄화규소의 저항체에 전류를 흘려 가열한 것을 사용한다.
③ 광학필터는 시료가스 중에 포함되어 있는 간섭물질가스의 흡수파장역 적외선을 흡수 제거하기 위해 사용한다.
④ 회전섹터는 시료광속과 비교광속을 일정 주기로 단속시켜 광학적으로 변조시키는 것으로 측정 광신호의 증폭에 유효하고 잡신호의 영향을 줄일 수 있다.

❷ 시료셀과 달리 비교셀은 비교(reference)가스를 넣는 용기이고, 시료셀은 시료가스를 넣는 용기이다.

64 대기오염공정시험기준상의 용어 정의 및 규정에 관한 내용으로 옳은 것은? ★★★

① "약"이란 그 무게 또는 부피에 대해 ±1% 이상의 차가 있어서는 안 된다.
② 상온은 15~25℃, 실온은 1~35℃, 찬 곳은 따로 규정이 없는 한 0~15℃의 곳을 뜻한다.
③ "방울수"라 함은 20℃에서 정제수 10방울을 떨어뜨릴 때 그 부피가 약 1mL되는 것을 뜻한다.
④ "10억분율"은 pphm으로 표시하고 따로 표시가 없는 한 기체일 때는 용량 대 용량(V/V), 액체일 때는 중량 대 중량(W/W)을 표시한 것을 뜻한다.

❷ ① "약"이란 그 무게 또는 부피 등에 대하여 ±10% 이상의 차가 있어서는 안 된다.
③ "방울수"라 함은 20℃에서 정제수 20방울을 떨어뜨릴 때 그 부피가 약 1mL되는 것을 뜻한다.
④ "10억분율(parts per billion)"은 ppb로 표시하고 따로 표시가 없는 한 기체일 때는 용량 대 용량(부피분율), 액체일 때는 중량 대 중량(질량분율)을 표시한 것을 뜻한다.

65 가로 길이가 3m, 세로 길이가 2m인 상·하 동일 단면적의 사각형 굴뚝이 있다. 이 굴뚝의 환산직경(m)은? ★★★

① 2.2   ② 2.4

③ 2.6   ④ 2.8

✅ 굴뚝단면이 상하 동일 단면적인 사각형 굴뚝의 직경 산출은 다음과 같이 한다.

$$환산직경 = 2 \times \left(\frac{A \times B}{A + B} \right) = 2 \times \left(\frac{3 \times 2}{3 + 2} \right) = 2.4$$

여기서, A : 굴뚝 내부 단면 가로규격
            B : 굴뚝 내부 단면 세로규격

66 굴뚝 배출가스 중의 황산화물 시료 채취에 관한 일반적인 내용으로 옳지 않은 것은? ★★★

① 채취관과 삼방콕 등 가열하는 실리콘을 제외한 보통 고무관을 사용한다.

② 시료가스 중의 황산화물과 수분이 응축되지 않도록 시료가스 채취관과 콕 사이를 가열할 수 있는 구조로 한다.

③ 시료 채취관은 유리, 석영, 스테인리스강 등 시료가스 중의 황산화물에 의해 부식되지 않는 재질을 사용한다.

④ 시료가스 중에 먼지가 섞여 들어가는 것을 방지하기 위해 채취관의 앞 끝에 알칼리 (alkali)가 없는 유리솜 등의 적당한 여과재를 넣는다.

✅ 채취관과 어댑터, 삼방콕 등 가열하는 접속부분은 갈아맞춤, 또는 실리콘 고무관을 사용하고 보통 고무관을 사용하면 안된다.

67 배출가스 중의 산소를 오르자트 분석법에 따라 분석할 때 사용하는 산소 흡수액은? ★★

① 입상아연+피로갈롤 용액

② 수산화소듐 용액+피로갈롤 용액

③ 염화제일주석 용액+피로갈롤 용액

④ 수산화포타슘 용액+피로갈롤 용액

✅ 산소흡수액은 물 100mL에 수산화칼륨(수산화포타슘) 60g을 녹인 용액과 물 100mL에 피로갈롤 12g을 녹인 용액을 혼합한 용액이다.

68 굴뚝 배출가스 중의 폼알데하이드 및 알데하이드류의 분석방법에 해당하지 않는 것은? ★★

① 차아염소산염 자외선/가시선분광법

② 아세틸아세톤 자외선/가시선분광법

③ 크로모트로핀산 자외선/가시선분광법

④ 고성능 액체 크로마토그래피법

✅ 폼알데하이드 및 알데하이드류의 분석방법은 고성능 액체 크로마토그래피(주 시험방법), 크로모트로핀산 자외선/가시선분광법, 아세틸아세톤 자외선/가시선분광법 등이 있다.

69 환경대기 중의 시료 채취 시 주의사항으로 옳지 않은 것은? ★★★

① 시료 채취유량은 규정하는 범위 내에서 되도록 많이 채취하는 것을 원칙으로 한다.

② 악취물질의 채취는 되도록 짧은 시간 내에 끝내고 입자상 물질 중의 금속성분이나 발암성 물질 등은 되도록 장시간 채취한다.

③ 입자상 물질을 채취할 경우에는 채취관 벽에 분진이 부착 또는 퇴적하는 것을 피하고 특히 채취관을 수평방향으로 연결할 경우에는 되도록 관의 길이를 길게 하고 곡률반경을 작게 한다.

④ 바람이나 눈, 비로부터 보호하기 위해 측정기기는 실내에 설치하고 채취구를 밖으로 연결할 경우 채취관 벽과의 반응, 흡착, 흡수 등에 의한 영향을 최소한도로 줄일 수 있는 재질과 방법을 선택한다.

✅ 입자상 물질을 채취할 경우에는 채취관 벽에 분진이 부착 또는 퇴적하는 것을 피하고 특히 채취관은 수평방향으로 연결할 경우에는 되도록 관의 길이를 짧게 하고 곡률반경은 크게 한다.

70 분석대상가스가 암모니아인 경우 사용가능한 채취관의 재질에 해당하지 않는 것은? ★★★

① 석영
② 불소수지
③ 실리콘수지
④ 스테인리스강

✅ 암모니아의 채취관 재질은 경질유리, 석영, 보통강철, 스테인리스강 재질, 세라믹, 플루오르수지 등이다.

71 환경대기 중의 석면을 위상차현미경법에 따라 측정할 때에 관한 설명으로 옳지 않은 것은 어느 것인가? ★★★

① 시료 채취 시 시료 포집면이 주 풍향을 향하도록 설치한다.
② 시료 채취지점에서의 실내기류는 0.3m/s 이내가 되도록 한다.
③ 포집한 먼지 중 길이가 $10\mu m$ 이하이고 길이와 폭의 비가 5 : 1 이하인 섬유를 석면섬유로 계수한다.
④ 시료 채취는 해당시설의 실제 운영조건과 동일하게 유지되는 일반 환경상태에서 수행하는 것을 원칙으로 한다.

✅ 포집한 먼지 중에 길이 $5\mu m$ 이상이고, 길이와 폭의 비가 3 : 1 이상인 섬유를 석면섬유로서 계수한다.

72 단색화장치를 사용하여 광원에서 나오는 빛 중 좁은 파장범위의 빛만을 선택한 뒤 액층에 통과시켰다. 입사광의 강도가 1이고, 투사광의 강도가 0.5일 때, 흡광도는? (단, Lambert－Beer 법칙 적용) ★★★

① 0.3 ② 0.5
③ 0.7 ④ 1.0

✅ 투과도$(t) = \dfrac{I_t}{I_o} = 0.5/1 = 0.5$
흡광도$(A) = \log(1/t) = \log(1/0.5) = 0.3$

73 유류 중의 황 함유량을 측정하기 위한 분석방법에 해당하는 것은? ★

① 광학기법
② 열탈착식 광도법
③ 방사선식 여기법
④ 자외선/가시선분광법

✅ 유류 중의 황 함유량 분석방법에는 연소관식 공기법(중화적정법), 방사선식 여기법(기기분석법) 등이 있다.

74 피토관으로 측정한 결과 덕트(duct) 내부 가스의 동압이 13mmH₂O이고 유속이 20m/s였다. 덕트의 밸브를 모두 열었을 때의 동압이 26mmH₂O일 때의 가스 유속(m/s)은? ★

① 23.2
② 25.0
③ 27.1
④ 28.3

✅ $V = c\sqrt{\dfrac{2gh}{\gamma}} \propto \sqrt{h}$
$20 : \sqrt{13} = x : \sqrt{26}$
∴ $x = 28.28$m/s

75 다음 중 흡광차분광법에 관한 설명으로 옳지 않은 것은? ★

① 광원부는 발·수광부 및 광케이블로 구성된다.
② 광원으로 180~2,850nm 파장을 갖는 제논램프를 사용한다.
③ 일반 흡광광도법은 적분적이며 흡광차분광법은 미분적이라는 차이가 있다.
④ 분석장치는 분석기와 광원부로 나누어지며, 분석기 내부는 분광기, 샘플 채취부, 검지부, 분석부, 통신부 등으로 구성된다.

✅ 일반 흡광광도법은 미분적(일시적)이며, 흡광차분광법(DOAS)은 적분적(연속적)이란 차이점이 있다.

76 어떤 사업장의 굴뚝에서 배출되는 오염물질의 농도가 600ppm이고 표준산소농도가 6%, 실측산소농도가 8%일 때, 보정된 오염물질의 농도(ppm)는? ★★★

① 692.3 ② 722.3
③ 832.3 ④ 862.3

✔ $C = C_a \times \dfrac{21-O_s}{21-O_a} = 600 \times \dfrac{21-6}{21-8} = 692\text{ppm}$

77 원자흡수분광광도법에 따라 분석할 때, 분석오차를 유발하는 원인으로 가장 적합하지 않은 것은? ★★

① 검정곡선 작성의 잘못
② 공존물질에 의한 간섭영향 제거
③ 광원부 및 파장선택부의 광학계 조정 불량
④ 가연성 가스 및 조연성 가스의 유량 또는 압력의 변동

✔ 공존물질에 의한 간섭영향 제거가 아니고, 공존물질에 의한 간섭이 있을 시 분석오차가 발생된다.

78 이온 크로마토그래피법에 관한 일반적인 설명으로 옳지 않은 것은? ★

① 검출기로 수소염이온화검출기(FID)가 많이 사용된다.
② 용리액조, 송액펌프, 시료 주입장치, 분리관, 서프레서, 검출기, 기록계로 구성되어 있다.
③ 강수(비, 눈, 우박 등), 대기먼지, 하천수 중의 이온성분을 정성, 정량 분석하는 데 사용된다.
④ 용리액조는 이온성분이 용출되지 않는 재질로서 용리액을 직접 공기와 접촉시키지 않는 밀폐된 것을 선택한다.

✔ 검출기는 일반적으로 전도도검출기를 많이 사용하고, 그 외 자외선/가시선 흡수검출기, 전기화학적 검출기 등이 사용된다.

79 굴뚝연속자동측정기기에 사용되는 도관에 관한 설명으로 옳지 않은 것은? ★★★

① 도관은 가능한 짧은 것이 좋다.
② 냉각도관은 될 수 있는 한 수직으로 연결한다.
③ 기체-액체 분리관은 도관의 부착위치 중 가장 높은 부분에 부착한다.
④ 응축수의 배출에 사용하는 펌프는 내구성이 좋아야 하고, 이때 응축수 트랩은 사용하지 않아도 된다.

✔ 기체-액체 분리관은 도관의 부착위치 중 가장 낮은 부분 또는 최저온도의 부분에 부착하여 응축수를 급속히 냉각시키고 배관계의 밖으로 빨리 방출시킨다.

80 환경대기시료 채취방법 중 측정대상 기체와 선택적으로 흡수 또는 반응하는 용매에 시료가스를 일정유량으로 통과시켜 채취하는 방법으로 채취관-여과재-채취부-흡입펌프-유량계(가스미터)로 구성되는 것은? ★★

① 용기채취법 ② 고체흡착법
③ 직접채취법 ④ 용매채취법

Subject 제5과목 대기환경관계법규 과목별 기출문제

저자쌤의 과목별 학습 TIP

출제빈도를 보면 자동차 20%, 부과금/과징금 10%, 대기오염경보 7%, 용어 정의 5%, 환경기술인 5%, 대기환경기준 4~5%, 실내공기질 기준 4~5%, 종산정기준 3~4%, 대기오염측정망/측정기관 3~4% 등으로 다양하게 출제되고 있기 때문에 충분한 시간을 가지고 암기해야 하는 과목입니다.

제5과목 | 대기환경관계법규
2017년 제1회 대기환경기사

81 다음은 대기환경보전법규상 대기오염 경보단계별 오존의 해제(농도)기준이다. ( ) 안에 알맞은 것은? ★★★

> 중대경보가 발령된 지역의 기상조건 등을 검토하여 대기자동측정소의 오존농도가 (㉠)ppm 이상 (㉡)ppm 미만일 때는 경보로 전환한다.

① ㉠ 0.3, ㉡ 0.5
② ㉠ 0.5, ㉡ 1.0
③ ㉠ 1.0, ㉡ 1.2
④ ㉠ 1.2, ㉡ 1.5

82 대기환경보전법상 배출가스 전문정비사업자 지정을 받은 자가 고의로 정비업무를 부실하게 하여 받은 업무정지명령을 위반한 자에 대한 벌칙기준으로 옳은 것은? ★

① 7년 이하의 징역이나 1억원 이하의 벌금
② 5년 이하의 징역이나 3천만원 이하의 벌금
③ 1년 이하의 징역이나 1천만원 이하의 벌금
④ 300만원 이하의 벌금

83 실내공기질관리법규상 자일렌 항목의 신축공동주택의 실내공기질 권고기준은? ★★★

① $30\mu g/m^3$ 이하 ② $210\mu g/m^3$ 이하
③ $300\mu g/m^3$ 이하 ④ $700\mu g/m^3$ 이하

84 대기환경보전법규상 비산먼지 발생을 억제하기 위한 시설의 설치 및 필요한 조치에 관한 기준 중 야적(분체상 물질을 야적하는 경우에만 해당)에 관한 기준으로 옳지 않은 것은? (단, 예외사항은 제외) ★★

① 야적물질을 1일 이상 보관하는 경우 방진덮개로 덮을 것
② 야적물질로 인한 비산먼지 발생억제를 위하여 물을 뿌리는 시설을 설치할 것(고철야적장과 수용성 물질 등의 경우는 제외한다.)
③ 야적물질의 최고저장높이의 1/3 이상의 방진벽을 설치할 것
④ 야적물질의 최고저장높이의 1/3 이상의 방진망(막)을 설치할 것

✔ 야적물질의 최고저장높이의 1/3 이상의 방진벽을 설치하고, 최고저장높이의 1.25배 이상의 방진망(개구율 40% 상당의 방진망을 말함) 또는 방진막을 설치할 것

---

85 대기환경보전법규상 위임업무의 보고횟수 기준이 '수시'에 해당되는 업무 내용은? ★★★

① 환경오염사고 발생 및 조치사항
② 자동차 연료 및 첨가제의 제조·판매 또는 사용에 대한 규제현황
③ 첨가제의 제조기준 적합여부 검사현황
④ 수입자동차 배출가스 인증 및 검사현황

86 다음은 대기환경보전법규상 대기환경규제지역의 지정대상지역 기준이다. ( ) 안에 알맞은 것은? ★

> • 대기환경보전법에 따른 상시측정결과 대기오염도가 환경정책기본법에 따라 설정된 환경기준을 초과한 지역
> • 대기환경보전법에 따른 상시측정을 하지 아니하는 지역 중 이 법에 따라 조사된 대기오염물질 배출량을 기초로 산정한 대기오염도가 환경기준의 ( )인 지역

① 50퍼센트 이상   ② 60퍼센트 이상
③ 70퍼센트 이상   ④ 80퍼센트 이상

✔ 대기환경규제지역은 2020년 대기관리권역법이 제정되면서 삭제되었다.

87 대기환경보전법규상 운행차 배출허용기준 중 일반기준으로 옳지 않은 것은? ★★

① 알코올만 사용하는 자동차는 탄화수소 기준을 적용하지 아니한다.
② 휘발유와 가스를 같이 사용하는 자동차의 배출가스 측정 및 배출허용기준은 휘발유의 기준을 적용한다.
③ 1993년 이후에 제작된 자동차 중 과급기(turbocharger)나 중간냉각기(intercooler)를 부착한 경유사용 자동차의 배출허용기준은 무부하급가속 검사방법의 매연 항목에 대한 배출허용기준에 5%를 더한 농도를 적용한다.

④ 수입자동차는 최초등록일자를 제작일자로 본다.

✔ '휘발유'와 '가스'를 같이 사용하는 자동차의 배출가스 측정 및 배출허용기준은 '가스'의 기준을 적용한다.

88 대기환경보전법상 저공해자동차로의 전환 또는 개조 명령, 배출가스저감장치의 부착·교체 명령 또는 배출가스관련 부품의 교체 명령, 저공해엔진(혼소엔진을 포함한다)으로의 개조 또는 교체 명령을 이행하지 아니한 자에 대한 과태료 부과기준은? ★★

① 300만원 이하의 과태료
② 500만원 이하의 과태료
③ 1천만원 이하의 과태료
④ 2천만원 이하의 과태료

89 대기환경보전법규상 특정대기유해물질이 아닌 것은? ★★★

① 니켈 및 그 화합물
② 이황화메틸
③ 다이옥신
④ 알루미늄 및 그 화합물

✔ 특정대기유해물질은 35개이며, 알루미늄 및 그 화합물은 특정대기유해물질이 아니다.

90 다음 중 실내공기질관리법규상 실내주차장의 ㉠ PM 10($\mu g/m^3$), ㉡ CO(ppm) 실내공기질 유지기준으로 옳은 것은? ★★★

① ㉠ 100 이하, ㉡ 10 이하
② ㉠ 150 이하, ㉡ 20 이하
③ ㉠ 200 이하, ㉡ 25 이하
④ ㉠ 300 이하, ㉡ 40 이하

✔ 실내주차장은 PM 10 200$\mu g/m^3$ 이하, CO 25ppm 이하, 폼알데하이드 100$\mu g/m^3$ 이하이다.

91 대기환경보전법규상 한국자동차환경협회의 정관에 따른 업무와 거리가 먼 것은? ★

① 운행차 저공해와 기술개발

② 자동차 배출가스 저감사업의 지원

③ 자동차관련 환경기술인의 교육훈련 및 취업지원

④ 운행차 배출가스 검사와 정비기술의 연구·개발사업

✪ 한국자동차환경협회는 정관으로 정하는 바에 따라 다음의 업무를 행한다.
1. 운행차 저공해화 기술개발 및 배출가스 저감장치의 보급
2. 자동차 배출가스 저감사업의 지원과 사후관리에 관한 사항
3. 운행차 배출가스 검사와 정비기술의 연구·개발사업
4. 환경부 장관 또는 시·도지사로부터 위탁받은 업무
5. 그 밖에 자동차 배출가스를 줄이기 위하여 필요한 사항

92 환경정책기본법령상 납(Pb)의 대기환경기준으로 옳은 것은? ★★★

① 연간 평균치 $0.5\mu g/m^3$ 이하

② 3개월 평균치 $1.5\mu g/m^3$ 이하

③ 24시간 평균치 $1.5\mu g/m^3$ 이하

④ 8시간 평균치 $1.5\mu g/m^3$ 이하

93 다음은 대기환경보전법령상 부과금의 징수유예·분할납부 및 징수절차에 관한 사항이다. ( ) 안에 알맞은 것은? ★★

> 시·도지사는 배출부과금이 납부의무자의 자본금 또는 출자총액을 2배 이상 초과하는 경우로서 사업상 손실로 인해 경영상 심각한 위기에 처하여 징수유예기간 내에도 징수할 수 없다고 인정되면 징수유예기간을 연장하거나 분할납부의 횟수를 늘릴 수 있다. 이에 따른 징수유예기간의 연장은 유예한 날의 다음 날부터 (㉠)로 하며, 분할납부의 횟수는 (㉡)로 한다.

① ㉠ 2년 이내, ㉡ 12회 이내

② ㉠ 2년 이내, ㉡ 18회 이내

③ ㉠ 3년 이내, ㉡ 12회 이내

④ ㉠ 3년 이내, ㉡ 18회 이내

94 대기환경보전법규상 대기오염도 검사기관과 거리가 먼 것은? ★★★

① 수도권대기환경청

② 환경보전협회

③ 한국환경공단

④ 낙동강유역환경청

✪ 환경보전협회는 대기오염도 검사기관이 아니다.

95 악취방지법규상 위임업무 보고사항 중 "악취 검사기관의 지도·점검 및 행정처분 실적" 보고횟수 기준은? ★★★

① 연 1회   ② 연 2회

③ 연 4회   ④ 수시

✪ 악취검사기관의 지도·점검 및 행정처분 실적의 보고횟수는 연 1회이고, 보고기일은 다음 해 1월 15일까지 이다.

96 대기환경보전법상 배출시설 설치허가를 받은 자가 대통령령으로 정하는 중요한 사항의 특정대기유해물질 배출시설을 증설하고자 하는 경우 배출시설 변경허가를 받아야 하는 시설의 규모기준은? (단, 배출시설 규모의 합계나 누계는 배출구별로 산정) ★★

① 배출시설 규모의 합계나 누계의 100분의 5 이상 증설

② 배출시설 규모의 합계나 누계의 100분의 10 이상 증설

③ 배출시설 규모의 합계나 누계의 100분의 20 이상 증설

④ 배출시설 규모의 합계나 누계의 100분의 30 이상 증설

✔ 설치허가 또는 변경허가를 받거나 변경신고를 한 배출시설 규모의 합계나 누계의 100분의 50 이상(특정대기유해물질 배출시설의 경우에는 100분의 30 이상으로 한다) 증설한다. 이 경우 배출시설 규모의 합계나 누계는 배출구별로 산정한다.

97 악취방지법규상 다음 지정악취물질의 배출허용기준으로 옳지 않은 것은?

지정 악취물질	배출허용기준 (ppm)		엄격한 배출허용 기준범위 (ppm)
	공업지역	기타지역	공업지역
㉠ 톨루엔	30 이하	10 이하	10~30
㉡ 프로피온산	0.07 이하	0.03 이하	0.03~ 0.07
㉢ 스타이렌	0.8 이하	0.4 이하	0.4~0.8
㉣ 뷰틸 아세테이트	5 이하	1 이하	1~5

① ㉠   ② ㉡
③ ㉢   ④ ㉣

✔ 뷰틸아세테이트 – 배출허용기준 공업지역 4 이하(기타지역 1 이하), 엄격한 배출허용기준 범위 1~4이다.

98 대기환경보전법령상 과태료 부과기준 중 위반행위의 횟수에 따른 일반기준은 해당 위반행위가 있은 날 이전 최근 얼마간 같은 위반행위로 부과처분을 받은 경우에 적용하는가? ★★

① 3월간
② 6월간
③ 1년간
④ 3년간

✔ 위반행위의 횟수에 따른 과태료의 가중된 부과기준은 최근 1년간 같은 위반행위로 과태료 부과처분을 받은 경우에 적용한다. 이 경우 기간의 계산은 위반행위에 대하여 과태료 부과처분을 받은 날과 그 처분 후 다시 같은 위반행위를 하여 적발된 날을 기준으로 한다.

99 다음 중 악취방지법규에 의거 악취배출시설의 변경신고를 하여야 하는 경우로 가장 거리가 먼 것은? ★★★

① 악취배출시설을 폐쇄하는 경우
② 사업장 명칭을 변경하는 경우
③ 환경담당자의 교육사항을 변경하는 경우
④ 악취배출시설 또는 악취방지시설을 임대하는 경우

✔ 악취배출시설의 변경신고를 해야 하는 경우는 다음과 같다.
1. 악취배출시설의 악취방지계획서 또는 악취방지시설을 변경하는 경우(제5호에 해당하여 변경하는 경우는 제외한다)
2. 악취배출시설을 폐쇄하거나, 시설 규모의 기준에서 정하는 공정을 추가하거나 폐쇄하는 경우
3. 사업장의 명칭 또는 대표자를 변경하는 경우
4. 악취배출시설 또는 악취방지시설을 임대하는 경우
5. 악취배출시설에서 사용하는 원료를 변경하는 경우

100 대기환경보전법규 중 측정기기의 운영·관리기준에서 굴뚝 배출가스 온도측정기를 새로 설치하거나 교체하는 경우에는 국가표준기본법에 따른 교정을 받아야 한다. 이때 그 기록을 최소 몇 년 이상 보관하여야 하는가? ★

① 2년 이상   ② 3년 이상
③ 5년 이상   ④ 10년 이상

✔ 환경부 장관, 시·도지사 및 사업자는 굴뚝 배출가스 온도측정기를 새로 설치하거나 교체하는 경우에는 「국가표준기본법」에 따른 교정을 받아야 하며, 그 기록을 3년 이상 보관하여야 한다.

제5과목

2017년 제2회 대기환경기사

81 대기환경보전법상 자동차의 운행정지에 관한 사항이다. ( )에 알맞은 것은? ★★★

> 환경부 장관, 특별시장·광역시장·특별자치시장·특별자치도지사·시장·군수·구청장은 운행차 배출허용기준 초과에 따른 개선명령을 받은 자동차 소유자가 이에 따른 확인검사를 환경부령으로 정하는 기간 이내에 받지 아니하는 경우에는 ( )의 기간을 정하여 해당 자동차의 운행정지를 명할 수 있다.

① 5일 이내   ② 7일 이내
③ 10일 이내   ④ 15일 이내

82 대기환경보전법규상 대기오염경보 발령 시 포함되어야 할 사항으로 가장 거리가 먼 것은? (단, 기타 사항은 제외) ★★★

① 대기오염경보단계
② 대기오염경보의 경보대상기간
③ 대기오염경보의 대상지역
④ 대기오염경보단계별 조치사항

✔ 대기오염경보에는 대기오염경보의 대상지역, 대기오염경보단계 및 대기오염물질의 농도, 대기오염경보단계별 조치사항 등이 포함된다.

83 다음은 악취방지법규상 복합악취에 대한 배출허용기준 및 엄격한 배출허용기준의 설정범위이다. ㉠, ㉡에 알맞은 것은? ★★★

구 분	배출허용기준(희석배수)	
	공업지역	기타 지역
배출구	1,000 이하	(㉠) 이하
부지경계선	20 이하	(㉡) 이하

① ㉠ 500, ㉡ 10   ② ㉠ 500, ㉡ 15
③ ㉠ 750, ㉡ 10   ④ ㉠ 750, ㉡ 15

84 실내공기질관리법규상 "에틸벤젠"의 신축공동주택의 실내공기질 권고기준은? ★★★

① $30\mu g/m^3$ 이하
② $210\mu g/m^3$ 이하
③ $300\mu g/m^3$ 이하
④ $360\mu g/m^3$ 이하

85 대기환경보전법규상 배출허용기준초과에 따른 개선명령을 받은 경우로서 개선하여야 할 사항이 배출시설 또는 방지시설일 때 개선계획서에 포함되어야 할 사항 또는 첨부서류로 가장 거리가 먼 것은? ★★

① 공사기간 및 공사비
② 측정기기 관리담당자 변경사항
③ 대기오염물질의 처리방식 및 처리효율
④ 배출시설 또는 방지시설의 개선명세서 및 설계도

✔ 배출시설 또는 방지시설의 개선명세서 및 설계도, 대기오염물질의 처리방식 및 처리효율, 공사기간 및 공사비 등이 포함되어야 한다.

86 대기환경보전법규상 대기배출시설을 설치·운영하는 사업자에 대하여 조업정지를 명하여야 하는 경우로서 그 조업정지가 주민의 생활, 기타 공익에 현저한 지장을 초래할 우려가 있다고 인정되는 경우 조업정지처분에 갈음하여 과징금을 부과할 수 있다. 이때 과징금의 부과금액 산정 시 적용되지 않는 항목은 다음 중 어느 것인가? ★★

① 조업정지일수
② 1일당 부과금액
③ 오염물질별 부과금액
④ 사업장 규모별 부과계수

✔ 과징금의 부과금액 산정 시 적용되는 항목은 조업정지일수, 1일당 부과금액, 사업장 규모별 부과계수 등이다.

87 대기환경보전법령상 사업장별 구분 또는 사업장별 환경기술인의 자격기준에 관한 설명으로 옳지 않은 것은? ★★★

① 4종 사업장은 대기오염물질 발생량의 합계가 연간 2톤 이상 10톤 미만인 사업장을 말한다.

② 공동방지시설에서 각 사업장의 대기오염물질 발생량의 합계가 4종 사업장과 5종 사업장의 규모에 해당하는 경우에는 3종 사업장에 해당하는 기술인을 두어야 한다.

③ 1종 사업장과 2종 사업장 중 1개월 동안 실제 작업한 날만을 계산하여 1일 평균 17시간 이상 작업하는 경우에는 해당 사업장의 기술인을 각각 2명 이상 두어야 한다.

④ 전체 배출시설에 대하여 방지시설 설치면제를 받은 사업장과 배출시설에서 배출되는 오염물질 등을 공동방지시설에서 처리하는 사업장은 2종 사업장에 해당하는 기술인을 두어야 한다.

✔ 전체 배출시설에 대하여 방지시설 설치면제를 받은 사업장과 배출시설에서 배출되는 오염물질 등을 공동방지시설에서 처리하는 사업장은 5종 사업장에 해당하는 기술인을 둘 수 있다.

88 대기환경보전법규상 자동차 운행정지 표지의 바탕색상은? ★★★

① 회색　　② 녹색
③ 노란색　　④ 흰색

✔ 자동차 운행정지 표지의 바탕색상은 노란색으로, 문자는 검정색으로 한다.

89 다음 중 대기환경보전법규상 대기오염방지시설과 가장 거리가 먼 것은 어느 것인가? (단, 기타의 경우는 제외) ★★★

① 중력집진시설
② 여과집진시설

③ 간접연소에 의한 시설
④ 산화환원에 의한 시설

✔ 대기오염방지시설은 간접연소에 의한 시설이 아니고 직접연소에 의한 시설이다.

90 다음 중 대기환경보전법상 벌칙기준 중 7년 이하의 징역이나 1억원 이하의 벌금에 처하는 것은? ★★

① 대기오염물질의 배출허용기준 확인을 위한 측정기기의 부착 등의 조치를 하지 아니한 자

② 황 연료 사용 제한조치 등의 명령을 위반한 자

③ 제작차 배출허용기준에 맞지 아니하게 자동차를 제작한 자

④ 배출가스 전문정비사업자로 등록하지 아니하고 정비·점검 또는 확인검사 업무를 한 자

91 대기환경보전법령상 자동차 배출가스 규제 등에서 매출액 산정 및 위반행위 정도에 따른 과징금의 부과기준과 관련된 사항으로 옳은 것은 어느 것인가? ★

① 매출액 산정방법에서 "매출액"이란 그 자동차의 최초제작시점부터 적발시점까지의 총 매출액으로 한다.

② 제작차에 대하여 인증을 받지 아니하고 자동차를 제작·판매한 행위에 대해서 위반행위의 정도에 따른 가중부과계수는 0.5를 적용한다.

③ 제작차에 대하여 인증을 받은 내용과 다르게 자동차를 제작·판매한 행위에 대해서 위반행위의 정도에 따른 가중부과계수는 0.5를 적용한다.

④ 과징금의 산정방법=총 매출액×3/100×가중부과계수를 적용한다.

✔ ② 제작차에 대하여 인증을 받지 아니하고 자동차를 제작·판매한 행위에 대해서 위반행위의 정도에 따른 가중부과계수는 1.0을 적용한다.
③ 제작차에 대하여 인증을 받은 내용과 다르게 자동차를 제작·판매한 행위에 대해서 위반행위의 정도에 따른 가중부과계수는 1.0 또는 0.3을 적용한다.
④ 과징금의 산정방법＝매출액×5/100×가중부과계수를 적용한다.

92 실내공기질관리법규상 "의료기관"의 라돈(Bq/m³) 항목 실내공기질 권고기준은? ★★★

① 148 이하
② 400 이하
③ 500 이하
④ 1,000 이하

93 다음 중 대기환경보전법규상 휘발성 유기화합물 배출시설의 변경신고를 해야 하는 경우가 아닌 것은? ★★

① 사업장의 명칭 또는 대표자를 변경하는 경우
② 휘발성 유기화합물 배출시설을 폐쇄하는 경우
③ 휘발성 유기화합물의 배출 억제·방지시설을 변경하는 경우
④ 설치신고를 한 배출시설 규모의 합계 또는 누계보다 100분의 30 이상 증설하는 경우

✔ 변경신고를 하여야 하는 경우는 다음과 같다.
1. 사업장의 명칭 또는 대표자를 변경하는 경우
2. 설치신고를 한 배출시설 규모의 합계 또는 누계보다 100분의 50 이상 증설하는 경우
3. 휘발성 유기화합물 배출 억제·방지 시설을 변경하는 경우
4. 휘발성 유기화합물 배출시설을 폐쇄하는 경우
5. 휘발성 유기화합물 배출시설 또는 배출 억제·방지 시설을 임대하는 경우

94 다음 중 대기환경보전법규상 부식·마모로 인하여 대기오염물질이 누출되는 배출시설을 정당한 사유 없이 방치한 경우의 3차 행정처분기준은? ★

① 개선명령
② 경고
③ 조업정지 10일
④ 조업정지 30일

✔ 1차 경고, 2차 조업정지 10일, 3차 조업정지 30일, 4차 허가취소 또는 폐쇄이다.

95 대기환경보전법상 공익에 현저한 지장을 줄 우려가 인정되는 경우 등으로 인해 조업정지 처분에 갈음하여 부과할 수 있는 과징금 처분에 관한 설명으로 옳지 않은 것은? ★

① 최대 2억원까지 과징금을 부과할 수 있다.
② 과징금을 납부기한까지 납부하지 아니한 경우는 최대 3월 이내 기간의 조업정지 처분을 명할 수 있다.
③ 사회복지시설 및 공공주택의 냉난방시설을 설치, 운영하는 사업자에 대하여 부과할 수 있다.
④ 의료법에 따른 의료기관의 배출시설도 부과할 수 있다.

✔ 대기환경보전법 제31조 제1항 각호의 금지행위를 한 경우로서 30일 이상의 조업정지 처분을 받아야 하는 경우에는 조업정지 처분을 갈음하여 과징금을 부과할 수 있다.

96 대기환경보전법상 제작차에 대한 인증시험대행기관의 지정취소나 업무정지 기준에 해당하지 않는 것은? ★

① 매연 단속결과 간헐적으로 배출허용기준을 초과할 경우
② 거짓이나 그 밖의 부정한 방법으로 지정을 받은 경우
③ 다른 사람에게 자신의 명의로 인증시험업무를 하게 하는 행위
④ 환경부령으로 정하는 인증시험의 방법과 절차를 위반하여 인증시험을 하는 행위

97 대기환경보전법령상 초과부과금을 산정할 때 다음 오염물질 중 1킬로그램당 부과금액이 가장 높은 것은? ★★★

① 사이안화수소
② 암모니아
③ 불소화합물
④ 이황화탄소

✔ ① 사이안화수소 : 7,300원
② 암모니아 : 1,400원
③ 불소화합물 : 2,300원
④ 이황화탄소 : 1,600원

98 대기환경보전법령상 대기환경기준으로 옳지 않은 것은? ★★★

① 미세먼지(PM 10) − 연간 평균치 $50mg/m^3$ 이하
② 이황산가스(SO_2) − 연간 평균치 0.02ppm 이하
③ 일산화탄소(CO) − 1시간 평균치 25ppm 이하
④ 오존(O_3) − 1시간 평균치 0.1ppm 이하

✔ 미세먼지(PM 10) − 연간 평균치 $50mg/m^3$ 이하가 아니고, $50\mu g/m^3$ 이하이다. 즉, 질량의 단위가 mg이 아니고 μg이다.

99 다음 중 대기환경보전법규상 측정망 설치계획을 고시할 때 포함되어야 할 사항과 거리가 먼 것은 어느 것인가? (단, 그 밖의 사항 등은 제외) ★

① 측정망 배치도
② 측정망 설치시기
③ 측정망 교체주기
④ 측정소를 설치할 토지 또는 건축물의 위치 및 면적

✔ 측정망 설치시기, 측정망 배치도, 측정소를 설치할 토지 또는 건축물의 위치 및 면적 등이 포함되어야 한다.

100 환경부 장관이 대기환경보전법 규정에 의하여 사업장에서 배출되는 대기오염물질을 총량으로 규제하고자 할 때에 반드시 고시할 사항과 거리가 먼 것은? ★★★

① 총량규제 구역
② 측정망 설치계획
③ 총량규제 대기오염물질
④ 대기오염물질의 저감계획

✔ 총량규제 구역, 총량규제 대기오염물질, 대기오염물질의 저감계획 등이 고시되어야 한다.

2017년 제4회 대기환경기사

81 대기환경보전법령상 배출시설 설치신고를 하고자 하는 경우 설치신고서에 포함되어야 하는 사항과 가장 거리가 먼 것은? ★

① 배출시설 및 방지시설의 설치명세서
② 방지시설의 일반도
③ 방지시설의 연간 유지관리계획서
④ 유해오염물질 확정배출농도 내역서

✔ 설치신고서에 포함되어야 하는 사항은 원료(연료를 포함)의 사용량 및 제품 생산량과 오염물질 등의 배출량을 예측한 명세서, 배출시설 및 대기오염방지시설의 설치명세서, 방지시설의 일반도, 방지시설의 연간 유지관리계획서, 사용 연료의 성분 분석과 황산화물 배출농도 및 배출량 등을 예측한 명세서(법 제41조 제3항 단서에 해당하는 배출시설의 경우에만 해당), 배출시설 설치허가증(변경허가를 신청하는 경우에만 해당) 등이다.

82 대기환경보전법규상 배출시설 가동 시에 방지시설을 가동하지 아니하거나 오염도를 낮추기 위하여 배출시설에서 배출되는 대기오염물질에 공기를 섞어 배출하는 행위에 대한 1차 행정처분 기준은? ★

① 조업정지 30일　② 조업정지 20일
③ 조업정지 10일　④ 경고

✔ 1차 행정처분은 조업정지 10일, 2차 행정처분은 조업정지 30일, 3차 행정처분은 허가취소 또는 폐쇄 이다.

83 대기환경보전법령상 청정연료를 사용해야 하는 대상시설의 범위에 해당하지 않는 시설은 다음 중 어느 것인가? ★★

① 산업용 열병합발전시설
② 전체 보일러의 시간당 총 증발량이 0.2톤 이상인 업무용 보일러
③ 집단에너지사업법 시행령에 따른 지역냉난방사업을 위한 시설

④ 건축법 시행령에 따른 중앙집중난방방식으로 열을 공급받고 단지 내의 모든 세대의 평균 전용면적이 40.0m² 를 초과하는 공동주택

✔ 발전시설(다만, 산업용 열병합 발전시설은 제외)

84 환경정책기본법상 환경부 장관은 국가환경종합계획의 종합적·체계적 추진을 위해 얼마마다 환경보전중기종합계획을 수립하여야 하는가? ★★★

① 1년　　　② 3년
③ 5년　　　④ 10년

85 대기환경보전법령상 사업장별 환경기술인의 자격기준에 관한 설명으로 옳지 않은 것은 어느 것인가? ★★★

① 4종 사업장과 5종 사업장 중 특정대기유해물질이 환경부령으로 정하는 기준 이상으로 포함된 오염물질을 배출하는 경우에는 3종 사업장에 해당하는 기술인을 두어야 한다.
② 1종 사업장과 2종 사업장 중 1개월 동안 실제 작업한 날만을 계산하여 1일 평균 17시간 이상 작업하는 경우에는 해당 사업장의 기술인을 각각 1명 이상 두어야 한다.
③ 공동방지시설에서 각 사업장의 대기오염물질 발생량의 합계가 4종 사업장과 5종 사업장의 규모에 해당하는 경우에는 3종 사업장에 해당하는 기술인을 두어야 한다.
④ 배출시설 중 일반보일러만 설치한 사업장과 대기오염물질 중 먼지만 발생하는 사업장은 5종 사업장에 해당하는 기술인을 둘 수 있다.

✔ 1종 사업장과 2종 사업장 중 1개월 동안 실제 작업한 날만을 계산하여 1일 평균 17시간 이상 작업하는 경우에는 해당 사업장의 기술인을 각각 2명 이상 두어야 한다. 이 경우, 1명을 제외한 나머지 인원은 3종 사업장에 해당하는 기술인 또는 환경기능사로 대체할 수 있다.

86 대기환경보전법규상 분체상 물질을 싣고 내리는 공정의 경우, 비산먼지 발생을 억제하기 위해 작업을 중지해야 하는 평균풍속(m/s)의 기준은? ★★

① 2 이상
② 5 이상
③ 7 이상
④ 8 이상

87 대기환경보전법규상 개선명령 등의 이행보고와 관련하여 환경부령으로 정하는 대기오염도 검사기관에 해당하지 않는 것은? ★★★

① 보건환경연구원
② 유역환경청
③ 한국환경공단
④ 환경보전협회

✔ 환경부령으로 정하는 대기오염도 검사기관은 국립환경과학원, 시·도의 보건환경연구원, 유역환경청, 지방환경청 또는 수도권대기환경청, 한국환경공단 등이다.

88 실내공기질관리법규상 "어린이집"의 실내공기질 유지 기준으로 옳은 것은? ★★★

① PM 10($\mu g/m^3$) −150 이하
② CO(ppm) −25 이하
③ 총 부유세균(CFU/m^3) −800 이하
④ 폼알데하이드($\mu g/m^3$) −150 이하

✔ 의료기관, 산후조리원, 노인요양시설, 어린이집, 실내 어린이놀이시설의 실내공기질 유지 기준은 미세먼지(PM 10) 75$\mu g/m^3$ 이하, 미세먼지(PM 2.5) 35$\mu g/m^3$ 이하, 이산화탄소 1,000ppm 이하, 일산화탄소 10ppm 이하, 폼알데하이드 80$\mu g/m^3$ 이하, 총부유세균 800CFU/m^3 이하이다.

89 대기환경보전법상 기후·생태계 변화 유발물질이라 볼 수 없는 것은? ★★★

① 이산화탄소 ② 아산화질소
③ 탄화수소 ④ 메탄

90 대기환경보전법령상 대기오염경보에 관한 설명으로 옳지 않은 것은? ★★★

① 미세먼지(PM 10), 미세먼지(PM 2.5), 오존(O_3) 3개 항목 모두 오염물질 농도에 따라 주의보, 경보, 중대경보로 구분하고, 경보발령의 경우 자동차 사용 자제요청의 조치사항을 포함한다.

② 대기오염 경보대상 오염물질은 미세먼지(PM 10), 미세먼지(PM 2.5), 오존(O_3)으로 한다.

③ 해당 지역의 대기자동측정소 PM 10 또는 PM 2.5의 권역별 평균농도가 경보단계별 발령기준을 초과하면 해당 경보를 발령할 수 있다.

④ 오존 농도는 1시간 평균농도를 기준으로 하며, 해당 지역의 대기자동측정소 오존 농도가 1개소라도 경보단계별 발령기준을 초과하면 해당 경보를 발령할 수 있다.

✔ • 미세먼지(PM 10) : 주의보, 경보
• 초미세먼지(PM 2.5) : 주의보, 경보
• 오존(O_3) : 주의보, 경보, 중대경보
조치사항은 다음과 같다.
• 주의보 발령 : 주민의 실외활동 및 자동차 사용의 자제 요청 등
• 경보 발령 : 주민의 실외활동 제한 요청, 자동차 사용의 제한 및 사업장의 연료사용량 감축 권고 등
• 중대경보 발령 : 주민의 실외활동 금지 요청, 자동차의 통행금지 및 사업장의 조업시간 단축명령

91 악취방지법규상 다음 지정악취물질의 배출허용기준(ppm)으로 옳지 않은 것은? (단, 공업지역) ★★

① n−발레르알데하이드−0.02 이하
② 톨루엔 : 30 이하
③ 프로피온산 : 0.1 이하
④ I−발레르산 : 0.004 이하

✔ 프로피온산은 0.07 이하이다.

제5과목

92 대기환경보전법규상 시·도지사가 설치하는 대기오염 측정망에 해당하는 것은? ★★★

① 대기 중의 중금속 농도를 측정하기 위한 대기 중금속측정망
② 대기오염물질의 지역배경농도를 측정하기 위한 교외대기측정망
③ 도시지역의 휘발성 유기화합물 등의 농도를 측정하기 위한 광화학대기오염물질측정망
④ 산성 대기오염물질의 건성 및 습성 침착량을 측정하기 위한 산성 강하물측정망

✅ 시·도지사가 설치하는 대기오염 측정망은 도시지역의 대기오염물질 농도를 측정하기 위한 도시대기측정망, 도로변의 대기오염물질 농도를 측정하기 위한 도로변대기측정망, 대기 중의 중금속 농도를 측정하기 위한 대기중금속측정망 등이 있다.

93 환경정책기본법령상 대기 중 미세먼지(PM 10)의 환경기준으로 적절한 것은? (단, 연간평균치) ★★★

① $150\mu g/m^3$ 이하
② $120\mu g/m^3$ 이하
③ $70\mu g/m^3$ 이하
④ $50\mu g/m^3$ 이하

✅ 미세먼지(PM 10)의 환경기준은 연간 $50\mu g/m^3$ 이하, 24시간 $100\mu g/m^3$ 이하이다.

94 대기환경보전법규상 자동차 연료·첨가제 또는 촉매제 검사기관의 지정기준 중 자동차 연료 검사기관의 기술능력 및 검사장비 기준으로 옳지 않은 것은? ★

① 검사원은 국가기술자격법 시행규칙에 따른 자동차, 화공, 안전관리(가스), 환경 분야의 기사 자격 이상을 취득한 사람이어야 한다.
② 검사원은 2명 이상이어야 하며, 그 중 한 명은 해당 검사업무에 5년 이상 종사한 경험이 있는 사람이어야 한다.
③ 휘발유·경유·바이오디젤(BD100) 검사를 위해 1ppm 이하 분석가능한 황 함량 분석기 1식을 갖추어야 한다.
④ 휘발유·경유·바이오디젤 검사기관과 LPG·CNG·바이오가스 검사기관의 기술능력 기준은 같으며, 두 검사업무를 함께 하려는 경우에는 기술능력을 중복하여 갖추지 아니할 수 있다.

✅ 검사원은 4명 이상이어야 하며, 그 중 2명 이상은 해당 검사 업무에 5년 이상 종사한 경험이 있는 사람이어야 한다.

95 대기환경보전법규상 대기환경규제지역을 관할하는 시·도지사 또는 대도시 시장이 그 지역의 환경기준을 달성·유지하기 위해 수립하는 실천계획에 포함되어야 할 사항과 가장 거리가 먼 것은? (단, 그 밖의 환경부 장관이 정하는 사항 등은 제외한다.) ★

① 대기오염예측모형을 이용한 특정대기오염물질 배출량 조사
② 대기오염원별 대기오염물질 저감계획 및 계획의 시행을 위한 수단
③ 일반 환경현황
④ 대기보전을 위한 투자계획과 대기오염물질 저감효과를 고려한 경제성 평가

✅ 현행 '대기환경규제지역' 고시는 '대기관리권역의 대기환경개선에 관한 특별법'에 의한 '대기관리권역' 지정제도가 시행됨에 따라 폐지되었다(2020. 4. 3. 시행).

96 대기환경보전법령상 기본부과금의 농도별 부과계수 중 연료의 황 함유량이 1.0% 이하인 경우 농도별 부과계수로 옳은 것은? (단, 연료를 연소하여 황산화물을 배출하는 시설(황산화물의 배출량을 줄이기 위하여 방지시설을 설치한 경우와 생산공정상 황산화물의 배출량이 줄어든다고 인정하는 경우는 제외))

① 0.2
② 0.4
③ 0.8
④ 1.0

✅ 농도별 부과계수는 0.5% 이하 0.2, 1.0% 이하 0.4, 1.0% 초과 1.0이다.

97 대기환경보전법상 다음 용어의 뜻으로 거리가 먼 것은? ★★★

① 대기오염물질 : 대기 중에 존재하는 물질 중 심사·평가 결과 대기오염의 원인으로 인정된 가스·입자상 물질로서 환경부령으로 정하는 것을 말한다.

② 기후·생태계 변화유발물질 : 지구온난화 등으로 생태계의 변화를 가져올 수 있는 기체상 물질로서 온실가스와 환경부령으로 정하는 것을 말한다.

③ 매연 : 연소할 때에 생기는 유리탄소가 주가 되는 미세한 입자상 물질을 말한다.

④ 촉매제 : 자동차에서 배출되는 대기오염물질을 줄이기 위하여 자동차에 부착 또는 교체하는 장치로서 환경부령으로 정하는 저감효율에 적합한 장치를 말한다.

✅ • "배출가스저감장치"란 자동차에서 배출되는 대기오염물질을 줄이기 위하여 자동차에 부착 또는 교체하는 장치로서 환경부령으로 정하는 저감효율에 적합한 장치를 말한다.
• "촉매제"란 배출가스를 줄이는 효과를 높이기 위하여 배출가스저감장치에 사용되는 화확물질로서 환경부령으로 정하는 것을 말한다.

98 수도권 대기환경개선에 관한 특별법상 수도권 대기환경관리위원회의 위원장은? ★★★

① 대통령
② 국무총리
③ 환경부 장관
④ 한강유역환경청장

✅ [Plus 이론학습]
2019년 4월 2일에 '수도권 대기환경개선에 관한 특별법'을 '대기관리권역의 대기환경개선에 관한 특별법'으로 개정하였다.

99 대기환경보전법규상 대기오염경보단계 중 오존의 중대경보의 발령기준으로 옳은 것은? (단, 오존농도는 1시간 평균농도를 기준으로 한다.) ★★★

① 기상조건 등을 고려하여 해당 지역의 대기자동측정소 오존농도가 0.12ppm 이상인 때

② 기상조건 등을 고려하여 해당 지역의 대기자동측정소 오존농도가 0.15ppm 이상인 때

③ 기상조건 등을 고려하여 해당 지역의 대기자동측정소 오존농도가 0.3ppm 이상인 때

④ 기상조건 등을 고려하여 해당 지역의 대기자동측정소 오존농도가 0.5ppm 이상인 때

✅ • 오존경보 : 기상조건 등을 고려하여 해당지역의 대기자동측정소 오존농도가 0.3ppm 이상인 때
• 중대경보 : 기상조건 등을 고려하여 해당지역의 대기자동측정소 오존농도가 0.5ppm 이상인 때

100 대기환경보전법령상 배출허용기준 초과와 관련하여 개선명령을 받은 사업자의 개선계획서 제출기한은? (단, 기간 연장은 제외) ★★

① 명령을 받은 날부터 10일 이내
② 명령을 받은 날부터 15일 이내
③ 명령을 받은 날부터 30일 이내
④ 명령을 받은 날부터 60일 이내

제5과목

2018년 제1회 대기환경기사

81 대기환경보전법령상 위임업무 보고사항 중 자동차 연료 및 첨가제의 제조·판매 또는 사용에 대한 규제현황의 보고횟수 기준은? ★★

① 연 1회
② 연 2회
③ 연 4회
④ 연 12회

82 대기환경보전법령상 비산배출의 저감대상 업종으로 거리가 먼 것은? ★

① 제1차 금속제조업 중 제강업
② 육상운송 및 파이프라인 운송업 중 파이프라인 운송업
③ 의약물질 제조업 중 의약품 제조업
④ 창고 및 운송 관련 서비스업 중 위험물품 보관업

83 대기환경보전법상 환경부령으로 정하는 제조기준에 맞지 아니하게 자동차 연료·첨가제 또는 촉매제를 제조한 자에 대한 벌칙기준으로 옳은 것은? ★

① 7년 이하의 징역이나 1억원 이하의 벌금
② 5년 이하의 징역이나 5천만원 이하의 벌금
③ 1년 이하의 징역이나 1천만원 이하의 벌금
④ 300만원 이하의 벌금

84 대기환경보전법규상 배출허용기준 초과와 관련하여 개선명령을 받은 경우로서 개선하여야 할 사항이 배출시설 또는 방지시설인 경우 사업자가 시·도지사에게 제출하여야 하는 개선계획서에 포함 또는 첨부되어야 하는 사항으로 거리가 먼 것은? ★★

① 배출시설 또는 방지시설의 개선명세서 및 설계도

② 대기오염물질 등의 처리방식 및 처리효율
③ 운영기기 진단계획
④ 공사기간 및 공사비

✔ 개선계획서에 포함 또는 첨부되어야 하는 사항은 배출시설 또는 방지시설의 개선명세서 및 설계도, 대기오염물질의 처리방식 및 처리효율, 공사기간 및 공사비 등이다. 운영기기 진단계획는 아니다.

85 악취방지법상 악취 배출허용기준 초과와 관련하여 받은 개선명령을 이행하지 아니한 자에 대한 벌칙기준으로 옳은 것은? ★

① 300만원 이하의 벌금에 처한다.
② 500만원 이하의 벌금에 처한다.
③ 1,000만원 이하의 벌금에 처한다.
④ 1년 이하의 징역 또는 1천만원 이하의 벌금에 처한다.

86 다음 중 대기환경보전법규상 수도권대기환경청장, 국립환경과학원장 또는 한국환경공단이 설치하는 대기오염 측정망의 종류가 아닌 것은 어느 것인가? ★★★

① 도시지역의 휘발성 유기화합물 등의 농도를 측정하기 위한 광화학대기오염물질측정망
② 기후·생태계 변화유발물질의 농도를 측정하기 위한 지구대기측정망
③ 대기 중의 중금속 농도를 측정하기 위한 대기중금속측정망
④ 대기오염물질의 지역배경농도를 측정하기 위한 교외대기측정망

✔ 대기 중의 중금속 농도를 측정하기 위한 대기중금속측정망은 시·도지사가 설치하는 대기오염 측정망이다.

87 대기환경보전법상 기후·생태계 변화유발물질과 가장 거리가 먼 것은? ★★★

① 이산화질소
② 메탄
③ 과불화탄소
④ 염화불화탄소

✔ "기후·생태계 변화유발물질"이란 지구온난화 등으로 생태계의 변화를 가져올 수 있는 기체상 물질로서, 온실가스와 환경부령으로 정하는 것을 말한다. 이산화질소는 대기환경기준 항목이다.

88 대기환경보전법규상 전기만을 동력으로 사용하는 자동차의 1회 충전 주행거리가 80km 이상 160km 미만인 경우 제 몇 종 자동차에 해당하는가? ★

① 제1종　　② 제2종
③ 제3종　　④ 제4종

✔ ① 제1종 : 80km 미만
② 제2종 : 80km 이상 160km 미만
③ 제3종 : 160km 이상

89 다음 중 대기환경보전법상 환경기술인 등의 교육을 받게 하지 아니한 자에 대한 과태료 부과기준은? ★

① 30만원 이하의 과태료를 부과한다.
② 50만원 이하의 과태료를 부과한다.
③ 100만원 이하의 과태료를 부과한다.
④ 200만원 이하의 과태료를 부과한다.

✔ 1차 위반 60만원, 2차 위반 80만원, 3차 위반 100만원 이하의 과태료를 부과한다.

90 환경정책기본법령상 대기환경기준(1시간 평균치 기준)의 연결로 옳은 것은? (단, ㉠ 아황산가스(SO_2), ㉡ 이산화질소(NO_2)이다.) ★★★

① ㉠ 0.05ppm 이하, ㉡ 0.06ppm 이하
② ㉠ 0.06ppm 이하, ㉡ 0.05ppm 이하
③ ㉠ 0.15ppm 이하, ㉡ 0.10ppm 이하
④ ㉠ 0.10ppm 이하, ㉡ 0.15ppm 이하

91 대기환경보전법령상 3종 사업장의 환경기술인의 자격기준에 해당되는 자는? ★★★

① 환경기능사
② 1년 이상 대기분야 환경관련 업무에 종사한 자
③ 2년 이상 대기분야 환경관련 업무에 종사한 자
④ 피고용인 중에서 임명하는 자

✔ 3종 사업장의 환경기술인의 자격기준에 해당되는 자는 대기환경산업기사 이상의 기술자격 소지자, 환경기능사 또는 3년 이상 대기분야 환경관련 업무에 종사한 자 1명 이상

92 다음 중 대기환경보전법령상 배출시설에서 발생하는 연간 대기오염물질 발생량의 합계로 사업장을 분류할 때 다음 중 4종 사업장에 속하는 양은? ★★★

① 80톤　　② 50톤
③ 12톤　　④ 5톤

✔ 4종 사업장은 연간 대기오염물질 발생량의 합계가 2톤 이상 10톤 미만이다.

93 대기환경보전법규상 오존의 대기오염경보단계별 오염물질의 농도기준에 관한 설명으로 거리가 먼 것은? ★★★

① 경보가 발령된 지역의 기상조건 등을 고려하여 대기자동측정소의 오존농도가 0.12ppm 이상 0.3ppm 미만인 때에는 주의보로 전환한다.
② 오존농도는 24시간 평균농도를 기준으로 한다.
③ 해당지역의 대기자동측정소 오존농도가 1개소라도 경보단계별 발령기준을 초과하면 해당경보를 발령할 수 있다.
④ 중대경보단계는 기상조건 등을 고려하여 해당지역의 대기자동측정소의 오존농도가 0.5ppm 이상일 때 발령한다.

✔ 오존농도는 1시간당 평균농도를 기준으로 하며, 해당 지역의 대기자동측정소 오존농도가 1개소라도 경보단계별 발령기준을 초과하면 해당 경보를 발령할 수 있다.

94 대기환경보전법규상 특정대기유해물질에 해당하지 않는 것은? ★★

① 크롬화합물　　② 석면

③ 황화수소　　　④ 스티렌

✔ 황화수소는 지정악취물질이다.

95 다음은 대기환경보전법규상 첨가제 · 촉매제 제조기준에 맞는 제품의 표시방법이다. (　) 안에 알맞은 것은? ★★

> 표시 크기는 첨가제 또는 촉매제 용기 앞면의 제품명 밑에 제품명 글자 크기의 (　)에 해당하는 크기로 표시하여야 한다.

① 100분의 10 이상

② 100분의 15 이상

③ 100분의 20 이상

④ 100분의 30 이상

96 실내공기질 관리법규상 신축 공동주택의 실내공기질 권고기준으로 옳은 것은? ★★

① 스티렌 : $360\mu g/m^3$ 이하

② 폼알데하이드 : $360\mu g/m^3$ 이하

③ 자일렌 : $360\mu g/m^3$ 이하

④ 에틸벤젠 : $360\mu g/m^3$ 이하

✔ ① 스티렌 : $300\mu g/m^3$ 이하
② 폼알데하이드 : $210\mu g/m^3$ 이하
③ 자일렌 : $700\mu g/m^3$ 이하

[Plus 이론학습]
• 벤젠 : $30\mu g/m^3$ 이하
• 톨루엔 : $1,000\mu g/m^3$ 이하
• 라돈 : $148Bq/m^3$ 이하

97 대기환경보전법령상 초과부과금 산정기준 중 1kg당 부과금액이 가장 적은 것은? ★★★

① 염화수소　　　② 황화수소

③ 사이안화수소　④ 이황화탄소

✔ ① 염화수소 : 7,400원
② 황화수소 : 6,000원
③ 사이안화수소 : 7,300원
④ 이황화탄소 : 1,600원

[Plus 이론학습]
황산화물 500원, 먼지 770원, 질소산화물 2,130원, 암모니아 1,400원, 불소화물 2,300원

98 실내공기질관리법상 용어의 정의로 옳지 않은 것은? ★★★

① "공동주택"이라 함은 건축법 규정에 의한 공동주택을 의미한다.

② "다중이용시설"이라 함은 불특정다수인이 이용하는 시설을 말한다.

③ "공기정화설비"라 함은 오염된 실내공기를 밖으로 내보내고 신선한 바깥공기를 실내로 끌어들여 실내공간의 공기를 쾌적한 상태로 유지시키는 설비를 말하며, 환기설비와 동일한 의미로 사용되는 것을 말한다.

④ "오염물질"이라 함은 실내공간의 공기오염의 원인이 되는 가스와 떠다니는 입자상물질 등으로서 환경부령이 정하는 것을 말한다.

✔ • "공기정화설비"라 함은 실내공간의 오염물질을 없애거나 줄이는 설비로서 환기설비 안에 설치되거나, 환기설비와는 따로 설치된 것을 말한다.
• "환기설비"라 함은 오염된 실내공기를 밖으로 내보내고 신선한 바깥공기를 실내로 끌어들여 실내공간의 공기를 쾌적한 상태로 유지시키는 설비를 말한다.

99 대기환경보전법령상 연료의 황 함유량이 1.0% 이하인 경우 기본부과금의 농도별 부과계수로 옳은 것은? (단, 연료를 연소하여 황산화물을 배출하는 시설(황산화물의 배출량을 줄이기 위해 방지시설을 설치한 경우와 생산공정상 황산화물의 배출량이 줄어든다고 인정하는 경우는 제외))

① 0.2　　　　　② 0.3

③ 0.4　　　　　④ 1.0

✔ 0.5% 이하 0.2, 1.0% 이하 0.4, 1.0% 초과 1.0

100 대기환경보전법규상 시멘트 수송의 경우 비산먼지 발생을 억제하기 위한 시설 및 필요한 조치기준으로 옳지 않은 것은? ★

① 적재함 상단으로부터 5cm 이하까지 적재물을 수평으로 적재할 것
② 수송차량은 세륜 및 측면살수 후 운행하도록 할 것
③ 먼지가 흩날리지 아니하도록 공사장 안의 통행차량은 시속 40km 이하로 운행할 것
④ 적재함을 최대한 밀폐할 수 있는 덮개를 설치하여 적재물의 외부에서 보이지 아니할 것

✅ 먼지가 흩날리지 않도록 공사장 안의 통행차량은 시속 20km 이하로 운행할 것

2018년 제2회 대기환경기사

81 환경정책기본법상 시·도지사가 해당 지역의 환경적 특수성을 고려하여 규정에 의한 환경기준보다 확대·강화된 별도의 환경기준을 설정할 경우 다음 중 누구에게 보고하여야 하는가? ★★

① 환경부 장관　　② 보건복지부 장관
③ 국토교통부 장관　④ 국무총리

82 다음 중 실내공기질관리법규상 노인요양시설 내부의 쾌적한 공기질을 유지하기 위한 실내공기질 유지기준이 설정된 오염물질이 아닌 것은? ★★★

① 미세먼지(PM 10)　② 폼알데하이드
③ 아산화질소　　　④ 총부유세균

✅ 아산화질소는 온실가스로, 실내공기질 유지기준이 아니다.

83 대기환경보전법규상 특정대기유해물질에 해당하지 않는 것은? ★★

① 아닐린　　　　② 아세트알데하이드
③ 1,3-부타디엔　④ 망간

✅ 망간은 특정대기유해물질(35종)이 아니다.

84 대기환경보전법규상 측정기기의 부착·운영 등과 관련된 행정처분기준 중 "부식·마모·고장 또는 훼손되어 정상적인 작동을 하지 아니하는 측정기기를 정당한 사유 없이 7일 이상 방치하는 경우" 1차～4차 행정처분기준으로 옳은 것은?

① 경고-경고-경고-조업정지 5일
② 경고-경고-경고-조업정지 10일
③ 경고-조업정지 10일-조업정지 30일-허가 취소 또는 폐쇄
④ 경고-경고-조업정지 10일-조업정지 30일

85 다음은 실내공기질관리법상 측정기기의 부착 및 운영·관리와 규제의 재검토 사항이다. ( ) 안에 가장 적합한 것은? ★

> 환경부 장관은 다중이용시설의 실내공기질 실태를 파악하기 위하여 다중이용시설의 소유자·점유자 등 관리책임이 있는 자에게 환경부령으로 정하는 측정기기를 부탁하고, 환경부령으로 정하는 기준에 따라 운영·관리할 것을 권고할 수 있다. 환경부 장관은 위에 따른 측정기기의 부착 및 운영·관리에 대하여 2017년 1월 1일을 기준으로 ( ) 그 타당성을 검토하여 개선 등의 조치를 하여야 한다.

① 1년마다　　② 2년마다
③ 3년마다　　④ 5년마다

86 대기환경보전법규상 자동차 운행정지 표지에 기재되는 사항이 아닌 것은? ★★

① 점검당시 누적주행거리
② 운행정지기간 중 주차장소
③ 자동차 소유자 성명
④ 자동차등록번호

✔ 자동차 운행정지 표지에 기재되는 사항은 자동차등록번호, 점검당시 누적주행거리, 운행정지기간, 운행정지기간 중 주차장소 등이다.

87 대기환경보전법규상 배출시설을 설치·운영하는 사업자에 대하여 과징금을 부과할 때, "2종 사업장"에 대하여 부과하는 사업장 규모별 부과계수는? ★

① 0.4
② 0.7
③ 1.0
④ 1.5

✔ 배출시설을 설치·운영하는 사업자에 대하여 과징금을 부과할 때, 사업장 규모별 부과계수는 1종 사업장 : 2.0, 2종 사업장 : 1.5, 3종 사업장 : 1.0, 4종 사업장 : 0.7, 5종 사업장 : 0.4이다.

88 대기환경보전법령상 초과부과금 부과대상 오염물질이 아닌 것은? ★★

① 이황화탄소
② 사이안화수소
③ 황화수소
④ 메탄

✔ 초과부과금의 부과대상이 되는 오염물질은 황산화물, 암모니아, 황화수소, 이황화탄소, 먼지, 불소화합물, 염화수소, 질소산화물, 사이안화수소이다. '메탄'은 온실가스이다.

89 다음은 대기환경보전법상 실천계획의 수립·시행 및 평가에 관한 사항이다. ( ) 안에 알맞은 것은?

> 대기환경규제지역을 관할하는 시·도지사 또는 대도시 시장은 그 지역이 대기환경규제지역으로 지정·고시된 후 (㉠) 이내에 그 지역의 환경기준을 달성·유지하기 위한 계획을 (㉡)으로 정하는 내용과 절차에 따라 수립하고, 환경부 장관의 승인을 받아 시행하여야 한다. 이를 변경하는 경우에도 또한 같다.

① ㉠ 2년, ㉡ 대통령령
② ㉠ 2년, ㉡ 환경부령
③ ㉠ 5년, ㉡ 대통령령
④ ㉠ 5년, ㉡ 환경부령

✔ 현행 '대기환경규제지역' 고시는 '대기관리권역의 대기환경개선에 관한 특별법'에 의한 '대기관리권역' 지정제도가 시행됨에 따라 폐지되었다(2020. 4. 3. 시행).

90 다음 중 대기환경보전법규상 사업자가 스스로 방지시설을 설계·시공하고자 하는 경우에 시·도지사에 제출하여야 할 서류와 거리가 먼 것은? ★★★

① 기술능력 현황을 적은 서류
② 공정도
③ 배출시설의 공정도, 그 도면 및 운영규약
④ 원료(연료를 포함한다) 사용량, 제품 생산량 및 오염물질 등의 배출량을 예측한 명세서

● 사업자가 스스로 방지시설을 설계·시공하려는 경우에는 다음과 같은 서류를 유역환경청장, 지방환경청장, 수도권 대기환경청장 또는 시·도지사에게 제출해야 한다.
1. 배출시설의 설치명세서
2. 공정도
3. 원료(연료를 포함) 사용량, 제품 생산량 및 대기오염물질 등의 배출량을 예측한 명세서
4. 방지시설의 설치명세서와 그 도면
5. 기술능력 현황을 적은 서류 등

91 다음 중 악취방지법규상 지정악취물질이 아닌 것은? ★★

① 아세트알데하이드 ② 메틸메르캅탄
③ 톨루엔 ④ 벤젠

● 지정악취물질은 22종이며, '벤젠'은 해당되지 않는다. '벤젠'은 대기환경기준 항목이다.

92 대기환경보전법령상 대기오염물질 배출허용기준 일일유량의 산정방법(일일유량＝측정유량×일일조업시간) 중 일일조업시간 표시에 대한 설명으로 가장 적합한 것은? ★

① 일일조업시간은 배출량을 측정하기 전 최근 조업한 7일 동안의 배출시설 조업시간 평균치를 시간으로 표시한다.
② 일일조업시간은 배출량을 측정하기 전 최근 조업한 15일 동안의 배출시설 조업시간 평균치를 시간으로 표시한다.
③ 일일조업시간은 배출량을 측정하기 전 최근 조업한 30일 동안의 배출시설 조업시간 평균치를 시간으로 표시한다.
④ 일일조업시간은 배출량을 측정하기 전 최근 조업한 60일 동안의 배출시설 조업시간 평균치를 시간으로 표시한다.

93 대기환경보전법령상 비산먼지 발생사업으로서 "대통령령으로 정하는 사업" 중 환경부령으로 정하는 사업과 가장 거리가 먼 것은 어느 것인가? ★★

① 비금속물질의 채취업, 제조업 및 가공업
② 제1차 금속 제조업
③ 운송장비 제조업
④ 목재 및 광석의 운송업

● "대통령령으로 정하는 사업" 중 '환경부령으로 정하는 사업'은 11개이고, '목재 및 광석의 운송업'은 여기에 해당되지 않는다.

94 대기환경보전법령상 황 함유기준에 부적합한 유류를 판매하여 그 해당 유류의 회수처리 명령을 받은 자는 시·도지사 등에게 그 명령을 받은 날부터 며칠 이내에 이행완료보고서를 제출하여야 하는가? ★

① 5일 이내에
② 7일 이내에
③ 10일 이내에
④ 30일 이내에

95 환경정책기본법령상 대기환경기준 항목과 그 측정방법이 알맞게 짝지어진 것은? ★★★

① 아황산가스 : 원자흡수분광광도법
② 일산화탄소 : 비분산자외선분석법
③ 오존 : 자외선광도법
④ 미세먼지(PM 10) : 가스 크로마토그래피

● ① 아황산가스 : 자외선형광법
② 일산화탄소 : 비분산적외선분석법
③ 미세먼지(PM 10) : 베타선흡수법

96 악취관리법상 악취배출시설 설치자가 환경부령으로 정하는 사항을 변경하려는 경우 변경신고를 해야 하는데, 이 변경신고를 하지 아니한 경우 과태료 부과기준으로 옳은 것은?

① 50만원 이하의 과태료
② 100만원 이하의 과태료
③ 200만원 이하의 과태료
④ 500만원 이하의 과태료

97 대기환경보전법상 평균배출허용기준을 초과한 자동차 제작자에 대한 상환명령을 이행하지 아니하고 자동차를 제작한 자에 대한 벌칙 기준으로 옳은 것은? ★

① 7년 이하의 징역이나 1억원 이하의 벌금에 처한다.
② 5년 이하의 징역이나 5천만원 이하의 벌금에 처한다.
③ 3년 이하의 징역이나 3천만원 이하의 벌금에 처한다.
④ 1년 이하의 징역이나 1천만원 이하의 벌금에 처한다.

98 대기환경보전법규상 자동차연료형 첨가제의 종류에 해당하지 않는 것은? ★★★

① 청정분산제
② 옥탄가향상제
③ 매연발생제
④ 세척제

✅ 매연발생제가 아니고, 매연억제제이다.

99 환경정책기본법령상 "벤젠"의 대기환경기준(μg/m^3)은? (단, 연간 평균치) ★★★

① 0.1 이하　　② 0.15 이하
③ 0.5 이하　　④ 5 이하

✅ 벤젠의 대기환경기준은 5μg/m^3 이하이다.

100 대기환경보전법규상 위임업무 보고사항 중 "자동차 연료 및 첨가제의 제조·판매 또는 사용에 대한 규제현황" 업무의 보고횟수 기준으로 옳은 것은? ★★

① 연 1회　　② 연 2회
③ 연 4회　　④ 수시

2018년 제4회 대기환경기사

81 실내공기질관리법규상 "의료기관"의 폼알데하이드(μg/m^3) 실내공기질 유지기준은? ★★★

① 10 이하　　② 25 이하
③ 80 이하　　④ 150 이하

✅ 의료기관, 산후조리원, 노인요양시설, 어린이집, 실내 어린이놀이시설 : 폼알데하이드 80μg/m^3 이하('20년 개정)

82 대기환경보전법규상 가스를 사용연료로 하는 경자동차의 배출가스 보증적용기간 기준으로 옳은 것은? (단, 2016년 1월 1일 이후 제작 자동차 기준) ★★

① 2년 또는 10,000km
② 2년 또는 160,000km
③ 6년 또는 10,000km
④ 10년 또는 192,000km

83 다음 중 대기환경보전법상 장거리이동 대기오염물질 대책위원회에 관한 사항으로 옳지 않은 것은? ★★★

① 위원회는 위원장 1명을 포함한 25명 이내의 위원으로 구성한다.
② 위원회의 위원장은 환경부 장관이 되고, 위원은 환경부령으로 정하는 중앙행정기관의 공무원 등으로서 환경부 장관이 위촉하거나 임명하는 자로 한다.
③ 위원회와 실무위원회 및 장거리이동 대기오염물질 연구단의 구성 및 운영 등에 관하여 필요한 사항은 대통령령으로 정한다.
④ 환경부 장관은 장거리이동 대기오염물질 피해방지를 위하여 5년마다 관계중앙행정기관의 장과 협의하고 시·도지사의 의견을 들어야 한다.

✔ 위원회의 위원장은 환경부 차관이 되고, 위원은 다음의 사람으로서 환경부 장관이 위촉하거나 임명하는 사람으로 한다.
1. 대통령령으로 정하는 중앙행정기관의 공무원
2. 대통령령으로 정하는 분야의 학식과 경험이 풍부한 전문가

84 환경정책기본법령상 아황산가스(SO_2)의 대기환경기준으로 옳게 연결된 것은? ★★★

> • 24시간 평균치 : (㉠)ppm 이하
> • 1시간 평균치 : (㉡)ppm 이하

① ㉠ 0.05, ㉡ 0.15
② ㉠ 0.06, ㉡ 0.10
③ ㉠ 0.07, ㉡ 0.12
④ ㉠ 0.08, ㉡ 0.12

✔ 아황산가스(SO_2)의 대기환경기준 : 연간 0.02ppm 이하, 24시간 0.05ppm 이하, 1시간 0.15ppm 이하

85 대기환경보전법상 배출시설을 설치·운영하는 사업자에게 조업정지를 명하여야 하는 경우로서 그 조업정지가 공익에 현저한 지장을 줄 우려가 있다고 인정되는 경우, 조업정지처분에 갈음하여 시·도지사가 부과할 수 있는 최대과징금 액수는? ★

① 5,000만원
② 1억원
③ 2억원
④ 5억원

86 대기환경보전법령상 경유를 사용하는 자동차의 배출가스 중 대통령령으로 정하는 오염물질의 종류에 해당하지 않는 것은? ★★

① 탄화수소
② 알데하이드
③ 질소산화물
④ 일산화탄소

✔ 경유를 사용하는 자동차 배출가스 중 대통령령으로 정하는 오염물질은 일산화탄소, 탄화수소, 질소산화물, 매연, 입자상 물질, 암모니아이다.

87 대기환경보전법령상 시·도지사가 대기오염물질 기준 이내 배출량 조정 시 사업자가 제출한 확정배출량 자료가 명백히 거짓으로 판명되었을 경우에는 확정배출량을 현지조사하여 산정하되 확정배출량의 얼마에 해당하는 배출량을 기준 이내 배출량으로 산정하는가? ★

① 100분의 20
② 100분의 50
③ 100분의 120
④ 100분의 150

88 대기환경보전법규상 특별대책지역 또는 대기환경규제지역 안에서 "휘발성 유기화합물"을 배출하는 시설로서 대통령령이 정하는 시설을 설치하고자 할 경우 시·도지사 등에게 배출시설 설치신고서를 제출해야 하는 기간 기준은? ★

① 시설 설치일 7일 전까지
② 시설 설치일 10일 전까지
③ 시설 설치 후 7일 이내
④ 시설 설치 후 10일 이내

89 다음 중 대기환경보전법규상 시·도지사가 설치하는 대기오염 측정망에 해당하지 않는 것은? ★★★

① 도시지역의 휘발성 유기화합물 등의 농도를 측정하기 위한 광화학대기오염물질측정망
② 도시지역의 대기오염물질 농도를 측정하기 위한 도시대기측정망
③ 도로변의 대기오염물질 농도를 측정하기 위한 도로변대기측정망
④ 대기 중의 중금속 농도를 측정하기 위한 대기중금속측정망

✅ 시·도지사가 설치하는 대기오염 측정망의 종류는 다음과 같다.
1. 도시지역의 대기오염물질 농도를 측정하기 위한 도시대기측정망
2. 도로변의 대기오염물질 농도를 측정하기 위한 도로변대기측정망
3. 대기 중의 중금속 농도를 측정하기 위한 대기중금속측정망

90 환경정책기본법령상 이산화질소(NO_2)의 대기 환경기준은? (단, 24시간 평균치 기준) ★★★

① 0.03ppm 이하   ② 0.05ppm 이하
③ 0.06ppm 이하   ④ 0.10ppm 이하

✅ 이산화질소(NO_2)의 대기환경기준은 연간 0.03ppm 이하, 24시간 0.06ppm 이하, 1시간 0.10ppm 이하이다.

91 다음 중 대기환경보전법령상 사업장별 환경기술인의 자격기준에 관한 사항으로 거리가 먼 것은? ★★★

① 2종 사업장의 환경기술인의 자격기준은 대기환경산업기사 이상의 기술자격 소지자 1명 이상이다.
② 4종 사업장과 5종 사업장 중 환경부령으로 정하는 기준 이상의 특정대기유해물질이 포함된 오염물질을 배출하는 경우에는 3종 사업장에 해당하는 기술인을 두어야 한다.
③ 1종 사업장과 2종 사업장 중 1개월 동안 실제 작업한 날만을 계산하여 1일 평균 17시간 이상 작업하는 경우에는 해당 사업장의 기술인을 각각 2명 이상 두어야 한다.
④ 공동방지시설에서 각 사업장의 대기오염물질 발생량의 합계가 4종 사업장과 5종 사업장의 규모에 해당하는 경우에는 5종 사업장에 해당하는 기술인을 두어야 한다.

✅ 공동방지시설에서 각 사업장의 대기오염물질 발생량의 합계가 4종 사업장과 5종 사업장의 규모에 해당하는 경우에는 3종 사업장에 해당하는 기술인을 두어야 한다.

92 악취방지법규상 악취검사기관의 검사 시설 및 장비가 부족하거나 고장난 상태로 7일 이상 방치한 경우로서 규정에 의한 악취검사기관의 지정기준에 미치지 못하게 된 경우 3차 행정처분기준으로 가장 적합한 것은 다음 중 어느 것인가?

① 지정 취소
② 업무정지 3개월
③ 업무정지 6개월
④ 업무정지 12개월

✅ 악취검사기관의 검사 시설 및 장비가 부족하거나 고장난 상태로 7일 이상 방치한 경우에는 1차 경고, 2차 업무정지 1개월, 3차 업무정지 3개월, 4차 지정취소이다.

93 다음은 대기환경보전법령상 시·도지사가 배출시설의 설치를 제한할 수 있는 경우이다. ( ) 안에 가장 알맞은 것은? ★

배출시설 설치지점으로부터 반경 1킬로미터 안의 상주인구가 (㉠)인 지역으로 특정대기유해물질 중 한 가지 종류의 물질을 연간 (㉡) 배출하거나 두 가지 이상의 물질을 연간 (㉢) 배출하는 시설을 설치하는 경우

① ㉠ 1만명 이상, ㉡ 5톤 이상, ㉢ 10톤 이상
② ㉠ 1만명 이상, ㉡ 10톤 이상, ㉢ 20톤 이상
③ ㉠ 2만명 이상, ㉡ 5톤 이상, ㉢ 10톤 이상
④ ㉠ 2만명 이상, ㉡ 10톤 이상, ㉢ 25톤 이상

✅ 시·도지사가 배출시설의 설치를 제한할 수 있는 경우는 다음과 같다.
1. 배출시설 설치지점으로부터 반경 1킬로미터 안의 상주 인구가 2만명 이상인 지역으로서 특정대기유해물질 중 한 가지 종류의 물질을 연간 10톤 이상 배출하거나 두 가지 이상의 물질을 연간 25톤 이상 배출하는 시설을 설치하는 경우
2. 대기오염물질(먼지·황산화물 및 질소산화물만 해당)의 발생량 합계가 연간 10톤 이상인 배출시설을 특별대책지역(법 제22조에 따라 총량규제구역으로 지정된 특별대책지역은 제외)에 설치하는 경우

94 대기환경보전법령상 기본부과금의 지역별 부과계수로 옳게 연결된 것은? (단, 지역 구분은 「국토의 계획 및 이용에 관한 법률」에 따르고, 대표적으로 Ⅰ지역은 주거지역, Ⅱ지역은 공업지역, Ⅲ지역은 녹지지역이 해당한다.) ★

① Ⅰ지역−0.5, Ⅱ지역−1.0, Ⅲ지역−1.5
② Ⅰ지역−1.5, Ⅱ지역−0.5, Ⅲ지역−1.0
③ Ⅰ지역−1.0, Ⅱ지역−0.5, Ⅲ지역−1.5
④ Ⅰ지역−1.5, Ⅱ지역−1.0, Ⅲ지역−0.5

✔ 기본부과금의 지역별 부과계수
• Ⅰ지역 : 1.5
• Ⅱ지역 : 0.5
• Ⅲ지역 : 1.0

95 악취방지법규상 지정악취물질의 배출허용기준 및 그 범위로 옳지 않은 것은? ★

항목	구분	배출허용기준(ppm)	
		공업지역	기타지역
㉠	암모니아	2 이하	1 이하
㉡	메틸메르캅탄	0.008 이하	0.005 이하
㉢	황화수소	0.06 이하	0.02 이하
㉣	트라이메틸아민	0.02 이하	0.005 이하

① ㉠ ② ㉡ ③ ㉢ ④ ㉣

✔ 메틸메르캅탄
• 공업지역 : 0.004 이하
• 기타지역 : 0.002 이하

96 실내공기질관리법규상 건축자재의 오염물질 방출 기준 중 "페인트의 ㉠ 톨루엔, ㉡ 총휘발성 유기화합물" 기준으로 옳은 것은? (단, 단위는 mg/m² · h이다.) ★★

① ㉠ 0.05 이하, ㉡ 20.0 이하
② ㉠ 0.05 이하, ㉡ 4.0 이하
③ ㉠ 0.08 이하, ㉡ 20.0 이하
④ ㉠ 0.08 이하, ㉡ 2.5 이하

97 대기환경보전법상 한국자동차환경협회의 회원이 될 수 있는 자로 거리가 먼 것은? ★★

① 배출가스저감장치 제작자
② 저공해엔진 제조·교체 등 배출가스저감사업관련 사업자
③ 저공해자동차 판매사업자
④ 자동차 조기폐차 관련 사업자

✔ 한국자동차환경협회의 회원이 될 수 있는 자는 배출가스저감장치 제작자, 저공해엔진 제조·교체 등 배출가스저감사업 관련 사업자, 전문정비사업자, 배출가스저감장치 및 저공해엔진 등과 관련된 분야의 전문가, 종합검사대행자, 종합검사 지정정비사업자, 자동차 조기폐차 관련 사업자이다.

98 대기환경보전법규상 수도권대기환경청장, 국립환경과학원장 또는 한국환경공단이 설치하는 대기오염 측정망의 종류에 해당하지 않는 것은? ★★★

① 대기오염물질의 지역배경농도를 측정하기 위한 교외대기측정망
② 대기 중의 중금속 농도를 측정하기 위한 대기중금속측정망
③ 미세먼지(PM 2.5)의 성분 및 농도를 측정하기 위한 미세먼지성분측정망
④ 산성 대기오염물질의 건성 및 습성 침착량을 측정하기 위한 산성 강하물측정망

✔ 대기 중의 중금속 농도를 측정하기 위한 대기중금속측정망은 시·도지사가 설치하는 대기오염 측정망이다.

99 대기환경보전법규상 관제센터로 측정결과를 자동전송하지 않는 먼지·황산화물 및 질소산화물의 연간 발생량의 합계가 80톤 이상인 사업장 배출구의 자가측정횟수 기준은? (단, 기타사항 등은 제외) ★★★

① 매일 1회 이상 ② 매주 1회 이상
③ 매월 2회 이상 ④ 2개월마다 1회 이상

100 다음은 대기환경보전법규상 제작자동차의 배출가스 보증기간에 관한 사항이다. ( ) 안에 알맞은 것은? (단, 2016년 1월 1일 이후 제작자동차 기준)　★

> 배출가스 보증기간의 만료는 (㉠)을 기준으로 한다. 휘발유와 가스를 병용하는 자동차는 (㉡)사용 자동차의 보증기간을 적용한다.

① ㉠ 기간 또는 주행거리, 가동시간 중 나중 도달하는 것, ㉡ 휘발유

② ㉠ 기간 또는 주행거리, 가동시간 중 나중 도달하는 것, ㉡ 가스

③ ㉠ 기간 또는 주행거리, 가동시간 중 먼저 도달하는 것, ㉡ 휘발유

④ ㉠ 기간 또는 주행거리, 가동시간 중 먼저 도달하는 것, ㉡ 가스

2019년 제1회 대기환경기사

81 환경정책기본법상 용어의 정의 중 ( ) 안에 가장 적합한 것은?　★★★

> (   )이란 일정한 지역에서 환경오염 또는 환경훼손에 대하여 환경이 스스로 수용, 정화 및 복원하여 환경의 질을 유지할 수 있는 한계를 말한다.

① 환경기준　　　② 환경용량

③ 환경보전　　　④ 환경보존

82 대기환경보전법규상 휘발유를 연료로 사용하는 "경자동차"의 배출가스 보증기간 적용기준으로 옳은 것은? (단, 2016년 1월 1일 이후 제작 자동차)　★

① 15년 또는 240,000km

② 10년 또는 192,000km

③ 2년 또는 160,000km

④ 1년 또는 20,000km

✅ 경자동차, 소형 승용·화물자동차, 중형 승용·화물자동차의 배출가스 보증기간 적용기준(단, 2016년 1월 1일 이후 제작 자동차)은 15년 또는 240,000km이다.

83 대기환경보전법규상 「의료법」에 따른 의료기관의 배출시설 등에 조업정지 처분을 갈음하여 과징금을 부과하고자 할 때, "2종 사업장"의 규모별 부과계수로 옳은 것은?　★

① 0.4

② 0.7

③ 1.0

④ 1.5

✅ • 1종 사업장 : 2.0
• 2종 사업장 : 1.5
• 3종 사업장 : 1.0
• 4종 사업장 : 0.7
• 5종 사업장 : 0.4

84 환경정책기본법령상 아황산가스(SO₂)의 대기 환경기준(ppm)으로 옳은 것은? (단, ⊙ 연간, ⓛ 24시간, ⓒ 1시간의 평균치 기준) ★★★

① ⊙ 0.02 이하, ⓛ 0.05 이하, ⓒ 0.15 이하
② ⊙ 0.03 이하, ⓛ 0.15 이하, ⓒ 0.25 이하
③ ⊙ 0.06 이하, ⓛ 0.10 이하, ⓒ 0.15 이하
④ ⊙ 0.03 이하, ⓛ 0.06 이하, ⓒ 0.10 이하

85 대기환경보전법규상 배출시설 등의 가동개시 신고와 관련하여 환경부령으로 정하는 시운전 기간은?

① 가동개시일부터 7일까지의 기간
② 가동개시일부터 15일까지의 기간
③ 가동개시일부터 30일까지의 기간
④ 가동개시일부터 90일까지의 기간

86 대기환경보전법규상 측정기기의 부착·운영 등과 관련된 행정처분기준 중 굴뚝 자동측정 기기의 부착이 면제된 보일러(사용연료를 6개 월 이내에 청정연료로 변경할 계획이 있는 경 우)로서 사용연료를 6월 이내에 청정연료로 변경하지 아니한 경우의 4차 행정처분기준으 로 가장 적합한 것은?

① 조업정지 10일   ② 조업정지 30일
③ 조업정지 5일   ④ 경고

✔ 굴뚝 자동측정기기의 부착이 면제된 보일러로서 사용연 료를 6월 이내에 청정연료로 변경하지 아니한 경우 1,2차 경고, 3차 조업정지 10일, 4차 조업정지 30일이다.

87 대기환경보전법령상 대기배출시설의 설치허 가를 받고자 하는 자가 제출해야 할 서류목록 에 해당하지 않는 것은? ★★★

① 오염물질 배출량을 예측한 명세서
② 배출시설 및 방지시설의 설치명세서
③ 방지시설의 연간 유지관리계획서
④ 배출시설 및 방지시설의 실시계획도면

✔ 서류 목록은 다음과 같다.
1. 원료(연료를 포함)의 사용량 및 제품 생산량과 오염물 질 등의 배출량을 예측한 명세서
2. 배출시설 및 대기오염방지시설의 설치명세서
3. 방지시설의 일반도(一般圖)
4. 방지시설의 연간 유지관리계획서
5. 사용 연료의 성분 분석과 황산화물 배출농도 및 배출 량 등을 예측한 명세서(법 제41조 제3항 단서에 해당 하는 배출시설의 경우에만 해당)
6. 배출시설 설치허가증(변경허가를 신청하는 경우에만 해당)

88 악취방지법규상 악취검사기관의 준수사항 중 실험일지 및 검량선 기록지, 검사결과 발송 대 장, 정도관리수행 기록철 등의 보존기간으로 옳은 것은? ★★

① 1년간 보존   ② 2년간 보존
③ 3년간 보존   ④ 5년간 보존

89 대기환경보전법규상 휘발성 유기화합물 배출 억제·방지시설 설치 및 검사·측정결과의 기록 보존에 관한 기준 중 주유소 주유시설 기 준으로 옳지 않은 것은?

① 회수설비의 처리효율은 90퍼센트 이상이 어야 한다.
② 유증기 회수배관을 설치한 후에는 회수배 관 액체막힘 검사를 하고 그 결과를 3년간 기록·보존하여야 한다.
③ 회수설비의 유증기 회수율(회수량/주유량) 이 적정범위(0.88~1.2)에 있는지를 회수 설비를 설치한 날부터 1년이 되는 날 또는 직전에 검사한 날부터 1년이 되는 날마다 전후 45일 이내에 검사한다.
④ 주유소에서 차량에 유류를 공급할 때 배출 되는 휘발성 유기화합물은 주유시설에 부 착된 유증기 회수설비를 이용하여 대기로 직접 배출되지 않도록 해야 한다.

✔ 유증기 회수배관을 설치한 후에는 회수배관 액체막힘 검 사를 하고 그 결과를 5년간 기록·보존하여야 한다.

90 대기환경보전법령상 초과부과금 산정기준에서 오염물질 1킬로그램당 부과금액이 가장 낮은 것은? ★★★

① 먼지   ② 황산화물

③ 암모니아   ④ 불소화합물

☑ ① 먼지 : 770
② 황산화물 : 500
③ 암모니아 : 1,400
④ 불소화합물 : 2,300

[Plus 이론학습]
- 질소산화물 : 2,130
- 황화수소 : 6,000
- 이황화탄소 : 1,600

91 대기환경보전법상 사업자는 조업을 할 때에는 환경부령으로 정하는 바에 따라 배출시설과 방지시설의 운영에 관한 상황을 사실대로 기록하여 보존해야 하나 이를 위반하여 배출시설 등의 운영상황을 기록·보존하지 아니하거나 거짓으로 기록한 자에 대한 과태료 부과기준으로 옳은 것은? ★

① 1,000만원 이하의 과태료

② 500만원 이하의 과태료

③ 300만원 이하의 과태료

④ 200만원 이하의 과태료

92 대기환경보전법규상 고체연료 환산계수가 가장 큰 연료(또는 원료명)는? (단, 무연탄 환산계수 : 1.00, 단위 : kg 기준)

① 톨루엔

② 유연탄

③ 에탄올

④ 석탄타르

☑ ① 톨루엔 : 2.06kg
② 유연탄 : 1.34kg
③ 에탄올 : 1.44kg
④ 석탄타르 : 1.88kg

93 대기환경보전법령상 일일 기준초과배출량 및 일일 유량의 산정방법에 관한 설명으로 옳지 않은 것은? ★★

① 일일 유량 산정을 위한 측정유량의 단위는 m^3/일로 한다.

② 일일 유량 산정을 위한 일일 조업시간은 배출량을 측정하기 전 최근 조업한 30일 동안의 배출시설의 조업시간 평균치를 시간으로 표시한다.

③ 먼지 이외의 오염물질의 배출농도 단위는 ppm으로 한다.

④ 특정대기유해물질의 배출허용기준초과 일일 오염물질 배출량은 소수점 이하 넷째자리까지 계산한다.

☑ 측정유량의 단위는 시간당 세제곱미터(m^3/h)로 한다.

94 환경정책기본법령상 대기환경기준으로 옳지 않은 것은? ★★★

구분	항목	기준	농도
㉠	CO	8시간 평균치	9ppm 이하
㉡	NO₂	24시간 평균치	0.1ppm 이하
㉢	PM-10	연간 평균치	$50\mu g/m^3$ 이하
㉣	벤젠	연간 평균치	$5\mu g/m^3$ 이하

① ㉠   ② ㉡

③ ㉢   ④ ㉣

☑ 이산화질소(NO₂)의 24시간 평균치는 0.06ppm 이하, 1시간 평균치는 0.1ppm이다.

95 실내공기질관리법규상 "공동주택의 소유자"에게 권고하는 실내 라돈 농도의 기준으로 옳은 것은? ★★★

① 1세제곱미터당 148베크렐 이하

② 1세제곱미터당 348베크렐 이하

③ 1세제곱미터당 548베크렐 이하

④ 1세제곱미터당 848베크렐 이하

● 라돈의 실내공기질 권고기준은 2020년 이전에는 200Bq/m³ 이하였으나 2020년에 148Bq/m³ 이하로 개정되었다.

96 대기환경보전법상 환경부 장관은 대기오염물질과 온실가스를 줄여 대기환경을 개선하기 위한 대기환경개선종합계획을 얼마마다 수립하여 시행하여야 하는가?

① 매년마다
② 3년마다
③ 5년마다
④ 10년마다

97 다음 중 대기환경보전법상 1년 이하의 징역이나 1천만원 이하의 벌금에 처하는 벌칙기준이 아닌 것은? ★

① 배출시설의 설치를 완료한 후 신고를 하지 아니하고 조업한 자
② 환경상 위해가 발생하여 그 사용규제를 위반하여 자동차 연료·첨가제 또는 촉매제를 제조하거나 판매한 자
③ 측정기기 관리대행업의 등록 또는 변경등록을 하지 아니하고 측정기기 관리업무를 대행한 자
④ 부품결함 시정명령을 위반한 자동차 제작자

● 부품결함 시정명령을 위반한 자동차 제작자는 7년 이하의 징역이나 1억원 이하의 벌금에 처한다.

98 다음 중 악취방지법상 악취로 인한 주민의 건강상 위해 예방 등을 위해 기술진단을 실시하지 아니한 자에 대한 과태료 부과기준으로 옳은 것은? ★

① 500만원 이하의 과태료
② 300만원 이하의 과태료
③ 200만원 이하의 과태료
④ 100만원 이하의 과태료

99 대기환경보전법규상 운행차 배출허용기준 중 일반기준으로 옳지 않은 것은?

① 건설기계 중 덤프트럭, 콘크리트믹서트럭, 콘크리트펌프트럭에 대한 배출허용기준은 화물자동차 기준을 적용한다.
② 알코올만 사용하는 자동차는 탄화수소 기준을 적용하지 아니한다.
③ 1993년 이후에 제작된 자동차 중 과급기(turbo charger)나 중각냉각기(inter-cooler)를 부착한 경유사용 자동차의 배출허용기준은 무부하급가속 검사방법의 매연 항목에 대한 배출허용기준에 5%를 더한 농도를 적용한다.
④ 희박연소(lean burn) 방식을 적용하는 자동차는 공기과잉률 기준을 적용한다.

● 희박연소(lean burn) 방식을 적용하는 자동차는 공기과잉률 기준을 적용하지 아니한다.

100 실내공기질관리법규상 폼알데하이드의 신축 공동주택의 실내공기질 권고기준은? ★★★

① 30μg/m³ 이하
② 210μg/m³ 이하
③ 300μg/m³ 이하
④ 700μg/m³ 이하

제5과목

2019년 제2회 대기환경기사

81 실내공기질관리법규상 건축자재의 오염물질 방출 기준이다. ( ) 안에 알맞은 것은? (단, 단위는 mg/m² · h) ★★

오염물질	접착제	페인트
톨루엔	0.08 이하	(㉠)
총휘발성 유기화합물	(㉡)	(㉢)

① ㉠ 0.02 이하, ㉡ 0.05 이하, ㉢ 1.5 이하

② ㉠ 0.02 이하, ㉡ 0.1 이하, ㉢ 2.0 이하

③ ㉠ 0.08 이하, ㉡ 2.0 이하, ㉢ 2.5 이하

④ ㉠ 0.10 이하, ㉡ 2.5 이하, ㉢ 4.0 이하

82 대기환경보전법규상 자동차의 종류에 대한 설명으로 옳지 않은 것은? (단, 2015년 12월 10일 이후 적용) ★

① 이륜자동차의 규모는 차량 총 중량이 1천 킬로그램을 초과하지 않는 것이다.

② 이륜자동차는 측차를 붙인 이륜자동차와 이륜자동차에서 파생된 삼륜 이상의 자동차는 제외한다.

③ 소형 화물자동차에는 승용자동차에 해당되지 않는 승차인원이 9명 이상인 승합차를 포함한다.

④ 초대형 승용자동차의 규모는 차량 총 중량이 15톤 이상이다.

✔ 이륜자동차는 운반차를 붙인 이륜자동차와 이륜자동차에서 파생된 삼륜 이상의 자동차를 포함한다.

83 대기환경보전법규상 휘발유를 연료로 사용하는 자동차연료 제조기준으로 옳지 않은 것은? ★

① 90% 유출 온도(℃) : 170 이하

② 산소 함량(무게%) : 2.3 이하

③ 황 함량(ppm) : 50 이하

④ 벤젠 함량(부피%) : 0.7 이하

✔ 황 함량(ppm)은 10ppm 이하이다.

84 환경정책기본법령상 초미세먼지(PM-2.5)의 연간 평균치 기준은? ★★★

① $15\mu g/m^3$ 이하

② $35\mu g/m^3$ 이하

③ $50\mu g/m^3$ 이하

④ $100\mu g/m^3$ 이하

✔ 초미세먼지(PM 2.5)
• 연간 평균 $15\mu g/m^3$ 이하
• 24시간 평균치 $35\mu g/m^3$ 이하

85 대기환경보전법령상 배출허용기준 초과와 관련한 개선명령을 받은 사업자는 그 명령을 받은 날부터 며칠 이내에 개선계획서를 환경부령으로 정하는 바에 따라 시 · 도지사에게 제출하여야 하는가? (단, 연장이 없는 경우) ★

① 즉시

② 10일 이내

③ 15일 이내

④ 30일 이내

86 대기환경보전법규상 환경부 장관이 대기오염물질을 총량으로 규제하고자 할 때 고시해야 하는 사항으로 거리가 먼 것은? (단, 기타사항은 제외) ★★★

① 총량규제 구역

② 총량규제 대기오염물질

③ 대기오염물질의 저감계획

④ 규제 기준농도

✔ 총량규제는 말그대로 총량을 규제하는 것으로 농도는 규제하지 않는다.

87 다음은 대기환경보전법규상 자가측정자료의 보존기간(기준)이다. ( ) 안에 가장 적합한 것은 어느 것인가? ★★★

> 법에 따라 사업자는 자가측정에 관한 기록을 보존하여야 하는데, 자가측정 시 사용한 여과지 및 시료채취기록지의 보전기간은「환경분야 시험·검사 등에 관한 법률」에 따른 환경오염공정시험기준에 따라 측정한 날부터 ( )(으)로 한다.

① 1개월
② 3개월
③ 6개월
④ 1년

88 실내공기질관리법령의 적용대상이 되는 다중이용시설 중 대통령령이 정하는 규모 기준으로 옳지 않은 것은? ★★

① 항만시설 중 연면적 5천제곱미터 이상인 대합실
② 연면적 1천제곱미터 이상인 실내주차장(기계식 주차장을 포함한다)
③ 모든 대규모점포
④ 연면적 430제곱미터 이상인 국공립어린이집, 법인어린이집, 직장어린이집 및 민간어린이집

✔ 연면적 2천제곱미터 이상인 실내주차장(기계식 주차장은 제외)

89 대기환경보전법규상 대기환경규제지역을 관할하는 시·도지사 등이 해당 지역의 환경기준을 달성, 유지하기 위해 수립하는 실천계획에 포함될 사항과 거리가 먼 것은?

① 대기오염측정결과에 따른 대기오염기준 설정
② 계획달성연도의 대기질 예측결과

③ 대기보전을 위한 투자계획과 오염물질 저감효과를 고려한 경제성 평가
④ 대기오염원별 대기오염물질 저감계획 및 계획의 시행을 위한 수단

✔ 현행 '대기환경규제지역' 고시는 '대기관리권역의 대기환경 개선에 관한 특별법'에 의한 '대기관리권역' 지정제도가 시행됨에 따라 폐지되었다(2020. 4. 3. 시행).

90 대기환경보전법령상 오염물질의 초과부과금 산정 시 위반횟수별 부과계수 산출방법이다. ( ) 안에 알맞은 것은? ★

> 2차 이상 위반한 경우는 위반 직전의 부과계수에 ( )을(를) 곱한 것으로 한다.

① 100분의 100
② 100분의 105
③ 100분의 110
④ 100분의 120

✔ • 위반이 없는 경우 : 100분의 100
  • 처음 위반한 경우 : 100분의 105
  • 2차 이상 위반한 경우 : 위반 직전의 부과계수에 100분의 105를 곱한 것

91 대기환경보전법규상 대기오염방지시설과 가장 거리가 먼 것은? ★★★

① 미생물을 이용한 처리시설
② 촉매반응을 이용하는 시설
③ 흡수에 의한 시설
④ 확산에 의한 시설

✔ 확산에 의한 시설은 대기오염방지시설이 아니다.

92 대기환경보전법규상 배출시설에서 배출되는 입자상 물질인 아연화합물(Zn로서)의 배출허용기준은? (단, 모든 배출시설) ★

① 5mg/Sm^3 이하
② 10mg/Sm^3 이하
③ 15mg/Sm^3 이하
④ 20mg/Sm^3 이하

✔ 아연화합물(Zn으로서)의 배출허용기준은 2019년 12월 31일까지는 5mg/Sm^3 이하이고, 2020년 1월 1일부터는 4mg/Sm^3 이하이다.

제5과목

93 대기환경보전법상 황 함유 기준을 초과하는 연료를 공급·판매한 자에 대한 벌칙기준으로 옳은 것은? ★

① 5년 이하의 징역이나 5천만원 이하의 벌금
② 3년 이하의 징역이나 3천만원 이하의 벌금
③ 2년 이하의 징역이나 2천만원 이하의 벌금
④ 1년 이하의 징역이나 1천만원 이하의 벌금

94 대기환경보전법상 사용하는 용어의 정의로 옳지 않은 것은? ★★★

① "검댕"이란 연소할 때에 생기는 유리(遊離)탄소가 응결하여 입자의 지름이 1미크론 이상이 되는 입자상 물질을 말한다.
② "온실가스 평균배출량"이란 자동차 제작자가 판매한 자동차 중 환경부령으로 정하는 자동차의 온실가스 배출량의 합계를 해당 자동차 총 대수로 나누어 산출한 평균값(g/km)을 말한다.
③ "온실가스"란 적외선복사열을 흡수하거나 다시 방출하여 온실효과를 유발하는 대기 중의 가스상태 물질로서 이산화탄소, 메탄, 아산화질소, 수소불화탄소, 과불화탄소, 육불화황을 말한다.
④ "냉매(冷媒)"란 열전달을 통한 냉난방, 냉동·냉장 등의 효과를 목적으로 사용되는 물질로서 산업통상자원부령으로 정하는 것을 말한다.

✔ "냉매(冷媒)"란 기후·생태계 변화유발물질 중 열전달을 통한 냉난방, 냉동·냉장 등의 효과를 목적으로 사용되는 물질로서 환경부령으로 정하는 것을 말한다.

95 대기환경보전법령상 Ⅱ지역의 기본부과금의 지역별 부과계수로 옳은 것은? (단, Ⅱ지역은 「국토의 계획 및 이용에 관한 법률」에 따른 공업지역 등이 해당됨.) ★

① 0.5　　② 1.0
③ 1.5　　④ 2.0

✔ 기본부과금의 지역별 부과계수 Ⅰ지역 1.5, Ⅱ지역 0.5, Ⅲ지역 1.0이다.

96 다음은 대기환경보전법규상 휘발성 유기화합물 배출 억제·방지시설 설치 및 검사·측정 결과의 기록보존에 관한 기준 중 주유소 저장시설에 관한 기준이다. ( ) 안에 알맞은 것은?

- 회수설비의 유증기 회수율은 (㉠)이어야 한다.
- 회수설비의 적정 가동여부 등을 확인하기 위한 압력감쇄·누설 등을 (㉡) 검사하고, 그 결과를 다음 검사를 완료하는 날까지 기록 및 보존하여야 한다.

① ㉠ 75% 이상, ㉡ 1년마다
② ㉠ 75% 이상, ㉡ 2년마다
③ ㉠ 90% 이상, ㉡ 1년마다
④ ㉠ 90% 이상, ㉡ 2년마다

97 악취방지법상에서 사용하는 용어의 뜻으로 옳지 않은 것은? ★★★

① "상승악취"란 두 가지 이상의 악취물질이 함께 작용하여 사람의 후각을 자극하여 불쾌감과 혐오감을 주는 냄새를 말한다.
② "악취배출시설"이란 악취를 유발하는 시설, 기계, 기구, 그 밖의 것으로서 환경부장관이 관계 중앙행정기관의 장과 협의하여 환경부령으로 정하는 것을 말한다.
③ "악취"란 황화수소, 메르캅탄류, 아민류, 그 밖에 자극성이 있는 물질이 사람의 후각을 자극하여 불쾌감과 혐오감을 주는 냄새를 말한다.
④ "지정악취물질"이란 악취의 원인이 되는 물질로서 환경부령으로 정하는 것을 말한다.

✔ "복합악취"란 두 가지 이상의 악취물질이 함께 작용하여 사람의 후각을 자극하여 불쾌감과 혐오감을 주는 냄새를 말한다.

98 대기환경보전법규상 위임업무 보고사항 중 보고횟수가 연 1회인 것은? ★

① 자동차 연료 제조·판매 또는 사용에 대한 규제현황
② 수입자동차 배출가스 인증 및 검사현황
③ 측정기기 관리대행업의 등록, 변경등록 및 행정처분현황
④ 환경오염사고 발생 및 조치사항

✔ ① 자동차 연료 제조·판매 또는 사용에 대한 규제현황은 연 2회
② 수입자동차 배출가스 인증 및 검사현황 연 4회
④ 환경오염사고 발생 및 조치사항은 수시

99 다음은 대기환경보전법령상 시·도지사가 배출시설의 설치를 제한할 수 있는 경우이다. ( ) 안에 알맞은 것은? ★★

> 배출시설 설치지점으로부터 반경 1킬로미터 안의 상주인구가 (㉠)명 이상인 지역으로서 특정대기유해물질 중 한 가지 종류의 물질을 연간 10톤 이상 배출하거나 두 가지 이상의 물질을 연간 (㉡)톤 이상 배출하는 시설을 설치하는 경우

① ㉠ 1만, ㉡ 20 ② ㉠ 2만, ㉡ 20
③ ㉠ 1만, ㉡ 25 ④ ㉠ 2만, ㉡ 25

✔ 환경부 장관 또는 시·도지사가 배출시설의 설치를 제한할 수 있는 경우는 다음과 같다.
1. 배출시설 설치지점으로부터 반경 1킬로미터 안의 상주인구가 2만명 이상인 지역으로서 특정대기유해물질 중 한 가지 종류의 물질을 연간 10톤 이상 배출하거나 두 가지 이상의 물질을 연간 25톤 이상 배출하는 시설을 설치하는 경우
2. 대기오염물질(먼지·황산화물 및 질소산화물만 해당)의 발생량 합계가 연간 10톤 이상인 배출시설을 특별대책지역(법 제22조에 따라 총량규제구역으로 지정된 특별대책지역은 제외)에 설치하는 경우

100 대기환경보전법령상 대기오염물질발생량의 합계가 연간 25톤인 사업장에 해당하는 것은? (단, 기타사항 제외) ★★★

① 1종 사업장 ② 2종 사업장
③ 3종 사업장 ④ 4종 사업장

✔ 대기오염물질 발생량의 합계가 연간 20톤 이상 80톤 미만인 사업장은 2종 사업장이다.

제5과목 | 대기환경관계법규

2019년 제4회 대기환경기사

81 다음은 대기환경보전법상 과징금 처분기준이다. ( ) 안에 알맞은 것은? ★

> 환경부 장관은 자동차 제작자가 거짓으로 제작차의 인증 또는 변경인증을 받은 경우에는 그 자동차 제작자에 대하여 매출액에 (㉠)(을)를 곱한 금액을 초과하지 아니하는 범위에서 과징금을 부과할 수 있다. 이 경우 과징금의 금액은 (㉡)을 초과할 수 없다.

① ㉠ 100분의 3, ㉡ 100억원
② ㉠ 100분의 3, ㉡ 500억원
③ ㉠ 100분의 5, ㉡ 100억원
④ ㉠ 100분의 5, ㉡ 500억원

✔ • 제48조 제1항을 위반하여 인증을 받지 아니하고 자동차를 제작하여 판매한 경우
• 거짓이나 그 밖의 부정한 방법으로 제48조에 따른 인증 또는 변경인증을 받은 경우
• 제48조 제1항에 따라 인증받은 내용과 다르게 자동차를 제작하여 판매한 경우

82 실내공기질관리법령상 자일렌 항목의 신축공동주택의 실내공기질 권고기준은? ★★★

① $30\mu g/m^3$ 이하 ② $210\mu g/m^3$ 이하
③ $300\mu g/m^3$ 이하 ④ $700\mu g/m^3$ 이하

✔ **[Plus 이론학습]**
• 폼알데하이드 : $210\mu g/m^3$ 이하
• 벤젠 : $30\mu g/m^3$ 이하
• 톨루엔 : $1,000\mu g/m^3$ 이하
• 에틸벤젠 : $360\mu g/m^3$ 이하
• 스티렌 : $300\mu g/m^3$ 이하
• 라돈 : $148Bq/m^3$ 이하

83 대기환경보전법령상 배출시설 및 방지시설 등과 관련된 행정처분기준 중 "부식·마모로 인하여 대기오염물질이 누출되는 배출시설을 정당한 사유 없이 방치한 경우"의 3차 행정처분기준은? ★

① 개선명령 ② 경고
③ 조업정지 10일 ④ 조업정지 30일

✔ • 1차 – 경고
• 2차 – 조업정지 10일
• 3차 – 조업정지 30일
• 4차 – 허가취소 또는 폐쇄

84 다음은 대기환경보전법규상 "초미세먼지(PM 2.5)"의 주의보 발령기준이다. ( ) 안에 알맞은 것은? ★★

> 기상조건 등을 고려하여 해당지역의 대기자동측정소 PM 2.5 시간당 평균농도가 ( ) 지속인 때

① $50\mu g/m^3$ 이상 1시간 이상
② $50\mu g/m^3$ 이상 2시간 이상
③ $75\mu g/m^3$ 이상 1시간 이상
④ $75\mu g/m^3$ 이상 2시간 이상

✔ • 발령기준 – 기상조건 등을 고려하여 해당지역의 대기자동측정소 PM 2.5 시간당 평균농도가 $75\mu g/m^3$ 이상 2시간 이상 지속인 때
• 해제기준 – 주의보가 발령된 지역의 기상조건 등을 검토하여 대기자동측정소의 PM 2.5 시간당 평균농도가 $35\mu g/m^3$ 미만인 때

85 대기환경보전법규상 운행차 배출허용기준에 관한 설명으로 옳지 않은 것은? ★

① 휘발유와 가스를 같이 사용하는 자동차의 배출가스 측정 및 배출허용기준은 가스의 기준을 적용한다.
② 알코올만 사용하는 자동차는 탄화수소 기준을 적용한다.
③ 건설기계 중 덤프트럭, 콘크리트믹서트럭, 콘크리트펌프트럭에 대한 배출허용기준은 화물자동차 기준을 적용한다.
④ 수입자동차는 최초등록일자를 제작일자로 본다.

정답 | 81.④ 82.④ 83.④ 84.④ 85.②

✔ 알코올만 사용하는 자동차는 탄화수소 기준을 적용하지 아니한다.

86 다음은 대기환경보전법령상 부과금의 납부통지 기준에 관한 사항이다. (　) 안에 알맞은 것은? ★★

> 초과부과금은 초과부과금 부과사유가 발생한 때(자동측정자료의 (㉠)가 배출허용기준을 초과한 경우에는 (㉡)에, 기본부과금은 해당 부과기간의 확정배출량 자료제출기간 종료일부터 (㉢)에 부과금의 납부통지를 하여야 한다. 다만, 배출시설이 폐쇄되거나 소유권이 이전되는 경우에는 즉시 납부통지를 할 수 있다.

① ㉠ 30분 평균치, ㉡ 매 분기 종료일부터 30일 이내, ㉢ 30일 이내
② ㉠ 30분 평균치, ㉡ 매 반기 종료일부터 60일 이내, ㉢ 60일 이내
③ ㉠ 1시간 평균치, ㉡ 매 분기 종료일부터 30일 이내, ㉢ 30일 이내
④ ㉠ 1시간 평균치, ㉡ 매 반기 종료일부터 60일 이내, ㉢ 60일 이내

87 대기환경보전법상 해당 연도의 평균배출량이 평균배출허용기준을 초과하여 그에 따른 상환명령을 이행하지 아니하고 자동차를 제작한 자에 대한 벌칙기준은? ★

① 7년 이하의 징역이나 1억원 이하의 벌금
② 5년 이하의 징역이나 5천만원 이하의 벌금
③ 3년 이하의 징역이나 3천만원 이하의 벌금
④ 1년 이하의 징역이나 1천만원 이하의 벌금

✔ 상환명령을 받은 자동차 제작자는 같은 항에 따른 초과분을 상환하기 위한 계획서를 작성하여 상환명령을 받은 날부터 2개월 이내에 환경부 장관에게 제출하여야 한다. 이에 따른 상환명령을 이행하지 아니하고 자동차를 제작한 자는 7년 이하의 징역이나 1억원 이하의 벌금에 처한다.

88 대기환경보전법규상 자동차 종류 구분 기준 중 전기만을 동력으로 사용하는 자동차로서 1회 충전 주행거리가 80km 이상 160km 미만에 해당하는 것은? ★

① 제1종
② 제2종
③ 제3종
④ 제4종

✔ ① 제1종 : 1회 충전 주행거리가 80km 미만
② 제2종 : 80km 이상 160km 미만
③ 제3종 : 160km 이상

89 대기환경보전법규상 자가측정 시 사용한 여과지 및 시료채취기록지의 보존기간은 환경오염 공정시험기준에 따라 측정한 날부터 얼마로 하는가? ★★★

① 3개월　② 6개월
③ 1년　④ 3년

90 다음 중 대기환경보전법규상 위임업무 보고사항 중 "자동차 연료 및 첨가제의 제조·판매 또는 사용에 대한 규제현황"의 보고횟수 기준으로 옳은 것은? ★

① 연 1회　② 연 2회
③ 연 4회　④ 수시

91 대기환경보전법규상 대기오염방지시설과 가장 거리가 먼 것은? (단, 그 밖의 경우 등은 제외) ★★★

① 산화·환원에 의한 시설
② 응축에 의한 시설
③ 미생물을 이용한 처리시설
④ 이온교환시설

✔ 대기오염방지시설과 가장 거리가 먼 것은 이온교환시설이다.

92 대기환경보전법상 환경부 장관은 대기오염물질과 온실가스를 줄여 대기환경을 개선하기 위하여 대기환경개선종합계획을 몇 년마다 수립하여 시행하여야 하는가? ★★

① 1년마다
② 3년마다
③ 5년마다
④ 10년마다

93 다음은 대기환경보전법상 용어의 뜻이다. ( ) 안에 알맞은 것은? ★★★

> ( )(이)란 연소할 때 생기는 유리탄소가 응결하여 인자의 지름이 1미크론 이상이 되는 입자상 물질을 말한다.

① 스모그
② 안개
③ 검댕
④ 먼지

✔ **[Plus 이론학습]**
"매연"이란 연소할 때에 생기는 유리(遊離) 탄소가 주가 되는 미세한 입자상 물질을 말한다.

94 대기환경보전법령상 특별대책지역에서 환경부령에 따라 신고해야 하는 휘발성 유기화합물 배출시설 중 "대통령으로 정하는 시설"에 해당하지 않는 것은? (단, 그 밖에 휘발성 유기화합물을 배출하는 시설로서 환경부 장관이 관계중앙행정기관의 장과 협의하여 고시하는 시설 등은 제외한다.) ★

① 저유소의 저장시설 및 출하시설
② 주유소의 저장시설 및 출하시설
③ 석유정제를 위한 제조시설, 저장시설, 출하시설
④ 휘발성 유기화합물 분석을 위한 실험실

✔ 특별대책지역에서 환경부령에 따라 신고해야 하는 휘발성 유기화합물 배출시설 중 "대통령으로 정하는 시설"에 해당하지 않는 것은 휘발성 유기화합물 분석을 위한 실험실이다.

95 실내공기질관리법상 다중이용시설을 설치하는 자는 환경부령으로 정한 기준을 초과한 오염물질 방출 건축자재를 사용해서는 안 되는데, 이 규정을 위반하여 사용한 자에 대한 벌칙기준으로 옳은 것은? ★

① 1년 이하의 징역 또는 1천만원 이하의 벌금
② 500만원 이하의 과태료
③ 200만원 이하의 과태료
④ 100만원 이하의 과태료

96 환경정책기본법령상 환경기준으로 옳은 것은? (단, ㉠, ㉡은 대기환경기준, ㉢, ㉣은 수질 및 수생태계 '하천'에서의 사람의 건강보호기준) ★

	항목	기준값
㉠	O_3(1시간 평균치)	0.06ppm 이하
㉡	NO_2(1시간 평균치)	0.15ppm 이하
㉢	Cd	0.5ppm 이하
㉣	Pb	0.05ppm 이하

① ㉠
② ㉡
③ ㉢
④ ㉣

✔ ㉠ 오존(O_3) 1시간 평균치 : 0.1ppm 이하
㉡ 이산화질소(NO_2) 1시간 평균치 : 0.10ppm 이하
㉢ 카드뮴(Cd) : 0.005mg/L 이하
㉣ 납(Pb) : 0.05mg/L 이하

97 다음 중 대기환경보전법령상 3종 사업장 분류 기준에 속하는 것은? ★★★

① 대기오염물질 발생량의 합계가 연간 9톤인 사업장
② 대기오염물질 발생량의 합계가 연간 12톤인 사업장
③ 대기오염물질 발생량의 합계가 연간 22톤인 사업장
④ 대기오염물질 발생량의 합계가 연간 33톤인 사업장

✔ 3종 사업장 분류기준은 대기오염물질 발생량의 합계가 연간 10톤 이상 20톤 미만인 사업장이다.

98 대기환경보전법령상 초과부과금 산정기준에서 다음 중 오염물질 1킬로그램당 부과금액이 가장 적은 것은? ★★★

① 이황화탄소
② 암모니아
③ 황화수소
④ 불소화물

✔ ① 이황화탄소 : 1,600원
② 암모니아 : 1,400원
③ 황화수소 : 6,000원
④ 불소화물 : 2,300원

[Plus 이론학습]
• 황산화물 : 500원
• 먼지 : 770원
• 질소산화물 : 2,130원

99 다음 중 대기환경보전법령상 일일 기준초과배출량 및 일일 유량의 산정방법으로 옳지 않은 것은? ★★

① 특정대기유해물질의 배출허용기준초과 일일 오염물질 배출량은 소수점 이하 셋째자리까지 계산하고, 일반오염물질은 소수점 이하 둘째자리까지 계산한다.
② 먼지의 배출농도 단위는 표준상태(0℃, 1기압을 말한다)에서의 세제곱미터당 밀리그램(mg/Sm³)으로 한다.
③ 측정유량의 단위는 시간당 세제곱미터(m³/h)로 한다.
④ 일일 조업시간은 배출량을 측정하기 전 최근 조업한 30일 동안의 배출시설 조업시간 평균치를 시간으로 표시한다.

✔ 특정대기유해물질의 배출허용기준초과 일일 오염물질 배출량은 소수점 이하 넷째자리까지 계산하고, 일반오염물질은 소수점 이하 첫째자리까지 계산한다.

100 악취방지법상 악취방지계획에 따라 악취방지에 필요한 조치를 하지 아니하고 악취배출시설을 가동한 자에 대한 벌칙기준으로 옳은 것은? ★

① 1천만원 이하의 벌금
② 500만원 이하의 벌금
③ 300만원 이하의 벌금
④ 100만원 이하의 벌금

2020년 제1,2회 통합 대기환경기사

81 대기환경보전법령상 기본부과금 산정기준 중 "수산자원보호구역"의 지역별 부과계수는? (단, 지역 구분은 국토의 계획 및 이용에 관한 법률에 의한다.) ★

① 0.5 ② 1.0
③ 1.5 ④ 2.0

✔ Ⅰ지역 1.5, Ⅱ지역 0.5, Ⅲ지역 1.0
Ⅱ지역 : 「국토의 계획 및 이용에 관한 법률」 제36조에 따른 공업지역, 같은 법 제37조에 따른 개발진흥지구(관광·휴양개발진흥지구는 제외), 같은 법 제40조에 따른 수산자원보호구역, 같은 법 제42조에 따른 국가산업단지·일반산업단지·도시첨단산업단지, 전원개발사업구역 및 예정구역

82 대기환경보전법령상 사업자는 자가측정 시 측정한 여과지 및 시료채취기록지는 환경오염공정시험기준에 따라 측정한 날부터 얼마 동안 보존(기준)하여야 하는가? ★★★

① 2년 ② 1년
③ 6개월 ④ 3개월

✔ 자가측정 시 사용한 여과지 및 시료채취기록지의 보존기간은 「환경분야 시험·검사 등에 관한 법률」 제6조 제1항 제1호에 따른 환경오염공정시험기준에 따라 측정한 날부터 6개월로 한다.

83 환경정책기본법령상 각 항목별 대기환경기준으로 옳지 않은 것은? (단, 기준치는 24시간 평균치이다.) ★★★

① 아황산가스(SO_2) : 0.05ppm 이하
② 이산화질소(NO_2) : 0.06ppm 이하
③ 오존(O_3) : 0.06ppm 이하
④ 미세먼지(PM 10) : $100\mu g/m^3$ 이하

✔ 오존(O_3)은 24시간 기준이 없다.
[Plus 이론학습]
오존은 8시간 0.06ppm 이하, 1시간 0.1ppm 이하이다.

84 대기환경보전법령상 초과부과금의 부과대상이 되는 오염물질이 아닌 것은? ★★

① 황산화물 ② 염화수소
③ 황화수소 ④ 페놀

✔ 초과부과금의 부과대상이 되는 오염물질은 황산화물, 먼지, 질소산화물, 암모니아, 황화수소, 이황화탄소, 불소화물, 염화수소, 사이안화수소 등이다.

85 실내공기질관리법령상 "영화상영관"의 실내공기질 유지기준($\mu g/m^3$)은? (단, 항목은 미세먼지(PM 10)($\mu g/m^3$)이다.) ★★★

① 10 이하 ② 100 이하
③ 150 이하 ④ 200 이하

86 대기환경보전법령상 한국환경공단이 환경부장관에게 행하는 위탁업무 보고사항 중 "자동차 배출가스 인증생략 현황"의 보고횟수 기준으로 옳은 것은? ★★

① 수시 ② 연 1회
③ 연 2회 ④ 연 4회

✔ 자동차 배출가스 인증생략 현황의 보고횟수는 연 2회이고, 보고기일은 매 반기 종료 후 15일 이내이다.

87 대기환경보전법령상 수도권대기환경청장, 국립환경과학원장 또는 한국환경공단이 설치하는 대기오염 측정망에 해당하는 것은? ★★★

① 도시지역의 휘발성 유기화합물 등의 농도를 측정하기 위한 광화학대기오염물질측정망
② 도시지역의 대기오염물질 농도를 측정하기 위한 도시대기측정망
③ 도로변의 대기오염물질 농도를 측정하기 위한 도로변대기측정망
④ 대기 중의 중금속 농도를 측정하기 위한 대기중금속측정망

☑ 시·도지사가 설치하는 대기오염 측정망은 도시지역의 대기오염물질 농도를 측정하기 위한 도시대기측정망, 도로변의 대기오염물질 농도를 측정하기 위한 도로변대기측정망, 대기 중의 중금속 농도를 측정하기 위한 대기 중 금속측정망이다.

88 악취방지법상 악취검사를 위한 관계 공무원의 출입·채취 및 검사를 거부 또는 방해하거나 기피한 자에 대한 벌칙기준은? ★

① 100만원 이하의 벌금
② 200만원 이하의 벌금
③ 300만원 이하의 벌금
④ 1,000만원 이하의 벌금

☑ 다음의 어느 하나에 해당하는 자는 300만원 이하의 벌금에 처한다.
1. 제10조에 따른 개선명령을 이행하지 아니한 자
2. 제17조 제1항에 따른 관계 공무원의 출입·채취 및 검사를 거부 또는 방해하거나 기피한 자
3. 제8조 제4항을 위반하여 악취방지계획에 따라 악취방지에 필요한 조치를 하지 아니하고 악취배출시설을 가동한 자
4. 제8조 제5항 및 제8조의 2 제3항에 따른 기간 이내에 악취방지계획에 따라 악취방지에 필요한 조치를 하지 아니한 자

89 다음은 대기환경보전법령상 시·도지사가 배출시설의 설치를 제한할 수 있는 경우이다. ( ) 안에 알맞은 것은? ★★

배출시설 설치지점으로부터 반경 1킬로미터 안의 상주인구가 (㉠) 이상인 지역으로서 특정대기유해물질 중 한 가지 종류의 물질을 연간 (㉡) 이상 배출하거나 두 가지 이상의 물질을 연간 (㉢) 이상 배출하는 시설을 설치하는 경우는 시·도지사가 배출시설의 설치를 제한할 수 있다.

① ㉠ 2만명, ㉡ 10톤, ㉢ 25톤
② ㉠ 2만명, ㉡ 5톤, ㉢ 15톤
③ ㉠ 1만명, ㉡ 10톤, ㉢ 25톤
④ ㉠ 1만명, ㉡ 5톤, ㉢ 15톤

90 다음은 대기환경보전법규상 비산먼지 발생을 억제하기 위한 시설의 설치 및 필요한 조치에 관한 엄격한 기준이다. ( ) 안에 알맞은 것은 어느 것인가? ★

배출공정 중 "싣기와 내리기 공정"은 싣거나 내리는 장소 주위에 고정식 또는 이동식 물뿌림시설(물뿌림 반경 (㉠) 이상, 수압 (㉡) 이상)을 설치하여야 한다.

① ㉠ 3m, ㉡ $2kg/cm^2$
② ㉠ 3m, ㉡ $3kg/cm^2$
③ ㉠ 5m, ㉡ $2kg/cm^2$
④ ㉠ 7m, ㉡ $5kg/cm^2$

91 실내공기질관리법규상 "산후조리원"의 현행 실내공기질 권고기준으로 옳지 않은 것은 어느 것인가? ★★★

① 라돈(Bq/m^3) : 5.0 이하
② 이산화질소(ppm) : 0.05 이하
③ 총휘발성 유기화합물($\mu g/m^3$) : 400 이하
④ 곰팡이(CFU/m^3) : 500 이하

☑ 라돈의 실내공기질 권고기준은 148Bq/m^3 이하

92 실내공기질관리법규상 신축 공동주택의 오염물질 항목별 실내공기질 권고기준으로 옳지 않은 것은? ★★★

① 폼알데하이드 : 300$\mu g/m^3$ 이하
② 에틸벤젠 : 360$\mu g/m^3$ 이하
③ 자일렌 : 700$\mu g/m^3$ 이하
④ 벤젠 : 30$\mu g/m^3$ 이하

☑ 폼알데하이드는 210$\mu g/m^3$ 이하이다.
[Plus 이론학습]
• 톨루엔 : 1,000$\mu g/m^3$ 이하
• 스티렌 : 300$\mu g/m^3$ 이하
• 라돈 : 148Bq/m^3 이하

93 다음은 대기환경보전법규상 미세먼지(PM 10)의 "주의보" 발령기준 및 해제기준이다. ( ) 안에 알맞은 것은?　★★★

> • 발령기준 : 기상조건 등을 고려하여 해당지역의 대기자동측정소 PM-10 시간당 평균농도가 (㉠) 지속인 때
> • 해제기준 : 주의보가 발령된 지역의 기상조건 등을 검토하여 대기자동측정소의 PM-10 시간당 평균농도가 (㉡)인 때

① ㉠ $150\mu g/m^3$ 이상 2시간 이상
　㉡ $100\mu g/m^3$ 미만
② ㉠ $150\mu g/m^3$ 이상 1시간 이상
　㉡ $150\mu g/m^3$ 미만
③ ㉠ $100\mu g/m^3$ 이상 2시간 이상
　㉡ $100\mu g/m^3$ 미만
④ ㉠ $100\mu g/m^3$ 이상 1시간 이상
　㉡ $80\mu g/m^3$ 미만

94 다음은 대기환경보전법규상 고체연료 사용시설 설치기준이다. ( ) 안에 가장 적합한 것은 어느 것인가?　★

> 석탄사용시설의 경우 배출시설의 굴뚝높이는 100m 이상으로 하되, 굴뚝 상부 안지름, 배출가스 온도 및 속도 등을 고려한 유효굴뚝높이가 ( )인 경우에는 굴뚝높이를 60m 이상 100m 미만으로 할 수 있다.

① 150m 이상　　② 220m 이상
③ 350m 이상　　④ 440m 이상

95 대기환경보전법상 제작차 배출허용기준에 맞지 아니하게 자동차를 제작한 자에 대한 벌칙기준은?　★

① 7년 이하의 징역이나 1억원 이하의 벌금에 처한다.

② 5년 이하의 징역이나 5천만원 이하의 벌금에 처한다.
③ 3년 이하의 징역이나 3천만원 이하의 벌금에 처한다.
④ 1년 이하의 징역이나 1천만원 이하의 벌금에 처한다.

96 다음 중 대기환경보전법령상 인증을 생략할 수 있는 자동차에 해당하지 않는 것은 어느 것인가?　★★

① 훈련용 자동차로서 문화체육관광부 장관의 확인을 받은 자동차
② 주한 외국군인의 가족이 사용하기 위하여 반입하는 자동차
③ 자동차 제작자 및 자동차 관련 연구기관 등이 자동차의 개발 또는 전시 등 주행 외의 목적으로 사용하기 위하여 수입하는 자동차
④ 항공기 지상 조업용 자동차

✔ 자동차 제작자 및 자동차 관련 연구기관 등이 자동차의 개발 또는 전시 등 주행 외의 목적으로 사용하기 위하여 수입하는 자동차는 인증을 면제할 수 있는 자동차이다.

97 다음은 대기환경보전법상 기존 휘발성 유기화합물 배출시설 규제에 관한 사항이다. ( ) 안에 알맞은 것은?　★★

> 특별대책지역, 대기권리권역 또는 휘발성 유기화합물 배출규제 추가지역으로 지정·고시될 당시 그 지역에서 휘발성 유기화합물을 배출하는 시설을 운영하고 있는 자는 특별대책지역, 대기권리권역 또는 휘발성 유기화합물 배출규제 추가지역으로 지정·고시된 날부터 ( )에 시·도지사 등에게 휘발성 유기화합물 배출시설 설치신고를 하여야 한다.

① 15일 이내　　② 1개월 이내
③ 2개월 이내　　④ 3개월 이내

98 환경정책기본법령상 일산화탄소(CO)의 대기환경기준은? (단, 8시간 평균치이다.) ★★★

① 0.15ppm 이하 ② 0.3ppm 이하
③ 9ppm 이하 ④ 25ppm 이하

✔ 일산화탄소(CO)의 대기환경기준은 8시간 9ppm, 1시간 25ppm이다.

99 대기환경보전법령상 대기오염 경보단계의 3가지 유형 중 "경보 발령" 시 조치사항으로 가장 거리가 먼 것은? ★★★

① 주민의 실외활동 제한 요청
② 자동차 사용의 제한
③ 사업장의 연료사용량 감축권고
④ 사업장의 조업시간 단축명령

✔ 경보 발령 시 : 주민의 실외활동 제한 요청, 자동차 사용의 제한 및 사업장의 연료사용량 감축권고 등

[Plus 이론학습]
• 주의보 발령 시 : 주민의 실외활동 및 자동차 사용의 자제 요청 등
• 중대경보 발령 시 : 주민의 실외활동 금지 요청, 자동차의 통행금지 및 사업장의 조업시간 단축명령 등

100 대기환경보전법령상 대기오염물질발생량의 합계가 연간 25톤인 사업장은 몇 종 사업장에 해당하는가? ★★★

① 2종 사업장 ② 3종 사업장
③ 4종 사업장 ④ 5종 사업장

✔ 연간 대기오염물질발생량(먼지, 황산화물 및 질소산화물의 연간 발생량) 합계가 20톤 이상 80톤 미만인 경우는 2종 사업장이다.

[Plus 이론학습]
80톤 이상은 1종 사업장, 10톤 이상 20톤 미만은 3종 사업장, 2톤 이상 10톤 미만은 4종 사업장, 2톤 미만은 5종 사업장이다.

제5과목 | 대기환경관계법규

2020년 제3회 대기환경기사

81 대기환경보전법령상 황 함유 기준에 부적합한 유류를 판매하여 그 해당 유류의 회수처리명령을 받은 자는 시·도지사 등에게 그 명령을 받은 날로부터 며칠 이내에 이행완료보고서를 제출하여야 하는가? ★

① 5일 이내에 ② 7일 이내에
③ 10일 이내에 ④ 30일 이내에

82 대기환경보전법령상 자동차 연료형 첨가제의 종류가 아닌 것은? ★★★

① 세척제 ② 청정분산제
③ 성능향상제 ④ 유동성향상제

✔ 자동차 연료형 첨가제에는 세척제, 청정분산제, 매연억제제, 다목적첨가제, 옥탄가향상제, 세탄가향상제, 유동성향상제, 윤활성 향상제 등이 있다.

83 다음 중 대기환경보전법령상 용어의 뜻으로 틀린 것은? ★★★

① 대기오염물질 : 대기 중에 존재하는 물질 중 심사·평가 결과 대기오염의 원인으로 인정된 가스·입자상 물질로서 환경부령으로 정하는 것을 말한다.
② 기후·생태계 변화유발물질 : 지구온난화 등으로 생태계의 변화를 가져올 수 있는 기체상 물질로서 온실가스와 환경부령으로 정하는 것을 말한다.
③ 매연 : 연소할 때에 생기는 유리탄소가 주가 되는 미세한 입자상 물질을 말한다.
④ 촉매제 : 자동차에서 배출되는 대기오염물질을 줄이기 위하여 자동차에 부착 또는 교체하는 장치로서 환경부령으로 정하는 저감효율에 적합한 장치를 말한다.

✅ • "촉매제"란 배출가스를 줄이는 효과를 높이기 위하여 배출가스저감장치에 사용되는 화학물질로서 환경부령으로 정하는 것을 말한다.
• "배출가스저감장치"란 자동차에서 배출되는 대기오염물질을 줄이기 위하여 자동차에 부착 또는 교체하는 장치로서 환경부령으로 정하는 저감효율에 적합한 장치를 말한다.

84 대기환경보전법령상 수도권대기환경청장, 국립환경과학원장 또는 한국환경공단이 설치하는 대기오염 측정망의 종류에 해당하지 않는 것은? ★★★

① 대기오염물질의 국가배경농도와 장거리 이동현황을 파악하기 위한 국가배경농도측정망
② 대기오염물질의 지역배경농도를 측정하기 위한 교외대기측정망
③ 도시지역의 휘발성 유기화합물 등의 농도를 측정하기 위한 광화학대기오염물질측정망
④ 대기 중의 중금속 농도를 측정하기 위한 대기중금속측정망

✅ 시·도지사가 설치하는 대기오염 측정망의 종류는 도시지역의 대기오염물질 농도를 측정하기 위한 도시대기측정망, 도로변의 대기오염물질 농도를 측정하기 위한 도로변대기측정망, 대기 중의 중금속 농도를 측정하기 위한 대기중금속측정망 등이 있다.

85 대기환경보전법령상 초과부과금 산정기준 중 오염물질과 그 오염물질 1kg당 부과금액(원)의 연결이 모두 옳은 것은? ★★★

① 황산화물-500, 암모니아-1,400
② 먼지-6,000, 이황화탄소-2,300
③ 불소화합물-7,400, 사이안화수소-7,300
④ 염소-7,400, 염화수소-1,600

✅ • 먼지-770원
• 이황화탄소-1,600원
• 불소화합물-2,300원
• 사이안화수소-7,300원
• 염화수소-7,400원

86 다음은 대기환경보전법령상 대기오염물질 배출시설기준이다. ( ) 안에 알맞은 것은?

배출시설	대상 배출시설
폐수·폐기물 처리시설	• 시간당 처리능력이 (㉮)세제곱미터 이상인 폐수·폐기물 증발시설 및 농축시설 • 용적이 (㉯)세제곱미터 이상인 폐수·폐기물 건조시설 및 정제시설

① ㉮ 0.5, ㉯ 0.3 ② ㉮ 0.3, ㉯ 0.15
③ ㉮ 0.3, ㉯ 0.3 ④ ㉮ 0.5, ㉯ 0.15

87 대기환경관계법령상 자가측정 대상 및 방법에 관한 기준이다. ( ) 안에 알맞은 것은? ★★★

사업자가 자가측정 시 사용한 여과지 및 시료채취기록지의 보존기간은 「환경분야 시험·검사 등에 관한 법률」에 따른 환경오염공정시험기준에 따라 측정한 날로부터 ( )(으)로 한다.

① 6개월 ② 9개월
③ 1년 ④ 2년

88 대기환경보전법령상 측정기기의 부착·운영 등과 관련된 행정처분기준 중 사업자가 부착한 굴뚝 자동측정기기의 측정자료를 관제센터로 전송하지 아니한 경우 각 위반 차수별(1차~4차) 행정처분기준으로 옳은 것은?

① 경고-조치명령-조업정지 10일-조업정지 30일
② 조업정지 10일-조업정지 30일-경고-허가취소
③ 조업정지 10일-조업정지 30일-조치이행명령-사용중지
④ 개선명령-조업정지30일-사용중지-허가취소

89 대기환경보전법령상 위임업무 보고사항 중 자동차 연료 및 첨가제의 제조·판매 또는 사용에 대한 규제현황에 대한 보고횟수 기준은?

① 연 1회　　　　② 연 2회

③ 연 4회　　　　④ 연 12회

✅ 자동차 연료 및 첨가제의 제조·판매 또는 사용에 대한 규제현황에 대한 보고횟수는 연 2회이며, 보고기일은 매 반기 종료 후 15일 이내이다.

90 악취방지법령상 지정악취물질에 해당하지 않는 것은? ★★

① 염화수소

② 메틸에틸케톤

③ 프로피온산

④ 뷰틸아세테이트

✅ 염화수소는 지정악취물질(22종)이 아니다.

91 대기환경보전법령상 배출가스 관련부품을 장치별로 구분할 때 다음 중 배출가스 자기진단장치(on board diagnostics)에 해당하는 것은?

① EGR제어용 서모밸브(EGR control thermo valve)

② 연료계통 감시장치(fuel system monitor)

③ 정화조절밸브(purge control valve)

④ 냉각수온센서(water temperature sensor)

✅ EGR제어용 서모밸브는 배출가스 재순환장치, 정화조절밸브는 연료증발가스방지장치, 냉각수온센서는 연료공급장치에 해당된다.

92 대기환경보전법령상 배출허용기준 준수여부를 확인하기 위한 환경부령으로 정하는 대기오염도 검사기관에 해당하지 않는 것은? ★★

① 환경기술인협회

② 한국환경공단

③ 특별자치도 보건환경연구원

④ 국립환경과학원

✅ 대기오염도 검사기관은 국립환경과학원, 특별시·광역시·특별자치시·도·특별자치도의 보건환경연구원, 유역환경청, 지방환경청 또는 수도권대기환경청, 한국환경공단 등이다.

93 대기환경보전법령상 사업자가 환경기술인을 바꾸어 임명하려는 경우 그 사유가 발생한 날부터 며칠 이내에 임명하여야 하는가? ★

① 당일　　　　　② 3일 이내

③ 5일 이내　　　④ 7일 이내

✅ 환경기술인을 바꾸어 임명하는 경우에는 그 사유가 발생한 날부터 5일 이내. 다만, 환경기사 1급 또는 2급 이상의 자격이 있는 자를 임명하여야 하는 사업장으로서 5일 이내에 채용할 수 없는 부득이한 사정이 있는 경우에는 30일의 범위에서 4종·5종 사업장의 기준에 준하여 환경기술인을 임명할 수 있다.

94 실내공기질관리법령상 신축 공동주택의 실내공기질 권고기준으로 틀린 것은? ★★★

① 자일렌 : $600\mu g/m^3$ 이하

② 톨루엔 : $1,000\mu g/m^3$ 이하

③ 스티렌 : $300\mu g/m^3$ 이하

④ 에틸벤젠 : $360\mu g/m^3$ 이하

✅ 자일렌은 $700\mu g/m^3$ 이하이다.

[Plus 이론학습]
- 폼알데하이드 : $210\mu g/m^3$ 이하
- 벤젠 : $30\mu g/m^3$ 이하
- 라돈 : $148Bq/m^3$ 이하

95 환경정책기본법령상 미세먼지(PM 10)의 환경기준으로 옳은 것은 어느 것인가? (단, 24시간 평균치) ★★★

① $100\mu g/m^3$ 이하

② $50\mu g/m^3$ 이하

③ $35\mu g/m^3$ 이하

④ $15\mu g/m^3$ 이하

✅ 미세먼지(PM 10)의 환경기준은 연간 $50\mu g/m^3$ 이하, 24시간 $100\mu g/m^3$ 이하이다.

96 대기환경보전법령상 배출시설 설치허가를 받은 자가 대통령령으로 정하는 중요한 사항의 특정대기유해물질 배출시설을 증설하고자 하는 경우 배출시설 변경허가를 받아야 하는 시설의 규모기준은? (단, 배출시설의 규모의 합계나 누계는 배출구별로 산정한다.) ★

① 배출시설 규모의 합계나 누계의 100분의 5 이상 증설

② 배출시설 규모의 합계나 누계의 100분의 20 이상 증설

③ 배출시설 규모의 합계나 누계의 100분의 30 이상 증설

④ 배출시설 규모의 합계나 누계의 100분의 50 이상 증설

✔ 설치허가 또는 변경허가를 받거나 변경신고를 한 배출시설 규모의 합계나 누계의 100분의 50 이상(제1항 제1호에 따른 특정대기유해물질 배출시설의 경우에는 100분의 30 이상으로 한다) 증설한다. 이 경우 배출시설 규모의 합계나 누계는 배출구별로 산정한다.

97 대기환경보전법령상 기후·생태계 변화유발 물질과 가장 거리가 먼 것은? ★★★

① 이산화질소

② 메탄

③ 과불화탄소

④ 염화불화탄소

✔ "기후·생태계 변화유발물질"이란 지구온난화 등으로 생태계의 변화를 가져올 수 있는 기체상 물질로서 온실가스(이산화탄소, 메탄, 아산화질소, 수소불화탄소, 과불화탄소, 육불화황)와 환경부령으로 정하는 것(염화불화탄소, 수소염화불화탄소)을 말한다.

98 환경정책기본법령상 "벤젠"의 대기환경기준 ($\mu g/m^3$)은? (단, 연간 평균치) ★★★

① 0.1 이하

② 0.15 이하

③ 0.5 이하

④ 5 이하

99 환경정책기본법령상 환경부 장관은 국가환경종합계획의 종합적·체계적 추진을 위해 몇 년마다 환경보전중기종합계획을 수립하여야 하는가?

① 1년　　　② 2년

③ 3년　　　④ 5년

✔ 환경부 장관은 환경적·사회적 여건 변화 등을 고려하여 5년마다 '국가환경종합계획'의 타당성을 재검토하고 필요한 경우 이를 정비하여야 한다. 한편, 환경보전중기종합계획을 국가환경종합계획으로 한다.

100 대기환경보전법령상 대기오염 경보의 발령 시 단계별 조치사항으로 틀린 것은? ★★★

① 주의보 : 주민의 실외활동 자제요청

② 경보 : 주민의 실외활동 제한요청

③ 경보 : 사업장의 연료사용량 감축권고

④ 중대경보 : 자동차의 사용제한 명령

✔ • 주의보 발령 : 주민의 실외활동 및 자동차 사용의 자제요청 등
• 경보 발령 : 주민의 실외활동 제한요청, 자동차 사용의 제한 및 사업장의 연료사용량 감축권고 등
• 중대경보 발령 : 주민의 실외활동 금지요청, 자동차의 통행금지 및 사업장의 조업시간 단축명령 등

2020년 제4회 대기환경기사

81 다음은 대기환경보전법령상 환경기술인에 관한 사항이다. ( ) 안에 알맞은 것은? ★★★

> 환경기술인을 두어야 할 사업장의 범위, 환경기술인의 자격기준, 임명기간은 ( )으로 정한다.

① 시·도지사령   ② 총리령
③ 환경부령   ④ 대통령령

✔ 환경기술인을 두어야 할 사업장의 범위, 환경기술인의 자격기준, 임명(바꾸어 임명하는 것을 포함) 기간은 대통령령으로 정한다.

82 대기환경보전법령상 자동차 연료(휘발유)의 제조기준 중 벤젠 함량(부피%) 기준으로 옳은 것은? ★

① 1.5 이하   ② 1.0 이하
③ 0.7 이하   ④ 0.0013 이하

83 대기환경보전법령상 먼지·황산화물 및 질소산화물의 연간 발생량 합계가 18톤인 배출구의 자가측정횟수 기준으로 옳은 것은? (단, 특정대기유해물질이 배출되지 않으며, 관제센터로 측정결과를 자동전송하지 않는 사업장의 배출구이다.) ★★★

① 매주 1회 이상
② 매월 2회 이상
③ 2개월마다 1회 이상
④ 반기마다 1회 이상

✔ 18톤은 제3종(10~20톤)에 해당되므로 자가측정횟수는 2개월마다 1회 이상이다.

84 대기환경보전법령상 배출시설 설치허가 신청서 또는 배출시설 설치신고서에 첨부하여야 할 서류가 아닌 것은? ★★★

① 원료(연료를 포함한다)의 사용량 및 제품 생산량을 예측한 명세서
② 배출시설 및 방지시설의 설치명세서
③ 방지시설의 상세설계도
④ 방지시설의 연간 유지관리계획서

✔ 원료(연료를 포함)의 사용량 및 제품 생산량과 오염물질 등의 배출량을 예측한 명세서, 배출시설 및 대기오염방지시설의 설치명세서, 방지시설의 일반도, 방지시설의 연간 유지관리계획서, 사용연료의 성분 분석과 황산화물 배출농도 및 배출량 등을 예측한 명세서(법 제41조 제3항 단서에 해당하는 배출시설의 경우에만 해당), 배출시설 설치허가증(변경허가를 신청하는 경우에만 해당)

85 다음은 대기환경보전법령상 환경부령으로 정하는 첨가제 제조기준에 맞는 제품의 표시방법이다. ( ) 안에 알맞은 것은? ★★

> 표시크기는 첨가제 또는 촉매제 용기 앞면의 제품명 밑에 제품명 글자 크기의 ( )에 해당하는 크기로 표시하여야 한다.

① 100분의 10 이상 ② 100분의 20 이상
③ 100분의 30 이상 ④ 100분의 50 이상

86 대기환경보전법령상 기관 출력이 130kW 초과인 선박의 질소산화물 배출기준(g/kWh)은? (단, 정격기관 속도 n(크랭크샤프트의 분당 속도)이 130rpm 미만이며, 2011년 1월 1일 이후에 건조한 선박의 경우이다.) ★★★

① 17 이하
② $44.0 \times n^{(-0.23)}$ 이하
③ 7.7 이하
④ 14.4 이하

87 대기환경보전법령상 대기오염도 검사기관과 거리가 먼 것은? ★★★

① 수도권대기환경청 ② 환경보전협회
③ 한국환경공단   ④ 유역환경청

○ 대기오염도 검사기관은 국립환경과학원, 특별시·광역시·특별자치시·도·특별자치도의 보건환경연구원, 유역환경청, 지방환경청 또는 수도권대기환경청, 한국환경공단 등이다.

88 대기환경보전법령상 청정연료를 사용하여야 하는 대상시설의 범위에 해당하지 않는 시설은 어느 것인가? ★★★

① 산업용 열병합 발전시설
② 전체 보일러의 시간당 총 증발량이 0.2톤 이상인 업무용 보일러
③ 「집단에너지사업법 시행령」에 따른 지역냉난방사업을 위한 시설
④ 「건축법 시행령」에 따른 중앙집중난방방식으로 열을 공급받고 단지 내의 모든 세대의 평균 전용면적이 $40.0m^2$를 초과하는 공동주택

○ 지역냉난방사업을 위한 시설 중 발전폐열을 지역냉난방용으로 공급하는 산업용 열병합 발전시설로서 환경부 장관이 승인한 시설은 제외한다.

89 다음 중 대기환경보전법령상 벌칙기준 중 7년 이하의 징역이나 1억원 이하의 벌금에 처하는 것은? ★

① 대기오염물질의 배출허용기준 확인을 위한 측정기기의 부착 등의 조치를 하지 아니한 자
② 황 연료 사용제한조치 등의 명령을 위반한 자
③ 제작자 배출허용기준에 맞지 아니하게 자동차를 제작한 자
④ 배출가스 전문정비사업자로 등록하지 아니하고 정비·점검 또는 확인검사 업무를 한 자

○ 제46조(제작차의 배출허용기준 등)를 위반하여 제작차 배출허용기준에 맞지 아니하게 자동차를 제작한 자는 7년 이하의 징역이나 1억원 이하의 벌금에 처한다.

90 대기환경보전법령상 가스형태의 물질 중 소각용량이 시간당 2톤(의료폐기물 처리시설은 시간당 200kg) 이상인 소각처리시설에서의 일산화탄소 배출허용기준(ppm)은? (단, 각 보기항의 ( ) 안의 값은 표준산소농도(O_2의 백분율)를 의미한다.)

① 30(12) 이하
② 50(12) 이하
③ 200(12) 이하
④ 300(12) 이하

○ 소각용량이 시간당 2톤(의료폐기물 처리시설은 시간당 200kg) 이상인 소각처리시설에서의 일산화탄소(CO) 배출허용기준은 50(12)ppm이다.

91 대기환경보전법령상 환경부 장관이 특별대책지역의 대기오염 방지를 위하여 필요하다고 인정하면 그 지역에 새로 설치되는 배출시설에 대해 정할 수 있는 기준은? ★★★

① 일반배출허용기준
② 특별배출허용기준
③ 심화배출허용기준
④ 강화배출허용기준

○ 특별대책지역에서 신설되는 배출시설에는 특별배출허용기준을, 기존 시설에는 엄격한 배출허용기준을 적용한다.

92 대기환경보전법령상 대기오염 경보단계 중 오존에 대한 "경보" 해제기준과 관련하여 ( ) 안에 알맞은 것은? ★★★

> 경보가 발령된 지역의 기상조건 등을 고려하여 대기자동측정소의 오존농도가 ( )인 때는 주의보로 전환한다.

① 0.1ppm 이상 0.3ppm 미만
② 0.1ppm 이상 0.5ppm 미만
③ 0.12ppm 이상 0.3ppm 미만
④ 0.12ppm 이상 0.5ppm 미만

93 다음은 대기환경보전법령상 기본부과금 부과 대상 오염물질에 대한 초과배출량 산정방법 중 초과배출량 공제분 산정방법이다. ( ) 안에 알맞은 것은? ★★

> 3개월간 평균배출농도는 배출허용기준을 초과한 날 이전 정상가동된 3개월 동안의 ( )를 산술평균한 값으로 한다.

① 5분 평균치
② 10분 평균치
③ 30분 평균치
④ 1시간 평균치

✔ 초과배출량 공제분=(배출허용기준농도−3개월간 평균배출농도)×3개월간 평균배출유량
3개월간 평균배출농도는 배출허용기준을 초과한 날 이전 정상 가동된 3개월 동안의 30분 평균치를 산술평균한 값으로 한다.

94 다음은 악취방지법령상 악취검사기관의 준수사항에 관한 내용이다. 다음 중 ( ) 안에 알맞은 것은? ★

> 검사기관이 법인인 경우 보유차량에 국가기관의 악취검사차량으로 잘못 인식하게 하는 문구를 표시하거나 과대표시를 해서는 아니되며, 검사기관은 다음의 서류를 작성하여 ( ) 보전하여야 한다.
> 가. 실험일지 및 검량선 기록지
> 나. 검사결과 발송 대장
> 다. 정도관리 수행 기록철

① 1년간
② 2년간
③ 3년간
④ 5년간

✔ [Plus 이론학습]
• 시료는 기술인력으로 고용된 사람이 채취해야 한다.
• 검사기관은 국립환경과학원장이 실시하는 정도관리를 받아야 한다.
• 검사기관은 환경오염공정시험기준에 따라 정확하고 엄정하게 측정·분석을 해야 한다.

95 다음 중 대기환경보전법령상 초과부과금 산정기준에 따른 오염물질 1킬로그램당 부과금액이 가장 높은 것은? ★★★

① 질소산화물
② 황화수소
③ 이황화탄소
④ 사이안화수소

✔ ① 질소산화물 : 2,130원
② 황화수소 : 6,000원
③ 이황화탄소 : 1,600원
④ 사이안화수소 : 7,300원

96 환경정책기본법령상 미세먼지(PM 10)의 대기환경기준은? (단, 연간 평균치 기준이다.) ★★★

① $10\mu g/m^3$ 이하
② $25\mu g/m^3$ 이하
③ $30\mu g/m^3$ 이하
④ $50\mu g/m^3$ 이하

✔ 미세먼지(PM 10)의 환경기준은 연간 $50\mu g/m^3$ 이하, 24시간 $100\mu g/m^3$ 이하이다.

97 실내공기질관리법령상 신축 공동주택의 실내공기질 권고기준으로 옳은 것은? ★★★

① 스티렌 : $360\mu g/m^3$ 이하
② 폼알데하이드 : $360\mu g/m^3$ 이하
③ 자일렌 : $360\mu g/m^3$ 이하
④ 에틸벤젠 : $360\mu g/m^3$ 이하

✔ ① 스티렌 : $300\mu g/m^3$ 이하
② 폼알데하이드 : $210\mu g/m^3$ 이하
③ 자일렌 : $700\mu g/m^3$ 이하
[Plus 이론학습]
• 벤젠 : $30\mu g/m^3$ 이하
• 톨루엔 : $1,000\mu g/m^3$ 이하
• 라돈 : $148Bq/m^3$ 이하

98 악취방지법령상 위임업무 보고사항 중 "악취검사기관의 지도·점검 및 행정처분 실적" 보고횟수 기준은? ★★

① 연 1회
② 연 2회
③ 연 4회
④ 수시

✔ 악취검사기관의 지정, 지정사항 변경보고 접수 실적과 악취검사기관의 지도·점검 및 행정처분 실적의 보고횟수는 모두 연 1회이다.

99 다음은 대기환경보전법령상 운행차 정기검사의 방법 및 기준에 관한 사항이다. ( ) 안에 알맞은 것은?

> 배출가스 검사대상 자동차의 상태를 검사할 때 원동기가 충분히 예열되어 있는 것을 확인하고, 수냉식 기관의 경우 계기판 온도가 (㉠) 또는 계기판 눈금이 (㉡)이어야 하며, 원동기가 과열되었을 경우에는 원동기실 덮개를 열고 (㉢) 지난 후 정상상태가 되었을 때 측정한다.

① ㉠ 25℃ 이상, ㉡ 1/10 이상, ㉢ 1분 이상
② ㉠ 25℃ 이상, ㉡ 1/10 이상, ㉢ 5분 이상
③ ㉠ 40℃ 이상, ㉡ 1/4 이상, ㉢ 1분 이상
④ ㉠ 40℃ 이상, ㉡ 1/4 이상, ㉢ 5분 이상

100 다음 중 악취방지법령상 지정악취물질이 아닌 것은? ★★

① 아세트알데하이드
② 메틸메르캅탄
③ 톨루엔
④ 벤젠

✪ 벤젠은 지정악취물질(22종)이 아니고, 대기환경기준물질이다.

2021년 제1회 대기환경기사

81 대기환경보전법령상 환경기술인 등의 교육을 받게 하지 아니한 자에 대한 행정처분기준으로 옳은 것은? ★★

① 50만원 이하의 과태료를 부과한다.
② 100만원 이하의 과태료를 부과한다.
③ 100만원 이하의 벌금에 처한다.
④ 200만원 이하의 벌금에 처한다.

82 대기환경보전법령상 수도권대기환경청장, 국립환경과학원장 또는 한국환경공단이 설치하는 대기오염 측정망의 종류가 아닌 것은 어느 것인가? ★★★

① 도시지역의 휘발성 유기화합물 등의 농도를 측정하기 위한 광화학대기오염물질측정망
② 기후·생태계 변화유발물질의 농도를 측정하기 위한 지구대기측정망
③ 대기 중의 중금속 농도를 측정하기 위한 대기중금속측정망
④ 대기오염물질의 지역배경농도를 측정하기 위한 교외대기측정망

✪ 대기 중의 중금속 농도를 측정하기 위한 대기중금속측정망은 특별시장·광역시장·특별자치시장·도지사 또는 특별자치도지사가 설치하는 대기오염 측정망이다. 그 외에도 도시대기측정망, 도로변대기측정망이 있다.

83 대기환경보전법령상 개선명령의 이행보고와 관련하여 환경부령으로 정하는 대기오염도 검사기관에 해당하지 않는 것은? ★★★

① 보건환경연구원
② 유역환경청
③ 한국환경공단
④ 환경보전협회

✅ 환경보전협회는 「환경정책기본법」 제59조에서 규정한 환경보전에 관한 조사연구, 기술개발, 교육·홍보 및 생태복원 등을 수행하는 기관으로 개선명령의 이행보고와 관련이 없다.

84 대기환경관계법령상 비산먼지 발생을 억제하기 위한 시설의 설치 및 필요한 조치에 관한 기준 중 시멘트 수송 공정에서 적재물은 적재함 상단으로부터 수평으로 몇 cm 이하까지 적재하여야 하는가?

① 5cm 이하
② 10cm 이하
③ 20cm 이하
④ 30cm 이하

✅ 적재함 상단으로부터 5cm 이하까지 적재물을 수평으로 적재할 것

85 대기환경보전법령상 분체상 물질을 싣고 내리는 공정의 경우, 비산먼지 발생을 억제하기 위해 작업을 중지해야 하는 평균풍속(m/s)의 기준은? ★★

① 2 이상　　② 5 이상
③ 7 이상　　④ 8 이상

✅ 풍속이 평균초속 8m 이상(강선 건조업과 합성수지선 건조업인 경우에는 10m 이상)인 경우에는 작업을 중지할 것

86 대기환경보전법령상 장거리이동 대기오염물질 대책위원회의 위원에는 대통령령으로 정하는 분야의 학식과 경험이 풍부한 전문가를 위촉할 수 있다. 여기서 나타내는 "대통령령으로 정하는 분야"와 가장 거리가 먼 것은? ★

① 예방의학 분야
② 유해화학물질 분야
③ 국제협력 분야 및 언론 분야
④ 해양 분야

✅ "대통령령으로 정하는 분야"란 산림 분야, 대기환경 분야, 기상 분야, 예방의학 분야, 보건 분야, 화학사고 분야, 해양 분야, 국제협력 분야 및 언론 분야이다.

87 대기환경보전법령상 대기오염경보에 관한 설명으로 틀린 것은? ★★★

① 시·도지사는 당해 지역에 대하여 대기오염경보를 발령할 수 있다.
② 지역의 대기오염 발생 특성 등을 고려하여 특별시, 광역시 등의 조례로 경보 단계별 조치사항을 일부 조정할 수 있다.
③ 대기오염경보의 대상지역, 대상오염물질, 발령기준, 경보단계 및 경보단계별 조치 등에 필요한 사항은 환경부령으로 정한다.
④ 경보단계 중 경보발령의 경우에는 주민의 실외활동 제한요청, 자동차 사용의 제한 및 사업장의 연료사용량 감축권고 등의 조치를 취하여야 한다.

✅ 대기오염도 예측·발표의 대상 지역, 대상 오염물질, 예측·발표의 기준 및 내용 등 대기오염도의 예측·발표에 필요한 사항은 대통령령으로 정한다.

88 대기환경보전법령상 장거리이동 대기오염물질 대책위원회에 관한 사항으로 틀린 것은? ★★

① 위원회는 위원장 1명을 포함한 25명 이내의 위원으로 구성한다.
② 위원회의 위원장은 환경부 장관이 되고, 위원은 환경부령으로 정하는 중앙행정기관의 공무원 등으로서 환경부 장관이 위촉하거나 임명하는 자로 한다.
③ 위원회와 실무위원회 및 장거리이동 대기오염물질연구단의 구성 및 운영 등에 관하여 필요한 사항은 대통령령으로 정한다.
④ 환경부 장관은 장거리이동 대기오염물질 피해방지를 위하여 5년마다 관계 중앙행정기관의 장과 협의하고 시·도지사의 의견을 들어야 한다.

✅ 위원회의 위원장은 환경부 차관이 되고, 위원은 환경부 장관이 위촉하거나 임명하는 자로 한다.

89 대기환경보전법령상 기후·생태계 변화유발 물질 중 "환경부령으로 정하는 것"에 해당하는 것은? ★★★

① 염화불화탄소와 수소염화불화탄소

② 염화불화탄소와 수소염화불화산소

③ 불화염화수소와 불화염소화수소

④ 불화염화수소와 불화수소화탄소

✔ '기후·생태계 변화유발물질'이란 지구온난화 등으로 생태계의 변화를 가져올 수 있는 기체상 물질로서 온실가스와 환경부령으로 정하는 것(염화불화탄소, 수소염화불화탄소)을 말한다.

90 실내공기질 관리법령상 신축 공동주택의 실내공기질 권고기준 중 "에틸벤젠" 기준으로 옳은 것은? ★★★

① $210\mu g/m^3$

② $300\mu g/m^3$

③ $360\mu g/m^3$

④ $700\mu g/m^3$

✔ [Plus 이론학습]
• 폼알데하이드 : $210\mu g/m^3$ 이하
• 벤젠 : $30\mu g/m^3$ 이하
• 톨루엔 : $1,000\mu g/m^3$ 이하
• 자일렌 : $700\mu g/m^3$ 이하
• 스티렌 : $300\mu g/m^3$ 이하
• 라돈 : $148Bq/m^3$ 이하

91 대기환경보전법령상 환경부 장관은 오염물질 측정기기의 운영·관리 기준을 지키지 않는 사업자에 대해 조치명령을 하는 경우, 부득이한 사유인 경우 신청에 의한 연장기간까지 포함하여 최대 몇 개월의 범위에서 개선기간을 정할 수 있는가? ★

① 3개월 ② 6개월

③ 9개월 ④ 12개월

✔ • 환경부 장관 또는 시·도지사는 법 제32조 제5항에 따라 조치명령을 하는 경우에는 6개월 이내의 개선기간을 정해야 한다.

• 환경부 장관 또는 시·도지사는 법 제32조 제5항에 따른 조치명령을 받은 자가 천재지변이나 그 밖의 부득이한 사유로 제1항에 따른 개선기간 내에 조치를 마칠 수 없는 경우에는 조치명령을 받은 자의 신청을 받아 6개월의 범위에서 개선기간을 연장할 수 있다. 그러므로 신청에 의한 연장기간까지 포함하여 최대 12개월까지 연장할 수 있다.

92 대기환경보전법령상 그 배출시설이 발전소의 발전설비로서 국민경제에 현저한 지장을 줄 우려가 있어 조업정지 처분을 갈음하여 과징금을 부과할 때, 3종 사업장인 경우 조업정지 1일당 부과금액 기준으로 옳은 것은?

① 900만원 ② 600만원

③ 450만원 ④ 300만원

✔ • 과징금은 제134조 제1항의 행정처분기준에 따라 조업정지일수에 1일당 부과금액과 사업장 규모별 부과계수를 곱하여 산정할 것
• 제1호에 따른 1일당 부과금액은 300만원으로 하고, 사업장 규모별 부과계수는 영 별표 1의 3에 따른 1종 사업장에 대하여는 2.0, 2종 사업장에 대하여는 1.5, 3종 사업장에 대하여는 1.0, 4종 사업장에 대하여는 0.7, 5종 사업장에 대하여는 0.4로 할 것

93 대기환경보전법령상 위임업무 보고사항 중 "자동차 연료 및 첨가제의 제조·판매 또는 사용에 대한 규제현황" 업무의 보고횟수 기준은? ★

① 연 1회

② 연 2회

③ 연 3회

④ 수시

94 대기환경보전법령상 비산먼지 발생사업으로서 "대통령령으로 정하는 사업" 중 환경부령으로 정하는 사업과 가장 거리가 먼 것은? ★

① 비금속물질의 채취업, 제조업 및 가공업

② 제1차 금속 제조업

③ 운송장비 제조업

④ 목재 및 광석의 운송업

정답 | 89.① 90.③ 91.④ 92.④ 93.② 94.④

95 환경정책기본법령상 대기환경기준에 해당되지 않는 항목은? ★★★

① 탄화수소(HC)

② 아황산가스(SO_2)

③ 일산화탄소(CO)

④ 이산화질소(NO_2)

✔ 대기환경기준은 아황산가스(SO_2), 일산화탄소(CO), 이산화질소(NO_2), 미세먼지(PM 10), 초미세먼지(PM-2.5), 오존(O_3), 납(Pb), 벤젠(C_6H_6) 등 8개이다.

96 실내공기질관리법령상 "의료기관"의 라돈(Bq/m^3) 항목 실내공기질 권고기준은? ★★★

① 148 이하 ② 400 이하

③ 500 이하 ④ 1,000 이하

97 대기환경보전법령상 배출시설 설치신고를 하고자 하는 경우 배출시설 설치신고서에 포함되어야 하는 사항과 가장 거리가 먼 것은? ★★★

① 배출시설 및 방지시설의 설치명세서

② 방지시설의 일반도

③ 방지시설의 연간 유지관리계획서

④ 유해오염물질 확정배출농도 내역서

✔ 원료(연료 포함)의 사용량 및 제품 생산량과 오염물질 등의 배출량을 예측한 명세서, 배출시설 및 방지시설의 설치명세서, 방지시설의 일반도, 방지시설의 연간 유지관리계획서, 사용연료의 성분 분석과 황산화물 배출농도 및 배출량 등을 예측한 명세서, 배출시설 설치허가증 등이 있다.

98 환경정책기본법령상 오존(O_3)의 환경기준 중 8시간 평균치 기준 (㉠)와 1시간 평균치기준 (㉡)으로 옳은 것은? ★★★

① ㉠ 0.06ppm 이하, ㉡ 0.03ppm 이하

② ㉠ 0.06ppm 이하, ㉡ 0.1ppm 이하

③ ㉠ 0.03ppm 이하, ㉡ 0.03ppm 이하

④ ㉠ 0.03ppm 이하, ㉡ 0.1ppm 이하

99 대기환경보전법령상 운행차 배출허용기준을 초과하여 개선명령을 받은 자동차에 대한 운행정지 표시의 색상기준으로 옳은 것은 어느 것인가? ★★★

① 바탕색은 노란색, 문자는 검정색

② 바탕색은 흰색, 문자는 검정색

③ 바탕색은 초록색, 문자는 흰색

④ 바탕색은 노란색, 문자는 흰색

✔ 바탕색은 노란색으로, 문자는 검정색으로 한다(자동차의 전면유리 우측상단에 부착).

100 실내공기질관리법령상 이 법의 적용대상이 되는 시설 중 "대통령령이 정하는 규모의 것"에 해당하지 않는 것은? ★★★

① 여객자동차터미널의 연면적 1천5백제곱미터 이상인 대합실

② 공항시설 중 연면적 1천 5백제곱미터 이상인 여객터미널

③ 연면적 430제곱미터 이상인 어린이집

④ 연면적 2천제곱미터 이상이거나 병상 수 100개 이상인 의료기관

✔ 여객자동차터미널의 연면적 2천제곱미터 이상인 대합실

2021년 제2회 대기환경기사

81 환경정책기본법령상 시·도로부터 해당 지역의 환경적 특수성을 고려하여 필요하다고 인정되어 보다 확대·강화된 별도의 환경기준을 설정 또는 변경한 경우, 누구에게 보고하여야 하는가? ★

① 국무총리　　　② 환경부 장관
③ 보건복지부 장관　④ 국토교통부 장관

82 다음 중 대기환경보전법령상 환국환경공단이 환경부 장관에게 보고하여야 하는 위탁업무 보고사항 중 "결함확인검사 결과"의 보고기일 기준은? ★

① 매 반기 종료 후 15일 이내
② 매 분기 종료 후 15일 이내
③ 다음 해 1월 15일까지
④ 위반사항 적발 시

✔ 수시검사, 결함확인검사, 부품결함 보고서류의 접수, 결함확인검사 결과의 보고기일은 위반사항 적발 시이다.

83 대기환경보전법령상 배출시설의 변경신고를 하여야 하는 경우에 해당하지 않는 것은?

① 배출시설 또는 방지시설을 임대하는 경우
② 사업장의 명칭이나 대표자를 변경하는 경우
③ 종전의 연료보다 황 함유량이 낮은 연료로 변경하는 경우
④ 배출시설에서 허가받은 오염물질 외의 새로운 대기오염물질이 배출되는 경우

✔ 종전의 연료보다 황 함유량이 높은 연료로 변경하는 경우에 변경신고를 해야 한다.

84 환경정책기본법령상 "일정한 지역에서 환경오염 또는 환경훼손에 대하여 환경이 스스로 수용, 정화 및 복원하여 환경의 질을 유지할 수 있는 한계"를 의미하는 것은? ★★★

① 환경기준　　　② 환경한계
③ 환경용량　　　④ 환경표준

85 대기환경보전법령상의 자동차 연료·첨가제 또는 촉매제 검사기관의 지정기준 중 자동차 연료 검사기관의 기술능력 및 검사장비 기준에 관한 내용으로 옳지 않은 것은? ★

① 검사원은 2명 이상이어야 하며, 그 중 한 명은 해당 검사업무에 10년 이상 종사한 경험이 있는 사람이어야 한다.
② 휘발유·경유·바이오디젤(BD100) 검사장비로 1ppm 이하 분석이 가능한 황 함량분석기 1식을 갖추어야 한다.
③ 검사원은 자동차, 화공, 안전관리(가스), 환경분야의 기사 자격 이상을 취득한 사람이어야 한다.
④ 휘발유·경유·바이오디젤 검사기관과 LPG·CNG·바이오가스 검사기관의 기술능력 기준은 같으며, 두 검사 업무를 함께 하려는 경우에는 기술능력을 중복하여 갖추지 아니할 수 있다.

✔ 검사원은 4명 이상이어야 하며, 그 중 2명 이상은 해당 검사 업무에 5년 이상 종사한 경험이 있는 사람이어야 한다.

86 대기환경보전법령상 배출허용기준 초과와 관련하여 개선명령을 받은 경우로서 개선하여야 할 사항이 배출시설 또는 방지시설인 경우 사업자가 시·도지사에게 제출해야 하는 개선계획서에 포함 또는 첨부되어야 하는 사항에 해당하지 않는 것은? ★★★

① 배출시설 또는 방지시설의 개선명세서 및 설계도
② 대기오염물질의 처리방식 및 처리효율
③ 운영기기 진단계획
④ 공사기간 및 공사비

☑ 배출시설 또는 방지시설의 개선명세서 및 설계도, 대기오염물질의 처리방식 및 처리효율, 공사기간 및 공사비 등이 포함되어야 한다.

87 환경정책기본법령상 일산화탄소의 대기환경기준은? (단, 8시간 평균치 기준) ★★★

① 5ppm 이하 ② 9ppm 이하
③ 25ppm 이하 ④ 35ppm 이하

☑ 일산화탄소의 대기환경기준 : 8시간 평균치는 9ppm 이하, 1시간 평균치는 25ppm 이하

88 대기환경보전법령상 비산먼지 발생사업에 해당하지 않는 것은?

① 화학제품제조업 중 석유정제업
② 제1차 금속제조업 중 금속주조업
③ 비료 및 사료 제품의 제조업 중 배합사료제조업
④ 비금속물질의 채취·제조·가공업 중 일반도자기제조업

89 대기환경보전법령상 일일 유량은 측정유량과 일일 조업시간의 곱으로 환산한다. 이때 일일 조업시간의 표시 기준은? ★

① 배출량을 측정하기 전 최근 조업한 1일 동안의 배출시설 조업시간 평균치를 시간으로 표시한다.
② 배출량을 측정하기 전 최근 조업한 7일 동안의 배출시설 조업시간 평균치를 시간으로 표시한다.
③ 배출량을 측정하기 전 최근 조업한 30일 동안의 배출시설 조업시간 평균치를 시간으로 표시한다.
④ 배출량을 측정하기 전 최근 조업한 전체 기간의 배출시설 조업시간 평균치를 시간으로 표시한다.

90 대기환경보전법령상 환경기술인의 임명기준에 관한 내용이다. ( ) 안에 알맞은 말은? (단, 1급은 기사, 2급은 산업기사와 동일) ★★

환경기술인을 바꾸어 임명하는 경우에는 그 사유가 발생한 날부터 (㉠) 이내에 임명하여야 한다. 다만, 환경기사 1급 또는 2급 이상의 자격이 있는 자를 임명하여야 하는 사업장으로서 (㉠) 이내에 채용할 수 없는 부득이한 사정이 있는 경우에는 (㉡)의 범위에서 규정에 적합한 환경기술인을 임명할 수 있다.

① ㉠ 5일, ㉡ 30일 ② ㉠ 5일, ㉡ 60일
③ ㉠ 10일, ㉡ 30일 ④ ㉠ 10일, ㉡ 60일

91 대기환경보전법령상 특정대기유해물질에 해당하지 않는 것은? ★★

① 염소 및 염화수소
② 아크릴로니트릴
③ 황화수소
④ 이황화메틸

☑ 황화수소는 지정악취물질이다.

92 대기환경보전법령상 수도권대기환경청장, 국립환경과학원장 또는 한국환경공단이 설치하는 대기오염 측정망에 해당하지 않는 것은 어느 것인가? ★★★

① 대기오염물질의 지역배경농도를 측정하기 위한 교외대기측정망
② 도시지역의 대기오염물질 농도를 측정하기 위한 도시대기측정망
③ 산성 대기오염물질의 건성 및 습성 침착량을 측정하기 위한 산성 강하물측정망
④ 도시지역의 휘발성 유기화합물 등의 농도를 측정하기 위한 광화학대기오염물질측정망

☑ 도시지역의 대기오염물질 농도를 측정하기 위한 도시대기측정망은 시·도지사가 설치하는 것이다.

제5과목

93 대기환경보전법령상 배출부과금을 부과할 때 고려해야 하는 사항에 해당하지 않는 것은? (단, 그 밖에 대기환경의 오염 또는 개선과 관련되는 사항으로서 환경부령으로 정하는 사항은 제외) ★★★

① 사업장 운영현황

② 배출허용기준 초과여부

③ 대기오염물질의 배출기간

④ 배출되는 대기오염물질의 종류

✅ 배출부과금을 부과할 때 고려해야 하는 사항은 배출허용기준 초과 여부, 배출되는 대기오염물질의 종류, 대기오염물질의 배출기간, 대기오염물질의 배출량, 제39조에 따른 자가측정(自家測定)을 하였는지 여부 등이다.

94 악취방지법령상 지정악취물질과 배출허용기준의 연결이 옳지 않은 것은? ★

항목	구분	배출허용기준(ppm)	
		공업지역	기타지역
㉠	암모니아	2 이하	1 이하
㉡	메틸메르캅탄	0.008 이하	0.005 이하
㉢	황화수소	0.06 이하	0.02 이하
㉣	트라이메틸아민	0.02 이하	0.005 이하

① ㉠　　　　　② ㉡

③ ㉢　　　　　④ ㉣

✅ 메틸메르캅탄은 공업지역 0.004ppm 이하, 기타지역 0.002ppm 이하이다.

95 대기환경보전법령상 환경부 장관이 사업장에서 배출되는 대기오염물질을 총량으로 규제하고자 할 때 고시하여야 하는 사항에 해당하지 않는 것은? ★★★

① 총량규제구역

② 측정망 설치계획

③ 총량규제 대기오염물질

④ 대기오염물질의 저감계획

✅ 총량규제구역, 총량규제 대기오염물질, 대기오염물질의 저감계획, 그 밖에 총량규제구역의 대기관리를 위하여 필요한 사항 등이다.

96 대기환경보전법령상 환경부 장관이 배출시설의 설치를 제한할 수 있는 경우에 관한 사항이다. ( ) 안에 알맞은 말은? ★★

> 배출시설 설치지점으로부터 반경 1킬로미터 안의 상주인구가 (㉠)명 이상인 지역으로서 특정대기유해물질 중 한 가지 종류의 물질을 연간 (㉡) 이상 배출하는 시설을 설치하는 경우

① ㉠ 1만, ㉡ 1톤　　② ㉠ 1만, ㉡ 10톤

③ ㉠ 2만, ㉡ 1톤　　④ ㉠ 2만, ㉡ 10톤

✅ 배출시설 설치지점으로부터 반경 1킬로미터 안의 상주인구가 2만명 이상인 지역으로서 특정대기유해물질 중 한 가지 종류의 물질을 연간 10톤 이상 배출하거나 두 가지 이상의 물질을 연간 25톤 이상 배출하는 시설을 설치하는 경우와 대기오염물질(먼지·황산화물 및 질소산화물만 해당)의 발생량 합계가 연간 10톤 이상인 배출시설을 특별대책지역(법 제22조에 따라 총량규제구역으로 지정된 특별대책지역은 제외)에 설치하는 경우에는 설치를 제한할 수 있다.

97 다음 중 실내공기질 관리법령상 "실내주차장"에서 미세먼지(PM 10)의 실내공기질 유지기준은? ★★★

① $200\mu g/m^3$ 이하　② $150\mu g/m^3$ 이하

③ $100\mu g/m^3$ 이하　④ $25\mu g/m^3$ 이하

98 대기환경보전법령상 대기오염경보 발령 시 포함되어야 할 사항에 해당하지 않는 것은? (단, 기타사항은 제외) ★★★

① 대기오염경보단계

② 대기오염경보의 대상지역

③ 대기오염경보의 경보대상기간

④ 대기오염경보단계별 조치사항

✅ 대기오염경보의 대상지역, 대기오염경보단계 및 대기오염물질의 농도, 영 제2조 제4항에 따른 대기오염경보단계별 조치사항, 그 밖에 시·도지사가 필요하다고 인정하는 사항 등이다.

99 대기환경보전법령상 4종 사업장의 분류 기준에 해당하는 것은? ★★★

① 대기오염물질 발생량의 합계가 연간 80톤 이상 100톤 미만
② 대기오염물질 발생량의 합계가 연간 20톤 이상 80톤 미만
③ 대기오염물질 발생량의 합계가 연간 10톤 이상 20톤 미만
④ 대기오염물질 발생량의 합계가 연간 2톤 이상 10톤 미만

✅ **[Plus 이론학습]**
3종은 10~20톤, 2종은 20~80톤, 1종은 80톤 이상이다.

100 실내공기질관리법령상 노인요양시설의 실내공기질 유지기준이 되는 오염물질 항목에 해당하지 않는 것은? ★★★

① 미세먼지(PM 10)
② 폼알데하이드
③ 아산화질소
④ 총부유세균

✅ 아산화질소(N_2O)는 실내공기질 유지기준도 아니고 권고기준도 아니다. 참고로 이산화질소(NO_2)는 권고기준이다.

2021년 제4회 대기환경기사

81 대기환경보전법령상 환경기술인의 준수사항으로 옳지 않은 것은? ★★

① 배출시설 및 방지시설의 운영기록을 사실에 기초하여 작성해야 한다.
② 환경기술인을 공동으로 임명한 경우 환경기술인이 해당 사업장에 번갈아 근무해서는 안 된다.
③ 배출시설 및 방지시설을 정상가동하여 대기오염물질 등의 배출이 배출허용기준에 맞도록 해야 한다.
④ 자가측정 시 사용한 여과지는 환경오염 공정시험기준에 따라 기록한 시료채취기록지와 함께 날짜별로 보관·관리해야 한다.

✅ 환경기술인은 사업장에 상근할 것. 다만, 환경기술인을 공동으로 임명한 경우 그 환경기술인은 해당 사업장에 번갈아 근무하여야 한다.

82 다음 중 대기환경보전법령상 일일 기준초과배출량 및 일일 유량의 산정방법으로 옳지 않은 것은? ★

① 측정유량의 단위는 m^3/h로 한다.
② 먼지를 제외한 그 밖의 오염물질의 배출농도 단위는 ppm으로 한다.
③ 특정대기유해물질의 배출허용기준초과 일일 오염물질배출량은 소수점 이하 넷째자리까지 계산한다.
④ 일일 조업시간은 배출량을 측정하기 전 최근 조업한 3개월 동안의 배출시설 조업시간 평균치를 일 단위로 표시한다.

✅ 일일 조업시간은 배출량을 측정하기 전 최근 조업한 30일 동안의 배출시설 조업시간 평균치를 시간으로 표시한다.

83 대기환경보전법령상 환경부 장관 또는 시·도지사가 배출부과금의 납부의무자가 납부기한 전에 배출부과금을 납부할 수 없다고 인정하여 징수를 유예하거나 징수금액을 분할납부하게 할 경우에 관한 설명으로 옳지 않은 것은? ★

① 부과금의 분할납부 기한 및 금액과 그 밖에 부과금의 부과·징수에 필요한 사항은 환경부 장관 또는 시·도지사가 정한다.

② 초과부과금의 징수유예기간은 유예한 날의 다음 날부터 2년 이내이며, 그 기간 중의 분할납부 횟수는 12회 이내이다.

③ 기본부과금의 징수유예기간은 유예한 날의 다음 날부터 다음 부과기간의 개시일 전일까지이며, 그 기간 중의 분할납부 횟수는 4회 이내이다.

④ 징수유예기간 내에 징수할 수 없다고 인정되어 징수유예기간을 연장하거나 분할납부 횟수를 증가시킬 경우 징수유예기간의 연장은 유예한 날의 다음 날부터 5년 이내이며, 분할납부 횟수는 30회 이내이다.

✔ 징수유예기간의 연장은 유예한 날의 다음 날부터 3년 이내로 하며, 분할납부의 횟수는 18회 이내로 한다.

84 다음 중 대기환경보전법령상 "자동차 사용의 제한 및 사업장의 연료사용량 감축권고" 등의 조치사항이 포함되어야 하는 대기오염경보단계는? ★★★

① 경계 발령
② 경보 발령
③ 주의보 발령
④ 중대경보 발령

✔ • 주의보 발령 : 주민의 실외활동 및 자동차 사용의 자제 요청 등
• 경보 발령 : 주민의 실외활동 제한요청, 자동차 사용의 제한 및 사업장의 연료 사용량 감축권고 등
• 중대경보 발령 : 주민의 실외활동 금지요청, 자동차의 통행금지 및 사업장의 조업시간 단축명령 등

85 환경정책기본법령상 SO_2의 대기환경기준은? (단, ㉠ 연간 평균치, ㉡ 24시간 평균치, ㉢ 1시간 평균치) ★★★

① ㉠ : 0.02ppm 이하, ㉡ : 0.05ppm 이하, ㉢ : 0.15ppm 이하

② ㉠ : 0.03ppm 이하, ㉡ : 0.06ppm 이하, ㉢ : 0.10ppm 이하

③ ㉠ : 0.05ppm 이하, ㉡ : 0.10ppm 이하, ㉢ : 0.12ppm 이하

④ ㉠ : 0.06ppm 이하, ㉡ : 0.10ppm 이하, ㉢ : 0.12ppm 이하

86 대기환경보전법령상 배출시설 및 방지시설 등과 관련된 1차 행정처분기준이 조업정지에 해당하지 않는 경우는? ★

① 방지시설을 설치해야 하는 자가 방지시설을 임의로 철거한 경우

② 배출허용기준을 초과하여 개선명령을 받은 자가 개선명령을 이행하지 않은 경우

③ 방지시설을 설치해야 하는 자가 방지시설을 설치하지 않고 배출시설을 가동하는 경우

④ 배출시설 가동개시 신고를 해야 하는 자가 가동개시 신고를 하지 않고 조업하는 경우

✔ 배출시설 가동개시 신고를 해야 하는 자가 가동개시 신고를 하지 않고 조업하는 경우의 1차 행정처분기준은 경고이다.

87 다음 중 실내공기질관리법령상 공동주택 소유자에게 권고하는 실내 라돈 농도의 기준은 어느 것인가? ★★★

① 1세제곱미터당 148베크렐 이하
② 1세제곱미터당 348베크렐 이하
③ 1세제곱미터당 548베크렐 이하
④ 1세제곱미터당 848베크렐 이하

88 대기환경보전법령상 첨가제·촉매제 제조기준에 맞는 제품의 표시방법에 관한 내용 중 ( ) 안에 알맞은 것은? ★★

> 표시 크기는 첨가제 또는 촉매제 용기 앞면의 제품명 밑에 제품명 글자 크기의 ( )에 해당하는 크기여야 한다.

① 100분의 50 이상
② 100분의 30 이상
③ 100분의 15 이상
④ 100분의 5 이상

89 대기환경보전법령상 환경부령으로 정하는 바에 따라 특별자치시장·특별자치도지사·시장·군수·구청장에게 신고하고 비산먼지의 발생을 억제하기 위한 시설을 설치하거나 필요한 조치를 해야 할 경우에 해당하지 않는 경우는?

① 비산먼지를 발생시키는 운송장비 제조업을 하려는 자
② 비산먼지를 발생시키는 비료 및 사료제품의 제조업을 하려는 자
③ 비산먼지를 발생시키는 금속물질의 채취업 및 가공업을 하려는 자
④ 비산먼지를 발생시키는 시멘트 관련 제품의 가공업을 하려는 자

✔ "비산먼지 발생사업"으로 문제를 바꾸면 ③번이 정답, 그러나 비산먼지 발생억제 조치를 하는 경우에는 폭넓게 정의(야적, 싣기 및 내리기 수송, 이송 등)되어 있어서 모두 정답처리하는 것이 맞다.

90 대기환경보전법령상 제조기준에 맞지 않는 첨가제 또는 촉매제임을 알면서 사용한 자에 대한 과태료 부과기준은?

① 1천만원 이하의 과태료
② 500만원 이하의 과태료
③ 300만원 이하의 과태료
④ 200만원 이하의 과태료

91 대기환경보전법령상 자동차연료형 첨가제의 종류에 해당하지 않는 것은? (단, 그 밖에 환경부 장관이 자동차의 성능을 향상시키거나 배출가스를 줄이기 위해 필요하다고 정하여 고시하는 경우는 제외) ★★★

① 세척제
② 청정분산제
③ 매연발생제
④ 옥탄가향상제

✔ 매연발생제가 아니고, 매연억제제이다.

92 악취방지법령상 지정악취물질에 해당하지 않는 것은? ★★

① 메틸메르캅탄
② 트라이메틸아민
③ 아세트알데하이드
④ 아닐린

✔ 아닐린은 지정악취물질이 아니다.

93 실내공기질관리법령의 적용대상이 되는 대통령령으로 정하는 규모의 다중이용시설에 해당하지 않는 것은? ★★

① 모든 지하역사
② 여객자동차터미널의 연면적 2천2백제곱미터인 대합실
③ 철도역사의 연면적 2천2백제곱미터인 대합실
④ 공항시설 중 연면적 1천1백제곱미터인 여객터미널

✔ 공항시설 중 연면적 1천5백제곱미터 이상인 여객터미널이다.

제5과목

94 대기환경보전법령상 초과부과금 부과대상이 되는 오염물질에 해당하지 않는 것은? ★★★

① 일산화탄소
② 암모니아
③ 사이안화수소
④ 먼지

✔ 초과부과금 부과대상이 되는 오염물질은 황산화물, 암모니아, 황화수소, 이황화탄소, 먼지, 불소화물, 염화수소, 질소산화물, 사이안화수소 등이다.

95 대기환경보전법령상 시·도지사가 설치하는 대기오염 측정망에 해당하는 것은? ★★★

① 대기 중의 중금속 농도를 측정하기 위한 대기중금속측정망
② 대기오염물질의 지역배경농도를 측정하기 위한 교외대기측정망
③ 도시지역의 휘발성 유기화합물 등의 농도를 측정하기 위한 광화학대기오염물질측정망
④ 산성 대기오염물질의 건성 및 습성 침착량을 측정하기 위한 산성 강하물측정망

✔ 시·도지사가 설치하는 대기오염 측정망은 도시지역의 대기오염물질 농도를 측정하기 위한 도시대기측정망, 도로변의 대기오염물질 농도를 측정하기 위한 도로변대기측정망, 대기 중의 중금속 농도를 측정하기 위한 대기 중 금속측정망 등이 있다.

96 대기환경보전법령상 배출시설 설치허가를 받은 자가 변경신고를 해야 하는 경우에 해당하지 않는 것은? ★

① 배출시설 또는 방지시설을 임대하는 경우
② 사업장의 명칭이나 대표자를 변경하는 경우
③ 종전의 연료보다 황 함유량이 높은 연료로 변경하는 경우
④ 배출시설의 규모를 10% 미만으로 폐쇄함에 따라 변경되는 대기오염물질의 양이 방지시설의 처리용량 범위 내일 경우

✔ 배출시설의 규모를 10% 미만으로 폐쇄함에 따라 변경되는 대기오염물질의 양이 방지시설의 처리용량 범위 내일 경우, 다른 법령에 따른 설치제한을 받는 경우가 아닐 것

97 환경부 장관은 라돈으로 인한 건강피해가 우려되는 시·도가 있는 경우 해당 시·도지사에게 라돈관리계획을 수립하여 시행하도록 요청할 수 있다. 이때 라돈관리계획에 포함되어야 하는 사항에 해당하지 않는 것은? (단, 그밖에 라돈관리를 위해 시·도지사가 필요하다고 인정하는 사항은 제외) ★

① 다중이용시설 및 공동주택 등의 현황
② 라돈으로 인한 건강피해의 방지대책
③ 인체에 직접적인 영향을 미치는 라돈의 양
④ 라돈의 실내유입 차단을 위한 시설개량에 관한 사항

✔ 라돈관리계획에 포함되어야 하는 사항은 다중이용시설 및 공동주택 등의 현황, 라돈으로 인한 실내공기오염 및 건강피해의 방지대책, 라돈의 실내유입 차단을 위한 시설개량에 관한 사항 등이 있다.

98 실내공기질관리법령상 의료기간의 폼알데하이드 실내공기질 유지기준은? ★★★

① $10\mu\text{g/m}^3$ 이하
② $20\mu\text{g/m}^3$ 이하
③ $80\mu\text{g/m}^3$ 이하
④ $150\mu\text{g/m}^3$ 이하

99 대기환경보전법령상 대기오염방지시설에 해당하지 않는 것은? (단, 환경부 장관이 인정하는 기타 시설은 제외) ★★★

① 흡착에 의한 시설
② 응집에 의한 시설
③ 촉매반응을 이용하는 시설
④ 미생물을 이용한 처리시설

✔ 응집에 의한 시설이 아니고, 응축에 의한 시설이다.

100 다음 중 대기환경보전법령상의 용어 정의로 옳은 것은? ★★★

① "온실가스"란 적외선복사열을 흡수하거나 다시 방출하여 온실효과를 유발하는 대기 중의 가스상 물질로서 이산화탄소, 메탄, 아산화질소, 수소불화탄소, 과불화탄소, 유불화황을 말한다.

② "기후·생태계 변화유발물질"이란 지구온난화 등으로 생태계의 변화를 가져올 수 있는 액체상 물질로서 환경부령으로 정하는 것을 말한다.

③ "매연"이란 연소할 때에 생기는 탄소가 주가 되는 기체상 물질을 말한다.

④ "검댕"이란 연소할 때에 생기는 탄소가 응결하여 생성된 지름이 $10\mu m$ 이상인 기체상 물질을 말한다.

✅ ② "기후·생태계 변화유발물질"이란 지구온난화 등으로 생태계의 변화를 가져올 수 있는 기체상 물질로서 온실가스와 환경부령으로 정하는 것을 말한다.
③ "매연"이란 연소할 때에 생기는 유리탄소가 주가 되는 미세한 입자상 물질을 말한다.
③ "검댕"이란 연소할 때에 생기는 유리탄소가 응결하여 입자의 지름이 1미크론 이상이 되는 입자상 물질을 말한다.

제5과목

성공한 사람의 달력에는
"오늘(Today)"이라는 단어가
실패한 사람의 달력에는
"내일(Tomorrow)"이라는 단어가 적혀 있고,

성공한 사람의 시계에는
"지금(Now)"이라는 로고가
실패한 사람의 시계에는
ㅍ"다음(Next)"이라는 로고가 찍혀 있다고 합니다.

☆

내일(Tomorrow)보다는 오늘(Today)을,
다음(Next)보다는 지금(Now)의 시간을 소중히 여기는
당신의 멋진 미래를 기대합니다. ^^

PART

3

최신
기출문제

2022년 제1회 출제문제 / **2022년** 제2회 출제문제 /
2022년 제4회 출제문제(CBT 기출복원문제) / **2023년** 제1회 출제문제(CBT 기출복원문제)
2023년 제2회 출제문제(CBT 기출복원문제) / **2023년** 제4회 출제문제(CBT 기출복원문제)

(※ 2022년 제4회 시험부터는 CBT(Computer Based Test)로 시행되고 있으므로
2022년 제4회와 2023년 제1, 2, 4회 출제문제는 복원된 문제임을 알려드립니다.)

난해한 기출해설 NO!

최신 기출문제에 정확한 해설과 정답을 수록하였습니다.

Engineer Air Pollution Environmental

2022 제1회 대기환경기사

[2022년 3월 5일 시행]

제1과목 대기오염 개론

01 지구온난화가 환경에 미치는 영향에 관한 설명으로 옳은 것은? ★

① 지구온난화에 의한 해면상승은 지역의 특수성에 관계없이 전 지구적으로 동일하게 발생한다.

② 오존의 분해반응을 촉진시켜 대류권의 오존 농도가 지속적으로 감소한다.

③ 기상조건의 변화는 대기오염 발생횟수와 오염농도에 영향을 준다.

④ 기온상승과 이에 따른 토양의 건조화는 남방계 생물의 성장에는 영향을 주지만 북방계 생물의 성장에는 영향을 주지 않는다.

✅ ① 지구온난화에 의한 해면상승은 지역의 특수성에 따라 전 지구적으로 다르게 발생한다.
② 오존의 분해반응을 촉진시켜 대류권의 오존 농도가 지속적으로 증가한다.
④ 기온상승과 이에 따른 토양의 건조화는 남방계 생물 및 북방계 생물의 성장에 영향을 준다.

02 실내공기오염물질 중 라돈에 관한 설명으로 옳지 않은 것은? ★★

① 무취의 기체로 액화 시 푸른색을 띤다.

② 화학적으로 거의 반응을 일으키지 않는다.

③ 일반적으로 인체에 폐암을 유발하는 것으로 알려져 있다.

④ 라듐의 핵분열 시 생성되는 물질로 반감기는 3.8일 정도이다.

✅ 라돈은 무색, 무취의 기체로 액화되어도 색을 띠지 않는 물질이다.

03 다음 중 PAN의 구조식은? ★★★

①
$$C_6H_5 - \overset{\overset{\displaystyle O}{\|}}{C} - O - O - NO_2$$

②
$$CH_3 - \overset{\overset{\displaystyle O}{\|}}{C} - O - O - NO_2$$

③
$$C_2H_5 - \overset{\overset{\displaystyle O}{\|}}{C} - O - O - NO_2$$

④
$$C_4H_8 - \overset{\overset{\displaystyle O}{\|}}{C} - O - O - NO_2$$

✅ PAN은 peroxyacetyl nitrate의 약자이며, $CH_3COOONO_2$의 분자식을 갖는다.

04 고도가 증가함에 따라 온위가 변하지 않고 일정할 때, 대기의 상태는? ★★★

① 안정　　　　　② 중립

③ 역전　　　　　④ 불안정

✅ 중립(환경감률이 건조단열감률과 같을 때)에서는 온위가 일정하다.

05 흑체의 표면온도가 1,500K에서 1,800K으로 증가했을 경우, 흑체에서 방출되는 에너지는 몇 배가 되는가? (단, 슈테판-볼츠만 법칙 기준) ★

① 1.2배　　　　　② 1.4배

③ 2.1배　　　　　④ 3.2배

$$j = \sigma \times T^4, \quad j \propto \left(\frac{1,800}{1,500}\right)^4 = 2.07 \fallingdotseq 2.1\text{배}$$

06 Thermal NO_x에 관한 내용으로 옳지 않은 것은? (단, 평형상태 기준) ★★★

① 연소 시 발생하는 질소산화물의 대부분은 NO와 NO_2이다.

② 산소와 질소가 결합하여 NO가 생성되는 반응은 흡열반응이다.

③ 연소온도가 증가함에 따라 NO 생성량이 감소한다.

④ 발생원 근처에서는 NO/NO_2의 비가 크지만 발생원으로부터 멀어지면서 그 비가 감소한다.

✔ Thermal NO_x는 연소온도가 증가함에 따라 NO 생성량이 증가한다.

07 다음 중 연기의 형태에 관한 설명으로 옳지 않은 것은? ★★★

① 지붕형 : 상층이 안정하고 하층이 불안정한 대기상태가 유지될 때 발생한다.

② 환상형 : 대기가 불안정하여 난류가 심할 때 잘 발생한다.

③ 원추형 : 오염의 단면분포가 전형적인 가우시안 분포를 이루며, 대기가 중립조건일 때 잘 발생한다.

④ 부채형 : 하늘이 맑고 바람이 약한 안정한 상태일 때 잘 발생하며, 상·하 확산폭이 적어 굴뚝부근 지표의 오염도가 낮은 편이다.

✔ 지붕형은 상층이 불안정하고 하층이 안정한 대기상태가 유지될 때 발생한다.

08 대기오염모델 중 수용모델에 관한 설명으로 옳지 않은 것은? ★★★

① 오염물질의 농도 예측을 위해 오염원의 조업 및 운영 상태에 대한 정보가 필요하다.

② 새로운 오염원, 불확실한 오염원과 불법 배출 오염원을 정량적으로 확인·평가할 수 있다.

③ 오염물질의 분석방법에 따라 현미경분석법과 화학분석법으로 구분할 수 있다.

④ 측정자료를 입력자료로 사용하므로 시나리오 작성이 곤란하다.

✔ 수용모델은 오염물질의 농도 예측을 위해 오염원의 조업 및 운영 상태에 대한 정보가 필요하지 않다.

09 Fick의 확산방정식의 기본 가정에 해당하지 않는 것은? ★★

① 시간에 따른 농도변화가 없는 정상상태이다.

② 풍속이 높이에 반비례한다.

③ 오염물질이 점원에서 계속적으로 방출된다.

④ 바람에 의한 오염물질의 주 이동방향이 x축이다.

✔ Fick의 확산방정식에서 풍속은 x, y, z 좌표 내의 어느 점에서든 일정하고, 풍향, 풍속, 온도, 시간에 따른 농도변화가 없는 정상상태 분포로 가정한다.

10 대표적으로 대기오염물질인 CO_2에 관한 설명으로 옳지 않은 것은? ★★

① 대기 중의 CO_2 농도는 여름에 감소하고 겨울에 증가한다.

② 대기 중의 CO_2 농도는 북반구가 남반구보다 높다.

③ 대기 중의 CO_2는 바다에 많은 양이 흡수되나 식물에게 흡수되는 양보다는 적다.

④ 대기 중의 CO_2 농도는 약 410ppm 정도이다.

✔ 대기 중의 CO_2는 바다에 많은 양이 흡수되며(가장 큰 자연 흡수원으로 약 25% 이상), 식물에게 흡수되는 양보다 많다.

11 다음 악취물질 중 최소감지농도(ppm)가 가장 낮은 것은? ★★

① 암모니아

② 황화수소

③ 아세톤

④ 톨루엔

✅ 암모니아가 0.1ppm으로 가장 높고, 황화수소는 0.0005ppm으로 가장 낮다. 그리고 아세톤은 42, 톨루엔은 0.90이다.

12 실내공기오염물질 중 석면의 위험성은 점점 커지고 있다. 다음에서 설명하는 석면의 분류에 해당하는 것은?

> 전 세계에서 생산되는 석면의 95% 정도에 해당하는 것으로 백석면이라고도 한다. 섬유다발의 형태로 가늘고 잘 휘어지며, 이상적인 화학식은 $Mg_3(Si_2O_5)(OH)_4$이다.

① Chrysotile

② Amosite

③ Saponite

④ Crocidolite

13 일산화탄소 436ppm에 노출되어 있는 노동자의 혈중 카르복시헤모글로빈(COHb) 농도가 10%가 되는 데 걸리는 시간(hr)은?

> 혈중 COHb 농도(%) $= \beta(1 - e^{-\sigma t}) \times C_{CO}$
> (여기서, $\beta = 0.15\%/ppm$, $\sigma = 0.402hr^{-1}$, C_{CO}의 단위는 ppm)

① 0.21　　　　　② 0.41

③ 0.61　　　　　④ 0.81

✅ 혈중 COHb 농도(%) $= \beta(1 - e^{-\sigma t}) \times C_{CO}$

$10 = 0.15 \times (1 - e^{-0.402t}) \times 436$

$-0.402 \times t = \ln(0.847)$

∴ $t = 0.41hr$

14 역전에 관한 설명으로 옳지 않은 것은? ★★★

① 침강역전은 고기압 기류가 상층에 장기간 체류하며 상층의 공기가 하강하여 발생하는 역전이다.

② 침강역전이 장기간 지속될 경우 오염물질이 장기 축적될 수 있다.

③ 복사역전은 주로 지표 부근에서 발생하므로 대기오염에 많은 영향을 준다.

④ 복사역전은 주로 구름이 많은 날 일출 후, 겨울보다 여름에 잘 발생한다.

✅ 복사역전은 보통 가을부터 봄에 걸쳐서 날씨가 좋고, 바람이 약하며, 습도가 적을 때 자정 이후 아침까지 잘 발생한다.

15 납이 인체에 미치는 영향에 관한 설명으로 옳지 않은 것은? ★

① 일반적으로 납중독 증상은 Hunter-Russel 증후군으로 일컬어지고 있다.

② 납중독의 해독제로 Ca-EDTA, 페니실아민, DMSA 등을 사용한다.

③ 헤모글로빈의 기본요소인 포르피린 고리의 형성을 방해하여 빈혈을 유발한다.

④ 세포 내의 SH기와 결합하여 헴(heme) 합성에 관여하는 효소를 포함한 여러 효소작용을 방해한다.

✅ 헌터-러셀(Hunter-Russel) 증후군은 유기수은 중독에 의해 발생된다.

16 산성 강우에 관한 내용 중 ( ) 안에 알맞은 것을 순서대로 나열한 것은? ★★★

> 일반적으로 산성 강우는 pH ( ) 이하의 강우를 말하며, 기준이 되는 이 값은 대기 중의 ( )가 강우에 포화되어 있을 때의 산도이다.

① 7.0, CO_2　　　② 7.0, NO_2

③ 5.6, CO_2　　　④ 5.6, NO_2

17 굴뚝의 반경이 1.5m, 실제높이가 50m, 굴뚝 높이에서의 풍속이 180m/min일 때, 유효굴뚝 높이를 24m 증가시키기 위한 배출가스의 속도 (m/s)는? (단, $\Delta H = 1.5 \times \dfrac{V_s}{U} \times D$, ΔH : 연기 상승높이, V_s : 배출가스의 속도, U : 굴뚝높이에서의 풍속, D : 굴뚝의 직경) ★★

① 5　　　　　　② 16
③ 33　　　　　　④ 49

✔ $\Delta H = 1.5 \times \dfrac{V_s}{U} \times D$

$24 = 1.5 \times \dfrac{V_s}{3} \times 3$

∴ V_s =16m/s

18 지상 50m에서의 온도가 23℃, 지상 10m에서의 온도가 23.3℃일 때, 대기안정도는?

① 미단열
② 과단열
③ 안정
④ 중립

✔ 미단열 조건은 건조단열감률(r_d)이 환경감률(r)보다 클 때를 말한다($|r| < |r_d|$).
문제의 조건일 때
• 건조단열감률(r_d)≒−1℃/100m(−0.01℃/m)
• 환경감률(r)=(23−23.3)℃/(500−100)m
　　　　　　=−0.00075℃/m
즉, $|r| < |r_d|$이므로 대기안정도는 미단열 상태이다.

19 다음은 탄화수소가 관여하지 않을 때 이산화질소의 광화학반응을 도식화하여 나타낸 것이다. ㉠, ㉡에 알맞은 분자식은? ★★★

$$NO_2 + hv \rightarrow (\text{㉡}) + O^*$$
$$O^* + O_2 + M \rightarrow (\text{㉠}) + M$$
$$(\text{㉡}) + (\text{㉠}) \rightarrow NO_2 + O_2$$

① ㉠ SO_3, ㉡ NO　　② ㉠ NO, ㉡ SO_3
③ ㉠ O_3, ㉡ NO　　④ ㉠ NO_3, ㉡ O_3

20 황산화물(SO_x)에 관한 설명으로 옳지 않은 것은? ★★★

① SO_2는 금속에 대한 부식성이 강하며, 표백제로 사용되기도 한다.
② 황 함유 광석이나 황 함유 화석연료의 연소에 의해 발생한다.
③ 일반적으로 대류권에서 광분해되지 않는다.
④ 대기 중의 SO_2는 수분과 반응하여 SO_3로 산화된다.

✔ 대기 중의 SO_3는 수분과 쉽게 반응하여 황산을 생성하고 수분을 더 흡수하여 황산입자 또는 황산미스트를 생성한다.

제2과목 연소공학

21 탄소 : 79%, 수소 : 14%, 황 : 3.5%, 산소 : 2.2%, 수분 : 1.3%로 구성된 연료의 저위발열량은? (단, Dulong 식 적용) ★★★

① 9,100kcal/kg
② 9,700kcal/kg
③ 10,400kcal/kg
④ 11,200kcal/kg

✔ 고체 및 액체 연료의 저위발열량(LHV)
$= HHV - 600(9H + W)$(kcal/kg)
Dulong 식에 의해
$HHV = 8,100C + 34,000(H - O/8) + 2,500S$
$= 8,100 \times 0.79 + 34,000 \times (0.14 - 0.022/8)$
$\quad + 2,500 \times 0.035$
$= 11,153$kcal/kg
$\therefore LHV = HHV - 600(9H + W)$
$= 11,153 - 600 \times (9 \times 0.14 + 0.013)$
$= 10,389.2 ≒ 10,400$kcal/kg

22 다음 중 액체연료의 일반적인 특징으로 옳지 않은 것은? ★★★

① 인화 및 역화의 위험이 크다.
② 고체연료에 비해 점화, 소화 및 연소 조절이 어렵다.
③ 연소온도가 높아 국부적인 과열을 일으키기 쉽다.
④ 고체연료에 비해 단위부피당 발열량이 크고, 계량이 용이하다.

✔ 액체연료는 고체연료에 비해 점화, 소화 및 연소 조절이 쉽다.

23 연소공학에서 사용되는 무차원수 중 Nusselt number의 의미는?

① 압력과 관성력의 비
② 대류 열전달과 전도 열전달의 비
③ 관성력과 중력의 비
④ 열 확산계수와 질량 확산계수의 비

✔ 누셀트수(Nusselt number) = 대류계수/전도계수
누셀트수는 강제대류 열전달에서 중요하며, 누셀트수가 클수록 대류 열전달이 활발하다.

24 다음 연료 중 $(CO_2)_{max}$(%)가 가장 큰 것은?

① 고로가스
② 코크스로가스
③ 갈탄
④ 역청탄

✔ $(CO_2)_{max}$(%)는 이론건조연소가스(G_{od}) 중 CO_2의 부피백분율(V/V%)로서 이론건조연소가스량이 적게 소요되는 기체연료가 크다. 또한, 가스 중에서는 일산화탄소, 탄산가스 등이 많이 함유된 가스가 많은 것이 크다.
고로가스(BFG)는 철광석을 제련할 때 고로에서 배출되는 부산물 가스(일산화탄소, 탄산가스, 질소 등)를 이르며, 코크스로가스(COG)는 철광석과 코크스로 쇳물을 만드는 과정에서 코크스를 건조할 때 생기는 부생가스로 수소와 메탄이 많이 포함되어 있다. 그러므로 고로가스의 최대탄산가스량이 가장 크다.

25 연소에 관한 설명으로 옳은 것은? ★★★

① 공연비는 공기와 연료의 질량비(또는 부피비)로 정의되며 예혼합연소에서 많이 사용된다.
② 등가비가 1보다 큰 경우 NO_x 발생량이 증가한다.
③ 등가비와 공기비는 비례관계에 있다.
④ 최대탄산가스율은 실제습연소가스량과 최대탄산가스량의 비율이다.

✔ ② 등가비가 1보다 큰 경우 NO_x 발생량이 감소한다.
③ 등가비와 공기비는 반비례관계에 있다.
④ 최대탄산가스율은 이론건연소가스량과 최대탄산가스량의 비율이다.

26 프로판 : 부탄 = 1 : 1의 부피비로 구성된 LPG를 완전연소시켰을 때 발생하는 건조연소가스의 CO_2 농도가 13%였다. 이 LPG 1m³를 완전연소할 때 생성되는 건조연소가스량(m³)은 어느 것인가? ★★

① 12
② 19
③ 27
④ 38

✔ $C_3H_8 + 5O_2 \rightarrow 3CO_2 + 4H_2O$
   1   :   3
$C_4H_{10} + 6.5O_2 \rightarrow 4CO_2 + 5H_2O$
   1   :   4
$(CO_2)/G_d \times 100 = 13$
$\therefore G_d = (CO_2)/0.13 = (3 \times 0.5 + 4 \times 0.5)/0.13 = 27$m³

27 공기의 산소 농도가 부피기준으로 20%일 때, 메탄의 질량기준 공연비는? (단, 공기의 분자량은 28.95g/mol) ★★★

① 1　　　　　　② 18

③ 38　　　　　　④ 40

✔ $CH_4 + 2O_2 \rightarrow CO_2 + 2H_2O$
1mol : 2mol
O(산소량)=2mol, A(공기량)=O/0.2=10mol
∴ 공연비(질량기준)=공기의 질량/메탄의 질량
$\qquad\qquad$ =10×28.95/16
$\qquad\qquad$ =18

28 다음 탄화수소 중 탄화수소 1m³를 완전연소할 때 필요한 이론공기량이 19m³인 것은 어느 것인가? ★★★

① C_2H_4　　　　② C_2H_2

③ C_3H_8　　　　④ C_3H_4

✔ $C_3H_4 + (3+4/4)O_2 \rightarrow 3CO_2 + 4/4H_2O$
$1m^3 : 4m^3$
O_o(이론적인 산소량)$=4m^3$
∴ A_o(이론적 공기량)$=19m^3$

29 $A(g) \rightarrow$ 생성물 반응의 반감기가 $0.693/k$일 때, 이 반응은 몇 차 반응인가? (단, k는 반응속도상수) ★★

① 0차 반응

② 1차 반응

③ 2차 반응

④ 3차 반응

✔ • 1차 반응식 : $-\dfrac{d[A]}{dt} = k[A] \rightarrow \ln[A] = -kt + \ln[A]_0$

• 반감기 : $\ln\left(\dfrac{[A]}{[A]_0}\right) = -kt$

$\qquad\quad \ln\left(\dfrac{[A]_0/2}{[A]_0}\right) = -kt$

$\qquad\quad \ln(1/2) = -kt$

$\qquad\quad -0.639 = -kt$

$\qquad\quad t = 0.693/k$

∴ 1차 반응

30 기체연료의 연소에 관한 설명으로 옳지 않은 것은? ★★

① 예혼합연소에는 포트형과 버너형이 있다.

② 확산연소는 화염이 길고 그을음이 발생하기 쉽다.

③ 예혼합연소는 화염온도가 높아 연소부하가 큰 경우에 사용 가능하다.

④ 예혼합연소는 혼합기의 분출속도가 느릴 경우 역화의 위험이 있다.

✔ 포트형과 버너형은 확산연소에 사용되는 버너의 종류이다.

31 매연 발생에 관한 일반적인 내용으로 옳지 않은 것은? ★

① $-C-C-$(사슬모양)의 탄소결합을 절단하기 쉬운 쪽이 탈수소가 쉬운 쪽보다 매연이 잘 발생한다.

② 연료의 C/H비가 클수록 매연이 잘 발생한다.

③ LPG를 연소할 때 보다 코크스를 연소할 때 매연의 발생빈도가 더 높다.

④ 산화하기 쉬운 탄화수소는 매연 발생이 적다.

✔ 탄소-탄소 간의 결합을 절단하기 보다 탈수소가 쉬운 쪽이 매연이 잘 발생한다.

32 다음 중 고체연료의 일반적인 특징으로 옳지 않은 것은? ★★★

① 연소 시 많은 공기가 필요하므로 연소장치가 대형화된다.

② 석탄을 이탄, 갈탄, 역청탄, 무연탄, 흑연으로 분류할 때 무연탄의 탄화도가 가장 작다.

③ 고체연료는 액체연료에 비해 수소함유량이 적다.

④ 고체연료는 액체연료에 비해 산소함유량이 많다.

✔ 석탄을 이탄, 갈탄, 역청탄, 무연탄, 흑연으로 분류할 때 무연탄의 탄화도가 가장 크다.

33 메탄 50%, 에탄 30%, 프로판 20%로 구성된 혼합가스의 폭발범위는? (단, 메탄의 폭발범위는 5~15%, 에탄의 폭발범위는 3~12.5%, 프로판의 폭발범위는 2.1~ 9.5%, 르 샤틀리에의 식 적용)

① 1.2~8.6% ② 1.9~9.6%

③ 2.5~10.8% ④ 3.4~12.8%

✔ · 하한값 : $\dfrac{100}{L}=\dfrac{50}{5}+\dfrac{30}{3}+\dfrac{20}{2.1}$, $L=3.4$

· 상한값 : $\dfrac{100}{U}=\dfrac{50}{15}+\dfrac{30}{12.5}+\dfrac{20}{9.5}$, $U=12.8$

∴ 폭발범위 3.4~12.8%

[Plus 이론학습]

르 샤틀리에의 식

$$\dfrac{100}{L}=\dfrac{V_1}{L_1}+\dfrac{V_2}{L_2}+\dfrac{V_3}{L_3}+\cdots$$

$$\dfrac{100}{U}=\dfrac{V_1}{U_1}+\dfrac{V_2}{U_2}+\dfrac{V_3}{U_3}+\cdots$$

여기서, L : 혼합가스 연소범위 하한계(vol%)

U : 혼합가스 연소범위 상한계(vol%)

V_1, V_2, V_3, $\cdots$: 각 성분의 체적(vol%)

34 다음 기체연료 중 고발열량(kcal/Sm³)이 가장 낮은 것은? ★

① 메탄

② 에탄

③ 프로판

④ 에틸렌

✔ ① 메탄 : 9,520kcal/Sm³

② 에탄 : 16,820kcal/Sm³

③ 프로판 : 24,820kcal/Sm³

④ 에틸렌 : 15,280kcal/Sm³

35 S 성분을 2wt% 함유한 중유를 1시간에 10t씩 연소시켜 발생하는 배출가스 중의 SO_2를 $CaCO_3$를 사용하여 탈황할 때, 이론적으로 소요되는 $CaCO_3$의 양(kg/h)은? (단, 중유 중의 S 성분은 전량 SO_2로 산화되고, 탈황률은 95%) ★

① 594 ② 625

③ 694 ④ 725

✔ $S + O_2 \rightarrow SO_2$

32 : 64

0.02×10,000 : 0.02×10,000×2

$2SO_2 + 2CaCO_3 + O_2 \rightarrow 2CaSO_4 + 2CO_2$

2×64 : 2×100

0.02×10,000×2×0.95 : x

∴ $x = (0.02×10,000×2×0.95)×(2×100)/(2×64)$

= 594kg/h

36 2.0MPa, 370℃의 수증기를 1시간에 30t씩 생성하는 보일러의 석탄 연소량이 5.5t/hr이다. 석탄의 발열량이 20.9MJ/kg, 발생 수증기와 급수의 비엔탈피는 각각 3,183kJ/kg, 84kJ/kg일 때 열효율은? ★

① 65% ② 70%

③ 75% ④ 80%

✔ 석탄의 열량 = $\dfrac{5.5t}{hr}\left|\dfrac{20.9MJ}{kg}\right|\dfrac{1,000kg}{1t}$

= 114,950MJ/h

발생 수증기의 열량 = $\dfrac{30t}{hr}\left|\dfrac{(3,183-84)kJ}{kg}\right|\dfrac{1,000kg}{1t}$

= 92,970MJ/hr

∴ 열효율(%) = 92,970/114,950×100 = 80.9%

37 연료를 2.0의 공기비로 완전연소시킬 때, 배출가스 중의 산소 농도(%)는? (단, 배출가스에는 일산화탄소가 포함되어 있지 않음.) ★★★

① 7.5

② 9.5

③ 10.5

④ 12.5

✔ 완전연소일 때

$$m(\text{공기비}) = \dfrac{21}{21-(O_2)}$$

$$2 = \dfrac{21}{21-(O_2)}$$

∴ $O_2 = 10.5\%$

38 액체연료의 연소방식을 기화연소방식과 분무화연소방식으로 분류할 때 기화연소방식에 해당하지 않는 것은? ★

① 심지식 연소

② 유동식 연소

③ 증발식 연소

④ 포트식 연소

✅ 액체연료의 연소방식 중 쉽게 기화하는 경질유 등의 연소에 필요한 연소방식이 기화연소방식이며, 심지식, 증발식, 포트식, 버너식의 연소방식이 사용된다.

39 어떤 2차 반응에서 반응물질의 10%가 반응하는 데 250s가 걸렸을 때, 반응물질의 90%가 반응하는 데 걸리는 시간(s)은? (단, 기타 조건은 동일)

① 5,500

② 2,500

③ 20,300

④ 28,300

✅ $Rate = k[A]^2$, $\dfrac{1}{[A]} = kt + \dfrac{1}{[A]_o}$

$[A]_o = 100$으로 가정하면

$\dfrac{1}{90} = k \times 250 + \dfrac{1}{100}$, $k = 4.4 \times 10^{-6}$

$\dfrac{1}{10} = 4.44 \times 10^{-6} \times t + \dfrac{1}{100}$

∴ $t = 20,270 \fallingdotseq 20,300s$

40 다음 중 연소에 관한 설명으로 옳지 않은 것은 어느 것인가? ★★★

① $(CO_2)_{max}$는 연료의 조성에 관계없이 일정하다.

② $(CO_2)_{max}$는 연소방식에 관계없이 일정하다.

③ 연소가스 분석을 통해 완전연소, 불완전연소를 판정할 수 있다.

④ 실제공기량은 연료의 조성, 공기비 등을 사용하여 구한다.

✅ $(CO_2)_{max}$는 연료의 조성에 따라 달라진다.

제3과목 **대기오염 방지기술**

41 80%의 집진효율을 갖는 2개의 집진장치를 연결하여 먼지를 제거하고자 한다. 집진장치를 직렬연결한 경우(A)와 병렬연결한 경우(B)에 관한 내용으로 옳지 않은 것은? (단, 두 집진장치의 처리가스량은 동일) ★★

① (A)방식의 총 집진효율은 94%이다.

② (A)방식은 높은 처리효율을 얻기 위한 것이다.

③ (B)방식은 처리가스의 양이 많은 경우 사용된다.

④ (B)방식의 총 집진효율은 단일집진장치와 동일하게 80%이다.

✅ (A)방식의 총 집진효율은 96%이다.
100 − 100 × 0.2 × 0.2 = 100 − 4 = 96%

42 동일한 밀도를 가진 먼지입자 A, B가 있다. 먼지입자 B의 지름이 먼지입자 A의 지름의 100배일 때, 먼지입자 B의 질량은 먼지입자 A의 질량의 몇 배인가?

① 100

② 10,000

③ 1,000,000

④ 100,000,000

✅ $\dfrac{D_B}{D_A} = 100$, 질량 = 체적 × 밀도 ∝ D^3

∴ $\left(\dfrac{D_B}{D_A}\right)^3 = (100)^3 = 1,000,000$

43 공장 배출가스 중의 일산화탄소를 백금계 촉매를 사용하여 처리할 때, 촉매독으로 작용하는 물질에 해당하지 않는 것은?

① Ni

② Zn

③ As

④ S

✅ 촉매독으로 작용하는 물질은 Zn, As, Hg, Pb, S(황화합물), 염소화합물, 유기인화합물 등이 있다.

44 다음 중 중력집진장치에 관한 설명으로 옳지 않은 것은? ★★★

① 배출가스의 점도가 높을수록 집진효율이 증가한다.

② 침강실 내의 처리가스 속도가 느릴수록 미립자를 포집할 수 있다.

③ 침강실의 높이가 낮고 길이가 길수록 집진효율이 높아진다.

④ 배출가스 중의 입자상 물질을 중력에 의해 자연침강하도록 하여 배출가스로부터 입자상 물질을 분리·포집한다.

✔ 중력집진장치는 배출가스의 점도가 높을수록 집진효율이 감소한다.

$$V_t = \frac{d_p^2(\rho_p - \rho)g}{18\mu}$$

$$\eta = \frac{V_t \times L}{V_x \times H}$$

45 다음 중 여과집진장치의 특징으로 옳지 않은 것은? ★★★

① 수분이나 여과속도에 대한 적응성이 높다.

② 폭발성, 점착성 및 흡습성 먼지의 제거가 어렵다.

③ 다양한 여과재의 사용으로 설계 시 융통성이 있다.

④ 여과재의 교환이 필요해 중력집진장치에 비해 유지비가 많이 든다.

✔ 여과집진장치는 수분이나 여과속도에 대한 적응성이 낮다.

46 배출가스 중의 NO_x를 저감하는 방법으로 옳지 않은 것은? ★★★

① 2단연소 시킨다.

② 배출가스를 재순환 시킨다.

③ 연소용 공기의 예연온도를 낮춘다.

④ 과잉공기량을 많게 하여 연소시킨다.

✔ NO_x를 저감하기 위해서는 과잉공기량을 적게 한다. 공기량(질소 76%)이 많으면 NO_x는 많아진다.

47 발생하는 각종 장애현상에 대한 대책으로 옳지 않은 것은? ★

① 재비산현상이 발생할 때에는 처리가스의 속도를 낮춘다.

② 부착된 먼지로 불꽃이 빈발하여 2차 전류가 불규칙하게 흐를 때에는 먼지를 충분하게 탈리시킨다.

③ 먼지의 비저항이 비정상적으로 높아 2차 전류가 현저히 떨어질 때에는 스파크 횟수를 줄인다.

④ 역전리현상이 발생할 때에는 집진극의 타격을 강하게 하거나 타격빈도를 늘린다.

✔ 전기집진장치에서 먼지의 비저항이 비정상적으로 높아 2차 전류가 현저히 떨어질 때에는 스파크 횟수를 늘린다.

48 후드의 압력손실 3.5mmH₂O, 동압 1.5mmH₂O일 때, 유입계수는? ★

① 0.234   ② 0.315

③ 0.548   ④ 0.734

✔ $\Delta P = F \times P_v$, $F = (1 - C_e^2)/C_e^2$

여기서, P_v : 속도압

F : 압력손실계수

C_e : 유입계수

$F = 3.5/1.5 = 2.33$

$2.33 = (1 - C_e^2)/C_e^2$ $\therefore C_e = 0.548$

49 상온에서 유체가 내경이 50cm인 강관 속을 2m/s의 속도로 흐르고 있을 때, 유체의 질량유속(kg/s)은 얼마인가? (단, 유체의 밀도는 1g/cm³) ★★

① 452.9   ② 415.3

③ 392.7   ④ 329.6

✔

3.14	252cm²	1g	200cm	1kg	
		cm³	s	1,000g	=392.5kg/s

50 원심력집진장치(cyclone)의 집진효율에 관한 내용으로 옳지 않은 것은? ★★★

① 유입속도가 빠를수록 집진효율이 증가한다.
② 원통의 직경이 클수록 집진효율이 증가한다.
③ 입자의 직경과 밀도가 클수록 집진효율이 증가한다.
④ Blow-down 효과를 적용했을 때 집진효율이 증가한다.

✔ 원심력집진장치에서는 원통의 직경이 클수록 집진효율이 감소한다.

51 액측저항이 지배적으로 클 때 사용이 유리한 흡수장치는? ★★★

① 충전탑
② 분무탑
③ 벤투리스크러버
④ 다공판탑

✔ 액체분산형 흡수장치는 충전탑, 분무탑, 벤투리스크러버 등이 있다.
다공판탑은 가스분산형 흡수장치이다.

52 충전탑 내의 충전물이 갖추어야 할 조건으로 옳지 않은 것은? ★★★

① 공극률이 클 것
② 충전밀도가 작을 것
③ 압력손실이 작을 것
④ 비표면적이 클 것

✔ 충전물은 충전밀도가 커야 한다.

53 여과집진장치의 여과포 탈진방법으로 적합하지 않은 것은? ★★★

① 진동형
② 역기류형
③ 충격제트기류분사형(pulse jet)
④ 승온형

54 Scale 방지대책(습식 석회석법)으로 옳지 않은 것은? ★★

① 순환액의 pH 변동을 크게 한다.
② 탑 내에 내장물을 가능한 설치하지 않는다.
③ 흡수액량을 증가시켜 탑 내 결착을 방지한다.
④ 흡수탑 순환액에 산화탑에서 생성된 석고를 반송하고 슬러리의 석고농도를 5% 이상으로 유지하여 석고의 결정화를 촉진한다.

✔ Scale을 방지하려면 순환액의 pH 변동을 작게 해야 한다.

55 대기오염물질의 입경을 현미경법으로 측정할 때, 입자의 투영면적을 2등분하는 선의 길이로 나타내는 입경은? ★★★

① Feret경
② 장축경
③ Heyhood경
④ Martin경

56 유입구 폭이 20cm, 유효회전수가 8인 원심력집진장치(cyclone)를 사용하여 다음 조건의 배출가스를 처리할 때, 절단입경(μm)은?

- 배출가스의 유입속도 : 30m/s
- 배출가스의 점도 : 2×10^{-5}kg/m·s
- 배출가스의 밀도 : 1.2kg/m^3
- 먼지입자의 밀도 : 2.0g/cm^3

① 2.78
② 3.46
③ 4.58
④ 5.32

✔
$$d_{p,50} = \sqrt{\frac{9\mu W}{2\pi N V(\rho_p - \rho)}}$$
$$= \sqrt{\frac{9\times2\times10^{-5}\times0.2}{2\times\pi\times8\times30\times(2,000-1.2)}}$$
$$= 3.45\mu m$$

57 직경이 30cm, 높이가 10m인 원통형 여과집진 장치를 사용하여 배출가스를 처리하고자 한다. 배출가스의 유량이 750m³/min, 여과속도가 3.5cm/s일 때, 필요한 여과포의 개수는? ★

① 32개

② 38개

③ 45개

④ 50개

✔ 1개 Bag의 공간
= 원의 둘레($2\pi R$)×높이(H)×겉보기 여과속도(V_t)
= 2×3.14×0.15×10×0.035
= 0.3297m³/s
= 19.8m³/min
∴ 필요한 bag의 수=750/19.8=37.9=38개

58 다음 중 세정집진장치에 관한 설명으로 옳지 않은 것은? ★★

① 분무탑은 침전물이 발생하는 경우에 사용이 적합하다.

② 벤투리스크러버는 점착성, 조해성 먼지의 제거에 효과적이다.

③ 제트스크러버는 처리가스량이 많은 경우에 사용이 적합하다.

④ 충전탑은 온도 변화가 크고 희석열이 큰 곳에서의 사용은 적합하지 않다.

✔ 세정집진장치에서 제트스크러버는 처리가스량이 많은 경우에는 사용이 부적합하다.

59 공기의 평균분자량이 28.85일 때, 공기 100Sm³의 무게(kg)는? ★★★

① 126.8

② 127.8

③ 128.8

④ 129.8

✔ $100 \times \dfrac{28.85}{22.4} = 128.8\text{kg}$

60 점성계수가 1.8×10^{-5}kg/m · s, 밀도가 1.3kg/m³인 공기를 안지름이 100mm인 원형 파이프를 사용하여 수송할 때, 층류가 유지될 수 있는 최대공기유속(m/s)은?

① 0.1

② 0.3

③ 0.6

④ 0.9

✔ · 유체의 레이놀즈수는
$Re_f < 2,100$일 때는 층류(laminar flow),
$Re_f > 4,000$일 때는 난류(turbulent flow),
이 중간단계를 전이영역(transition region)이라 한다.
레이놀즈수 식
$$Re_f = \dfrac{d\, v_g \rho_g}{\mu_g}$$
여기서, d : 유체가 흐르는 장치의 직경
v_g : 유체의 속도
ρ_g : 유체의 밀도
μ_g : 유체의 점도
$$2,100 = \dfrac{0.1 \times v_g \times 1.3}{1.8 \times 10^{-5}}$$
$\therefore\ v_g = 2,100 \times 1.8 \times 10^{-5}/0.1/1.3 = 0.3$

제4과목 대기오염 공정시험기준(방법)

61 배출가스 중의 수분량을 별도의 흡습관을 이용하여 분석하고자 한다. 측정조건과 측정결과가 다음과 같을 때, 배출가스 중 수증기의 부피백분율(%)은? (단, 0℃, 1atm 기준)

> • 흡입한 건조가스량 : 20L
> (건식 가스미터에서 읽은 값)
> • 측정 전 흡습관의 질량 : 96.16g
> • 측정 후 흡습관의 질량 : 97.69g

① 6.4   ② 7.1
③ 8.7   ④ 9.5

✔

$$X_w = \frac{\frac{22.4}{18}m_a}{V'_m \times \frac{273}{273+\theta_m} \times \frac{P_a+P_m}{760} + \frac{22.4}{18}m_a} \times 100$$

$(97.69-96.16) \times (22.4/18) = 1.9$

∴ 수증기의 부피백분율(%)=1.9/(20+1.9)×100=8.7

62 원자흡수분광광도법의 원자흡광분석장치 구성에 포함되지 않는 것은? ★★★

① 분리관
② 광원부
③ 분광부
④ 시료원자화부

✔ 원자흡광분석장치는 광원부 → 시료원자화부 → 파장선택부(분광부) → 측광부로 구성된다.

63 대기오염공정시험기준 총칙상의 내용으로 옳지 않은 것은? ★★★

① 액의 농도를 (1 → 2)로 표시한 것은 용질 1g 또는 1mL를 용매에 녹여 전량을 2mL로 하는 비율을 뜻한다.
② 황산 (1 : 2)라 표시한 것은 황산 1용량에 정제수 2용량을 혼합한 것이다.
③ 시험에 사용하는 표준품은 원칙적으로 특급시약을 사용한다.

④ 방울수라 함은 4℃에서 정제수 20방울을 떨어뜨릴 때 부피가 약 1mL되는 것을 뜻한다.

✔ 방울수라 함은 20℃에서 정제수 20방울을 떨어뜨릴 때 그 부피가 약 1mL되는 것을 뜻한다.

64 이온 크로마토그래피에 관한 설명으로 옳지 않은 것은? ★

① 분리관의 재질로 스테인리스관이 널리 사용되며, 에폭시수지관 또는 유리관은 사용할 수 없다.
② 일반적으로 용리액조로 폴리에틸렌이나 경질 유리제를 사용한다.
③ 송액펌프는 맥동이 적은 것을 사용한다.
④ 검출기는 일반적으로 전도도검출기를 많이 사용하고, 그 외 자외선/가시선 흡수검출기, 전기화학적 검출기 등이 사용된다.

✔ 분리관의 재질은 내압성, 내부식성으로 용리액 및 시료액과 반응성이 적은 것을 선택하며, 에폭시수지관 또는 유리관이 사용된다. 일부는 스테인리스관이 사용되지만 금속이온 분리용으로는 좋지 않다.

65 기체 크로마토그래피의 정성분석에 관한 내용으로 옳지 않은 것은? ★★

① 동일 조건에서 특정한 미지성분의 머무름값과 예측되는 물질의 봉우리의 머무름값을 비교해야 한다.
② 머무름값의 표시는 무효부피(dead volume)의 보정유무를 기록해야 한다.
③ 일반적으로 5~30분 정도에서 측정하는 봉우리의 머무름시간은 반복시험을 할 때 ±10% 오차범위 이내여야 한다.
④ 머무름시간을 측정할 때는 3회 측정하여 그 평균치를 구한다.

✔ 일반적으로 5~30분 정도에서 측정하는 봉우리의 머무름시간은 반복시험을 할 때 ±3% 오차범위 이내여야 한다.

66 굴뚝 배출가스 중의 이산화황을 연속적으로 자동측정할 때 사용하는 용어 정의로 옳지 않은 것은? ★★★

① 검출한계 : 제로드리프트의 2배에 해당하는 지시치가 갖는 이산화황의 농도를 말한다.

② 제로드리프트 : 연속자동측정기가 정상적으로 가동되는 조건하에서 제로가스를 일정시간 흘려준 후 발생한 출력신호가 변화한 정도를 말한다.

③ 경로(path)측정 시스템 : 굴뚝 또는 덕트 단면 직경의 5% 이하의 경로를 따라 오염물질 농도를 측정하는 배출가스 연속자동측정시스템을 말한다.

④ 제로가스 : 정제된 공기나 순수한 질소를 말한다.

✔ 경로(path)측정 시스템은 굴뚝 또는 덕트 단면 직경의 10% 이상의 경로를 따라 오염물질 농도를 측정하는 배출가스 연속자동측정시스템이다.

67 특정발생원에서 일정한 굴뚝을 거치지 않고 외부로 비산되는 먼지의 농도를 고용량공기 시료채취법으로 분석하고자 한다. 측정조건과 결과가 다음과 같을 때 비산먼지의 농도 (μg/m^3)는?

- 채취시간 : 24시간
- 채취 개시직후의 유량 : 1.8m^3/min
- 채취 종료직전의 유량 : 1.2m^3/min
- 채취 후 여과지의 질량 : 3.828g
- 채취 전 여과지의 질량 : 3.419g
- 대조위치에서의 먼지 농도 : 0.15μg/m^3
- 전 시료채취 기간 중 주 풍향이 90° 이상 변함
- 풍속이 0.5m/s 미만 또는 10m/s 이상 되는 시간이 전 채취시간의 50% 미만임

① 185.76   ② 283.80
③ 294.81   ④ 372.70

✔ $C = (C_H - C_B) \times W_D \times W_S$

여기서, 유량 $= \dfrac{(1.8 + 1.2)}{2} \times 60 \times 24 = 2,160\,m^3$

$C_H = (3.828 - 3.419) \times 10^6 \mu g / 2,160\,m^3$

$\quad = 189.35 \mu g/m^3$

$C_B = 0.15 \mu g/m^3$

$W_D = 1.5$

$W_S = 1$

$= (189.35 - 0.15) \times 1.5 \times 1.0$

$= 283.38 \mu g/m^3$

68 굴뚝 배출가스 중의 질소산화물을 분석하기 위한 시험방법은? ★★★

① 아르세나조 Ⅲ법

② 비분산적외선분광분석법

③ 4 – 피리딘카복실산 – 피라졸론법

④ 아연환원 나프틸에틸렌다이아민법

✔ 굴뚝 배출가스 중 질소산화물의 시험방법은 자외선/가시선분광법 – 아연환원 나프틸에틸렌다이아민법(주 시험방법), 자외선/가시선분광법 – 페놀디설폰산, 자동측정법(정전위전해법, 화학발광법, 적외선흡수법, 자외선흡수법) 등이 있다.

69 다음 중 원자흡수분광광도법의 분석원리로 옳은 것은? ★★

① 시료를 해리 및 증기화시켜 생긴 기저상태의 원자가 이 원자증기층을 투과하는 특유파장의 빛을 흡수하는 현상을 이용하여 시료 중의 원소 농도를 정량한다.

② 기체시료를 운반가스에 의해 관 내에 전개시켜 각 성분을 분석한다.

③ 선택성 검출기를 이용하여 시료 중의 특정 성분에 의한 적외선 흡수량 변화를 측정하여 그 성분의 농도를 구한다.

④ 발광부와 수광부 사이에 형성되는 빛의 이동경로를 통과하는 가스를 실시간으로 분석한다.

70 환경대기 중의 탄화수소 농도를 측정하기 위한 주 시험방법은? ★★

① 총탄화수소 측정법
② 비메탄탄화수소 측정법
③ 활성탄화수소 측정법
④ 비활성탄화수소 측정법

✔ 환경대기 중의 탄화수소 농도를 측정하기 위한 시험방법으로 비메탄탄화수소 측정법(주 시험방법), 총탄화수소 측정법, 활성탄화수소 측정법 등이 있다.

71 대기오염공정시험기준상의 용어 정의로 옳지 않은 것은? ★★★

① "밀폐용기"라 함은 물질을 취급 또는 보관하는 동안에 이물이 들어가거나 내용물이 손실되지 않도록 보호하는 용기를 뜻한다.
② "감압 또는 진공"이라 함은 따로 규정이 없는 한 15mmHg 이하를 뜻한다.
③ "항량이 될 때까지 건조한다"라 함은 따로 규정이 없는 한 보통의 건조방법으로 1시간 더 건조 또는 강열할 때 전후 무게의 차가 매 g당 0.3mg 이하일 때를 뜻한다.
④ "정량적으로 씻는다"라 함은 어떤 조작에서 다음 조작으로 넘어갈 때 사용한 비커, 플라스크 등의 용기 및 여과막 등에 부착한 정량대상 성분을 증류수로 깨끗이 씻어 그 세액을 합하는 것을 뜻한다.

✔ "정량적으로 씻는다"라 함은 어떤 조작에서 다음 조작으로 넘어갈 때 사용한 비커, 플라스크 등의 용기 및 여과막 등에 부착한 정량대상 성분을 사용한 용매로 씻어 그 세액을 합하고 먼저 사용한 같은 용매를 채워 일정용량으로 하는 것을 뜻한다.

72 굴뚝 연속자동측정기기의 설치방법으로 옳지 않은 것은? ★★

① 응축된 수증기가 존재하지 않는 곳에 설치한다.

② 먼지와 가스상 물질을 모두 측정하는 경우 측정위치는 먼지를 따른다.
③ 수직굴뚝에서 가스상 물질의 측정위치는 굴뚝 하부 끝에서 위를 향하여 굴뚝 내경의 1/2배 이상이 되는 지점으로 한다.
④ 수평굴뚝에서 가스상 물질의 측정위치는 외부공기가 새어들지 않고 요철이 없는 곳으로 굴뚝의 방향이 바뀌는 지점으로부터 굴뚝 내경의 2배 이상 떨어진 곳을 선정한다.

✔ 수직굴뚝에서 가스상 물질의 측정위치는 굴뚝 하부 끝에서 위를 향하여 굴뚝 내경의 2배 이상이 되고, 상부 끝단으로부터 아래를 향하여 굴뚝 상부 내경의 1/2배 이상이 되는 지점으로 한다.

73 2,4-다이나이트로페닐하이드라진(DNPH)과 반응하여 생성된 하이드라존 유도체를 액체 크로마토그래피로 분석하여 정량하는 물질은? ★

① 아민류
② 알데하이드류
③ 벤젠
④ 다이옥신류

✔ 배출가스 중의 알데하이드류를 흡수액 2,4-다이나이트로페닐하이드라진(DNPH)과 반응하여 하이드라존 유도체를 생성하게 되고 이를 액체 크로마토그래프로 분석하여 정량한다.

74 배출가스 중의 염소를 오르토톨리딘법으로 분석할 때 분석에 영향을 미치지 않는 물질은 어느 것인가? ★

① 오존
② 이산화질소
③ 황화수소
④ 암모니아

✔ 배출가스 중 브로민, 아이오딘, 오존, 이산화질소, 이산화염소 등의 산화성 가스나 황화수소, 이산화황 등의 환원성 가스가 공존하면 영향을 받는다.

정답 | 70.② 71.④ 72.③ 73.② 74.④

75 피토관을 사용하여 굴뚝 배출가스의 평균유속을 측정하고자 한다. 측정조건과 결과가 다음과 같을 때, 배출가스의 평균유속(m/s)은? ★★★

- 동압 : 13mmH$_2$O
- 피토관계수 : 0.85
- 배출가스의 밀도 : 1.2kg/Sm^3

① 10.6   ② 12.4
③ 14.8   ④ 17.8

✔ $V = C\sqrt{\dfrac{2gh}{r}} = 0.85 \times \sqrt{\dfrac{2 \times 9.8 \times 13}{1.2}} = 12.39\text{m/s}$

76 위상차현미경법으로 환경대기 중의 석면을 분석할 때 계수대상물의 식별방법에 관한 내용으로 옳지 않은 것은 어느 것인가? (단, 적정한 분석능력을 가진 위상차현미경을 사용하는 경우) ★★★

① 구부러져 있는 단섬유는 곡선에 따라 전체 길이를 재어서 판정한다.
② 섬유가 헝클어져 정확한 수를 헤아리기 힘들 때에는 0개로 판정한다.
③ 길이가 7μm 이하인 단섬유는 0개로 판정한다.
④ 섬유가 그래티큘 시야의 경계선에 물린 경우 그래티큘 시야 안으로 한쪽 끝만 들어와 있는 섬유는 1/2개로 인정한다.

✔ 단섬유인 경우 길이 5μm 이상인 섬유는 1개로 판정한다.

77 다음 중 직경이 0.5m, 단면이 원형인 굴뚝에서 배출되는 먼지 시료를 채취할 때, 측정점 수는? ★★★

① 1   ② 2
③ 3   ④ 4

✔ 굴뚝 직경이 1m 이하인 경우 반경 구분 수는 1, 측정점 수는 4개이다.

78 굴뚝 배출가스 중의 카드뮴화합물을 원자흡수분광광도법으로 분석하고자 한다. 채취한 시료에 유기물이 함유되지 않았을 때 분석용 시료 용액의 전처리 방법은? ★

① 질산법
② 과망간산칼륨법
③ 질산-과산화수소수법
④ 저온회화법

✔ 유기물을 함유하지 않을 경우의 전처리 방법에는 질산법, 마이크로파산분해법 등이 있다.

79 자외선/가시선분광법에 사용되는 장치에 관한 내용으로 옳지 않은 것은? ★★

① 시료부는 시료액을 넣은 흡수셀 1개와 셀홀더, 시료실로 구성되어 있다.
② 자외부의 광원으로 주로 중수소방전관을 사용한다.
③ 파장 선택을 위해 단색화장치 또는 필터를 사용한다.
④ 가시부와 근적외부의 광원으로 주로 텅스텐램프를 사용한다.

✔ 시료부에는 일반적으로 시료액을 넣은 흡수셀(시료셀)과 대조액을 넣는 흡수셀(대조셀)이 있고 이 셀을 보호하기 위한 셀홀더(cell holder)와 이것을 광로에 올려 놓을 시료실로 구성된다.

80 환경대기 중의 벤조(a)피렌을 분석하기 위한 시험방법은? ★

① 이온 크로마토그래피법
② 비분산적외선분광분석법
③ 흡광차분광법
④ 형광분광광도법

✔ 환경대기 중 벤조(a)피렌 시험방법에는 가스 크로마토그래피법(주 시험방법), 형광분광광도법 등이 있다.

제5과목 | 대기환경관계법규

81 실내공기질관리법령상 건축자재의 오염물질 방출기준 중 ( ) 안에 알맞은 것은? (단, 단위는 mg/m² · h) ★

오염물질	접착제	페인트
톨루엔	0.08 이하	(㉠)
총휘발성유기화합물	(㉡)	(㉢)

① ㉠ 0.02 이하, ㉡ 0.05 이하, ㉢ 1.5 이하
② ㉠ 0.05 이하, ㉡ 0.1 이하, ㉢ 2.0 이하
③ ㉠ 0.08 이하, ㉡ 2.0 이하, ㉢ 2.5 이하
④ ㉠ 0.10 이하, ㉡ 2.5 이하, ㉢ 4.0 이하

✔ • 페인트 : 톨루엔 0.08 이하, 총휘발성유기화합물 2.5 이하
  • 접착제 : 톨루엔 0.08 이하, 총휘발성유기화합물 2.0 이하

82 대기환경보전법령상 경유를 사용하는 자동차에 대해 대통령령으로 정하는 오염물질에 해당하지 않는 것은? ★★★

① 탄화수소
② 알데하이드
③ 질소산화물
④ 일산화탄소

✔ 경유를 사용하는 자동차의 오염물질은 탄화수소, 질소산화물, 일산화탄소, 매연, 입자상 물질, 암모니아 등이다.

83 대기환경보전법령상의 운행차 배출허용기준으로 옳지 않은 것은? ★

① 휘발유와 가스를 같이 사용하는 자동차의 배출가스 측정 및 배출허용기준은 가스의 기준을 적용한다.
② 건설기계 중 덤프트럭, 콘크리트믹서트럭, 콘크리트펌프트럭의 배출허용기준은 화물자동차 기준을 적용한다.
③ 희박연소 방식을 적용하는 자동차는 공기과잉률 기준을 적용하지 않는다.
④ 알코올만 사용하는 자동차는 탄화수소 기준을 적용한다.

✔ 알코올만 사용하는 자동차는 탄화수소 기준을 적용하지 아니한다.

84 다음 중 악취방지법령상 악취배출시설의 변경신고를 해야 하는 경우에 해당하지 않는 것은? ★★

① 악취배출시설을 폐쇄하는 경우
② 사업장의 명칭을 변경하는 경우
③ 환경담당자의 교육사항을 변경하는 경우
④ 악취배출시설 또는 악취방지시설을 임대하는 경우

✔ 환경담당자의 교육사항을 변경하는 경우에는 변경신고를 하지 않는다.

85 다음 중 대기환경보전법령상 사업장별 환경기술인의 자격기준에 관한 설명으로 옳지 않은 것은? ★★★

① 대기오염물질 배출시설 중 일반보일러만 설치한 사업장은 5종 사업장에 해당하는 기술인을 둘 수 있다.
② 2종 사업장의 환경기술인 자격기준은 대기환경산업기사 이상의 기술자격 소지자 1명 이상이다.
③ 대기환경기술인이 「물환경보전법」에 따른 수질환경기술인의 자격을 갖춘 경우에는 수질환경기술인을 겸임할 수 있다.
④ 1종 사업장과 2종 사업장 중 1개월 동안 실제 작업한 날만을 계산하여 1일 평균 12시간 이상 작업하는 경우에는 해당 사업장의 기술인을 각각 2명 이상 두어야 한다.

✔ 1종 사업장과 2종 사업장 중 1개월 동안 실제 작업한 날만을 계산하여 1일 평균 17시간 이상 작업하는 경우에는 해당 사업장의 기술인을 각각 2명 이상 두어야 한다.
이 경우, 1명을 제외한 나머지 인원은 3종 사업장에 해당하는 기술인 또는 환경기능사로 대체할 수 있다.

86 대기환경보전법령상 오존의 대기오염 중대경보 해제기준에 관한 내용 중 ( ) 안에 알맞은 것은? ★★★

> 중대경보가 발령된 지역의 기상조건 등을 고려하여 대기자동측정소의 오존농도가 (㉠)ppm 이상 (㉡)ppm 미만일 때는 경보로 전환한다.

① ㉠ 0.3, ㉡ 0.5   ② ㉠ 0.5, ㉡ 1.0
③ ㉠ 1.0, ㉡ 1.2   ④ ㉠ 1.2, ㉡ 1.5

87 대기환경보전법령상 배출시설로부터 나오는 특정대기유해물질로 인해 환경기준의 유지가 곤란하다고 인정되어 시·도지사가 특정대기유해물질을 배출하는 배출시설의 설치를 제한할 수 있는 경우에 관한 내용 중 ( ) 안에 알맞은 것은? ★★

> 배출시설 설치지점으로부터 반경 1킬로미터 안의 상주인구가 2만명 이상인 지역으로서 특정대기유해물질 중 한 가지 종류의 물질을 연간 (ⓐ) 이상 배출하거나 두 가지 이상의 물질을 연간 (ⓑ) 이상 배출하는 시설을 설치하는 경우

① ⓐ 5톤, ⓑ 10톤   ② ⓐ 5톤, ⓑ 20톤
③ ⓐ 10톤, ⓑ 20톤   ④ ⓐ 10톤, ⓑ 25톤

88 대기환경보전법령상 자동차 결함 확인검사에 관한 내용 중 환경부 장관이 관계중앙행정기관의 장과 협의하여 정하는 사항에 해당하지 않는 것은? ★

① 대상 자동차의 선정기준
② 자동차의 검사방법
③ 자동차의 검사수수료
④ 자동차의 배출가스 성분

✅ 대상 자동차의 선정기준, 검사방법, 검사수수료, 검사절차, 검사기준, 판정방법 등에 필요한 사항은 환경부령으로 정한다.

89 악취방지법령상 지정악취물질과 배출허용기준(ppm)의 연결이 옳지 않은 것은? (단, 공업지역 기준, 기타 사항은 고려하지 않는다.) ★

① n−발레르알데하이드 : 0.02 이하
② 톨루엔 : 30 이하
③ 프로피온산 : 0.1 이하
④ i−발레르산 : 0.004 이하

✅ 프로피온산 : 0.07 이하

90 다음 중 환경정책기본법령에서 환경기준을 확인할 수 있는 항목에 해당하지 않는 것은 어느 것인가? ★★★

① 납
② 일산화탄소
③ 오존
④ 탄화수소

✅ • 탄화수소는 오존의 전구물질로서 중복규제문제로 환경기준 항목에서 제외되었다.
 • 환경기준 항목은 아황산가스(SO_2), 일산화탄소(CO), 이산화질소(NO_2), 미세먼지(PM−10), 초미세먼지(PM−2.5), 오존(O_3), 납(Pb), 벤젠(C_6H_6) 등이다.

91 대기환경보전법령상 과징금 처분에 관한 내용이다. ( ) 안에 알맞은 것은? ★

> 환경부 장관은 자동차 제작자가 거짓으로 자동차의 배출가스가 배출가스 보증기간에 제작차 배출허용기준에 맞게 유지될 수 있다는 인증을 받은 경우 그 자동차 제작자에 대하여 매출액에 (㉠)(을)를 곱한 금액을 초과하지 않는 범위에서 과징금을 부과할 수 있다. 이때 과징금의 금액은 (㉡)을 초과할 수 없다.

① ㉠ 100분의 3, ㉡ 100억원
② ㉠ 100분의 3, ㉡ 500억원
③ ㉠ 100분의 5, ㉡ 100억원
④ ㉠ 100분의 5, ㉡ 500억원

92 대기환경보전법령상 공급지역 또는 사용시설에 황 함유 기준을 초과하는 연료를 공급·판매한 자에 대한 벌칙기준은? ★

① 7년 이하의 징역 또는 1억원 이하의 벌금에 처한다.

② 5년 이하의 징역 또는 3천만원 이하의 벌금에 처한다.

③ 3년 이하의 징역 또는 3천만원 이하의 벌금에 처한다.

④ 500만원 이하의 벌금에 처한다.

93 대기환경보전법령상 자동차의 운행정지에 관한 내용 중 ( ) 안에 알맞은 것은 어느 것인가? ★

> 환경부 장관, 특별시장·광역시장·특별자치시장·특별자치도지사·시장·군수·구청장은 운행차의 배출가스가 운행차 배출허용기준을 초과하여 개선명령을 받은 자동차 소유자가 이에 따른 확인검사를 환경부령으로 정하는 기간 이내에 받지 않는 경우 ( )의 기간을 정하여 해당 자동차의 운행정지를 명할 수 있다.

① 5일 이내　② 7일 이내
③ 10일 이내　④ 15일 이내

94 다음 중 대기환경보전법령상 환경기술인의 교육에 관한 내용으로 옳지 않은 것은? (단, 정보통신매체를 이용하여 원격교육을 하는 경우 제외) ★★★

① 환경기술인으로 임명된 날부터 1년 이내에 신규교육을 받아야 한다.

② 환경기술인은 환경보전협회, 환경부 장관, 시·도지사가 교육을 실시할 능력이 있다고 인정하여 위탁하는 기관에서 실시하는 교육을 받아야 한다.

③ 교육과정의 교육기간은 7일 정도로 한다.

④ 교육대상이 된 사람이 그 교육을 받아야 하는 기한의 마지막 날 이전 3년 이내에 동일한 교육을 받았을 경우에는 해당 교육을 받은 것으로 본다.

✔ 교육과정의 교육기간은 4일 이내로 한다.
다만, 정보통신매체를 이용하여 원격교육을 하는 경우에는 환경부 장관이 인정하는 기간으로 한다.

95 대기환경보전법령상 배출시설 설치신고를 하려는 자가 배출시설 설치신고서에 첨부하여 환경부 장관 또는 시·도지사에게 제출해야 하는 서류에 해당하지 않는 것은? ★★★

① 질소산화물 배출농도 및 배출량을 예측한 명세서

② 방지시설의 연간 유지관리계획서

③ 방지시설의 일반도

④ 배출시설 및 대기오염방지시설의 설치명세서

✔ 제출서류
• 원료(연료를 포함)의 사용량 및 제품 생산량과 오염물질 등의 배출량을 예측한 명세서
• 배출시설 및 대기오염방지시설의 설치명세서, 방지시설의 일반도
• 방지시설의 연간 유지관리계획서
• 사용 연료의 성분 분석과 황산화물 배출농도 및 배출량 등을 예측한 명세서(법 제41조 제3항 단서에 해당하는 배출시설의 경우에만 해당)
• 배출시설 설치허가증(변경허가를 신청하는 경우에만 해당)

96 대기환경보전법령상 특정대기유해물질의 배출허용기준이 300(12)ppm일 때, (12)가 의미하는 것은? ★★★

① 해당 배출허용농도(백분율)
② 해당 배출허용농도(ppm)
③ 표준산소농도(O_2의 백분율)
④ 표준산소농도(O_2의 ppm)

✔ ( )는 표준산소농도(O_2의 백분율)의 의미이다.

97 대기환경보전법령상 "3종 사업장"에 해당하는 경우는? ★★★

① 대기오염물질 발생량의 합계가 연간 9톤인 사업장
② 대기오염물질 발생량의 합계가 연간 11톤인 사업장
③ 대기오염물질 발생량의 합계가 연간 22톤인 사업장
④ 대기오염물질 발생량의 합계가 연간 52톤인 사업장

✔ 3종 사업장은 대기오염물질 발생량의 합계가 연간 10톤 이상 20톤 미만인 사업장이다.

98 대기환경보전법령상 대기오염경보단계 중 '경보발령' 단계의 조치사항으로 옳지 않은 것은 어느 것인가? ★★★

① 주민의 실외활동 제한요청
② 자동차 사용의 제한
③ 사업장의 연료사용량 감축권고
④ 사업장의 조업시간 단축명령

✔ • 주의보 발령 : 주민의 실외활동 및 자동차 사용의 자제 요청 등
• 경보 발령 : 주민의 실외활동 제한요청, 자동차 사용의 제한 및 사업장의 연료사용량 감축권고 등
• 중대경보 발령 : 주민의 실외활동 금지 요청, 자동차의 통행금지 및 사업장의 조업시간 단축명령 등

99 대기환경보전법령상 대기오염방지시설에 해당하지 않는 것은? ★★★

① 흡착에 의한 시설
② 응축에 의한 시설
③ 응집에 의한 시설
④ 촉매반응을 이용하는 시설

100 실내공기질관리법령상 실내공기질의 측정에 관한 내용 중 ( ) 안에 알맞은 것은? ★

다중이용시설의 소유자 등은 실내공기질 측정 대상오염물질이 실내공기질 권고기준의 오염물질 항목에 해당하는 경우 실내공기질을 (ⓐ) 측정해야 한다. 또한, 실내공기질 측정결과를 (ⓑ) 보존해야 한다.

① ⓐ 연 1회, ⓑ 10년간
② ⓐ 연 2회, ⓑ 5년간
③ ⓐ 2년에 1회, ⓑ 10년간
④ ⓐ 2년에 1회, ⓑ 5년간

2022 제2회 대기환경기사

[2022년 4월 24일 시행]

제1과목 대기오염 개론

01 가우시안 확산모델에 관한 내용으로 옳지 않은 것은? ★

① 확산계수(σ_y, σ_z)를 구하기 위한 시료 채취시간을 10분 정도로 한다.

② 고도에 따른 풍속 변화가 power law를 따른다고 가정한다.

③ 오염물질이 배출원에서 연속적으로 배출된다고 가정한다.

④ 경계조건을 달리 설정함으로써 오염원의 위치와 형태에 따른 오염물질의 농도를 예측할 수 있다.

✔ 고도에 따른 풍속 변화는 power law와 관련이 없다. 수직 방향의 풍속은 수평방향의 풍속보다 작으므로 고도 변화에 따라 반영되지 않는다.

[Plus 이론학습]
- 배출량 등은 시간, 고도에 상관없이 일정(정상상태)하다.
- 오염물질의 농도는 정규분포를 이룬다.
- 바람에 의한 오염물질의 주 이동방향은 x축이며, 풍속은 일정하다.
- 풍하방향의 확산은 무시한다.
- 간단한 화학반응은 묘사가 가능하다(반감기도 묘사 가능).
- 지표반사와 혼합층 상부에서의 반사가 고려된다(질량 보존의 법칙 적용).

02 PAN에 관한 내용으로 옳지 않은 것은? ★★

① 대기 중의 광화학반응으로 생성된다.

② PAN의 지표식물에는 강낭콩, 상추, 시금치 등이 있다.

③ 황산화물의 일종으로 가시광선을 흡수해 가시거리를 단축시킨다.

④ 사람의 눈에 통증을 일으키며, 식물의 잎에 흑반병을 발생시킨다.

✔ PAN은 peroxyacetyl nitrate의 약자이고, 분자식은 $CH_3COOONO_2$로 황산화물의 일종이 아니다.

03 오존의 반응을 나타낸 다음 도식 중 ( ) 안에 알맞은 것은? ★

$$\bigcirc \quad CClF_3 \xrightarrow{hv} CFCl_2 + (\quad)$$
$$(\quad) + O_3 \longrightarrow ClO + O_2$$
$$ClO + O\cdot \longrightarrow (\quad) + O_2$$
$$\bigcirc \quad CF_3Br \xrightarrow{hv} CF_3 + (\quad)$$
$$(\quad) + O_3 \longrightarrow BrO + O_2$$
$$ClO + O\cdot \longrightarrow (\quad) + O_2$$

① ㉠ : F·, ㉡ : C·

② ㉠ : C·, ㉡ : F·

③ ㉠ : Cl·, ㉡ : Br·

④ ㉠ : F·, ㉡ : Br·

04 20℃, 750mmHg에서 이산화황의 농도를 측정한 결과 0.02ppm이었다. 이를 mg/m³로 환산한 값은? ★★★

① 0.008

② 0.013

③ 0.053

④ 0.157

✅ ppm은 무차원이기 때문에 mg/m^3로 단위전환을 하려면 $ppm \times \dfrac{mg}{m^3}$ 으로 하면 된다.

단, 온압보정이 필요 시 온압보정을 먼저 한다.

$$0.02 \times \dfrac{(273.15)}{(273.15+20)} \times \dfrac{750}{760} = 0.0184 ppm$$

∴ 단위 전환(ppm → mg/m^3)을 하면

$$0.0184 \times \dfrac{64}{22.4} = 0.0525 ≒ 0.053 mg/m^3$$

05 Stokes 직경의 정의로 옳은 것은? ★★

① 구형이 아닌 입자와 침강속도가 같고, 밀도가 $1g/cm^3$인 구형 입자의 직경

② 구형이 아닌 입자와 침강속도가 같고, 밀도가 $10g/cm^3$인 구형 입자의 직경

③ 침강속도가 $1cm/s$이고, 구형이 아닌 입자와 밀도가 같은 구형 입자의 직경

④ 구형이 아닌 입자와 침강속도가 같고, 밀도가 같은 구형 입자의 직경

✅ [Plus 이론학습]
• 공기역학적 직경은 같은 침강속도를 지니는 단위밀도 $(1g/cm^3)$의 구형 물체 직경을 말한다.
• 휘렛직경(페렛직경)은 입자성 물질의 끝과 끝을 연결한 선 중 가장 긴 선을 직경으로 하는 것을 말한다.

06 다음에서 설명하는 굴뚝에서 배출되는 연기의 모양은? ★★★

• 대기가 중립조건일 때 나타난다.
• 오염물질이 멀리 퍼져 나가고, 지면 가까이에는 오염의 영향이 거의 없다.
• 오염의 단면분포가 전형적인 가우시안 분포를 이룬다.

① 환상형 ② 원추형
③ 지붕형 ④ 부채형

✅ [Plus 이론학습]
• 흐리고 바람이 강하게 불 때 발생된다.
• 구름이 많이 낀 밤중에 발생된다.
• 확산방정식에 의하여 오염물의 확산을 추정할 수 있는 좋은 조건이다.

07 공장에서 대량의 H_2S 가스가 누출되어 발생한 대기오염사건은? ★★★

① 도노라 사건 ② 포자리카 사건
③ 요코하마 사건 ④ 보팔시 사건

✅ [Plus 이론학습]
• 뮤즈계곡 사건(1930) : 아황산가스, 황산, 미세입자
• 세베소 사건(1976) : 다이옥신, 염소가스
• 도쿄 요코하마 사건(1946) : 뚜렷한 원인물질은 밝혀지지 않았음
• 도노라 사건(1948) : 아황산가스, 황산안개, 먼지
• 보팔 사건(1984) : 메틸이소시아네이트(methyl iso-cyanate, MIC, CH_3CNO)
• 체르노빌 사건(1986) : 방사능물질

08 자동차 배출가스 저감기술에 관한 내용으로 옳지 않은 것은? ★★

① 입자상 물질 여과장치는 세라믹 필터나 금속필터를 사용하여 입자상 물질을 포집하는 장치이다.

② 후처리 버너는 엔진의 배기계통에 장착하여 배출가스 중의 가연성분을 제거하는 장치이다.

③ 디젤 산화촉매는 자동차 배출가스 중의 HC, CO를 탄산가스와 물로 산화시켜 정화한다.

④ EBD는 촉매의 존재 하에 NO_x와 선택적으로 반응할 수 있는 환원제를 주입하여 NO_x를 N_2로 환원하는 장치이다.

✅ 선택적 촉매환원장치(SCR)는 촉매의 존재 하에 NO_x와 선택적으로 반응할 수 있는 환원제를 주입하여 NO_x를 N_2로 환원하는 장치이다.

09 다음 NO_x의 광분해 사이클 중 ( ) 안에 알맞은 빛의 종류는? ★★★

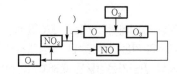

① 가시광선 ② 자외선
③ 적외선 ④ β선

❤ NO_x의 광분해와 관계가 깊은 것은 자외선이다.

10 먼지 농도가 $40\mu g/m^3$, 상대습도가 70%일 때, 가시거리(km)는? (단, 계수 A는 1.2) ★★★

① 19

② 23

③ 30

④ 67

❤ $l_v = 1,000 \times A/C = 1,000 \times 1.2/40 = 30km$

11 다음 중 다이옥신에 관한 내용으로 옳지 않은 것은? ★★

① 250~340nm의 자외선 영역에서 광분해 될 수 있다.

② 2개의 벤젠고리와 산소 2개 이상의 염소 가 결합된 화합물이다.

③ 완전분해되더라도 연소가스 배출 시 저 온에서 재생될 수 있다.

④ 증기압이 높고, 물에 잘 녹는다.

❤ 다이옥신은 증기압이 낮고, 물에 잘 녹지 않는다.

12 다음 중 불화수소의 가장 주된 배출원은 어 느 것인가? ★★

① 알루미늄공업

② 코크스연소로

③ 농약

④ 석유정제업

❤ 불화수소는 반도체 생산, 알루미늄 생산, 디스플레이 생 산, 화학비료공업 등에서 주로 배출된다.

13 지상 100m에서의 기온이 20℃일 때, 지상 300m 에서의 기온(℃)은? (단, 지상에서부터 600m까 지의 평균기온감률은 0.88℃/100m)

① 15.5 ② 16.2

③ 17.5 ④ 18.2

❤ 0.88℃/100m×(300−100)m=1.76℃
지상 300m에서의 기온=20−1.76=18.24℃
100m(20℃) → 200m(19.12℃) → 300m(18.24℃)

14 하루 동안 시간에 따른 대기오염물질의 농도 변화를 나타낸 그래프이다. A, B, C에 해당 하는 물질은? ★★★

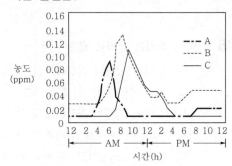

① $A=NO_2$, $B=O_3$, $C=NO$

② $A=NO$, $B=NO_2$, $C=O_3$

③ $A=NO_2$, $B=NO$, $C=O_3$

④ $A=O_3$, $B=NO$, $C=NO_2$

❤ 질소산화물과 오존은 하루 중 시간이 지날수록 NO → NO_2 → O_3 순으로 최고농도가 나타난다.

15 파스킬(Pasquill)의 대기안정도에 관한 내용 으로 옳지 않은 것은?

① 낮에는 풍속이 약할수록(2m/s 이하), 일 사량이 강할수록 대기가 안정하다.

② 낮에는 일사량과 풍속으로, 야간에는 운량, 운고, 풍속으로부터 안정도를 구분한다.

③ 안정도는 A~F까지 6단계로 구분하며, A는 매우 불안정한 상태, F는 가장 안정한 상 태를 뜻한다.

④ 지표가 거칠고 열섬효과가 있는 도시나 지면의 성질이 균일하지 않은 곳에서는 오차가 크게 나타날 수 있다.

❤ 낮에는 풍속이 약할수록(2m/s 이하), 일사량이 강할수록 대기가 불안정하다(A~F 등급 중 A에 해당).

16 직경이 1~2μm 이하인 미세입자의 경우 세정(rain out) 효과가 작은 편이다. 그 이유로 가장 적합한 것은? ★

① 응축효과가 크기 때문
② 휘산효과가 작기 때문
③ 부정형의 입자가 많기 때문
④ 브라운 운동을 하기 때문

✔ 브라운 운동은 유체 속에서 미세입자가 외부의 간섭 없이도 불규칙적으로 이동하는 현상으로 미세입자일수록 세정효과가 작아진다.

17 오존과 오존층에 관한 내용으로 옳지 않은 것은? ★★★

① 1돕슨단위는 지구 대기 중의 오존 총량을 0℃, 1atm에서 두께로 환산했을 때 0.01mm에 상당하는 양이다.
② 대기 중의 오존 배경농도는 0.01~0.04ppm 정도이다.
③ 오존의 생성과 소멸이 계속적으로 일어나면서 오존층의 오존 농도가 유지된다.
④ 오존층은 성층권에서 오존의 농도가 가장 높은 지상 50~60km 구간을 말한다.

✔ 오존층은 성층권에서 오존의 농도가 가장 높은 지상 약 25km 구간을 말한다.

18 인체에 다음과 같은 피해를 유발하는 오염물질은? ★★

> 헤모글로빈의 기본요소인 포르피린고리의 형성을 방해함으로써 인체 내 헤모글로빈의 형성을 억제하여 빈혈이 발생할 수 있다.

① 다이옥신　　② 납
③ 망간　　　　④ 바나듐

✔ [Plus 이론학습]
납은 적혈구 내의 전해질이 감소되어 적혈구 생존기간이 짧아지고, 심한 경우 용혈성 빈혈, 복통, 구토를 일으키며 뇌세포에 손상을 준다.

19 부피가 100m^{3}인 복사실에서 분당 0.2mg의 오존을 배출하는 복사기를 연속적으로 사용하고 있다. 복사기를 사용하기 전 복사실의 오존 농도가 0.1ppm일 때, 복사기를 5시간 사용한 후 복사실의 오존 농도(ppb)는? (단, 0℃, 1기압 기준, 환기를 고려하지 않음.)

① 260
② 380
③ 420
④ 520

✔ 복사기를 사용하는 동안 배출된 오존 농도

$$= \frac{0.2mg}{min} \left| \frac{5hr}{} \right| \frac{60min}{1hr} \left| \frac{}{100m^3} \right. = 0.6mg/m^3$$

0.6mg/m^{3}를 ppb로 바꾸면
$0.6 \times 22.4/48 \times 1,000 = 280ppb$
기존의 오존농도 = 0.1ppm = 100ppb
∴ 복사실의 오존농도 = 280 + 100 = 380ppb

20 다음 중 복사역전이 가장 발생하기 쉬운 조건은? ★★

① 하늘이 흐리고, 바람이 강하며, 습도가 낮을 때
② 하늘이 흐리고, 바람이 약하며, 습도가 높을 때
③ 하늘이 맑고, 바람이 강하며, 습도가 높을 때
④ 하늘이 맑고, 바람이 약하며, 습도가 낮을 때

✔ 복사역전은 주로 지표 부근에서 발생하고, 보통 가을부터 봄에 걸쳐서 날씨가 좋고, 바람이 약하며, 습도가 적을 때 자정 이후 아침까지 잘 발생한다.

제2과목 연소공학

21 다음 내용과 관련 있는 무차원수는? (단, μ : 점성계수, ρ : 밀도, D : 확산계수)

> • 정의 : $\dfrac{\mu}{\rho D}$
>
> • 의미 : $\dfrac{\text{운동량의 확산속도}}{\text{물질의 확산속도}}$

① Schmidt number

② Nusselt number

③ Grashof number

④ Karlovitz number

✔ 슈미트수(Schmidt number, Sc)는 운동량 확산과 질량 확산의 비로 정의되는 무차원량이다.

22 어떤 연료의 배출가스가 CO_2 : 13%, O_2 : 6.5%, N_2 : 80.5%로 이루어졌을 때, 과잉공기계수는? (단, 연료는 완전연소됨.) ★★★

① 1.54   ② 1.44

③ 1.34   ④ 1.24

✔ 완전연소 시, $m = \dfrac{21}{21 - (O_2)} = 21/(21-6.5) = 1.448$

23 연료의 연소과정에서 공기비가 너무 낮은 경우 발생하는 현상은? ★★★

① CO, 매연의 발생량이 증가한다.

② 연소실 내의 온도가 감소한다.

③ SO_x, NO_x 발생량이 증가한다.

④ 배출가스에 의한 열손실이 증가한다.

✔ 공기비가 작을 경우 매연이나 검댕의 발생량이 증가한다. 또한, 연소효율이 저하된다.

[Plus 이론학습]
• 공기비가 클 경우 연소실 내의 연소온도가 낮아진다.
• 공기비가 클 경우 배기가스에 의한 열손실이 증가한다.
• 공기비가 클 경우 연소실의 냉각효과를 가져온다.
• 공기비가 클 경우 배기가스 중 SO_2, NO_2 함량이 많아져 부식이 촉진된다.

24 연료의 일반적인 특징으로 옳은 것은? ★★★

① 석탄의 휘발분이 많을수록 매연 발생량이 적다.

② 공기의 산소농도가 높을수록 석탄의 착화온도가 낮다.

③ C/H비가 클수록 이론공연비가 증가한다.

④ 중유는 점도를 기준으로 A, B, C 중유로 구분할 수 있으며, 이 중 A 중유의 점도가 가장 높다.

✔ ① 석탄의 휘발분이 많을수록 매연 발생량이 많다.
③ C/H비가 클수록 이론공연비가 감소한다.
④ 중유(A, B, C)는 C 중유의 점도가 가장 높다.

25 다음 중 착화온도가 가장 높은 연료는? ★

① 수소

② 휘발유

③ 무연탄

④ 목재

✔ ① 수소 : 580~600℃
② 휘발유 : 300℃
④ 무연탄 : 440~550℃
④ 목재 : 410~450℃

✔ **[Plus 이론학습]**
• 고체 : 셀룰로이드 180℃, 갈탄 250~300℃, 역청탄 360℃, 목탄 320~370℃, 종이류 405~410℃
• 액체 : 중유 300~450℃, 아스팔트 450~500℃, 경유 210℃, 등유 257℃, 윤활유 250~350℃
• 기체 : 일산화탄소 641~658℃, 메탄 650~750℃, 에탄 520~630℃, 프로판 450℃, 부탄 405℃

26 굴뚝 배출가스 중의 HCl 농도가 200ppm이다. 세정기를 사용하여 배출가스 중의 HCl 농도를 $32mg/m^3$로 저감했을 때, 세정기의 HCl 제거효율(%)은? (단, 0℃, 1atm 기준) ★★

① 75   ② 80

③ 85   ④ 90

✔ HCl 200ppm을 mg/m^3로 전환하면
$200 \times 36.5/22.4 = 325.9 mg/m^3$
제거효율(%) $= (325.9-32)/325.9 \times 100 = 90.2\%$

27 석탄의 유동층 연소방식에 관한 설명으로 옳지 않은 것은? ★

① 부하변동에 적응력이 낮다.
② 유동매체의 손실로 인한 보충이 필요하다.
③ 유동매체를 석회석으로 할 경우 노 내에서 탈황이 가능하다.
④ 공기소비량이 많아 화격자 연소장치에 비해 배출가스량이 많은 편이다.

✔ 유동층 연소방식은 공기소비량이 적어 화격자 연소장치에 비해 배출가스량이 적은 편이다.

28 디젤기관의 노킹현상을 방지하기 위한 방법으로 옳은 것은? ★★

① 착화지연기간을 증가시킨다.
② 세탄가가 낮은 연료를 사용한다.
③ 압축비와 압축압력을 높게 한다.
④ 연료 분사개시 때 분사량을 증가시킨다.

✔ 노킹현상을 방지하기 위한 방법
• 착화지연기간을 감소시킨다.
• 세탄가가 높은 연료를 사용한다.
• 압축비와 압축압력을 높게 한다.
• 연료 분사개시 때 분사량을 감소시킨다.

29 다음 중 기체연료의 특징으로 옳지 않은 것은 어느 것인가? ★★★

① 적은 과잉공기로 완전연소가 가능하다.
② 연료의 예열이 쉽고, 연소조절이 비교적 용이하다.
③ 공기와 혼합하여 점화할 때 누설에 의한 역화·폭발 등의 위험이 크다.
④ 운송이나 저장이 편리하고, 수송을 위한 부대설비 비용이 액체연료에 비해 적게 소요된다.

✔ 기체연료는 부피가 커서 운송이나 저장이 쉽지 않고, 수송을 위한 부대설비 비용이 액체연료에 비해 많이 소요된다.

30 수소 8%, 수분 2%로 구성된 고체연료의 고발열량이 8,000kcal/kg일 때, 이 연료의 저발열량(kcal/kg)은? ★★★

① 7,984 　　② 7,779
③ 7,556 　　④ 6,835

✔ $LHV = HHV - 600(9H + W)$
　$= 8,000 - 600 \times (9 \times 0.08 + 0.02)$
　$= 8,000 - 444$
　$= 7,556 kcal/kg$

31 반응물의 농도가 절반으로 감소하는 데 1,000s가 걸렸을 때, 반응물의 농도가 초기의 1/250로 감소할 때까지 걸리는 시간(s)은? (단, 1차 반응 기준) ★

① 6,650 　　② 6,966
③ 7,470 　　④ 7,966

✔ 1차 반응 시, 반감기$(t_1/2) = 0.693/k$이므로
$k = 0.693/1000 = 0.000693$
$\ln[A] = -kt + \ln[A]_o$에서
$kt = \ln[A]_o - \ln[A] = \ln(250A_o/A_o) = 5.52$
그러므로 $t = 5.52/0.000693 = 7,965.4s$

32 다음 중 일반적인 디젤기관의 특징으로 옳지 않은 것은? ★★

① 가솔린기관에 비해 납 발생량이 적은 편이다.
② 압축비가 높아 가솔린기관에 비해 소음과 진동이 큰 편이다.
③ NO_x는 가속 시 특히 많이 배출되며, HC는 감속 시 특히 많이 배출된다.
④ 연료를 공기와 혼합하여 실린더에 흡입, 압축시킨 후 점화플러그에 의해 강제로 연소 폭발시키는 방식이다.

✔ 디젤기관의 작동원리는 공기를 빠르게 압축하면 온도가 올라가는 단열압축의 원리를 응용한 것으로, 실린더 안에 흡입한 공기만을 고압으로 압축한 다음, 연료를 노즐로부터 분사하면 자연적으로 착화하여 연소된다.

33 C : 85%, H : 10%, O : 3%, S : 2%의 무게비로 구성된 액체연료를 1.3의 공기비로 완전연소할 때 발생하는 실제 습연소가스량(Sm^3/kg)은 얼마인가? ★★★

① 8.6   ② 9.8

③ 10.4   ④ 13.8

✓ $G_w = mA_o + 5.6H + 0.7O + 0.8N + 12.4\,W$

$O_o = 1.867C + 5.6(H - O/8) + 0.7S$

$\quad = 1.867 \times 0.85 + 5.6 \times (0.1 - 0.03/8) + 0.7 \times 0.02$

$\quad = 2.14$

$A_o = 2.14/0.21 = 10.2$

$\therefore\ G_w = 1.3 \times 10.2 + 5.6 \times 0.1 + 0.7 \times 0.03$

$\quad\quad = 13.841 Sm^3/kg$

34 C : 85%, H : 7%, O : 5%, S : 3%의 무게비로 구성된 중유의 이론적인 $(CO_2)_{max}$(%)는? ★★★

① 9.6   ② 12.6

③ 17.6   ④ 20.6

✓ $(CO_2)_{max} = \dfrac{1.867\,C}{G_{od}} \times 100$

$O_o = 1.867C + 5.6(H - O/8) + 0.7S$

$\quad = 1.867 \times 0.85 + 5.6 \times (0.07 - 0.05/8) + 0.7 \times 0.03$

$\quad = 1.96$

$A_o = 1.96/0.21 = 9.3$

$G_{od} = Ao - 5.6H + 0.7O + 0.8N$

$\quad\quad = 9.3 - 5.6 \times 0.07 + 0.7 \times 0.05$

$\quad\quad = 8.943$

$\therefore\ (CO_2)_{max} = \dfrac{1.867\,C}{G_{od}} \times 100$

$\quad\quad\quad = \dfrac{1.867 \times 0.85}{8.943} \times 100$

$\quad\quad\quad = 17.75\%$

35 확산형 가스버너 중 포트형에 관한 내용으로 옳지 않은 것은?

① 포트 입구의 크기가 작으면 슬래그가 부착하여 막힐 우려가 있다.

② 기체연료와 연소용 공기를 버너 내에서 혼합시킨 뒤 노 내에 주입시킨다.

③ 밀도가 큰 공기 출구는 상부에, 밀도가 작은 가스 출구는 하부에 배치되도록 한다.

④ 버너 자체가 노 벽과 함께 내화벽돌로 조립되어 노 내부에 개구된 것으로 가스와 공기를 함께 가열할 수 있는 장점이 있다.

✓ 예혼합연소는 공기의 전부를 미리 연료와 혼합하여 버너로 분출시켜 연소하는 방법이다.

36 기체연료의 연소형태로 옳은 것은? ★★★

① 증발연소

② 표면연소

③ 분해연소

④ 예혼합연소

✓ 기체연료의 연소형태는 확산연소, 예혼합연소, 부분예혼합연소 등이 있다.

[Plus 이론학습]

표면연소, 분해연소는 주로 고체연료 연소형태이고, 증발연소는 액체연료의 대표적인 연소형태이다.

37 부탄가스를 완전연소시킬 때, 부피기준 공기연료비(AFR)는? ★★★

① 15.23   ② 20.15

③ 30.95   ④ 60.46

✓ $C_4H_{10} + (4 + 10/4)O_2 \rightarrow 4CO_2 + 10/2H_2O$

$\quad\ 1 \quad\quad\quad 6.5$

$O_o = 6.5m^3,\ A_o = 6.5/0.21 = 30.95m^3$

$\therefore\ AFR = 30.95m^3/1m^3 = 30.95$

38 COM(coal oil mixture) 연료의 연소에 관한 내용으로 옳지 않은 것은? ★★

① 재와 매연 발생 등의 문제점을 갖는다.

② 중유만을 사용할 때보다 미립화 특성이 양호하다.

③ 중유전용 보일러를 사용하는 곳에 별도의 개조 없이 사용할 수 있다.

④ 화염 길이는 미분탄연소에 가깝고, 화염 안정성은 중유연소에 가깝다.

○ 중유전용 보일러를 사용하는 곳에는 개조하여 사용할 수 있다.

39 가동(이동식) 화격자의 일반적인 특징으로 옳지 않은 것은? ★

① 역동식 화격자는 폐기물의 교반 및 연소 조건이 불량하여 소각효율이 낮다.

② 회전롤러식 화격자는 여러 개의 드럼을 횡축으로 배열하고 폐기물을 드럼의 회전에 따라 순차적으로 이송한다.

③ 병렬요동식 화격자는 고정 화격자와 가동화격자를 횡방향으로 나란히 배치하고 가동 화격자를 전·후로 왕복운동시킨다.

④ 계단식 화격자는 고정 화격자와 가동 화격자를 교대로 배치하고 가동 화격자를 왕복운동시켜 폐기물을 이송한다.

○ 역동식 화격자는 폐기물의 교반 및 연소 조건이 양호하여 소각효율이 높다.

40 황의 농도가 3wt%인 중유를 매일 100kL씩 사용하는 보일러에 황의 농도가 1.5wt%인 중유를 30% 섞어 사용할 때, SO_2 배출량(kL)은 몇 % 감소하는가? (단, 중유의 황 성분은 모두 SO_2로 전환, 중유의 비중은 1.0)

① 30%

② 25%

③ 15%

④ 10%

○ $S_{혼소\ 전}=0.03 \times 100kL \times 1t/kL = 3t$

$S_{혼소\ 후}=0.03 \times 100kL \times 0.7 \times 1t/kL + 0.015 \times 100kL \times 0.3 \times 1t/kL$
$\qquad = 2.1 + 0.45$
$\qquad = 2.55t$

$SO_{2혼소\ 전}=3 \times (64/32)=6t$

$SO_{2혼소\ 후}=2.55 \times (64/32)=5.1t$

∴ SO_2 감소율$=(6-5.1)/6 \times 100 = 15\%$

제3과목 대기오염 방지기술

41 유체의 흐름에서 레이놀즈(Reynolds)수와 관련이 가장 적은 것은? ★★★

① 관의 직경

② 유체의 속도

③ 관의 길이

④ 유체의 밀도

○ $Re(레이놀즈수) = \dfrac{\rho \times V_s \times D}{\mu} = \dfrac{V_s \times D}{\nu}$

여기서, ρ : 유체의 밀도
$\qquad V_s$: 유체의 속도
$\qquad D$: 유체의 직경
$\qquad \mu$: 유체의 점도
$\qquad \nu$: 유체의 동점도

42 다음 중 분무탑에 관한 설명으로 옳지 않은 것은? ★★★

① 구조가 간단하고, 압력손실이 작은 편이다.

② 침전물이 생기는 경우에 적합하고, 충전탑에 비해 설비비, 유지비가 적게 든다.

③ 분무에 상당한 동력이 필요하고, 가스 유출 시 비말동반의 위험이 있다.

④ 가스분산형 흡수장치로 CO, NO, N_2 등의 용해도가 낮은 가스에 적용된다.

○ 분무탑은 액체분산형 흡수장치로 용해도가 높은 가스에 적용된다. 액체분산형 흡수장치에는 벤투리스크러버, 분무탑, 충전탑 등이 있다.

[Plus 이론학습]
• 가스분산형 흡수장치는 용해도가 낮은 가스(CO, O_2, N_2, NO, NO_2)에 적용한다.
• 가스분산형 흡수장치에는 단탑, 다공판탑, 종탑, 기포탑 등이 있다.

43 자동차 배출가스 중의 질소산화물을 선택적 촉매환원법으로 처리할 때 사용되는 환원제로 적합하지 않은 것은? ★★★

① CO_2

② NH_3

③ H_2

④ H_2S

○ 이산화탄소는 환원제가 아니다.

44 먼지의 입경 측정방법 중 직접 측정법은 다음 중 어느 것인가? ★★★

① 현미경측정법
② 관성충돌법
③ 액상침강법
④ 광산란법

✓ 직접 측정법에는 표준체측정법, 현미경측정법 등이 있고, 간접 측정법에는 광산란법, 관성충돌법, 액상침강법 등이 있다.

45 여과집진장치를 사용하여 배출가스의 먼지 농도를 $10g/m^3$에서 $0.5g/m^3$로 감소시키고자 한다. 여과집진장치의 먼지부하가 $300g/m^2$가 되었을 때 탈진할 경우, 탈진주기(min)는? (단, 겉보기 여과속도는 2cm/s) ★

① 26 ② 34
③ 43 ④ 46

✓ 부하＝농도×속도×시간, $V_t = 2cm/s = 1.2m/min$

$$시간 = \frac{300g}{m^2} \left| \frac{m^3}{(10-0.5)g} \right| \frac{min}{1.2m} = 26.3min$$

46 집진효율이 90%인 전기집진장치의 집진면적을 2배로 증가시켰을 때, 집진효율(%)은? (단, Deutsch-Anderson 식 적용, 기타 조건은 동일하다.) ★★

① 93 ② 95
③ 97 ④ 99

✓ $\eta = 1 - e^{\left(-\frac{AW_e}{Q}\right)}$ 에서

$$\ln(1-\eta) = -\frac{AW_e}{Q}$$

$$\frac{\ln(1-\eta_2)}{\ln(1-\eta_1)} = \frac{\ln(1-\eta_2)}{\ln(1-0.9)} = \frac{2A}{A} = 2$$

$$\ln(1-\eta_2) = -4.605$$

$$\therefore \eta_2(\%) = (1-0.0) \times 100 = 99$$

47 다음 중 먼지의 입경분포(누적분포)를 나타내는 식은? ★

① Rayleigh 분포식
② Freundlich 분포식
③ Rosin-Rammler 분포식
④ Cunningham 분포식

✓ 적산분포(R)는 일정한 입경보다 큰 입자가 전체의 입자에 대하여 몇 % 있는가를 나타내는 것으로 적산분포에는 정규분포, 대수정규분포, Rosin Rammler 분포가 있다.

48 다음 중 먼지의 폭발에 관한 설명으로 옳지 않은 것은? ★

① 비표면적이 큰 먼지일수록 폭발하기 쉽다.
② 산화속도가 빠르고 연소열이 큰 먼지일수록 폭발하기 쉽다.
③ 가스 중에 분산·부유하는 성질이 큰 먼지일수록 폭발하기 쉽다.
④ 대전성이 작은 먼지일수록 폭발하기 쉽다.

✓ 대전성이 큰 먼지일수록 폭발하기 쉽다.

49 여과집진장치의 탈진방식 중 간헐식에 관한 설명으로 옳지 않은 것은? ★★

① 간헐식 중 진동형은 여포의 음파진동, 횡진동, 상하진동에 의해 포집된 먼지를 털어내는 방식으로 점착성 먼지에는 사용할 수 없다.
② 집진실을 여러 개의 방으로 구분하고 방하나씩 처리가스의 흐름을 차단하여 순차적으로 탈진하는 방식이다.
③ 간헐식 중 역기류형은 여포의 먼지를 0.03~0.10초 정도의 짧은 시간 내에 높은 충격 분출압을 주어 제거하는 방식이다.
④ 연속식에 비해 먼지의 재비산이 적고 높은 집진효율을 얻을 수 있다.

✓ 연속식(펄스젯 방식)은 여포의 먼지를 0.03~0.10초 정도의 짧은 시간 내에 높은 충격 분출압을 주어 제거하는 방식이다.

50 다음은 어떤 법칙에 관한 내용인가? ★

> 휘발성인 에탄올을 물에 녹인 용액의 증기압은 물의 증기압보다 높다. 그러나 비휘발성인 설탕을 물에 녹인 용액인 설탕물의 증기압은 물보다 낮다.

① 헨리의 법칙   ② 렌츠의 법칙
③ 샤를의 법칙   ④ 라울의 법칙

✔ 라울(Raoult)의 법칙은 "용매에 용질을 용해하는 것에 의해 생기는 증기압 강하의 크기는 용액 중에 녹아 있는 용질의 몰분율에 비례한다"는 것이다.

51 회전식 세정집진장치에서 직경이 10cm인 회전판이 9,620rpm으로 회전할 때 형성되는 물방울의 직경(μm)은?

① 93   ② 104
③ 208   ④ 316

✔ $d_p = \dfrac{200}{N\sqrt{R}} \times 10^4 = \dfrac{200}{9,620\sqrt{5}} \times 10^4 = 92.98\mu m$

여기서, R : 회전판의 반경(cm)
N : 회전판의 회전수(rpm)

52 유해가스 처리에 사용되는 흡수액의 조건으로 옳지 않은 것은? ★★★

① 용해도가 커야 한다.
② 휘발성이 작아야 한다.
③ 점성이 커야 한다.
④ 용매와 화학적 성질이 비슷해야 한다.

✔ 흡수액은 점성이 작아야 한다.

53 지름이 20cm, 유효높이가 3m인 원통형 백필터를 사용하여 배출가스 4m³/s를 처리하고자 한다. 여과속도를 0.04m/s로 할 때 필요한 백필터의 개수는? ★

① 53   ② 54
③ 70   ④ 71

✔ 1개 Bag의 공간
= 원의 둘레($2\pi R$) × 높이(H) × 겉보기 여과속도(V_t)
= (2 × 3.14 × 0.1) × 3 × 0.04
= 0.075m³/s
∴ 필요한 bag의 수 = 4/0.075 = 53.3 = 54개

54 처리가스량 10^6m³/hr, 입구의 먼지농도 2g/m³, 출구의 먼지농도 0.4g/m³, 총 압력손실 72mmH₂O일 때, blower의 소요동력(kW)은? ★★★

① 425   ② 375
③ 245   ④ 187

✔ $H_p = \dfrac{\Delta P \times Q(\text{m}^3/\text{s})}{102 \times \eta_s} \times \alpha$

$\eta_s = \dfrac{(2-0.4)}{2} \times 100 = 80\%$

$Q = 10^6\text{m}^3/\text{hr} = \dfrac{10^6}{60 \times 60}\text{m}^3/\text{s} = 277.8\text{m}^3/\text{s}$

∴ 소요동력(kW) = $\dfrac{72 \times 277.8}{102 \times 0.8} = 245.12\text{kW}$

55 탈취방법 중 수세법에 관한 설명으로 옳지 않은 것은? ★★★

① 용해도가 높고 친수성 극성기를 가진 냄새성분의 제거에 사용할 수 있다.
② 주로 분뇨처리장, 계란건조장, 주물공장 등의 악취제거에 적용된다.
③ 수온변화에 따라 탈취효과가 크게 달라지는 것이 단점이다.
④ 조작이 간단하며 처리효율이 우수하여 주로 단독으로 사용된다.

✔ 수세법은 조작은 간단하지만 처리효율이 낮아 복합적으로 적용 시 주로 전처리용으로 사용된다.

56 다음 중 알칼리 용액을 사용한 처리가 가장 적합하지 않은 오염물질은? ★

① HCl   ② Cl₂
③ HF   ④ CO

✔ HC, Cl₂, HF는 산성 물질로서 알칼리 용액으로 흡수처리가 가능하지만, CO은 난용성으로 흡수처리가 곤란하다.

57 다이옥신 제어방법에 관한 설명으로 옳지 않은 것은? ★★

① 250~340nm의 자외선을 조사하여 다이옥신을 분해할 수 있다.

② 다이옥신의 발생을 억제하기 위해 PVC, PCB가 포함된 제품을 소각하지 않는다.

③ 소각로에서 접촉촉매산화를 유도하기 위해 철, 니켈 성분을 함유한 쓰레기를 투입한다.

④ 다이옥신은 저온에서 재생될 수 있으므로 소각로를 고온으로 유지해야 한다.

✔ 접촉촉매산화를 유도하기 위해 금속산화물(V_2O_5, TiO_2 등), 귀금속(Pt, Pd 등)을 촉매로 사용한다.

58 원심력 집진장치에 블로다운(blow down)을 적용하여 얻을 수 있는 효과에 해당하지 않는 것은? ★★

① 유효 원심력 감소를 통한 운영비 절감

② 원심력 집진장치 내의 난류 억제

③ 포집된 먼지의 재비산 방지

④ 원심력 집진장치 내의 먼지부착에 의한 장치폐쇄 방지

✔ 블로다운(blow down)의 적용은 유효 원심력 감소와 관련이 없다. 유효 원심력이 감소하면 집진효율이 감소된다.

59 복합 국소배기장치에 사용되는 댐퍼조절평형법(또는 저항조절평형법)의 특징으로 옳지 않은 것은? ★★

① 오염물질 배출원이 많아 여러 개의 가지덕트를 주 덕트에 연결할 필요가 있을 때 주로 사용한다.

② 덕트의 압력손실이 클 때 주로 사용한다.

③ 공정 내에 방해물이 생겼을 때 설계변경이 용이하다.

④ 설치 후 송풍량 조절이 불가능하다.

✔ 댐퍼조절평형법은 설치 후 송풍량 조절이 용이하다.

60 후드의 설치 및 흡인에 관한 내용으로 옳지 않은 것은? ★★★

① 발생원에 최대한 접근시켜 흡인한다.

② 주 발생원을 대상으로 국부적인 흡인방식을 취한다.

③ 후드의 개구면적을 넓게 한다.

④ 충분한 포착속도(capture velocity)를 유지한다.

✔ 후드의 개구면적을 가능한 좁게 한다.

정답 | 57.③ 58.① 59.④ 60.③

제4과목 대기오염 공정시험기준(방법)

61 자외선/가시선분광법에 따라 10mm 셀을 사용하여 측정한 시료의 흡광도가 0.1이었다. 동일한 시료에 대해 동일한 조건에서 20mm 셀을 사용하여 측정한 흡광도는? ★★

① 0.05   ② 0.10

③ 0.12   ④ 0.20

✔ 흡광도$(A) = \varepsilon Cl$이므로 $10 : 0.1 = 20 : x$
∴ $x = 0.2$

62 다음 중 대기오염공정시험기준 총칙상의 시험기재 및 용어에 관한 내용으로 옳지 않은 것은? ★★★

① 시험조작 중 "즉시"란 30초 이내에 표시된 조작을 하는 것을 뜻한다.

② "정확히 단다"라 함은 규정한 양의 검체를 취하여 분석용 저울로 0.1mg까지 다는 것을 뜻한다.

③ 액체성분의 양을 "정확히 취한다"라 함은 메스피펫, 메스실린더 또는 이와 동등 이상의 정도를 갖는 용량계를 사용하여 조작하는 것을 뜻한다.

④ "항량이 될 때까지 건조한다"라 함은 따로 규정이 없는 한 보통의 건조방법으로 1시간 더 건조 또는 강열할 때 전후 무게의 차가 매 g당 0.3mg 이하일 때를 뜻한다.

✔ 액체성분의 양을 "정확히 취한다"라 함은 홀피펫, 부피플라스크 또는 이와 동등 이상의 정도를 갖는 용량계를 사용하여 조작하는 것을 뜻한다.

63 다음 중 여과재로 카보런덤을 사용하는 분석대상물질은?

① 비소   ② 브로민

③ 벤젠   ④ 이황화탄소

✔ 비소는 알칼리 성분이 없는 유리솜 또는 실리카솜, 그리고 소결유리, 카보런덤 사용이 가능하나, 브로민, 벤젠, 이황화탄소, 포름알데히드, 페놀은 카보런덤을 사용하지 않는다.

64 기체 중의 오염물질 농도를 mg/m³로 표시했을 때 m³가 의미하는 것은? ★★★

① 100℃, 1atm에서의 기체용적

② 표준상태에서의 기체용적

③ 상온에서의 기체용적

④ 절대온도, 절대압력 하에서의 기체용적

65 배출가스 중의 휘발성유기화합물(VOCs) 시료 채취방법에 관한 내용으로 옳지 않은 것은 어느 것인가? ★★

① 흡착관법의 시료 채취량은 1~5L 정도로, 시료 흡입속도 100~250mL/min 정도로 한다.

② 흡착관법에서 누출시험을 실시한 후 시료를 도입하기 전에 가열한 시료 채취관 및 연결관을 시료로 충분히 치환해야 한다.

③ 시료 채취주머니 방법에 사용되는 시료 채취주머니는 빛이 들어가지 않도록 차단해야 하며, 시료 채취 이후 24시간 이내에 분석이 이루어지도록 해야 한다.

④ 시료 채취주머니 방법에 사용되는 시료 채취주머니는 새 것을 사용하는 것을 원칙으로 하되 재사용하는 경우 수소나 아르곤 가스를 채운 후 6시간 동안 놓아둔 후 퍼지(purge)시키는 조작을 반복해야 한다.

✔ 시료 채취주머니는 새 것을 사용하는 것을 원칙으로 하되 만일 재사용 시에는 제로기체와 동등 이상의 순도를 가진 질소나 헬륨기체를 채운 후 24시간 혹은 그 이상 동안 시료 채취주머니를 놓아둔 후 퍼지(purge)시키는 조작을 반복해야 한다.

66 환경대기 중의 아황산가스 측정방법에 해당하지 않는 것은? ★★★

① 적외선형광법　　② 용액전도율법

③ 불꽃광도법　　　④ 흡광차분광법

✅ 자외선형광법(주 시험방법), 파라로자닐린법, 산정량수동법, 산정량반자동법, 용액전도율법, 불꽃광도법, 흡광차분광법 등이 있다.

67 이온 크로마토그래프의 일반적인 장치 구성을 순서대로 나열한 것은? ★

① 펌프−시료 주입장치−용리액조−분리관−검출기−서프레서

② 용리액조−펌프−시료 주입장치−분리관−서프레서−검출기

③ 시료 주입장치−펌프−용리액조−서프레서−분리관−검출기

④ 분리관−시료 주입장치−펌프−용리액조−검출기−서프레서

68 환경대기 중의 유해 휘발성유기화합물을 고체흡착 용매추출법으로 분석할 때 사용하는 추출용매는?

① CS_2　　　　　② PCB

③ C_2H_5OH　　　④ C_6H_{14}

69 대기오염공정시험기준 총칙상의 온도에 관한 내용으로 옳지 않은 것은? ★★★

① 상온은 15~25℃, 실온은 1~35℃로 한다.

② 온수는 60~70℃, 열수는 약 100℃를 말한다.

③ 찬 곳은 따로 규정이 없는 한 0~30℃의 곳을 뜻한다.

④ 냉후(식힌 후)라 표시되어 있을 때는 보온 또는 가열 후 실온까지 냉각된 상태를 뜻한다.

✅ 찬 곳은 따로 규정이 없는 한 0~15℃의 곳을 뜻한다.

70 환경대기 중의 다환방향족탄화수소류를 기체크로마토그래피/질량분석법으로 분석할 때 사용되는 용어에 관한 설명 중 (　) 안에 알맞은 것은? ★

> (　)은 추출과 분석 전에 각 시료, 바탕시료, 매체시표(matrix-spiked)에 더해지는 화학적으로 반응성이 없는 환경시료 중에 없는 물질을 말한다.

① 절대표준물질　　② 외부표준물질

③ 매체표준물질　　④ 대체표준물질

71 4-아미노안티피린 용액과 헥사사이아노철(Ⅲ)산포타슘 용액을 순서대로 가해 얻어진 적색액의 흡광도를 측정하여 농도를 계산하는 오염물질은?

① 배출가스 중 페놀화합물

② 배출가스 중 브로민화합물

③ 배출가스 중 에틸렌옥사이드

④ 배출가스 중 다이옥신 및 퓨란류

72 다음 중 굴뚝 내부 단면의 가로 길이가 2m, 세로 길이가 1.5m일 때, 굴뚝의 환산직경(m)은? (단, 굴뚝 단면은 사각형이며, 상·하 면적이 동일함.) ★★★

① 1.5　　　　　② 1.7

③ 1.9　　　　　④ 2.0

✅ 환산직경 $= 2 \times \left(\dfrac{A \times B}{A + B} \right)$

$= 2 \times \left(\dfrac{가로 \times 세로}{가로 + 세로} \right)$

$= 2 \times \left(\dfrac{2 \times 1.5}{2 + 1.5} \right)$

$= 1.7$

73 원자흡수분광광도법에서 사용하는 용어 정의로 옳지 않은 것은? ★★★

① 충전가스 : 중공음극램프에 채우는 가스
② 선프로파일 : 파장에 대한 스펙트럼선의 폭을 나타내는 곡선
③ 공명선 : 원자가 외부로부터 빛을 흡수했다가 다시 먼저 상태로 돌아갈 때 방사하는 스펙트럼선
④ 역화 : 불꽃의 연소속도가 크고 혼합기체의 분출속도가 작을 때 연소현상이 내부로 옮겨지는 것

✔ 선프로파일(line profile)은 파장에 대한 스펙트럼선의 강도를 나타내는 곡선이다.

74 유류 중의 황 함유량 분석방법 중 방사선여기법에 관한 내용으로 옳지 않은 것은?

① 여기법 분석계의 전원스위치를 넣고 1시간 이상 안정화시킨다.
② 석유제품의 시료 채취 시 증기의 흡입은 될 수 있는 한 피해야 한다.
③ 시료에 방사선을 조사하고 여기된 황 원자에서 발생하는 γ선의 강도를 측정한다.
④ 시료를 충분히 교반한 후 준비된 시료셀에 기포가 들어가지 않도록 주의하여 액층의 두께가 5~20mm가 되도록 시료를 넣는다.

✔ 시료에 방사선을 조사하고, 여기된 황의 원자에서 발생하는 형광 X선의 강도를 측정한다.

75 환경대기 중의 금속화합물 분석을 위한 주 시험방법은? ★

① 원자흡수분광광도법
② 자외선/가시선분광법
③ 이온 크로마토그래피법
④ 비분산적외선분광분석법

✔ 환경대기 중의 금속화합물 분석방법은 원자흡수분광법(주 시험방법), 유도결합플라스마 원자발광분광법, 자외선/가시선분광법 등이 있다.

76 굴뚝에서 배출되는 건조배출가스의 유량을 연속적으로 자동측정하는 방법에 관한 내용으로 옳지 않은 것은? ★★

① 유량 측정방법에는 피토관, 열선유속계, 와류유속계를 사용하는 방법이 있다.
② 와류유속계를 사용할 때에는 압력계와 온도계를 유량계 상류측에 설치해야 한다.
③ 건조배출가스 유량은 배출되는 표준상태의 건조배출가스량[Sm^3(5분 적산치)]으로 나타낸다.
④ 열선유속계를 사용하는 방법으로 시료채취부는 열선과 지주 등으로 구성되어 있으며, 열선으로 텅스텐이나 백금선 등이 사용된다.

✔ 와류유속계를 사용할 때에는 압력계와 온도계를 유량계 하류측에 설치해야 한다.

77 굴뚝 단면이 상·하 동일 단면적의 원형인 경우 굴뚝 배출 시료 측정점에 관한 설명으로 옳지 않은 것은? ★★★

① 굴뚝 직경이 1.5m인 경우 측정점 수는 8점이다.
② 굴뚝 직경이 3m인 경우 반경 구분 수는 3이다.
③ 굴뚝 직경이 4.5m를 초과할 경우 측정점 수는 20점이다.
④ 굴뚝 단면적이 $1m^2$ 이하로 소규모일 경우 굴뚝 단면의 중심을 대표점으로 하여 1점만 측정한다.

✔ 굴뚝 단면적이 $0.25m^2$ 이하로 소규모일 경우에는 그 굴뚝 단면의 중심을 대표점으로 하여 1점만 측정한다.

78 굴뚝 배출가스 중의 질소산화물을 연속적으로 자동측정하는 데 사용되는 자외선흡수분석계의 구성에 관한 내용으로 옳지 않은 것은 어느 것인가? ★★★

① 광원 : 중수소방전관 또는 중압수은등을 사용한다.

② 시료셀 : 시료가스가 연속적으로 흘러갈 수 있는 구조로 되어 있으며 그 길이는 200~500mm이고 셀의 창은 자외선 및 가시광선이 투과할 수 있는 재질이어야 한다.

③ 광학필터 : 프리즘과 회절격자 분광기 등을 이용하여 자외선 또는 적외선 영역의 단색광을 얻는 데 사용된다.

④ 합산증폭기 : 신호를 증폭하는 기능과 일산화질소 측정파장에서 아황산가스의 간섭을 보정하는 기능을 가지고 있다.

✔ 광학필터는 특정파장 영역의 흡수나 다층박막의 광학적 간섭을 이용하여 자외선 영역 또는 가시광선 영역의 일정한 폭을 갖는 빛을 얻는 데 사용한다.

79 비분산적외선분광분석법에서 사용하는 용어 정의로 옳지 않은 것은? ★★★

① 정필터형 : 측정성분이 흡수되는 적외선을 그 흡수파장에서 측정하는 방식

② 비분산 : 빛을 프리즘이나 회절격자와 같은 분산소자에 의해 분산하지 않는 것

③ 비교가스 : 시료 셀에서 적외선 흡수를 측정하는 경우 대조가스로 사용하는 것으로 적외선을 흡수하지 않는 가스

④ 반복성 : 동일한 방법과 조건에서 동일한 분석계를 사용하여 여러 측정대상을 장시간에 걸쳐 반복적으로 측정하는 경우 각각의 측정치가 일치하는 정도

✔ 반복성은 동일한 분석계를 이용하여 동일한 측정대상을 동일한 방법과 조건으로 비교적 단시간에 반복적으로 측정하는 경우로서 각각의 측정치가 일치하는 정도이다.

80 기체 크로마토그래피의 고정상 액체가 만족시켜야 할 조건에 해당하지 않는 것은? ★★★

① 화학적 성분이 일정해야 한다.

② 사용온도에서 점성이 작아야 한다.

③ 사용온도에서 증기압이 높아야 한다.

④ 분석대상 성분을 완전히 분리할 수 있어야 한다.

✔ 사용온도에서 증기압이 낮아야 한다.

제5과목 대기환경관계법규

81 다음 중 대기환경보전법령상 사업장별 환경기술인의 자격기준에 관한 내용으로 옳지 않은 것은? ★★★

① 4종 사업장과 5종 사업장 중 기준 이상의 특정대기유해물질이 포함된 오염물질을 배출하는 경우 3종 사업장에 해당하는 기술인을 두어야 한다.

② 1종 사업장과 2종 사업장 중 1개월 동안 실제 작업한 날만을 계산하여 1일 평균 17시간 이상 작업하는 경우 해당 사업장의 기술인을 각각 2명 이상 두어야 한다.

③ 대기환경기술인이 소음·진동관리법에 따른 소음·진동환경기술인 자격을 갖춘 경우에는 소음·진동환경기술인을 겸임할 수 있다.

④ 전체 배출시설에 대해 방지시설 설치면제를 받은 사업장과 배출시설에서 배출되는 오염물질 등을 공동방지시설에서 처리하는 사업장은 5종 사업장에 해당하는 기술인을 둘 수 없다.

✔ 전체 배출시설에 대하여 방지시설 설치면제를 받은 사업장과 배출시설에서 배출되는 오염물질 등을 공동방지시설에서 처리하는 사업장은 5종 사업장에 해당하는 기술인을 둘 수 있다.

82 다음 중 대기환경보전법령상 대기오염물질 발생량 산정에 필요한 항목에 해당하지 않는 것은? ★★★

① 배출시설의 시간당 대기오염물질 발생량

② 일일 조업시간

③ 배출허용기준 초과 횟수

④ 연간 가동일수

✔ 배출시설별 대기오염물질 발생량
 =배출시설의 시간당 대기오염물질 발생량
 ×일일 조업시간×연간 가동일수

83 대기환경보전법령상 배출부과금 납부의무자가 납부기한 전에 배출부과금을 납부할 수 없다고 인정되어 징수를 유예하거나 그 금액을 분할납부하게 할 수 있는 경우에 해당하지 않는 것은? ★

① 천재지변으로 사업자의 재산에 중대한 손실이 발생한 경우

② 사업에 손실을 입어 경영상으로 심각한 위기에 처하게 된 경우

③ 배출부과금이 납부의무자의 자본금을 1.5배 이상 초과하는 경우

④ 징수유예나 분할납부가 불가피하다고 인정되는 경우

84 환경정책기본법령상 일산화탄소(CO)의 대기환경기준(ppm)으로 옳은 것은? (단, 1시간 평균치 기준) ★★★

① 0.25 이하   ② 0.5 이하

③ 25 이하   ④ 50 이하

✔ [Plus 이론학습]
일산화탄소(CO)의 8시간 평균치는 9ppm 이하이다.

85 실내공기질관리법령상 공항시설 중 여객터미널에 대한 라돈의 실내공기질 권고기준은? (단, 단위는 Bq/m^3) ★★★

① 100 이하   ② 148 이하

③ 200 이하   ④ 248 이하

86 대기환경보전법령상 "온실가스"에 해당하지 않는 것은? ★★★

① 수소불화탄소   ② 과염소산

③ 육불화황   ④ 메탄

✔ 온실가스는 이산화탄소, 메탄, 아산화질소, 수소불화탄소, 과불화탄소, 육불화황이다.

87 다음 중 대기환경보전법령상 사업자가 스스로 방지시설을 설계·시공하려는 경우 시·도지사에게 제출해야 하는 서류에 해당하지 않는 것은? ★★★

① 기술능력 현황을 적은 서류
② 공정도
③ 배출시설의 위치 및 운영에 관한 규약
④ 원료(연료를 포함) 사용량, 제품 생산량 및 대기오염물질 등의 배출량을 예측한 명세서

88 대기환경보전법령상 위임업무의 보고횟수 기준이 '수시'인 업무내용은? ★★

① 환경오염사고 발생 및 조치사항
② 자동차 연료 및 첨가제의 제조·판매 또는 사용에 대한 규제현황
③ 자동차 첨가제의 제조기준 적합여부 검사현황
④ 수입자동차의 배출가스 인증 및 검사현황

89 다음 중 대기환경보전법령상 1년 이하의 징역이나 1천만원 이하의 벌금에 처하는 경우에 해당하지 않는 것은? ★

① 배출시설의 설치를 완료한 후 가동개시 신고를 하지 않고 조업한 자
② 환경상의 위해가 발생하여 제조·판매 또는 사용을 규제 당한 자동차 연료·첨가제 또는 촉매제를 제조하거나 판매한 자
③ 측정기기 관리대행업의 등록 또는 변경등록을 하지 않고 측정기기 관리업무를 대행한 자
④ 환경부 장관에게 받은 이륜자동차 정기검사 명령을 이행하지 않은 자

✔ 환경부 장관에게 받은 이륜자동차 정기검사 명령을 이행하지 않은 자는 300만원 이하의 벌금에 처한다.

90 대기환경보전법령상 석탄 사용시설의 설치기준에 관한 내용으로 옳지 않은 것은? (단, 유효 굴뚝높이가 440m 미만인 경우) ★

① 배출시설의 굴뚝높이는 100m 이상으로 한다.
② 석탄저장은 옥내 저장시설(밀폐형 저장시설 포함) 또는 지하 저장시설에 해야 한다.
③ 굴뚝에서 배출되는 아황산가스, 질소산화물, 먼지 등의 농도를 확인할 수 있는 기기를 설치해야 한다.
④ 석탄 연소재는 덮개가 있는 차량을 이용하여 운반해야 한다.

✔ 석탄 연소재는 밀폐통을 이용하여 운반하여야 한다.

91 실내공기질 관리법령의 적용대상에 해당하지 않는 것은? ★★★

① 지하역사
② 병상 수가 100개인 의료기관
③ 철도역사의 연면적 1천5백제곱미터인 대합실
④ 공항시설 중 연면적 1천5백제곱미터인 여객터미널

✔ 철도역사의 연면적 2천제곱미터 이상인 대합실

92 대기환경보전법령상 인증을 면제할 수 있는 자동차에 해당하는 것은? ★★

① 항공기 지상 조업용 자동차
② 국가대표 선수용 자동차로서 문화체육관광부 장관의 확인을 받은 자동차
③ 여행자 등이 다시 반출할 것을 조건으로 일시 반입하는 자동차
④ 주한 외국군인의 가족이 사용하기 위해 반입하는 자동차

✔ 항공기 지상 조업용 자동차, 국가대표 선수용 자동차로서 문화체육관광부 장관의 확인을 받은 자동차, 주한 외국군인의 가족이 사용하기 위해 반입하는 자동차는 인증을 생략할 수 있는 자동차이다.

93 다음 중 대기환경보전법령상 자가측정의 대상·항목 및 방법에 관한 내용으로 옳지 않은 것은? ★

① 굴뚝 자동측정기기를 설치하여 먼지 항목에 대한 자동측정자료를 전송하는 배출구의 경우 매연 항목에 대해서도 자가측정을 한 것으로 본다.

② 안전상의 이유로 자가측정이 곤란하다고 인정받은 방지시설 설치면제 사업장의 경우 대행기관을 통해 연 1회 이상 자가측정을 해야 한다.

③ 굴뚝 자동측정기기를 설치한 배출구의 경우 자동측정자료를 전송하는 항목에 한정하여 자동측정자료를 자가측정자료에 우선하여 활용해야 한다.

④ 측정대상시설이 중유 등 연료유만을 사용하는 시설인 경우 황산화물에 대한 자가측정은 연료의 황 함유 분석표로 갈음할 수 있다.

✅ 안전상의 이유로 자가측정이 곤란하다고 인정받은 방지시설 설치면제 사업장의 경우 연 1회 이상 자가측정을 하지 않아도 된다.

94 대기환경보전법령상 자동차 운행정지 표지의 바탕색은? ★★★

① 회색   ② 녹색

③ 노란색   ④ 흰색

✅ 바탕색은 노란색으로, 문자는 검정색으로 한다.

95 대기환경보전법령상 자동차연료형 첨가제의 종류에 해당하지 않는 것은? (단, 기타 사항은 고려하지 않음.) ★★★

① 세탄가첨가제

② 다목적첨가제

③ 청정분산제

④ 유동성향상제

✅ "세탄가첨가제"가 아니고, "세탄가향상제"이다.

96 대기환경보전법령상의 용어 정의로 옳지 않은 것은? ★★★

① 가스 : 물질이 연소·합성·분해될 때 발생하거나 물리적 성질로 인해 발생하는 기체상 물질

② 기후·생태계 변화유발물질 : 지구온난화 등으로 생태계의 변화를 가져올 수 있는 기체상 물질로서 온실가스와 환경부령으로 정하는 것

③ 휘발성유기화합물 : 석유화학제품, 유기용제, 그 밖의 물질로서 관계 중앙행정기관의 장이 고시하는 것

④ 매연 : 연소할 때 생기는 유리탄소가 주가 되는 미세한 입자상 물질

✅ 휘발성유기화합물이란 탄화수소류 중 석유화학제품, 유기용제, 그 밖의 물질로서 환경부 장관이 관계 중앙행정기관의 장과 협의하여 고시하는 것이다.

97 다음 중 악취방지법령상의 용어 정의로 옳지 않은 것은? ★★★

① "통합악취"란 두 가지 이상의 악취물질이 함께 작용하여 사람의 후각을 자극하여 불쾌감과 혐오감을 주는 냄새를 말한다.

② "악취배출시설"이란 악취를 유발하는 시설, 기계, 기구, 그 밖의 것으로서 환경부 장관이 관계 중앙행정기관의 장과 협의하여 환경부령으로 정하는 것을 말한다.

③ "악취"란 황화수소, 메르캅탄류, 아민류, 그 밖에 자극성이 있는 물질이 사람의 후각을 자극하여 불쾌감과 혐오감을 주는 냄새를 말한다.

④ "지정악취물질"이란 악취의 원인이 되는 물질로서 환경부령으로 정하는 것을 말한다.

✔ "복합악취"란 두 가지 이상의 악취물질이 함께 작용하여 사람의 후각을 자극하여 불쾌감과 혐오감을 주는 냄새를 말한다.

98 대기환경보전법령상 초과부과금의 산정에 필요한 오염물질 1kg당 부과금액이 가장 높은 것은? ★★★

① 사이안화수소

② 암모니아

③ 먼지

④ 이황화탄소

✔ ① 사이안화수소 : 7,300원
② 암모니아 : 1,400원
③ 먼지 : 770원
④ 이황화탄소 : 1,600원
[Plus 이론학습]
• 황산화물 : 500원
• 질소산화물 : 2,130원
• 황화수소 : 6,000원
• 불소화물 : 2,300원
• 염화수소 : 7,400원

99 악취방지법령상 지정악취물질과 배출허용기준, 엄격한 배출허용기준 범위의 연결이 옳지 않은 것은? (단, 공업지역 기준)

	지정 악취물질	배출허용기준 (ppm)	엄격한 배출허용기준 범위(ppm)
㉠	톨루엔	30 이하	10~30
㉡	프로피온산	0.07 이하	0.03~0.07
㉢	스타이렌	0.8 이하	0.4~08
㉣	뷰틸 아세테이트	5 이하	1~5

① ㉠   ② ㉡

③ ㉢   ④ ㉣

✔ 뷰틸아세테이트의 배출허용기준은 4 이하, 엄격한 배출허용기준은 1~4이다.

100 대기환경보전법령상 특정대기유해물질에 해당하지 않는 것은? ★★

① 프로필렌 옥사이드

② 니켈 및 그 화합물

③ 아크롤레인

④ 1,3-부타디엔

✔ '아크롤레인'이 아니고, '아크릴로니트릴'이다.

2022 제4회 대기환경기사

제1과목 | 대기오염 개론

01 다음은 바람장미에 관한 설명이다. ( ) 안에 가장 알맞은 것은? ★★★

> 바람장미에서 풍향 중 주풍은 막대의 (㉠) 표시하며, 풍속은 (㉡)(으)로 표시한다. 풍속이 (㉢)일 때를 정온(calm) 상태로 본다.

① ㉠ 길이를 가장 길게
　㉡ 막대의 굵기
　㉢ 0.2m/s 이하
② ㉠ 굵기를 가장 굵게
　㉡ 막대의 길이
　㉢ 0.2m/s 이하
③ ㉠ 길이를 가장 길게
　㉡ 막대의 굵기
　㉢ 1m/s 이하
④ ㉠ 굵기를 가장 굵게
　㉡ 막대의 길이
　㉢ 1m/s 이하

✔ **[Plus 이론학습]**
바람장미(window rose)는 풍향별로 관측된 바람의 발생빈도와 풍속을 16방향으로 표시한 기상도이다.

02 굴뚝에서 배출되는 연기의 모양 중 환상형 (looping)에 관한 설명으로 가장 적합한 것은 어느 것인가? ★★

① 전체 대기층이 강한 안정 시에 나타나며, 연직확산이 적어 지표면에 순간적 고농도를 나타낸다.

② 전체 대기층이 중립일 경우에 나타나며, 연기모양의 요동이 적은 형태이다.

③ 상층이 불안정, 하층이 안정일 경우에 나타나며, 바람이 다소 강하거나 구름이 낀 날 일어난다.

④ 대기층이 매우 불안정 시에 나타나며, 맑은 날 낮에 발생하기 쉽다.

✔ 환상형은 과단열적 상태에서 일어나는 연기 형태로 상하로 흔들린다. 또한, 대기층이 매우 불안정 시에 나타나며, 맑은 날 낮에 발생하기 쉽다.

03 대기압력이 900mb인 높이에서의 온도가 25℃였다면 온위는? (단, $\theta = T \times \left(\dfrac{1,000}{P}\right)^{0.288}$) ★★★

① 307.2K
② 377.8K
③ 421.4K
④ 487.5K

✔ $\theta = T \times \left(\dfrac{1,000}{P}\right)^{0.288} = (273+25) \times \left(\dfrac{1,000}{900}\right)^{0.288}$
　$= 307.2K$

04 최대혼합고도를 400m로 예상하여 오염농도를 3ppm으로 추정하였는데, 실제 관측된 최대혼합고도는 200m였다. 실제 나타날 오염농도는? (단, 기타 조건은 같음.) ★

① 21ppm
② 24ppm
③ 27ppm
④ 29ppm

✔ 오염물질의 농도는 최대혼합고의 3승에 반비례한다.
　$\dfrac{C_2}{C_1} = \left(\dfrac{\text{최대혼합고}(MMD)_1}{\text{최대혼합고}(MMD)_2}\right)^3$
　$\dfrac{C_2}{3} = \left(\dfrac{400}{200}\right)^3$　∴ $C_2 = 24ppm$

05 굴뚝 유효높이를 3배로 증가시키면 지상 최대오염도는 어떻게 변화되는가? (단, Sutton 식에 의함.)

① 처음의 3배

② 처음의 1/3배

③ 처음의 9배

④ 처음의 1/9배

❤ $C_m = \dfrac{2Q}{\pi e u H_e^2} \times \dfrac{K_z}{K_y}$ 이므로 $C_m \propto \dfrac{1}{H_e^2} = \dfrac{1}{3^2}$

∴ 처음의 1/9배

06 가스상 물질의 영향에 관한 설명으로 거리가 먼 것은? ★

① SO_2는 1ppm 정도에서도 수 시간 내에 고등식물에게 피해를 준다.

② CO_2 독성은 10ppm 정도에서 인체와 식물에 해롭다.

③ CO는 100ppm까지는 1~3주간 노출되어도 고등식물에 대한 피해는 약한 편이다.

④ HCl은 SO_2보다 식물에 미치는 영향이 훨씬 적으며 한계농도는 10ppm에서 수 시간 정도이다.

❤ CO_2가 4%가 넘어가면 이산화탄소의 독성효과가 갑자기 크게 나타나며, 오랜 시간 4~5%에 노출 시에는 폐 장해가 형성되고, 기억력 감퇴, 시력 감퇴까지 나타날 수 있다.

07 다음 보기가 설명하는 오염물질로 옳은 것은?

> • 상온에서 무색이며 투명하여 순수한 경우에는 냄새가 거의 없지만 일반적으로 불쾌한 자극성 냄새를 가진 액체
> • 햇빛에 파괴될 정도로 불안정하지만 부식성은 비교적 약함
> • 끓는점은 약 46℃이며, 그 증기는 공기보다 약 2.64배 정도 무거움

① $COCl_2$ ② Br_2

③ SO_2 ④ CS_2

❤ **[Plus 이론학습]**
이황화탄소(Carbon disulfide, CS_2)
• 탄소와 황으로 구성된 화합물이다.
• 액체는 밀도가 높고 휘발성과 가연성이 강하다.
• 황화합물을 태울 경우 발생할 수 있고, 황화합물에 관련된 공정에서도 부산물로 발생할 수 있다.
• 독성이 매우 강하며, 취급에 각별한 주의가 요구된다.

08 대기 중에 존재하는 가스상 오염물질 중 염화수소와 염소에 관한 설명으로 옳지 않은 것은? ★

① 염소는 강한 산화력을 이용하여 살균제, 표백제로 쓰인다.

② 염화수소가 대기 중에 노출될 경우 백색의 연무를 형성하기도 한다.

③ 염소는 상온에서 적갈색을 띠는 액체로 휘발성과 부식성이 강하다.

④ 염화수소는 무색으로서 자극성 냄새가 있으며, 상온에서 기체이다. 전지, 약품, 비료 등에 사용된다.

❤ 염소는 자극적인 냄새가 나는 황록색 기체로, 산화제·표백제·소독제로 쓰며, 물감·의약품·폭발물·표백분 따위를 만드는 데도 사용된다.

09 다음에서 설명하는 오염물질로 가장 적합한 것은 어느 것인가? ★★★

> • 부드러운 청회색의 금속으로 밀도가 크고 내식성이 강하다.
> • 소화기로 섭취되면 대략 10% 정도가 소장에서 흡수되고 나머지는 대변으로 배출된다.
> • 세포 내에서는 SH기와 결합하여 헴(heme) 합성에 관여하는 효소 등 여러 효소작용을 방해한다.
> • 인체에 축적되면 적혈구 형성을 방해하며, 심하면 복통, 빈혈, 구토를 일으키고 뇌세포에 손상을 준다.

① Cr   ② Hg

③ Pb   ④ Al

❤ 납(Pb)은 전성·연성이 있고, 밀도가 크며, 전기전도도는 낮다.

10 다음 광화학적 산화제와 2차 대기오염물질에 관한 설명 중 가장 거리가 먼 것은? ★★★

① PAN은 peroxyacetyl nitrate의 약자이며, $CH_3COOONO_2$의 분자식을 갖는다.

② PAN은 PBN(peroxybenzoyl nitrate)보다 100배 이상 눈에 강한 통증을 주며, 빛을 흡수시키므로 가시거리를 감소시킨다.

③ 오존은 섬모운동의 기능장애를 일으키며, 염색체 이상이나 적혈구의 노화를 초래하기도 한다.

④ 광화학반응의 주요 생성물은 PAN, CO_2, 케톤 등이 있다.

✅ PBN은 PAN보다 100배 이상 눈에 강한 통증을 주며, 빛을 흡수시키므로 가시거리를 감소시킨다.

11 가우시안 모델을 전개하기 위한 기본적인 가정으로 가장 거리가 먼 것은? ★★★

① 연기의 확산은 정상상태이다.

② 풍하방향으로의 확산은 무시한다.

③ 고도가 높아짐에 따라 풍속이 증가한다.

④ 오염분포의 표준편차는 약 10분간의 대표치이다.

✅ 바람에 의한 오염물질의 주 이동방향은 x축이며, 풍속은 일정하다.

[Plus 이론학습]
수직방향의 풍속은 수평방향의 풍속보다 작으므로 고도 변화에 따라 반영되지 않는다.

12 Fick의 확산방정식의 기본 가정에 해당하지 않는 것은? ★★

① 시간에 따른 농도변화가 없는 정상상태이다.

② 풍속이 높이에 반비례한다.

③ 오염물질이 점원에서 계속적으로 방출된다.

④ 바람에 의한 오염물질의 주 이동방향이 x축이다.

✅ Fick의 확산방정식에서 풍속은 x, y, z 좌표 내의 어느 점에서든 일정하고, 풍향, 풍속, 온도, 시간에 따른 농도변화가 없는 정상상태 분포로 가정한다.

13 유해화학물질의 생산, 저장, 수송, 누출 중의 사고로 인해 일어나는 대기오염 피해지역과 원인물질의 연결로 거리가 먼 것은? ★★★

① 체르노빌 – 방사능 물질

② 포자리카 – 황화수소

③ 세베소 – 다이옥신

④ 보팔 – 이산화황

✅ 인도 보팔사건은 아이소사이안화메틸(methyl isocyanate ; MIC)이 원인물질이다.

14 굴뚝의 반경이 1.5m, 평균풍속이 180m/min인 경우 굴뚝의 유효연돌높이를 24m 증가시키기 위한 굴뚝 배출가스속도는? (단, 연기의 유효상승높이 $\Delta H = 1.5 \times \dfrac{W_s}{U} \times D$ 이용) ★★★

① 13m/s ② 16m/s

③ 26m/s ④ 32m/s

✅ $\Delta H = 1.5 \times \dfrac{W_s}{U} \times D = 1.5 \times W_s / 3 \times 3$

$24 = 1.5 \times W_s / 3 \times 3$ ∴ $W_s = 16 \text{m/s}$

15 슈테판-볼츠만의 법칙에 따르면 흑체복사를 하는 물체에서 물체의 표면온도가 1,500K에서 1,997K으로 변화된다면, 복사에너지는 약 몇 배로 변화되는가? ★

① 1.25배 ② 1.33배

③ 2.56배 ④ 3.14배

✅ 슈테판-볼츠만 법칙은 흑체의 단위면적당 복사에너지가 절대온도의 4제곱에 비례한다는 법칙이다.

$\dot{j} = \sigma \times T^4$

여기서, $\dot{j}$: 흑체 표면의 단위면적당 복사하는 에너지

σ : 슈테판-볼츠만 상수

T : 절대온도

즉, $\sigma(1,997)^4 / \sigma(1,500)^4 = 3.02$배

16 비인의 변위법칙에 관한 식은? ★

① $\lambda = 2,897/T$ (λ : 최대에너지가 복사될 때의 파장, T : 흑체의 표면온도)

② $E = \sigma T^4$ (E : 흑체의 단위표면적에서 복사되는 에너지, σ : 상수, T : 흑체의 표면온도)

③ $I = I_o \exp(-K\rho L)$ (I, I_o : 각각 입사 전후의 빛의 복사밀도, K : 감쇄상수, ρ : 매질의 밀도, L : 통과거리)

④ $R = K(1-\alpha) - L$ (R : 순복사, K : 지표면에 도달한 일사량, α : 지표의 반사율, L : 지표로부터 방출되는 장파복사)

✔ **[Plus 이론학습]**
비인의 변위법칙은 흑체 스펙트럼의 봉우리는 온도가 증가함에 따라 점점 짧은 파장(높은 진동수) 쪽으로 이동한다는 현상적인 사실을 정량적으로 설명해 준다.

17 다음 Dobson Unit에 관한 설명 중 ( ) 안에 알맞은 것은? ★★★

> 1Dobson은 지구 대기 중 오존의 총량을 0℃, 1기압의 표준상태에서 두께로 환산했을 때 ( )에 상당하는 양을 의미한다.

① 0.01mm ② 0.1mm
③ 0.1cm   ④ 1cm

✔ 오존의 농도는 돕슨(DU ; Dobson Unit)으로 표기하는데, 1DU은 지표 상의 대기 1기압에서 약 0.01mm의 오존 두께에 해당한다.
[Plus 이론학습]
오존의 평균농도는 약 350~400DU 정도인데 이에 못 미친 200DU 이하가 되었을 때를 오존 구멍 또는 오존홀이라 한다.

18 다음 중 CFC-12의 올바른 화학식은? ★★★

① CF_3Br ② CF_3Cl
③ CF_2Cl_2 ④ $CHFCl_2$

✔ CFC-12는 90+12=102이므로 C의 개수는 1개, H의 개수는 0개, F의 개수는 2개이므로 Cl의 개수는 2개이며, CFC-12의 화학식은 CF_2Cl_2이다.

[Plus 이론학습]
90의 법칙(rule of 90)은 90을 더하여 얻어진 세 자리 숫자의 첫 번째 숫자가 C의 수, 두 번째 숫자가 H의 수, 그리고 세 번째 숫자가 F의 수를 나타낸다. Cl의 수는 포화화합물을 만드는 데 필요한 개수이다.

19 석면이 가지고 있는 일반적인 특성과 거리가 먼 것은? ★★

① 절연성
② 내화성 및 단열성
③ 흡습성 및 저인장성
④ 화학적 불활성

✔ 석면의 성질은 불연성, 방부성, 단열성, 전기절연성, 방적성, 내마모성, 고인장성, 유연성, 제품의 강화 등이 있다.

20 자동차 배출가스 정화장치인 삼원촉매장치에 관한 내용으로 옳지 않은 것은? ★★★

① HC는 CO_2와 H_2O로 산화되며, NO_x는 N_2로 환원된다.

② 우수한 효율을 얻기 위해서는 엔진에 공급되는 공기연료비가 이론공연비여야 한다.

③ 두 개의 촉매층이 직렬로 연결되어 CO, HC, NO_x를 동시에 처리할 수 있다.

④ 일반적으로 로듐촉매는 CO와 HC를 저감시키는 반응을 촉진시키고, 백금촉매는 NO_x를 저감시키는 반응을 촉진시킨다.

✔ CO, HC 산화에는 백금(Pt), 파라듐(Pd) 촉매가 이용되고, NO_x 환원에는 로듐(Rh) 촉매가 이용된다.

제2과목 연소공학

21 다음 중 기체연료의 일반적인 특징으로 가장 거리가 먼 것은? ★★★

① 연소 조절, 점화 및 소화가 용이한 편이다.

② 회분이 거의 없이 먼지발생량이 적다.

③ 연료의 예열이 쉽고, 저질연료도 고온을 얻을 수 있다.

④ 취급 시 위험성이 적고, 설비비가 적게 든다.

✔ 기체연료는 취급 시 위험성이 크고, 설비비가 많이 든다.

22 다음 중 석탄의 성질에 관한 설명으로 옳지 않은 것은? ★★

① 비열은 석탄화도가 진행됨에 따라 증가하며, 통상 0.30~0.35kcal/kg・℃ 정도이다.

② 건조된 것은 석탄화도가 진행된 것일수록 착화온도가 상승한다.

③ 석탄류의 비중은 석탄화도가 진행됨에 따라 증가되는 경향을 보인다.

④ 착화온도는 수분함유량에 영향을 크게 받으며, 무연탄의 착화온도는 보통 440~550℃ 정도이다.

✔ 석탄화도가 높아질수록 비열은 낮아진다.

23 다음 조건에 해당되는 액체연료와 가장 가까운 것은?

- 비점 : 200~320℃ 정도
- 비중 : 0.8~0.9 정도
- 정제한 것은 무색에 가깝고, 착화성 적부는 Cetane값으로 표시된다.

① Naphtha ② Heavy oil
③ Light oil ④ Kerosene

24 다음 중 중유에 관한 설명과 거리가 먼 것은 어느 것인가? ★★

① 점도가 낮은 것이 사용상 유리하고, 용적 당 발열량이 적은 편이다.

② 인화점이 높은 경우 역화의 위험이 있으며, 보통 그 예열온도보다 약 2℃ 정도 높은 것을 쓴다.

③ 점도가 낮을수록 유동점이 낮아진다.

④ 잔류탄소의 함량이 많아지면 점도가 높게 된다.

✔ 인화점이 낮은 경우에는 역화의 위험성이 있고, 보통 그 예열온도보다 약 5℃ 이상 높은 것이 좋다.

25 액화석유가스(LPG)에 관한 설명으로 옳지 않은 것은? ★★★

① 비중이 공기보다 작고, 상온에서 액화되지 않는다.

② 액체에서 기체로 될 때 증발열이 발생한다.

③ 프로판과 부탄을 주성분으로 하는 혼합물이다.

④ 발열량이 20,000~30,000kcal/Sm³ 정도로 높다.

✔ LPG의 비중은 공기보다 무겁다.

26 다음 중 기체연료 연소장치에 해당하지 않는 것은? ★

① 송풍 버너 ② 선회 버너
③ 방사형 버너 ④ 로터리 버너

✔ 로터리 버너는 액체연료 연소장치이다.

27 액체연료 연소장치 중 건타입(gun type) 버너에 관한 설명으로 옳지 않은 것은? ★

① 유압은 보통 7kg/cm² 이상이다.

② 연소가 양호하고, 전자동연소가 가능하다.

③ 형식은 유압식과 공기분무식을 합한 것이다.

④ 유량 조절범위가 넓어 대형 연소에 사용한다.

✅ 건타입 버너는 유압식과 공기분무식을 합친 형태로 유압은 7kg/cm² 이상이고, 연소가 양호하며, 전자동연소가 가능하고 소형이다.

28 유류연소 버너 중 유압식 버너에 관한 설명으로 가장 거리가 먼 것은? ★★★

① 대용량 버너 제작이 용이하다.

② 유압은 보통 50~90kg/cm² 정도이다.

③ 유량 조절범위가 좁아(환류식 1 : 3, 비환류식 1 : 2) 부하변동에 적용하기 어렵다.

④ 연료유의 분사각도는 기름의 압력, 점도 등으로 약간 달라지지만 40~90° 정도의 넓은 각도로 할 수 있다.

✅ 유압분무식 버너는 노즐을 통해서 5~20kg/cm²의 압력으로 가압된 연료를 연소실 내부로 분무시키는 연소장치 버너이다.

29 고체연료의 연소방법 중 유동층 연소에 관한 설명으로 옳지 않은 것은? ★★★

① 재나 미연탄소의 배출이 많다.

② 미분탄연소에 비해 연소온도가 높아 NO_x 생성을 억제하는 데 불리하다.

③ 미분탄연소와는 달리 고체연료를 분쇄할 필요가 없고 이에 따른 동력손실이 없다.

④ 석회석입자를 유동층매체로 사용할 때 별도의 배연탈황설비가 필요하지 않다.

✅ 유동층 연소는 연소온도가 낮아 NO_x 생성이 적다.

30 C : 85%, H : 10%, S : 5%의 중량비를 갖는 중유 1kg을 1.3의 공기비로 완전연소시킬 때, 건조배출가스 중의 이산화황 부피분율(%)은? (단, 황 성분은 전량 이산화황으로 전환되는 경우이다.) ★★★

① 0.18   ② 0.27

③ 0.34   ④ 0.45

✅ $O_o = 1.867 \times 0.85 + 5.6 \times 0.1 + 0.7 \times 0.05 = 2.18$
$A_o = O_o / 0.21 = 2.18/0.21 = 10.4$
$G_d = mA_o - 5.6H + 0.7O + 0.8N = 1.3 \times 10.4 - 5.6 \times 0.1$
$= 12.96$
$\therefore SO_2(\%) = 0.7S / G_d \times 100 = 0.7 \times 0.05/12.96 \times 100$
$= 0.27$

31 C : 80%, H : 15%, S : 5%의 무게비로 구성된 중유 1kg을 1.1의 공기비로 완전연소시킬 때, 건조배출가스 중의 SO_2 농도(ppm)는? (단, 모든 S 성분은 SO_2가 됨.) ★★

① 3,026   ② 3,530

③ 4,126   ④ 4,530

✅ $O_o = 1.867C + 5.6(H - O/8) + 0.7S = 2.37$
$A_o = O_o / 0.21 = 11.3$
$G_d = mA_o - 5.6H + 0.7O + 0.8N$
$= 1.1 \times 11.3 - 5.6 \times 0.15$
$= 11.59$
$\therefore SO_2(ppm) = 0.7S / G_d \times 10^6 = 0.7 \times 0.05/11.59 \times 10^6$
$= 3,020$

32 연소 배출가스의 성분 분석결과 CO_2가 30%, O_2가 7%일 때, $(CO_2)_{max}$(%)는? ★★★

① 35   ② 40

③ 45   ④ 50

✅ $(CO_2)_{max} = \dfrac{21(CO_2)}{21 - (O_2)}$
$= 21 \times 30/(21 - 7)$
$= 45\%$

33 부피비율로 프로판 30%, 부탄 70%로 이루어진 혼합가스 1L를 완전연소시키는 데 필요한 이론공기량(L)은? ★★

① 23.1   ② 28.8

③ 33.1   ④ 38.8

✅ $C_3H_8 + 5O_2 \rightarrow 3CO_2 + 4H_2O$
$0.3 : 0.3 \times 5$
$C_4H_{10} + 6.5O_2 \rightarrow 3CO_2 + 4H_2O$
$0.7 : 0.7 \times 6.5$
$\therefore A_o = O_o / 0.21 = (0.3 \times 5 + 0.7 \times 6.5)/0.21 = 28.8$

| 대기환경기사 필기 | 02

34 수소 12%, 수분 0.7%인 중유의 고위발열량이 5,000kcal/kg일 때 저위발열량(kcal/kg)은 얼마인가? ★★★

① 4,348 ② 4,412
③ 4,476 ④ 4,514

✔ $LHV = HHV - 600(9H + W)$
$= 5,000 - 600 \times (9 \times 0.12 + 0.007)$
$= 4,348$

35 $A(g) \rightarrow$ 생성물 반응에서 그 반감기가 0.693/k인 반응은? (단, k는 반응속도상수) ★★★

① 0차 반응
② 1차 반응
③ 2차 반응
④ 3차 반응

✔ 1차 반응은 오직 하나의 반응물의 농도에 따라 달라진다.
1차 반응식, $-\dfrac{d[A]}{dt} = -k[A]$, 반감기는 시작농도와
무관하며 $t1/2 = \dfrac{\ln(2)}{k} = \dfrac{0.693}{k}$ 에 의해 주어진다.

36 정상연소에서 연소속도를 지배하는 요인으로 가장 적합한 것은?

① 연료 중의 불순물 함유량
② 연료 중의 고정탄소량
③ 공기 중의 산소의 확산속도
④ 배출가스 중의 N_2 농도

✔ 연소속도는 공기 중 산소의 확산속도와 가장 관련이 깊다.

37 가스의 조성이 CH_4 70%, C_2H_6 20%, C_3H_8 10%인 혼합가스의 폭발범위로 가장 적합한 것은? (단, 폭발범위는 CH_4 : 5~15%, C_2H_6 : 3~12.5%, C_3H_8 : 2.1~9.5%이며, 르 샤틀리에의 식을 적용한다.)

① 약 2.9~12% ② 약 3.1~13%
③ 약 3.9~13.7% ④ 약 4.7~7.8%

✔ 르 샤틀리에의 원리(Le Chatelier's principle)는 "화학평형 상태에서 농도, 온도, 압력, 부피 등이 변화할 때, 화학평형은 변화를 가능한 상쇄시키는 방향으로 움직인다."이다.
$100/LEL = (V_1/X_1) + (V_2/X_2) + (V_3/X_3)$
여기서, LEL : 폭발하한값(vol%)
V : 각 성분의 기체체적(%)
X : 각 기체의 단독폭발한계치
$100/LEL = (70/5) + (20/3) + (10/2.1)$
∴ $LEL = 3.9\%$
$100/LEH = (70/15) + (20/12.5) + (10/9.5)$
∴ $LEH = 13.7\%$

38 옥탄가(octane number)에 관한 설명으로 옳지 않은 것은? ★

① N-paraffine에서는 탄소수가 증가할수록 옥탄가가 저하하여 C_7에서 옥탄가는 0이다.
② Iso-paraffine에서는 methyl 측쇄가 많을수록, 특히 중앙부에 집중할수록 옥탄가가 증가한다.
③ 방향족 탄화수소의 경우 벤젠고리의 측쇄가 C_3까지는 옥탄가가 증가하지만 그 이상이면 감소한다.
④ iso-octane과 n-octane, neo-octane의 혼합표준연료의 노킹 정도와 비교하여 공급 가솔린과 동등한 노킹 정도를 나타내는 혼합표준연료 중의 iso-octane(%)를 말한다.

✔ 옥탄가는 휘발유의 노킹 정도를 측정하는 값으로, iso-octane을 100, n-heptane을 0으로 하여 휘발유의 안티노킹 정도와 두 탄화수소의 혼합물의 노킹 정도가 같을 때, iso-octane의 분율을 퍼센트로 한 값이다.

[Plus 이론학습]
옥탄가가 클수록 좋은 휘발유이다.

39 표준상태에서 CO_2 50kg의 부피(m^3)는? (단, CO_2는 이상기체라 가정) ★★★

① 12.73 ② 22.40
③ 25.45 ④ 44.80

✔ $50kg \times 22.4m^3/44kg = 25.45m^3$

정답 | 34.① 35.② 36.③ 37.③ 38.④ 39.③　　　2022년 제4회 CBT 기출복원문제 | 573

40 메탄 1mol이 완전연소할 때, AFR은? (단, 부피 기준) ★★★

① 6.5

② 7.5

③ 8.5

④ 9.5

✔ $CH_4 + 2O_2 \rightarrow CO_2 + 2H_2O$

1 : 2

$A_o = O_o / 0.21 = 2/0.21 = 9.52$

∴ AFR(mol) = 9.52/1 = 9.52

제3과목 **대기오염 방지기술**

41 충전탑에 사용되는 충전물에 관한 설명으로 옳지 않은 것은? ★★★

① 가스와 액체가 전체에 균일하게 분포될 수 있도록 해야 한다.

② 충전물의 단면적은 기액간의 충분한 접촉을 위해 작은 것이 바람직하다.

③ 하단의 충전물이 상단의 충전물에 의해 눌려 있으므로 이 하중을 견디는 내강성이 있어야 하며, 또한 충전물의 강도는 충전물의 형상에도 관련이 있다.

④ 충분한 기계적 강도와 내식성이 요구되며, 단위부피 내의 표면적이 커야 한다.

✔ 충전물의 단면적은 기액간의 충분한 접촉을 위해 큰 것이 바람직하다.

42 세정집진장치 중 액가스비가 10~50L/m³ 정도로 다른 가압수식에 비해 10배 이상이며, 다량의 세정액이 사용되어 유지비가 고가이므로 처리 가스량이 많지 않을 때 사용하는 것은? ★★

① Venturi scrubber

② Theisen washer

③ Jet scrubber

④ Impulse scrubber

✔ Jet scrubber(또는 이젝터 스크러버)는 Ejector를 사용하여 물을 고압·분무하여 액적과 접촉 포집하는 방식이다. 함수량이 많아 동력비가 비싸고, 액기비가 매우 커서 대량가스처리에는 불리하다.

43 다음 중 가스분산형 흡수장치로만 짝지어진 것은? ★★★

① 단탑, 기포탑

② 기포탑, 충전탑

③ 분무탑, 단탑

④ 분무탑, 충전탑

✔ 가스분산형 흡수장치는 단탑, 기포탑, 다공판탑, 포종탑 등이 있고, 난용성 기체(CO, O₂, N₂, NO, NO₂)에 적용된다.

44 전기집진장치에서 입구 먼지농도가 $10g/Sm^3$, 출구 먼지농도가 $0.1g/Sm^3$였다. 출구 먼지농도를 $50mg/Sm^3$로 하기 위해서는 집진극 면적을 약 몇 배 정도로 넓게 하면 되는가? (단, 다른 조건은 변하지 않는다.) ★

① 1.15배   ② 1.55배

③ 1.85배   ④ 2.05배

✅ $\eta = 1 - e^{\left(\frac{AWL}{Q}\right)}$ 이므로 $AWL/Q = \ln(1-\eta)$

$$\frac{A_2}{A_1} = \frac{\ln(1-99.5)}{\ln(1-99)} = 1.15$$

45 전기집진장치에서 먼지의 전기비저항이 높은 경우 전기비저항을 낮추기 위해 주입하는 물질과 거리가 먼 것은? ★★

① 수증기   ② NH_3

③ H_2SO_4 ④ $NaCl$

✅ 암모니아는 먼지의 전기비저항이 낮은 경우 사용된다.

46 다음 중 여과집진장치에 사용되는 각종 여과재의 성질에 관한 연결로 가장 거리가 먼 것은? (단, 여과재의 종류 - 산에 대한 저항성 - 최고사용온도) ★

① 목면 - 양호 - 150℃

② 글라스화이버 - 양호 - 250℃

③ 오론 - 양호 - 150℃

④ 비닐론 - 양호 - 100℃

✅ 목면 - 나쁨 - 약 80℃

47 다음 중 펄스젯 여과집진기에서 압축공기량 조절장치와 가장 관련이 깊은 것은 어느 것인가?

① 확산관(diffuser tube)

② 백케이지(bag cage)

③ 스크레이퍼(scraper)

④ 방전극(discharge electrode)

48 A집진장치의 입구 및 출구의 배출가스 중 먼지의 농도가 각각 $15g/Sm^3$, $150mg/Sm^3$였다. 또한 입구 및 출구에서 채취한 먼지시료 중에 포함된 $0{\sim}5\mu m$의 입경분포의 중량백분율이 각각 10%, 60%였다면 이 집진장치의 $0{\sim}5\mu m$의 입경범위의 먼지시료에 대한 부분집진율(%)은? ★★

① 90   ② 92

③ 94   ④ 96

✅ 입구의 농도 $15,000 \times 0.1 = 1,500mg/Sm^3$
출구의 농도 $150 \times 0.6 = 90mg/Sm^3$
그러므로 집진율(%) = $(1,500-90)/1,500 \times 100 = 94\%$

49 다음 각 집진장치의 유속과 집진특성에 대한 설명 중 옳지 않은 것은? ★★★

① 건식 전기집진장치는 재비산 한계 내에서 기본유속을 정한다.

② 벤투리스크러버와 제트스크러버는 기본유속이 작을수록 집진율이 높다.

③ 중력집진장치와 여과집진장치는 기본유속이 작을수록 미세한 입자를 포집한다.

④ 원심력집진장치는 적정 한계 내에서는 입구유속이 빠를수록 효율이 높은 반면 압력손실은 높아진다.

✅ 벤투리스크러버와 제트스크러버는 기본유속이 클수록 집진율이 높다.

50 입경 측정방법 중 관성충돌법(cascade impactor)에 관한 설명으로 옳지 않은 것은? ★

① 입자의 질량크기 분포를 알 수 있다.

② 되튐으로 인한 시료의 손실이 일어날 수 있다.

③ 관성충돌을 이용하여 입경을 간접적으로 측정하는 방법이다.

④ 시료 채취가 용이하고 채취 준비에 많은 시간이 소요되지 않는 장점이 있으나, 단수를 임의로 설계하기가 어렵다.

✔ 관성충돌법(cascade impactor)은 입경별로 측정하는 것이기 때문에 시료 채취가 용이하지 않고 채취 준비에 많은 시간이 소요된다.

51 배출가스 내의 NO_x 제거방법 중 건식법에 관한 설명으로 옳지 않은 것은? ★★★

① 현재 상용화된 대부분의 선택적 촉매환원법(SCR)은 환원제로 NH_3가스를 사용한다.
② 흡착법은 흡착제로 활성탄, 실리카겔 등을 사용하며, 특히 NO를 제거하는 데 효과적이다.
③ 선택적 촉매환원법(SCR)은 촉매층에 배기가스와 환원제를 통과시켜 NO_x를 N_2로 환원시키는 방법이다.
④ 선택적 비촉매환원법(SNCR)의 단점은 배출가스가 고온이어야 하고, 온도가 낮을 경우 미반응된 NH_3가 배출될 수 있다는 것이다.

✔ 흡착법은 흡착제로 활성탄, 실리카겔 등을 사용하며, 특히 NO 제거에는 효과적이지 않다.
[Plus 이론학습]
흡착제는 유기용제 제거에는 효과적이다.

52 후드에 의한 먼지 흡입에 관한 설명으로 옳지 않은 것은? ★★★

① 국소적인 흡인방식을 취한다.
② 배풍기에 충분한 여유를 둔다.
③ 후드를 발생원에 가깝게 설치한다.
④ 후드의 개구면적을 가능한 크게 한다.

✔ 후드의 개구면적을 가능한 작게 하는 것이 좋다.

53 다음 중 접선유입식 원심력집진장치의 특징을 옳게 설명한 것은? ★★★

① 장치의 압력손실은 $5,000mmH_2O$이다.
② 장치 입구의 가스속도는 18~20cm/s이다.
③ 입구 모양에 따라 나선형과 와류형으로 분류된다.

④ 도익선회식이라고도 하며, 반전형과 직진형이 있다.

✔ 접선유입식의 입구 가스속도는 7~15m/s, 압력손실은 100mmAq이다. 또한 나선형과 와류형이 있다.
[Plus 이론학습]
원심력집진기의 축류식은 반전형과 직진형이 있다.

54 다음 유해가스처리에 관한 설명 중 가장 거리가 먼 것은?

① 염화인(PCl_3)은 물에 대한 용해도가 낮아 암모니아를 불어넣어 병류식 충전탑에서 흡수처리한다.
② 사이안화수소는 물에 대한 용해도가 매우 크므로 가스를 물로 세정하여 처리한다.
③ 아크롤레인은 그대로 흡수가 불가능하며 NaClO 등의 산화제를 혼입한 가성소다 용액으로 흡수 제거한다.
④ 이산화셀렌은 코트럴집진기로 포집, 결정으로 석출, 물에 잘 용해되는 성질을 이용해 스크러버에 의해 세정하는 방법 등이 이용된다.

✔ 물 또는 습한 공기에서 염화인은 에테르, 벤젠, 그리고 사염화탄소에 용해되어 염산 및 인산으로 분해된다.

55 흡착제에 관한 설명으로 옳지 않은 것은?

① 마그네시아는 표면적이 $50~100m^2/g$으로 NaOH 용액 중 불순물 제거에 주로 사용된다.
② 활성탄은 표면적이 $600~1,400m^2/g$으로 용제 회수, 악취 제거, 가스 정화 등에 사용된다.
③ 일반적으로 활성탄의 물리적 흡착방법으로 제거할 수 있는 유기성 가스의 분자량은 45 이상이어야 한다.
④ 활성탄은 비극성 물질을 흡착하며, 대부분의 경우 유기용제 증기를 제거하는 데 탁월하다.

정답 | 51.② 52.④ 53.③ 54.① 55.①

✅ 마그네시아는 높은 표면적($1\sim250m^2/g$)을 가지며, 농업용, 환경처리용(폐수의 암모니아, 인산염 및 중금속 제거), 촉매제 등으로 활용된다.

56 다음 중 탈황과 탈질 동시제어 공정으로 거리가 먼 것은? ★★★

① SCR 공정

② 전자빔 공정

③ NOXSO 공정

④ 산화구리 공정

✅ SCR(선택적 촉매환원법)은 탈질제어(NO_x)만 가능하다.

57 다음 중 중력집진장치에서 집진효율을 향상시키기 위한 조건으로 옳지 않은 것은 어느 것인가? ★★★

① 침강실의 입구폭을 작게 한다.

② 침강실 내의 가스흐름을 균일하게 한다.

③ 침강실 내의 처리가스의 유속을 느리게 한다.

④ 침강실의 높이는 낮게 하고, 길이는 길게 한다.

✅ 침강실 입구폭을 크게 해야 집진효율이 높아진다.

58 다음 중 배연탈황기술과 가장 거리가 먼 것은 어느 것인가? ★★★

① 암모니아법

② 석회석주입법

③ 수소화탈황법

④ 활성산화망간법

✅ 수소화탈황법은 연소 전 탈황방법($R-S+H_2 \rightarrow H_2S+R$)으로 배연탈황기술은 아니다.

59 송풍기 회전수(N)와 유체밀도(ρ)가 일정할 때 성립하는 송풍기 상사법칙을 나타내는 식은? (단, Q : 유량, P : 풍압, L : 동력, D : 송풍기의 크기) ★★

① $Q_2 = Q_1 \times \left[\dfrac{D_1}{D_2}\right]^2$

② $P_2 = P_1 \times \left[\dfrac{D_1}{D_2}\right]^2$

③ $Q_2 = Q_1 \times \left[\dfrac{D_2}{D_1}\right]^3$

④ $L_2 = L_1 \times \left[\dfrac{D_2}{D_1}\right]^3$

✅ 송풍기의 상사법칙

풍량 $= \dfrac{Q_2}{Q_1} = \left(\dfrac{D_2}{D_1}\right)^3 \left(\dfrac{n_2}{n_1}\right)$

[**Plus 이론학습**]

• 풍압 $= \dfrac{P_2}{P_1} = \left(\dfrac{\rho_2}{\rho_1}\right)\left(\dfrac{D_2}{D_1}\right)^2\left(\dfrac{n_2}{n_1}\right)^2$

• 동력 $= \dfrac{L_2}{L_1} = \left(\dfrac{\rho_2}{\rho_1}\right)\left(\dfrac{D_2}{D_1}\right)^5\left(\dfrac{n_2}{n_1}\right)^3$

60 다이옥신의 처리방법에 관한 내용으로 옳지 않은 것은? ★★

① 촉매분해법 : 금속산화물(V_2O_5, TiO_2), 귀금속(Pt, Pd)이 촉매로 사용된다.

② 오존분해법 : 산성 조건일수록 분해속도가 빨라지는 것으로 알려져 있다.

③ 광분해법 : 자외선파장($250\sim340nm$)이 가장 효과적인 것으로 알려져 있다.

④ 열분해방법 : 산소가 아주 적은 환원성 분위기에서 탈염소화, 수소첨가반응 등에 의해 분해시킨다.

✅ 다이옥신은 촉매분해법, 광분해법, 열분해방법, 연소법으로 주로 처리하며, 오존분해법은 다이옥신 처리대책과 가장 거리가 멀다.

제4과목 대기오염 공정시험기준(방법)

61 대기오염공정시험기준상 일반 시험방법에 관한 설명으로 옳은 것은? ★★★

① 상온은 15~25℃, 실온은 1~35℃로 하고, 찬곳은 따로 규정이 없는 한 4℃ 이하의 곳을 뜻한다.

② 냉후(식힌 후)라 표시되어 있을 때는 보온 또는 가열 후 상온까지 냉각된 상태를 뜻한다.

③ 시험은 따로 규정이 없는 한 상온에서 조작하고 조작 직후 그 결과를 관찰한다.

④ 냉수는 4℃ 이하, 온수는 50~60℃, 열수는 100℃를 말한다.

✅ ① 표준온도는 0℃, 상온은 15~25℃, 실온은 1~35℃로 하고, 찬곳은 따로 규정이 없는 한 0~15℃의 곳을 뜻한다.
② 냉후(식힌 후)라 표시되어 있을 때는 보온 또는 가열 후 실온까지 냉각된 상태를 뜻한다.
④ 냉수는 15℃ 이하, 온수는 60~70℃, 열수는 약 100℃를 말한다.

62 이론단수가 1,600인 분리관이 있다. 보유시간이 20분인 피크의 좌우변곡점에서 접선이 자르는 바탕선의 길이가 10mm일 때, 기록지 이동속도는? (단, 이론단수는 모든 성분에 대하여 같다.) ★★★

① 2.5mm/min

② 5mm/min

③ 10mm/min

④ 15mm/min

✅ 이론단수$(n)=16\times\left(\dfrac{t_R}{W}\right)^2$

$1,600=16\times\left(\dfrac{t_R}{10}\right)^2$

$W=10\text{mm},\ t_R=100$

∴ 이동속도 $=100/20=5\text{mm/min}$

63 다음 기체 크로마토그래피의 장치 구성 중 가열장치가 필요한 부분과 그 이유로 가장 적합하게 연결된 것은? ★★★

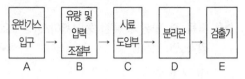

① A, B, C – 운반가스 및 시료의 응축을 방지하기 위해

② A, C, D – 운반가스의 응축을 방지하고 시료를 기화하기 위해

③ C, D, E – 시료를 기화시키고 기화된 시료의 응축 및 응결을 방지하기 위해

④ B, C, D – 운반가스의 유량의 적절한 조절과 분리관 내 충전제의 흡착 및 흡수능을 높이기 위해

✅ 시료 도입부, 분리관, 검출기에서는 시료를 기화시키고, 기화된 시료의 응축 및 응결을 방지하기 위해 가열장치가 필요하다.

64 다음은 이온 크로마토그래피의 검출기에 관한 설명이다. ( ) 안에 가장 적합한 것은? ★

(㉠)는 고성능 액체 크로마토그래피 분야에서 가장 널리 사용되는 검출기이며, 최근에는 이온 크로마토그래피에서도 전기전도도검출기와 병행하여 사용되기도 한다. 또한 (㉡)는 전이금속성분의 발색반응을 이용하는 경우에 사용된다.

① ㉠ 자외선흡수검출기
㉡ 가시선흡수검출기

② ㉠ 전기화학적검출기
㉡ 염광광도검출기

③ ㉠ 이온전도도검출기
㉡ 전기화학적검출기

④ ㉠ 광전흡수검출기
㉡ 암페로메트릭검출기

정답 | 61.③ 62.② 63.③ 64.①

65 흡광차분광법(dfferenrial optical absorption spectroscopy)에 관한 설명으로 옳지 않은 것은 어느 것인가? ★

① 광원은 180~2,850nm 파장을 갖는 제논 램프를 사용한다.

② 주로 사용되는 검출기는 자외선 및 가시선 흡수 검출기이다.

③ 분광계는 Czerny−Turner 방식이나 Holo−graphic 방식을 채택한다.

④ 아황산가스, 질소산화물, 오존 등의 대기오염물질 분석에 적용된다.

✔ 흡광차분광법은 분광된 빛은 반사경을 통해 광전자증배관(photo multiplier tube) 검출기나 PDA(photo diode array) 검출기로 들어간다.

66 원자흡수분광광도법에 사용되는 용어의 정의로 옳지 않은 것은? ★★★

① 분무실(nebulizrer−chamber) : 분무기와 함께 분무된 시료 용액의 미립자를 더욱 미세하게 해 주는 한편 큰 입자와 분리시키는 작용을 갖는 장치

② 선프로파일(line profile) : 파장에 대한 스펙트럼선의 강도를 나타내는 곡선

③ 예복합버너(premix type burner) : 가연성 가스, 조연성 가스 및 시료를 분무실에서 혼합시켜 불꽃 중에 넣어주는 방식의 버너

④ 근접선(neighbouring line) : 원자가 외부로부터 빛을 흡수했다가 다시 먼저 상태로 돌아갈 때 방사하는 스펙트럼선

✔ 근접선(neighbouring line)은 목적하는 스펙트럼선에 가까운 파장을 갖는 다른 스펙트럼선이다.

67 환경대기 중에 있는 아황산가스 농도를 자동연속측정법으로 분석하고자 한다. 이에 해당하지 않는 것은?

① 적외선형광법 　② 용액전도율법

③ 흡광차분광법 　④ 불꽃광도법

✔ 자동연속측정법에는 자외선형광법, 용액전도율법, 불꽃광도법, 흡광차분광법 등이 있다.

68 대기오염공정시험기준상 비분산적외선분광분석법에서 응답시간에 관한 설명이다. ( ) 안에 알맞은 것은? ★★

> 응답시간은 제로조정용 가스를 도입하여 안정된 후 유로를 스팬가스로 바꾸어 기준유량으로 분석계에 도입하여 그 농도를 눈금범위 내의 어느 일정한 값으로부터 다른 일정한 값으로 갑자기 변화시켰을 때 스텝(step) 응답에 대한 소비시간이 (㉠) 이내여야 한다. 또 이때 최종지시값에 대한 90%의 응답을 나타내는 시간은 (㉡) 이내여야 한다.

① ㉠ 1초, ㉡ 1분 　② ㉠ 1초, ㉡ 40초

③ ㉠ 10초, ㉡ 1분 　④ ㉠ 10초, ㉡ 40초

69 굴뚝 배출가스 유속을 피토관으로 측정한 결과가 다음과 같을 때 배출가스 유속(m/s)는 얼마인가? ★★★

- 동압 : 100mmH₂O
- 배출가스 온도 : 295℃
- 표준상태 배출가스 밀도 : 1.2kg/m³(0℃, 1기압)
- 피토관 계수 : 0.87

① 43.7 　② 48.2

③ 50.7 　④ 54.3

✔ $V = C\sqrt{\dfrac{2gh}{\gamma}}$

$= 0.87 \times \sqrt{\dfrac{2 \times 9.8 \times 100 \times (273+295)}{1.2 \times 273}}$

$= 50.7 \text{m/s}$

여기서, V : 유속(m/s)

　　　　C : 피토관 계수

　　　　h : 피토관에 의한 동압 측정치(mmH₂O)

　　　　g : 중력가속도(9.81m/s²)

　　　　γ : 굴뚝 내의 배출가스 밀도(kg/m³)

70 굴뚝에서 배출되는 건조배출가스의 유량을 계산할 때 필요한 값으로 옳지 않은 것은? (단, 굴뚝의 단면은 원형이다.) ★

① 굴뚝 단면적
② 배출가스 평균온도
③ 배출가스 평균동압
④ 배출가스 중의 수분량

✅ $Q = V \times A \times \dfrac{273}{273+\theta_s} \times \dfrac{P_a+P_s}{} \times \left(1-\dfrac{X_w}{100}\right) \times 3,600$

여기서, Q : 건조배출가스 유량(Sm^3/h)
V : 배출가스 평균유속(m/s)
A : 굴뚝 단면적(m^2)
θ_s : 배출가스 평균온도(℃)
P_a : 측정공 위치에서의 대기압(mmHg)
P_s : 배출가스 평균정압(mmHg)
X_w : 배출가스 중의 수분량(%)

71 굴뚝 배출가스 중의 브롬화합물 분석에 사용되는 흡수액은? ★★★

① 붕산 용액
② 수산화소듐 용액
③ 다이에틸아민동 용액
④ 황산+과산화수소+증류수

✅ 배출가스 중 브롬화합물은 수산화소듐(수산화나트륨, NaOH, sodium hydroxide, 분자량 : 40, 순도 98%) 용액에 흡수시킨다. NaOH 0.4g을 정제수에 녹여 100mL로 한다.

72 다음 자료를 바탕으로 구한 비산먼지의 농도(mg/m^3)는?

• 채취먼지량이 가장 많은 위치에서의 먼지 농도 : 115mg/m^3 • 대조위치에서의 먼지 농도 : 0.15mg/m^3 • 전 시료 채취기간 중 주 풍향이 90° 이상 변함 • 풍속이 0.5m/s 미만 또는 10m/s 이상이 되는 시간이 전 채취시간의 50% 이상임

① 114.9   ② 137.8
③ 165.4   ④ 206.7

✅ $C = (CH-CB) \times WD \times WS$
$= (115-0.15) \times 1.5 \times 1.2$
$= 206.73mg/Sm^3$

여기서, CH : 채취먼지량이 가장 많은 위치에서의 먼지 농도(mg/Sm^3)
CB : 대조위치에서의 먼지 농도(mg/Sm^3)
WD, WS : 풍향, 풍속 측정결과로부터 구한 보정계수

단, 대조위치를 선정할 수 없는 경우에는 CB=0.15mg/Sm^3로 하며, 전 시료 채취기간 중 주 풍향이 90° 이상 변할 때에는 WD=1.50이고, 풍속이 0.5m/s 미만 또는 10m/s 이상되는 시간이 전 채취시간의 50% 이상일 때 WS=1.20이다.

73 다음은 배출가스 중 납화합물의 자외선/가시선분광법에 관한 설명이다. ( ) 안에 알맞은 것은? ★★

납이온을 시안화포타슘 용액 중에서 디티존에 적용시켜서 생성되는 납디티존착염을 클로로포름으로 추출하고, 과량의 디티존은 (㉠)(으)로 씻어내어, 납착염의 흡광도를 (㉡)에서 측정하여 정량하는 방법이다.

① ㉠ 시안화포타슘 용액, ㉡ 520nm
② ㉠ 사염화탄소, ㉡ 520nm
③ ㉠ 시안화포타슘 용액, ㉡ 400nm
④ ㉠ 사염화탄소, ㉡ 400nm

74 환경대기 내의 석면 시험방법(위상차현미경법) 중 시료 채취 장치 및 기구에 관한 설명으로 옳지 않은 것은? ★★

① 멤브레인 필터의 광굴절률 : 약 3.5 전후
② 멤브레인 필터의 재질 및 규격 : 셀룰로오스 에스테르제 또는 셀룰로오스 나이트레이트계 pore size 0.8~1.2μm, 직경 25mm, 또는 47mm
③ 20L/min으로 공기를 흡인할 수 있는 로터리펌프 또는 다이어프램 펌프는 시료 채취관, 시료 채취장치, 흡인기체 유량측정장치, 기체 흡입장치 등으로 구성한다.
④ Open face형 필터홀더의 재질 : 40mm의 집풍기가 홀더에 장착된 PVC

✔ 위상차현미경을 사용하여 섬유상으로 보이는 입자를 계수하고 같은 입자를 보통의 생물현미경으로 바꾸어 계수하여 그 계수치들의 차를 구하면 굴절률이 거의 1.5인 섬유상의 입자, 즉 석면이라고 추정할 수 있는 입자를 계수할 수 있게 된다.

75
다음 중 대기오염공정시험기준의 총칙에 근거한 "방울수"의 의미로 가장 적합한 것은 어느 것인가? ★★★

① 20℃에서 정제수 20방울을 떨어뜨릴 때 그 부피가 약 1mL되는 것을 뜻한다.

② 20℃에서 정제수 10방울을 떨어뜨릴 때 그 부피가 약 1mL되는 것을 뜻한다.

③ 0℃에서 정제수 10방울을 떨어뜨릴 때 그 부피가 약 1mL되는 것을 뜻한다.

④ 0℃에서 정제수 1방울을 떨어뜨릴 때 그 부피가 약 1mL되는 것을 뜻한다.

76
광원에서 나오는 빛을 단색화장치에 의하여 좁은 파장범위의 빛만을 선택하여 어떤 액층을 통과시킬 때 입사광의 강도가 1이고, 투사광의 강도가 0.5였다. 이 경우 Lambert-Beer 법칙을 적용하여 흡광도를 구하면? ★★★

① 0.3   ② 0.5
③ 0.7   ④ 1.0

✔ Lambert-Beer 법칙
$I_t = I_o \cdot 10^{-\varepsilon CL}$
투과도$(t) = I_t/I_o = 0.5/1 = 0.5$
∴ 흡광도$(A) = \log(1/t) = 0.3$

77
굴뚝 배출가스 중 산소를 오르자트(orsat) 분석법(화학분석법)으로 시료의 흡수를 통해 시료 중 산소 농도를 구하고자 할 때, 장치 내의 흡수액을 넣은 흡수병에 가장 먼저 흡수되는 가스 성분은? ★

① CO_2(탄산가스)   ② O_2(산소)
③ CO(일산화탄소)   ④ N_2(질소)

✔ 화학분석법(오르자트 분석법)은 시료를 흡수액에 통하여 산소를 흡수시켜 시료의 부피 감소량으로부터 시료 중의 산소 농도를 구하는 방법이다. 단, 이 흡수액은 시료 중의 탄산가스도 흡수하기 때문에 각각의 흡수액을 사용하여 탄산가스, 산소 순으로 흡수한다.

78
다음은 굴뚝 배출가스 중 황산화물의 중화적정법에 관한 설명이다. ( ) 안에 알맞은 것은 어느 것인가? ★★

메틸레드-메틸렌블루 혼합지시약 3~5방울을 가하여 (㉠)으로 적정하고, 용액의 색이 (㉡)으로 변한 점을 종말점으로 한다.

① ㉠ 에틸아민동 용액
   ㉡ 녹색에서 자주색

② ㉠ 에틸아민동 용액
   ㉡ 자주색에서 녹색

③ ㉠ 0.1N 수산화소듐 용액
   ㉡ 녹색에서 자주색

④ ㉠ 0.1N 수산화소듐 용액
   ㉡ 자주색에서 녹색

79
대기 중의 유해 휘발성 유기화합물을 고체흡착법에 따라 분석할 때 사용하는 용어의 정의이다. ( ) 안에 들어갈 내용으로 가장 적합한 것은? ★★

일정농도의 VOC가 흡착관에 흡착되는 초기시점부터 일정시간 흐르게 되면 흡착관 내부에 상당량의 VOC가 포화되기 시작하고 전체 VOC 양의 5%가 흡착관을 통과하게 되는데, 이 시점에서 흡착관 내부로 흘러간 총 부피를 ( )라 한다.

① 머무름부피(retention volume)
② 안전부피(safe sample volume)
③ 파과부피(breakthrough volume)
④ 탈착부피(desorption volume)

최신 기출

80 원자흡수분광광도법에 따라 원자흡광분석을 수행할 때, 빛이 스펙트럼의 불꽃 중에서 생성되는 목적원소의 원자증기 이외의 물질에 의하여 흡수되는 경우에 일어나는 간섭은 다음 중 어느 것인가? ★★★

① 물리적 간섭
② 화학적 간섭
③ 이온학적 간섭
④ 분광학적 간섭

✔ 분광학적 간섭은 분석에 사용하는 스펙트럼선이 다른 인접선과 완전히 분리되지 않는 경우와 분석에 사용하는 스펙트럼의 불꽃 중에서 생성되는 목적원소의 원자증기 이외의 물질에 의하여 흡수되는 경우에 일어난다.

[Plus 이론학습]
원자흡광분석에서 일어나는 간섭은 분광학적 간섭, 물리적 간섭, 화학적 간섭이 있다.

제5과목 대기환경관계법규

81 대기환경보전법상 저공해자동차로의 전환 또는 개조 명령, 배출가스저감장치의 부착·교체 명령 또는 배출가스관련 부품의 교체 명령, 저공해엔진(혼소엔진을 포함한다)으로의 개조 또는 교체 명령을 이행하지 아니한 자에 대한 과태료 부과기준은? ★★

① 300만원 이하의 과태료
② 500만원 이하의 과태료
③ 1천만원 이하의 과태료
④ 2천만원 이하의 과태료

82 대기환경보전법규상 자동차 운행정지 표지의 바탕색상은? ★★★

① 회색
② 녹색
③ 노란색
④ 흰색

✔ 자동차 운행정지 표지의 바탕색상은 노란색으로, 문자는 검정색으로 한다.

83 대기환경보전법상 평균배출허용기준을 초과한 자동차 제작자에 대한 상환명령을 이행하지 아니하고 자동차를 제작한 자에 대한 벌칙기준으로 옳은 것은? ★

① 7년 이하의 징역이나 1억원 이하의 벌금에 처한다.
② 5년 이하의 징역이나 5천만원 이하의 벌금에 처한다.
③ 3년 이하의 징역이나 3천만원 이하의 벌금에 처한다.
④ 1년 이하의 징역이나 1천만원 이하의 벌금에 처한다.

84 대기환경보전법규상 전기만을 동력으로 사용하는 자동차의 1회 충전 주행거리가 80km 이상 160km 미만인 경우 제 몇 종 자동차에 해당하는가? ★

① 제1종　　　② 제2종

③ 제3종　　　④ 제4종

✅ ① 제1종 : 80km 미만
② 제2종 : 80km 이상 160km 미만
③ 제3종 : 160km 이상

85 대기환경보전법령상 대기배출시설의 설치허가를 받고자 하는 자가 제출해야 할 서류목록에 해당하지 않는 것은? ★★★

① 오염물질 배출량을 예측한 명세서

② 배출시설 및 방지시설의 설치명세서

③ 방지시설의 연간 유지관리계획서

④ 배출시설 및 방지시설의 실시계획도면

✅ 서류 목록은 다음과 같다.
1. 원료(연료를 포함)의 사용량 및 제품 생산량과 오염물질 등의 배출량을 예측한 명세서
2. 배출시설 및 대기오염방지시설의 설치명세서
3. 방지시설의 일반도(一般圖)
4. 방지시설의 연간 유지관리계획서
5. 사용 연료의 성분 분석과 황산화물 배출농도 및 배출량 등을 예측한 명세서(법 제41조 제3항 단서에 해당하는 배출시설의 경우에만 해당)
6. 배출시설 설치허가증(변경허가를 신청하는 경우에만 해당)

86 대기환경보전법상 사용하는 용어의 정의로 옳지 않은 것은? ★★★

① "검댕"이란 연소할 때에 생기는 유리(遊離) 탄소가 응결하여 입자의 지름이 1미크론 이상이 되는 입자상 물질을 말한다.

② "온실가스 평균배출량"이란 자동차 제작자가 판매한 자동차 중 환경부령으로 정하는 자동차의 온실가스 배출량의 합계를 해당 자동차 총 대수로 나누어 산출한 평균값(g/km)을 말한다.

③ "온실가스"란 적외선복사열을 흡수하거나 다시 방출하여 온실효과를 유발하는 대기 중의 가스상태 물질로서 이산화탄소, 메탄, 아산화질소, 수소불화탄소, 과불화탄소, 육불화황을 말한다.

④ "냉매(冷媒)"란 열전달을 통한 냉난방, 냉동·냉장 등의 효과를 목적으로 사용되는 물질로서 산업통상자원부령으로 정하는 것을 말한다.

✅ "냉매(冷媒)"란 기후·생태계 변화유발물질 중 열전달을 통한 냉난방, 냉동·냉장 등의 효과를 목적으로 사용되는 물질로서 환경부령으로 정하는 것을 말한다.

87 실내공기질관리법령상 자일렌 항목의 신축공동주택의 실내공기질 권고기준은? ★★★

① $30\mu g/m^3$ 이하

② $210\mu g/m^3$ 이하

③ $300\mu g/m^3$ 이하

④ $700\mu g/m^3$ 이하

✅ [Plus 이론학습]
• 폼알데하이드 : $210\mu g/m^3$ 이하
• 벤젠 : $30\mu g/m^3$ 이하
• 톨루엔 : $1,000\mu g/m^3$ 이하
• 에틸벤젠 : $360\mu g/m^3$ 이하
• 스티렌 : $300\mu g/m^3$ 이하
• 라돈 : $148Bq/m^3$ 이하

88 다음 중 대기환경보전법령상 초과부과금의 부과대상이 되는 오염물질이 아닌 것은 어느 것인가? ★★

① 황산화물

② 염화수소

③ 황화수소

④ 페놀

✅ 초과부과금의 부과대상이 되는 오염물질은 황산화물, 먼지, 질소산화물, 암모니아, 황화수소, 이황화탄소, 불소화물, 염화수소, 사이안화수소 등이다.

89 환경정책기본법령상 각 항목별 대기환경기준으로 옳지 않은 것은? (단, 기준치는 24시간 평균치이다.) ★★★

① 아황산가스(SO_2) : 0.05ppm 이하

② 이산화질소(NO_2) : 0.06ppm 이하

③ 오존(O_3) : 0.06ppm 이하

④ 미세먼지(PM 10) : $100\mu g/m^3$ 이하

✔ 오존(O_3)은 24시간 기준이 없다.

[Plus 이론학습]

오존은 8시간 0.06ppm 이하, 1시간 0.1ppm 이하이다.

90 대기환경보전법령상 수도권대기환경청장, 국립환경과학원장 또는 한국환경공단이 설치하는 대기오염 측정망의 종류가 아닌 것은? ★★★

① 대기오염물질의 국가배경농도와 장거리 이동현황을 파악하기 위한 국가배경농도측정망

② 대기오염물질의 지역배경농도를 측정하기 위한 교외대기측정망

③ 도시지역의 휘발성 유기화합물 등의 농도를 측정하기 위한 광화학대기오염물질측정망

④ 대기 중의 중금속 농도를 측정하기 위한 대기중금속측정망

✔ 시·도지사가 설치하는 대기오염 측정망의 종류는 도시지역의 대기오염물질 농도를 측정하기 위한 도시대기측정망, 도로변의 대기오염물질 농도를 측정하기 위한 도로변대기측정망, 대기 중의 중금속 농도를 측정하기 위한 대기중금속측정망 등이 있다.

91 대기환경보전법령상 비산먼지 발생사업에 해당하지 않는 것은?

① 화학제품제조업 중 석유정제업

② 제1차 금속제조업 중 금속주조업

③ 비료 및 사료 제품의 제조업 중 배합사료제조업

④ 비금속물질의 채취·제조·가공업 중 일반도자기제조업

92 대기환경보전법령상 환경기술인의 준수사항으로 옳지 않은 것은? ★★

① 배출시설 및 방지시설의 운영기록을 사실에 기초하여 작성해야 한다.

② 환경기술인을 공동으로 임명한 경우 환경기술인이 해당 사업장에 번갈아 근무해서는 안 된다.

③ 배출시설 및 방지시설을 정상가동하여 대기오염물질 등의 배출이 배출허용기준에 맞도록 해야 한다.

④ 자가측정 시 사용한 여과지는 환경오염 공정시험기준에 따라 기록한 시료채취기록지와 함께 날짜별로 보관·관리해야 한다.

✔ 환경기술인은 사업장에 상근할 것. 다만, 환경기술인을 공동으로 임명한 경우 그 환경기술인은 해당 사업장에 번갈아 근무하여야 한다.

93 대기환경보전법상 배출가스 전문정비사업자 지정을 받은 자가 고의로 정비업무를 부실하게 하여 받은 업무정지명령을 위반한 자에 대한 벌칙기준으로 옳은 것은? ★

① 7년 이하의 징역이나 1억원 이하의 벌금

② 5년 이하의 징역이나 3천만원 이하의 벌금

③ 1년 이하의 징역이나 1천만원 이하의 벌금

④ 300만원 이하의 벌금

94 악취방지법규상 악취검사기관의 검사 시설 및 장비가 부족하거나 고장난 상태로 7일 이상 방치한 경우로서 규정에 의한 악취검사기관의 지정기준에 미치지 못하게 된 경우 3차 행정처분기준으로 가장 적합한 것은?

① 지정 취소 ② 업무정지 3개월

③ 업무정지 6개월 ④ 업무정지 12개월

✔ 악취검사기관의 검사 시설 및 장비가 부족하거나 고장난 상태로 7일 이상 방치한 경우에는 1차 경고, 2차 업무정지 1개월, 3차 업무정지 3개월, 4차 지정취소이다.

95 다음은 대기환경보전법령상 부과금의 징수유예·분할납부 및 징수절차에 관한 사항이다. ( ) 안에 알맞은 것은? ★★

> 시·도지사는 배출부과금이 납부의무자의 자본금 또는 출자총액을 2배 이상 초과하는 경우로서 사업상 손실로 인해 경영상 심각한 위기에 처하여 징수유예기간 내에도 징수할 수 없다고 인정되면 징수유예기간을 연장하거나 분할납부의 횟수를 늘릴 수 있다. 이에 따른 징수유예기간의 연장은 유예한 날의 다음 날 부터 (㉠)로 하며, 분할납부의 횟수는 (㉡)로 한다.

① ㉠ 2년 이내, ㉡ 12회 이내
② ㉠ 2년 이내, ㉡ 18회 이내
③ ㉠ 3년 이내, ㉡ 12회 이내
④ ㉠ 3년 이내, ㉡ 18회 이내

96 대기환경보전법규상 가스를 사용연료로 하는 경자동차의 배출가스 보증적용기간 기준으로 옳은 것은? (단, 2016년 1월 1일 이후 제작 자동차 기준) ★★

① 2년 또는 10,000km
② 2년 또는 160,000km
③ 6년 또는 10,000km
④ 10년 또는 192,000km

97 다음 중 대기환경보전법령상 3종 사업장 분류기준에 속하는 것은? ★★★

① 대기오염물질 발생량의 합계가 연간 9톤인 사업장
② 대기오염물질 발생량의 합계가 연간 12톤인 사업장
③ 대기오염물질 발생량의 합계가 연간 22톤인 사업장
④ 대기오염물질 발생량의 합계가 연간 33톤인 사업장

✔ 3종 사업장 분류기준은 대기오염물질 발생량의 합계가 연간 10톤 이상 20톤 미만인 사업장이다.

98 대기환경보전법령상 대기오염 경보단계 중 오존에 대한 "경보" 해제기준과 관련하여 ( ) 안에 알맞은 것은? ★★★

> 경보가 발령된 지역의 기상조건 등을 고려하여 대기자동측정소의 오존농도가 ( )인 때는 주의보로 전환한다.

① 0.1ppm 이상 0.3ppm 미만
② 0.1ppm 이상 0.5ppm 미만
③ 0.12ppm 이상 0.3ppm 미만
④ 0.12ppm 이상 0.5ppm 미만

99 대기환경보전법령상 개선명령의 이행보고와 관련하여 환경부령으로 정하는 대기오염도 검사기관에 해당하지 않는 것은? ★★★

① 보건환경연구원   ② 유역환경청
③ 한국환경공단   ④ 환경보전협회

✔ 환경보전협회는 「환경정책기본법」 제59조에서 규정한 환경보전에 관한 조사연구, 기술개발, 교육·홍보 및 생태복원 등을 수행하는 기관으로 개선명령의 이행보고와 관련이 없다.

100 대기환경보전법령상 특정대기유해물질에 해당하지 않는 것은? ★★

① 염소 및 염화수소
② 아크릴로니트릴
③ 황화수소
④ 이황화메틸

✔ 황화수소는 지정악취물질이다.

최신 기출

2023 제1회 대기환경기사

[2023년 3월 1일 시행
CBT 기출복원문제]

제1과목 대기오염 개론

01 다음 중 해륙풍에 관한 설명으로 옳지 않은 것은 어느 것인가? ★

① 육지와 바다는 서로 다른 열적 성질때문에 주간에는 육지로부터, 야간에는 바다로부터 바람이 분다.

② 야간에는 바다의 온도 냉각률이 육지에 비해 작으므로 기압차가 생겨나 육풍이 존재한다.

③ 육풍은 해풍에 비해 풍속이 작고 수직 수평적인 범위도 좁게 나타나는 편이다.

④ 해륙풍이 장기간 지속되는 경우에는 폐쇄된 국지순환의 결과로 인하여 해안가에 공업단지 등의 산업도시가 있는 지역에서는 대기오염물질의 축적이 일어날 수 있다.

✅ 주간에는 바다로부터(해풍), 야간에는 육지로부터(육풍) 바람이 분다.

02 다음 중 열섬효과에 관한 설명으로 옳지 않은 것은? ★★★

① 열섬현상은 고기압의 영향으로 하늘이 맑고 바람이 약한 때에 잘 발생한다.

② 열섬효과로 도시 주위의 시골에서 도시로 바람이 부는데, 이를 전원풍이라 한다.

③ 도시의 지표면은 시골보다 열용량이 적고 열전도율이 높아 열섬효과의 원인이 된다.

④ 도시에서는 인구와 산업의 밀집지대로서 인공적인 열이 시골에 비하여 월등하게 많이 공급된다.

✅ 도시 열섬이 발생하는 주원인은 도시화로 인한 지표면 개발이며, 에너지 사용으로 발생한 열이 두 번째 원인이다. 도시의 지표면은 시골보다 열용량이 많고 열전도율이 높아 열섬효과의 원인이 된다.

03 실제 굴뚝높이가 50m, 굴뚝내경이 5m, 배출가스의 분출가스가 12m/s, 굴뚝 주위의 풍속이 4m/s라고 할 때, 유효굴뚝의 높이(m)는? (단, $\Delta H = 1.5 \times D \times \left(\dfrac{V_s}{U}\right)$이다.) ★★

① 22.5   ② 27.5

③ 72.5   ④ 82.5

✅ 유효굴뚝높이(H_e) = 실제굴뚝높이(H_s) + 연기상승고(ΔH)

$$= 50 + 1.5 \times D \times \left(\frac{V_s}{U}\right)$$
$$= 50 + 1.5 \times 5 \times \left(\frac{12}{4}\right)$$
$$= 72.5\text{m}$$

04 불안정한 조건에서 굴뚝의 안지름이 5m, 가스 온도가 173℃, 가스 속도가 10m/s, 기온이 17℃, 풍속이 36km/h일 때, 연기의 상승높이(m)는? (단, 불안정 조건 시 연기의 상승높이는 $\Delta H = 150 \times \dfrac{F}{U^3}$이며, F는 부력을 나타냄.)

① 34   ② 40

③ 49   ④ 56

❤ $\Delta H = 150 \times \dfrac{F}{U^3}$

$F = \dfrac{g \, v_t \, d^2 \, (T_s - T_a)}{4 \, T_a}$

$\quad = \dfrac{9.8 \times 10 \times 5^2 \times (446 - 290)}{4 \times 290}$

$\quad = 329.5$

$\therefore \Delta H = 150 \times 329.5/10^3 = 49.4 \fallingdotseq 49m$

05 다음 중 주로 연소 시에 배출되는 무색의 기체로 물에 매우 난용성이며, 혈액 중의 헤모글로빈과 결합력이 강해 산소 운반능력을 감소시키는 물질은? ★★★

① PAN
② 알데하이드
③ NO
④ HC

❤ **[Plus 이론학습]**
NO_x(질소산화물) 중 NO_2는 적갈색 기체이다.

06 다음 중 염소 또는 염화수소 배출 관련업종으로 가장 거리가 먼 것은? ★★★

① 소다제조업
② 농약제조업
③ 화학공업
④ 시멘트제조업

❤ 시멘트제조업에서는 염소 또는 염화수소가 발생되지 않는다.

07 다음 기체 중 비중이 가장 작은 것은? ★

① NH_3
② NO
③ H_2S
④ SO_2

❤ NH_3 0.77, NO 1.34, H_2S 1.19, SO_2 2.26이다.

08 오존의 광화학반응 등에 관한 설명으로 옳지 않은 것은? ★

① 광화학반응에 의한 오존생성률은 RO_2 농도와 관계가 깊다.

② 야간에는 NO_2와 반응하여 O_3가 생성되며, 일련의 반응에 의해 HNO_3가 소멸된다.

③ 대기 중 오존의 배경농도는 0.01~0.02ppm 정도이다.

④ 고농도 오존은 평균기온 32℃, 풍속 2.5m/s 이하 및 자외선 강도 0.8mW/cm^2 이상일 때 잘 발생되는 경향이 있다.

❤ NO_2는 태양빛을 받게 되면 산소원자(O)와 NO로 분해되며, 산소원자(O)는 산소분자(O_2)와 결합하여 오존(O_3)을 생성한다. 그리고 NO_2와 OH가 반응하여 HNO_3가 생성된다.

09 대기오염모델 중 수용모델에 관한 설명으로 거리가 먼 것은? ★★★

① 기초적인 기상학적 원리를 적용, 미래의 대기질을 예측하여 대기오염제어 정책 입안에 도움을 준다.

② 입자상 물질, 가스상 물질, 가시도 문제 등 환경과학 전반에 응용할 수 있다.

③ 모델의 분류로는 오염물질의 분석방법에 따라 현미경분석법과 화학분석법으로 구분할 수 있다.

④ 측정자료를 입력자료로 사용하므로 시나리오 작성이 곤란하다.

❤ 기초적인 기상학적 원리를 적용, 미래의 대기질을 예측하여 대기오염제어 정책 입안에 도움을 주는 것은 분산모델이다.

10 다음 중 LA 스모그에 관한 설명으로 옳지 않은 것은? ★★★

① 광화학적 산화반응으로 발생한다.
② 주 오염원은 자동차 배기가스이다.
③ 주로 새벽이나 초저녁에 자주 발생한다.
④ 기온이 24℃ 이상이고 습도가 70% 이하로 낮은 상태일 때 잘 발생한다.

❤ LA 스모그는 여름, 햇볕이 강한 낮에 주로 발생한다.

11 다음 오염물질 중 온실효과를 유발하는 것으로 가장 거리가 먼 것은? ★★★

① 메탄   ② CFCs

③ 이산화탄소   ④ 아황산가스

✅ SO_2는 온실가스이기 보다는 산성비의 원인물질이다.

12 햇빛이 지표면에 도달하기 전에 자외선의 대부분을 흡수함으로써 지표생물권을 보호하는 대기권의 명칭은? ★★★

① 대류권   ② 성층권

③ 중간권   ④ 열권

✅ **[Plus 이론학습]**
성층권에는 오존층이 있어 해로운 자외선을 차단시킨다.

13 지표에 도달하는 일사량의 변화에 영향을 주는 요소와 가장 거리가 먼 것은? ★★

① 계절
② 대기의 두께
③ 지표면의 상태
④ 태양의 입사각 변화

✅ 일사량과 지표면의 상태는 크게 관련이 없다.

14 다음 중 오존파괴지수가 가장 큰 것은 어느 것인가? ★★

① CFC−113   ② CFC−114
③ Halon−1211   ④ Halon−1301

✅ ① CFC−113 : 약 0.8
② CFC−114 : 약 1.0
③ Halon−1211 : 약 3
④ Halon−1301 : 약 10

15 표준상태에서 NO_2 농도가 $0.5g/m^3$이다. 150℃, 0.8atm에서 NO_2 농도(ppm)는? ★★★

① 472   ② 492
③ 570   ④ 595

✅ $\dfrac{0.5g}{m^3} \left|\dfrac{(273+150)}{273}\right| \dfrac{760}{(760 \times 0.8)} \left|\dfrac{1,000mg}{1g}\right|$

$= 968.4mg/m^3$

단위 전환($mg/m^3 \rightarrow ppm$)하면

$968.4 \times 22.4/46 = 471.6ppm$

16 라돈에 관한 설명으로 옳지 않은 것은? ★

① 라돈 붕괴에 의해 생성된 낭핵종이 α선을 방출하여 폐암을 발생시키는 것으로 알려져 있다.

② 자극취가 있는 무색의 기체로서 γ선을 방출한다.

③ 공기보다 무거워 지표에 가깝게 존재한다.

④ 주로 건축자재를 통하여 인체에 영향을 미치고 있으며, 화학적으로 거의 반응을 일으키지 않는다.

✅ **[Plus 이론학습]**
라돈은 무색의 기체로 라듐의 α붕괴에 의하여 생긴다.

17 다음 설명에 해당하는 특정대기유해물질은?

> 회백색이며, 높은 장력을 가진 가벼운 금속이다. 합금을 하면 전기 및 열전도가 크고 마모와 부식에 강하다. 인체에 대한 영향으로는 직업성 폐질환이 우려되고, 발암성이 크며, 폐, 뼈, 간, 비장에 침착되므로 노출에 주의해야 한다.

① V   ② As
③ Be   ④ Zn

✅ **[Plus 이론학습]**
베릴륨(Be)
- 알칼리 토금속에 속하는 원소로 실온에서 가볍고 단단하다.
- 베릴륨은 알루미늄, 구리, 철, 니켈 등의 금속과 혼합하여 합금을 만들면 여러 가지 물리적 성질이 향상되는 효과를 볼 수 있다.
- 비중이 1.85로 가볍고 단단한데다가 열전도율이 높아 미사일, 우주선, 인공위성 등 항공우주 분야와 전기·전자, 원자력, 합금 등에 사용된다.

18 다음 중 산란에 관한 설명으로 옳지 않은 것은 어느 것인가?

① Rayleigh는 "맑은 하늘 또는 저녁 노을은 공기분자에 의한 빛의 산란에 의한 것"이라는 것을 발견하였다.

② 빛을 입자가 들어 있는 어두운 상자 안으로 도입시킬 때 산란광이 나타나며 이것을 틴들빛(光)이라고 한다.

③ Mie산란의 결과는 입사빛의 파장에 대하여 입자가 대단히 작은 경우에만 적용되는 반면, Rayleigh의 결과는 모든 입경에 대하여 적용한다.

④ 입자에 빛이 조사될 때 산란의 경우 동일한 파장의 빛이 여러 방향으로 다른 강도로 산란되는 반면, 흡수의 경우는 빛에너지가 열, 화학 반응의 에너지로 변환된다.

✔ 미산란(Mie scattering)은 입자의 크기가 빛의 파장과 비슷할 경우 일어나며, 빛의 파장보다는 입자의 밀도, 크기에 따라서 반응한다. 구름이 흰색으로 보이는 것도 미산란의 예인데 구름의 작은 물방울이 모든 빛을 산란시키기 때문에 흰색으로 보이는 것이다.

19 냄새에 관한 다음 설명 중 ( ) 안에 가장 알맞은 것은? ★★

> 매우 엷은 농도의 냄새는 아무 것도 느낄 수 없지만 이것을 서서히 진하게 하면 어떤 농도가 되고 무엇인지 모르지만 냄새의 존재를 느끼는 농도로 나타난다. 이 최소농도를 (㉠)라고 정의하고 있다. 또한 농도를 짙게 하다 보면 냄새질이나 어떤 느낌의 냄새인지를 표현할 수 있는 시점이 나오게 된다. 이 최저농도가 되는 곳을 (㉡)라고 한다.

① ㉠ 최소감지농도(detection threshold)
   ㉡ 최소포착농도(capture threshold)
② ㉠ 최소인지농도(recognition threshold)
   ㉡ 최소자각농도(awareness threshold)

③ ㉠ 최소인지농도(recognition threshold)
   ㉡ 최소포착농도(capture threshold)
④ ㉠ 최소감지농도(detection threshold)
   ㉡ 최소인지농도(recognition threshold)

✔ **[Plus 이론학습]**
부채형은 굴뚝 위의 상당한 높이까지 공기의 안정으로 강한 역전이 발생된다. 또한 수직운동 억제로 풍하측의 오염물 농도를 예측하기가 어렵다.

20 다음 중 오존층 보호와 가장 거리가 먼 것은 어느 것인가? ★★★

① 헬싱키의정서
② 런던회의
③ 비엔나협약
④ 코펜하겐회의

✔ 헬싱키의정서는 황(S) 배출량 또는 국가간 이동량을 최저 30% 삭감하기 위한 협약이다.

제2과목 **연소공학**

21 중유의 특성에 관한 설명으로 가장 거리가 먼 것은? ★★★

① 중유는 비중이 클수록 유동점, 점도가 증가한다.

② 중유는 인화점이 150℃ 이상으로 이 온도 이하에서는 인화의 위험이 적다.

③ 중유의 잔류탄소 함량은 일반적으로 7~16% 정도이다.

④ 점도가 낮은 것은 일반적으로 낮은 비점의 탄화수소를 함유한다.

✔ 중유의 인화점은 40℃(104°F) 정도이며, 등유나 경유, 특히 휘발유에 비해 증발하기 어렵다.

22 기체연료의 특징 및 종류에 관한 설명으로 옳지 않은 것은? ★★★

① 부하의 변동범위가 넓고, 연소의 조절이 용이한 편이다.

② 천연가스는 화염전파속도가 크며, 폭발범위가 크므로 1차 공기를 적게 혼합하는 편이 유리하다.

③ 액화천연가스는 메탄을 주성분으로 하는 천연가스를 1기압 하에서 −168℃ 근처에서 냉각, 액화시켜 대량 수송 및 저장을 가능하게 한 것이다.

④ 액화석유가스는 액체에서 기체로 될 때 증발열(90~100kcal/kg)이 있으므로 사용하는 데 유의할 필요가 있다.

✔ 천연가스는 폭발범위가 좁고 화염 전파속도가 느려 위험성이 적은 편이다.

23 다음 중 액체연료의 특징으로 옳지 않은 것은 어느 것인가? ★★★

① 저장 및 계량, 운반이 용이하다.

② 점화, 소화 및 연소의 조절이 쉽다.

③ 발열량이 높고, 품질이 대체로 일정하며, 효율이 높다.

④ 소량의 공기로 완전연소되며, 검댕 발생이 없다.

✔ 소량의 공기로 완전연소되며, 검댕 발생이 없는 것은 기체연료의 특성에 가깝다.

24 석탄의 탄화도가 증가할수록 나타나는 성질로 옳지 않은 것은? ★★★

① 착화온도가 높아진다.

② 연소속도가 느려진다.

③ 수분이 감소하고, 발열량이 증가한다.

④ 연료비(고정탄소(%)/휘발분(%))가 감소한다.

✔ 석탄의 탄화도가 증가할수록 연료비(고정탄소(%)/휘발분(%))가 증가한다.

[Plus 이론학습]
• 석탄의 탄화도가 높으면(↑) 수분 및 휘발분이 감소한다(↓).
• 석탄의 탄화도가 높으면(↑) 산소의 양이 줄어든다(↓).
• 석탄의 탄화도가 높으면(↑) 비열이 감소한다(↓).

25 다음 중 유동층 연소에 관한 설명으로 거리가 먼 것은? ★★

① 부하변동에 따른 적응성이 낮은 편이다.

② 높은 열용량을 갖는 균일온도의 층 내에서는 화염전파는 필요없고, 층의 온도를 유지할 만큼의 발열만 있으면 된다.

③ 분탄을 미분쇄 투입하여 석탄입자의 체류시간을 짧게 유지한다.

④ 주방쓰레기, 슬러지 등 수분함량이 높은 폐기물을 층 내에서 건조와 연소를 동시에 할 수 있다.

✔ 분탄을 미분쇄 투입하여 석탄입자의 체류시간을 짧게 유지하는 것은 미분탄연소이다.

26 확산형 가스버너 중 포트형에 관한 설명으로 가장 거리가 먼 것은?

① 버너 자체가 노 벽과 함께 내화벽돌로 조립되어 노 내부에 개구된 것이며, 가스와 공기를 함께 가열할 수 있는 이점이 있다.

② 고발열량 탄화수소를 사용할 경우에는 가스압력을 이용하여 노즐로부터 고속으로 분출하게 하여 그 힘으로 공기를 흡인하는 방식을 취한다.

③ 밀도가 큰 공기 출구는 상부에, 밀도가 작은 가스 출구는 하부에 배치되도록 한다.

④ 구조상 가스와 공기압이 높은 경우에 사용한다.

✪ 가스와 공기압을 높이지 못한 경우에 사용한다.

27 다음 중 액체연료의 연소형태와 거리가 먼 것은 어느 것인가? ★★★

① 액면연소 ② 표면연소
③ 분무연소 ④ 증발연소

✪ 표면연소는 주로 고체연료에서 일어난다.

28 용적 100m³의 밀폐된 실내에서 황 함량 0.01%인 등유 200g을 완전연소시킬 때 실내의 평균 SO_2 농도(ppb)는? (단, 표준상태를 기준으로 하고, 황은 전량 SO_2로 전환된다.) ★

① 140 ② 240
③ 430 ④ 570

✪ $S + O_2 \rightarrow SO_2$
  32 : 22.4
  0.2×0.01 : x
  $x = 0.2 \times 0.01 \times 22.4/32 = 0.0014m^3$
  ∴ $SO_2 = 0.0014/100 \times 10^9 = 140$ppb

29 기체연료 연소방식 중 예혼합연소에 관한 설명으로 옳지 않은 것은? ★★★

① 연소기 내부에서 연료와 공기의 혼합비가 변하지 않고 균일하게 연소된다.

② 역화의 위험이 없으며, 공기를 예열할 수 있다.

③ 화염온도가 높아 연소부하가 큰 경우에 사용이 가능하다.

④ 연소조절이 쉽고, 화염길이가 짧다.

✪ 예혼합연소는 혼합기의 분출속도가 느릴 경우 역화의 위험이 있다.

30 S 함량 3%의 벙커C유 100kL를 사용하는 보일러에 S 함량 1%인 벙커C유를 30% 섞어 사용하면, SO_2 배출량은 몇 % 감소하는가? (단, 벙커C유 비중 0.95, 벙커C유 함유 S는 모두 SO_2로 전환된다.) ★★

① 16 ② 20
③ 25 ④ 28

✪ 미혼합 시 S 함량 = 100kL × 0.95 × 0.03
  = 2.85kg
  혼합 시 S 함량 = 100kL × 0.95 × 0.03 × 0.7 + 100kL
  × 0.95 × 0.01 × 0.3
  = 1.995 + 0.285
  = 2.28kg
  미혼합 시 $SO_2 = 2.85 \times 22.4/64 = 0.9975m^3$
  혼합 시 $SO_2 = 2.28 \times 22.4/64 = 0.798m^3$
  ∴ 감소율 = (0.9975 − 0.798)/0.9975 × 100 = 20%

31 황화수소의 연소반응식이 다음 보기와 같을 때 황화수소 1Sm³의 이론연소공기량(Sm³)은 얼마인가? ★★★

$$2H_2S + 3O_2 = 2SO_2 + 2H_2O$$

① 5.54 ② 6.42
③ 7.14 ④ 8.92

✪ $2H_2S + 3O_2 \rightarrow 2SO_2 + 2H_2O$
  2 3
  1 1.5
  $O_o = 1.5$
  ∴ $A_o = 1.5/0.21 = 7.14Sm^3$

32 다음 중 탄소 80%, 수소 15%, 산소 5% 조성을 갖는 액체연료의 $(CO_2)_{max}(\%)$는? (단, 표준상태 기준) ★

① 12.7 ② 13.7

③ 14.7 ④ 15.7

✅ $O_o = 1.867C + 5.6(H - O/8) + 0.7S$
   $= 1.867 \times 0.8 + 5.6 \times (0.15 - 0.05/8)$
   $= 2.3$
$A_o = 2.3/0.21 = 10.95$
$G_{od} = A_o - 5.6H + 0.7O + 0.8N$
   $= 10.95 - 5.6 \times 0.15 + 0.7 \times 0.05$
   $= 10.15$
$CO_2 = 1.867C/G_{od} \times 100 = 1.867 \times 0.8/10.15 \times 100$
   $= 14.7$
$O_2 = 0.7O/G_{od} \times 100 = 0.7 \times 0.05/10.15 \times 100$
   $= 0.00345$
$\therefore (CO_2)_{max}(\%) = \dfrac{21(CO_2)}{21 - (O_2)}$
$= \dfrac{21 \times 14.7}{21 - 0.00345} = 14.7$

33 고위발열량이 12,000kcal/kg인 연료 1kg의 성분을 분석한 결과 탄소가 87.7%, 수소가 12%, 수분이 0.3%였다. 이 연료의 저위발열량 (kcal/kg)은? ★★★

① 10,350 ② 10,820

③ 11,020 ④ 11,350

✅ 고체 및 액체 연료의 저위발열량(H_l, kcal/kg)
   $=$ 고위발열량(H_h) $- 600(9H + W)$
   $= 12,000 - 600 \times (9 \times 0.12 + 0.003)$
   $= 12,000 - 650$
   $= 11,350kcal/kg$

34 다음 각종 연료성분의 완전연소 시 단위체적 당 고위발열량($kcal/Sm^3$)의 크기 순서로 옳은 것은? ★

① 일산화탄소 > 메탄 > 프로판 > 부탄

② 메탄 > 일산화탄소 > 프로판 > 부탄

③ 프로판 > 부탄 > 메탄 > 일산화탄소

④ 부탄 > 프로판 > 메탄 > 일산화탄소

✅ 부탄 32,022, 프로판 24,229, 메탄 9,537, 일산화탄소 3,018이다.

35 다음 중 착화온도에 관한 설명으로 옳지 않은 것은? ★★★

① 발열량이 낮을수록 높아진다.

② 산소농도가 높을수록 낮아진다.

③ 반응활성도가 클수록 높아진다.

④ 분자구조가 간단할수록 높아진다.

✅ 반응활성도가 클수록 착화온도는 낮아진다.

36 액화석유가스(LPG)에 관한 설명으로 가장 거리가 먼 것은? ★★★

① 발열량이 높고, 유황분이 적은 편이다.

② 증발열이 5~10kcal/kg로 작아 취급이 용이하다.

③ 비중이 공기보다 커서 누출 시 인화·폭발의 위험성이 높은 편이다.

④ 천연가스에서 회수되거나 나프타의 열분해에 의해 얻어지기도 하지만 대부분 석유정제 시 부산물로 얻어진다.

✅ 액화석유가스(LPG)는 증발열이 90~100kcal/kg으로 사용 시 유의해야 한다.

37 아래 조건의 기체연료의 이론연소온도(℃)는 약 얼마인가? ★

> - 연료의 저발열량 : $7,500kcal/Sm^3$
> - 연료의 이론연소가스량 : $10.5m^3/Sm^3$
> - 연료 연소가스의 평균정압비율 : $0.35kcal/Sm^3 \cdot ℃$
> - 기준온도(t) : 25℃
> - 지금 공기는 예열되지 않고, 연소가스는 해리되지 않는 것으로 한다.

① 1,916 ② 2,066

③ 2,196 ④ 2,256

♻ $t_1 = (H_1/(G_{ow} \times C_p)) + t_2(℃)$
$= 7,500/(10.5 \times 0.35) + 25$
$= 2,066℃$

38 불꽃 점화기관에서의 연소과정 중 생기는 노킹현상을 효과적으로 방지하기 위한 기관 구조에 대한 설명으로 가장 거리가 먼 것은?

① 말단가스를 고온으로 하기 위한 산화촉매 시스템을 사용한다.
② 연소실을 구형(circular type)으로 한다.
③ 점화플러그는 연소실 중심에 부착시킨다.
④ 난류를 증가시키기 위해 난류생성 pot를 부착시킨다.

♻ 산화촉매시스템은 CO, HC를 저감시키는 장치로 고온을 만들기 위한 장치가 아니다.

39 휘발유, 등유, 알코올, 벤젠 등 액체연료의 연소방식에 해당하는 것은? ★★★

① 자기연소
② 확산연소
③ 증발연소
④ 표면연소

♻ 액체연료는 주로 증발연소가 일어난다.

40 가연성 가스의 폭발범위에 관한 일반적인 설명으로 옳지 않은 것은? ★

① 가스의 온도가 높아지면 폭발범위가 넓어진다.
② 폭발한계농도 이하에서는 폭발성 혼합가스가 생성되기 어렵다.
③ 폭발상한과 폭발하한의 차이가 클수록 위험도가 증가한다.
④ 가스의 압력이 높아지면 상한값은 크게 변하지 않으나 하한값이 높아진다.

♻ 압력이 높아졌을 때 폭발하한값은 크게 변하지 않으나 폭발상한값은 높아진다.

제3과목 **대기오염 방지기술**

41 다음은 불소화합물 처리에 관한 설명이다. ( ) 안에 알맞은 화학식은? ★

사불화규소는 물과 반응하여 콜로이드 상태의 규산과 ( )이 생성된다.

① CaF_2　　② $NaHF_2$
③ $NaSiF_6$　　④ H_2SiF_6

42 사이클론에서 50%의 집진효율로 제거되는 입자의 최소입경을 무엇이라 부르는가? ★★★

① Critical diameter
② Cut size diameter
③ Average size diameter
④ Analytical diameter

43 유해가스 종류별 처리제 및 그 생성물과의 연결로 옳지 않은 것은? (단, 순서대로 유해가스 – 처리제 – 생성물)

① $SiF_4 - H_2O - SiO_2$
② $F_2 - NaOH - NaF$
③ $HF - Ca(OH)_2 - CaF_2$
④ $Cl_2 - Ca(OH)_2 - Ca(ClO_3)_2$

♻ $2Ca(OH)_2 + 2Cl_2 \rightarrow Ca(ClO)_2 + CaCl_2 + 2H_2O$

44 상온에서 밀도가 1,000kg/m³, 입경이 50μm인 구형 입자가 높이 5m 정지대기 중에서 침강하여 지면에 도달하는 데 걸리는 시간(sec)은 약 얼마인가? (단, 상온에서 공기밀도는 1.2kg/m³이고 점도는 1.8×10^{-5}kg/m·s이며, Stokes 영역이다.) ★★★

① 66　　② 86
③ 94　　④ 105

$$V_t = \frac{d_p{}^2(\rho_p - \rho)g}{18\,\mu}$$
$$= \frac{(50 \times 10^{-6})^2 \times (1,000 - 1.2) \times 9.8}{18 \times 1.8 \times 10^{-5}}$$
$$= 0.076 \text{m/s}$$
$$\therefore t(s) = 5/0.076 = 65.79\text{s}$$

45 휘발성유기화합물(VOCs)의 배출량을 줄이도록 요구받을 경우 그 저감방안으로 가장 거리가 먼 것은? ★★★

① VOCs 대신 다른 물질로 대체한다.

② 용기에서 VOCs 누출 시 공기와 희석시켜 용기 내 VOCs 농도를 줄인다.

③ VOCs를 연소시켜 인체에 덜 해로운 물질로 만들어 대기 중으로 방출시킨다.

④ 누출되는 VOCs를 고체흡착제를 사용하여 흡착 제거한다.

✔ 용기에서 VOCs 누출 시 공기와 희석시켜 용기 내 VOCs 농도를 줄이는 것은 배출농도는 낮춰지나 배출량이 증가되기 때문에 총 농도는 변하지 않는다.

46 유해가스의 물리적 흡착에 관한 설명으로 옳지 않은 것은? ★★★

① 온도가 낮을수록 흡착량은 많다.

② 흡착제에 대한 용질의 분압이 높을수록 흡착량이 증가한다.

③ 가역성이 높고, 여러 층의 흡착이 가능하다.

④ 흡착열이 높고 분자량이 작을수록 잘 흡착된다.

✔ 물리적 흡착은 흡착열이 낮고 가역성이 높아서 재생이 가능하다.

47 다음 중 처리가스량이 25,420m³/h이고, 압력손실이 100mmH₂O인 집진장치의 송풍기 소요동력(kW)은 약 얼마인가? (단, 송풍기 효율은 60%, 여유율은 1.30이다.) ★★★

① 9
② 12
③ 15
④ 18

$$송풍기\ 동력 = \frac{\Delta P \times Q}{6,120 \times \eta_s} \times \alpha\ (Q는\ \text{m}^3/\text{min})$$
$$= \frac{423.7 \times 100}{6,120 \times 0.6} \times 1.3$$
$$= 15\text{kW}$$

48 다음 중 유체의 점성에 관한 설명으로 옳지 않은 것은?

① 액체의 온도가 높아질수록 점성계수는 감소한다.

② 점성계수는 압력과 습도의 영향을 거의 받지 않는다.

③ 유체 내에 발생하는 전단응력은 유체의 속도구배에 반비례한다.

④ 점성은 유체분자 상호간에 작용하는 응집력과 인접 유체층 간의 운동량 교환에 기인한다.

✔ $F(\text{힘}) \propto \dfrac{v_t \times A}{z}$ 이므로 넓이 A와 속도 v_t에 비례하고 두께 z에 반비례한다.

49 배출가스 내의 NO_x 제거방법 중 환원제를 사용하는 접촉환원법에 관한 설명으로 가장 거리가 먼 것은? ★★

① 선택적 환원제로는 NH_3, H_2S 등이 있다.

② 선택적인 접촉환원법에서 Al_2O_3계의 촉매는 SO_2, SO_3, O_2와 반응하여 황산염이 되기 쉽고 촉매의 활성이 저하된다.

③ 선택적인 접촉환원법은 과잉의 산소를 먼저 소모한 후 첨가된 반응물인 질소산화물을 선택적으로 환원시킨다.

④ 비선택적 접촉환원법의 촉매로는 Pt뿐만 아니라 CO, Ni, Cu, Cr 등의 산화물도 이용 가능하다.

✔ 선택적인 접촉환원법은 배기가스 중에 존재하는 산소와는 무관하게 NO_x를 선택적으로 접촉환원시키는 방법으로 산소 존재에 의해 반응속도가 증가한다.

50 다음 발생 먼지 종류 중 일반적으로 S/S_b가 가장 큰 것은? (단, S는 진비중, S_b는 겉보기 비중) ★

① 미분탄보일러

② 시멘트킬른

③ 카본블랙

④ 골재드라이어

✔ ① 미분탄보일러 : 4.03
② 시멘트킬른 : 5
③ 카본블랙 : 76
④ 골재드라이어 : 2.73

[Plus 이론학습]
S/S_b비가 클수록 재비산 현상을 유발할 가능성이 높다.
• 산소제강로 : 7.3
• 황동용 전기로 : 15

51 가솔린 자동차의 후처리에 의한 배출가스 저감방안의 하나인 삼원촉매장치의 설명으로 가장 거리가 먼 것은? ★★★

① CO와 HC의 산화촉매로는 주로 백금(Pt)이 사용된다.

② 일반적으로 촉매는 백금(Pt)과 로듐(Rh)의 비율이 2 : 1로 사용되며, 로듐(Rh)은 NO의 산화반응을 촉진시킨다.

③ CO와 HC는 CO_2와 H_2O로 산화되며, NO는 N_2로 환원된다.

④ CO, HC, NO_x 3성분의 동시 저감을 위해 엔진에 공급되는 공기연료비는 이론 공연비 정도로 공급되어야 한다.

✔ 삼원촉매장치는 백금(Pt)과 라듐(Pd)을 이용하여 CO와 HC를 산화시키고, 로듐(Rh)은 NO의 환원반응을 촉진시킨다.

52 내경이 120mm의 원통 내를 20℃, 1기압의 공기가 30m³/hr로 흐른다. 표준상태의 공기의 밀도가 1.3kg/Sm³, 20℃의 공기의 점도가 1.81×10^{-4}poise라면 레이놀즈수는?

① 약 4,500

② 약 5,900

③ 약 6,500

④ 약 7,300

✔ $$Re = \frac{\rho \times V_s \times D}{\mu}$$
$$= \frac{1.3 \times 273/293 \times V_s \times 1.2}{1.81 \times 10^{-4}}$$
$$= 8,030.5 \times V_s$$
$$= 8,030.5 \times 0.74$$
$$= 5,942.5$$
$$\left(V_s = Q/A = \frac{30m^3}{hr} \left| \frac{4}{\pi \times (0.12)^2 m^2} \right| \frac{1hr}{3,600s} = 0.74m/s \right)$$

53 악취물질의 성질과 발생원에 관한 설명으로 가장 거리가 먼 것은? ★★

① 에틸아민($C_2H_5NH_2$)은 암모니아취 물질로 수산가공, 약품제조 시에 발생한다.

② 메틸머캡탄(CH_3SH)은 부패양파취 물질로 석유정제, 가스제조, 약품제조 시에 발생한다.

③ 황화수소(H_2S)는 썩는 계란취 물질로 석유정제, 약품제조 시에 발생한다.

④ 아크롤레인(CH_2CHCHO)은 생선취 물질로 하수처리장, 축산업에서 발생한다.

✔ 아크롤레인(CH_2CHCHO)은 호흡기에 심한 자극성 물질로서 석유화학, 글리세롤, 의약품 제조 시 발생된다.

[Plus 이론학습]
아민류화합물(메틸아민, 트라이메틸아민 등)은 생선비린내가 난다.

54 전기집진장치로 함진가스를 처리할 때 입자의 겉보기 고유저항이 높을 경우의 대책으로 옳지 않은 것은? ★★★

① 아황산가스를 조절제로 투입한다.

② 처리가스의 습도를 높게 유지한다.

③ 탈진의 빈도를 늘리거나 타격강도를 높인다.

④ 암모니아 조절제로 주입하고, 건식 집진장치를 사용한다.

✔ NH_3는 전기비저항이 낮을 때의 조절방법이다.

55 유해가스 처리를 위한 흡수액의 구비조건으로 거리가 먼 것은? ★★★

① 용해도가 커야 한다.

② 휘발성이 적어야 한다.

③ 점성이 커야 한다.

④ 용매의 화학적 성질과 비슷해야 한다.

✅ 흡수액은 점성이 작아야 한다.

56 면적이 $1.5m^2$인 여과집진장치로 먼지농도가 $1.5g/m^3$인 배기가스가 $100m^3/min$으로 통과하고 있다. 먼지가 모두 여과포에서 제거되었으며, 집진된 먼지층의 밀도가 $1g/cm^3$라면 1시간 후 여과된 먼지층의 두께(mm)는? ★

① 1.5

② 3

③ 6

④ 15

✅ 먼지량$=1.5g/m^3 \times 100m^3/min \times 60min/h=9,000g/h$
단위전환하면 $9,000g \div 10^6g/m^3=0.009m^3$
∴ $0.009m^3/1.5m^2=0.006m=6mm$

57 하전식 전기집진장치에 관한 설명으로 옳지 않은 것은? ★★

① 2단식은 1단식에 비해 오존의 생성이 적다.

② 1단식은 일반적으로 산업용에 많이 사용된다.

③ 2단식은 비교적 함진농도가 낮은 가스처리에 유용하다.

④ 1단식은 역전리 억제에는 효과적이나 재비산 방지는 곤란하다.

✅ 1단식은 하전작용과 대전입자의 집진작용 등이 같은 전계에서 일어나는 것으로 역전리 억제와 재비산 방지도 가능하다.

[Plus 이론학습]
• 하전식에는 1단식과 2단식이 있으며, 1단식은 입자에 하전시키면 하전작용과 대전입자의 집진작용 등이 같은 전계에서 일어나는 것으로 보통 산업용으로 사용된다.
• 2단식은 하전의 원리는 1단식과 똑같지만 전극의 구조상 다음 집진부에 들어가 여기서 평행평판 사이의 균등 정전계에 의해서 포집된다.

58 집진율이 85%인 사이클론과 집진율이 96%인 전기집진장치를 직렬로 연결하여 입자를 제거할 경우, 총 집진효율(%)은? ★★

① 90.4

② 94.4

③ 96.4

④ 99.4

✅ $\eta_t=\eta_1+\eta_2(1-\eta_1)$
$=0.85+0.96(1-0.85)$
$=0.994$
∴ 총 집진효율은 99.4%

59 여과집진장치의 탈진방식에 관한 설명으로 옳지 않은 것은? ★★

① 간헐식은 먼지의 재비산이 적고, 높은 집진율을 얻을 수 있다.

② 연속식은 탈진 시 먼지의 재비산이 일어나 간헐식에 비해 집진율이 낮고, 여과포의 수명이 짧은 편이다.

③ 연속식은 포집과 탈진이 동시에 이루어져 압력손실의 변동이 크므로 고농도, 저용량의 가스처리에 효율적이다.

④ 간헐식의 여과포 수명은 연속식에 비해서는 긴 편이고, 점성이 있는 조대먼지를 탈진할 경우 여과포 손상의 가능성이 있다.

✅ 연속식은 포집과 탈진이 동시에 이루어져 압력손실의 변동이 크지 않으므로 고농도, 고용량의 가스처리에 효율적이다.

60 촉매소각법에 관한 일반적인 설명으로 옳지 않은 것은? ★★★

① 열소각법에 비해 연소반응시간이 짧다.

② 열소각법에 비해 thermal NO_x 생성량이 적다.

③ 백금, 코발트는 촉매로 바람직하지 않은 물질이다.

④ 촉매제가 고가이므로 처리가스량이 많은 경우에는 부적합하다.

✅ 백금, 코발트를 촉매로 사용한다.

제4과목 대기오염 공정시험기준(방법)

61 원자흡수분광광도법에서 화학적 간섭을 방지하는 방법으로 가장 거리가 먼 것은? ★★★

① 이온교환에 의한 방해물질 제거

② 표준첨가법의 이용

③ 미량의 간섭원소의 첨가

④ 은폐제의 첨가

✔ 미량의 간섭원소의 첨가가 아니고, 과량의 간섭원소의 첨가이다.

62 다음은 환경대기 중 다환방향족탄화수소류(PAHs) - 기체 크로마토그래피/질량분석법에 사용되는 용어의 정의이다. ( ) 안에 알맞은 것은? ★★★

> ( )은 추출과 분석 전에 각 시료, 공시료, 매체시료(matrix - spiked)에 더해지는 화학적으로 반응성이 없는 환경시료 중에 없는 물질을 말한다.

① 내부표준물질(IS, internal standard)

② 외부표준물질(ES, external standard)

③ 대체표준물질(surrogate)

④ 속실렛(soxhlet) 추출물질

63 굴뚝 배출가스 중 황산화물을 아르세나조 Ⅲ법으로 측정할 때에 관한 설명으로 옳지 않은 것은? ★

① 흡수액은 과산화수소수를 사용한다.

② 지시약은 아르세나조 Ⅲ를 사용한다.

③ 아세트산바륨 용액으로 적정한다.

④ 이 시험법은 수산화소듐으로 적정하는 킬레이트 침전법이다.

✔ 아르세나조 Ⅲ법은 시료를 과산화수소수에 흡수시켜 황산화물을 황산으로 만든 후 아이소프로필알코올과 아세트산을 가하고 아르세나조 Ⅲ를 지시약으로 하여 아세트산바륨 용액으로 적정한다.

64 자외선/가시선분광법에서 적용되는 람베르트 - 비어(Lambert - Beer)의 법칙에 관계되는 식으로 옳은 것은? (단, I_o : 입사광의 강도, C : 농도, ε : 흡광계수, I_t : 투사광의 강도, l : 빛의 투사거리)

① $I_o = I_t \cdot 10^{-\varepsilon C l}$

② $I_t = I_o \cdot 10^{-\varepsilon C l}$

③ $C = (I_t / I_o) \cdot 10^{-\varepsilon C l}$

④ $C = (I_o / I_t) \cdot 10^{-\varepsilon C l}$

65 황 성분 1.6% 이하 함유한 액체연료를 사용하는 연소시설에서 배출되는 황산화물(표준산소농도를 적용받는 항목)의 실측농도 측정결과 741ppm이었고, 배출가스 중의 실측산소농도는 7%, 표준산소농도는 4%이다. 황산화물의 농도(ppm)는 약 얼마인가? ★★★

① 750ppm

② 800ppm

③ 850ppm

④ 900ppm

✔ $C = C_a \times \dfrac{21 - O_s}{21 - O_a}$

$= 741 \times \dfrac{21 - 4}{21 - 7}$

$= 899.8 \text{ppm}$

66 굴뚝 배출가스 중 사이안화수소를 질산은적정법으로 분석할 때 필요한 시약으로 거리가 먼 것은? ★

① p-다이메틸아미노벤질리덴로다닌의 아세톤 용액

② 아세트산(99.7%)(부피분율 10%)

③ 메틸레드-메틸렌블루 혼합지시약

④ 수산화소듐 용액(질량분율 2%)

67 화학반응 공정 등에서 배출되는 굴뚝 배출가스 중 일산화탄소 분석방법에 따른 정량범위로 틀린 것은?

① 정전위전해법 : 0~200ppm
② 비분산형 적외선분석법 : 0~1,000ppm
③ 기체 크로마토그래피 : TCD의 경우 0.1% 이상
④ 기체 크로마토그래피 : FID의 경우 0~2,000ppm

✔ 정전위전해법의 측정범위는 0~1,000ppm 이하

68 기체 크로마토그래피의 장치 구성에 관한 설명으로 옳지 않은 것은? ★★★

① 분리관유로는 시료 도입부, 분리관, 검출기기 배관으로 구성되며, 배관의 재료는 스테인리스강이나 유리 등 부식에 대한 저항이 큰 것이어야 한다.
② 분리관(column)은 충전물질을 채운 내경 2~7mmm의 시료에 대하여 불활성 금속, 유리 또는 합성수지관으로 각 분석방법에서 규정하는 것을 사용한다.
③ 운반가스는 일반적으로 열전도도형 검출기(TCD)에서는 순도 99.8% 이상의 아르곤이나 질소를, 수소염이온화검출기(FID)에서는 순도 99.8% 이상의 수소를 사용한다.
④ 주사기를 사용하는 시료 도입부는 실리콘고무와 같은 내열성 탄성체 격막이 있는 시료 기화실로서 분리관 온도와 동일하거나 또는 그 이상의 온도를 유지할 수 있는 가열기구가 갖추어져야 한다.

✔ 열전도도형 검출기(TCD)에서는 순도 99.8% 이상의 수소나 헬륨을, 불꽃이온화검출기(FID)에서는 순도 99.8% 이상의 질소 또는 헬륨을 사용하며, 기타 검출기에서는 각각 규정하는 가스를 사용한다.

69 원자흡수분광광도법의 원리를 가장 올바르게 설명한 것은? ★★★

① 시료를 해리시켜 중성원자로 증기화하여 생긴 기저상태의 원자가 이 원자증기층을 투과하는 특유파장의 빛을 흡수하는 현상을 이용
② 시료를 해리시켜 발생된 여기상태의 원자가 기저상태로 되면서 내는 열의 피크폭을 측정
③ 시료를 해리시켜 발생된 여기상태의 원자가 원자증기층을 통과하는 빛의 발생속도의 차이를 이용
④ 시료를 해리시켜 발생된 여기상태의 원자가 기저상태로 돌아올 때 내는 가스속도의 차이를 이용한 측정

✔ 원자흡수분광광도법은 시료를 적당한 방법으로 해리시켜 중성원자로 증기화하여 생긴 기저상태의 원자가 이 원자 증기층을 투과하는 특유파장의 빛을 흡수하는 현상을 이용하여 광전측광과 같은 개개의 특유파장에 대한 흡광도를 측정하여 시료 중의 원소 농도를 정량하는 방법이다.

70 다음은 반자동식 채취기에 의한 방법으로 배출가스 중 먼지를 측정하고자 할 경우 흡입노즐에 관한 설명이다. ( ) 안에 가장 적합한 것은 어느 것인가? ★★

흡입노즐의 안과 밖의 가스흐름이 흐트러지지 않도록 흡입노즐 안지름(d)은 (㉠)으로 하며, 흡입노즐의 안지름 d는 정확히 측정하여 0.1mm 단위까지 구하여 둔다.
또한 흡입노즐의 꼭지점은 (㉡)의 예각이 되도록 하고 매끈한 반구모양으로 한다.

① ㉠ 1mm 이상, ㉡ 30° 이하
② ㉠ 1mm 이상, ㉡ 45° 이하
③ ㉠ 3mm 이상, ㉡ 30° 이하
④ ㉠ 3mm 이상, ㉡ 45° 이하

71 굴뚝을 통하여 대기 중으로 배출되는 가스상 물질을 분석하기 위한 시료 채취방법에 대한 주의사항 중 옳지 않은 것은? ★★★

① 흡수병을 공용으로 할 때에는 대상 성분이 달라질 때마다 묽은 산 또는 알칼리 용액과 물로 깨끗이 씻은 다음 다시 흡수액으로 3회 정도 씻은 후 사용한다.

② 가스미터는 500mmH$_2$O 이내에서 사용한다.

③ 습식 가스미터를 이용 또는 운반할 때에는 반드시 물을 빼고, 오랫동안 쓰지 않을 때에도 그와 같이 배수한다.

④ 굴뚝 내 압력이 매우 큰 부압(-300mmH$_2$O 정도 이하)인 경우에는, 시료 채취용 굴뚝을 부설하여 용량이 큰 펌프를 써서 시료가스를 흡입하고 그 부설한 굴뚝에 채취구를 만든다.

✔ 가스미터는 100mmH$_2$O 이내에서 사용한다.

72 굴뚝 배출가스 중의 황화수소 분석방법에 관한 설명으로 옳은 것은? ★

① 오르토톨리딘을 함유하는 흡수액에 황화수소를 통과시켜 얻어지는 발색액의 흡광도를 측정한다.

② 시료 중의 황화수소를 아연아민착염 용액에 흡수시켜 P-아미노다이메틸아닐린 용액과 염화철(Ⅲ) 용액을 가하여 생성되는 메틸렌블루의 흡광도를 측정한다.

③ 다이에틸아민구리 용액에서 황화수소가스를 흡수시켜 생성된 다이에틸다이싸이오카밤산구리의 흡광도를 측정한다.

④ 황화수소 흡수액을 일정량으로 묽게 한 다음 완충액을 가하여 pH를 조절하고, 란탄과 알리자린 콤플렉손을 가하여 얻어지는 발색액의 흡광도를 측정한다.

73 이온 크로마토그래피에서 사용되는 서프레서에 관한 설명으로 옳지 않은 것은? ★

① 관형과 이온교환막형이 있다.

② 용리액으로 사용되는 전해질 성분을 분리 검출하기 위하여 분리관 앞에 병렬로 접속시킨다.

③ 관형 서프레서 중 음이온에는 스티롤계 강산형(H$^+$) 수지가 충전된 것을 사용한다.

④ 전해질을 물 또는 저전도의 용매로 바꿔줌으로써 전기전도도 셀에서 목적이온성분과 전기전도도만을 고감도로 검출할 수 있게 해 준다.

✔ 서프레서란 용리액에 사용되는 전해질 성분을 제거하기 위하여 분리관 뒤에 직렬로 접속시킨 것으로서 전해질을 물 또는 저전도의 용매로 바꿔줌으로써 전기전도도셀에서 목적이온 성분과 전기전도도만을 고감도로 검출할 수 있게 해 주는 것이다.

74 소각로, 소각시설 및 그 밖의 배출원에서 배출되는 입자상 및 가스상 수은(Hg)의 측정·분석방법 중 냉증기 원자흡수분광도법에 관한 설명으로 옳지 않은 것은 다음 중 어느 것인가?

① 배출원에서 등속으로 흡입된 입자상과 가스상 수은은 흡수액인 산성 과망간산포타슘 용액에 채취된다.

② 정량범위는 0.005~0.075mg/m^{3}이고, (건조시료가스량 1m^{3}인 경우), 방법검출한계는 0.003mg/m^{3}이다.

③ Hg^{2+} 형태로 채취한 수은을 Hg^0 형태로 환원시켜서 측정한다.

④ 시료 채취 시 배출가스 중에 존재하는 산화유기물질은 수은의 채취를 방해할 수 있다.

✔ 정량범위는 0.0005~0.0075mg/Sm^{3}이고(건조시료가스량 1Sm^{3}인 경우), 방법검출한계는 0.0002mg/Sm^{3}이다.

최신 기출

75 굴뚝 내의 온도(θ_s)는 133℃이고, 정압(P_s)은 15mmHg이며, 대기압(P_a)은 745mmHg이다. 이때 대기오염공정시험기준상 굴뚝 내의 배출가스 밀도(kg/m³)는? (단, 표준상태의 공기의 밀도(γ_o)는 1.3kg/Sm³이고, 굴뚝 내 기체 성분은 대기와 같다.) ★

① 0.744 ② 0.874
③ 0.934 ④ 0.984

✔ $\gamma = \gamma_o \times \dfrac{273}{273+\theta_s} \times \dfrac{P_a+P_s}{760}$

$= 1.3 \times \dfrac{273}{273+133} \times \dfrac{745+15}{760}$

$= 0.874\text{kg/m}^3$

여기서, γ : 굴뚝 내의 배출가스 밀도(kg/m³)

γ_o : 0℃, 760mmHg로 환산한 습한 배출가스 밀도(kg/Sm³)

P_a : 측정공 위치에서의 대기압(mmHg)

P_s : 각 측정점에서 배출가스 정압의 평균치(mmHg)

θ_s : 각 측정점에서 배출가스 온도의 평균치(℃)

76 다음은 기체 크로마토그램에서 피크(peak)의 분리 정도를 나타낸 그림이다. 다음 중 분리계수(d)와 분리도(R)를 구하는 식으로 옳은 것은 어느 것인가? ★

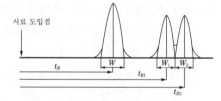

① $d = \dfrac{t_{R2}}{t_{R1}}, \ R = \dfrac{2(t_{R2}-t_{R1})}{W_1+W_2}$

② $d = t_{R2}-t_{R1}, \ R = \dfrac{t_{R1}+t_{R2}}{W_1+W_2}$

③ $d = \dfrac{t_{R2}+t_{R1}}{W_1+W_2}, \ R = \dfrac{t_{R2}}{t_{R1}}$

④ $d = \dfrac{t_{R2}+t_{R1}}{2}, \ R = 100 \times d(\%)$

✔ t_{R1}, t_{R2} : 시료 도입점으로부터 봉우리 1, 봉우리 2의 최고점까지의 길이

W_1, W_2 : 봉우리 1, 봉우리 2의 좌우 변곡점에서의 접선이 자르는 바탕선의 길이

77 이온 크로마토그래피의 검출기에 관한 설명이다. ( ) 안에 들어갈 내용으로 가장 적합한 것은? ★

(㉠)는 고성능 액체 크로마토그래피 분야에서 가장 널리 사용되는 검출기로, 최근에는 이온 크로마토그래피에서도 전기전도도 검출기와 병행하여 사용되기도 한다. 또한 (㉡)는 전이금속 성분의 발색반응을 이용하는 경우에 사용된다.

① ㉠ 광학검출기, ㉡ 암페로메트릭검출기
② ㉠ 전기화학적검출기, ㉡ 염광광도검출기
③ ㉠ 자외선흡수검출기, ㉡ 가시선흡수검출기
④ ㉠ 전기전도도검출기, ㉡ 전기화학적검출기

78 염산(1+4) 용액을 조제하는 방법은? ★★★
① 염산 1용량에 물 2용량을 혼합한다.
② 염산 1용량에 물 3용량을 혼합한다.
③ 염산 1용량에 물 4용량을 혼합한다.
④ 염산 1용량에 물 5용량을 혼합한다.

79 다음 중 흡광차분광법에 따라 분석하는 대기오염물질과 그 물질에 대한 간섭성분의 연결이 옳은 것은? ★
① 오존(O_3) - 벤젠(C_6H_6)의 영향
② 아황산가스(SO_2) - 오존(O_3)의 영향
③ 일산화탄소(CO) - 수분(H_2O)의 영향
④ 질소산화물(NO_x) - 톨루엔($C_6H_5CH_3$)의 영향

✔ 아황산가스는 시료기체 중 공존하는 아황산가스와 흡수 스펙트럼이 겹치는 기체(오존, 질소산화물 등)의 간섭 영향을 받는다.

80 굴뚝 배출가스 중의 황산화물 시료 채취에 관한 일반적인 내용으로 옳지 않은 것은? ★★★

① 채취관과 삼방콕 등 가열하는 실리콘을 제외한 보통 고무관을 사용한다.

② 시료가스 중의 황산화물과 수분이 응축되지 않도록 시료가스 채취관과 콕 사이를 가열할 수 있는 구조로 한다.

③ 시료 채취관은 유리, 석영, 스테인리스강 등 시료가스 중의 황산화물에 의해 부식되지 않는 재질을 사용한다.

④ 시료가스 중에 먼지가 섞여 들어가는 것을 방지하기 위해 채취관의 앞 끝에 알칼리(alkali)가 없는 유리솜 등의 적당한 여과재를 넣는다.

✔ 채취관과 어댑터, 삼방콕 등 가열하는 접속부분은 갈아맞춤, 또는 실리콘 고무관을 사용하고 보통 고무관을 사용하면 안된다.

제5과목 대기환경관계법규

81 대기환경보전법규상 한국자동차환경협회의 정관에 따른 업무와 거리가 먼 것은? ★

① 운행차 저공해와 기술개발

② 자동차 배출가스 저감사업의 지원

③ 자동차관련 환경기술인의 교육훈련 및 취업지원

④ 운행차 배출가스 검사와 정비기술의 연구 · 개발사업

✔ 한국자동차환경협회는 정관으로 정하는 바에 따라 다음의 업무를 행한다.
1. 운행차 저공해화 기술개발 및 배출가스 저감장치의 보급
2. 자동차 배출가스 저감사업의 지원과 사후관리에 관한 사항
3. 운행차 배출가스 검사와 정비기술의 연구 · 개발사업
4. 환경부 장관 또는 시 · 도지사로부터 위탁받은 업무
5. 그 밖에 자동차 배출가스를 줄이기 위하여 필요한 사항

82 대기환경보전법상 자동차의 운행정지에 관한 사항이다. ( )에 알맞은 것은? ★★★

> 환경부 장관, 특별시장 · 광역시장 · 특별자치시장 · 특별자치도지사 · 시장 · 군수 · 구청장은 운행차 배출허용기준 초과에 따른 개선명령을 받은 자동차 소유자가 이에 따른 확인검사를 환경부령으로 정하는 기간 이내에 받지 아니하는 경우에는 ( )의 기간을 정하여 해당 자동차의 운행정지를 명할 수 있다.

① 5일 이내   ② 7일 이내

③ 10일 이내   ④ 15일 이내

83 대기환경보전법규상 자동차연료형 첨가제의 종류에 해당하지 않는 것은? ★★★

① 청정분산제   ② 옥탄가향상제

③ 매연발생제   ④ 세척제

✔ 매연발생제가 아니고, 매연억제제이다.

84 다음은 대기환경보전법규상 첨가제·촉매제 제조기준에 맞는 제품의 표시방법이다. ( ) 안에 알맞은 것은? ★★

> 표시 크기는 첨가제 또는 촉매제 용기 앞면의 제품명 밑에 제품명 글자 크기의 ( )에 해당하는 크기로 표시하여야 한다.

① 100분의 10 이상　② 100분의 15 이상
③ 100분의 20 이상　④ 100분의 30 이상

85 실내공기질관리법규상 "공동주택의 소유자"에게 권고하는 실내 라돈 농도의 기준으로 옳은 것은? ★★★

① 1세제곱미터당 148베크렐 이하
② 1세제곱미터당 348베크렐 이하
③ 1세제곱미터당 548베크렐 이하
④ 1세제곱미터당 848베크렐 이하

✔ 라돈의 실내공기질 권고기준은 2020년 이전에는 $200Bq/m^3$ 이하였으나 2020년에 $148Bq/m^3$ 이하로 개정되었다.

86 악취방지법상에서 사용하는 용어의 뜻으로 옳지 않은 것은? ★★★

① "상승악취"란 두 가지 이상의 악취물질이 함께 작용하여 사람의 후각을 자극하여 불쾌감과 혐오감을 주는 냄새를 말한다.
② "악취배출시설"이란 악취를 유발하는 시설, 기계, 기구, 그 밖의 것으로서 환경부장관이 관계 중앙행정기관의 장과 협의하여 환경부령으로 정하는 것을 말한다.
③ "악취"란 황화수소, 메르캅탄류, 아민류, 그 밖에 자극성이 있는 물질이 사람의 후각을 자극하여 불쾌감과 혐오감을 주는 냄새를 말한다.
④ "지정악취물질"이란 악취의 원인이 되는 물질로서 환경부령으로 정하는 것을 말한다.

✔ "복합악취"란 두 가지 이상의 악취물질이 함께 작용하여 사람의 후각을 자극하여 불쾌감과 혐오감을 주는 냄새를 말한다.

87 대기환경보전법령상 기본부과금 산정기준 중 "수산자원보호구역"의 지역별 부과계수는? (단, 지역 구분은 국토의 계획 및 이용에 관한 법률에 의한다.) ★

① 0.5　　　　　② 1.0
③ 1.5　　　　　④ 2.0

✔ Ⅰ지역 1.5, Ⅱ지역 0.5, Ⅲ지역 1.0
Ⅱ지역 :「국토의 계획 및 이용에 관한 법률」 제36조에 따른 공업지역, 같은 법 제37조에 따른 개발진흥지구(관광·휴양개발진흥지구는 제외), 같은 법 제40조에 따른 수산자원보호구역, 같은 법 제42조에 따른 국가산업단지·일반산업단지·도시첨단산업단지, 전원개발사업구역 및 예정구역

88 환경정책기본법령상 일산화탄소(CO)의 대기환경기준은? (단, 8시간 평균치이다.) ★★★

① 0.15ppm 이하　② 0.3ppm 이하
③ 9ppm 이하　　　④ 25ppm 이하

✔ 일산화탄소(CO)의 대기환경기준은 8시간 9ppm, 1시간 25ppm이다.

89 대기환경보전법령상 배출시설 설치신고를 하고자 하는 경우 설치신고서에 포함되어야 하는 사항과 가장 거리가 먼 것은? ★

① 배출시설 및 방지시설의 설치명세서
② 방지시설의 일반도
③ 방지시설의 연간 유지관리계획서
④ 유해오염물질 확정배출농도 내역서

✔ 설치신고서에 포함되어야 하는 사항은 원료(연료를 포함)의 사용량 및 제품 생산량과 오염물질 등의 배출량을 예측한 명세서, 배출시설 및 대기오염방지시설의 설치명세서, 방지시설의 일반도, 방지시설의 연간 유지관리계획서, 사용 연료의 성분 분석과 황산화물 배출농도 및 배출량 등을 예측한 명세서(법 제41조 제3항 단서에 해당하는 배출시설의 경우에만 해당), 배출시설 설치허가증(변경허가를 신청하는 경우에만 해당) 등이다.

90 환경정책기본법상 환경부 장관은 국가환경종합계획의 종합적·체계적 추진을 위해 얼마마다 환경보전중기종합계획을 수립하여야 하는가? ★★★

① 1년   ② 3년
③ 5년   ④ 10년

91 환경정책기본법령상 아황산가스(SO_2)의 대기환경기준으로 옳게 연결된 것은? ★★★

- 24시간 평균치 : (㉠)ppm 이하
- 1시간 평균치 : (㉡)ppm 이하

① ㉠ 0.05, ㉡ 0.15 ② ㉠ 0.06, ㉡ 0.10
③ ㉠ 0.07, ㉡ 0.12 ④ ㉠ 0.08, ㉡ 0.12

✅ 아황산가스(SO_2)의 대기환경기준 : 연간 0.02ppm 이하, 24시간 0.05ppm 이하, 1시간 0.15ppm 이하

92 대기환경보전법상 배출시설을 설치·운영하는 사업자에게 조업정지를 명하여야 하는 경우로서 그 조업정지가 공익에 현저한 지장을 줄 우려가 있다고 인정되는 경우, 조업정지 처분에 갈음하여 시·도지사가 부과할 수 있는 최대과징금 액수는? ★

① 5,000만원   ② 1억원
③ 2억원   ④ 5억원

93 다음은 대기환경보전법규상 "초미세먼지(PM 2.5)"의 주의보 발령기준이다. ( ) 안에 알맞은 것은 어느 것인가? ★★

기상조건 등을 고려하여 해당지역의 대기자동측정소 PM 2.5 시간당 평균농도가 ( ) 지속인 때

① $50\mu g/m^3$ 이상 1시간 이상
② $50\mu g/m^3$ 이상 2시간 이상
③ $75\mu g/m^3$ 이상 1시간 이상
④ $75\mu g/m^3$ 이상 2시간 이상

✅ • 발령기준 – 기상조건 등을 고려하여 해당지역의 대기자동측정소 PM 2.5 시간당 평균농도가 $75\mu g/m^3$ 이상 2시간 이상 지속인 때
 • 해제기준 – 주의보가 발령된 지역의 기상조건 등을 검토하여 대기자동측정소의 PM 2.5 시간당 평균농도가 $35\mu g/m^3$ 미만인 때

94 대기환경보전법규상 대기오염방지시설과 가장 거리가 먼 것은 어느 것인가? (단, 그 밖의 경우 등은 제외) ★★★

① 산화·환원에 의한 시설
② 응축에 의한 시설
③ 미생물을 이용한 처리시설
④ 이온교환시설

✅ 대기오염방지시설과 가장 거리가 먼 것은 이온교환시설이다.

95 다음 중 대기환경보전법령상 용어의 뜻으로 틀린 것은? ★★★

① 대기오염물질 : 대기 중에 존재하는 물질 중 심사·평가 결과 대기오염의 원인으로 인정된 가스·입자상 물질로서 환경부령으로 정하는 것을 말한다.
② 기후·생태계 변화유발물질 : 지구온난화 등으로 생태계의 변화를 가져올 수 있는 기체상 물질로서 온실가스와 환경부령으로 정하는 것을 말한다.
③ 매연 : 연소할 때에 생기는 유리탄소가 주가 되는 미세한 입자상 물질을 말한다.
④ 촉매제 : 자동차에서 배출되는 대기오염물질을 줄이기 위하여 자동차에 부착 또는 교체하는 장치로서 환경부령으로 정하는 저감효율에 적합한 장치를 말한다.

✅ • "촉매제"란 배출가스를 줄이는 효과를 높이기 위하여 배출가스저감장치에 사용되는 화학물질로서 환경부령으로 정하는 것을 말한다.
 • "배출가스저감장치"란 자동차에서 배출되는 대기오염물질을 줄이기 위하여 자동차에 부착 또는 교체하는 장치로서 환경부령으로 정하는 저감효율에 적합한 장치를 말한다.

96 다음은 대기환경보전법령상 환경기술인에 관한 사항이다. ( ) 안에 알맞은 것은? ★★★

> 환경기술인을 두어야 할 사업장의 범위, 환경기술인의 자격기준, 임명기간은 ( )으로 정한다.

① 시·도지사령　　② 총리령
③ 환경부령　　④ 대통령령

✅ 환경기술인을 두어야 할 사업장의 범위, 환경기술인의 자격기준, 임명(바꾸어 임명하는 것을 포함) 기간은 대통령령으로 정한다.

97 대기환경보전법령상 수도권대기환경청장, 국립환경과학원장 또는 한국환경공단이 설치하는 대기오염 측정망의 종류가 아닌 것은 어느 것인가? ★★★

① 도시지역의 휘발성 유기화합물 등의 농도를 측정하기 위한 광화학대기오염물질측정망
② 기후·생태계 변화유발물질의 농도를 측정하기 위한 지구대기측정망
③ 대기 중의 중금속 농도를 측정하기 위한 대기중금속측정망
④ 대기오염물질의 지역배경농도를 측정하기 위한 교외대기측정망

✅ 대기 중의 중금속 농도를 측정하기 위한 대기중금속측정망은 특별시장·광역시장·특별자치시장·도지사 또는 특별자치도지사가 설치하는 대기오염 측정망이다. 그 외에도 도시대기측정망, 도로변대기측정망이 있다.

98 대기환경보전법령상 배출시설의 변경신고를 하여야 하는 경우에 해당하지 않는 것은?

① 배출시설 또는 방지시설을 임대하는 경우
② 사업장의 명칭이나 대표자를 변경하는 경우
③ 종전의 연료보다 황 함유량이 낮은 연료로 변경하는 경우
④ 배출시설에서 허가받은 오염물질 외의 새로운 대기오염물질이 배출되는 경우

✅ 종전의 연료보다 황 함유량이 높은 연료로 변경하는 경우에 변경신고를 해야 한다.

99 대기환경보전법령상 환경기술인의 임명기준에 관한 내용이다. ( ) 안에 알맞은 말은? (단, 1급은 기사, 2급은 산업기사와 동일) ★★

> 환경기술인을 바꾸어 임명하는 경우에는 그 사유가 발생한 날부터 (㉠) 이내에 임명하여야 한다. 다만, 환경기사 1급 또는 2급 이상의 자격이 있는 자를 임명하여야 하는 사업장으로서 (㉠) 이내에 채용할 수 없는 부득이한 사정이 있는 경우에는 (㉡)의 범위에서 규정에 적합한 환경기술인을 임명할 수 있다.

① ㉠ 5일, ㉡ 30일　② ㉠ 5일, ㉡ 60일
③ ㉠ 10일, ㉡ 30일　④ ㉠ 10일, ㉡ 60일

100 다음 중 대기환경보전법령상 일일 기준초과 배출량 및 일일 유량의 산정방법으로 옳지 않은 것은? ★

① 측정유량의 단위는 m^3/h로 한다.
② 먼지를 제외한 그 밖의 오염물질의 배출농도 단위는 ppm으로 한다.
③ 특정대기유해물질의 배출허용기준초과 일일 오염물질배출량은 소수점 이하 넷째자리까지 계산한다.
④ 일일 조업시간은 배출량을 측정하기 전 최근 조업한 3개월 동안의 배출시설 조업시간 평균치를 일 단위로 표시한다.

✅ 일일 조업시간은 배출량을 측정하기 전 최근 조업한 30일 동안의 배출시설 조업시간 평균치를 시간으로 표시한다.

2023 제2회 대기환경기사

제1과목 대기오염 개론

01 흑체의 표면온도가 1,500K에서 1,800K으로 증가했을 경우, 흑체에서 방출되는 에너지는 몇 배가 되는가? (단, 슈테판-볼츠만 법칙 기준) ★

① 1.2배
② 1.4배
③ 2.1배
④ 3.2배

✔ $j = \sigma \times T^4$, $j \propto \left(\dfrac{1,800}{1,500}\right)^4 = 2.07 \fallingdotseq 2.1$배

02 대기오염모델 중 수용모델에 관한 설명으로 옳지 않은 것은? ★★★

① 오염물질의 농도 예측을 위해 오염원의 조업 및 운영 상태에 대한 정보가 필요하다.
② 새로운 오염원, 불확실한 오염원과 불법 배출 오염원을 정량적으로 확인·평가할 수 있다.
③ 오염물질의 분석방법에 따라 현미경분석법과 화학분석법으로 구분할 수 있다.
④ 측정자료를 입력자료로 사용하므로 시나리오 작성이 곤란하다.

✔ 수용모델은 오염물질의 농도 예측을 위해 오염원의 조업 및 운영 상태에 대한 정보가 필요하지 않다.

03 다음 중 PAN에 관한 내용으로 옳지 않은 것은 어느 것인가? ★★

① 대기 중의 광화학반응으로 생성된다.
② PAN의 지표식물에는 강낭콩, 상추, 시금치 등이 있다.
③ 황산화물의 일종으로 가시광선을 흡수해 가시거리를 단축시킨다.
④ 사람의 눈에 통증을 일으키며, 식물의 잎에 흑반병을 발생시킨다.

✔ PAN은 peroxyacetyl nitrate의 약자이고, 분자식은 $CH_3COOONO_2$로 황산화물의 일종이 아니다.

04 먼지 농도가 $40\,\mu g/m^3$, 상대습도가 70%일 때, 가시거리(km)는? (단, 계수 A는 1.2) ★★★

① 19
② 23
③ 30
④ 67

✔ $l_v = 1,000 \times A/C = 1,000 \times 1.2/40 = 30$km

05 다음은 탄화수소류에 관한 설명이다. ( ) 안에 가장 적합한 물질은? ★★

> 탄화수소류 중에서 이중결합을 가진 올레핀화합물은 포화 탄화수소나 방향족 탄화수소보다 대기 중에서 반응성이 크다. 방향족 탄화수소는 대기 중에서 고체로 존재하고, 특히 ( )은 대표적인 발암물질로 환경호르몬으로 알려져 있으며, 연소과정에서 생성되는데 숯불에 구운 쇠고기 등 가열로 검게 탄 식품, 담배 연기, 자동차 배기가스, 석탄 타르 등에 포함되어 있다.

① 벤조피렌
② 나프탈렌
③ 안트라센
④ 톨루엔

✔ **[Plus 이론학습]**
벤조피렌은 방향족 탄화수소 중에서도 다환방향족 탄화수소(PAH)에 속한다. 석유 찌꺼기인 피치의 한 성분을 이루며, 콜타르, 담배 연기, 나무 태울 때의 연기, 자동차 매연에 들어 있는데 사실상 모든 유기물질이 탈 때는 거의 다 발생한다.

---

06 일반적인 가솔린 자동차 배기가스의 구성면에서 볼 때 다음 중 가장 많은 부피를 차지하는 물질은? (단, 가속상태 기준) ★

① 탄화수소
② 질소산화물
③ 일산화탄소
④ 이산화탄소

✅ 휘발유가 완전연소하면 이산화탄소와 물이 전부이다. 그러나 완전연소는 이루어지지 않기 때문에 탄화수소, 질소산화물, 일산화탄소와 같은 오염물질이 발생되지만 이들은 이산화탄소에 비해 매우 적은 양이다.

07 1시간에 10,000대의 차량이 고속도로 위에서 평균시속 80km로 주행하며, 각 차량의 평균 탄화수소 배출률은 0.02g/s이다. 바람이 고속도로와 측면 수직방향으로 5m/s로 불고 있다면 도로지반과 같은 높이의 평탄한 지형의 풍하 500m지점에서의 지상 오염농도는? (단, 대기는 중립상태이며, 풍하 500m에서의 $\sigma_z = 15$m,

$$C(x,\ t,\ 0) = \frac{2Q}{(2\pi)^{\frac{1}{2}}\sigma_z \cdot U} \exp\left[-\frac{1}{2}\left(\frac{H}{\sigma_z}\right)\right]$$

를 이용)

① $26.6\mu g/m^3$
② $34.1\mu g/m^3$
③ $42.4\mu g/m^3$
④ $51.2\mu g/m^3$

✅
$$Q = \frac{10,000대}{} \frac{0.02g}{s \cdot 대} \frac{1km}{80km} \frac{10^6\mu g}{10^3m} \frac{}{1g}$$
$$= 2,500\mu g/m \cdot s$$
$H=0$, 그러므로 $\exp\left[-\frac{1}{2}\left(\frac{H}{\sigma_z}\right)\right] = 1$
$$C = \frac{2Q}{\sqrt{2\pi} \times \sigma_z \times U} = \frac{2 \times 2,500}{2.5 \times 15 \times 5}$$
$$= 26.67\mu g/m^3$$

08 다음 중 혼합층에 관한 설명으로 가장 적합한 것은? ★

① 최대혼합깊이는 통상 낮에 가장 적고 밤시간을 통하여 점차 증가한다.
② 야간에 역전이 극심한 경우 최대혼합깊이는 5,000m 정도까지 증가한다.
③ 계절적으로 최대혼합깊이는 주로 겨울에 최소가 되고 이른 여름에 최대값을 나타낸다.

④ 환기량은 혼합층의 온도와 혼합층 내의 평균풍속을 곱한 값으로 정의된다.

✅ 최대혼합깊이는 통상 낮에 가장 크고 밤시간을 통하여 점차 감소한다. 계절적으로 최대혼합깊이는 주로 겨울에 최소가 되고 이른 여름에 최대값을 나타낸다.

09 온실기체와 관련한 다음 설명 중 ( ) 안에 가장 알맞은 것은? ★★★

(㉠)는 지표부근 대기 중 농도가 약 1.5ppm 정도이고, 주로 미생물의 유기물 분해작용에 의해 발생하며, (㉡)의 특수파장을 흡수하여 온실기체로 작용한다.

① ㉠ CO_2, ㉡ 적외선
② ㉠ CO_2, ㉡ 자외선
③ ㉠ CH_4, ㉡ 적외선
④ ㉠ CH_4, ㉡ 자외선

✅ **[Plus 이론학습]**
메탄은 같은 농도의 이산화탄소에 비해 21배 정도 그 효과가 강하며, 유기물이 미생물에 의해 분해되는 과정에서 만들어지는데, 비료나 논, 쓰레기더미, 심지어는 초식동물이나 곤충의 소화과정에서도 상당한 양이 배출된다.

10 다음 중 석면폐증에 관한 설명으로 가장 거리가 먼 것은? ★★

① 석면폐증은 폐의 석면분진 침착에 의한 섬유화이며, 흉막의 섬유화와는 무관하다.
② 석면폐증은 폐상엽에서 주로 발생하며, 전이되지 않는다.
③ 폐의 섬유화는 폐조직의 신축성을 감소시키고, 혈액으로의 산소공급을 불충분하게 한다.
④ 석면폐증은 비가역적이며, 석면 노출이 중단된 이후에도 악화되는 경우가 있다.

✅ 석면폐증은 폐하엽에 주로 발생하며, 흉막을 따라 폐중엽이나 설엽으로 전이된다.
[Plus 이론학습]
석면폐증은 석면 분진이 폐에 들러붙어 폐가 딱딱하게 굳는 섬유화가 나타나는 질병이다.

11 다음 설명은 어떤 연기 형태에 해당하는 것인가? ★★★

> 대기가 매우 안정한 상태일 때에 아침과 새벽에 잘 발생하며, 강한 역전조건에서 잘 생긴다. 이런 상태에서는 연기의 수직방향 분산은 최소가 되고, 풍향에 수직되는 수평방향의 분산은 아주 적다.

① Fanning   ② Coning
③ Looping   ④ Lofting

✔ **[Plus 이론학습]**
부채형(fanning)은 굴뚝 위의 상당한 높이까지 공기의 안정으로 강한 역전 조건에서 발생되며, 수직운동 억제로 풍하측의 오염물 농도를 예측하기가 어렵다.

12 다음 중 Fick의 확산방정식을 실제 대기에 적용시키기 위해 세우는 추가적인 가정으로 거리가 먼 것은?

① $\dfrac{dC}{dt}=0$이다.

② 바람에 의한 오염물의 주 이동방향은 x축으로 한다.

③ 오염물질의 농도는 비점오염원에서 간헐적으로 배출된다.

④ 풍속은 x, y, z 좌표 내의 어느 점에서든 일정하다.

✔ 오염물질은 점오염원으로부터 연속적으로 배출된다.

13 다음 중 주로 연소 시 배출되는 무색의 기체로 물에 매우 난용성이며, 혈액 중의 헤모글로빈과 결합력이 강해 산소 운반능력을 감소시키는 물질은? ★★★

① HC   ② NO
③ PAN   ④ 알데하이드

✔ **[Plus 이론학습]**
NO는 광화학스모그 및 산성비의 원인물질이다.

14 대기오염이 식물에 미치는 영향에 관한 설명으로 가장 거리가 먼 것은? ★

① SO_2는 회백색 반점을 생성하며, 피해부분은 엽육세포이다.

② PAN은 유리화 은백색 광택을 나타내며, 주로 해면연조직에 피해를 준다.

③ NO_2는 불규칙 흰색 또는 갈색으로 변화되며, 피해부분은 엽육세포이다.

④ HF는 SO_2와 같이 잎 안쪽부분에 반점을 나타내기 시작하며, 늙은 잎에 특히 민감하고 밤이 낮보다 피해가 크다.

✔ HF로 인한 피해는 SO_2와 거의 흡사하지만 HF는 기공을 통해 침투된 후 SO_2와는 달리 잎의 선단이나 주변에 도달하여 축적되고 일정량에 달하면 탈수작용이 일어나 세포가 파괴된다. 또 파괴된 부분은 점점 녹색이 없어져 황갈색으로 변하고, 적은 농도에서도 피해를 주며, 특히 어린 잎에 현저하다는 특징을 가진다.

15 다음 중 대기층의 구조에 관한 설명으로 옳은 것은? ★★★

① 지상 80km 이상을 열권이라고 한다.

② 오존층은 주로 지상 약 30~45km에 위치한다.

③ 대기층의 수직구조는 대기압에 따라 4개 층으로 나뉜다.

④ 일반적으로 지상에서부터 상층 10~12km까지를 성층권이라고 한다.

✔ 대기층은 고도에 따른 기온의 변화로 크게 4권역으로 분류된다. 즉, 대류권(0~11km) → 성층권(11~50km) → 중간권(50~80km) → 열권(80~100km)이다.

[Plus 이론학습]
오존층은 성층권에 존재하며, 25km 부근에 위치한다.

16 2차 대기오염물질에 해당하는 것은? ★★★

① H_2S

② H_2O_2

③ NH_3

④ $(CH_3)_2S$

✔ 과산화수소(H_2O_2)는 산소와 수소의 화합물로서 오존(O_3)과 함께 대기 중에서 2차적으로 생성되는 대표적인 2차 오염물질이다.

17 대기 중의 광화학반응에서 탄화수소와 반응하여 2차 오염물질을 형성하는 화학종과 가장 거리가 먼 것은? ★★★

① CO

② −OH

③ NO

④ NO$_2$

✔ 광화학반응은 NO$_2$/NO비, 태양빛의 강도, 과산화기 등과 관계가 있으며, CO와는 상관이 없다.

18 다음 중 열섬효과에 관한 내용으로 가장 거리가 먼 것은? ★★★

① 구름이 많고 바람이 강한 주간에 주로 발생한다.

② 일교차가 심한 봄, 가을이나 추운 겨울에 주로 발생한다.

③ 교외지역에 비해 도시지역에 고온의 공기층이 형성된다.

④ 직경이 10km 이상인 도시에서 자주 나타나는 현상이다.

✔ 열섬현상은 고기압의 영향으로 하늘이 맑고 바람이 약한 때에 잘 발생한다.

19 먼지의 농도를 측정하기 위해 공기를 0.3m/s의 속도로 1.5시간 동안 여과지에 여과시킨 결과 여과지의 빛전달률이 깨끗한 여과지의 80%로 감소하였다. 1,000m당 COH는? ★

① 6.0 ② 3.0

③ 2.5 ④ 1.5

✔ COH=log(불투명도)/0.01

    =100×log(I_o/I_t)

여기서, I_o : 입사광의 강도

    I_t : 투과광의 강도

m당 COH=100×log(I_o/I_t)×거리/(속도×시간)

1,000m당 COH=100×log(I_o/I_t)×1,000/(속도×시간)

    =100×log(1/0.8)×1,000/

    (0.3×1.5×3,600)

    =5.98

[Plus 이론학습]

• COH는 Coefficent Of Haze의 약자로, 광학적 밀도가 0.01이 되도록 하는 여과지상에 빛을 분산시켜 준 고형물의 양을 뜻한다.

• 광화학 밀도는 불투명도의 log값으로서, 불투명도는 빛전달률의 역수이다.

20 지균풍에 관한 설명으로 가장 적합하지 않은 것은? ★

① 등압선에 평행하게 직선운동을 하는 수평의 바람이다.

② 고공에서 발생하기 때문에 마찰력의 영향이 거의 없다.

③ 기압경도력과 전향력의 크기가 같고 방향이 반대일 때 발생한다.

④ 북반구에서 지균풍은 오른쪽에 저기압, 왼쪽에 고기압을 두고 본다.

✔ 지균풍은 기압이 낮은 쪽을 왼쪽에 두고 등압선과 평행하게 분다. 남반구에서는 기압이 낮은 쪽이 반대로 오른쪽이 된다.

제2과목 연소공학

21 연소에 관한 설명으로 옳은 것은? ★★★

① 공연비는 공기와 연료의 질량비(또는 부피비)로 정의되며, 예혼합연소에서 많이 사용된다.

② 등가비가 1보다 큰 경우 NO_x 발생량이 증가한다.

③ 등가비와 공기비는 비례관계에 있다.

④ 최대탄산가스율은 실제습연소가스량과 최대탄산가스량의 비율이다.

✔ ② 등가비가 1보다 큰 경우 NO_x 발생량이 감소한다.
③ 등가비와 공기비는 반비례관계에 있다.
④ 최대탄산가스율은 이론건연소가스량과 최대탄산가스량의 비율이다.

22 연료를 2.0의 공기비로 완전연소시킬 때, 배출가스 중의 산소 농도(%)는? (단, 배출가스에는 일산화탄소가 포함되어 있지 않음.) ★★★

① 7.5
② 9.5
③ 10.5
④ 12.5

✔ 완전연소일 때

$$m(공기비) = \frac{21}{21-(O_2)}$$

$$2 = \frac{21}{21-(O_2)}$$

$$\therefore O_2 = 10.5\%$$

23 다음 중 착화온도가 가장 높은 연료는? ★

① 수소
② 휘발유
③ 무연탄
④ 목재

✔ ① 수소 : 580~600℃
② 휘발유 : 300℃
④ 무연탄 : 440~550℃
④ 목재 : 410~450℃

[Plus 이론학습]
- 고체 : 셀룰로이드 180℃, 갈탄 250~300℃, 역청탄 360℃, 목탄 320~370℃, 종이류 405~410℃
- 액체 : 중유 300~450℃, 아스팔트 450~500℃, 경유 210℃, 등유 257℃, 윤활유 250~350℃
- 기체 : 일산화탄소 641~658℃, 메탄 650~750℃, 에탄 520~630℃, 프로판 450℃, 부탄 405℃

24 부탄가스를 완전연소시킬 때, 부피기준 공기연료비(AFR)는? ★★★

① 15.23
② 20.15
③ 30.95
④ 60.46

✔ $C_4H_{10} + (4+10/4)O_2 \rightarrow 4CO_2 + 10/2H_2O$
  1   6.5
$O_o = 6.5m^3$, $A_o = 6.5/0.21 = 30.95m^3$
$\therefore AFR = 30.95m^3/1m^3 = 30.95$

25 다음 중 저위발열량 11,000kcal/kg인 중유를 완전연소시키는 데 필요한 이론습연소가스량 (Sm^3/kg)은? (단, 표준상태 기준, Rosin의 식 적용) ★★★

① 약 8.1
② 약 10.2
③ 약 12.2
④ 약 14.2

✔ 액체연료에서 저위발열량을 이용하여 이론공기량 A_o, 이론연소가스량 G_o를 구하는 데는 Rosin 식을 사용한다.
$A_o = 0.85Hl/1,000 + 2$
$= 0.85 \times 11,000/1,000 + 2$
$= 11.35Sm^3/kg$
$G_o = 1.11Hl/1,000$
$= 1.11 \times 11,000/1,000$
$= 12.21Sm^3/kg$

26 프로판(C_3H_8)과 에탄(C_2H_6)의 혼합가스 $1Sm^3$를 완전연소시킨 결과 배기가스 중 이산화탄소(CO_2)의 생성량이 $2.8Sm^3$였다. 이 혼합가스의 mol비(C_3H_8/C_2H_6)는 얼마인가?

① 0.25
② 0.5
③ 2.0
④ 4.0

✔ $C_3H_8 + 5O_2 \rightarrow 3CO_2 + 4H_2O$
  $0.5x$: $1.5x$
  $C_2H_6 + 3.5O_2 \rightarrow 2CO_2 + 3H_2O$
  $0.5y$: $1.0y$
  $1.5x + 1.0y = 2.8$
  $0.5x + 0.5y = 1$
  $2 - x = 2.8 - 1.5x \rightarrow 0.5x = 0.8$, $x = 1.6$, $y = 0.4$
  $\therefore x/y = 1.6/0.4 = 4$

27 기체연료의 특징 및 종류에 관한 설명으로 거리가 먼 것은? ★★★

① 부하변동범위가 넓고, 연소의 조절이 용이한 편이다.

② 천연가스는 화염전파속도가 크며 폭발범위가 크므로 1차 공기를 적게 혼합하는 편이 유리하다.

③ 액화천연가스는 메탄을 주성분으로 하는 천연가스를 1기압 하에서 $-168℃$ 근처에서 천연가스를 냉각, 액화시켜 대량 수송 및 저장을 가능하게 한 것이다.

④ 액화석유가스는 액체에서 기체로 될 때 증발열($90\sim100$kcal/kg)이 있으므로 사용하는 데 유의할 필요가 있다.

✔ 천연가스는 자연발화온도가 다른 가스보다 높기 때문에 (약 537℃) 천연가스가 자연적으로 발화되고 사고로 이어질 위험은 극히 낮으며, 혹시 공기와 섞이더라도 오직 $5\sim15\%$ 범위 내에서만 불이 붙으니 화재의 위험도 극히 낮다.

28 다음의 액체탄화수소 중 탄소수가 가장 적고, 비점이 $30\sim200℃$, 비중이 $0.72\sim0.76$ 정도인 것은? ★

① 중유

② 경유

③ 등유

④ 휘발유

✔ 휘발유는 상온에서 쉽게 증발하는 성질이 있고, 인화성도 매우 좋다. 끓는점은 $30\sim140℃$이며, 비중은 $0.72\sim0.76$이다.

29 프로판의 고위발열량이 20,000kcal/Sm^3라면 저위발열량(kcal/Sm^3)은? ★★★

① 17,040

② 17,620

③ 18,080

④ 18,830

✔ $Hl = Hh - 480 \times 수분량$
  $C_3H_8 + 5O_2 \rightarrow 3CO_2 + 4H_2O$
  $\therefore Hl = 20,000 - 480 \times 4$
  $= 18,080$kcal/Sm^3

30 연료 연소 시 매연 발생에 관한 설명으로 옳지 않은 것은? ★★★

① 연료의 C/H 비율이 클수록 매연이 발생하기 쉽다.

② 중합 및 고리화합물 등과 같이 반응이 일어나기 쉬운 탄화수소일수록 매연 발생이 적다.

③ 분해하기 쉽거나 산화하기 쉬운 탄화수소는 매연 발생이 적다.

④ 탄소결합을 절단하기보다는 탈수소가 쉬운 쪽이 매연이 발생하기 쉽다.

✔ 탈수소, 중합 및 고리화합물 등과 같은 반응이 일어나기 쉬운 탄화수소일수록 매연이 잘 생긴다.

31 저위발열량이 7,000kcal/Sm^3인 가스연료의 이론연소온도($℃$)는? (단, 이론연소가스량은 $10m^3/Sm^3$, 연료연소가스의 평균정압비열은 0.35kcal/$Sm^3 \cdot ℃$, 기준온도는 $15℃$, 지금 공기는 예열되지 않으며, 연소가스는 해리되지 않음.) ★

① 1,515

② 1,825

③ 2,015

④ 2,325

✔ $t_1 = (H_1/(G_{ow} \times C_p)) + t_2 (℃)$
  $= (7,000/(10 \times 0.35)) + 15$
  $= 2,015℃$

32 COM(Coal Oil Mixture, 혼탄유) 연소에 관한 설명으로 옳지 않은 것은? ★★

① COM은 주로 석탄과 중유의 혼합연료이다.

② 연소실 내 체류시간의 부족, 분사변의 폐쇄와 마모 등 주의가 요구된다.

③ 재의 처리가 용이하고, 중유전용 보일러의 연료로서 개조 없이 COM을 효율적으로 이용할 수 있다.

④ 중유보다 미립화 특성이 양호하다.

✔ COM은 중유전용 보일러의 연료가 아니기 때문에 보일러를 개조하여 사용해야 효율적이다.

33 유류연소 버너 중 유압식 버너에 관한 설명으로 가장 거리가 먼 것은? ★★★

① 대용량 버너 제작이 용이하다.

② 유압은 보통 50~90kg/cm^2 정도이다.

③ 유량 조절범위가 좁아(환류식 1 : 3, 비환류식 1 : 2) 부하변동에 적응하기 어렵다.

④ 연료유의 분사각도는 기름의 압력, 점도 등으로 약간 달라지지만 40~90° 정도의 넓은 각도로 할 수 있다.

✔ 유압분무식 버너는 노즐을 통해서 5~20kg/cm^{2}의 압력으로 가압된 연료를 연소실 내부로 분무시키는 연소장치 버너이다.

34 다음 설명에 해당하는 기체연료는? ★★

> • 고온으로 가열된 무연탄이나 코크스 등에 수증기를 반응시켜 얻는 기체연료이다.
> • 반응식
> – $C + H_2O \rightarrow CO + H_2 + Q$
> – $C + 2H_2O \rightarrow CO_2 + 2H_2 + Q$

① 수성가스   ② 오일가스

③ 고로가스   ④ 발생로가스

35 옥탄가(octane number)에 관한 설명으로 옳지 않은 것은? ★

① n－paraffine에서는 탄소수가 증가할수록 옥탄가가 저하하여 C_7에서 옥탄가는 0이다.

② iso－paraffine에서는 methyl 측쇄가 많을수록, 특히 중앙부에 집중할수록 옥탄가가 증가한다.

③ 방향족 탄화수소의 경우 벤젠고리의 측쇄가 C_3까지는 옥탄가가 증가하지만 그 이상이면 감소한다.

④ iso－octane과 n－octane, neo－octane의 혼합표준연료의 노킹 정도와 비교하여 공급가솔린과 동등한 노킹 정도를 나타내는 혼합표준연료 중의 iso－octane(%)를 말한다.

✔ 옥탄가는 휘발유의 노킹 정도를 측정하는 값으로, iso－octane을 100, n－heptane을 0으로 하여 휘발유의 안티노킹 정도와 두 탄화수소의 혼합물의 노킹 정도가 같을 때, iso－octane의 분율을 퍼센트로 한 값이다.

[Plus 이론학습]
옥탄가 클수록 좋은 휘발유이다.

36 다음 중 회전식 버너에 관한 설명으로 옳지 않은 것은? ★★

① 분무각도가 40~80°로 크고, 유량 조절범위도 1 : 5 정도로 비교적 넓은 편이다.

② 연료유는 0.3~0.5kg/cm^2 정도로 가압하여 공급하며, 직결식의 분사유량은 1,000L/h 이하이다.

③ 연료유의 점도가 크고 분무컵의 회전수가 작을수록 분무상태가 좋아진다.

④ 3,000~10,000rpm으로 회전하는 컵모양의 분무컵에 송입되는 연료유가 원심력으로 비산됨과 동시에 송풍기에서 나오는 1차 공기에 의해 분무되는 형식이다.

✔ 연료유의 점도가 작고 분무컵의 회전수가 클수록 분무상태가 좋아진다.

37 프로판과 부탄을 1:1의 부피비로 혼합한 연료를 연소했을 때, 건조배출가스 중의 CO_2 농도가 10%이다. 이 연료 4m³를 연소했을 때 생성되는 건조배출가스의 양(Sm³)은? (단, 연료 중의 C 성분은 전량 CO_2로 전환) ★

① 105 ② 140
③ 175 ④ 210

✓ $C_3H_8 + 5O_2 \rightarrow 3CO_2 + 4H_2O$
　 2　 2×5　 2×3　2×4
　 $C_4H_{10} + 6.5O_2 \rightarrow 4CO_2 + 5H_2O$
　 2　 2×6.5　 2×4　2×5
　 $CO_2(\%) = [(2×3) + (2×4)] / G_d × 100 = 10$
　 ∴ $G_d = 140Sm^3$

38 수소 13%, 수분 0.7%가 포함된 중유의 고발열량이 5,000kcal/kg일 때, 이 중유의 저발열량(kcal/kg)은? ★★★

① 4,126
② 4,294
③ 4,365
④ 4,926

✓ $Hl = Hh - 600(9H + W)$
　 $= 5,000 - 600 × (9 × 0.13 + 0.007)$
　 $= 4,293.8kcal/kg$

39 C:80%, H:15%, S:5%의 무게비로 구성된 중유 1kg을 1.1의 공기비로 완전연소시킬 때, 건조배출가스 중의 SO_2 농도(ppm)는? (단, 모든 S 성분은 SO_2가 됨.) ★★

① 3,026 ② 3,530
③ 4,126 ④ 4,530

✓ $O_o = 1.867C + 5.6(H - O/8) + 0.7S = 2.37$
　 $A_o = O_o / 0.21 = 11.3$
　 $G_d = mA_o - 5.6H + 0.7O + 0.8N$
　 　 $= 1.1 × 11.3 - 5.6 × 0.15$
　 　 $= 11.59$
　 ∴ $SO_2(ppm) = 0.7S / G_d × 10^6$
　 　 　 $= 0.7 × 0.05 / 11.59 × 10^6$
　 　 　 $= 3,020$

40 다음 중 석유류의 특성에 관한 내용으로 옳은 것은? ★★

① 일반적으로 인화점은 예열온도보다 약간 높은 것이 좋다.
② 인화점이 낮을수록 역화의 위험성이 낮아지고 착화가 곤란하다.
③ 일반적으로 API가 10° 미만이면 경질유, 40° 이상이면 중질유로 분류된다.
④ 일반적으로 경질유는 방향족계 화합물을 50% 이상 함유하고 중질유에 비해 밀도와 점도가 높은 편이다.

✓ 인화점이 낮으면 역화 위험성이 있고, 높으면(140℃ 이상) 착화가 곤란하다. 인화점은 보통 그 예열온도보다 약 5℃ 이상 높은 것이 좋다.

제3과목 대기오염 방지기술

41 공장 배출가스 중의 일산화탄소를 백금계 촉매를 사용하여 처리할 때, 촉매독으로 작용하는 물질에 해당하지 않는 것은?

① Ni

② Zn

③ As

④ S

❷ 촉매독으로 작용하는 물질은 Zn, As, Hg, Pb, S(황화합물), 염소화합물, 유기인화합물 등이 있다.

42 직경이 30cm, 높이가 10m인 원통형 여과집진장치를 사용하여 배출가스를 처리하고자 한다. 배출가스의 유량이 750m^3/min, 여과속도가 3.5cm/s일 때, 필요한 여과포의 개수는? ★

① 32개

② 38개

③ 45개

④ 50개

❷ 1개 Bag의 공간
= 원의 둘레($2\pi R$)×높이(H)×겉보기 여과속도(V_t)
= 2×3.14×0.15×10×0.035
= 0.3297m^3/s
= 19.8m^3/min
∴ 필요한 bag의 수 = 750/19.8 = 37.9 = 38개

43 여과집진장치를 사용하여 배출가스의 먼지 농도를 10g/m^3에서 0.5g/m^3로 감소시키고자 한다. 여과집진장치의 먼지부하가 300g/m^2가 되었을 때 탈진할 경우, 탈진주기(min)는? (단, 겉보기 여과속도는 2cm/s) ★

① 26

② 34

③ 43

④ 46

❷ 부하 = 농도×속도×시간
V_t = 2cm/s = 1.2m/min

$$시간 = \frac{300g}{m^2} \left| \frac{m^3}{(10-0.5)g} \right| \frac{min}{1.2m} = 26.3min$$

44 다이옥신 제어방법에 관한 설명으로 옳지 않은 것은? ★★

① 250~340nm의 자외선을 조사하여 다이옥신을 분해할 수 있다.

② 다이옥신의 발생을 억제하기 위해 PVC, PCB가 포함된 제품을 소각하지 않는다.

③ 소각로에서 접촉촉매산화를 유도하기 위해 철, 니켈 성분을 함유한 쓰레기를 투입한다.

④ 다이옥신은 저온에서 재생될 수 있으므로 소각로를 고온으로 유지해야 한다.

❷ 접촉촉매산화를 유도하기 위해 금속산화물(V_2O_5, TiO_2 등), 귀금속(Pt, Pd 등)을 촉매로 사용한다.

45 집진효율이 98%인 집진시설에서 처리 후 배출되는 먼지농도가 0.3g/m^3일 때 유입된 먼지의 농도는 몇 g/m^3인가? ★★★

① 10

② 15

③ 20

④ 25

❷ x×0.02 = 0.3
∴ x = 15

46 다음 중 유체의 점성에 관한 설명으로 옳지 않은 것은? ★

① 점성은 유체분자 상호간에 작용하는 분자응집력과 인접 유체층 간의 분자운동에 의하여 생기는 운동량 수송에 기인한다.

② 액체의 점성계수는 주로 분자응집력에 의하므로 온도의 상승에 따라 낮아진다.

③ Hagen의 점성법칙은 점성의 결과로 생기는 전단응력은 유체의 속도구배에 반비례한다.

④ 점성계수는 온도에 의해 영향을 받지만 압력과 습도에는 거의 영향을 받지 않는다.

❷ 뉴턴의 점성법칙은 전단응력=점성계수×유속의 변화/유체의 높이이므로, 전단응력은 유체의 속도구배에 비례한다.

47 다음 중 가스분산형 흡수장치로만 짝지어진 것은? ★★★

① 단탑, 기포탑
② 기포탑, 충전탑
③ 분무탑, 단탑
④ 분무탑, 충전탑

✓ 가스분산형 흡수장치는 단탑, 기포탑, 다공판탑, 포종탑 등이 있고, 난용성 기체(CO, O_2, N_2, NO, NO_2)에 적용된다.

48 여과집진장치 중 간헐식 탈진방식에 관한 설명으로 옳지 않은 것은 어느 것인가? (단, 연속식과 비교) ★★

① 먼지의 재비산이 적고, 여과포 수명이 길다.
② 탈진과 여과를 순차적으로 실시하므로 높은 집진효율을 얻을 수 있다.
③ 고농도 대량의 가스처리가 용이하다.
④ 진동형과 역기류형, 역기류진동형이 여기에 해당한다.

✓ 간헐식 탈진방식은 연속식에 비해 고농도 대량의 가스처리에는 용이하지 않다.

49 NO_x 발생을 억제하는 방법으로 가장 거리가 먼 것은? ★★★

① 과잉공기를 적게하여 연소시킨다.
② 연소용 공기에 배기가스의 일부를 혼합 공급하여 산소농도를 감소시켜 운전한다.
③ 이론공기량의 70% 정도를 버너에 공급하여 불완전연소시키고, 그 후 30~35% 공기를 하부로 주입하여 완전연소시켜 화염온도를 증가시킨다.
④ 고체, 액체 연료에 비해 기체연료가 공기와의 혼합이 잘 되어 신속히 연소함으로써 고온에서 연소가스의 체류시간을 단축시켜 운전한다.

✓ 다단연소 등을 통해 화염온도를 감소시킨다. NO_x는 화염온도가 낮을 때 감소한다.

50 벤투리스크러버의 특성에 관한 설명으로 옳지 않은 것은? ★★

① 유수식 중 집진율이 가장 높고, 목부의 처리 가스 유속은 보통 15~30m/s 정도이다.
② 물방울 입경과 먼지 입경의 비는 150 : 1 전후가 좋다.
③ 액가스비의 경우 일반적으로 친수성은 $10\mu m$ 이상의 큰 입자가 $0.3L/m^3$ 전후이다.
④ 먼지 및 가스유동에 민감하고 대량의 세정액이 요구된다.

✓ 벤투리스크러버 목부의 입구 유속은 30~120m/s로서 가장 빠르다.

51 냄새물질에 관한 다음 설명 중 가장 거리가 먼 것은? ★★

① 물리화학적 자극량과 인간의 감각강도 관계는 Ranney 법칙과 잘 맞는다.
② 골격이 되는 탄소(C)수는 저분자일수록 관능기 특유의 냄새가 강하고 자극적이며, 8~13에서 향기가 가장 강하다.
③ 분자 내 수산기의 수는 1개일 때 가장 강하고 수가 증가하면 약해져서 무취에 이른다.
④ 불포화도가 높으면 냄새가 보다 강하게 난다.

✓ 물리화학적 자극량과 인간의 감각강도 관계는 Weber - Fechner의 법칙과 비교적 잘 맞는다.

52 전기집진장치의 장해현상 중 2차 전류가 현저하게 떨어질 때의 원인 또는 대책에 관한 설명으로 거리가 먼 것은? ★★★

① 분진의 농도가 너무 높을 때 발생한다.
② 대책으로는 스파크의 횟수를 늘리는 방법이 있다.
③ 대책으로는 조습용 스프레이의 수량을 늘리는 방법이 있다.
④ 분진의 비저항이 비정상적으로 낮을 때 발생하며, CO를 주입시킨다.

✓ 분진의 비저항이 비정상적으로 높을 때 발생하며, 물, NH_4OH, 트리에틸아민, SO_3, 각종 염화물, 유분 등의 물질을 주입시킨다.

53 다음 중 헨리의 법칙에 관한 설명으로 옳지 않은 것은? ★★★

① 비교적 용해도가 적은 기체에 적용된다.
② 헨리상수의 단위는 $atm/m^3 \cdot kmol$이다.
③ 헨리상수의 값은 온도가 높을수록, 용해도가 작을수록 커진다.
④ 온도와 기체의 부피가 일정할 때 기체의 용해도는 용매와 평형을 이루고 있는 기체의 분압에 비례한다.

✔ $P(atm) = H \times C(kmol/m^3)$
H의 단위 : $atm \cdot m^3/kmol$

54 배출가스 중 염화수소 제거에 관한 설명으로 옳지 않은 것은?

① 누벽탑, 충전탑, 스크러버 등에 의해 용이하게 제거 가능하다.
② 염화수소 농도가 높은 배기가스를 처리하는 데는 관외 냉각형, 염화수소 농도가 낮을 때에는 충전탑 사용이 권장된다.
③ 염화수소의 용해열이 크고 온도가 상승하면 염화수소의 분압이 상승하므로 완전 제거를 목적으로 할 경우에는 충분히 냉각할 필요가 있다.
④ 염산은 부식성이 있어 장치는 플라스틱, 유리라이닝, 고무라이닝, 폴리에틸렌 등을 사용해서는 안 되며, 충전탑, 스크러버를 사용할 경우에는 mist catcher는 설치할 필요가 없다.

✔ 염산은 부식성이 있어 장치는 플라스틱, 유리라이닝, 고무라이닝, 폴리에틸렌 등을 사용해야 하며, 충전탑, 스크러버를 사용할 경우에는 mist catcher는 설치할 필요가 있다.

55 다음 중 흡착과정에 대한 설명으로 옳지 않은 것은? ★★★

① 파과곡선의 형태는 흡착탑의 경우에 따라서 비교적 기울기가 큰 것이 바람직하다.

② 포화점에서는 주어진 온도와 압력조건에서 흡착제가 가장 많은 양의 흡착질을 흡착하는 점이다.
③ 실제의 흡착은 비정상상태에서 진행되므로 흡착의 초기에는 흡착이 천천히 진행되다가 어느 정도 흡착이 진행되면 빠르게 흡착이 이루어진다.
④ 흡착제층 전체가 포화되어 배출가스 중에 오염가스 일부가 남게 되는 점을 파과점이라 하고, 이 점 이후부터는 오염가스의 농도가 급격히 증가한다.

✔ 실제의 흡착은 비정상상태에서 진행되므로 흡착의 초기에는 흡착이 빠르게 진행되다가 어느 정도 흡착이 진행되면 흡착이 느리게 이루어진다.

56 입경 측정방법 중 관성충돌법(cascade impactor)에 관한 설명으로 옳지 않은 것은? ★

① 입자의 질량크기 분포를 알 수 있다.
② 되튐으로 인한 시료의 손실이 일어날 수 있다.
③ 관성충돌을 이용하여 입경을 간접적으로 측정하는 방법이다.
④ 시료채취가 용이하고 채취 준비에 많은 시간이 소요되지 않는 장점이 있으나, 단수를 임의로 설계하기가 어렵다.

✔ 관성충돌법(cascade impactor)은 입경별로 측정하는 것이기 때문에 시료채취가 용이하지 않고 채취 준비에 많은 시간이 소요된다.

57 원형 덕트(duct)의 기류에 의한 압력손실에 관한 내용으로 옳지 않은 것은? ★★★

① 곡관이 많을수록 압력손실이 작아진다.
② 관의 길이가 길수록 압력손실은 커진다.
③ 유체의 유속이 클수록 압력손실은 커진다.
④ 관의 직경이 클수록 압력손실은 작아진다.

✔ 곡관이 많을수록 압력손실이 커진다.

58 집진장치의 압력손실이 300mmH₂O, 처리가스량이 500m³/min, 송풍기 효율이 70%, 여유율이 1.0이다. 송풍기를 하루에 10시간씩 30일을 가동할 때, 전력요금(원)은? (단, 전력요금은 1kWh당 50원) ★★★

① 525,210   ② 1,050,420

③ 31,512,605   ④ 22,058,823

✔ 송풍기 동력 = $\dfrac{\Delta P \times Q}{6,120 \times \eta_s} \times \alpha$

     = $\dfrac{300 \times 500}{6,120 \times 0.7} \times 1.0$

     = 35kW

∴ 35kWh×50원/kWh×10h/일×30일=525,000원

59 먼지의 자유낙하에서 종말침강속도에 관한 설명으로 옳은 것은? ★

① 입자가 바닥에 닿는 순간의 속도

② 입자의 가속도가 0이 될 때의 속도

③ 입자의 속도가 0이 되는 순간의 속도

④ 정지된 다른 입자와 충돌하는 데 필요한 최소한의 속도

60 중력집진장치에 관한 설명으로 가장 적합하지 않은 것은? ★★★

① 배기가스의 점도가 낮을수록 집진효율이 증가한다.

② 함진가스의 온도변화에 의한 영향을 거의 받지 않는다.

③ 침강실의 높이가 낮고 길이가 길수록 집진효율이 증가한다.

④ 함진가스의 유량, 유입속도 변화에 거의 영향을 받지 않는다.

✔ 중력집진장치의 제거효율 $\eta = \dfrac{V_t \times L}{V_g \times H}$

$V_t = \dfrac{d_p^{\,2}(\rho_p - \rho)g}{18\mu}$

함진가스의 유량, 유입속도 변화에 영향을 받는다.

제4과목 **대기오염 공정시험기준(방법)**

61 이온 크로마토그래피에 관한 설명으로 옳지 않은 것은? ★

① 분리관의 재질로 스테인리스관이 널리 사용되며, 에폭시수지관 또는 유리관은 사용할 수 없다.

② 일반적으로 용리액조로 폴리에틸렌이나 경질 유리제를 사용한다.

③ 송액펌프는 맥동이 적은 것을 사용한다.

④ 검출기는 일반적으로 전도도검출기를 많이 사용하고, 그 외 자외선/가시선 흡수검출기, 전기화학적 검출기 등이 사용된다.

✔ 분리관의 재질은 내압성, 내부식성으로 용리액 및 시료액과 반응성이 적은 것을 선택하며, 에폭시수지관 또는 유리관이 사용된다. 일부는 스테인리스관이 사용되지만 금속이온 분리용으로는 좋지 않다.

62 다음 중 직경이 0.5m, 단면이 원형인 굴뚝에서 배출되는 먼지 시료를 채취할 때, 측정점 수는? ★★★

① 1

② 2

③ 3

④ 4

✔ 굴뚝 직경이 1m 이하인 경우 반경 구분 수는 1, 측정점 수는 4개이다.

63 다음 중 여과재로 카보런덤을 사용하는 분석 대상물질은?

① 비소

② 브로민

③ 벤젠

④ 이황화탄소

✔ 비소는 알칼리 성분이 없는 유리솜 또는 실리카솜, 그리고 소결유리, 카보런덤 사용이 가능하나, 브로민, 벤젠, 이황화탄소, 포름알데히드, 페놀은 카보런덤을 사용하지 않는다.

---

64 굴뚝 단면이 상·하 동일 단면적의 원형인 경우 굴뚝 배출 시료 측정점에 관한 설명으로 옳지 않은 것은? ★★★

① 굴뚝 직경이 1.5m인 경우 측정점 수는 8점이다.
② 굴뚝 직경이 3m인 경우 반경 구분 수는 3이다.
③ 굴뚝 직경이 4.5m를 초과할 경우 측정점 수는 20점이다.
④ 굴뚝 단면적이 1m^2 이하로 소규모일 경우 굴뚝 단면의 중심을 대표점으로 하여 1점만 측정한다.

✔ 굴뚝 단면적이 0.25m^2 이하로 소규모일 경우에는 그 굴뚝 단면의 중심을 대표점으로 하여 1점만 측정한다.

65 환경대기 중 석면농도를 측정하기 위해 위상차 현미경을 사용한 계수방법에 관한 설명 중 ( ) 안에 알맞은 것은? ★★★

시료 채취 측정시간은 주간시간대(오전 8시~오후 7시)에 (㉠)으로 1시간 측정하고, 유량계의 부자를 (㉡)되게 조정한다.

① ㉠ 1L/min, ㉡ 1L/min
② ㉠ 1L/min, ㉡ 10L/min
③ ㉠ 10L/min, ㉡ 1L/min
④ ㉠ 10L/min, ㉡ 10L/min

66 굴뚝 배출가스 중 황화수소를 아이오딘 적정법으로 분석할 때 종말점의 판단을 위한 지시약은? ★★

① 아르세나조 Ⅲ
② 메틸렌레드
③ 녹말 용액
④ 메틸렌블루

✔ 적정의 종말점 부근에서 액이 엷은 황색으로 되었을 때 녹말용액 3mL를 가하여 생긴 청색이 없어질 때를 종말점으로 한다.

67 다음은 굴뚝 배출가스 중의 질소산화물에 대한 아연환원 나프틸에틸렌디아민 분석방법이다. ( ) 안에 들어갈 말로 올바르게 연결된 것은? (단, 순서대로 ㉠-㉡-㉢) ★

시료 중의 질소산화물을 오존 존재하에서 물에 흡수시켜 (㉠)으로 만든다. 이 (㉠)을 (㉡)을 사용하여 (㉢)으로 환원한 후 설파닐아마이드 및 나프틸에틸렌다이아민을 반응시켜 얻어진 착색의 흡광도로부터 질소산화물을 정량하는 방법이다.

① 아질산이온-분말금속아연-질산이온
② 아질산이온-분말황산아연-질산이온
③ 질산이온-분말황산아연-아질산이온
④ 질산이온-분말금속아연-아질산이온

68 굴뚝 배출가스 중 수분량이 체적백분율로 10%이고, 배출가스의 온도 80℃, 시료 채취량 10L, 대기압 0.6기압, 가스미터 게이지압 25mmHg, 가스미터 온도 80℃에서의 수증기포화압이 255mmHg라 할 때, 흡수된 수분량(g)은?

① 0.459
② 0.328
③ 0.205
④ 0.147

✔
$$X_W = \frac{\frac{22.4}{18} \times m_a}{V_m \times \frac{273}{273+\theta_m} \times \frac{P_a+P_m-P_v}{760} + \frac{22.4}{18} \times m_a} \times 100$$

$$10 = \frac{\frac{22.4}{18} \times m_a}{10 \times \frac{273}{273+80} \times \frac{0.6+25/760-255/760}{760} + \frac{22.4}{18} \times m_a} \times 100$$

$$\therefore m_a = 0.205$$

69 굴뚝 배출가스 중 오염물질 연속자동측정기기의 설치 위치 및 방법으로 옳지 않은 것은 어느 것인가? ★★★

① 병합굴뚝에서 배출허용기준이 다른 경우에는 측정기기 및 유량계를 합쳐지기 전 각각의 지점에 설치하여야 한다.

② 분산굴뚝에서 측정기기는 나뉘기 전 굴뚝에 설치하거나, 나뉜 각각의 굴뚝에 설치하여야 한다.

③ 병합굴뚝에서 배출허용기준이 같은 경우에는 측정기기 및 유량계를 오염물질이 합쳐진 후 또는 합쳐지기 전 지점에 설치하여야 한다.

④ 불가피하게 외부공기가 유입되는 경우에 측정기기는 외부공기 유입 후에 설치하여야 한다.

✅ 불가피하게 외부공기가 유입되는 경우에 측정기기는 외부공기 유입 전에 설치하여야 한다.

70 원자흡수분광광도법에 사용되는 용어 설명으로 옳지 않은 것은? ★★★

① 역화(flame back) : 불꽃의 연소속도가 크고 혼합기체의 분출속도가 작을 때 연소현상이 내부로 옮겨지는 것

② 중공음극램프(hollow cathode lamp) : 원자흡광분석의 광원이 되는 것으로 목적원소를 함유하는 중공음극 한 개 또는 그 이상을 고압의 질소와 함께 채운 방전관

③ 멀티패스(multi-path) : 불꽃 중에서의 광로를 길게 하고 흡수를 증대시키기 위하여 반사를 이용하여 불꽃 중에 빛을 여러 번 투과시키는 것

④ 공명선(resonance line) : 원자가 외부로부터 빛을 흡수했다가 다시 먼저 상태로 돌아갈 때 방사하는 스펙트럼선

✅ 중공음극램프(hollow cathode lamp)는 원자흡광분석의 광원이 되는 것으로, 목적원소를 함유하는 중공음극 한 개 또는 그 이상을 저압의 네온과 함께 채운 방전관이다.

71 기체 크로마토그래피에 관한 설명으로 옳지 않은 것은? ★★★

① 기체시료 또는 기화한 액체나 고체시료를 운반가스에 의하여 분리, 관 내에 전개, 응축시켜 액체상태로 각 성분을 분리 분석한다.

② 일반적으로 대기의 무기물 또는 유기물의 대기오염물질에 대한 정성, 정량 분석에 이용된다.

③ 일정유량으로 유지되는 운반가스는 시료 도입부로부터 분리관 내를 흘러서 검출기를 통해 외부로 방출된다.

④ 시료 도입부로부터 기체, 액체 또는 고체시료를 도입하면 기체는 그대로, 액체나 고체는 가열 기화되어 운반가스에 의하여 분리관 내로 송입된다.

✅ 기체시료 또는 기화한 액체나 고체시료를 운반가스에 의하여 분리 후 관 내에 전개시켜 기체상태에서 분리되는 각 성분을 크로마토그래프로 분석하는 방법이다.

72 배출허용기준 중 표준산소농도를 적용받는 항목에 대한 배출가스유량 보정식으로 옳은 것은? (단, Q : 배출가스 유량(Sm³/일), Q_a : 실측배출가스 유량(Sm³/일), O_a : 실측산소 농도(%), O_s : 표준산소 농도(%)) ★★★

① $Q = Q_a \times [(21 - O_s)/(21 - O_a)]$
② $Q = Q_a \div [(21 - O_s)/(21 - O_a)]$
③ $Q = Q_a \times [(21 + O_s)/(21 + O_a)]$
④ $Q = Q_a \div [(21 + O_s)/(21 + O_a)]$

73 배출가스 중 암모니아를 인도페놀법으로 분석할 때 암모니아와 같은 양으로 공존하면 안 되는 물질은? ★★

① 아민류　　　　② 황화수소
③ 아황산가스　　④ 이산화질소

● 인도페놀법으로 암모니아 분석 시에는 이산화질소가 100배 이상, 아민류가 몇십배 이상, 이산화황이 10배 이상 또는 황화수소가 같은 양 이상 각각 공존하지 않는 경우에 적용할 수 있다.

74 어떤 굴뚝 배출가스의 유속을 피토관으로 측정하고자 한다. 동압 측정 시 확대율이 10배인 경사 마노미터를 사용하여 액주 55mm를 얻었다. 동압은 약 몇 mmH_2O인가? (단, 경사 마노미터에는 비중 0.85의 톨루엔을 사용한다.)

① 4.7 ② 5.5
③ 6.5 ④ 7.0

● Toluene Head
=Water Head×(Water Density/Toluene Density)
55/10=Water Head×1/0.85
∴ Water Head=5.5×0.85=4.675≒4.7mmH₂O

75 다음은 연소관식 공기법을 사용하여 유류 중 황 함유량을 분석하는 방법이다. ( ) 안에 알맞은 것은? ★

> 950~1,100℃로 가열한 석영재질 연소관 중에 공기를 불어넣어 시료를 연소시킨다. 생성된 황산화물을 (㉠)에 흡수시켜 황산으로 만든 다음, (㉡)으로 중화적정하여 황 함유량을 구한다.

① ㉠ 수산화소듐, ㉡ 염산 표준액
② ㉠ 염산, ㉡ 수산화소듐 표준액
③ ㉠ 과산화수소(3%), ㉡ 수산화소듐 표준액
④ ㉠ 싸이오시안산 용액, ㉡ 수산화칼슘 표준액

76 배출가스 중의 건조시료가스 채취량을 건식 가스미터를 사용하여 측정할 때 필요한 항목에 해당하지 않는 것은? ★★

① 가스미터의 온도
② 가스미터의 게이지압
③ 가스미터로 측정한 흡입가스량
④ 가스미터 온도에서의 포화수증기압

● 가스미터 온도에서의 포화수증기압(mmHg)은 습식 가스미터를 사용할 때 필요하다.

77 굴뚝 배출가스 중의 오염물질과 연속자동측정방법의 연결이 옳지 않은 것은? ★★

① 염화수소-이온전극법
② 불화수소-자외선흡수법
③ 아황산가스-불꽃광도법
④ 질소산화물-적외선흡수법

● 불화수소(플루오린화수소)-이온전극법

78 굴뚝 배출가스 중의 일산화탄소 분석방법에 해당하지 않는 것은? ★★★

① 이온 크로마토그래피법
② 기체 크로마토그래피법
③ 비분산형 적외선분석법
④ 정전위전해법

● 일산화탄소는 비분산적외선분광분석법, 전기화학식(정전위전해법), 기체 크로마토그래피가 있으며, 이 중 주 시험방법은 비분산적외선분광분석법이다.

79 비분산적외선분석계의 장치 구성에 관한 설명으로 옳지 않은 것은? ★★★

① 비교셀은 시료셀과 동일한 모양을 가지며 산소를 봉입하여 사용한다.
② 광원은 원칙적으로 흑체발광으로 니크롬선 또는 탄화규소의 저항체에 전류를 흘려 가열한 것을 사용한다.
③ 광학필터는 시료가스 중에 포함되어 있는 간섭물질가스의 흡수파장역 적외선을 흡수 제거하기 위해 사용한다.
④ 회전섹터는 시료광속과 비교광속을 일정 주기로 단속시켜 광학적으로 변조시키는 것으로 측정 광신호의 증폭에 유효하고 잡신호의 영향을 줄일 수 있다.

● 시료셀과 달리 비교셀은 비교(reference)가스를 넣는 용기이고, 시료셀은 시료가스를 넣는 용기이다.

---

80 환경대기시료 채취방법 중 측정대상 기체와 선택적으로 흡수 또는 반응하는 용매에 시료 가스를 일정유량으로 통과시켜 채취하는 방법으로 채취관 – 여과재 – 채취부 – 흡입펌프 – 유량계(가스미터)로 구성되는 것은? ★★

① 용기채취법　　② 고체흡착법
③ 직접채취법　　④ 용매채취법

제5과목 **대기환경관계법규**

81 다음 중 악취방지법령상 악취배출시설의 변경신고를 해야 하는 경우에 해당하지 않는 것은? ★★

① 악취배출시설을 폐쇄하는 경우
② 사업장의 명칭을 변경하는 경우
③ 환경담당자의 교육사항을 변경하는 경우
④ 악취배출시설 또는 악취방지시설을 임대하는 경우

✔ 환경담당자의 교육사항을 변경하는 경우에는 변경신고를 하지 않는다.

82 대기환경보전법령상 "3종 사업장"에 해당하는 경우는? ★★★

① 대기오염물질 발생량의 합계가 연간 9톤인 사업장
② 대기오염물질 발생량의 합계가 연간 11톤인 사업장
③ 대기오염물질 발생량의 합계가 연간 22톤인 사업장
④ 대기오염물질 발생량의 합계가 연간 52톤인 사업장

✔ 3종 사업장은 대기오염물질 발생량의 합계가 연간 10톤 이상 20톤 미만인 사업장이다.

83 대기환경보전법령상 배출부과금 납부의무자가 납부기한 전에 배출부과금을 납부할 수 없다고 인정되어 징수를 유예하거나 그 금액을 분할납부하게 할 수 있는 경우에 해당하지 않는 것은? ★

① 천재지변으로 사업자의 재산에 중대한 손실이 발생한 경우
② 사업에 손실을 입어 경영상으로 심각한 위기에 처하게 된 경우
③ 배출부과금이 납부의무자의 자본금을 1.5배 이상 초과하는 경우
④ 징수유예나 분할납부가 불가피하다고 인정되는 경우

---

84 대기환경보전법령상 자동차연료형 첨가제의 종류에 해당하지 않는 것은? (단, 기타 사항은 고려하지 않음.) ★★★

① 세탄가첨가제　② 다목적첨가제
③ 청정분산제　　④ 유동성향상제

✔ "세탄가첨가제"가 아니고, "세탄가향상제"이다.

85 환경정책기본법령상 납(Pb)의 대기환경기준으로 옳은 것은? ★★★

① 연간 평균치 $0.5\mu g/m^3$ 이하
② 3개월 평균치 $1.5\mu g/m^3$ 이하
③ 24시간 평균치 $1.5\mu g/m^3$ 이하
④ 8시간 평균치 $1.5\mu g/m^3$ 이하

86 대기환경보전법령상 자동차 배출가스 규제 등에서 매출액 산정 및 위반행위 정도에 따른 과징금의 부과기준과 관련된 사항으로 옳은 것은 어느 것인가? ★

① 매출액 산정방법에서 "매출액"이란 그 자동차의 최초제작시점부터 적발시점까지의 총 매출액으로 한다.
② 제작차에 대하여 인증을 받지 아니하고 자동차를 제작·판매한 행위에 대해서 위반행위의 정도에 따른 가중부과계수는 0.5를 적용한다.
③ 제작차에 대하여 인증을 받은 내용과 다르게 자동차를 제작·판매한 행위에 대해서 위반행위의 정도에 따른 가중부과계수는 0.5를 적용한다.
④ 과징금의 산정방법=총 매출액×3/100×가중부과계수를 적용한다.

✔ ② 제작차에 대하여 인증을 받지 아니하고 자동차를 제작·판매한 행위에 대해서 위반행위의 정도에 따른 가중부과계수는 1.0을 적용한다.
③ 제작차에 대하여 인증을 받은 내용과 다르게 자동차를 제작·판매한 행위에 대해서 위반행위의 정도에 따른 가중부과계수는 1.0 또는 0.3을 적용한다.
④ 과징금의 산정방법=매출액×5/100×가중부과계수를 적용한다.

87 악취방지법상 악취 배출허용기준 초과와 관련하여 받은 개선명령을 이행하지 아니한 자에 대한 벌칙기준으로 옳은 것은? ★

① 300만원 이하의 벌금에 처한다.
② 500만원 이하의 벌금에 처한다.
③ 1,000만원 이하의 벌금에 처한다.
④ 1년 이하의 징역 또는 1천만원 이하의 벌금에 처한다.

88 대기환경보전법령상 초과부과금 부과대상 오염물질이 아닌 것은? ★★

① 이황화탄소　　② 사이안화수소
③ 황화수소　　　④ 메탄

✔ 초과부과금의 부과대상이 되는 오염물질은 황산화물, 암모니아, 황화수소, 이황화탄소, 먼지, 불소화합물, 염화수소, 질소산화물, 사이안화수소이다. '메탄'은 온실가스이다.

89 다음 중 대기환경보전법령상 사업장별 환경기술인의 자격기준에 관한 사항으로 거리가 먼 것은? ★★★

① 2종 사업장의 환경기술인의 자격기준은 대기환경산업기사 이상의 기술자격 소지자 1명 이상이다.
② 4종 사업장과 5종 사업장 중 환경부령으로 정하는 기준 이상의 특정대기유해물질이 포함된 오염물질을 배출하는 경우에는 3종 사업장에 해당하는 기술인을 두어야 한다.
③ 1종 사업장과 2종 사업장 중 1개월 동안 실제 작업한 날만을 계산하여 1일 평균 17시간 이상 작업하는 경우에는 해당 사업장의 기술인을 각각 2명 이상 두어야 한다.
④ 공동방지시설에서 각 사업장의 대기오염물질 발생량의 합계가 4종 사업장과 5종 사업장의 규모에 해당하는 경우에는 5종 사업장에 해당하는 기술인을 두어야 한다.

✅ 공동방지시설에서 각 사업장의 대기오염물질 발생량의 합계가 4종 사업장과 5종 사업장의 규모에 해당하는 경우에는 3종 사업장에 해당하는 기술인을 두어야 한다.

90 대기환경보전법상 사업자는 조업을 할 때에는 환경부령으로 정하는 바에 따라 배출시설과 방지시설의 운영에 관한 상황을 사실대로 기록하여 보존해야 하나 이를 위반하여 배출시설 등의 운영상황을 기록·보존하지 아니하거나 거짓으로 기록한 자에 대한 과태료 부과기준으로 옳은 것은? ★

① 1,000만원 이하의 과태료
② 500만원 이하의 과태료
③ 300만원 이하의 과태료
④ 200만원 이하의 과태료

91 대기환경보전법령상 오염물질의 초과부과금 산정 시 위반횟수별 부과계수 산출방법이다. ( ) 안에 알맞은 것은? ★

> 2차 이상 위반한 경우는 위반 직전의 부과계수에 ( )을(를) 곱한 것으로 한다.

① 100분의 100　　② 100분의 105
③ 100분의 110　　④ 100분의 120

✅ · 위반이 없는 경우 : 100분의 100
· 처음 위반한 경우 : 100분의 105
· 2차 이상 위반한 경우 : 위반 직전의 부과계수에 100분의 105를 곱한 것

92 다음은 대기환경보전법상 용어의 뜻이다. ( ) 안에 알맞은 것은? ★★★

> ( )(이)란 연소할 때 생기는 유리탄소가 응결하여 인자의 지름이 1미크론 이상이 되는 입자상 물질을 말한다.

① 스모그　　② 안개
③ 검댕　　④ 먼지

✅ **[Plus 이론학습]**
"매연"이란 연소할 때에 생기는 유리(遊離)탄소가 주가 되는 미세한 입자상 물질을 말한다.

93 실내공기질관리법규상 "산후조리원"의 현행 실내공기질 권고기준으로 옳지 않은 것은 어느 것인가? ★★★

① 라돈(Bq/m^3) : 5.0 이하
② 이산화질소(ppm) : 0.05 이하
③ 총휘발성 유기화합물($\mu g/m^3$) : 400 이하
④ 곰팡이(CFU/m^3) : 500 이하

✅ 라돈의 실내공기질 권고기준은 148Bq/m^3 이하

94 대기환경관계법령상 자가측정 대상 및 방법에 관한 기준이다. ( ) 안에 알맞은 것은? ★★★

> 사업자가 자가측정 시 사용한 여과지 및 시료 채취기록지의 보존기간은 「환경분야 시험·검사 등에 관한 법률」에 따른 환경오염공정시험기준에 따라 측정한 날로부터 ( )(으)로 한다.

① 6개월　　② 9개월
③ 1년　　④ 2년

95 대기환경보전법령상 자동차 연료(휘발유)의 제조기준 중 벤젠 함량(부피%) 기준으로 옳은 것은? ★

① 1.5 이하　　② 1.0 이하
③ 0.7 이하　　④ 0.0013 이하

96 대기환경보전법령상 장거리이동 대기오염물질 대책위원회의 위원에는 대통령령으로 정하는 분야의 학식과 경험이 풍부한 전문가를 위촉할 수 있다. 여기서 나타내는 "대통령령으로 정하는 분야"와 가장 거리가 먼 것은? ★

① 예방의학 분야
② 유해화학물질 분야
③ 국제협력 분야 및 언론 분야
④ 해양 분야

✅ "대통령령으로 정하는 분야"란 산림 분야, 대기환경 분야, 기상 분야, 예방의학 분야, 보건 분야, 화학사고 분야, 해양 분야, 국제협력 분야 및 언론 분야이다.

97 대기환경보전법령상 특정대기유해물질에 해당하지 않는 것은? ★★

① 염소 및 염화수소
② 아크릴로니트릴
③ 황화수소
④ 이황화메틸

✔ 황화수소는 지정악취물질이다.

98 대기환경보전법령상 수도권대기환경청장, 국립환경과학원장 또는 한국환경공단이 설치하는 대기오염 측정망에 해당하지 않는 것은 어느 것인가? ★★★

① 대기오염물질의 지역배경농도를 측정하기 위한 교외대기측정망
② 도시지역의 대기오염물질 농도를 측정하기 위한 도시대기측정망
③ 산성 대기오염물질의 건성 및 습성 침착량을 측정하기 위한 산성 강하물측정망
④ 도시지역의 휘발성 유기화합물 등의 농도를 측정하기 위한 광화학대기오염물질측정망

✔ 도시지역의 대기오염물질 농도를 측정하기 위한 도시대기측정망은 시·도지사가 설치하는 것이다.

99 다음 중 대기환경보전법령상의 용어 정의로 옳은 것은? ★★★

① "온실가스"란 적외선복사열을 흡수하거나 다시 방출하여 온실효과를 유발하는 대기 중의 가스상 물질로서 이산화탄소, 메탄, 아산화질소, 수소불화탄소, 과불화탄소, 유불화황을 말한다.
② "기후·생태계 변화유발물질"이란 지구온난화 등으로 생태계의 변화를 가져올 수 있는 액체상 물질로서 환경부령으로 정하는 것을 말한다.

③ "매연"이란 연소할 때에 생기는 탄소가 주가 되는 기체상 물질을 말한다.
④ "검댕"이란 연소할 때에 생기는 탄소가 응결하여 생성된 지름이 $10\mu m$ 이상인 기체상 물질을 말한다.

✔ ② "기후·생태계 변화유발물질"이란 지구온난화 등으로 생태계의 변화를 가져올 수 있는 기체상 물질로서 온실가스와 환경부령으로 정하는 것을 말한다.
③ "매연"이란 연소할 때에 생기는 유리탄소가 주가 되는 미세한 입자상 물질을 말한다.
④ "검댕"이란 연소할 때에 생기는 유리탄소가 응결하여 입자의 지름이 1미크론 이상이 되는 입자상 물질을 말한다.

100 다음 중 실내공기질관리법령상 공동주택 소유자에게 권고하는 실내 라돈 농도의 기준은 어느 것인가? ★★★

① 1세제곱미터당 148베크렐 이하
② 1세제곱미터당 348베크렐 이하
③ 1세제곱미터당 548베크렐 이하
④ 1세제곱미터당 848베크렐 이하

2023 제4회 대기환경기사

[2023년 9월 2일 시행
CBT 기출복원문제]

제1과목 **대기오염 개론**

01 Thermal NO_x에 관한 내용으로 옳지 않은 것은? (단, 평형상태 기준) ★★★

① 연소 시 발생하는 질소산화물의 대부분은 NO와 NO_2이다.

② 산소와 질소가 결합하여 NO가 생성되는 반응은 흡열반응이다.

③ 연소온도가 증가함에 따라 NO 생성량이 감소한다.

④ 발생원 근처에서는 NO/NO_2의 비가 크지만 발생원으로부터 멀어지면서 그 비가 감소한다.

✓ Thermal NO_x는 연소온도가 증가함에 따라 NO 생성량이 증가한다.

02 대표적으로 대기오염물질인 CO_2에 관한 설명으로 옳지 않은 것은? ★★

① 대기 중의 CO_2 농도는 여름에 감소하고 겨울에 증가한다.

② 대기 중의 CO_2 농도는 북반구가 남반구보다 높다.

③ 대기 중의 CO_2는 바다에 많은 양이 흡수되나 식물에게 흡수되는 양보다는 적다.

④ 대기 중의 CO_2 농도는 약 410ppm 정도이다.

✓ 대기 중의 CO_2는 바다에 많은 양이 흡수되며(가장 큰 자연 흡수원으로 약 25% 이상), 식물에게 흡수되는 양보다 많다.

03 Stokes 직경의 정의로 옳은 것은? ★★

① 구형이 아닌 입자와 침강속도가 같고, 밀도가 $1g/cm^3$인 구형 입자의 직경

② 구형이 아닌 입자와 침강속도가 같고, 밀도가 $10g/cm^3$인 구형 입자의 직경

③ 침강속도가 1cm/s이고, 구형이 아닌 입자와 밀도가 같은 구형 입자의 직경

④ 구형이 아닌 입자와 침강속도가 같고, 밀도가 같은 구형 입자의 직경

✓ [Plus 이론학습]
• 공기역학적 직경은 같은 침강속도를 지니는 단위밀도($1g/cm^3$)의 구형 물체 직경을 말한다.
• 휘렛직경(페렛직경)은 입자성 물질의 끝과 끝을 연결한 선 중 가장 긴 선을 직경으로 하는 것을 말한다.

04 파스킬(Pasquill)의 대기안정도에 관한 내용으로 옳지 않은 것은?

① 낮에는 풍속이 약할수록(2m/s 이하), 일사량이 강할수록 대기가 안정하다.

② 낮에는 일사량과 풍속으로, 야간에는 운량, 운고, 풍속으로부터 안정도를 구분한다.

③ 안정도는 A~F까지 6단계로 구분하며, A는 매우 불안정한 상태, F는 가장 안정한 상태를 뜻한다.

④ 지표가 거칠고 열섬효과가 있는 도시나 지면의 성질이 균일하지 않은 곳에서는 오차가 크게 나타날 수 있다.

✓ 낮에는 풍속이 약할수록(2m/s 이하), 일사량이 강할수록 대기가 불안정하다(A~F 등급 중 A에 해당).

05 다음은 바람장미에 관한 설명이다. ( ) 안에 가장 알맞은 것은? ★★★

> 바람장미에서 풍향 중 주풍은 막대의 (㉠) 표시하며, 풍속은 (㉡)(으)로 표시한다. 풍속이 (㉢)일 때를 정온(calm) 상태로 본다.

① ㉠ 길이를 가장 길게
  ㉡ 막대의 굵기
  ㉢ 0.2m/s 이하
② ㉠ 굵기를 가장 굵게
  ㉡ 막대의 길이
  ㉢ 0.2m/s 이하
③ ㉠ 길이를 가장 길게
  ㉡ 막대의 굵기
  ㉢ 1m/s 이하
④ ㉠ 굵기를 가장 굵게
  ㉡ 막대의 길이
  ㉢ 1m/s 이하

✔ **[Plus 이론학습]**
바람장미(window rose)는 풍향별로 관측된 바람의 발생빈도와 풍속을 16방향으로 표시한 기상도이다.

06 다음은 NO_2의 광화학 반응식이다. ㉠~㉣에 알맞은 것은? (단, O는 산소원자) ★★★

> • [㉠]$+h_v \rightarrow$ [㉡]$+$O
> • O$+$[㉢] $\rightarrow$ [㉣]
> • [㉣]$+$[㉡] $\rightarrow$ [㉠]$+$[㉢]

① ㉠ NO, ㉡ NO_2, ㉢ O_3, ㉣ O_2
② ㉠ NO_2, ㉡ NO, ㉢ O_2, ㉣ O_3
③ ㉠ NO, ㉡ NO_2, ㉢ O_2, ㉣ O_3
④ ㉠ NO_2, ㉡ NO, ㉢ O_3, ㉣ O_2

✔ NO_2는 햇빛에 의해 NO와 O로 분해되고, O는 O_2와 반응하여 O_3를 생성한다.

07 부피가 3,500m³이고 환기가 되지 않는 작업장에서 화학반응을 일으키지 않는 오염물질이 분당 60mg씩 배출되고 있다. 작업을 시작하기 전에 측정한 이 물질의 평균농도가 10mg/m³라면 1시간 이후의 작업장의 평균농도는 얼마인가? (단, 상자모델을 적용하며, 작업시작 전후의 온도 및 압력 조건은 동일하다.) ★

① 11.0mg/m³
② 13.6mg/m³
③ 18.1mg/m³
④ 19.9mg/m³

✔ 1시간 동안 작업장에 쌓인 농도

$$\frac{60mg}{min}\bigg|\frac{60min}{}\bigg|\frac{}{3,500m^3} = 1.02mg/m^3$$

∴ 최종농도 $=$ 10mg/m³(초기농도) $+$ 1.02mg/m³
$\qquad\qquad = 11.02$mg/m³

08 각 오염물질의 특성에 관한 설명으로 옳지 않은 것은? ★★

① 염소는 암모니아에 비해서 수용성이 훨씬 약하므로 후두에 부종만을 일으키기보다는 호흡기계 전체에 영향을 미친다.
② 포스겐 자체는 자극성이 경미하지만 수중에서 재빨리 염산으로 분해되어 거의 급성 전구증상 없이 치사량을 흡입할 수 있으므로 매우 위험하다.
③ 브롬화합물은 부식성이 강하며, 주로 상기도에 대하여 급성 흡입효과를 지니고, 고농도에서는 일정기간이 지나면 폐부종을 유발하기도 한다.
④ 불화수소는 수용액과 에테르 등의 유기용매에 매우 잘 녹으며, 무수불화수소는 약산성의 물질이다.

✔ HF는 다른 할로겐화 수소들과는 달리 물과 잘 섞인다. 또한, 다른 할로겐화 수소산들과는 달리 플루오린화 수소산은 수용액 상태에서 약산으로 존재한다.

09 다음 중 대기 내 오염물질의 일반적인 체류 시간 순서로 옳은 것은? ★★★

① $CO_2 > N_2O > CO > SO_2$

② $N_2O > CO_2 > CO > SO_2$

③ $CO_2 > SO_2 > N_2O > CO$

④ $N_2O > SO_2 > CO_2 > CO$

✔ $N_2 > O_2 > N_2O > CH_4 > CO_2 > CO > SO_2$

10 다음 중 오존층 보호를 위한 국제환경협약으로만 옳게 연결된 것은? ★★★

① 바젤협약 – 비엔나협약

② 오슬로협약 – 비엔나협약

③ 비엔나협약 – 몬트리올의정서

④ 몬트리올의정서 – 람사협약

✔ 오존층 보호를 위한 국제환경협약에는 오존층 보호를 위한 비엔나협약과 오존층 파괴물질에 관한 몬트리올의정서가 있다.

11 Down Wash 현상에 관한 설명은? ★★★

① 원심력집진장치에서 처리가스량의 5~10% 정도를 흡인하여 줌으로써 유효원심력을 증대시키는 방법이다.

② 굴뚝의 높이가 건물보다 높은 경우 건물 뒤편에 공동현상이 생기고 이 공동에 대기오염물질의 농도가 낮아지는 현상을 말한다.

③ 굴뚝 아래로 오염물질이 휘날리어 굴뚝 밑 부분에 오염물질의 농도가 높아지는 현상을 말한다.

④ 해가 뜬 후 지표면이 가열되어 대기가 지면으로부터 열을 받아 지표면 부근부터 역전층이 해소되는 현상을 말한다.

✔ 바람이 불 때 굴뚝 배출구 부근에서 풍하측을 향하여 연기가 아래쪽으로 끌려 내려가는 현상을 Down Wash라 한다. 저감대책으로는 배출가스 속도를 풍속보다 2배로 크게 하면 된다.

12 수용모델의 분석법에 관한 설명으로 옳지 않은 것은? ★

① 광학현미경은 입경이 $0.01\mu m$보다 큰 입자만을 대상으로 먼지의 형상, 모양 및 색깔별로 오염원을 구별할 수 있고, 미숙련 경험자도 쉽게 분석가능하다.

② 전자주사현미경은 광학현미경보다 작은 입자를 측정할 수 있고, 정성적으로 먼지의 오염원을 확인할 수 있다.

③ 시계열분석법은 대기오염 제어의 기능을 평가하고, 특정 오염원의 경향을 추적할 수 있으며, 타 방법을 통해 제시된 오염원을 확인하는 데 매우 유용한 정성적 분석법이다.

④ 공간계열법은 시료채취기간 중 오염배출속도 및 기상학 등에 크게 의존하여 분산모델과 큰 연관성을 갖는다.

✔ 광학현미경은 빛을 사용하는 일반적인 현미경으로, 수 마이크로미터(μm) 크기의 표면 측정 및 분석에 사용되므로 먼지의 형상, 모양 및 색깔별로 오염원을 구별하기 어렵다. 전자현미경은 광선(광학현미경) 대신 전자선을 사용하며 유리(광학현미경) 대신 전자렌즈를 쓴다.

13 다음 대기오염원의 영향을 평가하는 방법 중 분산모델에 관한 설명으로 가장 거리가 먼 것은 어느 것인가? ★★★

① 오염물의 단기간 분석 시 문제가 된다.

② 지형 및 오염원의 조업 조건에 영향을 받는다.

③ 먼지의 영향평가는 기상의 불확실성과 오염원이 미확인인 경우에 문제점을 가진다.

④ 현재나 과거에 일어났던 일을 추정, 미래를 위한 전략은 세울 수 있으나 미래 예측은 어렵다.

✔ 현재나 과거에 일어났던 일을 추정, 미래를 위한 전략은 세울 수 있으나 미래 예측이 어려운 것은 수용모델이다.

14 석면이 가지고 있는 일반적인 특성과 거리가 먼 것은? ★★

① 절연성

② 내화성 및 단열성

③ 흡습성 및 저인장성

④ 화학적 불활성

☑ 석면의 성질은 불연성, 방부성, 단열성, 전기절연성, 방적성, 내마모성, 고인장성, 유연성, 제품의 강화 등이 있다.

15 다음 중 건물에 사용되는 대리석, 시멘트 등을 부식시켜 재산상의 손실을 발생시키는 산성비에 가장 큰 영향을 미치는 물질로 옳은 것은 어느 것인가? ★★★

① O_3 ② N_2

③ SO_2 ④ TSP

☑ SO_2는 NO_x와 같이 산성비의 원인물질이며, 건물에 부식과 노화를 유발시키는 대표적인 황화합물이다.

16 지표면의 오존 농도가 증가하는 원인으로 가장 거리가 먼 것은? ★

① CO   ② NO_x

③ VOCs   ④ 태양열에너지

☑ 지표면에서 오존은 질소산화물(NO_x)과 탄화수소(특히, 휘발성 유기화합물(VOCs))가 햇빛에 의한 광화학반응에 의해 발생된다.

17 다음 중 물질의 특성에 관한 설명으로 옳은 것은 어느 것인가? ★

① 디젤차량에서는 탄화수소, 일산화탄소, 납이 주로 배출된다.

② 염화수소는 플라스틱공업, 소다공업 등에서 주로 배출된다.

③ 탄소의 순환에서 가장 큰 저장고 역할을 하는 부분은 대기이다.

④ 불소는 자연상태에서 단분자로 존재하며 활성탄 제조공정, 연소공정 등에서 주로 배출된다.

☑ ① 디젤차량은 매연과 질소산화물이 주로 배출된다.
③ 탄소의 가장 큰 저장고 역할은 해양이다.
④ 불소는 주로 반도체 생산, 알루미늄 생산 등에서 배출된다.

18 고도가 높아짐에 따라 기온이 급격히 떨어져 대기가 불안정하고 난류가 심할 때, 연기의 확산 형태는? ★★★

① 상승형(lofting)

② 환상형(looping)

③ 부채형(fanning)

④ 훈증형(fumigation)

☑ **[Plus 이론학습]**
환상형(looping)은 과단열적 상태(불안정 상태)에서 일어나는 연기 형태로, 상하로 흔들리며 난류가 심할 때 발생된다.

19 광화학반응으로 생성되는 오염물질에 해당하지 않는 것은? ★

① 케톤   ② PAN

③ 과산화수소   ④ 염화불화탄소

☑ 광화학반응으로 생성되는 물질은 2차 오염물질이며, 염화불화탄소는 해당되지 않는다.

20 LA 스모그에 관한 내용으로 가장 적합하지 않은 것은? ★★★

① 화학반응은 산화반응이다.

② 복사역전 조건에서 발생하였다.

③ 런던 스모그에 비해 습도가 낮은 조건에서 발생하였다.

④ 석유계 연료에서 유래되는 질소산화물이 주 원인물질이다.

☑ LA 스모그는 침강역전 조건에서 발생하였다.

제2과목 연소공학

21 기체연료의 연소에 관한 설명으로 옳지 않은 것은? ★★

① 예혼합연소에는 포트형과 버너형이 있다.

② 확산연소는 화염이 길고 그을음이 발생하기 쉽다.

③ 예혼합연소는 화염온도가 높아 연소부하가 큰 경우에 사용 가능하다.

④ 예혼합연소는 혼합기의 분출속도가 느릴 경우 역화의 위험이 있다.

✓ 포트형과 버너형은 확산연소에 사용되는 버너의 종류이다.

22 다음 중 연소에 관한 설명으로 옳지 않은 것은 어느 것인가? ★★★

① $(CO_2)_{max}$는 연료의 조성에 관계없이 일정하다.

② $(CO_2)_{max}$는 연소방식에 관계없이 일정하다.

③ 연소가스 분석을 통해 완전연소, 불완전연소를 판정할 수 있다.

④ 실제공기량은 연료의 조성, 공기비 등을 사용하여 구한다.

✓ $(CO_2)_{max}$는 연료의 조성에 따라 달라진다.

23 어떤 연료의 배출가스가 CO_2 : 13%, O_2 : 6.5%, N_2 : 80.5%로 이루어졌을 때, 과잉공기계수는? (단, 연료는 완전연소됨.) ★★★

① 1.54 ② 1.44
③ 1.34 ④ 1.24

✓ 완전연소 시, $m = \dfrac{21}{21-(O_2)} = 21/(21-6.5) = 1.448$

24 확산형 가스버너 중 포트형에 관한 내용으로 옳지 않은 것은?

① 포트 입구의 크기가 작으면 슬래그가 부착하여 막힐 우려가 있다.

② 기체연료와 연소용 공기를 버너 내에서 혼합시킨 뒤 노 내에 주입시킨다.

③ 밀도가 큰 공기 출구는 상부에, 밀도가 작은 가스 출구는 하부에 배치되도록 한다.

④ 버너 자체가 노 벽과 함께 내화벽돌로 조립되어 노 내부에 개구된 것으로 가스와 공기를 함께 가열할 수 있는 장점이 있다.

✓ 예혼합연소는 공기의 전부를 미리 연료와 혼합하여 버너로 분출시켜 연소하는 방법이다.

25 석유계 액체연료의 탄수소비(C/H)에 대한 설명 중 옳지 않은 것은? ★★★

① C/H비가 클수록 이론공연비가 증가한다.

② C/H비가 클수록 방사율이 크다.

③ 중질연료일수록 C/H비가 크다.

④ C/H비가 클수록 비교적 점성이 높은 연료이며, 매연이 발생되기 쉽다.

✓ C/H비가 클수록 이론공연비가 감소한다.

26 메탄의 고위발열량이 9,900kcal/Sm³라면 저위발열량(kcal/Sm³)은? ★★★

① 8,540 ② 8,620
③ 8,790 ④ 8,940

✓ 기체연료일 경우
$LHV = HHV - 480(H_2 + 2CH_4 + \cdots)(kcal/Sm^3)$
$CH_4 + 2O_2 \rightarrow CO_2 + 2H_2O$이므로
$LHV = 9,900 - 480 \times 2 = 8,940 kcal/Sm^3$

27 다음 조건에 해당되는 액체연료와 가장 가까운 것은?

- 비점 : 200~320℃ 정도
- 비중 : 0.8~0.9 정도
- 정제한 것은 무색에 가깝고, 착화성 적부는 Cetane값으로 표시된다.

① Naphtha ② Heavy oil
③ Light oil ④ Kerosene

28 다음 설명에 해당하는 기체연료는? ★

> 고온으로 가열된 무연탄이나 코크스 등에 수증기를 반응시켜 얻은 기체연료이며, 반응식은 아래와 같다.
> • $C + H_2O \rightarrow CO + H_2 + Q$
> • $C + 2H_2O \rightarrow CO_2 + 2H_2 + Q$

① 수성가스   ② 고로가스

③ 오일가스   ④ 발생로가스

✔ **[Plus 이론학습]**
수성가스의 성분비는 수소 49%, 일산화탄소 42%, 이산화탄소 4%, 질소 4.5%, 메탄 0.5%로 되어 있다. 비중은 0.534, 총 발열량은 약 2,800kcal/m³이다.

29 화격자 연소 중 상부투입 연소(over feeding firing)에서 일반적인 층의 구성순서로 가장 적합한 것은? (단, 상부 → 하부) ★★

① 석탄층 → 건류층 → 환원층 → 산화층 → 재층 → 화격자

② 화격자 → 석탄층 → 건류층 → 산화층 → 환원층 → 재층

③ 석탄층 → 건류층 → 산화층 → 환원층 → 재층 → 화격자

④ 화격자 → 건류층 → 석탄층 → 환원층 → 산화층 → 재층

30 다음 중 저온부식의 원인과 대책에 관한 설명으로 가장 거리가 먼 것은? ★★

① 연소가스 온도를 산노점 온도보다 높게 유지해야 한다.

② 예열공기를 사용하거나 보온시공을 한다.

③ 저온부식이 일어날 수 있는 금속표면은 피복을 한다.

④ 250℃ 이상의 전열면에 응축하는 황산, 질산 등에 의하여 발생된다.

✔ 저온부식은 150℃ 이하의 전열면에 응축하는 산성염에 의해 발생된다.

31 미분탄연소의 특징에 관한 설명으로 거리가 먼 것은? ★★★

① 부하변동에 대한 응답성이 좋은 편이어서 대용량의 연소에 적합하다.

② 화격자연소보다 낮은 공기비로서 높은 연소효율을 얻을 수 있다.

③ 분무연소와 상이한 점은 가스화 속도가 빠르고, 화염이 연소실 중앙부에 집중하여 명료한 화염면이 형성된다는 것이다.

④ 석탄의 종류에 따른 탄력성이 부족하고, 노 벽 및 전열면에서 재의 퇴적이 많은 편이다.

✔ 분무연소는 주로 액체연료의 연소에 해당되며, 가스화 속도가 빠르고, 화염이 연소실 중앙부에 집중하여 명료한 화염면이 형성된다는 것이다.

32 다음 중 그을음이 잘 발생하기 쉬운 연료 순으로 나열한 것은 어느 것인가? (단, 쉬운 연료>어려운 연료) ★★★

① 타르>중유>석탄가스>LPG

② 석탄가스>LPG>타르>중유

③ 중유>LPG>석탄가스>타르

④ 중유>타르>LPG>석탄가스

✔ 그을음은 고체연료>액체연료>기체연료 순으로 발생되기 쉽다. 타르>중유>석탄가스>LPG 순이다.

33 다음 연소의 종류 중 흑연, 코크스, 목탄 등과 같이 대부분 탄소만으로 되어 있는 고체연료에서 관찰되는 연소형태는? ★★★

① 표면연소

② 내부연소

③ 증발연소

④ 자기연소

✔ 표면연소는 휘발분을 거의 포함하지 않는 연료에서 볼 수 있는 연소현상으로, 산소 또는 산화성 가스가 고체 표면 및 내부의 기공으로 확산하여 표면반응을 한다(목탄, 코크스 및 분해연소 후의 고정탄소 등).

최신 기출

34 쓰레기 이송방식에 따라 가동화격자(moving stoker)를 분류할 때 다음에서 설명하는 화격자 방식은? ★

> • 고정화격자와 가동화격자를 횡방향으로 나란히 배치하고, 가동화격자를 전후로 왕복운동시킨다.
> • 비교적 강한 교반력과 이송력을 갖고 있으며, 화격자의 눈이 메워짐이 별로 없다는 이점이 있으나, 낙진량이 많고 냉각작용이 부족하다.

① 직렬식 ② 병렬요동식
③ 부채반전식 ④ 회전롤러식

✔ **[Plus 이론학습]**
병렬요동식 화격자는 폐기물의 이송방향으로 전체적으로 경사져 있고 높이 차가 있는 계단상 형태로, 화격자가 종방향으로 분할되어 병렬로 되어 있고 고정화격자와 가동화격자가 교대로 배열되어 있다.

35 어떤 화학반응과정에서 반응물질이 25% 분해하는 데 41.3분 걸린다는 것을 알았다. 이 반응이 1차라고 가정할 때, 속도상수 $k(\mathrm{s}^{-1})$는 얼마인가? ★

① 1.022×10^{-4}
② 1.161×10^{-4}
③ 1.232×10^{-4}
④ 1.437×10^{-4}

✔ $\ln \dfrac{[A]_t}{[A]_o} = -k \times t$

$\ln \dfrac{75}{100} = -k \times 41.3 \times 60$

$\therefore k = 1.161 \times 10^{-4}$

36 C 85%, H 11%, S 2%, 회분 2%의 무게비로 구성된 B-C유 1kg을 공기비 1.3으로 완전연소시킬 때, 건조배출가스 중의 먼지 농도(g/Sm³)는? (단, 모든 회분 성분은 먼지가 됨.) ★

① 0.82 ② 1.53
③ 5.77 ④ 10.23

✔ O_o (이론적 산소량, Sm³/kg)
$= 1.867C + 5.6(H - O/8) + 0.7S = 2.22$
A_o(이론적인 공기량) $= O_o / 0.21 = 10.57$
실제건조연소가스량(G_d, m³/kg)
$= mA_o - 5.6H + 0.7O + 0.8N$
$= 1.3 \times 10.57 - 5.6 \times 0.11$
$= 13.12$
먼지량 $= 0.02$kg
∴ 먼지 농도 $= 0.02 \times 1,000 / 13.12 = 1.53$g/Sm³

37 불꽃점화기관에서 연소과정 중 발생하는 노킹현상을 방지하기 위한 기관의 구조에 관한 설명으로 가장 거리가 먼 것은? ★

① 연소실을 구형(circular type)으로 한다.
② 점화플러그를 연소실 중심에 설치한다.
③ 난류를 증가시키기 위해 난류생성 pot를 부착시킨다.
④ 말단가스를 고온으로 하기 위해 삼원촉매시스템을 사용한다.

✔ 말단가스를 고온으로 할 필요가 없으며, 삼원촉매시스템은 오염물질(CO, HC, NO_x)을 처리하는 방지장치로, 노킹과 관련이 없다.

38 연소 배출가스의 성분 분석결과 CO_2가 30%, O_2가 7%일 때, $(CO_2)_{max}(\%)$는? ★★★

① 35 ② 40
③ 45 ④ 50

✔ $(CO_2)_{max} = \dfrac{21(CO_2)}{21 - (O_2)}$
$= 21 \times 30 / (21 - 7)$
$= 45\%$

39 자동차 내연기관에서 휘발유(C_8H_{18})가 완전연소될 때 무게기준의 공기연료비(AFR)는? (단, 공기의 분자량은 28.95) ★★

① 15 ② 30
③ 40 ④ 60

✔ $C_8H_{18} + (8 + 18/4)O_2 \rightarrow 8CO_2 + 18/2H_2O$
1mol : 12.5mol
$O_o = 12.5$mol, $A_o = O_o / 0.21 = 59.52$mol
∴ 공기연료비 = 공기/연료 = $59.52 \times 28.95 / 114 = 15.11$

40 과잉산소량(잔존산소량)을 나타내는 표현은? (단, A : 실제공기량, A_o : 이론공기량, m : 공기비($m > 1$), 표준상태, 부피 기준) ★★★

① $0.21mA_o$ ② $0.21mA$

③ $0.21(m-1)A_o$ ④ $0.21(m-1)A$

✔ 과잉산소량 $= 0.21 \times$ 과잉공기량
$= 0.21(m-1)A_o$

제3과목 | 대기오염 방지기술

41 다음 중 분무탑에 관한 설명으로 옳지 않은 것은? ★★★

① 구조가 간단하고, 압력손실이 작은 편이다.
② 침전물이 생기는 경우에 적합하고, 충전탑에 비해 설비비, 유지비가 적게 든다.
③ 분무에 상당한 동력이 필요하고, 가스 유출 시 비말동반의 위험이 있다.
④ 가스분산형 흡수장치로 CO, NO, N_2 등의 용해도가 낮은 가스에 적용된다.

✔ 분무탑은 액체분산형 흡수장치로, 용해도가 높은 가스에 적용된다. 액체분산형 흡수장치에는 벤투리스크러버, 분무탑, 충전탑 등이 있다.

[Plus 이론학습]
• 가스분산형 흡수장치는 용해도가 낮은 가스(CO, O_2, N_2, NO, NO_2)에 적용한다.
• 가스분산형 흡수장치에는 단탑, 다공판탑, 종탑, 기포탑 등이 있다.

42 점성계수가 $1.8 \times 10^{-5} kg/m \cdot s$, 밀도가 $1.3 kg/m^3$인 공기를 안지름이 100mm인 원형 파이프를 사용하여 수송할 때, 층류가 유지될 수 있는 최대공기유속(m/s)은?

① 0.1 ② 0.3
③ 0.6 ④ 0.9

✔ • 유체의 레이놀즈수는
$Re_f < 2,100$일 때는 층류(laminar flow),
$Re_f > 4,000$일 때는 난류(turbulent flow),
이 중간단계를 전이영역(transition region)이라 한다.
레이놀즈수 식

$$Re_f = \frac{d v_g \rho_g}{\mu_g}$$

여기서, d : 유체가 흐르는 장치의 직경
v_g : 유체의 속도
ρ_g : 유체의 밀도
μ_g : 유체의 점도

$$2,100 = \frac{0.1 \times v_g \times 1.3}{1.8 \times 10^{-5}}$$

$\therefore v_g = 2,100 \times 1.8 \times 10^{-5} / 0.1 / 1.3 = 0.3$

43 원심력집진장치(cyclone)의 집진효율에 관한 내용으로 옳지 않은 것은? ★★★

① 유입속도가 빠를수록 집진효율이 증가한다.
② 원통의 직경이 클수록 집진효율이 증가한다.
③ 입자의 직경과 밀도가 클수록 집진효율이 증가한다.
④ Blow-down 효과를 적용했을 때 집진효율이 증가한다.

✅ 원심력집진장치에서는 원통의 직경이 클수록 집진효율이 감소한다.

44 탈취방법 중 수세법에 관한 설명으로 옳지 않은 것은? ★★★

① 용해도가 높고 친수성 극성기를 가진 냄새성분의 제거에 사용할 수 있다.
② 주로 분뇨처리장, 계란건조장, 주물공장 등의 악취제거에 적용된다.
③ 수온변화에 따라 탈취효과가 크게 달라지는 것이 단점이다.
④ 조작이 간단하며 처리효율이 우수하여 주로 단독으로 사용된다.

✅ 수세법은 조작은 간단하지만 처리효율이 낮아 복합적으로 적용 시 주로 전처리용으로 사용된다.

45 충전탑에 사용되는 충전물에 관한 설명으로 옳지 않은 것은? ★★★

① 가스와 액체가 전체에 균일하게 분포될 수 있도록 해야 한다.
② 충전물의 단면적은 기액간의 충분한 접촉을 위해 작은 것이 바람직하다.
③ 하단의 충전물이 상단의 충전물에 의해 눌려 있으므로 이 하중을 견디는 내강성이 있어야 하며, 또한 충전물의 강도는 충전물의 형상에도 관련이 있다.
④ 충분한 기계적 강도와 내식성이 요구되며, 단위부피 내의 표면적이 커야 한다.

✅ 충전물의 단면적은 기액간의 충분한 접촉을 위해 큰 것이 바람직하다.

46 다음은 흡착제에 관한 설명이다. ( ) 안에 가장 적합한 것은? ★

> 현재 분자체로 알려진 ( )이/가 흡착제로 많이 쓰이는데, 이것은 제조과정에서 그 결정구조를 조절하여 특정한 물질을 선택적으로 흡착시키거나 흡착속도를 다르게 할 수 있는 장점이 있으며, 극성이 다른 물질이나 포화정도가 다른 탄화수소의 분리가 가능하다.

① Activated carbon
② Synthetic zeolite
③ Silica gel
④ Activated alumina

✅ **[Plus 이론학습]**
합성 제올라이트(synthetic zeolite)는 촉매, 담채, 이온교환제, 흡습제, 가스제거제 등에 사용되고, 불순물이 없고 순도가 좋으며 일정하게 만들 수 있다.

47 HF 3,000ppm, SiF₄ 1,500ppm이 들어 있는 가스를 시간당 22,400Sm³씩 물에 흡수시켜 규불산을 회수하려고 한다. 이론적으로 회수할 수 있는 규불산의 양은? (단, 흡수율은 100%이다.) ★

① $67.2Sm^3/h$
② $1.5kg \cdot mol/h$
③ $3.0kg \cdot mol/h$
④ $22.4Sm^3/h$

✅ 규불산의 농도 1,500ppm을 단위 전환(ppm → mg/m³)

$$1,500 \times \frac{114}{22.4} = 7,634mg/m^3$$

(여기서, 규불산의 분자량=114g)
물에 흡수되어 회수되는 규불산의 양

$$= \frac{7,634mg}{m^3} \left| \frac{22,400cm^3}{h} \right. = 171kg/h$$

몰농도로 바꾸면

$$\frac{171kg}{h} \left| \frac{1kmol}{114kg} \right. = 1.5kg \cdot mol/h$$

48 중력식 집진장치의 이론적 집진효율을 계산할 때 응용되는 Stokes 법칙을 만족하는 가정(조건)에 해당하지 않는 것은?

① $10^{-4} < N_{Re} < 0.5$

② 구는 일정한 속도로 운동

③ 구는 강체

④ 전이영역흐름(intermediate flow)

✔ 전이영역의 입자는 연속흐름영역의 입자보다 작다. 이것에 대한 입자의 거동은 스토크스식을 커닝햄 미끄럼보정계수(C)로 나누어 줌으로써 구할 수 있다.

49 H_{OG}가 0.7m이고 제거율이 99%면 흡수탑의 충전높이는? ★

① 1.6m

② 2.1m

③ 2.8m

④ 3.2m

✔ 충전탑의 높이 계산

$h = H_{OG} \times N_{OG}$
$\quad = H_{OG} \times \ln[1/(1-E/100)]$

여기서, H_{OG} : 기상 총괄이동단위높이
$\qquad N_{OG}$: 기상 총괄이동단위수

$\therefore h = H_{OG} \times \ln[1/(1-E/100)]$
$\qquad = 0.7 \times \ln[1/(1-99/100)]$
$\qquad = 0.7 \times 4.6$
$\qquad = 3.22$

50 후드의 형식 중 외부식 후드에 해당하지 않는 것은? ★★

① 장갑부착 상자형(glove box형)

② 슬롯형(slot형)

③ 그리드형(grid형)

④ 루버형(louver형)

✔ 장갑부착 상자형(glove box형)은 포위식이다.

51 원심력집진장치에서 압력손실의 감소 원인으로 가장 거리가 먼 것은? ★★

① 장치 내 처리가스가 선회되는 경우

② 호퍼 하단 부위에 외기가 누입될 경우

③ 외통의 접합부 불량으로 함진가스가 누출될 경우

④ 내통이 마모되어 구멍이 뚫려 함진가스가 by pass될 경우

✔ 장치 내 처리가스가 선회되는 경우는 정상적인 경우로서 압력손실의 감소 원인이 아니다.

52 배출가스 내의 황산화물 처리방법 중 건식법의 특징으로 가장 거리가 먼 것은? (단, 습식법과 비교) ★★

① 장치의 규모가 큰 편이다.

② 반응효율이 높은 편이다.

③ 배출가스의 온도저하가 거의 없는 편이다.

④ 연돌에 의한 배출가스의 확산이 양호한 편이다.

✔ 습식법이 건식법에 비해 반응효율이 더 높다.

53 배출가스 중의 NO_x 제거법에 관한 설명으로 옳지 않은 것은? ★★★

① 비선택적인 촉매환원에서는 NO_x뿐만 아니라 O_2까지 소비된다.

② 선택적 촉매환원법의 최적온도범위는 700~850℃ 정도이며, 보통 50% 정도의 NO_x를 저감시킬 수 있다.

③ 선택적 촉매환원법은 TiO_2와 V_2O_5를 혼합하여 제조한 촉매에 NH_3, H_2, CO, H_2S 등의 환원가스를 작용시켜 NO_x를 N_2로 환원시키는 방법이다.

④ 배출가스 중의 NO_x 제거는 연소조절에 의한 제어법보다 더 높은 NO_x 제거효율이 요구되는 경우나 연소방식을 적용할 수 없는 경우에 사용된다.

✔ 선택적 촉매환원법(SCR)의 최적온도범위는 약 300℃ 정도이며, 보통 80~90% 정도의 NO_x를 저감시킬 수 있다.

54 다음 중 세정집진장치의 특징으로 옳지 않은 것은? ★★★

① 압력손실이 적어 운전비가 적게 든다.
② 소수성 입자의 집진율이 낮은 편이다.
③ 점착성 및 조해성 분진의 처리가 가능하다.
④ 연소성 및 폭발성 가스의 처리가 가능하다.

✔ 압력손실이 높아 운전비가 많이 든다.

55 다음 중 입자상 물질에 관한 설명으로 가장 거리가 먼 것은? ★

① 직경 d인 구형 입자의 비표면적(단위체적당 표면적)은 $d/6$이다.
② Cascade impactor는 관성충돌을 이용하여 입경을 간접적으로 측정하는 방법이다.
③ 공기동역학경은 Stokes경과 달리 입자밀도를 $1g/cm^3$로 가정함으로써 보다 쉽게 입경을 나타낼 수 있다.
④ 비구형 입자에서 입자의 밀도가 1보다 클 경우 공기동역학경은 Stokes경에 비해 항상 크다고 볼 수 있다.

✔ 직경 d인 구형 입자의 비표면적은 $6/d$이다.

56 시멘트산업에서 일반적으로 사용하는 전기집진장치의 배출가스 조절제는? ★★★

① 물(수증기)
② SO_3 가스
③ 암모늄염
④ 가성소다

✔ 먼지의 전기비저항이 높을 때 또는 낮을 때 조절제를 사용하는데, 주로 물, NH_4OH, 트리에틸아민, SO_3, 각종 염화물, 유분(oil) 등의 물질을 사용한다.
시멘트산업은 먼지가 많이 발생되기 때문에 일반적으로 물(수증기)을 사용한다.

57 사이클론(cyclone)에서 50%의 집진효율로 제거되는 입자의 최소입경을 나타내는 용어는 다음 중 어느 것인가? ★★★

① Critical diameter
② Average diameter
③ Cut size diameter
④ Analytical diameter

✔ Cyclone에서 50%의 집진효율로 제거되는 입자의 최소 입경을 절단직경(cut size diameter)이라 한다.

58 환기시설의 설계에 사용하는 보충용 공기에 관한 설명으로 가장 거리가 먼 것은? ★

① 환기시설에 의해 작업장에서 배기된 만큼의 공기를 작업장 내로 재공급하여야 하는데 이를 보충용 공기라 한다.
② 보충용 공기는 일반 배기가스용 공기보다 많도록 조절하여 실내를 약간 양(+)압으로 하는 것이 좋다.
③ 보충용 공기의 유입구는 작업장이나 다른 건물의 배기구에서 나온 유해물질의 유입을 유도하기 위해서 최대한 바닥에 가깝도록 한다.
④ 여름에는 보통 외부공기를 그대로 공급하지만, 공정 내의 열부하가 커서 제어해야 하는 경우에는 보충용 공기를 냉각하여 공급한다.

✔ 보충용 공기의 공급방향은 유해물질이 없는 가장 깨끗한 지역에서 유해물질이 발생하는 지역으로 향하도록 하여야 하며, 가능한 한 근로자의 뒤쪽에 급기구가 설치되어 신선한 공기가 근로자를 거쳐서 후드방향으로 흐르도록 해야 한다.

59 다음 중 표준상태의 공기가 내경이 50cm인 강관 속을 2m/s의 속도로 흐르고 있을 때, 공기의 질량유속은(kg/s)은? (단, 공기의 평균분자량 = 29) ★★

① 0.34
② 0.51
③ 0.78
④ 0.97

✔ $\dfrac{29kg}{22.4m^3} \left| \dfrac{\pi \times 0.5^2 m^2}{4} \right| \dfrac{2m}{s} = 0.508kg/s$

60 여과집진장치의 탈진방식 중 간헐식에 관한 설명으로 옳지 않은 것은? ★★

① 연속식에 비해 먼지의 재비산이 적고, 높은 집진효율을 얻을 수 있다.

② 고농도, 대량가스 처리에 적합하며, 점성이 있는 조대먼지의 탈진에 효과적이다.

③ 진동형은 여과포의 음파진동, 횡진동, 상하진동에 의해 포집된 먼지를 털어내는 방식이다.

④ 역기류형은 단위집진실에 처리가스의 공급을 중단시킨 후 순차적으로 탈진하는 방식이다.

✔ 간헐식은 고농도, 대량가스 처리에 적합하지 않으며, 점성이 있는 조대먼지를 탈진할 경우 여과포 손상의 가능성이 있다.

제4과목 **대기오염 공정시험기준(방법)**

61 환경대기 중의 탄화수소 농도를 측정하기 위한 주 시험방법은? ★★

① 총탄화수소 측정법

② 비메탄탄화수소 측정법

③ 활성탄화수소 측정법

④ 비활성탄화수소 측정법

✔ 환경대기 중의 탄화수소 농도를 측정하기 위한 시험방법으로 비메탄탄화수소 측정법(주 시험방법), 총탄화수소 측정법, 활성탄화수소 측정법 등이 있다.

62 환경대기 중의 벤조(a)피렌을 분석하기 위한 시험방법은? ★

① 이온 크로마토그래피법

② 비분산적외선분광분석법

③ 흡광차분광법

④ 형광분광광도법

✔ 환경대기 중 벤조(a)피렌 시험방법에는 가스 크로마토그래피법(주 시험방법), 형광분광광도법 등이 있다.

63 배출가스 중의 휘발성유기화합물(VOCs) 시료 채취방법에 관한 내용으로 옳지 않은 것은 어느 것인가? ★★

① 흡착관법의 시료 채취량은 1~5L 정도로, 시료 흡입속도 100~250mL/min 정도로 한다.

② 흡착관법에서 누출시험을 실시한 후 시료를 도입하기 전에 가열한 시료 채취관 및 연결관을 시료로 충분히 치환해야 한다.

③ 시료 채취주머니 방법에 사용되는 시료 채취주머니는 빛이 들어가지 않도록 차단해야 하며, 시료 채취 이후 24시간 이내에 분석이 이루어지도록 해야 한다.

④ 시료 채취주머니 방법에 사용되는 시료 채취주머니는 새 것을 사용하는 것을 원칙으로 하되 재사용하는 경우 수소나 아르곤 가스를 채운 후 6시간 동안 놓아둔 후 퍼지(purge)시키는 조작을 반복해야 한다.

✅ 시료 채취주머니는 새 것을 사용하는 것을 원칙으로 하되 만일 재사용 시에는 제로기체와 동등 이상의 순도를 가진 질소나 헬륨기체를 채운 후 24시간 혹은 그 이상 동안 시료 채취주머니를 놓아둔 후 퍼지(purge)시키는 조작을 반복해야 한다.

64 환경대기 중의 금속화합물 분석을 위한 주 시험방법은? ★

① 원자흡수분광광도법

② 자외선/가시선분광법

③ 이온 크로마토그래피법

④ 비분산적외선분광분석법

✅ 환경대기 중의 금속화합물 분석방법은 원자흡수분광법 (주 시험방법), 유도결합플라스마 원자발광분광법, 자외선/가시선분광법 등이 있다.

65 고용량 공기시료채취법을 사용하여 비산먼지를 측정하고자 한다. 풍속이 0.5m/s 미만 또는 10m/s 이상되는 시간이 전 채취시간의 50% 미만일 때 풍속에 대한 보정계수는? ★★

① 0.8   ② 1.0

③ 1.2   ④ 1.5

✅ **[Plus 이론학습]**
풍속이 0.5m/s 미만 또는 10m/s 이상되는 시간이 전 채취시간의 50% 이상일 때 보정계수는 1.2이다.

66 A굴뚝의 측정공에서 피토관으로 가스의 압력을 측정해 보니 동압이 15mmH$_2$O이었다. 이 가스의 유속은? (단, 사용한 피토관의 계수(C)는 0.85이며, 가스의 단위체적당 질량은 1.2kg/m^{3}로 한다.) ★★★

① 약 12.3m/s   ② 약 13.3m/s

③ 약 15.3m/s   ④ 약 17.3m/s

✅ $V = C\sqrt{\dfrac{2gh}{r}} = 0.85\sqrt{\dfrac{2 \times 9.8 \times 15}{1.2}} = 13.3\text{m/s}$

67 대기오염공정시험기준상 화학분석 일반사항에 관한 규정 중 옳은 것은? ★★★

① 상온은 15~25℃, 실온은 1~35℃, 찬곳은 따로 규정이 없는 한 0~15℃의 곳을 뜻한다.

② 방울수라 함은 20℃에서 정제수 10방울을 떨어뜨릴 때 그 부피가 약 1mL되는 것을 뜻한다.

③ 약이란 그 무게 또는 부피에 대하여 ±1% 이상의 차가 있어서는 안 된다.

④ 10억분율은 pphm으로 표시하고, 따로 표시가 없는 한 기체일 때는 용량 대 용량(V/V), 액체일 때는 중량 대 중량(W/W)을 표시한 것을 뜻한다.

✅ ② 방울수라 함은 20℃에서 정제수 20방울을 떨어뜨릴 때 그 부피가 약 1mL되는 것을 뜻한다.
③ 약이란 그 무게 또는 부피 등에 대하여 ±10% 이상의 차가 있어서는 안 된다.
④ 1억분율은 pphm, 10억분율은 ppb로 표시하고, 따로 표시가 없는 한 기체일 때는 용량 대 용량(부피분율), 액체일 때는 중량 대 중량(질량분율)을 표시한 것을 뜻한다.

68 어떤 굴뚝 배출가스의 유속을 피토관으로 측정하고자 한다. 동압 측정 시 확대율이 10배인 경사 마노미터를 사용하여 액주 55mm를 얻었다. 동압은 약 몇 mmH$_2$O인가? (단, 경사 마노미터에는 비중 0.85의 톨루엔을 사용한다.) ★★

① 7.0   ② 6.5

③ 5.5   ④ 4.7

✅ Toluene Head
= Water Head×Water Density/Toluene Density
7 = (Water Head)×1/0.85
∴ Water Head = 55×0.85/10 = 4.68

69 광원에서 나오는 빛을 단색화장치에 의하여 좁은 파장범위의 빛만을 선택하여 어떤 액층을 통과시킬 때 입사광의 강도가 1이고, 투사광의 강도가 0.5였다. 이 경우 Lambert-Beer 법칙을 적용하여 흡광도를 구하면? ★★★

① 0.3   ② 0.5

③ 0.7   ④ 1.0

◆ Lambert – Beer 법칙

$I_t = I_o \cdot 10^{-\varepsilon CL}$

투과도$(t) = I_t / I_o = 0.5/1 = 0.5$

∴ 흡광도$(A) = \log(1/t) = 0.3$

70 환경대기 중의 각 항목별 분석방법의 연결로 옳지 않은 것은? ★

① 질소산화물 : 살츠만법

② 옥시던트(오존으로서) : 베타선법

③ 일산화탄소 : 불꽃이온화검출기법(기체 크로마토그래피법)

④ 아황산가스 : 파라로자닐린법

◆ 옥시던트 측정방법에는 자외선광도법, 중성 요오드화칼 륨법, 알칼리성 요오드화칼륨법 등이 있다.

71 굴뚝 배출가스 중 불꽃이온화검출기에 의한 총탄화수소 측정에 관한 설명으로 옳지 않은 것은? ★

① 결과농도는 프로판 또는 탄소등가 농도 로 환산하여 표시한다.

② 배출원에서 채취된 시료는 여과지 등을 이용하여 먼지를 제거한 후 가열채취관 을 통하여 불꽃이온화분석기로 유입되어 분석된다.

③ 반응시간은 오염물질 농도의 단계변화에 따라 최종값의 50% 이상에 도달하는 시 간을 말한다.

④ 시료 채취관은 스테인리스강 또는 이와 동등한 재질의 것으로 하고 굴뚝 중심부 분의 10% 범위 내에 위치할 정도의 길이 의 것을 사용한다.

◆ 반응시간은 오염물질 농도의 단계변화에 따라 최종값의 90%에 도달하는 시간으로 한다.

72 비분산/적외선분광분석법(non dispersive infrared photometer analysis)에서 사용되는 용어에 관한 설명으로 옳지 않은 것은? ★★★

① 비교가스는 시료셀에서 적외선 흡수를 측정하는 경우 대조가스로 사용하는 것 으로, 적외선을 흡수하지 않는 가스를 말 한다.

② 비교셀은 시료셀과 동일한 모양을 가지 며 아르곤 또는 질소와 같은 불활성 기체 를 봉입하여 사용한다.

③ 광학필터는 시료광속과 비교광속을 일정 주기로 단속시켜 광학적으로 변조시키는 것으로, 단속방식에는 1~20Hz의 교호단 속 방식과 동시단속방식이 있다.

④ 시료셀은 시료가스가 흐르는 상태에서 양단의 창을 통해 시료광속이 통과하는 구조를 갖는다.

◆ 광학필터는 시료가스 중에 간섭물질 가스의 흡수파장역 의 적외선을 흡수 제거하기 위하여 사용하며, 가스필터와 고체필터가 있는데 이것은 단독 또는 적절히 조합하여 사 용한다.

73 원자흡광분석에서 발생하는 간섭 중 분석에 사용하는 스펙트럼의 불꽃 중에서 생성되는 목적원소의 원자증기 이외의 물질에 의하여 흡수되는 경우에 발생되는 것은? ★★★

① 물리적 간섭

② 화학적 간섭

③ 분광학적 간섭

④ 이온학적 간섭

◆ 분광학적 간섭은 분석에 사용하는 스펙트럼선이 다른 인 접선과 완전히 분리되지 않는 경우에도 일어난다.

74 굴뚝의 배출가스 중 구리화합물을 원자흡수 분광광도법으로 분석할 때의 적정파장(nm) 은 얼마인가? ★

① 213.8

② 228.8

③ 324.8

④ 357.9

75 원자흡수분광광도법의 장치 구성이 순서대로 옳게 나열된 것은? ★★★

① 광원부 → 파장선택부 → 측광부 → 시료원자화부

② 광원부 → 시료원자화부 → 파장선택부 → 측광부

③ 시료원자화부 → 광원부 → 파장선택부 → 측광부

④ 시료원자화부 → 파장선택부 → 광원부 → 측광부

✅ **[Plus 이론학습]**
원자흡광 분석장치는 단광속형과 복광속형이 있다.

76 굴뚝 배출가스 중의 무기불소화합물을 자외선/가시선분광법에 따라 분석하여 얻은 결과이다. 불소화합물의 농도(ppm)는? (단, 방해이온이 존재할 경우임.)

- 검정곡선에서 구한 불소화합물 이온의 질량 : 1mg
- 건조시료가스량 : 20L
- 분취한 액량 : 50mL

① 100 ② 155
③ 250 ④ 295

✅ $C = \dfrac{A_F \times V \times f}{V_s} \times 1,000 \times \dfrac{22.4}{19}$

$= \dfrac{\dfrac{1}{0.25} \times 0.25 \times 5}{20} \times 1,179$

$=295\text{ppm}$

여기서, C : 불소화합물의 농도(ppm, F)

A_F : 검정곡선에서 구한 불소화합물 이온의 농도(mg/L)

V_s : 건조시료가스량(L)

V : 시료 용액 전량(L)

f : 희석배수(시료 전량(mL)/분취한 액량(mL))

시료 용액 전량은 방해이온이 존재할 경우 250mL, 방해이온이 존재하지 않을 경우 200mL(농도에 따라 변경 가능)

77 배출가스 중의 먼지를 원통여지포집기로 포집하여 얻은 측정결과이다. 표준상태에서의 먼지농도(mg/m^3)는?

- 대기압 : 765mmHg
- 가스미터의 가스게이지압 : 4mmHg
- 15℃에서의 포화수증기압 : 12.67mmHg
- 가스미터의 흡인가스 온도 : 15℃
- 먼지포집 전의 원통여지 무게 : 6.2721g
- 먼지포집 후의 원통여지 무게 : 6.2963g
- 습식 가스미터에서 읽은 흡인가스량 : 50L

① 386 ② 436
③ 513 ④ 558

✅ $V_n' = V_m \times \dfrac{273}{273+\theta_m} \times \dfrac{P_a + P_m - P_v}{760} \times 10^{-3}$

$= 50 \times \dfrac{273}{273+15} \times \dfrac{765+4-12.67}{760} \times 10^{-3}$

$=47.2 \times 10^{-3} \text{Sm}^3$

여기서, V_n' : 표준상태에서 흡입한 건조가스량(Sm^3)

V_m : 흡입가스량으로 습식 가스미터에서 읽은 값(L)

θ_m : 가스미터의 흡입가스 온도(℃)

P_a : 측정공 위치에서의 대기압(mmHg)

P_m : 가스미터의 가스게이지압(mmHg)

P_v : $\theta(m)$에서 포화수증기압(mmHg)

$C_n = \dfrac{m_d}{V_n'} = \dfrac{(6.2963 - 6.2721) \times 10^3 \text{mg}}{47.2 \times 10^{-3} \text{Sm}^3}$

$=512.7 \text{mg/m}^3$

78 원자흡수분광광도법에 사용되는 불꽃을 만들기 위한 가연성 가스와 조연성 가스의 조합 중, 불꽃 온도가 높아서 불꽃 중에서 해리하기 어려운 내화성 산화물을 만들기 쉬운 원소의 분석에 가장 적합한 것은? ★★★

① 수소(H_2) – 산소(O_2)

② 프로판(C_3H_8) – 공기(air)

③ 아세틸렌(C_2H_2) – 공기(air)

④ 아세틸렌(C_2H_2) – 아산화질소(N_2O)

✅ **[Plus 이론학습]**
수소–공기와 아세틸렌–공기는 대부분의 원소 분석에 유효하게 사용되며, 수소–공기는 원자 외 영역에서의 불꽃자체에 의한 흡수가 적기 때문에 이 파장영역에서 분석선을 갖는 원소의 분석에 적당하다.

79 배출가스 중의 산소를 오르자트 분석법에 따라 분석할 때 사용하는 산소 흡수액은? ★★

① 입상아연+피로갈롤 용액
② 수산화소듐 용액+피로갈롤 용액
③ 염화제일주석 용액+피로갈롤 용액
④ 수산화포타슘 용액+피로갈롤 용액

✔ 산소흡수액은 물 100mL에 수산화칼륨(수산화포타슘) 60g을 녹인 용액과 물 100mL에 피로갈롤 12g을 녹인 용액을 혼합한 용액이다.

80 굴뚝 배출가스 중의 폼알데하이드 및 알데하이드류의 분석방법에 해당하지 않는 것은? ★★

① 차아염소산염 자외선/가시선분광법
② 아세틸아세톤 자외선/가시선분광법
③ 크로모트로핀산 자외선/가시선분광법
④ 고성능 액체 크로마토그래피법

✔ 폼알데하이드 및 알데하이드류의 분석방법은 고성능 액체 크로마토그래피(주 시험방법), 크로모트로핀산 자외선/가시선분광법, 아세틸아세톤 자외선/가시선분광법 등이 있다.

제5과목 대기환경관계법규

81 다음 중 환경정책기본법령에서 환경기준을 확인할 수 있는 항목에 해당하지 않는 것은 어느 것인가? ★★★

① 납
② 일산화탄소
③ 오존
④ 탄화수소

✔ • 탄화수소는 오존의 전구물질로서 중복규제문제로 환경기준 항목에서 제외되었다.
• 환경기준 항목은 아황산가스(SO_2), 일산화탄소(CO), 이산화질소(NO_2), 미세먼지(PM-10), 초미세먼지(PM-2.5), 오존(O_3), 납(Pb), 벤젠(C_6H_6) 등이다.

82 실내공기질관리법령상 실내공기질의 측정에 관한 내용 중 ( ) 안에 알맞은 것은 어느 것인가? ★

> 다중이용시설의 소유자 등은 실내공기질 측정대상오염물질이 실내공기질 권고기준의 오염물질 항목에 해당하는 경우 실내공기질을 (ⓐ) 측정해야 한다. 또한, 실내공기질 측정결과를 (ⓑ) 보존해야 한다.

① ⓐ 연 1회, ⓑ 10년간
② ⓐ 연 2회, ⓑ 5년간
③ ⓐ 2년에 1회, ⓑ 10년간
④ ⓐ 2년에 1회, ⓑ 5년간

83 실내공기질관리법령상 공항시설 중 여객터미널에 대한 라돈의 실내공기질 권고기준은? (단, 단위는 Bq/m³) ★★★

① 100 이하
② 148 이하
③ 200 이하
④ 248 이하

84 다음 중 악취방지법령상의 용어 정의로 옳지 않은 것은? ★★★

① "통합악취"란 두 가지 이상의 악취물질이 함께 작용해 사람의 후각을 자극하여 불쾌감과 혐오감을 주는 냄새를 말한다.

② "악취배출시설"이란 악취를 유발하는 시설, 기계, 기구, 그 밖의 것으로서 환경부장관이 관계 중앙행정기관의 장과 협의하여 환경부령으로 정하는 것을 말한다.

③ "악취"란 황화수소, 메르캅탄류, 아민류, 그 밖에 자극성이 있는 물질이 사람의 후각을 자극하여 불쾌감과 혐오감을 주는 냄새를 말한다.

④ "지정악취물질"이란 악취의 원인이 되는 물질로서 환경부령으로 정하는 것을 말한다.

✔ "복합악취"란 두 가지 이상의 악취물질이 함께 작용하여 사람의 후각을 자극하여 불쾌감과 혐오감을 주는 냄새를 말한다.

85 다음은 대기환경보전법령상 부과금의 징수유예·분할납부 및 징수절차에 관한 사항이다. ( ) 안에 알맞은 것은? ★★

시·도지사는 배출부과금이 납부의무자의 자본금 또는 출자총액을 2배 이상 초과하는 경우로서 사업상 손실로 인해 경영상 심각한 위기에 처하여 징수유예기간 내에도 징수할 수 없다고 인정되면 징수유예기간을 연장하거나 분할납부의 횟수를 늘릴 수 있다. 이에 따른 징수유예기간의 연장은 유예한 날의 다음 날부터 (㉠)로 하며, 분할납부의 횟수는 (㉡)로 한다.

① ㉠ 2년 이내, ㉡ 12회 이내
② ㉠ 2년 이내, ㉡ 18회 이내
③ ㉠ 3년 이내, ㉡ 12회 이내
④ ㉠ 3년 이내, ㉡ 18회 이내

86 환경부 장관이 대기환경보전법 규정에 의하여 사업장에서 배출되는 대기오염물질을 총량으로 규제하고자 할 때에 반드시 고시할 사항과 거리가 먼 것은? ★★★

① 총량규제 구역
② 측정망 설치계획
③ 총량규제 대기오염물질
④ 대기오염물질의 저감계획

✔ 총량규제 구역, 총량규제 대기오염물질, 대기오염물질의 저감계획 등이 고시되어야 한다.

87 대기환경보전법령상 3종 사업장의 환경기술인의 자격기준에 해당되는 자는? ★★★

① 환경기능사
② 1년 이상 대기분야 환경관련 업무에 종사한 자
③ 2년 이상 대기분야 환경관련 업무에 종사한 자
④ 피고용인 중에서 임명하는 자

✔ 3종 사업장의 환경기술인의 자격기준에 해당되는 자는 대기환경산업기사 이상의 기술자격 소지자, 환경기능사 또는 3년 이상 대기분야 환경관련 업무에 종사한 자 1명 이상

88 대기환경보전법규상 위임업무 보고사항 중 "자동차 연료 및 첨가제의 제조·판매 또는 사용에 대한 규제현황" 업무의 보고횟수 기준으로 옳은 것은? ★★

① 연 1회
② 연 2회
③ 연 4회
④ 수시

89 실내공기질관리법규상 건축자재의 오염물질 방출 기준 중 "페인트의 ㉠ 톨루엔, ㉡ 총휘발성 유기화합물" 기준으로 옳은 것은? (단, 단위는 $mg/m^2 \cdot h$이다.) ★★

① ㉠ 0.05 이하, ㉡ 20.0 이하
② ㉠ 0.05 이하, ㉡ 4.0 이하
③ ㉠ 0.08 이하, ㉡ 20.0 이하
④ ㉠ 0.08 이하, ㉡ 2.5 이하

90 대기환경보전법상 환경부 장관은 대기오염물질과 온실가스를 줄여 대기환경을 개선하기 위한 대기환경개선종합계획을 얼마마다 수립하여 시행하여야 하는가?

① 매년마다　　② 3년마다
③ 5년마다　　④ 10년마다

91 다음은 대기환경보전법령상 시·도지사가 배출시설의 설치를 제한할 수 있는 경우이다. ( ) 안에 알맞은 것은? ★★

> 배출시설 설치지점으로부터 반경 1킬로미터 안의 상주인구가 (㉠)명 이상인 지역으로서 특정대기유해물질 중 한 가지 종류의 물질을 연간 10톤 이상 배출하거나 두 가지 이상의 물질을 연간 (㉡)톤 이상 배출하는 시설을 설치하는 경우

① ㉠ 1만, ㉡ 20　　② ㉠ 2만, ㉡ 20
③ ㉠ 1만, ㉡ 25　　④ ㉠ 2만, ㉡ 25

☑ 환경부 장관 또는 시·도지사가 배출시설의 설치를 제한할 수 있는 경우는 다음과 같다.
1. 배출시설 설치지점으로부터 반경 1킬로미터 안의 상주인구가 2만명 이상인 지역으로서 특정대기유해물질 중 한 가지 종류의 물질을 연간 10톤 이상 배출하거나 두 가지 이상의 물질을 연간 25톤 이상 배출하는 시설을 설치하는 경우
2. 대기오염물질(먼지·황산화물 및 질소산화물만 해당)의 발생량 합계가 연간 10톤 이상인 배출시설을 특별대책지역(법 제22조에 따라 총량규제구역으로 지정된 특별대책지역은 제외)에 설치하는 경우

92 대기환경보전법령상 초과부과금 산정기준에서 다음 중 오염물질 1킬로그램당 부과금액이 가장 적은 것은? ★★★

① 이황화탄소
② 암모니아
③ 황화수소
④ 불소화물

☑ ① 이황화탄소 : 1,600원
② 암모니아 : 1,400원
③ 황화수소 : 6,000원
④ 불소화물 : 2,300원

[Plus 이론학습]
• 황산화물 : 500원
• 먼지 : 770원
• 질소산화물 : 2,130원

93 대기환경보전법령상 대기오염 경보단계의 3가지 유형 중 "경보 발령" 시 조치사항으로 가장 거리가 먼 것은? ★★★

① 주민의 실외활동 제한 요청
② 자동차 사용의 제한
③ 사업장의 연료사용량 감축권고
④ 사업장의 조업시간 단축명령

☑ 경보 발령 시 : 주민의 실외활동 제한 요청, 자동차 사용의 제한 및 사업장의 연료사용량 감축권고 등

[Plus 이론학습]
• 주의보 발령 시 : 주민의 실외활동 및 자동차 사용의 자제 요청 등
• 중대경보 발령 시 : 주민의 실외활동 금지 요청, 자동차의 통행금지 및 사업장의 조업시간 단축명령 등

94 악취방지법령상 지정악취물질에 해당하지 않는 것은? ★★

① 염화수소　　② 메틸에틸케톤
③ 프로피온산　　④ 뷰틸아세테이트

☑ 염화수소는 지정악취물질(22종)이 아니다.

95 대기환경보전법령상 청정연료를 사용하여야 하는 대상시설의 범위에 해당하지 않는 시설은 어느 것인가? ★★★

① 산업용 열병합 발전시설
② 전체 보일러의 시간당 총 증발량이 0.2톤 이상인 업무용 보일러
③ 「집단에너지사업법 시행령」에 따른 지역냉난방사업을 위한 시설
④ 「건축법 시행령」에 따른 중앙집중난방방식으로 열을 공급받고 단지 내의 모든 세대의 평균 전용면적이 $40.0m^2$를 초과하는 공동주택

☑ 지역냉난방사업을 위한 시설 중 발전폐열을 지역냉난방용으로 공급하는 산업용 열병합 발전시설로서 환경부 장관이 승인한 시설은 제외한다.

96 실내공기질관리법령상 "의료기관"의 라돈(Bq/m³) 항목 실내공기질 권고기준은? ★★★

① 148 이하
② 400 이하
③ 500 이하
④ 1,000 이하

97 대기환경보전법령상 비산먼지 발생사업에 해당하지 않는 것은? ★★★

① 화학제품제조업 중 석유정제업
② 제1차 금속제조업 중 금속주조업
③ 비료 및 사료 제품의 제조업 중 배합사료 제조업
④ 비금속물질의 채취·제조·가공업 중 일반도자기제조업

98 대기환경보전법령상 대기오염경보 발령 시 포함되어야 할 사항에 해당하지 않는 것은? (단, 기타사항은 제외) ★★★

① 대기오염경보단계
② 대기오염경보의 대상지역
③ 대기오염경보의 경보대상기간
④ 대기오염경보단계별 조치사항

✔ 대기오염경보의 대상지역, 대기오염경보단계 및 대기오염물질의 농도, 영 제2조 제4항에 따른 대기오염경보단계별 조치사항, 그 밖에 시·도지사가 필요하다고 인정하는 사항 등이다.

99 대기환경보전법령상 첨가제·촉매제 제조기준에 맞는 제품의 표시방법에 관한 내용 중 ( ) 안에 알맞은 것은? ★★

> 표시 크기는 첨가제 또는 촉매제 용기 앞면의 제품명 밑에 제품명 글자 크기의 ( )에 해당하는 크기여야 한다.

① 100분의 50 이상 ② 100분의 30 이상
③ 100분의 15 이상 ④ 100분의 5 이상

100 대기환경보전법령상 환경부 장관 또는 시·도지사가 배출부과금의 납부의무자가 납부기한 전에 배출부과금을 납부할 수 없다고 인정하여 징수를 유예하거나 징수금액을 분할납부하게 할 경우에 관한 설명으로 옳지 않은 것은? ★

① 부과금의 분할납부 기한 및 금액과 그 밖에 부과금의 부과·징수에 필요한 사항은 환경부 장관 또는 시·도지사가 정한다.
② 초과부과금의 징수유예기간은 유예한 날의 다음 날부터 2년 이내이며, 그 기간 중의 분할납부 횟수는 12회 이내이다.
③ 기본부과금의 징수유예기간은 유예한 날의 다음 날부터 다음 부과기간의 개시일 전일까지이며, 그 기간 중의 분할납부 횟수는 4회 이내이다.
④ 징수유예기간 내에 징수할 수 없다고 인정되어 징수유예기간을 연장하거나 분할납부 횟수를 증가시킬 경우 징수유예기간의 연장은 유예한 날의 다음 날부터 5년 이내이며, 분할납부 횟수는 30회 이내이다.

✔ 징수유예기간의 연장은 유예한 날의 다음 날부터 3년 이내로 하며, 분할납부의 횟수는 18회 이내로 한다.

2024 제1회 대기환경기사

[2024년 2월 15일 시행 CBT 기출복원문제]

제1과목 대기오염 개론

01 다음 중 CO에 대한 설명으로 옳지 않은 것은 어느 것인가? ★★★

① 자연적 발생원에는 화산 폭발, 테르펜류의 산화, 클로로필의 분해, 산불 및 해수 중 미생물의 작용 등이 있다.

② 지구 위도별 분포로 보면 적도 부근에서 최대치를 보이고, 북위 30도 부근에서 최소치를 나타낸다.

③ 물에 난용성이므로 수용성 가스와는 달리 비에 의한 영향을 거의 받지 않는다.

④ 다른 물질에 흡착현상도 거의 나타나지 않는다.

✔ **[Plus 이론학습]**
CO(일산화탄소)는 무색, 무취의 유독성 가스로서, 연료 속의 탄소 성분이 불완전연소 되었을 때 발생하며, 난용성, 비흡착성, 비반응성의 성질이 있다. 배출원은 주로 수송부문이 차지하며, 산업공정과 비수송부문의 연료 연소, 그리고 화산 폭발, 산불과 같은 자연발생원이 있다.

02 태양상수를 이용하여 지구 표면의 단위면적이 1분 동안에 받는 평균태양에너지를 구한 값은? ★★

① $0.25 \text{cal/cm}^2 \cdot \min$ ② $0.5 \text{cal/cm}^2 \cdot \min$

③ $1.0 \text{cal/cm}^2 \cdot \min$ ④ $2.0 \text{cal/cm}^2 \cdot \min$

✔ 태양상수를 S(약 $2 \text{cal/cm}^2 \cdot \min$)라 하고 지구의 반지름을 R이라 하면, 지구가 받는 전체량은 $\pi R^2 S$가 된다. 지구는 자신의 단면적(πR^2)에 따라 정해진 만큼의 복사열을 받지만 지구의 자전에 따라 에너지는 지구 표면 전체($4\pi R^2$)로 분산되게 한다. 그러므로 지구로 오는 태양 복사열의 평균은 빛이 접근하는 각도와 지구의 반쪽은 아무런 복사열을 받지 못하는 점 등을 고려할 때 지구 표면에 받는 평균태양에너지는 태양상수(S)의 4분의 1이다. 즉, $S/4 = 2/4 = 0.5 \text{cal/cm}^2 \cdot \min$이다.

[Plus 이론학습]
지구의 대기권 밖에서 태양광선에 수직인 단위면적이 단위시간당 받는 태양복사에너지를 태양상수라 하며, 그 값은 시기에 따라 다소 변동하지만 평균적으로 약 $2.0 \text{cal/cm}^2 \cdot \min$이다.

03 다음 중 염소 또는 염화수소 배출 관련업종으로 가장 거리가 먼 것은? ★★

① 화학공업 ② 소다제조업

③ 시멘트제조업 ④ 플라스틱제조업

✔ 시멘트제조업에서는 염소 및 염화수소가 배출되지 않는다.

04 오염된 대기에서의 SO_2의 산화에 관한 다음 설명 중 가장 거리가 먼 것은? ★

① 연소과정에서 배출되는 SO_2의 광분해는 상당히 효과적인데, 그 이유는 저공에 도달하는 것보다 더 긴 파장이 요구되기 때문이다.

② 낮은 농도의 올레핀계 탄화수소도 NO가 존재하면 SO_2를 광산화시키는 데 상당히 효과적일 수 있다.

③ 파라핀계 탄화수소는 NO_x와 SO_2가 존재하여도 aerosol을 거의 형성시키지 않는다.

④ 모든 SO_2의 광화학은 일반적으로 전자적으로 여기된 상태의 SO_2의 분자운동들만 포함한다.

✔ 연소과정에서 배출된다는 의미는 대류권이란 의미이다. 대류권에서의 SO_2의 광분해는 효과적이지 않다. 왜냐하면 SO_2의 광분해에 최적인 290nm 부근의 짧은 파장(240~330nm)이 대류권에는 거의 존재하지 않기 때문이다. 대류권에서는 290nm 이상의 긴 파장(290~440nm)이 주로 존재하는데, 이는 290nm 이하의 파장은 대부분 성층권의 오존(O_3)에 의해 흡수되기 때문이다.

05 다음 기체 중 비중이 가장 작은 것은? ★

① NH_3 ② NO

③ H_2S ④ SO_2

✔ NH_3 0.77, NO 1.34, H_2S 1.19, SO_2 2.26이다.

06 호흡을 통해 인체의 폐에 250ppm의 일산화탄소를 포함하는 공기가 흡입되었을 때, 혈액 내 최종포화COHb는 몇 %인가? (단, 흡입공기 중 O_2는 21%라 가정)

$$\frac{COHb}{O_2Hb} = 240\frac{PCO}{PO_2}$$

① 22.2%   ② 28.6%

③ 33.3%   ④ 41.2%

✔ $\frac{COHb}{(100-COHb)} = 240 \times \frac{250}{21 \times 10,000} = 0.286$

∴ COHb=22.2%

산소와 이산화탄소만 있다고 가정한다. 즉, O_2Hb=100−COHb. 그리고 % 단위는 ppm 단위의 10,000배이다. 즉, 21%=21×10,000ppm

07 대기오염 사건과 대표적인 주 원인물질 또는 전구물질의 연결이 옳지 않은 것은? ★★★

① 뮤즈계곡 사건−SO_2

② 도노라 사건−NO_2

③ 런던 스모그 사건−SO_2

④ 보팔 사건−MIC(Methyl IsoCyanate)

✔ 도노라 스모그 사건은 1948년 미국 펜실베이니아주 도노라 시에서 발생한 런던형 스모그 현상으로, 아황산가스·황산안개·먼지와 같은 화합물이 구릉지 안에 쌓여 오염농도가 높아지면서 발생하였다.

08 다음 중 지구온난화가 환경에 미치는 영향으로 옳은 것은? ★★★

① 온난화에 의한 해면상승은 지역의 특수성에 관계없이 전 지구적으로 동일하게 발생한다.

② 대류권 오존의 생성반응을 촉진시켜 오존의 농도가 지속적으로 감소한다.

③ 기상조건의 변화는 대기오염의 발생횟수와 오염농도에 영향을 준다.

④ 기온상승과 토양의 건조화는 생물성장의 남방한계에는 영향을 주지만 북방한계에는 영향을 주지 않는다.

✔ ① 온난화에 의한 해면상승은 지역의 특수성에 따라 달라진다.
② 대류권 오존의 농도가 지속적으로 증가한다.
④ 기온상승과 토양의 건조화는 남방한계뿐만 아니라 북방한계에도 영향을 준다.

09 다음 중 열섬현상에 관한 설명으로 가장 거리가 먼 것은? ★★★

① Dust dome effect라고도 하며, 직경 10km 이상의 도시에서 잘 나타나는 현상이다.

② 도시지역 표면의 열적 성질의 차이 및 지표면에서의 증발잠열의 차이 등으로 발생된다.

③ 태양의 복사열에 의해 도시에 축적된 열이 주변지역에 비해 크기 때문에 형성된다.

④ 대도시에서 발생하는 기후현상으로 주변지역보다 비가 적게 오고 건조해져 코, 기관지 염증의 원인이 되며, 태양복사량과 관련된 비타민 C의 결핍을 초래한다.

✔ 열섬현상과 비의 빈도, 비타민 C의 결핍 등과는 상관관계가 거의 없다.

10 다음 중 Fick의 확산방정식을 실제 대기에 적용시키기 위해 세우는 추가적인 가정으로 거리가 먼 것은?

① $\frac{dC}{dt}=0$이다.

② 바람에 의한 오염물의 주 이동방향은 x축으로 한다.

③ 오염물질의 농도는 비점오염원에서 간헐적으로 배출된다.

④ 풍속은 x, y, z 좌표 내의 어느 점에서든 일정하다.

✔ 오염물질은 점오염원으로부터 연속적으로 배출된다.

11 디젤자동차의 배출가스 후처리기술로 옳지 않은 것은? ★★★

① 매연여과장치

② 습식 흡수방법

③ 산화촉매 방지

④ 선택적 촉매환원

✔ 디젤자동차의 배출가스 후처리기술로 물을 사용하는 습식 흡수방법은 적용되고 있지 않다.

12 실내공기오염물질인 라돈에 관한 설명으로 가장 거리가 먼 것은? ★★

① 무색, 무취의 기체로, 액화되어도 색을 띠지 않는 물질이다.

② 반감기는 3.8일로, 라듐이 핵분열할 때 생성되는 물질이다.

③ 자연계에 널리 존재하며, 건축자재 등을 통하여 인체에 영향을 미치고 있다.

④ 주기율표에서 원자번호가 238번으로, 화학적으로 활성이 큰 물질이며, 흙속에서 방사선 붕괴를 일으킨다.

✔ 라돈(radon, Rn)은 주기율표에서 원자번호 86번으로 강한 방사선을 내는 비활성 기체 원소이다. 한편 우라늄은 원자번호 92이고 질량수 238인 천연우라늄이 존재한다. 라돈의 가장 안정적인 동위원소는 Rn−222로, 반감기는 3.8일이다.

[Plus 이론학습]
라돈(Rn)은 방사성 비활성 기체로서, 무색, 무미, 무취의 성질을 가지고 있으며, 공기보다 무겁다. 또한 자연에서는 우라늄과 토륨의 자연 붕괴에 의해서 발생된다.

13 유효굴뚝높이 130m의 굴뚝으로부터 배출되는 SO_2가 지표면에서 최대농도를 나타내는 착지지점(X_{max})은? (단, Sutton의 확산식을 이용하여 계산하고, 수직확산계수 $C_z = 0.05$, 대기안정도 계수 $n = 0.25$이다.)

① 4,880m ② 5,797m

③ 6,877m ④ 7,995m

✔ 최대착지거리
$$X_{max} = (H_e/C_z)^{(2/(2-n))} = (130/0.05)^{(2/(2-0.25))}$$
$$= 2,600^{1.142} = 7,941m$$

14 대기압력이 900mb인 높이에서의 온도가 25℃일 때, 온위(potential temperature, K)는? (단, $\theta = T(1,000/P)^{0.288}$) ★★★

① 307.2 ② 377.8

③ 421.4 ④ 487.5

✔ $\theta = T(1,000/P)^{0.288} = (25+273) \times (1,000/900)^{0.288} = 307.2K$

15 다음 중 오존에 관한 설명으로 옳지 않은 것은 어느 것인가? ★★★

① 대기 중 오존은 온실가스로 작용한다.

② 대기 중 오존의 배경농도는 0.1~0.2ppm 범위이다.

③ 단위체적당 대기 중에 포함된 오존의 분자수(mol/cm^3)로 나타낼 경우, 지상 약 25km 고도에서 가장 높은 농도를 나타낸다.

④ 오존전량(total overhead amount)은 일반적으로 적도지역에서 낮고, 극지의 인근지점에서는 높은 경향을 보인다.

✔ 대기 중 오존의 배경농도는 0.01~0.02ppm 정도이다. 농도가 0.12ppm 이상이 되면 오존주의보가 발령된다.

16 다음에서 설명하는 대기분산모델로 가장 적합한 것은? ★

> • 가우시안 모델식을 적용한다.
> • 적용 배출원의 형태는 점, 선, 면이다.
> • 미국에서 최근에 널리 이용되는 범용적인 모델로, 장기 농도 계산용이다.

① RAMS ② ISCLT

③ UAM ④ AUSPLUME

✔ 현재 도시 규모의 대기질 관리정책과 환경영향평가 등에서 가장 널리 사용 중인 CDM−2.0, ISC, TCM, HIWAY 등이 가우시안 모델의 일종이다. 특히, ISC 모델(Industrial Source Complex model)은 단기모델인 ISCST(short term)와 장기모델인 ISCLT(long term)로 구분된다.

17 먼지 농도가 $40\mu g/m^3$, 상대습도가 70%일 때, 가시거리는? (단, 계수 A는 1.2 적용) ★★★

① 19km

② 23km

③ 30km

④ 67km

✔ $L_v = 1,000 \times A/C = 1,000 \times 1.2/40 = 30km$

단위에 주의해야 한다. 즉, 먼지 농도의 단위는 $\mu g/m^3$이고, 이때의 가시거리의 단위는 km이다.

18 다음 중 오존파괴지수가 가장 작은 물질은 어느 것인가? ★★★

① CCl_4

② CF_3Br

③ CF_2BrCl

④ $CHFClCF_3$

✔ ① CCl_4 : 1.1
② CF_3Br : 10.0
③ CF_2BrCl : 3.0
④ $CHFClCF_3$: 0.022

[Plus 이론학습]
• $CFC-113$: 0.8
• $CFC-114$: 1.0
• $Halon-1211$: 3.0
• $Halon-1301$: 10.0

19 산성비에 관한 다음 설명 중 ( ) 안에 알맞은 것은? ★★★

> 일반적으로 산성비는 pH (㉠) 이하의 강우를 말하며, 이는 자연상태의 대기 중에 존재하는 (㉡)가 강우에 흡수되었을 때의 pH를 기준으로 한 것이다.

① ㉠ 3.6, ㉡ CO_2

② ㉠ 3.6, ㉡ NO_2

③ ㉠ 5.6, ㉡ CO_2

④ ㉠ 5.6, ㉡ NO_2

20 냄새물질에 관한 일반적인 설명으로 옳지 않은 것은? ★★

① 분자량이 작을수록 냄새가 강하다.

② 분자 내에 황 또는 질소가 있으면 냄새가 강하다.

③ 불포화도(이중결합 및 삼중결합의 수)가 높을수록 냄새가 강하다.

④ 분자 내 수산기의 수가 1개일 때 냄새가 가장 약하고, 수산기의 수가 증가할수록 냄새가 강해진다.

✔ 수산기는 1개일 때 냄새가 가장 강하고, 수산기의 수가 증가하면 냄새가 약해져서 무취에 이른다.

제2과목 연소공학

21 탄소 87%, 수소 13%의 경우 1kg을 공기비 1.3으로 완전연소시켰을 때, 실제건조연소가스 중 CO_2 농도(%)는? ★★

① 10.1%   ② 11.7%

③ 12.9%   ④ 13.8%

✔ $A_o = O_o / 0.21 = (1.867 \times 0.87 + 5.6 \times 0.13)/0.21 = 11.2$
$A = mA_o = 1.3 \times 11.2 = 14.6$
$G_d = A - 5.6H + 0.7O + 0.8N = 14.6 - 5.6 \times 0.13 = 13.9$
∴ $CO_2(\%) = 1.867C / G_d \times 100$
              $= 1.867 \times 0.87 / 13.9 \times 100 = 11.7$

22 화격자연소 중 상입식 연소에 관한 설명으로 옳지 않은 것은? ★★

① 석탄의 공급방향이 1차 공기의 공급방향과 반대로서, 수동 스토커 및 산포식 스토커가 해당된다.

② 공급된 석탄은 연소가스에 의해 가열되어 건류층에서 휘발분을 방출한다.

③ 코크스화한 석탄은 환원층에서 아래의 산화층에서 발생한 탄산가스를 일산화탄소로 환원한다.

④ 착화가 어렵고, 저품질 석탄의 연소에는 부적합하다.

✔ 상입식 연소는 저품질 석탄의 연소에 적합하다.

23 다음 중 연소과정에서 등가비(equivalent ratio)가 1보다 큰 경우는? ★★★

① 공급연료가 과잉인 경우

② 배출가스 중 질소산화물이 증가하고 일산화탄소가 최소가 되는 경우

③ 공급연료의 가연성분이 불완전한 경우

④ 공급공기가 과잉인 경우

✔ 등가비>1은 연료 과잉상태로, 불완전연소가 발생된다.
등가비, $\phi = \dfrac{(실제연료량/산화제)}{(완전연소를 위한 이상적인 연료량/산화제)}$

24 엔탈피에 대한 설명으로 옳지 않은 것은? ★

① 엔탈피는 반응경로와 무관하다.

② 엔탈피는 물질의 양에 비례한다.

③ 흡열반응은 반응계의 엔탈피가 감소한다.

④ 반응물이 생성물보다 에너지상태가 높으면 발열반응이다.

✔ 발열반응의 경우 엔탈피가 감소하며($\Delta H < 0$), 흡열반응의 경우 엔탈피가 증가한다($\Delta H > 0$).

25 기체연료의 특징 및 종류에 관한 설명으로 거리가 먼 것은? ★★★

① 부하변동범위가 넓고, 연소의 조절이 용이한 편이다.

② 천연가스는 화염전파속도가 크며 폭발범위가 크므로, 1차 공기를 적게 혼합하는 편이 유리하다.

③ 액화천연가스는 메탄을 주성분으로 하는 천연가스를 1기압 하에서 −168℃ 근처에서 천연가스를 냉각, 액화시켜 대량 수송 및 저장을 가능하게 한 것이다.

④ 액화석유가스는 액체에서 기체로 될 때 증발열(90~100kcal/kg)이 있으므로 사용하는 데 유의할 필요가 있다.

✔ 천연가스는 자연발화온도가 다른 가스보다 높기 때문에(약 537℃) 천연가스가 자연적으로 발화되고 사고로 이어질 위험은 극히 낮으며, 혹시 공기와 섞이더라도 오직 5~15% 범위 내에서만 불이 붙으니 화재의 위험도 극히 낮다.

26 다음 중 각종 연료의 $(CO_2)_{max}$(%)로 거리가 먼 것은 어느 것인가?

① 탄소 : 10.5~11.0%

② 코크스 : 20.0~20.5%

③ 역청탄 : 18.5~19.0%

④ 고로가스 : 24.0~25.0%

✔ 탄소의 $(CO_2)_{max}$(%)는 약 21%이다.

27 착화점의 설명으로 옳지 않은 것은? ★★★

① 화학적으로 발열량이 적을수록 착화점은 낮다.

② 화학결합의 활성도가 클수록 착화점은 낮다.

③ 분자구조가 복잡할수록 착화점은 낮다.

④ 산소 농도가 클수록 착화점은 낮다.

✓ 발열량이 클수록 착화온도(착화점)는 낮아진다.

28 탄소 85%, 수소 15%인 경유(1kg)를 공기과잉계수 1.1로 연소했더니 탄소 1%가 검댕(그을음)으로 된다. 건조배기가스 $1Sm^3$ 중 검댕의 농도(g/Sm^3)는? ★

① 약 0.72   ② 약 0.86

③ 약 1.72   ④ 약 1.86

✓ $O_o = 1.867C + 5.6(H - O/8) + 0.7S$
　　$= 1.867 \times 0.85 + 5.6 \times 0.15$
　　$= 2.43$
　$A_o = O_o/0.21 = 2.43/0.21 = 11.57$
　$A = mA_o = 1.1 \times 11.57 = 12.73$
　$G_d = mA_o - 5.6H + 0.7O + 0.8N$
　　$= 12.73 - 5.6 \times 0.15$
　　$= 11.89$
　검댕의 양 $= 1kg \times 0.85 \times 0.01 = 0.0085kg$
　∴ 검댕의 농도 $= 8.5g/11.89m^3 = 0.72g/m^3$

29 다음 중 유동층 연소에 관한 설명으로 거리가 먼 것은? ★★

① 사용연료의 입도범위가 넓기 때문에 연료를 미분쇄할 필요가 없다.

② 비교적 고온에서 연소가 행해지므로 열성성 NO_x가 많고, 전열관의 부식이 문제가 된다.

③ 연료의 층 내 체류시간이 길어 저발열량의 석탄도 완전연소가 가능하다.

④ 유동매체에 석회석 등의 탈황제를 사용하여 노 내 탈황도 가능하다.

✓ 유동층 연소는 비교적 저온에서 연소가 행해지므로 열생성 NO_x(thermal NO_x)가 적게 발생된다.

30 유류연소 버너 중 유압식 버너에 관한 설명으로 가장 거리가 먼 것은? ★★★

① 대용량 버너 제작이 용이하다.

② 유압은 보통 $50 \sim 90kg/cm^2$ 정도이다.

③ 유량 조절범위가 좁아(환류식 1 : 3, 비환류식 1 : 2) 부하변동에 적용하기 어렵다.

④ 연료유의 분사각도는 기름의 압력, 점도 등으로 약간 달라지지만 $40 \sim 90°$ 정도의 넓은 각도로 할 수 있다.

✓ 유압분무식 버너는 노즐을 통해서 $5 \sim 20kg/cm^2$의 압력으로 가압된 연료를 연소실 내부로 분무시키는 연소장치 버너이다.

31 다음 중 매연 발생에 관한 설명으로 옳지 않은 것은? ★★★

① 연료의 C/H비가 클수록 매연이 발생하기 쉽다.

② 분해되기 쉽거나 산화되기 쉬운 탄화수소는 매연 발생이 적다.

③ 탄소결합을 절단하기보다 탈수소가 쉬운 쪽이 매연이 발생하기 쉽다.

④ 중합 및 고리화합물 등과 같이 반응이 일어나기 쉬운 탄화수소일수록 매연 발생이 적다.

✓ 탈수소, 중합 및 고리화합물 등과 같은 반응이 일어나기 쉬운 탄화수소일수록 매연이 잘 생긴다.

32 분무화연소 방식에 해당하지 않는 것은?

① 유압분무화식   ② 충돌분무화식

③ 여과분무화식   ④ 이류체분무화식

✓ 분무화연소(분무연소)는 주로 액체연료를 연소시킬 때 연료를 분무화(atomization)하여 미립자로 만들어 이것을 공기에 혼합하여 연소시키는 방법이다.
분무방식은 1. 연료를 노즐을 통하여 고속으로 분사하는 방법, 2. 연료를 선회시켜 오리피스에서 액막으로 분출시키는 방법, 3. 공기나 증기를 분무매체로 이용하는 방법, 4. 회전체가 고속으로 회전하여 원심력으로 액막을 형성한 후 분산시키는 방법, 5. 액체 분출류를 고체면과 충돌시키는 방법 등이 있다.

33 다음 중 옥탄(C_8H_{18})을 완전연소 시킬 때의 AFR(Air Fuel Ratio)은? (단, 무게비 기준으로 한다.) ★★

① 15.1
② 30.8
③ 45.3
④ 59.5

✓ $C_8H_{18} + (8+18/4)O_2 \rightarrow 8CO_2 + 18/2H_2O$
 114   12.5×32
$O_o = 12.5 \times 32$, $A_o = 12.5 \times 32/0.232 = 1,724.1kg$
∴ AFR = 1,724.1/114 = 15.1

34 다음 중 액화천연가스의 대부분을 차지하는 구성성분은? ★★★

① CH_4
② C_2H_6
③ C_3H_8
④ C_4H_{10}

✓ LNG는 NG(천연가스)를 액화시킨 것이며, NG의 주성분은 CH_4이기 때문에 LNG의 주성분 또한 CH_4이다.

35 다음 중 화학적 반응이 항상 자발적으로 일어나는 경우는? (단, $\Delta G°$는 Gibbs 자유에너지 변화량, $\Delta S°$는 엔트로피 변화량, ΔH는 엔탈피 변화량이다.) ★

① $\Delta G° < 0$
② $\Delta G° > 0$
③ $\Delta S° < 0$
④ $\Delta H > 0$

✓ Gibbs 자유에너지(G)는 반응의 자발성을 예측하는 열역학 함수로서 다음과 같이 엔탈피(H)와 엔트로피(S)로서 구할 수 있다. 즉, $G = H - TS$(T는 절대온도). 이 식을 통해 $\Delta G < 0$이면 반응은 자발적으로 진행되며, $\Delta G > 0$이면 반응은 자발적으로 진행되지 않는다.

36 다음 연소의 종류 중 흑연, 코크스, 목탄 등과 같이 대부분 탄소만으로 되어 있는 고체 연료에서 관찰되는 연소형태는? ★★★

① 표면연소
② 내부연소
③ 증발연소
④ 자기연소

✓ 표면연소는 휘발분을 거의 포함하지 않는 연료에서 볼 수 있는 연소현상으로, 산소 또는 산화성 가스가 고체 표면 및 내부의 기공으로 확산하여 표면반응을 한다(목탄, 코크스 및 분해연소 후의 고정탄소 등).

37 다음 중 황 함량이 가장 낮은 연료는? ★★★

① LPG
② 중유
③ 경유
④ 휘발유

✓ LPG는 원유를 액화시키는 과정에서 먼지와 황을 제거했기 때문에 황이 거의 없다.

38 석탄의 탄화도가 증가할수록 나타나는 성질로 옳지 않은 것은? ★★★

① 휘발분이 감소한다.
② 발열량이 증가한다.
③ 착화온도가 낮아진다.
④ 고정탄소의 양이 증가한다.

✓ 석탄의 탄화도가 증가할수록 착화온도가 높아진다.

39 다음 중 액화석유가스에 관한 설명으로 옳지 않은 것은? ★★★

① 저장설비가 많이 든다.
② 황분이 적고, 독성이 없다.
③ 비중이 공기보다 가볍고, 누출될 경우 쉽게 인화 폭발될 수 있다.
④ 유지 등을 잘 녹이기 때문에 고무패킹이나 유지로 된 도포제로 누출을 막는 것은 어렵다.

✓ 액화석유가스(LPG)는 공기보다 1.5~2배 무겁다.

40 가솔린기관의 노킹현상을 방지하기 위한 방법으로 가장 적합하지 않은 것은? ★

① 화염속도를 빠르게 한다.
② 말단가스의 온도와 압력을 낮춘다.
③ 혼합기의 자기착화온도를 높게 한다.
④ 불꽃진행거리를 길게 하여 말단가스가 고온·고압에 충분히 노출되도록 한다.

✓ 노킹을 방지하려면 화염전파거리(불꽃진행거리)를 짧게 하여 말단가스가 고온·고압에 가능한 노출되지 않도록 해야 한다.

제3과목 | 대기오염 방지기술

41 표준형 평판날개형보다 비교적 고속에서 가동되고 후향날개형을 정밀하게 변형시킨 것으로서, 원심력송풍기 중 효율이 가장 좋아 대형 냉난방 공기조화장치, 산업용 공기청정장치 등에 주로 이용되며 에너지 절감효과가 뛰어난 송풍기 유형은? ★

① 비행기날개형(airfoil blade)
② 방사날개형(radial blade)
③ 프로펠러형(propeller)
④ 전향날개형(forward curved)

✔ **[Plus 이론학습]**
비행기날개형 송풍기는 터보팬의 일종으로 날개 깃의 모양이 마치 비행기 날개처럼 생겼다하여 익형 또는 에어호일(airfoil)팬이라 한다. 시로코와 터보의 단점을 보완하여 소음이 적고, 비교적 고속회전이 가능하다. 또한 과부하가 발생하지 않고, 운전비용을 절감할 수 있다.

42 흡수장치의 종류 중 기체분산형 흡수장치에 해당하는 것은? ★★★

① Venturi scrubber ② Spray tower
③ Packed tower ④ Plate tower

✔ 기체분산형 흡수장치에는 단탑(plate tower), 다공판탑(perforated plate tower), 종탑, 기포탑 등이 있다.

43 전기집진장치 내 먼지의 겉보기이동속도는 0.11m/s이다. 5m×4m인 집진판 182매를 설치하여 유량 9,000m³/min을 처리할 경우, 집진효율은 얼마인가? (단, 내부 집진판은 양면집진, 2개의 외부 집진판은 각 하나의 집진면을 가진다.) ★★

① 98.0% ② 98.8%
③ 99.0% ④ 99.5%

✔ $\eta = 1 - e^{(-AW_e/Q)}$
여기서, η : 집진효율(%)
A : 집진면적=$[(180\times2)+2]\times5\times4=7,240\text{m}^2$
W_e : 분진입자의 이동속도=0.11m/s
Q : 가스유량=9,000/60=150m³/s
∴ $\eta = 1 - e^{(-7,240\times0.11/150)} = 99.5\%$

44 여과집진장치의 탈진방식에 관한 설명으로 옳지 않은 것은? ★★

① 간헐식은 먼지의 재비산이 적고, 높은 집진율을 얻을 수 있다.
② 연속식은 탈진 시 먼지의 재비산이 일어나 간헐식에 비해 집진율이 낮고, 여과포의 수명이 짧은 편이다.
③ 연속식은 포집과 탈진이 동시에 이루어져 압력손실의 변동이 크므로 고농도, 저용량의 가스처리에 효율적이다.
④ 간헐식의 여과포 수명은 연속식에 비해서는 긴 편이고, 점성이 있는 조대먼지를 탈진할 경우 여과포 손상의 가능성이 있다.

✔ 연속식은 포집과 탈진이 동시에 이루어져 압력손실의 변동이 크지 않으므로 고농도, 고용량의 가스처리에 효율적이다.

45 유체의 운동을 결정하는 점도(viscosity)에 대한 설명으로 옳은 것은?

① 온도가 증가하면 대개 액체의 점도도 증가한다.
② 액체의 점도는 기체에 비해 아주 크며, 대개 분자량이 증가하면 증가한다.
③ 온도가 감소하면 대개 기체의 점도는 증가한다.
④ 온도에 따른 액체의 운동점도(kinemetic viscosity)의 변화폭은 절대점도의 경우보다 넓다.

✔ 온도가 증가하면 액체의 점도는 감소하는 반면 기체의 점도는 증가한다. 즉, 점도에 대한 온도의 영향은 액체와 기체는 반대이다. 또한 온도에 따른 액체의 운동점도(동점도)의 변화폭은 절대점도의 경우보다 좁다.

[Plus 이론학습]
점도란 유동성을 나타내는 중요한 성질로 유체를 이동시키려고 할 때 나타나는 내부저항을 말하며, 절대점도(absolute viscosity, 유체 그 자체의 고유한 점성저항력)라고도 부른다. 이는 동점도(kinematic viscosity)와 구분하기 위함이며, 동점도는 점도를 그 유체의 밀도로 나누어 구한다(동점도=절대점도/밀도).

46 유해가스로 오염된 가연성 물질을 처리하는 방법 중 연료소비량이 적은 편이며 산화온도가 비교적 낮기 때문에 NO$_x$의 발생이 매우 적은 처리방법은? ★★★

① 직접연소법

② 고온산화법

③ 촉매산화법

④ 산, 알칼리세정법

✔ 촉매산화법은 촉매를 사용하기 때문에 산화온도가 비교적 낮고, 이로 인해 thermal NO$_x$의 발생이 적으며, 연료소비량도 적다.

47 Cyclone으로 집진 시 입경에 따라 집진효율이 달라지게 되는데, 집진효율이 50%인 입경을 의미하는 용어는? ★★★

① Cut size diameter

② Critical diameter

③ Stokes diameter

④ Projected area diameter

48 흡착제에 관한 설명으로 옳지 않은 것은?

① 마그네시아는 표면적이 50~100m^2/g으로 NaOH 용액 중 불순물 제거에 주로 사용된다.

② 활성탄은 표면적이 600~1,400m^2/g으로 용제 회수, 악취 제거, 가스 정화 등에 사용된다.

③ 일반적으로 활성탄의 물리적 흡착방법으로 제거할 수 있는 유기성 가스의 분자량은 45 이상이어야 한다.

④ 활성탄은 비극성 물질을 흡착하며, 대부분의 경우 유기용제 증기를 제거하는 데 탁월하다.

✔ 마그네시아는 높은 표면적(1~250m^2/g)을 가지며, 농업용, 환경처리용(폐수의 암모니아, 인산염 및 중금속 제거), 촉매제 등으로 활용된다.

49 충전탑(packed tower) 내 충전물이 갖추어야 할 조건으로 적절하지 않은 것은? ★★★

① 단위체적당 넓은 표면적을 가질 것

② 압력손실이 적을 것

③ 충전밀도가 작을 것

④ 공극률이 클 것

✔ 충전물은 충전밀도가 커야 좋다.

50 전기집진장치에서 비저항과 관련된 내용으로 옳지 않은 것은? ★★★

① 배연설비에서 연료에 S(황) 함유량이 많은 경우는 먼지의 비저항이 낮아진다.

② 비저항이 낮은 경우에는 건식 전기집진장치를 사용하거나 암모니아 가스를 주입한다.

③ 10^{11}~10^{13}Ω·cm 범위에서는 역전리 또는 역이온화가 발생한다.

④ 비저항이 높은 경우는 분진층의 전압손실이 일정하더라도 가스상의 전압손실이 감소하게 되므로 전류는 비저항의 증가에 따라 감소된다.

✔ 비저항이 낮은 경우에는 일반적으로 습식 전기집진장치를 사용한다.

51 다음 중 탈황과 탈질 동시제어 공정으로 거리가 먼 것은? ★★★

① SCR 공정 　　② 전자빔 공정

③ NOXSO 공정 　④ 산화구리 공정

✔ SCR(선택적 촉매환원법)은 탈질제어(NO$_x$)만 가능하다.

52 주로 선택적 촉매환원법과 선택적 비촉매환원법으로 제거하는 오염물질은? ★★★

① 휘발성유기화합물 ② 질소산화물

③ 황산화물 　　　　④ 악취물질

✔ SCR(선택적 촉매환원법)과 SNCR(선택적 비촉매환원법)은 질소산화물(NO$_x$)을 제거하는 대표적인 방법이다.

53 다음 중 헨리의 법칙에 관한 설명으로 옳지 않은 것은? ★★★

① 비교적 용해도가 적은 기체에 적용된다.
② 헨리상수의 단위는 $atm/m^3 \cdot kmol$이다.
③ 헨리상수의 값은 온도가 높을수록, 용해도가 작을수록 커진다.
④ 온도와 기체의 부피가 일정할 때, 기체의 용해도는 용매와 평형을 이루고 있는 기체의 분압에 비례한다.

✔ $P(atm) = H \times C(kmol/m^3)$
H의 단위 : $atm \cdot m^3/kmol$

54 습식 탈황법의 특징에 대한 설명 중 옳지 않은 것은? ★★★

① 반응속도가 빨라 SO_2의 제거율이 높다.
② 처리한 가스의 온도가 낮아 재가열이 필요한 경우가 있다.
③ 장치의 부식 위험이 있고, 별도의 폐수처리시설이 필요하다.
④ 상업성 부산물의 회수가 용이하지 않고, 보수가 어려우며, 공정의 신뢰도가 낮다.

✔ 습식 탈황법은 상업성 부산물의 회수가 용이하고, 상업화 실적이 많아 공정의 신뢰도가 높다.

55 다음 중 입자상 물질에 관한 설명으로 가장 거리가 먼 것은? ★

① 직경 d인 구형 입자의 비표면적(단위체적당 표면적)은 $d/6$이다.
② Cascade impactor는 관성충돌을 이용하여 입경을 간접적으로 측정하는 방법이다.
③ 공기동역학경은 Stokes경과 달리 입자밀도를 $1g/cm^3$로 가정함으로써 보다 쉽게 입경을 나타낼 수 있다.
④ 비구형 입자에서 입자의 밀도가 1보다 클 경우 공기동역학경은 Stokes경에 비해 항상 크다고 볼 수 있다.

✔ 직경 d인 구형 입자의 비표면적은 $6/d$이다.

56 다음 여과포의 재질 중 최고사용온도가 가장 높은 것은? ★

① 오론
② 목면
③ 비닐론
④ 나일론(폴리아미드계)

✔ ① 오론 : 150℃
② 목면 : 80℃
③ 비닐론 : 100℃
④ 나일론(폴리아미드계) : 110℃

57 다음 중 유해가스를 처리할 때 사용하는 충전탑(packed tower)에 관한 내용으로 옳지 않은 것은? ★★

① 충전탑에서 hold-up은 탑의 단위면적당 충전재의 양을 의미한다.
② 흡수액에 고형물이 함유되어 있는 경우에는 침전물이 생기는 데 방해를 받는다.
③ 충전물을 불규칙적으로 충전했을 때 접촉면적과 압력손실이 커진다.
④ 일정량의 흡수액을 흘릴 때 유해가스의 압력손실은 가스속도의 대수값에 비례하며, 가스속도가 증가할 때 나타나는 첫 번째 파과점(break point)을 loading point라 한다.

✔ 홀드업(hold up)이란 흡수액을 통과시키면서 유량속도를 증가시킬 경우 충전층 내의 액보유량이 증가하게 되는 상태를 의미한다.

58 다음 중 세정집진장치의 장점으로 가장 적합한 것은? ★★★

① 점착성 및 조해성 먼지의 제거가 용이하다.
② 별도의 폐수처리시설이 필요하지 않다.
③ 먼지에 의한 폐쇄 등의 장애가 일어날 확률이 낮다.
④ 소수성 먼지에 대해 높은 집진효율을 얻을 수 있다.

59 후드의 제어속도(control velocity)에 관한 설명으로 옳은 것은? ★

① 확산조건, 오염원의 주변 기류에는 영향이 크지 않다.

② 유해물질의 발생조건이 조용한 대기 중 거의 속도가 없는 상태로 비산하는 경우(가스, 흄 등)의 제어속도 범위는 1.5~2.5m/s 정도이다.

③ 유해물질의 발생조건이 빠른 공기의 움직임이 있는 곳에서 활발히 비산하는 경우(분쇄기 등)의 제어속도 범위는 15~25m/s 정도이다.

④ 오염물질의 발생속도를 이겨내고 오염물질을 후드 내로 흡인하는 데 필요한 최소의 기류속도를 말한다.

✔ 후드의 제어속도는 확산조건, 오염원의 주변 기류의 영향이 매우 크다. 유해물질의 발생조건이 조용한 대기 중 거의 속도가 없는 상태로 비산하는 경우(가스, 흄 등)의 제어속도 범위는 0.25~0.5m/s 정도이며, 유해물질의 발생조건이 빠른 공기의 움직임이 있는 곳에서 활발히 비산하는 경우(분쇄기 등)의 제어속도 범위는 1.0~2.5m/s 정도이다.

60 다이옥신의 처리방법에 관한 내용으로 옳지 않은 것은? ★★

① 촉매분해법 : 금속산화물(V_2O_5, TiO_2), 귀금속(Pt, Pd)이 촉매로 사용된다.

② 오존분해법 : 산성 조건일수록 분해속도가 빨라지는 것으로 알려져 있다.

③ 광분해법 : 자외선파장(250~340nm)이 가장 효과적인 것으로 알려져 있다.

④ 열분해방법 : 산소가 아주 적은 환원성 분위기에서 탈염소화, 수소첨가반응 등에 의해 분해시킨다.

✔ 다이옥신은 촉매분해법, 광분해법, 열분해방법, 연소법으로 주로 처리하며, 오존분해법은 다이옥신 처리대책과 가장 거리가 멀다.

제4과목 대기오염 공정시험기준(방법)

61 비분산적외선분석계의 구성에서 ( ) 안에 들어갈 명칭을 옳게 나열한 것은? (단, 복광속분석계) ★★★

> 광원 – (㉠) – (㉡) – 시료셀 – 검출기 – 증폭기 – 지시계

① ㉠ 광학섹터, ㉡ 회전필터
② ㉠ 회전섹터, ㉡ 광학필터
③ ㉠ 광학필터, ㉡ 회전필터
④ ㉠ 회전섹터, ㉡ 광학섹터

✔ 복광속분석계의 경우 시료셀과 비교셀이 분리되어 있으며, 적외선 광원이 회전섹터 및 광학필터를 거쳐 시료셀과 비교셀을 통과하여 적외선검출기에서 신호를 검출하여 증폭기를 거쳐 측정농도가 지시계로 지시된다.

62 이론단수가 1,600인 분리관이 있다. 보유시간이 20분인 피크의 좌우변곡점에서 접선이 자르는 바탕선의 길이가 10mm일 때, 기록지 이동속도는? (단, 이론단수는 모든 성분에 대하여 같다.) ★★★

① 2.5mm/min
② 5mm/min
③ 10mm/min
④ 15mm/min

✔ 이론단수$(n)=16\times\left(\dfrac{t_R}{W}\right)^2$

$1,600=16\times\left(\dfrac{t_R}{10}\right)^2$

$W=10$mm, $t_R=100$

∴ 이동속도 = 100/20 = 5mm/min

63 시료 채취 시 흡수액으로 수산화소듐 용액을 사용하지 않는 것은? ★★★

① 불소화합물
② 이황화탄소
③ 사이안화수소
④ 브롬화합물

✔ 이황화탄소(CS_2)의 흡수액은 다이에틸아민구리 용액이다.

---

64 환경대기 내의 석면 시험방법(위상차현미경법) 중 시료 채취 장치 및 기구에 관한 설명으로 옳지 않은 것은? ★★

① 멤브레인 필터의 광굴절률 : 약 3.5 전후

② 멤브레인 필터의 재질 및 규격 : 셀룰로오스 에스테르제 또는 셀룰로오스 나이트레이트계 pore size 0.8~1.2μm, 직경 25mm, 또는 47mm

③ 20L/min으로 공기를 흡인할 수 있는 로터리 펌프 또는 다이어프램 펌프 : 시료 채취관, 시료 채취장치, 흡인기체 유량 측정장치, 기체 흡입장치 등으로 구성

④ Open face형 필터홀더의 재질 : 40mm의 집풍기가 홀더에 장착된 PVC

✔ 멤브레인 필터의 광굴절률은 약 1.5 전후이다.

65 다음 설명은 대기오염공정시험기준 총칙에 대한 것이다. ( ) 안에 들어갈 단어로 가장 적합하게 나열된 것은 어느 것인가? (단, 순서대로 ㉠, ㉡, ㉢) ★★

> 이 시험기준의 각 항에 표시한 검출한계는 (㉠), (㉡) 등을 고려하여 해당되는 각 조의 조건으로 시험하였을 때 얻을 수 있는 (㉢)를 참고하도록 표시한 것이므로, 실제 측정 시 채취량이 줄어들거나 늘어날 경우 (㉢)가 조정될 수 있다.

① 반복성, 정밀성, 바탕치

② 재현성, 안정성, 한계치

③ 회복성, 정량성, 오차

④ 재생성, 정확성, 바탕치

66 기체-고체 크로마토그래피에서 분리관 내경이 3mm일 경우, 사용되는 흡착제 및 담체의 입경범위(μm)로 가장 적합한 것은? (단, 흡착성 고체분말, 100~80mesh 기준)

① 120~149μm   ② 149~177μm

③ 177~250μm   ④ 250~590μm

67 굴뚝 배출가스 중 질소산화물을 연속적으로 자동측정하는 방법 중 자외선흡수분석계의 구성에 관한 설명으로 옳지 않은 것은? ★★★

① 광원 : 중수소방전관 또는 중압수은등을 사용한다.

② 시료셀 : 시료가스가 연속적으로 흘러갈 수 있는 구조로 되어 있으며, 그 길이는 200~500mm이고, 셀의 창은 석영판과 같이 자외선 및 가시광선이 투과할 수 있는 재질이어야 한다.

③ 광학필터 : 프리즘과 회절격자 분광기 등을 이용하여 자외선 영역 또는 가시광선 영역의 단색광을 얻는 데 사용된다.

④ 합산증폭기 : 신호를 증폭하는 기능과 일산화질소 측정파장에서 아황산가스의 간섭을 보정하는 기능을 가지고 있다.

✔ 광학필터는 특정파장 영역의 흡수나 다층박막의 광학적 간섭을 이용하여 자외선 영역 또는 가시광선 영역의 일정한 폭을 갖는 빛을 얻는 데 사용한다.

68 전자포획검출기(ECD)에 관한 설명으로 옳지 않은 것은? ★★★

① 탄화수소, 알코올, 케톤 등에 대해 감도가 우수하다.

② 유기할로겐화합물, 니트로화합물 및 유기금속화합물 등 전자친화력이 큰 원소가 포함된 화합물을 수ppt의 매우 낮은 농도까지 선택적으로 검출할 수 있다.

③ 방사성 물질인 Ni-63 혹은 삼중수소로부터 방출되는 β선이 운반기체를 전리하여 이로 인해 전자포획검출기 셀(cell)에 전자구름이 생성되어 일정 전류가 흐르게 된다.

④ 고순도(99.9995%)의 운반기체를 사용하여야 하고, 반드시 수분트랩(trap)과 산소트랩을 연결하여 수분과 산소를 제거할 필요가 있다.

- 전자포획검출기는 탄화수소, 알코올, 케톤 등에는 감도가 낮다.

[Plus 이론학습]
전자포획검출기는 유기할로겐화합물, 니트로화합물 및 유기금속화합물 등 전자친화력이 큰 원소가 포함된 화합물을 수ppt의 매우 낮은 농도까지 선택적으로 검출할 수 있다. 따라서 유기염소계의 농약분석이나 PCB 등의 환경오염 시료의 분석에 많이 사용되고 있다.

69 배출가스 중 오르자트 분석계로 산소를 측정할 때 사용되는 산소 흡수액은? ★★

① 수산화칼슘 용액+피로갈롤 용액
② 염화제일주석 용액+피로갈롤 용액
③ 수산화포타슘 용액+피로갈롤 용액
④ 입상아연+피로갈롤 용액

- 산소 흡수액은 물 100mL에 수산화칼륨(수산화포타슘) 60g을 녹인 용액과 물 100mL에 피로갈롤 12g을 녹인 용액을 혼합한 용액이다.

70 다음 중 대기오염공정시험기준상 굴뚝 배출가스 중 불화수소를 연속적으로 자동측정하는 방법은? ★★

① 자외선형광법
② 이온전극법
③ 적외선흡수법
④ 자외선흡수법

71 적정법에 의한 배출가스 중 브롬화합물의 정량 시 과잉의 하이포아염소산염을 환원시키는 데 사용하는 것은? ★★

① 염산
② 폼산소듐
③ 수산화소듐
④ 암모니아수

- 배출가스 중 브롬화합물의 정적법은 배출가스 중 브로민(브롬)화합물을 수산화소듐 용액에 흡수시킨 다음 브로민을 하이포아염소산소듐 용액을 사용하여 브로민산 이온으로 산화시키고 과잉의 하이포아염소산염은 폼산소듐으로 환원시켜 이 브로민산 이온을 아이오딘 적정법으로 정량하는 방법이다.

72 특정발생원에서 일정한 굴뚝을 거치지 않고 외부로 비산되는 먼지를 고용량 공기시료채취법으로 측정한 결과 다음과 같은 자료를 얻었다. 이때 비산먼지의 농도는 몇 mg/m³인가?

- 채취 먼지량이 가장 많은 위치에서 먼지 농도 : 65mg/m³
- 대조위치에서 먼지 농도 : 0.23mg/m³
- 전 시료 채취기간 중 주 풍향이 90° 이상 변하고, 풍속이 0.5m/s 미만 또는 10m/s 이상되는 시간이 전 채취시간의 50% 이상이다.

① 117
② 102
③ 94
④ 87

- 비산먼지 농도
$C = (CH - CB) \times WD \times WS$
전 시료 채취기간 중 주 풍향이 90° 이상 변할 때
$WD = 1.5$
풍속이 0.5m/s 미만 또는 10m/s 이상되는 시간이 전 채취시간의 50% 이상일 때
$WS = 1.2$
여기서, CH : 채취 먼지량이 가장 많은 위치에서의 먼지 농도(mg/Sm³)
CB : 대조위치에서의 먼지 농도(mg/Sm³)
WD, WS : 풍향, 풍속 측정결과로부터 구한 보정계수
단, 대조위치를 선정할 수 없는 경우에는 CB를 0.15mg/Sm³로 한다.
$\therefore C = (65 - 0.23) \times 1.5 \times 1.2$
$= 116.6$

73 원형굴뚝의 직경이 4.3m였다. 굴뚝 배출가스 중의 먼지 측정을 위한 측정점 수는 몇 개로 해야 하는가? ★★★

① 12
② 16
③ 20
④ 24

- 원형굴뚝 직경이 4 초과 4.5 이하일 경우, 반경 구분 수는 4개, 측정점 수는 16개이다.

---

74 배출가스 중의 가스상 물질의 시료 채취방법 중 다음 분석물질별 흡수액과의 연결이 옳지 않은 것은? ★★★

	분석물질	흡수액
가	불소화합물	수산화소듐 용액(0.1N0)
나	벤젠	질산암모늄+황산(1 → 5)
다	비소	수산화칼륨 용액(0.4W/V%)
라	황화수소	아연아민착염 용액

① 가   ② 나
③ 다   ④ 라

☑ 비소의 흡수액은 수산화소듐 용액(0.1N)이며, 벤젠은 흡수액을 사용하지 않는다.

75 대기오염공정시험기준상 일반화학 분석에 대한 공통적인 사항으로, 따로 규정이 없는 경우 사용해야 하는 시약의 규격으로 옳지 않은 것은 어느 것인가? ★

	명칭	농도(%)	비중(약)
가	암모니아수	32.0~38.0 (NH₃로서)	1.38
나	플루오르화수소	46.0~48.0	1.14
다	브롬화수소	47.0~49.0	1.48
라	과염소산	60.0~62.0	1.54

① 가   ② 나
③ 다   ④ 라

☑ 암모니아수(NH_4OH)의 농도(%)는 28.0~30.0(NH_3로서)이고, 비중은 약 0.90이다.

76 굴뚝 배출가스 중 먼지의 자동연속측정방법에서 사용하는 용어의 뜻으로 옳지 않은 것은 어느 것인가? ★

① 검출한계는 제로드리프트의 2배에 해당하는 지시치가 갖는 교정용 입자의 먼지 농도를 말한다.
② 응답시간은 표준교정판을 끼우고 측정을 시작했을 때 그 보정치의 90%에 해당하는 지시치를 나타낼 때까지 걸린 시간을 말한다.

③ 교정용 입자는 실내에서 감도 및 교정오차를 구할 때 사용하는 균일계 단분산입자로서 기하평균입경이 0.3~3μm인 인공입자로 한다.
④ 시험가동시간이란 연속자동측정기를 정상적인 조건에서 운전할 때 예기치 않은 수리, 조정 및 부품교환 없이 연속가동할 수 있는 최소시간을 말한다.

☑ 응답시간은 표준교정판(필름)을 끼우고 측정을 시작했을 때 그 보정치의 95%에 해당하는 지시치를 나타낼 때까지 걸린 시간을 말한다.

77 굴뚝 배출가스 중의 질소산화물을 연속자동측정할 때 사용하는 화학발광분석계의 구성에 관한 설명으로 옳지 않은 것은? ★

① 반응조는 시료가스와 오존가스를 도입하여 반응시키기 위한 용기로서 내부 압력 조건에 따라 감압형과 상압형으로 구분된다.
② 오존발생기는 산소가스를 오존으로 변화시키는 역할을 하며, 에너지원으로서 무성방전관 또는 자외선발생기를 사용한다.
③ 검출기에는 화학발광을 선택적으로 투과시킬 수 있는 발광필터가 부착되어 있어 전기신호를 발광도로 변화시키는 역할을 한다.
④ 유량제어부는 시료가스 유량제어부와 오존가스 유량제어부가 있으며, 이들은 각각 저항관, 압력조절기, 니들밸브, 면적유량계, 압력계 등으로 구성되어 있다.

☑ 검출기에는 화학발광을 선택적으로 투과시킬 수 있는 광학필터가 부착되어 있으며, 발광도를 전기신호로 변환시키는 역할을 한다.

78 굴뚝 배출가스 중의 브롬화합물 분석에 사용되는 흡수액은? ★★★

① 붕산 용액

② 수산화소듐 용액

③ 다이에틸아민동 용액

④ 황산+과산화수소+증류수

✔ 배출가스 중 브롬화합물은 수산화소듐(수산화나트륨, NaOH, sodium hydroxide, 분자량 40, 순도 98%) 용액에 흡수시킨다. NaOH 0.4g을 정제수에 녹여 100mL로 한다.

79 염산(1+4) 용액을 조제하는 방법은? ★★★

① 염산 1용량에 물 2용량을 혼합한다.

② 염산 1용량에 물 3용량을 혼합한다.

③ 염산 1용량에 물 4용량을 혼합한다.

④ 염산 1용량에 물 5용량을 혼합한다.

80 가로 길이가 3m, 세로 길이가 2m인 상·하 동일 단면적의 사각형 굴뚝이 있다. 이 굴뚝의 환산직경(m)은? ★★★

① 2.2

② 2.4

③ 2.6

④ 2.8

✔ 굴뚝단면이 상하 동일 단면적인 사각형 굴뚝의 직경 산출은 다음과 같이 한다.

환산직경 $= 2 \times \left(\dfrac{A \times B}{A + B} \right)$

여기서, A : 굴뚝 내부 단면 가로규격

$\qquad\quad B$: 굴뚝 내부 단면 세로규격

$\therefore$ 환산직경 $= 2 \times \left(\dfrac{3 \times 2}{3 + 2} \right) = 2.4$

제5과목 **대기환경관계법규**

81 대기환경보전법령상 기본부과금의 농도별 부과계수 중 연료의 황 함유량이 1.0% 이하인 경우 농도별 부과계수로 옳은 것은? (단, 연료를 연소하여 황산화물을 배출하는 시설(황산화물의 배출량을 줄이기 위하여 방지시설을 설치한 경우와 생산공정상 황산화물의 배출량이 줄어든다고 인정하는 경우는 제외)) ★★★

① 0.2 　　② 0.4

③ 0.8 　　④ 1.0

✔ 농도별 부과계수는 0.5% 이하 0.2, 1.0% 이하 0.4, 1.0% 초과 1.0이다.

82 대기관리권역의 대기환경 개선에 관한 특별법상 수도권 대기환경관리위원회의 위원장은 누구인가? ★★★

① 대통령 　　② 국무총리

③ 환경부 장관 　　④ 한강유역환경청장

✔ **[Plus 이론학습]**

2019년 4월 2일에 '수도권 대기환경 개선에 관한 특별법'을 '대기관리권역의 대기환경 개선에 관한 특별법'으로 개정하였다.

83 대기환경보전법규상 배출허용기준 초과에 따른 개선명령을 받은 경우로서 개선하여야 할 사항이 배출시설 또는 방지시설일 때, 개선계획서에 포함되어야 할 사항 또는 첨부서류로 가장 거리가 먼 것은? ★★

① 공사기간 및 공사비

② 측정기기 관리담당자 변경사항

③ 대기오염물질의 처리방식 및 처리효율

④ 배출시설 또는 방지시설의 개선명세서 및 설계도

✔ 배출시설 또는 방지시설의 개선명세서 및 설계도, 대기오염물질의 처리방식 및 처리효율, 공사기간 및 공사비 등이 포함되어야 한다.

---

84 악취방지법규상 다음 지정악취물질의 배출허용기준으로 옳지 않은 것은?

지정 악취물질	배출허용기준 (ppm)		엄격한 배출허용 기준의 범위 (ppm)
	공업지역	기타 지역	공업지역
㉠ 톨루엔	30 이하	10 이하	10~30
㉡ 프로피온 산	0.07 이하	0.03 이하	0.03~ 0.07
㉢ 스타이렌	0.8 이하	0.4 이하	0.4~0.8
㉣ 뷰틸 아세테이트	5 이하	1 이하	1~5

① ㉠　　　　　　　② ㉡
③ ㉢　　　　　　　④ ㉣

✔ 뷰틸아세테이트 : 공업지역의 배출허용기준은 4 이하(기타지역 1 이하)이고 엄격한 배출허용기준의 범위는 1~4이다.

85 실내 공기질 관리법규상 신축 공동주택의 실내 공기질 권고기준으로 옳은 것은? ★★

① 스티렌 : $360\mu g/m^3$ 이하
② 폼알데하이드 : $360\mu g/m^3$ 이하
③ 자일렌 : $360\mu g/m^3$ 이하
④ 에틸벤젠 : $360\mu g/m^3$ 이하

✔ ① 스티렌 : $300\mu g/m^3$ 이하
② 폼알데하이드 : $210\mu g/m^3$ 이하
③ 자일렌 : $700\mu g/m^3$ 이하
[Plus 이론학습]
• 벤젠 : $30\mu g/m^3$ 이하
• 톨루엔 : $1,000\mu g/m^3$ 이하
• 라돈 : $148Bq/m^3$ 이하

86 환경정책기본법령상 "벤젠"의 대기환경기준($\mu g/m^3$)은? (단, 연간 평균치) ★★★

① 0.1 이하　　　② 0.15 이하
③ 0.5 이하　　　④ 5 이하

✔ 벤젠의 대기환경기준은 $5\mu g/m^3$ 이하이다.

87 대기환경보전법령상 경유를 사용하는 자동차의 배출가스 중 대통령령으로 정하는 오염물질의 종류에 해당하지 않는 것은? ★★

① 탄화수소
② 알데하이드
③ 질소산화물
④ 일산화탄소

✔ 경유를 사용하는 자동차 배출가스 중 대통령령으로 정하는 오염물질은 일산화탄소, 탄화수소, 질소산화물, 매연, 입자상 물질, 암모니아이다.

88 대기환경보전법상 사용하는 용어의 정의로 옳지 않은 것은? ★★★

① "검댕"이란 연소할 때에 생기는 유리(遊離) 탄소가 응결하여 입자의 지름이 1미크론 이상이 되는 입자상 물질을 말한다.
② "온실가스 평균배출량"이란 자동차 제작자가 판매한 자동차 중 환경부령으로 정하는 자동차의 온실가스 배출량의 합계를 해당 자동차 총 대수로 나누어 산출한 평균값(g/km)을 말한다.
③ "온실가스"란 적외선복사열을 흡수하거나 다시 방출하여 온실효과를 유발하는 대기 중의 가스상태 물질로서, 이산화탄소, 메탄, 아산화질소, 수소불화탄소, 과불화탄소, 육불화황을 말한다.
④ "냉매(冷媒)"란 열전달을 통한 냉난방, 냉동·냉장 등의 효과를 목적으로 사용되는 물질로서, 산업통상자원부령으로 정하는 것을 말한다.

✔ "냉매(冷媒)"란 기후·생태계 변화유발물질 중 열전달을 통한 냉난방, 냉동·냉장 등의 효과를 목적으로 사용되는 물질로서, 환경부령으로 정하는 것을 말한다.

89 대기환경보전법령상 초과부과금 산정기준에서 오염물질 1킬로그램당 부과금액이 가장 낮은 것은? ★★★

① 먼지
② 황산화물
③ 암모니아
④ 불소화합물

✔ ① 먼지 : 770원
② 황산화물 : 500원
③ 암모니아 : 1,400원
④ 불소화합물 : 2,300원

[Plus 이론학습]
• 질소산화물 : 2,130원
• 황화수소 : 6,000원
• 이황화탄소 : 1,600원

90 다음은 대기환경보전법령상 시·도지사가 배출시설의 설치를 제한할 수 있는 경우이다. ( ) 안에 가장 알맞은 것은? ★

> 배출시설 설치지점으로부터 반경 1킬로미터 안의 상주인구가 (㉠)인 지역으로서, 특정대기 유해물질 중 한 가지 종류의 물질을 연간 (㉡) 배출하거나 두 가지 이상의 물질을 연간 (㉢) 배출하는 시설을 설치하는 경우

① ㉠ 1만명 이상, ㉡ 5톤 이상, ㉢ 10톤 이상
② ㉠ 1만명 이상, ㉡ 10톤 이상, ㉢ 20톤 이상
③ ㉠ 2만명 이상, ㉡ 5톤 이상, ㉢ 10톤 이상
④ ㉠ 2만명 이상, ㉡ 10톤 이상, ㉢ 25톤 이상

✔ 시·도지사가 배출시설의 설치를 제한할 수 있는 경우는 다음과 같다.
1. 배출시설 설치지점으로부터 반경 1킬로미터 안의 상주인구가 2만명 이상인 지역으로서, 특정대기유해물질 중 한 가지 종류의 물질을 연간 10톤 이상 배출하거나 두 가지 이상의 물질을 연간 25톤 이상 배출하는 시설을 설치하는 경우
2. 대기오염물질(먼지·황산화물 및 질소산화물만 해당)의 발생량 합계가 연간 10톤 이상인 배출시설을 특별대책지역(법 제22조에 따라 총량규제구역으로 지정된 특별대책지역은 제외)에 설치하는 경우

91 다음은 대기환경보전법령상 부과금의 납부통지 기준에 관한 사항이다. ( ) 안에 알맞은 것은? ★★

> 초과부과금은 초과부과금 부과사유가 발생한 때(자동측정자료의 (㉠)가 배출허용기준을 초과한 경우)에는 (㉡)에, 기본부과금은 해당 부과기간의 확정배출량 자료 제출기간 종료일부터 (㉢)에 부과금의 납부통지를 하여야 한다. 다만, 배출시설이 폐쇄되거나 소유권이 이전되는 경우에는 즉시 납부통지를 할 수 있다.

① ㉠ 30분 평균치, ㉡ 매 분기 종료일부터 30일 이내, ㉢ 30일 이내
② ㉠ 30분 평균치, ㉡ 매 반기 종료일부터 60일 이내, ㉢ 60일 이내
③ ㉠ 1시간 평균치, ㉡ 매 분기 종료일부터 30일 이내, ㉢ 30일 이내
④ ㉠ 1시간 평균치, ㉡ 매 반기 종료일부터 60일 이내, ㉢ 60일 이내

92 악취방지법상 악취검사를 위한 관계 공무원의 출입·채취 및 검사를 거부 또는 방해 하거나 기피한 자에 대한 벌칙기준은? ★

① 100만원 이하의 벌금
② 200만원 이하의 벌금
③ 300만원 이하의 벌금
④ 1,000만원 이하의 벌금

✔ 다음의 어느 하나에 해당하는 자는 300만원 이하의 벌금에 처한다.
1. 제10조에 따른 개선명령을 이행하지 아니한 자
2. 제17조 제1항에 따른 관계 공무원의 출입·채취 및 검사를 거부 또는 방해 하거나 기피한 자
3. 제8조 제4항을 위반하여 악취방지계획에 따라 악취방지에 필요한 조치를 하지 아니하고 악취배출시설을 가동한 자
4. 제8조 제5항 및 제8조의 2 제3항에 따른 기간 이내에 악취방지계획에 따라 악취방지에 필요한 조치를 하지 아니한 자

93 대기환경보전법규상 자가측정 시 사용한 여과지 및 시료채취기록지의 보존기간은 환경오염공정시험기준에 따라 측정한 날부터 얼마로 하는가? ★★★

① 3개월
② 6개월
③ 1년
④ 3년

94 대기환경보전법령상 대기오염물질발생량의 합계가 연간 25톤인 사업장은 몇 종 사업장에 해당하는가? ★★★

① 2종 사업장
② 3종 사업장
③ 4종 사업장
④ 5종 사업장

✔ 연간 대기오염물질발생량(먼지, 황산화물 및 질소산화물의 연간 발생량) 합계가 20톤 이상 80톤 미만인 경우는 2종 사업장이다.

[Plus 이론학습]
80톤 이상은 1종 사업장, 10톤 이상 20톤 미만은 3종 사업장, 2톤 이상 10톤 미만은 4종 사업장, 2톤 미만은 5종 사업장이다.

95 대기환경보전법령상 수도권대기환경청장, 국립환경과학원장 또는 한국환경공단이 설치하는 대기오염 측정망의 종류에 해당하지 않는 것은? ★★★

① 대기오염물질의 국가배경농도와 장거리 이동현황을 파악하기 위한 국가배경농도측정망
② 대기오염물질의 지역배경농도를 측정하기 위한 교외대기측정망
③ 도시지역의 휘발성 유기화합물 등의 농도를 측정하기 위한 광화학대기오염물질측정망
④ 대기 중의 중금속 농도를 측정하기 위한 대기중금속측정망

✔ 시·도지사가 설치하는 대기오염 측정망의 종류는 도시지역의 대기오염물질 농도를 측정하기 위한 도시대기측정망, 도로변의 대기오염물질 농도를 측정하기 위한 도로변대기측정망, 대기 중의 중금속 농도를 측정하기 위한 대기중금속측정망 등이 있다.

96 대기환경보전법령상 먼지·황산화물 및 질소산화물의 연간 발생량 합계가 18톤인 배출구의 자가측정횟수 기준으로 옳은 것은? (단, 특정대기유해물질이 배출되지 않으며, 관제센터로 측정결과를 자동전송하지 않는 사업장의 배출구이다.) ★★★

① 매주 1회 이상
② 매월 2회 이상
③ 2개월마다 1회 이상
④ 반기마다 1회 이상

✔ 18톤은 제3종(10~20톤)에 해당되므로 자가측정횟수는 2개월마다 1회 이상이다.

97 대기환경보전법령상 기후·생태계 변화유발물질 중 "환경부령으로 정하는 것"에 해당하는 것은? ★★★

① 염화불화탄소와 수소염화불화탄소
② 염화불화탄소와 수소염화불화산소
③ 불화염화수소와 불화염소화수소
④ 불화염화수소와 불화수소화탄소

✔ '기후·생태계 변화유발물질'이란 지구온난화 등으로 생태계의 변화를 가져올 수 있는 기체상 물질로서, 온실가스와 환경부령으로 정하는 것(염화불화탄소, 수소염화불화탄소)을 말한다.

98 다음 중 대기환경보전법령상 한국환경공단이 환경부 장관에게 보고하여야 하는 위탁업무 보고사항 중 "결함확인검사 결과"의 보고기일 기준은? ★

① 매 반기 종료 후 15일 이내
② 매 분기 종료 후 15일 이내
③ 다음 해 1월 15일까지
④ 위반사항 적발 시

✔ 수시검사, 결함확인검사, 부품결함 보고서류의 접수, 결함확인검사 결과의 보고기일은 위반사항 적발 시이다.

99 대기환경보전법령상 특정대기유해물질에 해당하지 않는 것은? ★★

① 염소 및 염화수소
② 아크릴로니트릴
③ 황화수소
④ 이황화메틸

✔ 황화수소는 지정악취물질이다.

100 대기환경보전법령상 배출시설 및 방지시설 등과 관련된 1차 행정처분기준이 조업정지에 해당하지 않는 경우는? ★

① 방지시설을 설치해야 하는 자가 방지시설을 임의로 철거한 경우
② 배출허용기준을 초과하여 개선명령을 받은 자가 개선명령을 이행하지 않은 경우
③ 방지시설을 설치해야 하는 자가 방지시설을 설치하지 않고 배출시설을 가동하는 경우
④ 배출시설 가동개시 신고를 해야 하는 자가 가동개시 신고를 하지 않고 조업하는 경우

✔ 배출시설 가동개시 신고를 해야 하는 자가 가동개시 신고를 하지 않고 조업하는 경우의 1차 행정처분기준은 경고이다.

2024 제2회 대기환경기사

제1과목 | 대기오염 개론

01 다음은 탄화수소류에 관한 설명이다. ( ) 안에 가장 적합한 물질은? ★★

> 탄화수소류 중에서 이중결합을 가진 올레핀화합물은 포화 탄화수소나 방향족 탄화수소보다 대기 중에서 반응성이 크다. 방향족 탄화수소는 대기 중에서 고체로 존재하고, 특히 ( )은 대표적인 발암물질로 환경호르몬으로 알려져 있으며 연소과정에서 생성되는데, 숯불에 구운 쇠고기 등 가열로 검게 탄 식품, 담배 연기, 자동차 배기가스, 석탄 타르 등에 포함되어 있다.

① 벤조피렌　　　② 나프탈렌
③ 안트라센　　　④ 톨루엔

✅ **[Plus 이론학습]**
벤조피렌은 방향족 탄화수소 중에서도 다환방향족 탄화수소(PAH)에 속한다. 석유 찌꺼기인 피치의 한 성분을 이루며, 콜타르, 담배 연기, 나무 태울 때의 연기, 자동차 매연에 들어 있는데 사실상 모든 유기물질이 탈 때는 거의 다 발생한다.

02 일반적인 가솔린 자동차 배기가스의 구성면에서 볼 때 다음 중 가장 많은 부피를 차지하는 물질은? (단, 가속상태 기준) ★

① 탄화수소　　　② 질소산화물
③ 일산화탄소　　　④ 이산화탄소

✅ 휘발유가 완전연소하면 이산화탄소와 물이 전부이다. 그러나 완전연소는 이루어지지 않기 때문에 탄화수소, 질소산화물, 일산화탄소와 같은 오염물질이 발생되지만 이들은 이산화탄소에 비해 매우 적은 양이다.

03 다음 중 일반적으로 대도시의 산성강우 속에 가장 미량으로 존재할 것으로 예상되는 것은? (단, 산성강우는 pH 5.6 이하로 본다.)

① SO_4^{2-}　　　② K^+
③ Na^+　　　④ F^-

✅ 산성비에 포함되어 있는 이온들은 주로 염소이온(Cl^-), 질산이온(NO_3^-), 황산이온(SO_4^{2-}), NH_4^+, Na^+, K^+ 등이다.

04 대기오염물질의 분산을 예측하기 위한 바람장미(wind rose)에 관한 설명으로 가장 거리가 먼 것은? ★★★

① 풍속이 1m/s 이하일 때를 정온(calm) 상태로 본다.
② 바람장미는 풍향별로 관측된 바람의 발생빈도와 풍속을 16방향으로 표시한 기상도형이다.
③ 관측된 풍향별 발생빈도를 %로 표시한 것을 방향량(vector)이라 한다.
④ 가장 빈번히 관측된 풍향을 주풍(prevailing wind)이라 하고, 막대의 길이를 가장 길게 표시한다.

✅ 풍속이 0.2m/s 이하일 때 정온(calm) 상태로 본다.

05 지상에서부터 600m까지의 평균기온감률은 0.88℃/100m이다. 100m 고도에서의 기온이 20℃라면 300m에서의 기온은? ★★

① 15.5℃　　　② 16.2℃
③ 17.5℃　　　④ 18.2℃

✅ 20℃ − 0.88℃/100m × 200m = 18.24 ≒ 18.2℃

---

06 다음 중 혼합층에 관한 설명으로 가장 적합한 것은? ★

① 최대혼합깊이는 통상 낮에 가장 적고 밤시간을 통하여 점차 증가한다.
② 야간에 역전이 극심한 경우 최대혼합깊이는 5,000m 정도까지 증가한다.
③ 계절적으로 최대혼합깊이는 주로 겨울에 최소가 되고 이른 여름에 최대값을 나타낸다.
④ 환기량은 혼합층의 온도와 혼합층 내의 평균풍속을 곱한 값으로 정의된다.

✔ 최대혼합깊이는 통상 낮에 가장 크고 밤시간을 통하여 점차 감소한다. 또한 계절적으로 주로 겨울에 최소가 되고 이른 여름에 최대값을 나타낸다.

07 다음 중 PAN(PeroxyAcetyl Nitrate)의 구조식을 옳게 나타낸 것은? ★★★

① $C_6H_5 - \overset{\overset{O}{\|}}{C} - O - O - NO_2$
② $CH_3 - \overset{\overset{O}{\|}}{C} - O - O - NO_2$
③ $C_2H_5 - \overset{\overset{O}{\|}}{C} - O - O - NO_2$
④ $C_4H_8 - \overset{\overset{O}{\|}}{C} - O - O - NO_2$

✔ PeroxyAcetyl Nitrate(PAN)은 $CH_3COOONO_2$의 분자식을 갖고 광화학스모그에서 발견되는 2차 오염물질이다. 또한 퍼옥시 에탄올 라디칼과 이산화질소로 분해된다.

08 대기오염가스를 배출하는 굴뚝의 유효고도가 87m에서 100m로 높아졌다면, 굴뚝의 풍하측 지상 최대오염농도는 87m일 때의 것과 비교하면 몇 %가 되겠는가? (단, 기타 조건은 일정함.)

① 47% ② 62%
③ 76% ④ 88%

✔ $C \propto \dfrac{1}{H_e^2}$ 이므로 $\dfrac{1}{87^2} : \dfrac{1}{100^2}$
$0.0001/0.000132 \times 100 = 76\%$

09 다음 중 열섬효과에 관한 설명으로 옳지 않은 것은? ★★★

① 열섬현상은 고기압의 영향으로 하늘이 맑고 바람이 약할 때에 잘 발생한다.
② 열섬효과로 도시 주위의 시골에서 도시로 바람이 부는데, 이를 전원풍이라 한다.
③ 도시의 지표면은 시골보다 열용량이 적고 열전도율이 높아 열섬효과의 원인이 된다.
④ 도시에서는 인구와 산업의 밀집지대로서 인공적인 열이 시골에 비하여 월등하게 많이 공급된다.

✔ 도시 열섬이 발생하는 주원인은 도시화로 인한 지표면 개발이며, 에너지 사용으로 발생한 열이 두 번째 원인이다. 도시의 지표면은 시골보다 열용량이 많고 열전도율이 높아 열섬효과의 원인이 된다.

10 다음 중 대기가 가시광선을 통과시키고 적외선을 흡수하여 열이 밖으로 나가지 못하게 함으로써 보온작용을 하는 것을 무엇이라 하는가? ★★★

① 온실효과
② 복사균형
③ 단파복사
④ 대기의 창

11 다음 중 건물에 사용되는 대리석, 시멘트 등을 부식시켜 재산상의 손실을 발생시키는 산성비에 가장 큰 영향을 미치는 물질로 옳은 것은 어느 것인가? ★★★

① O_3
② N_2
③ SO_2
④ TSP

✔ SO_2는 NO_x와 같이 산성비의 원인물질이며, 건물에 부식과 노화를 유발시키는 대표적인 황화합물이다.

12 0℃, 1기압에서 SO_2 10ppm은 몇 mg/m^3인가? ★★★

① 19.62

② 28.57

③ 37.33

④ 44.14

✔ ppm을 mg/m^3로 단위전환하기 위해서는 ppm×분자량/22.4를 해야 한다.
즉, 10×64(SO_2 분자량)/22.4=28.57mg/m^3

13 다음은 탄화수소가 관여하지 않을 경우 NO_2의 광화학반응식이다. ㉠~㉣에 알맞은 것은 어느 것인가? (단, O는 산소원자) ★★★

- [㉠] + h_v → [㉡] + O
- O + [㉢] → [㉣]
- [㉣] + [㉡] → [㉠] + [㉢]

① ㉠ NO, ㉡ NO_2, ㉢ O_3, ㉣ O_2

② ㉠ NO_2, ㉡ NO, ㉢ O_2, ㉣ O_3

③ ㉠ NO, ㉡ NO_2, ㉢ O_2, ㉣ O_3

④ ㉠ NO_2, ㉡ NO, ㉢ O_3, ㉣ O_2

14 질소산화물(NO_x)에 관한 내용으로 옳지 않은 것은? ★★★

① NO_2는 적갈색의 자극성 기체로 NO보다 독성이 강하다.

② 질소산화물은 fuel NO_x와 thermal NO_x로 구분될 수 있다.

③ NO는 혈액 중 헤모글로빈과의 결합력이 CO보다 강하다.

④ N_2O는 무색, 무취의 기체로 대기 중에서 반응성이 매우 크다.

✔ 아산화질소(N_2O)는 감미로운 향기와 단맛이 난다.

[Plus 이론학습]
대류권에서는 온실가스, 성층권에서는 오존층 파괴물질로서 보통 대기 중에 약 0.5ppm 정도 존재한다.

15 유효굴뚝높이가 1m인 굴뚝에서 배출되는 오염물질의 최대착지농도를 현재의 1/10로 낮추고자 할 때, 유효굴뚝높이를 몇 m 증가시켜야 하는가? (단, Sutton의 확산방정식 사용, 기타 조건은 동일) ★★

① 0.04

② 0.20

③ 1.24

④ 2.16

✔ $C \propto 1/H_e^2$
$1:1=1/10:1/H_e^2$
$H_e = 3.16m$
∴ 3.16m − 1m = 2.16m

16 환기를 위한 실내공기오염의 지표가 되는 물질은? ★★★

① SO_2

② NO_2

③ CO

④ CO_2

✔ 환기를 위한 실내공기오염의 지표가 되는 물질은 이산화탄소(1,000ppm)이다.

17 다음 중 역전에 관한 설명으로 옳지 않은 것은 어느 것인가? ★★★

① 침강역전은 고기압 기류가 상층에 장기간 체류하며 상층의 공기가 하강하여 발생하는 역전이다.

② 침강역전이 장기간 지속될 경우 오염물질이 장기 축적될 수 있다.

③ 복사역전은 주로 지표 부근에서 발생하므로 대기오염에 많은 영향을 준다.

④ 복사역전은 주로 구름이 많은 날 일출 후, 겨울보다 여름에 잘 발생한다.

✔ 복사역전은 보통 가을부터 봄에 걸쳐서 날씨가 좋고 바람이 약하며 습도가 적을 때, 자정 이후 아침까지 잘 발생한다.

18 자동차 배출가스 저감기술에 관한 내용으로 옳지 않은 것은? ★★

① 입자상 물질 여과장치는 세라믹 필터나 금속필터를 사용하여 입자상 물질을 포집하는 장치이다.

② 후처리 버너는 엔진의 배기계통에 장착하여 배출가스 중의 가연성분을 제거하는 장치이다.

③ 디젤 산화촉매는 자동차 배출가스 중의 HC, CO를 탄산가스와 물로 산화시켜 정화한다.

④ EBD는 촉매의 존재 하에 NO_x와 선택적으로 반응할 수 있는 환원제를 주입하여 NO_x를 N_2로 환원하는 장치이다.

✔ 선택적 촉매환원장치(SCR)는 촉매의 존재 하에 NO_x와 선택적으로 반응할 수 있는 환원제를 주입하여 NO_x를 N_2로 환원하는 장치이다

19 오존의 반응을 나타낸 다음 도식 중 ( ) 안에 알맞은 것은? ★

$$\begin{array}{l}
\text{㉠} \;\; CFCl_3 \xrightarrow{h_v} CFCl_2 + (\;\;) \\
\quad (\;\;) + O_3 \longrightarrow ClO + O_2 \\
\quad ClO + O \cdot \longrightarrow (\;\;) + O_2 \\
\text{㉡} \;\; CF_3Br \xrightarrow{h_v} CF_3 + (\;\;) \\
\quad (\;\;) + O_3 \longrightarrow BrO + O_2 \\
\quad ClO + O \cdot \longrightarrow (\;\;) + O_2
\end{array}$$

① ㉠ : F · , ㉡ : C ·

② ㉠ : C · , ㉡ : F ·

③ ㉠ : Cl · , ㉡ : Br ·

④ ㉠ : F · , ㉡ : Br ·

20 Fick의 확산방정식의 기본 가정에 해당하지 않는 것은? ★★

① 시간에 따른 농도변화가 없는 정상상태이다.

② 풍속이 높이에 반비례한다.

③ 오염물질이 점원에서 계속적으로 방출된다.

④ 바람에 의한 오염물질의 주 이동방향이 x축이다.

✔ Fick의 확산방정식에서 풍속은 x, y, z 좌표 내의 어느 점에서든 일정하고, 풍향, 풍속, 온도, 시간에 따른 농도변화가 없는 정상상태 분포로 가정한다.

제2과목 연소공학

21 클링커 장애(clinker trouble)가 가장 문제가 되는 연소장치는? ★★★

① 화격자 연소장치
② 유동층 연소장치
③ 미분탄 연소장치
④ 분무식 오일버너

✔ 클링커 장애(clinker trouble)는 상대적으로 연소효율이 낮은 화격자 연소장치에서 주로 발생된다.

22 확산연소에 사용되는 버너로서 주로 천연가스와 같은 고발열량의 가스를 연소시키는 데 사용되는 것은?

① 건타입 버너
② 선회 버너
③ 방사형 버너
④ 고압 버너

✔ 고로가스와 같이 저발열량 연료에 적합한 선회형과 천연가스와 같이 고발열량 가스에 적합한 방사형이 있다.

23 다음 중 연소 또는 폐기물 소각공정에서 생성될 수 있는 대기오염물질과 가장 거리가 먼 것은 어느 것인가? ★★★

① 염화수소
② 다이옥신
③ 벤조(a)피렌
④ 라돈

✔ 라돈은 방사성 비활성 기체로서, 우라늄과 토륨의 자연붕괴에 의해서 발생된다.

24 다음 각종 연료의 이론공기량의 개략치로 가장 거리가 먼 것은?

① 코크스 : 0.8~1.2
② 고로가스 : 0.7~0.9
③ 발생로가스 : 0.9~1.2
④ 가솔린 : 11.3~11.5

✔ 코크스는 8.0~8.7이다.

25 석탄의 탄화도와 관련된 설명으로 거리가 먼 것은? ★★★

① 탄화도가 클수록 고정탄소가 많아져 발열량이 커진다.
② 탄화도가 클수록 휘발분이 감소하고 착화온도가 높아진다.
③ 탄화도가 클수록 연소속도가 빨라진다.
④ 탄화도가 클수록 연료비가 증가한다.

✔ 탄화도가 클수록 연소속도가 느려진다.

26 수소 8%, 수분 2%가 포함된 고체연료의 고위발열량이 8,000kcal/kg일 때, 이 연료의 저위발열량은? ★★★

① 7,984kcal/kg
② 7,779kcal/kg
③ 7,556kcal/kg
④ 6,835kcal/kg

✔ $H_l = H_h - 600(9H + W)$
$= 8,000 - 600 \times (9 \times 0.08 + 0.02)$
$= 8,000 - 444$
$= 7,556kcal/kg$

27 $CH_4 : 30\%$, $C_2H_6 : 30\%$, $C_3H_8 : 40\%$인 혼합가스의 폭발범위로 가장 적합한 것은? (단, 르 샤틀리에의 식 적용) ★

- CH_4 폭발범위 : 5~15%
- C_2H_6 폭발범위 : 3~12.5%
- C_3H_8 폭발범위 : 2.1~9.5%

① 약 2.9~11.6%
② 약 3.7~13.8%
③ 약 4.9~14.6%
④ 약 5.8~15.4%

✔ 르 샤틀리에의 원리는 "화학평형 상태에서 농도, 온도, 압력, 부피 등이 변화할 때, 화학평형은 변화를 가능한 상쇄시키는 방향으로 움직인다."이다.
$100/LEL = (V_1/X_1) + (V_2/X_2) + (V_3/X_3)$
여기서, LEL : 폭발하한값(vol%)
　　　　V : 각 성분의 기체 체적(%)
　　　　X : 각 기체의 단독폭발 한계치
$100/LEL = (30/5) + (30/3) + (40/2.1) = 35.05$
$\therefore LEL = 2.85\%$
$100/LEH = (30/15) + (30/12.5) + (40/9.5) = 8.6$
$\therefore LEH = 11.6\%$

28 다음 중 그을음이 발생하기 쉬운 연료 순으로 나열한 것은 어느 것인가? (단, 쉬운 연료>어려운 연료) ★★★

① 타르>중유>석탄가스>LPG

② 석탄가스>LPG>타르>중유

③ 중유>LPG>석탄가스>타르

④ 중유>타르>LPG>석탄가스

✔ 그을름은 고체연료>액체연료>기체연료 순으로 발생되기 쉽다. 따라서 타르>중유>석탄가스>LPG 순이다.

29 다음 중 액화석유가스에 관한 설명으로 옳지 않은 것은? ★★★

① 저장설비비가 많이 든다.

② 황분이 적고, 독성이 없다.

③ 비중이 공기보다 가볍고, 누출될 경우 쉽게 인화 폭발할 수 있다.

④ 유지 등을 잘 녹이기 때문에 고무패킹이나 유지로 된 도포제로 누출을 막는 것은 어렵다.

✔ 액화석유가스(LPG)는 공기보다 1.5~2배 무겁다.

30 다음 중 연소실 열발생률에 대한 설명으로 옳은 것은? ★★

① 연소실의 단위면적, 단위시간당 발생되는 열량이다.

② 연소실의 단위용적, 단위시간당 발생되는 열량이다.

③ 단위시간에 공급된 연료의 중량을 연소실 용적으로 나눈 값이다.

④ 연소실에 공급된 연료의 발열량을 연소실 면적으로 나눈 값이다.

✔ 연소실 열발생률(연소 부하율)은 단위시간, 단위 연소실 용적당 발생하는 열량이다.

$$\frac{\text{발생 열량}(Q)}{\text{연소실 용적}(V)} = \frac{W(\text{kg/hr}) \times LHV(\text{kcal/kg})}{V(\text{m}^3)}$$

31 다음 각종 연료성분의 완전연소 시 단위체적당 고위발열량(kcal/Sm^3)의 크기 순서로 옳은 것은? ★

① 일산화탄소>메탄>프로판>부탄

② 메탄>일산화탄소>프로판>부탄

③ 프로판>부탄>메탄>일산화탄소

④ 부탄>프로판>메탄>일산화탄소

✔ 부탄 32,022, 프로판 24,229, 메탄 9,537, 일산화탄소 3,018이다.

32 다음 중 회전식 버너에 관한 설명으로 옳지 않은 것은? ★★

① 분무각도가 40~80°로 크고, 유량 조절범위도 1:5 정도로 비교적 넓은 편이다.

② 연료유는 0.3~0.5kg/cm^2 정도로 가압하여 공급하며, 직결식의 분사유량은 1,000L/hr 이하이다.

③ 연료유의 점도가 크고 분무컵의 회전수가 작을수록 분무상태가 좋아진다.

④ 3,000~10,000rpm으로 회전하는 컵모양의 분무컵에 송입되는 연료유가 원심력으로 비산됨과 동시에 송풍기에서 나오는 1차 공기에 의해 분무되는 형식이다.

✔ 연료유의 점도가 작고 분무컵의 회전수가 클수록 분무상태가 좋아진다.

33 저발열량이 6,000kcal/Sm^3, 평균정압비열이 0.38kcal/Sm$^3 \cdot$ ℃인 가스연료의 이론연소온도(℃)는? (단, 이론연소가스량은 10Sm^3/Sm^3, 연료와 공기의 온도는 15℃, 공기는 예열되지 않으며, 연소가스는 해리되지 않음.) ★

① 1,385 　　② 1,412

③ 1,496 　　④ 1,594

✔ $t_1 = H_1 / (G_{ow} \times C_p) + t_2$
　 $= 6,000/(10 \times 0.38) + 15$
　 $= 1,593.9$℃

연소기출

34 메탄 1mol이 완전연소 할 때, AFR은? (단, 부피 기준)　★★★

① 6.5　　　　② 7.5
③ 8.5　　　　④ 9.5

✔ $CH_4 + 2O_2 \rightarrow CO_2 + 2H_2O$
　　1 : 2
　$A_o = O_o/0.21 = 2/0.21 = 9.52$
　∴ AFR(mol) = 9.52/1 = 9.52

35 고체연료 중 코크스에 관한 설명으로 가장 적합하지 않은 것은?　★★

① 주성분은 탄소이다.
② 원료탄보다 회분의 함량이 많다.
③ 연소 시에 매연이 많이 발생한다.
④ 원료탄을 건류하여 얻어지는 2차 연료로 코크스로에서 제조된다.

✔ 코크스는 탄소 함량이 높고 불순물이 미량인 연료의 일종이며, 휘발분이 거의 없기 때문에 매연 발생이 거의 없다.

36 다음 중 연소에 관한 용어 설명으로 옳지 않은 것은?　★★

① 유동점은 저온에서 중유를 취급할 경우의 난이도를 나타내는 척도가 될 수 있다.
② 인화점은 액체연료의 표면에 인위적으로 불씨를 가했을 때 연소하기 시작하는 최저온도이다.
③ 발열량은 연료가 완전연소할 때 단위중량 혹은 단위부피당 발생하는 열량으로, 잠열을 포함하는 저발열량과 포함하지 않는 고발열량으로 구분된다.
④ 발화점은 공기가 충분한 상태에서 연료를 일정 온도 이상으로 가열했을 때 외부에서 점화하지 않더라도 연료 자신의 연소열에 의해 연소가 일어나는 최저온도이다.

✔ 발열량은 연료가 완전연소 할 때 단위중량 혹은 단위부피당 발생하는 열량으로, 잠열을 포함하는 고발열량과 포함하지 않는 저발열량으로 구분된다.

37 다음 중 액체연료의 일반적인 특징으로 옳지 않은 것은?　★★★

① 인화 및 역화의 위험이 크다.
② 고체연료에 비해 점화, 소화 및 연소 조절이 어렵다.
③ 연소온도가 높아 국부적인 과열을 일으키기 쉽다.
④ 고체연료에 비해 단위부피당 발열량이 크고, 계량이 용이하다.

✔ 액체연료는 고체연료에 비해 점화, 소화 및 연소 조절이 쉽다.

38 다음 탄화수소 중 탄화수소 1m³를 완전연소 할 때 필요한 이론공기량이 19m³인 것은 어느 것인가?　★★★

① C_2H_4
② C_2H_2
③ C_3H_8
④ C_3H_4

✔ $C_3H_4 + (3+4/4)O_2 \rightarrow 3CO_2 + 4/2H_2O$
　1m³ : 4m³
　O_o(이론적인 산소량) = 4m³
　A_o(이론적인 공기량) = $O_o/0.21 = 4/0.21 = 19.05$
　∴ A_o(이론적인 공기량) = 19m³

39 C : 85%, H : 10%, O : 3%, S : 2%의 무게비로 구성된 액체연료를 1.3의 공기비로 완전연소 할 때 발생하는 실제 습연소가스량(Sm³/kg)은 얼마인가?　★★★

① 8.6　　　　② 9.8
③ 10.4　　　④ 13.8

✔ $G_w = mA_o + 5.6H + 0.7O + 0.8N + 12.4W$
　$O_o = 1.867C + 5.6(H - O/8) + 0.7S$
　　　$= 1.867 \times 0.85 + 5.6 \times (0.1 - 0.03/8) + 0.7 \times 0.02$
　　　$= 2.14$
　$A_o = 2.14/0.21 = 10.2$
　∴ $G_w = 1.3 \times 10.2 + 5.6 \times 0.1 + 0.7 \times 0.03$
　　　　$= 13.841 Sm^3/kg$

40 다음 내용과 관련 있는 무차원수는? (단, μ : 점성계수, ρ : 밀도, D : 확산계수)

- 정의 : $\dfrac{\mu}{\rho D}$
- 의미 : $\dfrac{\text{운동량의 확산속도}}{\text{물질의 확산속도}}$

① Schmidt number
② Nusselt number
③ Grashof number
④ Karlovitz number

✔ 슈미트 수(Schmidt number, Sc)는 운동량 확산과 질량 확산의 비로 정의되는 무차원량이다.

제3과목 대기오염 방지기술

41 충전탑에 사용되는 충전물에 관한 설명으로 옳지 않은 것은? ★★★

① 가스와 액체가 전체에 균일하게 분포될 수 있도록 해야 한다.
② 충전물의 단면적은 기액간의 충분한 접촉을 위해 작은 것이 바람직하다.
③ 하단의 충전물이 상단의 충전물에 의해 눌려 있으므로 이 하중을 견디는 내강성이 있어야 하며, 또한 충전물의 강도는 충전물의 형상에도 관련이 있다.
④ 충분한 기계적 강도와 내식성이 요구되며, 단위부피 내의 표면적이 커야 한다.

✔ 충전물의 단면적은 기액간의 충분한 접촉을 위해 큰 것이 바람직하다.

42 다음 중 분무탑에 관한 설명으로 옳지 않은 것은? ★★★

① 구조가 간단하고, 압력손실이 적은 편이다.
② 침전물이 생기는 경우에 적합하며, 충전탑에 비해 설비비 및 유지비가 적게 드는 장점이 있다.
③ 분무에 큰 동력이 필요하고, 가스 유출 시 비말동반이 많다.
④ 분무액과 가스의 접촉이 균일하여 효율이 우수하다.

✔ 분무액과 가스의 접촉이 불균일하여 효율이 좋지 않다.

43 벤투리 스크러버에서 액가스비를 크게 하는 요인으로 옳은 것은? ★★

① 먼지의 농도가 낮을 때
② 먼지입자의 점착성이 클 때
③ 먼지입자의 친수성이 클 때
④ 먼지입자의 입경이 클 때

✔ 먼지입자의 점착성이 클 때는 액가스비를 크게 한다.

44 다음 중 여과집진장치에서 여포를 탈진하는 방법이 아닌 것은? ★★★

① 기계적 진동(mechanical shaking)
② 펄스 제트(pulse jet)
③ 공기 역류(reverse air)
④ 블로 다운(blow down)

✔ 블로 다운(blow down)은 원심력집진장치의 집진효율을 높이기 위한 방법이며, 여과집진장치와는 관련이 없다.

45 중력집진장치에서 수평이동속도 V_x, 침강실 폭 B, 침강실 수평길이 L, 침강실 높이 H이고, 종말침강속도가 V_t라면, 주어진 입경에 대한 부분집진효율은? (단, 층류 기준) ★★★

① $\dfrac{V_x \times B}{V_t \times H}$
② $\dfrac{V_t \times H}{V_x \times B}$
③ $\dfrac{V_t \times L}{V_x \times H}$
④ $\dfrac{V_x \times H}{V_t \times L}$

46 유해가스 흡수장치 중 다공판탑에 관한 설명으로 옳지 않은 것은? ★★

① 비교적 대량의 흡수액이 소요되고, 가스 겉보기속도는 10~20m/s 정도이다.
② 액가스비는 0.3~5L/m^3, 압력손실은 100~200mmH$_2$O/단 정도이다.
③ 고체부유물 생성 시 적합하다.
④ 가스량의 변동이 격심할 때는 조업할 수 없다.

✔ 비교적 소량의 흡수액이 소요되고, 가스 겉보기속도는 0.3~1m/s 정도이다.

47 사이클론의 반경이 50cm인 원심력집진장치에서 입자의 접선방향속도가 10m/s라면 분리계수는? ★★

① 10.2
② 20.4
③ 34.5
④ 40.9

✔ 분리계수$(SF) = \dfrac{V^2}{g\,R_c} = \dfrac{10^2}{9.8 \times 0.5} = 20.4$

[Plus 이론학습]
분리계수는 입자에 작용하는 중력과 원심력의 크기를 비교함으로써 원심력에 의한 입자의 분리력을 알 수 있다.

48 흡수탑의 충전물에 요구되는 사항으로 거리가 먼 것은? ★★★

① 단위부피 내의 표면적이 클 것
② 간격의 단면적이 클 것
③ 단위부피의 무게가 가벼울 것
④ 가스 및 액체에 대하여 내식성이 없을 것

✔ 충전물은 가스 및 액체에 대하여 내식성이 있어야 한다.

49 직경이 D인 구형 입자의 비표면적$(S_v,\ \text{m}^2/\text{m}^3)$에 관한 설명으로 옳지 않은 것은? (단, p는 구형 입자의 밀도이다.) ★★★

① $S_v = 3p/D$로 나타낸다.
② 입자가 미세할수록 부착성이 커진다.
③ 먼지의 입경과 비표면적은 반비례 관계이다.
④ 비표면적이 크게 되면 원심력집진장치의 경우에는 장치 벽면을 폐색시킨다.

✔ $S_v = 6/D$로 나타낸다.
구의 표면적 $4\pi R^2$
구의 부피 $4/3 \pi R^3$
$S_v = \dfrac{4\pi r^2}{4/3 \pi r^3} = 3/R = 6/D$

50 흡수장치에 사용되는 흡수액이 갖추어야 할 요건으로 옳은 것은? ★★★

① 용해도가 낮아야 한다.
② 휘발성이 높아야 한다.
③ 부식성이 높아야 한다.
④ 점성은 비교적 낮아야 한다.

✔ 흡수액은 용해도가 높고, 휘발성이 낮으며, 부식성이 낮아야 한다.

51 다음 중 일반적인 활성탄 흡착탑에서의 화재방지에 관한 설명으로 가장 거리가 먼 것은 어느 것인가?

① 접촉시간은 30초 이상, 선속도는 0.1m/s 이하로 유지한다.

② 축열에 의한 발열을 피할 수 있도록 형상이 균일한 조립상 활성탄을 사용한다.

③ 사영역이 있으면 축열이 일어나므로 활성탄층의 구조를 수직 또는 경사지게 하는 편이 좋다.

④ 운전 초기에는 흡착열이 발생하며 15~30분 후에는 점차 낮아지므로 물을 충분히 뿌려주어 30분 정도 공기를 공회전시킨 다음 정상 가동한다.

✔ [Plus 이론학습]
접촉시간은 가능한 짧은 것이 화재방지에 좋다.

52 다음 중 임의로 충전한 충전탑에서 혼합물을 물리적으로 분리할 때, 액의 분배가 원활하게 이루어지지 못하면 어떤 현상이 발생할 수 있는가? ★★★

① Mixing ② Flooding
③ Blinding ④ Channeling

✔ 액체가 한쪽으로만 흐르는 현상을 채널링(channeling)이라고 하며, 충전탑의 기능을 저하시키는 큰 요인이 된다.

53 NO 농도가 250ppm인 배기가스 2,000Sm³/min을 CO를 이용한 선택적 접촉환원법으로 처리하고자 한다. 배기가스 중의 NO를 완전히 처리하기 위해 필요한 CO의 양(Sm³/h)은? ★

① 30 ② 35
③ 40 ④ 45

✔ $NO = 250 \times 10^{-6} \times 2,000 Sm^3/min \times 60 min/h = 30 Sm^3/h$
$2NO + 2CO \rightarrow N_2 + 2CO_2$
　2 : 2
　30 : x
∴ $x = 30 Sm^3/h$

54 전기집진장치에서 먼지의 전기비저항이 높은 경우 전기비저항을 낮추기 위해 일반적으로 주입하는 물질과 가장 거리가 먼 것은? ★★★

① NH_3 ② NaCl
③ H_2SO_4 ④ 수증기

✔ NH_3 분사는 전기비저항이 낮을 때의 조절방법이다.

55 유체의 점도를 나타내는 단위에 해당하지 않는 것은? ★

① poise
② Pa · s
③ L · atm
④ g/cm · s

✔ 점도의 CGS 기본 단위는 1g/cm · s=1poise=0.1Pa · s이다.

56 처리가스량 30,000m³/h, 압력손실 300mmH₂O인 집진장치를 효율이 47%인 송풍기로 운전할 때, 송풍기의 소요동력(kW)은? ★★★

① 38 ② 43
③ 49 ④ 52

✔ $kW = \dfrac{P_a \times Q}{6,120 \times \eta} = \dfrac{300 \times 500}{6,120 \times 0.47} = 52 kW$

57 동일한 밀도를 가진 먼지입자 A, B가 있다. 먼지입자 B의 지름이 먼지입자 A의 지름의 100배일 때, 먼지입자 B의 질량은 먼지입자 A의 질량의 몇 배인가?

① 100
② 10,000
③ 1,000,000
④ 100,000,000

✔ $\dfrac{D_B}{D_A} = 100$, 질량(=체적×밀도) $\propto D^3$
∴ $\left(\dfrac{D_B}{D_A}\right)^3 = (100)^3 = 1,000,000$

58 발생하는 각종 장애현상에 대한 대책으로 옳지 않은 것은? ★

① 재비산현상이 발생할 때에는 처리가스의 속도를 낮춘다.

② 부착된 먼지로 불꽃이 빈발하여 2차 전류가 불규칙하게 흐를 때에는 먼지를 충분하게 탈리시킨다.

③ 먼지의 비저항이 비정상적으로 높아 2차 전류가 현저히 떨어질 때에는 스파크 횟수를 줄인다.

④ 역전리현상이 발생할 때에는 집진극의 타격을 강하게 하거나 타격빈도를 늘린다.

✔ 전기집진장치에서 먼지의 비저항이 비정상적으로 높아 2차 전류가 현저히 떨어질 때에는 스파크 횟수를 늘린다.

59 다음 중 먼지의 폭발에 관한 설명으로 옳지 않은 것은? ★

① 비표면적이 큰 먼지일수록 폭발하기 쉽다.

② 산화속도가 빠르고 연소열이 큰 먼지일수록 폭발하기 쉽다.

③ 가스 중에 분산·부유하는 성질이 큰 먼지일수록 폭발하기 쉽다.

④ 대전성이 작은 먼지일수록 폭발하기 쉽다.

✔ 대전성이 큰 먼지일수록 폭발하기 쉽다.

60 원심력 집진장치에 블로 다운(blow down)을 적용하여 얻을 수 있는 효과에 해당하지 않는 것은? ★★

① 유효 원심력 감소를 통한 운영비 절감

② 원심력 집진장치 내의 난류 억제

③ 포집된 먼지의 재비산 방지

④ 원심력 집진장치 내의 먼지부착에 의한 장치폐쇄 방지

✔ 블로 다운(blow down)의 적용은 유효 원심력 감소와 관련이 없다. 유효 원심력이 감소하면 집진효율이 감소된다.

제4과목 │ 대기오염 공정시험기준(방법)

61 환경대기 중 가스상 물질의 시료 채취방법에서 시료가스를 일정유량으로 통과시키는 것으로 채취관 – 여과재 – 채취부 – 흡입펌프 – 유량계(가스미터)의 순으로 시료를 채취하는 방법은 어느 것인가? ★★★

① 용기채취법

② 용매채취법

③ 직접채취법

④ 포집여지에 의한 방법

✔ **[Plus 이론학습]**
용기채취법은 시료를 일단 일정한 용기에 채취한 다음 분석에 이용하는 방법으로, 채취관 – 용기 또는 채취관 – 유량조절기 – 흡입펌프 – 용기로 구성된다.

62 굴뚝 배출가스 중에 포함된 폼알데하이드 및 알데하이드류의 분석방법으로 거리가 먼 것은 어느 것인가? ★★

① 고성능 액체 크로마토그래피법

② 크로모트로핀산 자외선/가시선분광법

③ 나프틸에틸렌디아민법

④ 아세틸아세톤 자외선/가시선분광법

✔ 폼알데하이드 및 알데하이드류의 분석방법에는 고성능 액체 크로마토그래피법, 크로모트로핀산 자외선/가시선분광법, 아세틸아세톤 자외선/가시선분광법 등이 있다.

63 굴뚝 배출가스 중 황산화물을 아르세나조 Ⅲ 법으로 측정할 때에 관한 설명으로 옳지 않은 것은? ★

① 흡수액은 과산화수소수를 사용한다.

② 지시약은 아르세나조 Ⅲ를 사용한다.

③ 아세트산바륨 용액으로 적정한다.

④ 이 시험법은 수산화소듐으로 적정하는 킬레이트 침전법이다.

✔ 아르세나조 Ⅲ법은 시료를 과산화수소수에 흡수시켜 황산화물을 황산으로 만든 후, 아이소프로필알코올과 아세트산을 가하고 아르세나조 Ⅲ를 지시약으로 하여 아세트산바륨 용액으로 적정한다.

64 다음 중 원자흡수분광광도법에 사용되는 분석장치인 것은?

① Stationary Liquid
② Detector Oven
③ Nebulizer – Chamber
④ Electron Capture Detector

✔ 분무실(Nebulizer – Chamber, Atomizer Chamber)은 분무기와 함께 분무된 시료 용액의 미립자를 더욱 미세하게 해 주는 한편 큰 입자와 분리시키는 작용을 갖는 장치이다.

65 원자흡수분광광도법에서 원자흡광분석장치의 구성과 거리가 먼 것은? ★★★

① 분리관   ② 광원부
③ 단색화부   ④ 시료원자화부

✔ 원자흡광분석장치는 광원부, 시료원자화부, 파장선택부(분광부), 측광부로 구성되며, 파장선택부는 단색화장치 형태와 광학필터 형태로 구분된다.

66 환경대기 중의 석면 농도를 측정하기 위해 멤브레인필터에 포집한 대기부유먼지 중의 석면섬유를 위상차현미경을 사용하여 계수하는 방법에 관한 설명으로 옳지 않은 것은? ★★★

① 석면먼지의 농도 표시는 20℃, 1기압 상태의 기체 1mL 중에 함유된 석면섬유의 개수(개/mL)로 표시한다.
② 멤브레인필터는 셀룰로오스에스테르를 원료로 한 얇은 다공성의 막으로, 구멍의 지름은 평균 0.01~10μm의 것이 있다.
③ 대기 중 석면은 강제흡인장치를 통해 여과장치에 채취한 후 위상차현미경으로 계수하여 석면 농도를 산출한다.
④ 빛은 간섭성을 띠기 위해 단일 빛을 사용하며, 후광 또는 차광이 발생하더라도 측정에 영향을 미치지 않는다.

✔ 빛은 파장과 주기가 모두 짧아서 간섭성을 띠려면 하나의 광원에서 갈라진 두 갈래의 빛일 경우에만 가능하다.

67 화학분석 일반사항에 관한 설명으로 옳지 않은 것은? ★★★

① 1억분율은 ppm, 10억분율은 pphm으로 표시한다.
② 실온은 1~35℃로 하고, 찬 곳은 따로 규정이 없는 한 0~15℃의 곳을 뜻한다.
③ 냉후(식힌 후)라 표시되어 있을 때는 보온 또는 가열 후 실온까지 냉각된 상태를 뜻한다.
④ 액의 농도를 (1 → 2), (1 → 5) 등으로 표시한 것은 그 용질의 성분이 고체일 때는 1g을, 액체일 때는 1mL를 용매에 녹여 전량을 각각 2mL 또는 5mL로 하는 비율을 뜻한다.

✔ 1억분율은 pphm, 10억분율은 ppb로 표시하고, 따로 표시가 없는 한 기체일 때는 용량 대 용량(부피분율), 액체일 때는 중량 대 중량(질량분율)을 표시한 것을 뜻한다.

68 시험분석에 사용하는 용어 및 기재사항에 관한 설명으로 옳지 않은 것은? ★★★

① "약"이란 그 무게 또는 부피에 대하여 ±10% 이상의 차가 있어서는 안 된다.
② "정확히 단다"라 함은 규정한 양의 검체를 취하여 분석용 저울로 0.1mg까지 다는 것을 뜻한다.
③ "항량이 될 때까지 건조한다 또는 강열한다"라 함은 따로 규정이 없는 한 보통의 건조방법으로 30분간 더 건조 또는 강열할 때 전후 무게의 차가 0.3mg 이하일 때를 뜻한다.
④ 액체성분의 양을 "정확히 취한다"라 함은 홀피펫, 눈금플라스크 또는 이와 동등 이상의 정도를 갖는 용량계를 사용하여 조작하는 것을 뜻한다.

✔ "항량이 될 때까지 건조한다 또는 강열한다"라 함은 따로 규정이 없는 한 보통의 건조방법으로 1시간 더 건조 또는 강열할 때 전후 무게의 차가 0.3mg 이하일 때를 뜻한다.

69 기체 크로마토그래피의 장치 구성에 관한 설명으로 옳지 않은 것은? ★★★

① 분리관유로는 시료 도입부, 분리관, 검출기기 배관으로 구성되며, 배관의 재료는 스테인리스강이나 유리 등 부식에 대한 저항이 큰 것이어야 한다.

② 분리관(column)은 충전물질을 채운 내경 2~7mmm의 시료에 대하여 불활성 금속, 유리 또는 합성수지관으로 각 분석방법에서 규정하는 것을 사용한다.

③ 운반가스는 일반적으로 열전도도형 검출기(TCD)에서는 순도 99.8% 이상의 아르곤이나 질소를, 수소염이온화검출기(FID)에서는 순도 99.8% 이상의 수소를 사용한다.

④ 주사기를 사용하는 시료 도입부는 실리콘고무와 같은 내열성 탄성체 격막이 있는 시료 기화실로서 분리관 온도와 동일하거나 또는 그 이상의 온도를 유지할 수 있는 가열기구가 갖추어져야 한다.

✔ 열전도도형 검출기(TCD)에서는 순도 99.8% 이상의 수소나 헬륨을, 불꽃이온화검출기(FID)에서는 순도 99.8% 이상의 질소 또는 헬륨을 사용하며, 기타 검출기에서는 각각 규정하는 가스를 사용한다.

70 굴뚝 배출가스량이 125Sm³/hr이고, HCl 농도가 200ppm일 때, 5,000L 물에 2시간 흡수시켰다. 이때 이 수용액의 pOH는? (단, 흡수율은 60%이다.)

① 8.5

② 9.3

③ 10.4

④ 13.3

✔

$\frac{125Sm^3}{hr}$	$\frac{1,000L}{1m^3}$	200	10^{-6}	2hr	0.6	$\frac{1mol}{22.4L}$	$\frac{1}{5,000L}$

=0.000268mol/L=0.000268M=[H$^+$]

pH=$-\log$[H$^+$]=$-\log$(0.000268)=3.57

∴ pOH=14$-$3.57=10.43

71 다음에서 설명하는 굴뚝 배출가스 중의 산소 측정방식으로 옳은 것은? ★

> 이 방식으로 주기적으로 단속하는 자계 내에서 산소분자에 작용하는 단속적인 흡입력을 자계 내에 일정 유량으로 유입하는 보조가스의 배압변화량으로써 검출한다.

① 전극 방식 ② 덤벨형 방식

③ 질코니아 방식 ④ 압력검출형 방식

✔ **[Plus 이론학습]**
자기력방식은 덤벨형과 압력검출형으로 나뉜다.

72 대기 중의 가스상 물질을 용매채취법에 따라 채취할 때 사용하는 순간유량계 중 면적식 유량계는? ★★

① 노즐식 유량계

② 오리피스 유량계

③ 게이트식 유량계

④ 미스트식 가스미터

✔ 면적식 유량계(area type)에는 부자식, 피스톤식 또는 게이트식 유량계 등이 있다.

73 배출가스 중의 금속원소를 원자흡수분광광도법에 따라 분석할 때, 금속원소와 측정파장의 연결이 옳은 것은? ★★

① Pb$-$357.9nm ② Cu$-$228.8nm

③ Ni$-$217.0nm ④ Zn$-$213.8nm

✔ ① Pb$-$217.0nm 또는 283.3nm
② Cu$-$324.8nm
③ Ni$-$232nm

74 분석대상가스와 채취관 및 도관 재질의 연결이 옳지 않은 것은? ★★★

① 일산화탄소$-$석영

② 이황화탄소$-$보통강철

③ 암모니아$-$스테인리스강

④ 질소산화물$-$스테인리스강

✔ 이황화탄소$-$경질유리, 석영, 플루오르수지

75 환경대기 중의 시료 채취 시 주의사항으로 옳지 않은 것은? ★★★

① 시료 채취유량은 규정하는 범위 내에서 되도록 많이 채취하는 것을 원칙으로 한다.
② 악취물질의 채취는 되도록 짧은 시간 내에 끝내고, 입자상 물질 중의 금속성분이나 발암성 물질 등은 되도록 장시간 채취한다.
③ 입자상 물질을 채취할 경우에는 채취관 벽에 분진이 부착 또는 퇴적하는 것을 피하고, 특히 채취관을 수평방향으로 연결할 경우에는 되도록 관의 길이를 길게 하고 곡률반경을 작게 한다.
④ 바람이나 눈, 비로부터 보호하기 위해 측정기기는 실내에 설치하고, 채취구를 밖으로 연결할 경우 채취관 벽과의 반응, 흡착, 흡수 등에 의한 영향을 최소한도로 줄일 수 있는 재질과 방법을 선택한다.

✔ 입자상 물질을 채취할 경우에는 채취관 벽에 분진이 부착 또는 퇴적하는 것을 피하고, 특히 채취관은 수평방향으로 연결할 경우에는 되도록 관의 길이를 짧게 하고 곡률반경은 크게 한다.

76 유류 중의 황 함유량을 측정하기 위한 분석방법에 해당하는 것은? ★

① 광학기법
② 열탈착식 광도법
③ 방사선식 여기법
④ 자외선/가시선분광법

✔ 유류 중의 황 함유량 분석방법에는 연소관식 공기법(중화적정법), 방사선식 여기법(기기분석법) 등이 있다.

77 기체 크로마토그래피의 정성분석에 관한 내용으로 옳지 않은 것은? ★★

① 동일 조건에서 특정한 미지성분의 머무름값과 예측되는 물질의 봉우리의 머무름값을 비교해야 한다.
② 머무름값의 표시는 무효부피(dead volume)의 보정유무를 기록해야 한다.

③ 일반적으로 5~30분 정도에서 측정하는 봉우리의 머무름시간은 반복시험을 할 때 ±10% 오차범위 이내여야 한다.
④ 머무름시간을 측정할 때는 3회 측정하여 그 평균치를 구한다.

✔ 일반적으로 5~30분 정도에서 측정하는 봉우리의 머무름시간은 반복시험을 할 때 ±3% 오차범위 이내여야 한다.

78 피토관을 사용하여 굴뚝 배출가스의 평균유속을 측정하고자 한다. 측정조건과 결과가 다음과 같을 때, 배출가스의 평균유속(m/s)은? ★★★

- 동압 : $13mmH_2O$
- 피토관계수 : 0.85
- 배출가스의 밀도 : $1.2kg/Sm^3$

① 10.6   ② 12.4
③ 14.8   ④ 17.8

✔ $V = C\sqrt{\dfrac{2gh}{r}} = 0.85 \times \sqrt{\dfrac{2 \times 9.8 \times 13}{1.2}} = 12.39 m/s$

79 4-아미노안티피린 용액과 헥사사이아노철(Ⅲ)산포타슘 용액을 순서대로 가해 얻어진 적색액의 흡광도를 측정하여 농도를 계산하는 오염물질은?

① 배출가스 중 페놀화합물
② 배출가스 중 브로민화합물
③ 배출가스 중 에틸렌옥사이드
④ 배출가스 중 다이옥신 및 퓨란류

80 다음 중 굴뚝 내부 단면의 가로 길이가 2m, 세로 길이가 1.5m일 때, 굴뚝의 환산직경(m)은? (단, 굴뚝 단면은 사각형이며, 상·하 면적이 동일함.) ★★★

① 1.5   ② 1.7
③ 1.9   ④ 2.0

✔ 환산직경 $= 2 \times \left(\dfrac{A \times B}{A + B}\right) = 2 \times \left(\dfrac{가로 \times 세로}{가로 + 세로}\right)$
$= 2 \times \left(\dfrac{2 \times 1.5}{2 + 1.5}\right)$
$= 1.7m$

제5과목 대기환경관계법규

81 악취방지법규상 위임업무 보고사항 중 "악취 검사기관의 지도·점검 및 행정처분 실적" 보고횟수 기준은? ★★★

① 연 1회　　　② 연 2회

③ 연 4회　　　④ 수시

✔ 악취검사기관의 지도·점검 및 행정처분 실적의 보고횟수는 연 1회이고, 보고기일은 다음 해 1월 15일까지 이다.

82 다음 중 대기환경보전법상 벌칙기준 중 7년 이하의 징역이나 1억원 이하의 벌금에 처하는 것은? ★★

① 대기오염물질의 배출허용기준 확인을 위한 측정기기의 부착 등의 조치를 하지 아니한 자

② 황 연료 사용 제한조치 등의 명령을 위반한 자

③ 제작차 배출허용기준에 맞지 아니하게 자동차를 제작한 자

④ 배출가스 전문정비사업자로 등록하지 아니하고 정비·점검 또는 확인검사 업무를 한 자

83 다음 중 대기환경보전법규상 수도권대기환경청장, 국립환경과학원장 또는 한국환경공단이 설치하는 대기오염 측정망의 종류가 아닌 것은 어느 것인가? ★★★

① 도시지역의 휘발성 유기화합물 등의 농도를 측정하기 위한 광화학대기오염물질측정망

② 기후·생태계 변화유발물질의 농도를 측정하기 위한 지구대기측정망

③ 대기 중의 중금속 농도를 측정하기 위한 대기중금속측정망

④ 대기오염물질의 지역배경농도를 측정하기 위한 교외대기측정망

✔ 대기 중의 중금속 농도를 측정하기 위한 대기중금속측정망은 시·도지사가 설치하는 대기오염 측정망이다.

84 대기환경보전법규상 자동차 운행정지 표지에 기재되는 사항이 아닌 것은? ★★

① 점검당시 누적주행거리

② 운행정지기간 중 주차장소

③ 자동차 소유자 성명

④ 자동차등록번호

✔ 자동차 운행정지 표지에 기재되는 사항은 자동차등록번호, 점검당시 누적주행거리, 운행정지기간, 운행정지기간 중 주차장소 등이다.

85 환경정책기본법령상 이산화질소(NO_2)의 대기환경기준은? (단, 24시간 평균치 기준) ★★★

① 0.03ppm 이하

② 0.05ppm 이하

③ 0.06ppm 이하

④ 0.10ppm 이하

✔ 이산화질소(NO_2)의 대기환경기준은 연간 0.03ppm 이하, 24시간 0.06ppm 이하, 1시간 0.10ppm 이하이다.

86 대기환경보전법규상 운행차 배출허용기준 중 일반기준으로 옳지 않은 것은?

① 건설기계 중 덤프트럭, 콘크리트믹서트럭, 콘크리트펌프트럭에 대한 배출허용기준은 화물자동차 기준을 적용한다.

② 알코올만 사용하는 자동차는 탄화수소 기준을 적용하지 아니한다.

③ 1993년 이후에 제작된 자동차 중 과급기(turbo charger)나 중각냉각기(inter-cooler)를 부착한 경유사용 자동차의 배출허용기준은 무부하급가속 검사방법의 매연 항목에 대한 배출허용기준에 5%를 더한 농도를 적용한다.

④ 희박연소(lean burn) 방식을 적용하는 자동차는 공기과잉률 기준을 적용한다.

✔ 희박연소(lean burn) 방식을 적용하는 자동차는 공기과잉률 기준을 적용하지 아니한다.

87 대기환경보전법령상 배출허용기준 초과와 관련한 개선명령을 받은 사업자는 그 명령을 받은 날부터 며칠 이내에 개선계획서를 환경부령으로 정하는 바에 따라 시·도지사에게 제출하여야 하는가? (단, 연장이 없는 경우) ★

① 즉시

② 10일 이내

③ 15일 이내

④ 30일 이내

88 대기환경보전법령상 초과부과금 산정기준에서 다음 중 오염물질 1킬로그램당 부과금액이 가장 적은 것은? ★★★

① 이황화탄소

② 암모니아

③ 황화수소

④ 불소화물

✅ ① 이황화탄소 : 1,600원
② 암모니아 : 1,400원
③ 황화수소 : 6,000원
④ 불소화물 : 2,300원

[Plus 이론학습]
• 황산화물 : 500원
• 먼지 : 770원
• 질소산화물 : 2,130원

89 다음은 대기환경보전법규상 미세먼지(PM 10)의 "주의보" 발령기준 및 해제기준이다. ( ) 안에 알맞은 것은? ★★★

> • 발령기준 : 기상조건 등을 고려하여 해당지역의 대기자동측정소 PM-10 시간당 평균농도가 (㉠) 지속인 때
> • 해제기준 : 주의보가 발령된 지역의 기상조건 등을 검토하여 대기자동측정소의 PM-10 시간당 평균농도가 (㉡)인 때

① ㉠ $150\mu g/m^3$ 이상 2시간 이상
　 ㉡ $100\mu g/m^3$ 미만

② ㉠ $150\mu g/m^3$ 이상 1시간 이상
　 ㉡ $150\mu g/m^3$ 미만

③ ㉠ $100\mu g/m^3$ 이상 2시간 이상
　 ㉡ $100\mu g/m^3$ 미만

④ ㉠ $100\mu g/m^3$ 이상 1시간 이상
　 ㉡ $80\mu g/m^3$ 미만

90 실내공기질관리법령상 신축 공동주택의 실내공기질 권고기준으로 틀린 것은? ★★★

① 자일렌 : $600\mu g/m^3$ 이하

② 톨루엔 : $1,000\mu g/m^3$ 이하

③ 스티렌 : $300\mu g/m^3$ 이하

④ 에틸벤젠 : $360\mu g/m^3$ 이하

✅ 자일렌은 $700\mu g/m^3$ 이하이다.

[Plus 이론학습]
• 폼알데하이드 : $210\mu g/m^3$ 이하
• 벤젠 : $30\mu g/m^3$ 이하
• 라돈 : $148Bq/m^3$ 이하

91 대기환경보전법령상 가스형태의 물질 중 소각용량이 시간당 2톤(의료폐기물 처리시설은 시간당 200kg) 이상인 소각처리시설에서의 일산화탄소 배출허용기준(ppm)은? (단, 각 보기 항의 ( ) 안의 값은 표준산소농도(O_2의 백분율)를 의미한다.)

① 30(12) 이하　　② 50(12) 이하

③ 200(12) 이하　　④ 300(12) 이하

✅ 소각용량이 시간당 2톤(의료폐기물 처리시설은 시간당 200kg) 이상인 소각처리시설에서의 일산화탄소(CO) 배출허용기준은 50(12)ppm이다.

92 대기환경보전법령상 비산먼지발생사업으로서 "대통령령으로 정하는 사업" 중 환경부령으로 정하는 사업과 가장 거리가 먼 것은? ★

① 비금속물질의 채취업, 제조업 및 가공업

② 제1차 금속 제조업

③ 운송장비 제조업

④ 목재 및 광석의 운송업

---

93 다음은 대기환경보전법령상 환경부 장관이 배출시설의 설치를 제한할 수 있는 경우에 관한 사항이다. ( ) 안에 알맞은 말은? ★★

> 배출시설 설치지점으로부터 반경 1킬로미터 안의 상주인구가 (㉠)명 이상인 지역으로서, 특정대기유해물질 중 한 가지 종류의 물질을 연간 (㉡) 이상 배출하는 시설을 설치하는 경우

① ㉠ 1만, ㉡ 1톤   ② ㉠ 1만, ㉡ 10톤
③ ㉠ 2만, ㉡ 1톤   ④ ㉠ 2만, ㉡ 10톤

✔ 배출시설 설치지점으로부터 반경 1킬로미터 안의 상주인구가 2만명 이상인 지역으로서 특정대기유해물질 중 한 가지 종류의 물질을 연간 10톤 이상 배출하거나 두 가지 이상의 물질을 연간 25톤 이상 배출하는 시설을 설치하는 경우와 대기오염물질(먼지·황산화물 및 질소산화물만 해당)의 발생량 합계가 연간 10톤 이상인 배출시설을 특별대책지역(법 제22조에 따라 총량규제구역으로 지정된 특별대책지역은 제외)에 설치하는 경우에는 설치를 제한할 수 있다.

94 대기환경보전법령상 대기오염경보 발령 시 포함되어야 할 사항에 해당하지 않는 것은? (단, 기타 사항은 제외) ★★★

① 대기오염경보단계
② 대기오염경보의 대상지역
③ 대기오염경보의 경보대상기간
④ 대기오염경보단계별 조치사항

✔ 대기오염경보 발령 시 포함 사항은 대기오염경보의 대상지역, 대기오염경보단계 및 대기오염물질의 농도, 영 제2조 제4항에 따른 대기오염경보단계별 조치사항, 그 밖에 시·도지사가 필요하다고 인정하는 사항 등이다.

95 다음 중 대기환경보전법령상 "자동차 사용의 제한 및 사업장의 연료사용량 감축권고" 등의 조치사항이 포함되어야 하는 대기오염경보단계는? ★★★

① 경계 발령   ② 경보 발령
③ 주의보 발령   ④ 중대경보 발령

✔ • 주의보 발령 : 주민의 실외활동 및 자동차 사용의 자제 요청 등
• 경보 발령 : 주민의 실외활동 제한요청, 자동차 사용의 제한 및 사업장의 연료 사용량 감축권고 등
• 중대경보 발령 : 주민의 실외활동 금지요청, 자동차의 통행금지 및 사업장의 조업시간 단축명령 등

96 대기환경보전법령상 대기오염방지시설에 해당하지 않는 것은? (단, 환경부 장관이 인정하는 기타 시설은 제외) ★★★

① 흡착에 의한 시설
② 응집에 의한 시설
③ 촉매반응을 이용하는 시설
④ 미생물을 이용한 처리시설

✔ 응집에 의한 시설이 아니고, 응축에 의한 시설이다.

97 다음은 대기환경보전법령상 과징금 처분에 관한 내용이다. ( ) 안에 알맞은 것은? ★

> 환경부 장관은 자동차 제작자가 거짓으로 자동차의 배출가스가 배출가스 보증기간에 제작차 배출허용기준에 맞게 유지될 수 있다는 인증을 받은 경우 그 자동차 제작자에 대하여 매출액에 (㉠)(을)를 곱한 금액을 초과하지 않는 범위에서 과징금을 부과할 수 있다. 이 때 과징금의 금액은 (㉡)을 초과할 수 없다.

① ㉠ 100분의 3, ㉡ 100억원
② ㉠ 100분의 3, ㉡ 500억원
③ ㉠ 100분의 5, ㉡ 100억원
④ ㉠ 100분의 5, ㉡ 500억원

98 대기환경보전법령상 특정대기유해물질의 배출허용기준이 300(12)ppm일 때, '(12)'가 의미하는 것은? ★★★

① 해당 배출허용농도(백분율)
② 해당 배출허용농도(ppm)
③ 표준산소농도(O_2의 백분율)
④ 표준산소농도(O_2의 ppm)

✔ ( ) 안은 표준산소농도(O_2의 백분율)를 의미한다.

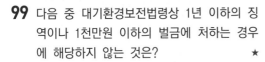

99 다음 중 대기환경보전법령상 1년 이하의 징역이나 1천만원 이하의 벌금에 처하는 경우에 해당하지 않는 것은? ★

① 배출시설의 설치를 완료한 후 가동개시 신고를 하지 않고 조업한 자

② 환경상의 위해가 발생하여 제조·판매 또는 사용을 규제 당한 자동차 연료·첨가제 또는 촉매제를 제조하거나 판매한 자

③ 측정기기 관리대행업의 등록 또는 변경 등록을 하지 않고 측정기기 관리업무를 대행한 자

④ 환경부 장관에게 받은 이륜자동차 정기 검사 명령을 이행하지 않은 자

✅ 환경부 장관에게 받은 이륜자동차 정기검사 명령을 이행하지 않은 자는 300만원 이하의 벌금에 처한다.

100 대기환경보전법령상 인증을 면제할 수 있는 자동차에 해당하는 것은? ★★

① 항공기 지상 조업용 자동차

② 국가대표 선수용 자동차로서 문화체육관광부 장관의 확인을 받은 자동차

③ 여행자 등이 다시 반출할 것을 조건으로 일시 반입하는 자동차

④ 주한 외국군인의 가족이 사용하기 위해 반입하는 자동차

✅ 항공기 지상 조업용 자동차, 국가대표 선수용 자동차로서 문화체육관광부 장관의 확인을 받은 자동차, 주한 외국군인의 가족이 사용하기 위해 반입하는 자동차는 인증을 생략할 수 있는 자동차이다.

2024 제3회 대기환경기사

제1과목 대기오염 개론

01 다음 광화학적 산화제와 2차 대기오염물질에 관한 설명 중 가장 거리가 먼 것은? ★★★

① PAN은 peroxyacetyl nitrate의 약자이며, $CH_3COOONO_2$의 분자식을 갖는다.

② PAN은 PBN(peroxybenzoyl nitrate)보다 100배 이상 눈에 강한 통증을 주며, 빛을 흡수시키므로 가시거리를 감소시킨다.

③ 오존은 섬모운동의 기능장애를 일으키며, 염색체 이상이나 적혈구의 노화를 초래하기도 한다.

④ 광화학반응의 주요 생성물은 PAN, CO_2, 케톤 등이 있다.

✅ PBN은 PAN보다 100배 이상 눈에 강한 통증을 주며, 빛을 흡수시키므로 가시거리를 감소시킨다.

02 다음 중 라돈에 관한 설명으로 가장 거리가 먼 것은? ★★

① 일반적으로 인체의 조혈기능 및 중추신경 계통에 가장 큰 영향을 미치는 것으로 알려져 있으며, 화학적으로 반응성이 크다.

② 무색, 무취의 기체로 액화되어도 색을 띠지 않는 물질이다.

③ 공기보다 9배 정도 무거워 지표에 가깝게 존재한다.

④ 주로 토양, 지하수, 건축자재 등을 통하여 인체에 영향을 미치고 있으며, 흙속에서 방사선 붕괴를 일으킨다.

✅ 라돈은 실내 생활을 하는 사람들의 폐에 들어가게 되어 폐암의 주요 원인이 되고 있다.

03 1시간에 10,000대의 차량이 고속도로 위에서 평균시속 80km로 주행하며, 각 차량의 평균 탄화수소 배출률은 0.02g/s이다. 바람이 고속도로와 측면 수직방향으로 5m/s로 불고 있다면 도로지반과 같은 높이의 평탄한 지형의 풍하 500m지점에서의 지상 오염농도는? (단, 대기는 중립상태이며, 풍하 500m에서의 $\sigma_z = 15m$,

$$C(x,\ t,\ 0) = \frac{2Q}{(2\pi)^{\frac{1}{2}} \sigma_z \cdot U} \exp\left[-\frac{1}{2}\left(\frac{H}{\sigma_z}\right)\right]$$

를 이용)

① $26.6\mu g/m^3$ ② $34.1\mu g/m^3$

③ $42.4\mu g/m^3$ ④ $51.2\mu g/m^3$

✅
$$Q = \frac{10{,}000대}{} \cdot \frac{0.02g}{s \cdot 대} \cdot \frac{1km}{80km} \cdot \frac{10^6\mu g}{10^3m \cdot 1g}$$

$= 2{,}500\mu g/m \cdot s$

$H = 0$, 그러므로 $\exp\left[-\frac{1}{2}\left(\frac{H}{\sigma_z}\right)\right] = 1$

$C = \dfrac{2Q}{\sqrt{2\pi} \times \sigma_z \times U} = \dfrac{2 \times 2{,}500}{2.5 \times 15 \times 5} = 26.67\mu g/m^3$

04 다음 오염물질 중 온실효과를 유발하는 것으로 가장 거리가 먼 것은? ★★★

① 이산화탄소

② CFCs

③ 메탄

④ 아황산가스

✅ 아황산가스는 온실가스가 아니다.

05 다음 중 바람에 관한 내용으로 옳지 않은 것은 어느 것인가?

① 경도풍은 기압경도력, 전향력, 원심력이 평형을 이루어 부는 바람이다.

② 해륙풍 중 해풍은 낮 동안 햇빛에 더워지기 쉬운 육지쪽 지표 상에 상승기류가 형성되어 바다에서 육지로 부는 바람이다.

③ 지균풍은 마찰력이 무시될 수 있는 고공에서 기압경도력과 전향력이 평형을 이루어 등압선에 평행하게 직선운동을 하는 바람이다.

④ 산풍은 경사면 → 계곡 → 주계곡으로 수렴하면서 풍속이 감속되기 때문에 낮에 산위쪽으로 부는 곡풍보다 세기가 약하다.

✔ 산풍은 산 정상에서 산 경사면을 따라 내려가면서 불며, 곡풍에 비해 산풍이 더 강하다.

06 지표 부근 대기의 일반적인 체류시간의 순서로 가장 적합한 것은? ★★★

① $O_2 > N_2O > CH_4 > CO$

② $O_2 > CH_4 > CO > N_2O$

③ $CO > O_2 > N_2O > CH_4$

④ $CO > CH_4 > O_2 > N_2O$

✔ $N_2 > O_2 > N_2O > CH_4 > CO_2 > CO > SO_2$

07 가솔린 연료를 사용하는 차량은 엔진 가동형태에 따라 오염물질 배출량이 달라진다. 다음 중 통상적으로 탄화수소가 제일 많이 발생하는 엔진 가동형태는? ★★★

① 정속(60km/hr)

② 가속

③ 정속(40km/hr)

④ 감속

✔ HC는 감속, CO은 정지가동 시(idle), NO_x는 정속 및 가속 시 많이 발생된다.

08 가우시안 모델을 전개하기 위한 기본적인 가정으로 가장 거리가 먼 것은? ★★★

① 연기의 확산은 정상상태이다.

② 풍하방향으로의 확산은 무시한다.

③ 고도가 높아짐에 따라 풍속이 증가한다.

④ 오염분포의 표준편차는 약 10분간의 대표치이다.

✔ 바람에 의한 오염물질의 주 이동방향은 x축이며, 풍속은 일정하다.

[Plus 이론학습]
수직방향의 풍속은 수평방향의 풍속보다 작으므로 고도 변화에 따라 반영되지 않는다.

09 20℃, 750mmHg에서 측정한 NO의 농도가 0.5ppm이다. 이때 NO의 농도(μg/Sm^3)로 옳은 것은? ★★★

① 약 463

② 약 524

③ 약 553

④ 약 616

✔ ppm → mg/m^3
$0.5 \times 30 / 22.4 = 0.67$mg/m^3

$$\frac{0.67mg}{m^3} \times \frac{273K}{(273+20)K} \times \frac{750mmHg}{760mmHg} \times \frac{10^3 \mu g}{1mg}$$
$= 616 \mu g/Sm^3$

10 다음 대기오염물질과 관련되는 주요 배출업종을 연결한 것으로 가장 적합한 것은 어느 것인가? ★★

① 벤젠 - 도장공업

② 염소 - 주유소

③ 사이안화수소 - 유리공업

④ 이황화탄소 - 구리정련

✔ 벤젠은 도장공업, 염소는 플라스틱제조업, 사이안화수소는 청산제조업, 이황화탄소는 비스코스섬유공업에서 주로 배출된다.

11 대기오염 사건과 기온역전에 관한 설명으로 옳지 않은 것은? ★★★

① 로스앤젤레스 스모그 사건은 광화학스모그의 오염형태를 가지며, 기상의 안정도는 침강역전 상태이다.

② 런던 스모그 사건은 주로 자동차 배출가스 중의 질소산화물과 반응성 탄화수소에 의한 것이다.

③ 침강역전은 고기압 중심부분에서 기층이 서서히 침강하면서 기온이 단열변화로 승온되어 발생하는 현상이다.

④ 복사역전은 지표에 접한 공기가 그보다 상공의 공기에 비하여 더 차가워져서 생기는 현상이다.

✔ 로스앤젤레스 스모그 사건은 주로 자동차 배출가스 중의 질소산화물과 반응성 탄화수소에 의한 것이다.

12 다음 오존파괴물질 중 평균수명(년)이 가장 긴 것은?

① CFC-11

② CFC-115

③ HCFC-123

④ CFC-124

✔ CFC-115은 약 400년으로 평균수명이 가장 길다.

13 다음 대기오염물질 중 바닷물의 물보라 등이 배출원이며, 1차 오염물질에 해당하는 것은 어느 것인가? ★

① N_2O_3

② 알데하이드

③ HCN

④ NaCl

✔ NaCl은 바닷물의 물보라 등이 배출원이며, 해수의 염류 중 차지하는 비율이 가장 많다.

14 아래 대기오염 사건들의 발생순서가 오래된 것부터 순서대로 올바르게 나열된 것은 어느 것인가? ★★★

> ㉠ 인도 보팔 시의 대기오염 사건
> ㉡ 미국의 도노라 사건
> ㉢ 벨기에의 뮤즈계곡 사건
> ㉣ 영국의 런던스모그 사건

① ㉠ → ㉡ → ㉢ → ㉣

② ㉢ → ㉡ → ㉣ → ㉠

③ ㉡ → ㉠ → ㉣ → ㉢

④ ㉢ → ㉣ → ㉠ → ㉡

✔ 뮤즈계곡 사건(1930) → 도노라 사건(1948) → 포자리카 사건(1950) → 런던스모그 사건(1952) → LA스모그 사건(1954) → 보팔 사건(1984)

15 먼지의 농도를 측정하기 위해 공기를 0.3m/s의 속도로 1.5시간 동안 여과지에 여과시킨 결과 여과지의 빛전달률이 깨끗한 여과지의 80%로 감소하였다. 1,000m당 COH는? ★

① 6.0

② 3.0

③ 2.5

④ 1.5

✔ COH=log(불투명도)/0.01
   =$100 \times \log(I_o/I_t)$
여기서, I_o : 입사광의 강도
        I_t : 투과광의 강도
m당 COH=$100 \times \log(I_o/I_t) \times$거리/(속도×시간)
1,000m당 COH=$100 \times \log(I_o/I_t) \times 1,000$/(속도×시간)
   =$100 \times \log(1/0.8) \times 1,000$/
       (0.3×1.5×3,600)
   =5.98

[Plus 이론학습]
• COH는 Coefficent Of Haze의 약자로, 광학적 밀도가 0.01이 되도록 하는 여과지 상에 빛을 분산시켜 준 고형물의 양을 뜻한다.
• 광화학 밀도는 불투명도의 log 값으로서, 불투명도는 빛전달률의 역수이다.

16 환경기온감률이 다음과 같을 때 가장 안정한 조건은? ★★★

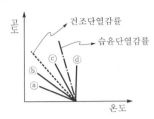

① ⓐ
② ⓑ
③ ⓒ
④ ⓓ

✔ 고도에 따라 온도 변화가 가장 적은 ⓓ가 가장 안정한 조건이다.

17 다음 중 연기의 형태에 관한 설명으로 옳지 않은 것은? ★★★

① 지붕형 : 상층이 안정하고 하층이 불안정한 대기상태가 유지될 때 발생한다.
② 환상형 : 대기가 불안정하여 난류가 심할 때 잘 발생한다.
③ 원추형 : 오염의 단면 분포가 전형적인 가우시안 분포를 이루며, 대기가 중립조건일 때 잘 발생한다.
④ 부채형 : 하늘이 맑고 바람이 약한 안정한 상태일 때 잘 발생하며, 상·하 확산폭이 적어 굴뚝부근 지표의 오염도가 낮은 편이다.

✔ 지붕형은 상층이 불안정하고 하층이 안정한 대기상태가 유지될 때 발생한다.

18 다음 악취물질 중 최소감지농도(ppm)가 가장 낮은 것은? ★★

① 암모니아
② 황화수소
③ 아세톤
④ 톨루엔

✔ 암모니아가 0.1ppm으로 가장 높고, 황화수소는 0.0005ppm으로 가장 낮다. 그리고 아세톤은 42ppm, 톨루엔은 0.9ppm이다.

19 다음 중 다이옥신에 관한 내용으로 옳지 않은 것은? ★★

① 250~340nm의 자외선 영역에서 광분해될 수 있다.
② 2개의 벤젠고리와 산소 2개 이상의 염소가 결합된 화합물이다.
③ 완전분해되더라도 연소가스 배출 시 저온에서 재생될 수 있다.
④ 증기압이 높고, 물에 잘 녹는다.

✔ 다이옥신은 증기압이 낮고, 물에 잘 녹지 않는다.

20 직경이 1~2μm 이하인 미세입자의 경우 세정(rain out)효과가 작은 편이다. 그 이유로 가장 적합한 것은? ★

① 응축효과가 크기 때문
② 휘산효과가 작기 때문
③ 부정형의 입자가 많기 때문
④ 브라운 운동을 하기 때문

✔ 브라운 운동은 유체 속에서 미세입자가 외부의 간섭 없이도 불규칙적으로 이동하는 현상으로, 미세입자일수록 세정효과가 작아진다.

제2과목 연소공학

21 $A(g) \rightarrow$ 생성물 반응의 반감기가 $0.693/k$일 때, 이 반응은 몇 차 반응인가? (단, k는 반응속도상수) ★★

① 0차 반응   ② 1차 반응
③ 2차 반응   ④ 3차 반응

✅ • 1차 반응식 : $-\dfrac{d[A]}{dt} = k[A] \rightarrow \ln[A] = -kt + \ln[A]_0$

• 반감기 : $\ln\left(\dfrac{[A]}{[A]_0}\right) = -kt$

$$\ln\left(\dfrac{[A]_0/2}{[A]_0}\right) = -kt$$
$$\ln(1/2) = -kt$$
$$-0.639 = -kt$$
$$t = 0.693/k$$

∴ 1차 반응

22 연료를 2.0의 공기비로 완전연소 시킬 때, 배출가스 중의 산소 농도(%)는? (단, 배출가스에는 일산화탄소가 포함되어 있지 않음.) ★★★

① 7.5   ② 9.5
③ 10.5   ④ 12.5

✅ 완전연소일 때

$$m(공기비) = \dfrac{21}{21 - (O_2)}$$

$$2 = \dfrac{21}{21 - (O_2)}$$

∴ $O_2 = 10.5\%$

23 다음 중 기체연료의 특징으로 옳지 않은 것은 어느 것인가? ★★★

① 적은 과잉공기로 완전연소가 가능하다.
② 연료의 예열이 쉽고, 연소 조절이 비교적 용이하다.
③ 공기와 혼합하여 점화할 때 누설에 의한 역화·폭발 등의 위험이 크다.
④ 운송이나 저장이 편리하고, 수송을 위한 부대설비 비용이 액체연료에 비해 적게 소요된다.

✅ 기체연료는 부피가 커서 운송이나 저장이 쉽지 않고, 수송을 위한 부대설비 비용이 액체연료에 비해 많이 소요된다.

24 황의 농도가 3wt%인 중유를 매일 100kL씩 사용하는 보일러에 황의 농도가 1.5wt%인 중유를 30% 섞어 사용할 때, SO_2 배출량(kL)은 몇 % 감소하는가? (단, 중유의 황 성분은 모두 SO_2로 전환, 중유의 비중은 1.0) ★★★

① 30%   ② 25%
③ 15%   ④ 10%

✅ $S_{혼소 \ 전} = 0.03 \times 100kL \times 1t/kL = 3t$

$S_{혼소 \ 후} = 0.03 \times 100kL \times 0.7 \times 1t/kL + 0.015 \times 100kL \times 0.3 \times 1t/kL$
$\qquad = 2.1 + 0.45$
$\qquad = 2.55t$

$SO_{2혼소 \ 전} = 3 \times (64/32) = 6t$
$SO_{2혼소 \ 후} = 2.55 \times (64/32) = 5.1t$
∴ SO_2 감소율 $= (6 - 5.1)/6 \times 100 = 15\%$

25 다음 중 저위발열량 11,000kcal/kg인 중유를 완전연소 시키는 데 필요한 이론연소가스량 (Sm^3/kg)은? (단, 표준상태 기준, Rosin의 식 적용) ★★★

① 약 8.1   ② 약 10.2
③ 약 12.2   ④ 약 14.2

✅ 액체연료에서 저위발열량을 이용하여 이론공기량 A_o, 이론연소가스량 G_o를 구하는 데는 Rosin 식을 사용한다.

$A_o = 0.85 H_l/1,000 + 2$
$\qquad = 0.85 \times 11,000/1,000 + 2$
$\qquad = 11.35 Sm^3/kg$

$G_o = 1.11 H_l/1,000$
$\qquad = 1.11 \times 11,000/1,000$
$\qquad = 12.21 Sm^3/kg$

26 다음 액체연료 C/H비의 순서로 옳은 것은? (단, 큰 순서>작은 순서) ★★★

① 중유>등유>경유>휘발유
② 중유>경유>등유>휘발유
③ 휘발유>등유>경유>중유
④ 휘발유>경유>등유>중유

27 각종 연료성분의 완전연소 시 단위체적당 고위발열량(kcal/Sm³) 크기의 순서로 옳은 것은?

① 일산화탄소 > 메탄 > 프로판 > 부탄
② 메탄 > 일산화탄소 > 프로판 > 부탄
③ 프로판 > 부탄 > 메탄 > 일산화탄소
④ 부탄 > 프로판 > 메탄 > 일산화탄소

✔ 부탄 32,022, 프로판 24,229, 메탄 9,537, 일산화탄소 3,018

28 고체연료 연소장치 중 하급식 연소방법으로 연소과정이 미착화탄 → 산화층 → 환원층 → 회층으로 변하여 연소되고, 연료층을 항상 균일하게 제어할 수 있으며, 저품질 연료도 유효하게 연소시킬 수 있어 쓰레기 소각로에 많이 이용되는 화격자 연소장치로 가장 적합한 것은? ★

① 포트식 스토커(pot stoker)
② 플라스마 스토커(plasma stoker)
③ 로터리 킬른(rotary kiln)
④ 체인 스토커(chain stoker)

29 가연성 가스의 폭발범위와 위험성에 대한 설명으로 가장 거리가 먼 것은? ★★

① 하한값은 낮을수록, 상한값은 높을수록 위험하다.
② 폭발범위가 넓을수록 위험하다.
③ 온도와 압력이 낮을수록 위험하다.
④ 불연성 가스를 첨가하면 폭발범위가 좁아진다.

✔ 온도와 압력이 높을수록 위험하다.

30 탄소 84.0%, 수소 13.0%, 황 2.0%, 질소 1.0%의 조성을 가진 중유 1kg당 15Sm³의 공기로 완전연소할 경우 습배출가스 중 SO_2의 농도(ppm)는? (단, 표준상태 기준, 중유 중의 황 성분은 모두 SO_2로 된다.) ★★

① 약 680ppm   ② 약 735ppm
③ 약 800ppm   ④ 약 890ppm

✔ $O_o = 1.867C + 5.6(H - O/8) + 0.7S$
$= 1.867 \times 0.84 + 5.6 \times 0.13 + 0.7 \times 0.02$
$= 2.31$
$A_o = 2.31/0.21 = 11$
$G_w = mA_o + 5.6H + 0.7O + 0.8N + 1.24W$
$= 15 + 5.6 \times 0.13 + 0.8 \times 0.01$
$= 15.736$
$\therefore SO_2 = 0.7S/G_w \times 10^6$
$= 0.7 \times 0.02/15.736 \times 10^6$
$= 889.7ppm$

31 다음 중 유압분무식 버너의 특징과 거리가 먼 것은? ★★★

① 유량조절범위가 1 : 10 정도로 넓어서 부하변동에 적응이 쉽다.
② 연료분사범위는 15~2,000L/h 정도이다.
③ 연료의 점도가 크거나 유압이 5kg/cm² 이하가 되면 분무화가 불량하다.
④ 구조가 간단하여 유지 및 보수가 용이한 편이다.

✔ 유량조절범위가 좁아 부하변동에 대한 적응성이 어렵다.

32 연소가스 분석결과 CO_2는 17.5%, O_2는 7.5%일 때 $(CO_2)_{max}(\%)$는? ★★★

① 19.6   ② 21.6
③ 27.2   ④ 34.8

✔ $(CO_2)_{max} = \dfrac{21(CO_2)}{21 - (O_2)} = \dfrac{21 \times 17.5}{21 - 7.5} = 27.2\%$

33 착화온도(발화점)에 대한 특성으로 옳지 않은 것은? ★★★

① 분자구조가 복잡할수록 착화온도는 낮아진다.
② 산소 농도가 낮을수록 착화온도는 낮아진다.
③ 발열량이 클수록 착화온도는 낮아진다.
④ 화학반응성이 클수록 착화온도는 낮아진다.

✔ 산소 농도가 높을수록 착화온도는 낮아진다.

34 다음 중 기체연료의 확산연소에 사용되는 버너 형태로 가장 적합한 것은? ★

① 심지식 버너

② 회전식 버너

③ 포트형 버너

④ 증기분무식 버너

✅ 확산연소에서 주로 사용되는 버너는 포트형과 버너형이다.

[Plus 이론학습]
예혼합연소는 분젠버너, 저압버너, 송풍버너, 고압버너 등이 있다.

35 아래의 조성을 가진 혼합기체의 하한 연소범위(%)는?

성분	조성(%)	하한 연소범위(%)
메탄	80	5.0
에탄	15	3.0
프로판	4	2.1
부탄	1	1.5

① 3.46 　　② 4.24

③ 4.55 　　④ 5.05

✅ $100/L = 0.8/0.05 + 0.15/0.03 + 0.04/0.021 + 0.01/0.015$
$= 23.57$
L(하한 연소범위) $= 4.24\%$

[Plus 이론학습]
르 샤틀리에의 식
$$\frac{100}{L} = \frac{V_1}{L_1} + \frac{V_2}{L_2} + \frac{V_3}{L_3} + \cdots$$
$$\frac{100}{U} = \frac{V_1}{U_1} + \frac{V_2}{U_2} + \frac{V_3}{U_3} + \cdots$$
여기서, L : 혼합가스 연소범위 하한계(vol%)
U : 혼합가스 연소범위 상한계(vol%)
V_1, V_2, V_3, … : 각 성분의 체적(vol%)

36 고위발열량이 12,000kcal/kg인 연료 1kg의 성분을 분석한 결과, 탄소가 87.7%, 수소가 12%, 수분이 0.3%였다. 이 연료의 저위발열량(kcal/kg)은? ★★★

① 10,350 　　② 10,820

③ 11,020 　　④ 11,350

✅ 고체 및 액체 연료의 저위발열량(H_l, kcal/kg)
= 고위발열량(H_h) − 600(9H + W)
= 12,000 − 600 × (9 × 0.12 + 0.003)
= 12,000 − 650
= 11,350kcal/kg

37 공기 중의 산소공급 없이 연료자체가 함유하고 있는 산소를 이용하여 연소하는 연소형태는 어느 것인가? ★

① 자기연소

② 확산연소

③ 표면연소

④ 분해연소

✅ 자기연소는 공기 중의 산소 공급 없이 연료 자체가 함유하고 있는 산소를 이용하여 연소한다.

38 등가비(ϕ, equivalent ratio)에 관한 내용으로 옳지 않은 것은? ★★★

① 등가비(ϕ)는 $\dfrac{\text{실제연료량/산화제}}{\text{완전연소를 위한 이상적 연료량/산화제}}$ 로 정의된다.

② $\phi < 1$일 때, 공기과잉이며 일산화탄소(CO) 발생량이 적다.

③ $\phi > 1$일 때, 연료과잉이며 질소산화물(NO$_x$) 발생량이 많다.

④ $\phi = 1$일 때, 연료와 산화제의 혼합이 이상적이며 연료가 완전연소된다.

✅ $\phi > 1$일 때, 연료 과잉이며 질소산화물(NO$_x$) 발생량이 적으나 불완전연소로 인해 매연 발생이 많다.

39 다음 중 액체연료를 비점(℃)이 큰 순서대로 나열한 것은? ★★★

① 등유>중유>휘발유>경유

② 중유>경유>등유>휘발유

③ 경유>휘발유>중유>등유

④ 휘발유>경유>등유>중유

✅ 비점(끓는점)은 액체가 기화하기 시작하는 온도로, 비점이 큰 순서는 중유>경유>등유>휘발유 이다.

40 다음 중 석유류의 특성에 관한 내용으로 옳은 것은? ★★

① 일반적으로 인화점은 예열온도보다 약간 높은 것이 좋다.

② 인화점이 낮을수록 역화의 위험성이 낮아지고 착화가 곤란하다.

③ 일반적으로 API가 10° 미만이면 경질유, 40° 이상이면 중질유로 분류된다.

④ 일반적으로 경질유는 방향족계 화합물을 50% 이상 함유하고 중질유에 비해 밀도와 점도가 높은 편이다.

✅ 인화점이 낮으면 역화 위험성이 높고, 인화점이 높으면 (140℃ 이상) 착화가 곤란하다. 인화점은 보통 그 예열온도보다 약 5℃ 이상 높은 것이 좋다.

제3과목 대기오염 방지기술

41 집진효율이 98%인 집진시설에서 처리 후 배출되는 먼지의 농도가 $0.3g/m^3$일 때 유입된 먼지의 농도는 몇 g/m^3인가? ★★★

① 10 ② 15

③ 20 ④ 25

✅ $x \times 0.02 = 0.3$
∴ $x = 15$

42 다음 중 촉매연소법에 관한 설명으로 거리가 먼 것은? ★★★

① 열소각법에 비해 체류시간이 훨씬 짧다.

② 열소각법에 비해 NO_x 생성량을 감소시킬 수 있다.

③ 팔라듐, 알루미나 등은 촉매에 바람직하지 않은 원소이다.

④ 열소각법에 비해 점화온도를 낮춤으로써 운영비용을 절감할 수 있다.

✅ 촉매연소법의 촉매제는 가스 성분 및 농도에 따라 백금(Pt) 또는 팔라듐(Pd) 재질을 사용하며, 특히 납, 중금속, 황화수소, 인 등의 촉매독을 야기하는 물질의 유입 시에는 촉매제 선정에 신중하고 별도의 전처리장치를 계획하여야 한다.

43 다음 중 각종 유해가스 처리법으로 가장 거리가 먼 것은? ★

① 아크롤레인은 NaClO 등의 산화제를 혼입한 가성소다 용액으로 흡수제거한다.

② CO는 백금계의 촉매를 사용하여 연소시켜 제거한다.

③ 이황화탄소는 암모니아를 불어넣는 방법으로 제거한다.

④ Br_2는 산성 수용액에 의한 선정법으로 제거한다.

✅ Br_2는 물이 존재하면 강한 산화제로서 부식성 증기(HBr)를 생성시킨다. 액체 누출 시 10~50%의 탄산칼륨, 10~13%의 탄산나트륨, 5~10%의 중탄산나트륨 용액이나 슬러리, 또는 포화하이포(hypo) 용액을 사용하여 중화시켜야 한다.

44 송풍기 운전에서 필요유량이 과부족을 일으켰을 때, 송풍기의 유량 조절방법에 해당하지 않는 것은?

① 회전수 조절법 ② 안내익 조절법
③ Damper 부착법 ④ 체걸음 조절법

✅ 체걸음 조절법은 입자물질의 측정과 관련이 있다.

45 Venturi scrubber에서 액가스비가 0.6L/m³, 목부의 압력손실이 330mmH₂O일 때, 목부의 가스속도(m/s)는? (단, $r=1.2$kg/m³, Venturi scrubber의 압력손실식 $\text{TRIANGLEP} = (0.5 + L) \times \dfrac{rV^2}{2g}$ 을 이용할 것) ★

① 60   ② 70
③ 80   ④ 90

✅ $330 = (0.5+0.6) \times \dfrac{1.2 \times V^2}{2 \times 9.8}$

$\therefore V = 70\text{m/s}$

46 유해가스와 물이 일정한 온도에서 평형상태에 있다. 기상의 유해가스의 분압이 40mmHg일 때 수중가스의 농도가 16.5kmol/m³이다. 이 경우 헨리정수(atm·m³/kmol)는 약 얼마인가? ★★★

① 1.5×10^{-3} ② 3.2×10^{-3}
③ 4.3×10^{-2} ④ 5.6×10^{-2}

✅ $P = HC$ 이므로
$H = P/C = (40/760)/16.5 = 3.18 \times 10^{-3}$

47 다음 중 덕트 설치 시 주요원칙으로 거리가 먼 것은? ★★

① 공기가 아래로 흐르도록 하향구배를 만든다.
② 구부러짐 전후에는 청소구를 만든다.
③ 밴드는 가능하면 완만하게 구부리며, 90°는 피한다.
④ 덕트는 가능한 한 길게 배치하도록 한다.

✅ 덕트는 가능한 한 짧게 배치하도록 한다.

48 석유정제 시 배출되는 H₂S의 제거에 사용되는 세정제는? ★★

① 암모니아수
② 사염화탄소
③ 다이에탄올아민 용액
④ 수산화칼슘 용액

49 다음은 물리흡착과 화학흡착의 비교표이다. 비교 내용 중 옳지 않은 것은? ★★★

	구분	물리흡착	화학흡착
가	온도범위	낮은 온도	대체로 높은 온도
나	흡착층	단일분자층	여러 층이 가능
다	가역 정도	가역성이 높음	가역성이 낮음
라	흡착열	낮음	높음 (반응열 정도)

① 가   ② 나
③ 다   ④ 라

✅ 물리흡착은 여러 층이 가능하다.

50 중력집진장치에서 집진효율을 향상시키기 위한 조건으로 옳지 않은 것은? ★★★

① 침강실의 입구폭을 작게 한다.
② 침강실 내의 가스흐름을 균일하게 한다.
③ 침강실 내의 처리가스의 유속을 느리게 한다.
④ 침강실의 높이는 낮게 하고, 길이는 길게 한다.

✅ 침강실 입구폭을 크게 해야 집진효율이 높아진다.

51 유량 측정에 사용되는 가스유속 측정장치 중 작동원리로 Bernoulli 식이 적용되지 않는 것은 어느 것인가? ★

① 로터미터(rotameter)
② 벤투리장치(venturimeter)
③ 건조가스장치(dry gas meter)
④ 오리피스장치(orifice meter)

✔ 벤투리관, 급확대관, 오리피스관, 엘보 및 면적식 유량계는 Bernoulli 식이 적용된다.

52 다음 중 가스분산형 흡수장치로만 짝지어진 것은? ★★★

① 단탑, 기포탑   ② 기포탑, 충전탑
③ 분무탑, 단탑   ④ 분무탑, 충전탑

✔ 가스분산형 흡수장치에는 포종탑, 단탑, 기포탑 등이 있다.
[Plus 이론학습]
액분산형 흡수장치에는 분무탑, 충전탑, 벤투리 스크러버 등이 있다.

53 다음 그림과 같은 배기시설에서 관 DE를 지나는 유체의 속도는 관 BC를 지나는 유체의 속도의 몇 배인가? (단, ϕ는 관의 직경, Q는 유량, 마찰손실과 밀도 변화는 무시) ★

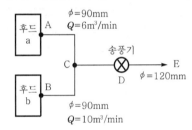

① 0.8   ② 0.9
③ 1.2   ④ 1.5

✔ $\dfrac{(Q_2/A_2)}{(Q_1/A_1)} = \dfrac{(Q_2 \times A_1)}{(Q_1 \times A_2)} = \dfrac{Q_2 \times d_1{}^2}{Q_1 \times d_2{}^2} = \dfrac{16 \times 0.09^2}{10 \times 0.12^2}$
$= 0.9$

54 배출가스 내의 NO_x 제거방법 중 건식법에 관한 설명으로 옳지 않은 것은? ★★★

① 현재 상용화된 대부분의 선택적 촉매환원법(SCR)은 환원제로 NH_3가스를 사용한다.
② 흡착법은 흡착제로 활성탄, 실리카겔 등을 사용하며, 특히 NO를 제거하는 데 효과적이다.
③ 선택적 촉매환원법(SCR)은 촉매층에 배기가스와 환원제를 통과시켜 NO_x를 N_2로 환원시키는 방법이다.

④ 선택적 비촉매환원법(SNCR)의 단점은 배출가스가 고온이어야 하고, 온도가 낮을 경우 미반응된 NH_3가 배출될 수 있다는 것이다.

✔ 흡착법은 흡착제로 활성탄, 실리카겔 등을 사용하며, 특히 NO 제거에는 효과적이지 않다.
[Plus 이론학습]
흡착제는 유기용제 제거에는 효과적이다.

55 집진장치의 입구쪽 처리가스 유량 300,000m³/h, 먼지 농도 15g/m³이고, 출구쪽 처리된 가스 유량 305,000m³/h, 먼지 농도 40mg/m³일 때, 집진 효율(%)은? ★★

① 89.6   ② 95.3
③ 99.7   ④ 103.2

✔ η(제거효율)$=(300{,}000\text{m}^3/\text{h} \times 15\text{g/m}^3 - 305{,}000\text{m}^3/\text{h}$
$\times 0.04\text{g/m}^3)/300{,}000\text{m}^3/\text{h} \times 15\text{g/m}^3 \times 100$
$=(4{,}500{,}000 - 12{,}200)/4{,}500{,}000 \times 100$
$=99.7\%$

56 원통형 전기집진장치의 집진극 직경이 10cm이고 길이가 0.75m이다. 배출가스의 유속이 2m/s이고 먼지의 겉보기이동속도가 10cm/s일 때, 이 집진장치의 실제집진효율(%)은? ★★

① 78   ② 86
③ 95   ④ 99

✔ $\eta = 1 - e^{\left(\frac{-2WL}{RV}\right)}$
여기서, η : 집진효율(%)
       W : 분집입자의 이동속도=0.1m/s
       L : 집진극(원통)의 길이=0.75m
       R : 원통의 반경=0.05m
       V : 가스 유속=2m/s
$\therefore \eta = 1 - e^{\left(\frac{-2 \times 0.1 \times 0.75}{0.05 \times 2}\right)} = 77.7\%$

57 액측 저항이 지배적으로 클 때 사용이 유리한 흡수장치는? ★★★

① 충전탑   ② 분무탑
③ 벤투리 스크러버   ④ 다공판탑

✔ 액체분산형 흡수장치는 충전탑, 분무탑, 벤투리 스크러버 등이 있다. 다공판탑은 가스분산형 흡수장치이다.

정답 | 52.① 53.② 54.② 55.③ 56.① 57.④

58 유입구 폭이 20cm, 유효회전수가 8인 원심력집진장치(cyclone)를 사용하여 다음 조건의 배출가스를 처리할 때, 절단입경(μm)은?

- 배출가스의 유입속도 : 30m/s
- 배출가스의 점도 : 2×10^{-5}kg/m·s
- 배출가스의 밀도 : 1.2kg/m³
- 먼지입자의 밀도 : 2.0g/cm³

① 2.78   ② 3.46
③ 4.58   ④ 5.32

✔
$$d_{p,50} = \sqrt{\frac{9\mu W}{2\pi N V(\rho_p - \rho)}}$$
$$= \sqrt{\frac{9 \times 2 \times 10^{-5} \times 0.2}{2 \times \pi \times 8 \times 30 \times (2,000 - 1.2)}}$$
$$= 3.45\mu m$$

59 자동차 배출가스 중의 질소산화물을 선택적 촉매환원법으로 처리할 때 사용되는 환원제로 적합하지 않은 것은? ★★★

① CO_2
② NH_3
③ H_2
④ H_2S

✔ 이산화탄소는 환원제가 아니다.

60 처리가스량 10^6m³/hr, 입구의 먼지농도 2g/m³, 출구의 먼지농도 0.4g/m³, 총 압력손실 72mmH₂O일 때, blower의 소요동력(kW)은? ★★★

① 425   ② 375
③ 245   ④ 187

✔
$$H_p = \frac{\Delta P \times Q(\mathrm{m^3/s})}{102 \times \eta_s} \times \alpha$$
$$\eta_s = \frac{(2-0.4)}{2} \times 100 = 80\%$$
$$Q = 10^6 \mathrm{m^3/hr} = \frac{10^6}{60 \times 60} \mathrm{m^3/s} = 277.8 \mathrm{m^3/s}$$
$$\therefore 소요동력(\mathrm{kW}) = \frac{72 \times 277.8}{102 \times 0.8} = 245.12 \mathrm{kW}$$

제4과목 | **대기오염 공정시험기준(방법)**

61 굴뚝 배출가스 중 먼지를 반자동식 측정방법으로 채취하고자 할 경우, 먼지시료 채취기록지 서식에 기재되어야 할 항목과 거리가 먼 것은 어느 것인가? ★★★

① 배출가스 온도(℃)
② 오리피스압차(mmH₂O)
③ 여과지 표면적(cm²)
④ 수분량(%)

✔ 여과지 표면적(cm²)이 아닌 여과지 번호, 여과지홀더 온도(℃)이다.

62 어떤 사업장의 굴뚝에서 실측한 배출가스 중 A오염물질의 농도가 600ppm이었다. 이때 표준산소농도는 6%, 실측산소농도는 8%이었다면, 이 사업장의 배출가스 중 보정된 A오염물질의 농도는? (단, A오염물질은 배출허용기준 중 표준산소농도를 적용받는 항목이다.) ★★★

① 약 486ppm
② 약 520ppm
③ 약 692ppm
④ 약 768ppm

✔
$$C = C_a \times \frac{21 - O_s}{21 - O_a} = 600 \times \frac{21 - 6}{21 - 8} = 692 \mathrm{ppm}$$

63 대기오염공정시험기준상 원자흡수분광광도법과 자외선/가시선분광법을 동시에 적용할 수 없는 것은? ★★★

① 카드뮴화합물
② 니켈화합물
③ 페놀화합물
④ 구리화합물

✔ 페놀화합물은 자외선/가시선분광법과 가스 크로마토그래피로 분석한다.

---

64 굴뚝에서 배출되는 배출가스 중 무기불소화합물을 자외선/가시선분광법으로 분석하여 다음과 같은 결과를 얻었다. 이때 불소화합물의 농도(ppm, F)는? (단, 방해이온이 존재할 경우)

- 검정곡선에서 구한 불소화합물이온의 질량 : 1mg
- 건조시료가스량 : 20L
- 분취한 액량 : 50mL

① 100 ② 155
③ 250 ④ 295

✔ $C = \left[(a-b) \times \dfrac{250}{v}\right] \div V_s \times 1,000 \times \dfrac{22.4}{19}$
$= [1 \times 250/50] \div 20 \times 1,000 \times 1.18$
$= 295$

65 굴뚝의 측정공에서 피토관을 이용하여 측정한 조건이 다음과 같을 때, 배출가스의 유속은 얼마인가? ★★★

- 동압 : 13mmH₂O
- 피토관 계수 : 0.85
- 가스의 밀도 : 1.2kg/m³

① 10.6m/s ② 12.4m/s
③ 14.8m/s ④ 17.8m/s

✔ $V = C\sqrt{\dfrac{2gh}{r}} = 0.85\sqrt{\dfrac{2 \times 9.8 \times 13}{1.2}} = 12.4$

66 굴뚝 배출가스 중 벤젠을 분석하고자 할 때, 사용하는 채취관이나 도관의 재질로 적절하지 않은 것은? ★★★
① 경질유리 ② 석영
③ 불소수지 ④ 보통강철

67 대기오염공정시험기준에 의거, 환경대기 중 각 항목별 분석방법으로 옳지 않은 것은? ★
① 질소산화물 – 살츠만법
② 옥시던트 – 광산란법

③ 탄화수소 – 비메탄탄화수소 측정법
④ 아황산가스 – 파라로자닐린법

✔ 옥시던트 분석방법은 중성 요오드화칼륨법, 알칼리성 요오드화칼륨법이다.

68 환경대기 중 위상차현미경을 사용한 석면시험방법과 그 용어의 설명으로 옳지 않은 것은 어느 것인가? ★★★
① 위상차현미경은 굴절률 또는 두께가 부분적으로 다른 무색투명한 물체의 각 부분의 투과광 사이에 생기는 위상차를 화상면에서 명암의 차로 바꾸어, 구조를 보기 쉽도록 한 현미경이다.
② 석면먼지의 농도 표시는 0℃, 760mmH₂O의 기체 1μL 중에 함유된 석면섬유의 개수(개/μL)로 표시한다.
③ 대기 중 석면은 강제흡인장치를 통해 여과장치에 채취한 후 위상차현미경으로 계수하여 석면 농도를 산출한다.
④ 위상차현미경을 사용하여 섬유상으로 보이는 입자를 계수하고 같은 입자를 보통의 생물현미경으로 바꾸어 계수하여 그 계수치들의 차를 구하면, 굴절률이 거의 1.5인 섬유상의 입자, 즉 석면이라고 추정할 수 있는 입자를 계수할 수 있게 된다.

✔ 석면먼지의 농도 표시는 20℃, 1기압 상태의 기체 1mL 중에 함유된 석면섬유의 개수(개/mL)로 표시한다.

69 배출가스 중 이황화탄소를 자외선/가시선분광법으로 정량할 때 흡수액으로 옳은 것은 어느 것인가? ★★★
① 아연아민착염 용액
② 제일염화주석 용액
③ 다이에틸아민구리 용액
④ 수산화제이철암모늄 용액

70 굴뚝 내의 온도(θ_s)는 133℃이고, 정압(P_s)은 15mmHg이며, 대기압(P_a)은 745mmHg이다. 이때 대기오염공정시험기준상 굴뚝 내의 배출가스 밀도(kg/m³)는? (단, 표준상태의 공기의 밀도(γ_o)는 1.3kg/Sm³이고, 굴뚝 내 기체 성분은 대기와 같다.) ★

① 0.744
② 0.874
③ 0.934
④ 0.984

✔ $\gamma = \gamma_o \times \dfrac{273}{273 + \theta_s} \times \dfrac{P_a + P_s}{760}$

여기서, γ : 굴뚝 내의 배출가스 밀도(kg/m³)

γ_o : 0℃, 760mmHg로 환산한 습한 배출가스 밀도(kg/Sm³)

P_a : 측정공 위치에서의 대기압(mmHg)

P_s : 각 측정점에서 배출가스 정압의 평균치(mmHg)

θ_s : 각 측정점에서 배출가스 온도의 평균치(℃)

∴ $\gamma = 1.3 \times \dfrac{273}{273 + 133} \times \dfrac{745 + 15}{760}$

   $= 0.874$kg/m³

71 다음 중 물질을 취급 또는 보관하는 동안에 기체 또는 미생물이 침입하지 않도록 내용물을 보호하는 용기를 뜻하는 것은? ★★★

① 기밀용기
② 밀폐용기
③ 밀봉용기
④ 차광용기

✔ **[Plus 이론학습]**

① 기밀용기 : 물질을 취급 또는 보관하는 동안에 외부로부터의 공기 또는 다른 가스가 침입하지 않도록 내용물을 보호하는 용기이다.

② 밀폐용기 : 물질을 취급 또는 보관하는 동안에 이물이 들어가거나 내용물이 손실되지 않도록 보호하는 용기이다.

④ 차광용기 : 광선을 투과하지 않은 용기 또는 투과하지 않게 포장을 한 용기로서, 취급 또는 보관하는 동안에 내용물의 광화학적 변화를 방지할 수 있는 용기이다.

72 이온 크로마토그래피의 설치조건(기준)으로 옳지 않은 것은?

① 대형 변압기, 고주파가열 등으로부터 전자유도를 받지 않아야 한다.

② 부식성 가스 및 먼지 발생이 적고, 진동이 없으며, 직사광선을 피해야 한다.

③ 실온 10~25℃, 상대습도 30~85% 범위로 급격한 온도 변화가 없어야 한다.

④ 공급전원은 기기의 사양에 지정된 전압전기 용량 및 주파수로 전압 변동은 40% 이하이고, 급격한 주파수 변동이 없어야 한다.

✔ 공급전원은 기기의 사양에 지정된 전압전기 용량 및 주파수로 전압 변동은 10% 이하이고, 주파수 변동이 없어야 한다.

73 환경대기 중의 벤조(a)피렌 농도를 측정하기 위한 주 시험방법으로 가장 적합한 것은? ★

① 이온 크로마토그래피법
② 가스 크로마토그래피법
③ 흡광차분광법
④ 용매포집법

74 대기오염공정시험기준 총칙에 관한 내용으로 옳지 않은 것은? ★★★

① 정확히 단다 - 분석용 저울로 0.1mg까지 측정

② 용액의 액성 표시 - 유리전극법에 의한 pH 미터로 측정

③ 액체성분의 양을 정확히 취한다 - 피펫, 삼각플라스크를 사용해 조작

④ 여과용 기구 및 기기를 기재하지 아니하고 여과한다 - KS M 7602 거름종이 5종 또는 이와 동등한 여과지를 사용해 여과

✔ 액체성분의 양을 정확히 취한다 함은 홀피펫, 부피플라스크 또는 이와 동등 이상의 정도를 갖는 용량계를 사용하여 조작하는 것을 뜻한다.

75 원자흡수분광광도법에 따라 분석할 때, 분석 오차를 유발하는 원인으로 가장 적합하지 않은 것은? ★★

① 검정곡선 작성의 잘못

② 공존물질에 의한 간섭영향 제거

③ 광원부 및 파장선택부의 광학계 조정 불량

④ 가연성 가스 및 조연성 가스의 유량 또는 압력의 변동

✔ 공존물질에 의한 간섭영향 제거가 아니고, 공존물질에 의한 간섭이 있을 시 분석오차가 발생된다.

76 굴뚝연속자동측정기기에 사용되는 도관에 관한 설명으로 옳지 않은 것은? ★★★

① 도관은 가능한 짧은 것이 좋다.

② 냉각도관은 될 수 있는 한 수직으로 연결한다.

③ 기체-액체 분리관은 도관의 부착위치 중 가장 높은 부분에 부착한다.

④ 응축수의 배출에 사용하는 펌프는 내구성이 좋아야 하고, 이때 응축수 트랩은 사용하지 않아도 된다.

✔ 기체-액체 분리관은 도관의 부착위치 중 가장 낮은 부분 또는 최저온도의 부분에 부착하여 응축수를 급속히 냉각시키고, 배관계 밖으로 빨리 방출시킨다.

77 굴뚝 연속자동측정기기의 설치방법으로 옳지 않은 것은? ★★

① 응축된 수증기가 존재하지 않는 곳에 설치한다.

② 먼지와 가스상 물질을 모두 측정하는 경우 측정위치는 먼지를 따른다.

③ 수직굴뚝에서 가스상 물질의 측정위치는 굴뚝 하부 끝에서 위를 향하여 굴뚝 내경의 1/2배 이상이 되는 지점으로 한다.

④ 수평굴뚝에서 가스상 물질의 측정위치는 외부공기가 새어들지 않고 요철이 없는 곳으로, 굴뚝의 방향이 바뀌는 지점으로부터 굴뚝 내경의 2배 이상 떨어진 곳을 선정한다.

✔ 수직굴뚝에서 가스상 물질의 측정위치는 굴뚝 하부 끝에서 위를 향하여 굴뚝 내경의 2배 이상이 되고, 상부 끝단으로부터 아래를 향하여 굴뚝 상부 내경의 1/2배 이상이 되는 지점으로 한다.

78 굴뚝 배출가스 중의 카드뮴화합물을 원자흡수분광광도법으로 분석하고자 한다. 채취한 시료에 유기물이 함유되지 않았을 때, 분석용 시료 용액의 전처리 방법은? ★

① 질산법

② 과망간산칼륨법

③ 질산-과산화수소수법

④ 저온회화법

✔ 유기물을 함유하지 않을 경우의 전처리 방법에는 질산법, 마이크로파 산분해법 등이 있다.

79 자외선/가시선분광법에 따라 10mm 셀을 사용하여 측정한 시료의 흡광도가 0.1이었다. 동일한 시료에 대해 동일한 조건에서 20mm 셀을 사용하여 측정한 흡광도는? ★★

① 0.05 ② 0.10

③ 0.12 ④ 0.20

✔ 흡광도$(A) = \varepsilon Cl$이므로 $10 : 0.1 = 20 : x$
∴ $x = 0.2$

80 굴뚝에서 배출되는 건조배출가스의 유량을 연속적으로 자동측정하는 방법에 관한 내용으로 옳지 않은 것은? ★★

① 유량 측정방법에는 피토관, 열선유속계, 와류유속계를 사용하는 방법이 있다.

② 와류유속계를 사용할 때에는 압력계와 온도계를 유량계 상류측에 설치해야 한다.

③ 건조배출가스 유량은 배출되는 표준상태의 건조배출가스량[Sm^3(5분 적산치)]으로 나타낸다.

④ 열선유속계를 사용하는 방법으로 시료 채취부는 열선과 지주 등으로 구성되어 있으며, 열선으로 텅스텐이나 백금선 등이 사용된다.

✔ 와류유속계를 사용할 때에는 압력계와 온도계를 유량계 하류측에 설치해야 한다.

제5과목 **대기환경관계법규**

81 대기환경보전법규상 한국자동차환경협회의 정관에 따른 업무와 거리가 먼 것은? ★

① 운행차 저공해와 기술 개발

② 자동차 배출가스 저감사업 지원

③ 자동차관련 환경기술인의 교육 · 훈련 및 취업 지원

④ 운행차 배출가스 검사와 정비기술의 연구 · 개발사업

✔ 한국자동차환경협회는 정관으로 정하는 바에 따라 다음의 업무를 행한다.
1. 운행차 저공해화 기술 개발 및 배출가스 저감장치의 보급
2. 자동차 배출가스 저감사업의 지원과 사후관리에 관한 사항
3. 운행차 배출가스 검사와 정비기술의 연구 · 개발사업
4. 환경부 장관 또는 시 · 도지사로부터 위탁받은 업무
5. 그 밖에 자동차 배출가스를 줄이기 위하여 필요한 사항

82 환경정책기본법령상 대기환경기준으로 옳지 않은 것은? ★★★

① 미세먼지(PM 10) – 연간 평균치 50mg/m^3 이하

② 아황산가스(SO_2) – 연간 평균치 0.02ppm 이하

③ 일산화탄소(CO) – 1시간 평균치 25ppm 이하

④ 오존(O_3) – 1시간 평균치 0.1ppm 이하

✔ 미세먼지(PM 10) – 연간 평균치 50mg/m^3 이하가 아니고, 50μg/m^3 이하이다. 즉, 질량의 단위가 mg이 아니고 μg 이다.

83 다음 중 대기환경보전법령상 배출시설에서 발생하는 연간 대기오염물질 발생량의 합계로 사업장을 분류할 때, 다음 중 4종 사업장에 속하는 양은? ★★★

① 80톤   ② 50톤

③ 12톤   ④ 5톤

✔ 4종 사업장은 연간 대기오염물질 발생량의 합계가 2톤 이상 10톤 미만이다.

84 대기환경보전법상 평균배출허용기준을 초과한 자동차 제작자에 대한 상환명령을 이행하지 아니하고 자동차를 제작한 자에 대한 벌칙기준으로 옳은 것은? ★

① 7년 이하의 징역이나 1억원 이하의 벌금에 처한다.

② 5년 이하의 징역이나 5천만원 이하의 벌금에 처한다.

③ 3년 이하의 징역이나 3천만원 이하의 벌금에 처한다.

④ 1년 이하의 징역이나 1천만원 이하의 벌금에 처한다.

85 다음은 대기환경보전법규상 제작자동차의 배출가스 보증기간에 관한 사항이다. ( ) 안에 알맞은 것은? (단, 2016년 1월 1일 이후 제작 자동차 기준) ★

> 배출가스 보증기간의 만료는 (㉠)을 기준으로 한다. 휘발유와 가스를 병용하는 자동차는 (㉡) 사용 자동차의 보증기간을 적용한다.

① ㉠ 기간 또는 주행거리, 가동시간 중 나중 도달하는 것, ㉡ 휘발유

② ㉠ 기간 또는 주행거리, 가동시간 중 나중 도달하는 것, ㉡ 가스

③ ㉠ 기간 또는 주행거리, 가동시간 중 먼저 도달하는 것, ㉡ 휘발유

④ ㉠ 기간 또는 주행거리, 가동시간 중 먼저 도달하는 것, ㉡ 가스

86 대기환경보전법규상 고체연료 환산계수가 가장 큰 연료(또는 원료명)는? (단, 무연탄 환산계수 : 1.00, 단위 : kg 기준)

① 톨루엔   ② 유연탄

③ 에탄올   ④ 석탄 타르

① 톨루엔 : 2.06kg
② 유연탄 : 1.34kg
③ 에탄올 : 1.44kg
④ 석탄 타르 : 1.88kg

87 실내공기질관리법령의 적용대상이 되는 다중 이용시설 중 대통령이 정하는 규모 기준으로 옳지 않은 것은? ★★

① 항만시설 중 연면적 5천제곱미터 이상인 대합실

② 연면적 1천제곱미터 이상인 실내주차장 (기계식 주차장을 포함한다)

③ 모든 대규모점포

④ 연면적 430제곱미터 이상인 국공립어린이집, 법인어린이집, 직장어린이집 및 민간어린이집

✅ 연면적 2천제곱미터 이상인 실내주차장(기계식 주차장은 제외)

88 다음은 대기환경보전법상 용어의 뜻이다. ( ) 안에 알맞은 것은? ★★★

( )(이)란 연소할 때 생기는 유리탄소가 응결하여 입자의 지름이 1미크론 이상이 되는 입자상 물질을 말한다.

① 스모그
② 안개
③ 검댕
④ 먼지

✅ **[Plus 이론학습]**
"매연"이란 연소할 때에 생기는 유리(遊離)탄소가 주가 되는 미세한 입자상 물질을 말한다.

89 다음은 대기환경보전법규상 고체연료 사용시설 설치기준이다. ( ) 안에 가장 적합한 것은 어느 것인가? ★

석탄 사용시설의 경우 배출시설의 굴뚝높이는 100m 이상으로 하되, 굴뚝 상부 안지름, 배출가스 온도 및 속도 등을 고려한 유효굴뚝높이가 ( )인 경우에는 굴뚝높이를 60m 이상 100m 미만으로 할 수 있다.

① 150m 이상
② 220m 이상
③ 350m 이상
④ 440m 이상

90 대기환경보전법령상 배출허용기준 준수여부를 확인하기 위한 환경부령으로 정하는 대기오염도 검사기관에 해당하지 않는 것은? ★★

① 환경기술인협회
② 한국환경공단
③ 특별자치도 보건환경연구원
④ 국립환경과학원

✅ 대기오염도 검사기관은 국립환경과학원, 특별시·광역시·특별자치시·도·특별자치도의 보건환경연구원, 유역환경청, 지방환경청 또는 수도권대기환경청, 한국환경공단 등이다.

91 대기환경보전법령상 환경부 장관이 특별대책지역의 대기오염 방지를 위하여 필요하다고 인정하면 그 지역에 새로 설치되는 배출시설에 대해 정할 수 있는 기준은? ★★★

① 일반 배출허용기준
② 특별 배출허용기준
③ 심화 배출허용기준
④ 강화 배출허용기준

✅ 특별대책지역에서 신설되는 배출시설에는 특별 배출허용기준을, 기존 시설에는 엄격한 배출허용기준을 적용한다.

92 대기환경보전법령상 배출시설 설치신고를 하고자 하는 경우 배출시설 설치신고서에 포함되어야 하는 사항과 가장 거리가 먼 것은? ★★★

① 배출시설 및 방지시설의 설치명세서
② 방지시설의 일반도
③ 방지시설의 연간 유지관리계획서
④ 유해오염물질 확정배출농도 내역서

✅ 원료(연료 포함)의 사용량 및 제품 생산량과 오염물질 등의 배출량을 예측한 명세서, 배출시설 및 방지시설의 설치명세서, 방지시설의 일반도, 방지시설의 연간 유지관리계획서, 사용연료의 성분 분석과 황산화물 배출농도 및 배출량 등을 예측한 명세서, 배출시설 설치허가증 등이 있다.

93 대기환경보전법령상 배출시설의 변경신고를 하여야 하는 경우에 해당하지 않는 것은?

① 배출시설 또는 방지시설을 임대하는 경우
② 사업장의 명칭이나 대표자를 변경하는 경우
③ 종전의 연료보다 황 함유량이 낮은 연료로 변경하는 경우
④ 배출시설에서 허가받은 오염물질 외의 새로운 대기오염물질이 배출되는 경우

✔ 종전의 연료보다 황 함유량이 높은 연료로 변경하는 경우에 변경신고를 해야 한다.

94 실내공기질관리법령상 노인요양시설의 실내 공기질 유지기준이 되는 오염물질 항목에 해당하지 않는 것은? ★★★

① 미세먼지(PM 10)
② 폼알데하이드
③ 아산화질소
④ 총부유세균

✔ 아산화질소(N_2O)는 실내공기질 유지기준도 아니고 권고기준도 아니다. 참고로 이산화질소(NO_2)는 권고기준이다.

95 다음 중 대기환경보전법령상 일일 기준초과 배출량 및 일일 유량의 산정방법으로 옳지 않은 것은? ★

① 측정유량의 단위는 m^3/h로 한다.
② 먼지를 제외한 그 밖의 오염물질의 배출농도 단위는 ppm으로 한다.
③ 특정 대기유해물질의 배출허용기준초과 일일 오염물질배출량은 소수점 이하 넷째자리까지 계산한다.
④ 일일 조업시간은 배출량을 측정하기 전 최근 조업한 3개월 동안의 배출시설 조업시간 평균치를 일 단위로 표시한다.

✔ 일일 조업시간은 배출량을 측정하기 전 최근 조업한 30일 동안의 배출시설 조업시간 평균치를 시간으로 표시한다.

96 악취방지법령상 지정악취물질에 해당하지 않는 것은? ★★

① 메틸메르캅탄
② 트라이메틸아민
③ 아세트알데하이드
④ 아닐린

✔ 아닐린은 지정악취물질이 아니다.

97 대기환경보전법령상 오존의 대기오염 중대경보 해제기준에 관한 내용 중 ( ) 안에 알맞은 것은? ★★★

> 중대경보가 발령된 지역의 기상조건 등을 고려하여 대기자동측정소의 오존농도가 (㉠)ppm 이상 (㉡)ppm 미만일 때는 경보로 전환한다.

① ㉠ 0.3, ㉡ 0.5
② ㉠ 0.5, ㉡ 1.0
③ ㉠ 1.0, ㉡ 1.2
④ ㉠ 1.2, ㉡ 1.5

98 대기환경보전법령상 배출시설로부터 나오는 특정 대기유해물질로 인해 환경기준의 유지가 곤란하다고 인정되어 시·도지사가 특정 대기유해물질을 배출하는 배출시설의 설치를 제한할 수 있는 경우에 관한 내용 중 ( ) 안에 알맞은 것은? ★★

> 배출시설 설치지점으로부터 반경 1킬로미터 안의 상주인구가 2만명 이상인 지역으로서, 특정 대기유해물질 중 한 가지 종류의 물질을 연간 (ⓐ) 이상 배출하거나 두 가지 이상의 물질을 연간 (ⓑ) 이상 배출하는 시설을 설치하는 경우

① ⓐ 5톤, ⓑ 10톤
② ⓐ 5톤, ⓑ 20톤
③ ⓐ 10톤, ⓑ 20톤
④ ⓐ 10톤, ⓑ 25톤

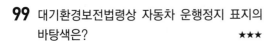

99 대기환경보전법령상 자동차 운행정지 표지의 바탕색은? ★★★

① 회색   ② 녹색

③ 노란색   ④ 흰색

✅ 바탕색은 노란색으로, 문자는 검정색으로 한다.

100 대기환경보전법령상의 용어 정의로 옳지 않은 것은? ★★★

① 가스 : 물질이 연소·합성·분해될 때 발생하거나 물리적 성질로 인해 발생하는 기체상 물질

② 기후·생태계 변화유발물질 : 지구온난화 등으로 생태계의 변화를 가져올 수 있는 기체상 물질로서, 온실가스와 환경부령으로 정하는 것

③ 휘발성유기화합물 : 석유화학제품, 유기용제, 그 밖의 물질로서, 관계 중앙행정기관의 장이 고시하는 것

④ 매연 : 연소할 때 생기는 유리탄소가 주가 되는 미세한 입자상 물질

✅ 휘발성유기화합물이란 탄화수소류 중 석유화학제품, 유기용제, 그 밖의 물질로서, 환경부 장관이 관계 중앙행정기관의 장과 협의하여 고시하는 것이다.

대기환경기사 기출문제집 [필기]

2023. 4. 19. 초판 1쇄 발행
2025. 1. 8. 개정 2판 1쇄(통산 4쇄) 발행

지은이 | 서성석
펴낸이 | 이종춘
펴낸곳 | BM ㈜도서출판 **성안당**

주소 | 04032 서울시 마포구 양화로 127 첨단빌딩 3층(출판기획 R&D 센터)
10881 경기도 파주시 문발로 112 파주 출판 문화도시(제작 및 물류)

전화 | 02) 3142-0036
031) 950-6300
팩스 | 031) 955-0510
등록 | 1973. 2. 1. 제406-2005-000046호

출판사 홈페이지 | www.cyber.co.kr
ISBN | 978-89-315-8444-8 (13530)
정가 | 35,000원

이 책을 만든 사람들

책임 | 최옥현
진행 | 이용화
전산편집 | 민혜조, 오정은
표지 디자인 | 임흥순
홍보 | 김계향, 임진성, 김주승, 최정민
국제부 | 이선민, 조혜란
마케팅 | 구본철, 차정욱, 오영일, 나진호, 강호묵
마케팅 지원 | 장상범
제작 | 김유석